OPERATIONAL
DESIGN FOR
OLYMPIC
VENUE

奥运场馆运行设计

CCDI

宋延斌　郭雪妍　编

中国建筑工业出版社

图书在版编目（CIP）数据

奥运场馆运行设计／ＣＣＤＩ.—北京：中国建筑工业
出版社，2011.6
ISBN 978-7-112-13019-1

Ⅰ.①奥⋯　Ⅱ.①Ｃ⋯　Ⅲ.①夏季奥运会-体育场-
建筑设计-北京市②夏季奥运会-体育馆-建筑设计-
北京市　Ⅳ.①TU245.4

中国版本图书馆 CIP 数据核字（2011）第 043459 号

责任编辑：何　楠
责任设计：陈　旭
责任校对：陈晶晶　王雪竹

奥运场馆运行设计
CCDI
宋延斌　郭雪妍　编
＊
中国建筑工业出版社出版、发行（北京西郊百万庄）
各地新华书店、建筑书店经销
北京嘉泰利德公司制版
北京画中画印刷有限公司印刷
＊
开本：880×1230毫米　1/16　印张：33¹⁄₂　字数：980千字
2011年7月第一版　2011年7月第一次印刷
定价：**268.00**元
ISBN 978-7-112-13019-1
　　　（20467）

本书编委会

（排名不分先后）

引 言

北京 2008 奥运会和残奥会成功了。中国人民兑现了庄严承诺，实现了"有特色、高水平"的目标，实现了"绿色奥运、科技奥运、人文奥运"的理念，为世界和奥林匹克运动留下了丰富的文化和体育遗产。

大型体育场馆的设计，既要注重场馆本身的设计，也要注重赛时功能运行设计。对于奥运会的顺利举办，赛时功能运行设计更显现出重要性和必要性。运行设计是为比赛场馆功能服务的，是一项很重要的专业技术。北京奥运会场馆的功能运行工作吸取了以往的经验，成立了专门的运行设计团队，对奥运场馆需求进行了深入、科学、细致的研究。把各专业、领域的需求有机地统一，达到最大化的协调；将比赛时间和场馆空间充分整合，将各项需求分区、量化，体现在图纸上；节省使用建筑空间和最大限度地使用临时设施以节省资金投入。本次奥运会场馆运行设计突出反映了以下特点：一是在每个场馆都组建了一支精干的运行设计团队和场馆运行管理团队；二是围绕赛事功能运行设计，细致划分场馆内各类客户人群，提供相应的规范服务；三是科学进行注册分区和人员、车辆流线的设计，赛时严格实行分区和流线管理；四是强调筹办过程中周密的项目管理和计划安排；五是根据运行设计加强赛前演练和测试；六是重视指挥系统和场馆赛时的指挥管理及信息沟通机制；七是强调运行管理决策重心下移，使绝大多数问题在场馆一线得到解决。

北京奥运会的所有场馆中，每个场馆都有一支功能运行设计团队和专业、精干的运行管理团队。北京奥运会场馆除场馆主任外，设置主管竞赛的常务副主任、主管服务工作的副主任、主管场馆设施和环境的副主任，以及媒体副主任、安保副主任、属地关系副主任和场馆运行的秘书长，功能运行设计团队在其中承担了重要的图纸落实和专业技术工作，为各项计划的落实提供了可靠、专业的技术保障。北京奥运会场馆强调场馆主任负责制，90% 以上的问题都由管理人员在一线解决，这就从程序设计上保证了场馆运行的高效、科学、有序地按照运行设计逐步实施。为了对各场馆进行赛前演练和测试，北京奥组委举行了四十多项"好运北京"体育赛事，大大提高了管理团队的运行能力。

国际奥委会主席罗格对北京奥运场馆的运行工作给予肯定。他表示，2008 北京奥运会的组织工作非常出色。在 2008 北京奥运会闭幕式上，罗格在致辞时感谢中国人民，感谢所有出色的参与者，称赞 2008 北京奥运会是一届真正的无与伦比的奥运会。下一届奥运会举办城市、伦敦市市长鲍里斯·约翰逊表示，2008 北京奥运会令我们眼花缭乱，让我们印象深刻，我们为北京奥运会所折服。一流的基础设施、杰出的组织能力、热情的中国人民，这就是北京奥运会留给世界的印象。与一项项精彩赛事同样吸引人眼球的还有 2008 北京奥运会全面完善的组织工作。美国前国务卿基辛格博士在接受记者专访时说，2008 北京奥运会的组织工作是历届奥运会中最出色的。他称赞道："任何一届奥运会的主办城市都想举办一次卓有成效的奥运会。毋庸置疑，从来没有一届奥运会像北京奥运会这样组织有序，受到这么多人的支持。"

北京奥运会的成功，是中国人民和世界各国人民共同努力的结果。荣誉属于国际奥林匹克大家庭，属于在比赛场上奋勇争先的运动员，属于来自世界各地的参与者，属于以各种方式参与 2008 北京奥运会的五大洲朋友。

CCDI 集团承担了 25 个场馆的初步运行设计和 4 个场馆的详细运行设计，并能够认真总结、归纳整理成本书，这体现了一个设计团队的专业化和前瞻性，并对今后我国举办大型赛事活动提供了宝贵的技术资料和经验，同时也可作为相关人员工作、学习的参考资料。

北京市副市长 ／ 2008 北京奥组委副主席

前 言

2001 年 7 月 13 日，北京赢得了 2008 年第 29 届奥运会的主办权。中华民族期盼了百年的奥运梦想终于得以实现。申办奥运难，举办奥运更难。举办奥运会的复杂性与之前中国成功举办过的无数次大型体育比赛截然不同。能不能将中国特有的大型体育比赛运行组织管理模式与在上百年发展史中形成的奥运会场馆运行模式完美融合在一起，无疑是一次挑战。

作为奥运会组织运作的基本模式，奥运会场馆功能运行对于很多人员，包括体育场馆设计人员都是个陌生的概念，而与以往国内大型体育赛事的运行组织管理方式相比，还有着鲜明的特点：一是复杂性，场馆运行涉及业务领域众多，各项业务与保障工作相互交错、关联紧密；二是专业性，场馆运行应遵循奥运会特有的运行操作规范，同时需要与国际奥委会、国际单项体育联合会、媒体、转播机构、各类赞助商等方面密切衔接；三是规范性，场馆运行应确保不同场馆同类型服务项目的标准一致，工作流程规范；四是整体性，场馆运行强调统筹整合，不是专项工作的简单叠加，空间布置和工作流程要同时满足竞赛、转播、观赛等多方面需求；五是服务性，竞赛组织按照国际单项体育联合会章程和规则落实，场馆运行团队主要为竞赛组织提供周到细致、标准规范的服务；六是国际性，场馆服务对象包括来自 204 个国家和地区的运动员、各国媒体、国际单项体育联合会、其他奥林匹克大家庭成员和志愿者等，场馆运行团队要熟悉奥运会运行规则，且具备对外交流能力。

为保障场馆运行的有效落实，北京奥组委提出了"以竞赛为中心，以场馆为基础，以属地为保障"的办赛理念，严格按照中央提出的"遵守惯例，标准统一，尊重个性，注重细节"服务原则来制定赛事服务标准和运行政策及程序，从而使得北京奥运会场馆运行具有自己鲜明的特色。

受北京奥组委的委托，我司承担了 25 个场馆的初步功能运行设计工作和 4 个主要场馆的详细功能运行设计工作。设计工作的过程中，在奥组委的指导下，又对场馆功能运行设计的制图标准进行了编写、整理，最终形成了完整的制图手册。

体育场馆功能运行设计的宗旨是进一步明确、完善体育场馆赛时功能运行对场馆设施的要求，细化对场馆永久设施和临时设施建设的要求，并对周边设施改造和整治提出具体要求。

体育场馆功能运行设计的必要性则体现在了解赛事和运行的全过程、协调功能运行和体育比赛的关系、综合考虑场馆的使用、灵活转变功能的可能性中。场馆功能运行设计主要包括总体运行设计、初步运行设计和详细运行设计。场馆赛时功能运行设计，必须根据比赛组委会赛时对场馆的特定要求，以场馆的建筑设计及现状条件为基础，最大限度地满足奥运会比赛的要求，在一个永久场馆的基础上，充分考虑赛时临时设施的设置，进行合理的功能分区，前、后院和注册分区的划分。对场馆赛时运行的空间分配、人车流线安排、停车场地、安保及运行所需的临时设施制定标准，并进行妥善的规划和布置。临时建筑（包括临时座位、再次布置的建筑、以帐篷搭建的临时构筑物、舞台、体育场馆表面、其他表面宣传挂布、贮藏设施、临时卫生间、空间分隔系统、临时通风／空调设施、临时发动机、围墙和遮蔽物、旗杆、特殊照明、平台、坡道和楼梯、评论员和新闻工作台、临时室外景观等）和特殊临时建筑（包括一些特殊临设，如技术临设、转播临设、安保临设、体育设施、家具、设备紧固件、停车场、赞助商、厂商和设备供应商提供的临设，形象和路标及标识系统等）不仅解决了大型体育建筑功能过多的问题，也能从根本上分担建筑中由于奥运会常用功能房间过多，而其他的赛事功能房间不常使用的问题，并通过赛时功能运行设计对组委会各职能部门的赛时运行需求进行整合，合理确定其规模和标准。设备电缆线的设计是奥运会场馆临时设施功能运行设计不可或缺的一个重要环节。奥运会电缆设计时，由专业的电气设计师根据原有的电气专业竣工图纸，对其电气专业的设计进行多方面调整，综合布置电缆布线，最终形成完整的赛时功能运行设计图纸，为奥运会电视转播提供优质的条件。

在本次奥运会赛时功能运行设计中，细分了场馆内各类客户人群，把参与人员细分为运动员和随队官员、技术官员、奥林匹克大家庭成员、电视转播人员、文字记者和摄影记者、赞助商、观众等七类客户群，分别制定各类客户群的赛时所在区域。从比赛功能运行效果看，这项措施保证了奥运会28个大项的赛时服务标准统一、程序合理、内容规范，达到了组委会、各单项体育组织、各项目运动员和媒体的工作、比赛要求。

搞好场馆功能运行设计，首先要做好服务对象的需求分析，针对各个不同客户群的不同需求，制定有针对性的功能分区与软、硬件标准，而"以人为本"则成为贯彻始终的重要原则。安检通行是否顺畅是各类客户群对场馆的"第一印象"。因此安检口的人员流线设计是场馆流线详细设计的一个重要环节。根据进出各场馆的步行人流规模和需要，确定安全、顺畅、合理的人员流向，对交通疏散、入口、通道等硬件设施以及人流疏导等管理措施提出合理化的解决方案，也是本次功能运行设计首要遵循的原则之一。在流线功能运行设计中同时包括了体育官员、运动员等重要人群。媒体的报道为评判一届奥运会、残奥会是否成功的重要依据，为了方便媒体的工作，设计者根据各场馆自身特点和媒体的工作特性在功能运行流线设计中作了精心的规划布置。从"干净区"乘坐班车抵达的媒体记者可以直接免检进入场馆，节省了进场时间。根据不同的需求，场馆媒体看台分为电视转播评论员席、文字记者分带桌席、无桌席、摄影记者席位等，媒体记者可通过专用通道进入看台，并有媒体工作人员提供服务。混合区设置在以比赛场地为背景的通道上，以便媒体工作人员在第一时间采访到运动员。在这里将有来自竞赛、电视转播和新闻运行的工作人员共同管理混合区的秩序。媒体工作间内的服务更是完善，详细运行设计中布置了上网，INFO终端、打印复印资料、寄存物品等功能设施。

北京 2008 奥运会、残奥会体现了奥林匹克运动的最新发展，是独具东方魅力和中国特色的体育文化盛典，符合奥林匹克宪章要求，体现了绿色奥运、科技奥运和人文奥运的理念。如今，北京 2008 奥运会、残奥会已胜利落下帷幕，它是历届奥运会中最为成功的一届奥运会。作为本届奥运会场馆功能运行设计参与者，能为奥运作贡献，我们由衷地感到自豪。同时希望通过总结、归纳做过的奥运场馆赛时功能运行设计的示意图、表格，供设计同仁和体育场馆管理者、比赛组织者参考、指正，为我国体育比赛赛时组织及赛后运营提供有效、合理的整体解决方案。

宋延斌

中建国际设计顾问有限公司
体育事业部副总经理／项目
总负责人

目　录

01

总述

场馆运行设计

1 什么是运行设计

体育场馆运行设计，是根据体育比赛组委会对各场馆组织运行的特定要求，以各场馆的建筑设计及现状条件为基础，对赛事运行各项需求进行整合，对场馆的空间分配、流线安排，以及运行所需的安保、技术、电视转播、强电、景观与标识、停车等专业系统和临时设施进行妥善规划和布置。在原设计的前提下调整其场馆的体量与周边的停车、绿地之间的关系，全力提高场馆的开放性，重新调整场馆的人流、车流线的分流状况，避免与周边环境的冲突。

运行设计的目标是进一步明确和完善各体育场馆的功能，最大限度地实现各场馆运行工作与场馆工程建设及外围环境整治的衔接，细化对各场馆永久设施和临时设施建设的要求，对周边设施改造和整治提出具体要求，减少后期硬件改造工作量和重复投资，并通过临时设施解决好赛时需求与日常运行需求的矛盾。

通过运行设计深入诠释如何解决大型比赛赛时的交通分流、场地设计、灯光照明、临时看台设计、临时用电设计等多种赛时用临时设施的诸多问题。

2 比赛场馆运行的组织形式

奥运比赛场馆运行设计的组织形式包括安检、交通的布置原则和方式及场馆赛时临时设施的布置原则两大方面。

2.1 安检、交通的布置原则和方式

在奥运会比赛期间，场馆出入口是场馆设计的关键组成部分。一些因素在进行总体布局时需要充分考虑，其中包括：各类人员的步行距离、运行时间、安全保卫的形式和等级、比赛开始之前等待进入场馆的时间，以及通过出入口的各种人流等。在奥运会比赛期间，应由组委会协同交通、安保、设计单位等划定安保边界的控制范围，任何人和车辆在进入安保区之前应进行安检。场馆运行时间将影响场馆安检口数量的设置和开放，在场馆设计过程中应该予以考虑。在场馆的入口处需设置安检扫描仪设备，要求所有各类人员在通过场馆安保边界时都要接受仪器的检查。

2.2 场馆赛时临时设施的布置原则

场馆临时设施区域包括：场馆媒体综合区、清废区、餐饮区、物流区等等。赛时临时设施的布置则是对场地进行细致的研究考察，确定这些区域的位置、高度、照明、疏散情况、机电设计情况。

在初步运行设计中，首先确定的就是位置，例如，从北京奥运会体育中心的规划来看很多区域的临时设施是可以数馆共用的，如媒体综合区、餐饮区、清废区等都是可以三馆共用。如果在距离上有所争论，那么，选择在哪些地方设置，还是分开设置，可以根据现场调查来确定。这样我们就有了一个大体上位置的确定，再来考虑其他的方面是否合适。

3 不同比赛的场地设置

不同的场馆有不同的设计方式，根据比赛项目、比赛人数的不同，设计方式也千差万别。在本书中我们详细地介绍了不同的比赛项目对不同场地的布置要求。

4 赛时的运行方式细化

把场馆分成两个大的区域，不同的区域兼顾不同的功能。这两个部分包括：

前院（FOH）

- 前院包括所有的观众通道，观众服务、排队等候区和观众坐席。

- 前院为观众提供流通空间和必要的服务。前院包括部分室内和室外区域。

- 观众在进入前院以前要经过门票预检，在进入坐席前要进行正式检票。在所有的观众等候、安全检查和门票检查区域必须要保证足够的空间和观众的绝对安全。

- 当有比赛且两场比赛的间歇较短时，必须要有足够的空间，以将前一场比赛的出场观众和后一场比赛的入场观众分开。

- 在任何时候，前院都要保证有足够的紧急疏散空间。

后院（BOH）

后院将是一个安全的区域，为专门人员提供人流空间、管理和运营设施、仓储和必要的服务。后院包括室内和室外区域。在进入后院前所有的专门人员都要进行

安全和身份检查。对于所有的安检和排队等候区域必须要保证足够的空间和恰当的管理体系。除了在混合区或新闻发布厅内，运动员不能和媒体有任何接触。

对于以下人员将提供带有安检设施的入口：

- 运动员和随队官员

- 技术官员

- 媒体

- 贵宾

- 赞助商（北京奥运会仅设计了专用座位）

- 工作人员

在后院区域内，由于功能和使用人群的不同又细分成若干不同的区域、房间。

比赛场地应能够灵活布置，满足赛后各种活动的要求。运行区域对注册人员进行了有序列的分类，其中五种不同的客户群包括：贵宾、运动员及随队官员、技术官员、媒体、工作人员。我们把他们进行合理的分区，运用持证的方式来区分，不同的通道避免不同的客户群交叉。

4.1　后院区看台部分功能区和主要坐席的功能分布

- 专用坐席：各专门团体均要提供专用坐席，专用坐席要与普通观众坐席隔开。

- 运动员准备区：运动员准备区设在地面层。

- 媒体席：包括解说席和比赛观察员席位，位于专用坐席区域。

- 仪式（颁奖仪式）：颁奖区域（如果需要的话）与比赛区域和结果区域相临。

4.2　后院区比赛区域主要房间

- 国际联合会办公室（IF）：国际赛联的办公室要靠近贵宾区、结果区域和技术区域。

- 语言服务：临时设置在需要服务的区域，例如混合区、药品控制区和新闻发布厅。

- 医疗设施（运动员）：运动员医务设施紧靠运动员准备区，目的是为了保证医疗设施就近可以为所有的运动员提供服务。

- 兴奋剂检查：兴奋剂检查位于运动员准备区域。

- 技术官员设施：赛时裁判的休息办公区。

- 比赛结果发布区：结果的打印和发布需要在第一时间内传递到专用坐席和场馆媒体中心（VMC）。

- 现场广播和比赛结果公布：现场广播和比赛结果公布区，从此区域可以直接看到比赛场地、记分牌和大屏幕电视，要求视线不能被遮挡。

- 技术设备室（TER and CER）：技术设备室位于场馆的中央区域，赛时也许还会需要一些辅助设备。

- 技术设备存放：技术设备存放区位于场馆的多个地方，并与经常使用的技术设备区域相连接，例如场馆媒体中心。

- 上下车区域和停车场：根据赛时的安保政策，上下车区域应该被分隔开来。

- 场馆通信中心（VCC）：技术的主要房间，场馆通信中心位于体育馆的重要区域。

- 场馆安全指挥：比赛期间的场馆安全指挥中心将利用临时设施解决。

- 场馆技术运营（VTO）及信息技术运营（ITO）：技术区将紧邻技术设备室和其他的高科技区域。

4.3　后院区场馆临时设施的设计

临时设施是结合比赛的不同性质，对比赛设施的利用与再利用的一种新的诠释。

4.3.1　临时设施的范围

前院区

- 临时结构：　包括临时脚手架、帐篷、简易建筑、活动底板、临时照明、临时隔断；

- 临时地坪：　包括地毯、防滑地板和其他类型的地面；

- 临时座椅：　通常包括相关的观众席、观众席中设置的摄像机位、坡道、台阶等；

- 临时储藏设施、临时厕所；

- 临时围挡和幕布。

后院区

- 临时结构：　包括临时脚手架、帐篷、简易建筑、活动底板、临时照明、临时隔断；

- 临时领奖台、指挥台；

- 临时地坪：包括地毯、防滑地板和其他类型的地面；

- 临时座椅：通常包括相关的媒体席、贵宾席、赞助商席、摄像机位、坡道、台阶等；

- 临时储藏设施、临时厕所；

- 临时通风和空调；

- 临时发电机，电视转播照明；

- 临时围挡和幕布；

- 临时室外景观。

4.3.2 前后院临时设施设计的主要作用

- 将场馆划分为前院和后院，并将后院划分成不同的身份区；

- 将运动员和媒体进行分隔，避免媒体对运动员的打扰；

- 增加必要的安保界限；

- 提供临时的交通服务设施；

- 对人流进行必要的疏导和指引；

- 一些其他的用临时建筑解决的临时性的服务设施。

4.3.3 其他技术性临时设施（分为前后院区设置）

各个场馆的临时设施均有不同，根据竞赛项目的不同，临时设施的设置也不同。

- 高科技设施：包括计时计分、网络传输、音响系统、数据处理系统、电视监控系统等；

- 安保设施：包括特殊用途的围挡、安检门、探测器、电视监控和安保部门要求的其他必要的安保设施；

- 体育比赛器材；

- 临时停车场；

- 临时遮挡：对建筑物的特定部位进行必要的遮挡以

满足奥运会的宣传要求和其他要求；

- 临时道路指引系统。

设计大纲已对本场馆的赛时要求进行了描述，例如各功能用房的面积、特定的技术指标（照明、声学）等。我们的设计是在设计任务书的指导之下，为赛时运营和临时设施的安装提供良好的基础。

5 场馆运行设计对赛后的综合考虑

为了更好地让赛时运行与赛后利用相结合，更多地减少不必要的资源浪费。需要增加大量的临时设施。比赛场馆的构成应为：

基本场馆＋临时设施＝比赛场馆

在运行设计中，特别是在设计新的比赛场馆时，应进行大量的赛前调研、研究应把场馆的赛后功能作为重点考虑进去，在场馆建设的可行性报告中也应把场馆的赛后功能添加进去。体现在运行设计中，即：把在赛时需要的房间、座椅、隔断等设计为临时设施的形式并加以灵活运用。赛后对临时设施进行改造、拆除，以达到场馆设计中赛后场馆运行所要达到的效果，为场馆的后期适用提供一个良好的条件。

根据城市发展及现状，场馆建设的目标：

赛后设计功能要求	设计目标
体育竞赛、健身和教育	- 举办国内和地区性的比赛 - 为中国体育运动发展提供基地 - 成为精英运动员和精英运动队的训练基地 - 成为中国运动项目教练员的摇篮 - 保证足够的运动场地 - 提供大规模的运动课程，提高人民的运动水平和身体素质 - 举办学校和社会的比赛和活动
健身、美体和休闲	- 建立健身俱乐部以吸引基本成员和其他类型的成员 - 为会员提供多种项目的选择和附加值 - 水上休闲项目、水上皮划艇急流、水上游泳竞技、水上娱乐、大型室外游泳

02

场馆功能运行设计

02-01

北京工人体育馆——拳击馆　地坛训练馆

北京工人体育馆——拳击馆

场馆概况

地点：朝阳门外工体路
场地类型：改扩建比赛场馆
奥运会期间的用途：拳击
残奥会期间的用途：盲人柔道
建筑面积：40200m²
坐席总数：13000个

拳击比赛

2008 年北京奥运会拳击比赛按照赛时有效的《国际拳联章程》和《奥林匹克宪章》的有关规定执行。并执行《国际拳联国际比赛规则》和《体育建筑设计规范》。

比赛场地的设计

拳击台是一个正方形的用绳子围起来的台子。拳击台围绳内面积最小不小于 4.90m（16 英尺）见方，最大不超过 6.10m（20 英尺）见方，台面距离地面 91 ~ 122cm，台面延伸出围绳外不少于 46cm；在台的四角安装四个角柱，用以栓固围绳；在拳击台的四个角共设立两个中立角，一个红角和一个蓝角。

中立角是场上裁判员在比赛开始和回合间休息时使用的地方。在中立角各安置一个宽 0.25m、厚 0.1m 软硬适度的角垫；在红、蓝角同样各安置两个角垫。红、蓝角是双方运动员在比赛开始和回合间休息时使用的地方。角垫的颜色分别为：面向仲裁席，近左角为红色、远左角为白色，近右角为白色、远右角为蓝色。

拳击台设有 4 根直径为 3 ~ 5cm 与四个角稳固相连的围绳。拳击台设立 3 个台阶。红、蓝角各设一个，供参赛运动员及助手使用；中立角设立一个台阶，供台上裁判员和场外医务人员使用。

比赛规则

由于拳击比赛的特殊性，在奥运会拳击比赛中，所有运动员都必须佩戴护齿、硬质塑料护裆和护头。护头是由比赛组织者提供的经国际拳联批准、认可的护头。如运动员自备护头，必须在比赛前经仲裁审验、批准后方可使用。

比赛第一天上午，所有参赛运动员都要体检、称重。在比赛过程中，只要求当天参赛的运动员参加体检、称重；从称重到比赛开始不得少于 3 小时。

每天参加比赛的各级别运动员的称重将在训练场馆——地坛体育馆进行，并由国际拳联指定的官员负责监督工作。运动员体重必须在各自参赛级别的限制之内，不得超出或低于各级别规定的体重。训练场馆将为运动员提供试称设备。

运动员比赛流程

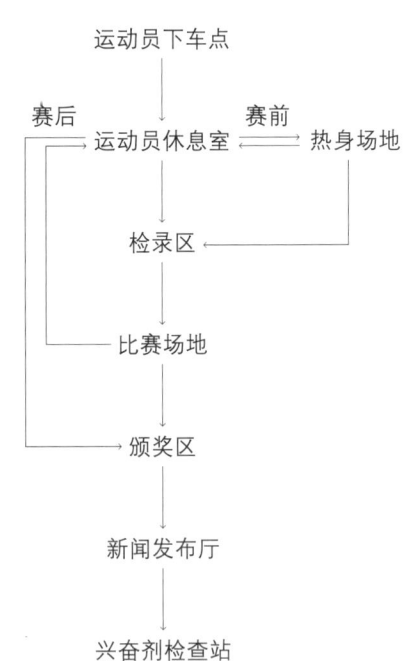

北京工人体育馆

功能分区1——比赛场地区 注册分区——蓝区

运行责任部门	房间中文名称	英文名称	数量	使用面积（m²）
体育	比赛场地	Field of Play	1	36×29
	运动员坐席	Athlete Seating		看台上
	运动员坐席	Athlete Seating		看台上
	运动员坐席	Athlete Seating		看台上
	运动员检录区	Athlete Call Area	1	16
	混合区（运动员通道）	Mixed Zone	1	25延米长
	仲裁席	Jury Seating		场地区
	技术代表席	Technology Delegation Seating		场地区
	裁判席	Judge Seating		场地区
技术	成绩统计台	Results Data Entry Position		场地区
	计时记分席	Timing & Scoring Position		场地区
兴奋剂检测	运动员兴奋剂检测标记区	Athletes Tagging	1	4
医疗卫生	比赛场地周边急救区	Adjacet first Aid Area in FOP	1	18
颁奖仪式	颁奖台及旗杆	Awards Podium & Flag Poles	1	35
	颁奖仪式等候区	Ceremony Waiting Area		走廊通道

功能分区2——体育竞赛区注册分区——蓝区

运行责任部门	房间中文名称	英文名称	数量	使用面积（m²）
体育	运动员接待处	Reception & Info Desk	1	24
	热身场地	Warm-up Area	1	155
	热身场地	Warm-up Area	1	155
	运动员休息室	Athlete Locker Room	12	12
	拳击手套及绷带存储	Athlete Gloving & Bandaging Room	1	35
	裁判卫生间	Men Judge Toilet	2	19
	竞赛主任办公室	Competition Manager Office	1	12
	竞赛公共会议室	CM Assigned Work Area	1	60
	竞赛经理办公室	Competition Manager Office	1	12
	竞赛办公室	CM Assigned Work Area	1	20
	竞赛公共办公区	CM Hot Desk	1	10
	竞赛工作区	Competition Work Area	1	18
	国际单项联合会主席办公室	IF President's Office	1	18
	国际单项联合会秘书长办公室	IF Secretary's Office	1	18
	国际单项联合会技术代表室	IF Technical Delegates Office	1	18
	国际单项联合会秘书处（含接待处）	IF Secretariat	1	50
	国际单项联合会仲裁（含医务仲裁)室	IF Jury Room (including medical jury)	1	50
	裁判休息室	Referee & Judge Break Room	1	50
	单项联合会新闻代表工作室	Referee & Judge Locker Room	1	25
	竞赛公共会议室	CM Meeting Room	1	60
	国际单项联合会会议室	IF Meeting Room	1	70
	体育器材储存区	Sport Equipment Storage Area	1	200
	体育展示办公室	Sports Presentation Office	1	21
技术	现场成绩处理机房	On-Venue Result Room	1	45
	计时计分系统设备存放间	Timing & Scoring Equipment Storage	1	32
	头戴设备控制空间	Headset Equipment Control Space	1	4
兴奋剂检测	官员办公室	Official For Doping Control Manager	1	44
	兴奋剂候检室	DOP Waiting Area	1	42
	尿检工作室	DOP -Processing Room	1	12
	血液采集工作室	Office for Doping Control manager	1	12
	运动员医疗站——等候和候检	Athlete Medical Station-Reception & Waiting Room	1	17

运行责任部门	房间中文名称	英文名称	数量	使用面积（m²）
兴奋剂检测	检查和物理治疗室	Athelete Medical Station-Examination Room	1	25
	重症特护和治疗室	Athlete Medical Station-Intensive Care Unit	1	7
	医生办公室和储藏室	Athlete Medical Station-Doctor & Nurses Office	1	6
颁奖仪式	仪式经理办公室及奖牌存放间	Ceremony Management (including Medal)	1	42
	国旗储藏室	Flag Storage	1	28
	鲜花储藏室	Flower Storage	1	21
	礼仪表演人员化妆间（男）	Presenter & Mascot Dressing	1	53
	礼仪表演人员化妆间（女）	Presenter & Mascot Dressing	1	53
	颁奖台储藏室	Awards Podium Storage	1	28

功能分区3——电视转播区 注册分区——5区

运行责任部门	房间中文名称	英文名称	数量	使用面积（m²）
BOB	电视转播综合区	Broadcast Compound	1	4000
	转播管理办公区	Broadcast Management Office	1	85
	特种摄象机	Speciality Camera	1	14
	餐饮	Dinning	1	142
	技术操作中心	Technical Cabin (Maintenance/Speciality)	1	50
	技术存储空间	Technical Storage	1	50
	后勤存储空间	Logistic Storage	1	50
	后动制作办公室	Production Office	1	85
	电视转播餐饮区	Broacast Catering	1	168
	转播餐饮备餐区	Boradcast Catering Kitchen Area	1	90
	餐厅	Dining Area	1	180
	冷藏室	Cold Room	1	12
	发电机/备用发电机	Power Generator/ Back Power Generator	1	96
	备份电源存放区	Domestics Back up Power Supply	1	20
	工作人员休息区	Shade Cover	1	150
	特权转播公司	RHB	1	1136
	转播人员专用卫生间	Toilet	1	20
	评论员控制室	Commentator Control Room	1	60
	转播信息办公室(BIO)	Broadcast Information Office	1	20
	混合区（电视转播通道）	Mixed Zone	1	25延米长
	BOB人行/线缆桥	BOB Cabling Bridge	1	建筑外

功能分区4——新闻媒体区注册分区——4区

运行责任部门	房间中文名称	英文名称	数量	使用面积（m²）
新闻运行	场馆新闻中心	Venue Media Centre	1	5600
	媒体接待处	Reception & Info Desk & Storage	1	24
	新闻报道经理办公室	Press Office	1	24
	摄影经理办公室	Photo Manager Office	1	10
	奥林匹克新闻服务工作室	Olympic News Service Work Room	1	25
	文字记者工作区	Press Work Area	1	385
	文字记者工作区	Press Work Area	1	108
	摄影记者工作区	Photo Work Area	1	140
	信息查询终端摆放区域	INFO Allocation Area	1	区域空间
	信息查询终端摆放区域	INFO Allocation Area	1	区域空间
	新闻媒体专用卫生间	Toilet	2	21
	男卫生间	Toilet	1	9
	女卫生间	Toilet	1	9
	文字记者储物柜摆放区域	Press Goods Cabinet Allocation Area	1	区域空间
	摄影记者储物柜摆放区域	Photographic Goods Cabinet Allocation Area	1	区域空间
	成绩公报柜摆放区域	Result Cabinet Allocation Area	1	区域空间
	信息打印/复印区域	Info Print/Copy Area	1	区域空间

运行责任部门	房间中文名称	英文名称	数量	使用面积(m²)
新闻运行	电视机/冰柜摆放区域	TV/Refrigeratory Allocation Area	1	区域空间
	新闻发布厅	Press Conference Room	1	170
	新闻发布转播控制室	Broadcasting Control Room	1	6
	坐席区	Seating Area	1	90
	磁盘快递车停靠点	Press Film Courier Vehicle Stop	1	区域空间
	混合区（新闻媒体通道）	Mixed Zone	1	25延米长
餐饮服务	媒体休息区	Press Lounge	1	100
	餐饮售卖点及休息间	Dining & Lounge	1	区域空间
	小型备餐间	Food Preparation Room	1	区域空间

功能分区5——贵宾官员区 注册分区——6区				
运行责任部门	房间中文名称	英文名称	数量	使用面积(m²)
场馆礼宾	贵宾服务经理办公室	VIP Protocol Manager Desk	1	12
	陪同人员休息区	Staff & Volunteer Room and Storage	1	40
	贵宾休息室	VIP Lounge	1	210
	贵宾接待处&交通服务处	Welcome Desk & Transportation Desk	1	区域空间
	餐台和休息区	Dining & Lounge	1	区域空间
	小型备餐间	Food Preparation Room	1	区域空间
	贵宾专用卫生间	Toilet	1	5
	贵宾交通信息服务处	Welcome Desk & Transporation Desk	1	区域空间
	贵宾专用卫生间	Toilet	1	5

功能分区6——观众活动区 注册分区——白区				
运行责任部门	房间中文名称	英文名称	数量	使用面积(m²)
观众服务	观众物品寄存区	Spectator storage	1	20
	观众物品寄存区	Spectator storage	1	20
	观众出口	Spectators exit	2	区域空间
	紧急疏散通道	Emergency exit	1	区域空间
	场地观众卫生间	Toilet	8	20
	绿色通道	Green	1	区域空间
	检票处	Ticket Rip	4	3/个
	检票处	Ticket Rip	4	3/个
	检票处	Ticket Rip	2	3/个
	临时卫生间	Toilet	10	20
	观众集散大厅	Spectator Concourse	3	区域空间
	观众饮水处	Spectator Water Fountain	3	36
	观众卫生间	Toilet	1	36
	残障设施租借处	Equipment Lend Office for disable	1	25
	婴儿车、轮椅存放处	Stroller Storage	1	50
	公用电话处	Pay Phone	2	16
	指定吸烟区	Designated Smoking Area	2	36
	观众卫生间	Toilet	1	100
	男卫生间	Toilet	2	9
	女卫生间	Toilet	3	9
	盥洗室	Toilet	5	9
	观众卫生间	Toilet	11	100
ATM	自动取款机	ATM Cash Stop	3	16
餐饮	观众餐饮售卖点	Spectator Points of Sale	25	20
特许经营	商品存储区	MER storage	4	30
	特许商品场馆零售店	Concession	6	30
医疗卫生	观众医疗站	Spectator Medical Station	1	65
	接待和候诊区	Reception & Waiting Area	1	区域空间
	医疗区	Medical Treatment Area	1	区域空间
	医生办公室	Doctor Office	1	区域空间
票务	票务管理办公区	Ticket Manager Office & Secure Storage	1	15

运行责任部门	房间中文名称	英文名称	数量	使用面积(m²)
票务	票务管理办公区	Ticket Manager Office & Secure Storage	1	15
	售票处	Internal Ticket Sales Window(s)	1	40
安全保卫	安保服务中心	Secuity Services Centre	1	280
	失物招领处	Lost & Found	1	30
	违禁物品存放处	Contraband Storage	1	150
	治安处理点	Public Security Handling Office	1	100
场馆管理	场馆主任办公室	Venue Manager Office	1	15
	场馆副主任办公室	Venue Deputy Manager Office	1	30
	场馆运行中心	Venue Operation Centre	1	63
	中心工作人员固定工位	VOC Staff Assigned Desks	1	区域空间
	公共工位	VOC Shared Work Area	1	区域空间
	场馆通讯中心	Venue Communication Centre	1	52
	场馆通讯经理工位	Venue Communication Manager Desk	1	55
	邮件处理点	Mail Desk	1	区域空间
	通讯操作员工位	VCC Operators Desks	1	区域空间
	储存区	Storage	1	区域空间
	多功能会议区	Multi-purpose Room	1	120
场馆人事	场馆人事经理办公室	Venue Workforce Manager Office	1	15
	工作人员签到区	Staff Check-in Area	1	100
	工作人员签到处	Staff Check-in Points	1	区域空间
	工作人员问询区	Staff Info. Desk	1	区域空间
	志愿者服务处	Volunteer Services Desk	1	区域空间
	工作人员物品存放间	Cloak Room	1	区域空间
	备餐间	Preparation Room	1	区域空间
	工作人员休息和用餐区	Staff Break & Dining Area	1	335
	工作人员卫生间	Toilet	1	2
	工作人员卫生间	Toilet	1	2
场馆财务	场馆财务经理办公室（含收费卡办公室）	Venue Finance Manager Office (Includes: Rate Card Office)	1	33
观众服务	观众服务办公室	Spectator Services Management Area	1	50
	物资储存和分发区	SPS Equipment Storage & Distribution	1	50
	工作部署区	Briefing Area	1	100
语言服务	语言服务经理办公点	LAN Manager Desk	1	25
特许经营	特许商品场馆零售管理办公区/出纳室	MER Management Area /Cash Room	1	12
	商品储存区	MER Storage	1	160
注册	场馆注册中心	Venue Accreditation Office	1	100
	每日卡发放区	Day Pass Issue Desk	1	区域空间
	等待区	Accreditation Waiting Area	1	区域空间
	注册经理办公点和储藏区	Accreditation Manager Desk	1	区域空间
场馆设施管理	场馆设施管理办公区	Site Manager Work Area	1	35
	后勤工人休息区	Response Team & Vendor Staging	1	41
	电源工作间与备件存放	Power Workshop & Store	1	20
	计算机设备房间	Computer Equipment Room	1	30
	网络设备间	LAN Management Room	1	30
	综合布线主配线间	Main Cabling Room	1	30
	固定通信设备机房	Fix Telecomcomunication Equiptment Room	1	52
	移动通信机房	Mobile Telecommunication Equipment Room	1	60
	移动通信机房	Mobile Telecommunication Equipment Room	1	40
	综合布线分配线间	Cross Connection Frame Room	待定	4
	扩声控制室	Public Address Control Room	1	20
	扩声设备临时安装空间	Temporary PA Equipment Room	1	不小于2
	有线电视机房	CATV Control Room	1	20
	灯光控制室	Lighting Control Room	1	8

运行责任部门	房间中文名称	英文名称	数量	使用面积（m²）
场馆设施管理	卫生间	Toilet	2	11
	集群通信设备分发间	Trunk Radio Distribution Room Center	1	25
	场馆技术运行中心	Venue Technology Operation	1	86
	技术支持服务中心	Technology Help Desk	1	16
	成绩复印分发室	Results Printing & Distribution	1	53
	成绩复印分发室	Results Printing & Distribution	1	42
	固定通信技术人员工作室	Fix Telecommunication Operation	1	20
	移动通信技术人员工作室	Mobile Telecommunication Operation	1	20
	流动扩声系统设备存放间	Audio Equipment Room	1	20
	IT设备存放间	IT Equiptment Storage	1	50
	移动通信应急车	Mobil Phone Emergency Vehicle	1	区域空间
	IT设备包装存放间	IT Bulk Storage	1	30
	打印机、复印机包装存放间	Printer/Copier Bulk Storage	1	40
	松下设备包装存放间	Panasonic Equipment Bulk Storage	1	40
	纸张存放间	Paper Storage	1	30
	UPS包装存放间	UPS Bulk Storage	1	50
物流	物流经理办公室	Logistic Management	1	15
	物流综合区	Logistic Compound	1	1463（包括通道）
	物流管理办公区	Logistic Management Compund	1	48
	工人休息区	Worker Lounge	1	24
	特殊物资存储区	Secure Storage	1	15
	技术设备包装仓储区	Warehouse Storage	1	168
	维修物资仓库	Materials Warehouse & Construction Work Area	1	72
	指series标识及临时设施仓库	Vendor Secure Storage	1	48
	办公用品	Office Supplies Storage	1	15
	服装存储	Clothes Storage	1	15
	形象景观仓储	IMI Work &Storage Area	1	15
	物资回收及分发室	Equipment Sign-out	1	72
	物流卸货区	Loading & Vehicle Staging	1	1000
	油罐	Fuel Tanks	1	10
	维修车辆停放区	Material Vehicle Staging	1	72
	交通路障设施存放室	Storage Yard	1	40
	物资转运区	Materials Transfer Area	1	25
餐饮	餐饮经理办公室（餐饮管理办公区）	Catering Manager Office	1	12
	餐饮综合区	Catering Compound	1	868（包括通道）
	餐饮合同商办公室	Catering Management Office	1	20
	饮料合同商办公室	Beverage Contractor Office	1	12
	干货冷藏区	Dry, Cold & Ice Storage	1	230
	卸货区	Vehicle Staging	1	150
	厨房和备餐区	Kichen & Preparation Area	1	100
	露天储存区	Uncovered Storage	1	75
	餐饮人员专用卫生间（男）	Toilet	1	12
	餐饮人员专用卫生间（女）	Toilet	1	12
清废管理	环境经理办公室	CLW Manager Office	1	20
	清废储存区	Cleaning Equipment Supply & Storage	1	30
	清洁物品储藏间	Cleaning Item Storage	2	10
	清废综合区	Cleaning&Waste Compound	1	648
	清废管理与清废工人休息区	Management and Break Area	1	72
	清洁设备储存区(II)	Cleaning Equipment Supply & Storage	1	72
	废弃物暂存区	Waste Sorting Area	1	72
	垃圾压缩机停放区	Waste Contractor	1	25
	清洁车辆停车场	Cleaning Vehicle CLW Vehicle Staging	1	72
	车辆周转卸货区	CLW Vehicle Staging	1	100
交通	交通监控指挥室	Transport Monitoring & Command Office	1	25
	交通设施路障存放区	Storage Yard	1	26
	消防备勤室	Fire Fighting Reserve Force Office	1	30
	车辆调度室	Vehicle Dispatch Room	1	30
	机动车停车场	Parking Area		区域空间

运行责任部门	房间中文名称	英文名称	数量	使用面积（m²）
安全保卫	消防指挥室	Fire Fighting Communication Command Office	1	利用业主已有的房间
	消防控制室	Fire Fighting control	1	27
	安保指挥中心	Security Command Centre	1	230
	安保指挥办公室	Security Command Office	1	区域空间
	安保工作区	Security WorK Area	1	区域空间
	现场安保指挥通信设备间	On-site Security Communication Equiptment Room	1	35
	安保观察平台	Security Observation Positions	1	20
	安保观察室	Security Observation Positions	1	20
	安保观察室	Security Observation Room	1	20
	反恐防暴屯兵处（反恐人员备勤室）	Anti-terrorism Personnel Duty Room	1	100
	反恐防暴屯兵处（反恐人员备勤室）	Anti-terrorism Personnel Duty Room	1	60
	卫生间	Toilet	2	36
	武警部队备勤室	On-site Guard Reserve Force Office	1	100
	突发事件处置人员备勤室	Emergency Staff Reserve Office	1	140
	现场警卫动力量备勤室	On-site Guard Reserve Force Office	1	50
	安保后备用房	Security Reserve Room	1	30
	现场警卫办公室	On-Site guard office	1	48
	安保执勤岗亭	Security Observation Positions	10	4
功能分区7——安检验证区 注册分区——红区				
运行责任部门	中文名称	英文名称	数量	使用面积（m²）
安保/观众服务	人身安全验证口（进入封闭线）	Security Check Area		
	观众安检口（软验票）	Pedestrain Security Check Point	8	5×5一机两门
	运动员安检口	Pedestrain Security Check Point	1	5×5一机两门
	技术官员安检口	PSC_Technical Officials	1	5×5一机两门
	媒体安检口（电视转播与新闻媒体）	Pedestrain Security Check Point	1	5×5一机两门
	贵宾安检口	PSC_VIPs	1	5×5一机两门
	工作人员安检口	PSC_Staff	1	5×5一机两门
安保/交通	车辆验证点	Vehicle Permit Check Point	2	
	车辆安检入口	Vehicle Screening Point	9	
	运动员上下区	Athele Loading Area	1	
	技术官员上下区	Technical Official Loading Area	1	
	媒体人员上下区	Media Loading Area	1	
	新闻胶片快递车停靠点	Press Film Courier Vehicle Stop	1	
	贵宾上下车区	VIP Loading Area	1	
观众服务	人原验证口（进入场馆主体建筑）	Access control point	2	观众人数
	观众撕票口	Tickets Rip	8	

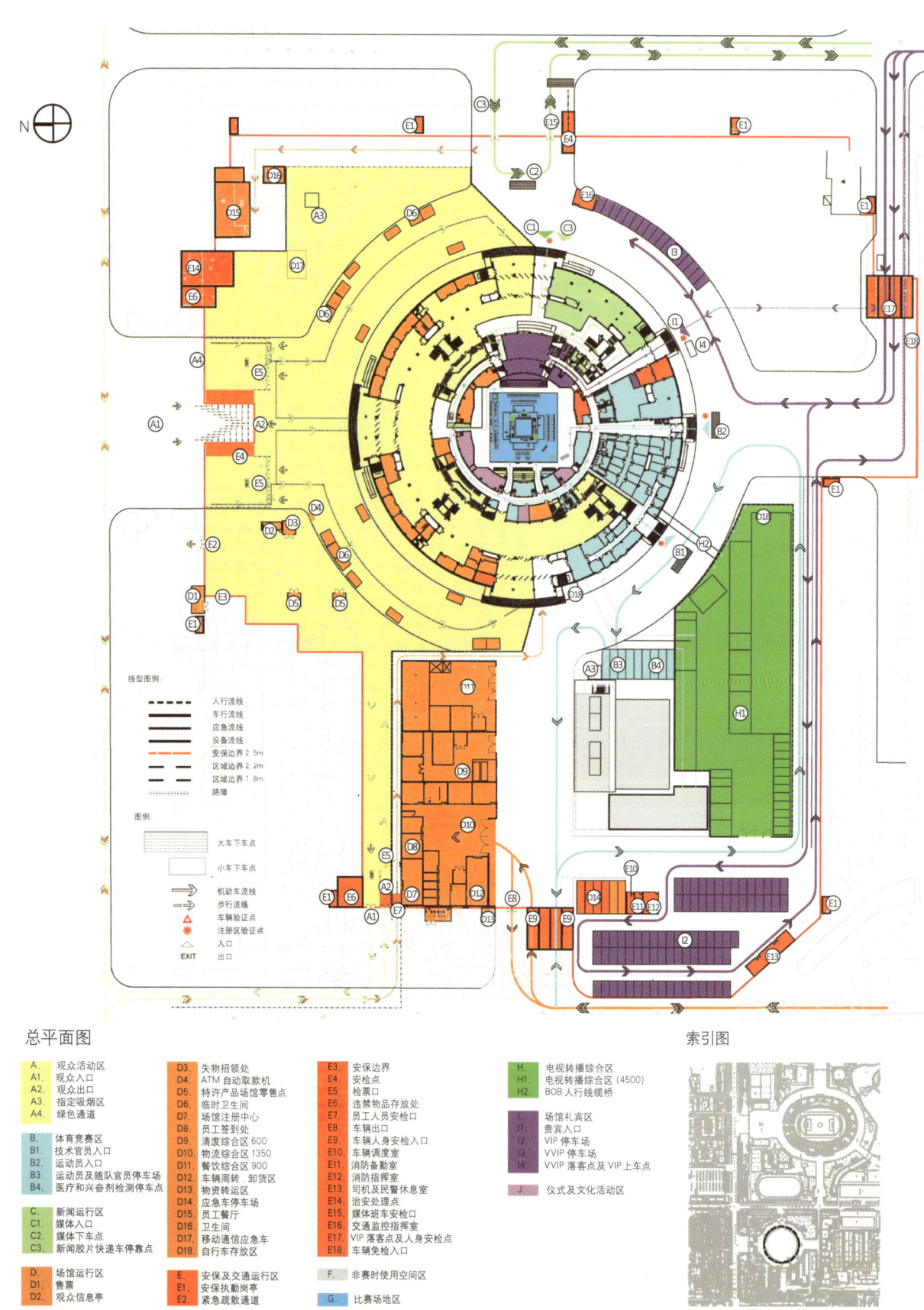

线型图例：

▬ ▬ ▬	人行流线
▬▬▬	车行流线
▬▬▬	应急流线
▬▬▬	设备流线
▬▬▬	安保边界 2.5m
▬ ▬	区域边界 2.2m
▬ ▬	区域边界 1.8m
+++++++	路障

图例

▨ 大车下车点
▢ 小车下车点
⇒ 机动车流线
⇢ 步行流线
△ 车辆验证点
✳ 注册区验证点
▽ 入口
EXIT 出口

总平面图

A. 观众活动区
A1. 观众入口
A2. 观众出口
A3. 指定吸烟区
A4. 绿色通道

B. 体育竞赛区
B1. 技术官员入口
B2. 运动员入口
B3. 运动员及随队官员停车场
B4. 医疗和兴奋剂检测停车点

C. 新闻运行区
C1. 媒体入口
C2. 媒体下车点
C3. 新闻胶片快递车停靠点

D. 场馆运行区
D1. 售票
D2. 观众信息亭

D3. 失物招领处
D4. ATM 自动取款机
D5. 特许产品场馆零售点
D6. 临时卫生间
D7. 场馆注册中心
D8. 员工签到处
D9. 清废综合区 600
D10. 物流综合区 1350
D11. 餐饮综合区 900
D12. 车辆周转・卸货区
D13. 物资转运区
D14. 应急停车场
D15. 员工餐厅
D16. 卫生间
D17. 移动通信应急车
D18. 自行车存放处

E. 安保及交通运行区
E1. 安保执勤岗亭
E2. 紧急疏散通道

E3. 安保边界
E4. 安检点
E5. 检票口
E6. 违禁物品存放处
E7. 员工人身安检口
E8. 车辆出口
E9. 车辆人身安检入口
E10. 车辆调度室
E11. 消防备勤室
E12. 消防指挥室
E13. 司机及民警休息室
E14. 治安处理点
E15. 媒体班车安检口
E16. 交通监控指挥室
E17. VIP 落客点及人身安检口
E18. 车辆免检入口

F. 非赛时使用空间区

G. 比赛场地区

索引图

H. 电视转播综合区
H1. 电视转播综合区（4500）
H2. BOB 人行线缆桥

I. 场馆礼宾区
I1. 贵宾入口
I2. VIP 停车场
I3. VVIP 停车场
I4. VVIP 落客点及 VIP 上车点

J. 仪式及文化活动区

地下一层平面图

- A. 观众活动区

- B. 体育竞赛区
- B1. 体育器材储存区

- C. 新闻运行区
- C1. 新闻发布厅

- D. 场馆运行区
- D1. 移动通信设备机房
- D2. 移动通信技术人员工作室
- D3. 场馆财务经理办公室
- D4. 票务办公室
- D5. 餐饮管理办公区
- D6. 环境经理办公室
- D7. 公共卫生间
- D8. 场馆人事经理办公室
- D9. 集群设备分发间
- D10. 多功能会议厅
- D11. 场馆通信中心
- D12. 场馆副主任办公室
- D13. 场馆主任办公室
- D14. 场馆运行中心
- D15. 技术支持服务中心
- D16. 场馆技术运行中心
- D17. 语言服务经理办公室
- D18. 场馆设施管理办公区
- D19. 观众服务经理办公区
- D20. 物流经理办公区
- D21. 后勤人员休息区

- D22. 观众物资存储分发区
- D23. 商品存储间
- D24. 公共卫生间
- D25. 清废设备存放间
- D26. IT设备存放间
- D27. 零售管理办公室
- D28. 特许商品存储
- D29. 电源工作间及设备存放
- D30. 流动扩声系统设备存放间
- D31. 网络设备间
- D32. 有线电视机房
- D33. 固定通信技术人员工作室
- D34. 固定通信设备机房
- D35. 场馆布线布线主配线间
- D36. 计算机设备房间

- E. 安保及交通运行区
- E1. 交通设施路障存放区
- E2. 武警部队备勤室
- E3. 反恐防爆屯兵处

- F. 非赛时使用空间区

- G. 比赛场地区

- H. 电视转播综合区

- I. 场馆礼宾区

- J. 仪式及文化活动区

首层平面图

- A. 观众活动区
- A1. 观众集散大厅

- B. 体育竞赛区
- B1. 热身场地
- B2. 运动员休息室
- B3. 男女卫生间
- B4. 裁判休息室
- B5. 尿检工作室
- B6. 医生办公室和储藏室
- B7. 重症维护和治疗室
- B8. 竞赛主任办公室
- B9. 竞赛经理办公室
- B10. 竞赛工作区
- B11. 竞赛办公室
- B12. 兴奋剂候检室
- B13. 运动员候检室
- B14. 国际单项联合会会议室
- B15. 国际单项联合会仲裁室
- B16. 国际单项联合会新闻代表工作室
- B17. 国际单项联合会技术代表室
- B18. 国际单项联合会主席办公室
- B19. 国际单项体育联合会秘书长办公室
- B20. 国际单项体育联合会秘书长处
- B21. 拳击手套及绷带储存室
- B22. 领奖台存储室
- B23. 运动员检录室
- B24. 体育展示办公室

- C. 新闻运行区
- C1. 文字记录工作区
- C2. 男女卫生间

- D. 场馆运行区
- D1. 医疗区
- D2. 观众接待和候诊区
- D3. 医生办公室
- D4. 观众饮水处
- D5. 观众餐饮售卖点
- D6. 自动提款机
- D7. 公共电话处
- D8. 特许商品场馆零售点
- D9. 成绩复印分发处
- D10. 残障设施租赁处
- D11. 婴儿车、轮椅存放处
- D12. 票务服务台
- D13. 计时计分设备存放间
- D14. 清洁物品储存间
- D15. 现场成绩处理机房

- E. 安保及交通运行区
- E1. 消防控制室
- E2. 现场警卫机动力量备勤室
- E3. 安保后备用房
- E4. 现场警卫办公室

- F. 非赛时使用空间区

- G. 比赛场地区

- H. 电视转播综合区
- H1. 混合区（电视转播通道）

- I. 场馆礼宾区
- I1. 颁奖台及旗杆
- I2. 奥林匹克大家庭休息室
- I3. 陪同人员休息区
- I4. 男女卫生间

- J. 仪式及文化活动区
- J1. 仪式经理办公室
- J2. 礼仪表演人员化妆间（男）
- J3. 礼仪表演人员化妆间（女）及鲜花存储室
- J4. 国旗存储室

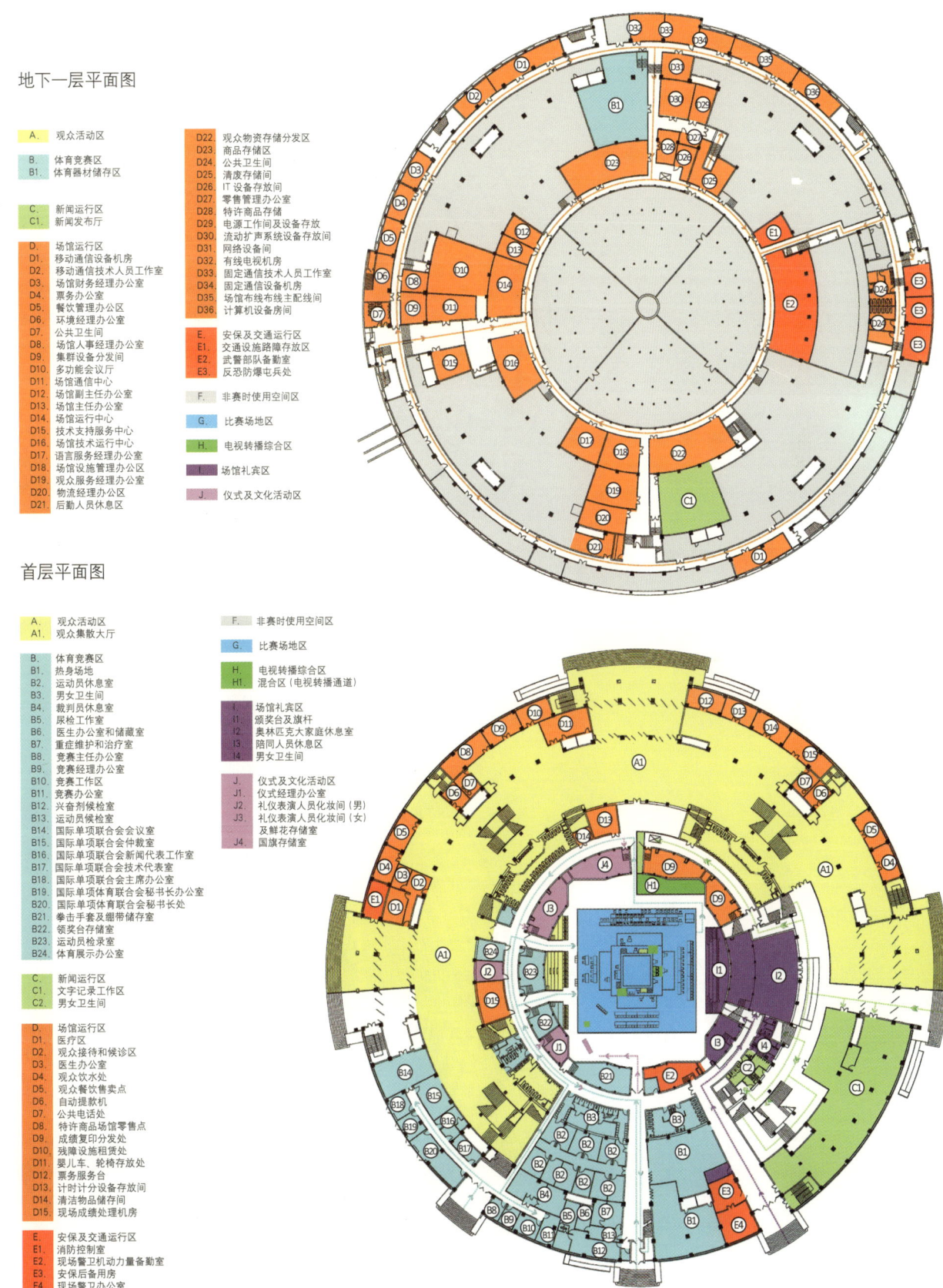

二层平面图

A. 观众活动区
A1. 男卫生间
A2. 女卫生间
A3. 盥洗室

B. 体育竞赛区

C. 新闻运行区
C1. 摄影记者工作区
C2. 摄影经理办公室
C3. 媒体休息区
C4. 奥林匹克新闻工作室
C5. 成绩公报分发办公室
C6. 媒体男卫生间
C7. 媒体女卫生间
C8. 媒体盥洗室

E. 安保及交通运行区
E1. 现场安保指挥通信设备间
E2. 安保指挥办公室

F. 非赛时使用空间区

G. 比赛场地区

H. 电视转播综合区
H1. 转播信息办公室
H2. 评论员控制室

J. 仪式及文化活动区

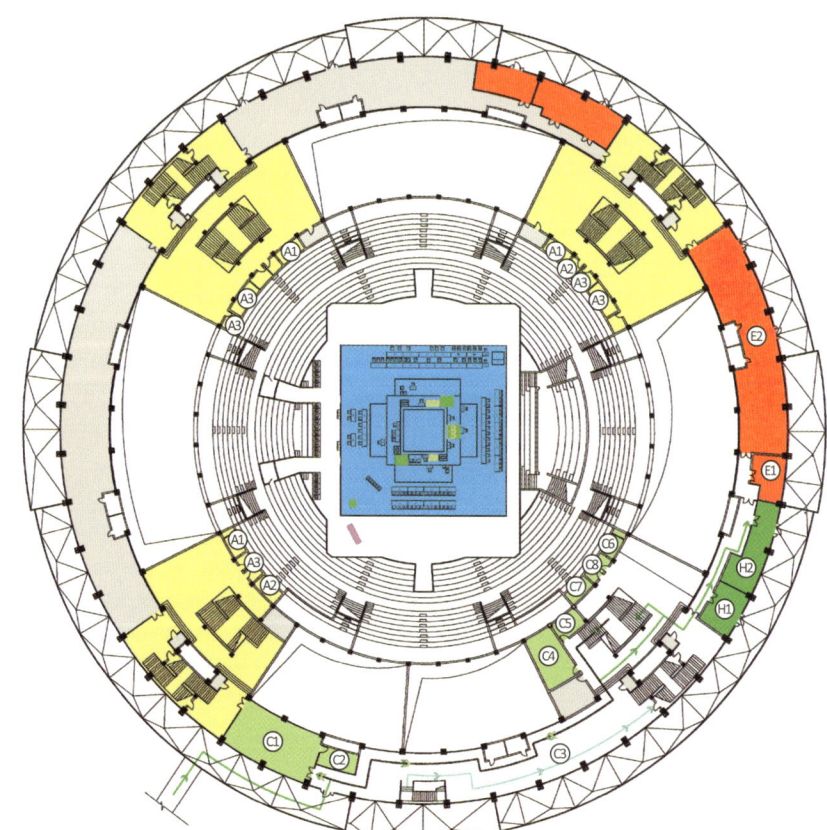

三层平面图

A. 观众活动区
A1. 观众集散大厅
A2. 观众卫生间

B. 体育竞赛区

C. 新闻运行区

D. 场馆运行区
D1. 观众餐饮售卖点
D2. 观众饮水处

F. 非赛时使用空间区

G. 比赛场地区

H. 电视转播综合区

J. 仪式及文化活动区

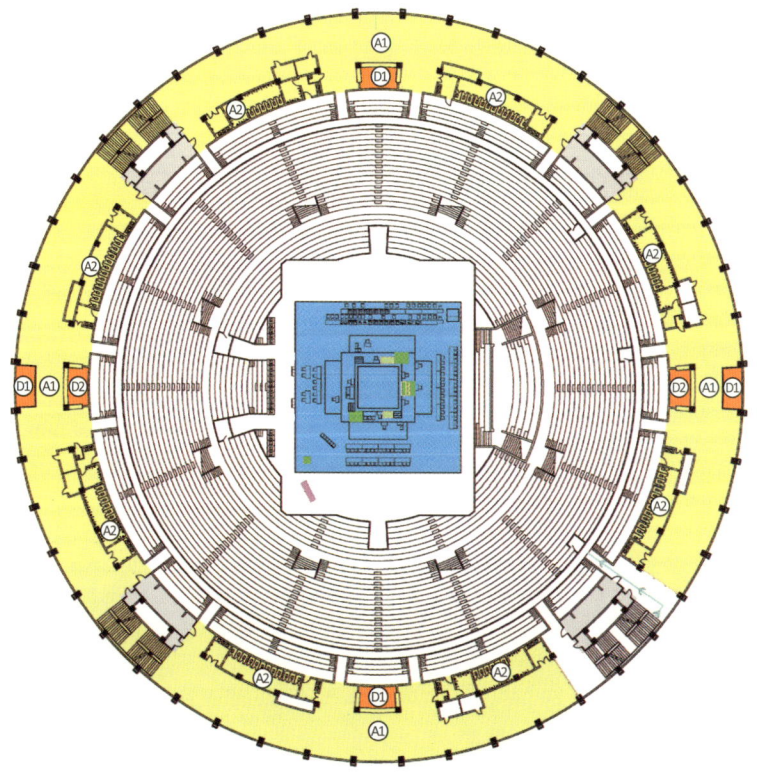

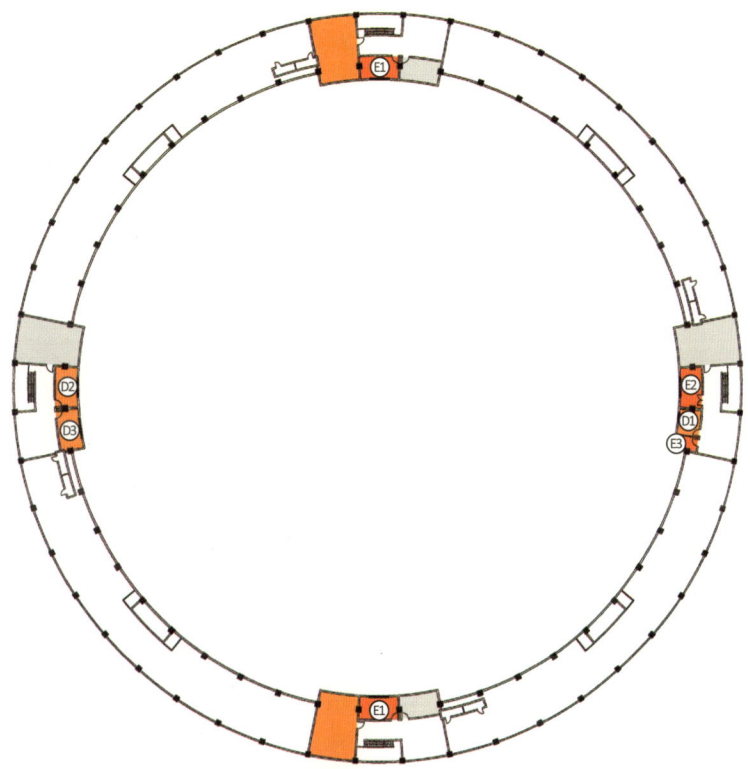

夹层平面图

D.	场馆运行区
D1.	照明控制室
D2.	无线通信机房
D3.	扩声控制室

E.	安保及交通运行区
E1.	安保观察平台
E2.	现场消防通信指挥室
E3.	显示屏控制室

F.	非赛时使用空间区

坐席层平面图

A.	观众活动区
A1.	观众集散大厅
A2.	观众看台
A3.	残疾人观众看台

B.	体育竞赛区
B1.	运动员席

C.	新闻运行区
C1.	摄影记者席
C2.	文字媒体自然席
C3.	文字媒体带桌席

G.	比赛场地区

H.	电视转播综合区
H1.	观察员坐席
H2.	评论员坐席
H3.	带摄像机位评论员席
H4.	摄像机位
H5.	播音员席

I.	场馆礼宾区
I1.	贵宾席

J.	仪式及文化活动区

图例

	大车下车点
	小车下车点
⇒	机动车流线
⇒	步行流线
△	车辆验证点
✳	注册区验证点
△	入口
EXIT	出口

注册人员坐席列表

	注册人员分类	坐席数
1	运动员及随队官员	259
2	奥林匹克大家庭贵宾	231
3	广播电视转播人员	
	评论员席	79
	观察员席	84
4	文字摄影媒体	
	带桌文字媒体	200
	不带桌文字媒体	100
	摄影记者	150

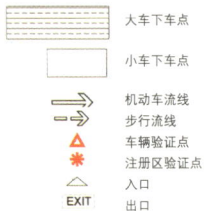

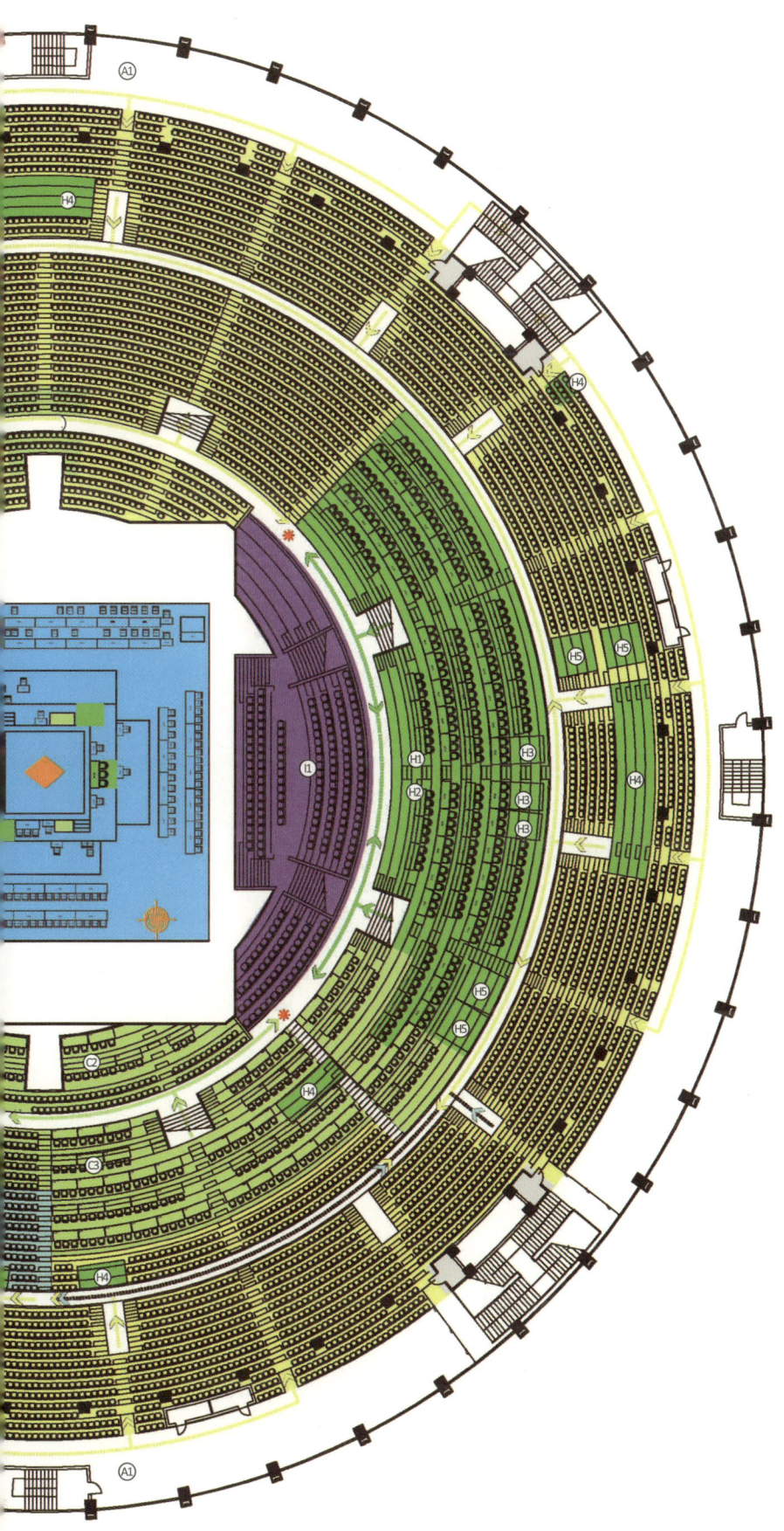

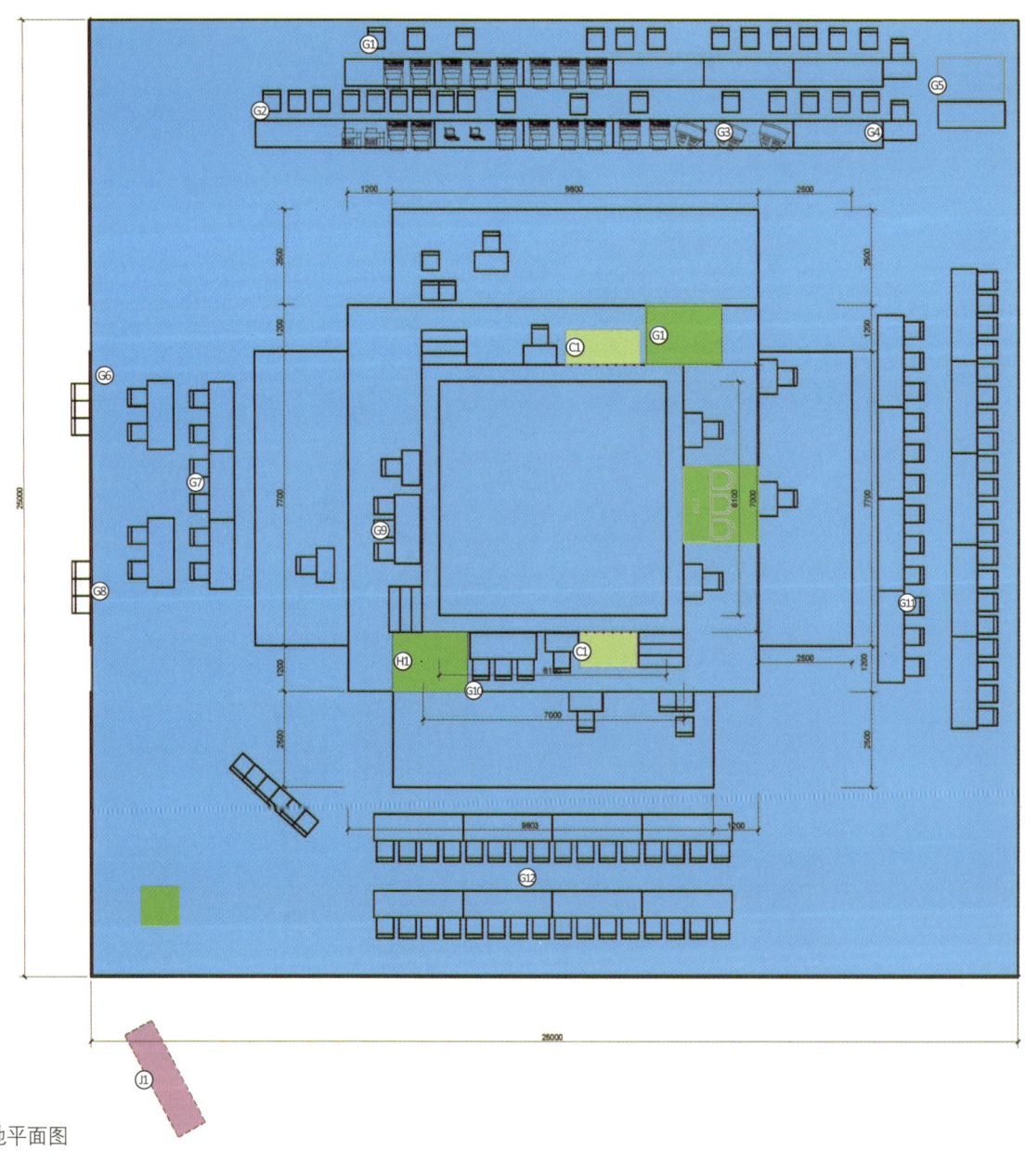

比赛场地平面图

C.　　新闻运行区
C1.　摄影记者席

G.　　比赛场地区
G1.　技术操作席
G2.　计分仲裁
G3.　体育展示
G4.　场记席
G5.　头戴设备控制空间
G6.　国际单项协会主席，秘书长
G7.　当职仲裁
G8.　技术代表席
G9.　医务仲裁
G10.　计时
G11.　裁判席
G12.　仲裁席

H.　　电视转播综合区
H1.　摄像机位

J.　　仪式及文化活动区
J1.　颁奖台

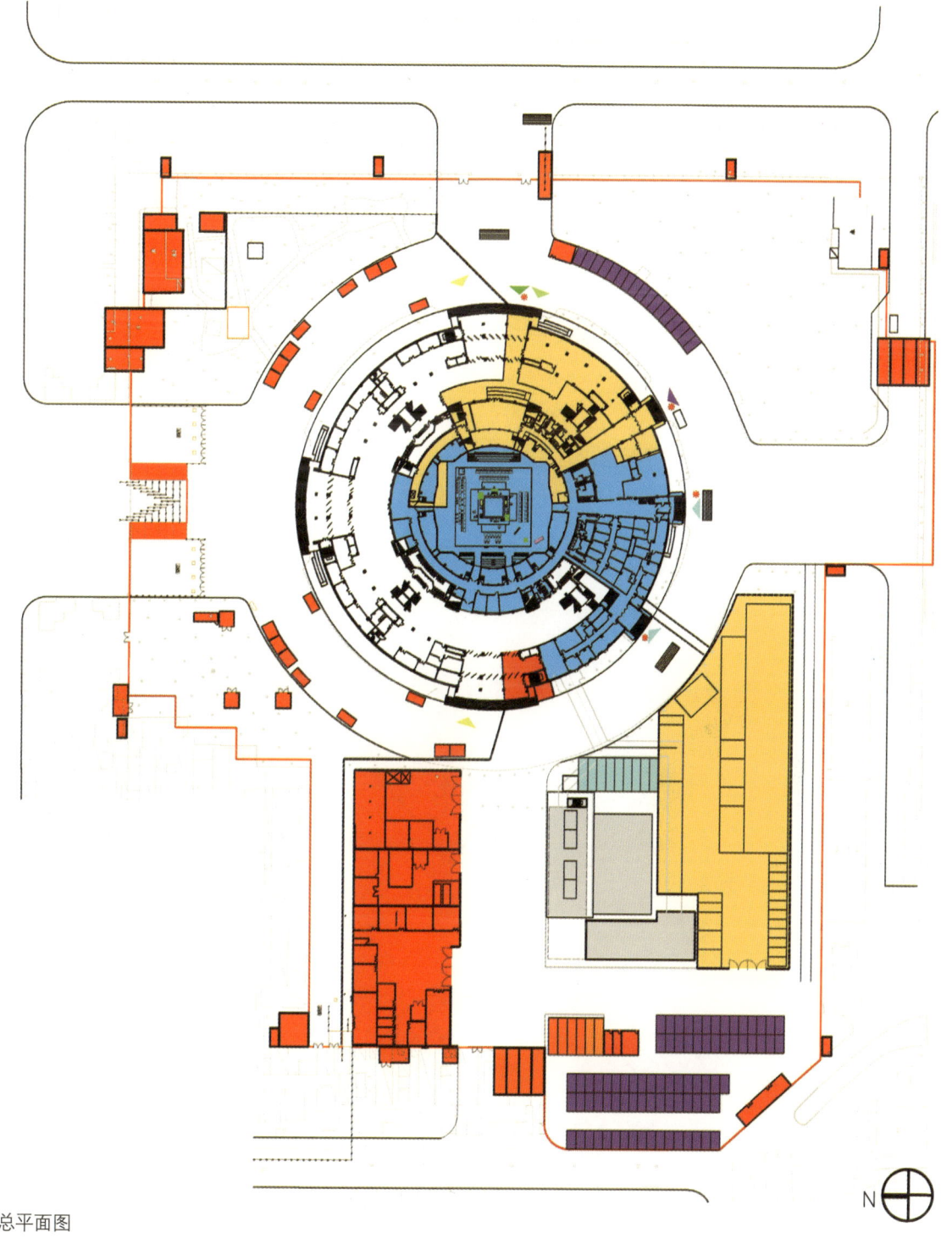

总平面图

N

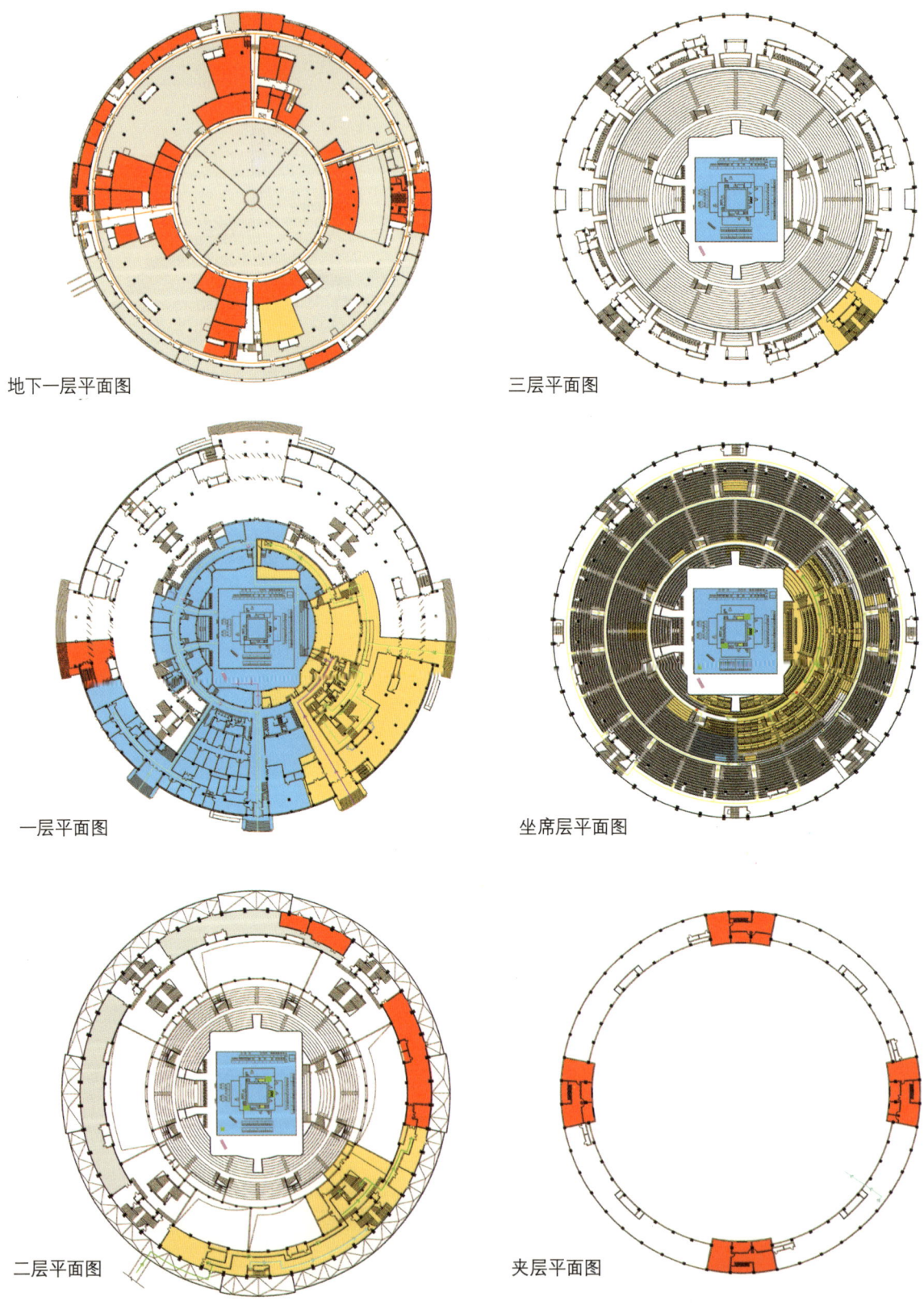

地下一层平面图

三层平面图

一层平面图

坐席层平面图

二层平面图

夹层平面图

地坛训练馆

场馆概况

地点：北京市东城区安定门外大街地坛公园南门外

场地类型：改造比赛场馆

奥运会期间的用途：拳击训练

残奥会期间的用途：无

建筑面积：13600m^2

固定坐席数：无

临时坐席数：无

训练拳台数：8

地坛体育馆

功能分区1——场馆运行区

运行责任部门	房间中文名称	英文名称	数量	面积（m²）
场馆管理	场馆经理办公室	Venue Manager Office	1	21
	多功能会议区	Multi-purpose Room	1	65
	场馆设备管理办公室及储藏间	Site Management Work Room & Storage	1	88
餐饮	餐饮综合区	Catering Compound	1	392
	干货冷藏区	Dry, Cold & Ice Storage	1	区域空间
	卸货区	Vehicle Staging	1	区域空间
	厨房和备餐区	Kichen & Preparation Area	1	区域空间
	卫生间	Toilet	1	区域空间
清废管理	清废主管及工人休息区	CLW Manager Office	1	21
	清洁设备储存区	Cleaning Equipment Supply & Storage	1	21
	垃圾分类区	Waste Sorting Area	1	30
物流	物流管理办公室	Logistic Management	1	23
	物流储藏区	Logistic Storage	1	143
	物流临时卸货区	Loading & Vehicle Temporary Staging	1	430
交通	交通监控指挥室	Transport Monitoring & Command Office	1	65
	交通服务调度室	Vehicle Dispatch Room	1	25
	交通路障设施存放区域	Storage Yard	1	21
安全保卫	安保指挥中心	Security Command Centre	1	76
	民警及警休息室	Policemen Break Room	1	21
	治安处理点	Public Security Handling Office	1	20
	现场警卫机动力量备勤室	On-site Guard Reserve Force Office	1	108
	失物招领	Lost & Found	1	10
	反恐防爆屯兵处	Anti-terrorism Personnel Duty Room	1	142

功能分区2——体育竞赛区

运行责任部门	房间中文名称	英文名称	数量	面积（m²）
体育	训练场地	Warm-up Area	12	112
	体检室	Examination Room	1	288
	称重室	Weight Room	1	264
	运动员更衣室	Athlete Change Room	2	109
	更衣区	Change Room	2	22
	淋浴区	Shower Room	2	29
	桑拿区	Sauna Room	2	12
	桑拿区	Sauna Room	2	10
	卫生间	Toilet	2	16
	运动员休息室	Athletes Locker Room	2	64
	男卫生间	Toilet	1	23
	女卫生间	Toilet	1	20
	体育器材储藏区	Athlete Equipment Storage Area	1	392
	办公用房	Office	1	23
医疗卫生	运动员医疗站	Athelete Medical Station	1	68

总平面图

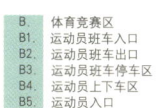

B. 体育竞赛区
B1. 运动员班车入口
B2. 运动员班车出口
B3. 运动员班车停车区
B4. 运动员上下车区
B5. 运动员入口

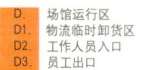

C. 新闻运行区
C1. 媒体入口

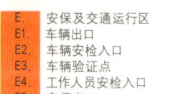

D. 场馆运行区
D1. 物流临时卸货区
D2. 工作人员入口
D3. 员工出口
D4. 垃圾存储分类区
D5. 应急车辆停车区（含急救车）
D6. 场馆运行停车区

E. 安保及交通运行区
E1. 车辆出口
E2. 车辆安检入口
E3. 车辆验证点
E4. 工作人员安检入口
E5. 安保出口

F. 非赛时使用空间区

图例

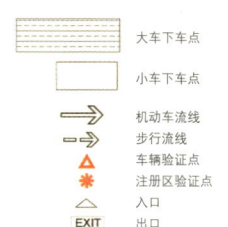

大车下车点
小车下车点
机动车流线
步行流线
车辆验证点
注册区验证点
入口
EXIT 出口

线型图例

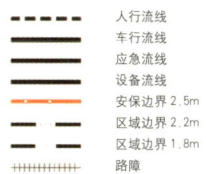

人行流线
车行流线
应急流线
设备流线
安保边界 2.5m
区域边界 2.2m
区域边界 1.8m
路障

地下层平面图

D. 场馆运行区
D1. 物流管理办公室
D2. 物流储藏区

E. 安保及交通运行区
E1. 反恐防爆屯兵处

F. 非赛时使用空间区

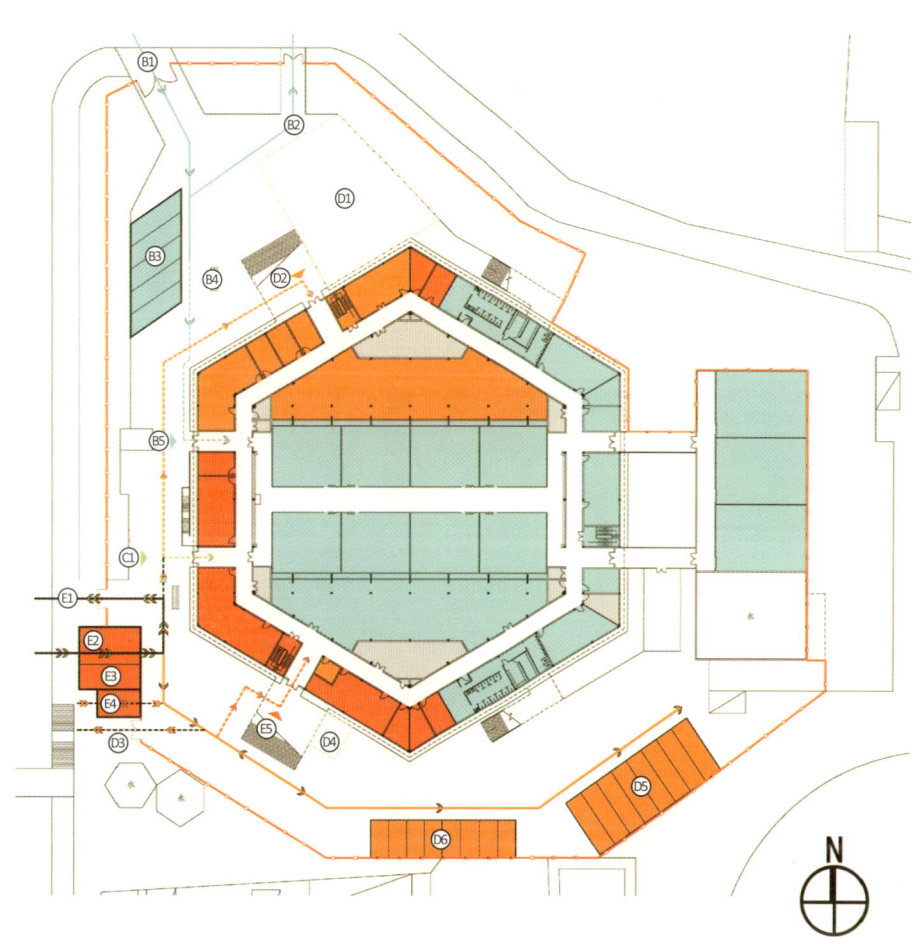

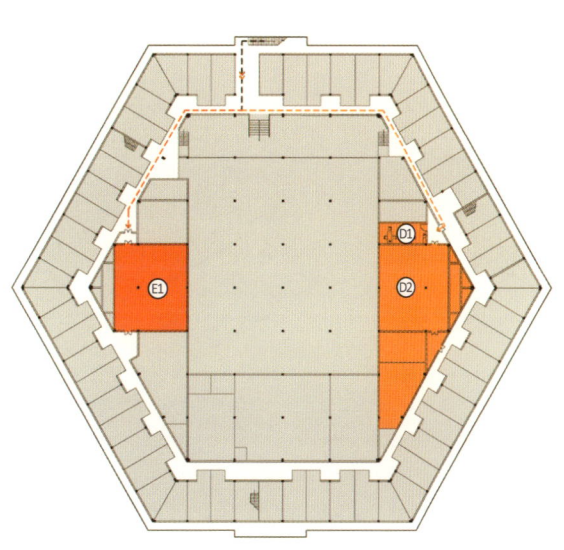

一层平面图

A. 体育竞赛区
A1. 训练场地
A2. 更衣、淋浴
A3. 运动员休息室
A4. 女卫生间
A5. 男卫生间
A6. 运动员医疗站
A7. 竞赛办公
A8. 体育器材存储区

B. 场馆运行区
B1. 餐饮综合区
B2. 多功能会议室
B3. 场馆经理办公室
B4. 清洁管理与清废工人休息区
B5. 清洁设备存储区
B6. 场馆设施管理办公室及存储间
B7. 失物招领

C. 安保及交通运行区
C1. 治安处理点
C2. 民警交警休息室
C3. 现场警卫机动力量备勤室
C4. 安保指挥中心
C5. 女卫生间
C6. 男卫生间
C7. 交通服务调度室
C8. 交通路障设施存放间
C9. 交通监控指挥室

D. 非赛时使用空间区
D1. 配电室
D2. 设备存储间
D3. 管道间

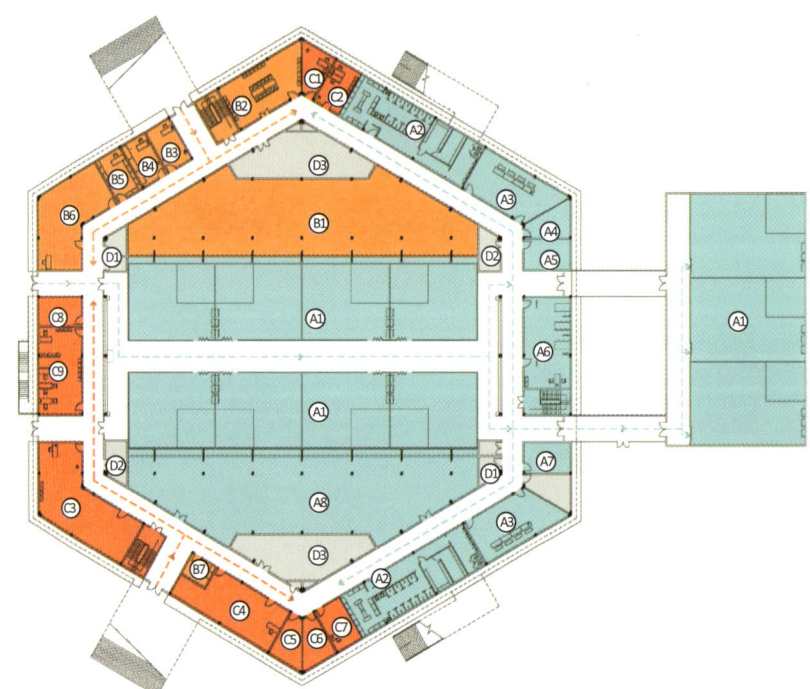

二层平面图

A. 体育竞赛区
A1. 运动员接待
A2. 运动员等候
A3. 体检室
A4. 称重室

D. 非赛时使用空间区

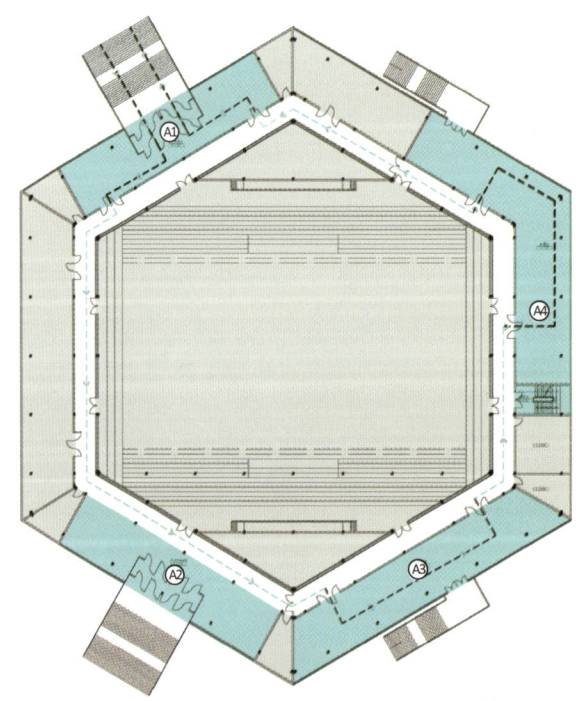

02-02

北京工人体育场

北京工人体育场

场馆概况

地点：北京市朝阳区工体路

场地类型：改造比赛场馆

奥运会期间的用途：足球

残奥会期间的用途：无

建筑面积：44800m^2

固定坐席数：64000个

足球比赛

北京工人体育场的场地设计应满足奥运会足球比赛的使用要求。足球比赛场地设计应满足国际足联最新的《足球比赛竞赛规则》和场地技术标准。

比赛场地设计

比赛场地尺寸为 105m×68m，比赛场地边缘线距草坪区边缘线至少为 1.5m。角球点外草坪宽度至少为 80cm。草坪区内为光滑平整的天然草皮。从比赛场地至挡网或壕沟的最小距离：从边线量为 6.0m，从每个球门线量为 7.5m。比赛场地有良好的渗水功能和排水系统，以防止雨天时积水过多而无法比赛。场地排水坡度为 0.3%。

比赛规则

比赛时间

正式的国际足球比赛分为上、下两个半场，每半场 45 分钟，中间休息不得超过 15 分钟。

队员人数与换人

每队上场队员不得多于 11 名,其中必须有一名守门员。如果一队的场上队员少于 7 人，则比赛不能开始。奥运会足球比赛中，每场比赛最多可以使用 3 名替补队员；场外和场上队员未经裁判员许可不能擅自进出场地。比赛时，守门员和其他队员的位置不能随意交换，如需要交换，须经过裁判员同意。

裁判员

一场正式的足球比赛由：一名裁判员，两名助理裁判员，一名第 4 官员担任裁判工作。裁判员的职责：有场上最终判决权，决定比赛时间是否延长、比赛是否推迟和中止。助理裁判员的职责：示意越位及球出界，协助裁判员的场上判罚，但没有最终判决权。

北京工人体育场

功能分区1——观众活动区

运行责任部门	示范场馆房间名称	英文名称	数量	面积（m²）
观众服务	观众信息厅	Spectator Info Booth	2	90
	观众物品寄存处	Stroller Storage	2	40
	检票口	Ticket Rip	3	12
	观众集散大厅	Spectator Concourse	11	36
	观众信息亭	Spectator Info Booth	1	50
	观众婴儿车、轮椅寄存区	Stroller Storage	2	75
	失物招领处	Lost & Found	1	23
	公共电话	Pay Phone	2	32
	指定吸烟区	Designated Somoking Area	2	48
	观众饮水处	Spectator Drinking Fountain	5	150
环境	临时卫生间	Temporary Toilet	11	248
	观众卫生间	Spectator Toilets	13	622
场馆财务	观众餐饮售卖点	Snack Points	16	288
餐饮服务	观众餐饮售卖点	Snack Points	16	288
市场开发	特许商品零售点	Merchandising point	5	327
医疗站	接待和候诊区	Reception & Waiting Area	1	18
	医疗区	Medical Treatment Area	1	29
	医生办公室	Doctor Office	1	14
票务	票务服务台	Ticket Management	1	30
	售票处	Ticketing Sales Window	1	47

功能分区2——比赛场地区

运行责任部门	示范场馆房间名称	英文名称	数量	面积（m²）
竞赛组织	比赛场地	Field of Play	1	1084(36×29)
	运动员检录区	Athlete Call Area	1	16
	混合区(运动员通道)	Mixed Zone	1	25延米长
	仲裁席	Jury Seating	1	空间区域
	技术代表席	Technical Delegates Seating	1	空间区域
	裁判席	Judge Seating	1	空间区域
	成绩统计台	Results Data Entry Position	1	空间区域
技术	成绩统计台	Results Data Entry Position	1	空间区域
	计时计分席	Timing & Scoring Position	2	空间区域
兴奋剂检查	运动员兴奋剂检查标记区	Athletes Tagging	1	4
医疗服务	比赛场地周边急救区	Adjacent First Aid Area in FOP	1	18
颁奖仪式	颁奖台及旗杆	Awards Podium & Flag Poles	1	35

功能分区3——体育竞赛区

运行责任部门	示范场馆房间名称	英文名称	数量	面积（m²）
竞赛组织	运动员休息室	Athlete Locker Room	4	25
	运动员更衣室	Athlete Change Room	4	26
	运动员卫生间	Athlete Toliet	1	18
	中国足协男足协调员办公室	CFA MF Coordination Office	1	30
	中国足协女足协调员办公室	CFA WF Coordination Office	1	30
	竞赛委员办公室	competiation commissary office	1	54
	会议室	NTO/ITO Meeting Room	1	71
	核心管理团队办公室	Central Competition Management Team's Office	1	48
	竞赛观察室	competition observed room	1	30
	竞赛副主任办公室	PCM Office	1	30
	赛区竞赛主任办公室	VCM Office	1	30
	核心管理团队行政主任办公室	Administration Manager Office	1	30
	竞赛主任办公室	CM Office	1	30
	赛区竞赛主任办公室	VCM Office	1	30
	核心管理团队行政主任办公室	Administration Manager Office	1	30
	竞赛主任办公室	CM Office	1	30
竞赛组织	赛区竞赛管理团队办公室	Venue Competition Management Team's Working Office	1	48
	国际单项联合会总协调员办公室	FIFA General Coordinator Office	1	30
	国际单项联合会竞赛办公室	FIFA Competition Office	1	62
	核心管理团队技术运行经理办公室	Tech-operation Manager Office	1	30
	综合事务办公室	Multi-affairs Office	1	95
	裁判休息室	Judge Break Room	2	43
	球童休息室	Ball Kids Room	1	92
	体育器材储存区	Sport Equipment Storage Area	2	44
	运动员接待处	Reception & Info Desk	1	24
	热身场地	Warm-up Area	2	155/155
	运动员更衣室	Athlete Change Room	12	16平米/个
	运动员卫生间	Athletes Toilet	2	男37/女37
	竞赛主任办公室	Competition Director Office	1	9
	竞赛经理办公室	Competition Manager Office	1	12
	国际单项体育联合会主席办公室	IFs President's Office	1	18
	国际单项联合会秘书长办公室	IFs Secretary's Office	1	51
	国际单项体育联合会技术代表室	IFs Technical Delegates Office	1	54
	国际单项体育单项联合会新闻代表工作室	IFs News Delegates Office	1	73
	国际单项体育联合会会议室	IFs Meetig Room	1	74
	裁判休息室	Judge Break Room	1	62
	裁判更衣室	Judge Locker room	1	45
	裁判卫生间	Judge Toilet (male)	2	男15/女15
技术	现场成绩处理机房	On-venue Results Room	2	87
	计时计分系统设备存放间	Timing & Scoring Equipment Storage	1	17
兴奋剂检查	兴奋剂官员办公室	Office for Doping Control Manager	1	6
	兴奋剂候检室	Waiting Area	1	39
	尿检工作室(含卫生间)	Processing Room	1	19
	血液检测工作室(含卫生间)	Blood Testing Room	1	12
医疗服务	运动员医疗站	Athlete Medical Station	1	15
	运动员候检室	Reception & Waiting Room	1	17
	治疗室	Intensive Care Unit	1	14
	医生办公室和储藏室	Doctor & Nurse Office	1	14
竞赛组织	本项目运动员、随队官员和运动队技术摄像看台	Athletes & Team Official Seating	846	

功能分区4——仪式及文化活动区

运行责任部门	示范场馆房间名称	英文名称	数量	面积（m²）
颁奖仪式	国旗储藏室	national flag storage	1	43
	体育展示办公室	Sport Presentation Office	1	20
	仪式经理办公室及奖牌	Ceremony Managemant & Medal Storage	1	12
	颁奖仪式等候区	Ceremony Waiting Area	1	35
	国旗储藏室	Flag Storage	1	20
	礼仪表演人员准备室(男)	Presenter & Mascot Dressing (Male)	1	53

运行责任部门	示范场馆房间名称	英文名称	数量	面积(m²)
电视转播	评论员控制室(CCR)	Commetator Control Room	1	18
	转播信息办公室(BIO)	转播信息办公室(BIO)	2	36
	混合区（电视转播通）	Mixed Zone	1	36
	普通评论员席	Commentator Seating	10	10
	带摄像机位评论员席	Com-Cam Positions	2	2
	广播席	Announcement Seating	1	1
	观察员看台	Observer Seating	50	50
	带设备评论员席		18	18
	转播管理办公区	Broadcasting Management Office	1	72
	信号制作办公室	Production Office	1	96
	转播技术运行中心	Broadcasting Technical Operation Centre	1	120
	转播技术运行办公室	Broadcasting Technical Operation Centre/Graphics	1	21
	技术操作间	Technical Cabin(Maintenance/Speciality Operation)	2	192
	技术存储空间	Technical Storage	1	48
	电视转播餐饮区	Broadcasting Catering	1	148
	转播餐饮备餐区	Boradcasting Catering Kitchen Area	1	22
	餐厅	Dining Area	1	144
	工作人员休息区	Staff Break Area	1	288
	发电机/备份电源存放区	Power Generator/Back Power Gernerator	1	264
	机电区	Mechanical Zone	1	48
	物流存放间	Logistic Storage	1	48
	持权转播商用地	RHB working Area	1	1148
	转播人员专用卫生间	Broadcasting Toilet	1	24
	评论员控制室(CCR)	Commetator Control Room	1	60
	转播信息办公室(BIO)	Broadcasting Informatio Office	1	20
	混合区(电视转播通道)	Mixed Zone	1	25延米
	电视转播坐席	Broadcaster Seating	1	空间区域
	普通评论员席	Commentator Seating	1	空间区域
	带摄像机位评论员席	Com-Cam Positions	1	空间区域
	广播席	Announcement Seating	1	空间区域
	观察员看台	Observer Seating	1	空间区域
	摄像机位	Camera Positions	6	空间区域

功能分区5——新闻运行区

运行责任部门	示范场馆房间名称	英文名称	数量	面积(m²)
新闻运行	新闻运行经理办公室	Press Office	1	15
	摄影经理办公室	Photo Manager Office	1	16
	文字记者工作区	Press Work Area	1	570
	新闻运行经理办公室	Press Office	1	10
	摄影经理办公室	Photo Manager Office	1	16
	奥林匹克新闻服务工作室	Olympic News Service Work Room	1	25
	成绩公报协调员办公室	Results Distribution	1	12
	媒体接待处	Reception & IFO Desk & Storage	1	24
	文字记者工作区	Press Work Area	1	500
	摄影记者工作区	Photo Work Area	1	100
	新闻媒体专用卫生间(男)	Toilet (male)	2	30
	新闻媒体专用卫生间(女)	Toilet (female)	2	30
	盥洗室	Washing Room	1	9
	媒体休息区	Media Lounge	1	100
	新闻发布转播控制室	Broadcasting Control Room	1	空间区域
	坐席区	Seating Area	1	空间区域
	主席台	Dais	1	空间区域
	摄像机平台	Camera Platform	6	空间区域
	混合区(新闻媒体通道)	Mixed Zone	1	25延米
	文字媒体带桌席	Press Tribune with Table	1	空间区域

运行责任部门	示范场馆房间名称	英文名称	数量	面积(m²)
新闻运行	文字媒体自然席	No-table Press Seating	1	空间区域
	摄影机位	Photographer Positions	6	空间区域
	摄影记者席	Photo Positions	1	空间区域
	比赛场地区	FOP Positions	1	空间区域
	看台区	Seating Positions	1	空间区域

功能分区6——场馆礼宾区

运行责任部门	示范场馆房间名称	英文名称	数量	面积(m²)
场馆礼宾	场馆礼宾经理办公室	Venue Protocol Manager Desk	1	14
	贵宾入口大厅	VIP Entrance"s hall	1	空间区域
	贵宾会客室	OlympicFamily MeetingRoom	1	66
	贵宾休息室	Olympic Family Lounge	1	211
	小型备餐间	Food Preparation Room		空间区域
	陪同人员休息室	Olympic Family Attendants Room	1	62
	场馆礼宾经理办公室	Venue Protocol Manager Desk	1	12
	贵宾接待与交通服务处	Welcome & Trasport Info Desk	1	40
	贵宾休息室	Olympic Family Lounge	1	210
	餐台和休息区	Dining & Lounge	1	空间区域
	小型备餐间	Food Preparation Room	1	26
	贵宾卫生间	OF Toilet	1	12
	陪同人员休息区	Olympic Family Attendants Room	2	10
	奥林匹克大家庭贵宾席	Olympic Family VIP Seating	1	40

功能分区7——场馆运行区

运行责任部门	示范场馆房间名称	英文名称	数量	面积(m²)
场馆管理	场馆主任办公室	Venue Manager Office	1	27
	场馆副主任办公室	Venue Deputy Manager Office	1	30
	场馆通信中心	Venue Commuication Centre	1	53
	多功能会议区	Multi-purpose Room	1	132
	场馆人事经理办公室	Venue Staffing Management	1	22
场馆人事	场馆人事经理办公室	Venue Staffing Management	1	22
	工作人员签到区	Staff Check-in Area	1	68
	工作人员休息和用餐区	Staff Break & Dnining Area	1	313
	工作人员卫生间	Staff Toilet	2	4
场馆财务	场馆财务经理办公室(含收费卡办公室)	Venue Finance Manager Office (Includes: Rate Card Office)	1	27
观众服务	观众服务管理办公区	Spectator Services Management Area	1	70
	物资储存和分发区	SPS Equipment Storage & Distribution	120	120
票务	票务办公室	Ticketing Management Office	1	15
语言服务	语言服务经理办公区	LAN Manager Office	1	54
市场开发	特许商品场馆零售管理办公区/出纳室	MER Management Area/Cash Room	1	10
注册	场馆注册中心	Venue Accreditation Office	1	92
场馆设施管理	后勤工人休息区	Response Team & Vendor Staging	1	48
	场地器材存放室	Equiptmets Storage	1	17
技术	计算机设备房间	Computer Equipment Room	1	41
	网络设备间	LAN Equipment Room	1	33
	综合布线主配线间	Main Cabling Room	1	27
	综合布线分配线间	Cross Connection Frame Room	1	4
	移动通信设备机房	Mobile Telecommuication Equipment Room	2	100
	无线通信机房	Wireless Communication Room	1	20
	扩声控制室	Public Address Control Room	1	20
	有线电视机房	CATV Control Room	1	50
	显示屏控制室	Video Board Control Room	1	6
	中央/设备监控室	Central Control Manager Room	1	8
	灯光控制室	Lighting Control Room	1	12
	卫生间（女）	FemaleToilet	2	11
	卫生间（男）	Male Toilet	1	11
	集群通信设备分发间	Trunk Radio Distribution Room	1	33
	场馆技术运行中心	Venue Technology Operation Center	1	96

运行责任部门	示范场馆房间名称	英文名称	数量	面积(m²)
技术	技术支持服务中心	Technology Help Desk	1	40
	成绩复印分发室	Results Printing & Distribution	2	95
	固定通信技术人员工作室	Fix Telecommunication Operation	1	30
	移动通信技术人员工作室	Mobile Telecommunication Operation	1	33
	流动扩声系统设备存放间	Audio Equipment Room	1	52
	IT设备存放间	IT Equiptmet Storage	1	27
	IT设备包装存放间	IT Bulk Storage	1	139
	打印机,复印机包装存放室	Printer/Copier Bulk Storage	1	139
	松下设备包装存放间	Panasonic Equipment Bulk Storage	1	139
	纸张存放间	Paper Storage	1	43
	UPS包装存放间	UPS Bulk Storage	1	45
物流	物流经理办公室	Logistic Management	1	50
	物流管理办公区	Logistic Management Area	1	69
	工人休息区	Workers Lounge	1	72
	特殊物资储区	Special Materials Storage	1	15
	技术设备包装物仓储区	Warehouse Storage	1	139
	维修物资仓库和工作间	Maintenance Warehouse &Workshop	1	45
	物资回收及分发室	Equipment Sign-out	1	69
	物流卸货区	Loading & Vehicle Staging	1	空间区域
	物资转运区	Materials Transfer Area	1	23
	油箱存储间	Fuel Tanks	1	10
	维修车辆停放区	Material Vehicle Staging	1	69
餐饮服务	餐饮供应商办公室	Catering Contractor Office	1	12
	饮料供应商办公室	Beverage Contractor Office	1	20
	干货冷藏区	Dry, Cold & Ice Storage	1	243
	厨房和备餐区	Kitchen & Preparation Area	1	69
环境	废弃物暂存区	Waste Sorting Area	1	68
	垃圾压缩机停放区	Waste Contractor	1	23

运行责任部门	示范场馆房间名称	英文名称	数量	面积(m²)
功能分区8——安保及交通运行区				
安保	违禁物品存放处	Contraband Storage	2	204
	治安处理点	Public Security Handling Office	1	242
	安保指挥办公室	Security Command Office	2	49
	安保工作区	Security Work Area	1	79
	现场安保指挥通信设备间	On-site Security Commuication Equipment Room	1	47
	反恐防暴屯兵处(反恐人员备勤室)	Anti-terrorism Personnel Duty Room	1	108
	武警部队备勤室	Policeman Duty Room	1	116
	安保后备用房	Security Reserve Room	1	38
	现场警卫机动力量备勤室	On-site Guard Reserve Force Office	1	26
	要人随身警卫人员备勤室	Guard Duty Room for VIPs	1	27
	要人紧急避险处	Emergency Shelter for VIPs	1	25
	要人警卫工作现场指挥部	On-site Guard Office	1	50
	消防指挥室	Fire Fighting Command Office	1	45
	现场消防通信指挥室	On-site Fire Fighting Communication Command Office	1	20
	消防备勤室	Fire Fighting Reserve Office	1	22
	安保观察平台	Security Observation Positions	2	48
	安保执勤岗亭	Security Observation Positions	8	128
交通	交通监控指挥室	Transport Monitoring & Command Office	1	75
	车辆调度室	Vehicle Dispatch Room	1	22
	司机休息室	Driver Break Room	1	95
	交通路障设施存放区域	Storage Yard	1	27
安保/观众服务	观众安检口（软验票）	Spectator Security Check Point	3	空间区域
	运动员安检验证口	Athlete Security Check Point	1	空间区域
	技术官员安检验证口	Technical Officials Security Check Point	1	空间区域
	电视转播与新闻媒体安检验证口	Media Security Check Point	1	空间区域
	贵宾安检验证口	VIPs Security Check Point	1	空间区域
	工作人员安检验证口	Staff Security Check Point	1	空间区域
	运动员入口(蓝区)	Athlete Access Control Point	1	空间区域
	技术官员入口(蓝区)	Tech. Officials Access Control Point	1	空间区域
	电视转播人员入口(5区)	Broadcastor Access Control Point	1	空间区域
	新闻媒体入口(4区)	Press Access Control Point	1	空间区域
	贵宾入口(6区)	VIP Access Control Point	1	空间区域

总平面图

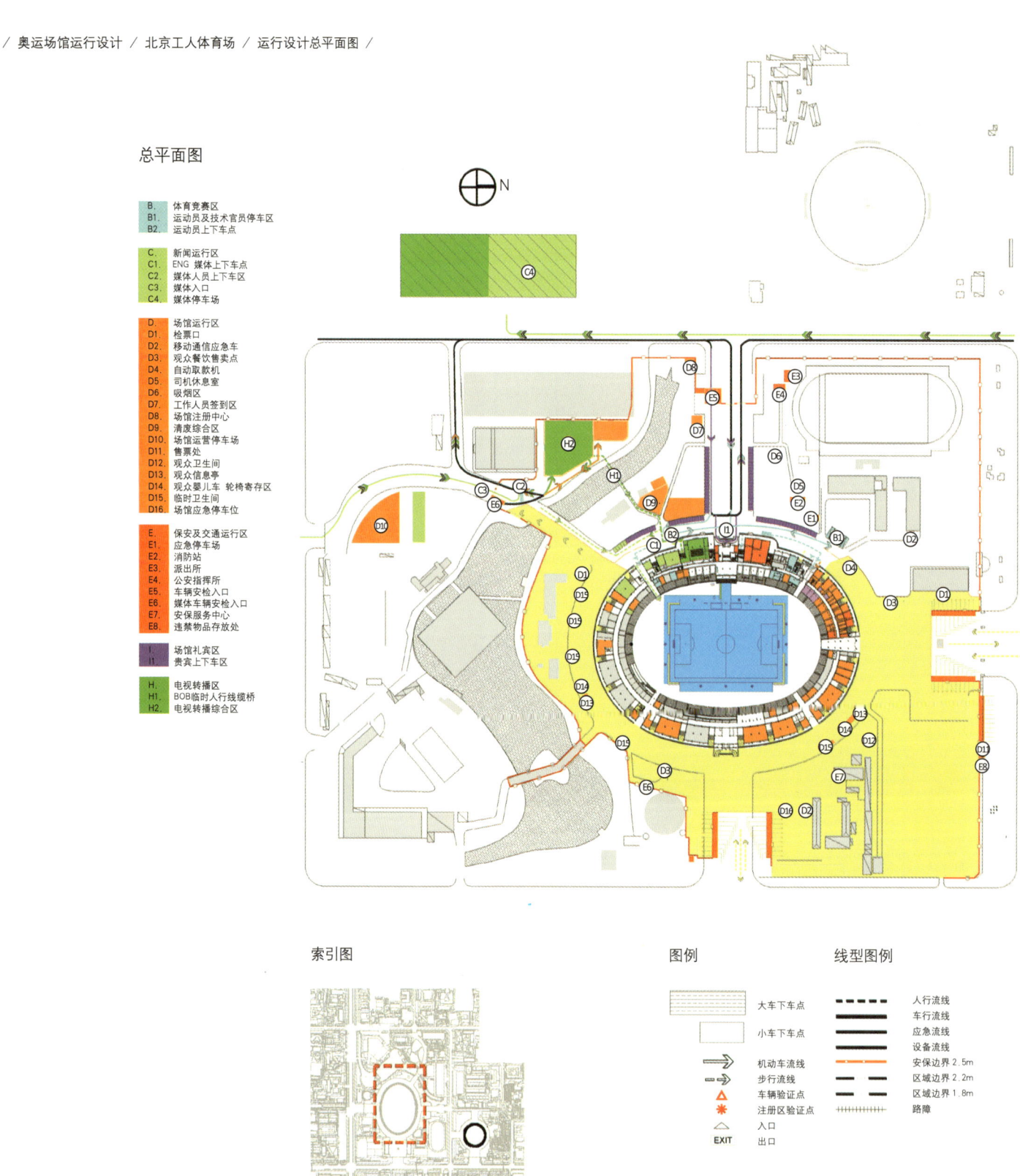

B. 体育竞赛区
B1. 运动员及技术官员停车区
B2. 运动员上下车点

C. 新闻运行区
C1. ENG 媒体上下车点
C2. 媒体人员上下车区
C3. 媒体入口
C4. 媒体停车场

D. 场馆运行区
D1. 检票口
D2. 移动通信应急车
D3. 观众餐饮售卖点
D4. 自动取款机
D5. 司机休息室
D6. 吸烟区
D7. 工作人员签到区
D8. 场馆注册中心
D9. 清废综合区
D10. 场馆运营停车场
D11. 售票处
D12. 观众卫生间
D13. 观众信息亭
D14. 观众婴儿车 轮椅寄存区
D15. 临时卫生间
D16. 场馆应急停车位

E. 保安及交通运行区
E1. 应急停车场
E2. 消防站
E3. 派出所
E4. 公安指挥所
E5. 车辆安检入口
E6. 媒体车辆安检入口
E7. 安保服务中心
E8. 违禁物品存放处

I. 场馆礼宾区
I1. 贵宾上下车区

H. 电视转播区
H1. BOB临时人行线缆桥
H2. 电视转播综合区

索引图

图例

大车下车点
小车下车点
机动车流线
步行流线
车辆验证点
注册区验证点
入口
EXIT 出口

线型图例

人行流线
车行流线
应急流线
设备流线
安保边界 2.5m
区域边界 2.2m
区域边界 1.8m
路障

地下一层平面图

B. 体育竞赛区
B1. 裁判休息室
B2. 队伍休息室
B3. 按摩区
B4. 更衣室
B5. 淋浴区
B6. 卫生间

F. 非赛时使用空间区
F1. 储藏区
F2. 空调机房
F3. 报警阀室

I. 场馆礼宾区
I1. 颁奖仪式等候区

J. 仪式及文化活动区
J1. 国旗储藏室

一层平面图

B. 体育竞赛区
B1. 运动员医务室
B2. 兴奋剂检测
B3. 卫生间（男、女）
B4. 计时计分系统设备存放间
B5. 足球项目工作团队赛区竞赛团办公室

C. 新闻运行区
C1. 混合区（新闻媒体通道）
C2. 媒体休息区
C3. 摄影记者工作区
C4. 摄影经理办公室
C5. 新闻发布厅

D. 场馆运行区
D1. 餐饮贮藏点
D2. 观众餐饮售卖点
D3. 观众医疗站
D4. 移动通信设备机房
D5. 场馆设施管理办公区
D6. 后勤工人休息区
D7. 特许商品零售点
D8. 观众服务工作部署区
D9. IT设备存放间
D10. 垃圾暂存间
D11. 设备包装存放间
D12. 物资存储及分发间
D13. 观众服务管理办公区
D14. 环境经理办公室
D15. 固定通信技术人员工作室
D16. 移动通信技术人员工作室
D17. 场馆技术运行中心
D18. 技术支持服务中心
D19. 电源室
D20. 固定通信设备机房
D21. 场馆主任办公室
D22. 多功能会议中心
D23. 语言服务经理办公室
D24. 物流经理办公室
D25. 网络管理间

D26. 移动通信设备机房
D27. 场馆运行中心
D28. 场馆通信中心
D29. 集群通信设备分发间
D30. 无线通信机房
D31. 球童休息室
D32. 清洁物品暂存间
D33. 流动扩声设备存放间
D34. 环境经理办公室

E. 保安及交通运行区
E1. 消防控制
E2. 突发事件处置人员备勤室
E3. 车辆调度室
E4. 治安检查点
E5. 安保指挥中心
E6. 反恐防暴屯兵处
E7. 安保后便用房
E8. 要人警卫工作现场指挥部
E9. 交通指挥控制室

J. 仪式及文化活动区
J1. 礼仪表演人员准备室
J2. 鲜花、颁奖台储藏室
J3. 体育展示办公室

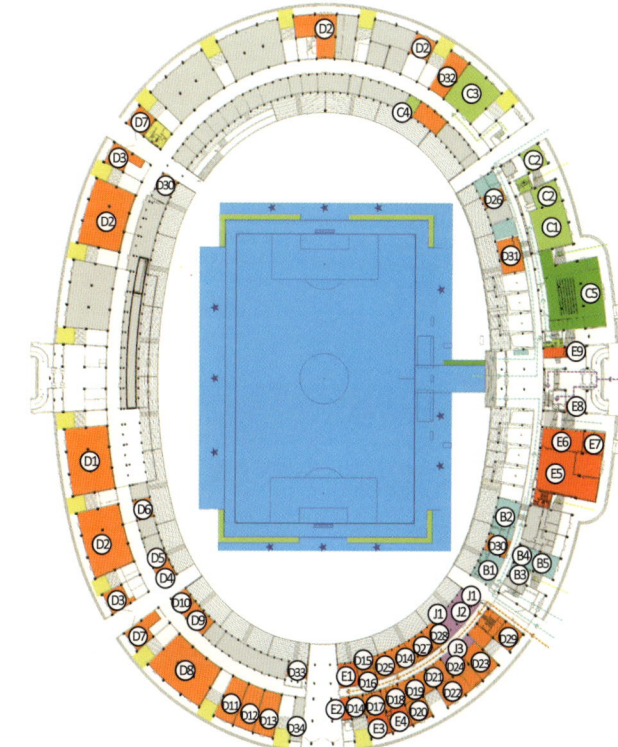

二层平面图

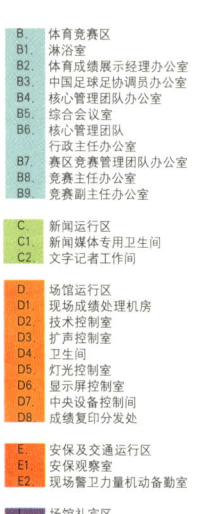

B.　体育竞赛区
B1.　淋浴室
B2.　体育成绩展示经理办公室
B3.　中国足球足协调员办公室
B4.　核心管理团队办公室
B5.　综合会议室
B6.　核心管理团队
　　 行政主任办公室
B7.　赛区竞赛管理团队办公室
B8.　竞赛主任办公室
B9.　竞赛副主任办公室

C.　新闻运行区
C1.　新闻媒体专用卫生间
C2.　文字记者工作间

D.　场馆运行区
D1.　现场成绩处理机房
D2.　技术控制室
D3.　扩声控制室
D4.　卫生间
D5.　灯光控制室
D6.　显示屏控制室
D7.　中央设备控制间
D8.　成绩复印分发处

E.　安保及交通运行区
E1.　安保观察室
E2.　现场警卫力量机动备勤室

I.　场馆礼宾区
I1.　小型备餐室
I2.　贵宾会客室
I3.　贵宾休息室
I4.　陪同人员休息室

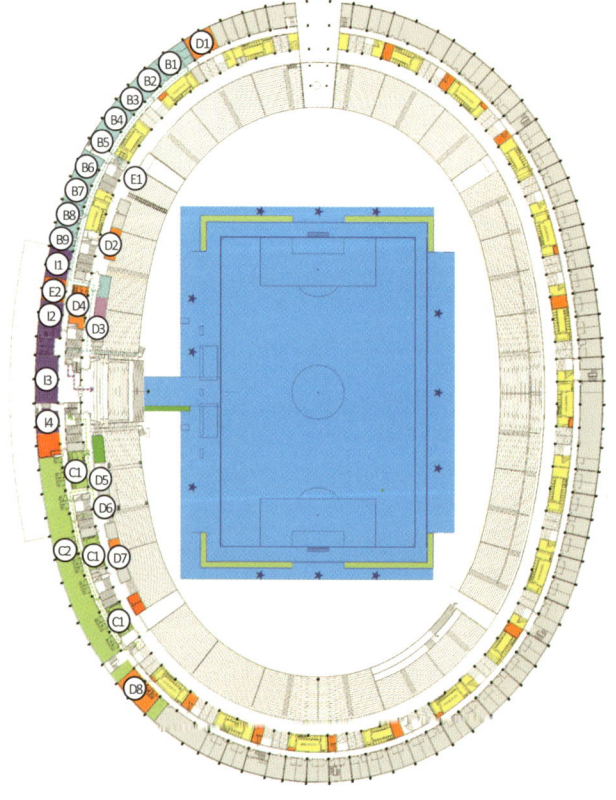

比赛场地平面图

G.　比赛场地区
G1.　球童位
G2.　摄影区
G3.　医疗服务席
G4.　技术区
G5.　替补席
G6.　第四官员及综合办公席
G7.　运动员救护电瓶车
G8.　媒体混合区

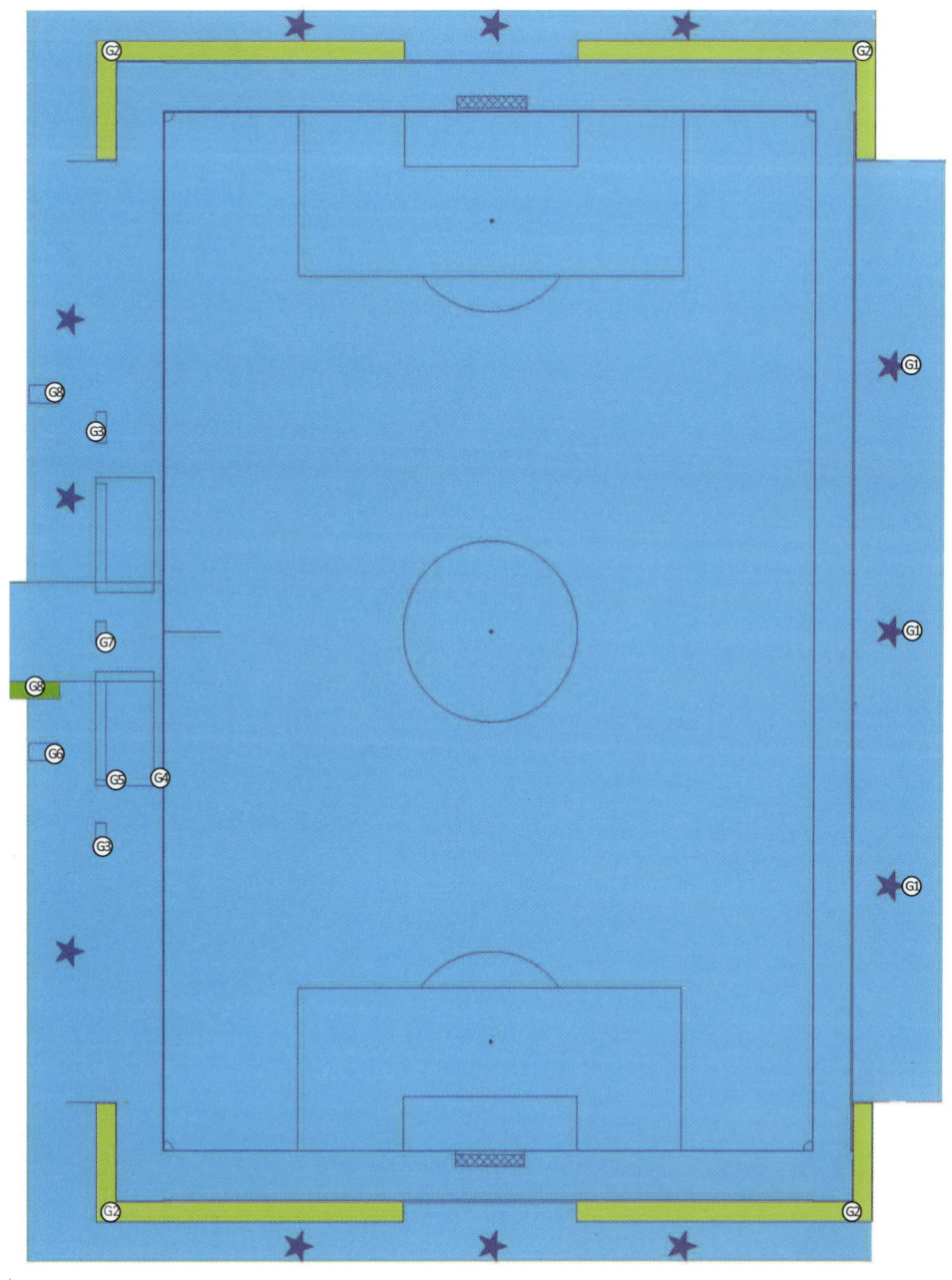

坐席层平面图

- **C.** 新闻运行区
- **C1.** 文字媒体坐席
- **C2.** 摄影记者坐席

- **E.** 安保及交通运行区
- **E1.** 现场消防通信指挥室
- **E2.** 安保观察室

- **H.** 电视转播区
- **H1.** 摄像机位
- **H2.** 电视转播坐席
- **H3.** 转播信息办公室

- **I.** 场馆礼宾区
- **I1.** 奥林匹克大家庭贵宾席

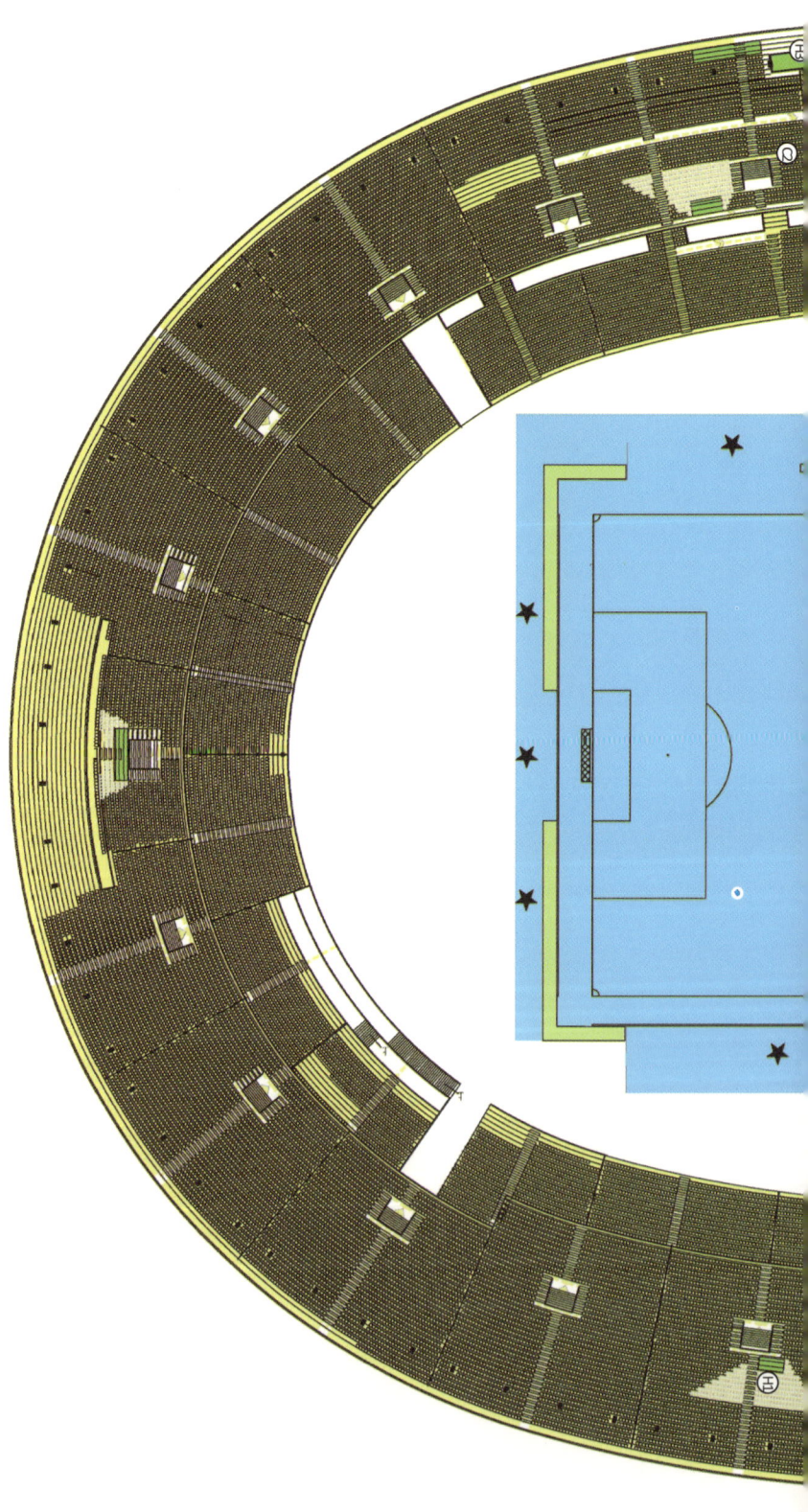

注册人员坐席列表

	注册人员分类	坐席数
1	运动员及随队官员	250
2	奥林匹克大家庭贵宾	310
3	广播电视转播人员	
	评论员席	31
	观察员席	50
4	文字摄影媒体	
	带桌文字媒体	220
	不带桌文字媒体	220
	摄影记者	10

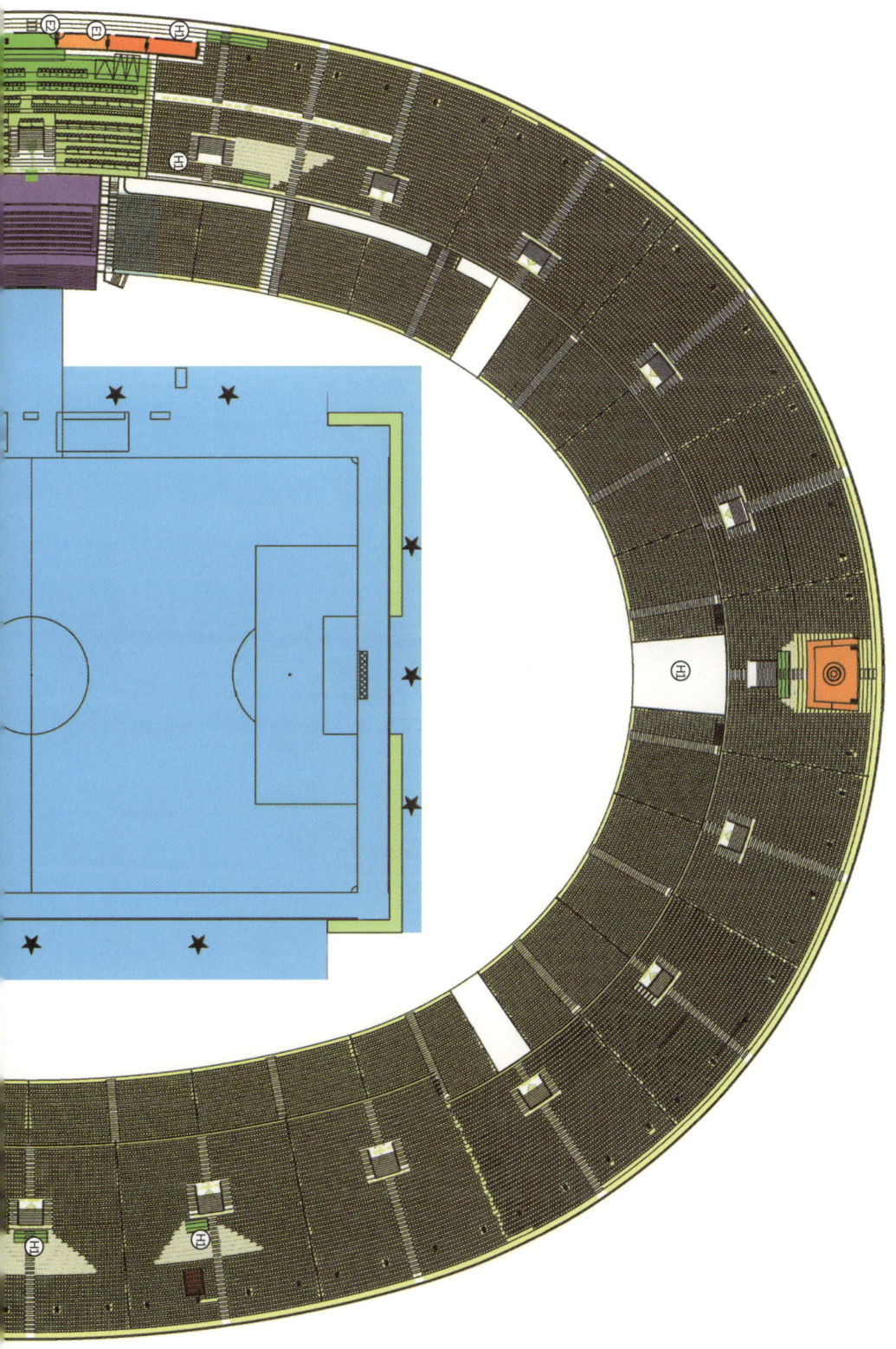

总平面图

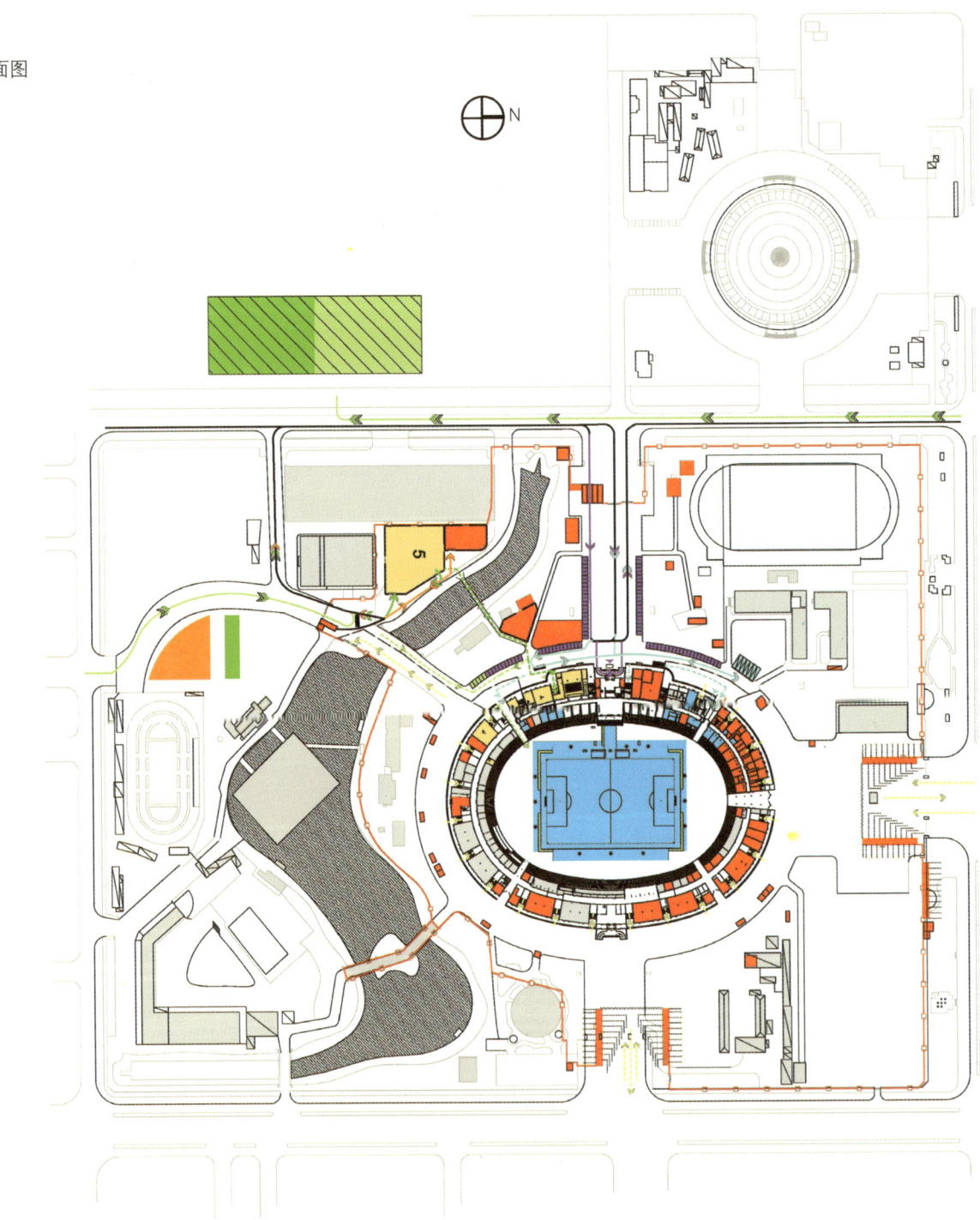

N

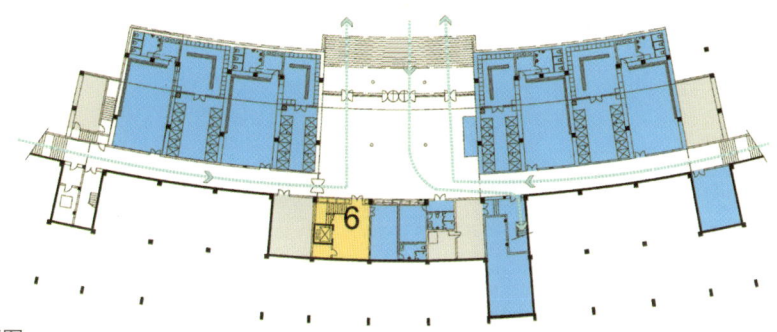

地下一层平面图

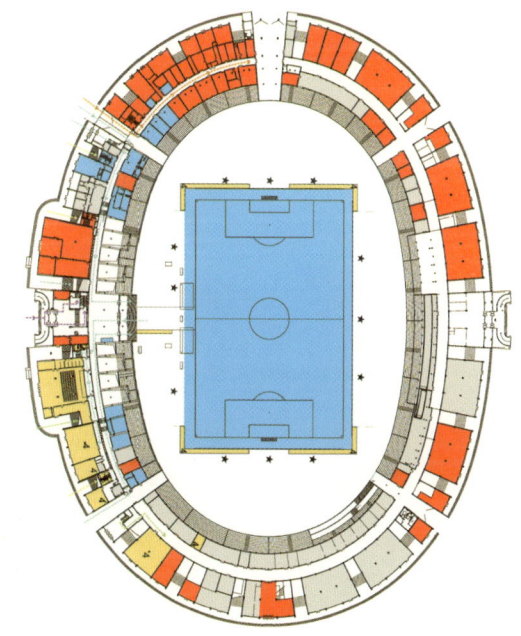

首层平面图

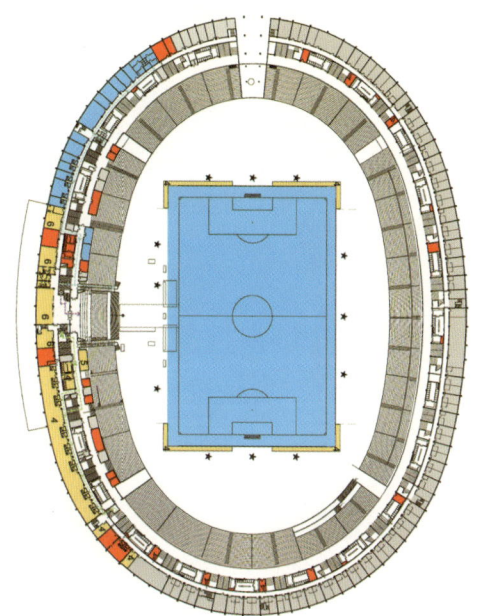

二层平面图

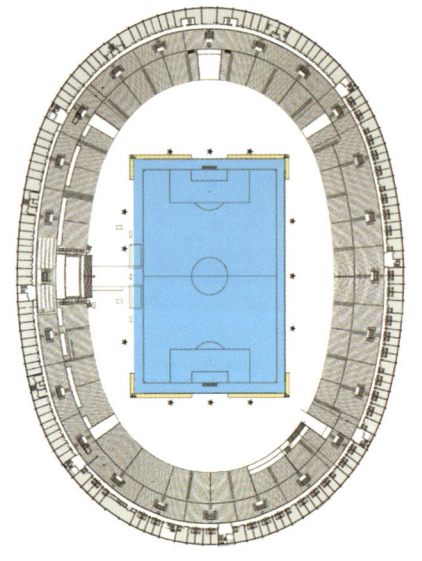

三层平面图

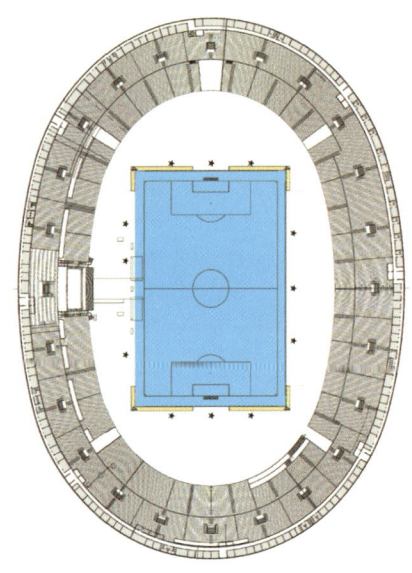

四层平面图

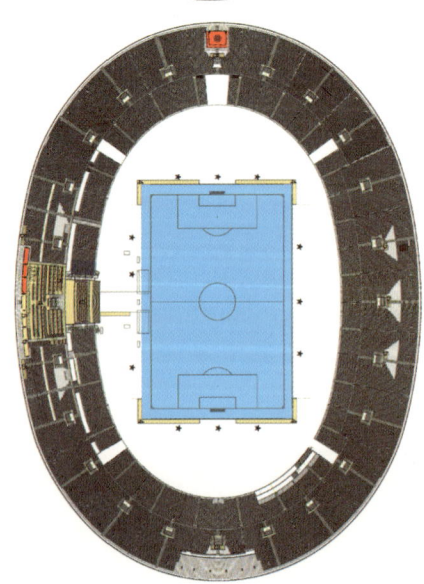

坐席层平面图

02-03

国家游泳中心

国家游泳中心

场馆概况

地点：奥林匹克公园

场地类型：新建比赛场馆

奥运会期间的用途：游泳 花样游泳 水球 跳水

残奥会期间的用途：游泳

建筑面积：79538m^2

固定坐席数：4000个（永久）2000（可拆除）

临时坐席数：11000个

游泳 跳水 花样游泳 水球比赛

国家游泳中心——游泳 跳水 花样游泳

国家游泳中心的比赛场地应满足奥运会游泳、跳水、花样游泳比赛及残奥会游泳比赛的使用要求。场地设计应符合《国际游泳联合会技术手册》的要求。

比赛场地设计

比赛场地包括游泳比赛池、跳水比赛池以及池岸。

游泳比赛池

游泳比赛池应满足游泳、水球及花样游泳三个项目比赛的使用要求。

• 游泳比赛场地设计

长度：50m。当在游泳池出发端和转身端使用自动裁判触板装置时，必须保证两触板之间的距离为50m。宽度：25m。共设10条泳道，每条泳道宽2.5m，其中8条为比赛泳道，水深不小于2m，水温在25℃~28℃之间。

• 花样游泳比赛场地设计

比赛区域：30m×25m（位于游泳比赛池中靠跳水池一侧）水深不小于2.5m，中心12m×12m的区域内水深不小于3m，水深变化的坡面长度不小于8m，宽向水深可没有变化。建议30m×25m区域内水深均为3m。

• 水球比赛场地设计

男子水球比赛区域为30m×20m，两侧水线外留有不小于0.5m的运动员通道，水深不小于2m。女子水球比赛区域为25m×17m，两侧水线外留有不小于0.5m的运动员通道，水深不小于2m。在水球比赛区域内预留有装置水球水线的条件。

跳水比赛池

宽25m，长25m。池宽可根据跳台跳板的实际布置方式由设计者进行调整。建议水深5m。根据国际游联有关器械安置的规定，在跳水池一端布置整套跳台跳板，顺序设置3m跳板三个、3m跳台一个、7.5m跳台一个、10m跳台一个、5m跳台一个、1m跳板两个；靠近3m跳台的一块3m跳板可以与3m跳台连接设置；3m跳台可以与7.5m跳台上下重叠设置。建议在跳水池另一端预留可以安装4块临时跳板的位置和条件。

跳台下设置一个可调节温度的温水池，其尺寸大约为2m×2m，深0.8m，应保证池中的运动员可以看到比赛。同时跳台下应设置4~6个淋浴喷头。在跳水台、板下应安装使水面产生波动的机械装置和气浪装置。跳水比赛池水温应可以调控。

比赛规则

- 游泳

单项比赛：在每个单项比赛中，每个国家最多可以派两名达到奥运会 A 标成绩的选手参加；如果达到奥运会 B 标，则只能派一名运动员参赛。接力比赛：每个接力项目中，每个国家只能派出一支队伍参赛。没有达标选手的国家：当一个国家无一人达奥运会 A 标或 B 标时，可按照参赛资格说明，派出男、女各一名选手参赛。

- 花样游泳

奥运会时，每个国家或协会只能参加一个集体项目和一个双人项目，每个国家最多可报 9 名运动员。集体项目的参赛名额是 8 个队；双人项目参赛名额是 24 个队。奥运会资格赛集体前 3 名和双人前 16 名的队将获得奥运会的参赛资格。东道主将直接获得奥运会的参赛资格。

- 跳水

跳水比赛分男、女 10 米跳台跳水和男、女 3 米跳板跳水四个项目，并分成双人和单人进行比赛，不论是跳板还是跳台跳水，完成动作的过程都包括助跑、起跳、空中技巧和入水四个阶段。

- 水球

每队由 6 名队员和 1 名守门员组成。比赛就和足球一样，要往对方球门射进尽可能多的球，射入对方球门得 1 分，以最后得分多者为胜。进球以球体穿过球门线为得分，得分后，双方队员应回到本方半场，由失分一方队员在中线的中心点开球。比赛中，一方控球时间不得超过 35 秒，队员们不得触池壁或池底，要一直游动或踩水。除守门员外，任何人不得用双手触球。

国家游泳中心

功能分区1——观众活动区

运行责任部门	示范场馆房间名称	英文名称	数量	面积(m²)
观众服务	饮水点	Spectator Drinking Fountain	3	30
	观众集散大厅	Spectator Concourse	1	空间区域
	观众婴儿车、轮椅寄存处	Stroller Storage	1	30
	失物招领处	Lost & Found	1	15.48
	观众检票口	Tickets Rip	3	20米长
	观众信息亭（含失物招领处）	Spectator Info Booth（Lost & Found）	1	20
环境	男卫生间	Toilet Male	3	45
	女卫生间	Toilet Female	7	42
	残疾人卫生间	Toilet for Disabled People	1	8.5
	垃圾间	Rubbish Room	3	9
市场开发	特许商品零售点	Merchandising Point	4	20
医疗服务	观众医疗站	Spectator Medical Station	2	43
场馆设施管理	强电间	Electrical	1	6
	弱电室	Communication	1	8
	进风口	Communication		
票务	票务服务台	Ticketing Service Desk	2	20

功能分区2——比赛场地区

运行责任部门	示范场馆房间名称	英文名称	数量	面积(m²)
竞赛组织	比赛场地	Field of Play	1	FOP
	运动员检录区	Athlete Call Area	2	场地区
	混合区（运动员通道）	Mixed Zone	1	72
	仲裁席	Jury Seating	1	场地区
	技术代表席	Technical Delegates Seating	1	场地区
	裁判席	Judge Seating	1	场地区
兴奋剂检查	运动员兴奋剂检查标记	Athletes Tagging	1	场地区
医疗服务	比赛场地周边急救区	Adjacent First Aid Area in FOP	1	场地区
颁奖仪式	颁奖台及旗杆	Awards Podium & Flag Poles	1	场地区

功能分区3——体育竞赛区

运行责任部门	示范场馆房间名称	英文名称	数量	面积(m²)
竞赛组织	女运动员更衣室（含卫生间及淋浴）	Athlete Change Room for Women	1	105
	男运动员更衣室（含卫生间及淋浴）	Athlete Change Room for Men	2	117
	运动员检录处	Athlete Call Room	1	66
	清洁间	Cleaning Room	1	16
	女卫生间	Toilet Female	3	72
	男卫生间	Toilet Male	3	72
	残疾人卫生间	Toilet for Disabled People	2	36
	场馆常务副主任办公室	Venue Executive Manager Office	1	35
	竞赛主任办公室	Competition Manager Office	3	75
	竞赛管理会议室	Competition Meeting Room	1	86
	竞赛管理办公室	Competition Management Office	3	180
	国际游泳联合会名誉秘书长办公室	FINA Honorary Secretary Office	1	39
	国际游泳联合会名誉司库办公室	FINA Honorary Treasurer Office	1	28
	国际游泳联合会执行主任办公室	FINA Executive Director Office	1	27
	国际游泳联合会医务官办公室	FINA Medical Committee Room	1	40
	国际游泳联合会新闻官办公室	FINA Press Communication Committee office	1	40
	国际游泳联合会办公室	FINA Office	1	70
	国际游泳联合会执委会议室	FINA Bureau Meeting Room	1	100
	国际游泳联合会技术代表室	FINA Technical Delegates Office	3	75
	技术委员会办公室	FINA Technical Communication Office	3	180
	裁判休息室	Judge Break Room	1	144
	裁判会议室	Judge meeting Room	1	108
	裁判更衣室（含卫生间）	Judge Change Room	2	60
	抗议和申诉办公室	Resolution Room	1	33
	体育器材储存区	Sport Equipment Storage Area	3	1800
	力量训练房	Gymnasium	1	600
医疗服务	运动员医疗站	Athlete Medical Station	1	118
	心电图检测室	cardiogram testing room	6	36
技术	成绩复印分发室1	Results Printing & Distribution	1	120

功能分区4——仪式及文化活动区

运行责任部门	示范场馆房间名称	英文名称	数量	面积(m²)
颁奖仪式	颁奖仪式等候区	Ceremony Waiting Area	1	42
	贵宾等候区	Waiting Area (OF)	1	50
	礼仪人员等候区	protocol personnel	1	41
	运动员等候区	Waiting Area (Athletes)	1	38
	鲜花储藏室	Flower Storage Room	1	10
	礼仪人员准备室	Presenter & Mascot Dressing (Male)	2	70
	国旗储藏室	Flag Storage	1	20
	仪式经理办公室及奖牌存放间	Ceremony Managemant & Medal Storage	1	30
	颁奖台储藏室	Awards Podium Storage	1	20
体育展示	体育展示办公室(含音频/视频/灯光/显示屏)	Sport Presentation Office	1	81
	游泳/花游	swim/water ballet	1	74
	跳水	diving	1	40
	水球体育展示台	polo	1	70

功能分区5——电视转播区

运行责任部门	示范场馆房间名称	英文名称	数量	面积(m²)
电视转播	电视转播综合区	Broadcasting Coumpound	1	12000
	转播技术运行中心	Broadcasting Technical Operation Centre/Graphics	1	72
	技术维护中心	Technical Cabin (Maintenance/Speciality)	3	150
	技术存储空间	Technical Storage	3	150
	技术经理及制作经理办公室	VTM/PROD Office	2	170
	转播餐饮备餐区	Broadcasting Catering Kitchen Area	1	90
	餐厅	Dining Area	1	235
	冷藏室	Cold Room	1	50
	发电机/备用发电机	Power Generator/Back Power Generator	2	400
	持权转播公司	RHB Cabins	24	1200
	转播人员专用卫生间	Broadcasting Toilet	待定	待定
	BOB转播车外（遮阳设施）	Shade cover for BOB	8	1080
	评论员控制室(CCR)	Commentary Control Room	作为主转播机构解说系统的网络中心；监督/控制所有的解说席	64
	转播信息办公室(BIO)	Broadcast Information Office	用于转播管理和召开会议	37
	混合区（电视转播采访区）	Mixed Zone	供转播机构和授权媒体对离开比赛场地的运动员进行快速采访	54*1.8
	BOB人行/线缆桥(BIO)	Broadcasting Information Office	为BOB提供从综合区到场馆的线缆和步行专用通道	待定

功能分区6——新闻运行区				
运行责任部门	示范场馆房间名称	英文名称	数量	面积(m²)
新闻运行	媒体休息室(含备餐间)	Media Lounge	1	307
	室内混合区	Mixed Zone	1	
	奥林匹克新闻服务办公室	olympic media sevice office	1	70
	媒体接待处	media reception	1	36
	成绩公报协调员办公室		1	22
	新闻发布厅	Press Conferece Room	1	378
	女卫生间	Toilet Female	1	33
	男卫生间	Toilet Male	1	44

功能分区7——贵宾官员区注册分区——6区				
运行责任部门	示范场馆房间名称	英文名称	数量	使用面积(m²)
场馆礼宾	场馆礼宾经理办公室	Venue Protocol Manager Desk	1	31
	贵宾休息厅	Olympic Family Lounge	1	358
	残疾人卫生间	Toilet Disabled	1	5.5
	清洁间	Cleaning Room	1	6
	交通指挥室	Vehicle Dispatch Room	1	38
	要人警卫工作现场指挥部	Fied Commading Post For VVIP Guarding	1	63
	现场警卫机动力量备勤室	On-Site Guard Reserve Force	1	58
	要人随身警卫人员备勤室	VVIP Guard Office	1	27

功能分区8——场馆运行区				
运行责任部门	示范场馆房间名称	英文名称	数量	面积(m²)
场馆人事	工作人员休息区和用餐区	Preparation Area	1	460
	女卫生间	Toilet Female	1	14
技术	计时记分设备存放间	Timing and Scoring Equipment	1	100
	IT 设备存放间	IT Equiptmet Storage	1	60
	技术支持服务中心	Technology Help Desk	1	50
	数据网络中心(含综合网络管理间)	Data Network Centre	1	91
	布线主配线间	Lan Manager Room	1	20
	计算机设备机房	Computer Equipment Room	1	70
	固定通信设备间	Fix Telecomcomuication Equiptmet Room	1	85
	中央监控室	central monitor room	1	67.5
	流动扩声系统设备存放间	Audio Equipment Room	1	50
	移动通信设备间(4个)	Mobile Telecomuication Equipment Room	4	76
	有线电视机房	CATV Control Room	1	80
	集群通信设备分配间		1	30
	固定通信技术人员工作室	Fix Telecommunication Operation	1	10
	移动通信技术人员工作室	Mobile Telecommunication Operation	1	10
	技术设备包装存放间	Warehouse Storage	1	440
	IT设备包装存放间	IT Bulk Storage	1	420
观众服务	观众服务管理办公区	Spectator Services Management Area	1	30
	观众服务物资储存和分发区	SPS Equipment Storage & Distribution	1	70
场馆人事	人事经理办公室	Venue Staffing Management	1	20
	工作人员签到区	Staff Check-in Area	1	200
场馆管理	场馆副主任办公室	Venue Deputy Manager Office	1	20
	场馆主任办公室	Venue Manager Office	1	13
	场馆运行中心	Venue Operation Centre	1	100
	场馆通信中心	Venue Commuication Centre	1	50
场馆财务	场馆财务经理办公室(含收费卡)	Venue Finance Manager Office (Includes: Rate Card Office)	1	26
场馆票务	票务办公室	Ticketing Management Office	1	15
语言服务	语言服务经理办公区	LAN Manager Office	1	20
市场开发	特许商品场馆零售管理办公区/出纳室	MER Management Area /Cash Room	1	15
	商品储存区	MER Storage	1	70
注册	场馆注册中心	Venue Accreditation Office	1	40
	场馆设施管理办公区	Site Managment Work Area	1	50
	后勤工人休息区	Response Team & Vendor Staging	1	30
	电源工作间与备件存放	Power Workshop & Storage	1	96
餐饮服务	餐饮经理办公室	catering manager office	1	15
	餐饮综合区	Catering Compound	1	800
环境	环境经理办公室		1	15
	环境综合区	CLW Compound	1	450

总平面图

B. 体育竞赛区
B1. 运动员下车点
B2. 技术官员下车点

C. 新闻运行区
C1. 媒体停车区
C2. 媒体下车点
C3. 媒体自驾车停车区

D. 场馆运行区
D1. 运动员急救车
D2. 移动通信应急车位
D3. 临时卫生间
D4. 邮品售卖亭
D5. 婴儿车及轮椅存放区
D6. 观众信息亭
D7. 观众检票口
D8. 绿色通道
D9. 电瓶车充电站
D10. 清废综合区
D11. 物资仓储间
D12. 餐饮综合区
D13. 办公室库房
D14. 临时设施保障用房
D15. 物流库房

E. 安保及交通运行区
E1. 临时消防站
E2. 司机休息室

H. 电视转播区
H1. BOB下车点
H2. 国家游泳中心电视转播区

J. 场馆礼宾区
J1. VIP停车

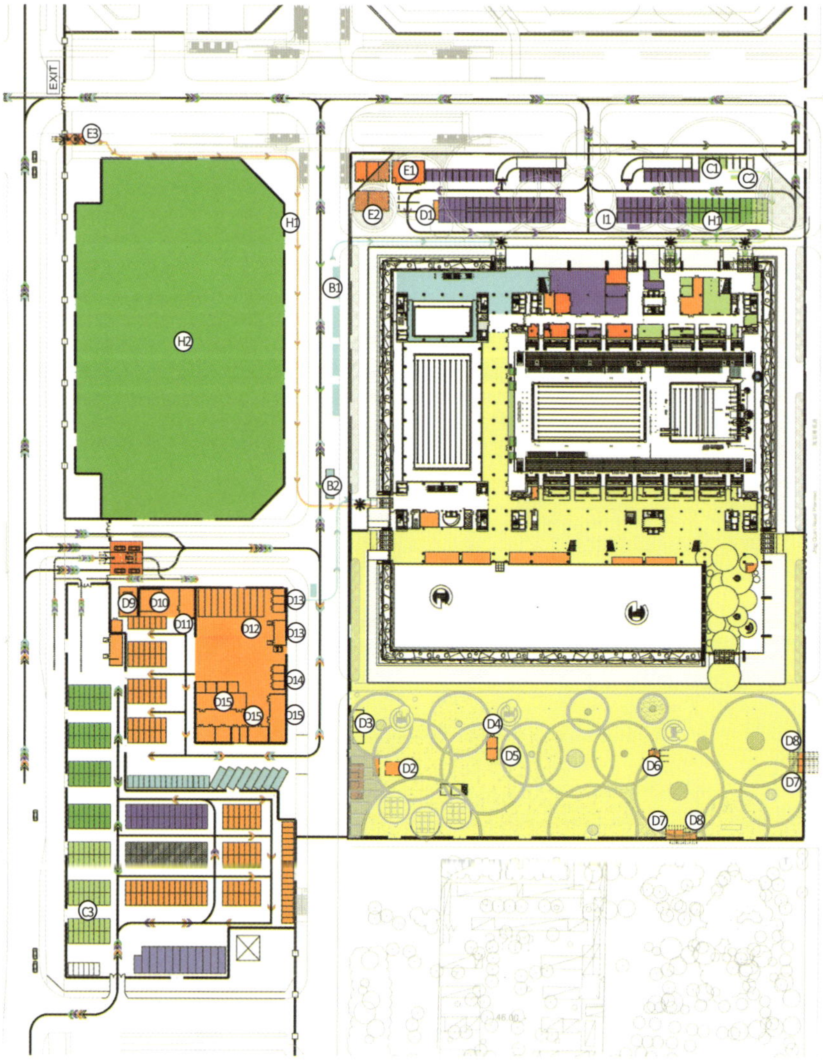

N

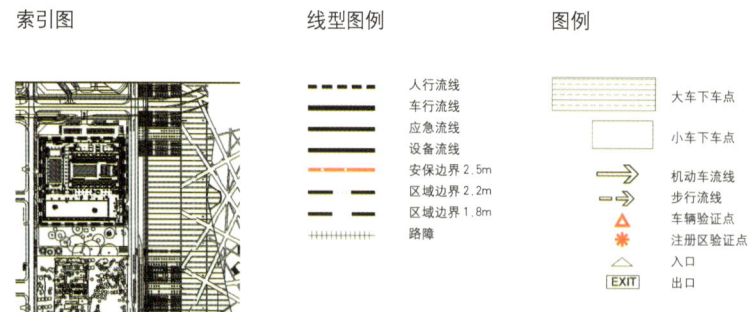

索引图

线型图例

- ---- 人行流线
- ━━━ 车行流线
- ━━━ 应急流线
- ━━━ 设备流线
- ━━━ 安保边界 2.5m
- ━ ━ 区域边界 2.2m
- ━ ━ 区域边界 1.8m
- ┼┼┼ 路障

图例

大车下车点

小车下车点

机动车流线

步行流线

车辆验证点

注册区验证点

入口

EXIT 出口

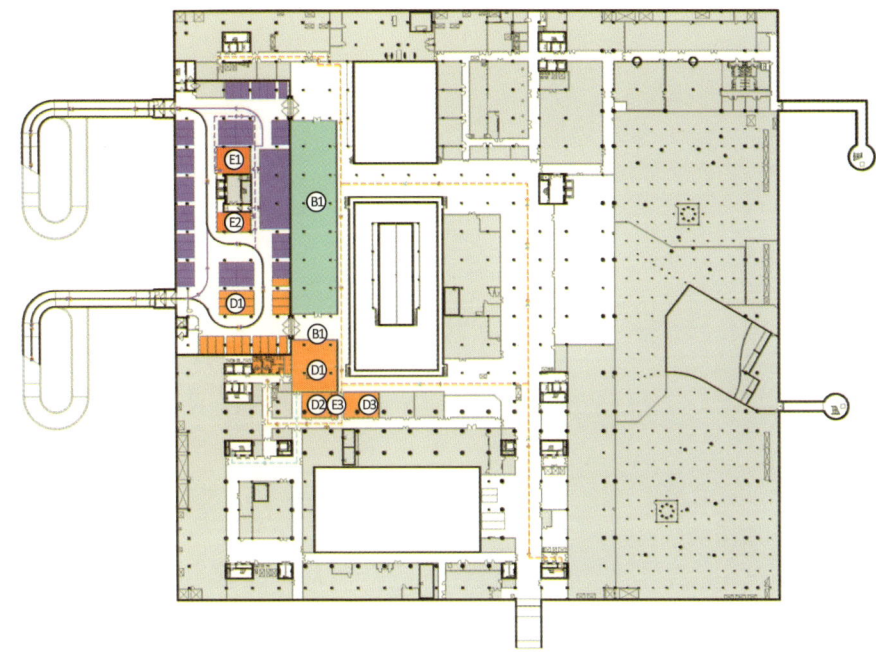

地下二层平面图

<table>
<tr><td>B.</td><td>体育竞赛区</td></tr>
<tr><td>B1.</td><td>体育器械储藏</td></tr>
<tr><td>D.</td><td>场馆运行区</td></tr>
<tr><td>D1.</td><td>临时准入车辆车库</td></tr>
<tr><td>D2.</td><td>有线电视机房</td></tr>
<tr><td>D3.</td><td>移动通信设备机房</td></tr>
<tr><td>E.</td><td>安保及交通运行区</td></tr>
<tr><td>E1.</td><td>交通指挥备勤点</td></tr>
<tr><td>E2.</td><td>司机休息室</td></tr>
<tr><td>E3.</td><td>防核防生化用房</td></tr>
</table>

地下一层平面图

B. 体育竞赛区
B1. 体育临时器材存放室
B2. 更衣室
B3. 检录处
B4. 运动员急救站
B5. 花样游泳化妆间
B6. 兴奋剂官员办公室
B7. 尿检室
B8. 兴奋剂候检室
B9. 国际游泳联合会医务委员会办公室
B10. 运动员医疗站
B11. 残疾人更衣室
B12. 游泳竞赛管理办公室

C. 新闻运行区
C1. 文字记者工作间
C2. 摄影记者工作间
C3. 国际游泳联合会新闻委员会办公室
C4. 摄影经理办公室
C5. 同声传译间
C6. 新闻发布厅
C7. 奥林匹克新闻服务办公室

D. 场馆运行区
D1. 网络管理间
D2. 计算机设备间
D3. 固定通信机房
D4. 配线间
D5. 通信人员工作间
D6. 移动通信机房
D7. 现场成绩处理机房(跳水)
D8. 成绩分发室
D9. 现场成绩处理机房(游泳和花样)
D10. 垃圾储藏间
D11. 纸张存放间
D12. 计时记分设备存放间
D13. IT设备存储间
D14. 流动扩声设备存放间
D15. 集群设备分发间
D16. 场馆设施管理办公区
D17. 技术支持服务中心
D18. 场馆技术运行中心

D19. 场馆设施管理办公区
D20. 场馆设施管理工作区

J. 仪式及文化活动区
J1. 颁奖等候区
J2. 颁奖物品储藏区
J3. 颁奖礼仪人员工作室
J4. 体育展示办公室

K. 竞赛组织区
K1. 跳水技术委员会办公室
K2. 跳水技术代表办公室

K3. 抗议和申诉办公室
K4. 国际游泳联合会主席办公室
K5. 国际游泳联合会
K6. 国际游泳联合会荣誉秘书长办公室
K7. 跳水技术官员会议室
K8. 游泳&花样游泳技术官员会议室
K9. 游泳技术委员会办公室
K10. 花样游泳技术委员会办公室
K11. 国际游泳联合会

K12. 国际游泳联合会荣誉秘书长办公室
K13. 力量技术房
K14. 技术人员更衣室
K15. 跳水竞赛办公室
K16. 竞赛管理会议室
K17. 综合竞赛管理办公室
K18. 游泳竞赛管理办公室
K19. 国际游泳联合会执委办公室

一层平面图

A. 观众活动区
A1. 观众卫生间
A2. 临时卫生间
A3. 观众集散大厅
A4. 观众医疗站

B. 体育竞赛区
B1. 疏散大厅
B2. 运动员休息区

C. 新闻运行区
C1. 媒体租用区
C2. 新闻经理办公区
C3. 媒体备餐间
C4. 卫生间
C5. 媒体接待处
C6. 成绩公报协调人员办公室
C7. 媒体休息区

D. 场馆运行区
D1. 成绩复印分发室
D2. 贵宾备餐间
D3. 婴儿车及轮椅存放
D4. 观众餐饮售卖点
D5. 邮政
D6. 工作人员签到处
D7. 观众信息亭

E. 安保及交通运行区
E1. 交通指挥室
E2. 安保后备用房
E3. 现场警卫机动力量备勤室
E4. 要人警卫现场指挥部
E5. 要人警卫人员备勤室

I. 场馆礼宾区
I1. 现场礼宾经理办公室
I2. VIP接待及交通事务处
I3. 陪同人员休息室
I4. 贵宾会议厅
I5. 贵宾休息室
I6. 卫生间

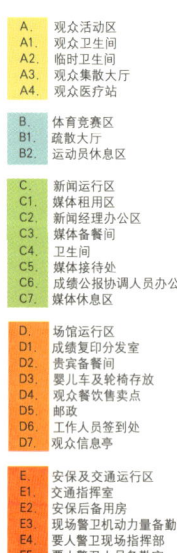
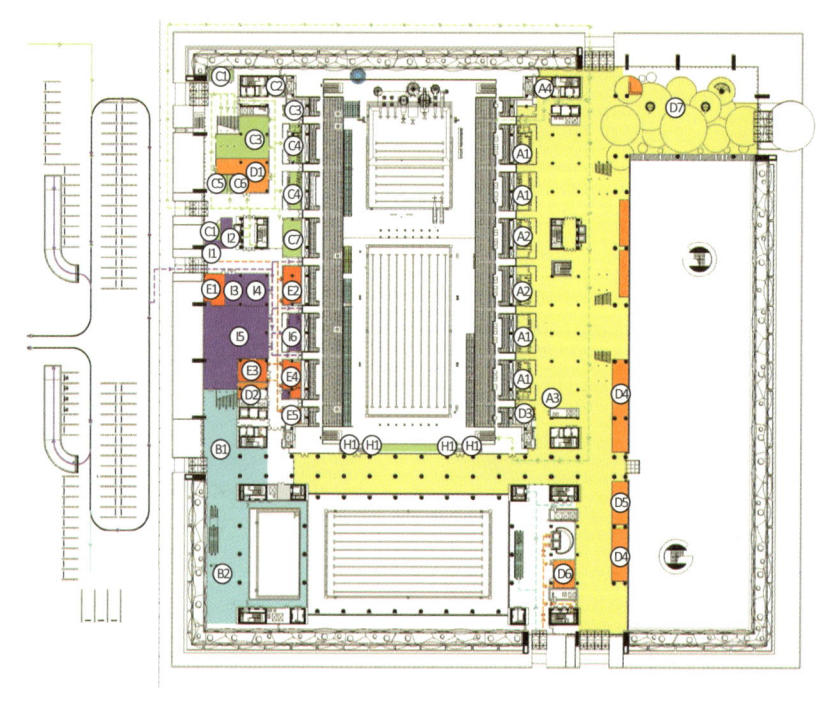

二层平面图

C. 新闻运行区
C1. 媒体疏散平台
C2. 媒体餐饮休息区

D. 场馆运行区
D1. 工作人员休息和用餐区
D2. 语言服务经理办公室
D3. 监督办公室
D4. 市场开发经理级特许
　　商品场馆零售管理办公室
D5. 票务经理办公室
D6. 观众服务工作部署区
D7. 观众服务物资存储和分发区
D8. 观众服务管理办公区
D9. 餐饮 物流办公室
D10. 保洁垃圾间
D11. 备餐区

E. 安保及交通运行区
E1. 突发事件备勤室
E2. 反恐人员备勤室
E3. 武警备勤室
E4. 安保人员备勤室

H. 电视转播综合区
H1. 转播信息办公室
H2. 评论员控制室
H3. 储藏室

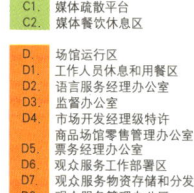
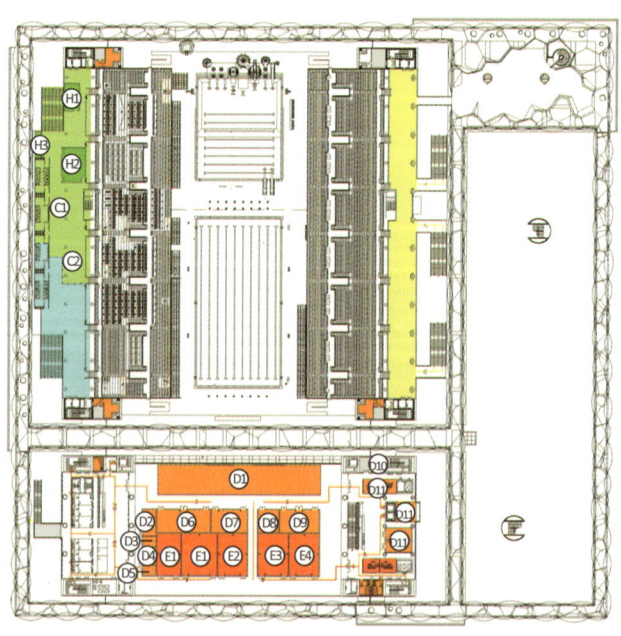

三层平面图

D. 场馆运行区
D1. 储藏室
D2. 药品储藏室
D3. 清洁间
D4. 特许商品存储间
D5. 清洁垃圾间
D6. 场馆通信中心
D7. 场馆运行中心
D8. 场馆财务经理办公室
D9. 场馆副主任办公室
D10. 场馆主任及秘书长办公室
D11. 场馆管理会议室
D12. 场馆人事经理办公室

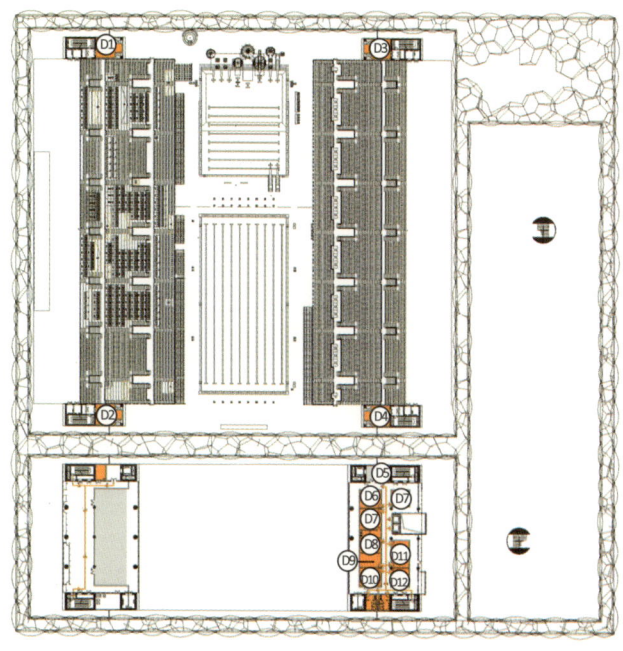

B. 体育竞赛区
B1. 运动员坐席
B2. 队伍坐席

G. 比赛场地区
G1. 比赛计分牌
G2. 显示屏
G3. 比赛通报人员
G4. 裁判员
G5. 跳水重放显示器

B. 体育竞赛区
B1. 运动员坐席

G. 比赛场地区
G1. 摄影区
G2. 显示屏
G3. 计分器
G4. 发令员

J. 仪式及文化活动区
J1. 颁奖台

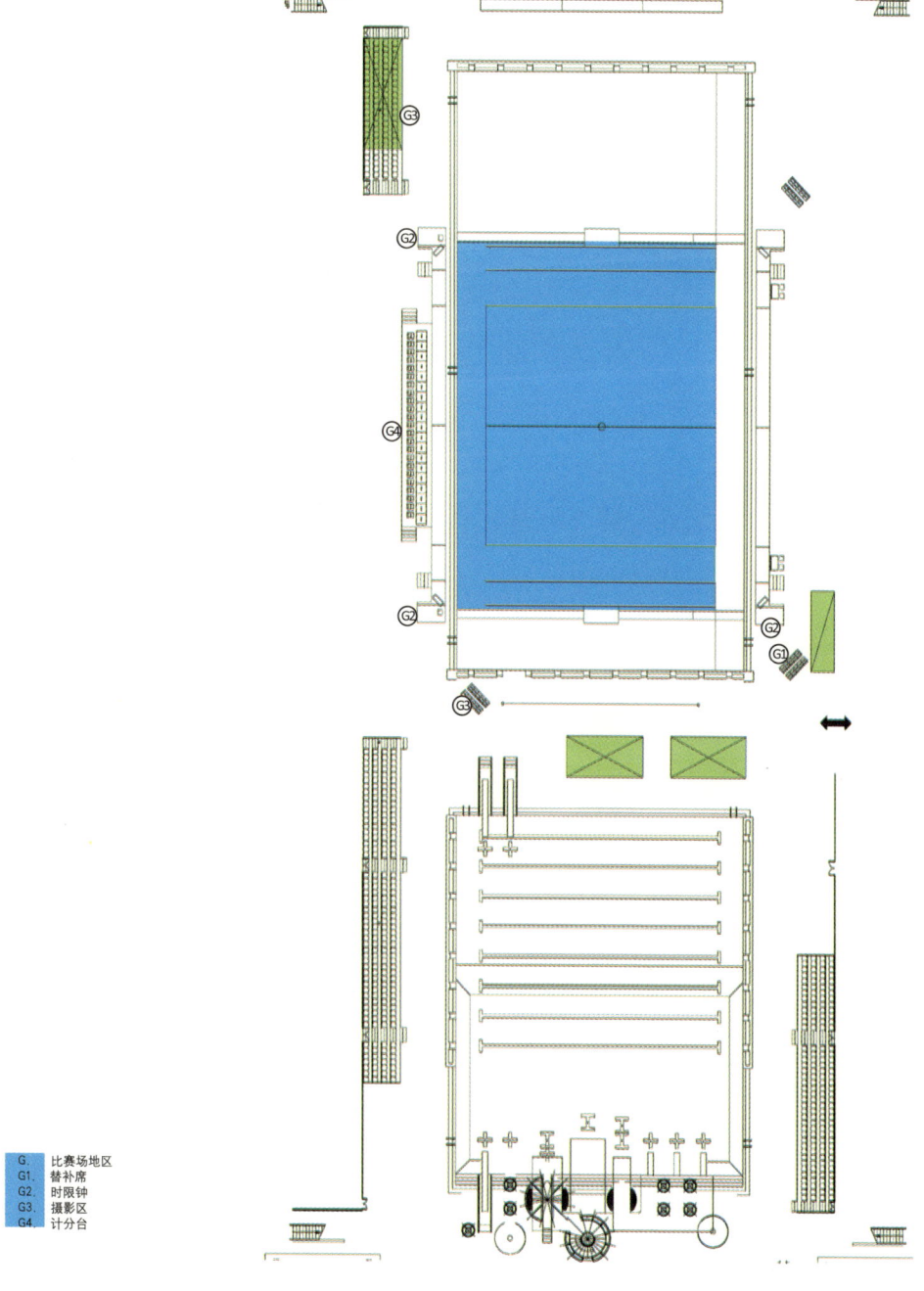

G. 比赛场地区
G1. 替补席
G2. 时限钟
G3. 摄影区
G4. 计分台

坐席层平面图

- **A.** 观众活动区
- **A1.** 观众坐席
- **A2.** 残疾人观众看台

- **B.** 体育竞赛区
- **B1.** 运动员席

- **C.** 新闻运行区
- **C1.** 文字媒体坐席
- **C2.** 摄影记者坐席

- **E.** 安保及交通运行区
- **E1.** 现场消防通信指挥中心
- **E2.** 现场安保观察指挥室
- **E3.** 武警指挥室
- **E4.** 安保指挥中心

- **H.** 电视转播区
- **H1.** 摄像机位
- **H2.** 评论员席
- **H3.** 带摄像机位评论员席

- **J.** 场馆礼宾区
- **J1.** 奥林匹克大家庭贵宾席

注册人员坐席列表

	注册人员分类	坐席数
1	运动员及随队官员	1672
2	奥林匹克大家庭贵宾	699
3	广播电视转播人员	
	评论员席	141
	观察员席	108
4	文字摄影媒体	
	带桌文字媒体	210
	不带桌文字媒体	1005
	摄影记者	218

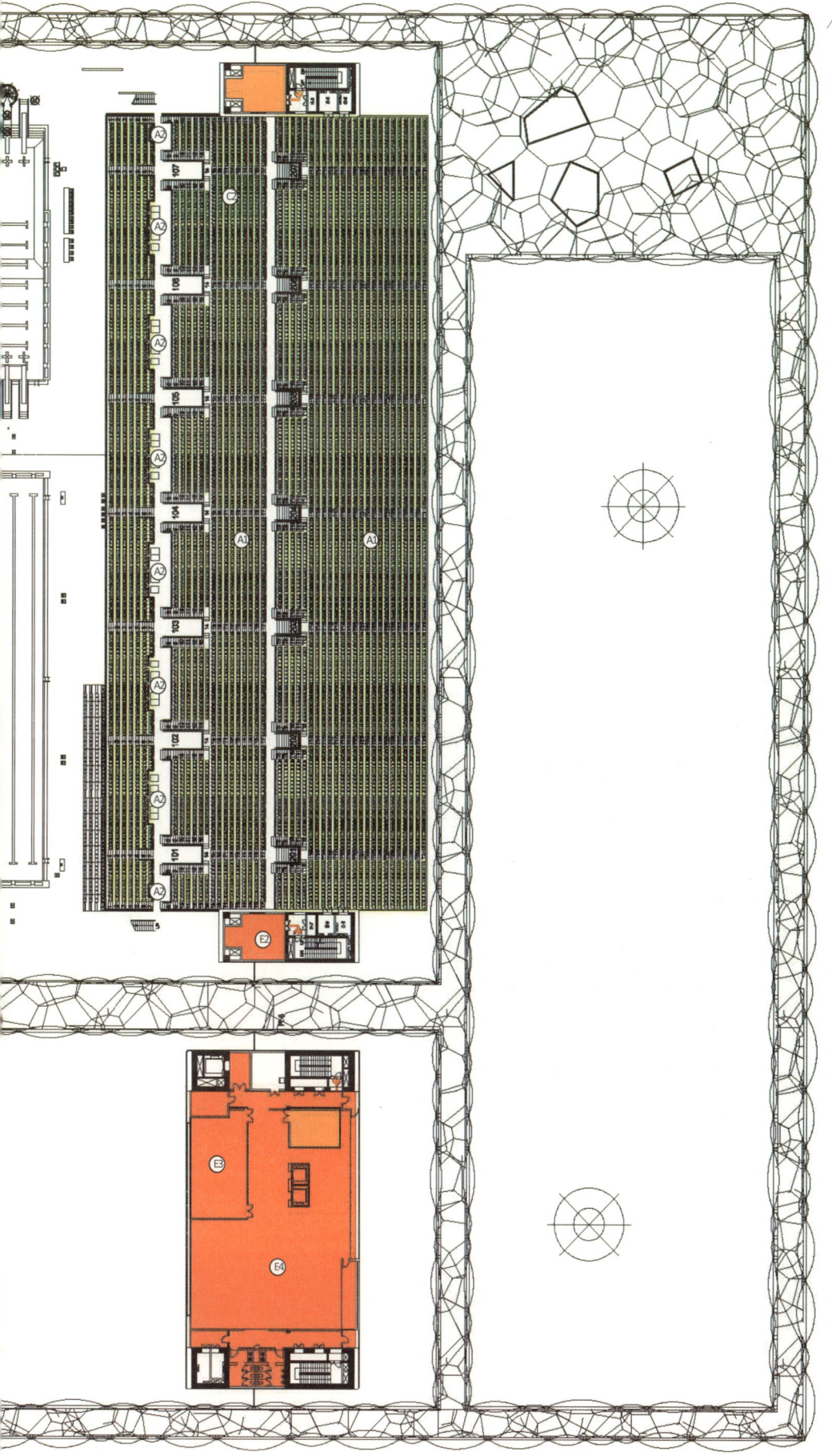

总平面图

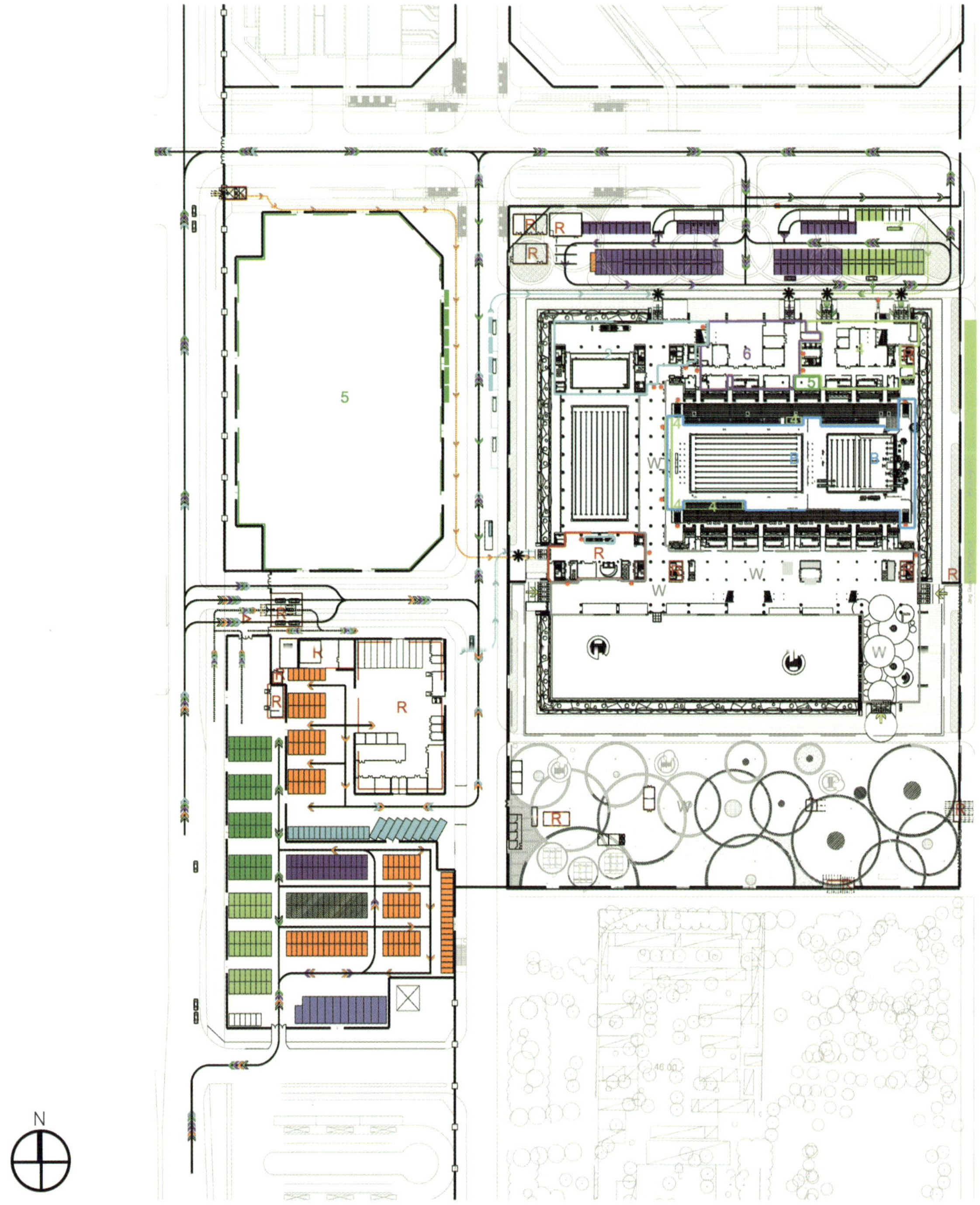

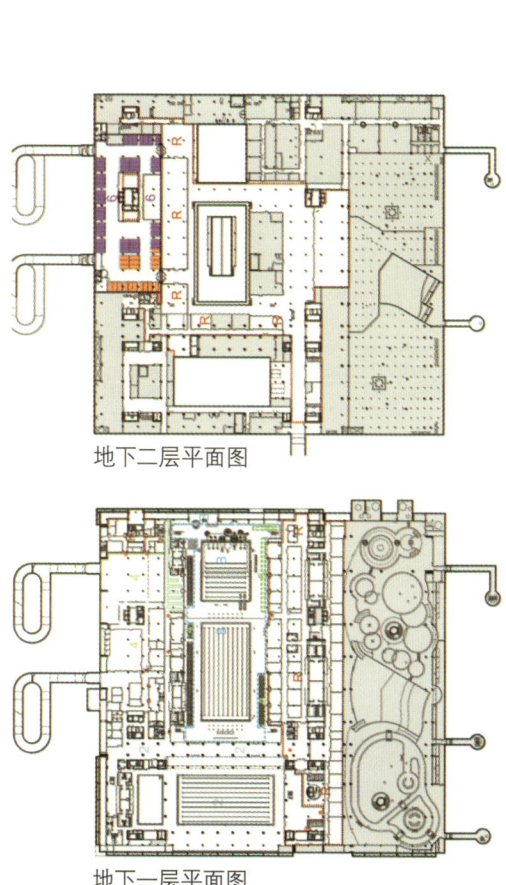

地下二层平面图

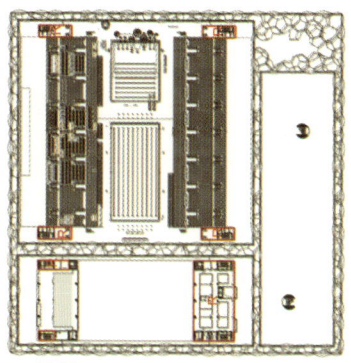

三层平面图

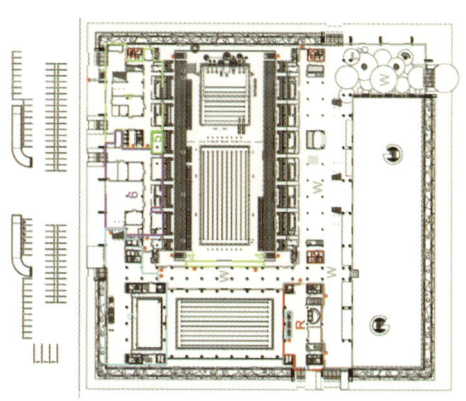

地下一层平面图

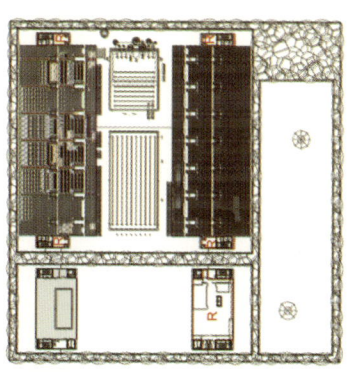

四层平面图

首层平面图

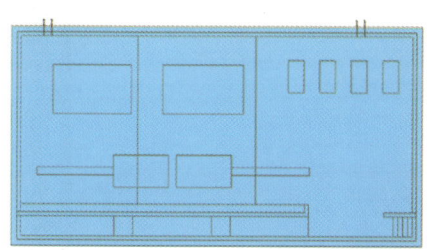

陆上训练详图

二层平面图

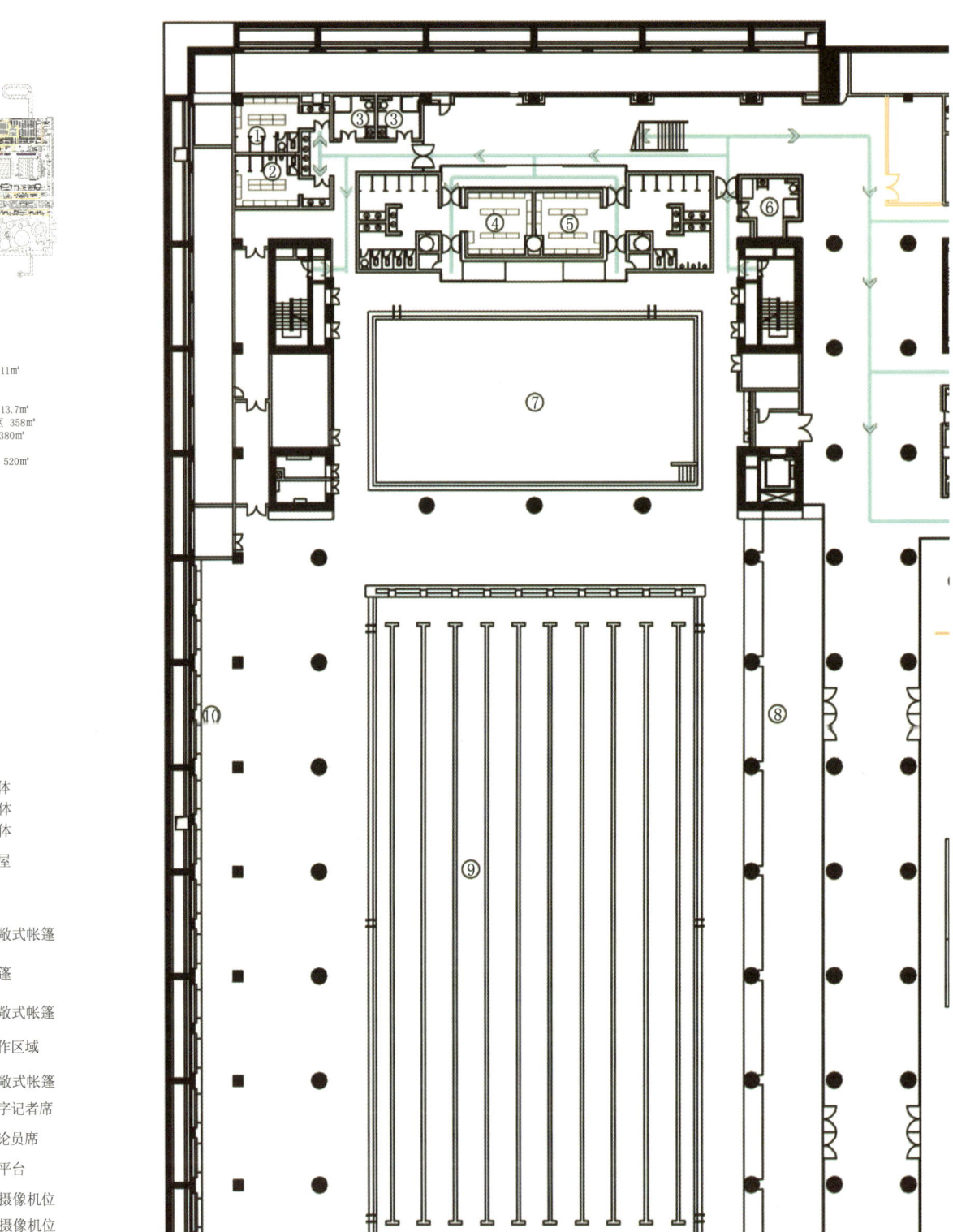

1.更衣室 25㎡
2.更衣室 25.4㎡
3.残疾人卫生间 11㎡
4.更衣室 83.6㎡
5.更衣室 81.6㎡
6.残疾人卫生间 13.7㎡
7.跳水陆上训练区 358㎡
8.运动员休息区 380㎡
9.热身池
10.运动员休息区 520㎡

现有墙体
拆除墙体
临建墙体
临建房屋
集装箱
四面开敞式帐篷
封闭帐篷
单侧开敞式帐篷
划定工作区域
双面开敞式帐篷
带桌文字记者席
带桌评论员席
摄像机平台
移动式摄像机位
悬挂式摄像机位

地下一层平面分区图
1：400

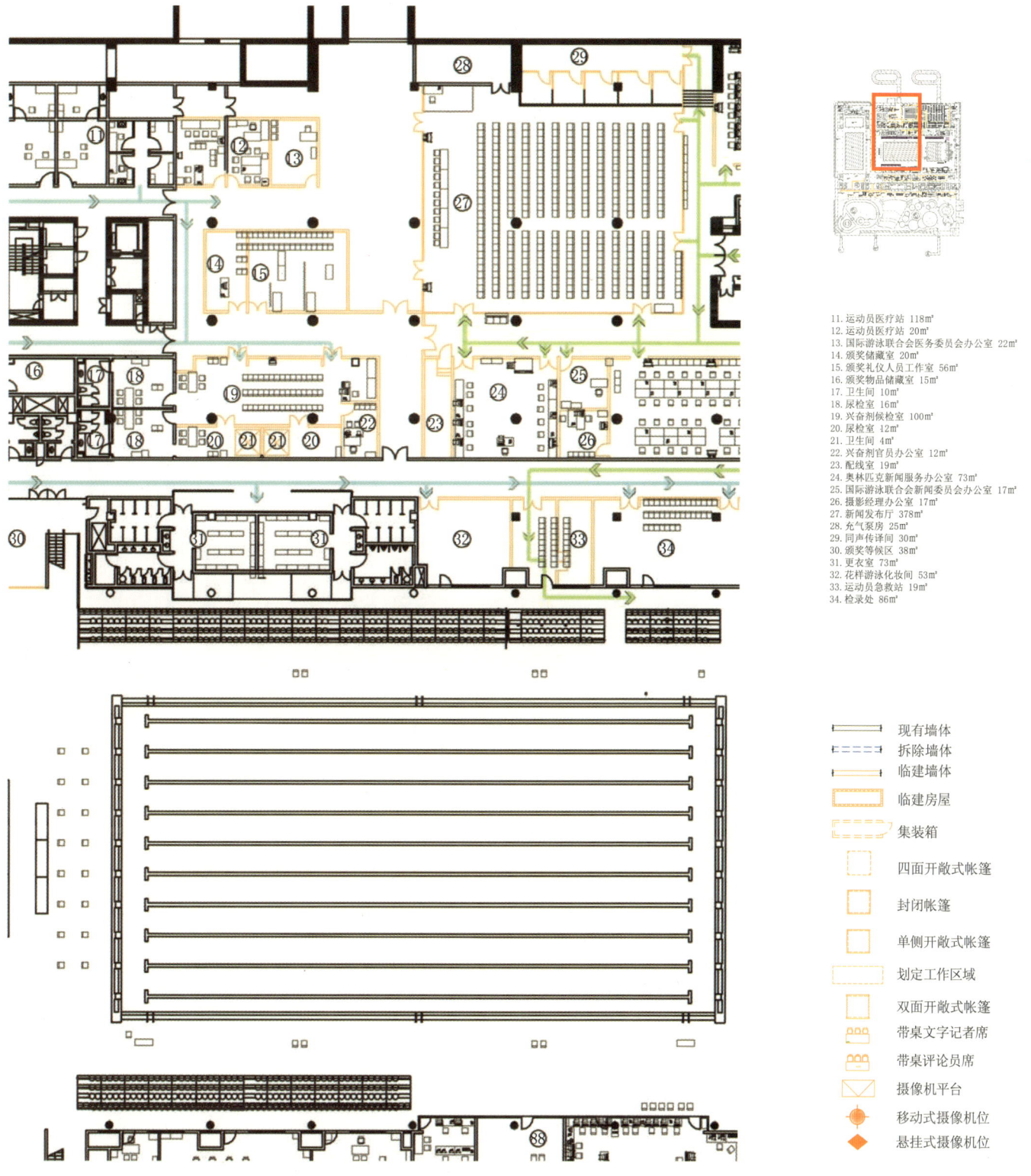

11. 运动员医疗站 118㎡
12. 运动员医疗站 20㎡
13. 国际游泳联合会医务委员会办公室 22㎡
14. 颁奖储藏室 20㎡
15. 颁奖礼仪人员工作室 56㎡
16. 颁奖物品储藏室 15㎡
17. 卫生间 10㎡
18. 尿检室 16㎡
19. 兴奋剂候检室 100㎡
20. 尿检室 12㎡
21. 卫生间 4㎡
22. 兴奋剂官员办公室 12㎡
23. 配线室 19㎡
24. 奥林匹克新闻服务办公室 73㎡
25. 国际游泳联合会新闻委员会办公室 17㎡
26. 摄影经理办公室 17㎡
27. 新闻发布厅 378㎡
28. 充气泵房 25㎡
29. 同声传译间 30㎡
30. 颁奖等候区 38㎡
31. 更衣室 73㎡
32. 花样游泳化妆间 53㎡
33. 运动员急救站 19㎡
34. 检录处 86㎡

现有墙体
拆除墙体
临建墙体
临建房屋
集装箱
四面开敞式帐篷
封闭帐篷
单侧开敞式帐篷
划定工作区域
双面开敞式帐篷
带桌文字记者席
带桌评论员席
摄像机平台
移动式摄像机位
悬挂式摄像机位

地下一层平面分区图
1:400

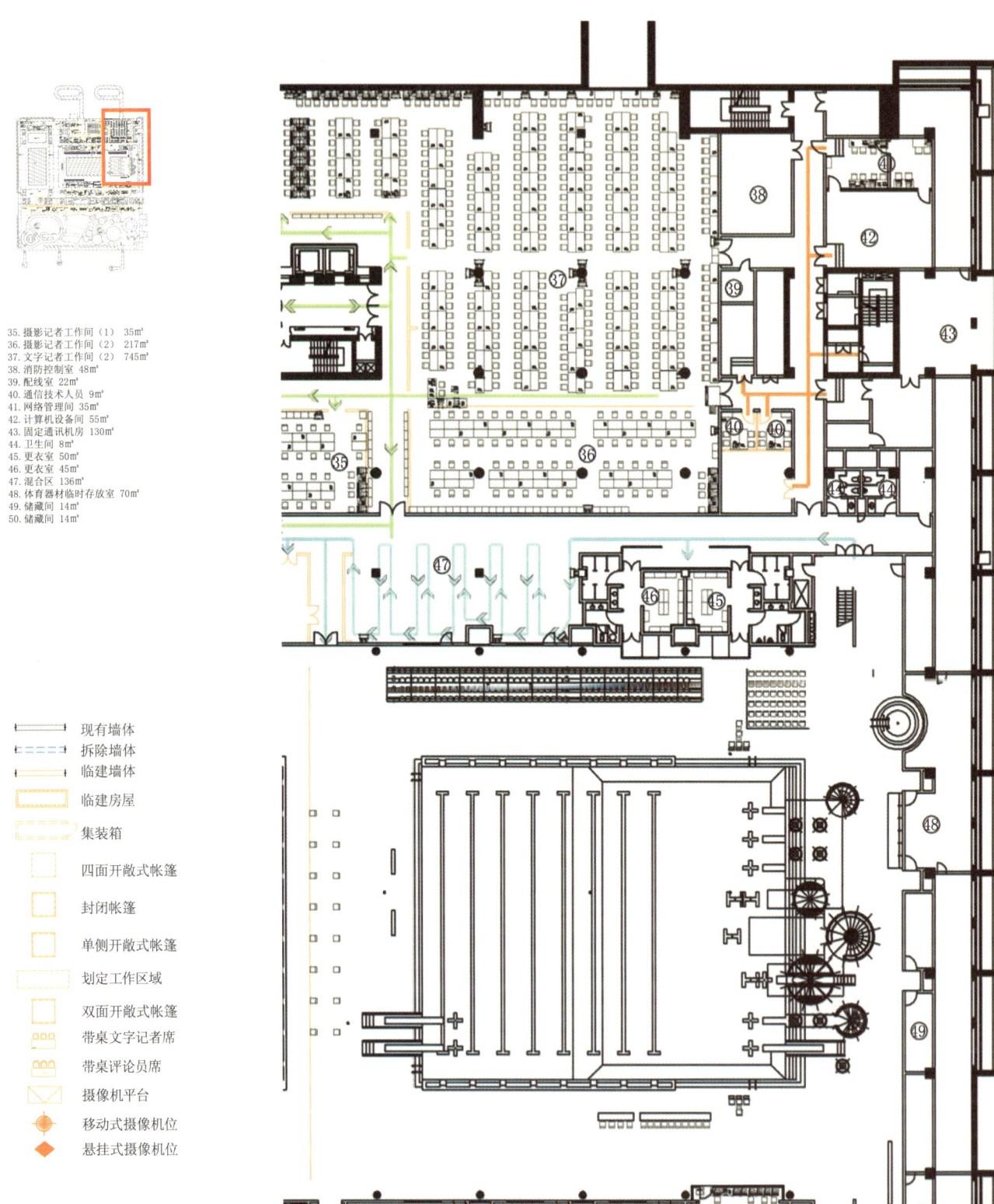

35. 摄影记者工作间（1） 35㎡
36. 摄影记者工作间（2） 217㎡
37. 文字记者工作间（2） 745㎡
38. 消防控制室 48㎡
39. 配线室 22㎡
40. 通信技术人员 9㎡
41. 网络管理间 35㎡
42. 计算机设备间 55㎡
43. 固定通讯机房 130㎡
44. 卫生间 8㎡
45. 更衣室 50㎡
46. 更衣室 45㎡
47. 混合区 136㎡
48. 体育器材临时存放室 70㎡
49. 储藏间 14㎡
50. 储藏间 14㎡

	现有墙体
	拆除墙体
	临建墙体
	临建房屋
	集装箱
	四面开敞式帐篷
	封闭帐篷
	单侧开敞式帐篷
	划定工作区域
	双面开敞式帐篷
	带桌文字记者席
	带桌评论员席
	摄像机平台
	移动式摄像机位
	悬挂式摄像机位

地下一层平面分区图
1：400

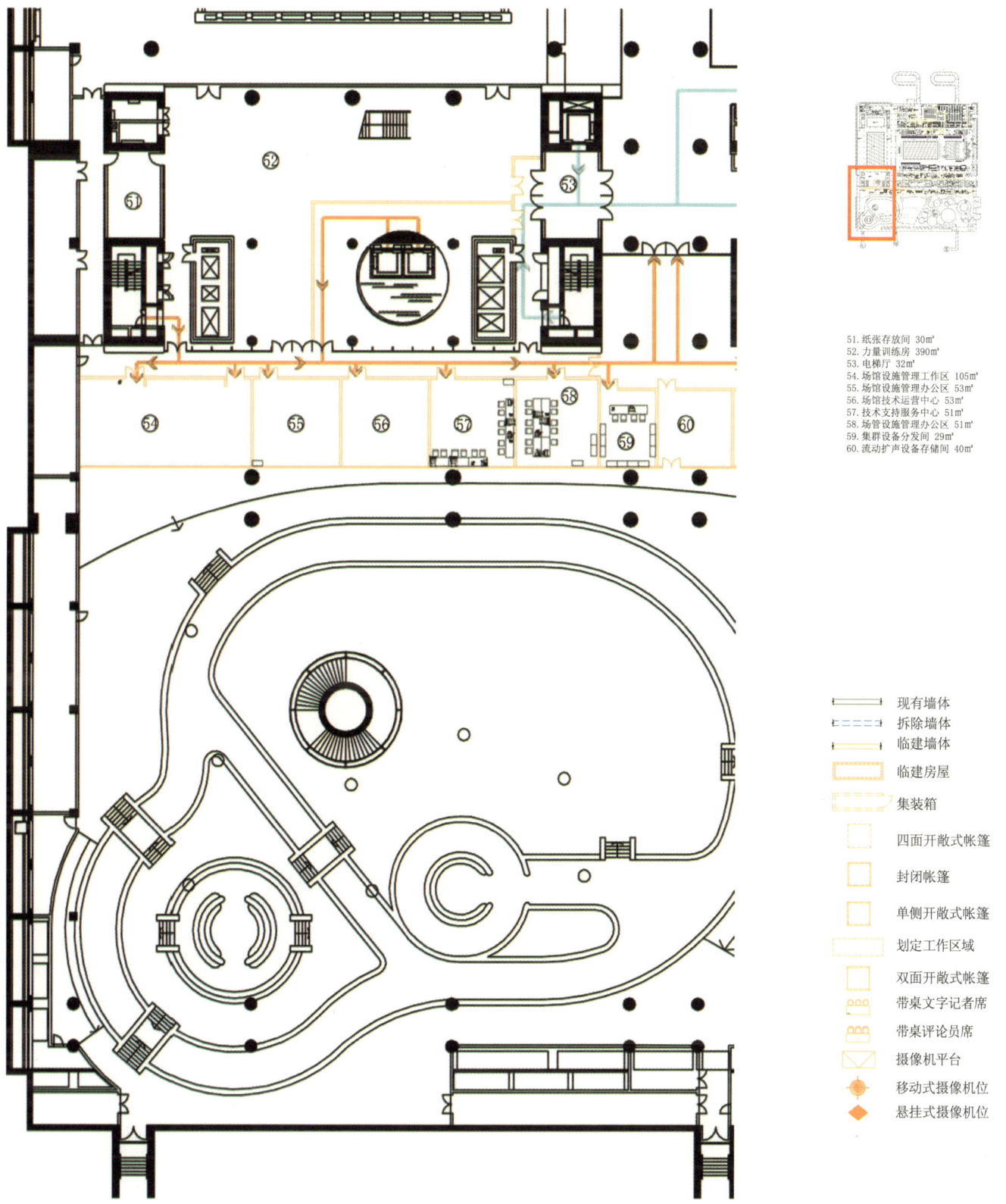

51. 纸张存放间 30㎡
52. 力量训练房 390㎡
53. 电梯厅 32㎡
54. 场馆设施管理工作区 105㎡
55. 场馆设施管理办公区 53㎡
56. 场馆技术运营中心 53㎡
57. 技术支持服务中心 51㎡
58. 场管设施管理办公区 51㎡
59. 集群设备分ನ间 29㎡
60. 流动扩声设备存储间 40㎡

	现有墙体
	拆除墙体
	临建墙体
	临建房屋
	集装箱
	四面开敞式帐篷
	封闭帐篷
	单侧开敞式帐篷
	划定工作区域
	双面开敞式帐篷
	带桌文字记者席
	带桌评论员席
	摄像机平台
	移动式摄像机位
	悬挂式摄像机位

地下一层平面分区图
1：400

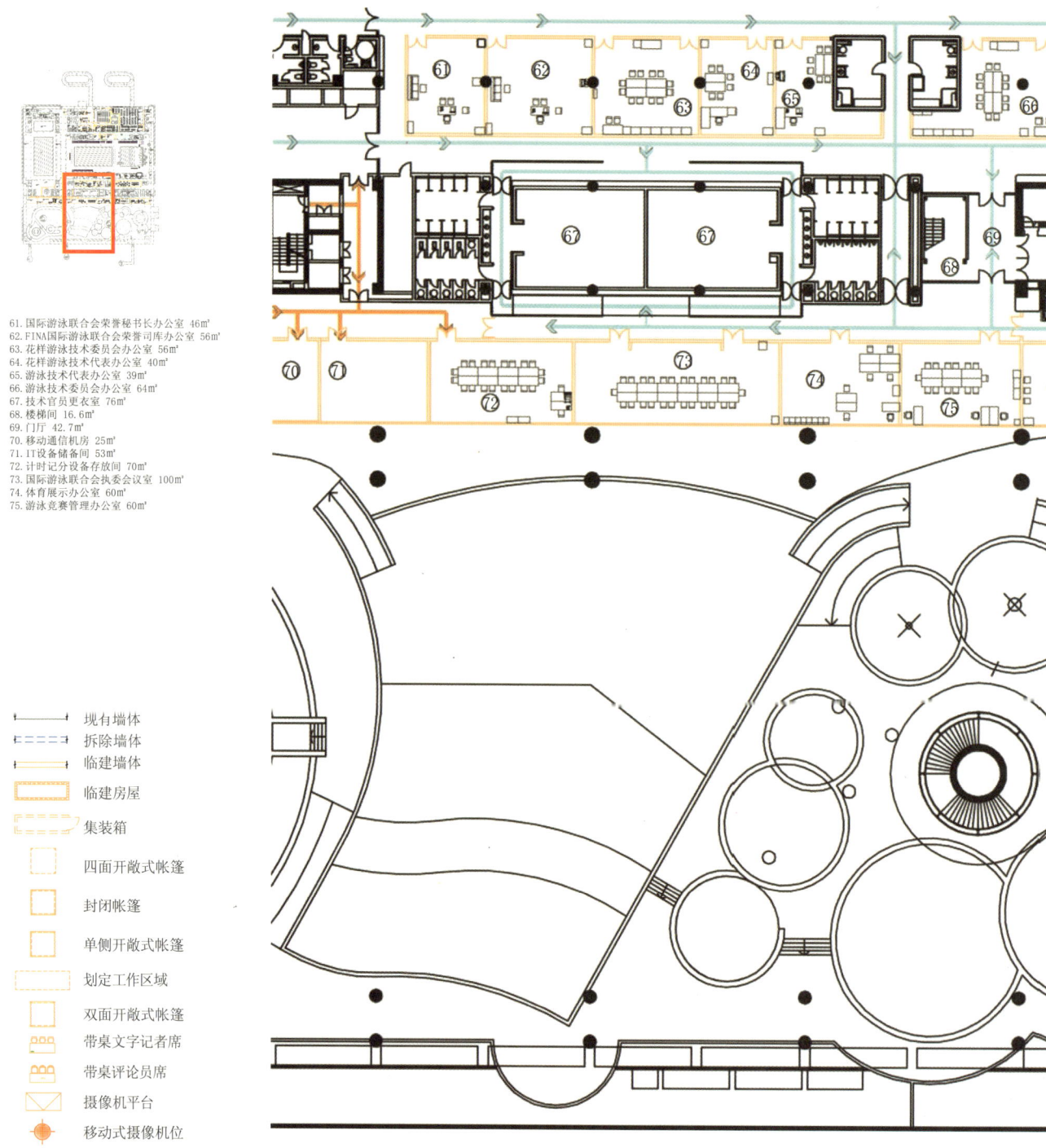

61. 国际游泳联合会荣誉秘书长办公室 46㎡
62. FINA国际游泳联合会荣誉司库办公室 56㎡
63. 花样游泳技术委员会办公室 56㎡
64. 花样游泳技术代表办公室 40㎡
65. 游泳技术代表办公室 39㎡
66. 游泳技术委员会办公室 64㎡
67. 技术官员更衣室 76㎡
68. 楼梯间 16.6㎡
69. 门厅 42.7㎡
70. 移动通信机房 25㎡
71. IT设备储备间 53㎡
72. 计时记分设备存放间 70㎡
73. 国际游泳联合会执委会议室 100㎡
74. 体育展示办公室 60㎡
75. 游泳竞赛管理办公室 60㎡

▬▬▬	现有墙体
▭▭▭▭	拆除墙体
▭▭▭	临建墙体
▭	临建房屋
▭	集装箱
▯	四面开敞式帐篷
▯	封闭帐篷
▯	单侧开敞式帐篷
▯	划定工作区域
▯	双面开敞式帐篷
▥	带桌文字记者席
▥	带桌评论员席
▽	摄像机平台
◉	移动式摄像机位
◆	悬挂式摄像机位

地下一层平面分区图
1：400

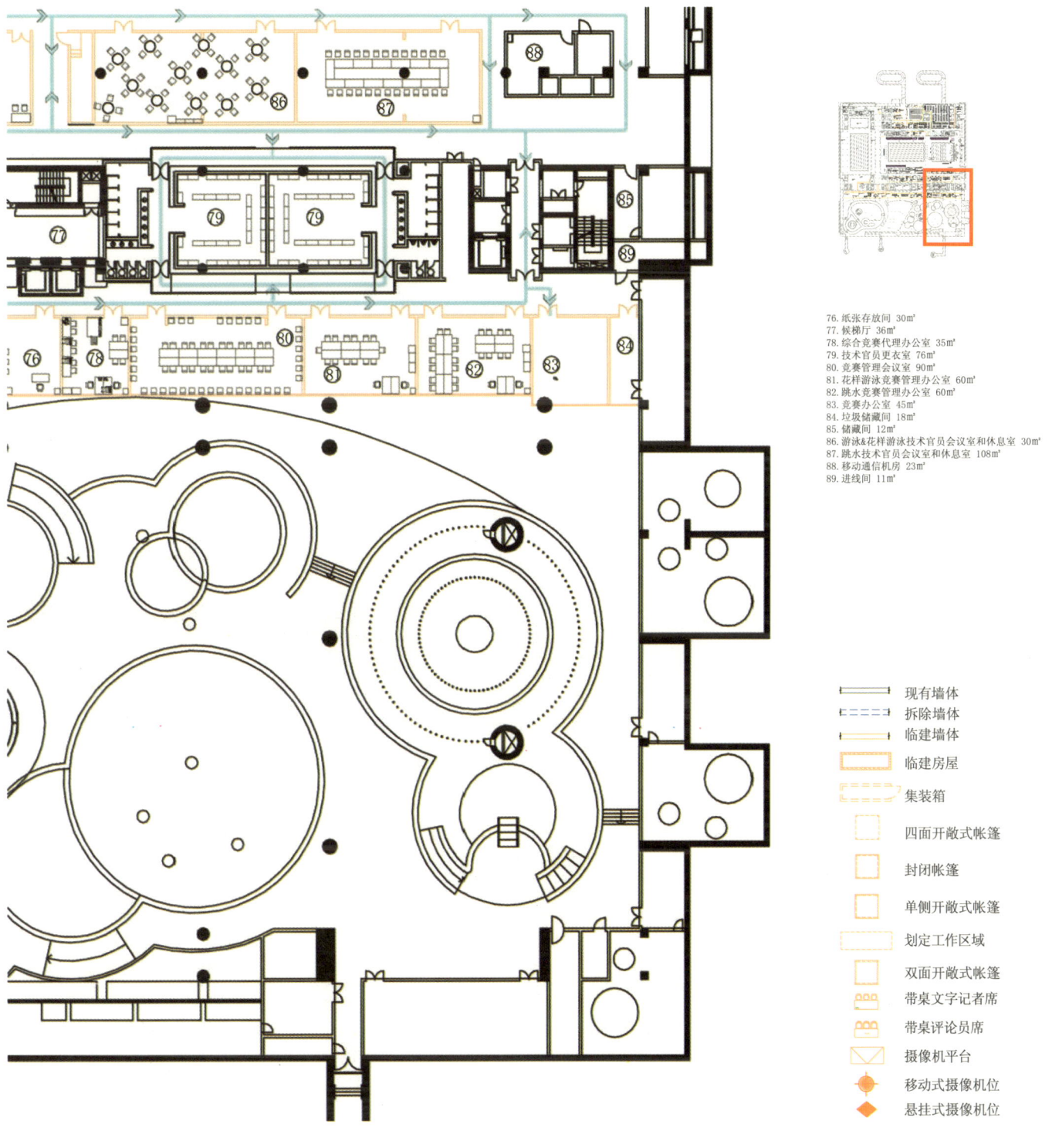

76. 纸张存放间 30㎡
77. 候梯厅 36㎡
78. 综合竞赛代理办公室 35㎡
79. 技术官员更衣室 76㎡
80. 竞赛管理会议室 90㎡
81. 花样游泳竞赛管理办公室 60㎡
82. 跳水竞赛管理办公室 60㎡
83. 竞赛办公室 45㎡
84. 垃圾储藏间 18㎡
85. 储藏间 12㎡
86. 游泳&花样游泳技术官员会议室和休息室 30㎡
87. 跳水技术官员会议室和休息室 108㎡
88. 移动通信机房 23㎡
89. 进线间 11㎡

现有墙体
拆除墙体
临建墙体
临建房屋
集装箱
四面开敞式帐篷
封闭帐篷
单侧开敞式帐篷
划定工作区域
双面开敞式帐篷
带桌文字记者席
带桌评论员席
摄像机平台
移动式摄像机位
悬挂式摄像机位

地下一层平面分区图
1：400

国家游泳中心奥运赛时详细设计

机电篇

为了更好地确保北京奥运的顺利进行，我们通过和BOB的充分沟通后，设计了针对电视转播系统在奥运赛时的临时管线路由，以满足奥运赛时的转播需求。

广播电视综合区设置于国家游泳中心西北侧，用于国家游泳中心、国家体育馆的赛时转播共用。

为了保证赛时电视转播的需要，考虑如下管路预留：所有摄像机、麦克风到广播电视综合区通道；各赛场评论员控制室到广播电视综合区的线缆通道；电信机房到广播电视综合区的线缆通道；现场成绩处理及大屏幕机房到广播电视综合区的通道；有线电视机房、网络机房、公共广播机房到广播电视综合区的通道；带摄像机的评论员席到广播电视综合区的通道；评论员席到评论员控制室的线缆通道；评论员控制室到固定通信机房的线缆通道；固定通信机房与计算机设备及综合布线机房的通道。

现场试音要求：在场地、发奖处、乐队、观众席等处布置话筒，设置必要的音频接口和线缆预埋。

采用吊架方式连通网球中心地边缘和广播电视综合区，吊架路由的设计要考虑到放缆、收缆方便，避开人流密集区域，外观整洁，不影响他人工作，尽量利用建筑现有的外墙或篱笆进行吊挂。

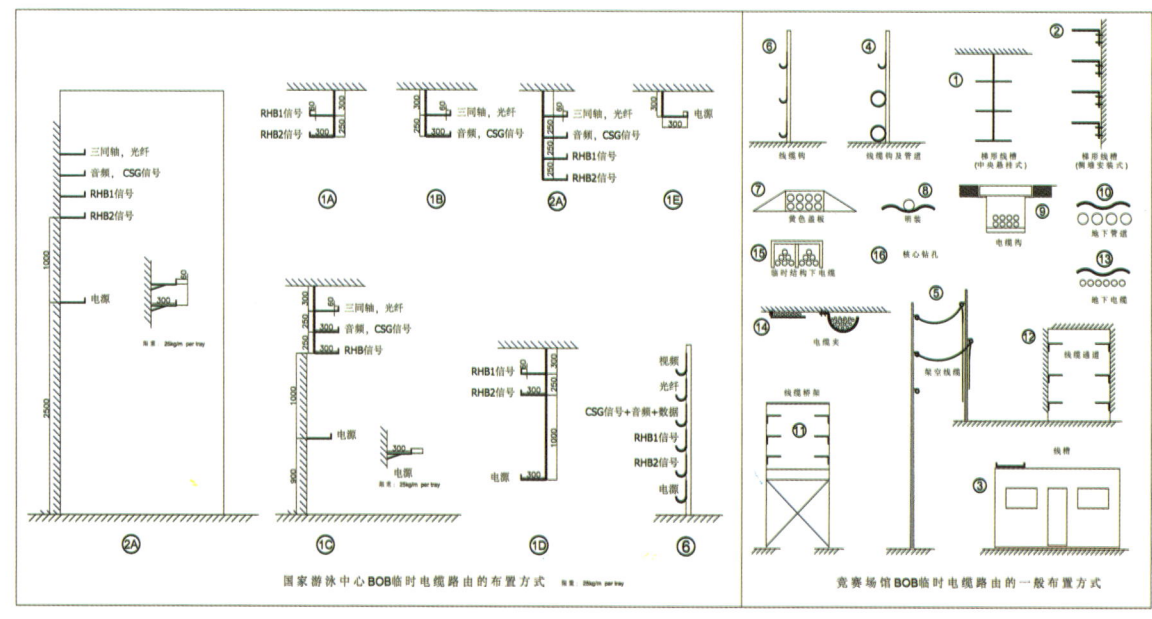

国家游泳中心BOB临时电缆路由的布置方式

竞赛场馆BOB临时电缆路由的一般布置方式

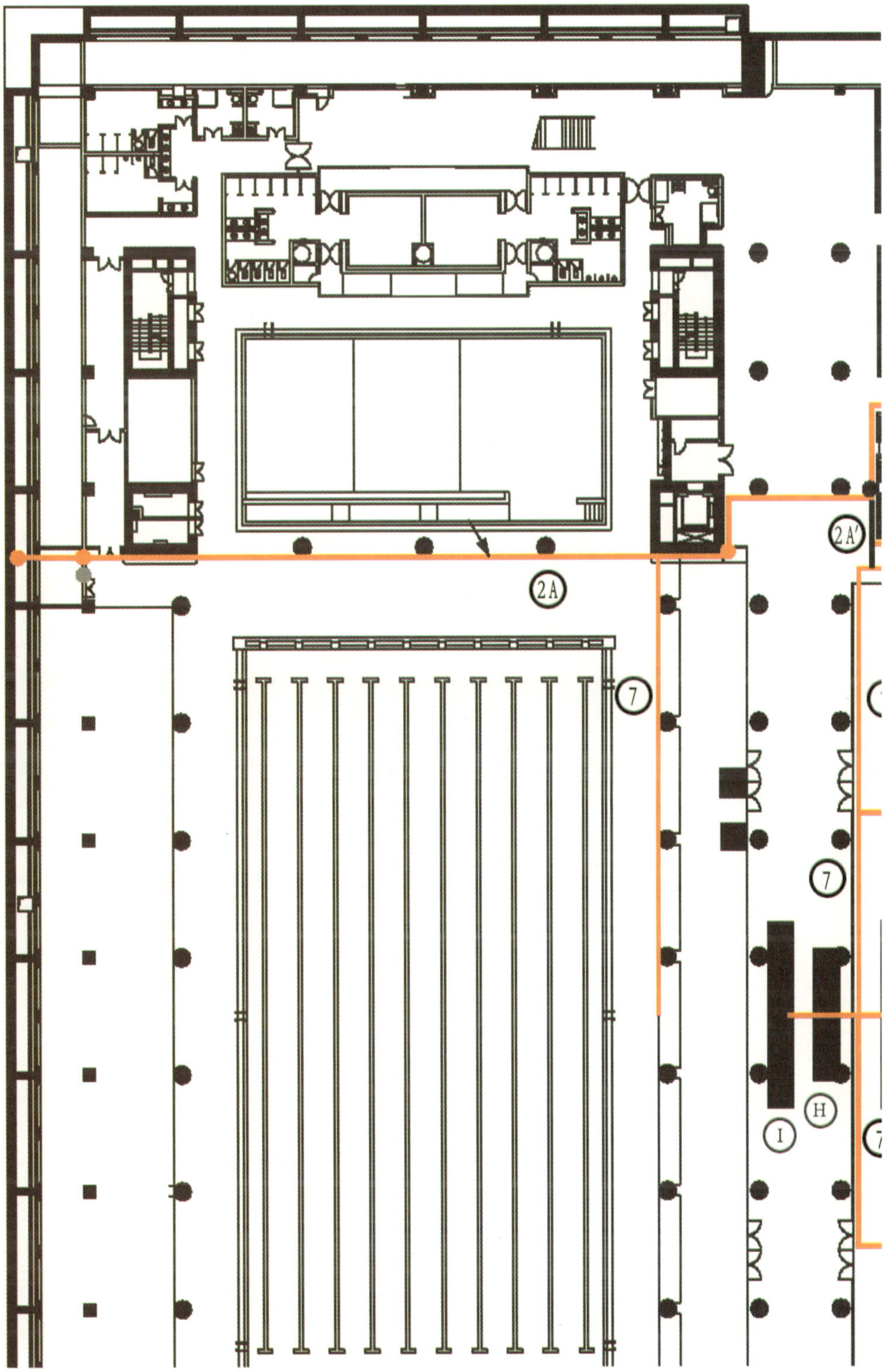

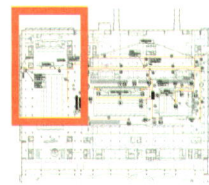

弱电地下一层平面分区图
1：400

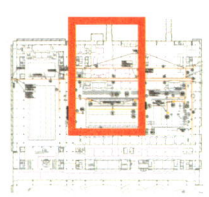

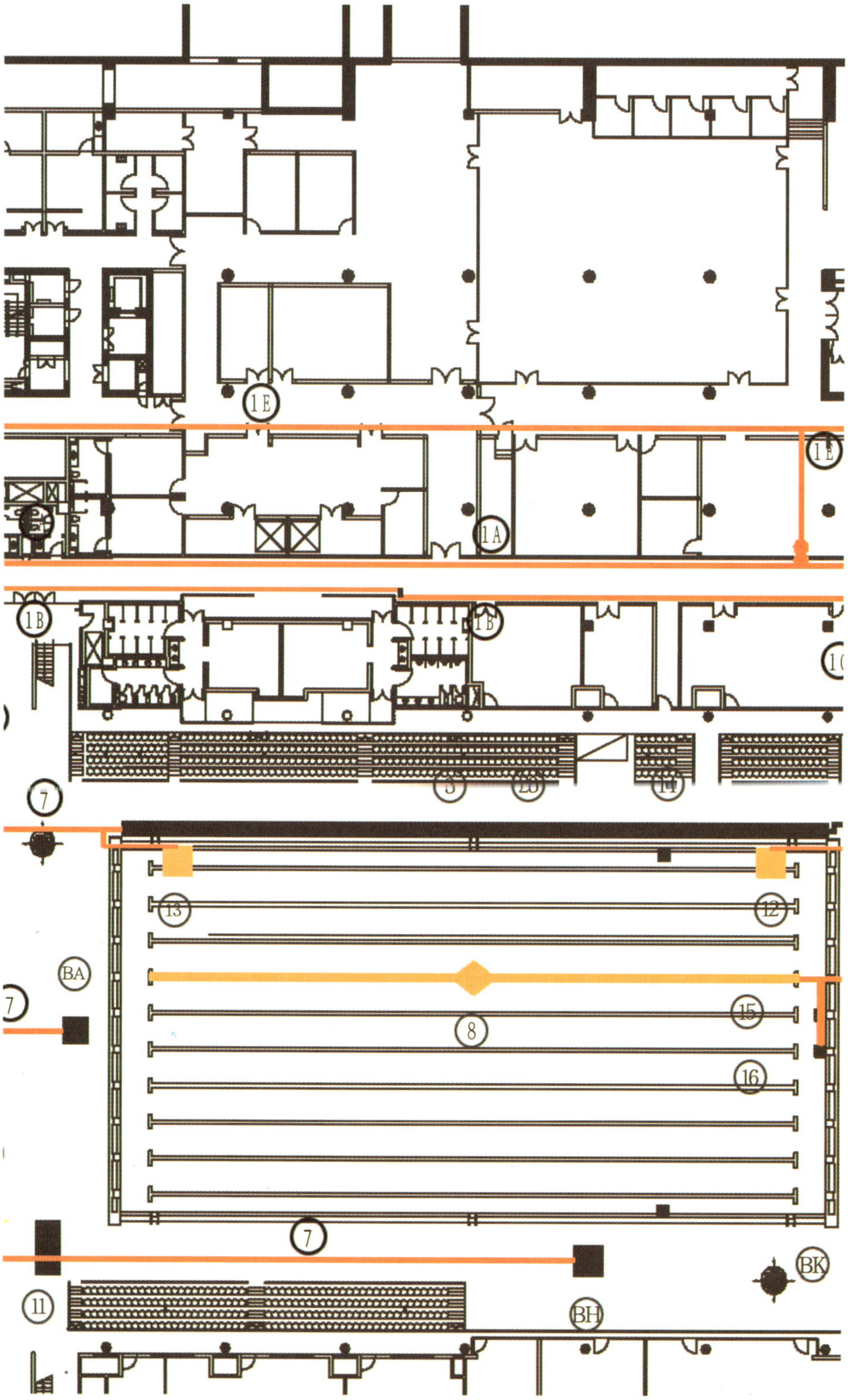

弱电地下一层平面分区图
1：400

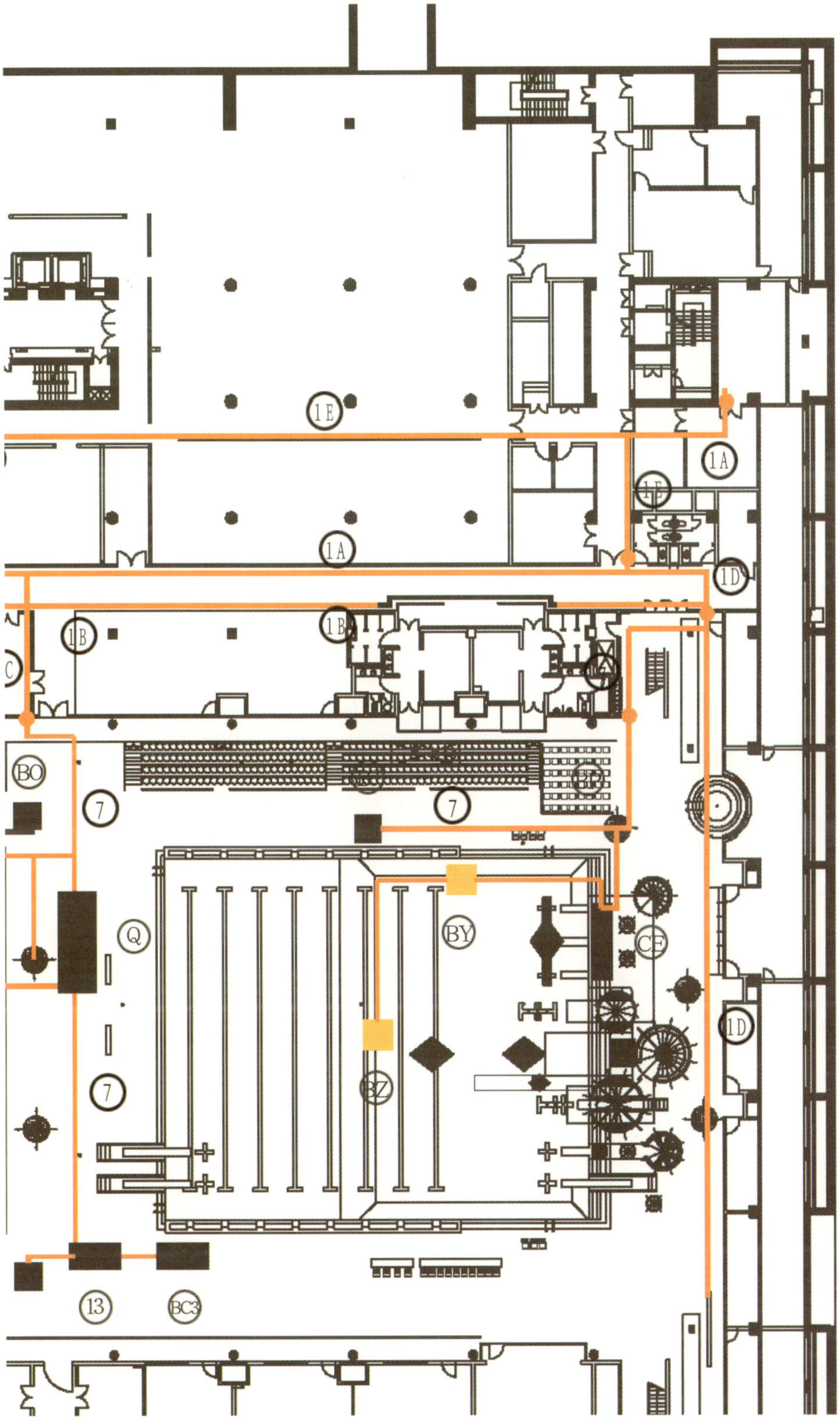

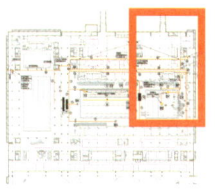

弱电地下一层平面分区图
1：400

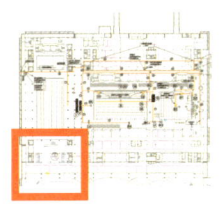

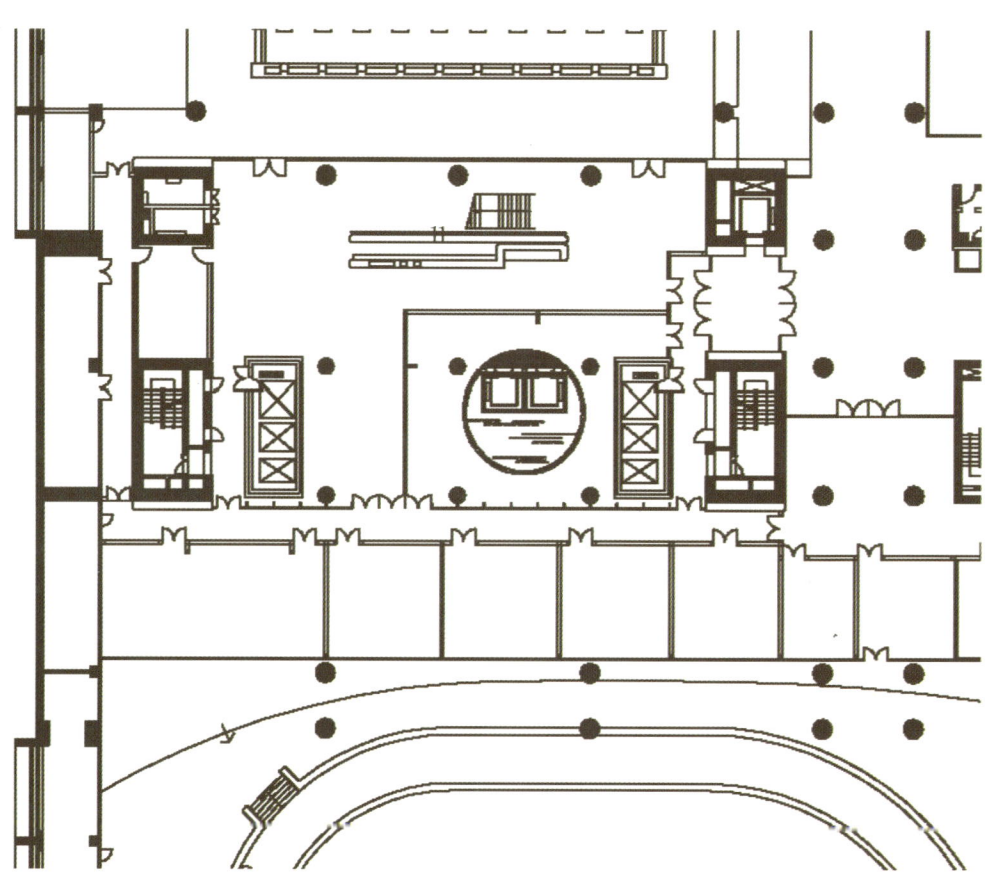

弱电地下一层平面分区图
1：400

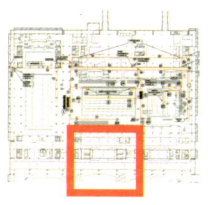

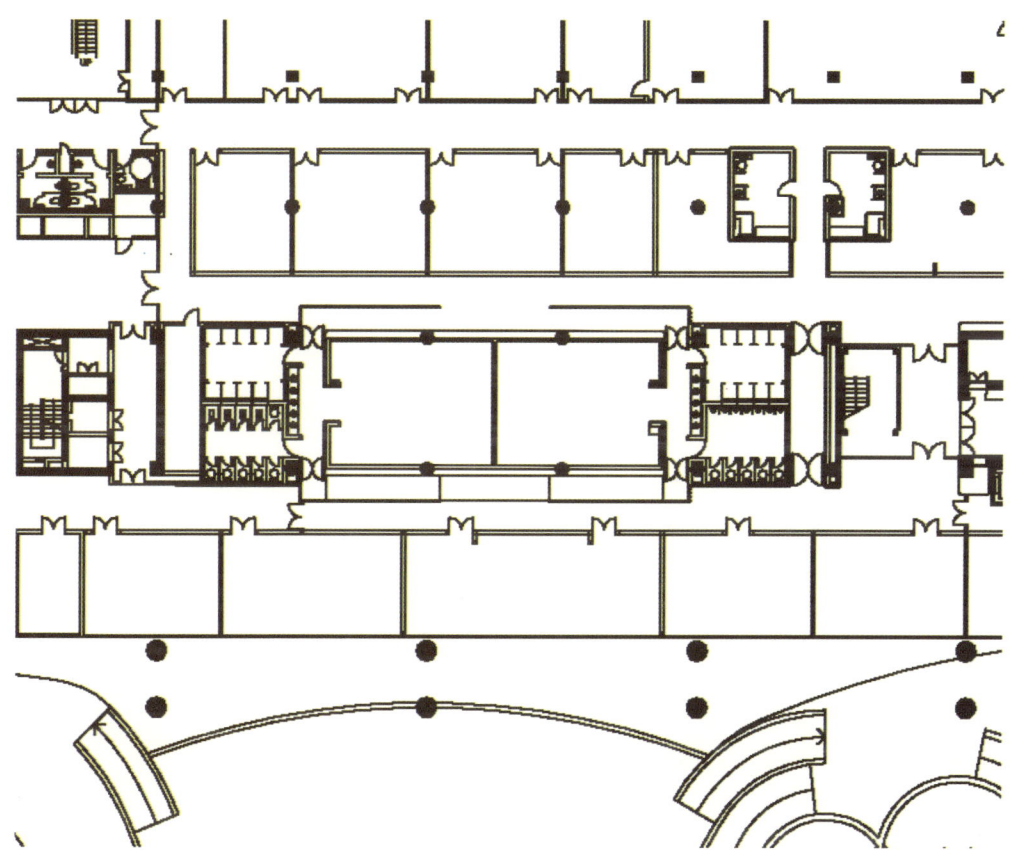

弱电地下一层平面分区图
1：400

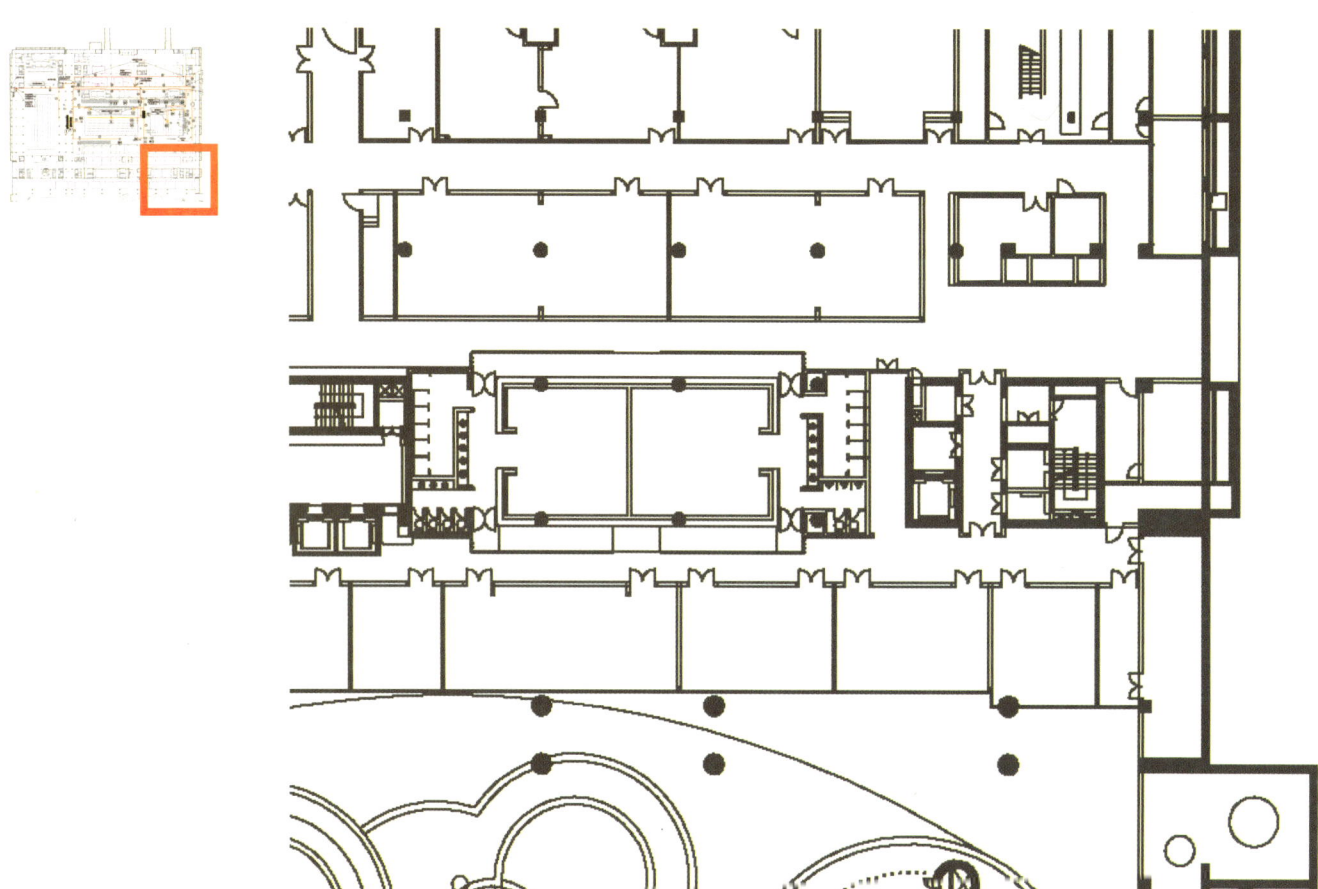

弱电地下一层平面分区图
1 : 400

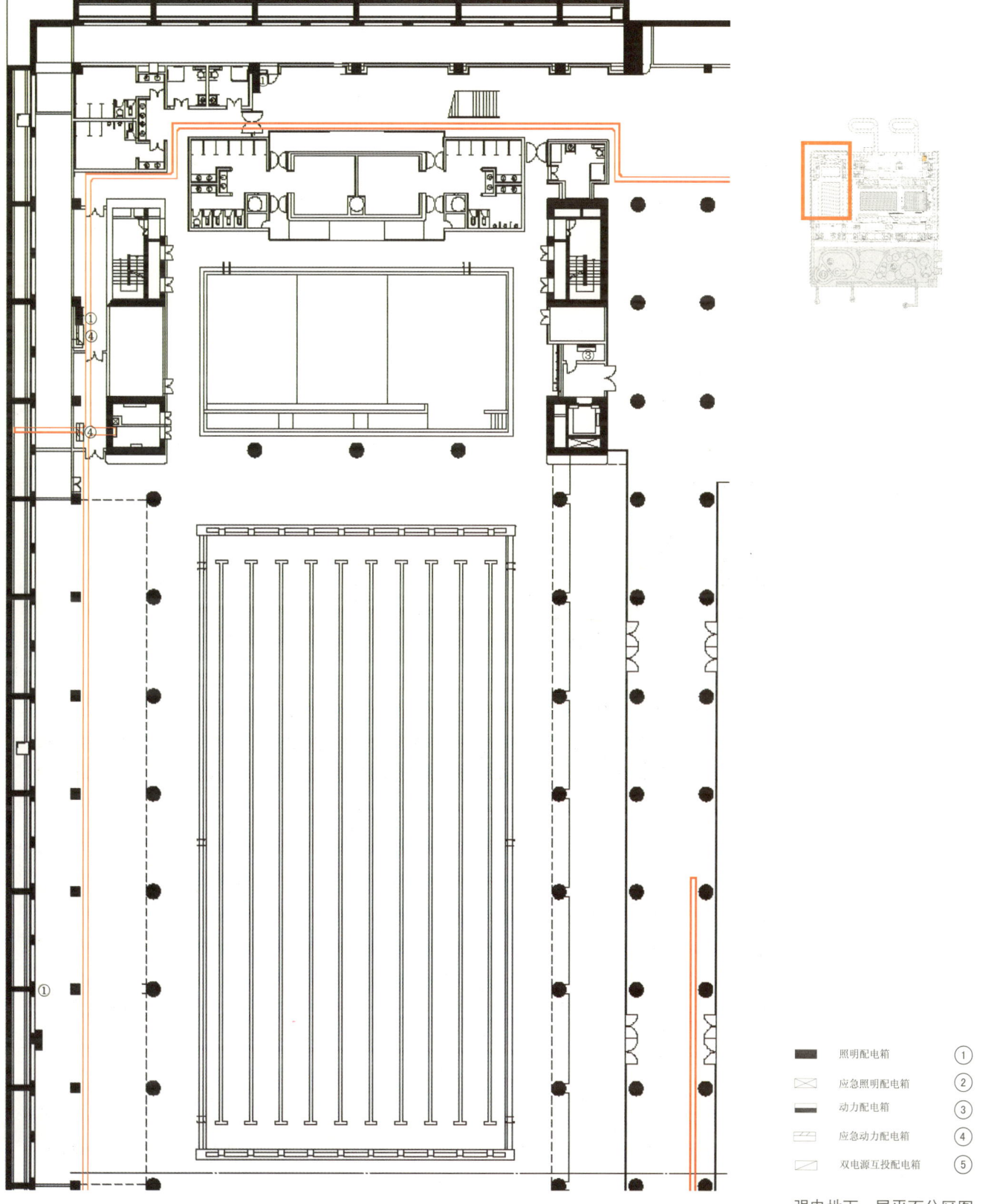

■	照明配电箱	①
⊠	应急照明配电箱	②
▬	动力配电箱	③
▱	应急动力配电箱	④
⊠	双电源互投配电箱	⑤

强电地下一层平面分区图
1 : 400

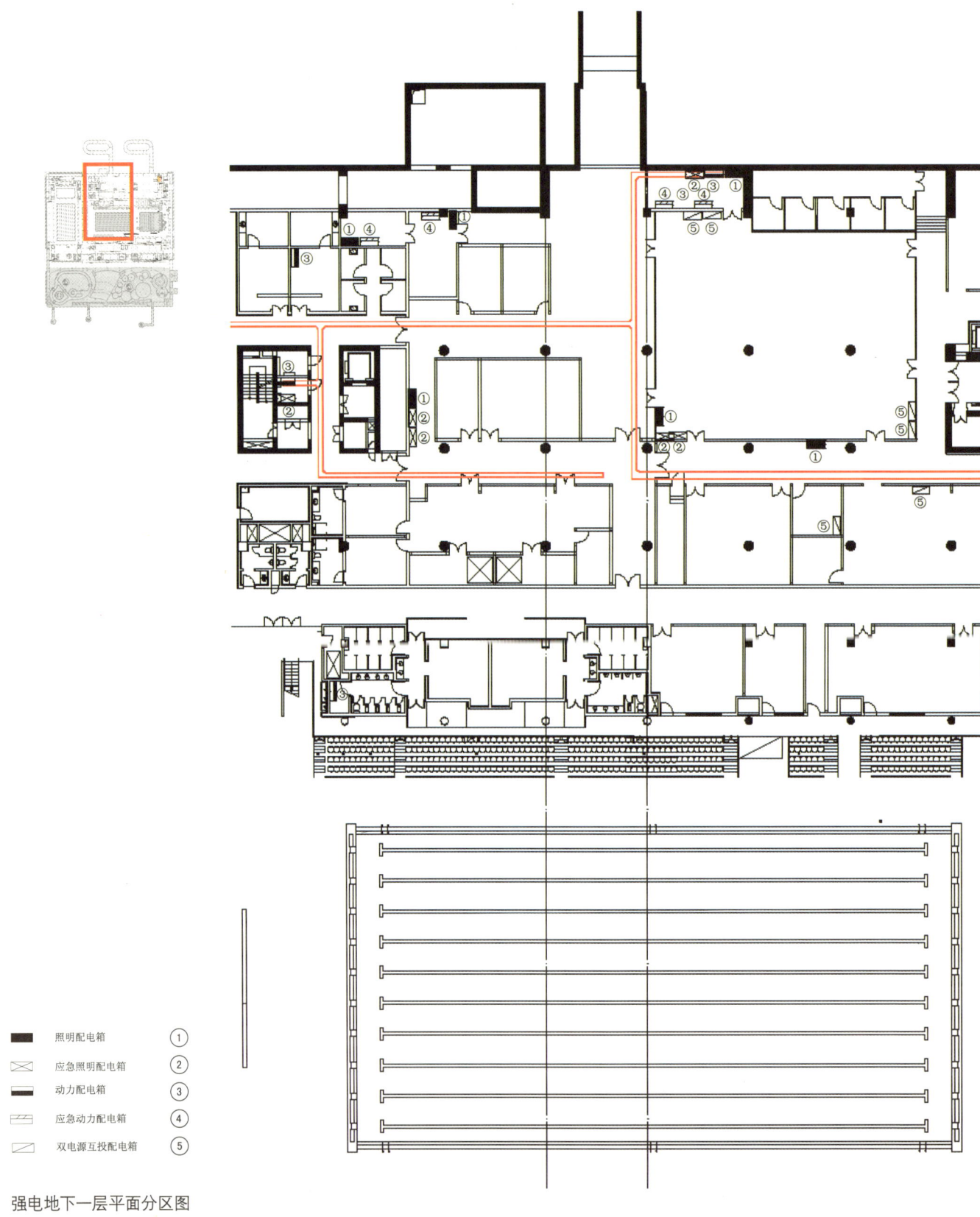

■	照明配电箱	①
⊠	应急照明配电箱	②
▬	动力配电箱	③
▱	应急动力配电箱	④
▱	双电源互投配电箱	⑤

强电地下一层平面分区图
1：400

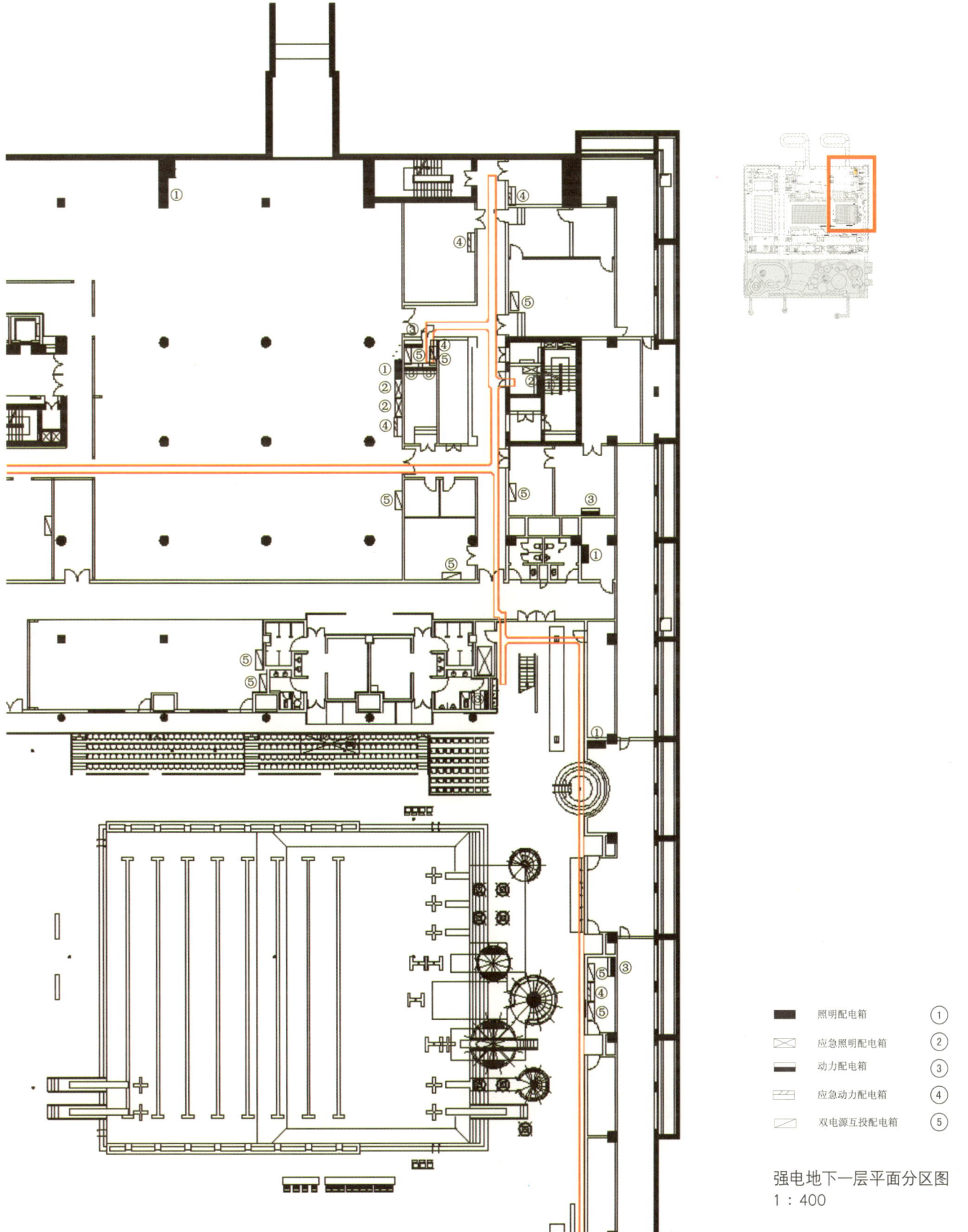

■	照明配电箱	①
⊠	应急照明配电箱	②
▬	动力配电箱	③
▱	应急动力配电箱	④
▱	双电源互投配电箱	⑤

强电地下一层平面分区图
1：400

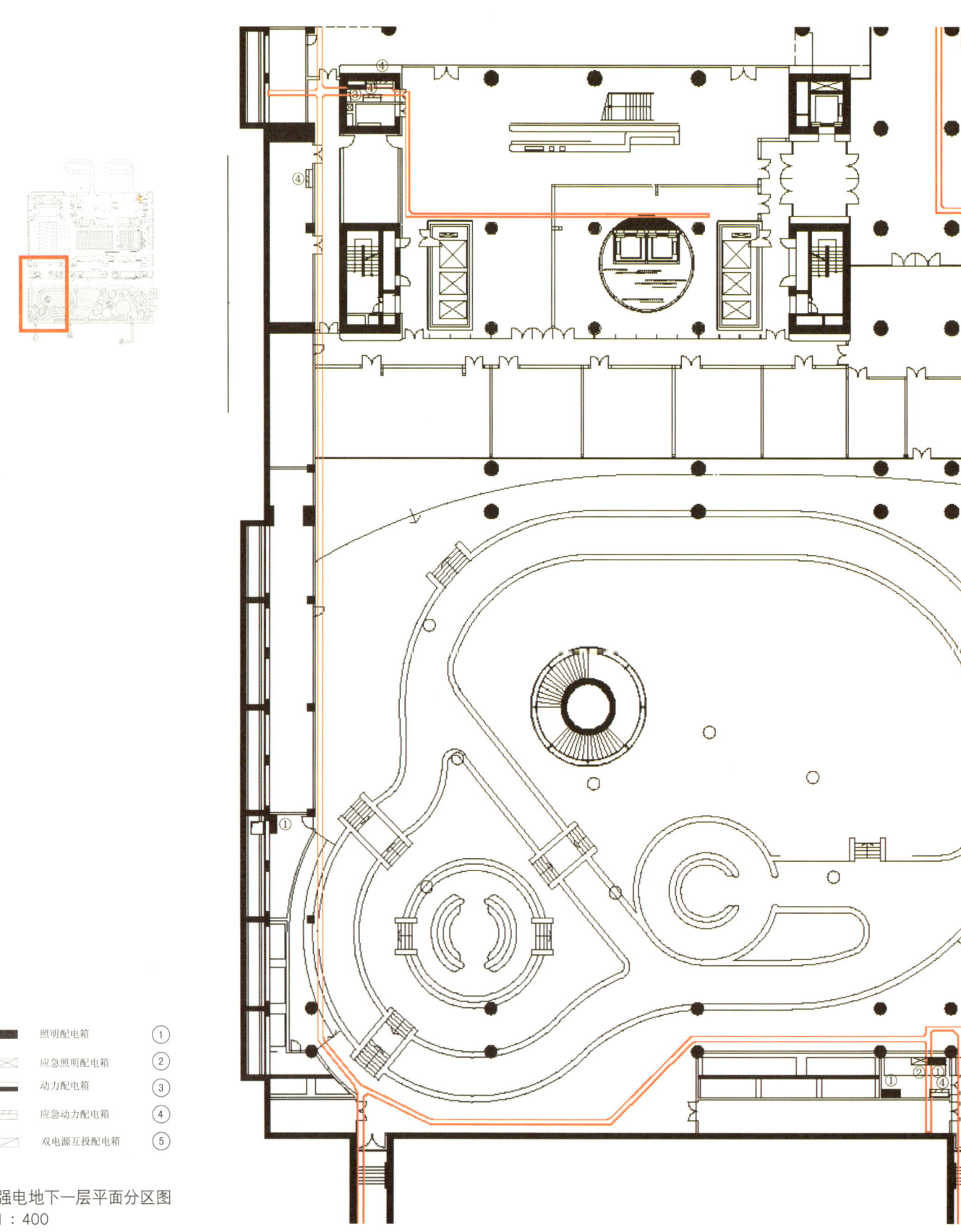

照明配电箱	①	
应急照明配电箱	②	
动力配电箱	③	
应急动力配电箱	④	
双电源互投配电箱	⑤	

强电地下一层平面分区图
1：400

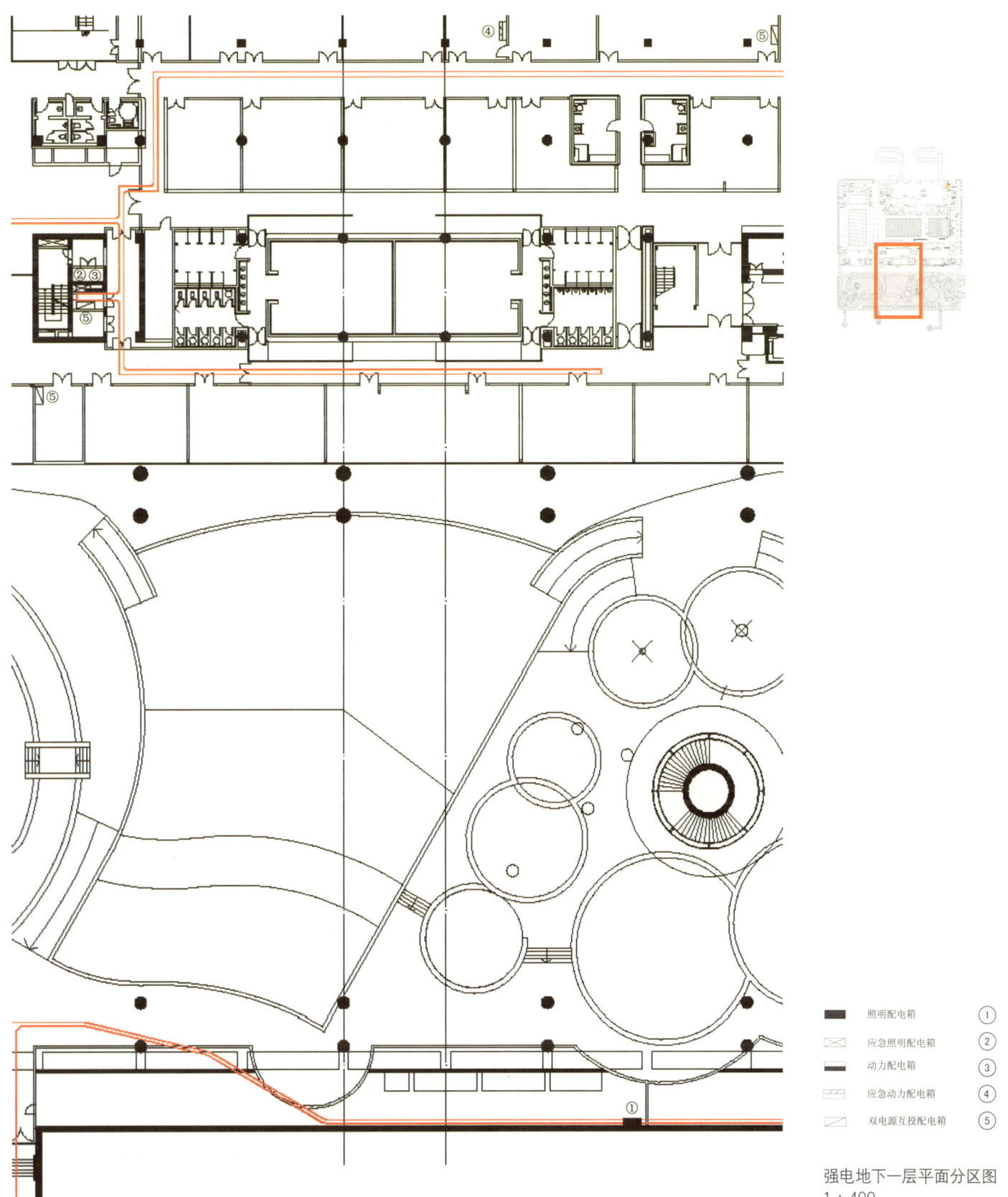

■ 照明配电箱	①
⊠ 应急照明配电箱	②
▬ 动力配电箱	③
▱ 应急动力配电箱	④
▱ 双电源互投配电箱	⑤

强电地下一层平面分区图
1：400

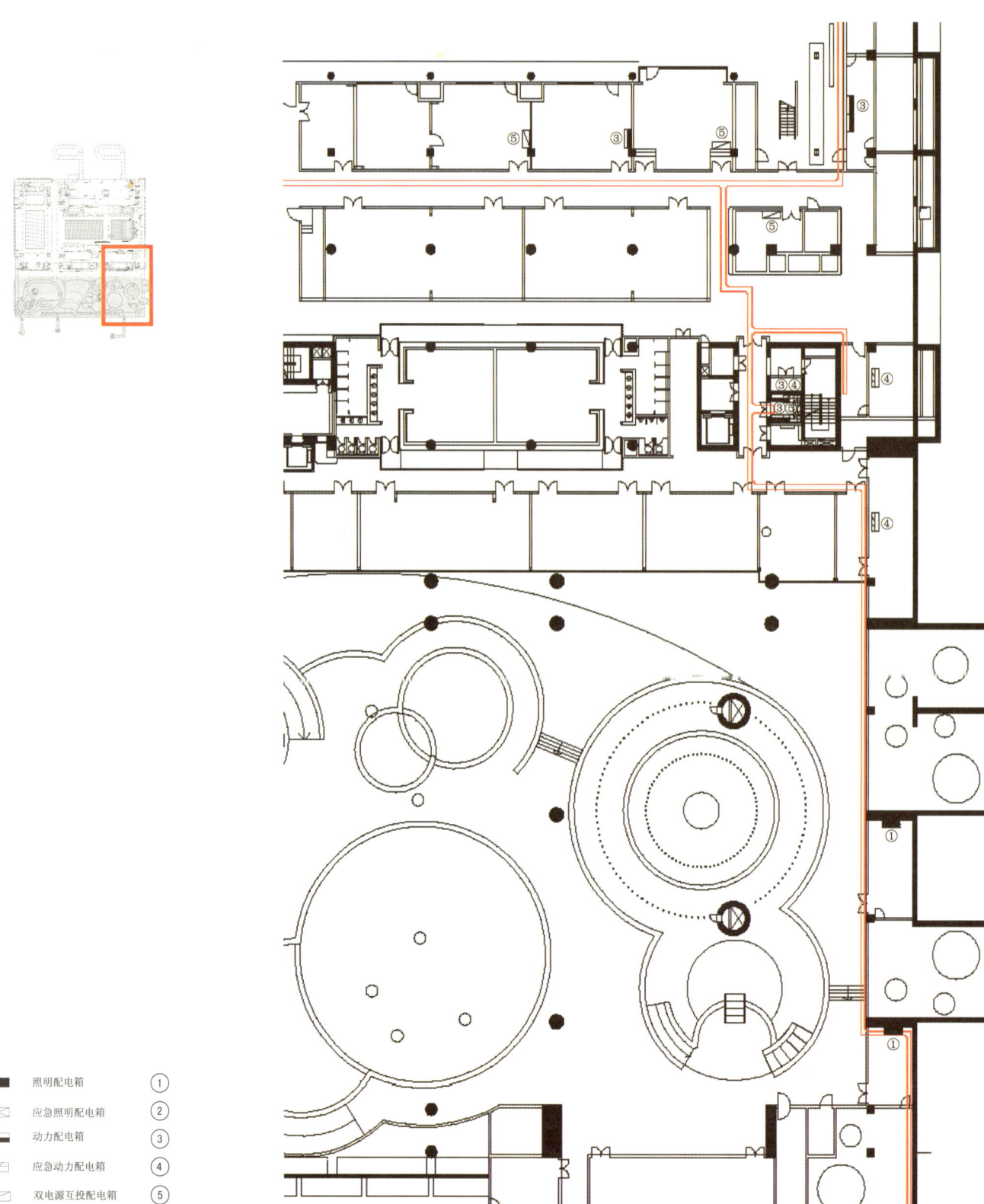

	照明配电箱	①
	应急照明配电箱	②
	动力配电箱	③
	应急动力配电箱	④
	双电源互投配电箱	⑤

强电地下一层平面分区图
1：400

02-04

奥林匹克公园网球中心

奥林匹克公园网球中心

场馆概况

地点：北京奥林匹克公园网球场
场地类型：新建比赛场馆
奥运会期间的用途：网球
残奥会期间的用途：轮椅网球
建筑面积：26514m²
坐席总数：中心赛场10000个
　　　　　1号场地4000个
　　　　　2号场地2000个
　　　　　预赛场200个 共7块

网球比赛

奥林匹克网球中心——网球场

国家网球中心的建设标准应依据世界上体育建筑设计的成功经验，结合中国的设计规范，并满足国际奥林匹克委员会（IOC）、北京奥运会组委会（BOCOG）、国际网球联合会(ITF)和国际残疾人奥林匹克委员会(IPC)的要求。

比赛场地的设计

决赛场地平面布置

（1）比赛场地

比赛场区尺寸为 10.97m×23.77m，地面为弹性硬地。

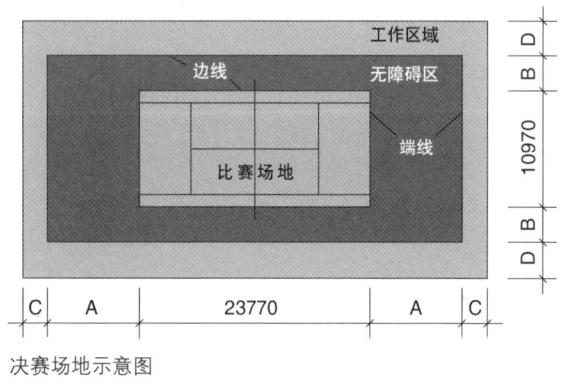

决赛场地示意图

（2）无障碍区

无障碍区范围为比赛场区以外，端线外宽度 A ≥ 6.4m，边线外宽度 B ≥ 3.66m，地面为弹性硬地。

（3）工作区

工作区范围为无障碍区以外，端线外宽度 C ≥ 4.2m，边线外宽度 D ≥ 8.4m。

比赛场地要求

（1）球场周围需设有排水沟；排水沟距铺砌层不得小于 1.524m(5 英尺)；宽度不小于 0.305m(1 英尺)，深度不小于 0.457m(18 英寸)；坡度不得小于 1%（1：100）。

（2）场地表面高出周围地面不得小于 0.254m(10 英寸)。

（3）场地围网要求：硬地球场可以在场地边缘内侧 0.3048m(1 英尺)修建围网，高度不得小于 3.048m(10 英尺)，网眼大小不得卡住或穿过网球；所有的门和立

柱应该用边长不小于 0.064m(2.5 英寸)的方柱或直径不小于 0.076m(3 英寸)的圆柱；行柱应至少 0.064m(2.5 英寸)粗；所有柱子的安装，其中心距最多为 3.048m(10 英尺)；门的宽度至少为 0.914m(3 英尺)，考虑到残疾人的通行方便，适当扩大；围网的标准色为绿色、黑色或褐色。

热身场地

热身安排在练习场地进行。热身场地与比赛场地之间的距离不宜过长，并设有专用通道，该通道不能与观众、媒体等通道交叉。

比赛规则

网球比赛参赛选手数量为：男、女单打各 64 名，男、女双打各 32 对。除了在男子单打决赛中采用五盘三胜制外，其余所有的比赛均采用三盘两胜制；除了在男子单打的第五盘以及其余比赛的第三盘，即决胜盘的比赛中，只有净胜两局才能赢得该盘比赛（长盘制）外，其余每盘比赛都采用平局决胜制（抢七局）。

场地的选择及第一局中作为发球员还是接球员的权利在准备活动前由掷硬币来决定。

每一发球局结束后，接发球员在下一局中成为发球员，而发球员则成为接发球员。在双打比赛中，每一盘的第一局先发球的那对选手应该决定哪一名运动员先发球。同样，对手也应该在第二局前作出由谁发球的决定。第一局先发球的运动员的队友在第三局发球；第二局发球的运动员的队友在第四局发球。在这一盘后面的比赛中都按照这样的顺序来发球。

运动员应该在每一盘中的第一局、第三局以及后面的单数局结束后交换场地。运动员也应在每盘结束后双方所得局数之和为奇数时交换场地。如果一盘比赛结束后双方局数相加之和为偶数，则在下一盘第一局结束后再交换场地。在平局的决胜局中，运动员应在每 6 分后交换场地。

奥林匹克公园网球中心

功能分区1——观众活动区

运行责任部门	示范场馆房间名称	英文名称	数量	面积（m²）
观众服务	观众信息亭、失物招领处	Spectator Info Booth/Lost & Found	1	25
	观众婴儿车、轮椅寄存区	Spectator Storage	1	50
	观众服务工作部署区	Briefing Area	1	200
	观众服务自行车和高尔夫车存放区	Bicycle Storage and Golf Car Storage Area	1	30
餐饮	观众餐饮服务区	Snack Point	5	60/100/73/32/25
市场开发	特许商品零售点	Merchandising Point	1	40
	办公室	Office	1	15
	商品存储	Commodity Storage	1	20
医疗服务	观众医疗站	Spectator Medical Station	2	103+40=143
票务	票务服务台	Ticket Management	2	20

功能分区2——比赛场地区

CC（中主赛场）

运行责任部门	示范场馆房间名称	英文名称	数量	面积（m²）
竞赛组织	比赛场地	Field of Play		场地区
	运动员检录区	Athlete Call Area		场地区
	混合区（运动员通道）	Mixed Zone		2.2*45
	仲裁席	Jury Seating		场地区
	技术代表席	Technical Delegates Seating		场地区
	裁判席	Technical Officials Seating		场地区
技术	成绩统计台	Results Data Entry Position		场地区
	计时记分席	Timing & Scoring Position		场地区
兴奋剂检查	运动员兴奋剂检查标记区	Athletes Tagging		场地区
医疗服务	比赛场地周边急救区	Adjacent First Aid Area in FOP		场地区
竞赛组织	运动员卫生间	Toilets	2	20
	裁判休息室	Technical Officials Lounge	1	32
	球童休息室	Ball Persons Lounge	1	20
	储藏室	Storage	3	1×25+34=84
技术	现场成绩处理机房	On-venue Results Room	1	50
	计时计分系统设备存放间	Timing & Scoring Equipment Storage	1	56
媒体	评论员控制室	Commentator Control Room（CCR）	1	52
	转播信息办公室(BIO)	Broadcasting Information Office(BIO)	1	35
	媒体卫生间	Toilets	2	20
技术	移动通信设备机房	Mobile Telecommunication Equipment Room	1	36
	无线通信机房	Wireless Communication Room	1	16
	扩声控制室	Public Address Control Room	1	24
	灯光控制室	Lighting Control Room	1	24
颁奖仪式	鲜花国旗储藏室	Flag Storage	1	20
	奖牌存放	Medal Storage	1	16
竞赛组织	比赛场地	Field of Play		场地区
	运动员检录区	Athlete Call Area		场地区
	混合区（运动员通道）	Mixed Zone		2.2*27
	仲裁席	Jury Seating		场地区
	技术代表席	Technical Delegates Seating		场地区
	裁判席	Technical Officials Seating		场地区
技术	成绩统计台	Results Data Entry Position		场地区
	计时记分席	Timing & Scoring Position		场地区
兴奋剂检查	运动员兴奋剂检查标记区	Athletes Tagging		场地区

运行责任部门	示范场馆房间名称	英文名称	数量	面积（m²）
医疗服务	比赛场地周边急救区	Adjacent First Aid Area in FOP		场地区
竞赛组织	裁判休息室	Technical Officials Lounge	1	32
	球童休息室	Ball Persons Lounge	1	20
	储藏室	Storage	5	25*2/52/57/93
	卫生间	Toilets	2	20
媒体	评论员控制室(CCR)	Commentator Control Room	1	52
	转播信息办公室(BIO)	Broadcasting Information Office	1	35
	媒体卫生间	Toilets	2	20
文化活动	礼仪表演人员准备室(Male)	Presenter & Mascot Dressing	1	25
技术	移动通信设备机房	Mobile Telecommunication Equipment Room	1	40
	扩声控制室	Public Address Control Room	1	24
	灯光控制室	Lighting Control Room	1	24
	体育储藏间	Storage	1	和上面储藏室合并

C2（2号赛场）

运行责任部门	示范场馆房间名称	英文名称	数量	面积（m²）
竞赛组织	比赛场地	Field of Play	1	场地区
	运动员检录区	Athlete Call Area	1	场地区
	混合区（运动员通道）	Mixed Zone	1	2.2*27
	仲裁席	Jury Seating		场地区
	技术代表席	Technical Delegates Seating		场地区
	裁判席	Technical Officials Seating		场地区
技术	成绩统计台	Results Data Entry Position	1	场地区
	计时记分席	Timing & Scoring Position	1	场地区
兴奋剂检查	运动员兴奋剂检查标记区	Athletes Tagging	1	场地区
医疗服务	比赛场地周边急救区	Adjacent First Aid Area in FOP		场地区
竞赛组织	裁判休息室	Technical Officials Lounge	1	28
	球童休息室	Ball Persons Lounge	1	20
	储藏室	Storage	2	25*2+50+16=116
	卫生间	Toilets	2	20
媒体	评论员控制室(CCR)	Commentator Control Room	1	50
	转播信息办公室(BIO)	Broadcasting Information Office	1	38
	媒体卫生间	Toilets	2	20
技术	移动通信设备机房	Mobile Telecommunication Equipment Room	1	20
	扩声控制室	Public Address Control Room	1	24
	灯光控制室	Lighting Control Room	1	24
	成绩复印分发室	Results Printing & Distribution	1	52

功能分区3——体育竞赛区				
运行责任部门	示范场馆房间名称	英文名称	数量	面积（m²）
竞赛组织	运动员接待处	Reception & Info Desk	大厅内	185
	训练场地	Practice Courts	6	9920
	运动员休息室（含卫生间）	Athletes Lounge (Toilets)	1	560
	运动员更衣室（含卫生间）	Athletes Change Room (Toilets)	2	324
	运动员健身房	Gymnasium	1	75
	穿线室	Restring Sevice	1	34
	洗衣房	Laundry Service	1	35
	技术官员卫生间	Technical Officials Toilets	2	23
	器材室	Sport Equipment Office	1	70
	会议室1	Meeting Room 01	1	35
	会议室2	Meeting Room 02	1	36
	仲裁室	Jury Room	1	30
	国际网联秘书处（储藏间）	ITF Secretariat Office and Store Room	1	34+13=47
	助理裁判组长办公室	Assist.Chief of Umpires Office	1	35
	ITF观察员办公室	ITF Observer's Office	1	22
	国际网联主席办公室	ITF President's Office	1	32
	国际网联主席助理办公室	ITF PA's Office	1	20
	国际网联秘书长办公室	ITF Secretary General's Office	1	20
	国际网联技术代表室	ITF Technical Delegates Office	1	20
	竞赛公共办公区	Tournament Office and Competition Secretariat	1	140
	竞赛经理办公室	Competition Manager	1	34
	裁判长办公室	Referee Office	1	20
	助理裁判长办公室	Assistant Referees Office	1	36
	中国网球协会办公室	CTA Office	1	34
	技术官员休息室	Technical Officials Lounge	1	145
	技术官员更衣室（卫生间）	Technical Officials Change Room and Toilets	2	90
	球童休息室	Ball Person Lounge	1	142
	球童更衣室（卫生间）	Ball Person Change and Toilets	2	94
	裁判组长办公室	Chief of Umpires Office	1	15
	球童主管办公室	Chief of Ball Persons Office	1	15
	广播室	Public Address Control Room	1	34
兴奋剂检查	兴奋剂检测区	Drug Testing Area	1	120
	兴奋剂官员办公室	Office for Doping Control Manager	1	18
	兴奋剂候检室	Waiting Area	1	55
	尿检工作室（含卫生间）	Processing Room	2	18
医疗服务	理疗室（男）	Physiotherapy(Male)	1	35
	理疗室（女）	Physiotherapy(Female)	1	35
	运动员医疗站	Athletes Medicine station	1	71

功能分区4——仪式及文化活动区				
运行责任部门	示范场馆房间名称	英文名称	数量	面积（m²）
颁奖仪式	体育展示办公室	Sport Presentation Office	3	15/11/17.5
	仪式经理办公室及奖牌存放间	Ceremony Management & Medal Storage	1	16
	颁奖仪式等候区	Ceremony Waiting Area	1	22
	鲜花国旗储藏室	Flag Storage	1	20

功能分区5——电视转播区				
运行责任部门	示范场馆房间名称	英文名称	数量	面积（m²）
媒体	评论员控制室	Commentator Control Room	3	85/52/50
	转播信息办公室(BIO)	Broadcasting Informatio Office	3	35/35/38
	电视转播综合区（三馆共用）	Broadcast Compound	1	8000

功能分区6——新闻运行区				
运行责任部门	示范场馆房间名称	英文名称	数量	面积（m²）
新闻运行	场馆新闻中心	Venue Media Cater	1	媒体综合
	新闻运行经理办公室	Press Office	1	22
	摄影经理办公室	Photo Manager Office	1	22
	奥林匹克新闻服务工作室	Olympic News Service Work Room	1	23
	成绩公报协调员办公室	Results Distribution	1	15
	成绩复印分发室	Results Printing & Distribution	1	102
	文字记者工作区	Press Work Area	1	730
	摄影记者工作区	Photo Work Area	1	145
	新闻媒体专用卫生间	Toilets	2	2*23=92
	媒体休息区	Media Lounge	1	200
	小型备餐间	Food Preparation Room	1	54
	新闻发布厅	Press Conference Room	1	182
	媒体租用办公室	Media rental of office	3	45+36+22=103
	门卫室n	Guard Room	1	15
	值班室n	Duty Office	1	15

功能分区7——场馆礼宾区				
运行责任部门	示范场馆房间名称	英文名称	数量	面积（m²）
场馆礼宾	场馆礼宾经理办公室	Venue Protocol Manager Desk	1	34
	贵宾接待与交通服务处（整个网球区）	Welcome & Transport Info Desk	1	91
	贵宾休息室	Olympic Family Lounge	1	362
	贵宾卫生间	OF Toilet	2	2*23=46
	贵宾备餐间	Food Preparation Room	1	90
	贵宾会客室	OF Meeting Room	1	89
	陪同人员休息区	Staff & Volunteer Room and Storage	1	47
安保	现场警卫机动力量备勤室	On-site Guard Reserve Force	1	59
	安保后备用房	Office Security Reserve Room	1	47
	交通指挥监控室	Transport Monitoring & Command	1	91
	要人警卫工作现场指挥部	On-site Guard Office	1	45
	要人随身警卫人员备勤室	Guard Duty Room for VIPs	1	43

功能分区8——场馆运行区				
运行责任部门	示范场馆房间名称	英文名称	数量	面积（m²）
场馆管理	场馆主任办公室	Venue Manager Office	1	22
	场馆副主任办公室	Venue Deputy Manager Office	1	43
	场馆运行中心	Venue Operation Center	1	71
	场馆通信中心	Venue Communication Center	1	35
	多功能会议室	Multi-purpose Room	1	50
票务	票务经理办公室	Ticketing Management Office	1	20
场馆人事	场馆人事经理办公室	Venue Staffing Management	1	22
	工作人员休息和用餐区(户外)	Staff Break & Dinning Area	1	150
场馆财务	场馆财务经理办公室	Venue Finance Manager Office (Includes: Rate Card Office)	1	22
观众服务	观众服务管理办公室	Spectator Services Management Area	1	50
	工作部署区	Briefing Area	户外	200
技术	计算机设备房间	Computer Equipment Room	1	50
	数据管理间	Sever Room	1	25
	固定通信设备机房	Fix Telecomcomuication Equipment Room	1	101
	有线电视机房	CATV Control Room	1	20
	中央/设备监控室	Central Control Manager Room	1	47
	卫生间	Toilets	2	2*23=46
	集群通信设备分发间	Trunk Radio Distribution Room	1	36
	场馆技术运行中心	Venue Technology Operation Center	1	51
	技术支持服务中心	Technology Help Desk	1	49
	固定通信技术人员工作室	Fix Telecommunication Operation	1	22
	流动扩声系统设备存放间	Audio Equipment Room	1	50
	IT设备存放间	IT Equipment Storage	1	51
环境	垃圾暂存间	Gabbage Collection Room	1	51
	清洁工休息室	Cleaners Lounge	1	26
	清洁管理办公室	Cleaning Management Office	1	12
餐饮	分餐饮综合区	Catering Compound	1	1000
语言服务	语言服务经理办公区	LAN Manager Office	1	33

功能分区9——安保及交通运行区				
运行责任部门	示范场馆房间名称	英文名称	数量	面积（m²）
安保	治安处理点	Public Security Handling Office	1	82
	安保指挥中心	Security Command Center	1	213
	消防指挥控制室	Fire Fighting Command Office	1	30
	安保通信设备间	On-site Security Communication Equipment Room	1	35
	武警指挥办公室	Policeman Command Room	1	68
	武警部队备勤室（户外）	Policeman Duty Room	1	240
	车辆调度室	Vehicle Dispatch Room	2	2*50
	司机休息室	Driver Break Room	2	2*30
	武警备勤室	Policeman Duty Room	1	240
	安保备勤室	Security Reserve Room	1	180
	安保指挥中心	Security Command Center	1	750
场馆管理	物流库房	Logistic Compound	2	200
	集装箱区	Containes Area	10	60
	工作部署区	Work Briefing Area	1	200
	清废工人休息区	CLW Drawing Room	2	200+160
	员工就餐区	Staff Break & Dinning Area	4	200+200+319+231
	物流综合区	Logistic Compound	1	1400
	餐饮综合区	Catering Compound	1	750
	清废综合区	CLW Compound	1	700
	后勤工人休息室/业主办公室	Venue owner Office Logistics Staff Lounge	1	280
	救护车停车位	Ambulance Parking	2	2辆
	观众服务自行车及高尔夫球	Bicycle & Golf Car Storage	1	525

总平面图

A. 观众活动区
A1. 观众出口

B. 体育竞赛区
B1. 运动员下车点
B2. 运动员临时停车
B3. 技术官员下车点
B4. 技术官员临时停车
B5. 对阵表

C. 新闻运行区
C1. 媒体下车点

D. 场馆运行区
D1. 卫生间
D2. 售票处
D3. 票务办公室
D4. 餐饮售卖点
D5. 观众婴儿车／轮椅存放处
D6. 集装箱区
D7. 员工就餐区
D8. 工作部署区
D9. 物流库房
D10. 清废休息

E. 安保及交通运行区
E1. 检票处
E2. 司机休息室
E3. 车辆调度室
E4. 交警办公室
E5. 武警备勤室

G. 比赛场地区
G1. 热身场地

H. 电视转播综合区
H1. ENG下车点

I. 场馆礼宾区
I1. 奥林匹克大家庭下车点

线型图例

- - - - 人行流线
———— 车行流线
═══ 应急流线
═══ 设备流线
———— 安保边界 2.5m
– – – 区域边界 2.2m
– – 区域边界 1.8m
卄卄卄 路障

图例

大车下车点

小车下车点

→ 机动车流线
⇢ 步行流线
△ 车辆验证点
✳ 注册区验证点
△ 入口
EXIT 出口

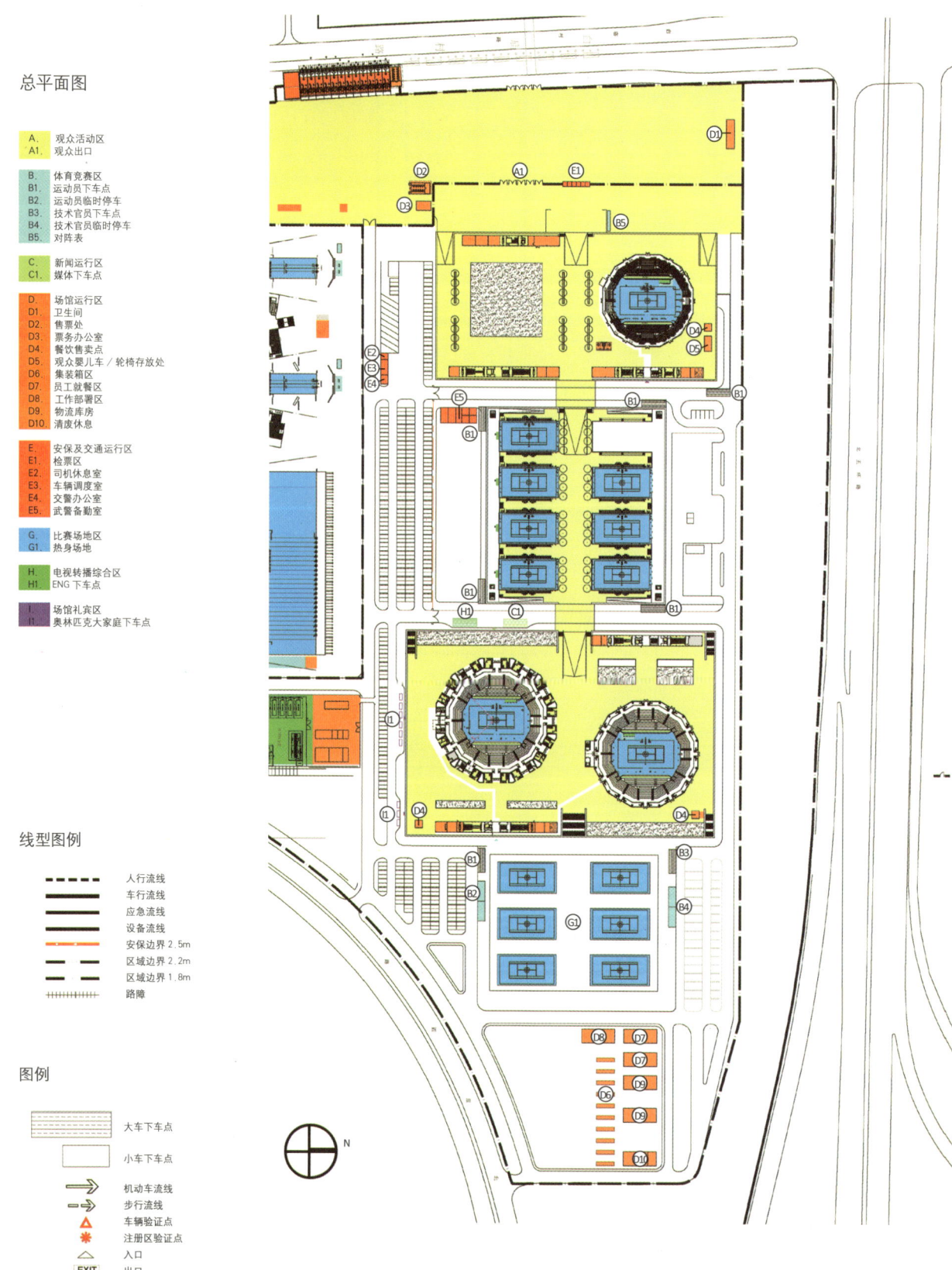

N

中心赛场 /1 号赛场
一层平面图

B. 体育竞赛区
B1. 器材室
B2. 球童休息室
B3. 女球童更衣室卫生间
B4. 男球童更衣室卫生间
B5. 女技术官员更衣室卫生间
B6. 男技术官员更衣室卫生间
B7. 助理裁判组长办公室
B8. 技术官员休息室
B9. 穿弦室
B10. 兴奋剂候检室
B11. 兴奋剂检测区
B12. 兴奋剂官员办公室
B13. 尿检工作室（含卫生间）
B14. 配电间
B15. 储藏间
B16. 裁判休息室
B17. 球童休息室
B18. 运动员医疗站
B19. 运动员健身房
B20. 女运动员更衣室（含卫生间）
B21. 理疗室（女）
B22. 理疗室（男）
B23. 男运动员更衣室（含卫生间）
B24. 国际网联欢迎台
B25. 国际网联秘书处
B26. 储藏间
B27. ITF 观察员办公室
B28. 国际网联技术代表室
B29. 仲裁室
B30. 裁判长办公室
B31. 助理裁判长办公室
B32. 赛事控制室
B33. 竞赛经理办公室
B34. 中国网球协会办公室
B35. 竞赛公共办公区
B36. 会议室
B37. 国际网联主席助理办公室
B38. 国际网联秘书长办公室
B39. 休息厅
B40. 国际网联主席办公室
B41. 国际网联新闻代表工作室
B42. 检录通道
B43. 运动员入口
B44. 通往练习场
B45. 技术官员接待厅
B46. 技术官员入口
B47. 球童组办公室
B48. 裁判组长办公室

C. 新闻运行区
C1. 新闻发布厅
C2. 摄影记者工作区
C3. ONS 工作间
C4. 新闻运作经理办公室
C5. 摄影服务办公室
C6. 小型采访室
C7. 媒体区门厅
C8. 媒体入口
C9. 媒体副主任办公室
C10. 媒体休息区
C11. 成绩公报协调员办公室
C12. 媒体志愿者休息室
C13. 文字记者工作区
C14. 媒体混合区
C15. 特殊摄影位置
C16. 摄影沟

D. 场馆运行区
D1. 设施与环境副主任办公室
D2. 场馆运行中心
D3. 多功能会议室
D4. 场馆通信中心
D5. 观众服务管理办公室
D6. 集群通信设备分发间
D7. 场馆主任办公室
D8. 场馆财务经理办公室
（含收费卡办公室）
D9. 固定通信技术人员工作室
D10. 清洁间
D11. 人事、志愿者办公室
D12. 移动通信技术人员工作室
D13. 清洁设备存放间
D14. 有限电视机房
D15. 预备用房
D16. 固定通信设备机房
D17. 计算机设备房间

D18. 网络管理间
D19. 办公室
D20. 技术支持服务中心
D21. 场馆技术运营中心
D22. 语言服务经理办公室
D23. 工具间
D24. IT 设备存放间
D25. 灯光控制室
D26. 扩声控制室
D27. 移动通信设备机房
D28. 计时记分设备存放间
D29. 现场成绩处理机房
D30. 成绩复印分发室
D31. 小型备餐间
D32. 无线通信机房
D33. 贵宾备餐间
D34. 场馆运营入口

E. 安保及交通运行区
E1. 治安处理点
E2. 安保通信设备间
E3. 安保指挥中心
E4. 消防指挥控制室
E5. 安保副主任办公室
E6. 武警指挥办公室
E7. 要人警卫工作现场指挥部
E8. 交通指挥监控室
E9. 要人随身警卫备勤室
E10. 安保后备用房
E11. 现场警卫机动力量备勤室

F. 非赛时使用空间

G. 比赛场地区

H. 电视转播综合区
H1. 评论控制室
H2. 转播信息控制室

I. 场馆礼宾区
I1. 场馆礼宾经理办公室
I2. 贵宾接待大厅
（整个网球区）
I3. 贵宾会客室
I4. 贵宾休息室
I5. 陪同人员休息区
I6. 贵宾入口

J. 仪式与文化活动区
J1. 奖牌存放室
J2. 鲜花国旗储藏室

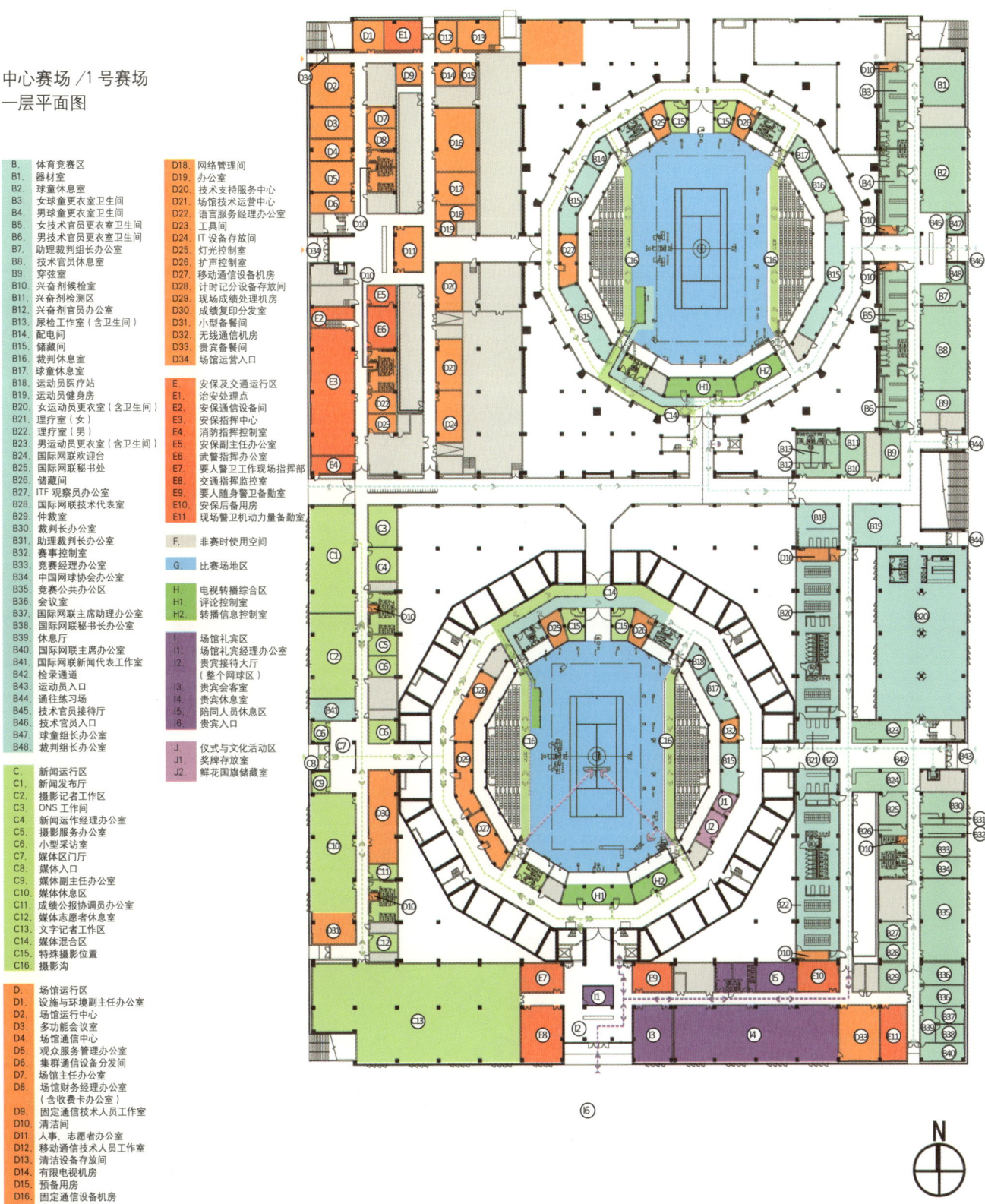

中心赛场／1号赛场
二层平面图

A.　观众活动区
A1.　观众卫生间
A2.　观众无障碍卫生间

D.　场馆运行区
D1.　观众餐饮服务区
D2.　票务咨询台
D3.　餐饮售卖点
D4.　观众婴儿车，轮椅寄存处
D5.　观众医疗站

F.　非赛时使用空间

G.　比赛场地区

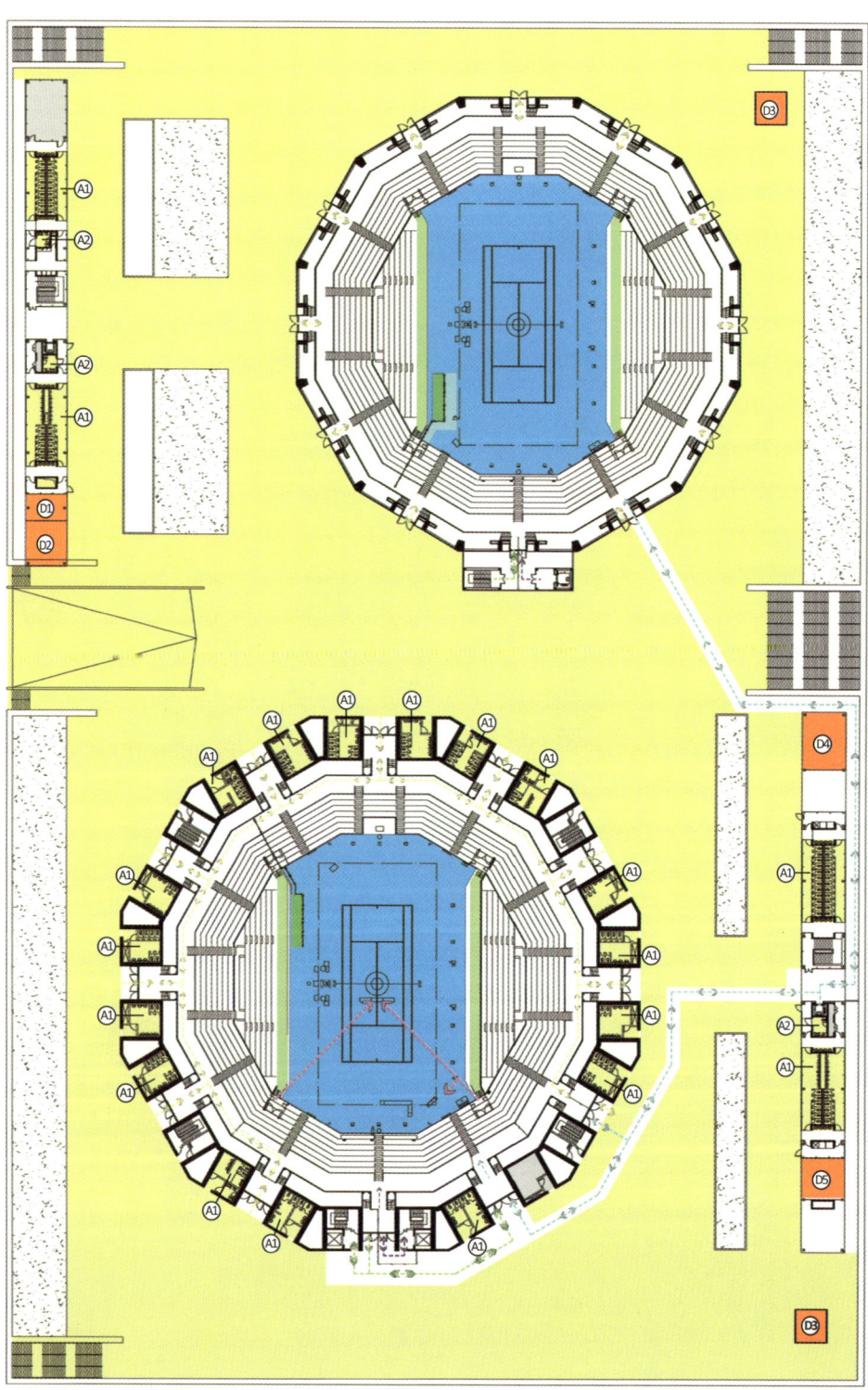

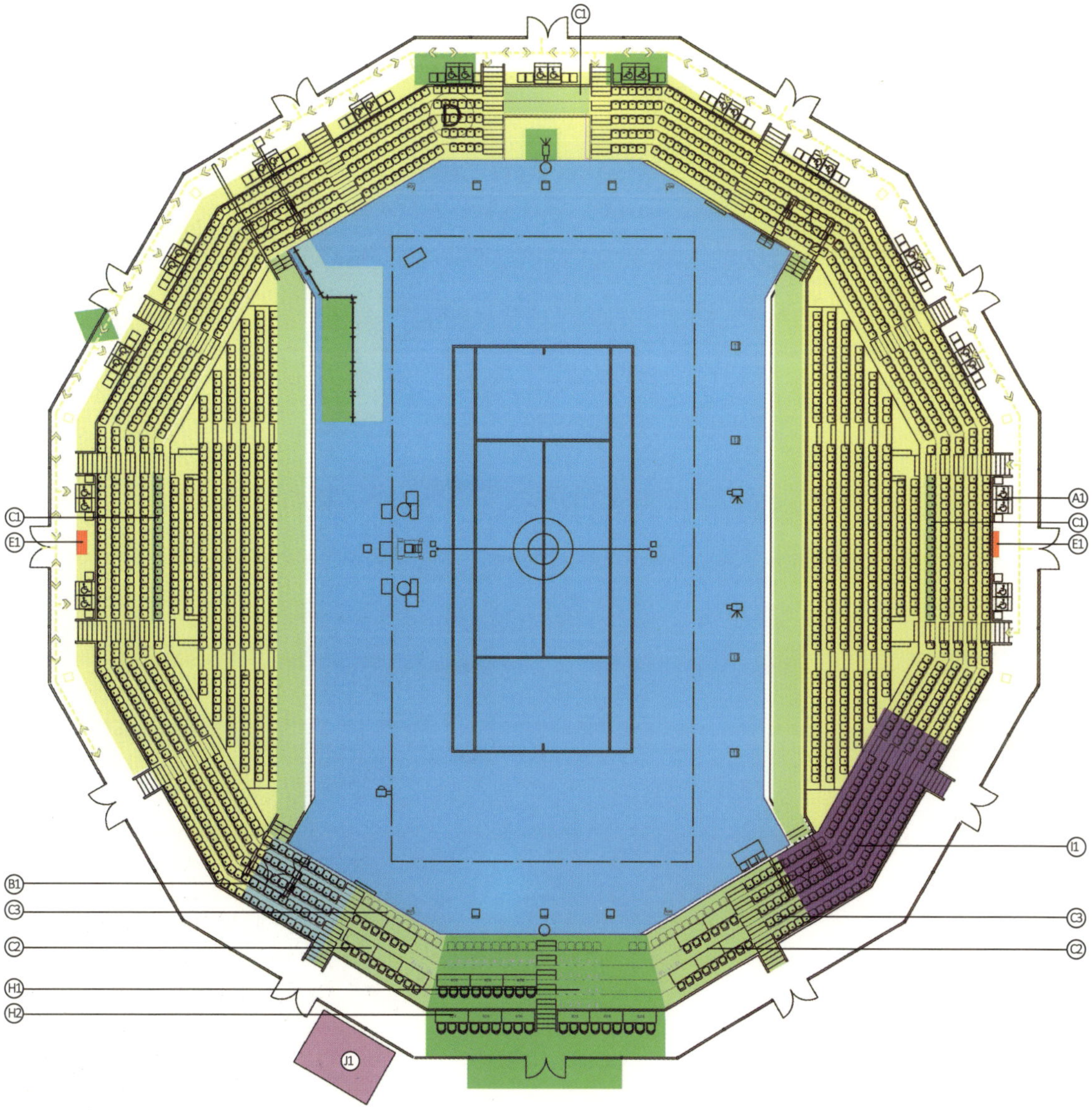

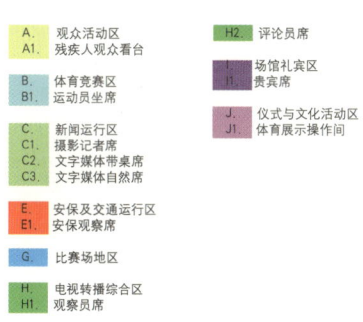

2号赛场坐席层平面图

A.	观众活动区
A1.	残疾人观众看台

B.	体育竞赛区
B1.	运动员坐席

C.	新闻运行区
C1.	摄影记者席
C2.	文字媒体带桌席
C3.	文字媒体自然席

E.	安保及交通运行区
E1.	安保观察席

G.	比赛场地区

H.	电视转播综合区
H1.	观察员席

H2.	评论员席

I.	场馆礼宾区
I1.	贵宾席

J.	仪式与文化活动区
J1.	体育展示操作间

注册人员坐席列表

	注册人员分类	坐席数
1	运动员及随队官员	50
2	奥林匹克大家庭贵宾	110
3	广播电视转播人员	
	评论员席	9/27
	观察员席	40
4	文字摄影媒体	
	带桌文字媒体	10/30
	不带桌文字媒体	50
	摄影记者	40

中心赛场坐席层平面图

A. 观众活动区
A1. 观众平台

B. 体育竞赛区
B1. 运动员坐席

C. 新闻运行区
C1. 摄影记者席
C2. 文字媒体带桌席
C3. 文字媒体自然席

D. 场馆运行区
D1. 鹰眼控制室

E. 安保及交通运行区
E1. 安保观察席

G. 比赛场地区

H. 电视转播综合区
H1. BOB 观察员房
H2. 评论员席
H3. BOB 摄影平台

I. 场馆礼宾区
I1. 贵宾席

J. 仪式与文化活动区
J1. 体育展示操作间

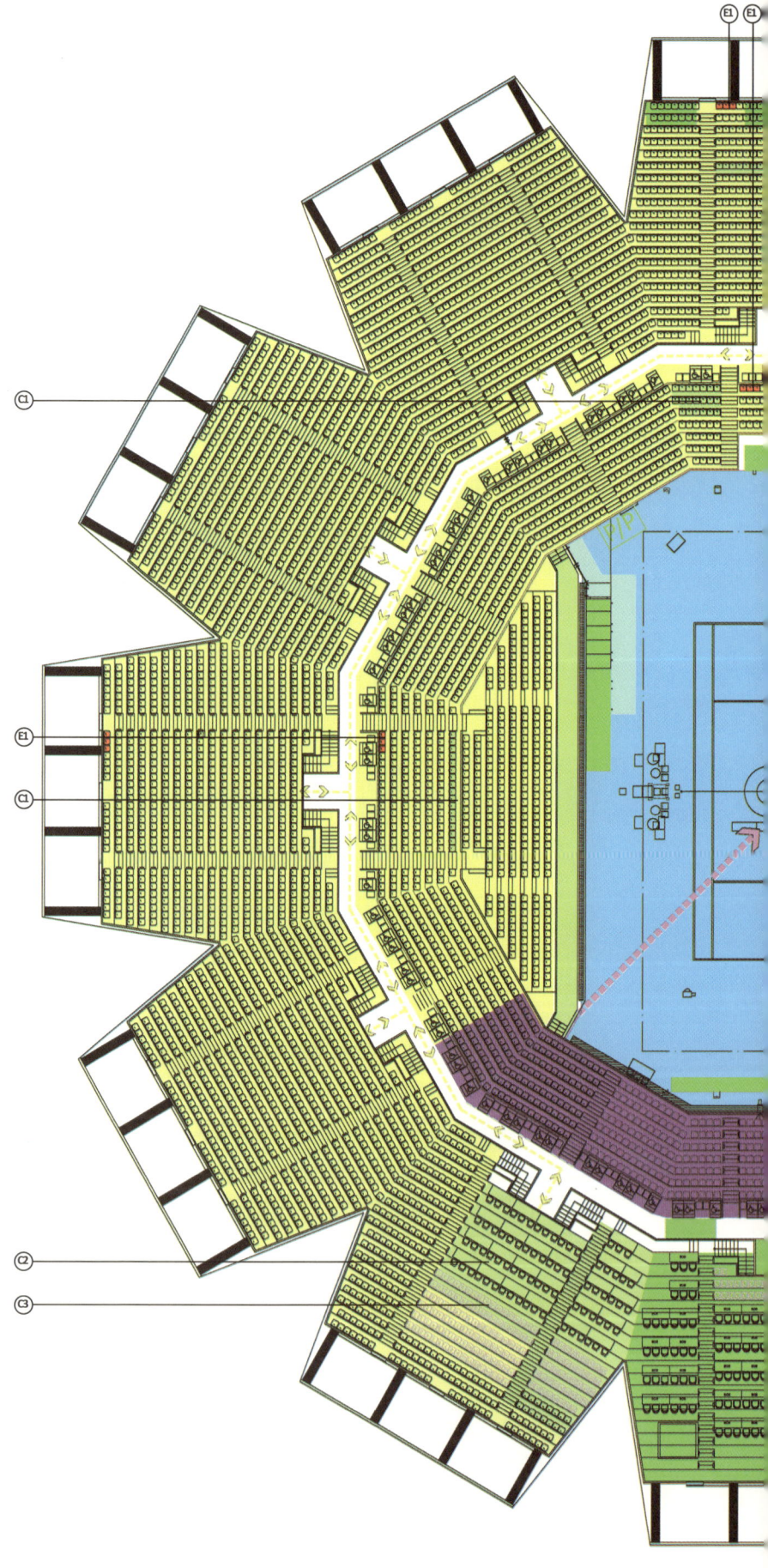

注册人员坐席列表

	注册人员分类	坐席数
1	运动员及随队官员	90
2	奥林匹克大家庭贵宾	436
	广播电视转播人员	
3	评论员席	40/120
	观察员席	90
	文字摄影媒体	
4	带桌文字媒体	55/164
	不带桌文字媒体	140
	摄影记者	70

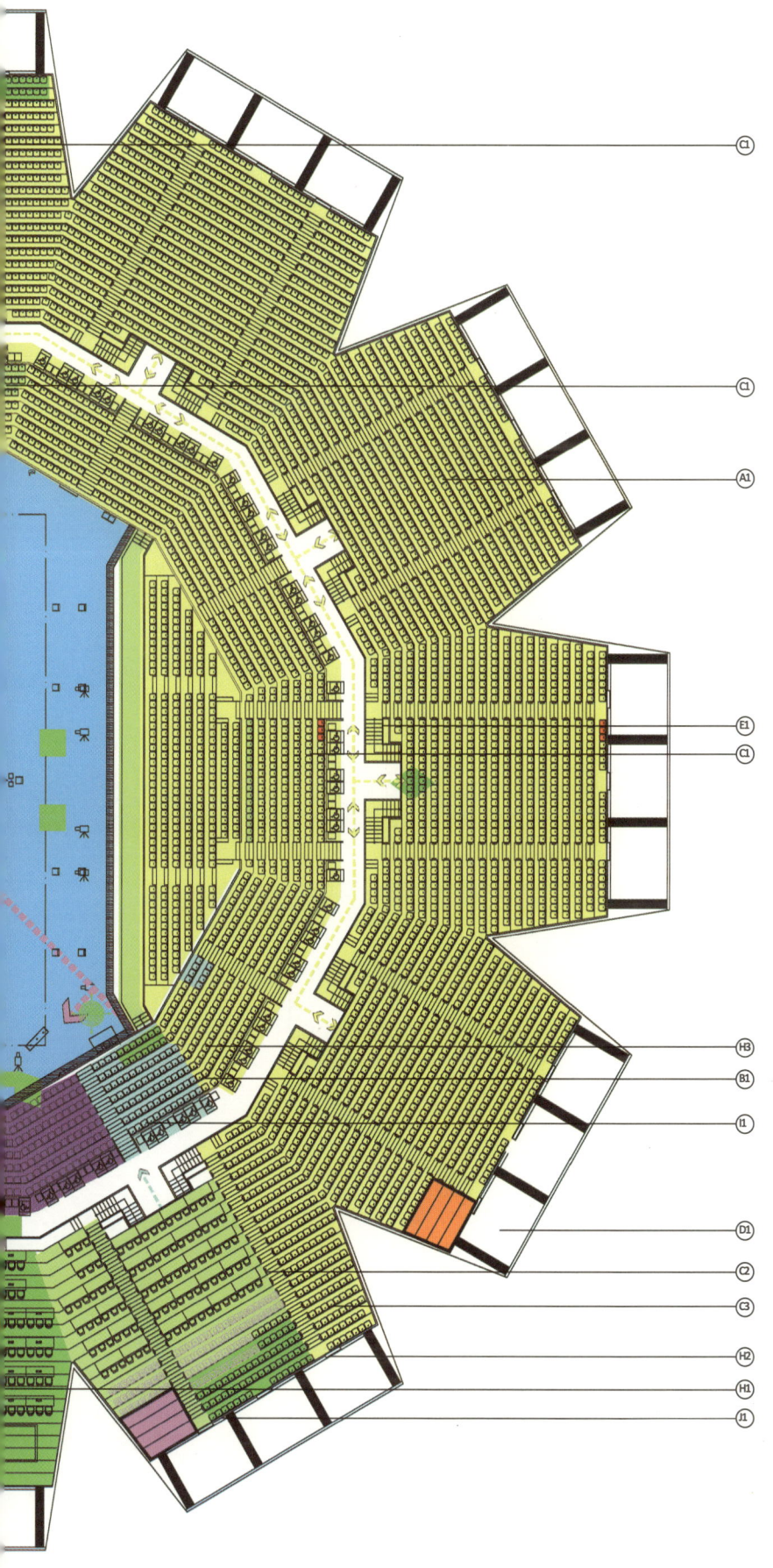

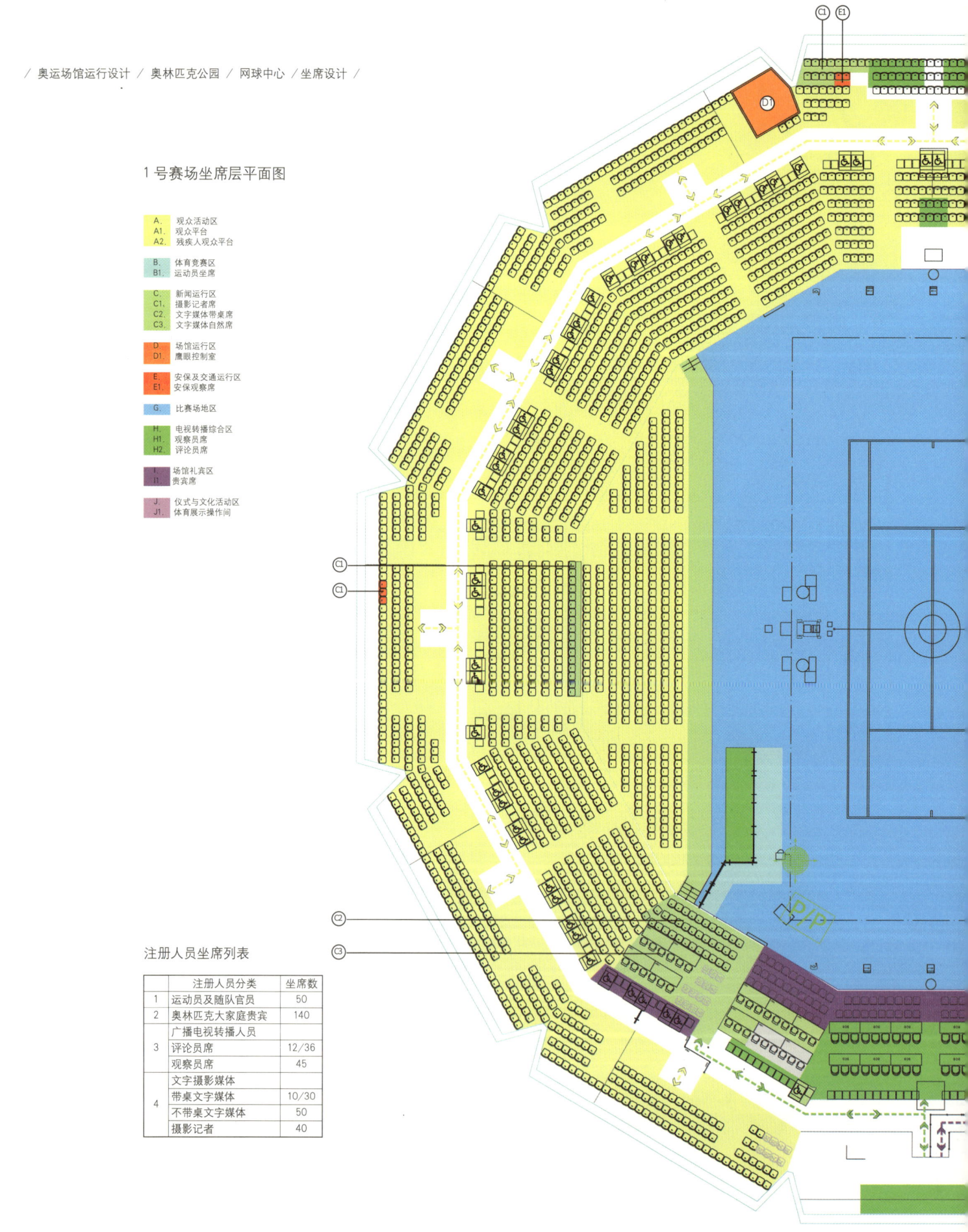

1号赛场坐席层平面图

A.	观众活动区
A1.	观众平台
A2.	残疾人观众平台

| B. | 体育竞赛区 |
| B1. | 运动员坐席 |

C.	新闻运行区
C1.	摄影记者席
C2.	文字媒体带桌席
C3.	文字媒体自然席

| D. | 场馆运行区 |
| D1. | 鹰眼控制室 |

| E. | 安保及交通运行区 |
| E1. | 安保观察席 |

| G. | 比赛场地区 |

H.	电视转播综合区
H1.	观察员席
H2.	评论员席

| I. | 场馆礼宾区 |
| I1. | 贵宾席 |

| J. | 仪式与文化活动区 |
| J1. | 体育展示操作间 |

注册人员坐席列表

	注册人员分类	坐席数
1	运动员及随队官员	50
2	奥林匹克大家庭贵宾	140
	广播电视转播人员	
3	评论员席	12/36
	观察员席	45
	文字摄影媒体	
4	带桌文字媒体	10/30
	不带桌文字媒体	50
	摄影记者	40

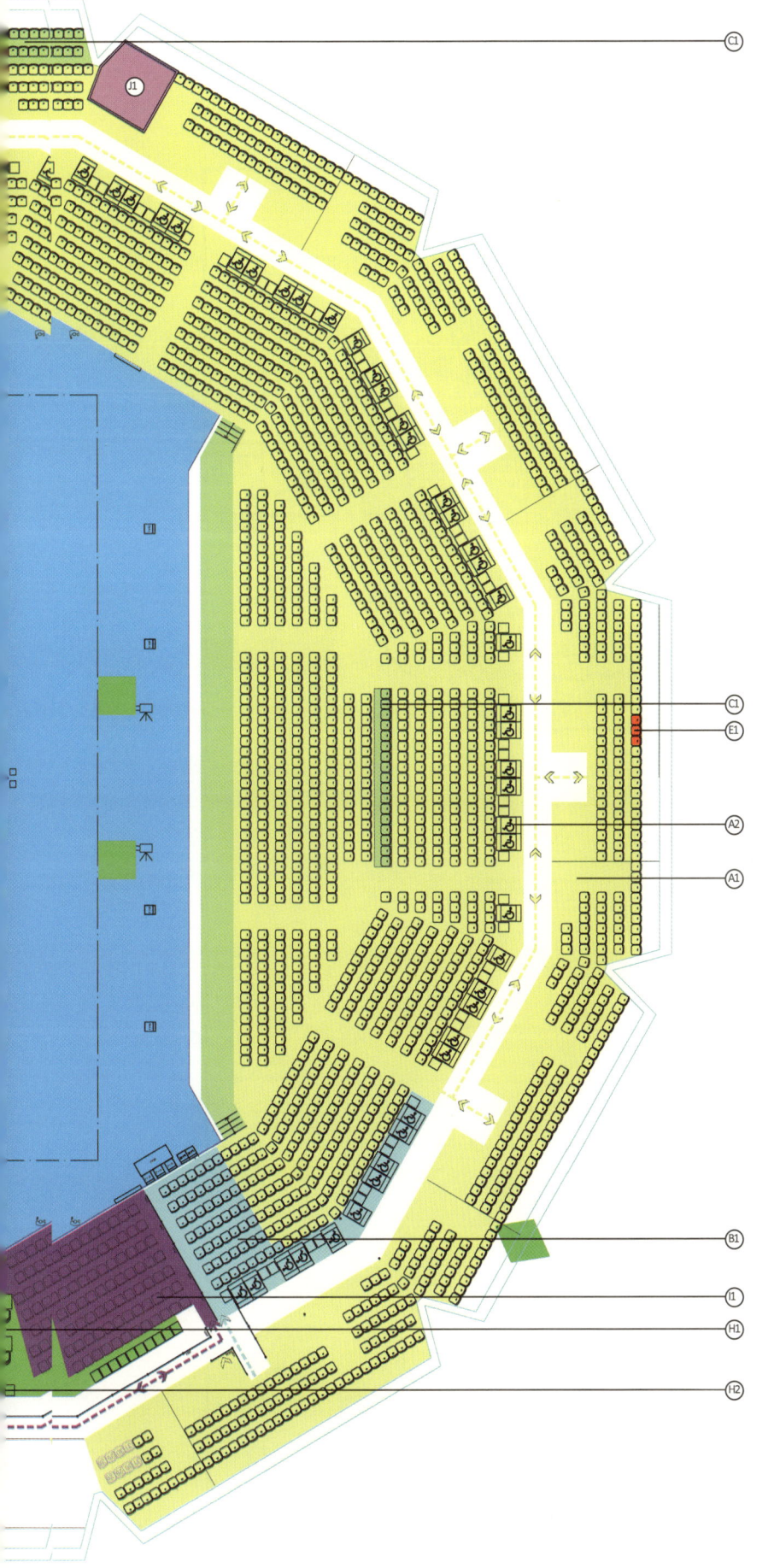

C1

C1
E1

A2

A1

B1

I1

H1

H2

J1

2 号赛场与
3 号平台平面图

B.　体育竞赛区
B1.　球童休息室
B2.　裁判休息室
B3.　卫生间
B4.　储藏间

C.　新闻运行区
C1.　特殊摄影机位
C2.　媒体混合区
C3.　卫生间

D.　场馆运行区
D1.　扩声控制室
D2.　成绩复印分发室
D3.　移动通信设备机房
D4.　预备用房
D5.　灯光控制室

G.　比赛场地区

H.　电视转播综合区
H1.　评论控制室
H2.　转播信息控制室

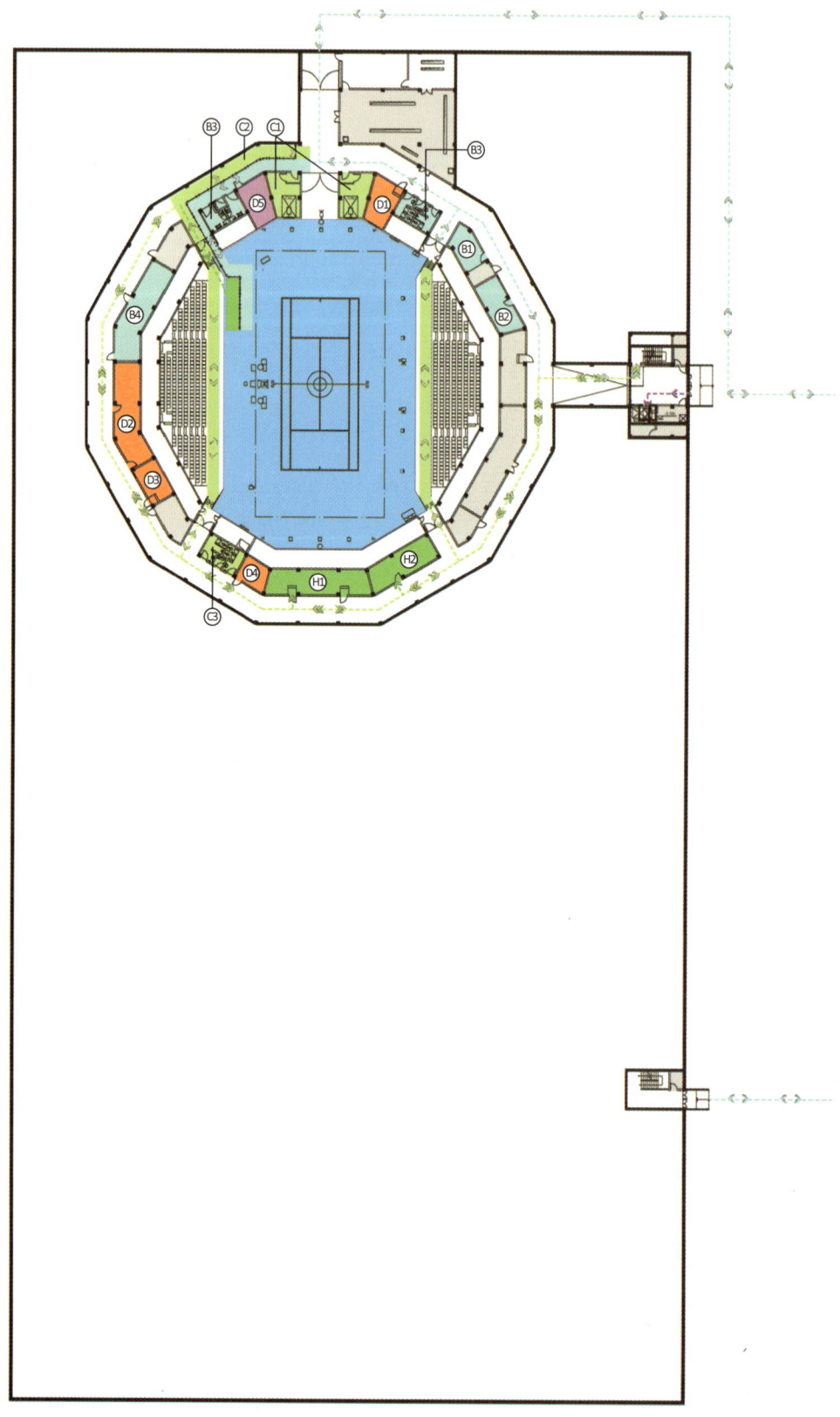

3 号平台二层平面图

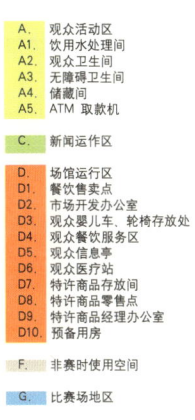

A. 观众活动区
A1. 饮用水处理间
A2. 观众卫生间
A3. 无障碍卫生间
A4. 储藏间
A5. ATM 取款机

C. 新闻运作区

D. 场馆运行区
D1. 餐饮售卖点
D2. 市场开发办公室
D3. 观众婴儿车，轮椅存放处
D4. 观众餐饮服务区
D5. 观众信息亭
D6. 观众医疗站
D7. 特许商品存放间
D8. 特许商品零售点
D9. 特许商品经理办公室
D10. 预备用房

F. 非赛时使用空间

G. 比赛场地区

H. 电视转播综合区

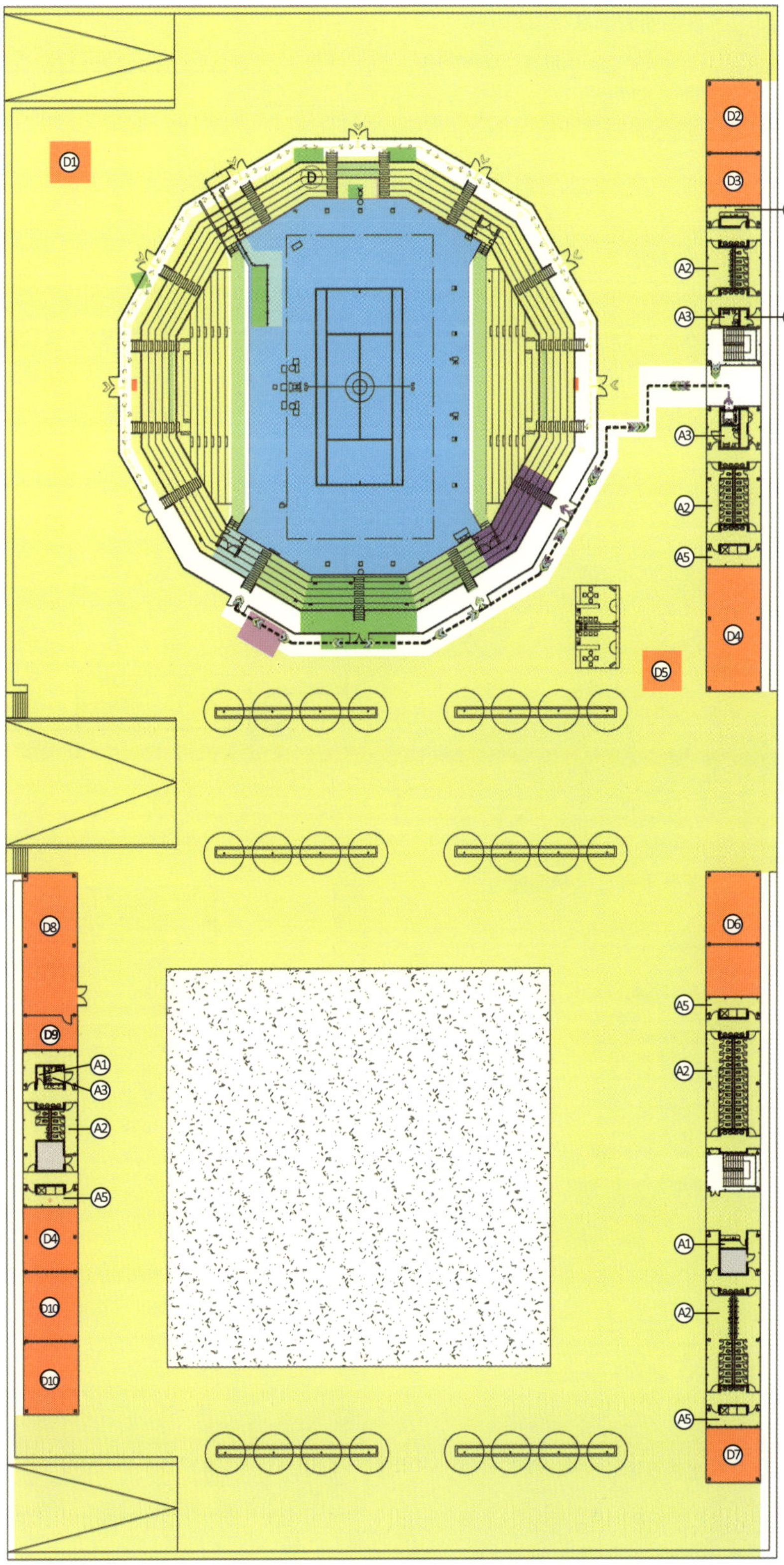

2 号平台一层平面图

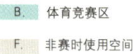

B. 体育竞赛区

F. 非赛时使用空间

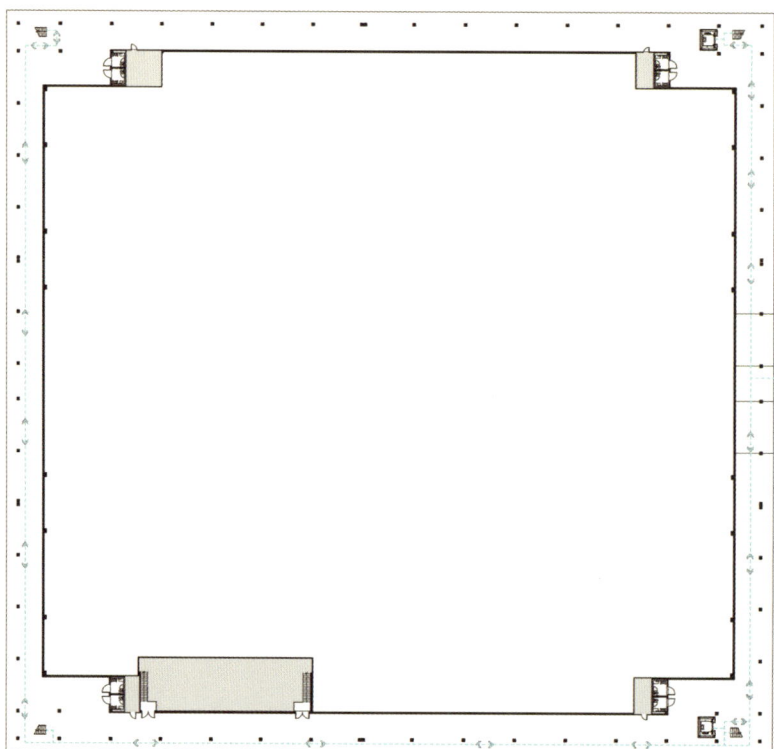

2 号平台二层平面图

A. 观众活动区

F. 非赛时使用空间

G. 比赛场地区
G1. 3# 比赛场
G2. 4# 比赛场
G3. 5# 比赛场
G4. 6# 比赛场
G5. 7# 比赛场
G6. 8# 比赛场
G7. 9# 比赛场
G8. 预留比赛场

H. 电视转播综合区

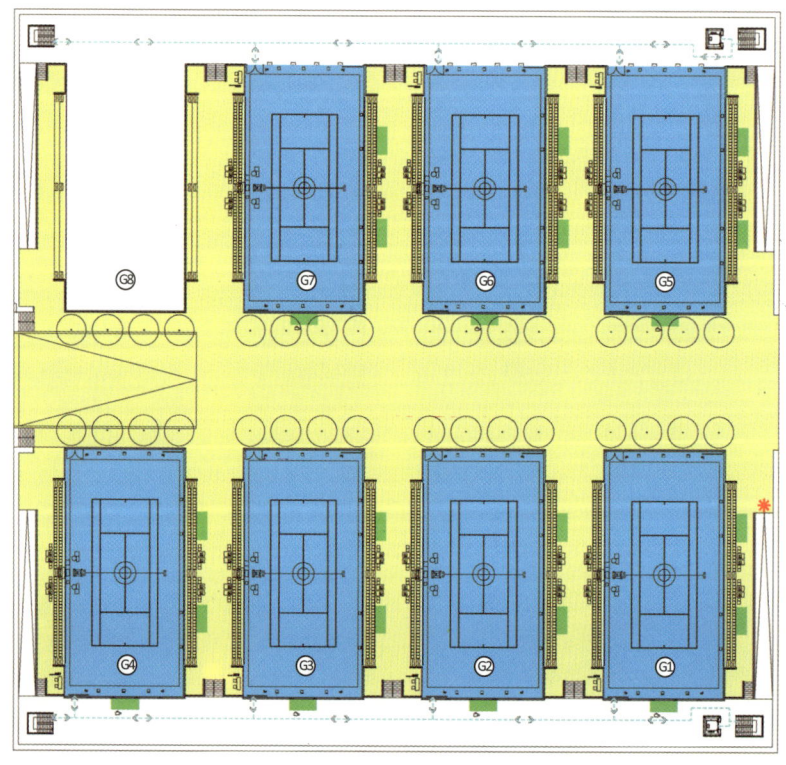

1号赛场比赛场地平面图

B. 体育竞赛区
B1. 裁判和球童出入口
B2. 运动员出入口

C. 新闻运行区
C1. 摄影记者出入口
C2. 摄影沟
C3. 混合区

G. 比赛场地地区
G1. 鹰眼显示屏
G2. 球童
G3. 司线员
G4. 测速枪
G5. 数据录入
G6. 裁判长坐席
G7. 主裁判座位
G8. 运动员座位
G9. 锯末箱
G10. 球箱
G11. 垃圾箱
G12. 球童软垫
G13. 记分牌

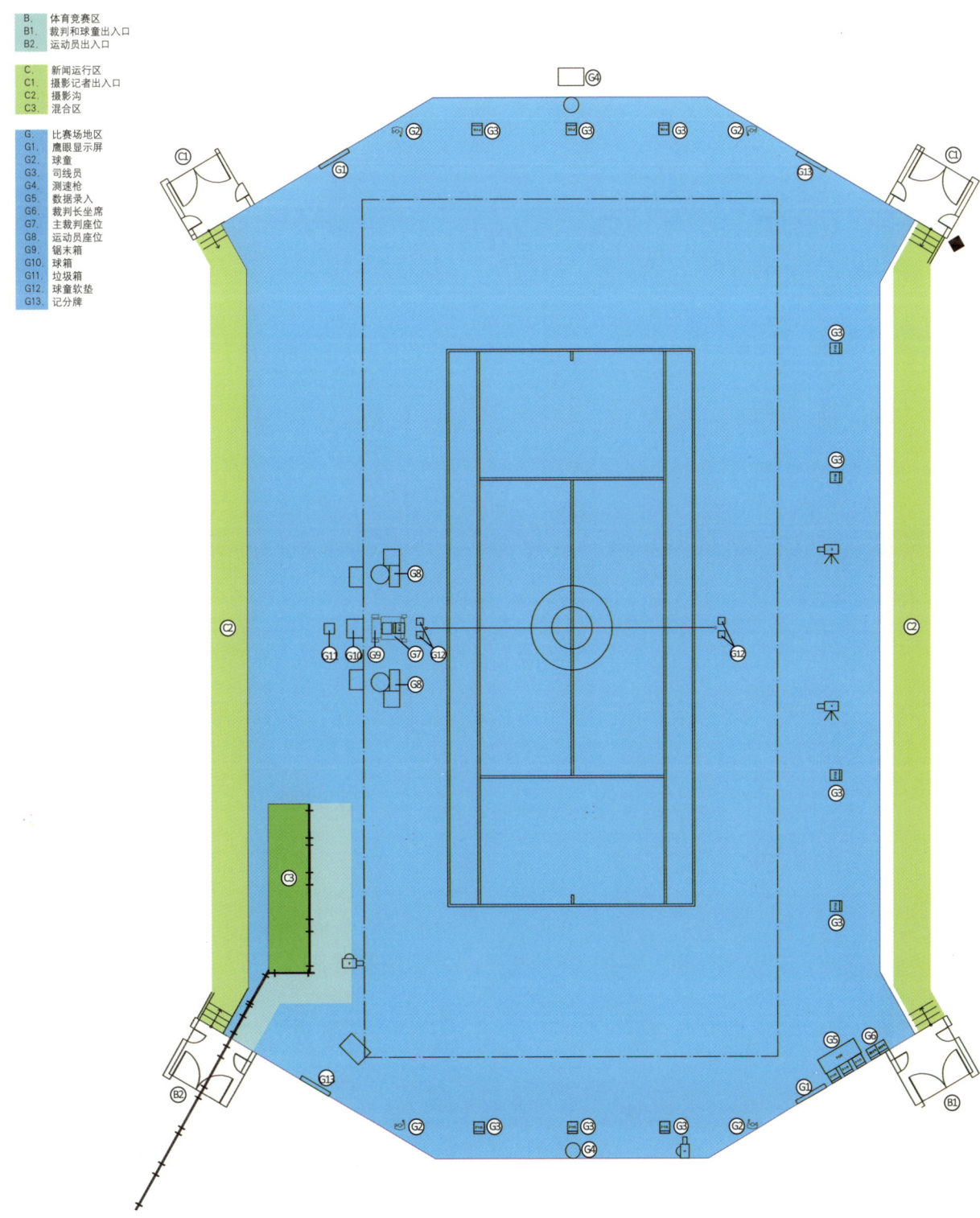

2 号赛场比赛场地平面图

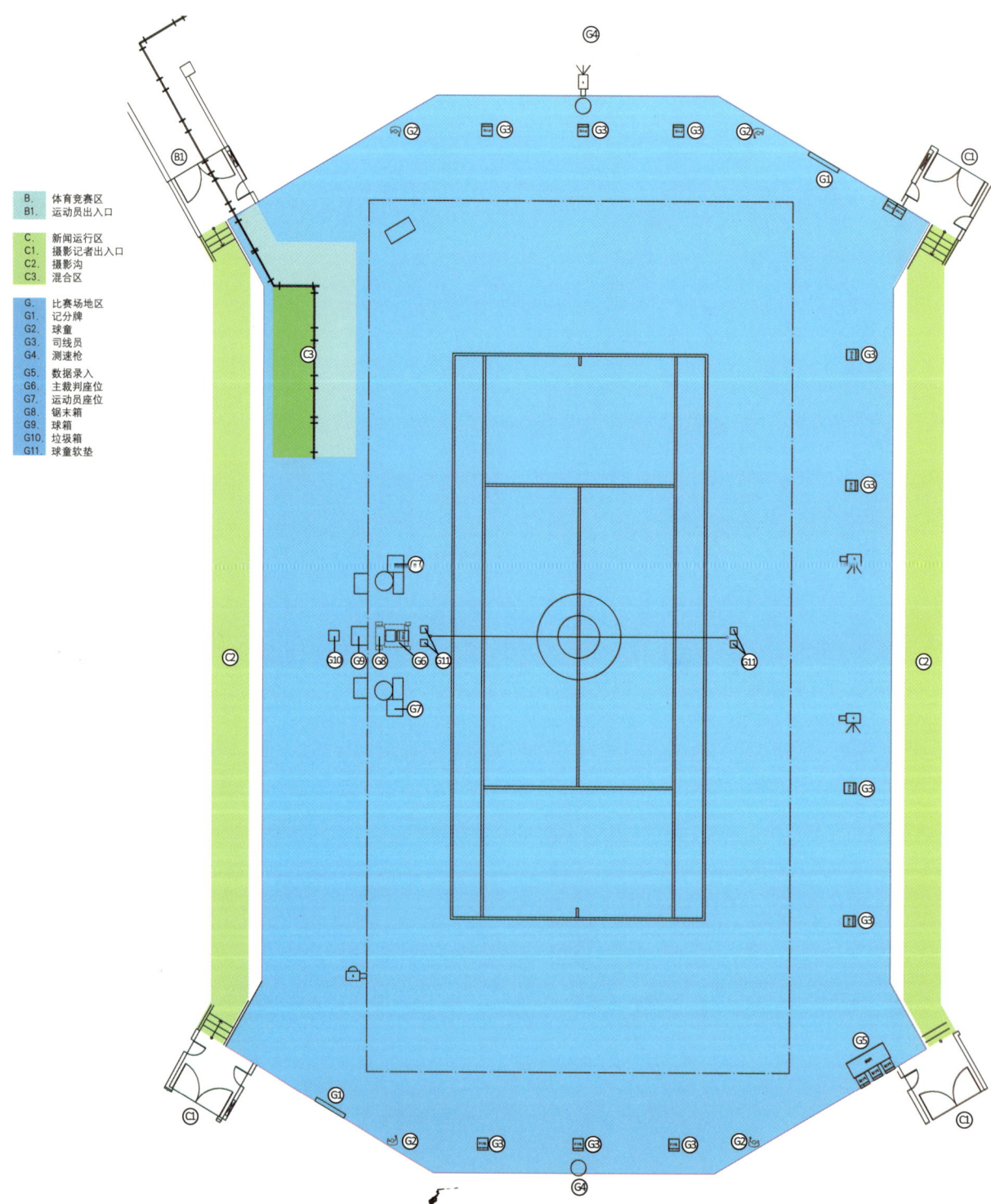

B. 体育竞赛区
B1. 运动员出入口

C. 新闻运行区
C1. 摄影记者出入口
C2. 摄影沟
C3. 混合区

G. 比赛场地区
G1. 记分牌
G2. 球童
G3. 司线员
G4. 测速枪

G5. 数据录入
G6. 主裁判座位
G7. 运动员座位
G8. 银末箱
G9. 球箱
G10. 垃圾箱
G11. 球童软垫

中心赛场比赛场地平面图

B. 体育竞赛区
B1. 裁判和球童出入口
B2. 运动员出入口

C. 新闻运行区
C1. 摄影记者出入口
C2. 摄影沟
C3. 混合区

G. 比赛场地区
G1. 鹰眼显示屏
G2. 球童
G3. 司线员
G4. 测速枪
G5. 数据录入
G6. 主裁判座位
G7. 运动员座位
G8. 锯末箱
G9. 球箱
G10. 垃圾箱
G11. 球童软垫
G12. 记分牌

J. 仪式及文化活动区
J1. 礼仪人员及鼓手出入口
J2. 颁奖台

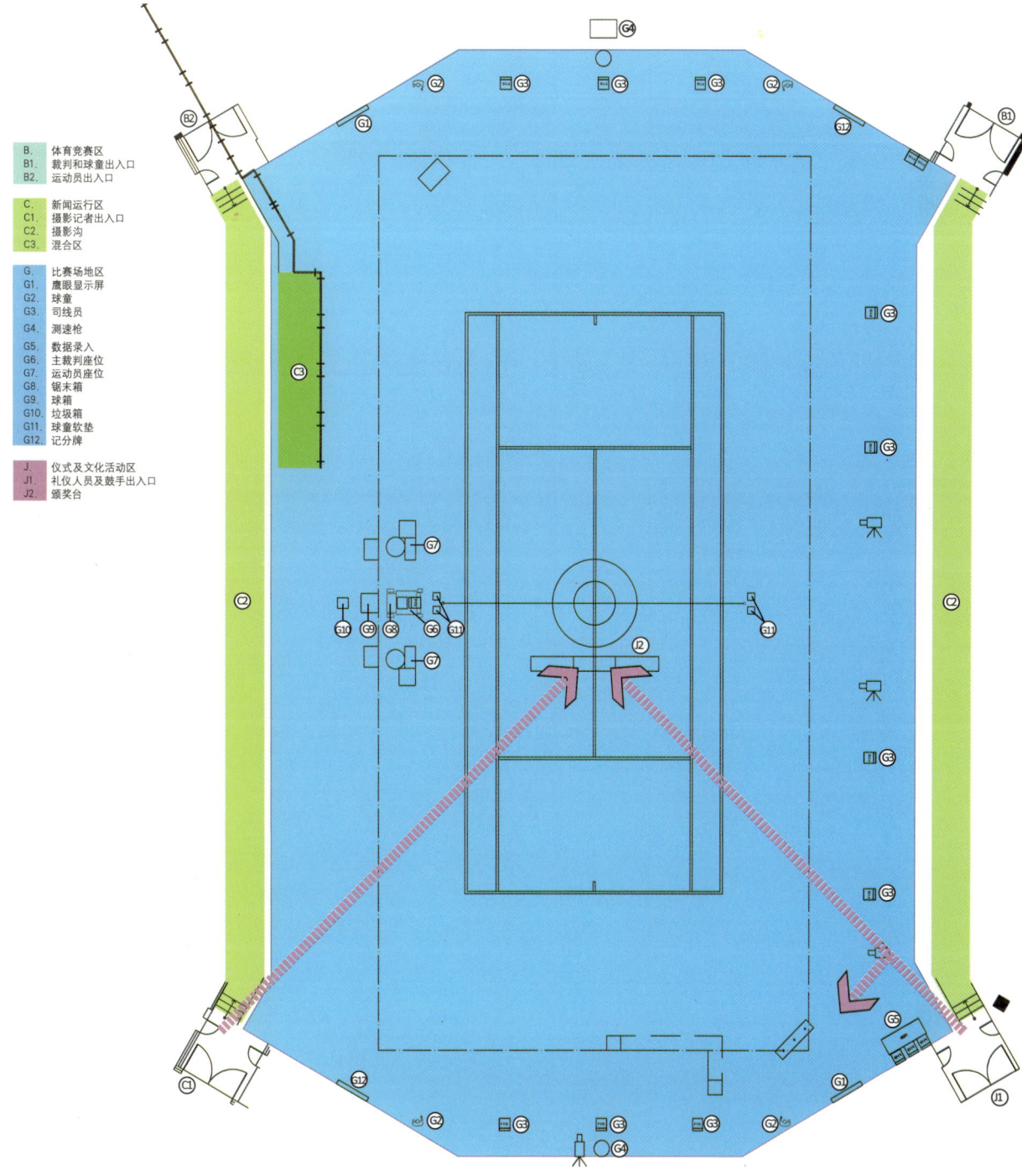

室外比赛场地平面图

G. 比赛场地区
G1. 记分牌
G2. 球童
G3. 司线员
G4. 手提摄像机
G5. 数据录入
G6. 主裁判座位
G7. 运动员座位
G8. 锯末箱
G9. 球箱
G10. 垃圾箱
G11. 球童软垫

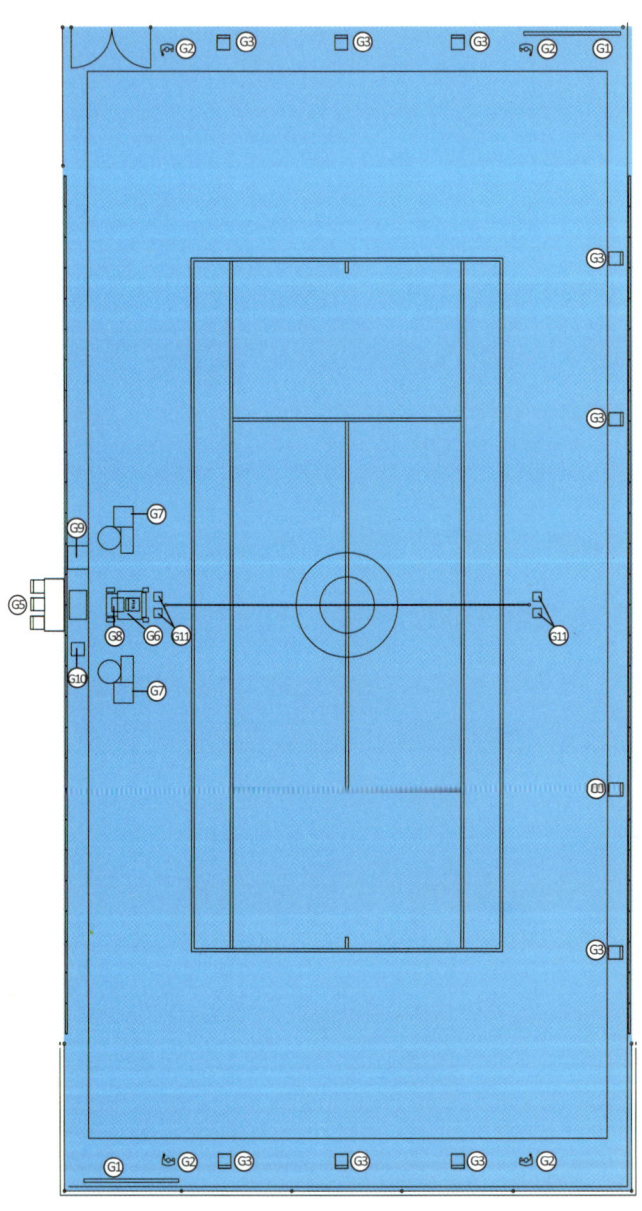

总平面图

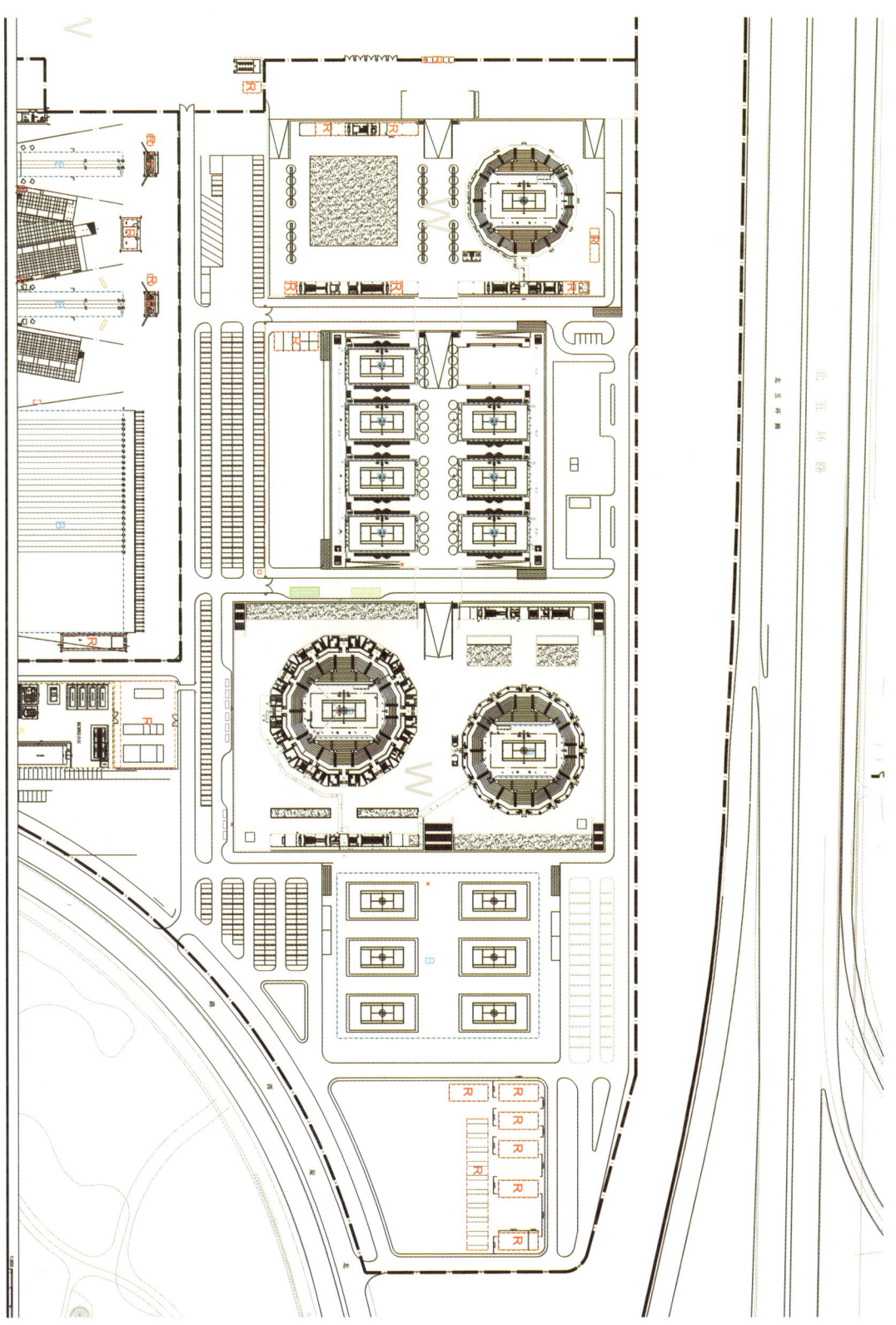

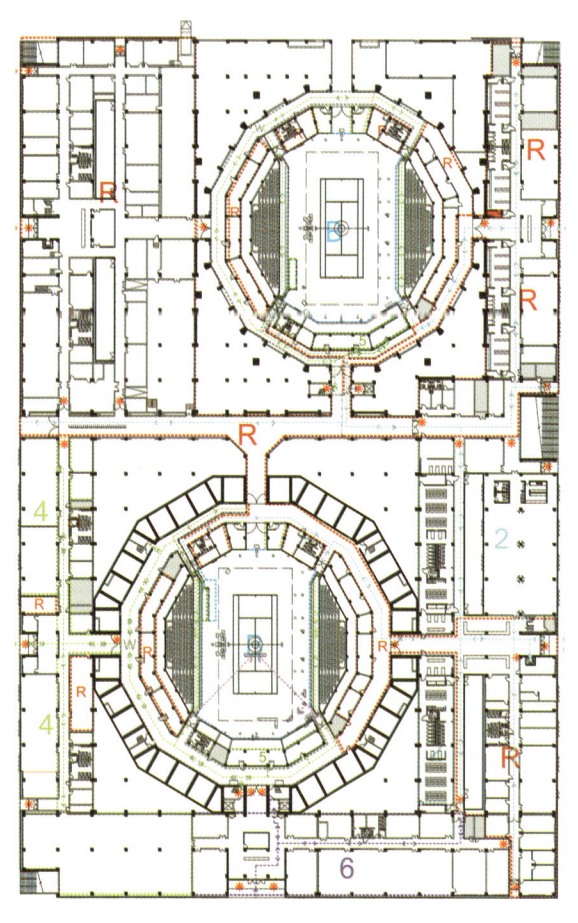

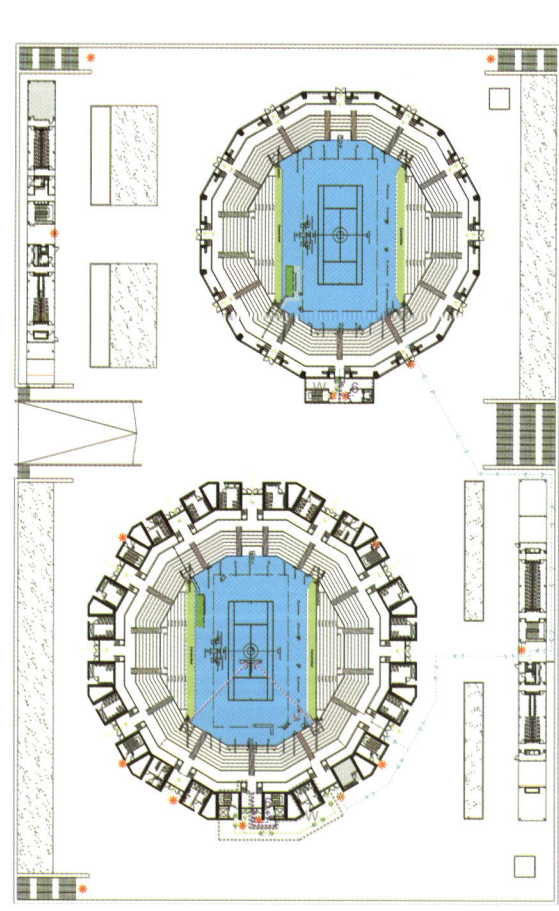

中心赛场 /1 号赛场一层平面图　　　　　　　中心赛场 /1 号赛场二层平面图

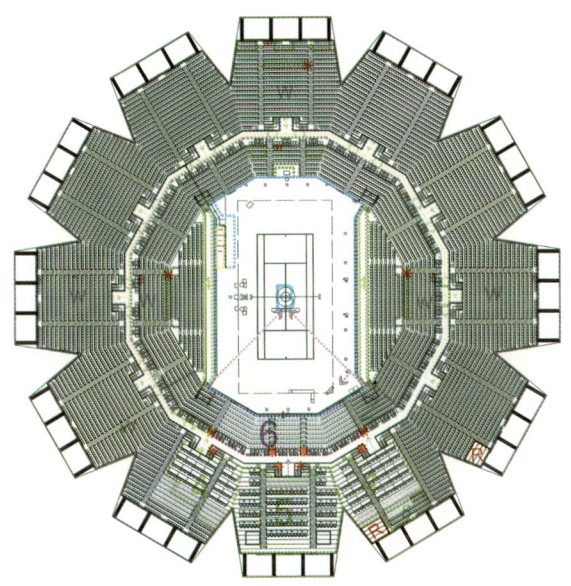

中心赛场坐席层平面图

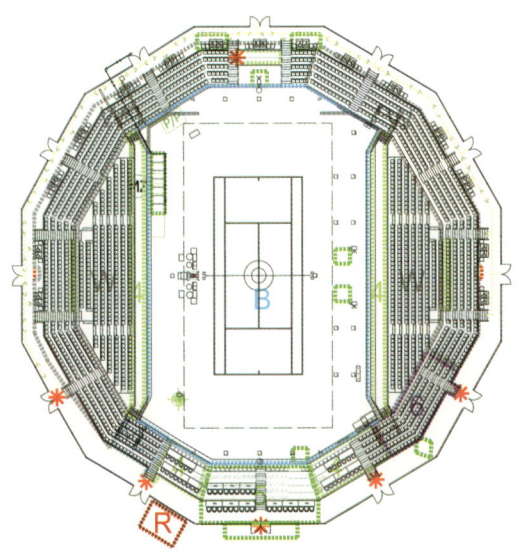

2 号赛场坐席层平面图

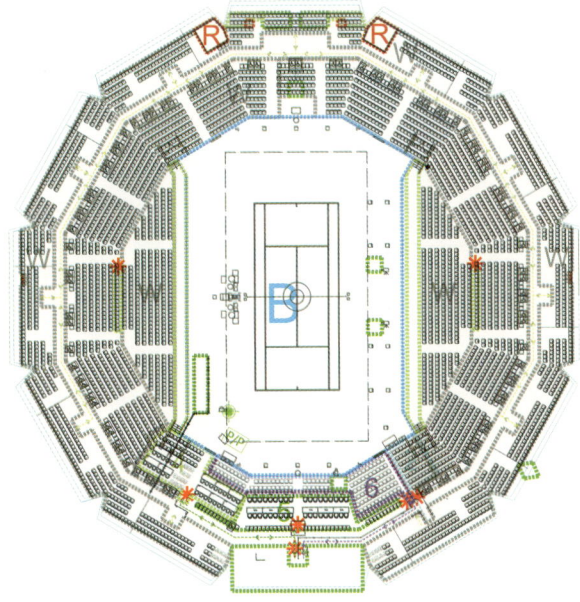

1 号赛场坐席层平面图

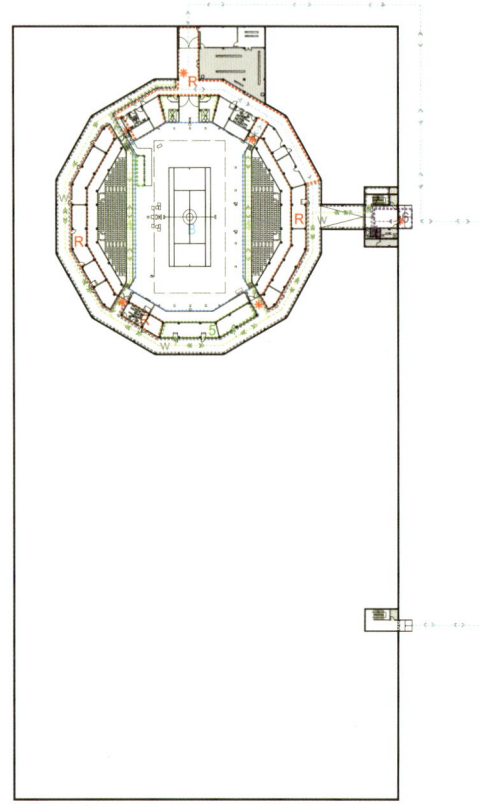

3 号平台一层平面图

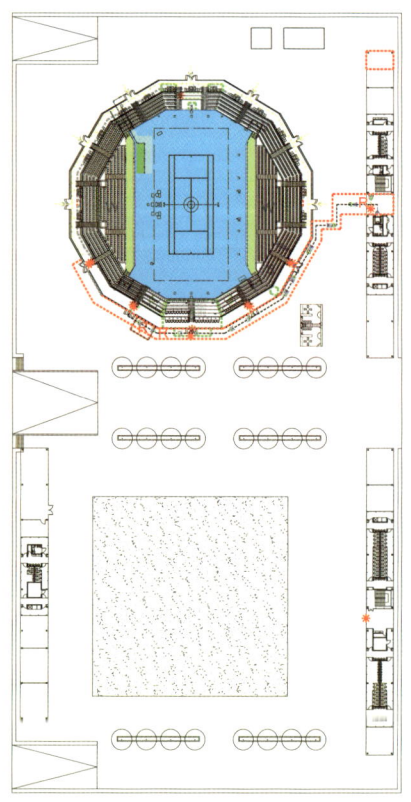

3 号平台二层平面图

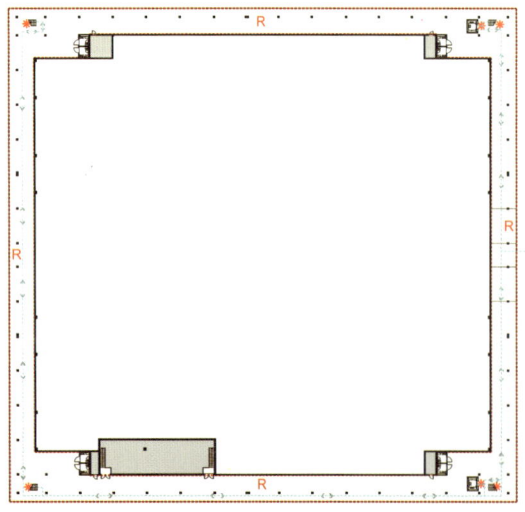

2 号平台一层平面图

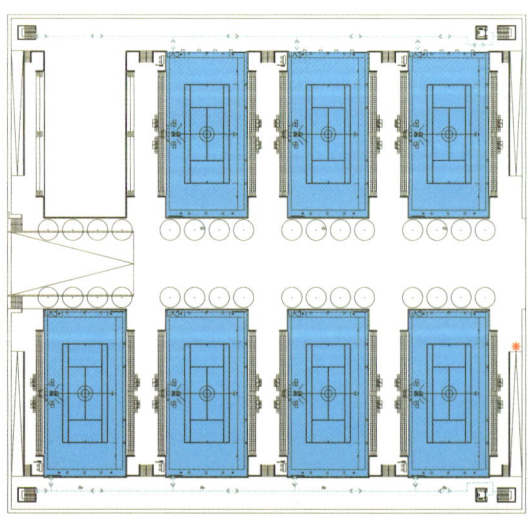

2 号平台二层平面图

1. 场馆运行中心 71㎡
2. 多功能会议室 50㎡
3. 场馆通信中心 35㎡
4. 观众服务管理办公室 50㎡
5. 集群通信设备分发间 36㎡
6. 配线间01 10㎡
7. 场馆运行区门厅 220㎡
8. 配电间02 10㎡
9. TT接室 35㎡
10. 安保通信设备间 35㎡
11. 安保指挥中心 213㎡
12. 消防只会控制室 30㎡
13. CNS工作间 45㎡
14. 柴油机房 85㎡
15. 工具间 10㎡
16. 储油间 9㎡
17. 语言服务经理办公室 33㎡
18. 卫生间02 46㎡
19. 清洁间
20. 武警指挥办公室 68㎡
21. 安保副主任办公室 30㎡
22. 接待台
23. 人事、志愿者办公室 50㎡
24. 通风机房01 22㎡
25. 卫生间01 46㎡
26. 清洁间
27. 场馆财务经理办公室（含收费卡办公室） 22㎡
28. 场馆主任办公室 22㎡
29. 中央/设备监控室 47㎡
30. 设施与环境副主任办公室 43㎡
31. 治安处理点 49㎡
32. 固定通信技术人员工作室 22㎡
33. 移动通信技术人员工作室 22㎡
34. 清洁设备存放间 51㎡
35. 有线电视机房 20㎡
36. 预备用房 12㎡
37. 值班室 35㎡
38. 制冷机房 277㎡
39. 固定通信设备机房 101㎡
40. 计算机设备房间 50㎡
41. 网络管理间 25㎡
42. 办公室 11㎡
43. 配电间06 11㎡
44. 走廊 88㎡
45. 技术支持服务中心 49㎡
46. 值班监控室 31㎡
47. 高压配电室 80㎡
48. 配电间03 13㎡
49. 场馆技术运行中心 51㎡
50. 变电站 398㎡
51. IT设备存放间 51㎡
52. 配电间04 17㎡
53. 走廊01 98㎡
54. 走廊02 90㎡

场馆运行入口▶

场馆运行入口▶

现有墙体
拆除墙体
临建墙体
临建房屋
集装箱
四面开敞式帐篷
封闭帐篷
单侧开敞式帐篷
划定工作区域
双面开敞式帐篷
带桌文字记者席
带桌评论员席
摄像机平台
移动式摄像机位
悬挂式摄像机位

一层平面分区图
1：400

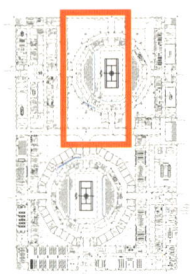

55. 环形走廊 937㎡
56. 特殊摄影位置 25㎡
57. 灯光控制室 24㎡
58. 卫生间02 20㎡
59. 配电室02 20㎡
60. 储藏间01 52㎡
61. 移动通讯设备机房 40㎡
62. 储藏间02 57㎡
63. 卫生间03 20㎡
64. 媒体混合区/80人 58㎡
65. 配线间 16㎡
66. 评论控制室 52㎡
67. 转播信息办公室 35㎡
68. 记分牌
69. 混合区
70. 摄影沟
71. 扩声控制室 24㎡
72. 走廊 466㎡

	现有墙体
	拆除墙体
	临建墙体
	临建房屋
	集装箱
	四面开敞式帐篷
	封闭帐篷
	单侧开敞式帐篷
	划定工作区域
	双面开敞式帐篷
	带桌文字记者席
	带桌评论员席
	摄像机平台
	移动式摄像机位
	悬挂式摄像机位

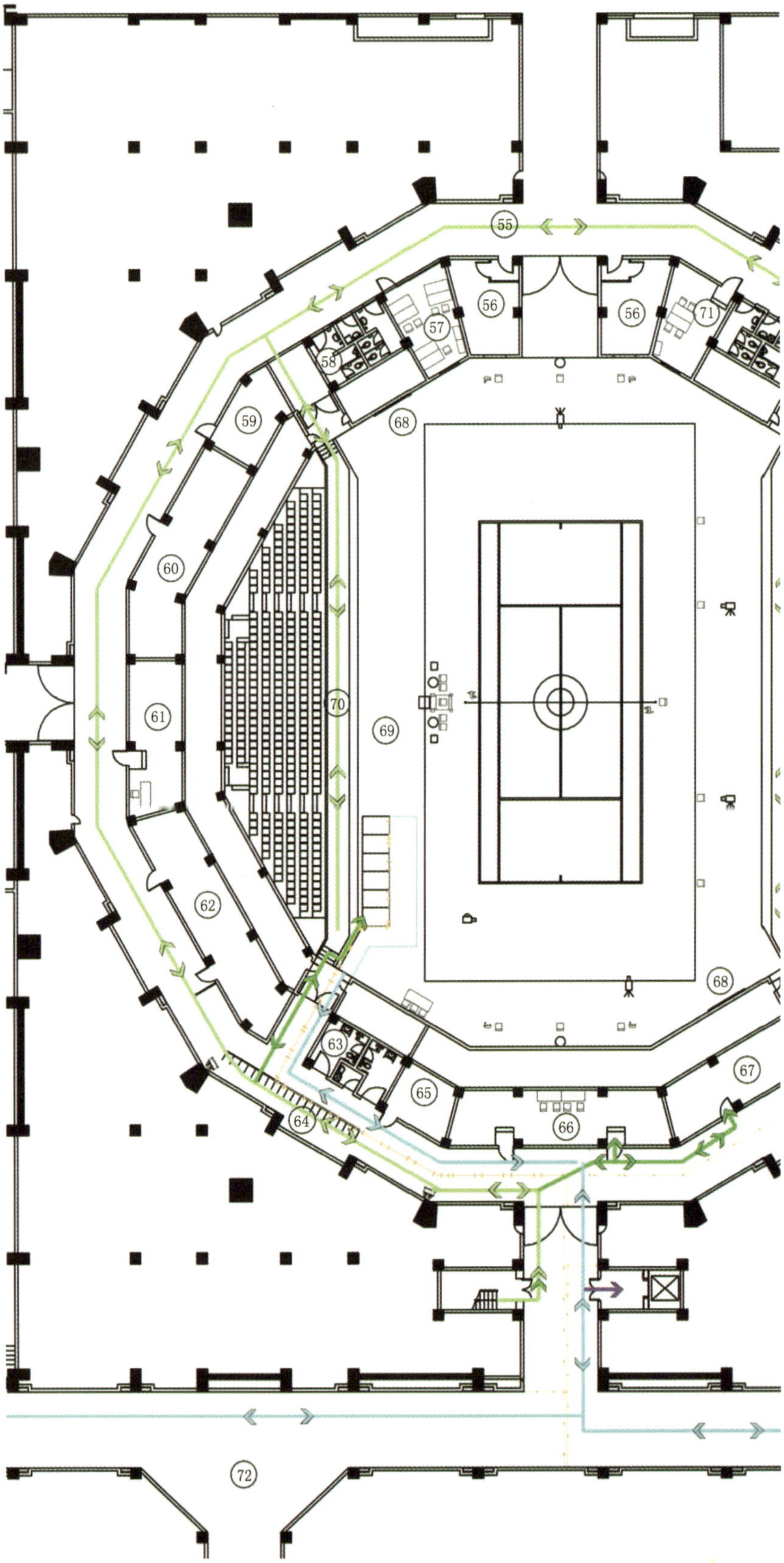

一层平面分区图
1：400

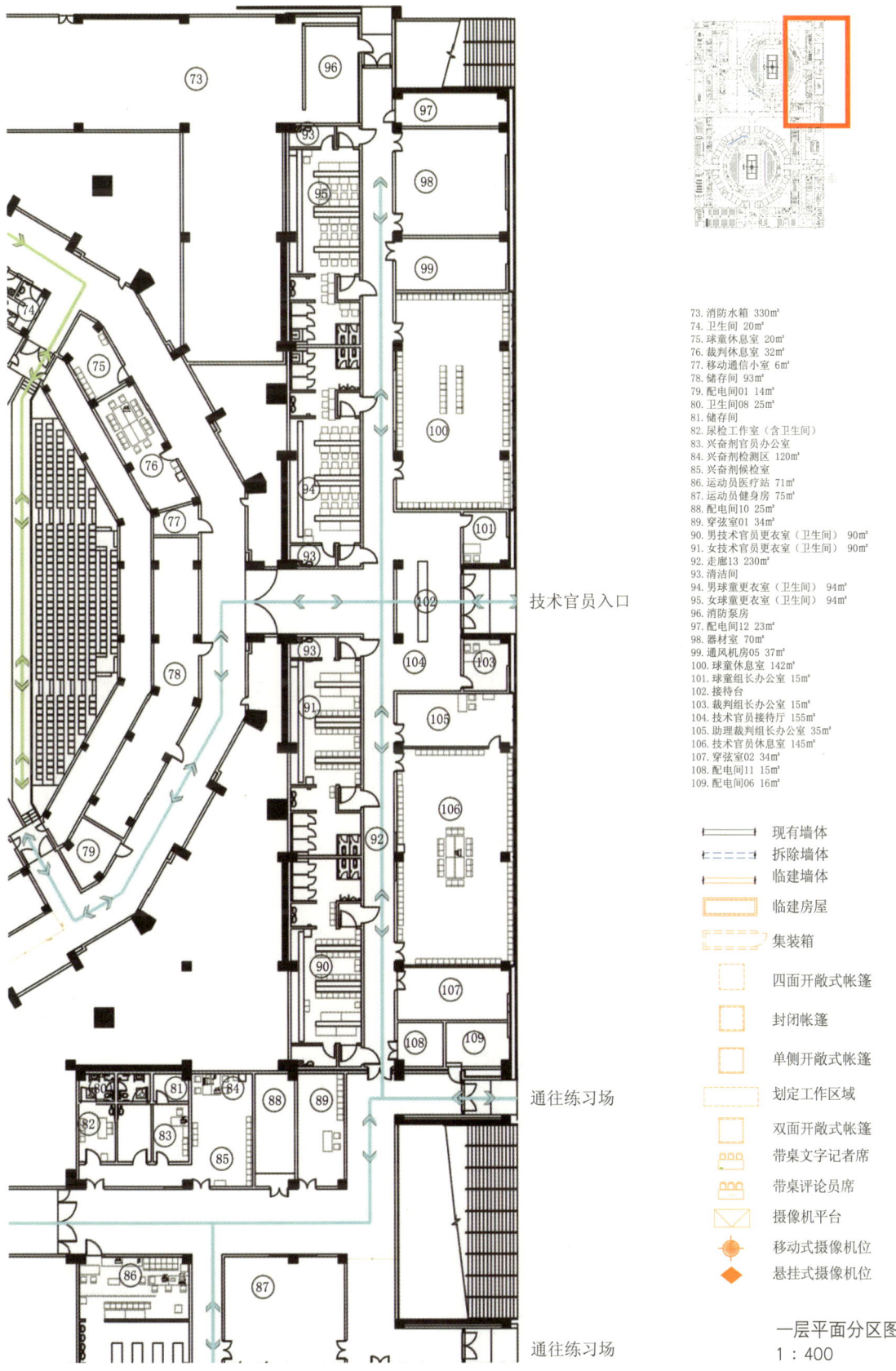

技术官员入口

通往练习场

通往练习场

73. 消防水箱 330㎡
74. 卫生间 20㎡
75. 球童休息室 20㎡
76. 裁判休息室 32㎡
77. 移动通信小室 6㎡
78. 储存间 93㎡
79. 配电间01 14㎡
80. 卫生间08 25㎡
81. 储存间
82. 尿检工作室（含卫生间）
83. 兴奋剂官员办公室
84. 兴奋剂检测区 120㎡
85. 兴奋剂候检室
86. 运动员医疗站 71㎡
87. 运动员健身房 75㎡
88. 配电间10 25㎡
89. 穿弦室01 34㎡
90. 男技术官员更衣室（卫生间）90㎡
91. 女技术官员更衣室（卫生间）90㎡
92. 走廊13 230㎡
93. 清洁间
94. 男球童更衣室（卫生间）94㎡
95. 女球童更衣室（卫生间）94㎡
96. 消防泵房
97. 配电间12 23㎡
98. 器材室 70㎡
99. 通风机房05 37㎡
100. 球童休息室 142㎡
101. 球童组长办公室 15㎡
102. 接待台
103. 裁判组长办公室 15㎡
104. 技术官员接待厅 155㎡
105. 助理裁判组长办公室 35㎡
106. 技术官员休息室 145㎡
107. 穿弦室02 34㎡
108. 配电间11 15㎡
109. 配电间06 16㎡

现有墙体
拆除墙体
临建墙体
临建房屋
集装箱
四面开敞式帐篷
封闭帐篷
单侧开敞式帐篷
划定工作区域
双面开敞式帐篷
带桌文字记者席
带桌评论员席
摄像机平台
移动式摄像机位
悬挂式摄像机位

一层平面分区图
1：400

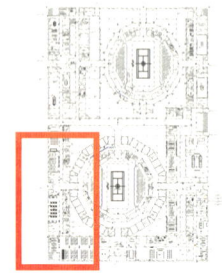

110. 新闻发布厅 182㎡
111. 摄影记者工作区 145㎡
112. 国际网联新闻代表工作室 38㎡
113. 小型采访室03 15㎡
114. 媒体区门厅 220㎡
115. 媒体副主任办公室 15㎡
116. 媒体休息区 200㎡
117. 小型备餐间 54㎡
118. 走廊07 255㎡
119. 文字记者工作区 730㎡
120. 配电间06 10㎡
121. 媒体志愿者休息室 22㎡
122. 配电间03 10㎡
123. 清洁间
124. 卫生间04 46㎡
125. 成绩公报协调员办公室 15㎡
126. 成绩复印分发室 102㎡
127. 小型采访室02 23㎡
128. 配电间05 10㎡
129. 通风机房02 33㎡
130. 小型采访间 22㎡
131. 摄影服务办公室 22㎡
132. 卫生间03 46㎡
133. 配电间02 10㎡
134. 新闻运行经理办公室 22㎡
135. 配电间03 20㎡
136. 配电间02 20㎡
137. 计时记分设备存放间 56㎡
138. 现场成绩处理机房 50㎡
139. 移动通讯设备机房 36㎡
140. 配电间04 10㎡

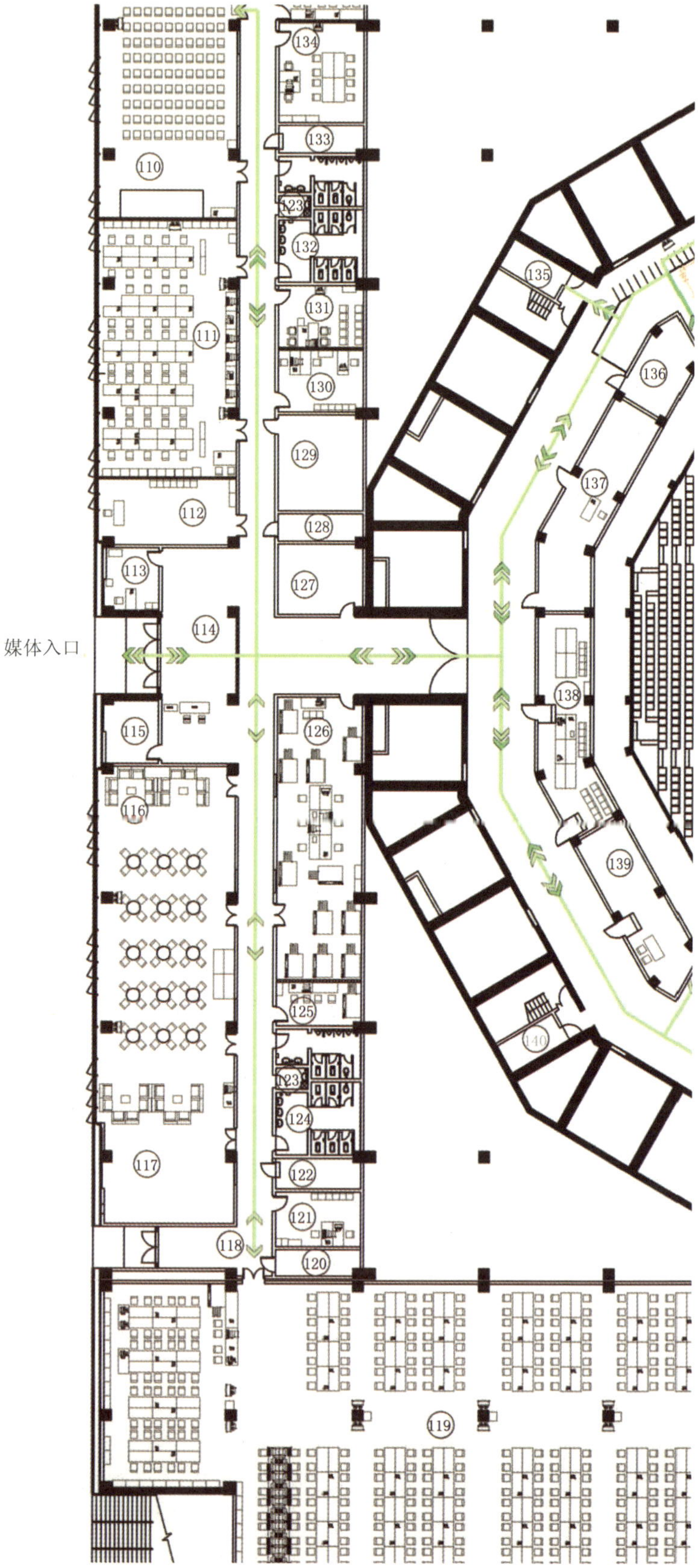

—————— 现有墙体
------ 拆除墙体
—————— 临建墙体
临建房屋
集装箱
四面开敞式帐篷
封闭帐篷
单侧开敞式帐篷
划定工作区域
双面开敞式帐篷
带桌文字记者席
带桌评论员席
摄像机平台
移动式摄像机位
悬挂式摄像机位

一层平面分区图
1：400

媒体入口

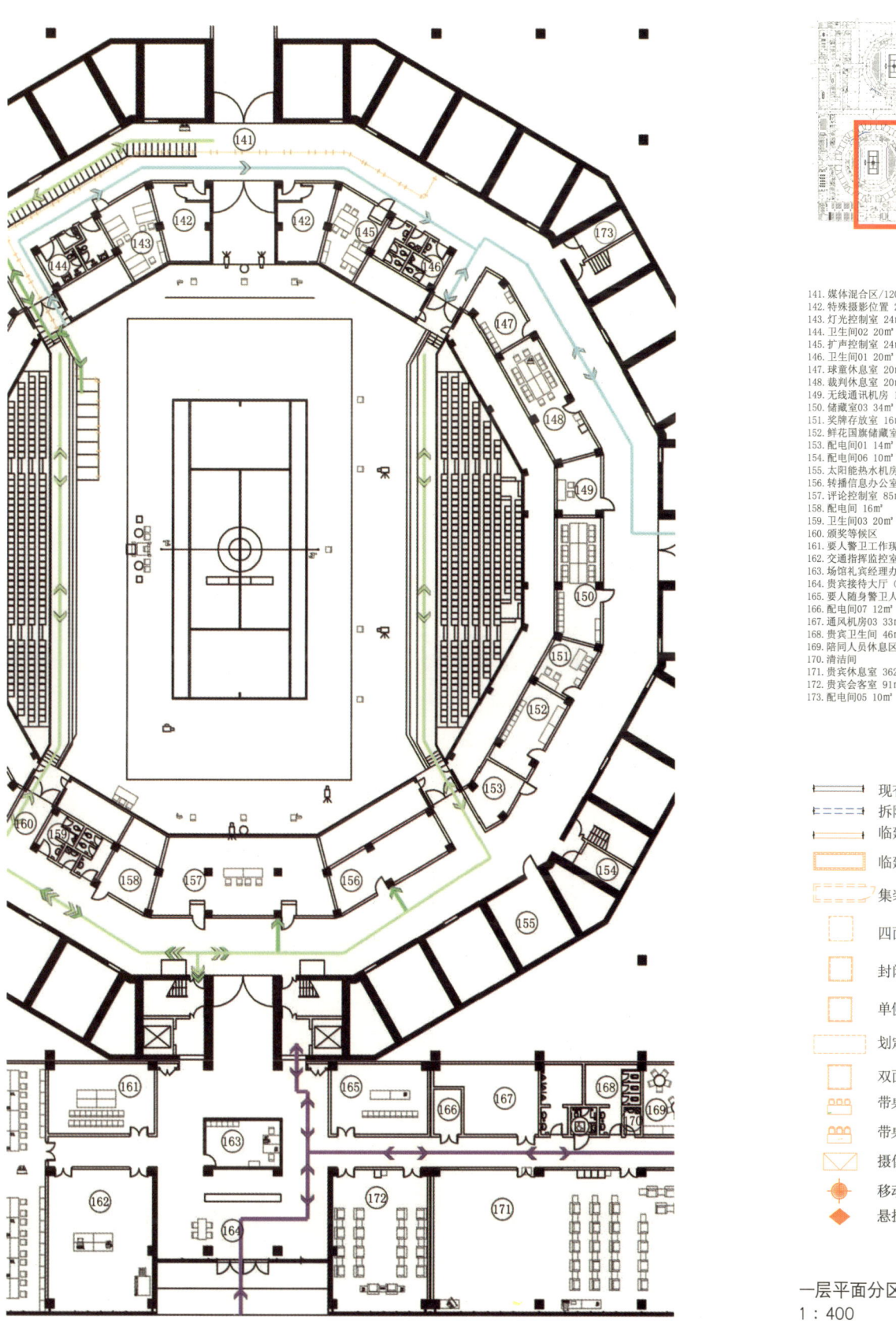

141. 媒体混合区/120人 60㎡
142. 特殊摄影位置 25㎡
143. 灯光控制室 24㎡
144. 卫生间02 20㎡
145. 扩声控制室 24㎡
146. 卫生间01 20㎡
147. 球童休息室 20㎡
148. 裁判休息室 20㎡
149. 无线通讯机房 16㎡
150. 储藏室03 34㎡
151. 奖牌存放室 16㎡
152. 鲜花国旗储藏室 20㎡
153. 配电间01 14㎡
154. 配电间06 10㎡
155. 太阳能热水机房01 29㎡
156. 转播信息办公室 35㎡
157. 评论控制室 85㎡
158. 配电间 16㎡
159. 卫生间03 20㎡
160. 颁奖等候区
161. 要人警卫工作现场指挥部 45㎡
162. 交通指挥监控室 91㎡
163. 场馆礼宾经理办公室 24㎡
164. 贵宾接待大厅（整个网球区）95㎡
165. 要人随身警卫人员备勤室 43㎡
166. 配电间07 12㎡
167. 通风机房03 33㎡
168. 贵宾卫生间 46㎡
169. 陪同人员休息区 47㎡
170. 清洁间
171. 贵宾休息室 362㎡
172. 贵宾会客室 91㎡
173. 配电间05 10㎡

⊏⊐	现有墙体
⊏⊐	拆除墙体
⊏⊐	临建墙体
▭	临建房屋
▭	集装箱
▢	四面开敞式帐篷
▢	封闭帐篷
▢	单侧开敞式帐篷
▭	划定工作区域
▢	双面开敞式帐篷
⊟⊟	带桌文字记者席
⊟⊟	带桌评论员席
⊠	摄像机平台
●	移动式摄像机位
◆	悬挂式摄像机位

一层平面分区图
1：400

贵宾入口

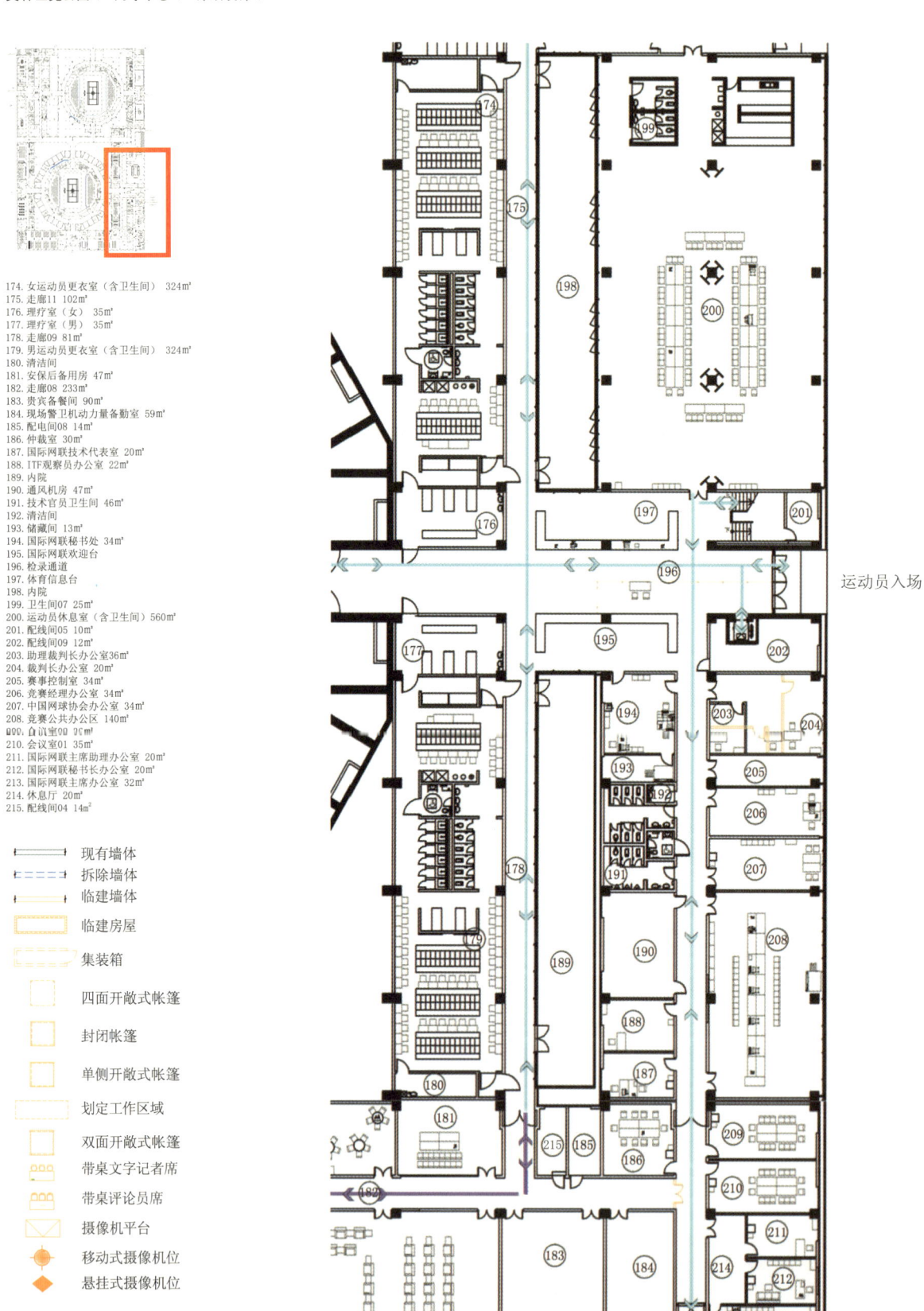

174. 女运动员更衣室（含卫生间） 324㎡
175. 走廊11 102㎡
176. 理疗室（女） 35㎡
177. 理疗室（男） 35㎡
178. 走廊09 81㎡
179. 男运动员更衣室（含卫生间） 324㎡
180. 清洁间
181. 安保后备用房 47㎡
182. 走廊08 233㎡
183. 贵宾备餐间 90㎡
184. 现场警卫机动力量备勤室 59㎡
185. 配电间08 14㎡
186. 仲裁室 30㎡
187. 国际网联技术代表室 20㎡
188. ITF观察员办公室 22㎡
189. 内院
190. 通风机房 47㎡
191. 技术官员卫生间 46㎡
192. 清洁间
193. 储藏间 13㎡
194. 国际网联秘书处 34㎡
195. 国际网联欢迎台
196. 检录通道
197. 体育信息台
198. 内院
199. 卫生间07 25㎡
200. 运动员休息室（含卫生间）560㎡
201. 配线间05 10㎡
202. 配线间09 12㎡
203. 助理裁判长办公室36㎡
204. 裁判长办公室 20㎡
205. 赛事控制室 34㎡
206. 竞赛经理办公室 34㎡
207. 中国网球协会办公区 34㎡
208. 竞赛公共办公区 140㎡
209. 通讯室99 9㎡
210. 会议室01 35㎡
211. 国际网联主席助理办公室 20㎡
212. 国际网联秘书长办公室 20㎡
213. 国际网联主席办公室 32㎡
214. 休息厅 20㎡
215. 配线间04 14㎡

———— 现有墙体
━━━━ 拆除墙体
┉┉┉┉ 临建墙体
▭ 临建房屋
▭ 集装箱
▭ 四面开敞式帐篷
▭ 封闭帐篷
▭ 单侧开敞式帐篷
▭ 划定工作区域
▭ 双面开敞式帐篷
▭ 带桌文字记者席
▭ 带桌评论员席
◻ 摄像机平台
◆ 移动式摄像机位
◆ 悬挂式摄像机位

一层平面分区图
1：400

运动员入场

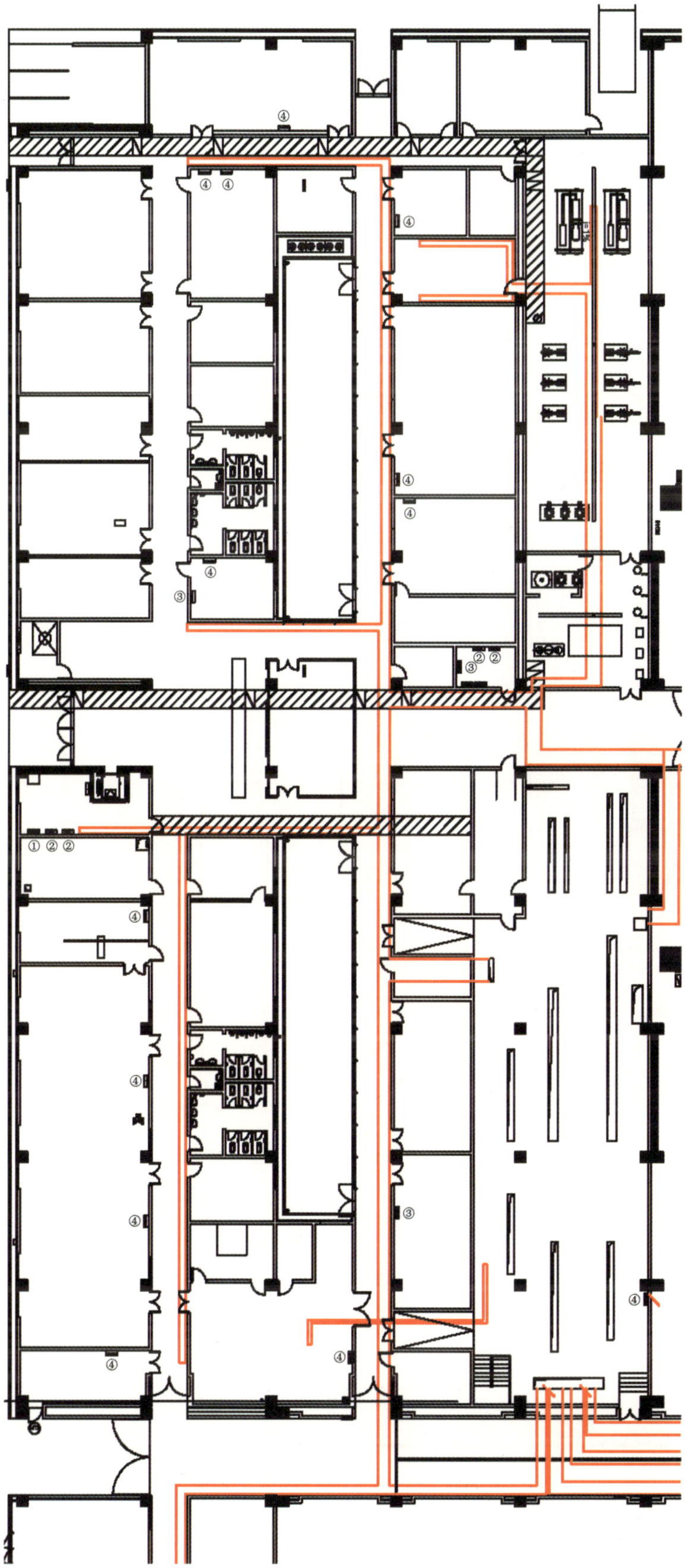

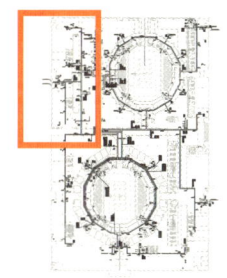

■	照明配电箱	①
⊠	应急照明配电箱	②
▬	动力配电箱	③
▱	应急动力配电箱	④
⧄	双电源互投配电箱	⑤

强电一层平面分区图
1：400

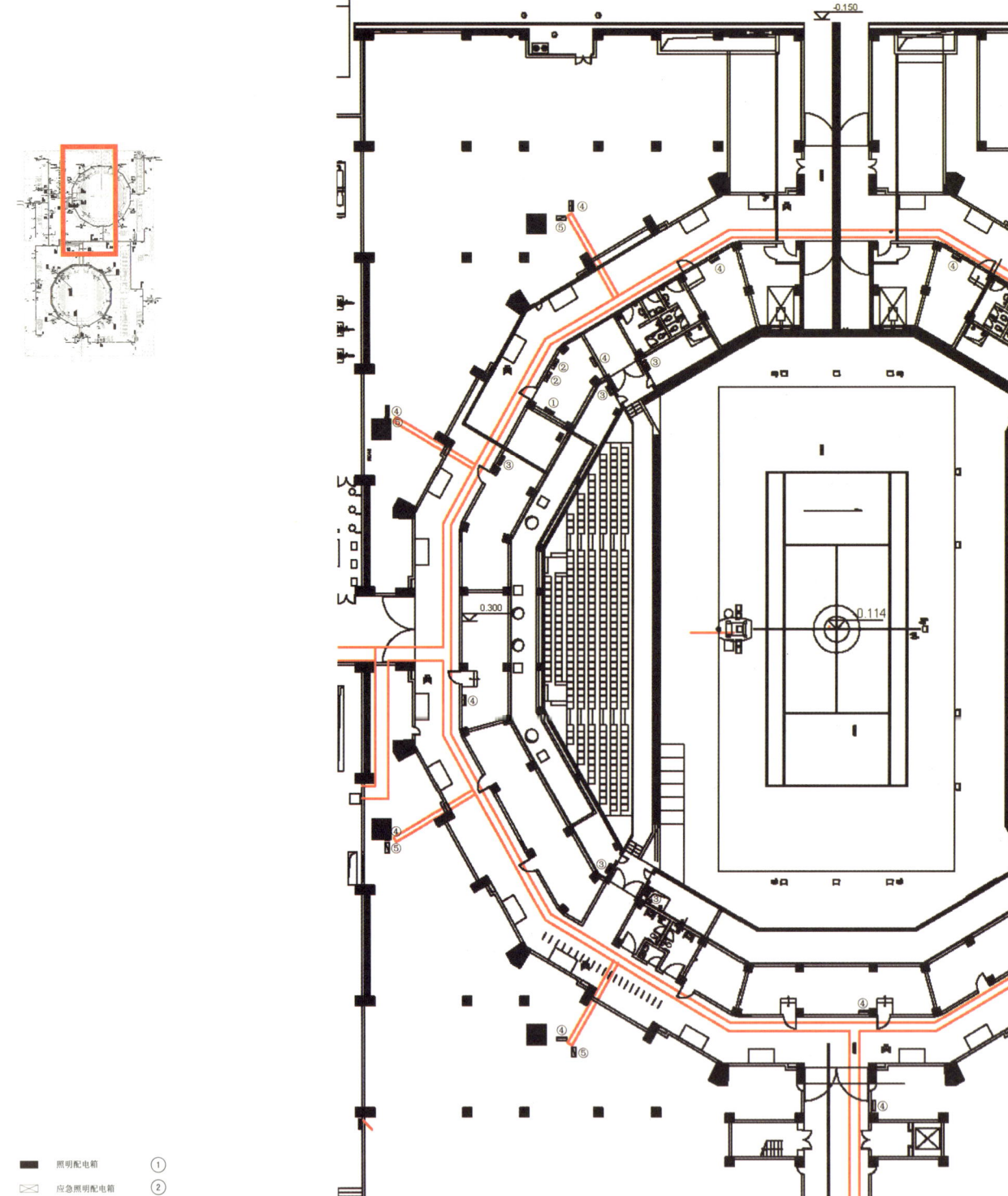

■	照明配电箱	①	
▷◁	应急照明配电箱	②	
▬	动力配电箱	③	
▱	应急动力配电箱	④	
▱	双电源互投配电箱	⑤	

强电一层平面分区图
1：400

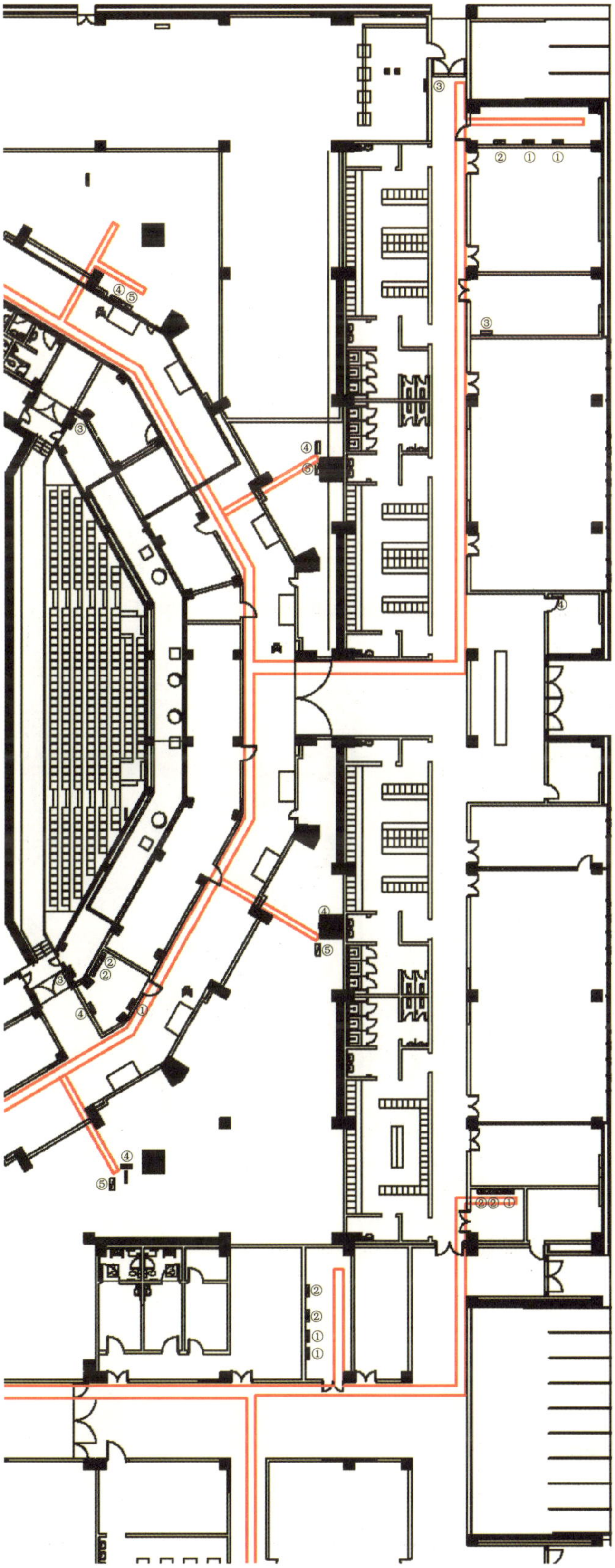

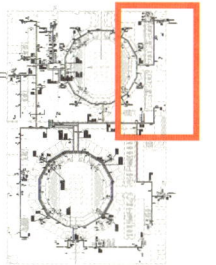

■	照明配电箱	①
⊠	应急照明配电箱	②
▬	动力配电箱	③
▱	应急动力配电箱	④
▱	双电源互投配电箱	⑤

强电一层平面分区图

1:400

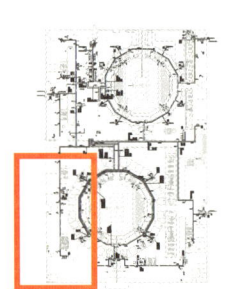

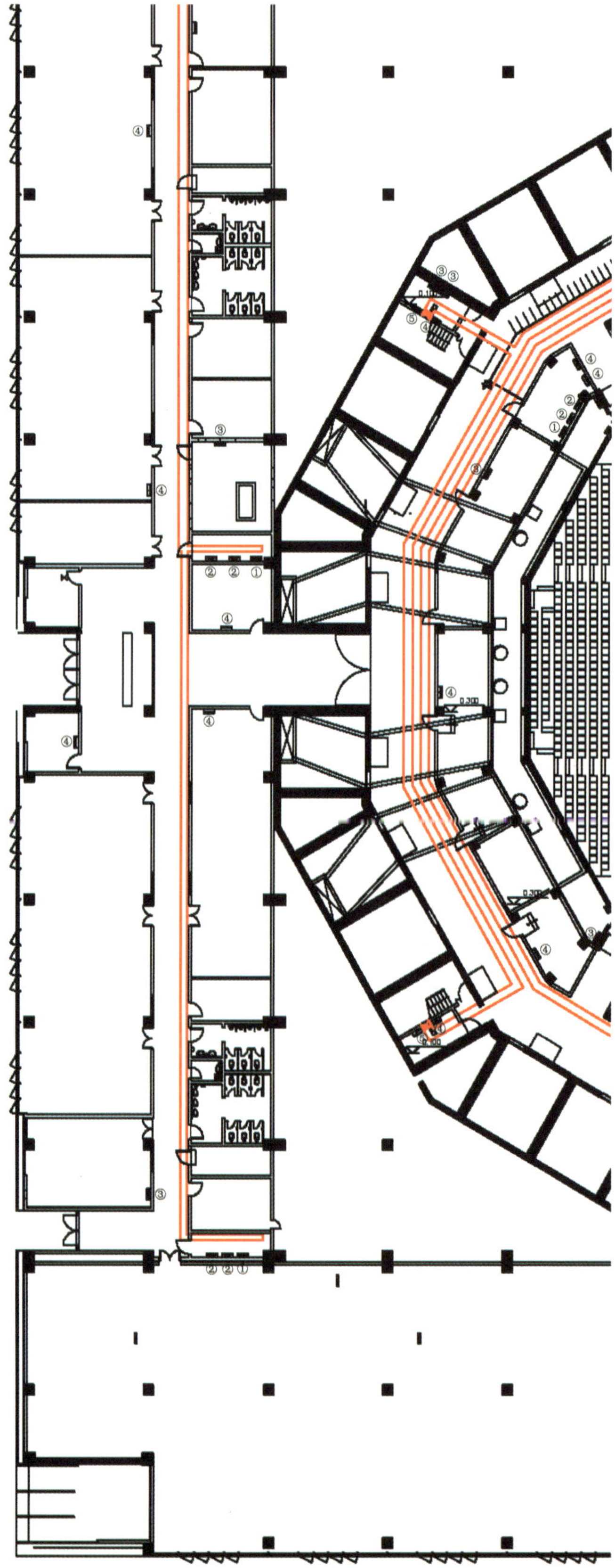

照明配电箱 ①

应急照明配电箱 ②

动力配电箱 ③

应急动力配电箱 ④

双电源互投配电箱 ⑤

强电一层平面分区图
1：400

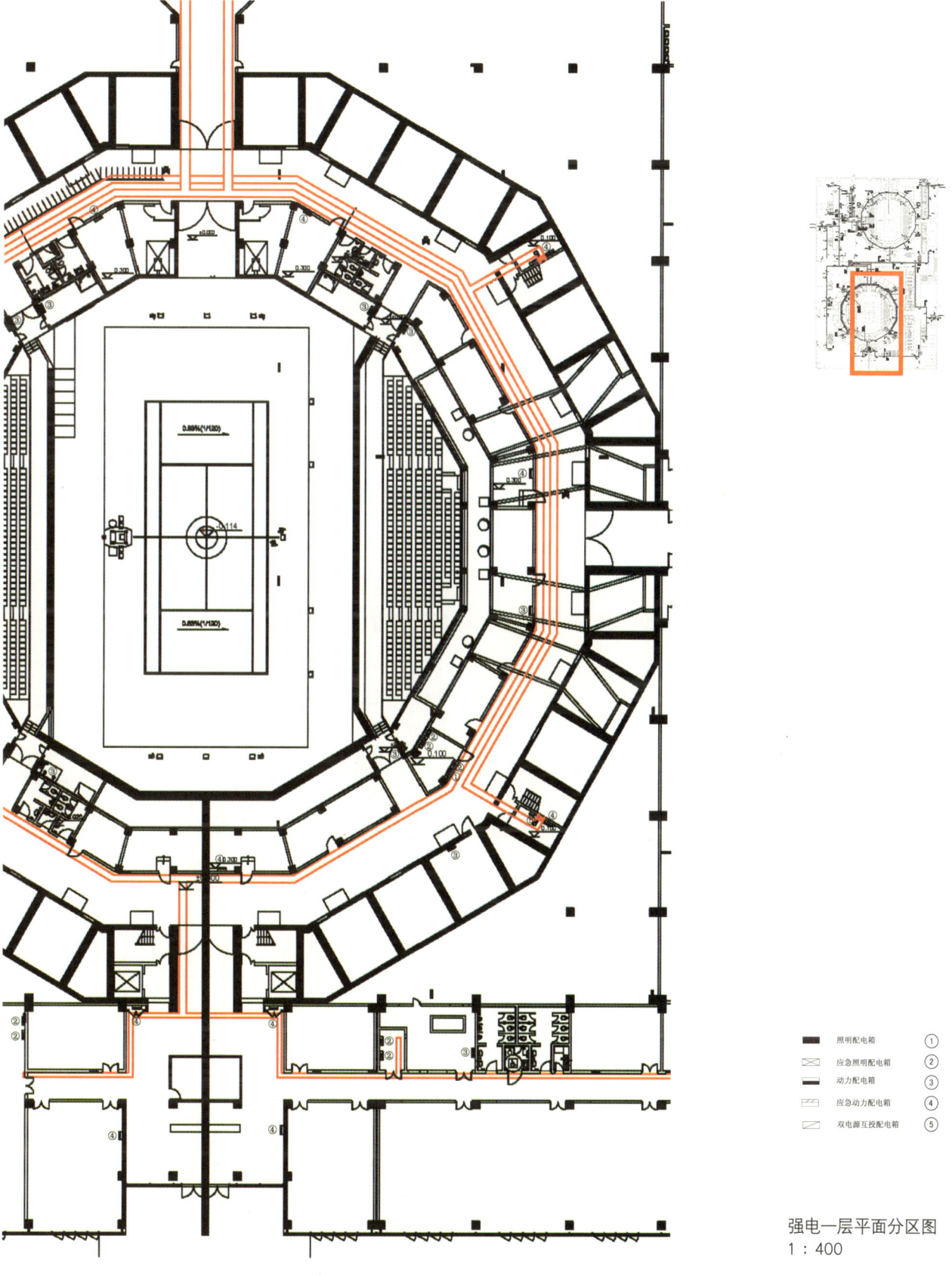

照明配电箱 ①
应急照明配电箱 ②
动力配电箱 ③
应急动力配电箱 ④
双电源互投配电箱 ⑤

强电一层平面分区图
1：400

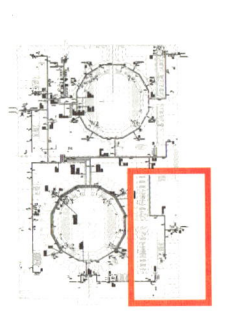

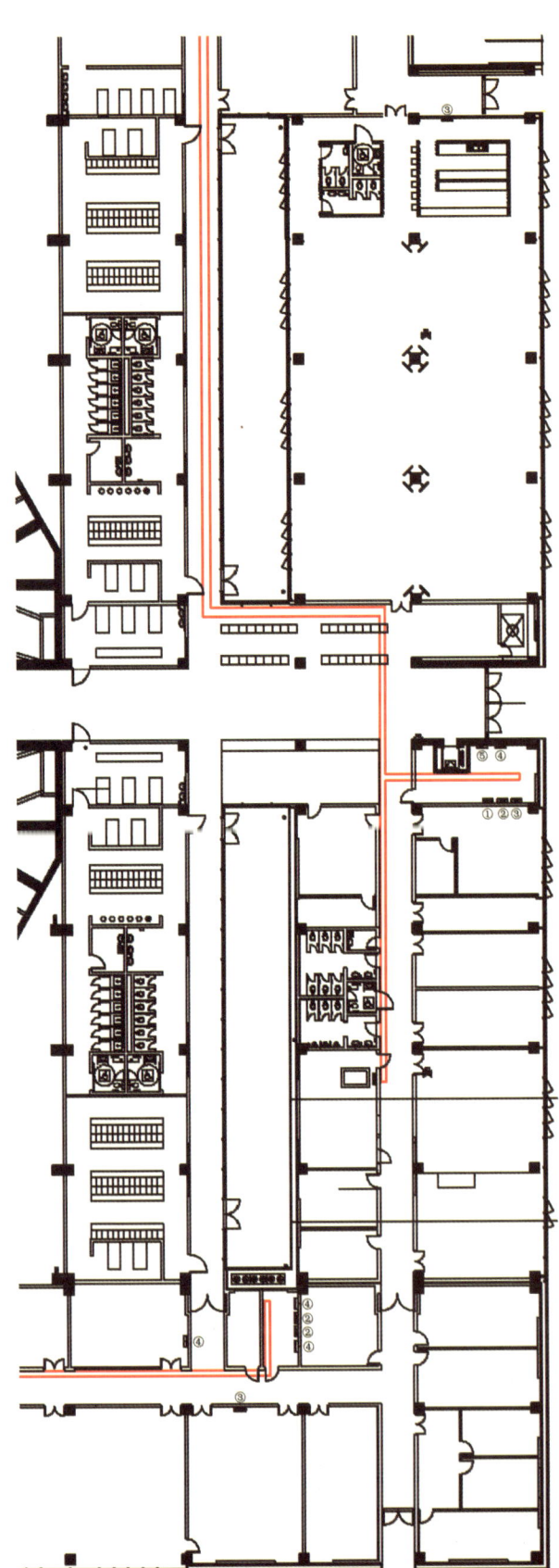

■	照明配电箱	①
⊠	应急照明配电箱	②
▬	动力配电箱	③
▱	应急动力配电箱	④
▨	双电源互投配电箱	⑤

强电一层平面分区图
1：400

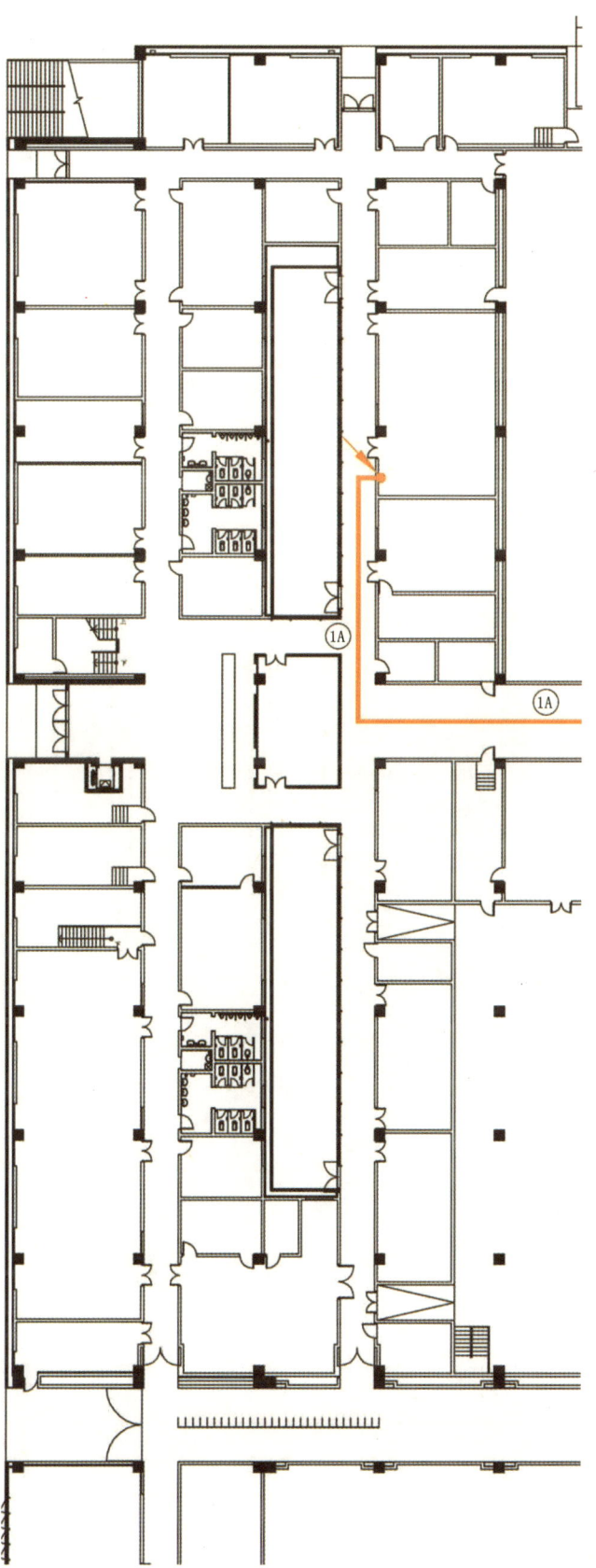

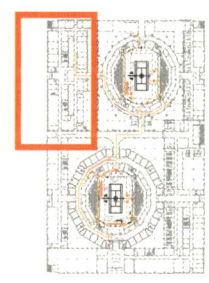

临时线缆铺设图例请参考 P78

弱电一层平面分区图
1：400

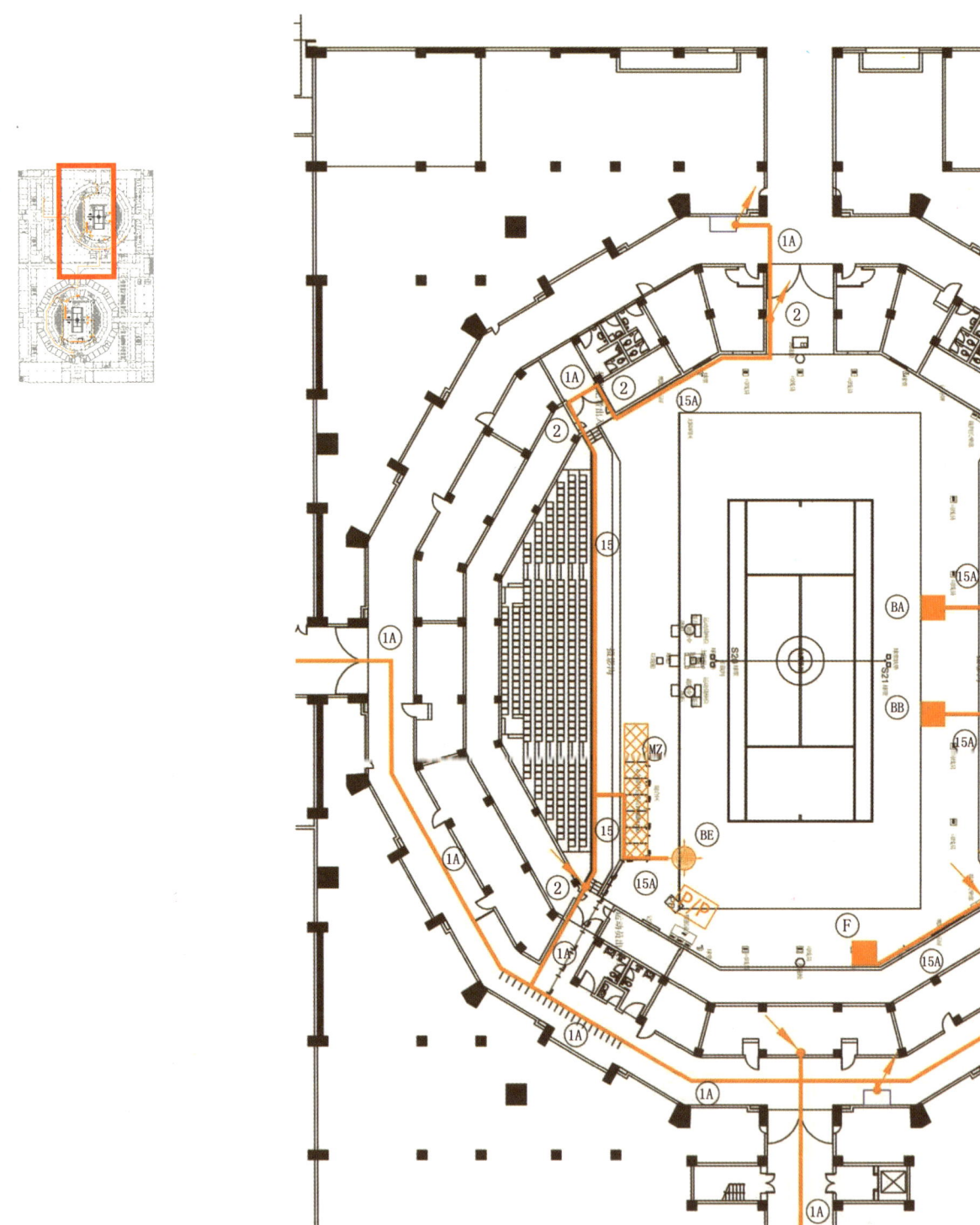

弱电一层平面分区图
1：400

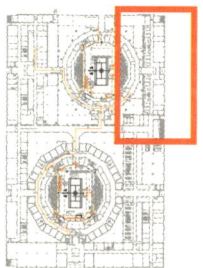

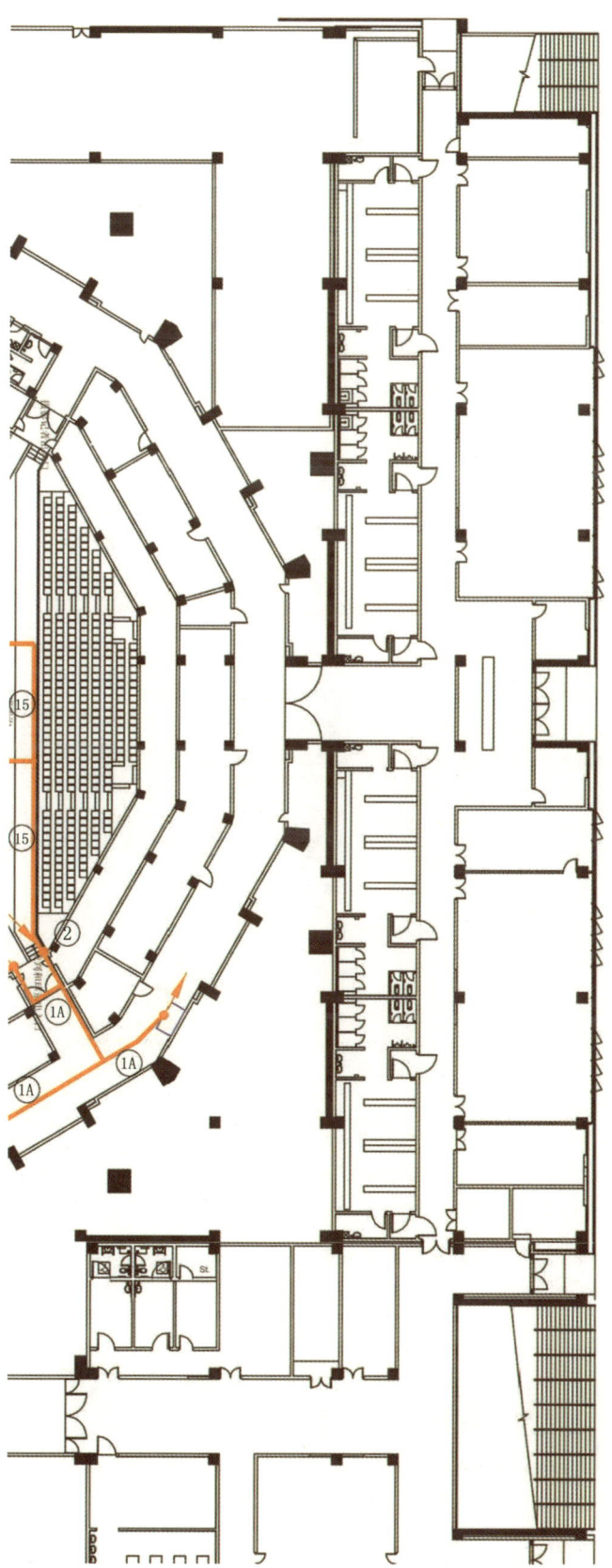

弱电一层平面分区图
1：400

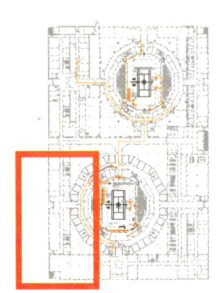

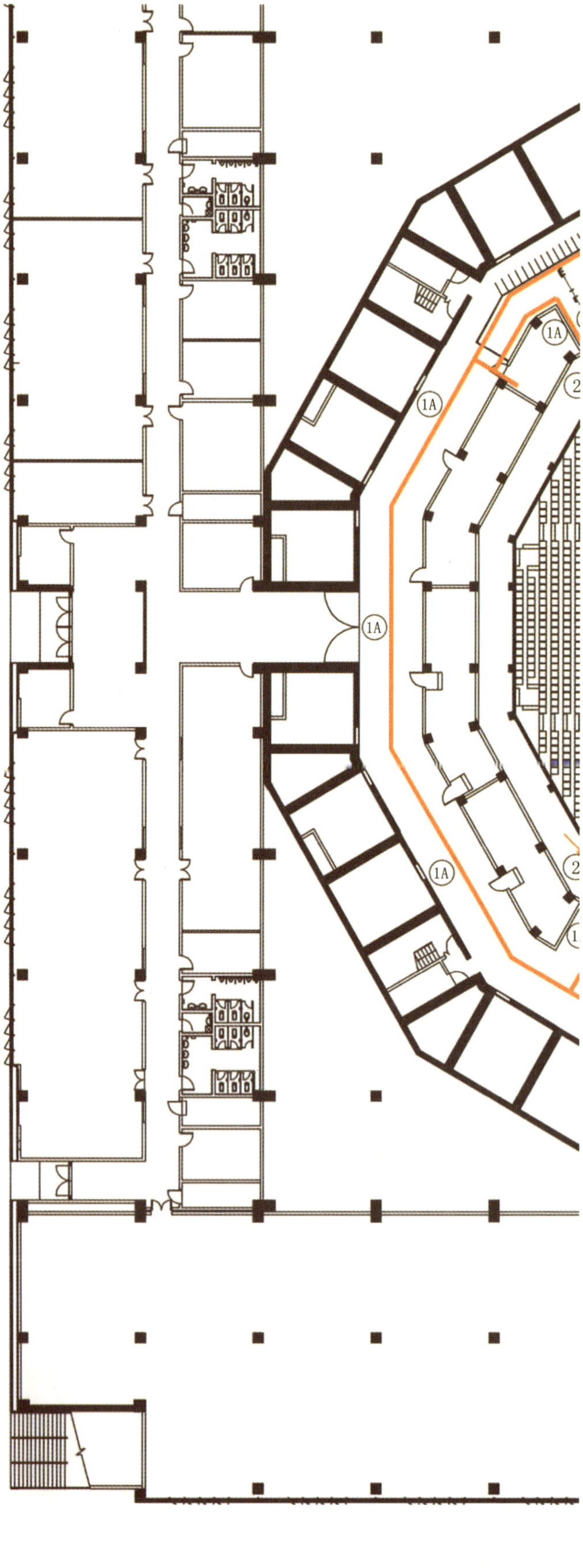

弱电一层平面分区图
1：400

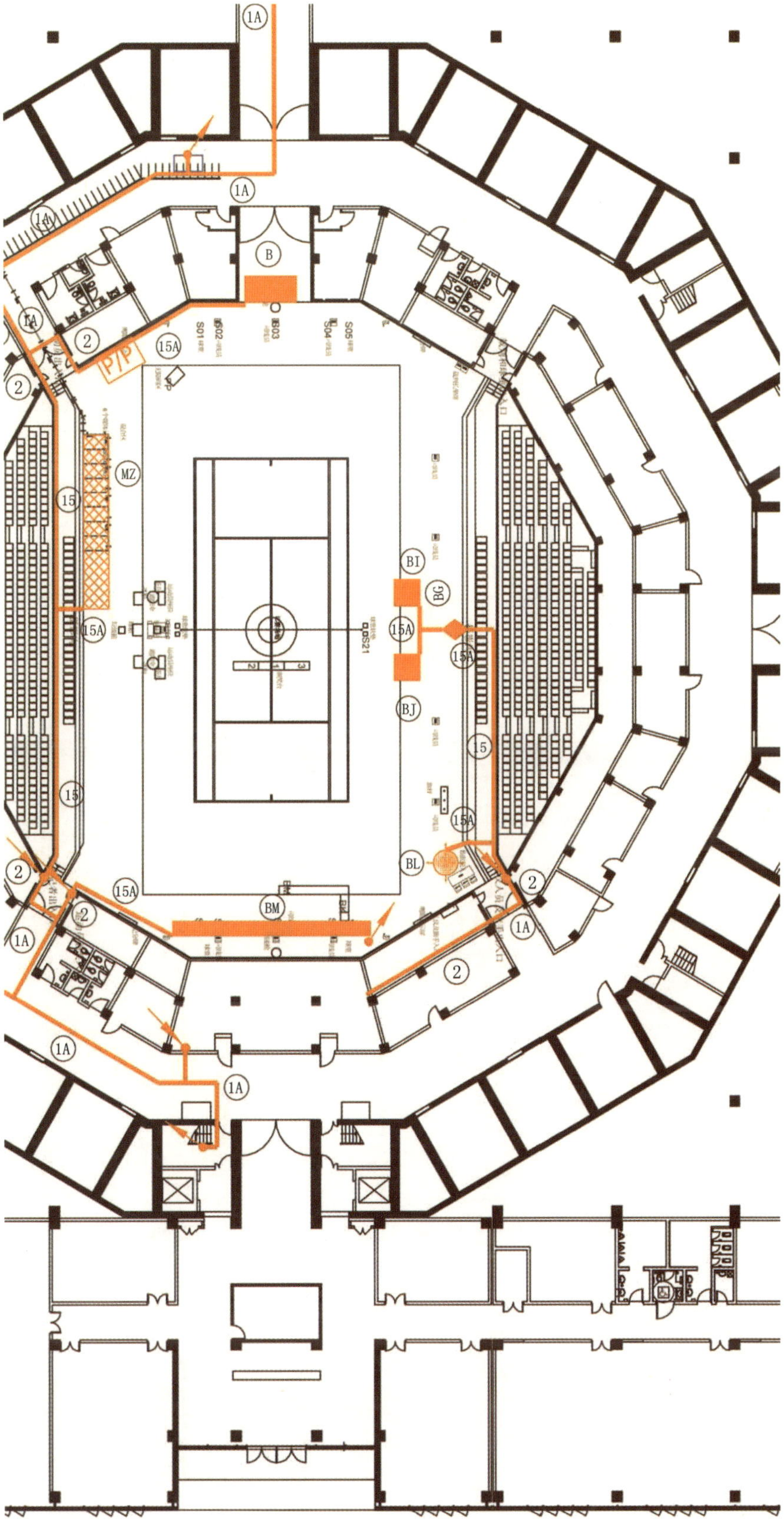

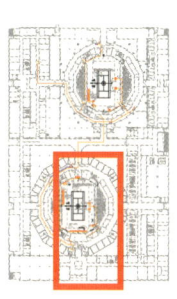

弱电一层平面分区图
1：400

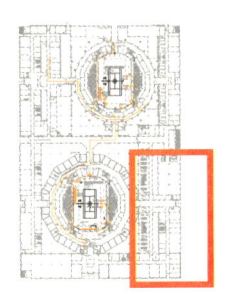

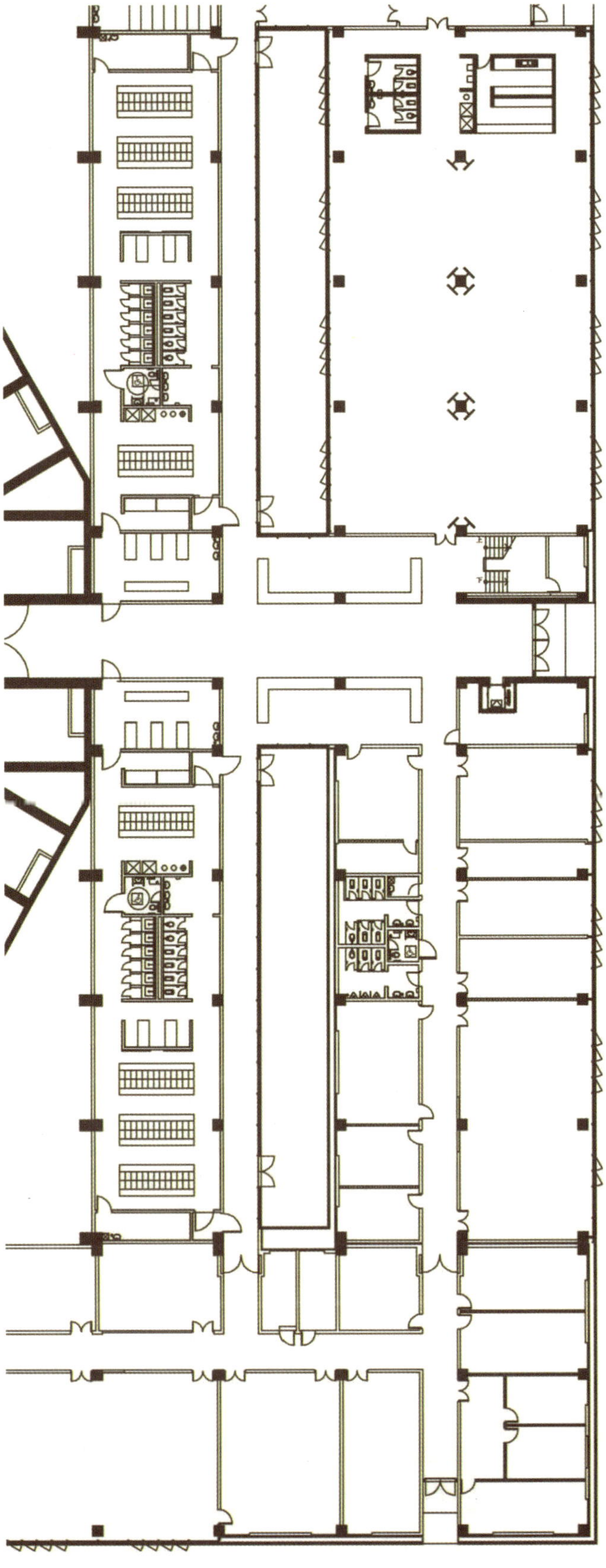

弱电一层平面分区图
1：400

02-05

奥林匹克公园曲棍球场

奥林匹克公园曲棍球场

场馆概况

地点：北京奥林匹克公园

场地类型：新建比赛场馆

奥运会期间的用途：曲棍球

残奥会期间的用途：7人制脑瘫足球

5人制盲人足球

建筑面积：15539m^2

坐席总数：1号场地12000座

2号场地5000座

曲棍球比赛

奥林匹克曲棍球场——曲棍球场

国家曲棍球场的建设标准应依据世界上体育建筑设计的成功经验，结合中国的设计规范，并满足国际奥林匹克委员会（IOC）、北京奥运会组委会（BOCOG）、国际曲棍球联合会（FIH）和国际残疾人奥林匹克委员会（IPC）的要求。

比赛场地的设计

国家曲棍球场位于奥林匹克公园内，有 A、B 两块比赛场地和两块热身场地。场地朝向应南北设置，两块比赛场地互邻，步行可以到达。

比赛场地平面布置

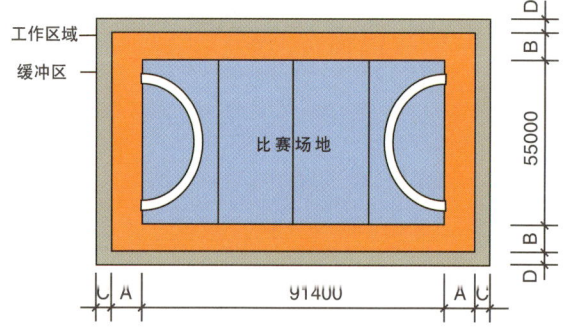

比赛场地示意图

比赛场地

（1）A 场比赛区尺寸为 107m×69m，B 场比赛区尺寸为 105m×69m，两块场地地面均采用非沙质的人工草皮球场，且应保持同样的材料质地、倾斜面和光滑程度并向正式的比赛场地外延伸至少 3m 的距离，草皮应使用国际曲联认证的品牌。

（2）场地的白色标记最好与草皮同材质，直接织入，以使场地表面标记鲜明，容易辨认。

（3）在每个场地的射门区后的一定范围内树立起适当高度的防护网，以达到保护观众的目的。

缓冲区

缓冲区范围为比赛场区以外，端线外宽度 A ≥ 5m，边线外宽度 B ≥ 3m，地面上铺与赛场一致的人工草皮。

工作区

工作区范围为缓冲区以外，端线外宽度 C ≥ 1.5m，边线外宽度 D ≥ 4m。

工作区设记录台、技术统计席、运动员休息坐席等技术官员席区，技术官员席区要具备防雨、防风、防晒和避免场地内洒水的功能。

比赛规则

比赛队

比赛在两队之间进行，同一时间内每队上场比赛的队员不多于 11 人。在整场比赛过程中，每队必须始终有一名守门员上场比赛；每队最多可以替换 16 名队员。比赛分两个半场进行，各 35 分钟，中间休息 10 分钟。

得分

进攻队员只有在射门弧内触球后，球的整体从球门横梁下越过球门线的得分方为有效。每射入对方球门一球得 1 分，以双方最后得分多少判定胜负。

点球

守方队员在射门弧内阻止了可能进球的犯规，或在射门弧内对有球的、有机会得球的对方队员故意犯规将被判罚为点球。

高球

除射门外，不得故意将球击起。当一个高球导致队员合理地躲闪，就被视为危险（包括向 5 米之内的对方队员推挑球或挑球），此时判对方在造成危险动作发生处罚球。只要不造成危险，可以用推挑球或挑球的动作打起高球。

比赛行为

运动员不得将球棍举到其他队员的头部上方；不得接触、控制或干扰对方队员的身体、球棍或服装；不得用球棍的背面打球；不得用身体的任何部位停球、踢球、推球、拣球、抛球或持球。

奥林匹克公园曲棍球场

功能分区1——观众活动区

运行责任部门	运行设计房间名称	英文名称	数量	面积(m²)
观众服务	观众卫生间	Spectator Toilets		
	残疾人卫生间	Spectator Toilets (Disabled)		
	观众信息亭	Spectator Info Booth	1	25
	婴儿车、轮椅寄存区/失物招领处	Spectator Storage\Lost & Found	1	30
餐饮服务	观众餐饮售卖点	Snack Point		
市场开发	特许商品零售点	Merchandising Point	2	50
	办公室	Office	1	15
	商品储藏间	MER Storage	1	30
环境	清洁物品存放间	Cleaning Item Storage	7	25+6+5+5=41
	垃圾收集间	Gabbage Collection Room	1	40
医疗服务	观众医疗站	Spectator Medical Station	2	36
票务	票务服务台	Ticketing Management	2	14
安保	治安处理点	Public Security Handling Office	1	69

功能分区2——比赛场地区

运行责任部门	运行设计房间名称	英文名称	1	面积(m²)
竞赛组织	比赛场地	Field of Play	1	场地区
	运动员检录区	Athlete Call Area	1	场地区
	混合区（运动员通道）	Mixed Zone	1	场地区
	仲裁席	Jury Seating		场地区
	技术代表席	Technical Delegates Seating		场地区
	裁判席	Judge Seating		场地区
技术	成绩统计台	Results Data Entry Position	1	场地区
	计时记分席	Timing & Scoring Position	1	场地区
兴奋剂检查	运动员兴奋剂检查标记区	Athletes Tagging	1	场地区
医疗服务	比赛场地周边急救区	Adjacent First Aid Area in FOP	1	场地区
颁奖仪式	颁奖台及旗杆	Awards Podium & Flag Poles	1	场地区

功能分区3——体育竞赛区

A场

运行责任部门	运行设计房间名称	英文名称	数量	面积(m²)
竞赛组织	接待处	Reception	1	50
	体育器械储藏室	Sport Equipment Storage Area	1	67
	鲜花/国旗/奖牌存放室	Flag/Flower/Medal Room	1	33
	球童休息室	Ball Persons Lounge	1	40
	竞赛主任办公室	Competition Manager	1	30
	竞赛副主任办公室	Deputy Competition Manager	1	30
	竞赛团队工作人员办公室01	Competition Team Staff Office-01	1	30
	竞赛团队工作人员办公室02	Competition Team Staff Office-02	1	35.9
	竞赛团队工作人员办公室03	Competition Team Staff Office-03	1	25.8
	竞赛团队工作人员办公室04	Competition Team Staff Office-04	1	25.8
	竞赛团队工作人员办公室05	Competition Team Staff Office-05	1	27
	竞赛团队工作人员办公室06	Competition Team Staff Office-06	1	15.5
	竞赛团队工作人员休息室	Competition Team Staff Lounge	1	65
	女/男卫生间	Ladies/Gentlemen	2	14+15.5=29.5
	国际曲联会议室	FIH Meeting Room	1	65
	裁判员休息室	Umpires Lounge	1	24.2
	裁判员更衣室	Umpires Change Room	1	25.7+13.4=39.1
	督察员休息室	Judges Lounge	1	19
	督察员更衣室	Judges Change Room	1	21+11.8=32.8
	运动员休息室	Athletes Lounge	1	86.4
	运动员更衣室01/02/03/04	Athletes Change Room 01/02/03/04	4	89
	技术准备室	Technical Preparation Room	1	24.2

运行责任部门	运行设计房间名称	英文名称	数量	面积(m²)
兴奋剂检查	尿检工作室(含卫生间)	Urine Sample Processing	1	35
医疗服务	运动员医疗站	Athletes Medical Station	1	63
环境	垃圾暂存间	Gabbage Collection Room	1	19
技术	移动通信设备机房	Mobile Telecommunication Equipment Room	1	40
场馆礼宾	贵宾门厅	OF Lobby	1	20
	贵宾男卫生间	Toilets	1	8.6
	贵宾女卫生间	Toilets	1	16
	清洁间	Cleaning Room	1	6
媒体	媒体门厅	Media Lobby	1	20
	新闻媒体专用卫生间（男）	Toilets	1	8.6
	新闻媒体专用卫生间（女）	Toilets	1	16
	清洁间	Cleaning Room	1	6
观众服务	观众服务	Spectator service	1	59
媒体	评论员控制室（CCR）	Commentator Control Room	1	50
	转播信息办公室(BIO)	Broadcasting Information Office	1	35
技术	技术控制室	Technical Control Room	1	43
	扩声控制室	Public Address Control Room	1	14
	灯光控制室	Lighting Control Room	1	19
兴奋剂检查	兴奋剂官员办公室	Office for Doping Control Manager	1	28.5
	候检室	DOPE Waiting Area	1	38.1
	尿检工作室01/02	Urine Sample Processing 01/02	2	17.5+18.3=35.8
	血液检测工作室	Blood Sample Processing	1	14.4
医疗服务	医务室	Medical Room	1	75
技术	现场成绩处理机房	On-Venue Result Room	1	38
场馆礼宾	场馆礼宾经理办公室	Venue Protocol Manager Desk	1	18
	贵宾门厅	OF Lobby	1	26.5
	贵宾颁奖等候室	Ceremony Waiting Area	1	27
安保	现场消防通信指挥室	On-site Fire Fighting Communication Command Office	1	45.8
	安保后备用房	Security Reserve Room	1	27.7
竞赛组织	组委会竞赛管理办公室	BOCOG Sport Management	1	50
	国际曲联主席办公室	FIH President	1	30
	国际曲联秘书长办公室	FIH Secretary General	1	30
	国际曲联执行主任办公室	FIH Executive Director	1	18.2
	国际曲联执行主任秘书办公室	FIH Executive Support	1	20.7
	国际曲联竞赛/技术经理办公室	FIH Events/Technical Managers	1	18.2
	国际曲联联络/市场经理办公室	FIH Communications/Marketing Managers	1	18.7
	技术代表办公室	Technical Delegates	1	18.2
	技术代表秘书处	Technical Delegates Secretariat	1	20.7
	国际曲联秘书处	FIH Secretariat	1	34
	国际曲联仲裁委员会/会议室	FIH Jury of Appeal/Meeting Room	1	18.7
	国际曲联会议室	FIH Meeting Room	1	65
	裁判长办公室	Umpires Managers	1	18.2
	视频分析室	Umpire Managers Debrief/Video Analysis Room	1	18.7
	官员卫生间	Gentlemen/Ladies	2	14
场馆礼宾	贵宾会客室	OF Meeting Room	1	58
	贵宾休息室	Olympic Family Lounge	1	185
	贵宾卫生间	OF Toilet	2	20.8+28.5=49.3
	贵宾无障碍卫生间	OF Toilet	1	5.3
	陪同人员休息区	Staff & Volunteer Room and Storage	1	43
餐饮	小型备餐间	Food Preparation Room	1	8.7
安保	要人警卫工作现场指挥部	On-site Guard Office	1	50
技术	无线通信机房	Wireless Communication Room	1	48.2
媒体	评论员控制室（CCR）	Commentator Control Room	1	48.2
	转播信息办公室(BIO)	Broadcasting Information Office	1	48.2

运行责任部门	运行设计房间名称	英文名称	数量	面积（m²）
兴奋剂检查	尿检工作室(含卫生间)	Urine Sample Processing	1	35
文化活动	扩声控制室	Public Address Control Room	1	28
	灯光控制室	Lighting Control Room	1	28
	体育展示办公室	Sport Presentation Office	1	28
安保	消防观察室	Fire Fighting Observation Positions	1	10.4
	安保观察室	Security Observation Positions	1	10.4

B场				
运行责任部门	运行设计房间名称	英文名称	数量	面积（m²）
竞赛	体育器材室	Sport Equipment Storage Area	1	35
	竞赛管理办公室	Competition Management	1	35
	运动员更衣室-01/02/03/04	Athletes Change Room-01/02/03/04	4	63+16.5+15.6=95.1
	裁判员更衣室(含淋浴、卫生间)	Umpires Change Room	1	30
兴奋剂检查	尿检工作室(含卫生间)	Urine Sample Processing	1	35
医疗服务	运动员医疗站	Athletes Medical Station	1	63
环境	垃圾暂存间	Gabbage Collection Room	1	19
技术	移动通信设备机房	Mobile Telecommunication Equipment Room	1	40
场馆礼宾	贵宾门厅	OF Lobby	1	20
	贵宾男卫生间	Toilets	1	8.6
	贵宾女卫生间	Toilets	1	16
	清洁间	Cleaning Room	1	6
媒体	媒体门厅	Media Lobby	1	20
	新闻媒体专用卫生间（男）	Toilets	1	8.6
	新闻媒体专用卫生间（女）	Toilets	1	16
	清洁间	Cleaning Room	1	6
观众服务	观众服务	Spectator service	1	59
媒体	评论员控制室（CCR）	Commentator Control Room	1	50
	转播信息办公室(DIO)	Broadcasting Information Office	1	35
技术	技术控制室	Technical Control Room	1	43
	扩声控制室	Public Address Control Room	1	14
	灯光控制室	Lighting Control Room	1	19

功能分区4——仪式及文化活动区				
运行责任部门	运行设计房间名称	英文名称	数量	面积（m²）
文化活动	体育展示办公室	Sport Presentation Office	1	30
	礼仪人员准备室	Presenter & Mascot Dressing	2	41

功能分区5——新闻运行区				
运行责任部门	运行设计房间名称	英文名称	数量	面积（m²）
媒体	国际曲联新闻官办公室	FIH Media Officer	1	22
	场馆新闻中心	Venue Media Cater		
	新闻运行经理办公室	Press Office	1	17
	摄影经理办公室	Photo Manager Office	1	15
	奥林匹克新闻服务工作室	Olympic News Service Work Room	1	33
	成绩公报协调员办公室	Results Distribution	1	20
	媒体接待处	Reception & IFO Desk & Storage	1	20
	成绩复印分发	Results Printing & Distribution	1	83
	文字记者工作区	Press Work Area	1	354
	摄影记者工作区	Photo Work Area	1	90
	信息打印/复印区域	Info Print/Copy Area	1	16
	新闻媒体专用卫生间	Toilets	2	18
	新闻发布厅	Press Conference Room	1	167
餐饮	媒体休息区	Media Lounge	1	80
	小型备餐间	Food Preparation Room	1	18

功能分区6——电视转播区				
运行责任部门	示范场馆房间名称	英文名称	数量	面积（m²）
BOB	评论员控制室（CCR）	Commentator Control Room	1	42
	转播信息办公室(BIO)	Broadcasting Information Office	1	36
	电视转播综合区共用	Broadcast Compound	1	8000
	转播管理办公区	Broadcast Management Office	1	85
	特种摄像机	Speciality Camera	1	14
	餐饮	Dinning	1	142
	技术操作中心	Technical Cabin (Maintenance/Speciality)	1	50
	技术存储空间	Technical Storage	1	50
	后勤存储空间	Logistic Storage	1	50
	后勤制作办公室	Production Office	1	85
	电视转播餐饮区	Broacast Catering	1	168
	转播餐饮备餐区	Boradcast Catering Kitchen Area	1	90
	餐厅	Dining Area	1	180
	冷藏室	Cold Room	1	12
	发电机/备用发电机	Power Generator /Back Power Gernerator	1	96
	备份电源存放区	Domestice Back up Power Supply	1	20
	工作人员休息区	Shade Cover	1	150
	特权转播公司	RHB	1	1136
	转播人员专用卫生间	Toilet	1	20

功能分区7——场馆运行区				
运行责任部门	运行设计房间名称	英文名称	数量	面积（m²）
场馆管理	场馆主任办公室	Venue Manager Office	1	20
	场馆副主任办公室	Venue Deputy Manager Office	1	20
	多功能会议区	Multi-purpose Room	1	50
	场馆运行中心	Venue Operation Center	1	103
	场馆通信中心	Venue Communication Center	1	42
票务	票务经理办公室	Ticketing Management Office	1	17
场馆人事	场馆人事经理办公室	Venue Staffing Management	1	15
	工作人员休息室	Staff Break & Dinning Area	1	225
场馆财务	场馆财务经理办公室(含收费卡办公室)	Venue Finance Manager Office (Includes: Rate Card Office)	1	22
观众服务	观众服务管理办公区	Spectator Services Management Area	1	52
	物资储存和分发区	SPS Equipment Storage & Distribution	1	34
语言服务	语言服务经理办公区	LAN Manager Office	1	25
场馆设施管理	场馆设施管理办公区	Site Management Work Area	1	32
	后勤工人休息区	Response Team & Vendor Staging	1	综合区内
	电源工作间与备件存放	Power Workshop & Storage	1	综合区内

运行责任部门	示范场馆房间名称	英文名称	数量	面积(m²)
技术	计算机设备房间	Computer Equipment Room	1	20
	网络设备间	LAN Equipment Room	1	50
	固定通信设备机房	Fix Telecomcomuication Equipment Room	1	52
	移动通信设备机房	Mobile Telecommunication Equipment Room	1	47
	有线电视机房	CATV Control Room	1	20
	中央/设备监控室	Central Control Manager Room	1	40
	卫生间（女）	Toilets	2	18
	卫生间（男）	Toilets	2	18
	集群通信设备分发间	Trunk Radio Distribution Room	1	25
	场馆技术运行中心	Venue Technology Operation Center	1	39
	技术支持服务中心	Technology Help Desk	1	20
	计时计分系统设备存放间	Timing & Scoring Equipment Storage	1	26
	固定通信技术人员工作室	Fix Telecommunication Operation	1	20
	移动通信技术人员工作室	Mobile Telecommunication Operation	1	20
	流动扩声系统设备存放间	Audio Equipment Room	1	27
	计算机设备房间	Computer Equipment Room	1	20
	网络设备间	LAN Equipment Room	1	50
	固定通信设备机房	Fix Telecomcomuication Equipment Room	1	52
	移动通信设备机房	Mobile Telecommunication Equipment Room	1	47
	有线电视机房	CATV Control Room	1	20
	中央/设备监控室	Central Control Manager Room	1	40
	卫生间（女）	Toilets	2	18
	卫生间（男）	Toilets	2	18
	集群通信设备分发间	Trunk Radio Distribution Room	1	25
	场馆技术运行中心	Venue Technology Operation Center	1	39
	技术支持服务中心	Technology Help Desk	1	20
	计时计分系统设备存放间	Timing & Scoring Equipment Storage	1	26
	固定通信技术人员工作室	Fix Telecommunication Operation	1	20
	移动通信技术人员工作室	Mobile Telecommunication Operation	1	20
	流动扩声系统设备存放间	Audio Equipment Room	1	27
	IT设备存放间	IT Equipment Storage	1	40
环境	环境经理办公室	CLW Manager Office	1	10
	清洁物品储藏间	Cleaning Item Storage	1	27
	清废管理与清废工人休息区	Management and Break Area	1	41

功能分区8——安保及交通运行区				
运行责任部门	运行设计房间名称	英文名称	数量	面积(m²)
安保	安保指挥中心	Security Command Center	1	240-50=190
	办公室	Security Command Office	1	9（不包含在内）
	武警指挥室	Policeman Command Room	1	50
	现场安保指挥通信设备间	On-site Security Communication Equipment Room	1	32
	交通指挥中心	Transport Monitoring & Command Office	1	96
	车辆调度室	Vehicle Dispatch Room	1	30
	司机休息室（室外）	Driver Break Room	1	30
	车辆调度室	Vehicle Dispatch Room	1	20

功能分区9——共用部分				
运行责任部门	示范场馆房间名称	英文名称	数量	面积(m²)
安保	武警备勤室	Policeman Duty Room	1	240
	安保备勤室	Security Reserve Room	1	180
	安保指挥中心	Security Command Center	1	750
场馆管理	物流库房	Logistic Compound	2	200
	集装箱区	Containes Area	10	60
	工作部署区	Work Briefing Area	1	200
	清废工人休息区	CLW Drawing Room	2	200+160=360
	员工就餐区	Staff Break & Dinning Area	4	200+200+319+231=950
	物流综合区	Logistic Compound	1	1400
	餐饮综合区	Catering Compound	1	750
	清废综合区	CLW Compound	1	700
	后勤工人休息室业主办	Venue owner Office Logistics Staff Lounge	1	280
	救护车停车位	Ambulance Parking	2	2辆
	观众服务自行及高尔夫球	Bicycle & Golf Car Storage	1	525

总平面图

A.	**观众活动区**
A1.	观众卫生间

B.	**体育竞赛区**
B1.	国际曲联新闻官办公室
B2.	竞赛管理办公室
B3.	IBSA 秘书处
B4.	IBSA 会议室
B5.	IBSA 技术代表办公室
B6.	技术官员会议室
B7.	技术官员休息室

C.	**新闻运作区**
C1.	媒体专用卫生间
C2.	小型采访室
C3.	新闻发布厅
C4.	媒体休息区
C5.	奥林匹克新闻服务工作室
C6.	小型备餐间
C7.	摄影记者工作区
C8.	信息打印 / 复印区域
C9.	摄影经理办公室
C10.	新闻运行经理办公室
C11.	文字记者工作区

D.	**场馆运行区**
D1.	成绩复印分发室
D2.	成绩公报协调员办公室
D3.	集群通信设备分发间
D4.	监督台
D5.	清洁物品储藏间
D6.	环境经理办公室
D7.	预备用房
D8.	语言服务经理办公室
D9.	观众服务
D10.	卫生间
D11.	场馆运行中心
D12.	多功能会议室
D13.	观众服务管理办公区
D14.	场馆技术运行中心
D15.	设施与环境副主任办公室
D16.	场馆通信中心
D17.	场馆财务经理办公室
D18.	志愿者经理办公室
D19.	人事经理办公室
D20.	投术交付服务中心
D21.	观众服务物资储与分发区
D22.	计时记分设备存放间
D23.	移动通信技术人员工作室
D24.	移动通信设备用房
D25.	有线电视机房
D26.	固定通信设备机房
D27.	固定通信技术人员工作室
D28.	流动扩声系统设备存放室
D29.	中央 / 设备监控室
D30.	IT 设备存放间
D31.	网络设备间
D32.	计算机设备机房间
D33.	餐饮售卖点

D34	票务服务台
D35	婴幼儿轮椅寄存处 / 失物招领处
D36	配电间
D37	观众医疗站
D38	特许商品零售点
D39	特许经营办公室出纳室
D40	特许商品储藏间
D41	松下包装存放间
D42	观众服务志愿者休息区
D43	观众信息厅
D44	ATM 公用电话
D45	员工签到处
D46	设施管理办公室
D47	观众服务自行车 / 高尔夫车停放
D48	业主办公室 / 后勤工人休息室
D49	清度工人休息室
D50	员工就餐区
D51	物流综合区
D52	物流经理办公室
D53	工人休息室
D54	垃圾暂存区
D55	清度设备
D56	工具存储间 / 清度工人休息室
D57	餐饮综合区

E.	**安保及交通运行区**
E1.	治安处理点
E2.	检票区
E3.	交通指挥中心
E4.	车辆调度室
E5.	现场安保
E6.	指挥通信设备间
E7.	安保指挥办公室
E8.	办公室
E9.	武警指挥室
E10.	民警工作室
E11.	民警备勤室
E12.	司机休息室
E13.	内保备勤室
E14.	安保指挥中心
	消防车棚

F.	**非赛时使用空间**
G.	**比赛场地区**
I.	**场馆礼宾区**
I1.	残奥会大家庭休息室
J.	**仪式及文化活动区**
J1.	礼仪人员准备室
J2.	颁奖仪式经理办公室

图例

(平行线框)	大车下车点
(方框)	小车下车点
⇒	机动车流线
⇒	步行流线
△	车辆验证点
✳	注册区验证点
△	入口
EXIT	出口

线型图例

– – – –	人行流线
————	车行流线
————	应急流线
————	设备流线
————	安保边界 2.5m
– · – · –	区域边界 2.2m
– – – –	区域边界 1.8m
++++++	路障

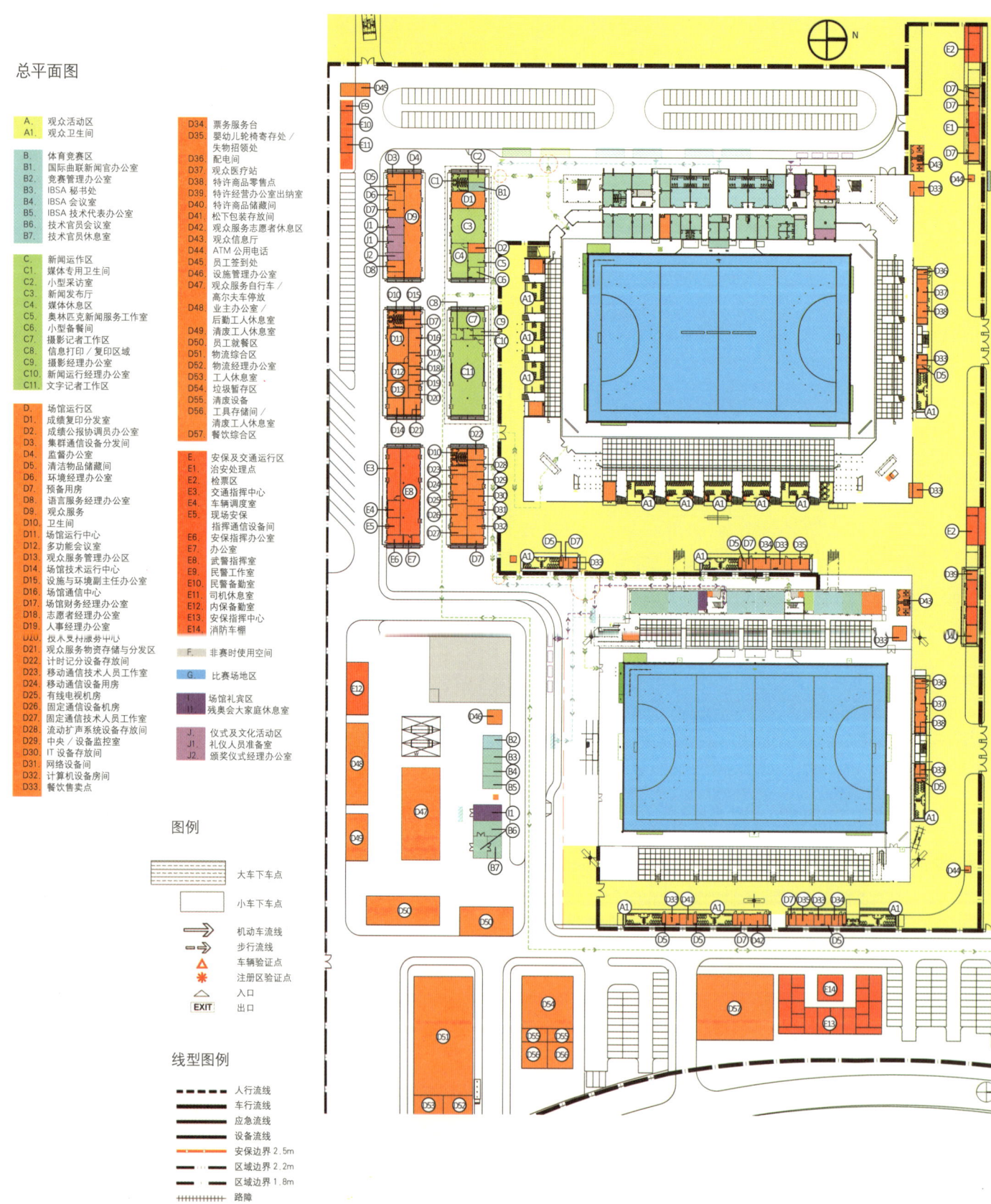

场馆 A 首层平面图

A. 观众活动区
A1. 观众女卫生间
A2. 观众男卫生间
A3. 观众无障碍卫生间
A4. 观众入口
A5. 残疾观众入口

B. 体育竞赛区
B1. 运动员休息室
B2. 运动员更衣室
B3. 竞赛团队工作人员办公室
B4. 竞赛团队工作人员休息室
B5. 国际曲联会议室
B6. 竞赛主任办公室
B7. 竞赛副主任办公室
B8. 裁判员／督察员更衣室
B9. 裁判员／督察员盥洗室
B10. 运动员替补席
B11. 技术工作台
B12. 裁判员休息室
B13. 技术准备室
B14. 督察员休息室
B15. 医务室
B16. 兴奋剂官员办公室
B17. 候检室
B18. 血液检测工作室
B19. 尿检工作室
B20. 球童工作室
B21. 接待处
B22. 运动员入口
B23. 技术官员入口

C. 新闻运行区
C1. 观赛媒体入口

D. 场馆运行区
D1. 现场成绩处理机房
D2. 观众餐饮售卖点
D3. 垃圾收集间
D4. 清洁工具存放间

E. 安保及交通运行区
E1. 现场消防通信指挥室
E2. 安保后备用房

F. 非赛时使用空间

G. 比赛场地区

H. 电视转播综合区

I. 场馆礼宾区
I1. 贵宾颁奖等候室
I2. 贵宾入口

J. 仪式及文化活动区
J1. 鲜花／国旗／奖牌存放室

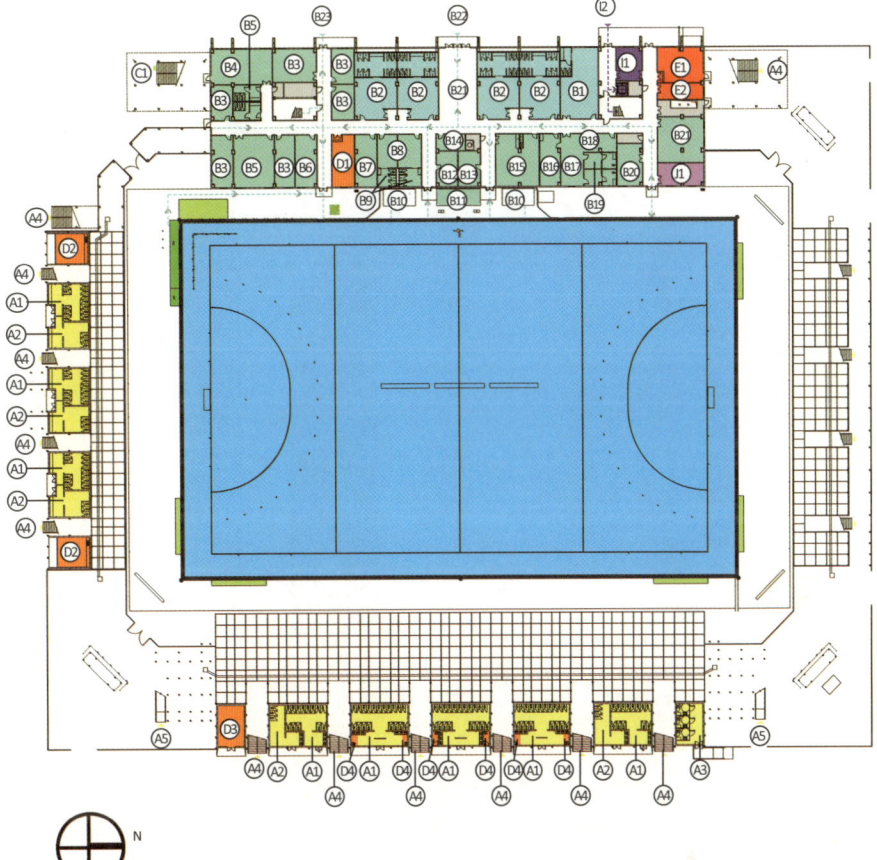

场馆 A 二层平面图

A. 观众活动区
A1. 观众女卫生间
A2. 观众男卫生间
A3. 观众平台

B. 体育竞赛区

I. 场馆礼宾区

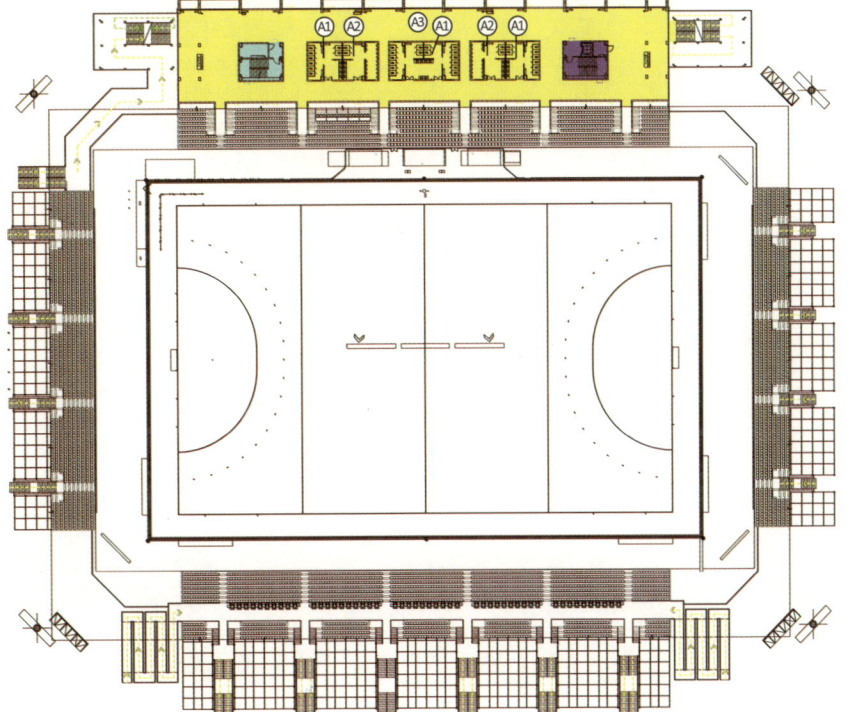

场馆 A 三层平面图

A. 观众活动区

B. 体育竞赛区
B1. 国际曲联秘书处
B2. 配电配线间
B3. 国际曲联联络／市场经理办公室
B4. 国际曲联仲裁委员处
B5. 视频分析室
B6. 官员男卫生间
B7. 官员女卫生间
B8. 组委会竞赛管理办公室
B9. 裁判办公室
B10. 技术代表办公室
B11. 技术代表秘书处
B12. 国际曲联执行主任秘书办公室
B13. 国际曲联竞赛／技术经理办公室
B14. 国际曲联执行主任办公室
B15. 国际曲联秘书长办公室
B16. 国际曲联主席办公室

C. 新闻运行区

D. 场馆运行区

E. 安保及交通运行区
E1. 要人警卫工作现场指挥部

F. 非赛时使用空间

I. 场馆礼宾区
I1. 贵宾休息室
I2. 贵宾会客室
I3. 陪同人员休息区
I4. 小型备餐间
I5. 场馆礼宾经理办公室
I6. 贵宾男卫生间
I7. 贵宾无障碍卫生间
I8. 贵宾女卫生间

场馆 A 四层平面图

A. 观众活动区
A1. 观众女卫生间
A2. 观众男卫生间

D. 场馆运行区
D1. 无线通信机房
D2. 储藏间

F. 非赛时使用空间

H. 电视转播综合区
H1. 评论员控制室
H2. 转播信息办公室

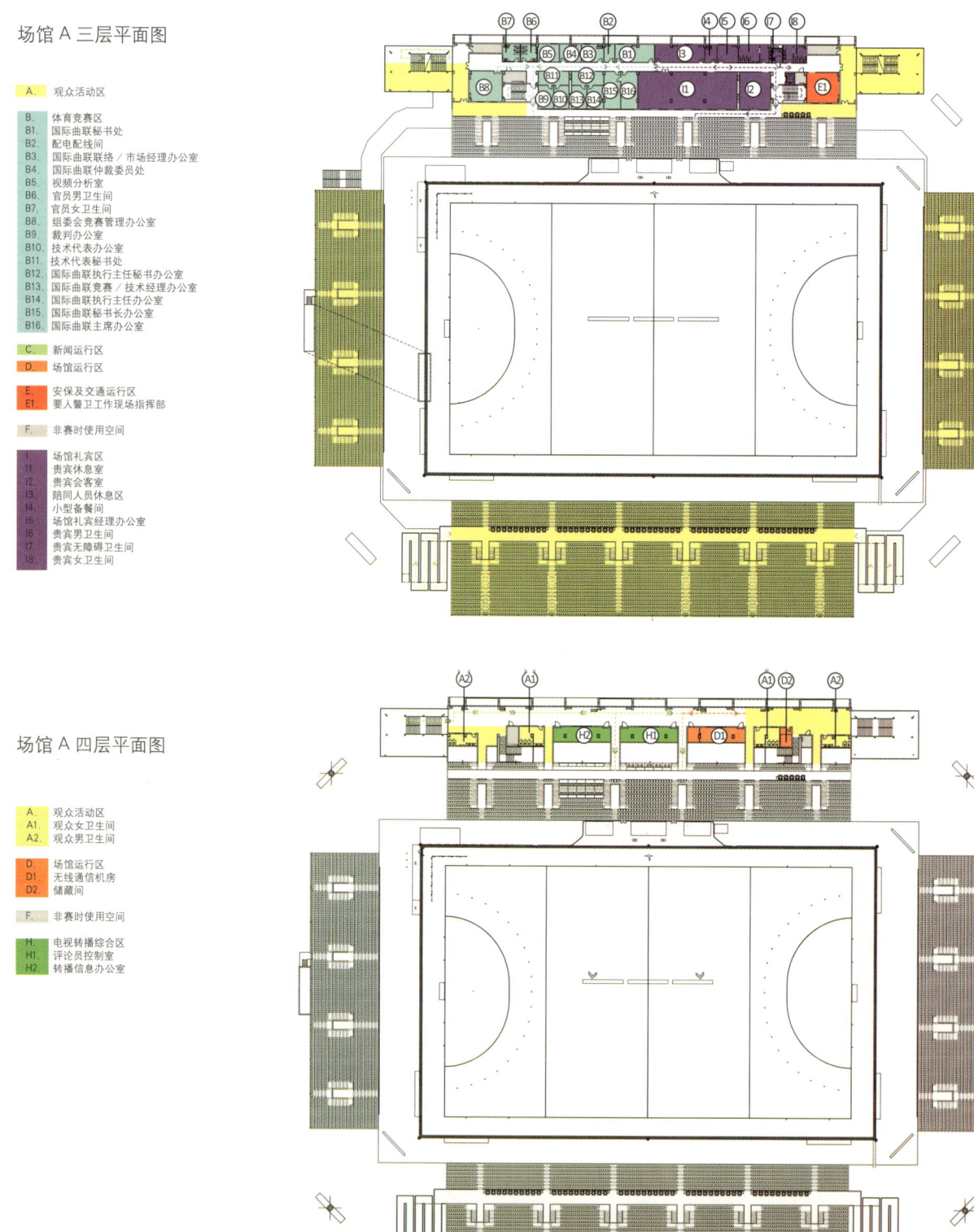

场馆 B 首层平面图

B. 体育竞赛区
B1. 体育器材室
B2. 竞赛管理办公室
B3. 运动员更衣室
B4. 运动员卫生间
B5. 运动员淋浴间
B6. 裁判更衣室
B7. 裁判卫生间
B8. 裁判淋浴间
B9. 尿检工作室
B10. 运动员医疗站

C. 新闻运行区
C1. 媒体卫生间

D. 场馆运行区
D1. 垃圾暂存间
D2. 移动通信设备机房
D3. 清洁间

F. 非赛时使用空间

I. 场馆礼宾区
I1. 贵宾卫生间

A. 观众活动区
A1. 观众平台

D. 场馆运行区
D1. 观众服务

H. 电视转播综合区
H1. 评论员控制室
H2. 转播信号办公室

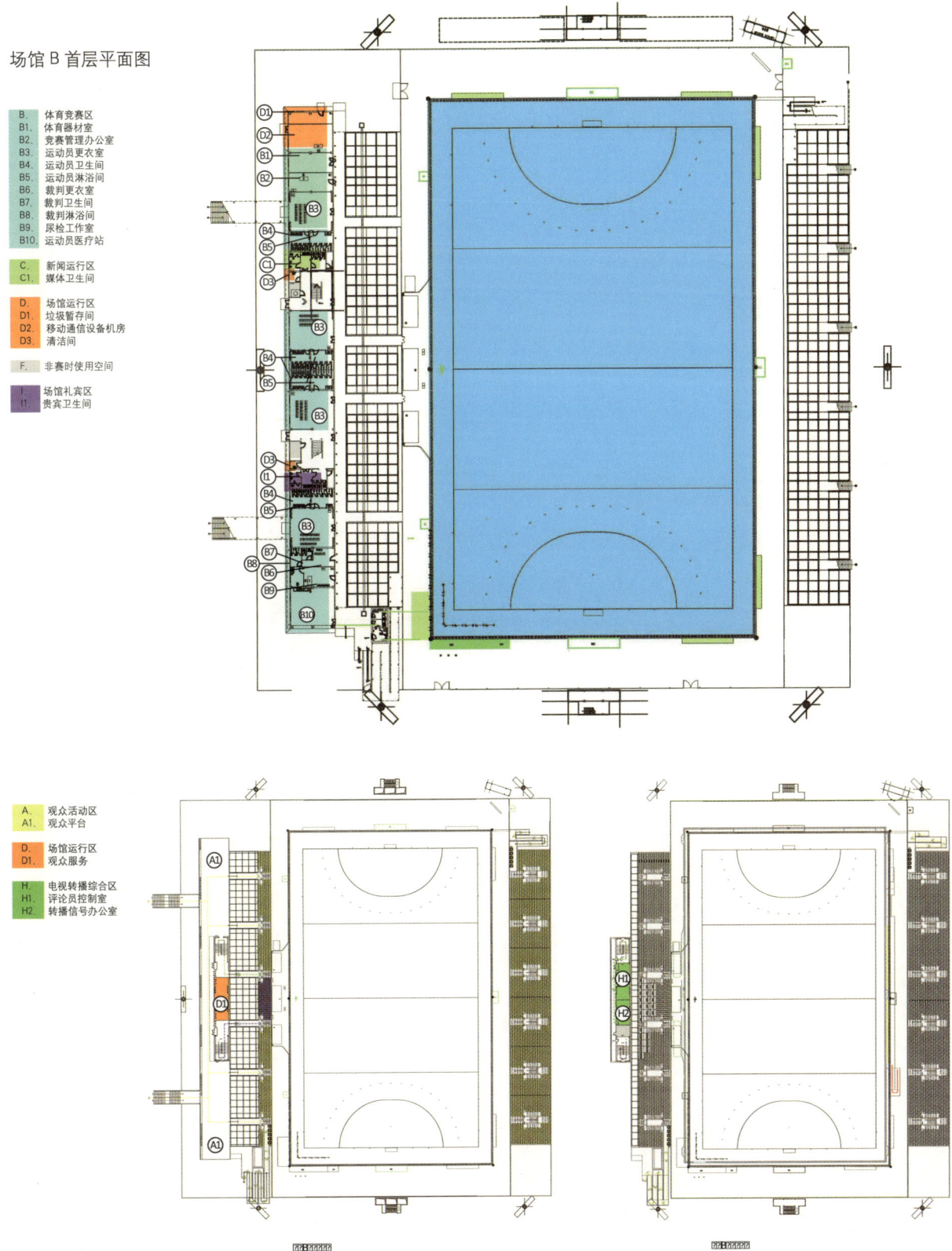

场馆 A 坐席层平面图

A.	观众活动区	
B.	体育竞赛区	
B1.	运动员席	
B2.	助理教练观察室	
B3.	技术官员出口	
B4.	运动员出口	
C.	新闻运行区	
C1.	文字媒体带桌席	
C2.	文字媒体自然席	
C3.	摄影位	
C4.	摄影记者席	
D.	场馆运行区	
D1.	扩声控制室	
D2.	技术控制室	
D3.	灯光控制室	
E.	安保及交通运行区	
E1.	安保观察室	
E2.	消防观察室	
E3.	安保观察席	
G.	比赛场地区	
H.	电视转播综合区	
H1.	评论员席	
H2.	观察员席	
H3.	摄像机位	
I.	场馆礼宾区	
I1.	贵宾席	
J.	仪式及文化活动区	
J1.	体育展示办公室	

注册人员坐席列表

	注册人员分类	坐席数
1	运动员及随队官员	300
2	奥林匹克大家庭贵宾	320
3	广播电视转播人员	
	评论员席	21/63
	观察员席	50
4	文字摄影媒体	
	带桌文字媒体	30/90
	不带桌文字媒体	80
	摄影记者	10

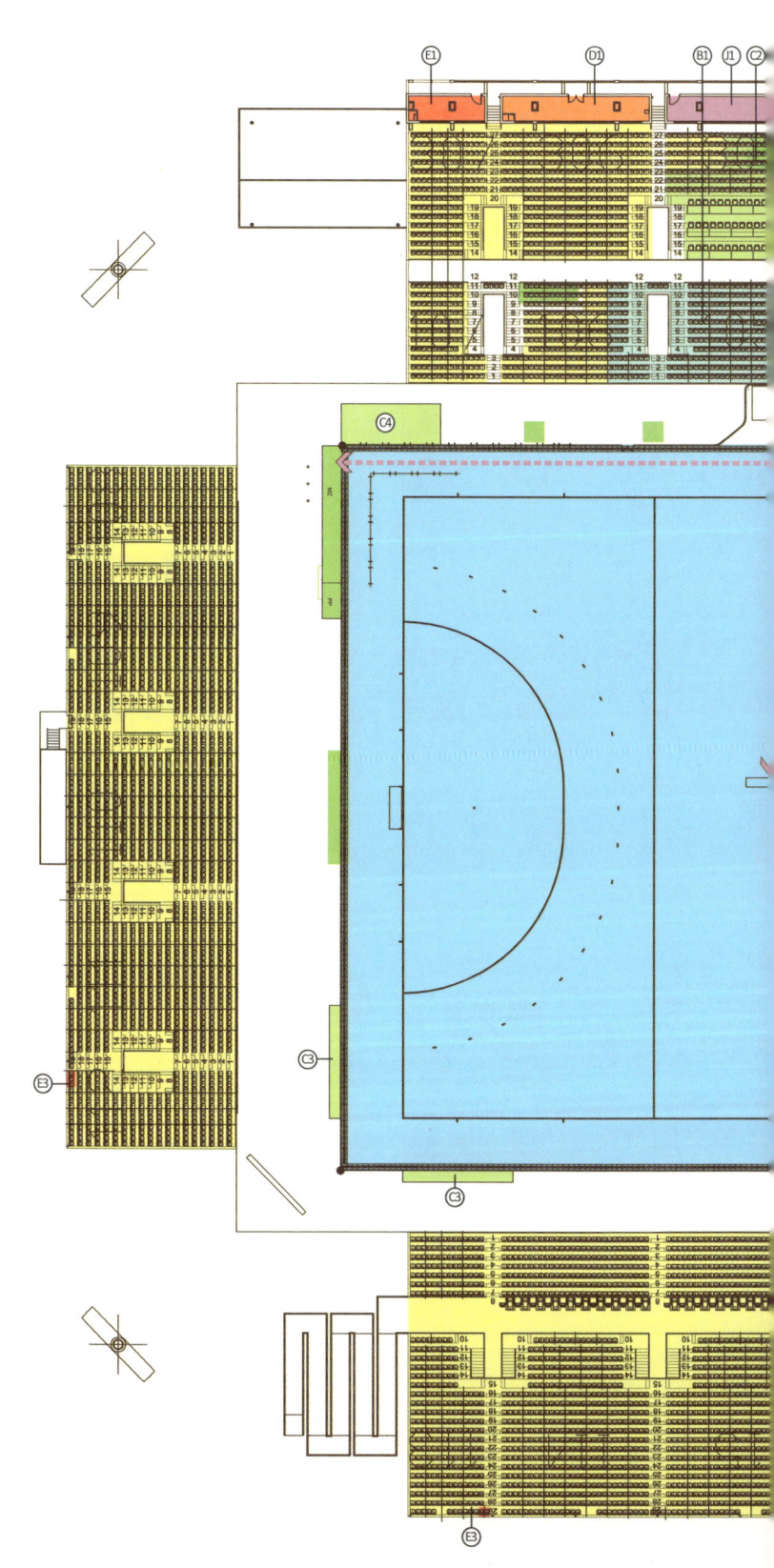

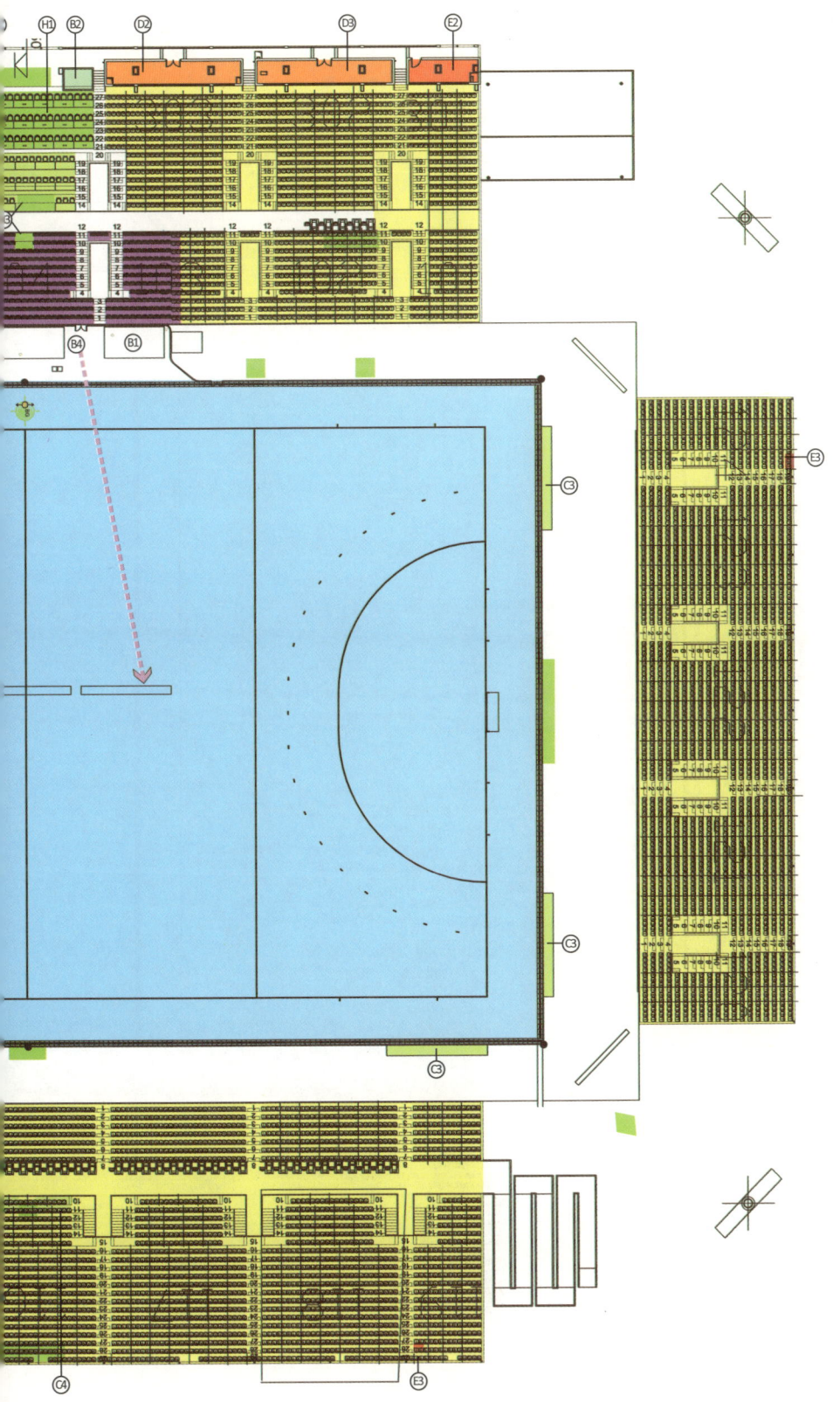

场馆 B 坐席层平面图

A.	观众活动区
B.	体育竞赛区
B1.	运动员席
B2.	助理教练观察室
B3.	摄影裁判室
	（位于摄像机平台下）
C.	新闻运行区
C1.	文字媒体带桌席
C2.	文字媒体自然席
C3.	摄影机平台
C4.	媒体混合区
C5.	摄影位
D.	场馆运行区
D1.	扩声控制室
D2.	技术控制室
D3.	灯光控制室
E.	安保及交通运行区
E1.	安保观察席
G.	比赛场地区
H.	电视转播综合区
H1.	评论员席
H2.	观察员席
I.	场馆礼宾区
I1.	贵宾席
J.	仪式及文化活动区
J1.	体育展示办公室

注册人员坐席列表

	注册人员分类	坐席数
1	运动员及随队官员	100
2	奥林匹克大家庭贵宾	190
	广播电视转播人员	
3	评论员席	6/18
	观察员席	50
	文字摄影媒体	
4	带桌文字媒体	10/30
	不带桌文字媒体	50
	摄影记者	0

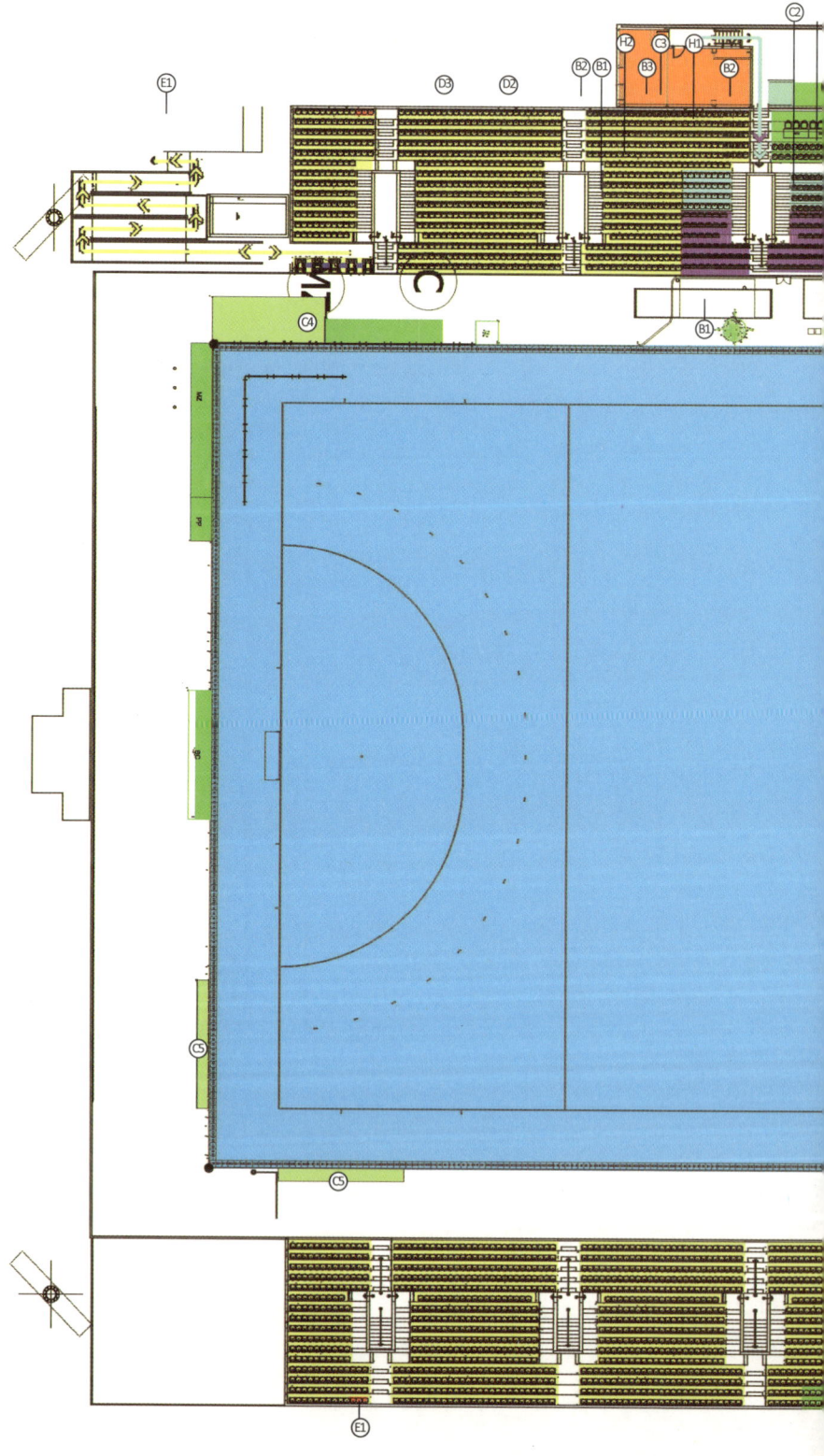

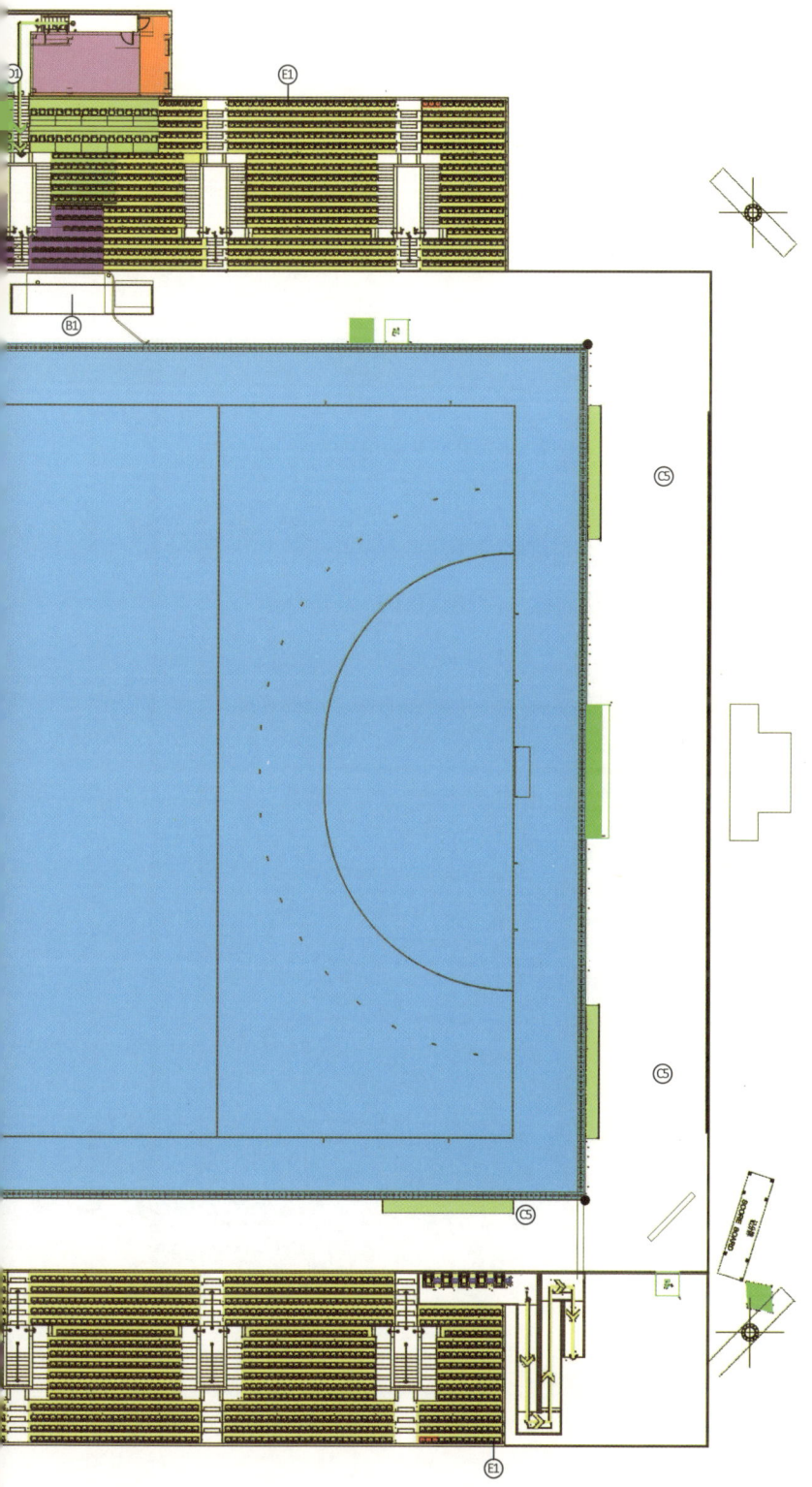

比赛场地 A 平面图

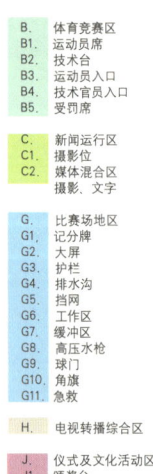

B. 体育竞赛区
B1. 运动员席
B2. 技术台
B3. 运动员入口
B4. 技术官员入口
B5. 受罚席

C. 新闻运行区
C1. 摄影位
C2. 媒体混合区
      摄影、文字

G. 比赛场地区
G1. 记分牌
G2. 大屏
G3. 护栏
G4. 排水沟
G5. 挡网
G6. 工作区
G7. 缓冲区
G8. 高压水枪
G9. 球门
G10. 角旗
G11. 急救

H. 电视转播综合区

J. 仪式及文化活动区
J1. 颁奖台
J2. 旗杆

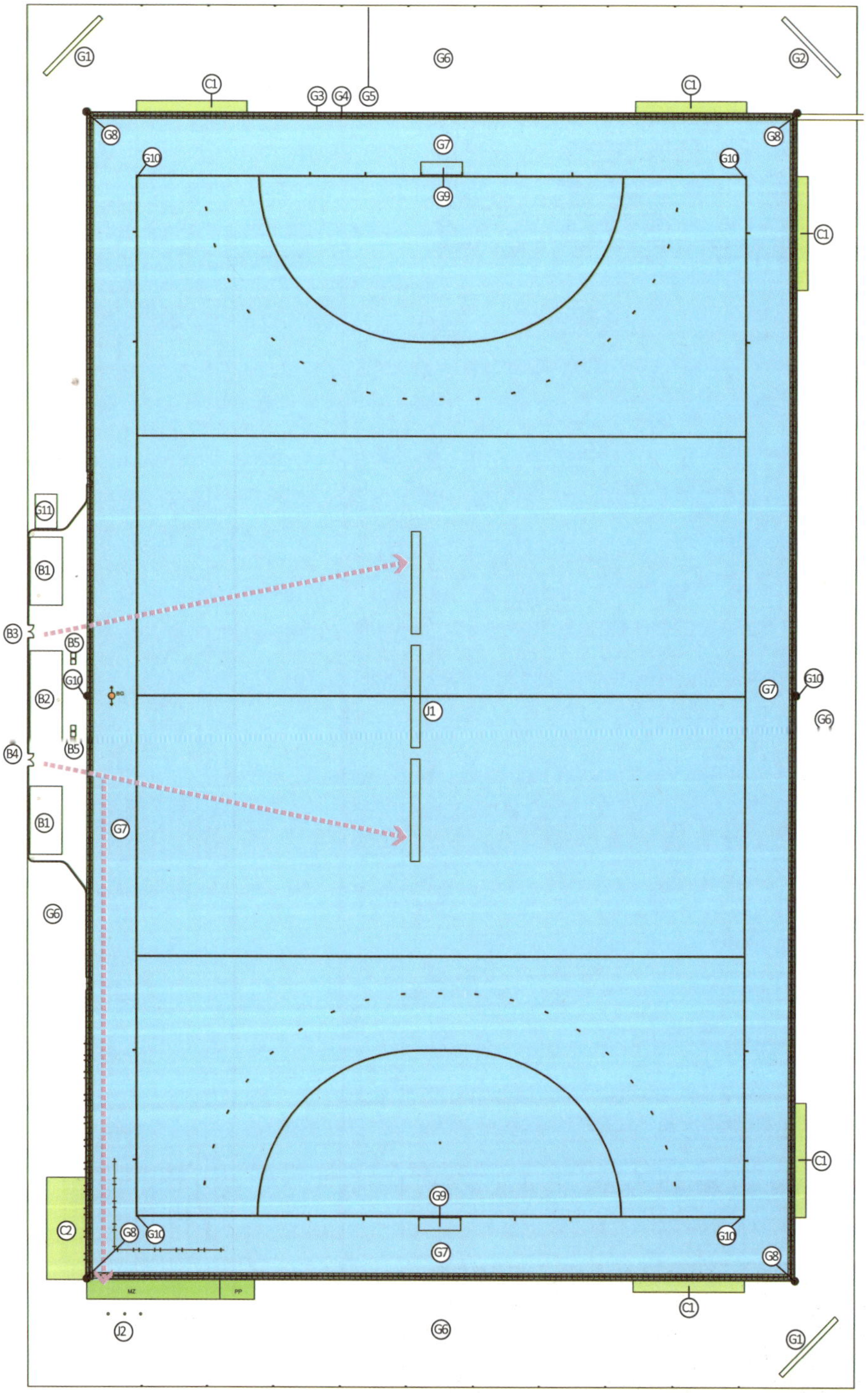

比赛场地 B 平面图

B.	体育竞赛区
B1.	运动员席
B2.	技术台
B3.	运动员入口
B4.	技术官员入口
B5.	受罚席

C.	新闻运行区
C1.	摄影位
C2.	媒体混合区
	摄影、文字

G.	比赛场地区
G1.	记分牌
G2.	大屏
G3.	护栏
G4.	排水沟
G5.	挡网
G6.	工作区
G7.	缓冲区
G8.	高压水枪
G9.	球门
G10.	角旗
G11.	急救

H.	电视转播综合区

J.	仪式及文化活动区
J1.	旗杆

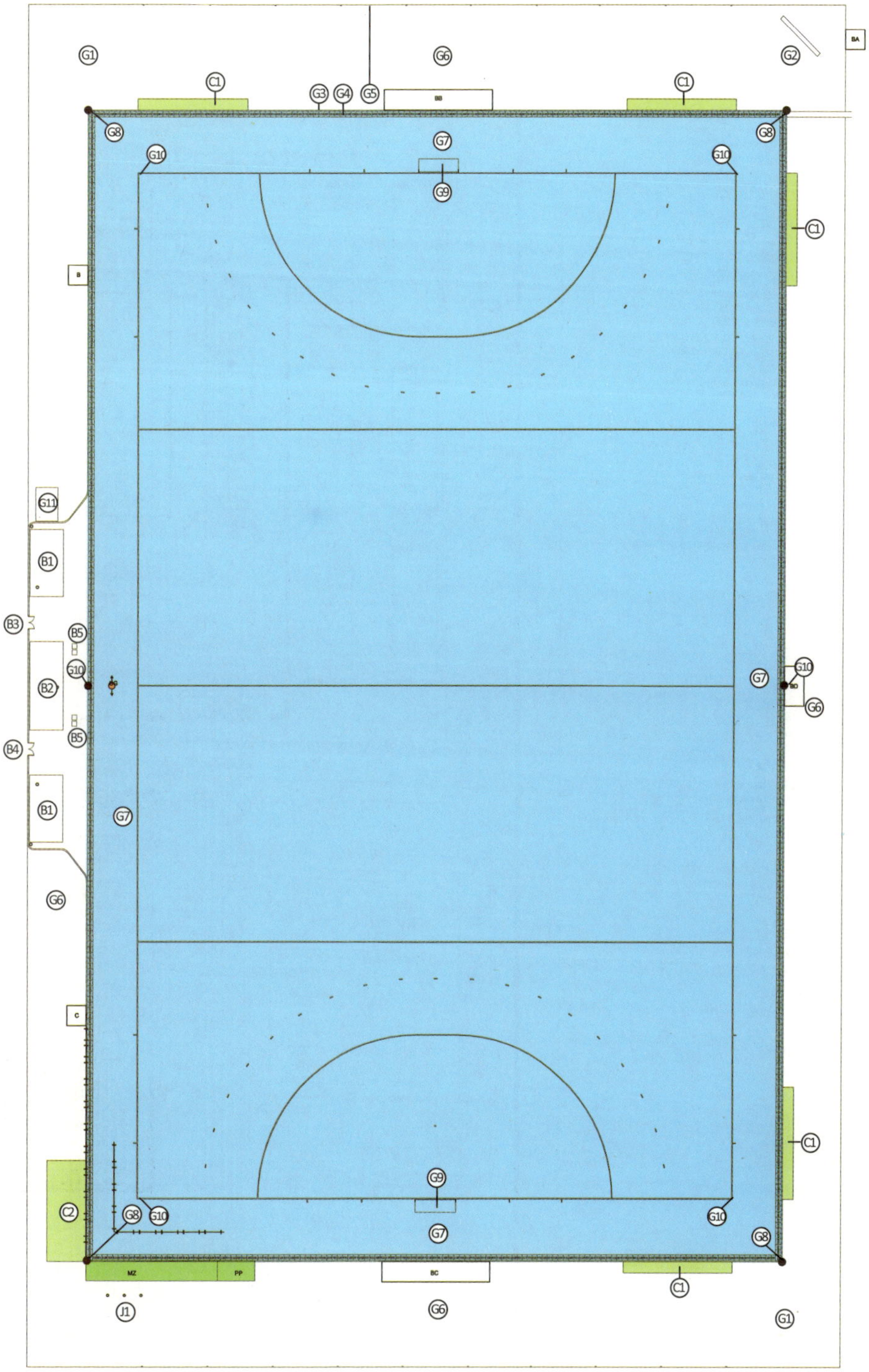

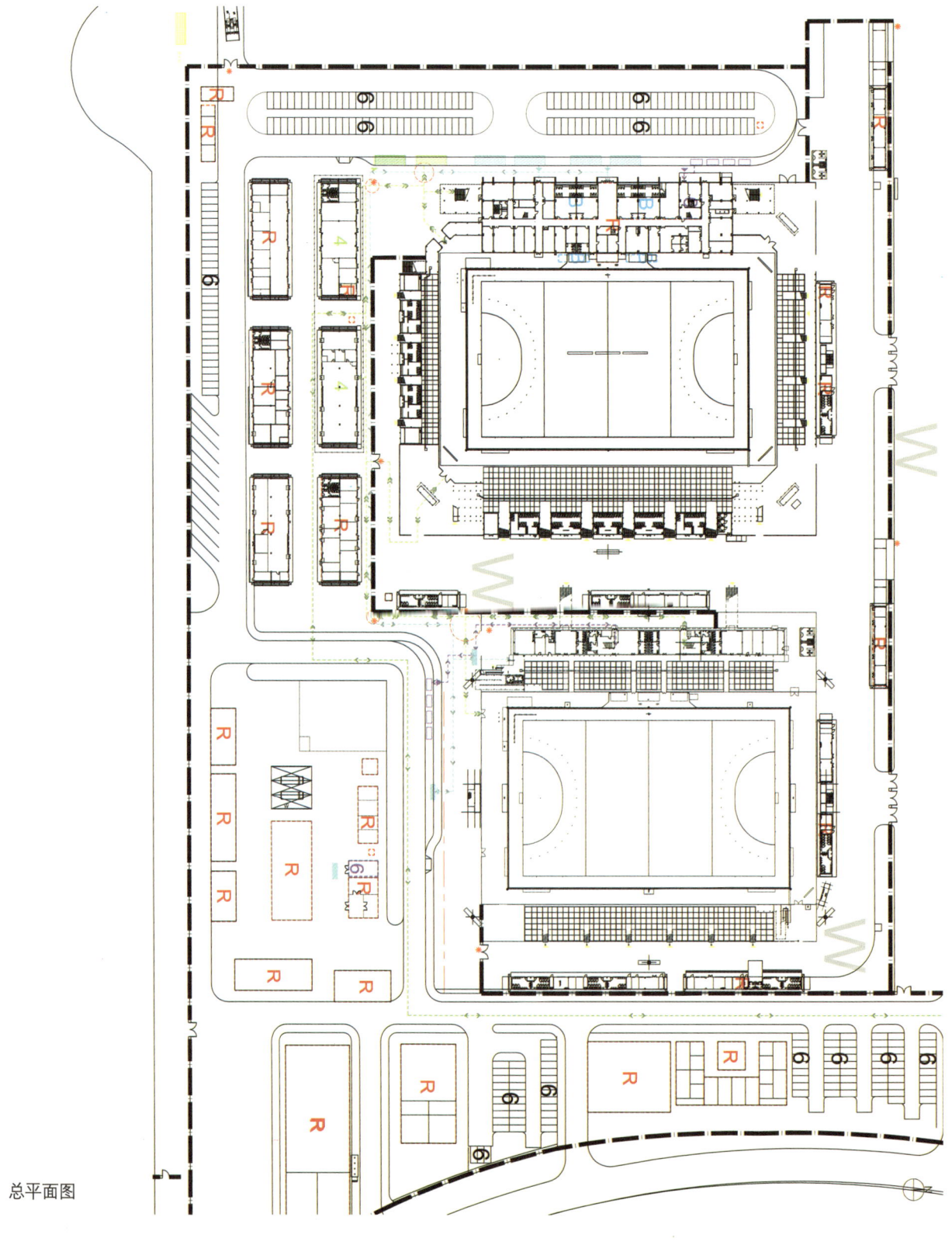

总平面图

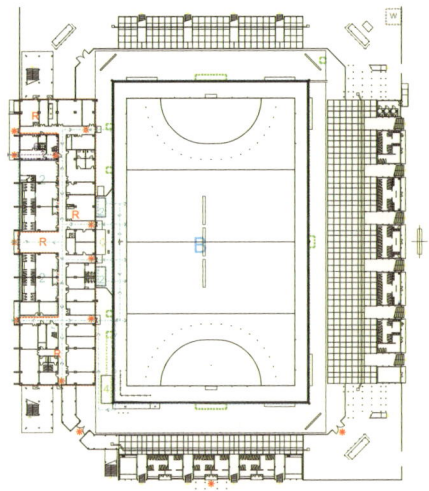

场馆 A 首层平面图

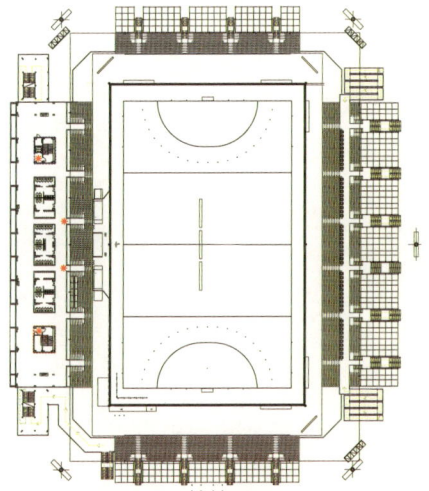

场馆 A 二层平面图

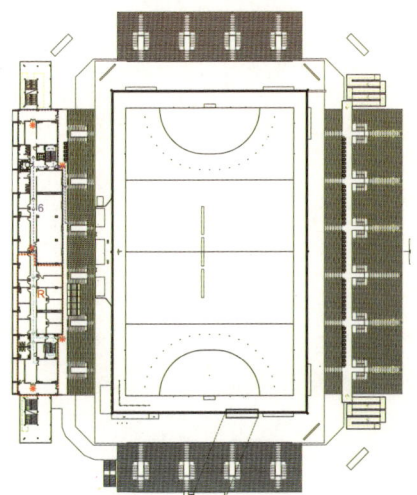

场馆 A 三层平面图

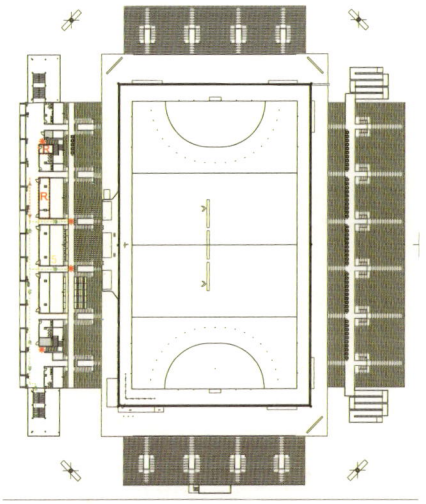

场馆 A 四层平面图

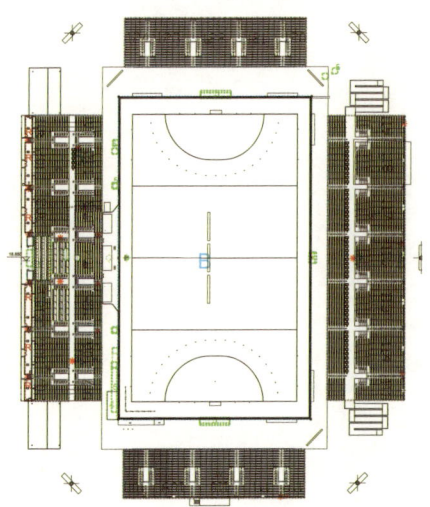

场馆 A 坐席层平面图

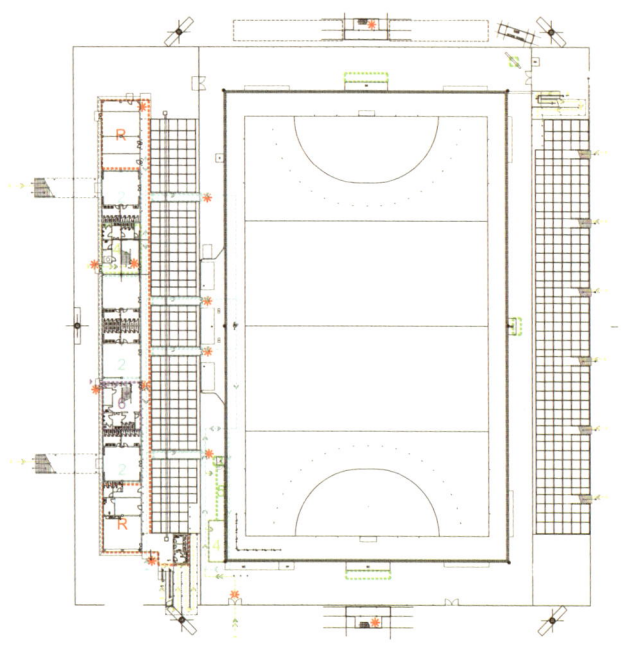

场馆 B 首层平面图

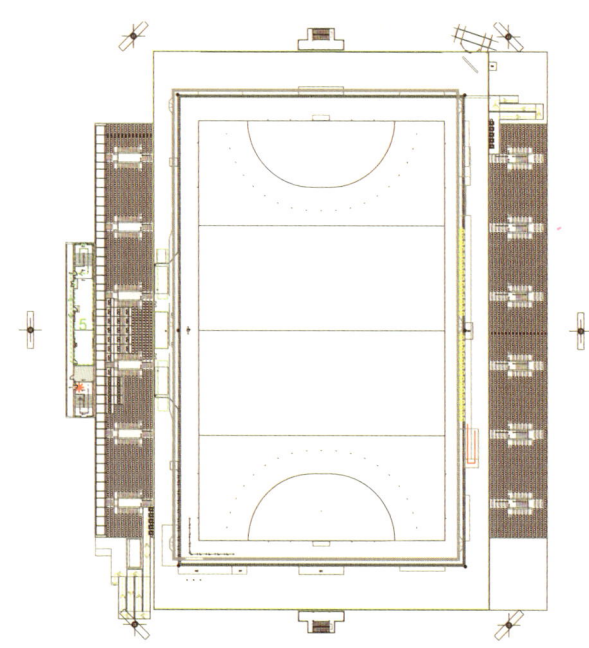

场馆 B 二层平面图

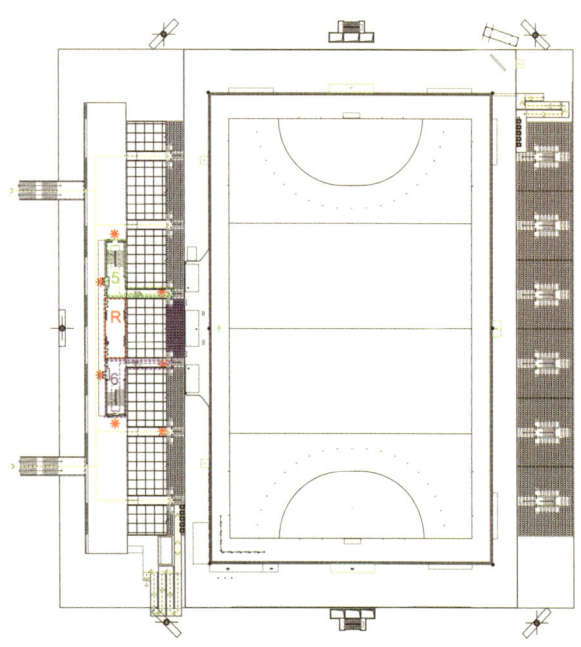

场馆 B 三层平面图

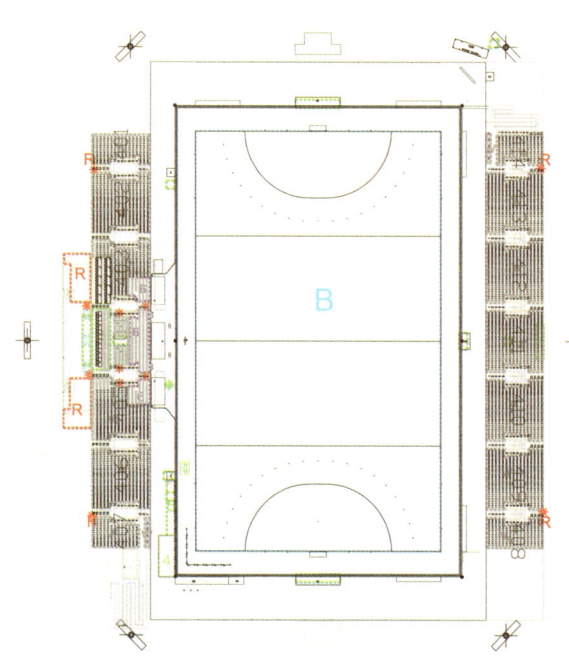

场馆 B 坐席层平面图

02-06

奥林匹克公园射箭场

奥林匹克公园射箭场

场馆概况

地点：北京奥林匹克公园

场地类型：新建比赛场馆

奥运会期间的用途：射箭

残奥会期间的用途：射箭

建筑面积：26514m^2

坐席总数：1号场地4510个

2号场地870个

射箭比赛

奥林匹克射箭场——射箭场

国家射箭场的建设标准应依据世界上体育建筑设计的成功经验，结合中国的设计规范，并满足国际奥林匹克委员会（IOC）、北京奥运会组委会（BOCOG）、国际射箭联合会（FIH）和国际残疾人奥林匹克委员会（IPC）的要求。

比赛场地的设计

国家射箭场位于奥林匹克公园内，有A、B两块比赛场地和一块热身场地。场地朝向应南北设置，两块比赛场地互邻，步行可以到达。

射箭需要在开阔的草地上举行。发射的方向是由南向北的。场地平坦，长均130m，宽150m。轮赛场地的宽度可根据所设靶位置设定。所有运动员均在同一个场地上进行比赛，在南端距运动员休息的底线20m处画一条东西向的直线为起射线，在此线以北相距各射程处各画一条与起射线平行的线，称为靶道线。线宽不超过5cm，在起射线前3m处画条与起射线平行的直线称为三米线。每一个射程的距离是从每个靶黄心到地面的垂直点起，至起射线外延止（线宽含内）。90cm、70cm、60cm的误差不得超过±30cm，50m、30m的误差不得超过±15cm。奥运会训练场地的靶位数至少要有22个，同时还应提供一定数量的10m撒放靶。

在起射线上，对准各靶的中心各画一条长1m的垂直线，称为靶中心线。

比赛时，由起射线至各终点线，每一靶之间，或两、三靶之间画一条垂直线，称为箭道线。在起射后5m处画一条平行线，成为限制线，两线为发射区。在限制线5m处，画一条平行于限制线的线，称为候射线，两线之间称为候射区。在终点线（90m）后至少20m处和起射线两侧至少10m处视为危险区，应严禁通行，属于场地区。

残奥会射箭比赛场地要求平整，长至少120m，宽度可以根据比赛的规模而定。残奥会排名赛设22个箭靶，宽度应该在150m左右。轮赛时，所有运动员应该在一个场地上比赛，男、女比赛场地的间隔至少10m。比赛场地附近要有一个与赛场同方向的训练场地，训练场地要根据比赛的需要放置不同距离的靶。奥运会训练场地的靶位数至少要有22个，同时还应提供一定数量的10m撒放靶。残奥会射箭比赛要求比赛场地必须具备可供轮椅运动员自行入场的通道和候射区、起射线等必要设施。每名选手至少有方圆1.3m的活动空间，个人赛的箭道宽度至少为2.6m，团体赛的箭道宽度至少为3.9m。

比赛规则

射箭比赛的胜负是以运动员射中箭靶目标的环数计算的，命中靶的箭越靠近中心，所得环数越高。规则规定，运动员在时限之前或时限之后射出箭，都要受到处罚。

奥运会射箭比赛采用单淘汰赛赛制，比赛时间为6天。个人赛分为排名赛、淘汰赛和决赛3个阶段，射程均为70m。首先进行排名赛，男、女各64名运动员，每人射6组箭，每组6支，共36支箭；休息10～15分钟之后，按照上述程序再射一遍，共72支箭以排出1至64名的名次，然后按照淘汰赛配对表进行配对，如：第1名对第64名，第2名对第63名，依此类推。淘汰赛每名运动员射12支箭，分4组进行，每组3支箭，每箭30秒，采用一对一交替发射的方式，胜者进入下一阶段比赛，最后决出8名运动员进入决赛；决赛时运动员的发射方法、箭数和淘汰赛相同，最后决出冠、亚军。

团体赛分为淘汰赛和决赛两个阶段。每队3名运动员，射程均为70m。根据个人排名赛中每队3名运动员的成绩之和排出男、女团体第1到16名的队进入团体淘汰赛。每队共射24支箭，分4组。每组6支箭，每人射2支，限时2分钟，获胜队进入下一阶段比赛。决赛发射方法、箭数和淘汰赛相同，最后决出冠、亚军。射中内黄心得10分。如果某一箭正好射在靶面上某一箭尾上，则按已中靶箭的环值得分。

射箭比赛的犯规等级包括口头警告、黄牌警告、红牌警告及相应的扣环、取消比赛成绩等等。团体比赛时，当运动员无视黄牌警告，继续发射，裁判员出示红牌，并扣除该队在本组环数最高环值的得分。

奥林匹克公园射箭场

功能分区1——观众活动区

运行责任部门	示范场馆房间名称	英文名称	数量	面积(m²)
观众服务	检票口	Ticket Rip	3	区域空间
	观众集散大厅	Spectator Concourse	1	区域空间
	公共电话	Pay Phone	多处	区域空间
	指定吸烟区	Designated Smoking Area	1	区域空间
	观众饮水处	Spectator Drinking Fountain	多处	区域空间
环境	观众卫生间	Temporary Toilet	27	共374
	观众卫生间	Spectator Toilets	4	25
	残疾人卫生间	handicapped Toilets	8	8+4x6=32
	清洁物品存放间	Cleaning Room	7	4
观众服务	观众信息亭	Spectator Info Booth	1	25
	观众婴儿车、轮椅寄存区	Spectator Storage	1	31
	失物招领处	Lost & Found	1	50
餐饮服务	观众餐饮售卖点	Snack Point	3	6
市场开发	特许商品零售点	Merchandising Point	2	31
医疗服务	观众医疗站	Spectator Medical Station	1	52
票务	票务服务台	Ticket Management	1	50
	售票处	Ticketing Sales Window	1	32

功能分区2——比赛场地区

运行责任部门	示范场馆房间名称	英文名称	数量	面积(m²)
竞赛组织	比赛场地	Field of Play	1	场地区
	运动员检录区	Athlete Call Area	1	场地区
	混合区（运动员通道）	Mixed Zone	1	1.8mx20m
	仲裁席	Jury Seating	1	场地区
	技术代表席	Technical Delegates Seating	1	场地区
	裁判席	Judge Seating	1	场地区
技术	成绩统计室	Results Data Entry Position	1	45
	计时记分席	Timing & Scoring Position	1	场地区
兴奋剂检查	运动员兴奋剂检查标记区	Athletes Tagging	1	场地区
医疗服务	比赛场地周边急救区	Adjacent First Aid Area in FOP	1	场地区
颁奖仪式	颁奖台及旗杆	Awards Podium & Flag Poles	1	场地区

功能分区3——体育竞赛区

运行责任部门	示范场馆房间名称	英文名称	数量	面积(m²)
竞赛组织	运动员休息室	Athlete Lounge	1	292
	运动员卫生间、含淋浴间	Athletes Toilet	2	20
	竞赛主任办公室	Competition Director Office	1	18
	竞赛综合事务办公室	Competition Assigned Work Area	1	18
	竞赛公共会议室	Competition Meeting Room	1	39
	志愿者休息室	Competition Work Area	1	50
	竞赛技术运行办公室	committee management office	2	39+38=77
	箭协主席办公室(含卫生间)	Local President's Office	1	18
	箭协秘书长办公室(含卫生间)	Local Secretary-'s Office	1	18
	国际箭联主席办公室(含卫生间)	IFs President's Office	1	37
	国际箭联办公室	FITA office	1	35
	国际箭联秘书长办公室(含卫生间)	IFs Secretary's Office	1	24
	国际箭联技术代表室	IFs Technical Delegates Office	1	39
	国际箭联理事办公室	IFs Secretary's Office	1	32
	国际箭联仲裁室	IFs Jury Room	1	19
	国际箭联会议室	IFs Meeting Room	1	58
	裁判工作室(含卫生间)	Judge Lounge	2	34
	国内裁判休息室	Judge Lounge	1	32
	国际裁判休息室	Judge Lounge	1	32
	裁判淋浴间、更衣室、卫生间	Judge Change Room	2	15

运行责任部门	示范场馆房间名称	英文名称	数量	面积(m²)
竞赛组织	裁判委员会室	Judge committee Office	1	49
	体育器材维修室	Sport equipment Room	1	28
	运动器材检查室	Bow Checking	1	36
	卫生间	Judge Toilet	2	17
	体育器材储存区	Sport Equipment Storage Area	1	188
	计时计分操作间	Timing & Scoring operation Room	1	40
技术	现场成绩处理机房	On-venue Results Room	1	48
	计时计分系统设备存放间	Timing & Scoring Equipment Storage	1	41
	计时计分机房及发令室	Timing & Scoring	2	37
兴奋剂检查	兴奋剂官员办公室	Office for Doping Control Manager	1	20
	兴奋剂候检室	Waiting Area	1	42
	尿检工作室(含卫生间)	Processing Room	1	19
	存储室	Storage	1	10
医疗服务	运动员医疗站	Athlete Medical Station	1	53
	检查和物理治疗室	Examination Room	1	37

功能分区4——仪式及文化活动区

运行责任部门	示范场馆房间名称	英文名称	数量	面积(m²)
颁奖仪式	体育展示办公室	Sport Presentation Office	2	25+17
	奖牌存放间	Medal Storage	1	50
	国旗鲜花储藏室	Flag Storage	1	26
	颁奖仪式等候区	Ceremony Waiting Area	1	区域空间
	礼仪表演人员准备室（男）	Presenter & Mascot Dressing (Male)	1	25
	礼仪表演人员准备室（女）	Presenter & Mascot Dressing(Female)	1	25
	颁奖台储藏室	Awards Podium Storage	1	25

功能分区5——电视转播区

运行责任部门	示范场馆房间名称	英文名称	数量	面积(m²)
BOB	评论员控制室(CCR)	Commentator Control Room	1	42
	转播信息办公室(BIO)	Broadcasting Information Office	1	36
	电视转播综合区共用	Broadcast Compound	1	8000

功能分区6——新闻运行区

运行责任部门	示范场馆房间名称	英文名称	数量	面积(m²)
新闻运行	场馆新闻中心	Venue Media Cater	1	媒体综合
	新闻运行经理办公室	Press Office	1	14
	摄影经理办公室	Photo Manager Office	1	15
	奥林匹克新闻服务工作	Olympic News Service Work Room	1	34
	成绩公报协调员办公室	Results Distribution	1	13
	文字记者工作区	Press Work Area	1	243
	摄影记者工作区	Photo Work Area	1	92
	信息查询终端摆放区域	INFO Allocation Area	1	区域空间
	文字记者储物柜摆放区域	Press Locker	1	区域空间
	摄影记者储物柜摆放区域	Photographer Locker	1	区域空间
	成绩公报柜摆放区域	Result Cabinet Allocation Area	1	区域空间
	信息打印/复印区域	Info Print/Copy Area	1	区域空间
	电视机/冰柜摆放区域	TV/Refrigerator Allocation Area	1	区域空间
	新闻媒体专用卫生间	Toilet	4	区域空间
	国际单项体育单项联合会新闻代表工作室	IFs News Delegates Office	1	40
	媒体休息区	Media Lounge	1	92
	成绩复印分发室	Results Printing & Distribution	1	73
	新闻发布厅	Press Conference Room	1	142

功能分区7——场馆礼宾区				
运行责任部门	示范场馆房间名称	英文名称	数量	面积(m²)
场馆礼宾	场馆礼宾经理办公室	Venue Protocol Manager Desk	1	19
	贵宾接待与交通服务处	Welcome & Transport Info Desk	1	19
	贵宾会客室	VIP Meeting Room	1	40
	贵宾休息室	Olympic Family Lounge	1	107
	贵宾卫生间	VIP Toilet	1	9
	小型备餐间	Food Preparation Room	1	9
	陪同人员休息区	Staff & Volunteer Room and Storage	1	37
安保	要人警卫工作现场指挥部	On-site Guard Office	1	46
	交通监控指挥室	Transport Monitoring & Command Office	1	47
	安保后备房	Security Reserve Room	1	28
	办公室	Office	1	13
	安保卫生间	OF Toilet	2	23

功能分区8——场馆运行区				
运行责任部门	示范场馆房间名称	英文名称	数量	面积(m²)
场馆管理	场馆主任办公室	Venue Manager Office	1	23
	场馆副主任办公室	Venue Deputy Manager Office	1	23
	场馆运行中心	Venue Operation Center	1	95
	场馆通信中心	Venue Communication Center	1	66.5
	多功能会议区	Multi-purpose Room	1	95
场馆人事	场馆人事经理办公室	Venue Staffing Management	1	23
	工作人员签到区	Staff Check-in Area	1	152
	工作人员休息和用餐区	Staff Break & Dinning Area	1	292
	工作人员卫生间	Staff Toilet	4	17
场馆财务	场馆财务经理办公室（含收费卡办公室）	Venue Finance Manager Office (Includes: Rate Card Office)	1	24
观众服务	观众服务管理办公区	Spectator Services Management Area	1	48
	物资储存和分发区	SPS Equipment Storage & Distribution	1	47
	工作部署区	Briefing Area	1	47.5
票务	票务办公室	Ticketing Management Office	1	20
市场开发	特许商品场馆零售管理办公	MER Management Area/Cash Room	2	10
	商品储存区（三馆共用）	MER Storage	1	综合区内
注册	场馆注册中心（三馆共用）	Venue Accreditation Office	1	72
场馆设施管理	场馆设施管理办公区	Site Management Work Area	1	45
	后勤工人休息区	Response Team & Vendor Staging	1	23
	电源工作间与备件存放（三馆共用）	Power Workshop & Storage	1	综合区内
	预备用房	standby	1	45
技术	计算机设备房间	Computer Equipment Room	1	19
	网络设备间	LAN Equipment Room	1	48
	固定通信设备机房	Fix Telecomcomuication Equipment Room	1	47
	移动通信设备机房	Mobile Telecommunication Equipment Room	1	38
	扩声控制室	Public Address Control Room	2	16+25
	扩声设备临时安装空间	Temporary PA Equipment Room	1	区域空间
	有线电视机房	CATV Control Room	1	18
	中央/设备监控室	Central Control Manager Room	1	30
	工作人员卫生间	Toilet	6	39+23+23
	集群通信设备分发间	Trunk Radio Distribution Room	1	39
	场馆技术运行中心	Venue Technology Operation Center	1	48
	技术支持服务中心	Technology Help Desk	1	30
	固定通信技术人员工作室	Fix Telecommunication Operation	1	19
	移动通信技术人员工作室	Mobile Telecommunication Operation	1	19
	流动扩声系统设备存放间	Audio Equipment Room	1	72
	IT设备存放间	IT Equipment Storage	1	48
	IT设备包装存放间	IT Bulk Storage	1	综合区内

运行责任部门	示范场馆房间名称	英文名称	数量	面积(m²)
技术	打印机、复印机包装存放间	Printer/Copier Bulk Storage	1	综合区内
	松下设备包装存放间	Panasonic Equipment Bulk Storage	1	综合区内
	纸张存放间	Paper Storage	1	综合区内
	UPS包装存放间	UPS Bulk Storage	1	综合区内
物流	物流经理办公室	Logistic Management	1	综合区内
	物流综合区	Logistic Compound	1	1400
餐饮服务	餐饮经理办公室（餐饮管理办公区）	Catering Manager Office	1	综合区内
	餐饮综合区	Catering Compound	1	750
环境	清废综合区	CLW Compound	1	700
	环境经理办公室	CLW Manager Office	1	综合区内
	清洁物品储藏间	Cleaning Item Storage	1	25
	清废管理与清废工人休息区	Management and Break Area	1	54
	清洁设备储存区	Cleaning Equipment Supply & Storage	1	29

功能分区9——安保及交通运行区				
运行责任部门	示范场馆房间名称	英文名称	数量	面积(m²)
安保	治安处理点	Public Security Handling Office	2	15
	安保指挥中心	Security Command Center	1	63
	消防备勤室	Fire Fighting Reserve Office	1	28.5
	安保观察平台	Security Observation Positions	2	坐席区
	车辆调度室（户外）	Vehicle Dispatch Room	1	50
	民警工作室（户外）	Police Office	1	20
	司机休息室（户外）	Driver Break Room	1	30

功能分区10——共用部分				
运行责任部门	示范场馆房间名称	英文名称	数量	面积(m²)
安保	武警备勤室	Policeman Duty Room	1	240
	安保备勤室	Security Reserve Room	1	180
	安保指挥中心	Security Command Center	1	750
场馆管理	物流库房	Logistic Compound	2	200
	集装箱区	Containes Area	10	60
	工作部署区	Work Briefing Area	1	200
	清废工人休息区	CLW Drawing Room	2	200+160
	员工就餐区	Staff Break & Dinning Area	4	200+200+319+231
	物流综合区	Logistic Compound	1	1400
	餐饮综合区	Catering Compound	1	750
	清废综合区	CLW Compound	1	700
	后勤工人休息室业主办公室	Venue owner Office Logistics Staff Lounge	1	280
	救护车停车位	Ambulance Parking	2	2辆
	观众服务自行车及高尔夫球	Bicycle & Golf Car Storage	1	525

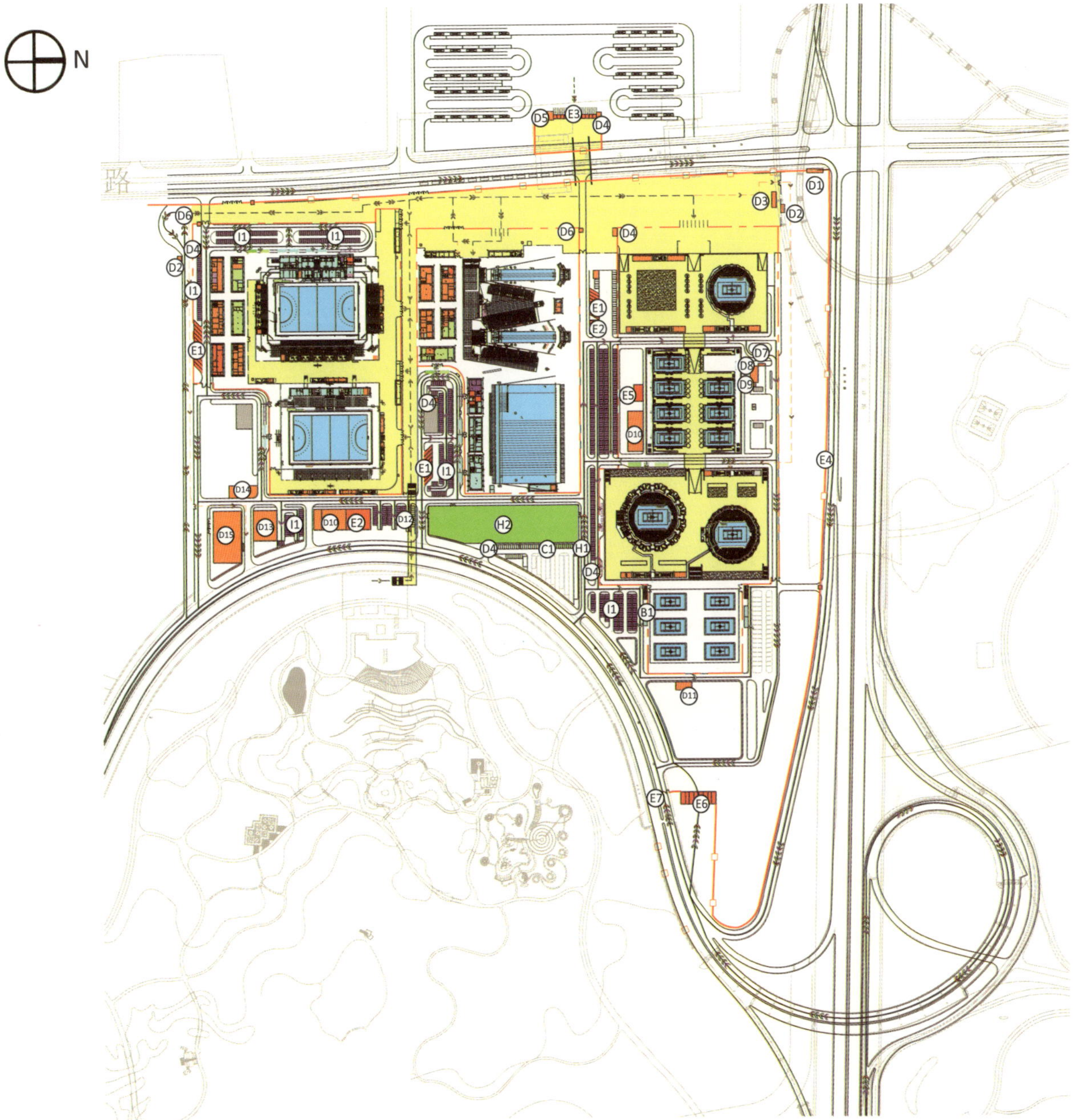

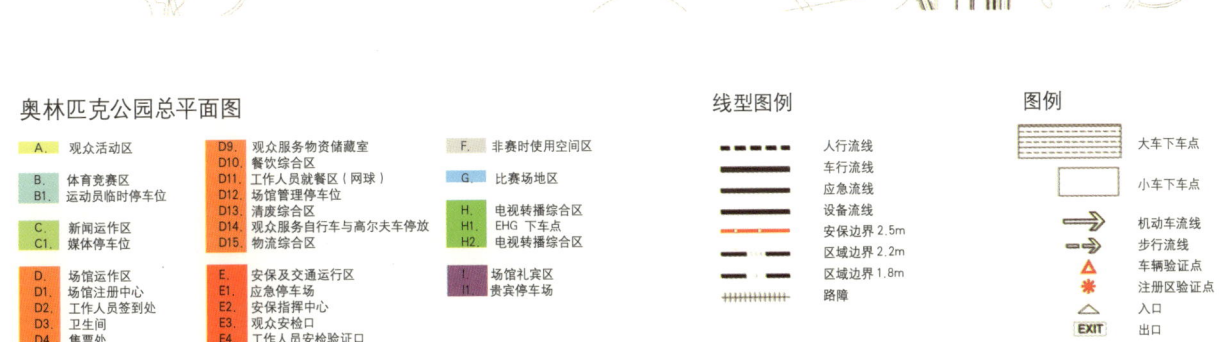

奥林匹克公园总平面图

A. 观众活动区

B. 体育竞赛区
B1. 运动员临时停车位

C. 新闻运作区
C1. 媒体停车位

D. 场馆运作区
D1. 场馆注册中心
D2. 工作人员签到处
D3. 卫生间
D4. 售票处
D5. 违禁物品寄存处
D6. 观众休息厅
D7. 观众服务自行车存放区
D8. 观众服务工作部署区

D9. 观众服务物资储藏室
D10. 餐饮综合区
D11. 工作人员就餐区（网球）
D12. 场馆管理停车位
D13. 清废综合区
D14. 观众服务自行车与高尔夫车停放
D15. 物流综合区

E. 安保及交通运行区
E1. 应急停车场
E2. 安保指挥中心
E3. 观众安检口
E4. 工作人员安检验证口
E5. 武警部队备勤室
E6. 车辆安检入口
E7. 车联免检入口

F. 非赛时使用空间区

G. 比赛场地区

H. 电视转播综合区
H1. EHG 下车点
H2. 电视转播综合区

I. 场馆礼宾区
I1. 贵宾停车场

线型图例

- - - - 人行流线
———— 车行流线
———— 应急流线
━━━━ 设备流线
———— 安保边界 2.5m
— — 区域边界 2.2m
— — 区域边界 1.8m
+++++ 路障

图例

大车下车点
小车下车点
机动车流线
步行流线
车辆验证点
注册区验证点
入口
EXIT 出口

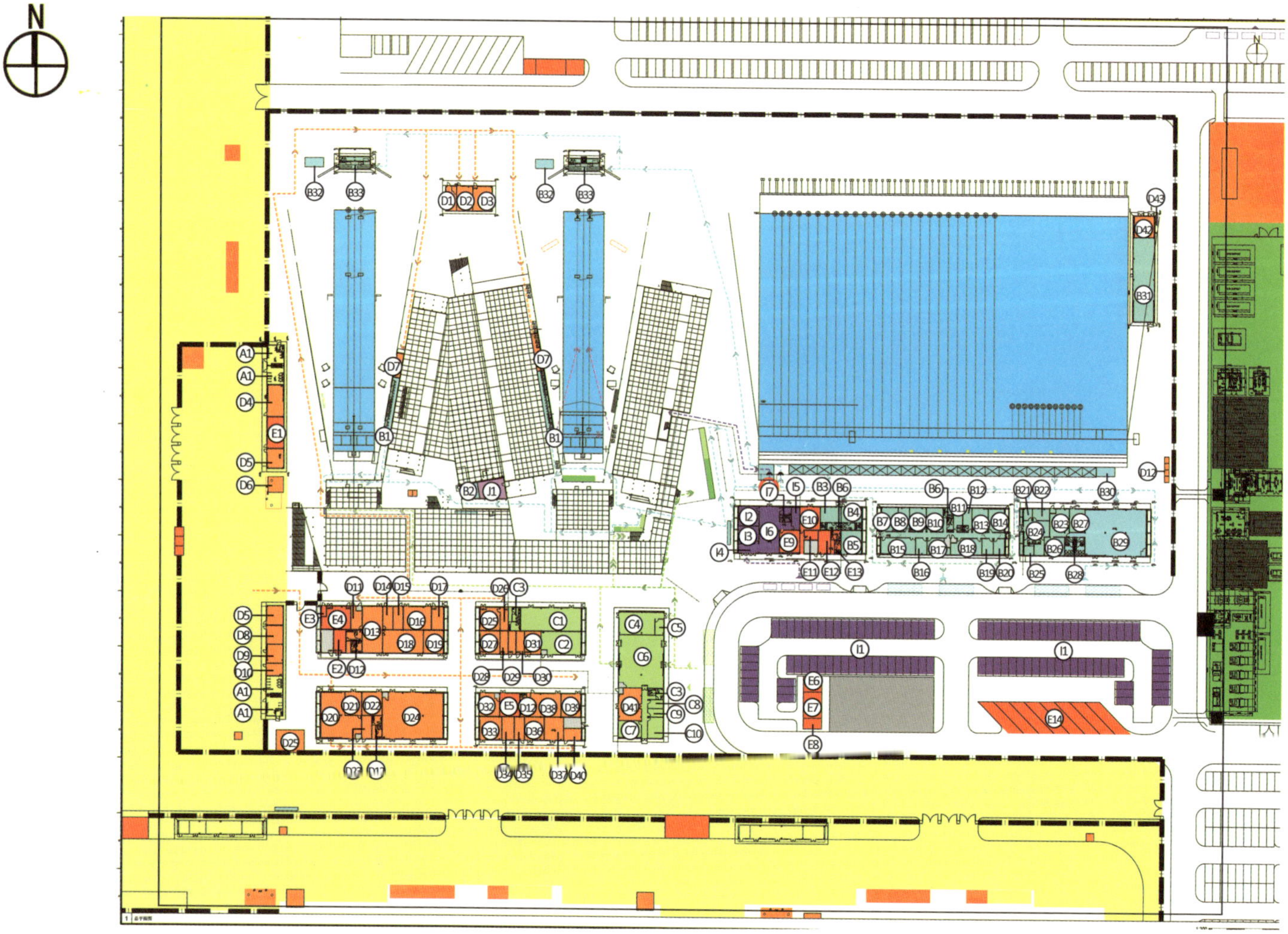

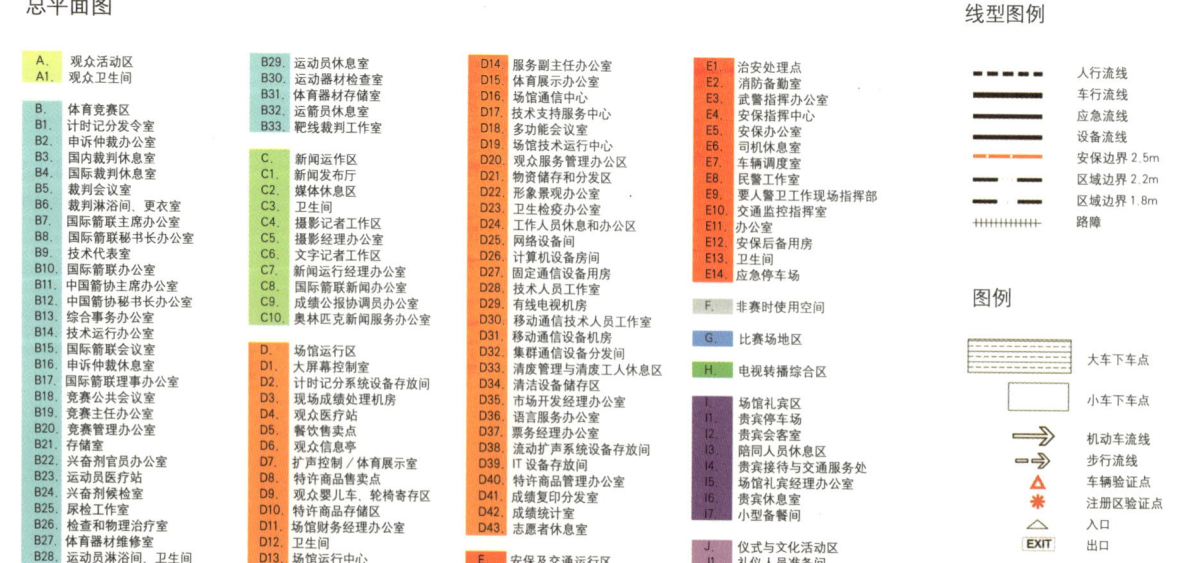

总平面图

A. 观众活动区	B29. 运动员休息室	D14. 服务副主任办公室	E1. 治安处理点
A1. 观众卫生间	B30. 运动器材检查室	D15. 体育展示办公室	E2. 消防备勤室
	B31. 体育器材存储室	D16. 场馆通信中心	E3. 武警指挥办公室
B. 体育竞赛区	B32. 运箭员休息室	D17. 技术支持服务中心	E4. 安保指挥中心
B1. 计时记分发令室	B33. 靶线裁判工作室	D18. 多功能会议室	E5. 安保办公室
B2. 申诉仲裁办公室		D19. 场馆技术运行中心	E6. 司机休息室
B3. 国内裁判休息室	**C.** 新闻运作区	D20. 观众服务管理办公区	E7. 车辆调度室
B4. 国际裁判休息室	C1. 新闻发布厅	D21. 物资储存和分发区	E8. 民警工作室
B5. 裁判会议室	C2. 媒体休息区	D22. 形象景观办公室	E9. 要人警卫工作现场指挥部
B6. 裁判淋浴间、更衣室	C3. 卫生间	D23. 卫生检疫办公室	E10. 交通监控指挥室
B7. 国际箭联主席办公室	C4. 摄影记者工作区	D24. 工作人员休息和办公区	E11. 办公室
B8. 国际箭联秘书长办公室	C5. 摄影经理办公室	D25. 网络设备间	E12. 安保后备用房
B9. 技术代表室	C6. 文字记者工作区	D26. 计算机设备房间	E13. 卫生间
B10. 国际箭联办公室	C7. 新闻运行经理办公室	D27. 固定通信设备用房	E14. 应急停车场
B11. 中国箭协主席办公室	C8. 国际箭联新闻办公室	D28. 技术人员工作室	
B12. 中国箭协秘书长办公室	C9. 成绩公报协调员办公室	D29. 有线电视用房	**F.** 非赛时使用空间
B13. 综合事务办公室	C10. 奥林匹克新闻服务办公室	D30. 移动通信技术人员工作室	
B14. 技术运行办公室		D31. 移动通信设备机房	**G.** 比赛场地区
B15. 国际箭联会议室	**D.** 场馆运行区	D32. 集群通信设备分营间	
B16. 申诉仲裁办公室	D1. 大屏幕控制室	D33. 清废管理与清废工人休息区	**H.** 电视转播综合区
B17. 国际箭管理事办公室	D2. 计时记分系统设备存放间	D34. 清洁备存区	
B18. 竞赛主席办公室	D3. 现场成绩处理机房	D35. 市场开发经理办公室	**I.** 场馆礼宾区
B19. 竞赛主任办公室	D4. 观众医疗站	D36. 语言服务办公室	I1. 场馆礼宾区
B20. 竞赛管理办公室	D5. 餐饮售卖点	D37. 票务经理办公室	I2. 贵宾停车场
B21. 存储室	D6. 观众信息亭	D38. 流动扩声系统设备存放间	I3. 陪同人员休息室
B22. 兴奋剂官员办公室	D7. 扩声控制 / 体育展示室	D39. IT设备存放间	I4. 贵宾接待与交通服务处
B23. 运动员医疗站	D8. 特许商品售卖点	D40. 场馆礼宾经理办公室	I5. 贵宾礼宾经理办公室
B24. 兴奋剂候检室	D9. 观众婴儿车、轮椅寄存区	D41. 成绩复印分发室	I6. 贵宾休息室
B25. 尿检工作室	D10. 特许商品存储间	D42. 成绩打印分发室	I7. 小型备餐间
B26. 检查和物理治疗室	D11. 场馆经理办公室	D43. 志愿者休息室	
B27. 体育器材维修室	D12. 卫生间		**J.** 仪式与文化活动区
B28. 运动员淋浴间、卫生间	D13. 场馆运行中心	**E.** 安保及交通运行区	J1. 礼仪人员准备间

线型图例

‑ ‑ ‑ ‑	人行流线
————	车行流线
━━━━	应急流线
━━━━	设备流线
————	安保边界 2.5m
‑ ‑ ‑	区域边界 2.2m
‑ ‑ ‑	区域边界 1.8m
+++++	路障

图例

	大车下车点
	小车下车点
⇒	机动车流线
⇢	步行流线
△	车辆验证点
✳	注册区验证点
△	入口
EXIT	出口

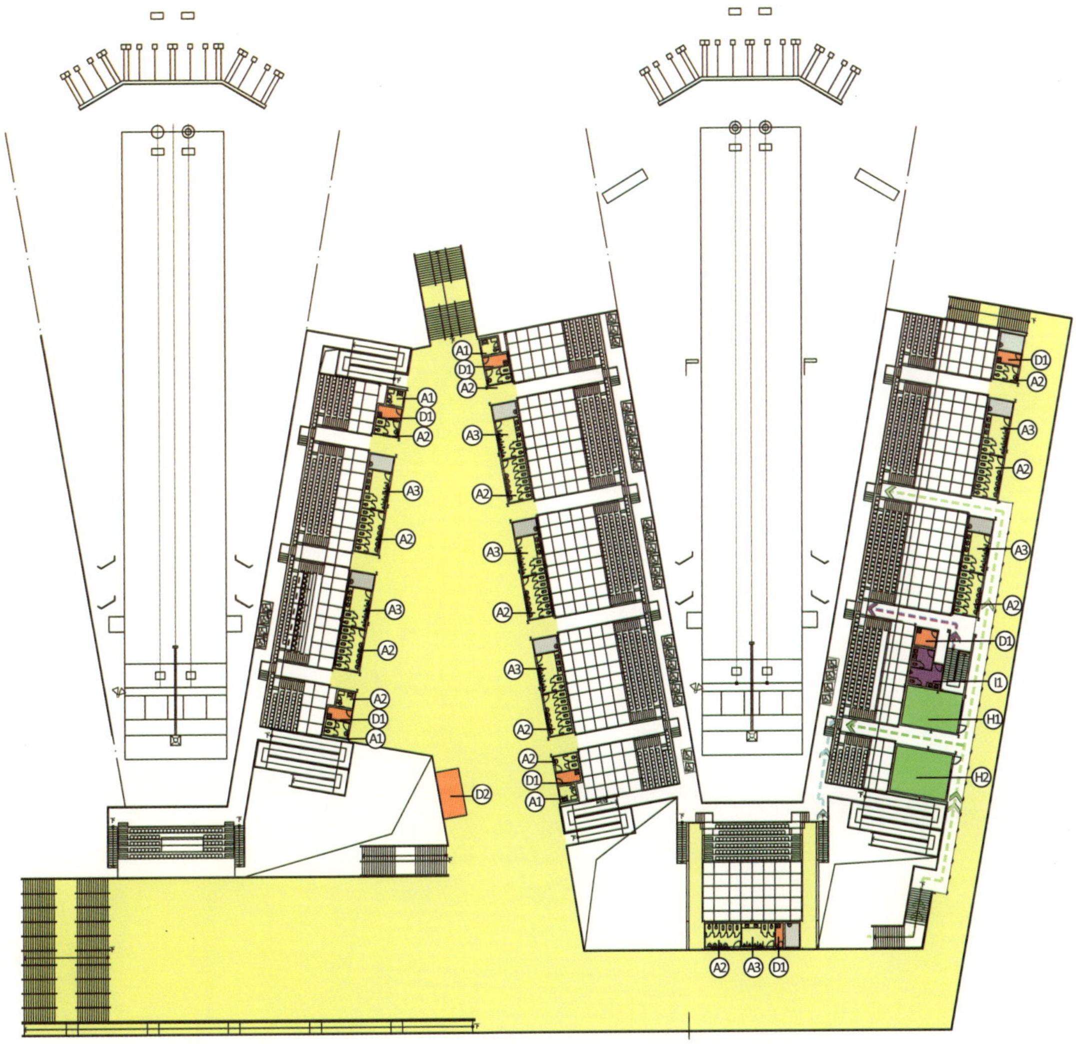

二层平面图

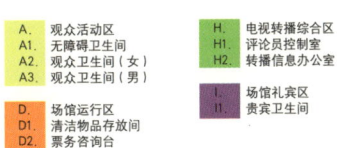

A.　观众活动区
A1.　无障碍卫生间
A2.　观众卫生间（女）
A3.　观众卫生间（男）

D.　场馆运行区
D1.　清洁物品存放间
D2.　票务咨询台

F.　非赛时使用空间

H.　电视转播综合区
H1.　评论员控制室
H2.　转播信息办公室

I.　场馆礼宾区
I1.　贵宾卫生间

坐席层平面图

- **A.** 观众活动区
- **B.** 体育竞赛区
- **B1.** 运动员坐席

- **C.** 新闻运作区
- **C1.** 摄影记者席
- **C2.** 不带桌文字记者席
- **C3.** 带桌文字记者席

- **E.** 安保及交通运行区
- **E1.** 安保观察席

- **H.** 电视转播综合区
- **H1.** 观察员席
- **H2.** 评论员席

- **I.** 场馆礼宾区
- **I1.** 贵宾坐席

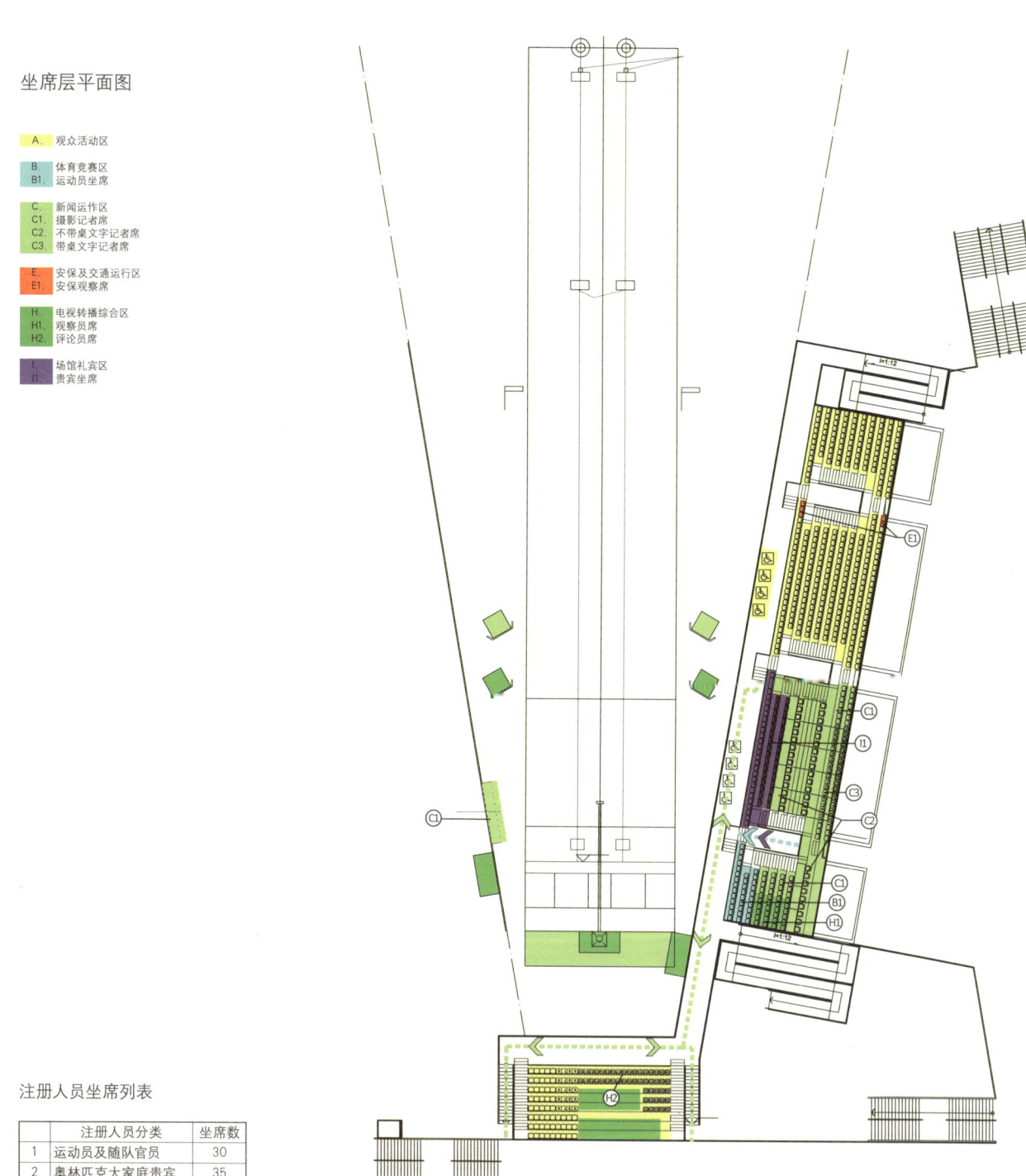

注册人员坐席列表

	注册人员分类	坐席数
1	运动员及随队官员	30
2	奥林匹克大家庭贵宾	35
3	广播电视转播人员	
	评论员席	0
	观察员席	28
4	文字摄影媒体	
	带桌文字媒体	13/39
	不带桌文字媒体	36
	摄影记者	27

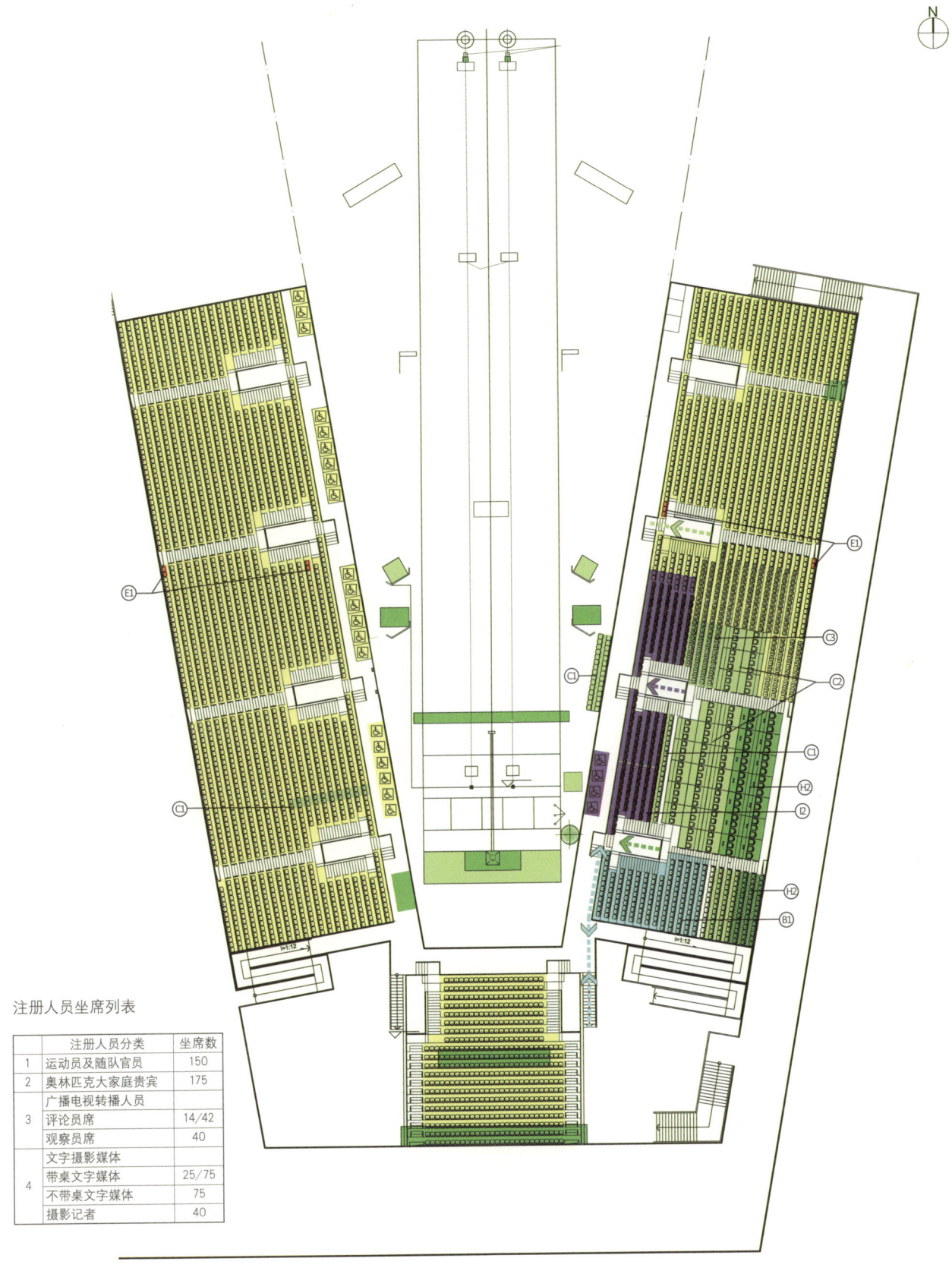

注册人员坐席列表

	注册人员分类	坐席数
1	运动员及随队官员	150
2	奥林匹克大家庭贵宾	175
	广播电视转播人员	
3	评论员席	14/42
	观察员席	40
	文字摄影媒体	
4	带桌文字媒体	25/75
	不带桌文字媒体	75
	摄影记者	40

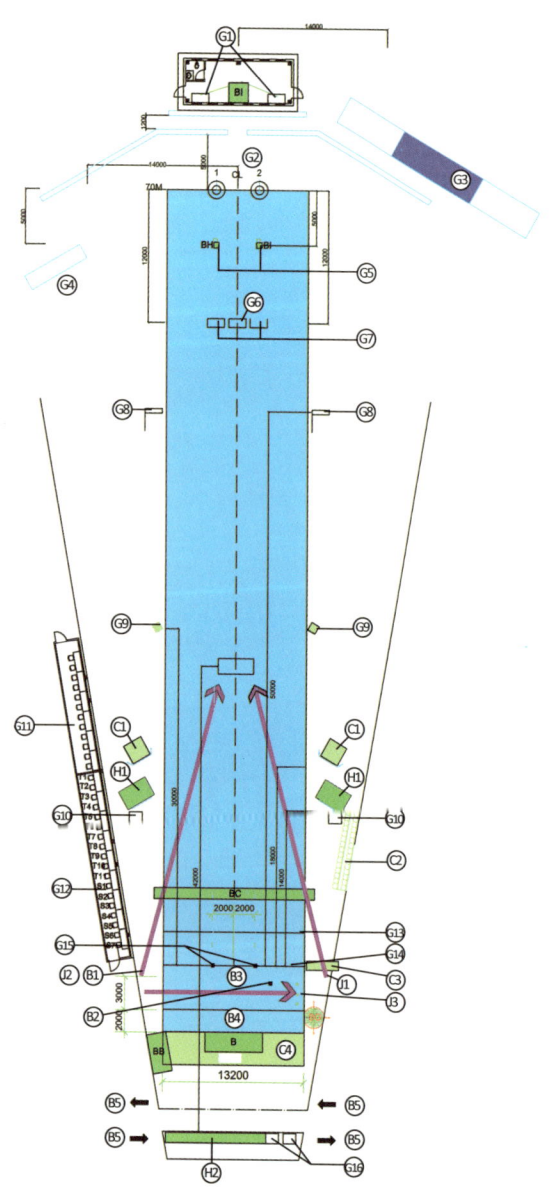

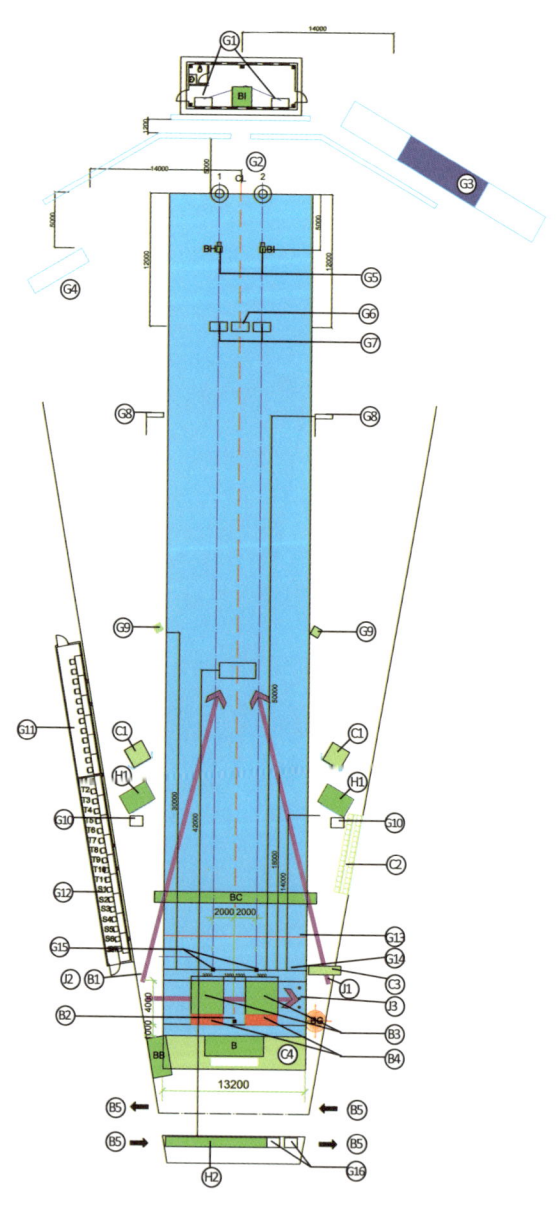

个人淘汰赛与决赛场地平面图 (A 场地)　　　　　团体淘汰赛与决赛场地平面图 (A 场地)

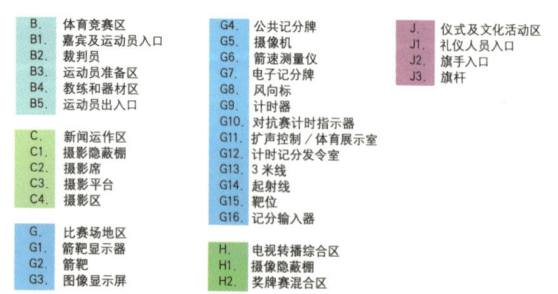

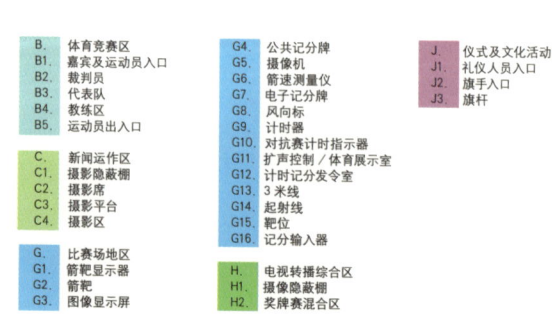

B.	体育竞赛区	G4.	公共记分牌	J.	仪式及文化活动区
B1.	嘉宾及运动员入口	G5.	摄像机	J1.	礼仪人员入口
B2.	裁判员	G6.	箭速测量仪	J2.	旗手入口
B3.	运动员准备区	G7.	电子记分牌	J3.	旗杆
B4.	教练和器材区	G8.	风向标		
B5.	运动员出入口	G9.	计时器		
		G10.	对抗赛计时指示器		
C.	新闻运作区	G11.	扩声控制 / 体育展示室		
C1.	摄影隐蔽棚	G12.	计时记分发令室		
C2.	摄影席	G13.	3米线		
C3.	摄影平台	G14.	起射线		
C4.	摄影区	G15.	靶位		
		G16.	记分输入器		
G.	比赛场地区				
G1.	箭靶显示器	H.	电视转播综合区		
G2.	箭靶	H1.	摄像隐蔽棚		
G3.	图像显示屏	H2.	奖牌赛混合区		

B.	体育竞赛区	G4.	公共记分牌	J.	仪式及文化活动区
B1.	嘉宾及运动员入口	G5.	摄像机	J1.	礼仪人员入口
B2.	裁判员	G6.	箭速测量仪	J2.	旗手入口
B3.	代表队	G7.	电子记分牌	J3.	旗杆
B4.	教练区	G8.	风向标		
B5.	运动员出入口	G9.	计时器		
		G10.	对抗赛计时指示器		
C.	新闻运作区	G11.	扩声控制 / 体育展示室		
C1.	摄影隐蔽棚	G12.	计时记分发令室		
C2.	摄影席	G13.	3米线		
C3.	摄影平台	G14.	起射线		
C4.	摄影区	G15.	靶位		
		G16.	记分输入器		
G.	比赛场地区				
G1.	箭靶显示器	H.	电视转播综合区		
G2.	箭靶	H1.	摄像隐蔽棚		
G3.	图像显示屏	H2.	奖牌赛混合区		

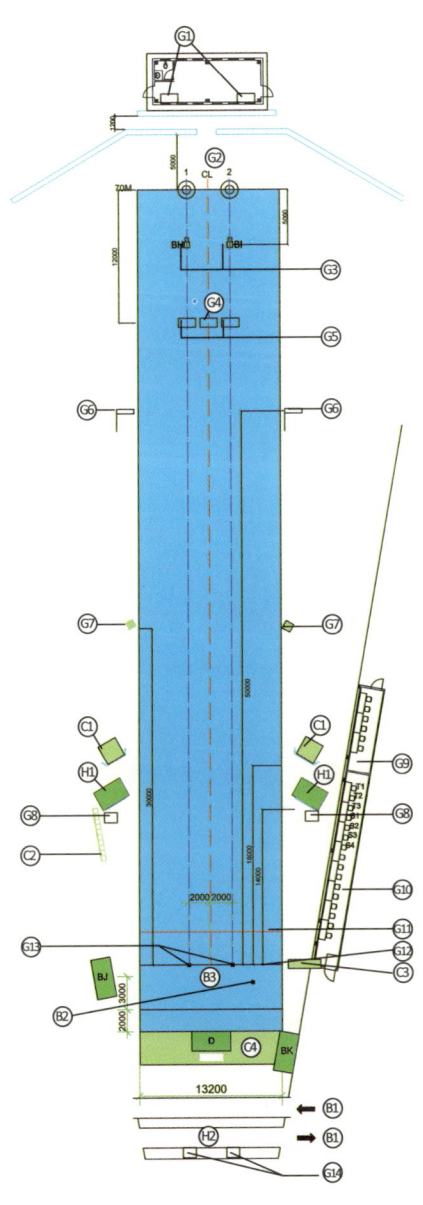

个人淘汰赛场地平面图 (B 场地)

B.	体育竞赛区	G5.	电子记分牌
B1.	运动员出入口	G6.	风向标
B2.	裁判员	G7.	计时器
B3.	运动员准备区	G8.	对抗赛计时指示器
		G9.	扩声控制／体育展示室
C.	新闻运作区	G10.	计时记分发令室
C1.	摄影隐蔽棚	G11.	3 米线
C2.	摄影席	G12.	起射线
C3.	摄影平台	G13.	靶位
C4.	摄影区	G14.	记分输入器
G.	比赛场地区	H.	电视转播综合区
G1.	箭靶显示器	H1.	摄像隐蔽棚
G2.	箭靶	H2.	奖牌赛混合区
G3.	摄像机		
G4.	箭速测量仪	J.	仪式及文化活动区

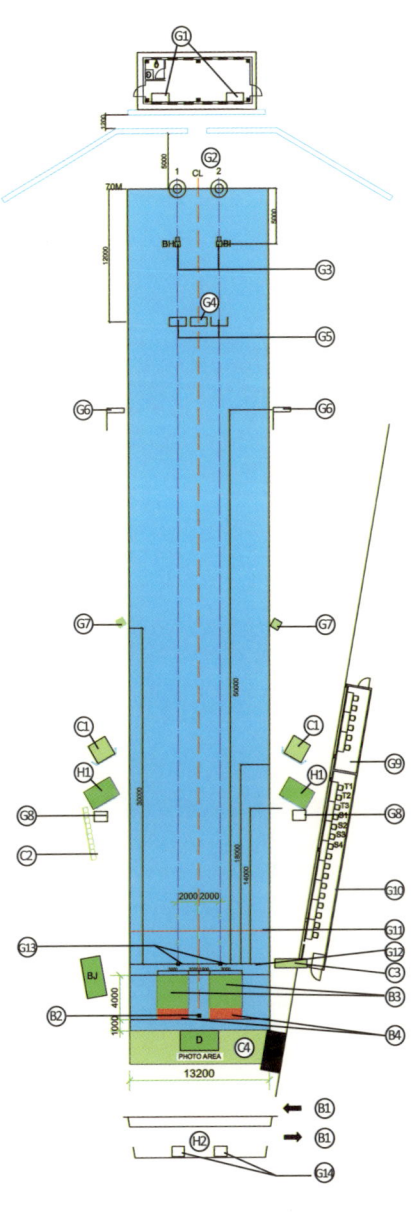

团体淘汰赛场地平面图 (B 场地)

B.	体育竞赛区	G5.	电子记分牌
B1.	运动员出入口	G6.	风向标
B2.	裁判员	G7.	计时器
B3.	运动员准备区	G8.	对抗赛计时指示器
B4.	教练和器材区	G9.	扩声控制／体育展示室
		G10.	计时记分发令室
C.	新闻运作区	G11.	3 米线
C1.	摄影隐蔽棚	G12.	起射线
C2.	摄影席	G13.	靶位
C3.	摄影平台	G14.	记分输入器
C4.	摄影区		
G.	比赛场地区	H.	电视转播综合区
G1.	箭靶显示器	H1.	摄像隐蔽棚
G2.	箭靶	H2.	奖牌赛混合区
G3.	摄像机		
G4.	箭速测量仪	J.	仪式及文化活动区

排名赛场地平面图

B. 体育竞赛区
B1. 检录区
B2. 裁判席与阳伞
B3. 运动员休息区
B4. 运动器材检查室
B5. 器材区／候射区

C. 新闻运作区
C1. 摄影隐蔽棚

D. 场馆运行区
D1. 成绩统计室
D2. 志愿者休息区
D3. 器材储存区

G. 比赛场地区
G1. 危险范围
G2. 箭靶
G3. 3米线
G4. 起射线
G5. 发令长席
G6. 靶位区挡板
G7. 热身场挡板
G8. 风向标
G9. 计时器

H. 电视转播综合区
H1. 摄像隐蔽棚
H2. 媒体区

热身场地平面图

B. 体育竞赛区
B1. 检录区
B2. 运动员休息区
B3. 运动器材检查室
B4. 器材区／候射区

C. 新闻运作区
C1. 摄影隐蔽棚

D. 场馆运行区
D1. 成绩统计室
D2. 志愿者休息区
D3. 器材储存区

G. 比赛场地区
G1. 危险范围
G2. 箭靶
G3. 3米线
G4. 起射线
G5. 发令长席
G6. 靶位区挡板
G7. 热身场挡板
G8. 风向标
G9. 计时器
G10. 隔离墩
G11. 比赛运动员热身区
G12. 非当天比赛运动员
热身区

H. 电视转播综合区
H1. 摄像隐蔽棚
H2. 媒体区

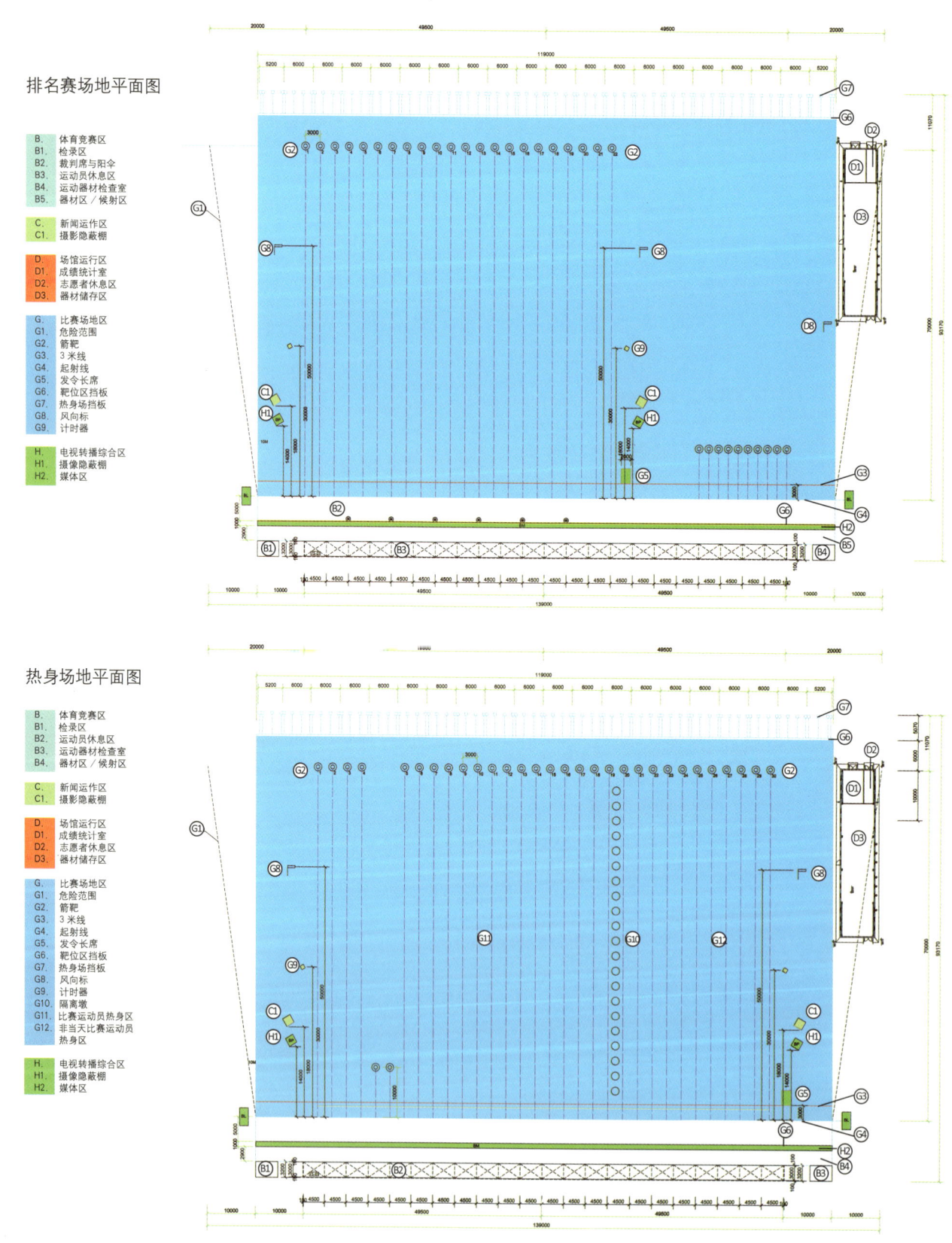

总平面图

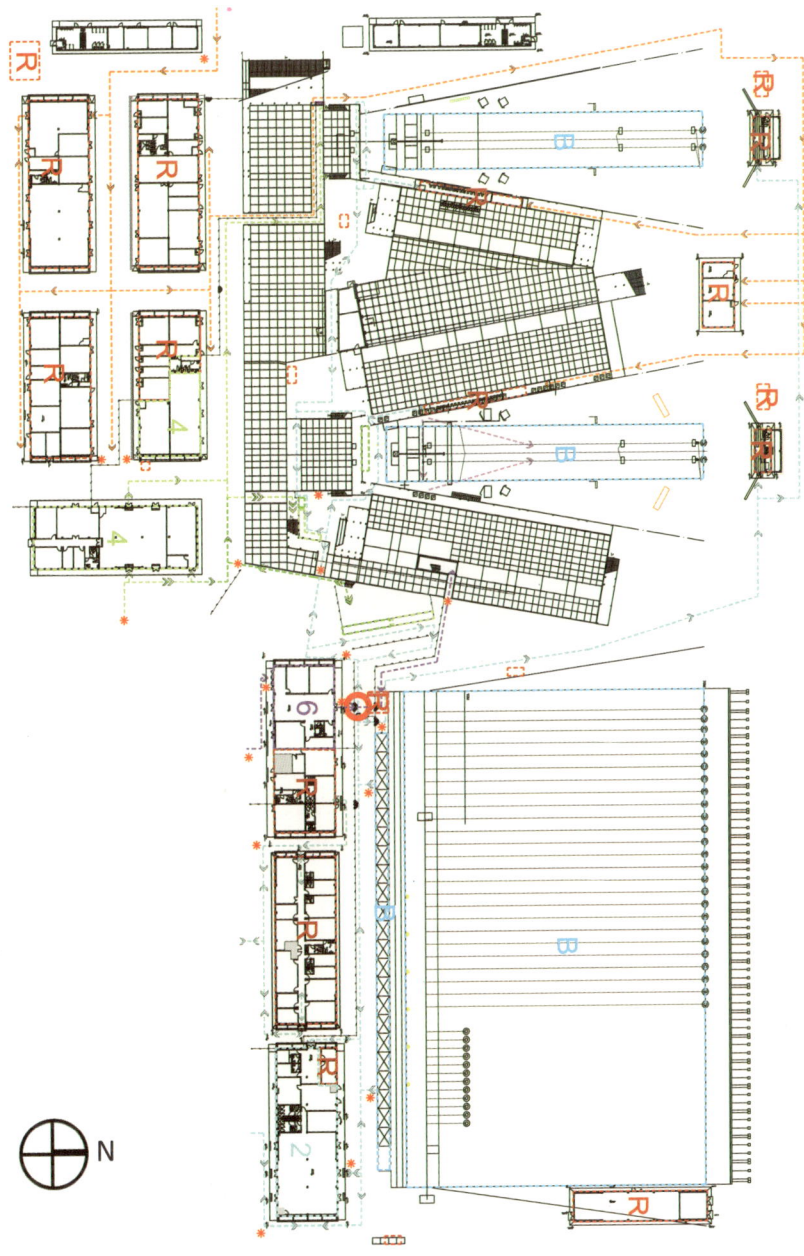

N

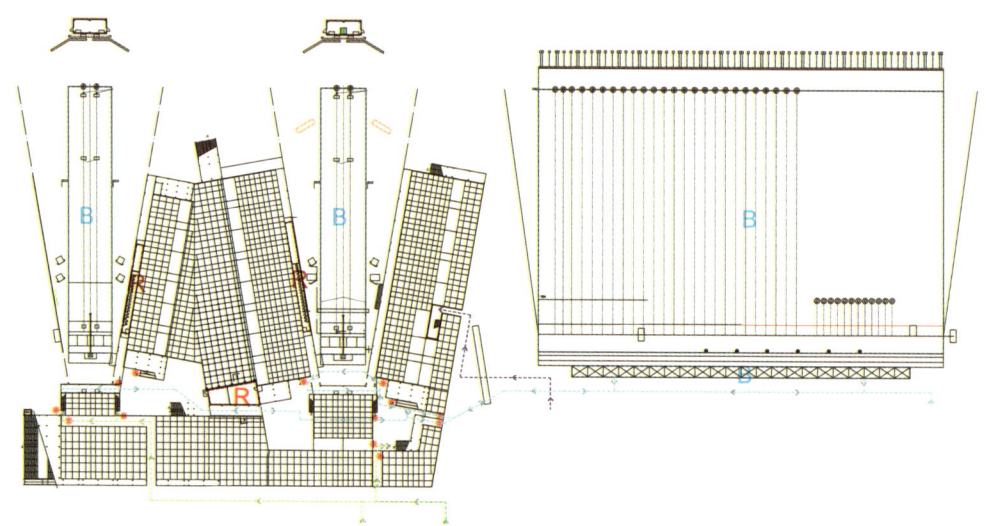

一层平面图

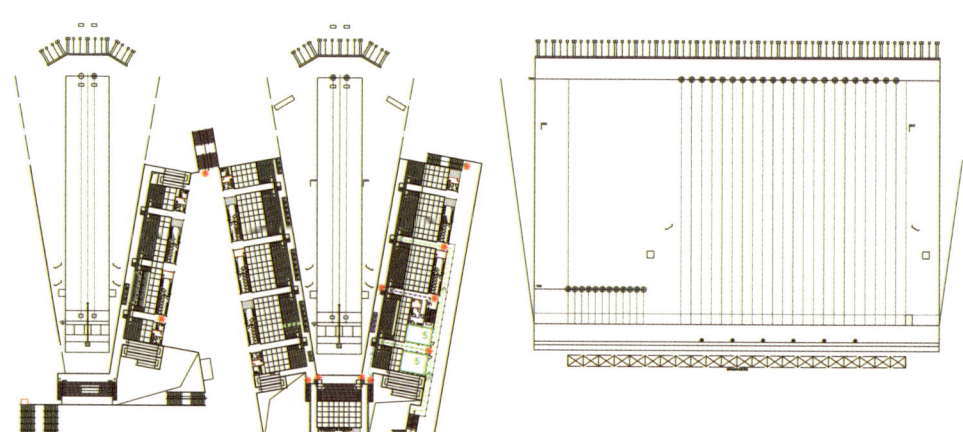

二层平面图

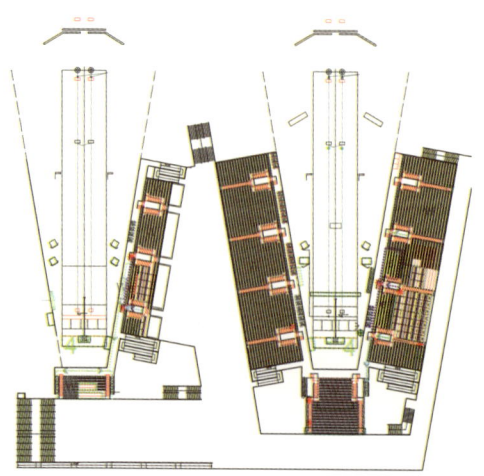

坐席层平面图

02-07

朝阳公园沙滩排球场

朝阳公园沙滩排球场

场馆概况

地点：朝阳公园沙滩排球场

场地类型：临建比赛场馆

奥运会期间的用途：沙滩排球

残奥会期间的用途：无

建筑面积：14150m^2

固定座位数：无

临时座位数：12200个

赛后用途：体育比赛娱乐活动

沙滩排球比赛

朝阳公园——沙滩排球场

比赛场地应满足奥运会沙滩排球比赛的使用要求，应符合《国际沙滩排球联合会竞赛规则》的要求。

比赛场地

沙滩排球比赛场地包括比赛场区和无障碍区。比赛场区为 16m×8m 的长方形。场地边线外和端线外的无障碍区至少宽 5m，最多 6m，比赛场地上空的无障碍空间至少高 12.5m。比赛场地的地面是水平的沙滩，沙滩必须至少 40cm 深，其中没有石块、壳类及其他可能造成运动员损伤的杂物。比赛场区上所有的界线宽为 5～8cm，界线与沙滩的颜色需有明显的区别，并且由抗拉力材料的带子构成。

沙滩排球比赛的球网设在场地中央中心线的垂直上空，高度为男子 2.43m，女子 2.24m。球网长 8.50m，宽 1m（±3cm），网眼直径 10cm。球网上有两条宽 5～8cm（与边线同宽）、长 1m 的彩色带子为标志带，分别系在球网的两端，垂直于边线。标志杆是有韧性的两根杆子，长 1.80m，直径 10mm，由玻璃纤维或类似质料制成。两根标志杆分别设置在标志带的外沿、球网的两侧。

沙滩排球比赛所使用的球是由柔软和不吸水的材料制成外壳（皮革、人造皮革或类似材料），以适合室外条件，即使在下雨时也能进行比赛。球内装橡胶或类似质料制成的球胆，颜色是黄色、白色、橙色、粉红色等明亮的浅色。球的圆周为 66～68cm，重量为 260～280g，气压为 0.175～0.225kg/m²。

比赛规则

沙滩排球比赛是一项每队由 2 人组成的两队在由球网分开的沙地上进行比赛的运动。

比赛的目的是将球击过球网，使其落在对方场区内，并阻止对方达到同一目的。每队可击球 3 次将球击回对方场区（包括拦网触球）。

比赛是由发球队员击球，球越过球网飞向对方场区开始的。比赛应连续进行直至球落地、出界或某一队不能合法地将球击回对方场区为止。

沙滩排球比赛采用三局二胜制，胜二局的队赢得比赛的胜利。

在沙滩排球比赛中，一个队胜 1 球可以得 1 分（每球得分制）。接发球队胜 1 球时得 1 分，同时获得发球权。

每次换发球时，发球队员必须轮换。每局比赛（决胜局除外）先得 21 分并至少领先对方 2 分的队胜一局。当比分为 20：20 时，比赛继续进行至某队领先 2 分（22：20，23：21）为止。决胜局先得 15 分并至少领先对方 2 分的队获胜。

沙滩排球规则与排球规则有许多相似的地方，但也有不同之处：

（1）在沙滩排球比赛中，每队只有两名运动员参赛，不能多也不能少。因此每队的两名队员需要自始至终参加比赛，没有换人，也不允许更改运动员。

（2）在沙滩排球比赛中，队员可以站在本场区的任何位置，因此在发球时没有位置错误。

（3）在沙滩排球比赛中，队员张开手用手指"吊球"，将球直接击到对方场区为犯规，但允许用手指戳或指关节击球。

（4）在沙滩排球比赛中，队员用上手传球轨迹不垂直于双肩连线完成进攻性击球为犯规。

（5）如果在网上双方队员同时击球，允许"持球"，比赛继续进行。

（6）在沙滩排球比赛中，受伤队员可以请求获得 5 分钟的受伤暂停时间，但每名队员在每场比赛中只有一次机会。

（7）在沙滩排球比赛中，每当比赛双方比分累积达 7 分（第一、二局）、5 分（第三局）或 7 分、5 分的倍数时，双方将马上交换比赛场区。

（8）沙滩排球比赛每局每队最多可请求 1 次暂停，每次暂停时间为 30 秒。第一局和第二局比赛，当双方比分累积为 21 分时，有 1 次 30 秒钟的技术暂停。

朝阳公园沙滩排球场

功能分区1——观众活动区

运行责任部门	运行设计房间名称	英文名称	数量	面积(m²)
观众服务	检票口	Ticket Rip	2	区域空间
	观众信息亭（含失物招领处）	Spectator Info Booth	1	25
	公用电话	Telephone	1	区域空间
	观众婴儿车,轮椅寄存区	Stroller Storage	1	75
环境	观众临时卫生间	Temporary Toilet for Spectator	6	275
	工作人员临时卫生间	Temporary Toilet for Staff	4	区域空间
	观众卫生间	Spectator Toilets	8	区域空间
场馆财务	自动取款机	ATM	1	区域空间
餐饮服务	观众餐饮售卖点	Snack Points	7	20
市场开发	特许商品零售点	Concession	3	30
医疗服务	观众医疗站	Spectator Medical Station	1	50
	接待和候诊区	Reception & Waiting Area	1	区域空间
	医疗区	Medical Treatment Area	1	区域空间
	医生办公室	Doctor Office	1	区域空间
票务	票务服务台	Ticket Management	2	15
	售票处	Ticketing Sales Window	2	40
环境	垃圾收集中转点	Waste Sorting Area	1	30

功能分区2——比赛场地区

运行责任部门	运行设计房间名称	英文名称	数量	面积(m²)
竞赛组织	比赛场地	Field of Play	1	128
	运动员入场区	Prestaging Area	1	场地内
	运动员检录区/裁判员临时候场区/颁奖等候区	Athlete Call Area	1	20
	混合区（运动员通道）	Mixed Zone	1	场地内
	裁判代表席、技术代表席	Refereeing Delegates Seating	1	场地内
	记录员席	Scorers	2	场地内
	平沙员席	Raker	4	场地内
	拣球员席	Ball boys	2	场地内
	控制区竞赛管理人员坐席	Competition management control area seating	1	场地内
	替补裁判席	Substitute referee seats	1	场地内
	替补辅助裁判席	Substitute referee-assisted seats	1	场地内
	运动员临时休息席	Player	4	场地内
	运动员、技术官员卫生间	Athletes, technical officials in the	1	场地内
体育展示	体育展示广播席含控制台	Spor presentation	4	场地内
技术	成绩、计时记分、统计等	Results Data Entry Position/Timing & Scoring Position etc.	10	场地内
兴奋剂检查	运动员兴奋剂检查标记区	Athletes Tagging	1	场地内
医疗服务	比赛场地周边急救区	Adjacent First Aid Area in FOP		场地内
颁奖仪式	颁奖台及旗杆	Awards Podium & Flag Poles	1	场地内

功能分区3——体育竞赛区

运行责任部门	运行设计房间名称	英文名称	数量	面积(m²)
竞赛组织	热身场地	Warm-up Court	2	960+486
	训练场地	Training Court	6	486
	运动员等候区	Players Lounge	1	150
	门厅(东南侧)	Lobby	1	40
	门厅（北侧）	Lobby	1	25

运行责任部门	运行设计房间名称	英文名称	数量	面积(m²)
竞赛组织	技术代表办公室（国际排联技术代表室）	FIVB News Delegates	1	35
	竞赛志愿者休息室	FIVB TD's working room	1	31
	国际排联管理委员会休息室（原国际排联休息室）	FIVB TD's & Control Committee Lounge	1	34
	国际排联主席会议室	FIVB President Meeting Room	1	46
	国际排联秘书处	FIVB Secretariat Office	1	35
	国际排联主席办公室	FIVB President's Office	1	59
	竞赛志愿者更衣室（男）	Copy & FAX	1	18
	竞赛志愿者更衣室（女）	Server Break Room	1	21
	配电室	Distribution room	1	32
	门厅（东北侧）	Foyer	1	区域空间
	弱电配线间	Weak inter-wiring	1	11
	运动员放松室（女）	DCM Office	1	52
	运动员放松室（男）	Lobby	1	54
	国际排联管理委员会会议	OC. Meeting Room (1)	1	62
	文印室	FIVB Meetig Room	1	17
	竞赛主任办公室	FIVB Lounge	1	24
	竞赛副主任办公室	FIVB Lounge	1	16
	成绩分发室	Ass. Of Venue Lounge	1	17
	裁判员更衣室（男）	Ass. Of Venue Changing Room (For M.)	1	64
	裁判员更衣室（女）	Ass. Of Venue Changing Room (For FM.)	1	69
	NTO更衣室（女）	Jury's Room	1	66
	NTO更衣室（男）	OC. Meeting Room (2)	1	65
	运动员更衣室（男）	ITO Changing Room (For M.)	1	68
	运动员更衣室（女）	ITO Changing Room (For FM.)	1	69
	运动员休息室	Competition Management Room(2)	1	152
	竞赛办公室	ITO Lounge	1	101
	组委会会议室	ITO/NTO Meeting Room	1	47
	国际排联休息室	L.V. Ctrl	1	45
	竞赛综合事务办公室	Inner Porch	1	47
	ITO休息室	Clearner's Tools Storage	1	47
	裁判员临时候场室/颁奖等候区/运动员检录区	Dancer Changing Room	1	区域空间
	裁判员会议室含酒精测试	Tele. Equip. St.	1	54
	国际排联现场指挥室	Ath. relaxation Room (For FM.)	1	15
	国际排联现场办公室	Ath. relaxation Room (For M.)	1	40
	体育器材、展示设备存放间	Sport Equipment Storage	1	100
	NTO休息室	Lobby	1	50
	配电室	L.V. Ctrl	1	35
	内走廊	Inner Porch	1	区域空间
	清洁工人工具间	Clearner's Tools Storage	1	4
	弱电配线间	Tele. Equip. St.	1	10
医疗服务	医疗经理办公室	Medical Manager's Office	1	16
	理疗按摩室	Therapy Massage Room	2	40
	运动员候检室	Athletes waiting room	1	68
技术	现场成绩处理室	On-venue Results Room	1	55
	计时计分设备存放间	Timing & Scoring Equipment Storage	1	40

运行责任部门	运行设计房间名称	英文名称	数量	面积(m²)
兴奋剂检查	兴奋剂候检室	Waiting Area	1	48
	尿液检测室	Dop. Processing	1	24
	血液检测室	Dop. Processing (For Blood)	1	24
	兴奋剂官员办公室	Office for Doping Control Manager	1	24

功能分区4——仪式及文化活动区				
运行责任部门	运行设计房间名称	英文名称	数量	面积(m²)
颁奖仪式	体育展示现场指挥室（与扩声控制室共用）	Sports Show on-site control room	1	30.5
	颁奖等候席及检录区	Ceremony, Athletes Waiting Area	1	区域空间
	体育展示设备存放间	Sports store between display devices	1	17
	体育展示、仪式经理办公室（含奖牌存放间）	Sports show, the ceremony Manager's Office	1	36
	体育器材、展示设备存放间	Sports equipment, display equipment, storage	1	100
	礼仪、沙滩宝贝更衣室（男）	Presenter & Mascot Dressing	1	30
	礼仪、沙滩宝贝更衣室（女）	Presenter & Mascot Dressing (Female)(including Beach Baby)	1	30
文化活动	沙滩宝贝休息室	including Beach Baby	1	40
	沙滩宝贝更衣室	including Beach Baby	1	42

功能分区5——电视转播区				
运行责任部门	示范场馆房间名称	英文名称	数量	面积(m²)
电视转播	电视转播综合区	Broadcasting Compoud	1	4000
	转播经理及后勤经理	BVM/LOG Office	1	83
	转播技术运行中心	Broadcasting Technical Operation Centre/Graphics	1	72
	技术维护中心	Technical Cabin (Maintenance/Speciality operation)	1	50
	技术存储空间	Technical Storage	1	50
	后勤存储空间	Logistic Storage	1	50
	技术及制作经理办公	VTM/PROD Office	1	83
	转播餐饮备餐区	Boradcasting Catering Kitchen Area	1	90
	餐厅	Dining Area	1	137
	冷藏室	Cold Room	1	50
	发电机/备用发电机	Power Generator/ Back Power Gernerator	1	144
	BOB转播车外(遮阳设施)	Broadcasting Shelter for BOB	1	135
	RHBs转播车外(遮阳设施)	Broadcasting Shelter for RHBs	1	135
	评论员控制室(CCR)	Commetator Control Room	1	48
	转播信息办公室(BIO)	Broadcasting Informatio Office	1	38
	混合区（电视转播通道）(含新闻)	Mixed Zone	1	30

功能分区6——新闻运行区				
运行责任部门	运行设计房间名称	英文名称	数量	面积(m²)
新闻运行	场馆新闻中心	Venue Media Cetre	1	628
	新闻运行经理办公室	Press Office	1	15
	摄影经理办公室	Photo Manager Office	1	15
	成绩公报协调员办公	Results Distribution	1	14
	文字记者工作区	Press Work Area	1	370
	奥林匹克新闻服务工作室	Olympic News Service Work Room	1	30
	国际单项联合会新闻代表工作站	FIVB News Delegates Desk	1	15
	媒体接待处	Reception& IFO Desk &Storage	1	区域空间
	摄影记者工作区	Photo Work Area	1	91
	信息查询终端摆放区域	INFO Allocation Area	1	30
	文字记者储物柜摆放区域	Press Locker	1	区域空间
	摄影记者储物柜摆放区域	Photographer Locker	1	区域空间
	成绩公报柜摆放区域	Result Cabinet Allocation Area	1	区域空间
	电视机/冰柜摆放区域	TV/Refrigeratory Allocation Area	1	区域空间
	信息打印/复印区域	Info Print/Copy Area		区域空间
	新闻媒体卫生间（男）	Toilet (male)	1	63
	新闻媒体卫生间（女）	Toilet (female)	1	
	成绩复印分发室	Results copying distribution room	1	94
	媒体室外休息区	Media Outdoor rest area	1	区域空间
	媒体休息区	Press Lounge	1	122
	餐饮售卖点及休息区	Dining & Lounge	1	92
	小型备餐间	Food Preparation Room	1	30
	新闻发布厅	Press Conferece Room	1	240
	新闻发布转播控制室	Broadcasting Control Room	1	
	座席区	Seating Area	1	场地内
	主席台	Dais	1	场地内
	摄像机位	Camera Positions	1	场地内

功能分区7——场馆礼宾区				
运行责任部门	运行设计房间名称	英文名称	数量	面积(m²)
场馆礼宾	场馆管理室	Venue Manager	1	13
	礼宾经理办公室（原礼宾主管办公室）	VIP Protocol Manager	1	12
	贵宾门厅	VIP Lobby	1	50
	备餐室	Servery	1	60
	弱电配线间	Tele. Equip. St.	1	15
	配电室	L. V. Ctrl	1	6
	贵宾会客室	VIP Parior	1	75

运行责任部门	运行设计房间名称	英文名称	数量	面积(m²)
场馆礼宾	贵宾休息室	Olympic Family Lounge	1	200
	贵宾陪同人员休息室	VIP Attendant Lounge	1	50
	服务人员休息室	Staff lounge	1	18.4
	清洁工人工具间	Clearner's Tools Storage	1	5
	残疾人专用卫生间	Disable's Toiloet	1	5

功能分区8——场馆运行区

运行责任部门	运行设计房间名称	英文名称	数量	面积(m²)
场馆管理	场馆主任办公室	Venue Manager Office	1	43
	场馆副主任办公室	Venue Deputy Manager Office	1	24+16.6
	场馆运行中心	Venue Operation Centre	1	67
	场馆通信中心	Venue Commuication Centre	1	74.5
	多功能会议区（与观众服务工作部署区合用）	Multi-purpose Room	1	124
场馆人事	场馆人事经理办公室	Venue Staffing Management	1	26
	工作人员签到区	Staff Check-in Area	1	21
	工作人员签到处	Staff Check-in Points	1	区域空间
	工作人员问询区	Staff Info Desk	1	区域空间
	志愿者服务处	Volunteer Services Desk	1	区域空间
	工作人员物品存放间	Cloak Room	1	区域空间
	工作人员休息和用餐区（含多功能会议室）	Staff Break & Dnining Area	1	300
	工作人员卫生间	Staff Toilet	2	47
场馆财务	场馆财务经理办公室（含收费卡办公室）	Venue Finance Manager Office (Includes: Rate Card Office)	1	30
观众服务	观众服务管理办公区	Spectator Services Management Area	1	53
	物资储存与分发区	SPS Equipment Storage & Distribution	1	65
	工作部署区（与多功能会议区合用）	Briefing Area	1	124
票务	票务办公室	Ticketing Management Office	1	17.7
语言服务	语言服务经理办公室	LAN Manager Office	1	15
市场开发	市场开发经理办公室	Market Manager Office	1	15
	商品储存区	MER Storage	1	15
注册	注册经理办公室	Registered Manager's Office	1	15
	场馆注册办公室	Venue Accreditation Office	1	48
	每日卡发放区	Daily card payment area	1	区域空间
	等待区	Accreditation Waiting Area	1	区域空间
志愿者	志愿者经理办公室	Volunteer Manager's Office	1	14.5
场馆设施管理	设施形象景观经理办公室	Facilities Manager Office	1	30
	场馆设施管理办公区	Site Managment Work Area	1	30
	后勤工人休息区	Response Team & Vendor Staging	1	30
技术	灯光控制室	Lighting Control Room	1	30
	设备存放间	Equipment storage	1	22.5
	计算机设备房间、综合布线主配线间	Computer Equipment Room、Main Cabling Room	1	50
	网络管理室	Lan Management Room	1	23
	网络设备间	LAN Equipment Room	1	24
	固定通信设备机房	Mobile Telecommuication Equipment Room	1	54
	移动通信设备机房	Public Address Control Room	2	67.5
	扩声控制室（含体育展示现场指挥室）(大屏控制室)	Temporary PA Equipment Room	1	30
	有线电视机房	CATV Control Room	1	31.6

功能分区9——安保及交通运行区

运行责任部门	运行设计房间名称	英文名称	数量	面积(m²)
安保	武警备勤室（住宿）	Armed Police Beiqin Room	1	100
	要人警卫工作现场指挥部	On-site Guard Office	1	60
	无线通信机房（安保用）	Wireless Communication Room	1	23.8
	现场消防通信指挥室	On-site Fire Fighting	1	29.5
	临时消防站	Communication Command Office Interim Fire Station	1	260
	安保执勤哨位	Security Observation Positions	38	区域空间
交通	交通指挥室	Transport Monitoring & Command Office	1	35
	车辆调度室	Vehicle Dispatch Room	1	25
	司机休息室	Drivers Lounge	1	15
安保/观众服务	交警休息室	Traffic police Lounge	1	15
	交通路障设施存放区域	Storage Yard	1	25
	人员安检验证/票口	Security Check Area	5	区域空间

总平面图

A. 观众活动区

B. 体育竞赛区
B1. 1# 训练场
B2. 2# 训练场
B3. 3# 训练场
B4. 4# 训练场
B5. 5# 训练场
B6. 6# 训练场
B7. 1# 热身场
B8. 2# 热身场
B9. 训练场地工作室
B10. 卫生间（女）
B11. 卫生间（男）
B12. 室外淋浴区
B13. 运动员／技术官员停车区
B14. 运动员落客区

C. 新闻运行区
C1. 媒体大巴停车区
C2. 奥林匹克摄影队停车区
C3. 媒体下车区
C4. 媒体室外休息区
C5. 媒体自驾停车场

D. 场馆运行区
D1. 1# 室外变配电区
D2. 垃圾收集中转点
D3. 观众临时卫生间
D4. 特许商品场馆零售点
D5. 运动员医疗站
D6. 高尔夫车存放处
D7. 清废综合区
D8. 物流综合区
D9. 配电室
D10. 餐饮综合区
D11. 卫生间
D12. 司机休息室
D13. 工作人员卫生间
D14. 售票处
D15. 票务服务台
D16. 观众餐饮售卖点
D17. 自动取款机
D18. 救护车停车位
D19. 观众医疗站
D20. 观众婴儿车、轮椅寄存区
D21. 公用电话
D22. 移动应急停车坪
D23. 场馆注册办公室
D24. 场馆运行车辆停车区
D25. 工作人员停车场
D26. C 馆

E. 安保及交通运行区
E1. 现场警卫力量执勤室
E2. 安保后备停车区
E3. 临时消防站
E4. 应急出口
E5. 交通民警休息室
E6. 交通路障设施存放区域
E7. 交通民警休息室
E8. 观众出口
E9. 绿色通道
E10. 违禁物品存放处
E11. 安保服务中心
　　（含治安处理点）
E12. 车辆安检口
E13. 贵宾、后勤人员安检口
E14. 媒体人身安检口

F. 非赛时使用空间

G. 比赛场地区

H. 电视转播综合区

I. 场馆礼宾区
I1. 贵宾停车区
I2. 贵宾下车区

J. 仪式与文化活动区
J1. 体育器材设备存放间
J2. 颁奖仪式更衣室（男）
J3. 颁奖仪式更衣室（女）
J4. 沙滩宝贝临时休息室

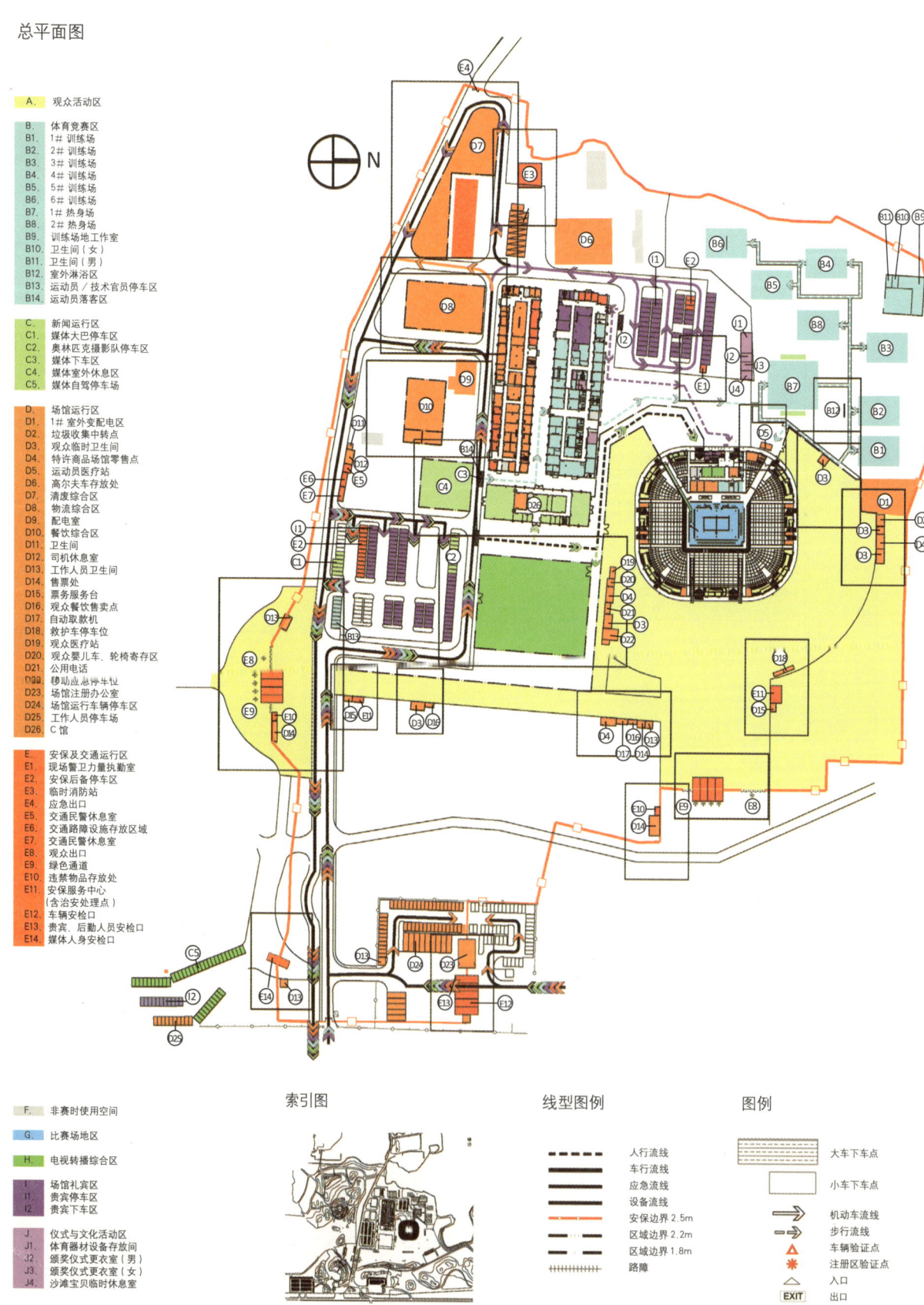

索引图

线型图例

- - - - 人行流线
──── 车行流线
──── 应急流线
──── 设备流线
──── 安保边界 2.5m
- - - 区域边界 2.2m
- - 区域边界 1.8m
++++++ 路障

图例

大车下车点
小车下车点
机动车流线
步行流线
车辆验证点
注册区验证点
入口
EXIT 出口

A 馆一层平面图

A. 观众活动区
A1. 观众卫生间

B. 体育竞赛区
B1. 国际单项联合会裁判员临时候场室
B2. 国际单项联合会现场指挥室
B3. 国际单项联合会现场办公室
B4. 卫生间

C. 新闻运行区
C1. 卫生间
C2. 媒体混合区

D. 场馆运行区
D1. 观众餐饮售卖点
D2. 清洁物品存放间
D3. 工作人员卫生间
D4. 移动通信机房
D5. 计时计分设备存放间
D6. 现场成绩处理机房
D7. 扩声控制室 / 体育展示现场指挥室
D8. 灯光控制室

F. 非赛时使用空间

G. 比赛场地区

H. 电视转播综合区
H1. 评论员控制室
H2. 转播信息办公室

I. 场馆礼宾区
I1. 贵宾卫生间

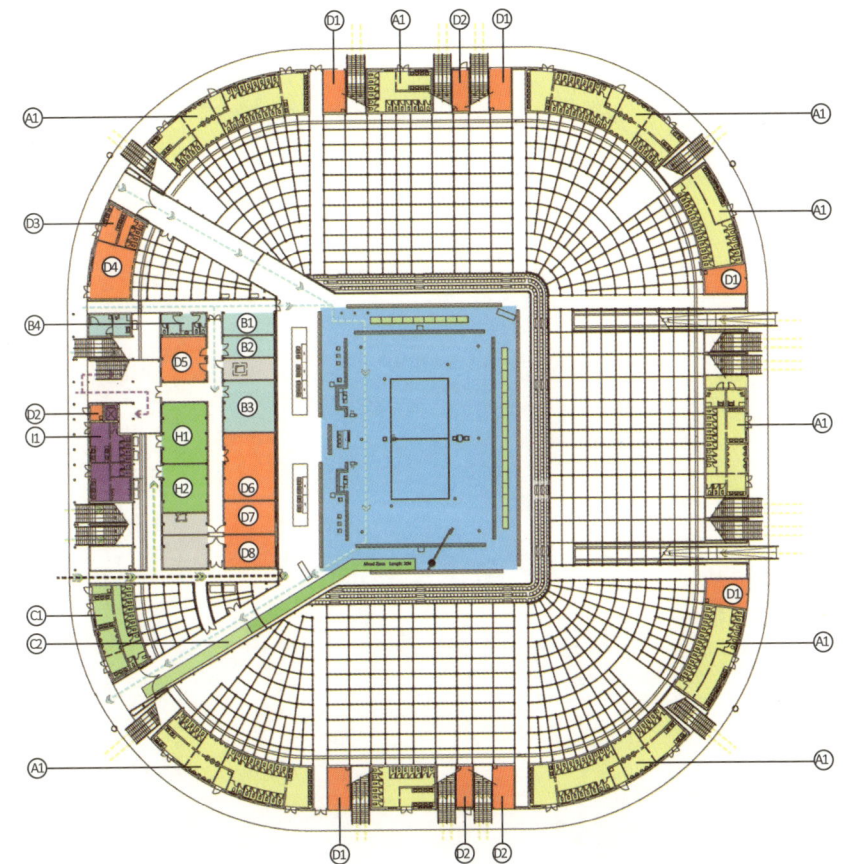

A 馆二层平面图

A. 观众活动区
A1. 观众楼梯
A2. 残疾人坐席

B. 体育竞赛区
B1. 运动员坐席

C. 新闻运行区
C1. 媒体坐席

G. 比赛场地区

H. 电视转播综合区
H1. 观察员坐席

I. 场馆礼宾区
I1. 贵宾坐席

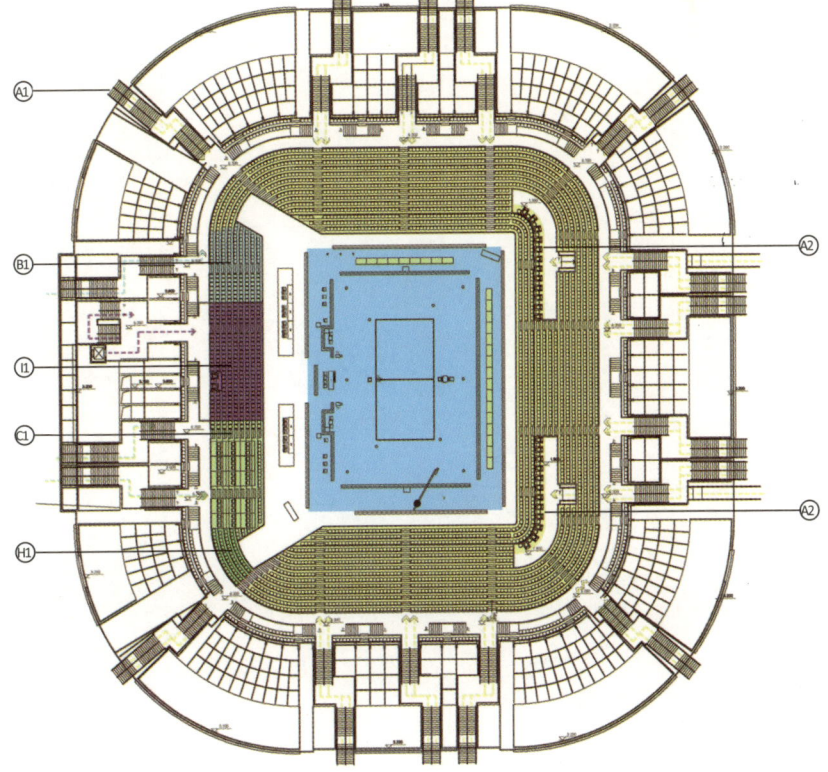

179

C 馆平面图

B. 体育竞赛区
B1. 竞赛办公室
B2. 组委会会议室
B3. 国际排联休息室
B4. 竞赛综合事务办公室
B5. ITO 休息室
B6. 裁判会议室（酒精检测）
B7. NTO 休息室
B8. 理疗按摩室
B9. 运动员候检室
B10. 医疗经理办公室
B11. 兴奋剂官员办公室
B12. 兴奋剂候检室
B13. 血液检测室
B14. 尿液检测室
B15. 竞赛主任办公室
B16. 国际排联管理委员会会议室
B17. 竞赛副主任办公室
B18. 文印室
B19. 竞赛成绩分发室
B20. ITO 更衣室（男）
B21. ITO 更衣室（女）
B22. NTO 更衣室（男）
B23. NTO 更衣室（女）
B24. 运动员更衣室（男）
B25. 运动员更衣室（女）
B26. 国际排联主席办公室
B27. 国际排联主席会议室
B28. 国际排联秘书处
B29. 国际排联管理委员会休息室
B30. 技术代表办公室
B31. 竞赛志愿者休息室
B32. 竞赛志愿者更衣室（男）
B33. 竞赛志愿者更衣室（女）
B34. 运动员放松室（女）
B35. 运动员放松室（男）

C. 新闻运行区
C1. 文字记者工作区
C2. 摄影记者工作区
C3. 小型备餐间
C4. 媒体休息区（含餐饮售卖点）
C5. 新闻发布厅
C6. 卫生间
C7. 新闻运行经理办公室
C8. 奥林匹克新闻服务工作室
C9. 摄影经理办公室
C10. 成绩公报协调员办公室

D. 场馆运行区
D1. 环境经理办公室
D2. 物流经理办公室
D3. 餐饮经理办公室
D4. 语言经理办公室
D5. 注册经理办公室
D6. 票务办公室
D7. 市场开发经理办公室
D8. 工作人员签到区
D9. 志愿者经理办公室
D10. 场馆人事经理办公室
D11. 场馆财务经理办公室
D12. 主任办公室
D13. 场馆运行中心
D14. 场馆副主任办公室
D15. 工作人员休息及用餐区
D16. 集群通信设备分发间
D17. 物资储存与分发区
D18. 场馆通信中心
D19. IT 设备村房间
D20. 固定通信设备机房
D21. 计算机设备房间 / 综合布线总配线间
D22. 网络管理室
D23. 网络设备间
D24. 移动通信技术人员工作室
D25. 固定通信技术人员工作室
D26. 移动通信设备机房
D27. 流动扩声系统设备存放间
D28. 观众服务管理办公区
D29. 观众服务办公区
D30. 场馆设施经理办公室
D31. 场馆设施管理办公区
D32. 后勤工人休息室
D33. 场馆技术运行中心
D34. 技术支持服务中心
D35. 有线电视机房
D36. 设备存放间
D37. 语言成绩复印分发室

E. 安保及交通运行区
E1. 要人警卫现场指挥部
E2. 交通指挥室
E3. 武警部队备勤室
E4. 反恐防爆屯兵处（反恐人员备勤室）
E5. 突发事件处置人员备勤室
E6. 处突力量屯兵处
E7. 无线通信机房（安保用）
E8. 武警指挥中心
E9. 现场安保指挥通信设备间
E10. 安保指挥中心
E11. 现场消防通信指挥室

F. 非赛时使用空间

G. 比赛场地区

I. 场馆礼宾区
I1. 礼宾经理办公室
I2. 贵宾会客室
I3. 贵宾陪同人员休息室
I4. 备餐室
I5. 贵宾休息室
I6. 服务人员休息室

J. 仪式与文化活动区
J1. 颁奖储藏间
J2. 体育展示经理办公室
J3. 沙滩宝贝更衣休息室

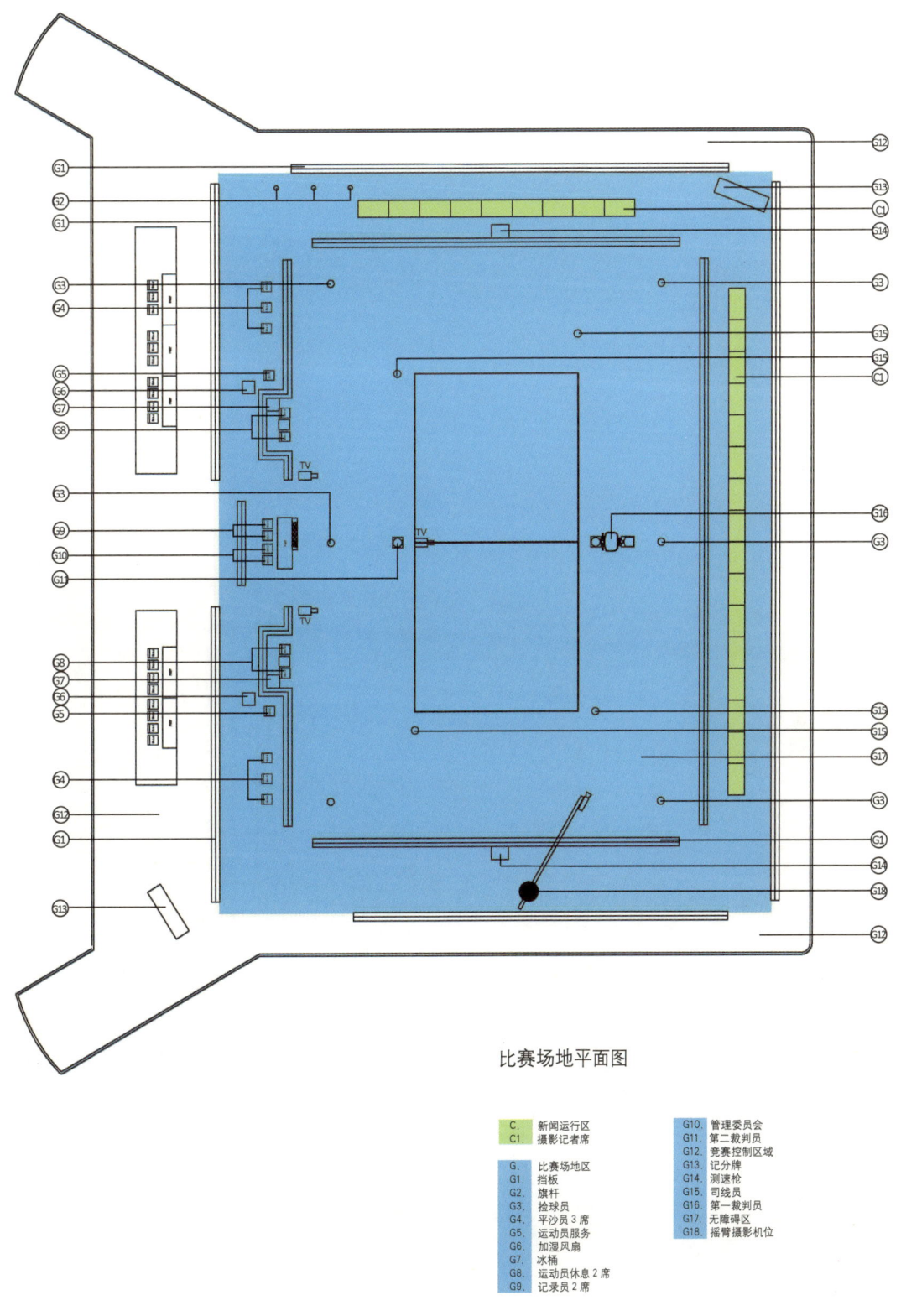

比赛场地平面图

C.	新闻运行区	**G10.**	管理委员会
C1.	摄影记者席	**G11.**	第二裁判员
		G12.	竞赛控制区域
G.	比赛场地区	**G13.**	记分牌
G1.	挡板	**G14.**	测速枪
G2.	旗杆	**G15.**	司线员
G3.	捡球员	**G16.**	第一裁判员
G4.	平沙员3席	**G17.**	无障碍区
G5.	运动员服务	**G18.**	摇臂摄影机位
G6.	加湿风扇		
G7.	冰桶		
G8.	运动员休息2席		
G9.	记录员2席		

A 馆坐席层平面图

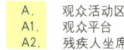

A.	观众活动区
A1.	观众平台
A2.	残疾人坐席

| B. | 体育竞赛区 |
| B1. | 运动员坐席 |

C.	新闻运行区
C1.	摄影记者席
C2.	文字媒体带桌席
C3.	文字媒体自然席

| E. | 安保及交通运行区 |
| E1. | 安保观察席 |

| G. | 比赛场地区 |

H.	电视转播综合区
H1.	观察员席
H2.	评论员席
H3.	摄影机位
H4.	BOB 双深度坐席
H5.	播音席

| I. | 场馆礼宾区 |
| I1. | 贵宾席 |

注册人员坐席列表

	注册人员分类	坐席数
1	运动员及随队官员	146
2	奥林匹克大家庭贵宾	224
3	广播电视转播人员	
	评论员席	129
	观察员席	59
4	文字摄影媒体	
	带桌文字媒体	180
	不带桌文字媒体	100
	摄影记者	

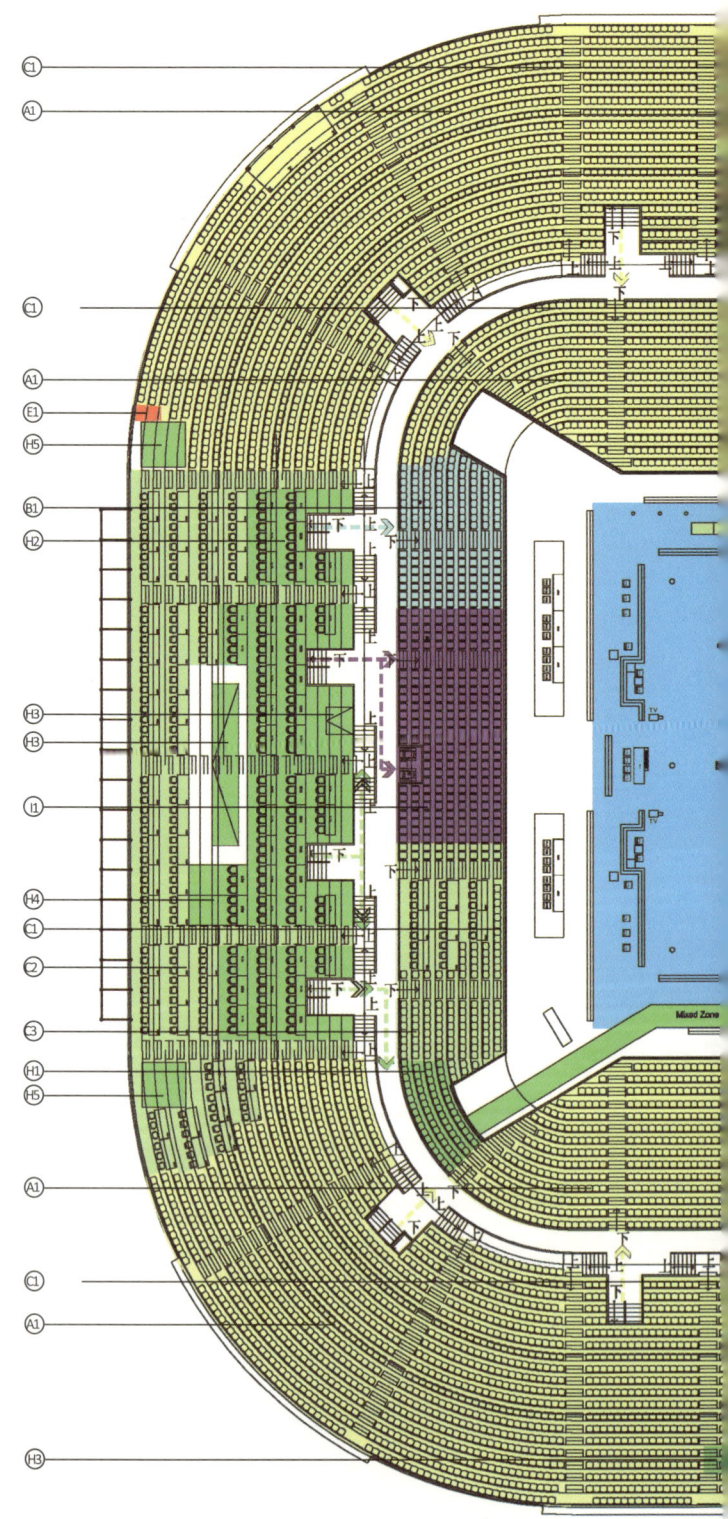

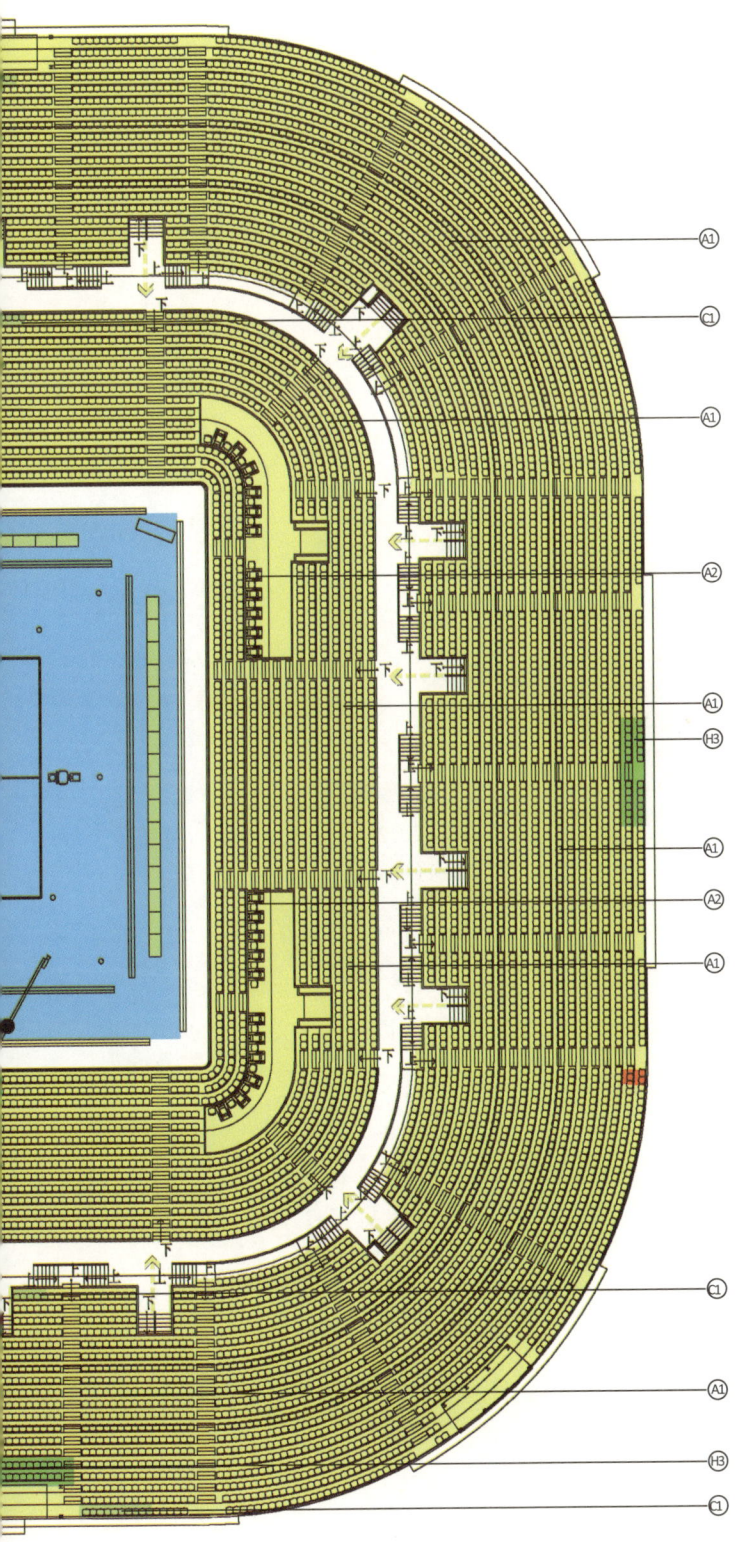

总平面图

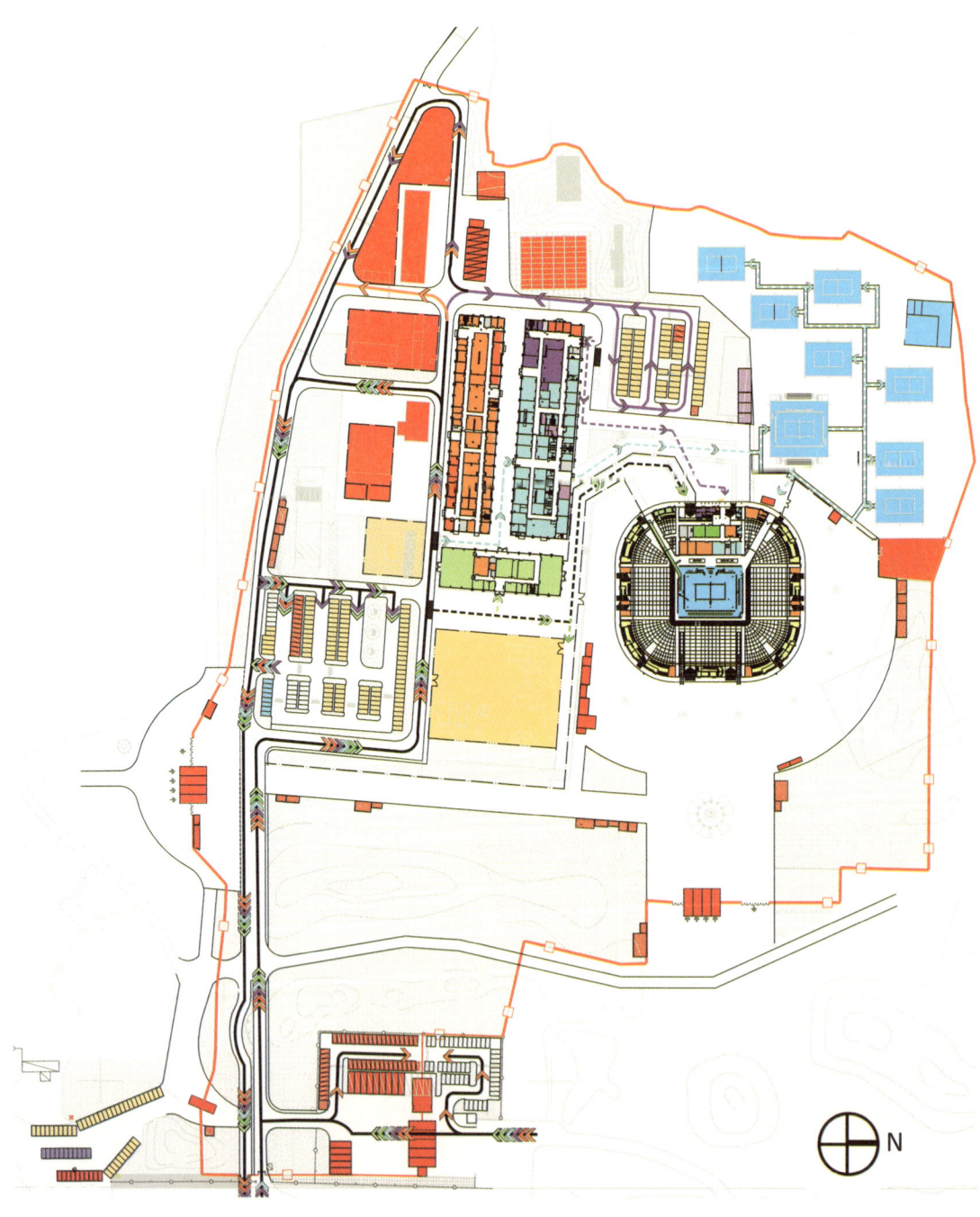

N

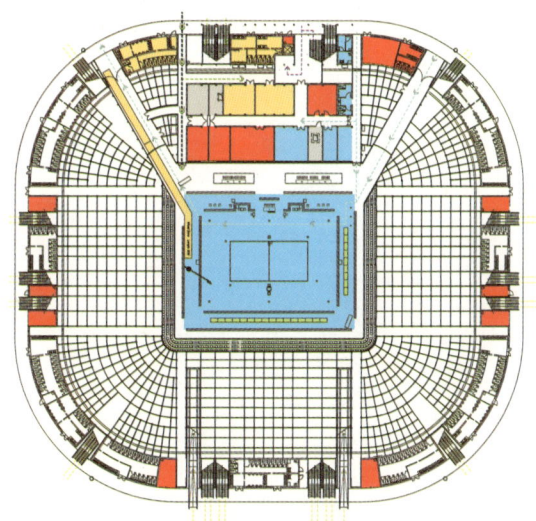

A 馆一层平面图

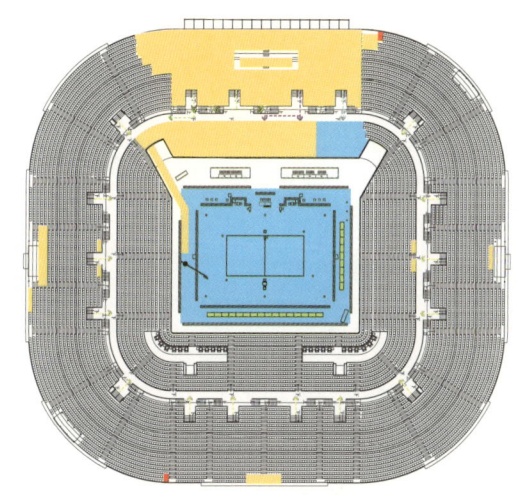

A 馆坐席层平面图

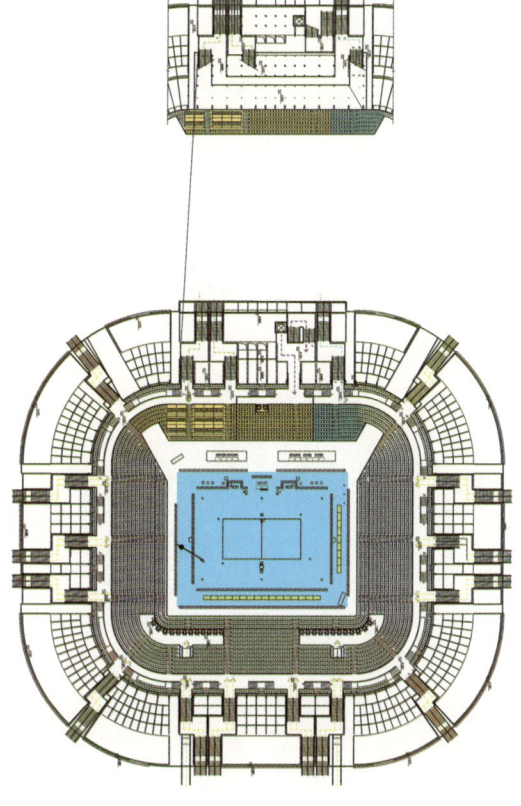

A 馆二层平面图

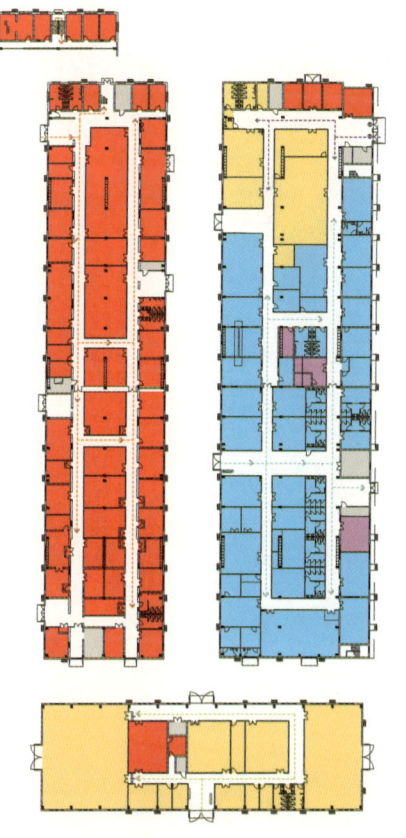

B 馆平面图

02-08

顺义奥林匹克水上公园

顺义奥林匹克水上公园

场馆概况

地点：北京市顺义区马坡镇潮白河向阳闸

场地类型：临建比赛场馆

奥运会期间的用途：赛艇，皮划艇，激流皮划艇

残奥会期间的用途：无

建筑面积：302.7hm²

固定座位数：1200个

临时座位数：25800个

赛后用途：体育比赛、娱乐活动

赛艇、皮划艇、马拉松游泳比赛

顺义奥林匹克水上公园

顺义奥林匹克水上公园比赛场地的建设标准应满足奥运会赛艇比赛、皮划艇比赛的要求。赛艇比赛场地设计应符合《国际赛艇联合会竞赛规则》、《国际赛艇联合会锦标赛手册》；皮划艇比赛场地设计应符合《国际皮划艇联合会竞赛规则》和《国际皮划艇联合会锦标赛手册》和《国际皮划艇联合会皮划艇（激流回旋）竞赛规则》。

（一）激流回旋

热身场地

热身场地应根据比赛需要和有关规则设置运动员的热身区。

（1）赛艇和皮划艇（静水）运动员的参赛流程见 P194

（2）皮划艇（激流回旋）运动员的参赛流程见 P194

比赛场地

比赛水域由起点线到终点线的赛道长度介于 300～500m 之间。起点线上游设运动员集结区，终点线下游要为运动员设置长 100m 以上的缓冲区域。

赛道的水深应保证在翻船处运动员头向下不碰到水底。

起点和终点水面动态高差至少为 6m，运动员先到终点区域水面，然后同船被机械提升到上游起点处。

赛道的水流量应大于 $12m^3/s$。

赛道应设置自然障碍和可移动的人工障碍。

比赛规则

一般情况下，运动员在出发区准备就绪，采取静止出发方式，由一名扶船员帮助出发。预赛出发顺序由国际划联根据运动员的世界排名确定；半决赛的出发顺序根据预赛成绩确定；决赛的出发顺序根据半决赛成绩确定，成绩好的后出发。

通过水门、罚分与漏门等规定 运动员必须按照水门号码

顺序和标出的正确方向通过各个水门。水门的设置由总裁判长、裁判长、技术组织者和赛道设计者确定。运动员的整个头部及艇身全部或部分通过水门杆之间连线，艇、桨及身体的任何部位不触及门杆并以指定方向通过水门时，视为正确通过，不罚分；如运动员艇、桨或身体在通过水门时触及门杆，视为碰杆，罚 2 分；如运动员没有通过指定水门或方向错误，视为漏门，罚 50 分。

比赛过程中桨折断或丢失时，运动员只能使用艇上的备用桨。当艇底向上，运动员（C2 中任一运动员）脱离艇时可视为翻艇。

（二）赛艇、皮划艇（静水）

热身场地

热身场地赛艇、皮划艇（静水）共用一个热身水域，用于赛艇和皮划艇（静水）热身和赛后放松。该水域平行于比赛水域且相对独立，水域面积至少为 1700m×150m，深 2m，采用阿尔巴诺（Albano System）航道系统。热身水域入口约 70m，距终点线至少 130m。

比赛场地

赛艇比赛水域：

长度：2252m 直道，包括 2000m 赛道，22m 起点区，230m 终点区。赛艇在终点或下游 130m 以外约 50m 区域内进入热身水域；皮划艇在终点线下游 130m 以外约 30m 区域内进入热身水域。下水浮动码头长度应至少 20m。

宽度：162m，其中比赛航道宽 108m（设 8 条比赛水道，每条航道宽 13.5m），两侧各有 27m 宽的工作航道。

水深：全部 8 条比赛水道均至少深 3.5m。

皮划艇（静水）比赛水域：

皮划艇（静水）与赛艇比赛共用一个比赛水域。

长度：1150m 直道，包括 1000m 赛道，150m 终点区（终点同赛艇比赛）。

宽度：162m，其中比赛航道宽 81m（设 9 条比赛水道，每条航道宽 9m），两侧各有 30.5m 宽的工作航道。

水深：全部 9 条比赛水道均至少深 3.5m

比赛规则

皮划艇静水和激流回旋竞赛规则是由国际皮划艇联合会制定的，适用于国际划联承认的国际比赛。

应通过抽签方式决定参赛艇参加预赛的道次，依次排列。运动员应按时，以便作好起航的准备工作。

起航应不受任何缺席者的影响。取齐员负责协调各艇在起点的位置，应使参赛艇的船头处于起航线上。发令员在认为可以发令时喊"10秒内将出发"，之后在10秒内的适当时机发令，发令口令为"Go"或鸣发令枪。

比赛进行时，禁止非参赛的船艇进入整个或部分航道，甚至浮标外区域。在1000m以内的比赛中，参赛运动员必须在从起点至终点的本航道内划行。运动员应尽可能地保持在其航道的中心线上划行，两名运动员之间距离不得小于5m。

在比赛过程中，由于本身原因而翻船的舟艇，允许运动员不依靠他人帮助重新上船继续比赛，但不得越出本航道，并应在下一组比赛开始前划到终点才有效。

艇首到达终点线的时间为到达时间，艇中的运动员必须全部通过本航道的终点线才算有效。此时，终点裁判长应用音响设备发出到达信号。

比赛舟艇通过终点线，艇上应有航道牌，如因故航道牌失落，运动员应向终点裁判长说明情况并报告航道号码，等待航道裁判员的决定。

规则规定，在比赛期间，大会组委会要为参赛队提供每天的气象预报，包括每日气温、降水量、湿度、能见度、风况（风速和风向）。

（三）马拉松游泳

比赛场地

马拉松游泳属于公开水域游泳中的一项。根据国际游泳联合会制订的公开水域游泳竞赛规则，公开水域游泳比赛是指在江、河、湖、海等自然水域举行的比赛，是国际泳联确立的6个正式项目之一。公开水域游泳，分为"长距离游泳"或"马拉松游泳"两种。其中，距离不超过10km的比赛称为长距离游泳赛，超过10km的叫马拉松游泳赛。

比赛中，参赛选手将在长2272m、宽162m、深3.5m的赛场中游4圈，每圈2.5km，共10km，水温大约维持在20℃～22℃。

比赛规则

根据国际泳联规定，参加公开水域游泳比赛的运动员年龄不得小于14周岁。

若教练从浮船上跌落水中，他的运动员将立刻失去比赛资格。

裁判对是否取消运动员参赛资格拥有最终决定权。

马拉松游泳选手可以采用任意泳姿。

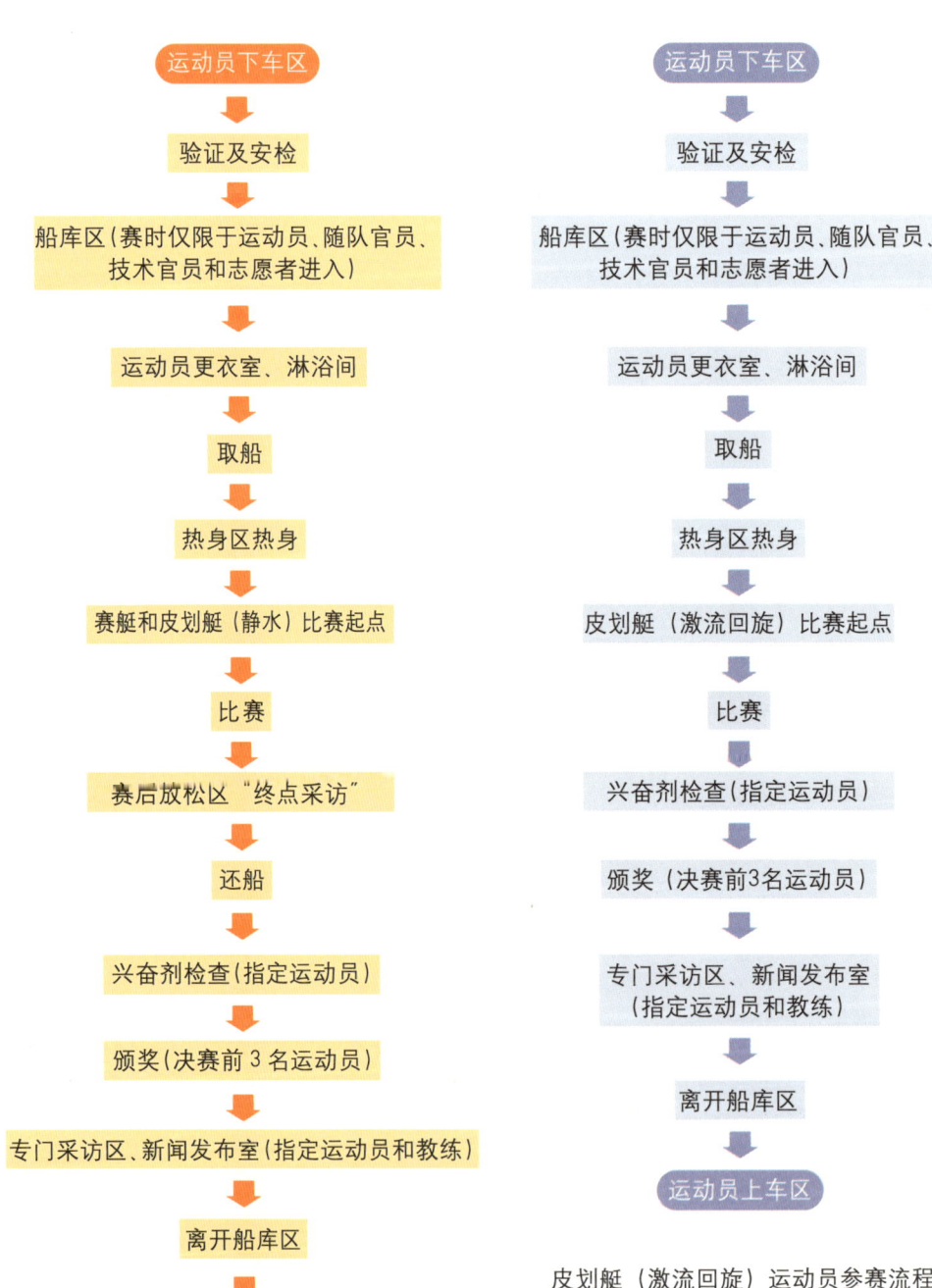

运动员下车区

验证及安检

船库区（赛时仅限于运动员、随队官员、技术官员和志愿者进入）

运动员更衣室、淋浴间

取船

热身区热身

赛艇和皮划艇（静水）比赛起点

比赛

赛后放松区"终点采访"

还船

兴奋剂检查（指定运动员）

颁奖（决赛前3名运动员）

专门采访区、新闻发布室（指定运动员和教练）

离开船库区

运动员上车区

赛艇和皮划艇（静水）运动员参赛流程

运动员下车区

验证及安检

船库区（赛时仅限于运动员、随队官员、技术官员和志愿者进入）

运动员更衣室、淋浴间

取船

热身区热身

皮划艇（激流回旋）比赛起点

比赛

兴奋剂检查（指定运动员）

颁奖（决赛前3名运动员）

专门采访区、新闻发布室（指定运动员和教练）

离开船库区

运动员上车区

皮划艇（激流回旋）运动员参赛流程

顺义奥林匹克水上公园皮划艇静水初步运行设计房间列表

运行分区1——观众活动区　　注册分区——白区				
运行责任部门	运行设计房间名称	英文名称	数量	面积(m²)
观众服务	检票口	Ticket Rip	16	区域空间
	观众婴儿车、轮椅寄存	Stroller Storage	2	50
	观众信息亭	Spectator Info Booth	1	20
环境	观众饮水处	Spectator Drinking	6	25
	观众卫生间	Spectator Toilets	6	25
餐饮服务	观众餐饮售卖点	Spectator Points of Sale	22	25
市场开发	特许商品场馆零售	MER Management	1	30
	特许商品场馆零售店	Concession	2	25
	商品储存区	MER Storage	2	25
医疗服务	观众医疗站	Spectator Medical	1	57
	接待和候诊区	Reception & Waiting	1	19.3
	医疗区	Medical Treatment Area	1	18.8
	医生办公室	Doctor Office	1	18.9
票务	票务服务台	Ticket Management	1	30
	售票处	Ticketing Sales Window	2	50
环境	清洁间	Cleaning Area	1	10
安保	安保服务中心	Security Services	1	158
	失物招领处	Lost & Found	1	28.6
	安保控制点	Security Control Office	1	20
	治安处理点	Public Security	1	80
	男卫生间	Toilet	1	14.7
	女卫生间	Toilet	1	14.7

运行分区2——比赛场地区　　注册分区——蓝区				
运行责任部门	运行设计房间名称	英文名称	数量	面积(m²)
竞赛组织	比赛场地	Field of Play	1	场地内
	运动员检录区	Athletes call Area	1	12.96
	皮划艇二次船艇码头	Boat second time		移动码头
	运动员上水码头	Out water Pontoon	2	移动码头
	运动员下水码头	In water Pontoon	2	移动码头
	混合区（运动员通道）	Mixed Zone	1	约55延米
兴奋剂检查	运动员兴奋剂检测标记	Athletes Tagging	1	25
医疗服务	比赛场地周边急救区	Adjacent First Aid Area	1	25
颁奖仪式	颁奖台及旗杆	Awards Podium & Flag	1	30
	颁奖仪式等候区	Ceremony Waiting Area	1	38
	颁奖码头	Ceremony Pontoon		移动码头
摄影服务	摄影码头	Photo Pontoon	1	移动码头

运行分区3——体育竞赛区　（静水）注册分区——蓝区				
运行责任部门	运行设计房间名称	英文名称	数量	面积(m²)
竞赛组织	热身场地	Warm-up Area	1	场地周围
	运动员接待处	Reception & Info Desk	1	20
	艇库一层	Boat Basement	1	866.02
	运动员接待处	Reception & Info Desk	1	58.87
	运动员存包处	Bag Storage	1	61.44
	成绩复印室	Results Printing & Distribution	1	105.37
	船艇存放	Boat Storage	2	833.78+
	运动员称重区	Athlete Weighing	1	80
	船艇称重	Boat Weighing	1	100
	医务中心	Medical Centre	2	88.34+20
	运动员更衣室（男）	Athlete Change Room	1	151.49
	运动员更衣室（女）	Athlete Change Room	1	136.35
	体育器材储存区	Sport Equipment	1	88.51
	运动员健身房	Gym	1	83.99
	赛艇艇库二层	Boat Basement	1	0

运行责任部门	运行设计房间名称	英文名称	数量	面积(m²)
竞赛组织	赛艇艇库二层	Boat Basement	1	1039.24
	运动员宿舍	Day Village	48	29.74
	男卫生间	Toilet	2	34.53
	女卫生间	Toilet	2	34.53
	消毒间	Sanitary	1	54.76
	厨房	Kitchen	1	60.62
	储藏间	Storage	1	4.8
	休息厅、餐厅	Dining Area	1	282.57
	小餐厅	Cafeteria	1	61.12
	会议室	Meeting Room	1	320
	公共录像室	Public Video Room	1	40.32
	运动员上网区	Inernet	1	38.68
	气象办公室	Met Office	1	18.94
	办公室	Office	1	38.38
	场地器材办公室	Sport Equipment	1	20.25
	临时艇架	Tempory Boathouse	1	882
	员工休息室	Worker's Break Room	1	25
	男卫生间	TOILET（Male）	1	25
	女卫生间	TOILET（Female）	1	25
	运动员休息室	Athlete Lounge	20	20.65
	接待	Reception	1	20.6
	男更衣室	Change Room（male）	1	83
	女更衣室	Change Room（female）	1	50
	男淋浴室	Shower Room（male）	1	32.3
	女淋浴室	Shower Room（female）	1	32.3
	男按摩室	Massage Room（male）	2	26+73.51
	女按摩室	Massage Room（female）	2	27.37+24.06
	男卫生间	Toilet（male）	1	24.19
	女卫生间	Toilet（female）	1	24.19
	运动员休息区	Athlete Lounge	1	200
	集装箱停放区	Container	1	5570
	船艇修理区（帐篷）	Boat Repair Area	7	区域空间
	运动员自带篷区	Athletes tent area	1	1000
	中心岛主看台一层	Center Grandstand	1	283.5
	皮划艇竞赛管理办公室	Competition Manager Office	2	16.7
	皮划艇竞赛公共办公区	CM Assigned Work Area	1	67
	国际单项联合会（赛艇）技术代表室	IF（FISA）Technical Delegates Office	1	40
	国际单项联合会（赛艇）办公室	IF（FISA）Shared Office	1	84
	国际单项联合会（赛艇）仲裁(含医务仲裁)室	IF（FISA）Jury Room（includig medical jury）	1	18
	国际单项联合会(游泳)主席办公室	FISA prseident office	1	15
	男卫生间	Toilet	2	15.7
	女卫生间	Toilet	2	27.1
	中心岛主看台二层	Center Grandstand	1	180
	国际单项联合会接待室	ICF area	1	160
	国际单项联合会(皮划艇)主席办公室	ICF office	1	20
	中心岛主看台地下一层	Center Grandstand	1	43.84
	竞赛管理会议室	MeetingRoom	1	43.84
	家属见面区	Kiss and Cry Zone	1	200
	男卫生间	Toilets（male）	1堆	58.9
	女卫生间	Toilets（female）	1堆	79.85
	残疾人卫生间	Accessible Toilets	1	5.83
	裁判专用卫生间	Judge Toilet	2	17.11
	裁判休息室	Judge Lounge	1	71.96
	裁判更衣室	Judge Change room	2	20.65
	男运动员更衣室（L12）	Athlete Change Room	10	32

运行责任部门	运行设计房间名称	英文名称	数量	面积(m²)
竞赛管理	女运动员更衣室	Athlete Change Room	6	25
	男卫生间(L12)	Toilets（Male）	1	30
	女卫生间(L12)	Toilets（Female）	1	17
	卫生间(L13)	Toilets	2	17.11
	保洁间(L13)	Housekeeping Room	1	15.4
	弱电机房(L13)	Machine Room	1	2
	运动员更衣室（L13）	Athlete Change Room	2	20.65
	运动员休息室(L13)	Athlete Lounge	1	200
	运动员接待处（L13）	Reception & Info Desk	1	20.65
	临时库	Temporary Boathouse	1	462.25
	船艇修理区	Boat Repair Area	1	区域空间
技术	弱电机房	Machine Room	1	5.95
	成绩复印分发室	Results Printing &	1	87.9
兴奋剂检查	兴奋剂检测区	Doping area		140.41
	兴奋剂官员办公室	Office for Doping Control	1	16.74
	兴奋剂候检室	Waiting Area	1	46.26
	尿检工作室(含卫生间)	Processing Room (Urine)	3	20
	血检工作室	Processing Room (Blood)	1	20
	男卫生间	Toilet(Male)	1	17.11
	女卫生间	Toilet(Female)	1	20.3
医疗服务	运动员医疗站	Athlete Medical Station		130.57
	运动员候诊室	Reception & Waiting Room	1	46.12
	检查和物理治疗室	Examination Room	1	55.11
	治疗室	Intensive Care Unit	1	15.34
	医生办公室和储藏室	Doctor & Nurse Office	1	14

运行分区4——体育竞赛区（皮划艇）注册分区——蓝区

运行责任部门	运行设计房间名称	英文名称	数量	面积(m²)
竞赛组织	运动员检录区	Athletes call Area	1	20
	热身场地	Warm-up Area	1	场地周围
	赛艇艇库一层	Boat Basement	1	1035.68
	运动员接待处	Reception & Info Desk	1	58.87
	运动员存包处	Bag Storage	1	61.44
	成绩复印室	Results Printing &	1	103.37
	赛艇仔放	Boat Storage	2	833.78+
	运动员称重区	Athlete Weighing	1	80
	船艇称重	Boat Weighing	1	100
	兴奋剂检测区	Doping Control Centre	1	169.66
	医务中心	Medical Centre	2	88.34+20.67
	运动员更衣室（男）	Athlete Change Room	1	151.49
	运动员更衣室（女）	Athlete Change Room	1	136.35
	体育器材储存区	Sport Equipment Storage	1	88.51
	运动员健身房	Gym	1	83.99
	赛艇艇库二层	Boat Basement	1	1039.54
	运动员宿舍	Day Village	48	29.74
	男卫生间	Toilet	2	34.53
	女卫生间	Toilet	2	34.53
	消毒间	Sanitary	1	54.76
	厨房	Kitchen	1	60.62
	储藏间	Storage	1	4.8
	休息厅、餐厅	Dining Area	1	282.57
	小餐厅	Cafeteria	1	61.12
	会议室	Meeting Room	1	320
	公共录像室	Public Video Room	1	40.32
	运动员上网区	Inernet	1	38.68
	气象办公室	Met Office	1	18.94
	办公室	Office	1	38.68
	场地器材办公室	Sport Equipment	1	20.25
	运动员休息室	Athlete Lounge	20	20.65
	船艇修理区（帐篷）	Boat Repair Area	7	区域空间
	摩托艇修理间	Motorboat Repair Area	1	10
	临时艇架	Tempory Boathouse	1	882
	接待	Reception	1	20.6
	男更衣室	Change Room（male）	1	83
	女更衣室	Change Room（female）	1	50
	男淋浴室	Shower Room（male）	1	32.3
	女淋浴室	Shower Room（female）	1	32.3

运行责任部门	运行设计房间名称	英文名称	数量	面积(m²)
竞赛组织	男按摩室	Massage Room（male）	2	26+73.51
	女按摩室	Massage Room（female）	2	27.37+24.06
	男卫生间	Toilet（male）	1	24.19
	女卫生间	Toilet（female）	1	24.19
	运动员休息区	Athlete Lounge	1	200
	集装箱停放区	Container	1	5570
	运动员自带帐篷区	Athletes tent area	1	1000
	中心岛主看台一层	Center Grandstand	1	376.7
	赛艇竞赛管理办公室	Competition Manager Office	2	16.7
	赛艇竞赛公共办公区	CM Assigned Work Area	1	86
	国际单项联合会技术代表室	IF（FISA）Technical Delegates Office	1	40
	国际单项联合会办公	IF（FISA）Shared Office	1	84
	国际单项联合会仲裁（含医务仲裁）室	IF（FISA）Jury Room（includig medical jury）	1	18
	国际单项联合会（皮划艇）主席办公室	FISA prseident office	1	82
	男卫生间	Toilet	2	25
	女卫生间	Toilet	2	25
	中心岛主看台二层	Center Grandstand	1	180
	国际赛联接待区	FISA area	1	160
	国际单项联合会（赛艇）主席办公室	FISA prseident office	1	20
	中心岛主看台地下一层	Center Grandstand	1	43.84
	竞赛管理会议室	MeetingRoom	1	43.84
	员工休息室	Worker's Break Room	1	25
	男卫生间	TOILET（Male）	1	25
	女卫生间	TOILFT（Female）	1	25
	家属见面区	Kiss and Cry Zone	1	200
	男卫生间	Toilets（male）	1堆	58.9
	女卫生间	Toilets（female）	1堆	79.85
	残疾人卫生间	Accessible Toilets	1	5.83
	裁判休息室	Judge Lounge	1	71.96
	裁判更衣室	Judge Change room	2	20.65
	裁判专用卫生间（男）	Judge Toilet	1	17.11
	裁判专用卫生间（女）	Judge Toilet	1	17.11
技术	弱电机房	Machine Room	1	5.95
	成绩复印分发室	Results Printing & Distribution	1	87.9
兴奋剂检查	兴奋剂检测区	Doping area		140.41
	兴奋剂官员办公室	Office for Doping Control Manager	1	16.74
	兴奋剂候检室	Waiting Area	1	46.26
	尿检工作室(含卫生间)	Processing Room（Urine）	3	20
	血检工作室	Processing Room（Blood）	1	20
	男卫生间	Toilet(Male)	1	17.11
	女卫生间	Toilet(Female)	1	20.3
医疗服务	运动员医疗站	Athlete Medical Station		130.57
	运动员候诊室	Reception & Waiting Room	1	46.12
	检查和物理治疗室	Examination Room	1	55.11
	治疗室	Intensive Care Unit	1	15.34
	医生办公室和储藏室	Doctor & Nurse Office	1	14

运行分区5——仪式及文化活动区 注册分区——蓝区

运行责任部门	运行设计房间名称	英文名称	数量	面积（m²）
颁奖仪式	体育展示办公室(及设备储存室)	Sport Presentation Office	1	17.15
	颁奖人员及运动员等候区	Ceremony Waiting Area	1	38.21
	仪式经理办公室及奖牌存放间	Ceremony Managemant & Medal	1	20
	礼仪人员准备室及国旗储藏(男)	Presenter & Mascot Dressing	1	49.8
	礼仪人员准备室(女)及鲜花储藏	Presenter & Mascot Dressing	1	48.97
	卫生间	Toilet	2	10

运行分区6——电视转播区 注册分区——5区

运行责任部门	运行设计房间名称	英文名称	数量	面积（m²）
电视转播	电视转播综合区	Broadcasting Compoud	2	5000+1000
	BOB			1080
	转播管理办公区	Broadcasting Management Office	1	72
	转播技术运行中心	Broadcasting Technical Operation Centre	1	72
	转播技术运行办公室	Broadcasting Technical Operation Centre/Graphics	2	72+48
	技术存储空间	Technical Storage	1	48
	制作办公室	Production Office	1	72
	电视转播餐饮区	Broadcasting Catering		240
	转播餐饮备餐区	Boradcasting Catering Kitchen Area	1	72
	餐厅	Dining Area	1	144
	冷藏室	Cold Room	2	24
	备份电源存放区	Domestic Back-up Power Supply	1	260
	经理办公室	Manager Office	1	48
	物流存放间	Logistic Storage	1	24
	工作人员休息区	Staff Break Area	1	72
	转播车外（遮阳设施）	Broadcasting Shelter	1	160
	转播人员专用卫生间	Broadcasting Toilet	2	12
	持权转播商用地	RHB working Area	1	1000
	评论员控制室（CCR）	Commetator Control Room	1	65
	转播信息办公室(BIO)	Broadcasting Informatio Office	1	42
	混合区（电视转播通道）	Mixed Zone	1	43.2
	BOB下水码头	BOB Pontoon	1	移动码头

运行分区7——新闻运行区 注册分区——4区

运行责任部门	运行设计房间名称	英文名称	数量	面积（m²）
新闻运行	场馆新闻中心	Venue Media Cetre	1	377.88
	媒体接待处	Reception & INFO Desk & Storage	1	20.51
	新闻运行经理办公室	Press Office	1	20.51
	奥林匹克新闻服务工作室	Olympic News Service Work Room	1	20
	文字记者工作区	Press Work Area	1	246.26
	信息查询终端摆放区域	INFO Allocation Area	1	区域空间
	新闻媒体专用男卫生间	Toilet (male)	1	17.3
	新闻媒体专用女卫生间	Toilet (female)	1	19.34
	成绩公报协调员办公室	Results Distribution	1	15.5
	文字记者储物柜摆放区域	Press Locker	1	区域空间
	成绩公报柜摆放区域	Result Cabinet Allocation Area	1	区域空间
	信息打印/复印区域	Info Print/Copy Area	1	区域空间

运行责任部门	运行设计房间名称	英文名称	数量	面积（m²）
新闻运行	电视机/冰柜摆放区域	TV/Refrigeratory Allocation Area	1	区域空间
	国际单项体育联合会新闻代表工作室	FISA News Delegates Office	1	18.46
	新闻发布厅	Press Conferece Room	1	119.26
	准备室	Preparation room	1	17.7
	文字、摄影记者采访区(上下车采访)	Mixed Zone	1	246
	弱电机房	Machine room	2	4.4+5.2
	媒体休息区	Media Lounge	1	107.02
	餐饮售卖点及休息区	Dining & Lounge	1	94.1
	小型备餐间	Food Preparation Room	1	12.92
摄影服务	摄影经理办公室	Photo Manager Office	1	15.5
	摄影记者工作区	Photo Work Area	1	73.26
	摄影记者储物柜摆放区域	Photographer Locker	1	区域空间
	摄影记者休息室	Photo Break Room	1	25

运行分区8——场馆礼宾区 注册分区——6区

运行责任部门	运行设计房间名称	英文名称	数量	面积（m²）
场馆礼宾	陪同人员休息区 主看台一层	Olympic Family Attendants Room	1	43
	场馆礼宾经理办公室	Venue Protocol Manager Desk	1	20.8
	贵宾休息室	Olympic Family Lounge	1	123
	餐台和休息区	Dining & Lounge	1	114
	小型备餐间	Food Preparation Room	1	9
	接待处/交通服务处	Welcome & Transport Info Desk	1	区域空间
	贵宾会客室	Olympic Family Meeting Room	1	59.6
	贵宾专用卫生间	OF Toilet	2	16.4
	残疾人卫生间	Accessible Toilets	1	10
	终点塔VIP观看平台		1	21.45
竞赛组织	室外休息平台/终点塔联系桥		1	241

运行分区9——场馆运行区 注册分区——红区

运行责任部门	运行设计房间名称	英文名称	数量	面积（m²）
场馆管理	场馆主任办公室	Venue Manager Office	1	15
	场馆副主任办公室	Venue Deputy Manager Office	3	20
	场馆运行中心	Venue Operation Centre	1	66
	场馆通信中心	Venue Commuication Centre	1	60
	多功能会议区	Multi-purpose Room	1	95
	工作人员卫生间	Toilet	2	22
场馆人事	场馆人事经理办公室	Venue Staffing Management	1	22
	场馆人事副经理办公室	Venue Staffing Management	1	22
	工作人员签到区（动静水共用）	Staff Check-in Area	1	100
	工作人员签到处	Staff Check-in Points	1	区域空间
	工作人员问询区	Staff INFO Desk	1	区域空间
	志愿者服务处	Volunteer Services Desk	1	区域空间
	工作人员物品存放间	Cloak Room	1	区域空间
	工作人员休息和用餐区(动静水共用)	Staff Break & Dnining Area	1	791
	工作人员卫生间	Staff Toilet	2	16
场馆财务	场馆财务经理办公室	Venue Finance Manager Office	1	22
票务	票务经理办公室	Ticketing Management Office	1	12

运行责任部门	运行设计房间名称	英文名称	数量	面积 (m²)
语言服务	语言服务经理办公区	LAN Manager Office	1	36
观众服务	观众服务管理办公区（动静水共用）	Spectator Services Management Area	1	150
	物资储存与分发区（动静水共用）	SPS Equipment Storage & istribution	1	115
	工作部署区（静水）	Briefing Area	1	208
	卫生间	Toilet	2	16.1+14.8
市场开发	市场开发经理办公室	Marketing Manager Office	1	20
注册	场馆注册中心	Venue Accreditation	1	54
场馆设施管理	场馆设施管理办公区	Site Managment Work	1	55
	后勤工人休息区	Response Team & Vendor Staging	1	26
	设备机房	Equipment Room	1	45
	循环水处理机房		1	1393
	维修人员卫生间（男）	Toilet（Male）	1	16
	维修人员卫生间(女)	Toilet（Female）	1	16
技术	计算机设备及主配线间	Computer Equipment & Main Cabling Room	1	50.15
	网络管理间	Lan Equipment Room	1	22.18
	固定通信设备机房	Fix Telecomcomuication Equiptmet Room	1	29.26
	移动通信机房	Mobile Telecommuication Equipment Room	1	29.5
	综合布线分配线间	Cross Connection Frame Room	1	18.88
	网络机房/有线电视机房	CATV Control Room	1	28.7
	有线电视机房	CATV Control Room	1	10.17
	集群设备分发间	Trunk Radio Distribution Room	2	40.12+50
	场馆技术运行中心	Venue Technology Operation Center	1	27.96
	技术支持服务中心	Technology Help Desk	1	40.12
	固定通信技术人员工作室	Fix Telecommunication Operation	1	20.65
	移动通信技术人员工作室	Mobile Telecommunication Operation	1	20.65
	流动扩声系统设备存放间	Audio Equipment	2	40.12
	IT设备存放间	IT Equiptmet Storage	1	20.29
物流	物流经理办公室	Logistic Management	1	20
	物流综合区(含物流卸货区)(动静水共用)	Logistic Compound	1	3569 +996
	物流管理办公区	Logistic Management Area	1	区域空间
	工人休息区	Workers Lounge	1	区域空间
	特殊物资存储区	Special Materials Storage	1	区域空间
	技术设备包装物仓储区	Warehouse Storage	1	区域空间
	技术设备包装存放间	Technology Equiptment Bulk Storage	1	700
	纸张存放间	Paper Storage	1	86
	维修物资仓库和工作间	Maintenance Warehouse &Workshop	1	区域空间
	指路标识临时设施仓库	Vendor Secure Storage	1	区域空间
	办公用品存储间	Office Supplies Storage	1	区域空间
	服装存储间	Uniform Storage	1	区域空间
	形象景观仓储室	IMI Work &Storage Area	1	区域空间
	物资回收及分发室	Equipment Sig-out	1	区域空间
	物流卸货区	Loading & Vehicle Staging	1	996
	油箱存储间	Fuel Tanks	1	区域空间
	维修车辆停放区	Material Vehicle Staging	1	区域空间
	物流人员专用卫生间	Toilet	1	区域空间
	物资转运区	Materials Transfer Area	1	区域空间
餐饮服务	餐饮经理办公室	Catering Manager Office	1	22
	餐饮综合区动静水共用	Catering Compound	1	406

运行责任部门	运行设计房间名称	英文名称	数量	面积 (m²)
餐饮服务	餐饮办公室	Catering Management Office	1	区域空间
	餐饮供应商办公室	Catering Contractor Office	1	区域空间
	饮料供应商办公室	Beverage Contractor Office	1	区域空间
	干货冷藏区	Dry, Cold & Ice Storage	1	区域空间
	卸货区	Vehicle Staging	1	区域空间
	厨房和备餐区	Kitchen & Preparation Area	1	区域空间
	露天储存区	Uncovered Storage	1	区域空间
	餐饮人员专用卫生间	Catering Staff Toilet	1	区域空间
环境	清废综合区(动静水共用)	CLW Compound	1	1120
	环境经理办公室	CLW Manager Office	1	30
	清洁设备储存区	Cleaning Equipment Supply & Storage	1	100
	清废人员休息区	Management and Break Area	1	200
	车辆停靠区	CLW Vehicle Staging	1	150
	废弃物暂存区/垃圾压缩机停	Waste Sorting Area /Waste Contractor	1	250
	保洁间		1	5
	中心岛清废区	Temporary Waste	1	301
	清洁设备储存区	Storage	1	91
	垃圾暂存间	Waste Sorting Area	1	105
	静水观众看台区清废区	Temporary Waste	1	172.55
	清洁设备储存区	Storage	1	70
	垃圾暂存间	Waste Sorting Area	1	75
	保洁间		1	5
交通	自驾车停车场	Self Driving Parking	1	20000
	车辆调度室	Vehicle Dispatch Room	1	75.52
	交通民警备勤室	Transport Police Reserve Room	1	40
	司机休息室	Driver Break Room	1	40
	司机卫生间	Toilet	2	8.7
	交通专用设施存放	Storage Yard		40
	交通监控指挥室	Transport Monitoring & Command Office	1	75.52
	场馆运行停车场(大车)	VOP Parking	1	28
	运动员班车.贵宾停车场	Athletes\VIP Parking	1	114
	公交车停车场	Bus Parking		50000
	贵宾停车场	VIP Parking	1	50
安保	治安处理点（盘查室）	Public Security Handling Office	1	20.6
	武警部队指挥室	Policeman Command Centre	1	29.5
	现场安保指挥通信设备间	On-site Security Commuication Equipment Room	1	20.65
	武警部队备勤室	On-site Guard Reserve Force Office	1	104
	现场安保总指挥区	Security Command Centre	3	40
			1	100.3
	治安处理点(询问室)	Public Security Handling Office	3	20.6+20.6+26
	突发事件处置人员备勤室	Emergency Handler Duty Room	2	100.3
	反恐防暴屯兵处	Anti-terrorism Personnel Duty Room	2	20.65
	卫生间	Toilet	2	14.74

运行责任部门	运行设计房间名称	英文名称	数量	面积（m²）
安保	保安备勤室	Safety Room	1	104
	消防备勤室（业主自用）	Fire Fighting Reserve Office	2	16.8+11.2
	无线通信机房	Wireless Communication Room	1	10
	临时消防站（共用）	Temporary Firehouse	1	206
	消防备勤室	Fire Fighting Reserve Office	1	24
	消防车库		1	92
	消防驻勤室		1	90
	要害设施保驾用房		2	20.6
	安保中心岛分指挥部/要人警卫工作现场指挥部	Security Command Centre/On-site Guard Office	1	64
	安保后备用房	Security Reserve Room	1	30
	安保执勤岗亭	Security Observation Positions	1	3
	直升机停机坪	Helicopter Apron	1	1256

顺义奥林匹克水上公园（静水训练）初步运行设计房间列表

运行责任部门	运行设计房间名称	英文名称	数量	面积（m²）
运行设计房间列表				
功能分区3——体育竞赛区 注册分区——蓝区				
竞赛组织	卫生间(L13)	Toilets	2	17.11
	弱电机房(L13)	Machine Room	1	2
	运动员更衣室	Athlete Change Room	10	32
			6	25
	运动员休息室	Athlete Lounge	2	25
			10	50
	控制室	Control Room		
	运动员接待处	Reception & Info Desk	1	20.65
	皮划艇存放	Temporary Boathouse	2	231
	皮划艇称重	Boat Weighing	1	80
	皮划艇修理区	Boat Repair Area	1	

顺义奥林匹克水上公园（终点塔）初步运行设计房间列表

运行责任部门	运行设计房间名称	英文名称	数量	面积（m²）
功能分区4——体育竞赛区 注册分区——蓝区				
体育展示	广播员/解说员室	Venue Annoucer's Room	1	17.87
功能分区5——电视转播区 注册分区——5区				
电视转播	赛艇/皮划艇终点线摄影平	Camera Platform	1处	15.7
功能分区6——场馆运行区 注册分区——红区				
技术	计时计分系统设备存放间	Timing & Scoring Equipment	1	35.22
	终点成绩处理机房	On-venue Results Room	1	57.73
	终点计时机房	Timing & Scoring Room	1	56.3
	扩声控制室	Public Address Control Room	1	13
	电子显示屏控制室	Video Board Control Room	1	14.97
场馆礼宾	VIP观看平台	VIP Observation Positions	1	21.45
安保	现场消防通信指挥室(消防指挥中心)	On-site Fire Fighting Communication Command Office	1	23.87
	安保观察平台(现场安保观察室)	Security Observation Positions	1	24.63

顺义奥林匹克水上公园（起点塔）初步运行设计房间列表

运行责任部门	运行设计房间名称	英文名称	数量	面积（m²）
2000米处起点塔				
功能分区7——电视转播区 注册分区——5区				
电视转播	摄像平台	Camera Platform	1处	28.05
功能分区8——场馆运行区 注册分区——红区				
技术	起点计时机房及发令员平台	Timing & Scoring Room	1	11.58
1000/500米处起点塔				
功能分区9——电视转播区 注册分区——5区				
电视转播	摄像平台	Camera Platform	各1处	28.05
功能分区10——场馆运行区 注册分区——红区				
技术	起点计时机房及发令员平台	Timing & Scoring Room	各1	11.58

顺义奥林匹克水上公园（校线亭）初步运行设计房间列表

运行责任部门	运行设计房间名称	英文名称	数量	面积（m²）
功能分区11——电视转播区 注册分区——5区				
电视转播	摄像平台	Camera Platform	1处	17.78
功能分区12——场馆运行区 注册分区——红区				
技术	校线员平台	Aligner's Platform	1	13.38

顺义奥林匹克水上公园（计时亭）初步运行设计房间列表

运行责任部门	运行设计房间名称	英文名称	数量	面积（m²）
功能分区13——电视转播区 注册分区——5区				
电视转播	计时亭摄像平台（250米/每）	Camera Platform	8处	

总平面图

A. 观众活动区
A1. 观众入口
A2. 观众临时看台（后院区）
A3. 观众临时看台

B. 体育竞赛区
B1. 起点塔
B2. 比赛场地
B3. 运动员热身场地
B4. 运动员休息室
B5. 静水艇存放区
B6. 竞赛管理区
B7. 终点塔

C. 新闻运行区
C1. 媒体看台
C2. 文字记者工作区
C3. 新闻发布厅
C4. 媒体工作区

D. 场馆运行区
D1. 自驾车停车场
D2. 公交车停车场
D3. 物流综合区
D4. 场馆管理区
D5. FISA 大家庭入口
D6. 工作人员入口
D7. 免检车入口

E. 安保及交通运行区
E1. 车辆安检入口
E2. 安保用房

F. 非赛时使用空间区

G. 比赛场地区

H. 电视转播综合区
H1. BOB 综合区

I. 场馆礼宾区
I1. 贵宾停车场
I2. 贵宾区

J. 仪式及文化活动区

图例

大车下车点

小车下车点

机动车流线

步行流线

车辆验证点

注册区验证点

入口

EXIT 出口

线型图例

人行流线
车行流线
应急流线
设备流线
安保边界 2.5m
区域边界 2.2m
区域边界 1.8m
路障

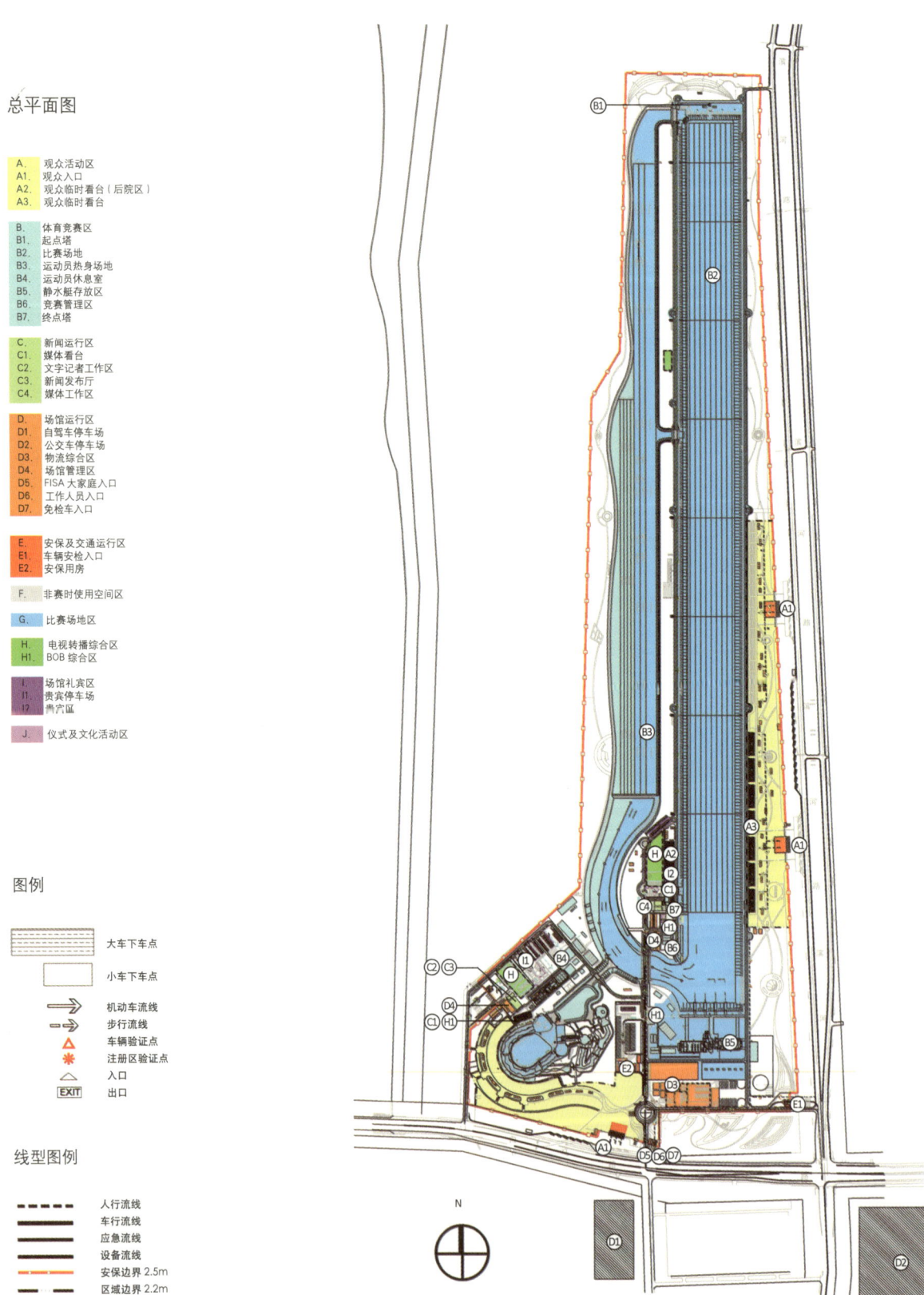

N

分区总平面图 1

A. 观众活动区
A1. 紧急通道
A2. 观众入口

B. 体育竞赛区
B1. 皮划艇存放区
B2. 皮划艇修理区
B3. 控制室
B4. 皮划艇承重
B5. 运动员区 L13
B6. 运动员区 L09
B7. 运动员区 L12
B8. 厕所
B9. 运动员区 L06
B10. 皮划艇检查
B11. 激流回旋艇库
B12. 比赛场地周边急救区
B13. 运动员兴奋剂检测标记区
B14. 运动员自带帐篷区
B15. 瞭望塔
B16. 公共计分牌
B17. 传送带
B18. 记分牌
B19. 运动员区 L07
B20. 运动员区 L08
B21. 家属会见区 L19
B22. 运动员休息区
B23. 临时艇架
B24. 竞赛组织区 L01
B25. 运动员兴奋剂检测标记区
B26. 比赛场地周边急救区
B27. 皮划艇二次船检
B28. 旗杆
B29. 技术官员入口
B30. 裁判码头
B31. 运动员入口
B32. 运动员出口
B33. 静水艇库
B34. 终点塔

C. 新闻运行区
C1. 媒体区 L10
C2. 媒体落客点
C3. 新闻胶片快递车停靠点
C4. 文字摄影记者采访区
C5. 新闻区 L04
C6. 摄影记者入口
C7. 摄影码头（摄影记者位）

D. 场馆运行区
D1. 场馆管理区 & 技术区 L11
D2. 清废工作区
D3. L22
D4. 观众医疗 L17
D5. 观众婴儿车、轮椅存放处
D6. 观众饮水处
D7. 观众卫生间
D8. 残疾人卫生间
D9. 特许商品场馆零售点
D10. 商品储藏区
D11. 出租车停靠点
D12. 移动通信机房
D13. 售票处
D14. 观众信息亭
D15. 票务服务台
D16. FISA 大家庭入口
D17. 工作人员入口
D18. 免检车辆入口
D19. 场馆管理区 L20
D20. 清废综合区
D21. 员工休息及用餐区
D22. 物流卸货区
D23. 餐饮综合区
D24. 物流综合区
D25. 集装箱停放区
D26. 直升机停机坪
D27. 自行车及电瓶车停放区
D28. 停车场
D29. 自行车租赁
D30. 摩托艇维修站
D31. 场馆管理区 L05
D32. 技术区 L02
D33. 清废综合区 2
D34. 医疗急救人员入口
D35. 时钟

E. 安保及交通运行区
E1. 交通管理
E2. 治安处理点
E3. 安保区 L18
E4. 观众安检口
E5. 检票口（软验票）
E6. 安保区 L14
E7. 临时消防站 L23

E8. 安保区 L21

F. 非赛时使用空间区

G. 比赛场地区
G1. 记分牌
G2. 颁奖台
G3. 船艇修理区
G4. 运动员检录区
G5. 终点线

H. 电视转播综合区
H1. 混合区
H2. BOB 摄像塔
H3. BOB 下水码头
H4. 混合区

I. 场馆礼宾区
I1. VIP 停车场

J. 仪式及文化活动区
J1. 场馆礼仪服务区 L03

索引图

线型图例

人行流线
车行流线
应急流线
设备流线
安保边界 2.5m
区域边界 2.2m
区域边界 1.8m
路障

图例

大车下车点
小车下车点
机动车流线
步行流线
车辆验证点
注册区验证点
入口
EXIT 出口

分区总平面图 2

A. 观众活动区	**D14.** 观众信息亭
A1. 观众入口	**D15.** 票务服务台
	D16. 观众服务
B. 体育竞赛区	**D17.** 通信用房
B1. 分赛计时亭	**D18.** 移动通信机房
B2. 竞赛 & 技术官员入口	**D19.** 出租车停靠点
B3. 自动起航器	
B4. 激流回旋主看台	**E.** 安保及交通运行区
	E1. 司机休息室
C. 新闻运行区	**E2.** 检票口
	E3. 观众安检口 (软验票)
D. 场馆运行区	**E4.** 安保区 L18
D1. 清废工作区 1	**E5.** 治安处理点
D2. 残疾人卫生间	
D3. L22	**F.** 非赛时使用空间区
D4. 观众餐饮售卖点	
D5. 商品储存区	**G.** 比赛场地区
D6. 大屏	**G1.** 颁奖台
D7. 记分牌	**G2.** 颁奖码头
D8. 时钟	**G3.** 运动员上下水码头
D9. 临时气象站	
D10. L16	**H.** 电视转播综合区
D11. 婴儿车、轮椅存放处	
D12. 售票处	**I.** 场馆礼宾区
D13. L17	**I1.** 贵宾停车场

索引图

线型图例

- – – – – 人行流线
- ━━━━ 车行流线
- ━━━━ 应急流线
- ━━━━ 设备流线
- ━━━━ 安保边界 2.5m
- ━━━━ 区域边界 2.2m
- – – – 区域边界 1.8m
- ┼┼┼┼┼ 路障

图例

- ▨▨▨ 大车下车点
- ▢ 小车下车点
- ⟹ 机动车流线
- ⇢ 步行流线
- △ 车辆验证点
- ✳ 注册区验证点
- △ 入口
- [EXIT] 出口

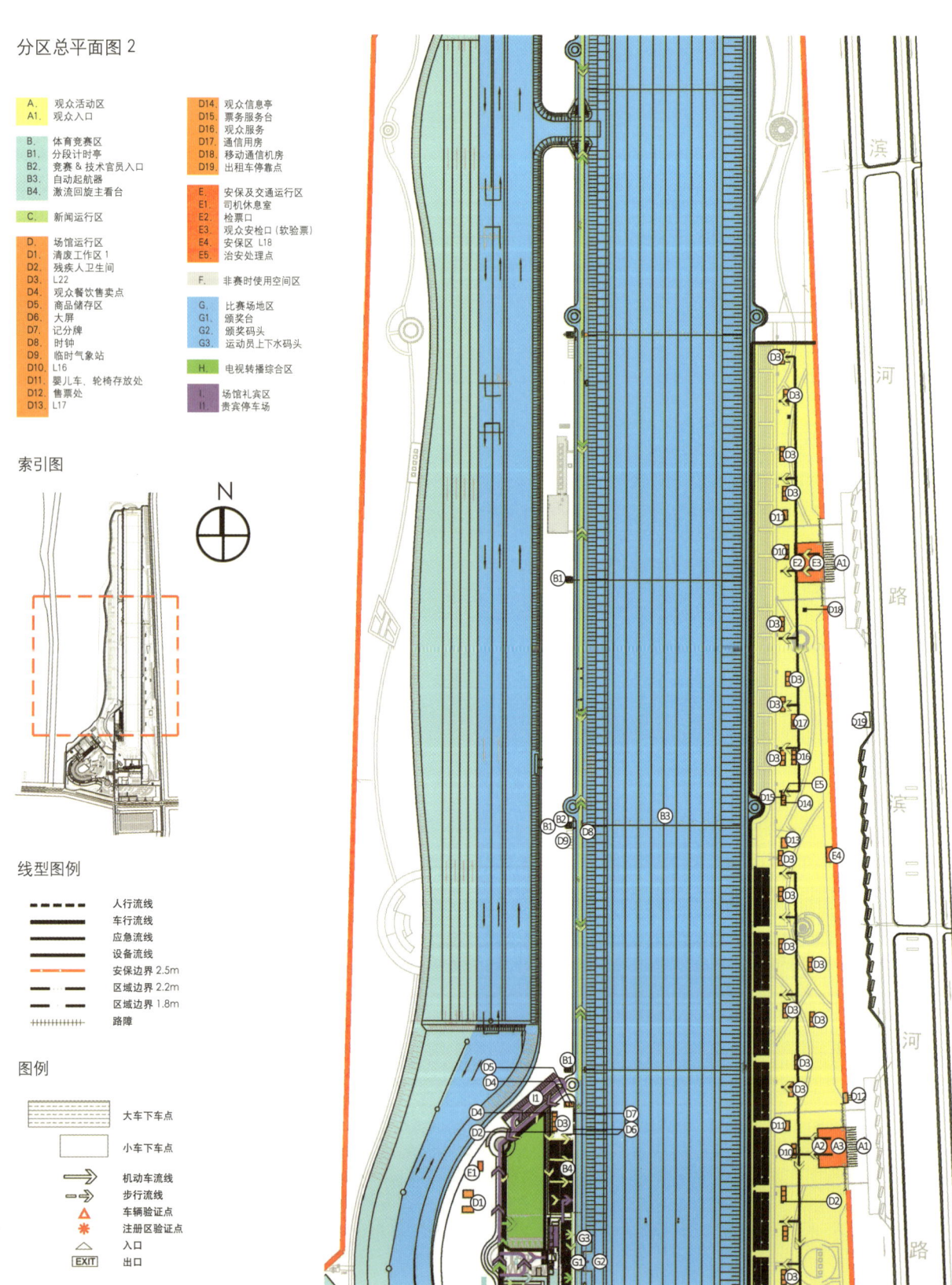

分区总平面图 3

B. 体育竞赛区
B1. 分段计时亭
B2. 竞赛 & 技术官员入口
B3. 运动员入口
B4. 起点塔
B5. 校线亭

C. 新闻运行区
C1. 摄影记者入口
C2. 摄影记者位
C3. 媒体入口
C4. 摄影记者休息室

D. 场馆运行区
D1. 移动通信机房
D2. 临时气象站
D3. 员工休息室
D4. 时钟
D5. 维修人员工作间
D6. 卫生间
D7. 计时设备

G. 比赛场地区
G1. 修理码头

索引图

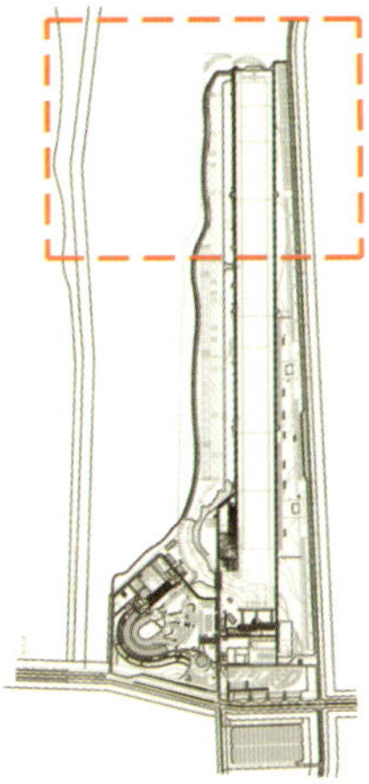

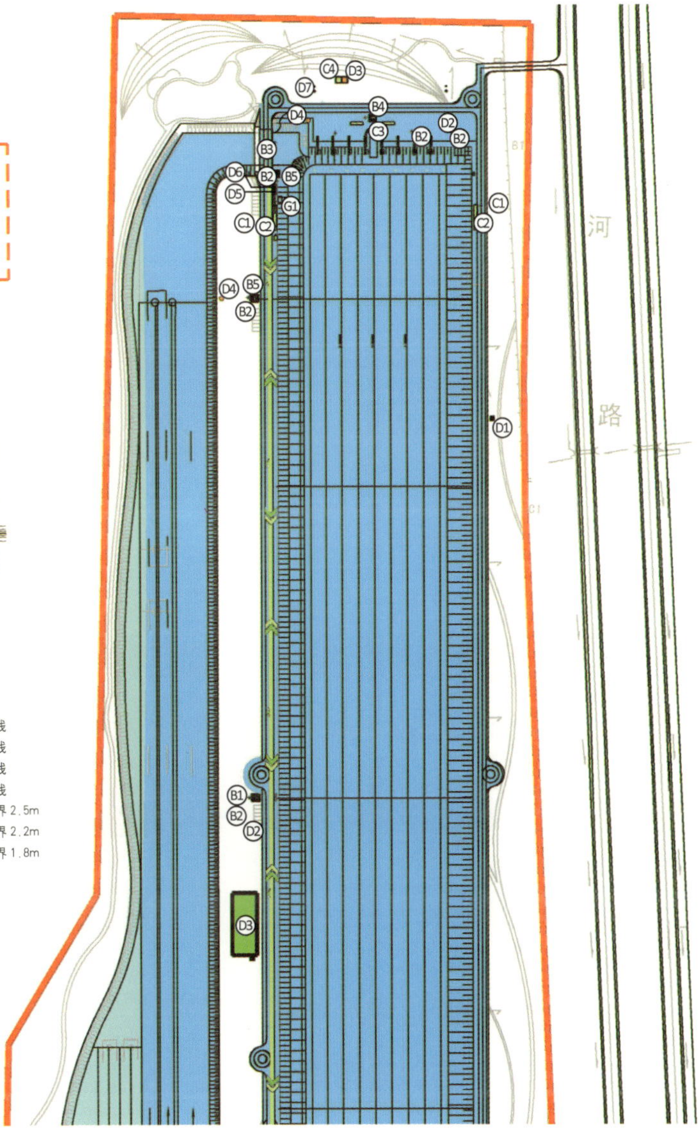

图例

大车下车点
小车下车点
机动车流线
步行流线
车辆验证点
注册区验证点
入口
EXIT 出口

线型图例

人行流线
车行流线
应急流线
设备流线
安保边界 2.5m
区域边界 2.2m
区域边界 1.8m
路障

N

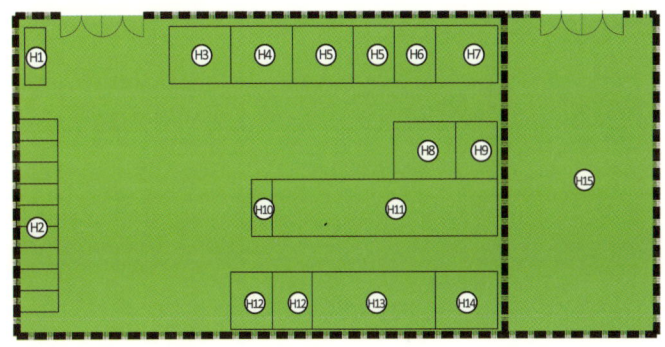

BOB 综合区平面图

H. 电视转播综合区
H1. 转播人员专用卫生间
H2. 转播车外（遮阳设施）
H3. 转播管理办公区
H4. 转播技术运行中心
H5. 转播技术运行办公室
H6. 技术存储空间
H7. 制作办公室
H8. 工作人员休息区
H9. 物流存放间
H10. 经理办公室
H11. 备份电源存放区
H12. 冷藏室
H13. 餐厅
H14. 转播餐饮备餐区
H15. 持权转播商用地

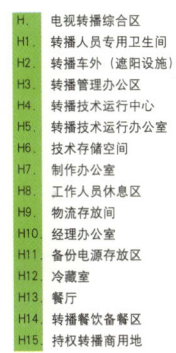

激流回旋艇库一层平面图

B. 体育竞赛区
B1. 艇库
B2. 体育器材储存区
B3. 兴奋剂检测官员办公室
B4. 兴奋剂候检室
B5. 运动员医疗站、运动员候检室
B6. 检查和物理治疗室
B7. 治疗室
B8. 医生办公室储藏室
B9. 血样采集工作室
B10. 血液检查工作室（含卫生间）
B11. 尿检工作室（含卫生间）
B12. 男更衣室
B13. 干衣间
B14. 女更衣室
B15. 会议室
B16. 运动员接待处
B17. 卫生间（男）
B18. 卫生间（女）

D. 场馆运行区
D1. 计算机设备间
D2. 综合配线主配线间
D3. 固定通讯设备机房
D4. 公共广播机房
D5. 综合布线分配线间
D6. 有线电视机房
D7. 网络管理间

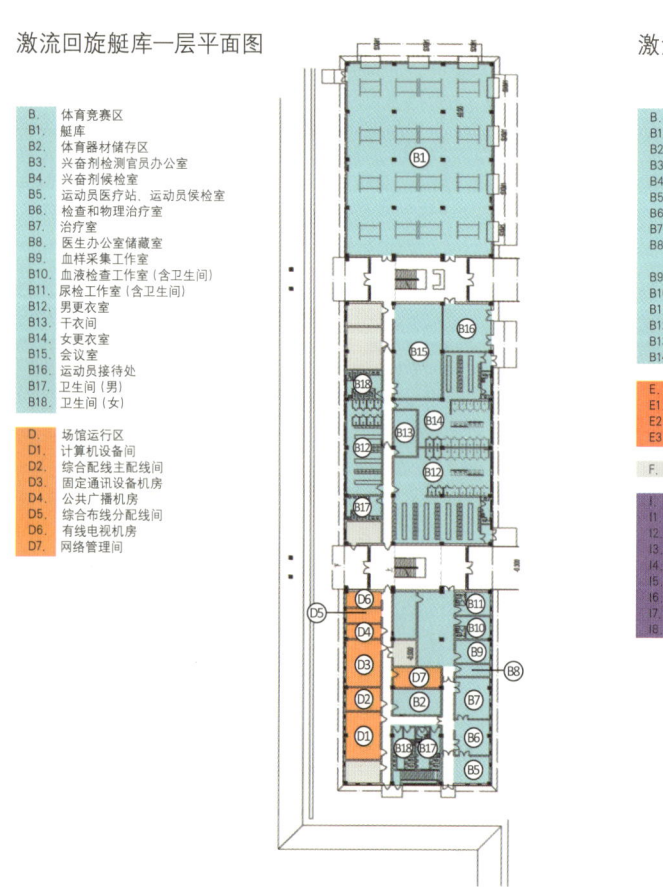

激流回旋艇库二层平面图

B. 体育竞赛区
B1. 竞赛公共办公室
B2. 会议室
B3. 竞赛管理办公室
B4. 场地器材办公室
B5. 储藏间
B6. 裁判员休息室
B7. 卫生间
B8. 国际单项体育联合会（皮划艇）新闻代表工作室
B9. 场馆常务副主任办公室
B10. 国际单项联合会主席办公室
B11. 国际单项联合会秘书长办公室
B12. 国际单项联合会秘书处（含接待处）
B13. 国际单项体育联合会仲裁（含医务仲裁）室
B14. 国际单项体育联合会（皮划艇）技术代表室

E. 安保及交通运行区
E1. 安保分指挥室
E2. 现场警卫机动力量备勤室
E3. 交通分指挥室

F. 非赛时使用空间区

I. 场馆礼宾区
I1. 贵宾会客室
I2. 贵宾专用卫生间（男）
I3. 贵宾专用卫生间（女）
I4. 陪同人员休息室
I5. 场馆礼宾经理办公室
I6. 餐台和休息处
I7. 小型备餐间
I8. 接待处／交通服务处

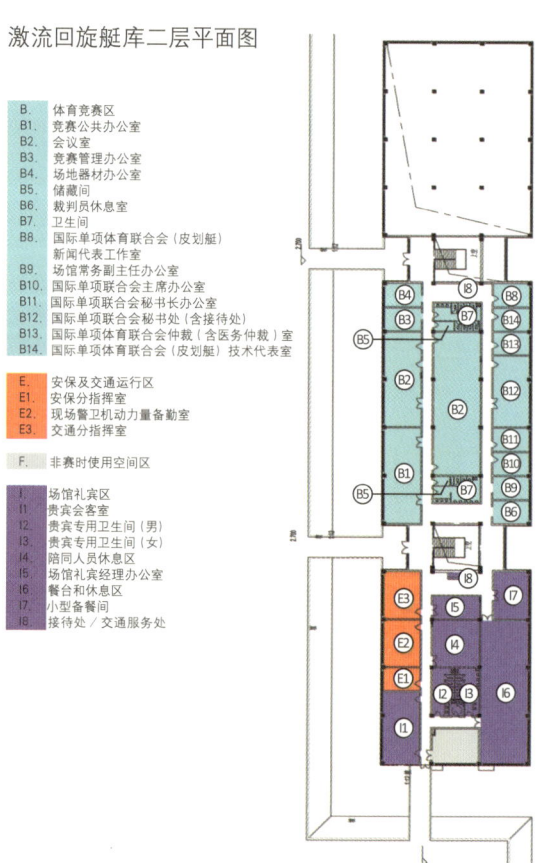

激流回旋主看台一层平面图

B. 体育竞赛区
B1. 抗议办公室

D. 场馆运行区
D1. 卫生间（男）
D2. 卫生间（女）
D3. 保洁间
D4. 综合布线分配间（主看台下）
D5. 计时计分设备存放间
D6. 流动扩声设备存放间（主看台下）
D7. 成绩复印分发室

H. 电视转播综合区
H1. 评论员控制室
H2. 转播信息办公室

J. 仪式及文化活动区
J1. 礼仪人员准备室（女）及鲜花储藏室
J2. 礼仪人员准备室（男）颁奖台国旗储藏室
J3. 体育展示办公室（含奖牌存放处）
J4. 颁奖人员及运动员候场区

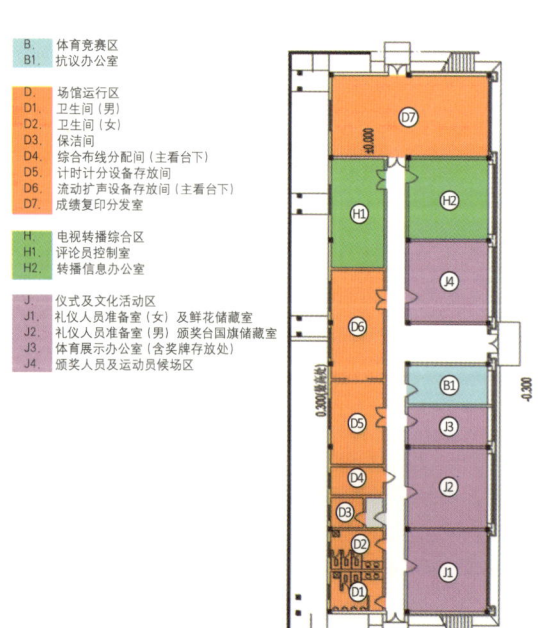

激流回旋主看台二层平面图

B. 体育竞赛区

C. 新闻运行区

H. 电视转播综合区

I. 场馆礼宾区

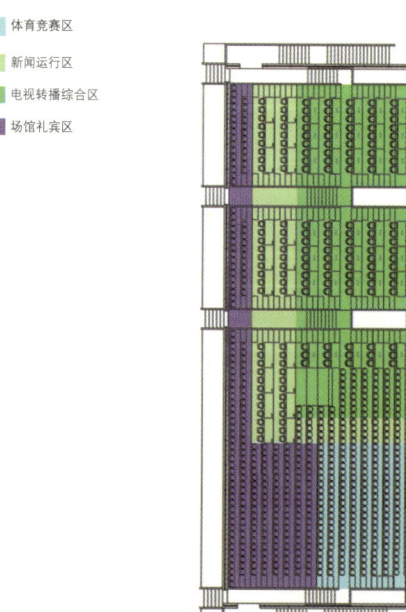

L13 运动员休息室平面图

B. 体育竞赛区
B1. 运动员休息室
B2. 运动员更衣室（女）
B3. 运动员更衣室（男）

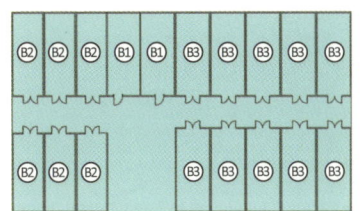

L09/L12 运动员休息室平面图

B. 体育竞赛区
B1. 运动员休息室
B2. 卫生间（女）
B3. 卫生间（男）
B4. 运动员接待处
B5. 运动员餐饮休息区
B6. 公共录像室

D. 场馆运行区
D1. 保洁机房

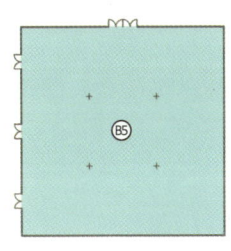
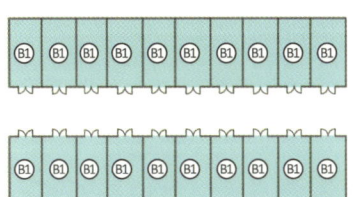

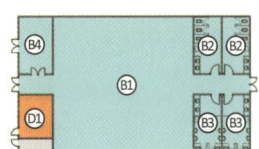

L10 媒体工作区平面图

C. 新闻运行区
C1. 文字记者工作区
C2. 摄影记者工作区
C3. 接待
C4. 小型备餐间
C5. 餐饮售卖点及休息区
C6. 新闻运行经理办公室
C7. 摄影经理办公室
C8. ONS新闻服务工作室
C9. 成绩公报协调员办公室
C10. 新闻发布厅
C11. 新闻媒体专用卫生间（男）
C12. 新闻媒体专用卫生间（女）

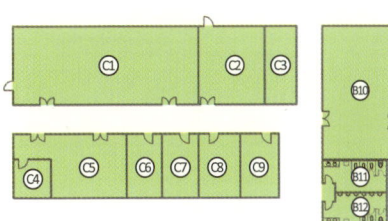

L11 场馆管理 & 技术区平面图

D. 场馆运行区
D1. 移动通信设备机房
D2. 移动通信技术人员工作室
D3. 固定通信技术人员工作室
D4. 后勤工人休息区
D5. 技术支持服务中心
D6. IT设备存放间
D7. 场馆技术运行中心
D8. 餐饮经理办公室
D9. 场馆设施管理办公区
D10. 多功能会议室
D11. 工作人员卫生间（男）
D12. 工作人员卫生间（女）
D13. 场馆运行中心

E1. 安保后备用房

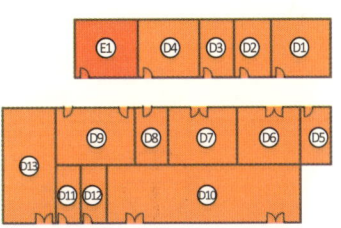

清废工作区平面图

D. 场馆运行区
D1. 移动通信设备机房
D2. 移动通信技术人员工作室
D3. 固定通信技术人员工作室

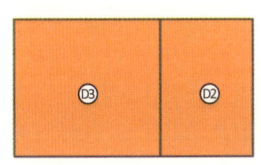

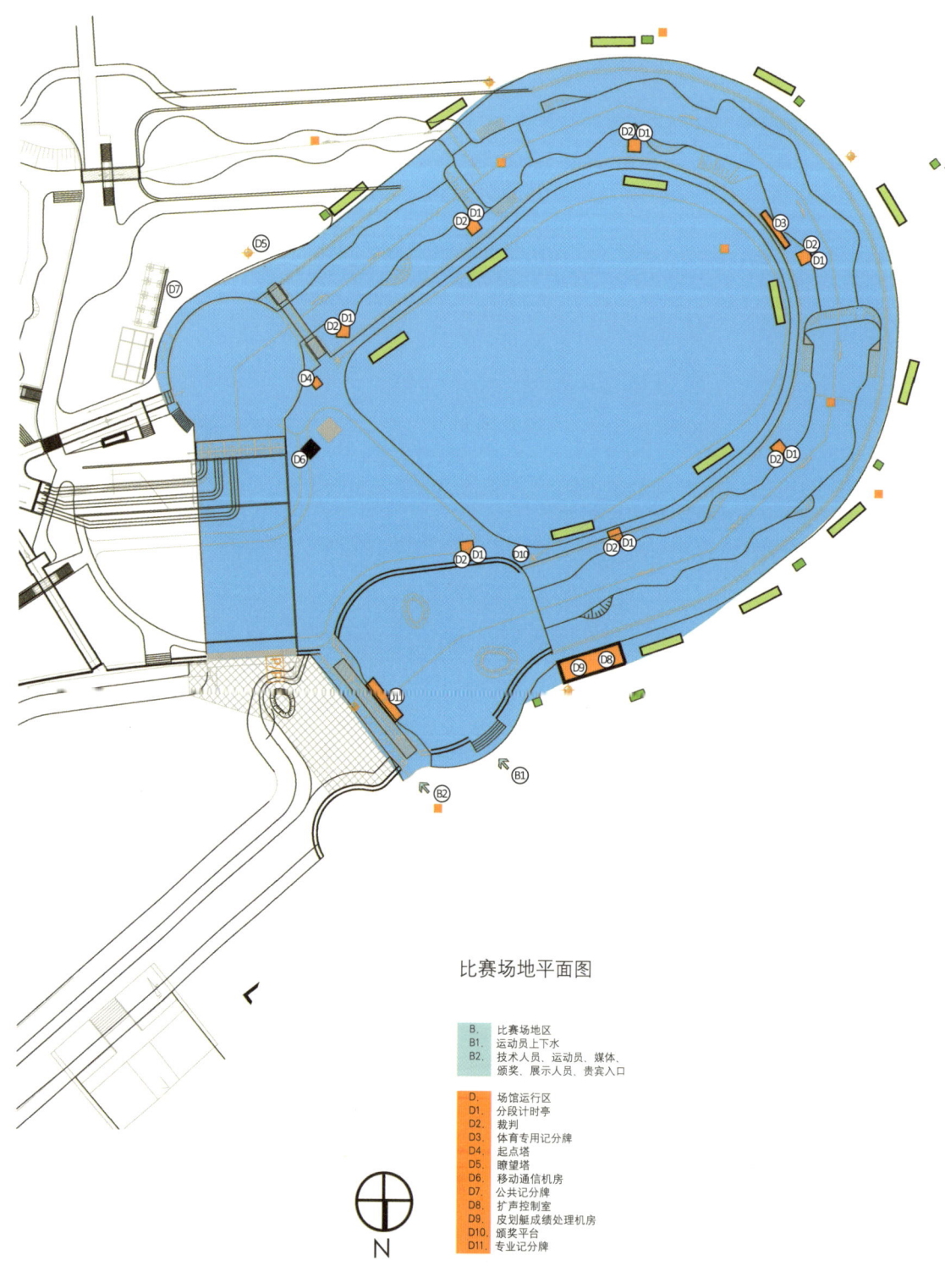

比赛场地平面图

B.	比赛场地区
B1.	运动员上下水
B2.	技术人员、运动员、媒体、颁奖、展示人员、贵宾入口

D.	场馆运行区
D1.	分段计时亭
D2.	裁判
D3.	体育专用记分牌
D4.	起点塔
D5.	瞭望塔
D6.	移动通信机房
D7.	公共记分牌
D8.	扩声控制室
D9.	皮划艇成绩处理机房
D10.	颁奖平台
D11.	专业记分牌

N

总平面图

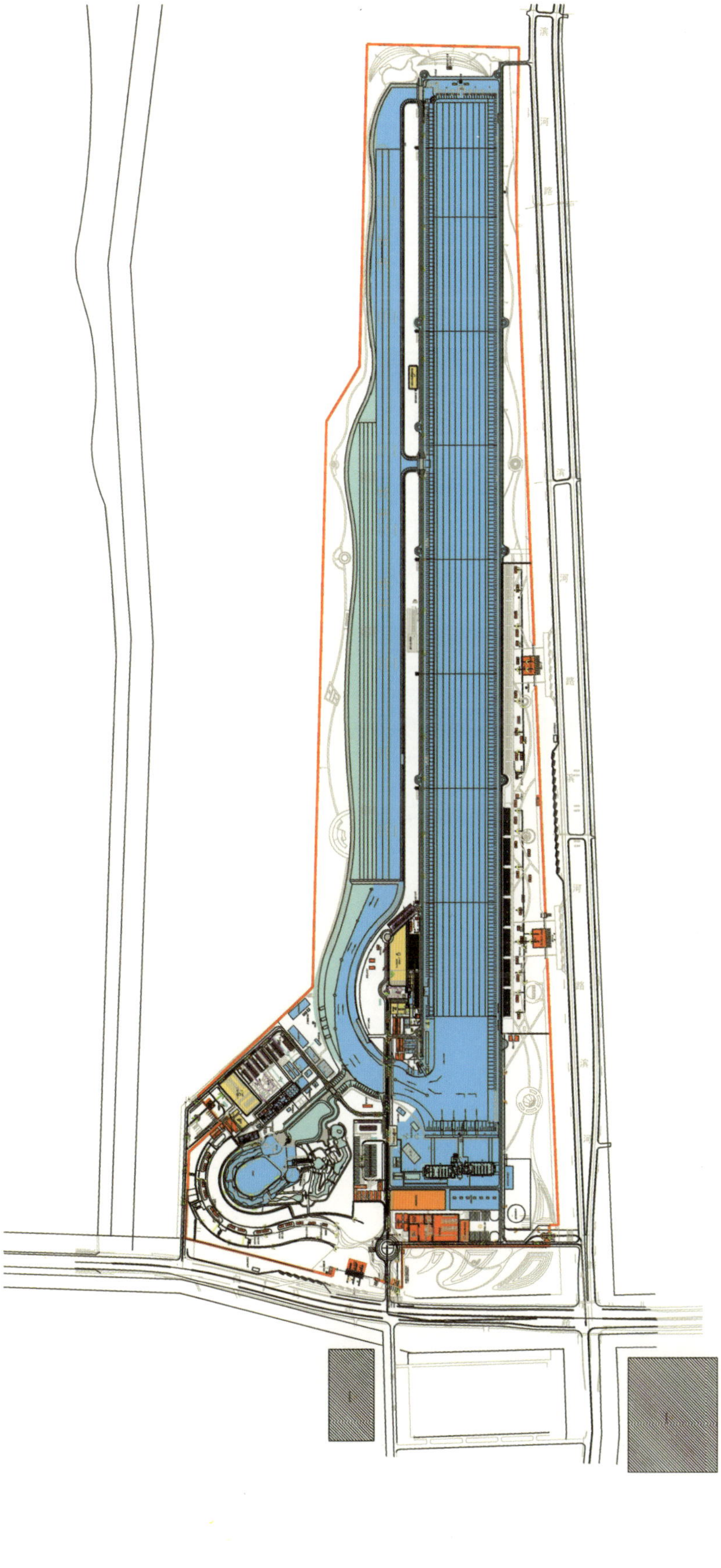

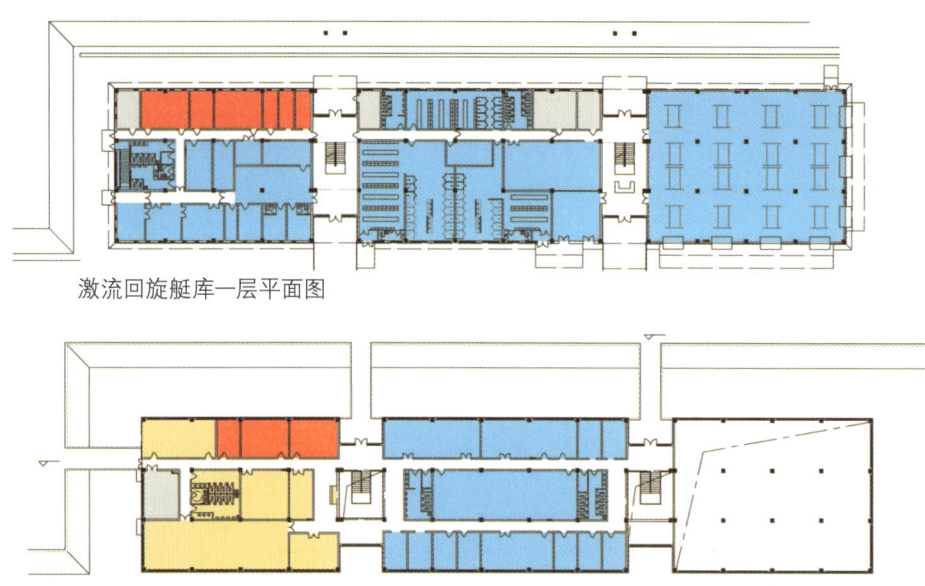

激流回旋艇库一层平面图

激流回旋艇库二层平面图

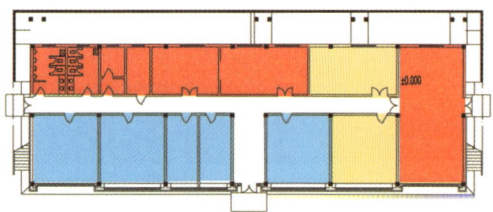

激流回旋主看台一层平面图

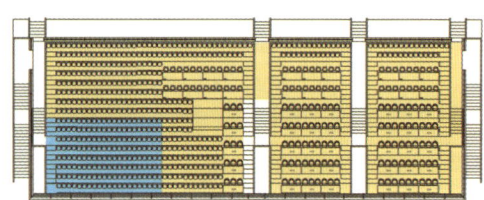

激流回旋主看台二层平面图

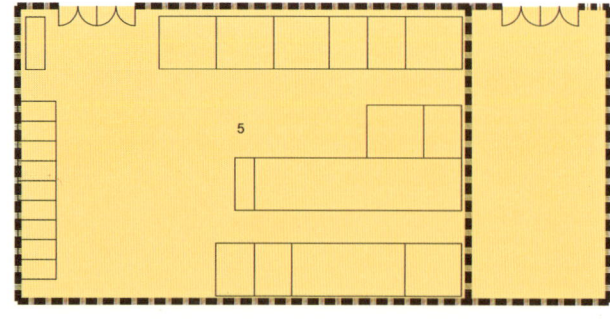

BOB 综合区平面图

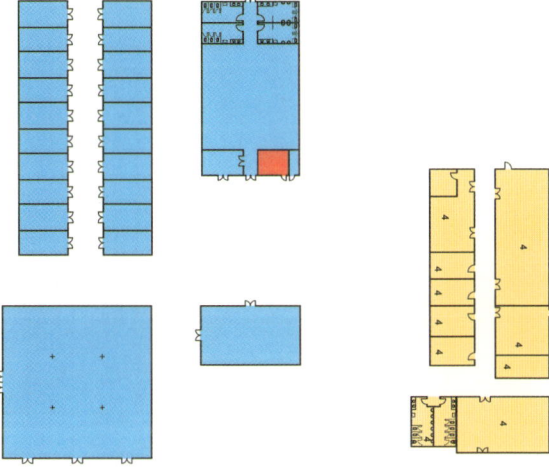

L09/L12 运动员休息室平面图   L10 媒体工作区平面图

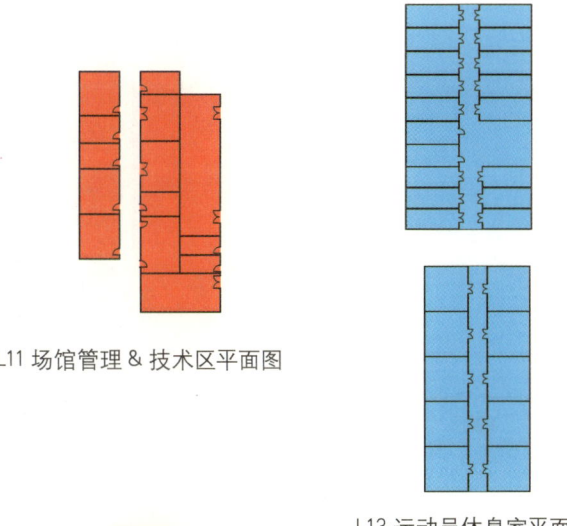

L11 场馆管理 & 技术区平面图

L13 运动员休息室平面图

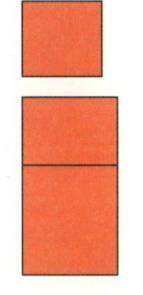

清废工作区平面图

总平面图

A.	观众活动区
A1.	观众入口
A2.	观众临时看台 (后院区)
A3.	观众临时看台

B.	体育竞赛区
B1.	起点塔
B2.	比赛场地
B3.	运动员热身场地
B4.	运动员休息室
B5.	静水艇存放区
B6.	竞赛管理区
B7.	终点塔

C.	新闻运行区
C1.	媒体看台
C2.	文字记者工作区
C3.	新闻发布厅
C4.	媒体工作区

D.	场馆运行区
D1.	自驾车停车场
D2.	公交车停车场
D3.	物流综合区
D4.	场馆管理区
D5.	FISA 大家庭入口
D6.	工作人员入口
D7.	免检车入口

E.	安保及交通运行区
E1.	车辆安检入口
E2.	安保用房

F.	非赛时使用空间区

G.	比赛场地区

H.	电视转播综合区
H1.	BOB 综合区

I.	场馆礼宾区
I1.	贵宾停车场
I2.	贵宾区

J.	仪式及文化活动区

图例

	大车下车点
	小车下车点
→	机动车流线
⇢	步行流线
△	车辆验证点
✳	注册区验证点
⌂	入口
EXIT	出口

线型图例

― ― ―	人行流线
――――	车行流线
――――	应急流线
――――	设备流线
――――	安保边界 2.5m
― ― ―	区域边界 2.2m
― · ―	区域边界 1.8m
+++++++	路障

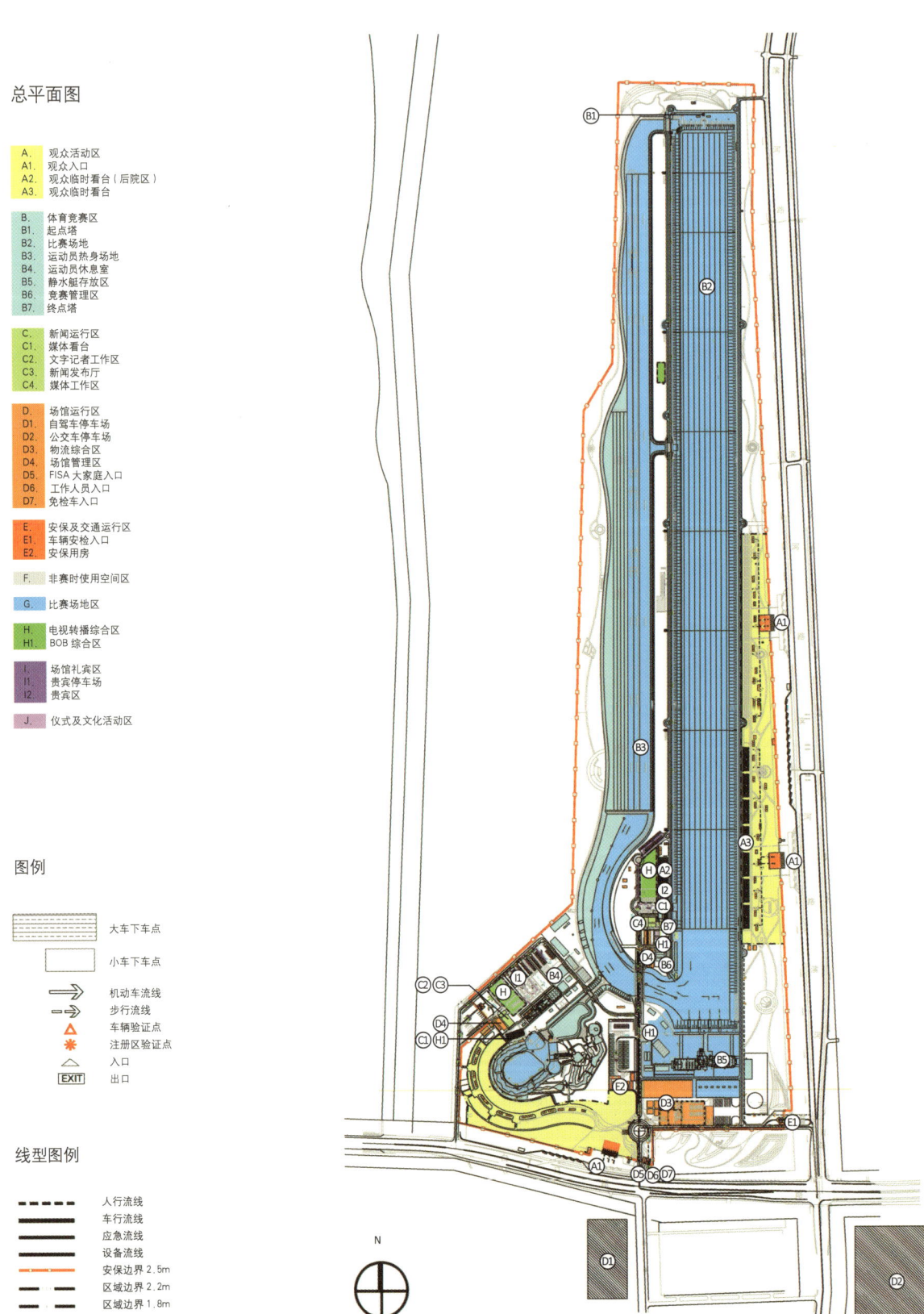

N

分区总平面图1

A. 观众活动区
A1. 紧急通道
A2. 观众入口

B. 体育竞赛区
B1. 皮划艇存放区
B2. 皮划艇修理区
B3. 控制室
B4. 皮划艇承重
B5. 运动员区 L13
B6. 运动员区 L09
B7. 运动员区 L12
B8. 厕所
B9. 运动员区 L06
B10. 皮划艇检查
B11. 激流回旋艇区
B12. 比赛场地周边急救区
B13. 运动员兴奋剂检测标记区
B14. 运动员自带帐篷区
B15. 瞭望塔
B16. 公共计分牌
B17. 传送带
B18. 记分牌
B19. 运动员 L07
B20. 运动员 L08
B21. 家属会见区 L19
B22. 运动员休息区
B23. 临时艇架
B24. 竞赛组织区 L01
B25. 运动员兴奋剂检测标记区
B26. 比赛场地周边急救区
B27. 皮划艇二次船检
B28. 旗杆
B29. 技术官员入口
B30. 裁判码头
B31. 运动员入口
B32. 运动员出口
B33. 静水艇库
B34. 终点塔

C. 新闻运行区
C1. 媒体区 L10
C2. 媒体落客点
C3. 新闻胶片快递车停靠点
C4. 文字摄影记者采访区
C5. 新闻区 L04
C6. 摄影记者入口
C7. 摄影码头（摄影记者位）

D. 场馆运行区
D1. 场馆管理区 & 技术区 L11
D2. 清废工作区
D3. L22
D4. 观众医疗 L17
D5. 观众婴儿车、轮椅存放处
D6. 观众饮水处
D7. 观众卫生间
D8. 残疾人卫生间
D9. 特许商品场馆零售点
D10. 商品储藏区
D11. 出租车停靠点
D12. 移动通信机房
D13. 售票处
D14. 观众信息亭
D15. 票务服务台
D16. FISA 大家庭入口
D17. 工作人员入口
D18. 免检车辆入口
D19. 场馆管理区 L20
D20. 清废综合区
D21. 员工休息及用餐区
D22. 物流卸货区
D23. 餐饮综合区
D24. 物流综合区
D25. 集装箱停放区
D26. 直升机停机坪
D27. 自行车及电瓶车停放区
D28. 停车场
D29. 自行车租赁
D30. 摩托艇维修站
D31. 场馆管理 L05
D32. 技术区 L02
D33. 清废综合区 2
D34. 医疗急救人员入口
D35. 时钟

E. 安保及交通运行区
E1. 交通管理
E2. 治安处理点
E3. 安保区 L18
E4. 观众安检口
E5. 检票口（软验票）
E6. 安保区 L14
E7. 临时消防站 L23
E8. 安保区 L21

F. 非赛时使用空间区

G. 比赛场地区
G1. 记分牌
G2. 颁奖台
G3. 船艇修理区
G4. 运动员检录区
G5. 终点线

H. 电视转播综合区
H1. 混合区
H2. BOB 摄像塔
H3. BOB 下水码头
H4. 混合区

I. 场馆礼宾区
I1. VIP 停车场

J. 仪式及文化活动区
J1. 场馆礼仪服务区 L03

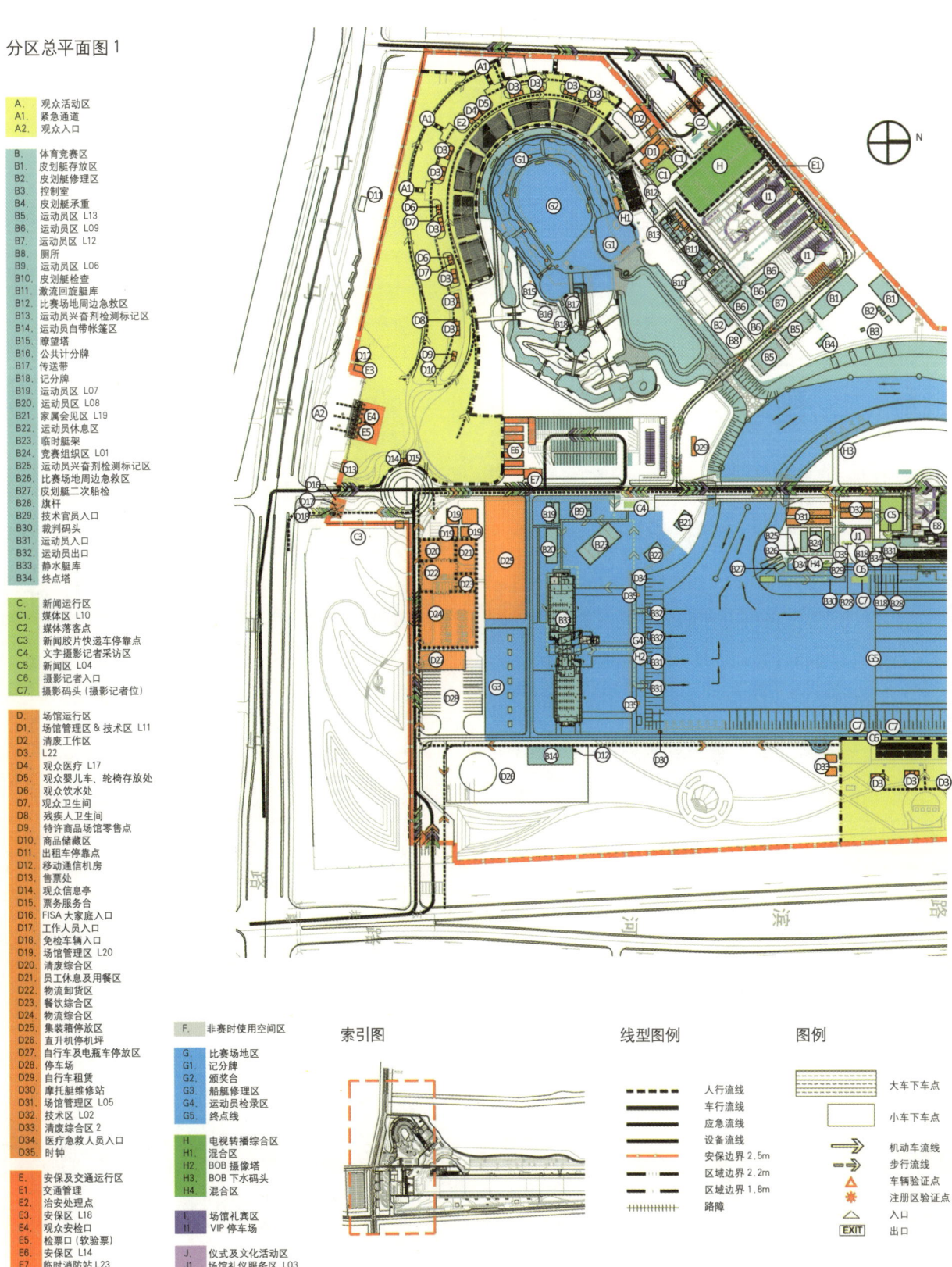

索引图

线型图例

- — — — 人行流线
- ———— 车行流线
- ———— 应急流线
- ———— 设备流线
- ———— 安保边界 2.5m
- —·—·— 区域边界 2.2m
- — — — 区域边界 1.8m
- ┼┼┼┼┼┼ 路障

图例

- 大车下车点
- 小车下车点
- → 机动车流线
- ⇢ 步行流线
- △ 车辆验证点
- ✳ 注册区验证点
- △ 入口
- EXIT 出口

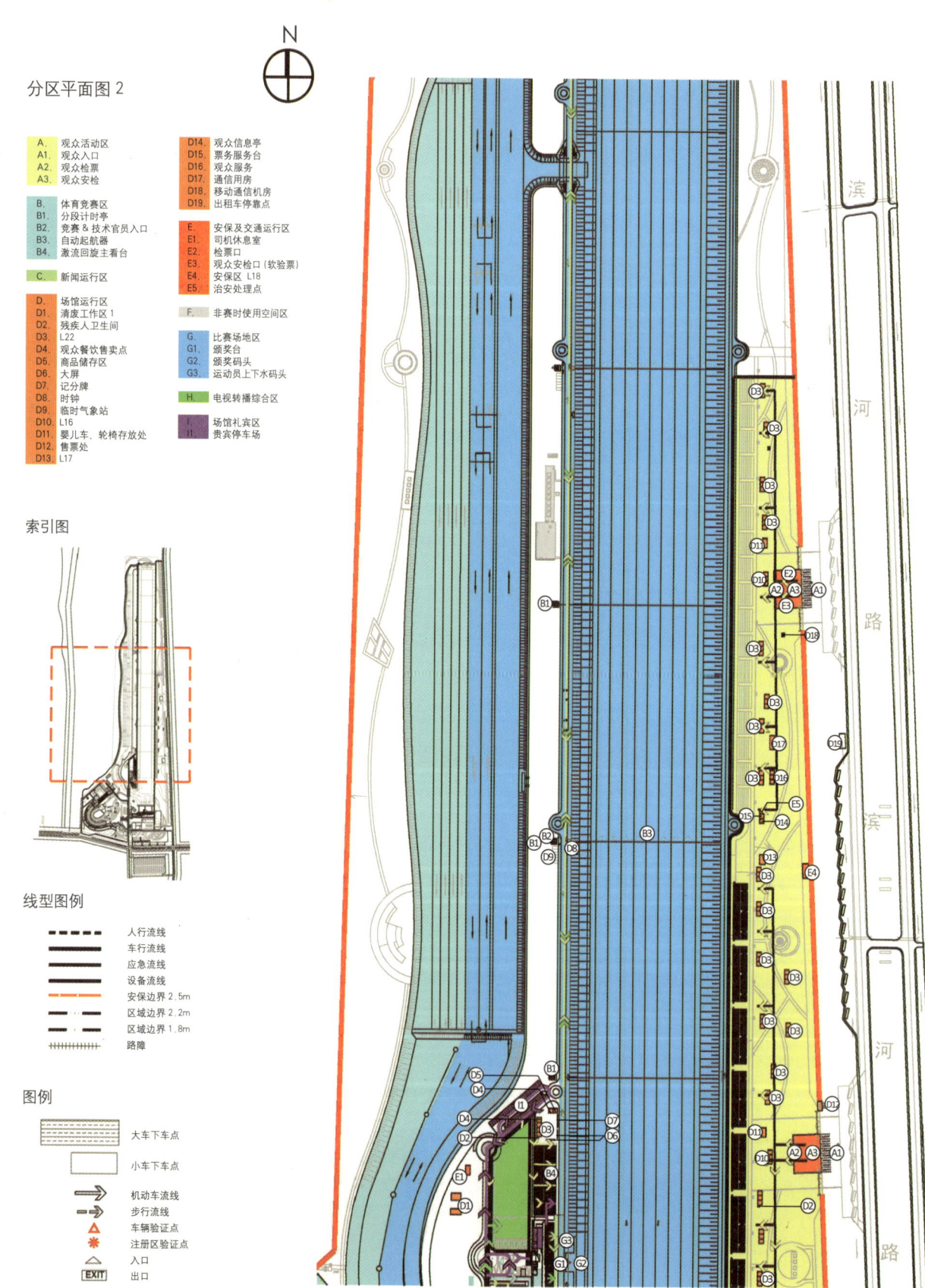

分区平面图 2

A.　观众活动区
A1.　观众入口
A2.　观众检票
A3.　观众安检

B.　体育竞赛区
B1.　分段计时亭
B2.　竞赛 & 技术官员入口
B3.　自动起航器
B4.　激流回旋主看台

C.　新闻运行区

D.　场馆运行区
D1.　清废工作区 1
D2.　残疾人卫生间
D3.　L22
D4.　观众餐饮售卖点
D5.　商品储存区
D6.　大屏
D7.　记分牌
D8.　时钟
D9.　临时气象站
D10.　L16
D11.　婴儿车、轮椅存放处
D12.　售票处
D13.　L17

D14.　观众信息亭
D15.　票务服务台
D16.　观众服务
D17.　通信用房
D18.　移动通信机房
D19.　出租车停靠点

E.　安保及交通运行区
E1.　司机休息室
E2.　检票口
E3.　观众安检口（软验票）
E4.　安保区 L18
E5.　治安处理点

F.　非赛时使用空间区

G.　比赛场地区
G1.　颁奖台
G2.　颁奖码头
G3.　运动员上下水码头

H.　电视转播综合区

I.　场馆礼宾区
I1.　贵宾停车场

索引图

线型图例

　　　　　　人行流线
　　　　　　车行流线
　　　　　　应急流线
　　　　　　设备流线
　　　　　　安保边界 2.5m
　　　　　　区域边界 2.2m
　　　　　　区域边界 1.8m
　　　　　　路障

图例

　　　　　　大车下车点
　　　　　　小车下车点
　　　　　　机动车流线
　　　　　　步行流线
　　　　　　车辆验证点
　　　　　　注册区验证点
　　　　　　入口
EXIT　　　出口

分区总平面图 3

B. 体育竞赛区
B1. 分段计时亭
B2. 竞赛 & 技术官员入口
B3. 运动员入口
B4. 起点塔
B5. 校线亭

C. 新闻运行区
C1. 摄影记者入口
C2. 摄影记者位
C3. 媒体入口
C4. 摄影记者休息室

D. 场馆运行区
D1. 移动通信机房
D2. 临时气象站
D3. 员工休息室
D4. 时钟
D5. 维修人员工作间
D6. 卫生间
D7. 计时设备

G. 比赛场地区
G1. 修理码头

线型图例

人行流线
车行流线
应急流线
设备流线
安保边界 2.5m
区域边界 2.2m
区域边界 1.8m
路障

图例

大车下车点
小车下车点
机动车流线
步行流线
车辆验证点
注册区验证点
入口
EXIT 出口

索引图

BOB 综合区平面图

H. 电视转播综合区
H1. 转播人员专用卫生间
H2. 转播车外（遮阳设施）
H3. 转播管理办公区
H4. 转播技术运行中心
H5. 转播技术运行办公室
H6. 技术存储空间
H7. 制作办公室
H8. 工作人员休息区
H9. 物流存放间
H10. 经理办公室
H11. 备份电源存放区
H12. 冷藏室
H13. 餐厅
H14. 转播餐饮备餐区
H15. 持权转播商用地

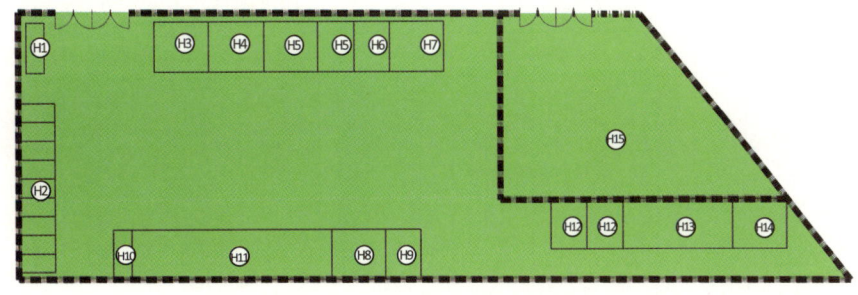

静水主看台地下一层平面图

B. 体育竞赛区
B1. 竞赛公共会议室

静水主看台一层平面图

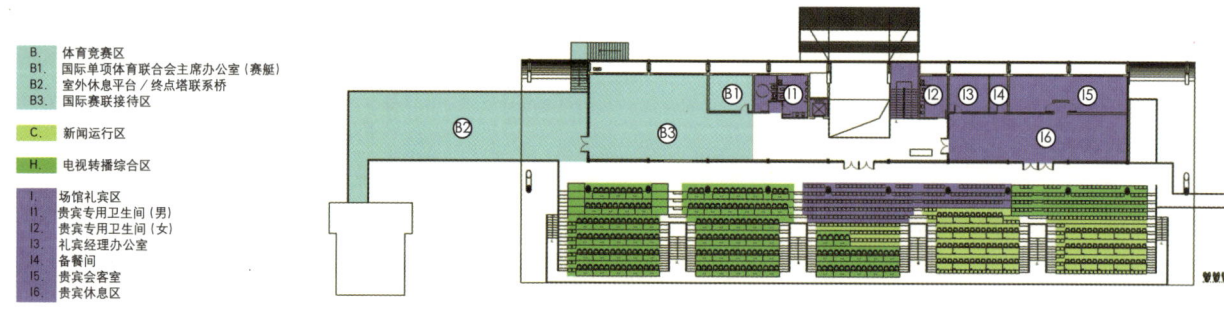

B. 体育竞赛区
B1. 国际单项联合会办公室
B2. 国际单项体育联合会主席办公室（皮划艇）
B3. 国际单项体育联合会仲裁室（含医务仲裁）
B4. 国际单项联合会技术代表室
B5. 皮划艇竞赛办公室1
B6. 皮划艇竞赛办公室2
B7. 竞赛公共办公区（皮划艇）
B8. 赛艇竞赛办公室1
B9. 赛艇竞赛办公室2
B10. 竞赛公共办公区（赛艇）
B11. 卫生间（男）
B12. 卫生间（女）

D. 场馆运行区
D1. 网络机房、有线电视机房
D2. 卫生间（男）
D3. 卫生间（女）

E. 安保及交通运行区
E1. 交通分指挥室
E2. 要人警卫工作现场指挥部安保分指挥部

F. 非赛时使用空间区

H. 电视转播综合区
H1. 评论员控制室
H2. 转播信息办公室（BIO）

I. 场馆礼宾区
I1. 陪同人员休息室（主看台一层）

静水主看台二层平面图

B. 体育竞赛区
B1. 国际单项体育联合会主席办公室（赛艇）
B2. 室外休息平台／终点塔联系桥
B3. 国际赛联接待区

C. 新闻运行区

H. 电视转播综合区

I. 场馆礼宾区
I1. 贵宾专用卫生间（男）
I2. 贵宾专用卫生间（女）
I3. 礼宾经理办公室
I4. 备餐间
I5. 贵宾会客室
I6. 贵宾休息区

物流综合区平面图

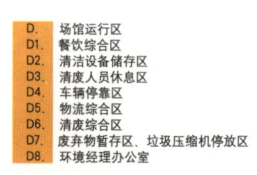

D. 场馆运行区
D1. 餐饮综合区
D2. 清洁设备储存区
D3. 清废人员休息区
D4. 车辆停靠区
D5. 物流综合区
D6. 清废综合区
D7. 废弃物暂存区、垃圾压缩机停放区
D8. 环境经理办公室

F. 非赛时使用空间区

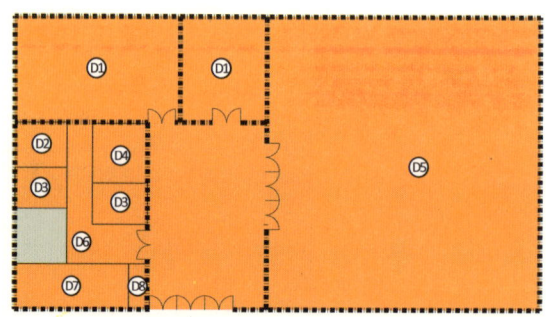

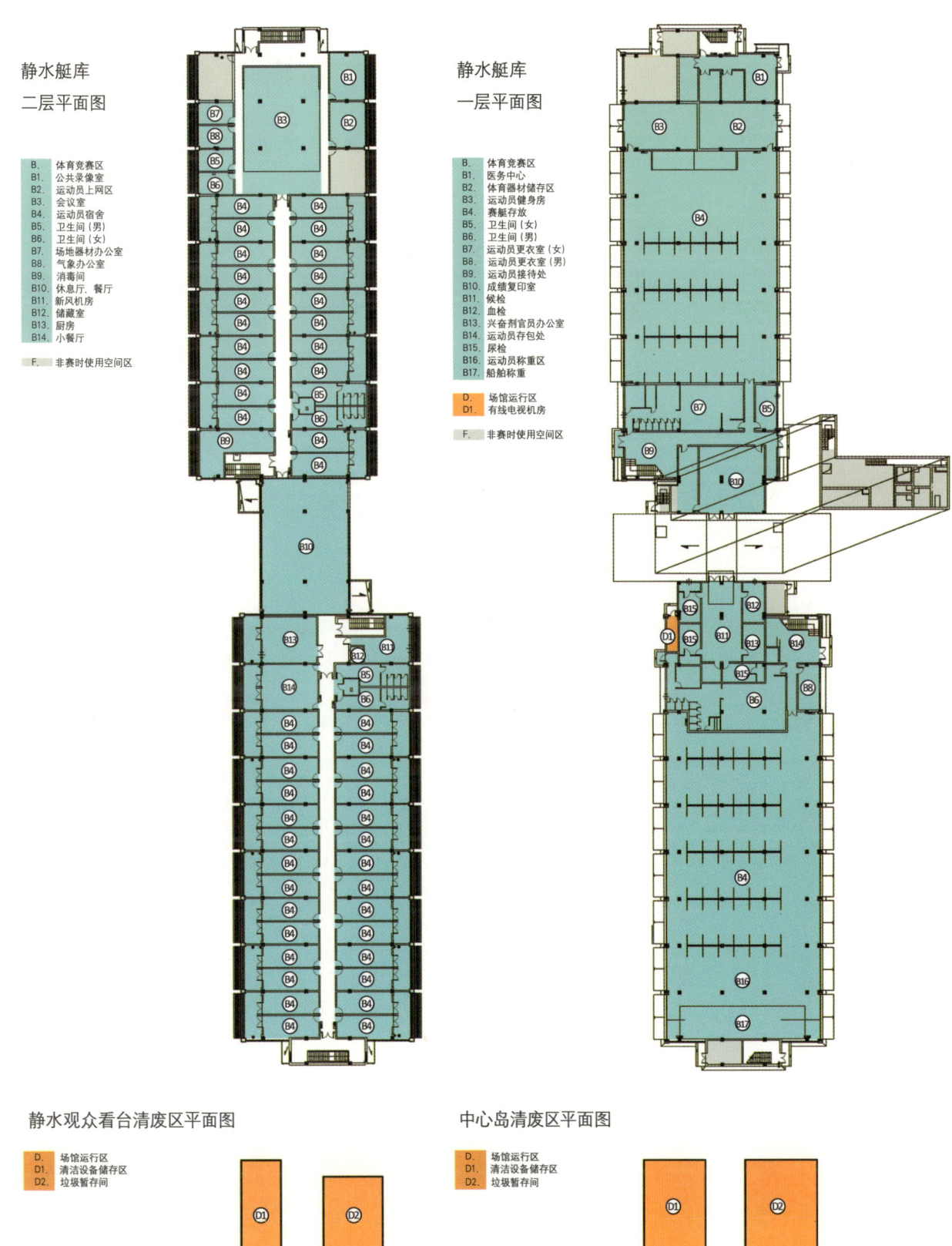

静水艇库
二层平面图

B.　体育竞赛区
B1.　公共录像室
B2.　运动员上网区
B3.　会议室
B4.　运动员宿舍
B5.　卫生间（男）
B6.　卫生间（女）
B7.　场地器材办公室
B8.　气象办公室
B9.　消息间
B10.　休息厅、餐厅
B11.　新风机房
B12.　储藏室
B13.　厨房
B14.　小餐厅

F.　非赛时使用空间区

静水艇库
一层平面图

B.　体育竞赛区
B1.　医务中心
B2.　体育器材储存区
B3.　运动员健身房
B4.　赛艇存放
B5.　卫生间（女）
B6.　卫生间（男）
B7.　运动员更衣室（女）
B8.　运动员更衣室（男）
B9.　运动员接待处
B10.　成绩复印室
B11.　候检
B12.　血检
B13.　兴奋剂官员办公室
B14.　运动员存包处
B15.　尿检
B16.　运动员称重区
B17.　船舶称重

D.　场馆运行区
D1.　有线电视机房

F.　非赛时使用空间区

静水观众看台清废区平面图

D.　场馆运行区
D1.　清洁设备储存区
D2.　垃圾暂存间

中心岛清废区平面图

D.　场馆运行区
D1.　清洁设备储存区
D2.　垃圾暂存间

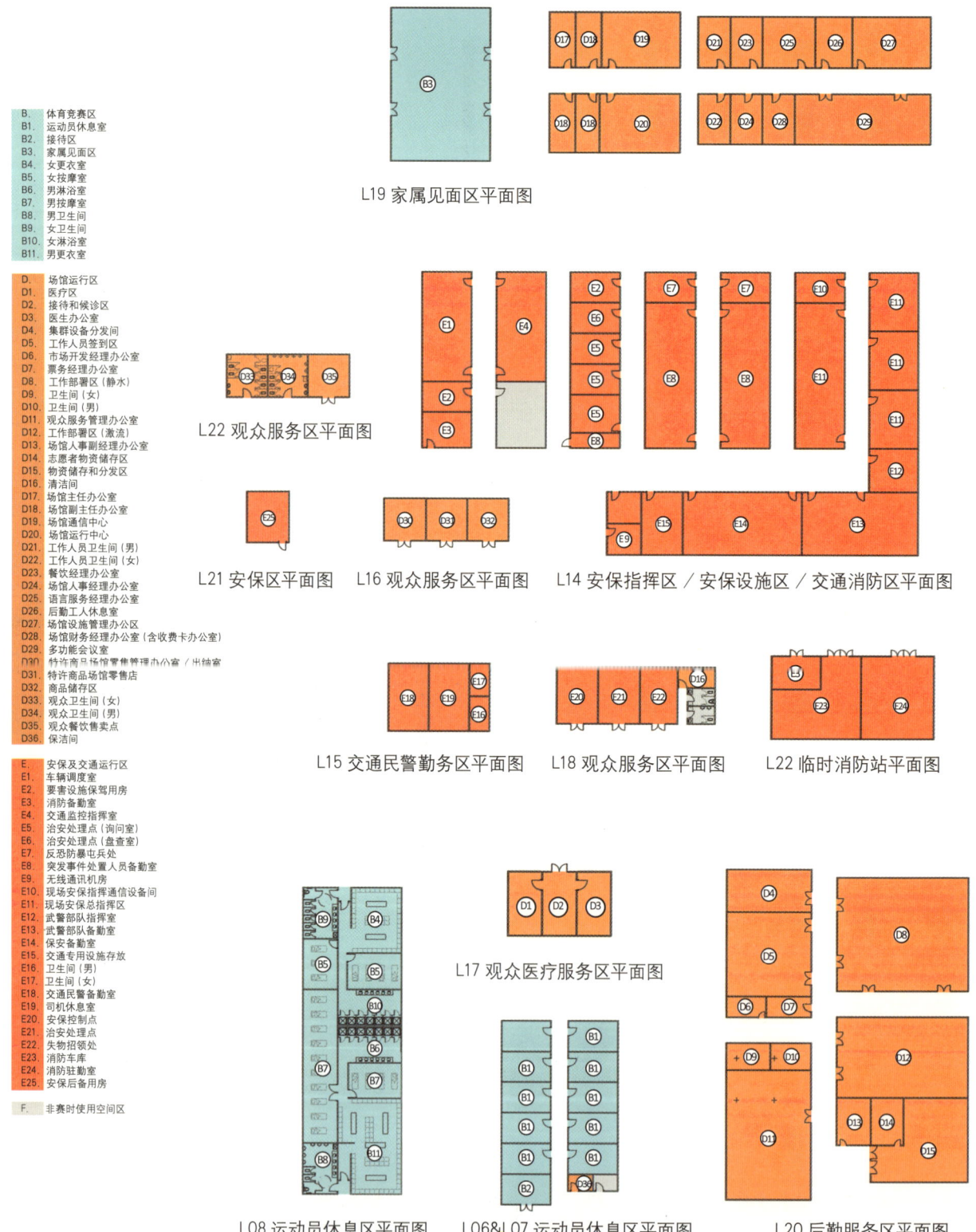

L19 家属见面区平面图

L22 观众服务区平面图

L21 安保区平面图

L16 观众服务区平面图

L14 安保指挥区／安保设施区／交通消防区平面图

L15 交通民警勤务区平面图

L18 观众服务区平面图

L22 临时消防站平面图

L17 观众医疗服务区平面图

L08 运动员休息区平面图

L06&L07 运动员休息区平面图

L20 后勤服务区平面图

B. 体育竞赛区
B1. 运动员休息室
B2. 接待区
B3. 家属见面区
B4. 女更衣室
B5. 女按摩室
B6. 男淋浴室
B7. 男按摩室
B8. 男卫生间
B9. 女卫生间
B10. 女淋浴室
B11. 男更衣室

D. 场馆运行区
D1. 医疗区
D2. 接待和候诊区
D3. 医生办公室
D4. 集群设备分发间
D5. 工作人员签到区
D6. 市场开发经理办公室
D7. 票务经理办公室
D8. 工作部署区（静水）
D9. 卫生间（女）
D10. 卫生间（男）
D11. 观众服务管理办公室
D12. 工作部署区（激流）
D13. 场馆人事副经理办公室
D14. 志愿者物资储存区
D15. 物资储存和分发区
D16. 清洁间
D17. 场馆主任办公室
D18. 场馆副主任办公室
D19. 场馆通信中心
D20. 场馆运行中心
D21. 工作人员卫生间（男）
D22. 工作人员卫生间（女）
D23. 餐饮经理办公室
D24. 场馆人事经理办公室
D25. 语言服务经理办公室
D26. 后勤工人休息室
D27. 场馆设施管理办公区
D28. 场馆财务经理办公室（含收费卡办公室）
D29. 多功能会议室
D30. 特许商品场馆零售管理办公室／出纳室
D31. 特许商品场馆零售店
D32. 商品储存区
D33. 观众卫生间（女）
D34. 观众卫生间（男）
D35. 观众餐饮售卖点
D36. 保洁间

E. 安保及交通运行区
E1. 车辆调度室
E2. 要害设施保驾用房
E3. 消防备勤室
E4. 交通监控指挥室
E5. 治安处理点（询问室）
E6. 治安处理点（盘查室）
E7. 反恐防暴屯兵处
E8. 突发事件处置人员备勤室
E9. 无线通讯机房
E10. 现场安保指挥通信设备间
E11. 现场安保总指挥区
E12. 武警部队指挥室
E13. 武警部队备勤室
E14. 保安备勤室
E15. 交通专用设施存放
E16. 卫生间（男）
E17. 卫生间（女）
E18. 交通民警备勤室
E19. 司机休息室
E20. 安保控制点
E21. 治安处理点
E22. 失物招领处
E23. 消防车库
E24. 消防驻勤室
E25. 安保后备用房

F. 非赛时使用空间区

214

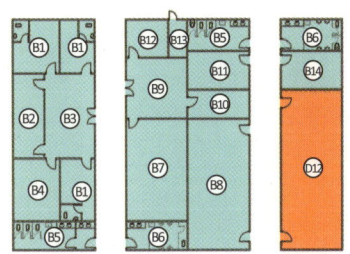

L01 竞赛管理区平面图

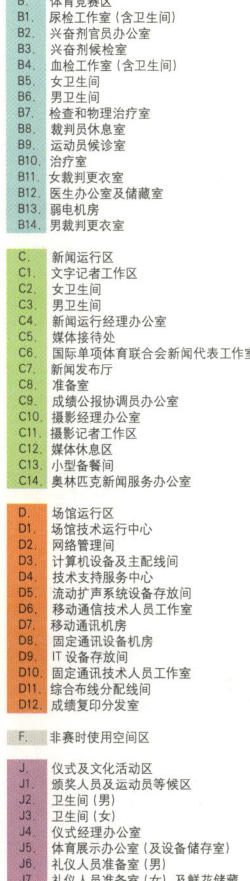

B.　体育竞赛区
B1.　尿检工作室（含卫生间）
B2.　兴奋剂官员办公室
B3.　兴奋剂候检室
B4.　血检工作室（含卫生间）
B5.　女卫生间
B6.　男卫生间
B7.　检查和物理治疗室
B8.　裁判员休息室
B9.　运动员候诊室
B10.　治疗室
B11.　女裁判更衣室
B12.　医生办公室及储藏室
B13.　弱电机房
B14.　男裁判更衣室

C.　新闻运行区
C1.　文字记者工作区
C2.　女卫生间
C3.　男卫生间
C4.　新闻运行经理办公室
C5.　媒体接待处
C6.　国际单项体育联合会新闻代表工作室
C7.　新闻发布厅
C8.　准备室
C9.　成绩公报协调员办公室
C10.　摄影经理办公室
C11.　摄影记者工作区
C12.　媒体休息区
C13.　小型备餐间
C14.　奥林匹克新闻服务办公室

D.　场馆运行区
D1.　场馆技术运行中心
D2.　网络管理间
D3.　计算机设备及主配线间
D4.　技术支持服务中心
D5.　流动扩声系统设备存放间
D6.　移动通信技术人员工作室
D7.　移动通讯机房
D8.　固定通讯设备机房
D9.　IT设备存放间
D10.　固定通讯技术人员工作室
D11.　综合布线分配线间
D12.　成绩复印分发室

F.　非赛时使用空间区

J.　仪式及文化活动区
J1.　颁奖人员及运动员等候区
J2.　卫生间（男）
J3.　卫生间（女）
J4.　仪式经理办公室
J5.　体育展示办公室（及设备储存室）
J6.　礼仪人员准备室（男）
J7.　礼仪人员准备室（女）及鲜花储藏

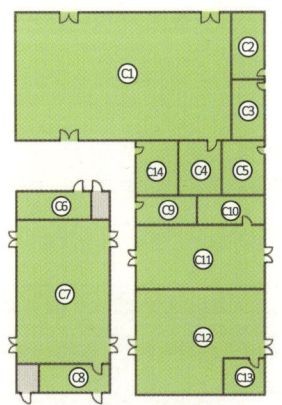

L04 媒体区平面图

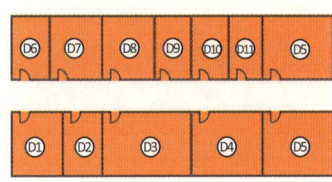

L02 场馆技术管理区平面图

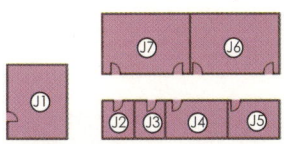

L03 场馆礼仪服务区平面图

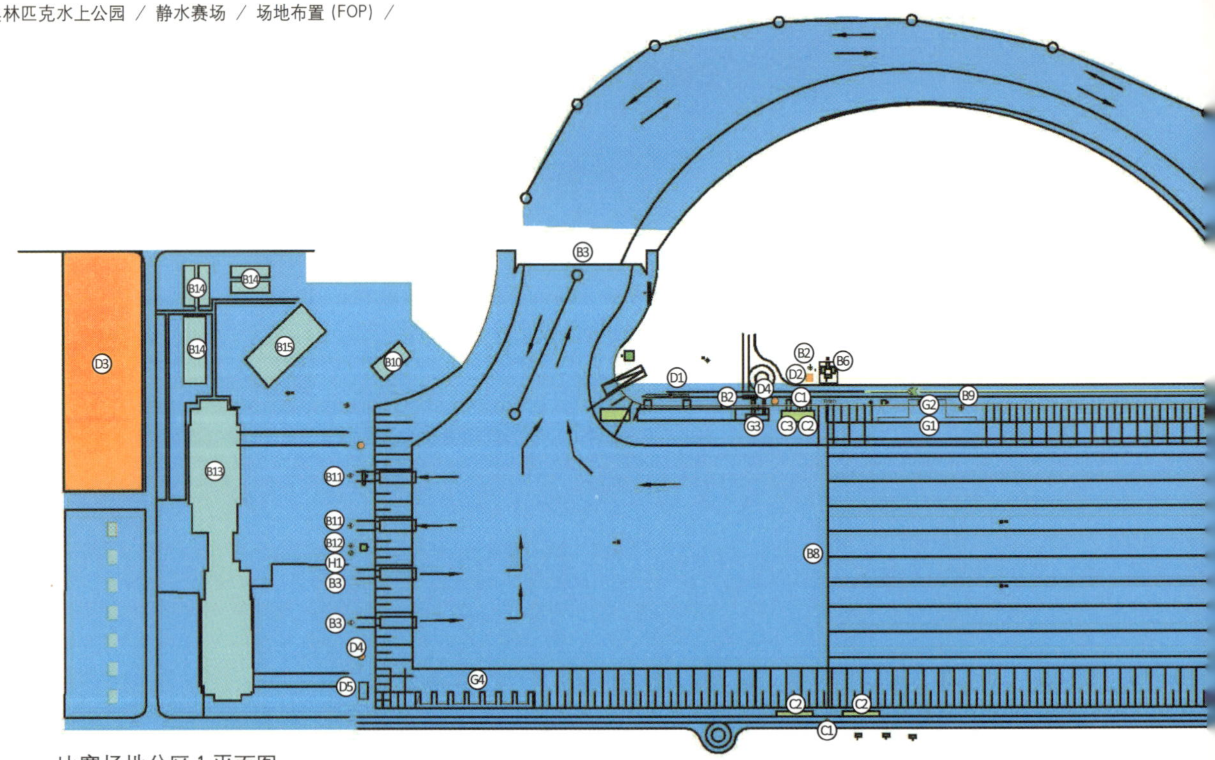

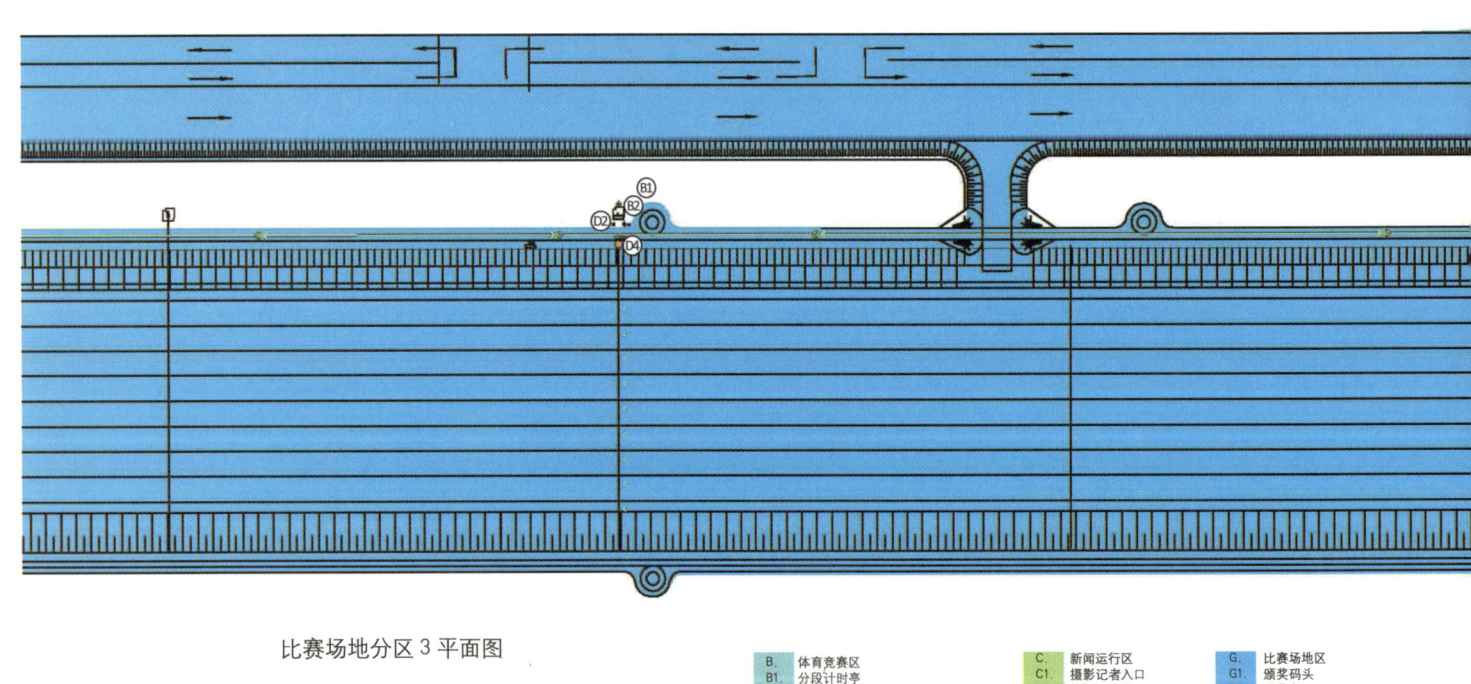

比赛场地分区 1 平面图

比赛场地分区 3 平面图

B.	体育竞赛区	C.	新闻运行区	G.	比赛场地区
B1.	分段计时亭	C1.	摄影记者入口	G1.	颁奖码头
B2.	竞赛 & 技术官员入口	C2.	摄影记者位	G2.	颁奖台
B3.	运动员入口	C3.	摄影码头	G3.	裁判码头
B4.	起点塔			G4.	摩托艇码头
B5.	校线亭				
B6.	终点塔	D.	场馆运行区		
B7.	自动起航器	D1.	医疗急救人员入口	H.	电视转播综合区
B8.	终点线	D2.	临时气象站	H1.	竞赛检录处 &BOB 摄像塔
B9.	运动员上下水码头	D3.	集装箱存放		
B10.	运动员休息区	D4.	时钟		
B11.	运动员出口 & 兴奋检测员入口	D5.	油箱		
B12.	竞赛 & 技术官员 &BOB 人员入口				
B13.	静水艇库				
B14.	运动员区				
B15.	临时艇架				

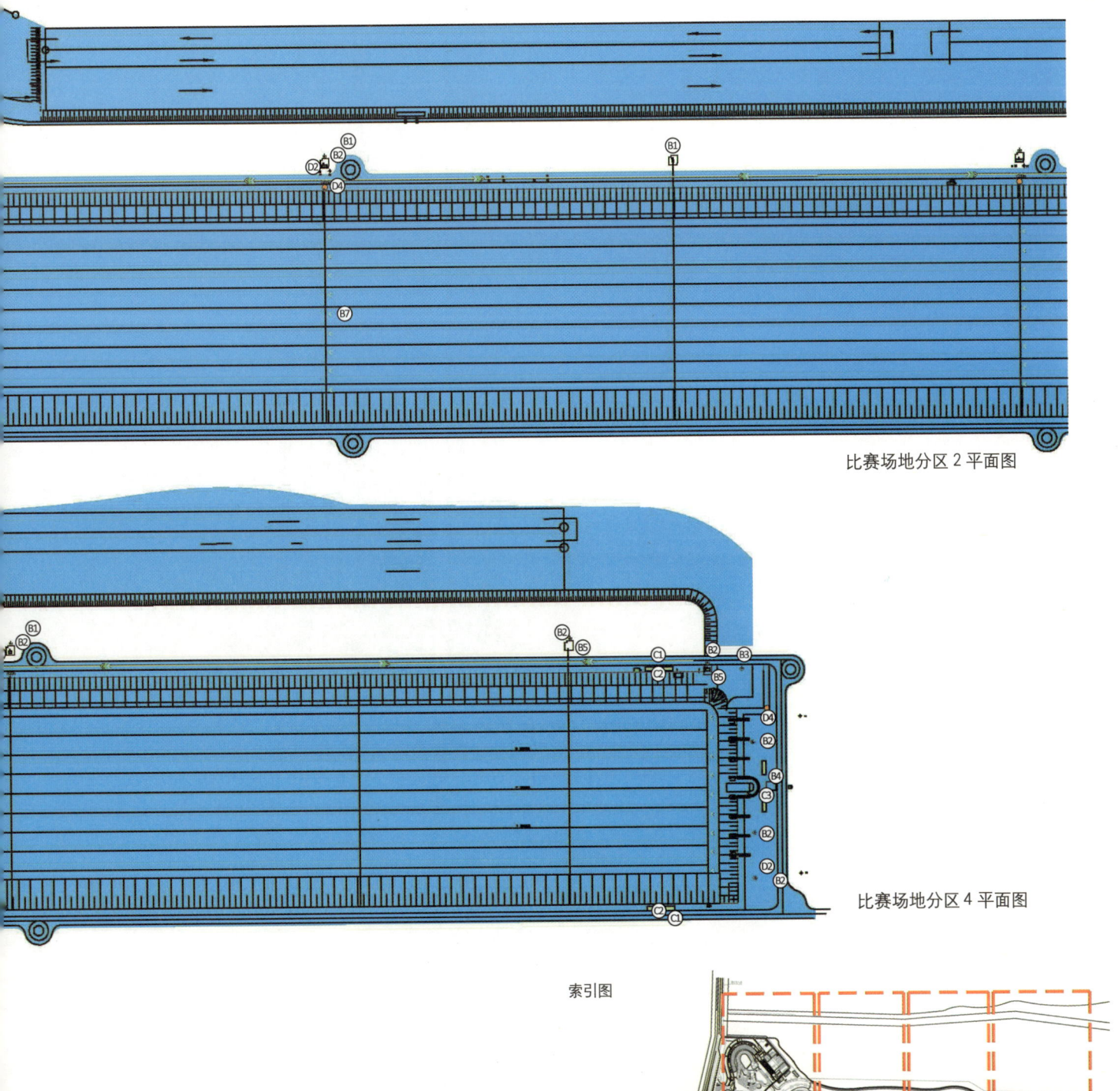

比赛场地分区 2 平面图

比赛场地分区 4 平面图

索引图

分区 1　　分区 2　　分区 3　　分区 4

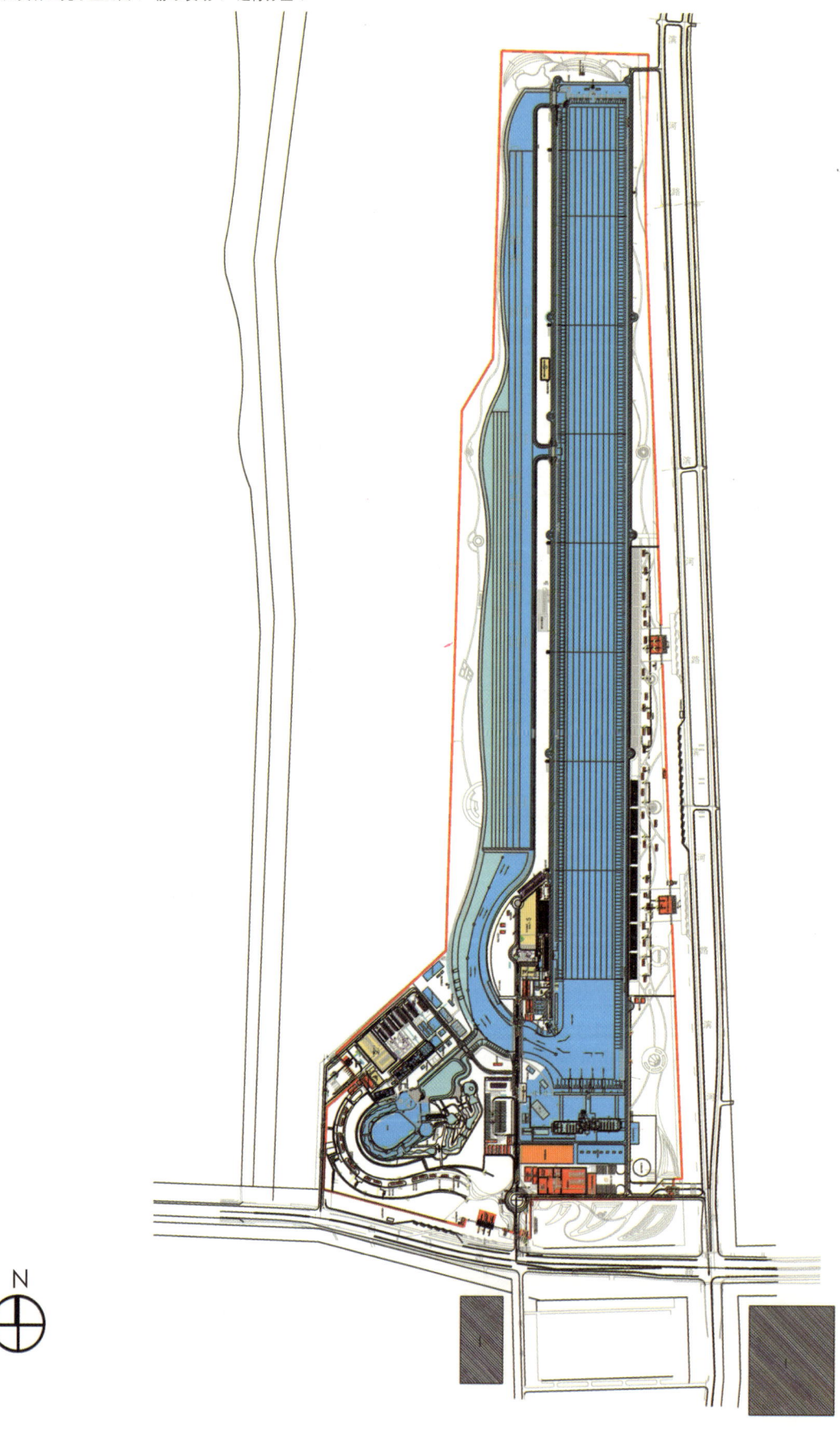

N

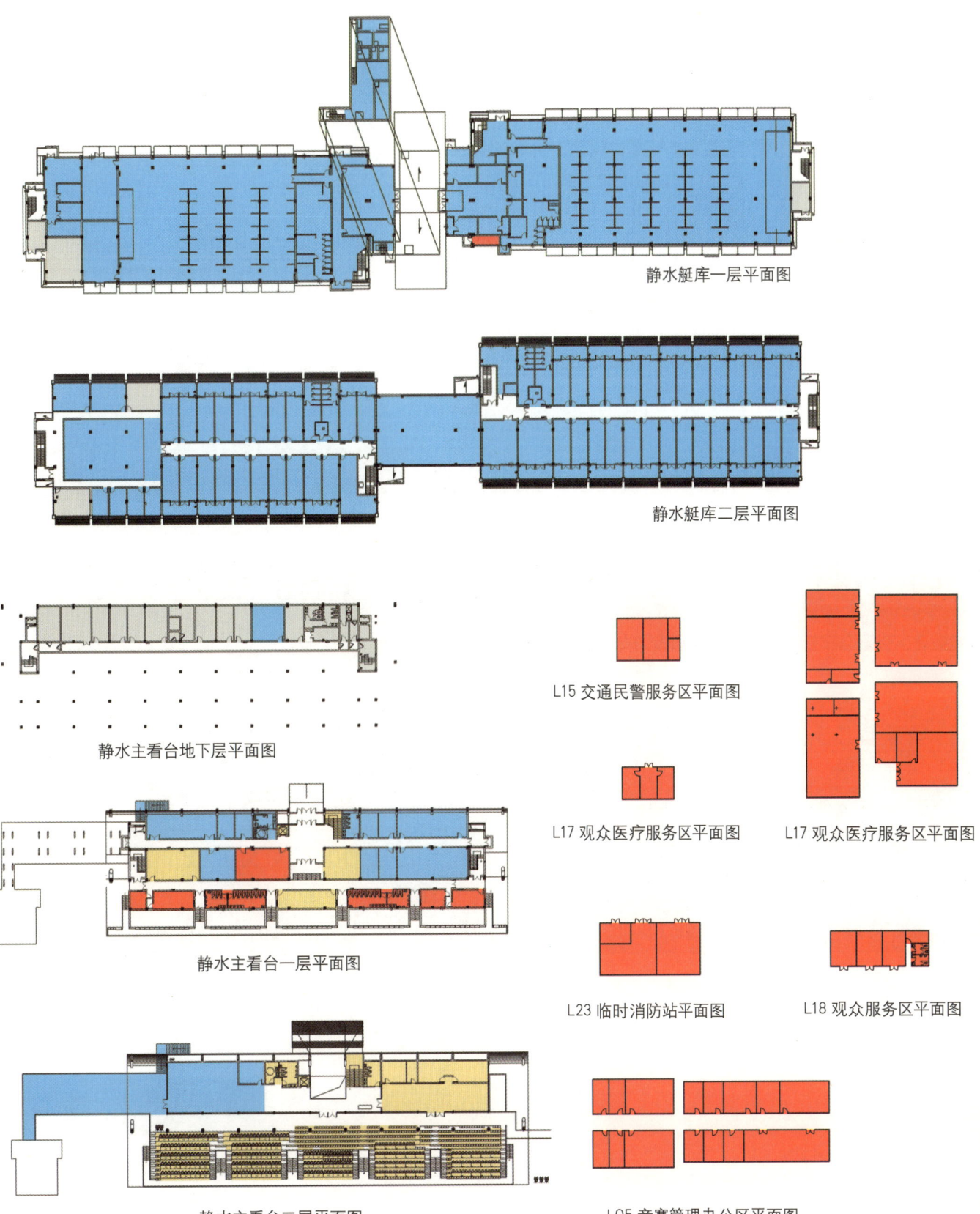

静水艇库一层平面图

静水艇库二层平面图

静水主看台地下层平面图

L15 交通民警服务区平面图

L17 观众医疗服务区平面图

L17 观众医疗服务区平面图

静水主看台一层平面图

L23 临时消防站平面图

L18 观众服务区平面图

静水主看台二层平面图

L05 竞赛管理办公区平面图

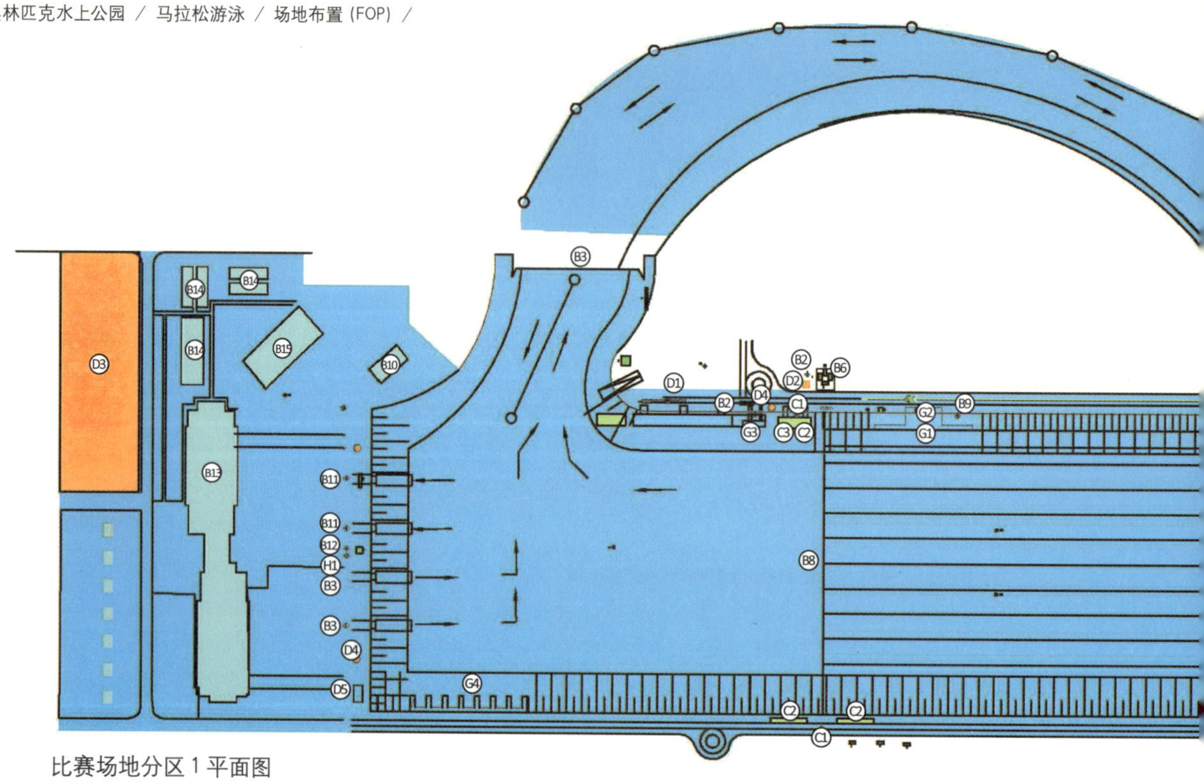

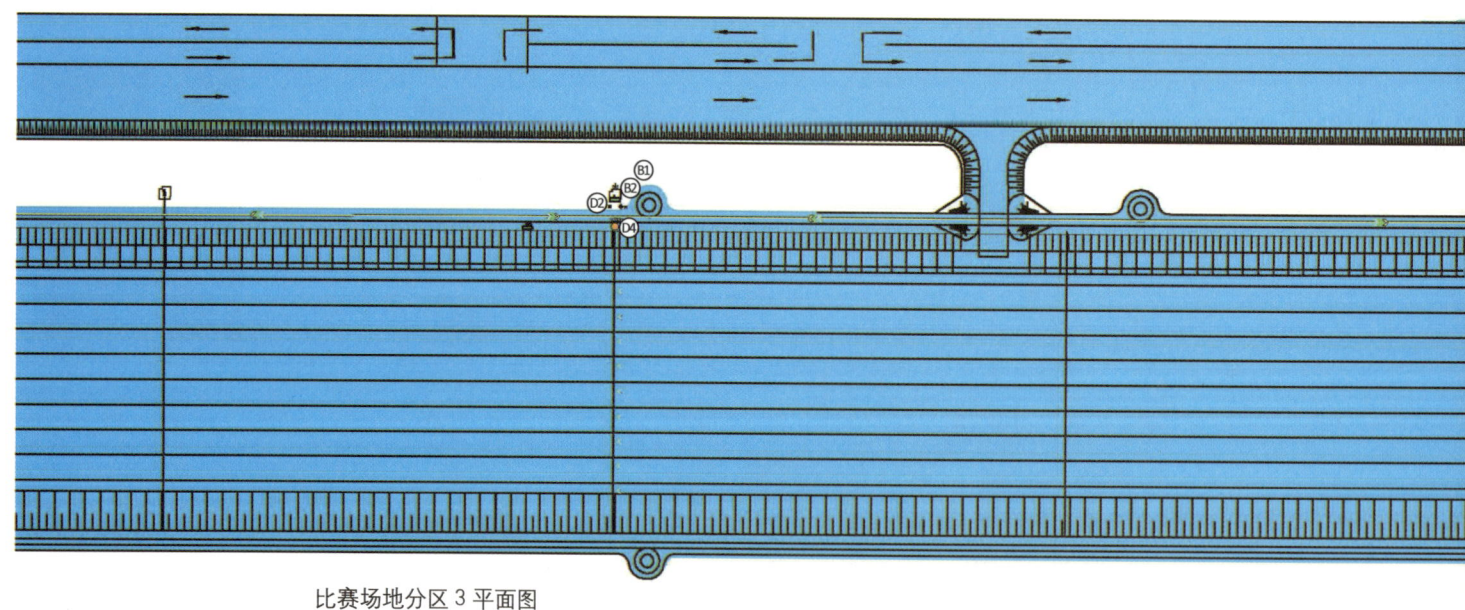

比赛场地分区 1 平面图

比赛场地分区 3 平面图

B.	体育竞赛区	C.	新闻运行区	G.	比赛场地区
B1.	分段计时亭	C1.	摄影记者入口	G1.	颁奖码头
B2.	竞赛 & 技术官员入口	C2.	摄影记者位	G2.	颁奖台
B3.	运动员入口	C3.	摄影码头	G3.	裁判码头
B4.	起点塔			G4.	摩托艇码头
B5.	校线亭	D.	场馆运行区		
B6.	终点塔	D1.	医疗急救人员入口	H.	电视转播综合区
B7.	自动起航器	D2.	临时气象站	H1.	竞赛检录处 &BOB 摄像塔
B8.	终点线	D3.	集装箱存放		
B9.	运动员上下水码头	D4.	时钟		
B10.	运动员休息区	D5.	油箱		
B11.	运动员出口 & 兴奋检测员入口				
B12.	竞赛 & 技术官员 &BOB 人员入口				
B13.	静水艇库				
B14.	运动员区				
B15.	临时艇架				

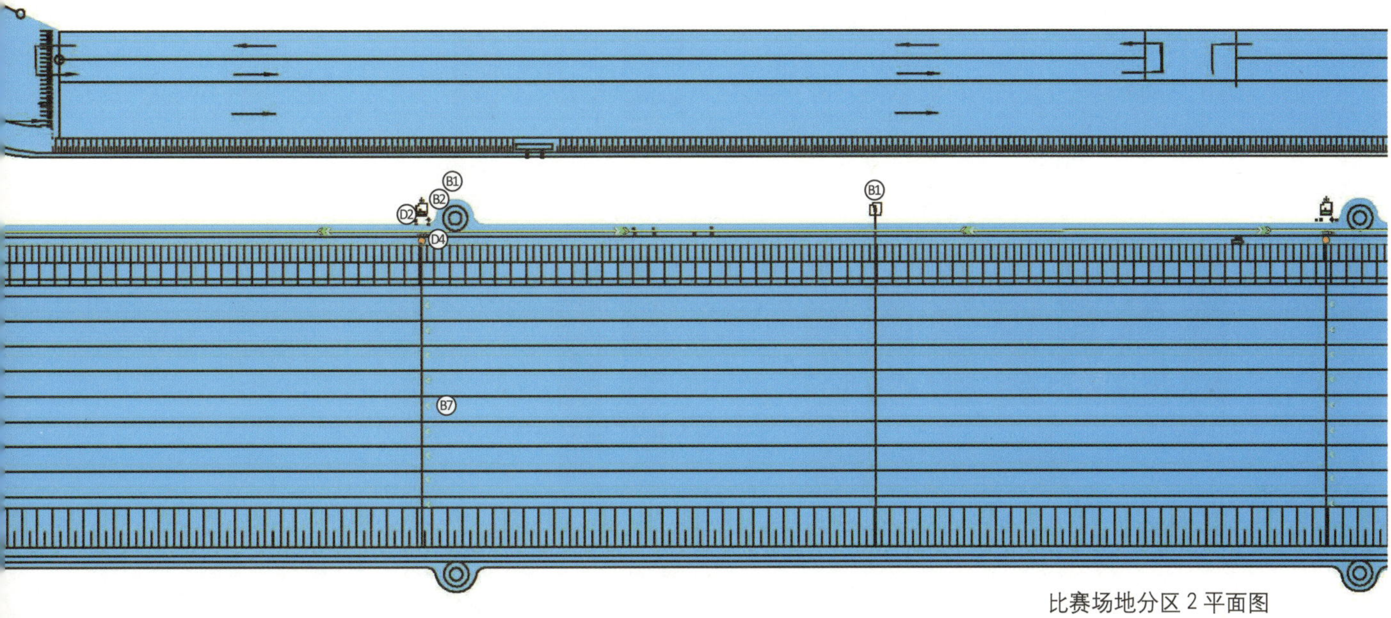

比赛场地分区 2 平面图

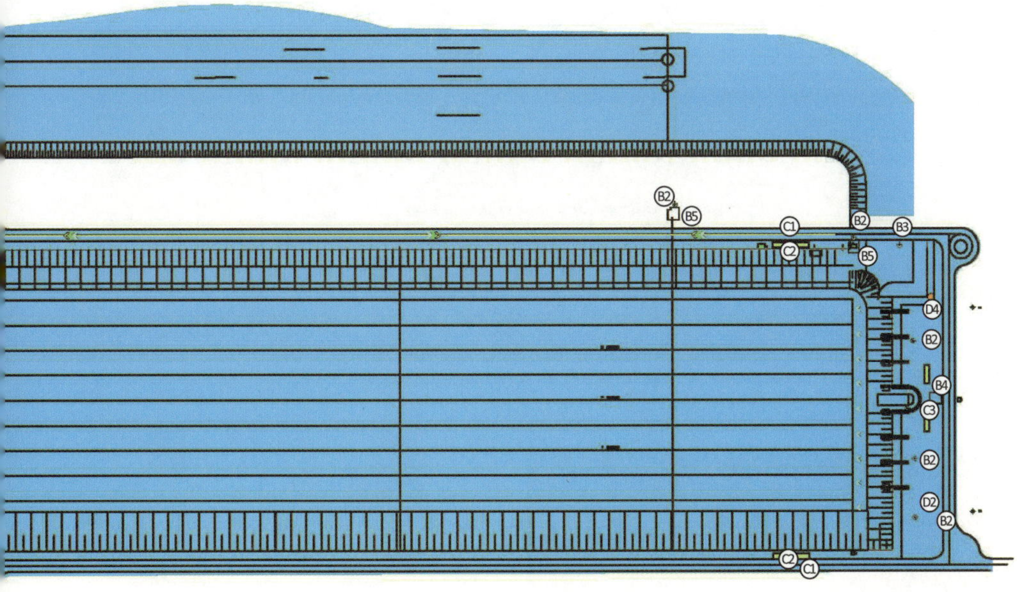

比赛场地分区 4 平面图

索引图

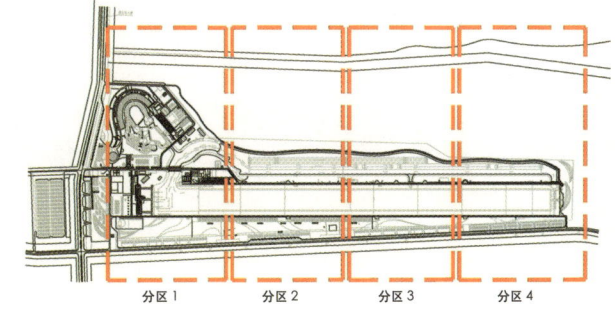

分区 1　　分区 2　　分区 3　　分区 4

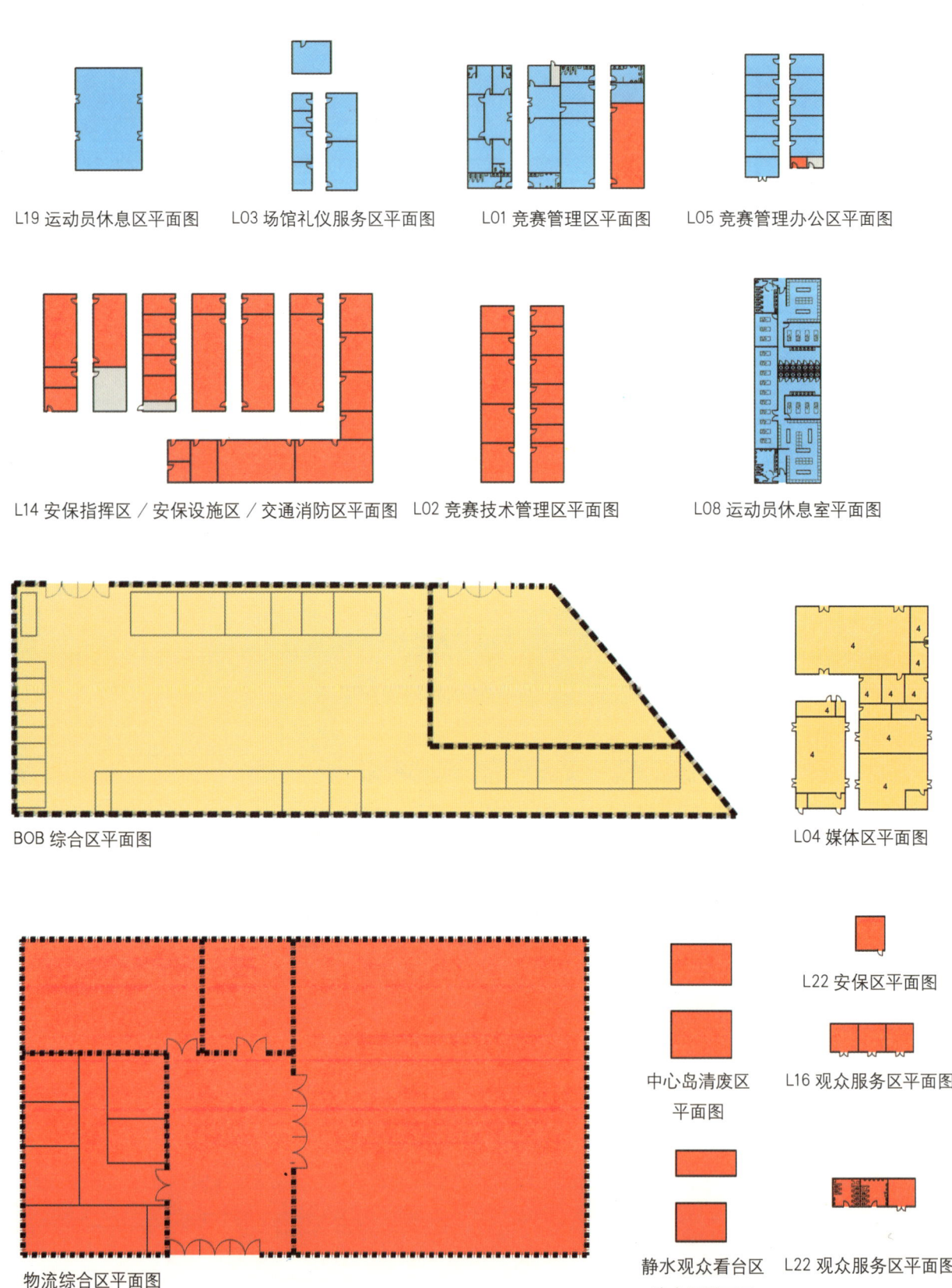

L19 运动员休息区平面图　　　L03 场馆礼仪服务区平面图　　　L01 竞赛管理区平面图　　　L05 竞赛管理办公区平面图

L14 安保指挥区／安保设施区／交通消防区平面图　　L02 竞赛技术管理区平面图　　　L08 运动员休息室平面图

BOB 综合区平面图

L04 媒体区平面图

物流综合区平面图

L22 安保区平面图

中心岛清废区
平面图

L16 观众服务区平面图

静水观众看台区
清废区平面图

L22 观众服务区平面图

02-09

北京航空航天大学体育馆——

举重馆

北京航空航天大学体育馆——举重馆

场馆概况

地点：北京航空航天大学

场地类型：改扩建比赛场馆

奥运会期间的用途：举重

残奥会期间的用途：举重

建筑面积：54707m²

固定座位数：3400个

临时座位数：2600个

举重比赛

北京航空航天大学体育馆——举重馆

2008 年北京奥运会举重比赛将按照赛时有效的《国际举联竞赛规则 2005－2008》以及《奥林匹克宪章》的规定执行。

比赛场地的设计

举重比赛须在举重台上进行。举重台可用木料、塑胶或其他坚固的材料制成。台面不得涂以润滑的涂料。台子 4m²，高 8～15cm，台面四周须涂 5cm 宽的颜色鲜明的彩色边线。举重比赛的裁判系统需要 3 个白灯、3 个红灯和 1 个蜂鸣器。比赛临场裁判员 3 名，分别是左侧裁判员、右侧裁判员和中间裁判员。3 名裁判员手里各控制 1 个白灯和 1 个红灯。裁决时，从 3 个不同的角度判定。3 个白灯为成功；3 个红灯为失败。如 2 白 1 红或 2 红 1 白，那就要少数服从多数，前者仍为成功，后者为失败。放下杠铃是在两个以上的裁判员发出信号以后才可以进行的。举重比赛的上场试举顺序较复杂，通常都是用电脑来排定的，既迅速又准确。

比赛规则

奥运会举重比赛分双手抓举和双手挺举两个项目。男子设 8 个级别，女子设 7 个级别，共有 15 块金牌。总成绩由两个单项成绩加起来确定。国际举重联合会对各国参赛人数有限制，规定各参赛国（或地区）参赛人数为女子 4 人，男子 6 人。各国（或地区）可以根据情况，派出同级别或不同级别的规定人数参赛。

运动员在赛前 2 小时称量体重，称量体重的时间为 1 小时；比赛时，先进行抓举，休息 10 分钟再进行挺举；运动员抓举、挺举的试举次数均为 3 次；上场顺序是根据运动员所要的重量、事先抽签顺序和举过的次数来排定的。试举时所要重量轻的先举。如果第一次试举重量相同，签号小的先举。如果第 2、3 次试举重量相同，试举次数少的先举。如果试举次数也一样，则上次先举的仍先举。

比赛场上的杠铃重量只能增加不能减少。每次试举成功后，必须增加 1 公斤的倍数，奥运会比赛是以抓举和挺举之和的总成绩来确定名次的。如总成绩相同，体重轻的名次列前。如体重又一样，那么先完成总成绩的名次列前，不允许并列名次；运动员的试举时间规定为 1 分钟。从点到运动员名字或场上加重员加重结束，以两项结束的时间为准开始计时。如某个运动员连续试举则为 2 分钟。在此时间内杠铃没有提过膝部即判为失败。

运行责任部门	运行设计房间名称	英文名称	数量	面积(m²)
北京航空航天大学体育馆				
功能分区1——观众活动区				
观众服务	检票口	Ticket Rip	3	12
	观众集散大厅	Spectator Concourse	11	空间区域
	观众信息亭	Spectator Info Booth	2	27
	观众婴儿车,轮椅寄存区	Stroller Storage	1	27
	失物招领处	Lost & Found	1	23
	公共电话	Pay Phone	1	空间区域
	制定吸烟区	Designated Somoking Area	1	空间区域
	观众饮水处	Spectator Drinking Fountain	5	150
环境景观	观众卫生间	Spectator Toilets	5	65
场馆财务	自动取款机	ATM	1	空间区域
餐饮服务	观众餐饮售卖点	Snack Point	2	53+27
市场开发	特许商品零售点	Merchandising Point	1	53
医疗服务	观众医疗站	Spectator Medical Station	2	61
	接待和候诊区	Reception & Waiting Area	2	18
	医疗区	Medical Treatment Area	2	29
	医生办公室	Doctor Office	2	14
票务	票务服务台	Ticket Management	1	30
	售票处	Ticketing Sales Window	1	47
功能分区2——比赛场地区				
运行责任部门	运行设计房间名称	英文名称	数量	面积(m²)
竞赛组织	比赛场地	Field of Play	1	1084
	混合区(运动员通道)	Mixed Zone	1	25延米长
	仲裁席	Jury Table	1	场地区
	技术代表席	Technical Delegates Table	1	场地区
	裁判席	Referee Seating	1	场地区
	加重员席	Loaders Seats	1	准备场地
	准备活动场地	Warm-up Area	1	700
	正式称重	Official weigh-in Room	1	50
	非正式称重	Unofficial weigh-in Room	2	20
技术	成绩统计台	Results Data Entry Position	1	场地区
	计时记分席	Timing & Scoring Position	1	场地区
兴奋剂检查	运动员兴奋剂检查标记区	Athletes Tagging	1	4
医疗服务	比赛场地周边急救区	Adjacent First Aid Area in	1	18
颁奖仪式	颁奖台及旗杆	Awards Podium & Flag Poles	1	35
功能分区3——体育竞赛区				
运行责任部门	运行设计房间名称	英文名称	数量	面积(m²)
竞赛组织	运动员接待处	Reception & Information Desk	1	24
	运动员更衣室(男/女)	Athlete Change Room	2	74
	运动员休息室	Athlete Lounge	17	8
	运动员卫生间	Athlete Toilet	2	20
	运动员休息室	Athlete Lounge	2	75
	运动员更衣/淋浴	Athlete TO Change Room	2	125
	技术官员更衣室	TO Change Room (Male)	1	37
	技术官员更衣室	TO Change Room	1	37
	场馆常务副主任办公室	Competition Manager Office	1	65
	竞赛主任办公室	Competition Manager Office	1	25
	竞赛副主任办公室	Deputy Competition Manager	1	45
	竞赛技术运行办公室	Competition Technical	2	18
	竞赛会议室	Competition Meeting Room	2	200+100
	竞赛综合事务办公室	Competition Admistration Office	2	35
	竞赛信息办公室	Competition Information Office	1	24
	国际举联主席办公室	IWF President Office	1	46
	国际举联技术代表室	IWF Technical Delegates Office	1	30
	国际举联秘书长办公室	IWF General Secretary Office	1	30

运行责任部门	运行设计房间名称	英文名称	数量	面积(m²)
竞赛组织	国际举联秘书处	IWF Secretariat	1	90
	技术官员休息室	Technical Official Lounge	1	130
	卫生间	Toilet	4	27
	体育器材储存区	Sport Equipment Storage Area	1	775
	会议室	Meeting Room	1	综合区内
	志愿人员室	volunteer Room	1	综合区内
	工作人员休息室	Support Staff retiring room	1	综合区内
	工作人员管理办公室	Support Staff manage room	1	综合区内
技术	现场成绩处理机房	On-venue Results Room	1	45
	计时计分系统设备存放间	Timing & Scoring Equipment Storage	1	32
	头戴设备控制空间	Headset Equipment Control Space	1	4
兴奋剂检查	兴奋剂官员办公室	Office for Doping Control Manager	1	6
	兴奋剂候检室	Waiting Area	1	39
	尿检工作室(含卫生间)	Processing Room	1	19
医疗服务	运动员医疗站	Athlete Medical Station	1	63
	运动员候检室	Reception & Waiting Room	1	17
	检查和物理治疗室	Examination Room	1	18
	治疗室	Intensive Care Unit	1	14
	医生办公室和储藏室	Doctor & Nurse Office	1	14
功能分区4——仪式及文化活动区				
运行责任部门	运行设计房间名称	英文名称	数量	面积(m²)
颁奖仪式	体育展示办公室	Sport Presentation Office	1	20
	仪式经理办公室及奖牌存放间	Ceremony Managemant & Medal Storage	1	12
	颁奖仪式等候区	Ceremony Waiting Area	1	35
	国旗储藏室	Flag Storage	1	20
	礼仪表演人员准备室(男)	Presenter & Mascot Dressing (Male)	1	53
	礼仪表演人员准备室(女)及鲜花储藏	Presenter & Mascot Dressing (Female)	1	53
	颁奖台储藏室	Awards Podium Storage	1	28
功能分区5——电视转播区				
运行责任部门	运行设计房间名称	英文名称	数量	面积(m²)
电视转播	电视转播综合区	Broadcasting Compoud	1	2420
	转播管理办公区	Broadcasting Management Office	1	72
	信号制作办公室	Production Office	1	96
	转播技术运行中心	Broadcasting Technical Operation Centre	1	120
	转播技术运行办公室	Broadcasting Technical Operation	1	20
	技术操作间	Technical Cabin (Maintenance/ SpecialityOperation)	2	192
	技术存储空间	Technical Storage	1	48
	电视转播餐饮区	Broadcasting Catering	1	296
	转播餐饮备餐区	Boradcasting Catering Kitchen Area	1	22
	餐厅	Dining Area	1	144
	工作人员休息区	Staff Break Area	1	130
	发电机/备份电源存放区	Power Generator/ Back Power Gernerator	1	130
	机电区	Mechanical Zone	1	48
	物流存放间	Logistic Storage	1	48
	持权转播商用地	RHB working Area	1	148
	转播人员专用卫生间	Broadcasting Toilet	1	24
	评论员控制室(CCR)	Commetator Control Room	1	43

227

功能分区6——新闻运行区				
运行责任部	运行设计房间名称	英文名称	数量	面积(m²)
新闻运行	场馆新闻中心	Venue Media Cetre	1	综合办公
	新闻运行经理办公室	Press Office	1	20
	摄影经理办公室	Photo Manager Office	1	20
	奥林匹克新闻服务工作室	Olympic News Service Work Room	1	25
	成绩公报协调员办公室	Results Distribution	1	25
	媒体接待处	Reception & IFO Desk & Storage	1	24
	文字记者工作区	Press Work Area	1	300
	摄影记者工作区	Photo Work Area	1	100
	信息查询终端摆放区域	IFO Allocation Area	1	区域空间
	文字记者储物柜摆放区域	Press Locker	1	区域空间
	摄影记者储物柜摆放区域	Photographer Locker	1	区域空间
	成绩公报柜摆放区域	Result Cabinet Allocation Area	1	区域空间
	信息打印/复印区域	Info Print/Copy Area	1	区域空间
	电视机/冰柜摆放区域	TV/Refrigeratory Allocation Area	1	区域空间
	新闻媒体专用卫生间（男）	Toilet (male)	2	30
	新闻媒体专用卫生间（女）	Toilet (female)	2	30
	盥洗室	Washing Room	1	9
	媒体休息区	Media Lounge	1	100
	餐饮售卖点及休息区	Dining & Lounge	1	区域空间
	小型备餐间	Food Preparation Room	1	区域空间
	新闻发布厅	Press Conferece Room	1	130
	新闻发布转播控制室	Broadcasting Control Room	1	区域空间
	座席区	Seating Area	1	区域空间
	主席台	Dais	1	区域空间
	摄像机平台	Camera Platform	1	区域空间
	混合区（新闻媒体通道）	Mixed Zone	1	25延米

功能分区7——场馆礼宾区				
运行责任部	运行设计房间名称	英文名称	数量	面积(m²)
场馆礼宾	场馆礼宾经理办公室	Venue Protocol Manager Desk	1	12
	贵宾接待与交通服务处	Welcome & Transport Info Desk	1	通道处
	大家庭休息室	Olympic Family Lounge	1	210
	餐台和休息区	Dining & Lounge	1	休息区内
	小型备餐间	Food Preparation Room	1	休息区内
	贵宾卫生间	OF Toilet	2	10
	会客厅	Meeting Room	1	75
	陪同人员休息区	Olympic Family Attendants Room	1	40

功能分区8——场馆运行区				
运行责任部	运行设计房间名称	英文名称	数量	面积(m²)
场馆管理	场馆主任办公室	Venue Manager Office	1	27
	场馆副主任办公室	Venue Deputy Manager Office	1	30
	场馆运行中心	Venue Operation Centre	1	81
	工作人员固定工位	VOC Staff Assigned Desks	1	运行中心内
	工作人员公共工位	VOC Shared Work Area	1	运行中心内
	场馆通信中心	Venue Commuication Centre	1	53
	场馆通信经理工位	Venue Commuication Manager Desk	1	通信中心内
	邮件处理点	Mail Desk	1	通信中心内
	通信操作员工位	VCC Operators Desks	1	通信中心内
	储存区	Storage	1	通信中心内
	多功能会议区	Multi-purpose Room	1	132
场馆人事	场馆人事经理办公室	Venue Staffing Management	1	22

运行责任部门	运行设计房间名称	英文名称	数量	面积(m²)
场馆人事	工作人员签到区	Staff Check-in Area	1	68
	工作人员签到处	Staff Check-in Points	1	区域空间
	工作人员问询区	Staff Info. Desk	1	区域空间
	志愿者服务处	Volunteer Services Desk	1	区域空间
	工作人员物品存放间	Cloak Room	1	区域空间
	工作人员休息和用餐区	Staff Break & Dnining Area	1	313
	工作人员卫生间	Staff Toilet	2	4
场馆财务	场馆财务经理办公室	Venue Finance Manager Office	1	27
观众服务	观众服务管理办公区	Spectator Services Management Area	1	70
	物资储存和分发区	SPS Equipment Storage & Distribution	1	120
	工作部署区	Briefing Area	1	90
票务	票务办公室	Ticketing Management Office	1	15
语言服务	语言服务经理办公区	LAN Manager Office	1	54
市场开发	市场开发经理办公室	Marketing Manager's Office	1	10
	商品储存区	MER Storage	1	25
注册	场馆注册中心	Venue Accreditation Office	1	92
	每日卡发放区	Day Pass Issue Desk	1	区域空间
	等待区	Accreditation Waiting Area	1	区域空间
	注册经理办公点和储藏区	Accreditation Manager Desk	1	区域空间
场馆设施管理	场馆设施管理办公区	Site Managment Work Area	1	54
	后勤工人休息区	Response Team & Vendor Staging	1	33
	电源工作间与备件存放	Power Workshop & Storage	1	30
技术	数据网络中心	Data Centre and Main Cabling Distrbute Room	1	60
	计算机设备间	Computer Equipment Room	1	41
	网络设备间	LAN Equipment Room	1	33
	综合布线主配线间	Main Cabling Room	1	27
	综合布线分配线间	Cross Connection Frame Room	1	4
	固定通信设备机房	Fix Telecomcomuication Equiptmet Room	1	50
	移动通信设备机房	Mobile Telecomuication Equipment Room	2	100
	无线通信机房	Wireless Communication Room	1	20
	扩声控制室	Public Address Control Room	1	30
	扩声设备临时安装空间	Temporary PA Equipment Room	1	场地区
	有线电视机房	CATV Control Room	1	50
	显示屏控制室	Video Board Control Room	1	30
	中央/设备监控室	Central Control Manager Room	1	8
	灯光控制室	Lighting Control Room	1	12
	卫生间（女）	FemaleToilet	2	22
	卫生间（男）	Male Toilet	1	11
	集群通信设备分发间	Trunk Radio Distribution Room	1	33
	场馆技术运行中心	Venue Technology Operation Center	1	96
	技术支持服务中心	Technology Help Desk	1	40
	成绩复印分发室	Results Printing & Distribution	2	95
	流动扩声系统设备存放间	Audio Equipment Room	1	52
	IT设备存放间	IT Equiptmet Storage	1	27
	IT设备包装存放间	IT Bulk Storage	1	139
	打印机、复印机包装存放间	Printer/Copier Bulk Storage	1	139
	松下设备包装存放间	Panasonic Equipment Bulk Storage	1	139
	纸张存放间	Paper Storage	1	43
	UPS包装存放间	UPS Bulk Storage	1	45
物流	物流经理办公室	Logistic Management	1	50
	物流综合区	Logistic Compound	1	1200

运行责任部门	运行设计房间名称	英文名称	数量	面积(m²)
物流	物流管理办公区	Logistic Management Area	1	69
	工人休息区	Workers Lounge	1	25
	特殊物资储存区	Special Materials Storage	1	15
	技术设备包装物仓储区	Warehouse Storage	1	139
	维修物资仓库和工作间	Maintenance Warehouse &Workshop	1	45
	指路标识及临时设施仓库	Vendor Secure Storage	1	69
	办公用品存储间	Office Supplies Storage	1	16
	服装存储间	Uniform Storage	1	16
	形象景观仓储室	IMI Work &Storage Area	1	16
	物资回收及分发室	Equipment Sign-out	1	69
	物流卸货区	Loading & Vehicle Staging	1	综合区内
	物资转运区	Materials Transfer Area	1	23
	油箱存储间	Fuel Tanks	1	10
	维修车辆停放区	Material Vehicle Staging	1	69
	卫生间	Toilet	1	15
餐饮服务	餐饮经理办公室(餐饮管理办公区)	Catering Manager Office	1	27
	餐饮综合区	Catering Compound	1	600
	餐饮供应商办公室	Catering Contractor Office	1	12
	饮料供应商办公室	Beverage Contractor Office	1	20
	干货冷藏区	Dry, Cold & Ice Storage	1	243
	卸货区	Vehicle Staging	1	综合区内
	厨房和备餐区	Kitchen & Preparation Area	1	69
	露天储存区	Uncovered Storage	1	69
	餐饮人员专用卫生间	Catering Staff Toilet	2	46
环境	环境经理办公室	CLW Manager Office	1	52
	清洁物品储藏间	Cleaning Item Storage	2	20
	清废综合区	CLW Compound	1	400
	清废管理与清废工人休息区	Management and Break Area	1	69
	清洁设备储存区	Cleaning Equipment Supply & Storage	1	70
	废弃物暂存区	Waste Sorting Area	1	68
	垃圾压缩机停放区	Waste Contractor	1	23
	车辆周转卸货区	CLW Vehicle Staging	1	综合区内

功能分区9——安保及交通运行区				
运行责任部门	运行设计房间名称	英文名称	数量	面积(m²)
安保	安保服务中心	Security Services Centre	1	200
	违禁物品存放处	Contraband Storage	1	100
	治安处理点	Public Security Handling Office	1	100
	安保指挥中心	Security Command Centre	1	100
	安保指挥办公室	Security Command Office	1	区域空间
	安保工作区	Security Work Area	1	区域空间
	现场指挥监控系统用房	On-site Security Commuication Equipment	1	185
	现场安保指挥区会议室	Security Meeting Room	1	100
	反恐防暴屯兵处	Anti-terrorism Personnel Duty Room	1	108
	武警部队指挥室	Policeman Command Room	1	50
	武警部队备勤室	Policeman Duty Room	1	50
	突发事件处置人员备勤室	Emergency Handler Duty Room	1	150
	处突力量屯兵处	security check hall	1	200
	安保后备用房	Security Reserve Room	1	38
	现场警卫机动力量备勤室	On-site Guard Reserve Force Office	1	80
	要人随身警卫人员备勤室	Guard Duty Room for VIPs	1	85
	消防指挥室	Fire Fighting Command Office	1	45
	现场消防通信指挥室	On-site Fire Fighting Communication	1	60
	消防备勤室	Fire Fighting Reserve Office	1	28
	安保观察平台	Security Observation Positions(inside)	1	60
	安保执勤岗亭	Security Observation Positions(outside)	8	128
	消防驻勤室	Fire Fighting Reserve Room	1	70
交通	交通监控指挥室	Transport Monitoring & Command Office	1	75
	车辆调度室	Vehicle Dispatch Room	1	50
	司机休息室	Driver Break Room	1	50
	交通路障设施存放区域	Storage Yard	1	27

总平面图

A.　观众活动区
A1.　观众信息亭
A2.　观众出口
A3.　应急通信应急车辆

B.　体育竞赛区
B1.　运动员入口
B2.　运动员下车点
B3.　技术官员入口
B4.　运动员班车停车区
B5.　技术官员停车区
B6.　举重训练馆

C.　新闻运行区
C1.　媒体入口
C2.　媒体停车区
C3.　媒体休息区

D.　场馆运行区
D1.　场馆运营入口
D2.　售票处
D3.　场馆注册中心
D4.　工作人员签到区
D5.　集群设备分发处
D6.　餐饮综合区
D7.　物流综合区
D8.　清废综合区
D9.　场馆运行停车区

E.　安保及交通运行区
E1.　安保入口
E2.　观众安检入口
E3.　交通监控指挥室
E4.　消防停车区
E5.　消防驻勤室
E6.　消防备勤室
E7.　车辆调度室
E8.　司机休息室
E9.　场馆应急车辆停车区
E10.　安保停车区
E11.　处突力量屯兵处
E12.　突发事件处置人员备勤室
E13.　治安处理点、违禁物品寄存

F.　非赛时使用空间区

G.　比赛场地区域

H.　电视转播区
H1.　BOB、ENG下车点
H2.　BOB综合区

I.　场馆礼宾区
I1.　贵宾入口
I2.　贵宾停车区

J.　仪式及文化活动区

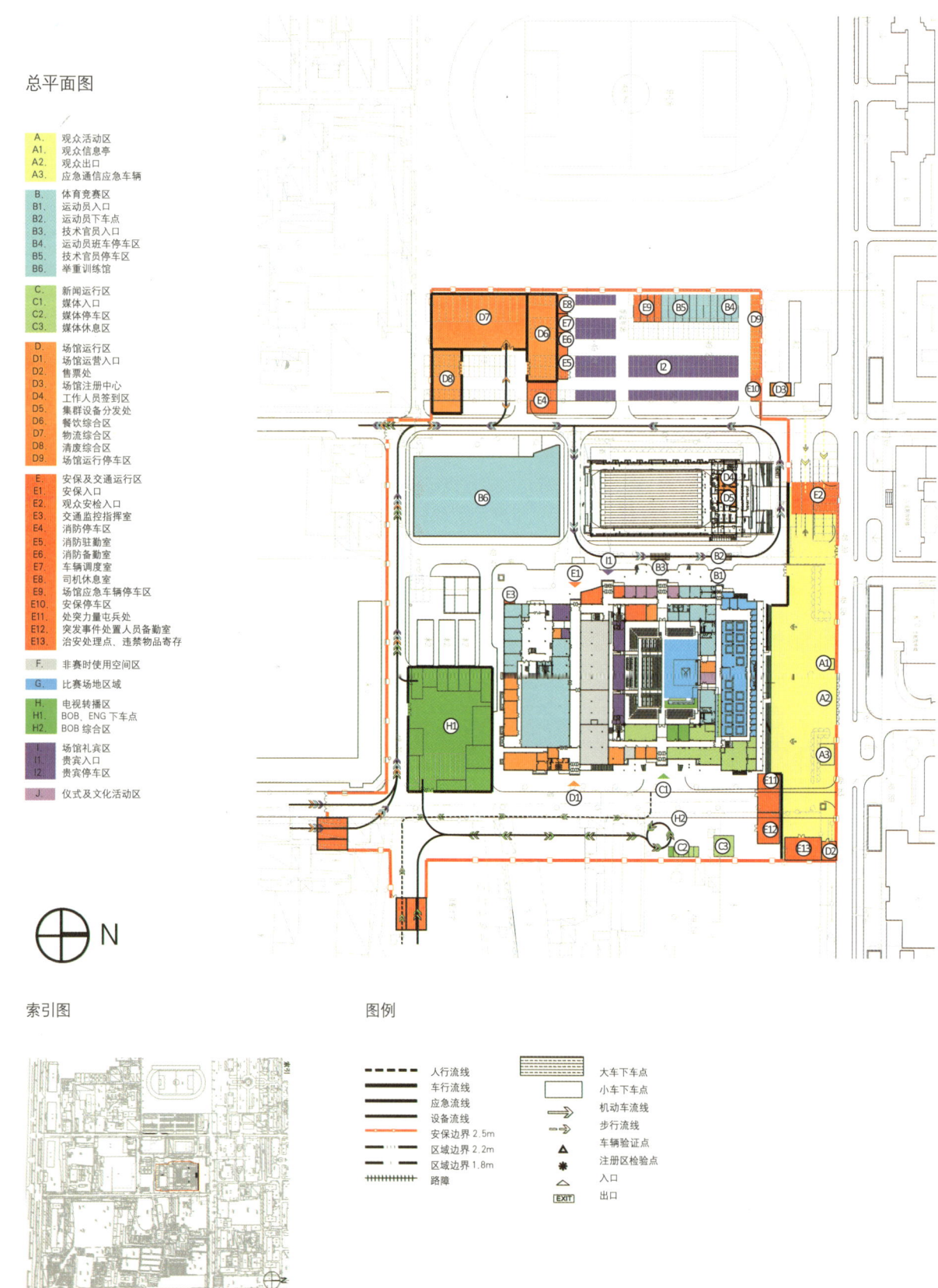

N

索引图

图例

- - - - - 人行流线
───── 车行流线
═════ 应急流线
───── 设备流线
───── 安保边界 2.5m
─ ─ ─ 区域边界 2.2m
─ · ─ · 区域边界 1.8m
+++++++ 路障

▨ 大车下车点
▢ 小车下车点
➡ 机动车流线
⇢ 步行流线
△ 车辆验证点
✳ 注册区检验点
◁ 入口
EXIT 出口

一层平面图

B.	体育竞赛区
B1.	运动员入口
B2.	技术官员入口
B3.	兴奋剂官员办公室
B4.	兴奋剂候检室
B5.	尿检工作室
B6.	检查和物理治疗室
B7.	技术官员更衣室（女）
B8.	技术官员更衣室（男）
B9.	治疗室
B10.	运动员候检室
B11.	医生办公室，储藏室
B12.	淋浴，桑拿
B13.	运动员更衣室
B14.	体育器材储藏室
B15.	运动员休息室
B16.	卫生间
B17.	竞赛主任办公室
B18.	竞赛副主任办公室
B19.	竞赛综合事务办公室
B20.	竞赛技术运行办公室
B21.	竞赛信息办公室

C.	新闻运行区
C1.	媒体入口
C2.	文字记者工作区
C3.	摄影记者工作区
C4.	摄影经理办公室
C5.	新闻运行经理办公室
C6.	成绩公报协调员办公室
C7.	奥林匹克新闻服务办公室
C8.	新闻发布厅
C9.	文字混合区

D.	场馆运行区
D1.	场馆管理入口
D2.	固定通讯设备机房
D3.	固定，移动通讯设备机房
D4.	数据网络中心
D5.	卫生间
D6.	中央设备监控
D7.	变配电室
D8.	值班室
D9.	计时计分系统设备存放间
D10.	IT 设备存放间
D11.	流动扩声系统设备存放间
D12.	移动通讯机房
D13.	现场成绩处理机房
D14.	成绩复印分发室

E.	安保及交通运行区
E1.	现场警卫机动力量备勤室
E2.	安保后备用房
E3.	要人随身警卫人员备勤室

F.	非赛时使用空间区

G.	比赛场地区
G1.	运动员接待处
G2.	非正式称重
G3.	正式称重
G4.	准备活动场地
G5.	运动员休息室
G6.	管理用房
G7.	卫生间

H.	电视转播区
H1.	转播信息办公室
H2.	评论员控制室

I.	场馆礼宾区
I1.	贵宾入口
I2.	礼宾经理办公室
I3.	陪同人员休息室
I4.	小型备餐间
I5.	大家庭休息室
I6.	会客厅

J.	仪式及文化活动区
J1.	存国旗，奖牌及鲜花储室
J2.	礼仪人员准备室（男）
J3.	礼仪人员准备室（女）
J4.	体育展示办公室
J5.	颁奖台储藏

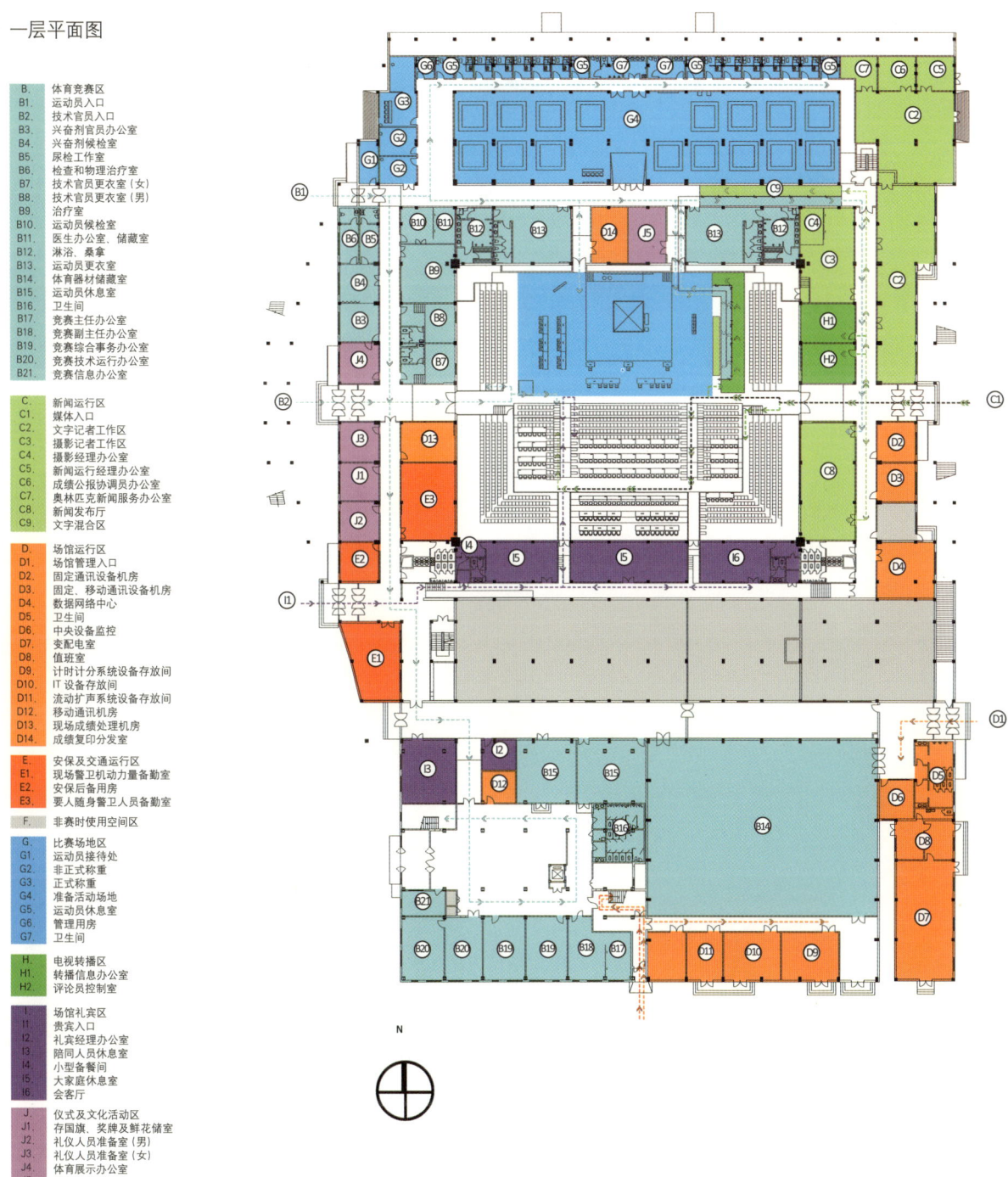

N

二层平面图

A. 观众活动区
A1. 卫生间
A2. 残疾人卫生间

B. 体育竞赛区
B1. 国际举联秘书长办公室
B2. 国际举联技术代表室
B3. 竞赛公共会议室
B4. 国际举联秘书处
B5. 国际办公室
B6. 技术官员休息室
B7. 卫生间

C. 新闻运行区

D. 场馆运行区
D1. 票务服务
D2. 特许商品零售店
D3. 观众餐饮售卖点
D4. 婴儿车与轮椅寄存处
D5. 显示屏控制室
D6. 扩声控制室
D7. 观众医疗站
D8. 管理办公室
D9. 特许商品储存区
D10. 小卖部
D11. 垃圾间
D12. 综合布线分配间

H. 电视转播区

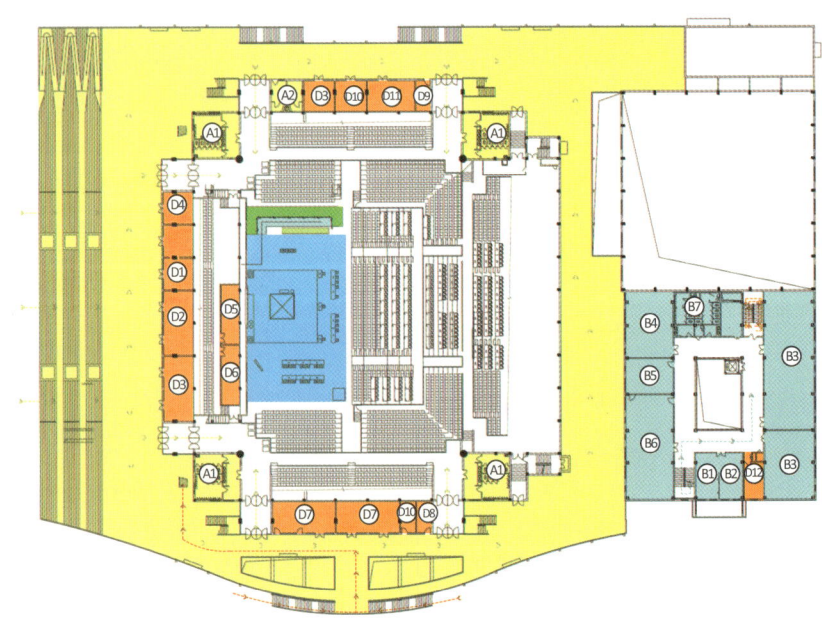

三层平面图

C. 新闻运行区

D. 场馆运行区
D1. 场馆设施管理办公室
D2. 观众服务管理办公区
D3. 物质储存和分发区
D4. 工作部署区
D5. 卫生间
D6. 图像屏机房
D7. 灯光控制室
D8. 场馆通信中心
D9. 场馆运行中心
D10. 场馆主任办公室
D11. 环境经理办公室
D12. 餐饮经理办公室
D13. 物流经理办公室
D14. 多功能会议室
D15. 场馆技术运行中心
D16. 技术服务中心
D17. 市场开发经理办公室
D18. 语言服务经理办公室
D19. 票务办公室
D20. 场馆人事经理办公室
D21. 场馆财务经理办公室
D22. 技术支持中心
D23. 场馆副主任办公室
D24. 有线电视机房

E. 安保及交通运行区
E1. 安保指挥中心
E2. 武警部队备勤室
E3. 武警部队指挥室
E4. 现场安保指挥区会议室
E5. 安保指挥监控通信系统用房
E6. 现场消防通信指挥室
E7. 安保观察平台
E8. 无线机房

G. 比赛场地区
H. 电视转播区

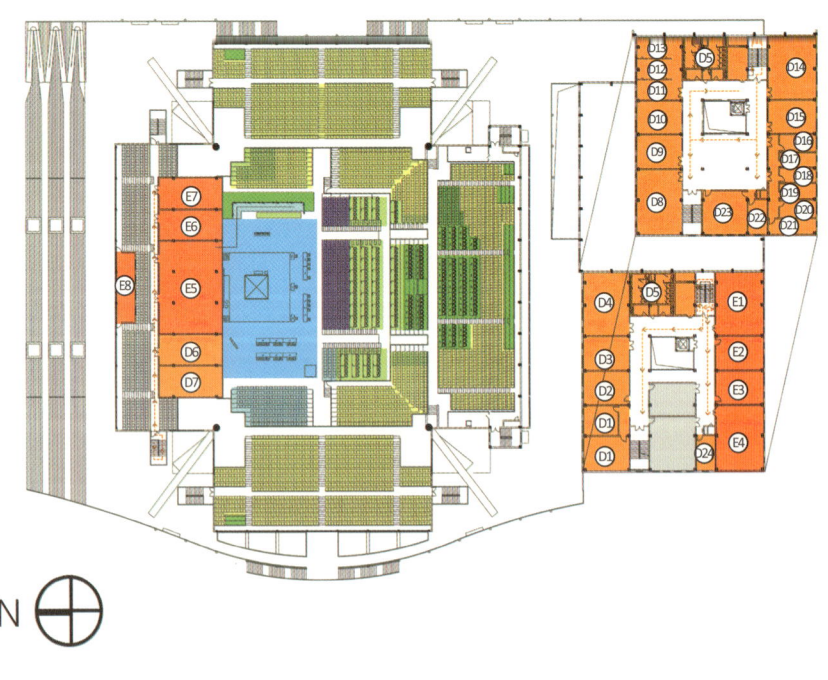

N

B.	体育竞赛区	G10.	记录台	
C.	新闻运行区	G11.	头套设备间	
D.	场馆运行区	G12.	磅秤	
		G13.	裁判工作台	
G.	比赛场地区	G14.	简易单人床、薄毯	
G1.	举重比赛台	G15.	举重训练台	
G2.	举重大台	G16.	检录台	
G3.	杠铃架、杠铃片	G17.	黑板	
G4.	起杠铃器	G18.	制冰机	
G5.	镁粉盒、松香盒	G19.	冰箱	
G6.	加重员			
G7.	裁判员席	H.	电视转播区	
G8.	仲裁席			
G9.	技术代表席	I.	仪式及文化活动区	

坐席层平面图

A. 观众活动区
A1. 观众坐席

B. 体育竞赛区
B1. 运动员席

C. 新闻运行区
C1. 文字媒体坐席
C2. 摄影记者坐席

F. 比赛场地区

H. 电视转播区
H1. 摄像机位
H2. 评论员席
H3. 播音员席

I. 场馆礼宾区
I1. 奥林匹克大家庭贵宾席

注册人员坐席列表

	注册人员分类	坐席数
1	运动员及随队官员	244
2	奥林匹克大家庭贵宾	228
3	广播电视转播人员	
	评论员席	45
	观察员席	75
4	文字摄影媒体	
	带桌文字媒体	132
	不带桌文字媒体	100
	摄影记者	78

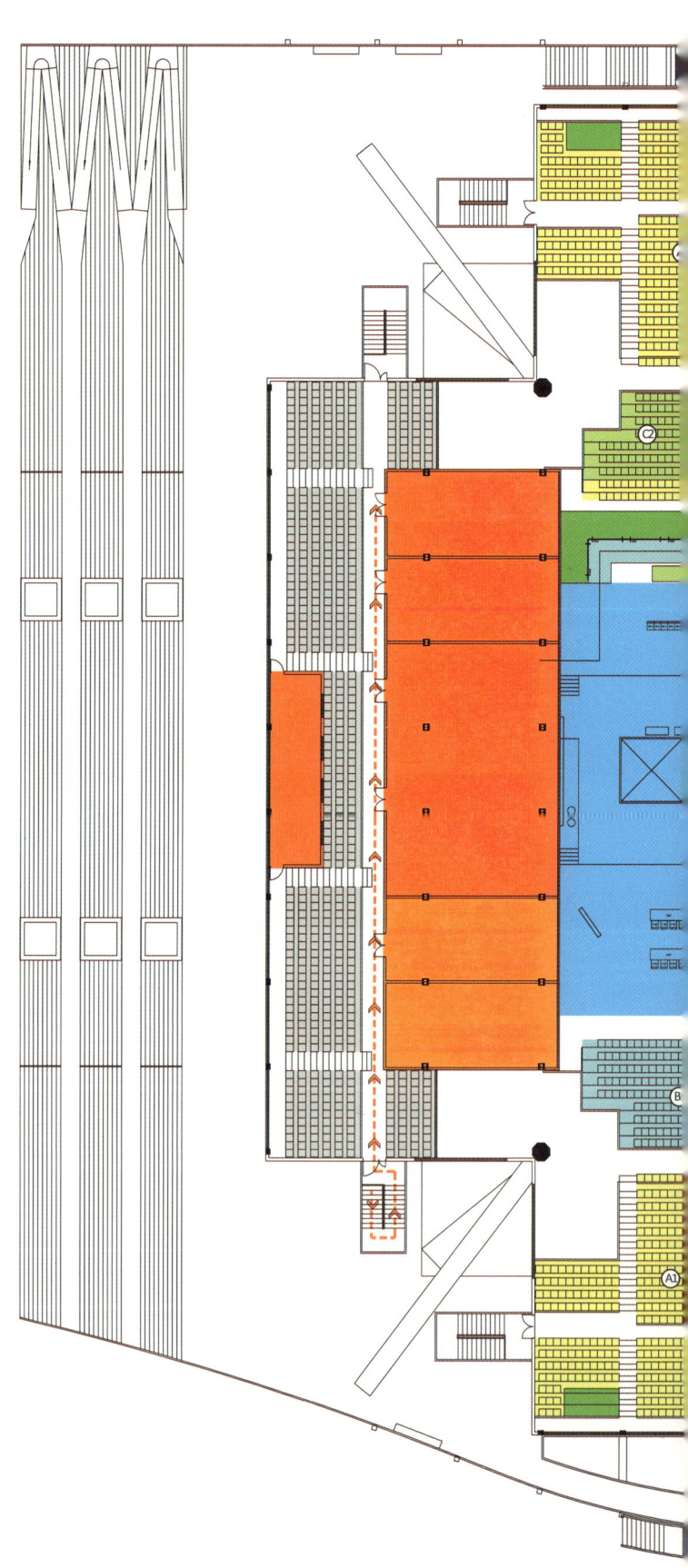

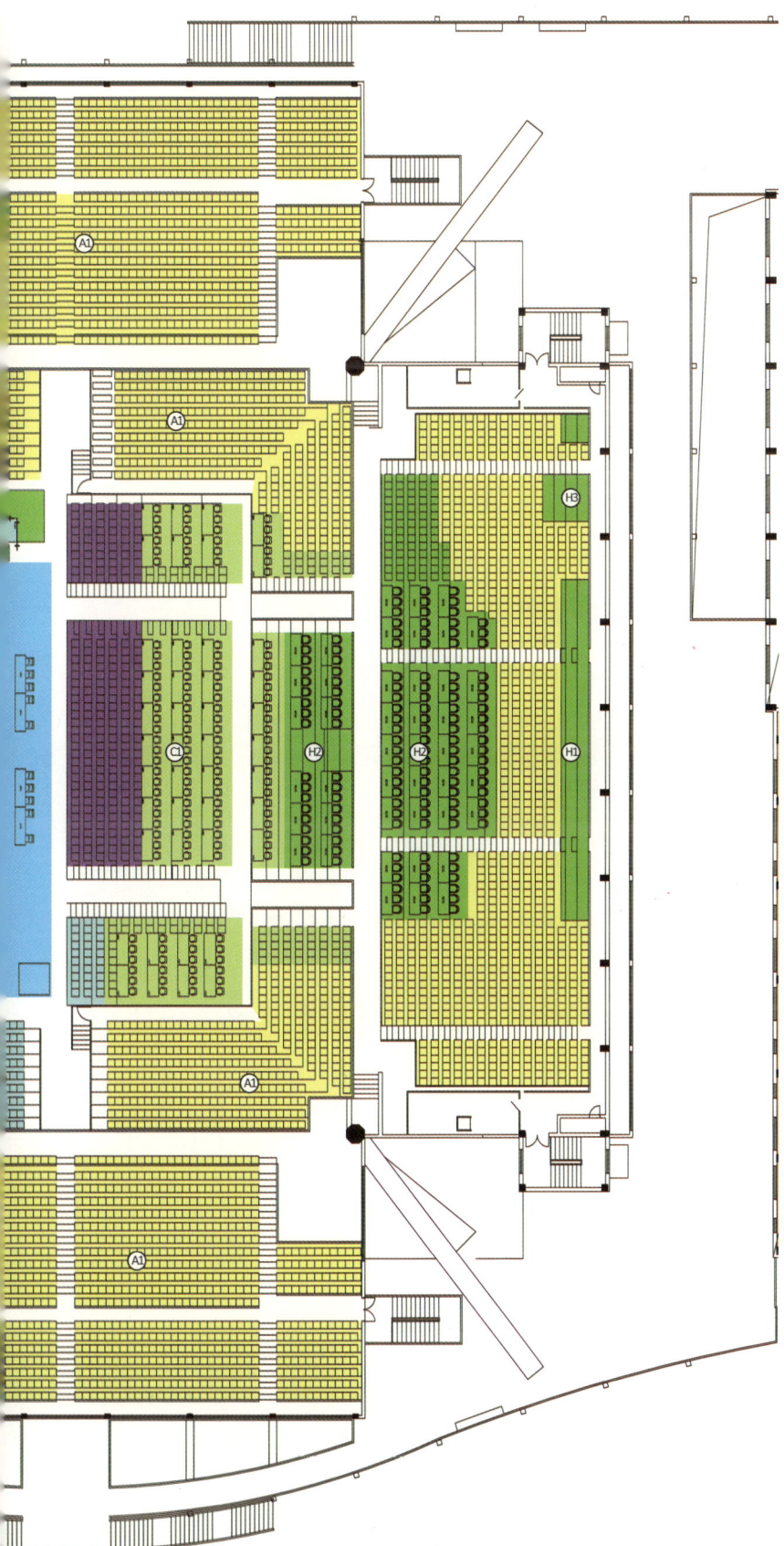

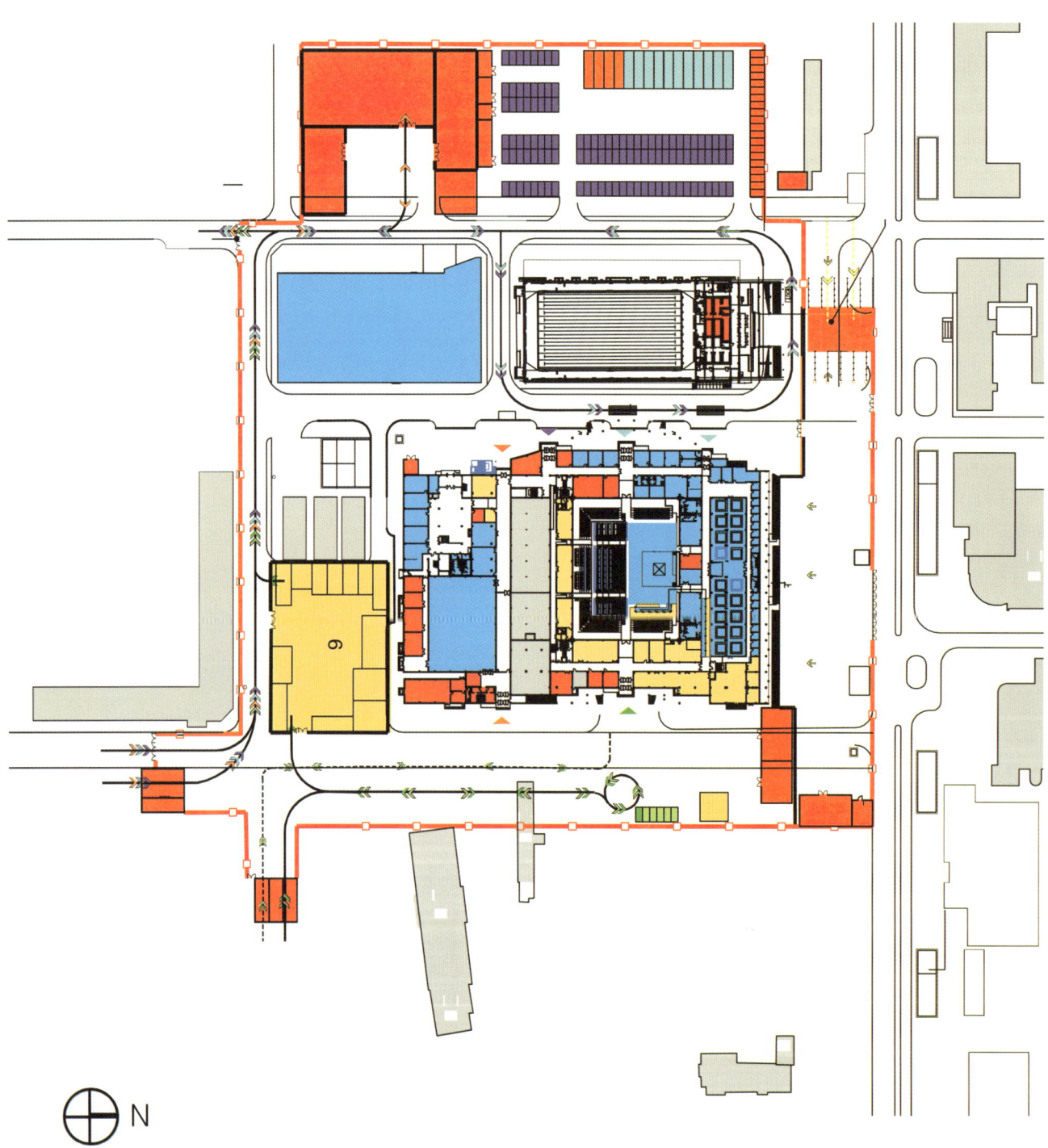

N

一层平面图

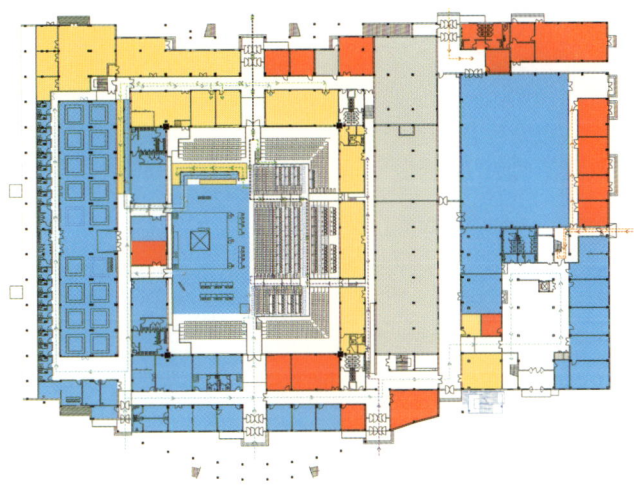

二层平面图

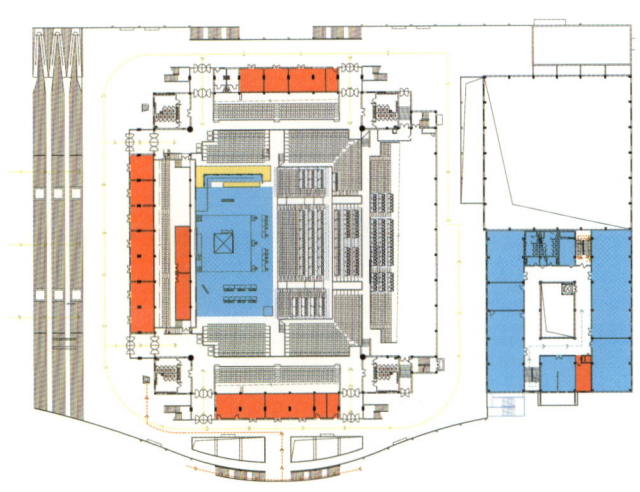

坐席层平面图

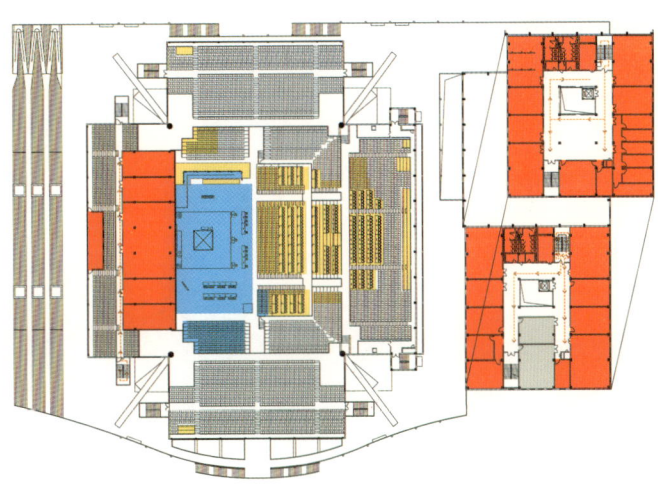

02-10

中国农业大学体育馆——

摔跤馆

中国农业大学体育馆——摔跤馆

场馆概况

地点：中国农业大学
场地类型：新建比赛场馆
奥运会期间的用途：摔跤
残奥会期间的用途：坐式排球
建筑面积：23950m^2
固定座位数：6000个
临时座位数：2500个

摔跤比赛

中国农业大学体育馆——摔跤

2008 年北京奥运会摔跤比赛将按照赛时有效的《国际摔联竞赛规则》和《奥林匹克宪章》的规定执行。

比赛场地的设计

在奥运会比赛中，必须使用国际摔联认可的摔跤垫。垫上有直径 9m 的圆圈，沿 9m 圈内有 1m 宽的红色区带，该区域也是比赛区的一个组成部分。圈外由 1.5m 宽的边缘区所包围。

中心的红色圆圈为摔跤垫中心区（直径 1m），是比赛开始、比赛结束和裁判员宣布胜负的地点。红色带以内的区域（直径 7m）称为中心比赛区。红色带区域（宽 1m）称为红色区，属于比赛区边缘地带，出红圈就被视为出界。红色带以外的边缘区（宽 1.5m）称为保护区。

比赛时，将垫子放置在搭制的台子上，台子的高度不得超过 1.1m。禁止使用柱子和绳子。如果台子上的垫子以外的自由空间宽度未超过 2m，台子四周的边要搭成 45°斜角。自由空间的颜色应使用不同于垫子的颜色，要用柔软的物体覆盖并仔细地固定在台面上。此外，摔跤垫对角区域的颜色应用与运动员摔跤服颜色一致的红、蓝两色清晰标明。为保证比赛正常进行，摔跤垫应放置在四周宽阔无障碍的地方。

比赛区域设有电子计时记分牌、铜锣、秒表、打分牌、提醒球（抛掷物）、双音哨、磅秤等。

摔跤比赛场地平面布置示意图

比赛规则

摔跤比赛分为古典式摔跤和自由式摔跤。古典式摔跤：禁止抱握对手腰以下部位、做绊腿动作以及主动用腿使用动作。自由式摔跤：允许抱握对手的腿、做绊腿动作，允许积极地用腿使用动作。双腋下握颈动作禁止在女子摔跤中使用。

称量体重：各级别比赛前一天称量体重，时间持续 30 分钟。

抽签：运动员称量体重，离开磅秤时自己抽签号，并依此为基础编排配对。

最初的排列顺序：如果有一名或数名运动员未参加称量体重或者超重，称量体重结束后，依据从小号到大号的原则重新排列运动员的序号。

编排：依据运动员所抽的签号进行分组配对。按抽签的顺序进行排列，如：1 对 2，3 对 4，5 对 6，依次进行配对。

比赛的淘汰：比赛按参赛的人数分两大组进行淘汰赛，直到各组产生最后一名获胜者，他们将进行冠亚军的决赛。除在比赛中负于 2 名进行决赛运动员而参加争夺 3～8 名复活赛（Repechage）的运动员外，其他比赛中的负方将被淘汰，其最终名次将根据所获名次排列。

中国农业大学体育馆

功能分区1——观众活动区

运行责任部门	运行设计房间名称	英文名称	数量	面积(m²)
观众服务	检票口	Ticket Rip	1	16
	观众集散大厅	Spectator Concourse	1	30
	观众信息亭	Spectator Info Booth	1	17
	观众婴儿车、轮椅寄存区	Stroller Storage	1	45
	公共电话	Pay Phone	多处	前院区
	指定吸烟区	Designated Somoking Area	1	前院区
	观众饮水处	Spectator Drinking Fountain	多处	前院区
环境	观众卫生间	Spectator Toilets	男女各五套	30
场馆财务	自动取款机	ATM		空间区域
餐饮服务	观众餐饮售卖点	Spectator Points of Sale	2/馆外 5/馆内	16+20
市场开发	特许商品零售点	Concession	2	16
医疗服务	观众医疗站	Spectator Medical Station	1	28
票务	票务服务台	Ticket Management	1	15
	售票处	Ticketing Sales Window	1	65馆外

功能分区2——比赛场地区

运行责任部门	运行设计房间名称	英文名称	数量	面积(m²)
竞赛组织	比赛场地	Field of Play	3块垫子	场地区
	运动员检录区	Athlete Call Area	1	场地区
	混合区(运动员通道)	Mixed Zone	1	场地区
	仲裁席	Jury Seating		场地区
	技术代表席	Technical Delegates Seating		场地区
	裁判席	Judge Seating		场地区
兴奋剂检查	运动员兴奋剂检查标	Athletes Tagging	1	场地区
医疗服务	比赛场地周边急救区	Adjacent First Aid Area in FOP	1	场地区
颁奖仪式	颁奖台及旗杆	Awards Podium & Flag Poles	1	场地区

功能分区3——体育竞赛区

运行责任部门	运行设计房间名称	英文名称	数量	面积(m²)
竞赛组织	热身场地	Warm-up Area	5块垫子	1100
	体检室	Examination Room	1	30
	称重室	Weigh-in Room	1	76
	检录室	Check-in Room	1	48
	检录通道	Waiting Area	1	125
	等候室	Reception & Waiting	1	28
	运动员休息区	Athlete Lounge	1	90
	运动员休息室	Athlete Rest Room	45	13*45
	运动员更衣室	Athlete Change Room	男女各一套	150*2
	贮藏	Storage	1	10
	运动员卫生间	Athletes Toilet	男女各一套	
	按摩室	massage room	男女各一套	27*2
	桑拿室	sauna room	男女各一套	12*2
	竞赛主任办公室	Competition Manager Office	1	38
	竞赛副主任办公室	Deputy Competition Manager Office	1	27
	竞赛综合事务办公室	Competition Admistration Office	1	48
	竞赛管理团队办公室	Competition Management Office	1	22
	竞赛技术运行室	Competition technical operation office	1	22
	竞赛管理团队办公室	Competition Management Office	3	56
	会议室	Competition Meeting Room	1	110
	接待室	Reception	1	18
	国际单项体育联合会仲裁休息室	IFJury lounge	1	43
	国际单项体育联合会主席办公室	IFs President's Office	1	40
	国际单项联合会秘书长办公室	IFs Secretary's Office	1	35

运行责任部门	运行设计房间名称	英文名称	数量	面积(m²)
竞赛组织	国际单项体育联合会官员休息室	IF Officials Lounge	1	36
	国际单项体育联合会秘书处	IFs Secretariat	1	30
	国际单项体育联合会仲裁(含医务仲裁)室	IFs Jury Room (includig medical jury)	1	22
	国际单项体育单项联合会新闻代表工作室	IFs News Delegates Office	1	15
	国际单项体育联合会技术代表室	IFs Technical Delegates Office	1	22
	国际单项体育联合会官员会议室	IF official meeting room	1	37
	卫生间	Toliet	男女各五套	
	裁判休息室	Judge Lounge	1	90
	裁判更衣室	Judge Locker room	男女各五套	65*2
	管理室	Management Room	2	10*2
	体育器材储存区	Sport Equipment Storage Area	1	38
技术	现场成绩处理机房	On-venue Results Room	1	40
	计时计分系统设备存放间	Timing & Scoring Equipment Storage	1	40
兴奋剂检查	兴奋剂候检室	Waiting Area	1	100
	兴奋剂官员办公室	Office for Doping Control Manager	1	18
	尿检工作室(含卫生间)	Processing Room	2	18
医疗服务	运动员医疗站	Athlete Medical Station	1	127
	运动员候检室	Reception & Waiting Room	1	43
	治疗室	Examination Room	2	20
	卫生间	Intensive Care Unit	2	50

功能分区4——仪式及文化活动区

运行责任部门	运行设计房间名称	英文名称	数量	面积(m²)
颁奖仪式	体育展示办公室	Sport Presentation Office	1	23
	仪式经理办公室	Ceremony Managemant	1	45
	奖牌存放间	Medal Storage	1	38
	国旗储藏室	Flag Storage	1	26
	礼仪表演人员准备室(男)	Presenter & Mascot Dressing (Male)	1	32
	礼仪表演人员准备室(女)	Presenter & Mascot Dressing (Female)	1	45
	国旗鲜花存放间	Flag & flowers Storage	1	27

功能分区5——电视转播区

运行责任部门	运行设计房间名称	英文名称	数量	面积(m²)
电视转播	电视转播综合区	Broadcasting Compound	1	4000
	评论员控制室(CCR)	Commetator Control Room	1	54
	转播信息办公室(BIO)	Broadcasting Informatio Office	1	33
	混合区(电视转播通道)	Mixed Zone		18延米

功能分区6——新闻运行区

运行责任部门	运行设计房间名称	英文名称	数量	面积(m²)
新闻运行	场馆新闻中心	Venue Media Cetre	1	568
	新闻运行经理办公室	Press Manager Office	1	20
	摄影经理办公室	Photo Manager Office	1	20
	奥林匹克新闻服务工作室	Olympic News Service Work Room	1	20
	成绩公报协调员办公室	Results Distribution	1	30
	文字记者工作区	Press Work Area	1	378
	摄影记者工作区	Photo Work Area	1	100
	信息查询终端摆放区域	IFO Allocation Area	1	新闻中心内
	文字记者储物柜摆放区域	Press Locker	1	新闻中心内
	摄影记者储物柜摆放区域	Photographic Locker	1	新闻中心内
	成绩公报柜摆放区域	Result Cabinet Allocation Area	1	新闻中心内
	信息打印/复印区域	Info Print/Copy Area	1	新闻中心内
	电视机/冰柜摆放区域	TV/Refrigeratory	1	新闻中心内

运行责任部门	运行设计房间名称	英文名称	数量	面积(m²)
新闻运行	新闻媒体专用卫生间（男）	Toilet (male)	1	20
	新闻媒体专用卫生间（女）	Toilet (female)	1	23
	媒体租用空间	Media Rental Space	1	20
	媒体休息区	Press Lounge	1	98
	新闻发布厅	Press Conference Room	1	148
	混合区（新闻媒体通道）	Mixed Zone	1	21延米

功能分区7——场馆礼宾区				
运行责任部门	运行设计房间名称	英文名称	数量	
场馆礼宾	场馆礼宾经理办公室	OF Protocol Manager Desk	1	11
	贵宾休息室	OF Lounge	1	130
	备餐间	Food Preparation Room	1	15
	贵宾卫生间	OF Toilet	男女各一套	12
	衣帽间	Cloakroom	1	16
	会客室	OF Meeting Room	1	45
	陪同人员休息区	Staff & Volunteer Room and Storage	1	47

功能分区8——场馆运行区				
运行责任部门	运行设计房间名称	英文名称	数量	面积(m²)
场馆管理	场馆主任办公室	Venue Manager Office	2	15*2
	场馆副主任办公室	Venue Deputy Manager Office	2	22/30
	场馆常务副主任办公室	Venue Excutive Manager Office	1	22
	场馆运行中心	Venue Operation Centre	1	58
	场馆通信中心	Venue Commuication Centre	1	31
场馆人事	场馆人事经理办公室	Venue Staffing Management	1	15
	工作人员签到区	Staff Check-in Area	1	25
	工作人员签到处	Staff Check-in Points	1	空间区域
	工作人员问询区	Staff Info. Desk	1	空间区域
	志愿者服务处	Volunteer Services Desk	1	空间区域
	工作人员物品存放间	Cloak Room	1	空间区域
	工作人员休息和用餐区	Staff Break & Dnining Area	1	1500
场馆财务	场馆财务经理办公室	Venue Finance Manager Office	1	16
观众服务	观众服务管理办公区	Spectator Services Management Area	1	43
	物资储存和分发区	SPS Equipment Storage & Distribution	1	32
	工作部署区	Briefing Area	1	160
票务	票务办公室	Ticketing Management Office	1	15
语言服务	语言服务办公室	LAN Manager Office	1	15
市场开发	特许商品场馆零售管理办公区	MER Management Area/Cash Room	1	与设施管理办公
注册	场馆注册中心	Venue Accreditation Office	1	48
	每日卡发放区	Day Pass Issue Desk	1	空间区域
	等待区	Accreditation Waiting Area	1	空间区域
	注册经理办公点和储藏区	Accreditation Manager Desk	1	空间区域
场馆设施管理	场馆设施管理办公区	Site Managment Work Area	1	与特许商品办公
技术	计算机设备室	Computer Equipment Room	1	55
	网络管理室	LAN Management Room	1	18
	固定通信机房	Fix Telecomcomuication Equiptmet Room	1	38
	移动通信机房	Mobile Telecommuication Equipment Room	2	28/25
	扩声控制室	Public Address Control Room	1	30
	有线电视机房	CATV Control Room	1	20
	显示屏控制室	Video Board Control Room	2	110
	灯光控制室	Lighting Control Room	1	30
	集群通信设备分配间	Trunk Radio Distribution Room	1	20
	场馆技术运行中心	Venue Technology Operation Center	1	31
	技术支持服务中心	Technology Help Desk	1	20
	成绩复印分发室	Results Printing & Distribution	1	82

运行责任部门	运行设计房间名称	英文名称	数量	面积(m²)
技术	固定通信技术人员工作	Fix Telecommunication Operation	1	18
	流动扩声设备存放	Audio Equipment Room	1	20
	IT设备存放	IT Equiptmet Storage	1	30
物流	场馆清废、餐饮及物流	CLW、Catering& Logistic Management Area	1	40
	物流综合区	Logistic Compound	1	1000
餐饮服务	餐饮综合区	Catering Compound	1	1600
	餐饮卸货区	Vehicle Staging	1	400
环境	清废综合区	CLW Compound	1	400
	环境经理办公室	CLW Manager Office	1	综合区内

功能分区9——安保及交通运行区				
运行责任部门	运行设计房间名称	英文名称	数量	面积(m²)
安保	治安处理点	Public Security Handling Office	馆内外各一处	80/40
	安保指挥监控通讯系统	On-site Security Commuication Equipment Room	2	74/24
	无线通信机房	Wireless Communication Room	1	
	安保设备间	security equipment room	1	25
	违禁物品存存处	Contraband Storage	1	
	反恐防暴屯兵处	Anti-terrorism Personnel Duty Room	1	47
	武警部队备勤室	Policeman Duty Room	2	50*2
	武警指挥室	CAPE Command Office	1	50
	突发事件处置人员寄勤	Emergency Handler Duty Room	3	50*3
	安保后备用房	Security Reserve Room	1	79
	保安备勤室	Security Reserve Room	1	50
	要人随身警卫人员备勤	Guard Duty Room for VIPs	1	34
	娄人警卫工作现场指挥	On-site Guard Office	1	43
	消防中控室		1	22
	现场消防通信指挥室	On-site Fire Fighting Communication	1	18
	临时消防站	Temporary Firehouse	馆外临设	400
	现场观察	Security Observation Positions	4	14.5*4
交通	司机休息室	Driver Break Room	1	44
	交通执勤民警休息室	Transport Reserve Room	1	44
	交通监控指挥室	Transport Monitoring & Command Office	1	32/48
	车辆调度室	Vehicle Dispatch Room	1	32

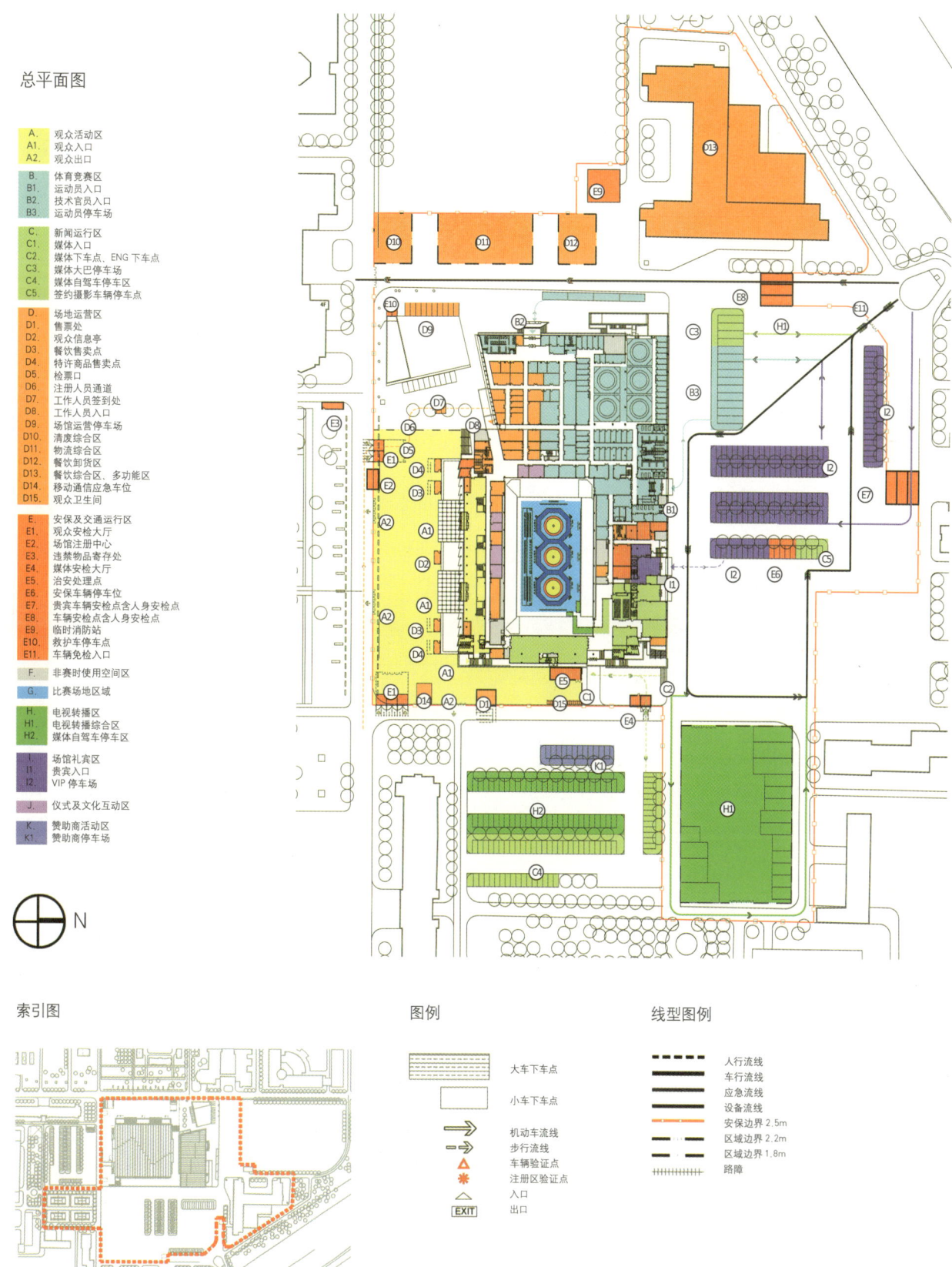

总平面图

- **A.** 观众活动区
  - **A1.** 观众入口
  - **A2.** 观众出口
- **B.** 体育竞赛区
  - **B1.** 运动员入口
  - **B2.** 技术官员入口
  - **B3.** 运动员停车场
- **C.** 新闻运行区
  - **C1.** 媒体入口
  - **C2.** 媒体下车点、ENG下车点
  - **C3.** 媒体大巴停车场
  - **C4.** 媒体自驾车停车区
  - **C5.** 签约摄影车辆停车点
- **D.** 场地运营区
  - **D1.** 售票处
  - **D2.** 观众信息亭
  - **D3.** 餐饮售卖点
  - **D4.** 特许商品售卖点
  - **D5.** 检票口
  - **D6.** 注册人员通道
  - **D7.** 工作人员签到处
  - **D8.** 工作人员入口
  - **D9.** 场馆运营停车场
  - **D10.** 清废综合区
  - **D11.** 物流综合区
  - **D12.** 餐饮卸货区
  - **D13.** 餐饮综合区、多功能区
  - **D14.** 移动通信应急车位
  - **D15.** 观众卫生间
- **E.** 安保及交通运行区
  - **E1.** 观众安检大厅
  - **E2.** 场馆注册中心
  - **E3.** 违禁物品寄存处
  - **E4.** 媒体安检大厅
  - **E5.** 治安处理点
  - **E6.** 安保车辆停车位
  - **E7.** 贵宾车辆安检点含人身安检点
  - **E8.** 车辆安检点含人身安检点
  - **E9.** 临时消防站
  - **E10.** 救护车停车点
  - **E11.** 车辆免检入口
- **F.** 非赛时使用空间区
- **G.** 比赛场地区域
- **H.** 电视转播区
  - **H1.** 电视转播综合区
  - **H2.** 媒体自驾车停车区
- **I.** 场馆礼宾区
  - **I1.** 贵宾入口
  - **I2.** VIP停车场
- **J.** 仪式及文化互动区
- **K.** 赞助商活动区
  - **K1.** 赞助商停车场

N

索引图

图例

大车下车点	
小车下车点	
→ 机动车流线	
⇢ 步行流线	
△ 车辆验证点	
✳ 注册区验证点	
△ 入口	
EXIT 出口	

线型图例

▪▪▪	人行流线
▬▬	车行流线
══	应急流线
━━	设备流线
───	安保边界 2.5m
─·─	区域边界 2.2m
─ ─	区域边界 1.8m
┼┼┼┼	路障

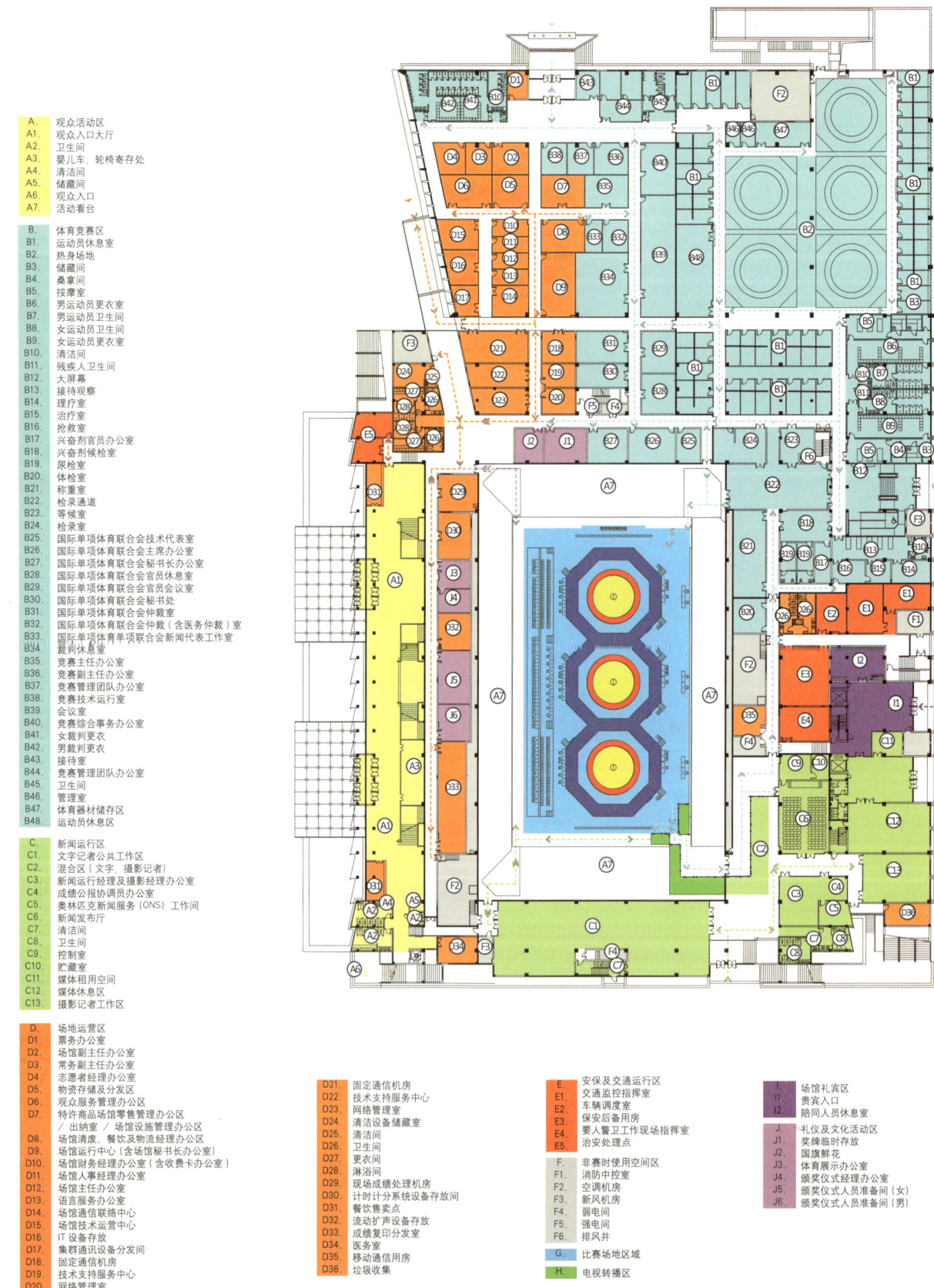

A. 观众活动区
A1. 观众入口大厅
A2. 卫生间
A3. 婴儿车、轮椅寄存处
A4. 清洁间
A5. 储藏间
A6. 观众入口
A7. 活动看台

B. 体育竞赛区
B1. 运动员休息室
B2. 热身场地
B3. 储藏间
B4. 桑拿间
B5. 按摩室
B6. 男运动员更衣室
B7. 男运动员卫生间
B8. 女运动员卫生间
B9. 女运动员更衣室
B10. 清洁间
B11. 残疾人卫生间
B12. 大屏幕
B13. 接待观察
B14. 理疗室
B15. 治疗室
B16. 抢救室
B17. 兴奋剂官员办公室
B18. 兴奋剂候检室
B19. 尿检室
B20. 体检室
B21. 称重室
B22. 检录通道
B23. 等候室
B24. 检录室
B25. 国际单项体育联合会技术代表室
B26. 国际单项体育联合会主席办公室
B27. 国际单项体育联合会秘书长办公室
B28. 国际单项体育联合会官员休息室
B29. 国际单项体育联合会官员会议室
B30. 国际单项体育联合会秘书处
B31. 国际单项体育联合会仲裁室
B32. 国际单项体育联合会仲裁（含医务仲裁）室
B33. 国际单项体育单项联合会新闻代表工作室
B34. 裁判休息室
B35. 竞赛主办公室
B36. 竞赛副主任办公室
B37. 竞赛管理团队办公室
B38. 竞赛技术运行室
B39. 会议室
B40. 竞赛综合事务办公室
B41. 女裁判更衣
B42. 男裁判更衣
B43. 接待室
B44. 竞赛管理团队办公室
B45. 卫生间
B46. 管理室
B47. 体育器材储存区
B48. 运动员休息区

C. 新闻运行区
C1. 文字记者公共工作区
C2. 混合区（文字、摄影记者）
C3. 新闻运行经理及摄影经理办公室
C4. 成绩公报协调员办公室
C5. 奥林匹克新闻服务（ONS）工作间
C6. 新闻发布厅
C7. 清洁间
C8. 卫生间
C9. 控制室
C10. 贮藏室
C11. 媒体租用空间
C12. 媒体休息区
C13. 摄影记者工作区

D. 场地运营区
D1. 票务办公室
D2. 场馆副主任办公室
D3. 常务副主任办公室
D4. 志愿者经理办公室
D5. 物资储存及分发区
D6. 观众服务管理办公区
D7. 特许商品场馆零售管理办公区
／ 出纳室／场馆设施管理办公区
D8. 场馆清废、餐饮及物流经理办公区
D9. 场馆运行中心（含场馆秘书长办公室）
D10. 场馆财务经理办公室（含收费卡办公室）
D11. 场馆人事经理办公区
D12. 场馆主任办公区
D13. 语言服务办公室
D14. 场馆通信联络中心
D15. 场馆技术运营中心
D16. IT设备存放
D17. 集群通讯设备分发间
D18. 固定通信机房
D19. 技术支持服务中心
D20. 网络管理室

D21. 固定通信机房
D22. 技术支持服务中心
D23. 网络管理室
D24. 清洁设备储藏室
D25. 清洁间
D26. 卫生间
D27. 更衣间
D28. 淋浴间
D29. 现场成绩处理机房
D30. 计时计分系统设备存放间
D31. 餐饮售卖点
D32. 流动扩声设备存放
D33. 成绩复印分发室
D34. 医务室
D35. 移动通信用房
D36. 垃圾收集

E. 安保及交通运行区
E1. 交通监控指挥室
E2. 车辆调度室
E3. 保安后备用房
E4. 要人警卫工作现场指挥室
E5. 治安处理点

F. 非赛时使用空间区
F1. 消防中控室
F2. 空调机房
F3. 新风机房
F4. 弱电间
F5. 强电间
F6. 排风井

G. 比赛场地区域

H. 电视转播区

I. 场馆礼宾区
I1. 贵宾入口
I2. 陪同人员休息室

J. 礼仪及文化活动区
J1. 奖牌临时存放
J2. 国旗鲜花
J3. 体育展示办公室
J4. 颁奖仪式经理办公室
J5. 颁奖仪式人员准备间（女）
J6. 颁奖仪式人员准备间（男）

地下一层平面图

F. 非赛时使用空间区
F1. 制冷机房热力机房
F2. 水处理机房
F3. 配电室
F4. 值班监控室
F5. 高压开关房
F6. 低压配电室
F7. 变压器室
F8. 扩散室
F9. 除尘室
F10. 消毒室
F11. 报警阀室
F12. 弱电间
F13. 风机房

二、三层平面图

A. 观众活动区
A1. 二层疏散平台
A2. 男卫生间
A3. 女卫生间
A4. 残疾人卫生间
A5. 清洁间
A6. 垃圾间

D. 场馆运行区
D1. 票务服务台
D2. 餐饮售卖点
D3. 主计时时钟机房
D4. 扩声控制
D5. 灯光控制室
D6. 清洁间

E. 安保及交通运行区
E1. 安保指挥监控通讯系统用房
E2. 武警指挥室
E3. 现场观察室
E4. 安保设备间
E5. 现场消防通信指挥
E6. 要人随身警卫人员备勤室

F. 非赛时使用空间
F1. 空调机房
F2. 强电间
F3. 弱电间

H. 电视转播区
H1. 转播信息办公室
H2. 评论控制室

I. 场馆礼宾区
I1. 奥林匹克大家庭休息室
I2. 会客室
I3. 备餐间
I4. 场馆礼宾经理办公室
I5. 女卫生间
I6. 男卫生间
I7. 残疾人卫生间

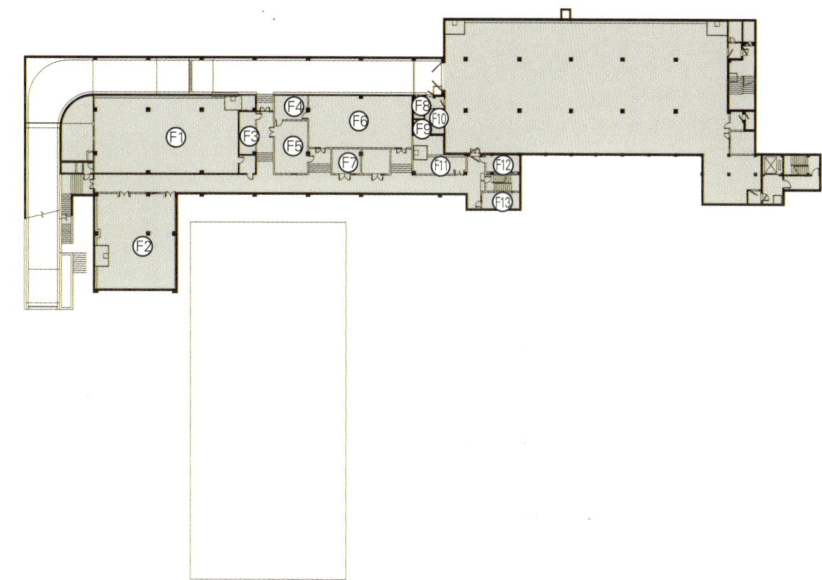

餐饮综合区层平面图

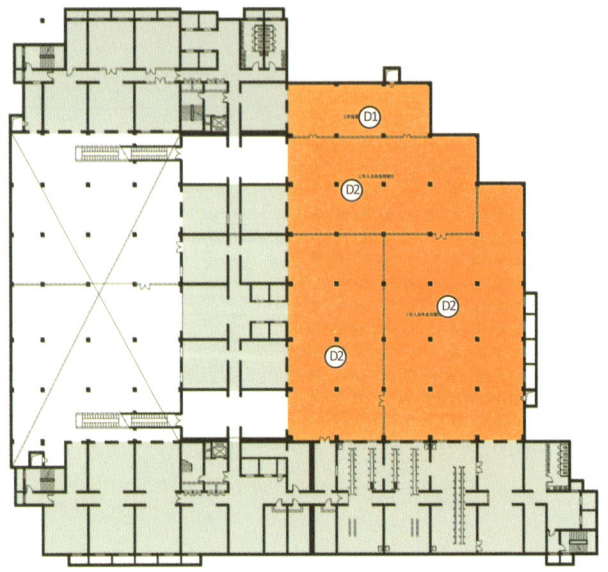

D	场馆运行区
D1	工作部署区
D2	工作人员休息用餐区

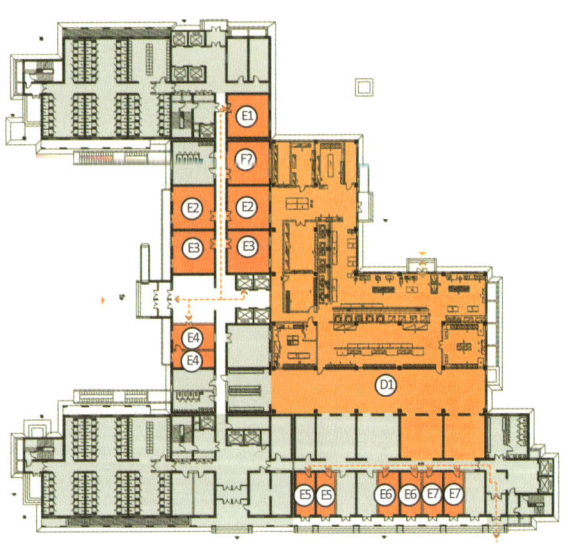

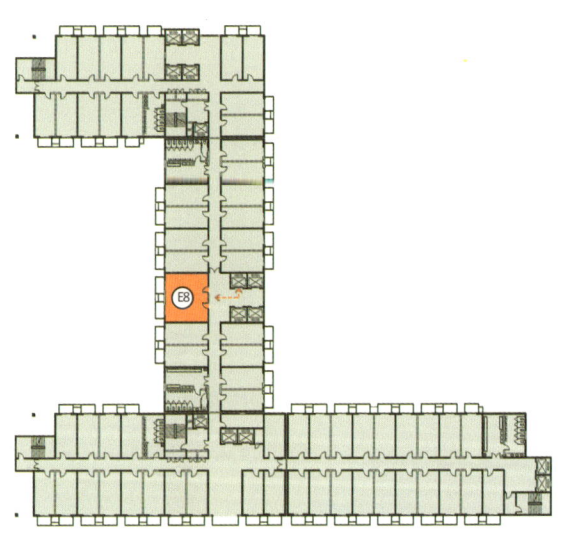

功能用房平面图

| D. | 场馆运行区 |
| D1. | 综合餐饮 |

E.	安保及交通运行区
E1.	保安备勤室
E2.	突发事件处置人员备勤室
E3.	武警部队备勤室
E4.	反恐防暴屯兵处
E5.	司机休息室
E6.	交通设备存放
E7.	交通执勤民警休息
E8.	无线通信机房

比赛场地平面图

C. 新闻运行区
C1. 场地摄影位置

G. 比赛场地区
G1. 数据记录
G2. 国际技术官员
G3. 记分员
G4. 计时员
G5. 双面显示屏
G6. 中文翻译
G7. 中文输入
G8. 中文检查
G9. 字幕控制
G10. 显示屏控制
G11. 打印
G12. 临场教练
G13. 引导员
G14. 教练员助理
G15. 侧面裁判席
G16. 医生工作台
G17. 清洁员

H. 电视转播区
H1. 摄像机位

J. 仪式及文化活动区
J1. 颁奖台
J2. 国旗升降装置

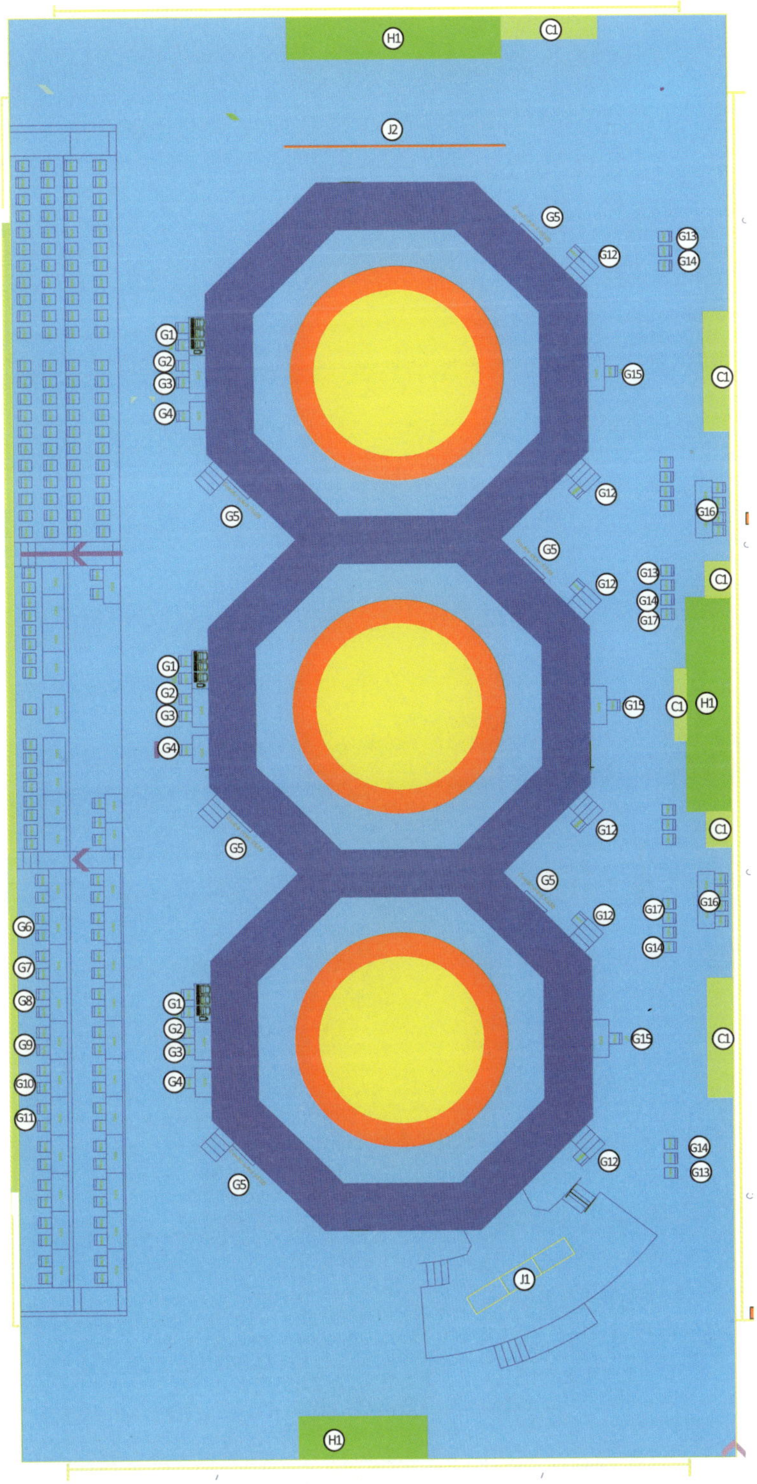

坐席层平面图

- A. 观众活动区
- B. 体育竞赛区
- C. 新闻运行区
- C1. 文字媒体带桌席
- C2. 摄影记者席
- D. 场馆运行区
- D1. 显示屏控制室
- F. 非赛时使用空间区
- G. 比赛场地区
- H. 电视转播区
- H1. 摄像机机位
- H2. 评论员席
- H3. 播音席
- I. 场馆礼宾区
- I1. 贵宾席

注册人员坐席列表

	注册人员分类	坐席数
1	运动员及随队官员	300
2	奥林匹克大家庭贵宾	186
3	广播电视转播人员	
	评论员席	75/225
	观察员席	80
4	文字摄影媒体	
	带桌文字媒体	130
	不带桌文字媒体	90
	摄影记者	40

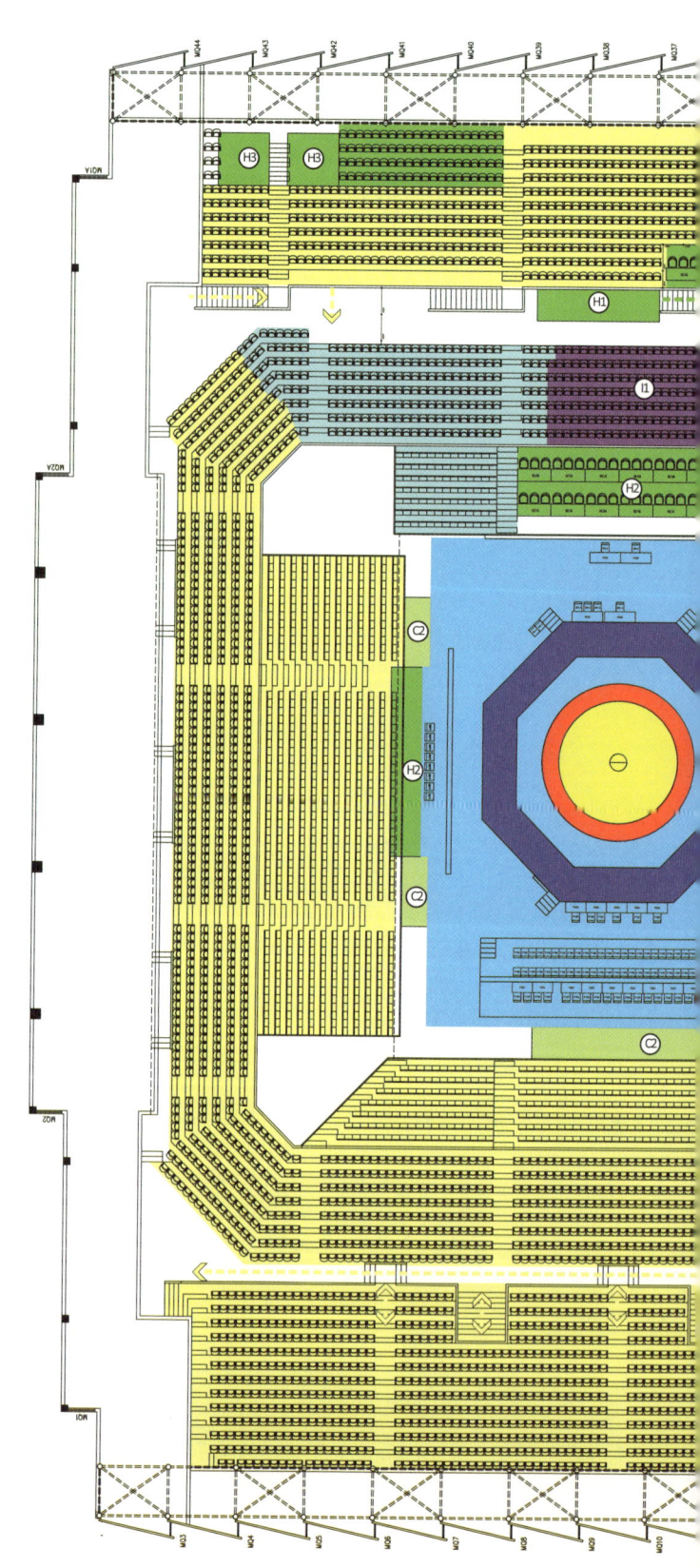

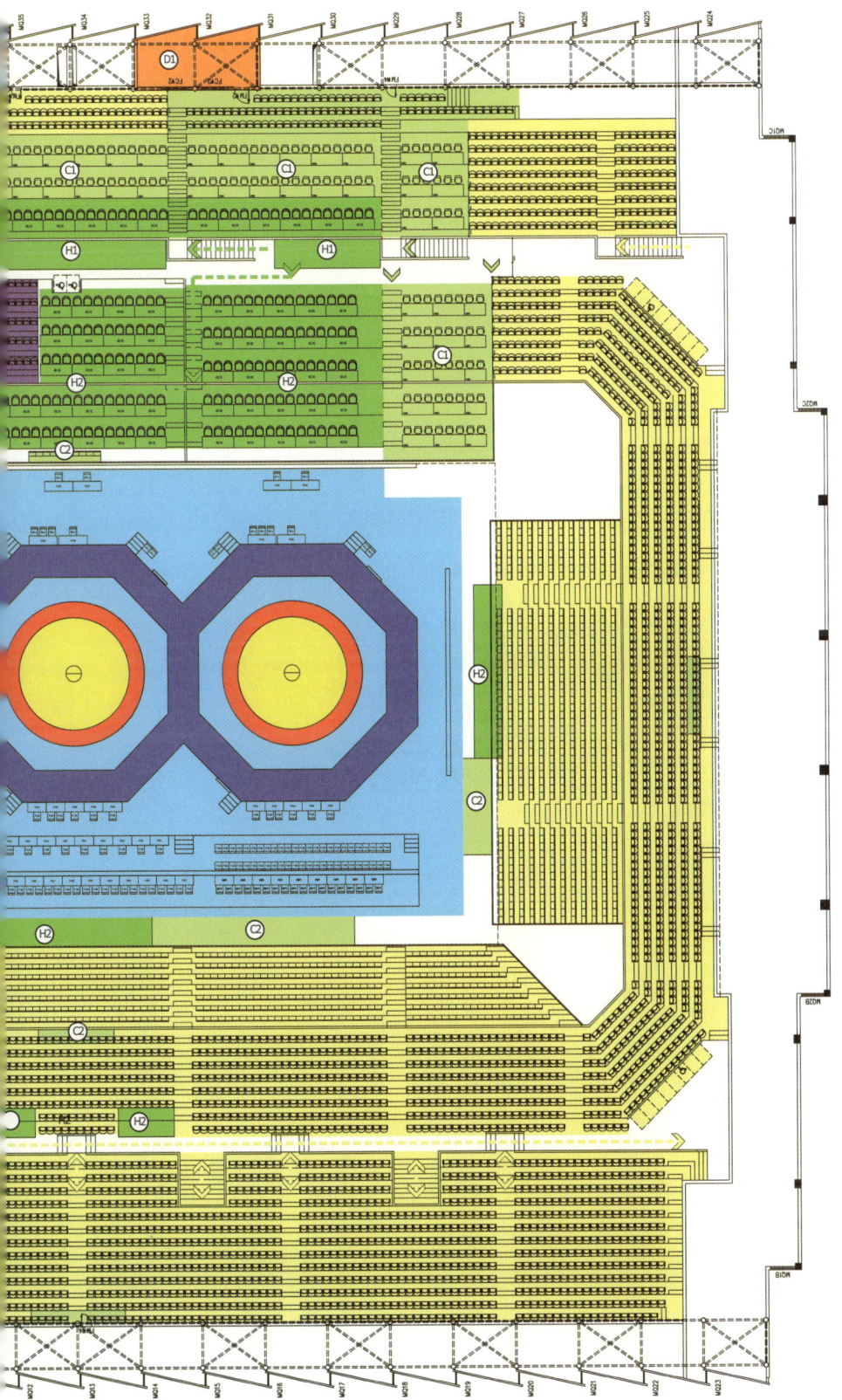

总平面图

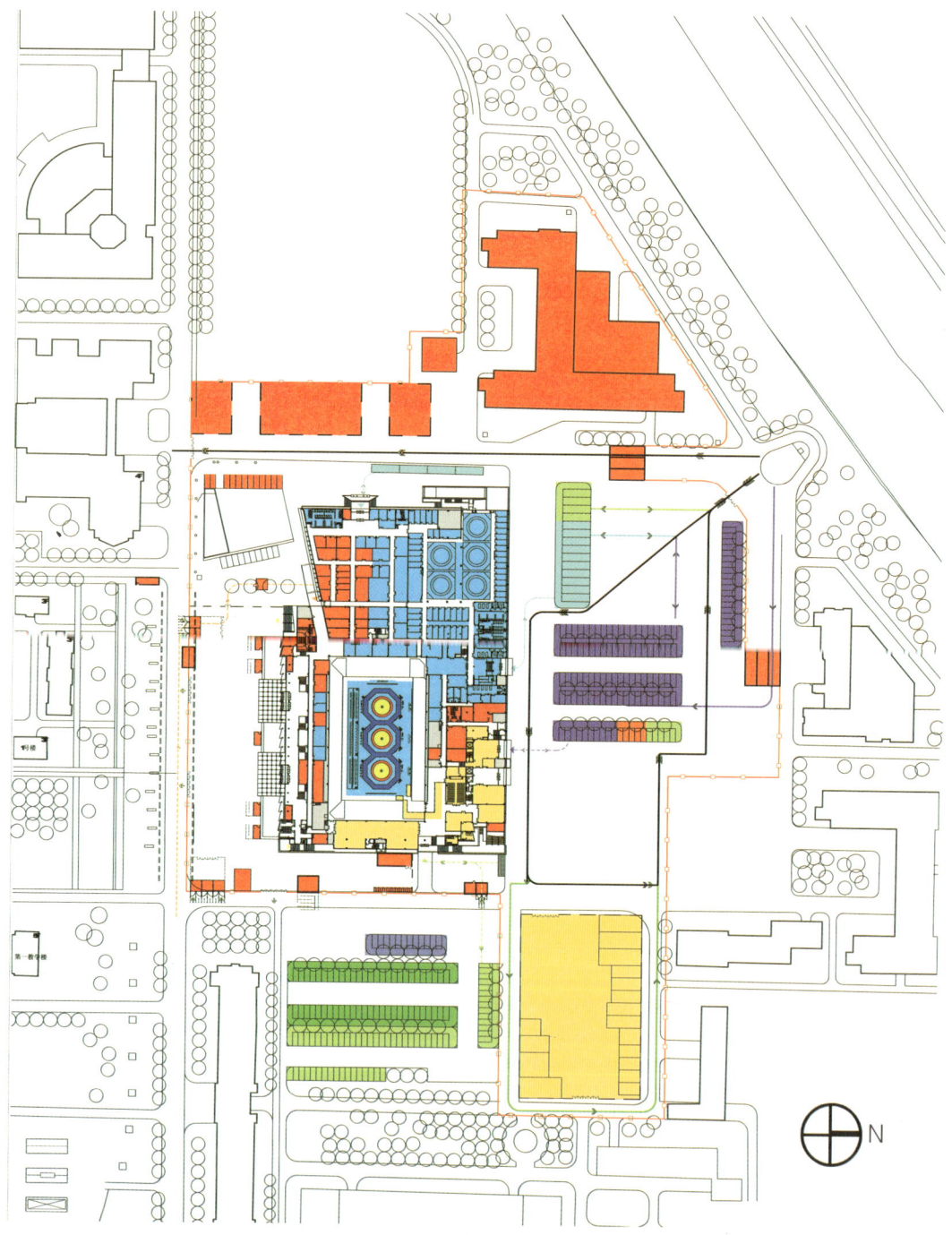

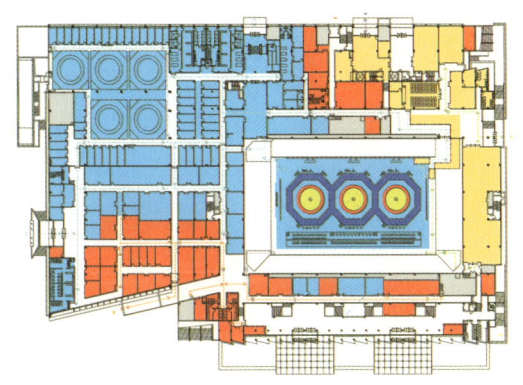

一层平面图

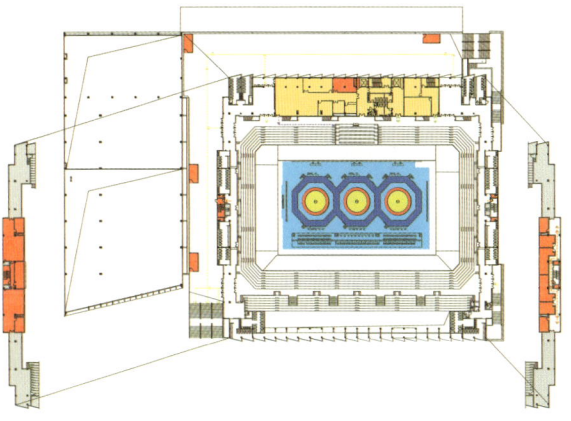

二层平面图

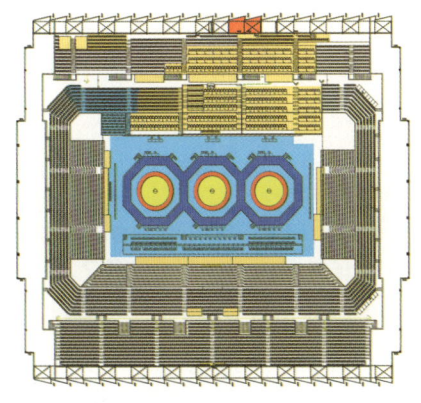

坐席层平面图

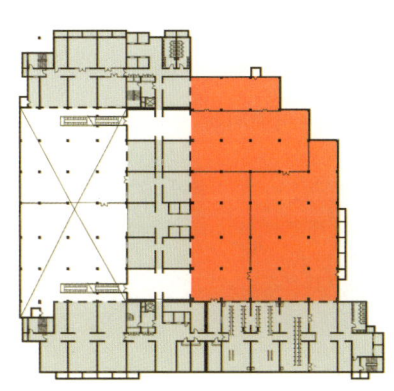

餐饮综合区平面图

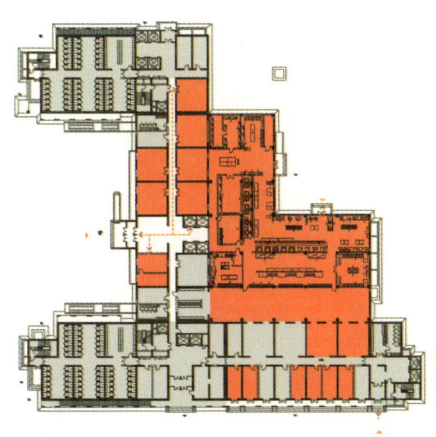

功能用房平面图

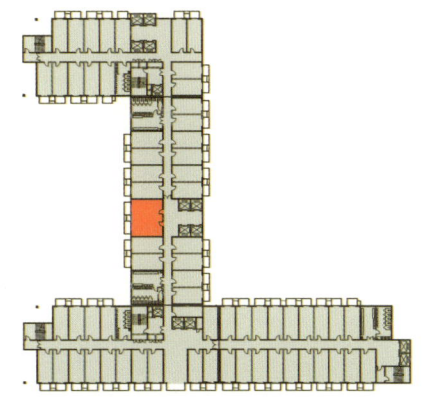

02-11

北京工业大学体育馆——

艺术体操　羽毛球馆

北京工业大学体育馆——

艺术体操　羽毛球馆

场馆概况

地点：北京工业大学

场地类型：新建比赛场馆

奥运会期间的用途：艺术体操、羽毛球

残奥会期间的用途：坐式排球

建筑面积：24383m²

固定座位数：5800个

临时座位数：1700个

艺术体操、羽毛球比赛

北京工业大学体育馆——艺术体操、羽毛球馆

一、艺术体操

2008 年北京奥运会艺术体操比赛将按照赛时有效的最新的《国际体联技术规程》、《国际体操联合会艺术体操评分规则》和《奥林匹克宪章》的规定执行。

比赛场地的设计

艺术体操比赛场地 13m×13m，场地四周有宽度至少 4m 的安全区域。比赛馆的高度至少 8m。场地上铺一层地毯，地毯下面有一层弹性适中的衬垫。

比赛规则

艺术体操包括集体和个人项目。集体项目要求 5 人共同完成两套动作，其中一套持同一种器械，另一套持不同种器械，时间 2′15″~2′30″；个人项目包括绳、圈、球、棒、带五项。比赛中，运动员根据规程的要求完成其中四项，时间为：1′15″~1′30″。

个人团体赛每队由 3~4 名运动员组成，每名运动员完成 1~4 套动作，每个团体须由不同的运动员用每项器械完成 3 套动作，共计 12 套动作，总分高者为胜。

个人全能赛每队最多 2 名运动员参加。团体赛全能成绩排名前 24 名的运动员才有资格参加，必须完成四项不同器械的成套动作，每项满分为 20 分，四个项目总分最高为 80 分，总分高者为胜。

个人单项赛每队两名运动员参加，以单项的得分评定名次，最高分为 20 分，得分高者为胜。

艺术体操成套动作应是身体难度动作和器械技术动作的有机结合。

身体难度动作包括跳、转体、平衡、柔韧和波浪。

各项器械规定的身体动作组：绳操是跳，球操是柔韧和波浪，棒操是平衡，带操是转体，圈操则要求所有难度的均衡使用。各项器械中规定的身体动作组至少要求 6 个，再加上其他组任意动作（每组最多 2 个）。

二、羽毛球比赛

2008 年北京奥运会羽毛球比赛将按照赛时有效的《世界羽联竞赛规则》、《世界羽联章程》和《奥林匹克宪章》的规定执行。

比赛场地的设计

羽毛球场地呈长方形，长 13.4m，单打场地宽 5.18m，双打场地宽 6.10m。羽毛球场地横向被中线平分为左右两个半区；纵向被分为前场、中场、后场。前场就是从前发球线到球网之间的一片场地；后场是指从端线到双打后发球线之间的一片场地；中场是前发球线与双打后发球线之间的一片场地。

奥运会羽毛球场地净空高度必须在 12m 以上，场地必须是铺在有弹性的木地板上面的塑胶羽毛球场地。

场地灯光需来自场地边线 1m 以外 12m 以上的高度，亮度至少平均为 1200 勒克斯 (Lux)。场地四周墙的颜色必须是深色的。

场地风力的控制——场地风力不大于 0.2m/s。比赛时，比赛场地应尽量无风。球网的材料为拉伸性较小的尼龙绳。网孔为边长 15~20mm 的方形且均匀分布。

球网的上沿由 75mm 宽的白布条对折覆盖。球网的两端与网柱之间没有空隙。

在一个馆内同时有两块或两块以上场地进行比赛时，场地需平行安置，端线朝向主席台并编号。

比赛规则

羽毛球比赛的五个小项均采用单淘汰赛制及铜牌附加赛。在单打中，世界排名前八位的运动员将作为种子，在双打中，将根据世界羽联竞赛规程，排出前四位的双打配对作为种子。

其中男子单打、女子单打最多各不超过 64 名运动员参加；男子双打、女子双打和混合双打各有 16 对运动员参加。由世界羽联负责抽签。

每场比赛将实行三局两胜、每局 21 分、每球得分制的记分办法。一局比赛双方比分达 20 平后，领先两球的一方即胜这一局。一局比赛比分达 29 平后，先到 30 的一方获胜此局。

每局比赛一方领先到达 11 分时，可有不超过 60 秒的间歇。两局比赛之间可有不超过 2 分钟的间歇。

北京工业大学体育馆羽毛球比赛

运行责任部门	运行设计房间名称	英文名称	数量	面积(m²)
功能分区1——观众活动区				
观众服务	检票口	Ticket Rip	1	25
	观众信息亭	Spectator Info Booth	1	25
	观众婴儿车,轮椅寄存区	Spectator Storage	1	17
环境	观众卫生间	Spectator Toilets	11	85+30
餐饮服务	观众餐饮售卖点	Spectator Points of Sale	2	28+11
市场开发	特许商品零售点	Concession	2	30+11
医疗服务	观众医疗站	Spectator Medical Station	1	40
	接待和候诊区	Reception & Waiting Area	1	医疗站内
	医疗区	Medical Treatment Area	1	医疗站内
	医生办公室	Doctor Office	1	医疗站内
票务	票务服务台	Ticket Management	2	25
	售票处	Ticketing Sales Window	1	50
功能分区2——比赛场地区				
运行责任部门	运行设计房间名称	英文名称	数量	面积(m²)
竞赛组织	比赛场地	Field of Play	1	FOP
	运动员检录区	Athlete Call Area	1	场地区
	混合区(运动员通道)	Mixed Zone	1	场地区
	仲裁席	Jury Seating	1	场地区
	技术代表席	Technical Delegates Seating	1	场地区
	裁判席	Judge Seating	1	场地区
技术	成绩统计台	Results Data Entry Position	1	场地区
	计时记分席	Timing & Scoring Position	1	场地区
兴奋剂检查	运动员兴奋剂检查标记区	Athletes Tagging	1	场地区
医疗服务	比赛场地周边急救区	Adjacent First Aid Area in FOP	1	场地区
颁奖仪式	颁奖台及旗杆	Awards Podium & Flag Poles	1	场地区
功能分区3——体育竞赛区				
运行责任部门	运行设计房间名称	英文名称	数量	面积(m²)
竞赛组织	运动员接待处	Reception & Info Desk	1	
	热身场地	Warm-up Area	1	
	运动员休息室	Athlete Lounge	1	
	运动员更衣室	Athlete Change Room	4	130
	运动员卫生间	Athletes Toilet	4	
	竞赛主办公室	Competition Manager	1	27
	场馆常务副主任办公室	Deputy Executive Venue Manager	1	30
	竞赛管理会议室	Competition Management Meeting Room	1	90
	竞赛综合事务办公室	Competition Administration	1	30
	国内技术官员办公室	National Technical Officials Management	1	30
	竞赛管理办公室	Competition Management	1	30
	竞赛信息处	Sport Information Desk	1	28
	竞赛器材室	Sport Equipment Storeroom	1	30
	司线裁判休息室	Line Judges Lounge	2	50
	比赛用球储藏室	Shuttlecock Storeroom	1	30
	穿拍线室	Stringing Area	1	40
	YONEX工作室	YONEX Store & Distribution	1	30
	竞赛管理办公设备区	Competition Management Facilities	1	37

运行责任部门	运行设计房间名称	英文名称	数量	面积(m²)
竞赛组织	艺术体操管理办公室	Rhythmic Gymnastics Administration	3	20
	国际单项联合会主席室	IBF President	1	37
	国际单项联合会执行主席室	IBF Deputy President	1	37
	国际单项联合会技术代表	IBF Technical Delegates	1	25
	国际单项联合会秘书处	IBF Secretariat	1	37
	国际单项联合会医务官室(含医务仲裁)	IBF Medical Officers & IBF Coordinators	1	25
	国际单项联合会新闻官办公室	IBF ommunications Officer	1	26
	国际单项联合会公共办公室	IBF office	1	37
	国际单项联合会裁判长室	IBF Referees	1	35
	国际单项联合会会议室	IBF Conference Room	1	84
	国际单项联合会裁判员休息室	Umpires Lounge	1	33
	裁判更衣室	Judge Locker room	2	
	裁判卫生间	Judge Toilet (male)	2	
技术	体育器材储存区	Sport Equipment Storage Area	1	260
	现场成绩处理机房	On-venue Results Room	2	33
	计时计分系统设备存放间	Timing & Scoring Equipment Storage	1	40
兴奋剂检查	兴奋剂官员办公室	Office for Doping Control Manager	1	13
	兴奋剂候检室	Waiting Area	1	38
	尿检工作室(含卫生间)	Processing Room	2	18
	血液检测工作室(含卫生间)	Blood Testing Room	1	16
医疗服务	运动员医疗站	Athlete Medical Station	1	40
	运动员候检室	Reception & Waiting Room	1	30
	检查和物理治疗室	Examination Room	1	20
	治疗室	Intensive Care Unit	1	30
	医生办公室和储藏室	Doctor & Nurse Office	1	30
竞赛组织	运动员座椅	Athletes & Team Official Seating	272	
功能分区4——仪式及文化活动区				
运行责任部门	运行设计房间名称	英文名称	数量	面积(m²)
颁奖仪式	体育展示办公室	Sport Presentation Office	1	38
	国旗、奖牌及鲜花储存室(含颁奖台储藏)	Flag&Medal storage	1	38
	颁奖仪式等候区	Ceremony Waiting Area		
	体育展示现场指挥室	Sport Presentation Current Office	1	18
	礼仪表演人员准备室(男)	Presenter & Mascot Dressing (Male)	1	30
	礼仪表演人员准备室(女)	Presenter & Mascot Dressing (Female)	1	30
功能分区5——电视转播区				
运行责任部门	运行设计房间名称	英文名称	数量	面积(m²)
电视转播	电视转播综合区(三馆共用)	Broadcasting Compoud	1	4935
	转播管理办公区	Broadcast Management Office	1	85
	特种摄象机	Speciality Camera	1	14
	餐饮	Dinning	1	142
	技术操作中心	Technical Cabinv	1	50
	技术存储空间	Technical Storage	1	50
	后勤存储空间	Logistic Storage	1	50
	后勤制作办公室	Production Office	1	85
	电视转播餐饮区	Broacast Catering	1	168
	转播餐饮备餐区	Boradcast Catering Kitchen Area	1	90
	餐厅	Dining Area	1	180
	冷藏室	Cold Room	1	12
	发电机/备用发电机	Power Generator/Back Power	1	96

运行责任部门	运行设计房间名称	英文名称	数量	面积(m²)
电视转播	备份电源存放区	Domestice Back up Power Supply	1	20
	工作人员休息区	Shade Cover	1	150
	特权转播公司	RHB	1	1200
	转播人员专用卫生间	Toilet	1	20
	评论员控制室	Commentator Control Room	1	51
	转播信息办公室(BIO)	Broadcasting Informatio Office	1	24.4
	混合区（电视转播通道）	Mixed Zone	1	40*1.8

功能分区6——新闻运行区				
运行责任部门	运行设计房间名称	英文名称	数量	面积(m²)
新闻运行	场馆新闻中心	Venue Media Cetre	1	
	新闻运行经理办公室	Press Office	1	
	场馆新闻中心	Venue Media Cetre	1	
	新闻运行经理办公室	Press Office	1	
	摄影经理办公室	Photo Manager Office	1	
	奥林匹克新闻服务工作室	Olympic News Service Work Room	1	
	成绩公报协调员办公室	Results Distribution	1	
	媒体接待处	Reception & IFO Desk & Storage	1	空间区域
	文字记者工作区	Press Work Area	1	213
	摄影记者工作区	Photo Work Area	1	83
	信息查询终端摆放区域	IFO Allocation Area	1	空间区域
	文字记者储物柜摆放区域	Press Locker	1	空间区域
	摄影记者储物柜摆放区域	Photographic Locker	1	空间区域
	成绩公报柜摆放区域	Result Cabinet Allocation Area	1	
	信息打印/复印区域	Info Print/Copy Area	1	
	电视机/冰柜摆放区域	TV/Refrigeratory Allocation Area	1	
	新闻媒体专用卫生间（男）	Toilet (male)	1	
	新闻媒体专用卫生间（女）	Toilet (female)	1	
	媒体休息区	Press Lounge	1	33
	餐饮售卖点及休息区	Dining & Lounge	1	
	小型备餐间	Food Preparation Room	1	
	新闻发布厅	Press Conferece Room	1	
	新闻发布转播控制室	Broadcasting Control Room	1	70
	座席区	Seating Area	1	空间区域
	主席台	Dais	1	空间区域
	摄像机平台	Camera Platform	1	空间区域
	混合区（新闻媒体通道）	Mixed Zone	1	空间区域

功能分区7——场馆礼宾区				
运行责任部门	运行设计房间名称	英文名称	数量	面积(m²)
场馆礼宾	场馆礼宾经理办公室	VIP Protocol Manager Desk	1	18
	贵宾接待与交通服务处	Welcome & Trasporat Info Desk		
	贵宾会客室	OlympicFamily MeetingRoom	1	30+103
	贵宾休息室	Olympic Family Lounge		
	小型备餐间	Food Preparation Room		
	贵宾卫生间	OF Toilet	2	
	陪同人员休息区	Staff & Volunteer Room and Storage	1	50

功能分区8——场馆运行区				
运行责任部门	运行设计房间名称	英文名称	数量	面积(m²)
场馆管理	场馆主任办公室	Venue Manager Office	1	33
	场馆副主任办公室	Venue Deputy Manager Office	1	42
	场馆运行中心	Venue Operation Centre	1	75

运行责任部门	运行设计房间名称	英文名称	数量	面积(m²)
场馆管理	场馆通信中心	Venue Commuication Centre	1	30
	多功能会议区	Multi-purpose Room	1	45
场馆人事	场馆人事经理办公室	Venue Staffing Management	1	12
	工作人员签到区	Staff Check-in Area		
	工作人员签到处	Staff Check-in Points		
	工作人员问询区	Staff Info. Desk		
	志愿者服务处	Volunteer Services Desk		
	工作人员物品存放间	Cloak Room		
	工作人员休息和用餐区	Staff Break & Dnining Area		
	工作人员卫生间	Staff Toilet		
场馆财务	场馆财务经理办公室	Venue Finance Manager Office	1	12
观众服务	观众服务管理办公区	Spectator Services Management Area	1	48
	物资储存和分发区	SPS Equipment Storage & Distribution		
	工作部署区	Briefing Area	1	
票务	票务办公室	Ticketing Management Office	1	21
语言服务	语言服务经理办公区	LAN Manager Office	1	22
市场开发	特许商品场馆零售管理办公区/出纳室	MER Management Area/Cash Room	1	23
	商品储存区	MER Storage		
注册	场馆注册中心	Venue Accreditation Office	1	
	每日卡发放区	Day Pass Issue Desk	1	空间区域
	等待区	Accreditation Waiting Area	1	空间区域
	注册经理办公点和储藏区	Accreditation Manager Desk	1	空间区域
场馆设施管理	场馆设施管理办公区	Site Managment Work Area	1	40
	后勤工人休息区	Response Team & Vendor Staging	1	60
技术	综合布线主配线间	Main Cabling Room& Cross Connection Frame Room	1	80
	综合布线分配线间	Cross Connection Frame Room		
	固定通信设备机房	FIX Telecomcomuication Equiptmet Room	1	30
	移动通信设备机房	Mobile Telecommuication Equipment Room	2	30
	扩声控制室	Public Address Control Room	1	25
	有线电视机房	CATV Control Room	1	25
	显示屏控制室	Video Board Control Room	1	45
	灯光控制室	Lighting Control Room	1	28
	卫生间（女）	FemaleToilet		
	卫生间（男）	Male Toilet		
	集群通信设备分发间	Trunk Radio Distribution Room	1	34
	场馆技术运行中心	Venue Technology Operation Center	1	50
	成绩复印分发室	Results Printing & Distribution	1	110
	固定通信技术人员工作室	Fix Telecommunication Operation	1	25
	移动通信技术人员工作室	Mobile Telecommunication Operation	1	25
	流动扩声系统设备存放间	Audio Equipment Room	1	25
	IT设备存放间	IT Equiptmet Storage	1	25
物流	物流经理办公室	Logistic Management	1	23
	物流综合区	Logistic Compound	1	1000
	物流管理办公区	Logistic Management Area	1	综合区内
	工人休息区	Workers Lounge	1	综合区内
	特殊物资存储区	Special Materials Storage	1	综合区内
	技术设备包装物仓储	Warehouse Storage	1	综合区内
	维修物资仓库和工作间	Maintenance Warehouse &Workshop	1	综合区内
	指示标识及临时设施仓库	Vendor Secure Storage	1	综合区内
	办公用品存储间	Office Supplies Storage	1	综合区内

北京工业大学体育馆艺术体操比赛

运行责任部门	运行设计房间名称	英文名称	数量	面积(m²)
功能分区1——观众活动区				
观众服务	检票口	Ticket Rip	1	25
观众服务	观众信息亭(含失物招领处)	Spectator Info Booth	1	25
观众服务	观众婴儿车,轮椅寄存区	Spectator Storage	1	17
环境	观众卫生间	Spectator Toilets	11	85x2+30x2+40x2+70
餐饮服务	观众餐饮售卖点	Spectator Points of Sale	2	28+11
市场开发	特许商品零售点	Concession	2	30+11
医疗服务	观众医疗站	Spectator Medical Station	1	40
医疗服务	接待和候诊区	Reception & Waiting Area	1	医疗站内
医疗服务	医疗区	Medical Treatment Area	1	医疗站内
医疗服务	医生办公室	Doctor Office	1	医疗站内
票务	票务服务台	Ticket Management	2	25
票务	售票处	Ticketing Sales Window	1	50
功能分区2——比赛场地区				
竞赛组织	比赛场地	Field of Play	1	FOP
竞赛组织	运动员检录区	Athlete Call Area	1	场地区
竞赛组织	混合区(运动员通道)	Mixed Zone	1	场地区
竞赛组织	仲裁席	Jury Seating	1	场地区
竞赛组织	技术代表席	Technical Delegates Seating	1	场地区
竞赛组织	裁判席	Judge Seating	1	场地区
技术	成绩统计台	Results Data Entry Position	1	场地区
技术	计时记分席	Timing & Scoring Position	1	场地区
兴奋剂检查	运动员兴奋剂检查标记区	Athletes Tagging	1	场地区
医疗服务	比赛场地周边急救区	Adjacent First Aid Area in FOP	1	场地区
颁奖仪式	颁奖台及旗杆	Awards Podium & Flag Poles	1	场地区
功能分区3——体育竞赛区				
竞赛组织	运动员接待处	Reception & Info Desk	1	
竞赛组织	热身场地	Warm-up Area	1	
竞赛组织	代表团休闲区	Delegation Lounge	1	
竞赛组织	运动员更衣室	Athletes Change Room	4	130
竞赛组织	运动员卫生间	Athletes Toilet	4	140/120
竞赛组织	竞赛主任办公室	Competition Manager	1	27
竞赛组织	国际体联艺术体操技委会主席	FIG RG President	1	30
竞赛组织	技术官员会议室	Technical meeting room	1	90
竞赛组织	国际体联艺术体操技委会会议室	FIG RG Meeting Room	1	30
竞赛组织	技术官员休息室	Technical Officials Lounge	1	30
竞赛组织	国内技术官员休息室	NTO Room	1	30
竞赛组织	信息台	Information Desk	1	28
竞赛组织	竞赛管理办公设备区	Competition Management	1	37
竞赛组织	总记录处	Competition Scoring Office	1	20
竞赛组织	竞赛副主任/技术运行	Competition DCM/Tech.Oper.	1	20
竞赛组织	竞赛办公室	Competition Mgt Office	4	20/33/30/25
竞赛组织	国际体联主席	FIG President	1	37
竞赛组织	国际体联秘书长	FIG Secretary General	1	37
竞赛组织	国际体联秘书处	FIG Secretariat	1	37
竞赛组织	国际体联新闻办公室	FIG Media	1	26
竞赛组织	国际体联执委会办公室	FIG EC Office	1	37
竞赛组织	国际体联执委会办公室	FIG EC Office	1	37
竞赛组织	竞赛会议室	Competition Meeting Room	1	35
竞赛组织	国际体联会议室	FIG Meeting Room	1	84

运行责任部门	运行设计房间名称	英文名称	数量	面积(m²)
竞赛组织	裁判更衣室	Judge Locker room	2	
竞赛组织	裁判卫生间	Judge Toilet (male)	2	
竞赛组织	体育器材储存区	Sport Equipment Storage Area	1	260
技术	现场成绩处理机房	On-venue Results Room	2	33
技术	计时计分系统设备存放间	Timing & Scoring Equipment Storage	1	40
兴奋剂检查	兴奋剂官员办公室	Office for Doping Control Manager	1	13
兴奋剂检查	兴奋剂候检室	Waiting Area	1	38
兴奋剂检查	尿检工作室(含卫生间)	Processing Room	2	18
兴奋剂检查	血液检测工作室(含卫生间)	Blood Testing Room	1	16
医疗服务	运动员医疗站	Athlete Medical Station	1	40
医疗服务	运动员候检室	Reception & Waiting Room	1	30
医疗服务	检查和物理治疗室	Examination Room	1	20
医疗服务	治疗室	Intensive Care Unit	1	30
医疗服务	医生办公室和储藏室	Doctor & Nurse Office	1	30
交通	运动员及技术官员停车场	Athlete & TO Parking Area	6	空间区域
交通	运动员班车停车区	Athlete Shuttle Bus Parking Area	2	空间区域
交通	技术官员班车停车区	Technical Offical Shuttle Bus Parking Area	4	空间区域
交通	技术官员自驾车停车区	Technical Offical Vehicle Parking Area		空间区域
竞赛组织	运动员坐席	Athletes & Team Official Seating	272	空间区域
功能分区4——仪式及文化活动区				
颁奖仪式	体育展示办公室	Sport Presentation Office	1	38
颁奖仪式	国旗、奖牌及鲜花储存室(含颁奖台储藏)	Flag&Medal storage	1	38
颁奖仪式	颁奖仪式等候区	Ceremony Waiting Area		
颁奖仪式	体育展示现场指挥室	Sport Presentation Current Room	1	18
颁奖仪式	礼仪表演人员准备室(男)	Presenter & Mascot Dressing (Male)	1	30
颁奖仪式	礼仪表演人员准备室(女)	Presenter & Mascot Dressing (Female)	1	30
功能分区5——电视转播区				
电视转播	电视转播综合区(三馆共用)	Broadcasting Compoud	1	4935
电视转播	转播管理办公区	Broadcast Management Office	1	85
电视转播	特种摄象机	Speciality Camera	1	14
电视转播	餐饮	Dinning	1	142
电视转播	技术操作中心	Technical Cabin	1	50
电视转播	技术存储空间	Technical Storage	1	50
电视转播	后勤存储空间	Logistic Storage	1	50
电视转播	后勤制作办公室	Production Office	1	85
电视转播	电视转播餐饮区	Broacast Catering	1	168
电视转播	转播餐饮备餐区	Broadcast Catering Kitchen Area	1	90
电视转播	餐厅	Dining Area	1	180
电视转播	冷藏室	Cold Room	1	12
电视转播	发电机/备用发电机	Power Generator/Back Power	1	96
电视转播	备份电源存放区	Domestice Back up Power Supply	1	20
电视转播	工作人员休息区	Shade Cover	1	150
电视转播	特权转播公司	RHB	1	1200
电视转播	转播人员专用卫生间	Toilet	1	20
电视转播	评论员控制室	Commentator Control Room	1	51
电视转播	转播信息办公室(BIO)	Broadcasting Informatio Office	1	24.4
电视转播	混合区(电视转播通道)	Mixed Zone	1	40×1.8

功能分区6——新闻运行区

运行责任部门	运行设计房间名称	英文名称	数量	面积(m²)
	场馆新闻中心	Venue Media Cetre	1	空间区域
	新闻运行经理办公室	Press Office	1	空间区域
	场馆新闻中心	Venue Media Cetre	1	空间区域
	新闻运行经理办公室	Press Office	1	空间区域
	摄影经理办公室	Photo Manager Office	1	空间区域
	奥林匹克新闻服务工作室	Olympic News Service Work	1	空间区域
	成绩公报协调员办公室	Results Distribution	1	空间区域
	媒体接待处	Reception & IFO Desk & Storage	1	空间区域
	文字记者工作区	Press Work Area	1	213
	摄影记者工作区	Photo Work Area	1	83
	信息查询终端摆放区域	IFO Allocation Area	1	空间区域
	文字记者储物柜摆放区域	Press Locker	1	空间区域
新闻运行	摄影记者储物柜摆放区域	Photographic Locker	1	空间区域
	成绩公报柜摆放区域	Result Cabinet Allocation Area	1	
	信息打印/复印区域	Info Print/Copy Area	1	
	电视机/冰柜摆放区域	TV/Refrigeratory Allocation Area	1	
	新闻媒体专用卫生间（男）	Toilet (male)	1	
	新闻媒体专用卫生间（女）	Toilet (female)	1	
	媒体休息区	Press Lounge	1	33
	餐饮售卖点及休息区	Dining & Lounge	1	
	小型备餐间	Food Preparation Room	1	
	新闻发布厅	Press Conferece Room	1	
	新闻发布转播控制室	Broadcasting Control Room	1	70
	坐席区	Seating Area	1	空间区域
	主席台	Dais	1	空间区域
	摄像机平台	Camera Platform	1	空间区域
	混合区(新闻媒体通道)	Mixed Zone	1	空间区域

功能分区7——场馆礼宾区

运行责任部门	运行设计房间名称	英文名称	数量	面积(m²)
	场馆礼宾经理办公室	VIP Protocol Manager Desk	1	18
	贵宾接待与交通服务处	Welcome & Trasport Info Desk		
场馆礼宾	贵宾会客室	OlympicFamily MeetingRoom	1	30+103
	贵宾休息室	Olympic Family Lounge		
	小型备餐间	Food Preparation Room		
	贵宾卫生间	OF Toilet	2	
	陪同人员休息区	Staff & Volunteer Room and	1	50

功能分区8——场馆运行区

运行责任部门	运行设计房间名称	英文名称	数量	面积(m²)
	场馆主任办公室	Venue Manager Office	1	33
	场馆副主任办公室	Venue Deputy Manager Office	1	42
场馆管理	场馆运行中心	Venue Operation Centre	1	75
	场馆通信中心	Venue Commuication Centre	1	30
	多功能会议区	Multi-purpose Room	1	45
	场馆人事经理办公室	Venue Staffing Management	1	12
	工作人员签到区	Staff Check-in Area		
场馆人事	工作人员签到处	Staff Check-in Points		
	工作人员问询区	Staff Info. Desk		
	志愿者服务处	Volunteer Services Desk		

运行责任部门	运行设计房间名称	英文名称	数量	面积(m²)
	工作人员物品存放间	Cloak Room	1	12
场馆人事	工作人员休息和用餐	Staff Break & Dnining Area	1	48
	工作人员卫生间	Staff Toilet		
场馆财务	场馆财务经理办公室	Venue Finance Manager Office	1	
	观众服务管理办公区	Spectator Services Management Area	1	21
观众服务	物资储存和分发区	SPS Equipment Storage & Distribution	1	22
	工作部署区	Briefing Area	1	23
票务	票务办公室	Ticketing Management Office		
语言服务	语言服务经理办公区	LAN Manager Office	1	
市场开发	特许商品场馆零售管理	MER Management Area/ Cash Room	1	空间区域
	商品储存区	MER Storage	1	空间区域
	场馆注册中心	Venue Accreditation Office	1	空间区域
注册	每日卡发放区	Day Pass Issue Desk	1	40
	等待区	Accreditation Waiting Area	1	60
	注册经理办公点和储藏室	Accreditation Manager Desk	1	80
场馆设施管理	场馆设施管理办公区	Site Managment Work Area		
	后勤工人休息区	Response Team & Vendor Staging	1	30
	综合布线主配线间	Main Cabling Room & Cross Connection	2	30
	综合布线分配线间	Cross Connection Frame Room	1	25
	固定通信设备机房	Fix Telecomcomuication Equiptmet Room	1	25
	移动通信设备机房	Mobile Telecommuication Equipment Room	1	45
	扩声控制室	Public Address Control Room	1	28
	有线电视机房	CATV Control Room		
	显示屏控制室	Video Board Control Room		
	灯光控制室	Lighting Control Room	1	34
技术	卫生间（女）	FemaleToilet	1	50
	卫生间（男）	Male Toilet	1	110
	集群通信设备分发间	Trunk Radio Distribution Room	1	25
	场馆技术运行中心	Venue Technology Operation Center	1	25
	成绩复印分发室	Results Printing & Distribution	1	25
	固定通信技术人员工作室	Fix Telecommunication Operation	1	25
	移动通信技术人员工作室	Mobile Telecommunication Operation	1	23
	流动扩声系统设备存放间	Audio Equipment Room	1	1000
	IT设备存放间	IT Equiptmet Storage	1	综合区内
	物流经理办公室	Logistic Management	1	综合区内
	物流综合区	Logistic Compound	1	综合区内
	物流管理办公区	Logistic Management Area	1	综合区内
	工人休息区	Workers Lounge	1	综合区内
	特殊物资存储区	Special Materials Storage	1	综合区内
	技术设备包装物仓储区	Warehouse Storage	1	综合区内
	维修物资仓库和工作间	Maintenance Warehouse &Workshop	1	综合区内
物流	指路标识及临时设施仓库	Vendor Secure Storage	1	综合区内
	办公用品存储间	Office Supplies Storage	1	综合区内
	服装存储间	Uniform Storage	1	综合区内
	形象景观仓储室	IMI Work &Storage Area	1	综合区内
	物资回收及分发室	Equipment Sign-out	1	综合区内
	物流卸货区	Loading & Vehicle Staging	1	综合区内
	物资转运区	Materials Transfer Area	1	综合区内
	油箱存储间	Fuel Tanks	1	500
	维修车辆停放区	Material Vehicle Staging	1	25

运行责任部门	运行设计房间名称	英文名称	数量	面积(m²)
物流	卫生间	Toilet	1	综合区内
餐饮	餐饮综合区	Catering Compound	1	综合区内
	餐饮经理办公室（餐饮管理办公区）	Catering Manager Office	1	综合区内
	餐饮供应商办公室	Catering Contractor Office		综合区内
	饮料供应商办公室	Beverage Contractor Office		综合区内
	干货冷藏区	Dry, Cold & Ice Storage		综合区内
	卸货区	Vehicle Staging	1	综合区内
	厨房和备餐区	Kitchen & Preparation Area	1	综合区内
	露天储存区	Uncovered Storage	1	综合区内
环境	清废综合区	CLW Compound	1	400
	环境经理办公室	CLW Manager Office	1	18
	清洁物品储藏间	Cleaning Item Storage	1	综合区内
	清废管理与清废	Management and Break Area	1	综合区内
	清洁设备储存区	Cleaning Equipment Supply & Storage	1	综合区内
	废弃物暂存区	Waste Sorting Area	1	综合区内
	垃圾压缩机停放区	Waste Contractor	1	综合区内
	车辆周转卸货区	CLW Vehicle Staging	1	综合区内
功能分区9——安保及交通运行区				
运行责任部门	运行设计房间名称	英文名称	数量	面积(m²)
安保	安保服务中心	Security Services Centre	1	180
	违禁物品存放处	Contraband Storage	1	
	治安处理点	Public Security Handling Office	2	25+28
	安保指挥中心	Security Command Centre	1	
	现场安保指挥通信设备间	On-site Security Commuication Equipment Room	1	30
	反恐防暴屯兵处（反恐人员备勤室）	Anti-terrorism Personnel Duty Room	1	
	武警部队备勤室	Policeman Duty Room	1	
	突发事件处置人员备勤室	Emergency Handler Duty Room	1	30
	安保后备用房	Security Reserve Room	1	35
	现场警卫机动力量备勤室	On-site Guard Reserve Force Office	1	25
	要人随身警卫人员备勤室	Guard Duty Room for VIPs	1	50
	要人紧急避险处	Emergency Shelter for VIPs	1	
	要人警卫工作现场指挥部	On-site Guard Office	1	50
	消防指挥室	Fire Fighting Command Office		
	现场消防通信指挥室	On-site Fire Fighting Communication Command Office	1	21
	临时消防站	Temporary Fire Station	1	160
	消防备勤室	Fire Fighting Reserve Office		
	安保观察室	Security Observation Positions	2	21
	安保执勤岗亭	Security Observation Positions	6	
交通	交通监控指挥室	Transport Monitoring & Command Office	1	75
	车辆调度室	Vehicle Dispatch Room	1	58
	司机休息室	Driver Break Room	1	

总平面图

A.	观众活动区
A1.	观众安检口
A2.	观众出入口
A3.	残疾人观众入口
A4.	应急出入口
A5.	绿色通道
B.	体育竞赛区
B1.	运动员入口
B2.	技术官员入口
B3.	运动员班车停车区
B4.	救护车停车位
C.	新闻运行区
C1.	媒体入口
C2.	媒体停车区
D.	场馆运行区
D1.	工作人员入口
D2.	场馆注册中心
D3.	物资储存和分发区
D4.	商品储存区
D5.	工作部署区
D6.	后勤工人休息区
D7.	观众餐饮售卖点
D8.	自动取款机
D9.	特许商品场馆零售店
D10.	观众信息服务亭（含失物招领处）
D11.	移动通讯应急车场地
D12.	售票处
D13.	场馆运行车辆停车区
D14.	餐饮综合区
D15.	工作人员休息和用餐区
D16.	物流综合区
D17.	临时卸货区
D18.	清废综合区
E.	安保及交通运行区
E1.	检票口
E2.	治安处理点、违禁物品寄存
E3.	安保执勤岗亭
E4.	临时消防站
E5.	安保人员备勤室
E6.	反恐防暴屯兵处
E7.	交通民警休息室
E8.	司机休息室
E9.	安保入口
E10.	应急车停车区
F.	非赛时使用空间区
G.	比赛场地区域
H.	电视转播区
H1.	ENG 落客点
H2.	BOB 综合区
H3.	BOB 停车区
H4.	BOB 线缆桥
I.	场馆礼宾区
I1.	贵宾入口
I2.	贵宾停车区
J.	仪式及文化活动区

索引图

图例

▬ ▬ ▬	人行流线
▬▬▬	车行流线
▬▬	应急流线
▬▬	设备流线
▬▬	安保边界 2.5m
▬ ▬	区域边界 2.2m
▬ ▬	区域边界 1.8m
++++++	路障

▦	大车下车点
▢	小车下车点
⇒	机动车流线
⇢	步行流线
▲	车辆验证点
✳	注册区检验点
△	入口
EXIT	出口

一层平面图（羽毛球比赛使用时）

B.	体育竞赛区
B1.	运动员入口
B2.	技术官员入口
B3.	运动员接待处
B4.	运动员检录区
B5.	运动员更衣室（男）
B6.	运动员更衣室（女）
B7.	运动员休息室
B8.	储藏室
B9.	体育器材储存区
B10.	卫生间
B11.	医生办公室
B12.	治疗室
B13.	运动员候检室
B14.	抢救室
B15.	理疗室
B16.	穿拍线室
B17.	YONEX 工作间
B18.	比赛用球储藏室
B19.	竞赛管理办公设备区
B20.	竞赛器材室
B21.	竞赛信息处
B22.	竞赛管理办公室
B23.	国内技术官员办公室
B24.	竞赛综合事务办公室
B25.	场馆常务副主任办公室
B26.	竞赛主任办公室
B27.	艺术体操管理办公室
B28.	国际单项联合会裁判员休息室
B29.	竞赛管理会议室
B30.	国际单项联合会医务官室（含医务仲裁）
B31.	国际单项联合会裁判长室
B32.	卫生间、淋浴室（男）
B33.	卫生间、淋浴室（女）
B34.	体育器材储存区
B35.	兴奋剂管员办公室
B36.	兴奋剂候检室
B37.	尿检工作室（含卫生间）
B38.	运动员按摩室
B39.	运动员力量训练室
B40.	司线裁判休息室
B41.	国际单项联合会会议室
B42.	国际单项联合会公共办公室
B43.	国际单项联合会技术代表室
B44.	国际单项联合会新闻官办公室
B45.	国际单项联合会秘书处
B46.	国际单项联合会执行主席室
B47.	国际单项联合会主席室

C.	新闻运行区
C1.	媒体入口
C2.	媒体休息区
C3.	摄影经理办公室
C4.	新闻运行经理办公室
C5.	成绩公报柜摆放区
C6.	协调员办公室
C7.	文字记者工作区
C8.	摄影记者工作区
C9.	新闻发布厅
C10	卫生间

D.	场馆运行区
D1.	工作人员入口
D2.	场馆副主任办公室
D3.	观众服务管理办公区
D4.	场馆通信中心
D5.	场馆主任办公室
D6.	多功能会议室
D7.	储藏室
D8.	卫生间
D9.	清洁人员值班办公室
D10.	集群通信设备分发间
D11.	环境经理办公室
D12.	成绩复印分发室场
D13.	馆运行中心
D14.	场馆财务经理办公室
D15.	物流经理办公室
D16.	语言服务经理办公室
D17.	特许商品场馆零售管理办公区／出纳室
D18.	场馆人事经理办公室
D19.	计算机设备及主配线间
D20.	网络管理间
D21.	移动通信设备机房
D22.	固定通信设备机房
D23.	餐饮经理办公室
D24.	有线电视机房
D25.	场馆技术运行中心
D26.	技术支持服务中心
D27.	固定通信技术人员工作室
D28.	移动通信技术人员工作室
D29.	流动扩声系统设备存放间
D30.	物流库房
D31.	卫生间、淋浴室
D32.	票务办公室
D33.	场馆设施管理办公室

D34.	IT 设备存放间
D35.	计时计分及现场成绩处理机房
D36.	计时计分系统设备存放间
D37.	垃圾处理
D38.	移动通信设备机房
D39.	清洁间

E.	安保及交通运行区
E1.	安保入口
E2.	武警指挥室
E3.	突发事件处置人员备勤室
E4.	车辆调度室
E5.	交通监控指挥室
E6.	安保后备用房
E7.	现场警卫机动力量备勤室
E8.	要人警卫工作现场指挥部

F.	非赛时使用空间区
G.	比赛场地区
H.	电视转播区

I.	场馆礼宾区
I1.	贵宾入口
I2.	贵宾接待处
I3.	场馆礼宾经理办公室
I4.	小型备餐间
I5.	陪同人员休息区
I6.	储藏间
I7.	消毒间

J.	仪式及文化活动区
J1.	存国旗、奖牌及鲜花储室（含颁奖台储藏）
J2.	体育展示办公室
J3.	礼仪人员准备室（男）
J4.	礼仪人员准备室（女）

一层平面图（体操比赛使用时）

B. 体育竞赛区
B1. 运动员入口
B2. 技术官员入口
B3. 运动员接待处
B4. 运动员检录区
B5. 运动员更衣室（男）
B6. 运动员更衣室（女）
B7. 代表团休息区
B8. 储藏室
B9. 体育器材储存区
B10. 卫生间
B11. 医生办公室
B12. 治疗室
B13. 运动员候检室
B14. 抢救室
B15. 理疗室
B16. 竞赛会议室
B17. 总记录处
B18. 竞赛信息处
B19. 国内技术官员办公室
B20. 场馆常务副主任办公室
B21. 国际体联艺术体操技委会休息室
B22. 国际体联艺术体操技委会主席室
B23. 竞赛主任办公室
B24. 技术运行经理
B25. 竞赛副主任室
B26. 国际技术官员休息室
B27. 国际技术官员会议室
B28. 竞赛办公室
B29. 卫生间、淋浴室（男）
B30. 卫生间、淋浴室（女）
B31. 体育器材储存区
B32. 兴奋剂管员办公室
B33. 兴奋剂候检室
B34. 尿检工作室（含卫生间）
B35. 运动员按摩室
B36. 运动员力量训练室
B37. 国际体联休息室
B38. 国际体联会议室
B39. 国际体联公共办公室
B40. 国际体联执委办公室
B41. 国际体联新闻官办公室
R42. 国际体联秘书处
B43. 国际体联秘书长办公室
B44. 国际体联主席办公室

C. 新闻运行区
C1. 媒体入口
C2. 媒体休息区
C3. 摄影经理办公室
C4. 新闻运行经理办公室
C5. 成绩公报柜摆放区
C6. 协调员办公室
C7. 文字记者工作区
C8. 摄影记者工作区
C9. 新闻发布厅
C10. 卫生间

D. 场馆运行区
D1. 工作人员入口
D2. 场馆副主任办公室
D3. 观众服务管理办公区
D4. 场馆通信中心
D5. 场馆主任办公室
D6. 多功能会议室
D7. 储藏室
D8. 卫生间
D9. 清洁人员值班办公室
D10. 集群通信设备分发间
D11. 环境经理办公室
D12. 成绩复印分发室场
D13. 馆运行中心
D14. 场馆财务经理办公室
D15. 物流经理办公室
D16. 语言服务经理办公室
D17. 特许商品场馆零售管理办公区／出纳室
D18. 场馆人事经理办公室
D19. 计算机设备及主配线间
D20. 网络管理间
D21. 移动通信设备机房
D22. 固定通信设备机房
D23. 餐饮经理办公室
D24. 有线电视机房
D25. 场馆技术运行中心
D26. 技术支持服务中心
D27. 固定通信技术人员工作室
D28. 移动通信技术人员工作室
D29. 流动扩声系统设备存放间
D30. 物流库房
D31. 卫生间、淋浴室
D32. 票务办公室
D33. 场馆设施管理办公室

D34. IT设备存放间
D35. 计时计分及现场成绩处理机房
D36. 计时计分系统设备存放间
D37. 垃圾处理
D38. 移动通信设备机房
D39. 清洁间

E. 安保及交通运行区
E1. 安保入口
E2. 武警指挥室
E3. 突发事件处置人员备勤室
E4. 车辆调度室
E5. 交通监控指挥室
E6. 安保后备用房
E7. 现场警卫机动力量备勤室
E8. 要人警卫工作现场指挥部

F. 非赛时使用空间区

G. 电视转播区

H. 比赛场地区

I. 场馆礼宾区
I1. 贵宾入口
I2. 贵宾接待处
I3. 场馆礼宾经理办公室
I4. 小型备餐间
I5. 陪同人员休息区
I6. 储藏间
I7. 消毒间

J. 仪式及文化活动区
J1. 存国旗、奖牌及鲜花储室（含颁奖台储藏）
J2. 体育展示办公室
J3. 礼仪人员准备室（男）
J4. 礼仪人员准备室（女）

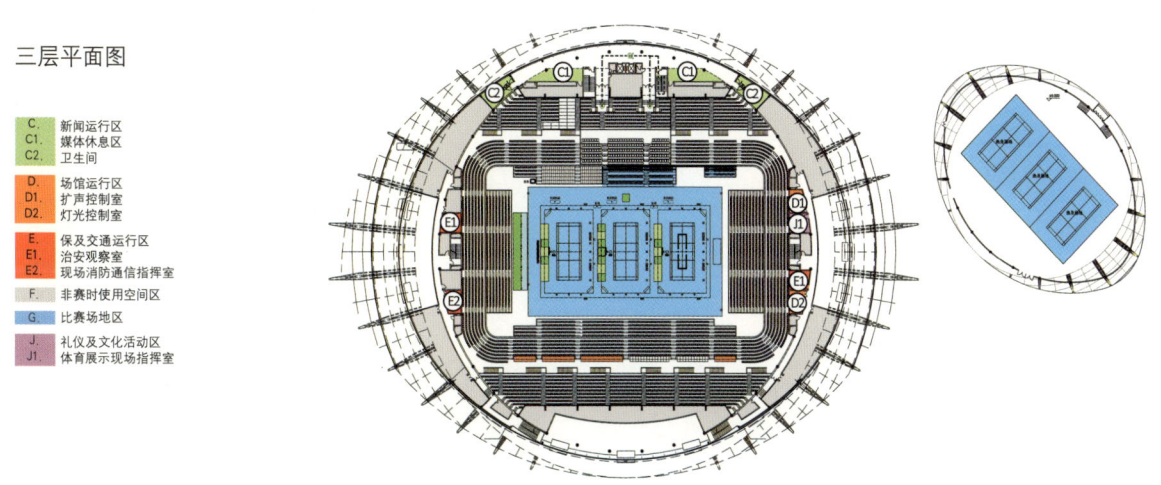

地下一层平面图

- I. 场馆礼宾区
- I1. 要人避险
- I2. 封闭通道
- I3. 滤毒室
- I4. 卫生间

二层平面图

- A. 观众活动区
- A1. 观众出入口
- A2. 残疾人观众入口
- A3. 应急出入口
- A4. 观众医疗站
- A5. 卫生间

- D. 场馆运行区
- D1. 票务服务台
- D2. 特许商品场馆零售店物
- D3. 观众餐饮售卖点
- D4. 观众婴儿车、轮椅寄存区
- D5. 清洁人员休息室

- E. 安保及交通运行区
- E1. 治安处理点
- E2. 要人随身警卫人员备勤室

- F. 非赛时使用空间区

- G. 比赛场地区

- I. 场馆礼宾区
- I1. 贵宾会客室
- I2. 贵宾休息区
- I3. 贵宾服务经理办公室
- I4. 备餐间
- I5. 卫生间

三层平面图

- C. 新闻运行区
- C1. 媒体休息区
- C2. 卫生间

- D. 场馆运行区
- D1. 扩声控制室
- D2. 灯光控制室

- E. 保及交通运行区
- E1. 治安观察室
- E2. 现场消防通信指挥室

- F. 非赛时使用空间区

- G. 比赛场地区

- J. 礼仪及文化活动区
- J1. 体育展示现场指挥室

坐席平面图

A. 观众活动区
B. 体育竞赛区
C. 新闻运行区
C1. 文字记者席
C2. 摄影记者席
D. 场馆运行区
D1. 显示屏控制室
E. 保及交通运行区
E1. 安保指挥中心
E2. 现场安保指挥通讯设备间
F. 非赛时使用空间区
G. 比赛场地区
H. 电视转播区
H1. 摄像机机位
H2. 评论员席
H3. 评论员控制室
H4. 转播信息办公室
I. 场馆礼宾区
I1. 贵宾席

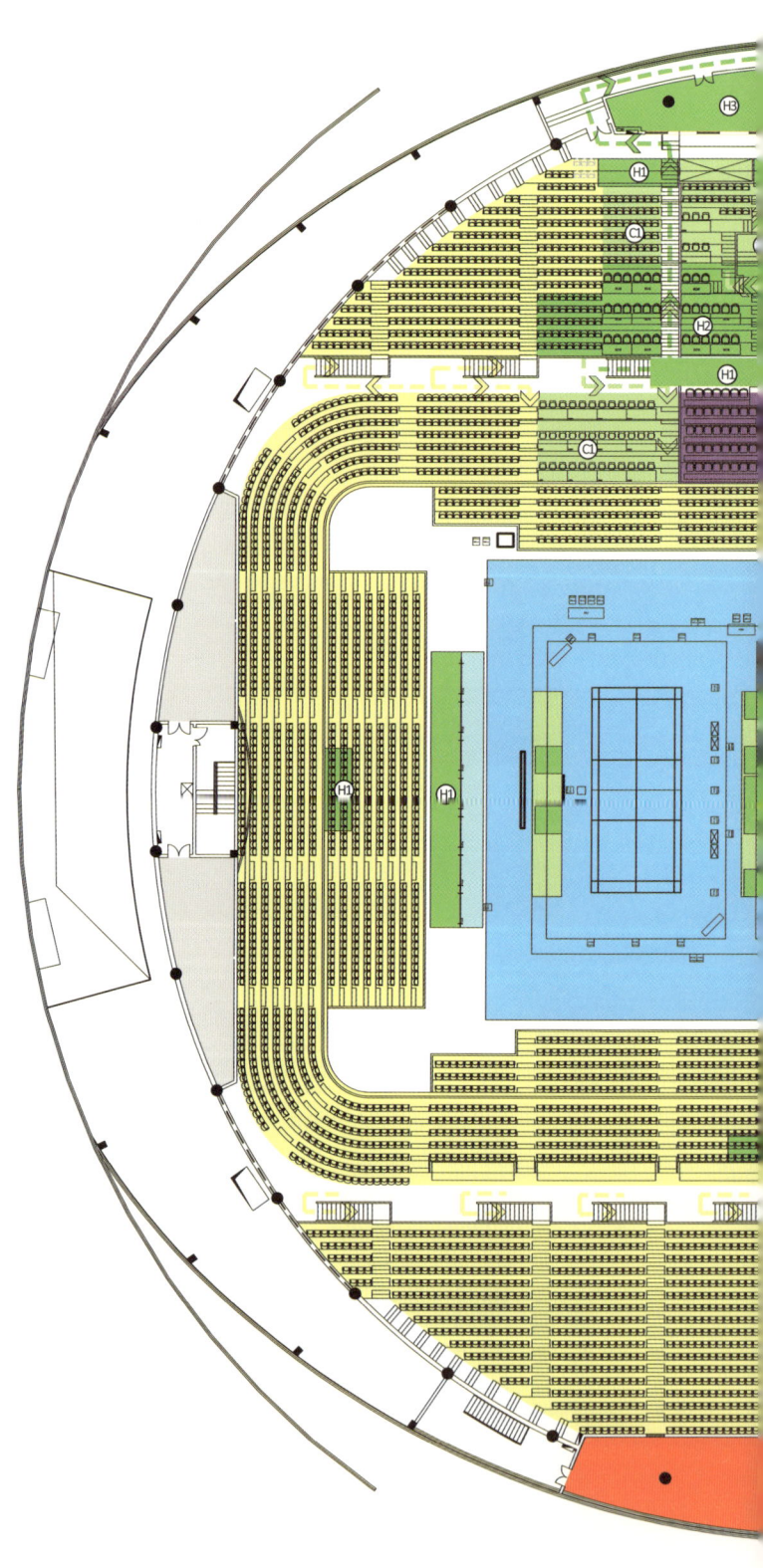

注册人员坐席列表

	注册人员分类	坐席数
1	运动员及随队官员	234
2	奥林匹克大家庭贵宾	153
3	广播电视转播人员	
	评论员席	41
	观察员席	50
4	文字摄影媒体	
	带桌文字媒体	102
	不带桌文字媒体	80
	摄影记者	60

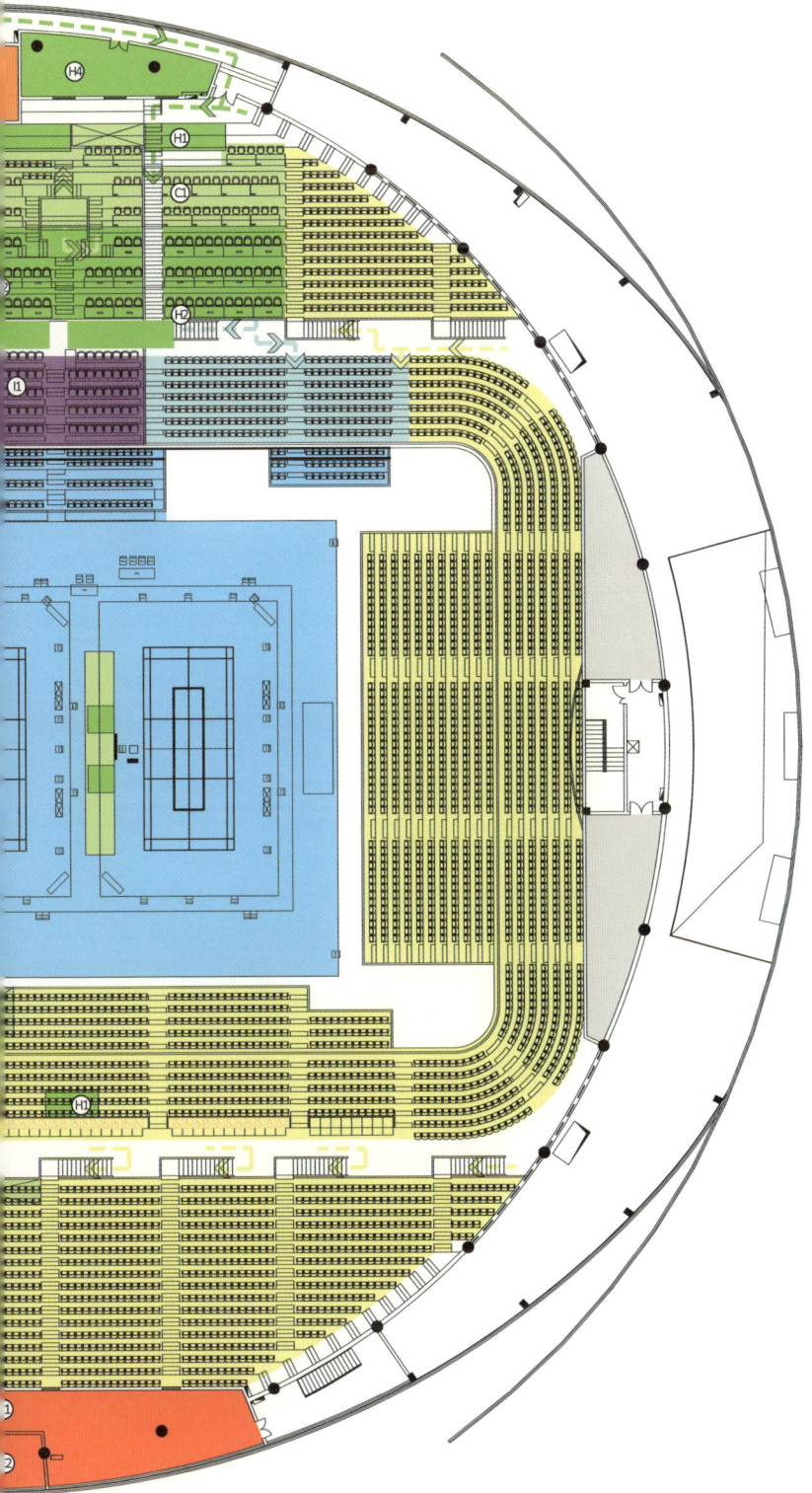

C. 新闻运行区
C1. 场地摄影区

G. 比赛场地区
G1. 1 号场地
G2. 裁判椅
G3. 司线员椅
G4. 衣物筐
G5. 拖地员椅和拖把
G6. 场地记分器
G7. 记分员椅
G8. 裁判长椅
G9. 教练席
G10. 计时计分席
G11. 场地管理席
G12. 运动员引导席
G13. 统计数据录入
G14. 发球裁判椅
G15. 旧球箱
G16. 量网尺
G17. 暂停标
G18. 出入口志愿者席
G19. 国旗旗杆
G20. 兴奋剂检查标记区与陪护员席
G21. 头戴设备控室空间
G22. 工作席
G23. ITO 候场区
G24. NTO 候场区

H. 电视转播区
H1. 摄影机位
H2. 混合区

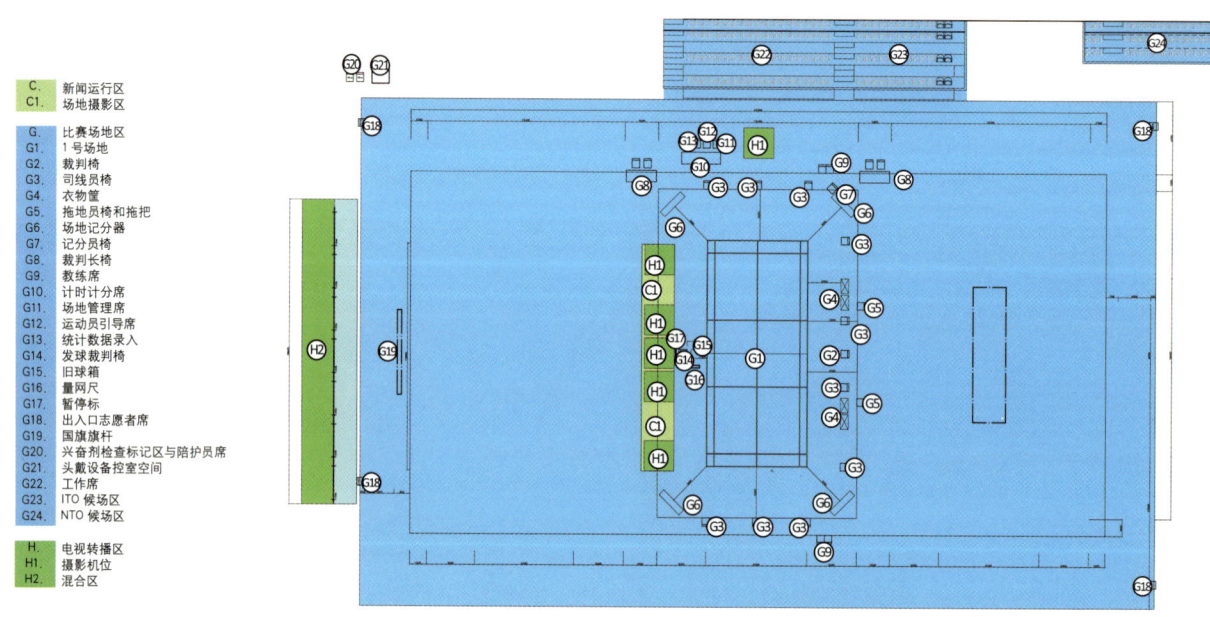

C. 新闻运行区
C1. 摄影记者席
C2. 混合区

G. 比赛场地区
G1. 技术人员席
G2. 体育展示区
G3. 颁奖台
G4. 运动席
G5. 升旗台
G6. 摄影机位

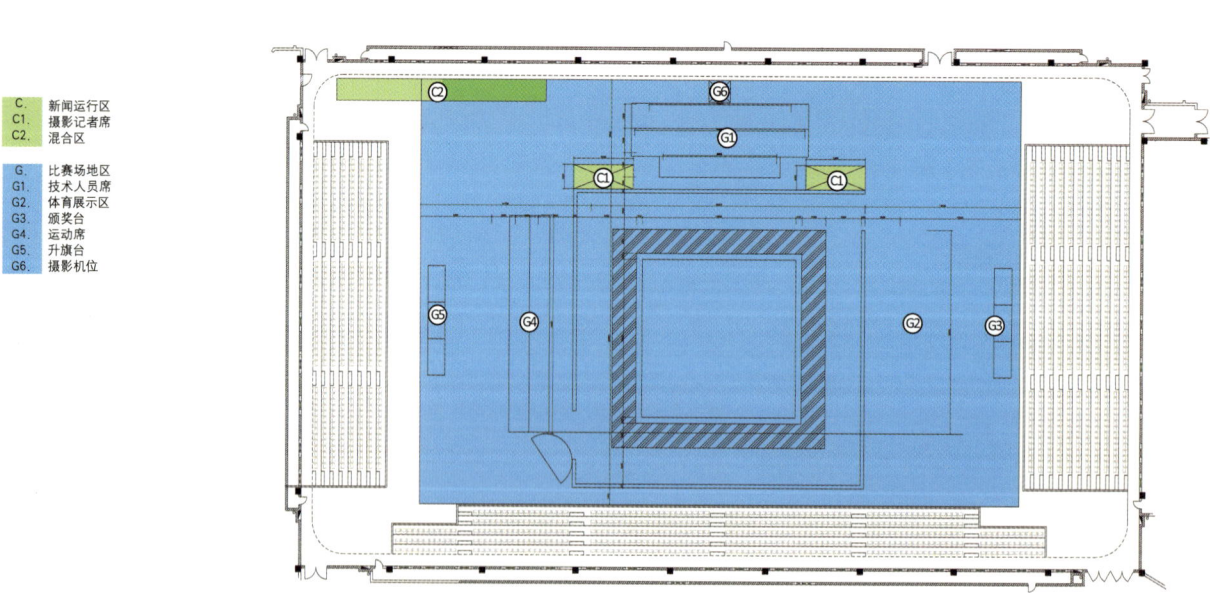

总平面图

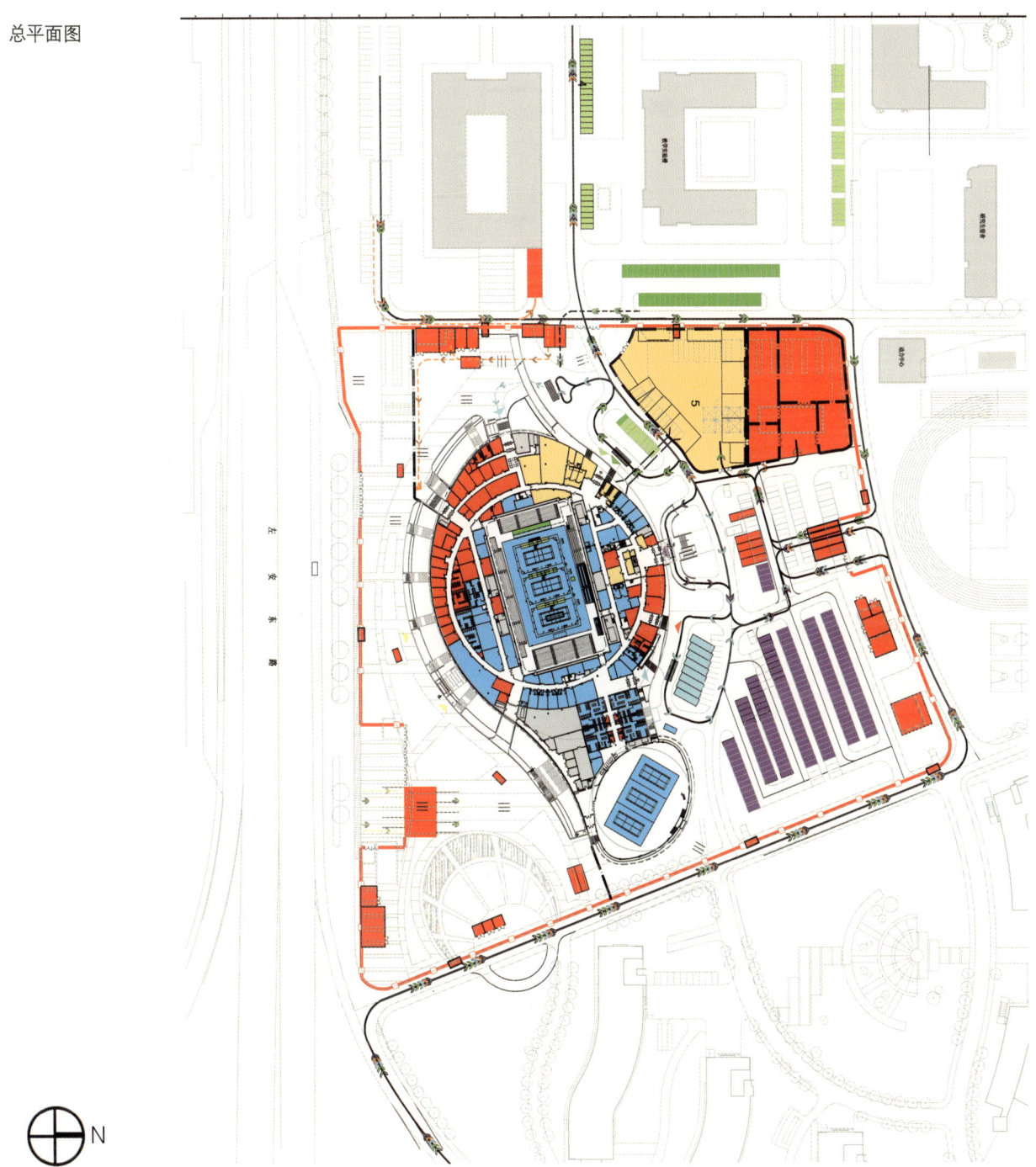

N

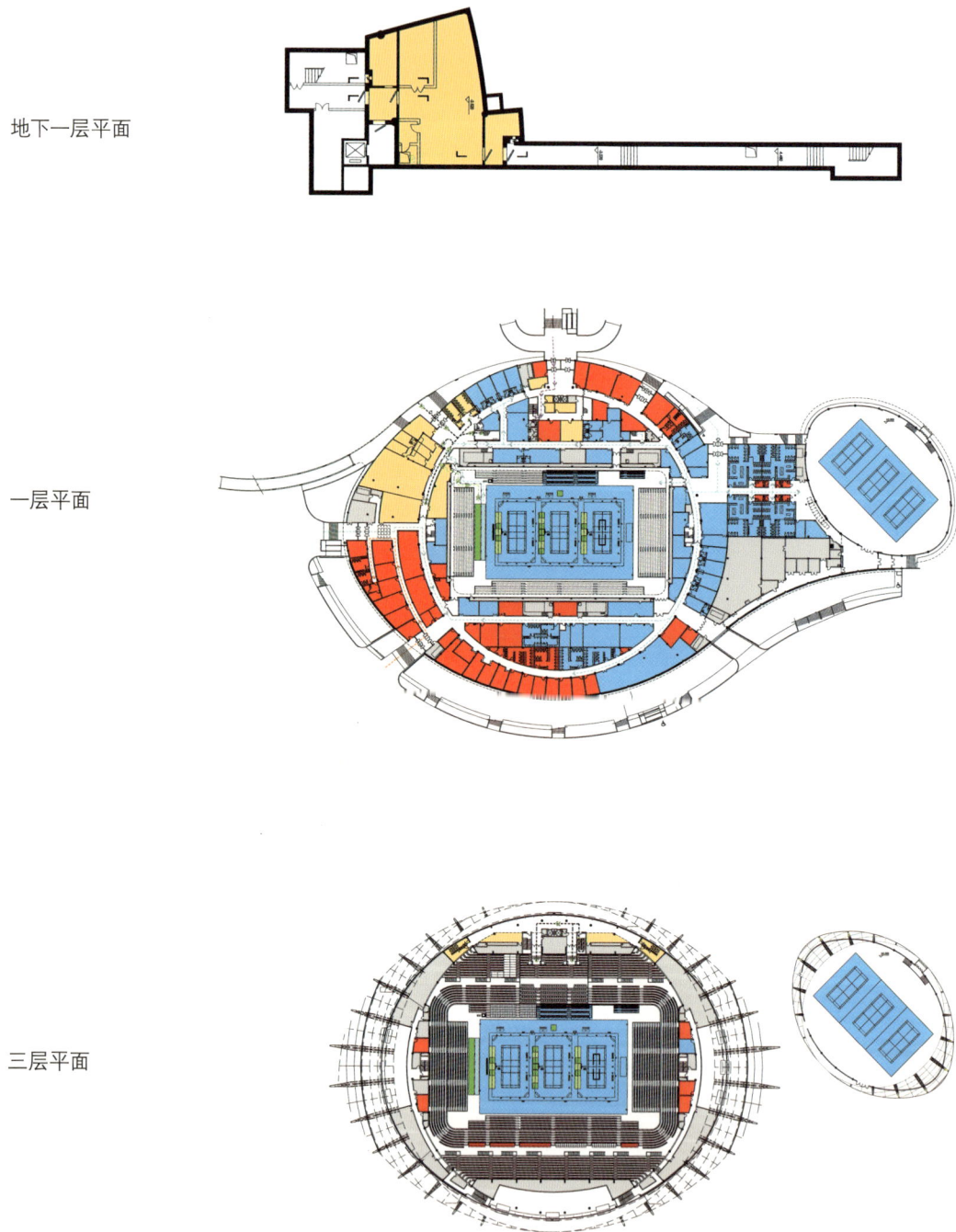

地下一层平面

一层平面

三层平面

二层平面

坐席层平面

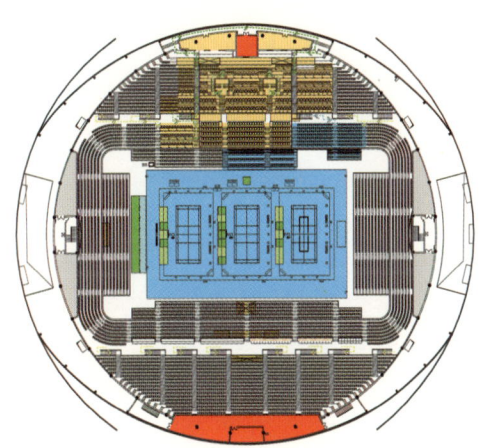

02-12

北京科技大学体育馆

北京科技大学体育馆

场馆概况

地点：北京科技大学

场地类型：新建比赛场馆

奥运会期间的用途：柔道、跆拳道

残奥会期间的用途：轮椅篮球、轮椅橄榄球

建筑面积：24662m²

固定座位数：4000个

临时座位数：4000个

柔道、拳道比赛

北京科技大学体育馆

一、柔道

2008 年北京奥运会柔道比赛将按照赛时有效的《国际柔联体育和竞赛组织规则》、《国际柔联裁判法则》以及《奥林匹克宪章》的规定执行。

比赛场地

柔道比赛场地为 60m×40m 的区域,由赛台和工作区组成。

1. 赛台

赛台位于场地中心,高 0.5m,最小尺寸为 31m×17m,设置两块赛垫(每块尺寸为 14m×14m)。赛台按功能分为比赛区、安全区和保护区,其中比赛区和安全区设置在赛垫上。

赛区:设置两个比赛区,每个尺寸为 8m×8m,两个比赛区的间距为 6m。

安全区:比赛区周界外 3m 以内的区域。

保护区:安全区周界外 1.5m 的范围。

2. 工作区

赛台以外为工作区,包括裁判、仲裁工作台、计时计分设备等;设置上场运动员的预备区,其位置可直视比赛垫。

热身场地

(1) 在临近比赛场地的区域设置运动员可直接进入的热身场地,与比赛场地在同一水平面。

(2) 应设置不小于 400m² 的热身场地,可容纳两块赛垫(14m×14m),并留出适当的通道和休息活动空间。

(3) 装有竞赛电视直播设备。

比赛规则

柔道比赛按运动员体重分为 8 个级别。男子是 60 公斤级、65 公斤级、71 公斤级、78 公斤级、86 公斤级、95 公斤级、95 公斤以上级和不分体重的无差别级。女子是 48 公斤级、52 公斤级、56 公斤级、61 公斤级、66 公斤级、72 公斤级、72 公斤以上级和无差别级。

柔道服为白色长袖上衣和白色长裤。系腰带、赤足。衣袖宽大,袖长略过前臂中部。衣长为系带后能覆盖臀部。裤长略过小腿中部。腰带长度为围腰两圈,束紧打扁结,两端各余 20 ~ 30cm。一方系红色带,一方系白色带,以示区别。女子柔道运动员要在柔道服内穿白色短袖圆领衫。

一场比赛的时间:男子为 5 分钟,女子为 4 分钟。比赛设 3 名裁判员,主裁判在场上组织运动员进行比赛,并评定技术,宣布胜负。相对两角各有一名裁判,评定分数和运动员在场上的表现。

二、跆拳道

2008 年北京奥运会跆拳道比赛将按照赛时有效的《世跆联竞赛规则》和《奥林匹克宪章》的规定执行。

比赛场地

跆拳道比赛场地由赛台和工作区组成。

1. 赛台

赛台位于场地中心，高 1m，台面尺寸为 16m×16m。台面与地面有斜坡连接，斜坡与地面的夹角为 30°，赛台四周设置台阶，台上铺设一个 14m×14m 的赛垫。赛台按功能分为比赛区、安全区和保护区，其中比赛区和安全区设置在赛垫上。

①赛台高 1m，与地面夹角为 30°。

②保护区台面尺寸：16m×16m。

③安全区垫子尺寸：14m×14m。

④比赛区垫子尺寸：12m×12m。

2. 工作区

赛台四周为工作区，设置技术代表席(2 人)、仲裁席(5～7 人)、裁判长席 (3 人、1 正 2 副)、医务席 (1～2 人) 等。

热身场地

(1) 在临近比赛场地的区域设置运动员可直接进入的热身场地。

(2) 应铺设四块赛垫 (12m×12m)，并留出适当的通道和休息活动空间。

(3) 装有竞赛电视直播设备。

比赛规则

跆拳道比赛时，双方运动员都要穿道服和护具，戴头盔，用脚或直拳击打对手的合法部位。即只能击打对手被护具包裹的锁骨以下、髋骨以上的躯干部位和头部（禁止用拳击打对手头部）。跆拳道比赛分为 3 局，每局 2 分钟，局间休息 1 分钟。蓝方和红方选手使用规则允许的技术动作努力击败对手。比赛结果根据双方运动员三局的得分总和来计算，得分多者为胜者。

北京科技大学体育馆柔道 跆拳道赛场

功能分区1——观众活动区

运行责任部门	房间中文名称	英文名称	数量	面积(m²)
观众服务	检票口	Ticket Rip	2	6
	观众集散大厅	Spectator Concourse	1	11800
	观众信息亭（含失物招领）	Spectator Info Booth (Lost & Found)	1	20
	观众婴儿车,轮椅寄存区	Spectator Storage	1	30
环境	临时卫生间	Temporary Toilet	3套	场地内
	观众卫生间	Spectator Toilets	3套	场地内
餐饮服务	观众餐饮售卖点	Spectator Points of Sale	1外4内	100
市场开发	特许商品零售点	Concession	1	30
医疗服务	观众医疗站	Spectator Medical Station	1	36.85
票务	票务服务台	Ticket Management	2	10
	售票亭	Ticketing Sales Window	1	60

功能分区2——比赛场地区

运行责任部门	房间中文名称	英文名称	数量	面积(m²)
竞赛组织	比赛场地	Field of Play	1	1084
	运动员检录区	Athlete Call Area	1	80
	混合区（运动员通道）	Mixed Zone	1	20延米长
	仲裁席	Jury Seating	1	场地内
	技术代表席	Technical Delegates Seating	1	场地内
	裁判席	Judge Seating	1	场地内
技术	成绩统计台	Results Data Entry Position	1	场地内
	计时记分席	Timing & Scoring Position	1	场地内
兴奋剂检查	运动员兴奋剂检查标记区	Athletes Tagging	1	4
医疗服务	比赛场地周边急救区	Adjacent First Aid Area in FOP	1	18
颁奖仪式	颁奖台及旗杆	Awards Podium & Flag Poles	1	35

功能分区3——体育竞赛区

运行责任部门	房间中文名称	英文名称	数量	面积(m²)
竞赛组织	运动员接待处	Reception & Info Desk	1	24
	热身场地	Warm-up Area	2	690
	运动员餐厅	Athlete Restaurant	1	230
	运动员休息室	Athlete Lounge	15	277
	运动员更衣室	Athlete Change Room	4	420
	运动员卫生间	Athletes Toilet	2	56
	医务室	Medical Treatment Area	1	48.69
	称重室	Weighing Room	2	46
	体育器材储藏室	Sport Equipment Storage Area	2	126
	竞赛主任办公室	Competition Manager Office	1	34
	竞赛副主任办公室	Competition Manager Office	1	12
	竞赛管理公共办公区	CM Hot Desk	1	35
	国内协会办公室	Domestic associations Office	1	33
	国内技术官员会议室	Domestic technical officials of the conference room	1	64
	国内技术官员更衣室	The domestic technical officials locker room	2	60
	国际单项联合会主席办公室	IFs President's Office	1	38
	国际单项联合会秘书办公室	IFs Secretary's Office	1	25
	国际单项联合会秘书处	IFs Jury Room	1	51
	仲裁会议室	Arbitration Conference Room	1	34
	技术官员会议室	Technical Officer Meeting Room	1	72
	卫生间	Toilet	2	10
	技术官员更衣室	Technical Officer locker room	2	25
	IF会议室	IF Meeting Room	1	72
	IF技术代表办公室	IF Technical Delegate's Office	2	15

运行责任部门	房间中文名称	英文名称	数量	面积(m²)
技术	现场成绩处理机房	On-venue Results Room	1	71
	计时计分系统设备存放间	Timing & Scoring Equipment Storage	1	50
兴奋剂检查	兴奋剂官员办公室	Office for Doping Control Manager	1	18.42
	候检室	Waiting Area	1	48.15
	尿检工作室(含卫生间)	Processing Room	2	53.72
	运动员候检室	Reception & Waiting Room	1	67.49
	治疗室	Intensive Care Unit	1	41.33
	库房		1	9.32

功能分区4——仪式及文化活动区

运行责任部门	房间中文名称	英文名称	数量	面积(m²)
颁奖仪式	体育展示办公室	Sport Presentation Office	1	15
	仪式经理办公室及奖牌存放间	Ceremony Managemant & Medal Storage	1	21
	国旗储藏室	Flag Storage	1	36
	礼仪人员准备间(男)	Presenter & Mascot Dressing (Male)	1	21
	礼仪人员准备间(女)	Presenter & Mascot Dressing (Female)	1	34

功能分区5——电视转播区

运行责任部门	房间中文名称	英文名称	数量	面积(m²)
电视转播	混合区（电视转播通道）	Mixed Zone	1	20延米长
	评论员控制室（CCR）	Commetator Control Room	1	41.85
	转播信息办公室(BIO)	Broadcasting Informatio Office	1	27.5
	电视转播综合区	Broadcasting Compound	1	3500

功能分区6——安保及交通运行区

运行责任部门	房间中文名称	英文名称	数量	面积(m²)
安保	违禁物品存放处	Contraband Storage	1	
	治安处理点	Public Security Handling Office	2	140
	安保后备用房	Security Reserve Room	1	40
	反恐防暴屯兵处（反恐人员备勤室）	Anti-terrorism Personnel Duty Room	1	47.45
	武警机动处突人员备勤室	Policeman Duty Room	3	150
	突发事件处置人员备勤室	Emergency Handler Duty Room	1	500
	现场安保指挥通信设备间	On-site Security Commuication Equipment	1	139
	要人警卫人员备勤室	Guard Duty Room for VIPs	1	34.38
	要人警卫工作现场指挥部	On-site Guard Office	1	34.38
	临时消防站	Temporary Firehouse	1	340
	现场警卫机动力量备勤室	On-site Guard Reserve Force Office	1	48.7
	安保观察间	Security Observation Positions	3	10
	无线通信机房	Wireless Communication Room	1	11.88
	武警现场指挥室	CAPE On-Site Command Office	1	46.48
	现场消防通信指挥室	On-site Fire Fighting Communication	1	26.28

功能分区7——新闻运行区				
运行责任部门	房间中文名称	英文名称	数量	面积(m²)
新闻运行	新闻运行经理办公室	Press Office	1	15
	摄影经理办公室	Photo Manager Office	1	15
	奥林匹克新闻服务工作室	Olympic News Service Work Room	1	25
	成绩公报协调员办公室	Results Distribution	1	15
	文字记者工作区	Press Work Area	1	364.6
	摄影记者工作区	Photo Work Area	2	42
	媒体租用空间	Media Rental Space	2	33
	卫生间	Toilet	1	6.3
	新闻媒体专用卫生间	Toilet	2	54.35
	媒体休息室	Press Lounge	1	105.54
	休息室	Lounge	1	14.19
	新闻发布厅	Press Conferece Room	1	145.69
	控制室	Broadcasting Control Room	1	12.25
	混合区（新闻媒体通道）	Mixed Zone	1	23沿米长

功能分区8——场馆运行区				
运行责任部门	房间中文名称	英文名称	数量	面积(m²)
场馆设施管理	场馆设施管理办公室	Site Managment Work Area	1	33.6
技术	数据网络中心	Data Cebter and Main Cabling Distribution Room	2	35
	综合布线室	Cross Connect Frames	1	18
	固定通信设备机房	Fix Telecomcomuication Equiptmet Room	1	57.3
	移动通信机房	Mobile Telecommuication Equipment Room	2	53
	扩声控制室	Public Address Control Room	1	24
	有线电视机房	CATV Control Room	1	30.48
	电子屏控制室	Video Board Control Room	1	28
	灯光控制室	Lighting Control Room	1	24.82
	卫生间（女）	FemaleToilet	1	16.5
	卫生间（男）	Male Toilet	1	16.5
	集群通信设备分室间	Trunk Radio Distribution Room	1	20
	场馆技术运行中心	Venue Technology Operation Center	1	41
	技术支持服务中心	Technology Help Desk	1	18
	成绩复印分发室	Results Printing & Distribution	1	74
	固定通信技术人员工作室	Fix Telecommunication Operation	1	19.8
	移动通信技术人员工作室	Mobile Telecommunication Operation	1	21
	流动扩声系统设备存放间	Audio Equipment Room	1	36.17
	IT设备存放间	IT Equiptmet Storage	1	71
物流	场馆餐饮、物流、清废经理办公区	Catering、Logistic、CLW Manager Office	1	31
	物流综合区	Logistic Compound	1	1000
	物流卸货区（含清废车停车区）	Loading & Vehicle Staging	1	300
餐饮服务	餐饮综合区	Catering Compound	1	2000
环境	清废综合区	CLW Compound	1	200
	清废管理与清废工人休息区	Management and Break Area	1	80
	清洁间	Cleaning Room	3	10

运行责任部门	房间中文名称	英文名称	数量	面积(m²)
环境	清洁设备储存区	Cleaning Equipment Supply & Storage	1	80
场馆财务	场馆财务经理办公室	Venue Finance Manager Office (Includes: Rate Card Office)	1	21
观众服务	观众服务管理办公区	Spectator Services Management Area	1	50
	物资储存和分发区	SPS Equipment Storage & Distribution	1	30
	工作部署区	Briefing Area	1	120
市场开发	商品储存区	MER Storage	1	15
	特许商品场馆零售管理办公区/出纳	MER Management Area/ Cash Room	1	15.7
场馆管理	场馆主任办公室	Venue Manager Office	1	38.7
	场馆副主任办公室	Venue Deputy Manager Office	2	30
	场馆常务副主任办公室	Venue Executive Manager	1	31
	场馆运行中心	Venue Operation Centre	1	74
	场馆通信中心	Venue Commuication Centre	1	71
场馆人事	场馆人事经理办公室	Venue Staffing Management	1	18
	工作人员签到区	Staff Check-in Area	1	36
	工作人员休息和用餐区	Staff Break & Dnining Area		610
票务	票务办公室	Ticketing Management Office	1	15
语言服务	语言服务经理办公室	LAN Manager Office	1	16.7
注册	场馆注册中心	Venue Accreditation Office	1	48

功能分区9——场馆礼宾区				
运行责任部门	房间中文名称	英文名称	数量	面积(m²)
场馆礼宾	礼宾经理办公室	VIP Protocol Manager Desk	1	20.33
	贵宾休息厅	VIP Lounge	1	95.46
	贵宾主接待区	OF Reception	1	264
	小休息室	Lounge	1	60
	备餐间	Food Preparation Room	2	62
	贵宾卫生间	VIP Toilet	2	
	陪同人员休息室	Staff & Volunteer Room and Storage	1	40.7

索引图

线型图例

- - - - - -	人行流线
━━━━━━	车行流线
━━━━━━	应急流线
━━━━━━	设备流线
━━━━━━	安保边界 2.5m
━━━━━━	区域边界 2.2m
━━━━━━	区域边界 1.8m
++++++++	路障

总平面图

图例

A. 观众活动区	**D.** 场馆运作区	**E.** 安保及交通运行区	
A1. 观众疏散出口	D1. 场馆注册中心	E1. 持证人员人身安检口	
A2. 观众入口	D2. 售票处	E2. 观众安检大厅	
A3. 残疾观众入口	D3. 观众卫生间	E3. 工作人员安检入口	
	D4. 观众卫生间	E4. 违禁物品寄存处	
B. 体育竞赛区	D5. 特许经营零售店	E5. 治安处理点	
B1. 运动员入口	D6. 商品存储区	E6. 车辆安检口	
B2. 技术官员入口	D7. 观众餐饮售卖点	E7. 车辆免检口	
B3. 运动员、技术官员停车区	D8. 观众卫生间	E8. 车辆免检口	
B4. 技术官员下车点口	D9. 应急通讯车停车位	E9. 车辆出口	
B5. 技术官员上车点口	D10. 观众信息亭（含失物招领）		
	D11. 观众婴儿车、轮椅存放处	**H.** 电视转播综合区	
C. 新闻运作区	D12. 场馆运行车辆停车区	H1. 电视转播综合区	
C1. 媒体入口	D13. 物流卸货区		
C2. 媒体班车停车区	D14. 清废管理与清废工人休息区	I1. 贵宾入口	
C3. 特许摄影记者停车区	D15. 临时消防站（含车辆调度室）	I2. 贵宾、要员停车场	
C4. 媒体自驾停车场	D16. 工作人员临时卫生间	I3. 停车场	
C5. 媒体班车出口	D17. 物流、餐饮、环境综合区		
	D18. 工作人员签到区		
	D19. 工作人员入口		

大车下车点	
小车下车点	
⇒ 机动车流线	
⇢ 步行流线	
△ 车辆验证点	
✳ 注册区验证点	
△ 入口	
EXIT 出口	

地下一层平面图

E. 安保及交通运行区
E1. VIP避难（平时办公）
E2. 卫生间
E3. 扩散室
E4. 简易洗消间
E5. 女旱厕
E6. 男旱厕
E7. 配电室
E8. 防化值班室

F. 非赛时使用空间区
F1. 变电站
F2. 空调与冷冻机房
F3. 值班室
F4. 控制室
F5. 战时生活水箱
F6. 进风机房
F7. 滤毒室
F8. 平时排烟机房
F9. 空调机房
F10. 调节水箱
F11. 游泳池水处理机房
F12. 游泳池管道层
F13. 热水机房
F14. 人防通道

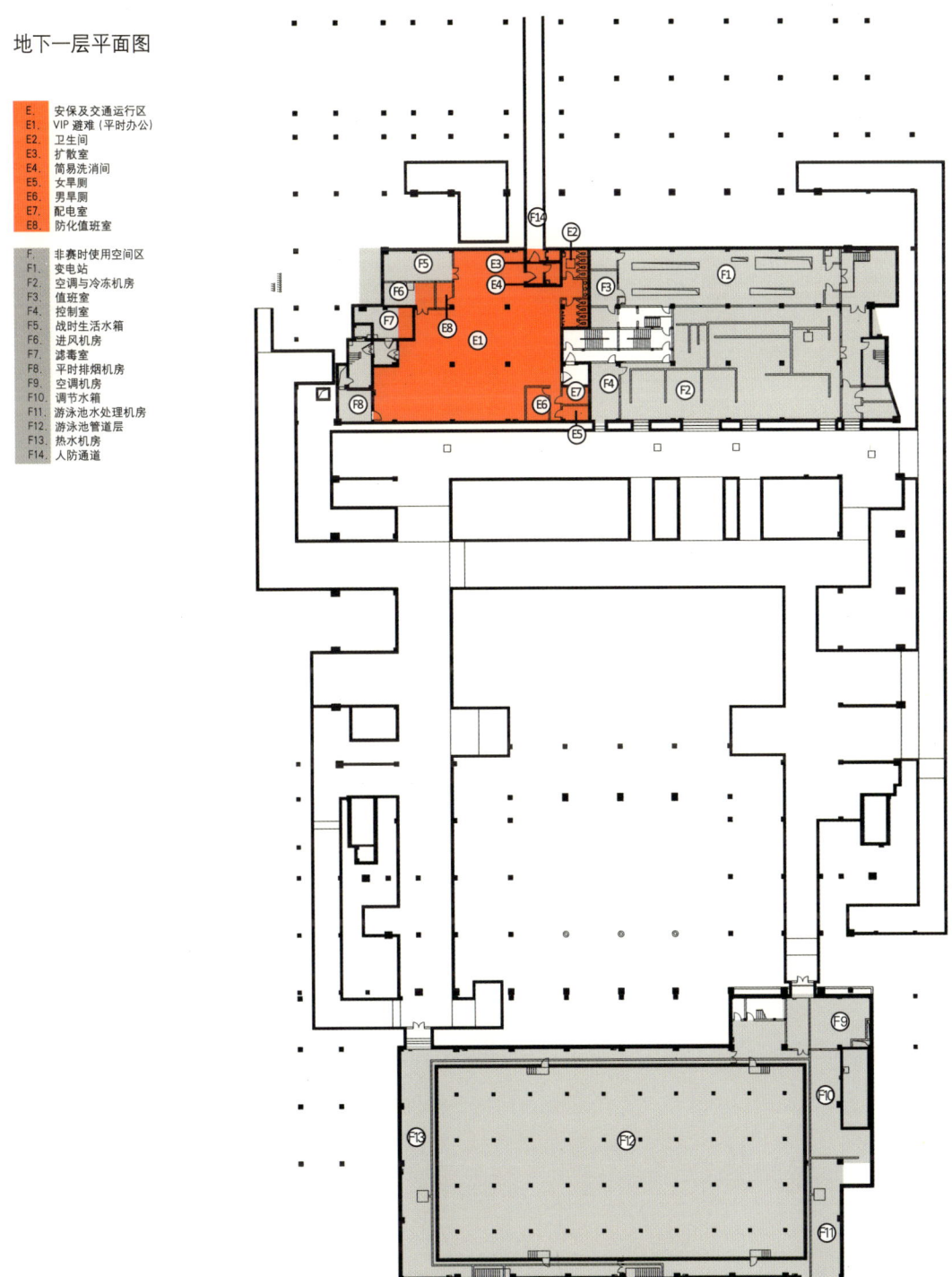

首层平面图

A. 观众活动区
A1. 观众入口
A2. 残疾观众入口

B. 体育竞赛区
B1. 运动员入口
B2. 技术官员入口
B3. 仲裁会议室
B4. 国内协会办公室
B5. 竞赛主任办公室
B6. IF 会议室
B7. IF 技术代表办公室
B8. IF 技术代表办公室
B9. 国际单项联合会秘书处
B10. 技术官员更衣室
B11. 卫生间
B12. 国际单项联合会秘书长办公室
B13. 国际单项联合会主席办公室
B14. IF 官员休息室
B15. 技术官员会议室
B16. 竞赛管理公共办公区
B17. 国内技术官员更衣室
B18. 国内技术官员会议室
B19. 竞赛副主任办公室
B20. 国内技术官员更衣室
B21. 运动员卫生间
B22. 体育器材储藏室
B23. 运动员餐厅
B24. 配餐室
B25. 更衣室
B26. 更衣室
B27. 医务室
B28. 称重室
B29. 称重室
B30. 热身场地
B31. 热身场地
B32. 体育器材储藏室
B33. 运动员更衣室
B34. 运动员更衣室
B35. 运动员接待处
B36. 运动员休息室
B37. 运动员休息室
B38. 运动员休息室
B39. 运动员休息室
B40. 候检室
B41. 尿检工作室 1
B42. 尿检工作室 2
B43. 兴奋剂官员办公室
B44. 治疗室
B45. 运动员候检室
B46. 运动员卫生间
B47. 竞赛检录区
B48. 赛前等候区

C. 新闻运作区
C1. 媒体入口
C2. 文字记者工作区
C3. 媒体休息室
C4. 新闻发布厅
C5. 休息室
C6. 控制室
C7. 摄像记者工作区
C8. 摄像记者工作区
C9. 摄像经理办公室
C10. 成绩公报协调员办公室
C11. 奥林匹克新闻服务工作室
C12. 新闻运行经理办公室
C13. 媒体租用空间
C14. 媒体租用空间
C15. 混合区
C16. 媒体卫生间

D. 场馆运作区
D1. 工作人员入口
D2. IT 存放间
D3. 流动扩声系统设备存放间
D4. 语言服务经理办公室
D5. 计时计分系统设备存放间
D6. 现场成绩处理机房
D7. 场馆技术运营中心
D8. 电子显示屏控制室
D9. 扩声控制室
D10. 数据网络中心
D11. 有线电视机房
D12. 固定通信系统机房
D13. 技术支持服务中心
D14. 清洁间
D15. 卫生间
D16. 成绩复印发放室
D17. 固定通信技术人员工作室
D18. 移动通信机房
D19. 移动通信技术人员工作室

D20. 综合布线室
D21. 库房
D22. 场馆人事经理办公室
D23. 场馆通信中心
D24. 场馆运营中心
　　（含秘书长办公室）
D25. 场馆财务经理办公室
D26. 场馆副主任办公室
D27. 观众服务经理办公室
D28. 场馆设施管理办公区
D29. 卫生间
D30. 场馆主任办公室
D31. 场馆副主任办公室
D32. 场馆常务副主任办公室
D33. 票务办公室
D34. 特许商品零售办公室
D35. 移动通信机房

E. 安保及交通运行区
E1. 交通监控指挥室
E2. 现场警卫机动力量备勤室
E3. 安保后备用房
E4. 武警现场指挥室
E5. 要人警卫工作现场指挥部
E6. 武警机动突人员备勤室
E7. 武警机动突人员备勤室
E8. 武警机动突人员备勤室
E9. 车辆调度室

F. 非赛时使用空间区

I. 场馆礼宾区
I1. 贵宾入口
I2. 贵宾主接待区
I3. 配餐间
I4. 陪同人员休息室
I5. 礼宾经理办公室
I6. 贵宾卫生间

J. 仪式及文化活动区
J1. 仪式经理
　　办公室及奖牌存放间
J2. 国旗储存士
J3. 礼仪人员准备间（男）
J4. 礼仪人员准备间（女）
J5. 体育展示办公室

N

二层平面图

A. 观众活动区
A1. 观众入口
A2. 卫生间
A3. 公用电话
A4. 休息厅
A5. 公用电话
A6. 卫生间
A7. 卫生间
A8. 公用电话
A9. 休息厅
A10. 公用电话
A11. 观众医疗站
A12. 卫生间

C. 新闻运作区
C1. 媒体卫生间

D. 场馆运作区
D1. 清洁设备储藏间及垃圾暂存间
D2. 手推车储藏间
D3. 售卖
D4. 售卖
D5. 手推车储藏间
D6. 清洁间
D7. 清洁间
D8. 手推车储藏间
D9. 清洁设备储藏间及垃圾暂存间
D10. 手推车储藏间
D11. 售卖
D12. 临时售卖
D13. 临时售卖

E. 安保及交通运行区
E1. 备勤（库房）
E2. 安保指挥监控通讯系统用房
E3. 受案接待室
E4. 留置盘查室
E5. 讯问室
E6. 反恐防暴屯兵处

F. 非赛时使用空间区

H. 电视转播综合区
H1. 转播信息办公室
H2. 评论员控制室

I. 场馆礼宾区
I1. 赞助商休息厅、咖啡厅
I2. 配餐间
I3. 卫生间

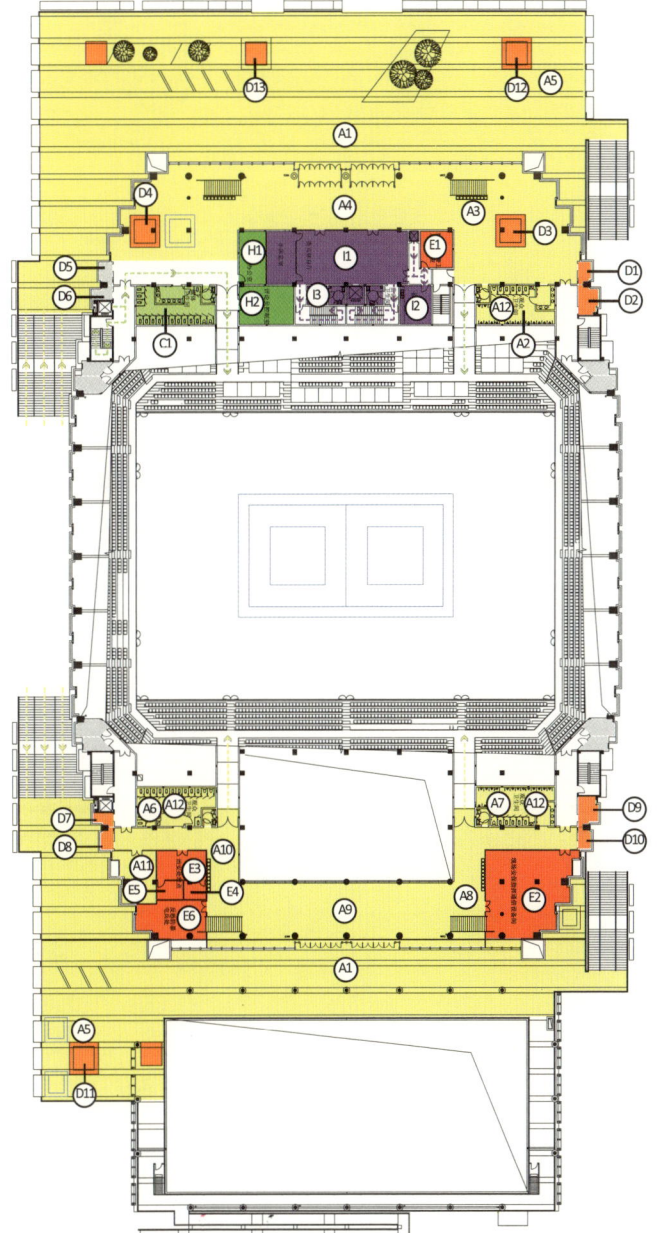

三层平面图

D. 场馆运作区
D1. 清洁设备储藏间及垃圾暂存间
D2. 手推车储藏间
D7. 清洁间
D8. 手推车储藏间
D9. 清洁设备储藏间及垃圾暂存间
D10. 手推车储藏间

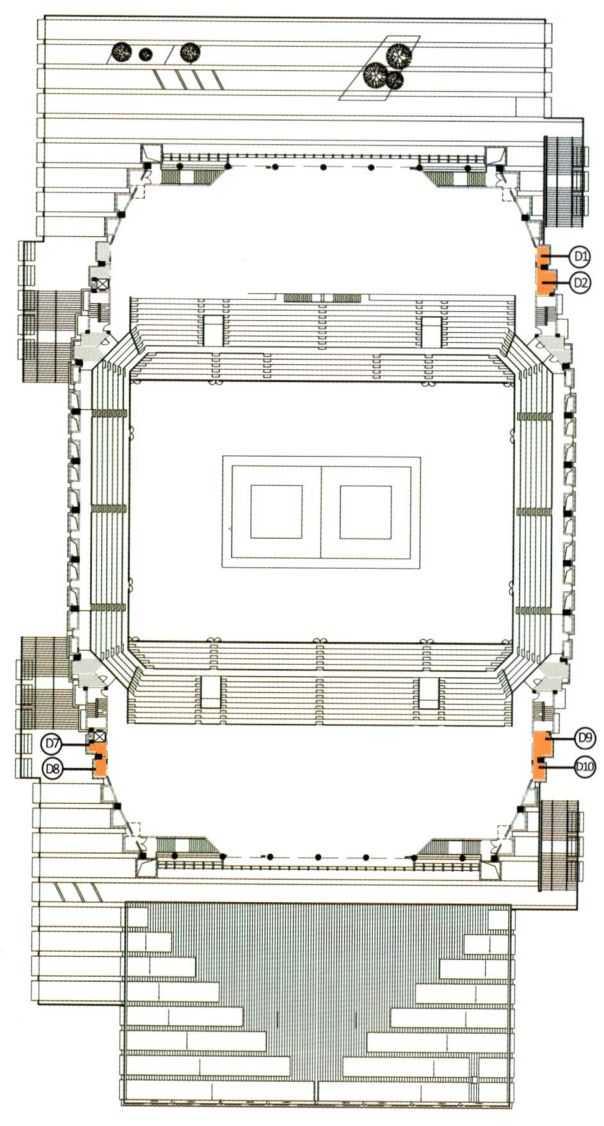

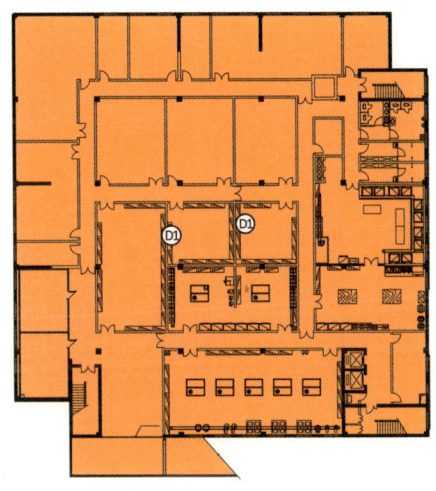

地下一层平面

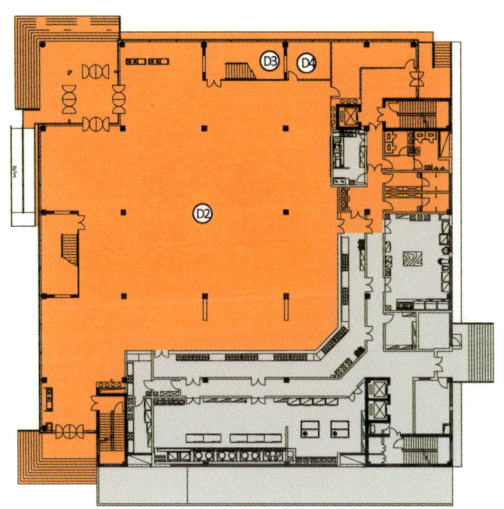

首层平面

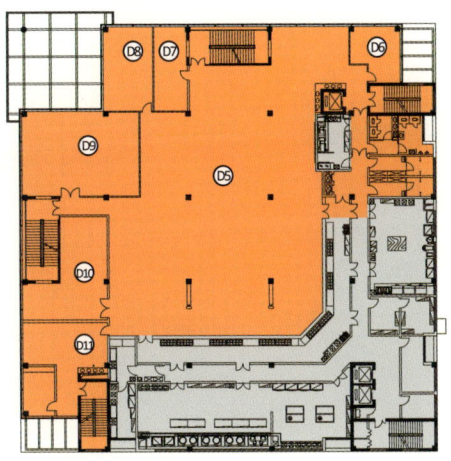

二层平面

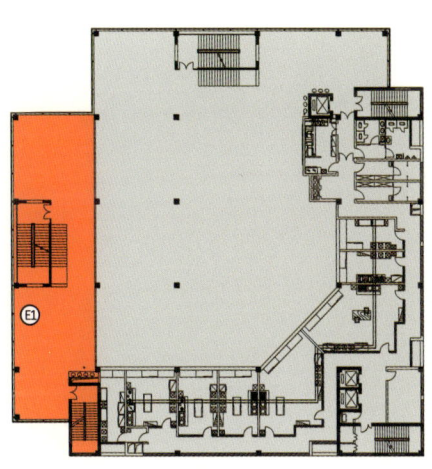

首层平面

D.	场馆运作区
D1.	餐饮综合区
D2.	物流综合区
D3.	员工签到处
D4.	集群设备分发室
D5.	工作人员休息及用餐区
D6.	餐饮、清废、物流经理办公室
D7.	物资存储和发放区
D8.	观众服务办公区
D9.	工作部署区
D10.	清洁设备储存区
D11.	清废管理与清废工人休息区

E.	安保及交通运行区
E1.	突发事件处置人员备勤室

坐席层平面图

A.　观众活动区
A1.　观众集散广场
A2.　观众看台
A3.　残疾人观众看台

B.　体育竞赛区
B1.　运动员席

C.　新闻运行区
C1.　摄影记者席
C2.　文字媒体自然席
C3.　文字媒体带桌席

D.　场馆运作区
D1.　同声传译
D2.　灯光控制室

E.　安保及交通运行区
E1.　安保观察间
E2.　无线通信机房
E3.　现场消防通信指挥室
E4.　安保观察间
E5.　安保观察间

G.　比赛场地区

H.　电视转播综合区
H1.　观察员坐席
H2.　评论员坐席
H3.　摄像机位
H4.　播音员席

I.　场馆礼宾区
I1.　贵宾席

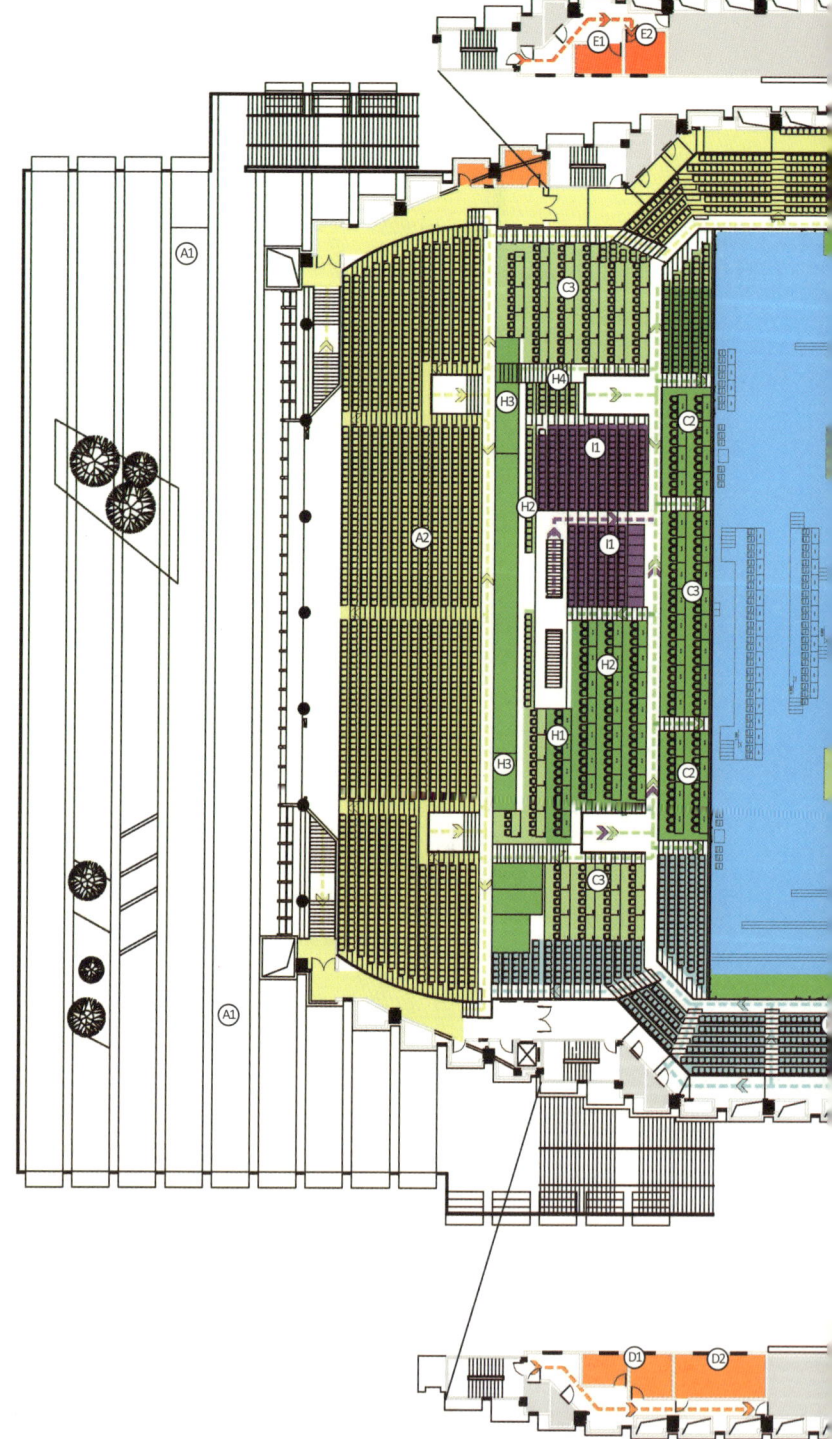

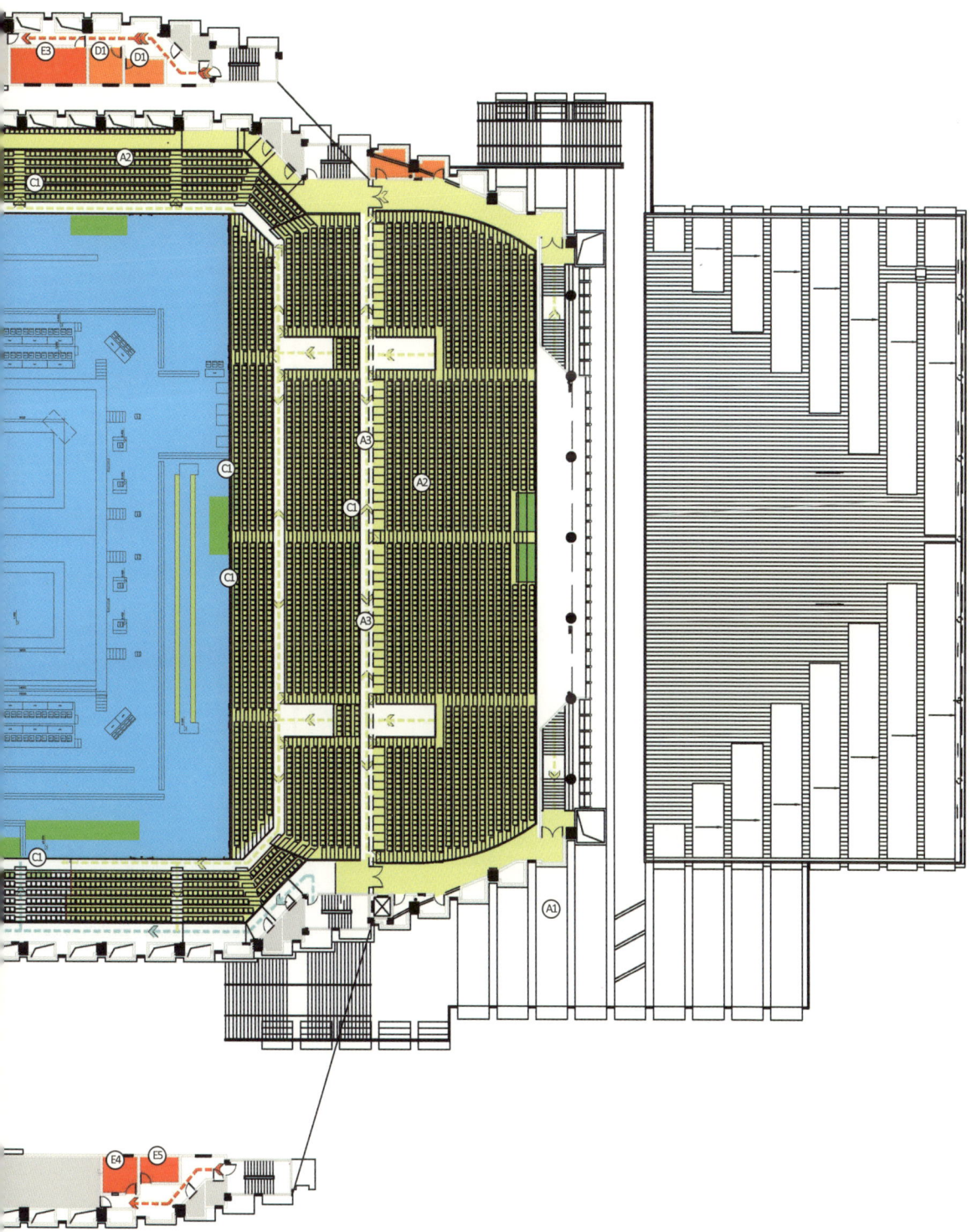

柔道比赛场地

C. 新闻运行区
C1. 摄影记者席

G. 比赛场地区
G1. 赛前准备区
G2. 医务席
G3. 裁判席
G4. 仲裁席
G5. 主席台
G6. 技术代表席

H. 电视转播综合区
H1. 摄像机位

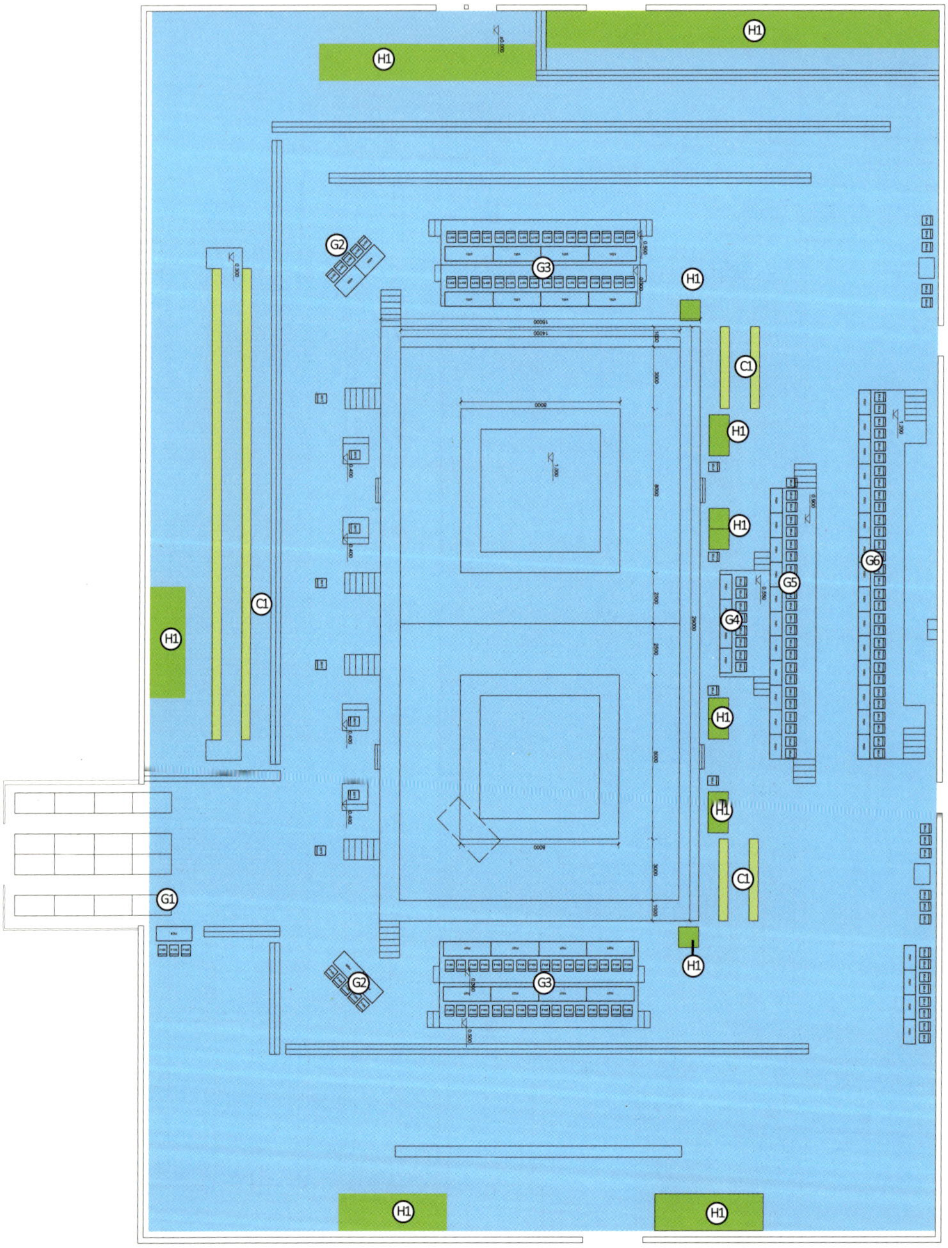

跆拳道比赛场地

G. 比赛场地区
G1. 专业计分牌
G2. 教练席
G3. 专业记分牌
G4. 裁判席
G5. 医务席
G6. 成绩与技术人员
G7. 计时记录台
G8. 体育展示席
G9. 赛前准备区
G10. 仲裁席
G11. 技术代表席

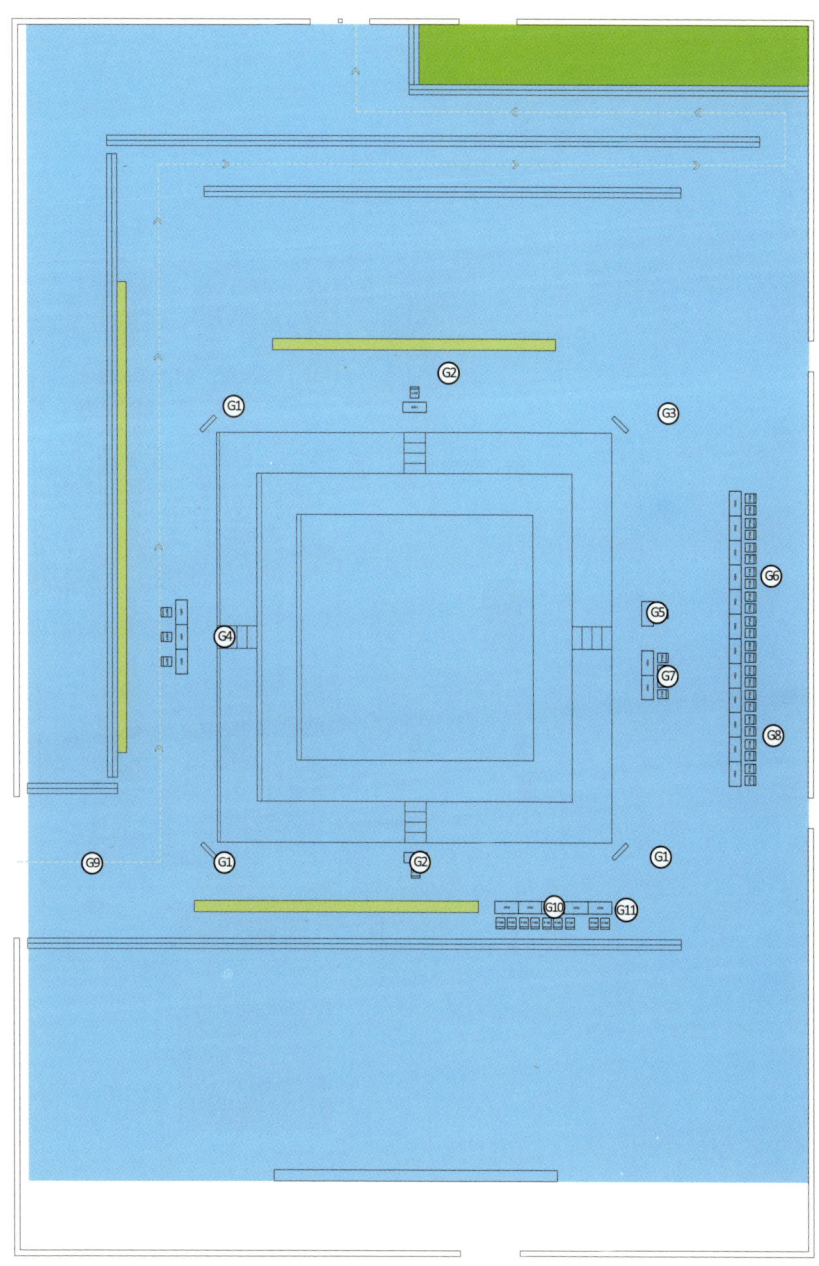

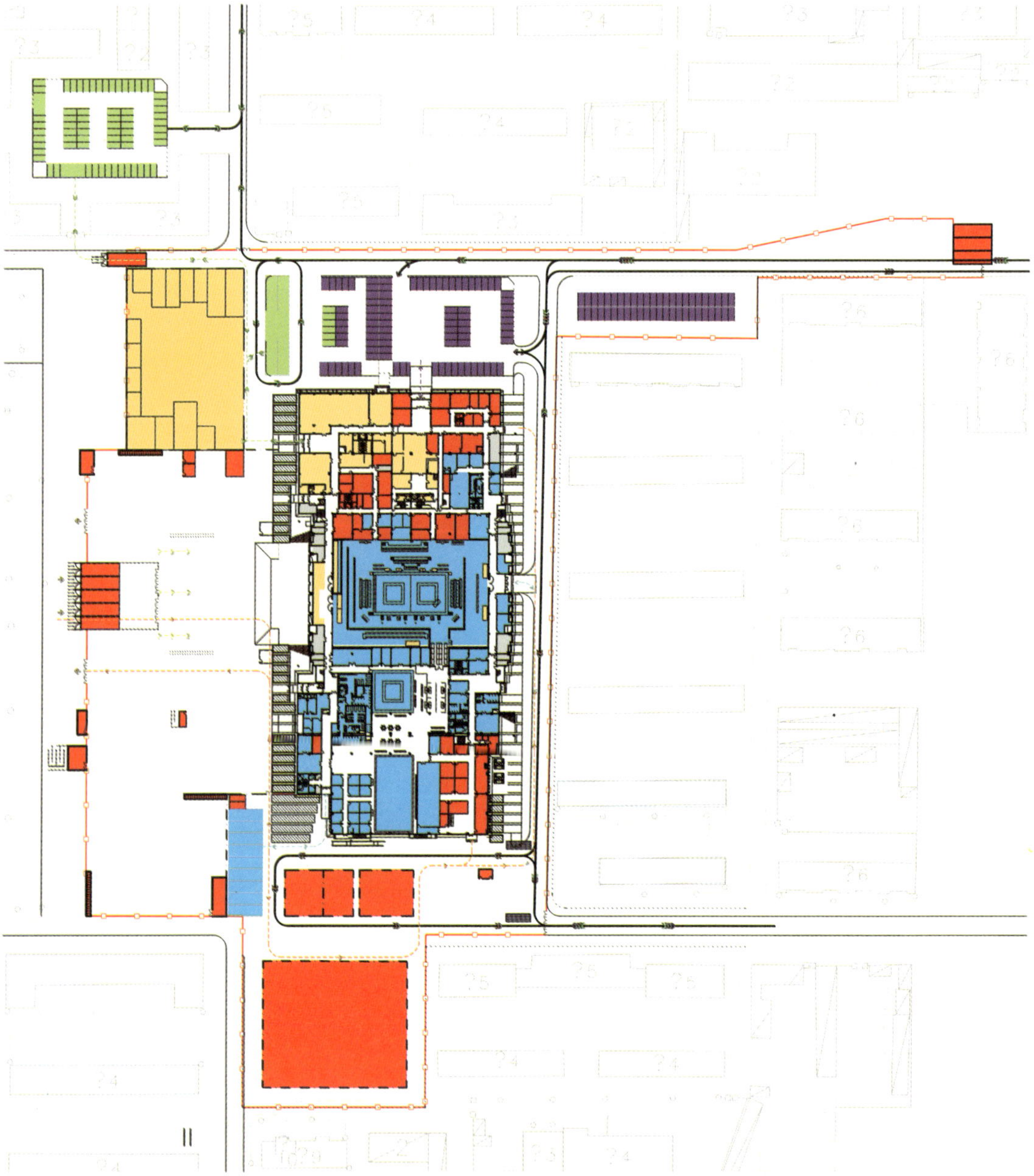

总平面图

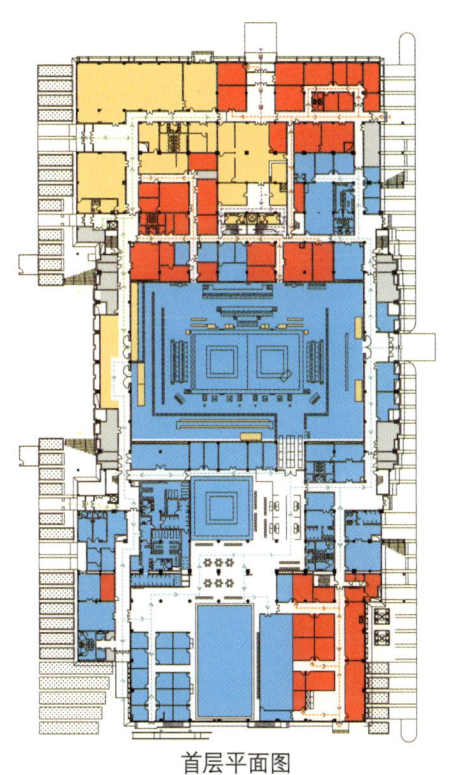

首层平面图

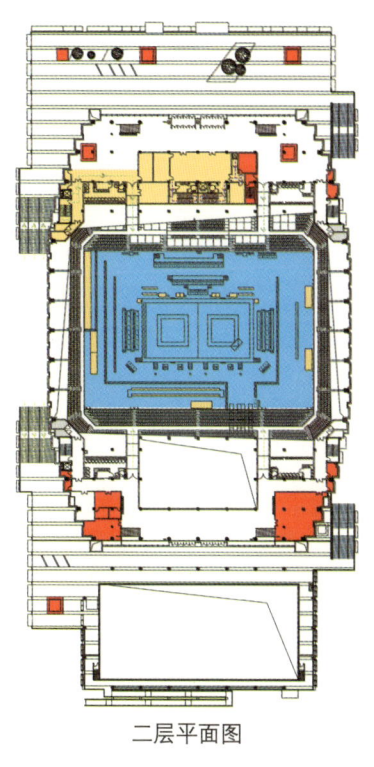

二层平面图

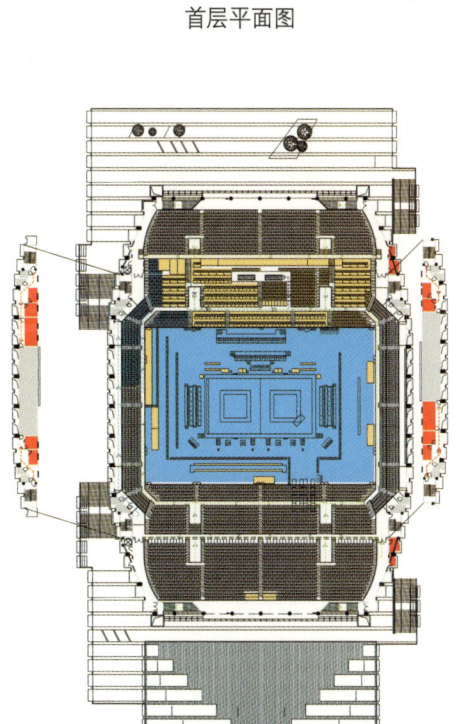

坐席层平面图

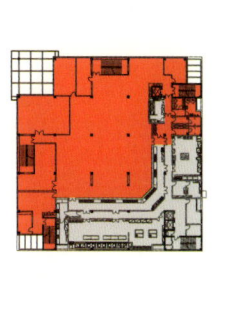
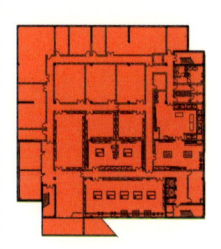
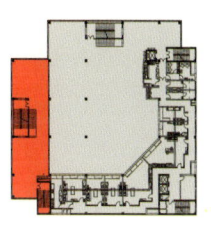
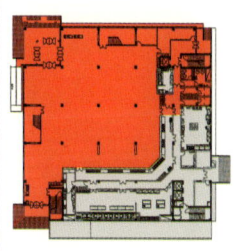

临时综合区平面图

02-13

北京大学体育馆

北京大学体育馆

场馆概况

地点：北京大学

场地类型：新建比赛场馆

奥运会期间的用途：乒乓球

残奥会期间的用途：乒乓球

建筑面积：26900m²

固定座位数：6000个

临时座位数：2000个

建设开工时间：2005年9月17日

赛后功能：举办乒乓球、手球、篮球、羽毛球、
        排球等比赛，也可供专业运动

兵乓球比赛

北京大学体育馆——乒乓球馆

2008 年北京奥运会乒乓球比赛将按照赛时有效的《国际乒联章程》和《奥林匹克宪章》的有关规定执行。并执行《国际乒联国际比赛规则》和《体育建筑设计规范》。

比赛场地的设计

一、比赛场地

1. 乒乓球比赛场地由球台、赛区和工作区组成。

（1）球台

球台的台面为与水平面平行的长方形，长 2.74m，宽 1.525m，离地面高 76cm。比赛台面呈均匀的暗色，无光泽。比赛台面边缘各有一条 2cm 宽的白色边线。比赛台面由一个与端线平行的垂直的球网划分为两个相等的台区，各台区的整个面积应是一个整体。球台短边方向应与主席台平行。

（2）赛区

围绕每张球台周围划定的比赛区域，每个赛区尺寸为 16m×8m。赛区由 75cm 高的同一深色的挡板围起，以与相邻的赛区及观众隔开。场地可满足布置 8 个赛区的要求，各赛区边线的间距应≥3m，端线的间距≥1.5m。

（3）工作区

工作区范围为赛区之外，四周宽度≥3m。为摄影摄像记者、教练员及竞委会工作席等提供足够的工作和活动区域。

2. 场地要求

比赛场地四周为暗色，无明亮光源。比赛场地光源距地面的距离不得低于 5m。比赛场地的地板表面采用深色系列，无反光。场地地板必须是木质或已经被国际乒联授权核准的品牌与类型的材料。比赛场内的风速不超过 0.2m/s，且无论使用何种空气调节设备，均不

得引起通风气流。

二、热身场地

热身场可容纳 16 张球台，每张球台占有 14m×7m 的场地范围。热身场地临近比赛场地的地方，运动员可直接进入场地。热身场地的设施标准同比赛场地。

比赛规则

奥运会乒乓球比赛采取 11 分制，即先得 11 分的一方为胜方，10 平后先多得 2 分的一方为胜方；单打的淘汰赛采用七局四胜制；团体赛中一、二、四、五场为单打，第三场为双打，采用五局三胜制，且一个队由三名运动员组成，每名运动员出场两次。竞赛方法采用分组预选和单淘汰加铜牌附加赛或排名淘汰赛加铜牌附加赛的方式。

规则要点：

1. 发球：发球时，发球者须用手将球几乎垂直地向上抛起，不得使球旋转，并使球在离开不执拍手的手掌之后上升不少于 16 厘米；从发球开始到球被击出，球要始终在台面以上和发球者的端线以外，而且不能被发球者或其双打同伴的身体或衣服的任何部分挡住。每两球交换发球，至双方比分为 10 平或采用轮换发球法时改为每人只轮发 1 分球。

2. 击球：对方发球或还击后，本方运动员必须击球，使球直接越过或绕过球网装置、或触及球网装置后，再触及对方台区。

3. 每场比赛中双方各有一次不超过 1 分钟的暂停；每局比赛中，每得 6 分球后或决胜局交换方位时，有短暂的时间擦汗；决胜局中，一方先得 5 分时，双方应交换方位。

北京大学体育馆				
运行责任部门	运行设计房间名称	英文名称	数量	面积(m²)
功能分区1——观众活动区				
观众服务	检票口	Ticket Rip	1	
	观众信息亭 (含失物招领处)	Spectator Info Booth	1	25
	观众婴儿车、 轮椅寄存区	Spectator Storage	1	43
环境	观众卫生间	Spectator Toilets	11	85x2+30x2
餐饮服务	观众餐饮售卖点	Spectator Points of Sale	5	15
市场开发	特许商品零售点	Concession	1	30
医疗服务	观众医疗站	Spectator Medical Station	1	49
	接待和候诊区	Reception & Waiting Area	1	医疗站内
	医疗区	Medical Treatment Area	1	医疗站内
	医生办公室	Doctor Office	1	医疗站内
票务	票务服务台	Ticket Management	2	17
功能分区2——比赛场地区				
运行责任部门	运行设计房间名称	英文名称	数量	面积(m²)
竞赛组织	比赛场地	Field of Play	1	FOP
	运动员检录等候区	Athlete Call Area	1	71+17
	混合区(运动员通道)	Mixed Zone	1	场地区
	技术代表席	Technical Delegates Seating	1	场地区
	主裁席	Judge Seating	1	场地区
技术	裁判工作台	Results Data Entry Position	1	场地区
兴奋剂检查	运动员兴奋剂 检查标记区	Athletes Tagging	1	场地区
医疗服务	比赛场地周边急救区	Adjacent First Aid Area in FOP	1	场地区
颁奖仪式	颁奖台及旗杆	Awards Podium & Flag Poles	1	场地区
功能分区3——体育竞赛区				
运行责任部门	运行设计房间名称	英文名称	数量	面积(m²)
竞赛组织	运动员接待处	Reception & Info Desk	1	
	热身场地	Warm-up Area	1	1752
	运动员休息室(男)	Athlete Lounge (male)	2	27
	运动员休息室(女)	Athlete Lounge (female)	3	18
	运动员更衣室(男)	Athlete Change Room(male)	1	105
	运动员更衣室(女)	Athlete Change Room(female)	1	97
	运动员卫生间	Athletes Toilet	2	13+11
	管理	Management Room	1	16
	登记	Registration Room	1	14
	球拍粘贴室	Racket Gluing Room	1	32
	器械储藏间	Sport Equipment Storage Area	1	215
	裁判更衣室	Judge Locker room	2	12+13
	裁判卫生间	Judge Toilet	2	13+11
	球拍检测	Racket Check Room	1	15
	裁判员休息室	Judge Lounge	1	23
	裁判长办公室	Judge Office	1	22
	执行主任办公室	Excutive Director Office	1	22
	行政办公室	Executive Representative	1	14
	竞赛办公会议室	Competition Management Meeting Room	1	43
	竞赛管理储藏	Storeroom for Competition Management	1	8
	比赛区域管理办公室	FOP Management Room	1	42
	比赛信息中心	Competition Information Center	1	26
	中国乒协	CTTA Room	1	21
	技术代表室	Technical Representative	1	15
	国际乒联主席办公室	ITTF Chairman Room	1	24
	国际乒联会议室	ITTF Meeting Room	1	37
	国际乒联秘书处	ITTF Secretarial	1	44

运行责任部门	运行设计房间名称	英文名称	数量	面积(m²)
竞赛组织	竞委会贵宾休息室	Games Officials Lounge	1	40
	竞赛办公室	Competition Work Area	1	58
	竞赛管理办公室	Competition Management	1	43
	总记录室	Chief Recording Room	1	64
	赛事管理入口	Competition Operation Entry	1	空间区域
	体育器材储存区	Sport Equipment Storage Area	2	10
兴奋剂检查	兴奋剂官员办公室	Office for Doping Control Manager	1	18
	兴奋剂候检室	Waiting Area	1	45
	尿检工作室	Processing Room	1	26
	检查工作室 (含卫生间、储藏室)	Examination Office	1	26
医疗服务	运动员医疗站	Athlete Medical Station	1	
	接待和观察(含卫生间)	Exam Room	1	29
	理疗间	Examination Room	1	16
	治疗室	Intensive Care Unit	1	14
	抢救室	Emergency Room	1	15
竞赛组织	运动员座席	Athletes & Team Official Seating		
功能分区4——仪式及文化活动区				
运行责任部门	运行设计房间名称	英文名称	数量	面积(m²)
颁奖仪式	国旗储存室 (含颁奖台储藏)	Flag storage	1	18
	颁奖仪式等候区	Ceremony Waiting Area	1	场地区
	体育展示办公室	Sport Presentation Office	1	21
	仪式经理办公室 及奖牌存放间	Ceremony Management & Medal Storage	1	30
	礼仪表演人员 准备室(男)	Presenter & Mascot Dressing (Male)	1	
	礼仪表演人员 准备室(女)	Presenter & Mascot Dressing (Female)	1	
功能分区5——电视转播区				
运行责任部门	运行设计房间名称	英文名称	数量	面积(m²)
电视转播	电视转播综合区	Broadcasting Compoud	1	4108
	转播管理办公区	Broadcast Management Office	1	
	技术操作中心	Technical operation	1	51
	技术存储空间	Technical Storage	1	
	后勤存储空间	Logistic Storage	1	50
	移动平台	Mobile Unit	1	564
	移动平台支持	Mobile Unit Support	1	478
	电视转播餐饮区	Broacast Catering	1	
	餐厅	Dining Area	1	69
	冷藏室	Cold Room	1	69
	发电机/备用发电机	Power Generator/Back Power	1	166
	工作人员休息区	Shade Cover	1	
	特权转播公司	RHB	1	
	转播人员专用卫生间	Toilet	1	
	评论员控制室	Commentator Control Room	1	
	转播信息办公室(BIO)	Broadcasting Informatio Office	1	
	混合区(电视转播通道)	Mixed Zone	1	空间区域
功能分区6——新闻运行区				
运行责任部门	运行设计房间名称	英文名称	数量	面积(m²)
新闻运行	新闻运行经理办公室	Press Office	1	17
	场馆新闻中心	Venue Media Cetre	1	
	摄影经理办公室	Photo Manager Office	1	17
	奥林匹克新闻 服务工作室	Olympic News Service Work Room	1	31
	成绩公报协调员办公室	Results Distribution	1	28
	媒体接待处	Reception & IFO Desk & Storage	1	41
	文字记者工作区	Press Work Area	1	161+130
	摄影记者工作区	Photo Work Area	1	125
	信息查询终端 摆放区域	IFO Allocation Area	1	空间区域
	文字记者储物柜 摆放区域	Press Locker	1	空间区域
	摄影记者储物柜 摆放区域	Photographic Locker	1	空间区域

运行责任部门	运行设计房间名称	英文名称	数量	面积(m²)
新闻运行	成绩公报柜摆放区域	Result Cabinet Allocation Area	1	空间区域
	信息打印/复印区域	Info Print/Copy Area	1	空间区域
	媒体租用空间	Media Rental Space	1	32
	电视机/冰柜摆放区域	TV/Refrigeratory Allocation Area	1	空间区域
	新闻媒体专用卫生间（男）	Toilet (male)	2	13+10
	新闻媒体专用卫生间（女）	Toilet (female)	2	10+11
	新闻发布厅	Press Conferece Room	1	139
	新闻发布转播控制室	Broadcasting Control Room	1	空间区域
	座席区	Seating Area	1	空间区域
	主席台	Dais	1	空间区域
	摄像机平台	Camera Platform	1	空间区域
	混合区(新闻媒体通道)	Mixed Zone	1	空间区域

功能分区7——场馆礼宾区

运行责任部门	运行设计房间名称	英文名称	数量	面积(m²)
场馆礼宾	场馆礼宾经理办公室	VIP Protocol Manager Desk	1	23
	接待厅	Reception Lobby	1	27
	贵宾会客室(含卫生间)	MeetingRoom	1	67
	贵宾卫生间	Toilet	4	11+16+20+27
	陪同人员休息区	Staff & Volunteer Room and Storage	1	48
	奥林匹克大家庭	Olympic Family Lounge	1	265
	小型备餐间	Food Preparation Room	1	19
	储藏间	Storage	2	6+7
	衣帽间	Cloakroom	1	9
	茶具间、消毒间	Pantry	1	8

功能分区8——场馆运行区

运行责任部门	运行设计房间名称	英文名称	数量	面积(m²)
场馆管理	场馆主任办公室	Venue Manager Office	1	29
	场馆副主任办公室	Venue Deputy Manager Office	1	48
	场馆运行中心	Venue Operation Centre	1	88
	场馆通信中心	Venue Communication Centre	1	53
	多功能会议区	Multi-purpose Room	1	57
场馆人事	场馆人事经理办公室	Venue Staffing Management	1	24
	工作人员签到区	Staff Check-in Area	1	空间区域
	工作人员签到处	Staff Check-in Points	1	空间区域
	工作人员问询区	Staff Info. Desk	1	空间区域
	工作人员卫生间	Staff Toilet	2	16+18+11+13
场馆财务	场馆财务经理办公室	Venue Finance Manager Office	1	16
观众服务	观众服务管理办公区	Spectator Services Management Area	1	32
	工作部署区	Briefing Area	1	空间区域
票务	票务办公室	Ticketing Management Office	1	11
语言服务	语言服务经理办公区	LAN Manager Office	1	26
注册	场馆注册中心	Venue Accreditation Office	1	7
	每日卡发放区	Day Pass Issue Desk	1	空间区域
	等待区	Accreditation Waiting Area	1	空间区域
	注册经理办公点和储藏区	Accreditation Manager Desk	1	空间区域
场馆设施管理	物流、餐饮及清废经理办公区	Logistic、Catering and CLW Management	1	48
	场馆设施管理办公区	Site Management Work Area	1	26
	值班室	Response Team & Vendor Staging	1	29
技术	计算机设备及主配线间	Computer Equipment Room	1	46
	网络管理间	Data Network Center	1	28
	移动通信设备机房	Mobile Telecommuication Equipment Room	2	49
	扩声控制室	Public Address Control Room	1	14
	有线电视机房	CATV Control Room	1	28
	显示屏控制室	Video Board Control Room	2	16+17

运行责任部门	运行设计房间名称	英文名称	数量	面积(m²)
技术	灯光控制室	Lighting Control Room	1	46
	卫生间（女）	FemaleToilet	1	16
	卫生间（男）	Male Toilet	1	18
	计时计分及现场处理机房	Technology Help Desk	1	24
	技术支持服务中心	Technology Help Desk	1	24
	成绩复印分发室	Results Printing & Distribution	1	22
	固定通信技术人员工作室	Fix Telecommunication Operation	1	27
	移动通信技术人员工作室	Mobile Telecommunication Operation	1	27
	流动扩声系统设备存放间	Audio Equipment Room	1	14
	扩声设备内场播音		1	27
	IT设备存放间	IT Equiptmet Storage	2	22+23
	储藏室	Storage	2	47
物流	物流经理办公室	Logistic Management	1	
	物流综合区	Logistic Compound	1	2000
	物流管理办公区	Logistic Management Area	1	综合区内
	工人休息区	Workers Lounge	1	综合区内
	特殊物资存储区	Special Materials Storage	1	综合区内
	技术设备包装物仓储区	Warehouse Storage	1	综合区内
	维修物资仓库和工作间	Maintenance Warehouse &Workshop	1	综合区内
	指路标识及临时设施仓库	Vendor Secure Storage	1	综合区内
	办公用品存储区	Office Supplies Storage	1	综合区内
	服装存储间	Uniform Storage	1	综合区内
	形象景观存储室	IMI Work &Storage Area	1	综合区内
	物资回收及分发室	Equipment Sign-out	1	综合区内
	物流卸货区	Loading & Vehicle Staging	1	综合区内
	物资转运区	Materials Transfer Area	1	综合区内
	油箱存储间	Fuel Tanks	1	综合区内
	维修车辆停放区	Material Vehicle Staging	1	综合区内
	卫生间	Toilet	1	综合区内
餐饮	餐饮综合区	Catering Compound	1	740
	餐饮经理办公室(餐饮管理办公区)	Catering Manager Office	1	25
	餐饮供应商办公室	Catering Contractor Office	1	综合区内
	饮料供应商办公室	Beverage Contractor Office	1	综合区内
	干货冷藏区	Dry, Cold & Ice Storage	1	综合区内
	卸货区	Vehicle Staging	1	综合区内
	厨房和备餐区	Kitchen & Preparation Area	1	综合区内
	露天储存区	Uncovered Storage	1	综合区内
环境	清废综合区	CLW Compound	1	1000
	环境经理办公室	CLW Manager Office	1	综合区内
	清洁物品储藏间	Cleaning Item Storage	1	综合区内
	清废管理与清废工人休息区	Management and Break Area	1	综合区内
	清洁设备储存区	Cleaning Equipment Supply & Storage	1	综合区内
	废弃物暂存区	Waste Sorting Area	1	综合区内
	垃圾压缩机停放区	Waste Contractor	1	综合区内
	车辆周转卸货区	CLW Vehicle Staging	1	综合区内

功能分区9——安保及交通运行区				
运行责任部门	运行设计房间名称	英文名称	数量	面积(m²)
安保	治安处理点	Public Security Handling Office	2	25+28
	违禁物品存放处	Contraband Storage	1	8
	安保服务中心	Security Services Centre	1	
	安保、武警现场指挥监控室	Security Command Centre	1	104
	接待	Reception	1	20
	询问	Interrogation Room	1	19
	留滞	Detention Room	1	17
	现场安保指挥通信设备间	On-site Security Commuication Equipment	1	38
	反恐防暴屯兵处	Anti-terrorism Personnel Duty Room	1	27
	武警部队备勤室	Policeman Duty Room	1	32
	突发事件处置人员备勤室	Emergency Handler Duty Room	2	38
	安保后备用房	Security Reserve Room	1	25
	卫生间	Toilet	2	7+10
	现场警卫机动力量备勤室	On-site Guard Reserve Force Office	1	79
	要人随身警卫人员备勤室	Guard Duty Room for VIPs	1	35
	消防指挥室	Fire Fighting Command Office	1	30
	现场消防通信指挥室	On-site Fire Fighting Communication	1	21
	临时消防站	Temporary Fire Station	1	10
	消防备勤室	Fire Fighting Reserve Office	1	10
	治安处理点	Public Security Handing Office	1	18
	安保观察室	Security Observation Positions	2	38+27
	安保执勤岗亭	Security Observation Positions	2	5+7
交通	现场交通民警备勤室	Command Office Monitoring & Transport	1	49
	车辆调度室	Vehicle Dispatch Room	1	30
	交通控制指挥室	Command Office Monitoring & Transport	1	48

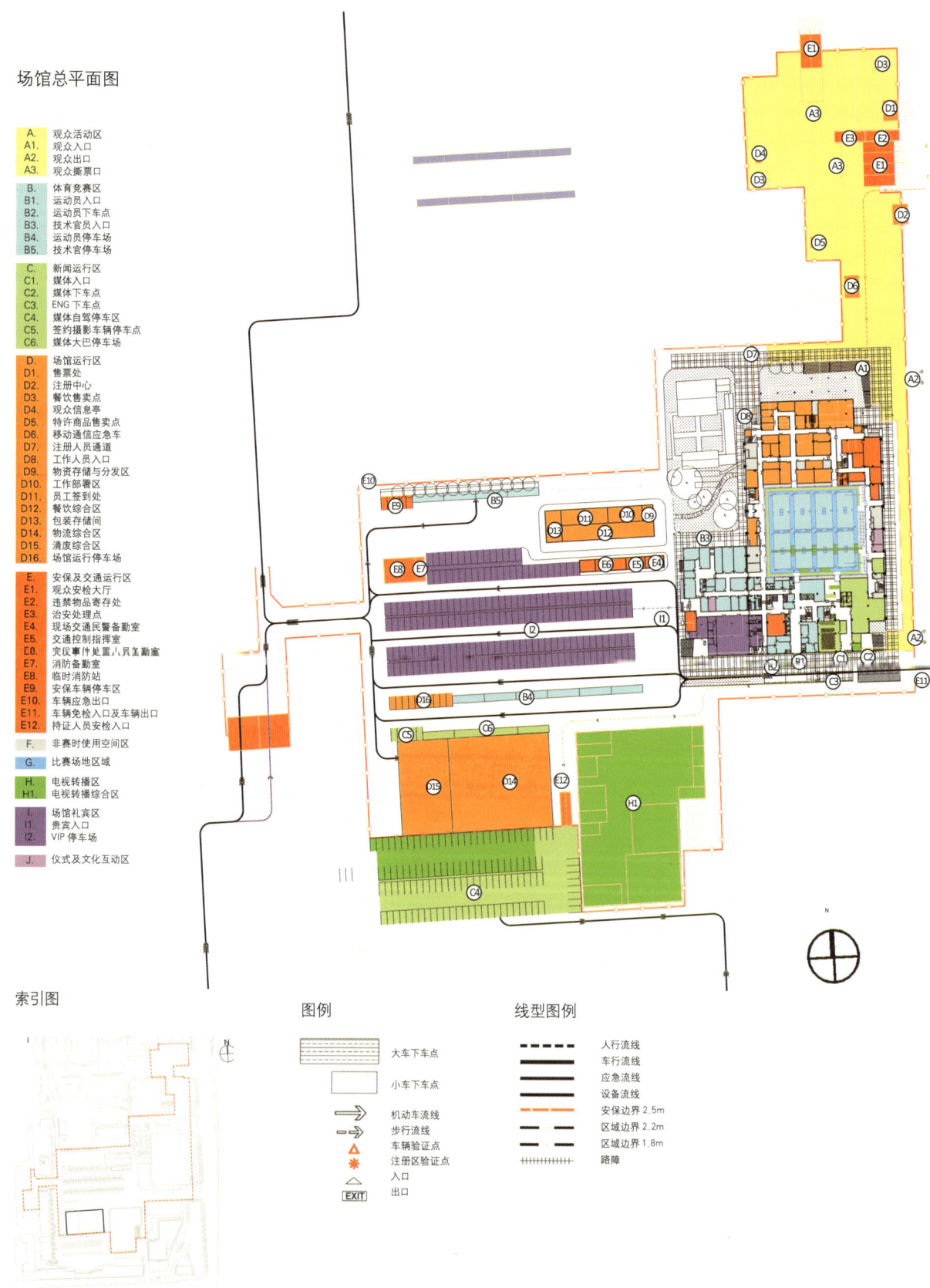

场馆总平面图

A. 观众活动区
A1. 观众入口
A2. 观众出口
A3. 观众撕票口

B. 体育竞赛区
B1. 运动员入口
B2. 运动员下车点
B3. 技术官员入口
B4. 运动员停车场
B5. 技术官停车场

C. 新闻运行区
C1. 媒体入口
C2. 媒体下车点
C3. ENG下车点
C4. 媒体自驾停车区
C5. 签约摄影车辆停车点
C6. 媒体大巴停车场

D. 场馆运行区
D1. 售票处
D2. 注册中心
D3. 餐饮售卖点
D4. 观众信息亭
D5. 特许商品售卖点
D6. 移动通信应急车
D7. 注册人员通道
D8. 工作人员入口
D9. 物资存储与分发区
D10. 工作部署区
D11. 员工签到处
D12. 餐饮综合区
D13. 包装存储间
D14. 物流综合区
D15. 清废综合区
D16. 场馆运行停车场

E. 安保及交通运行区
E1. 观众安检大厅
E2. 违禁物品寄存处
E3. 治安处理点
E4. 现场交通民警备勤室
E5. 交通控制指挥室
E6. 突发事件处置人员备勤室
E7. 消防备勤室
E8. 临时消防站
E9. 安保车辆停车区
E10. 车辆应急出口
E11. 车辆免检入口及车辆出口
E12. 持证人员安检入口

F. 非赛时使用空间区

G. 比赛场地区域

H. 电视转播区
H1. 电视转播综合区

I. 场馆礼宾区
I1. 贵宾入口
I2. VIP停车场

J. 仪式及文化互动区

索引图

图例

大车下车点
小车下车点
机动车流线
步行流线
车辆验证点
注册区验证点
入口
EXIT 出口

线型图例

人行流线
车行流线
应急流线
设备流线
安保边界2.5m
区域边界2.2m
区域边界1.8m
路障

一层平面图

A. 观众活动区
A1. 残疾人入口

B. 体育竞赛区
B1. 运动员入口
B2. 运动员接待厅
B3. 兴奋剂官员办公室
B4. 尿检工作室
B5. 检查工作室
B6. 候检室
B7. 储藏室
B8. 卫生间
B9. 运动员休息厅
B10. 检录
B11. 等候
B12. 女裁判
B13. 男裁判
B14. 器材处
B15. 挑球
B16. 登记
B17. 理疗间
B18. 接待、观察
B19. 抢救
B20. 治疗室
B21. 裁判员休息室
B22. 裁判长办公室
B23. 竞赛办公会议室
B24. 中国乒协
B25. 球拍检测
B26. 比赛区域管理办公室
B27. 比赛信息中心
B28. 竞赛管理储藏
B29. 行政办公室
B30. 总计录室
B31. 竞赛办公室
B32. 竞委会贵宾休息室
B33. 官员接待处和通道
B34. 赛事管理入口
B35. 国际乒联秘书处
B36. 国际乒联会议室
B37. 国际乒联主席办公室
B38. 技术代表室
B39. 执行主任办公室
B40. 仲裁办公室
B41. 救护车停车位

C. 体育竞赛区
C1. 媒体入口
C2. 媒体接待厅
C3. 媒体经理办公室
C4. 文字记者工作区
C5. 摄影记者工作区
C6. 混合区
C7. 卫生间
C8. 新闻发布厅
C9. 摄影经理办公室
C10. 单项联新闻官员办公室

D. 场馆运行区
D1. 场馆运营入口
D2. 场馆人事经理办公室
D3. 场馆财务经理办公室
D4. 扩声设备存储间
D5. 集群通信设备分发间
D6. 语音馆副主任办公室
D7. 场馆主任办公室
D8. 言服务经理办公区
D9. 观众服务管理办公区
D10. 卫生间

D11. 多功能会议区
D12. 场馆通信中心
D13. 场馆运行中心
D14. 票务办公室
D15. 固定通信技术
D16. 固定通信设备机房
D17. 网络管理间
D18. 计算机设备及主配线间
D19. 移动通信设备机房
D20. 移动通信技术人员工作室
D21. IT设备存放间
D22. 成绩复印分发室
D23. 计时计分系统设备存放间
D24. 储存间
D25. 成绩复印分发室
D26. 计时计分及现场处理机房
D27. 场馆技术运行中心
D28. 技术支持服务中心
D29. 器材库
D30. 有线电视机房

E. 安保及交通运行区
E1. 安保入口
E2. 安保, 武警现场指挥监控室
E3. 接待
E4. 询问
E5. 滞留
E6. 武警部队备勤室
E7. 现场安保指挥通信设备间
E8. 反恐人员备勤室
E9. 消防指挥室
E10. 卫生间
E11. 要人警卫工作现场指挥部
E12. 安保后备
E13. 车辆调度室
E14. 紧急疏散口

F. 非赛时使用空间区

G. 比赛场地区域

H. 电视转播区
H1. 转播接线机房

I. 场馆礼宾区
I1. 贵宾入口
I2. 接待厅
I3. 陪同人员休息室
I4. 衣帽间
I5. 茶具间, 消毒室
I6. 储藏
I7. 备餐
I8. 奥林匹克大家庭
I9. 礼宾经理办公室
I10. 理疗间
I11. 卫生间

J. 仪式及文化活动区
J1. 仪式经理办公室 及奖牌存放间
J2. 国旗储藏室
J3. 体育展示办公室

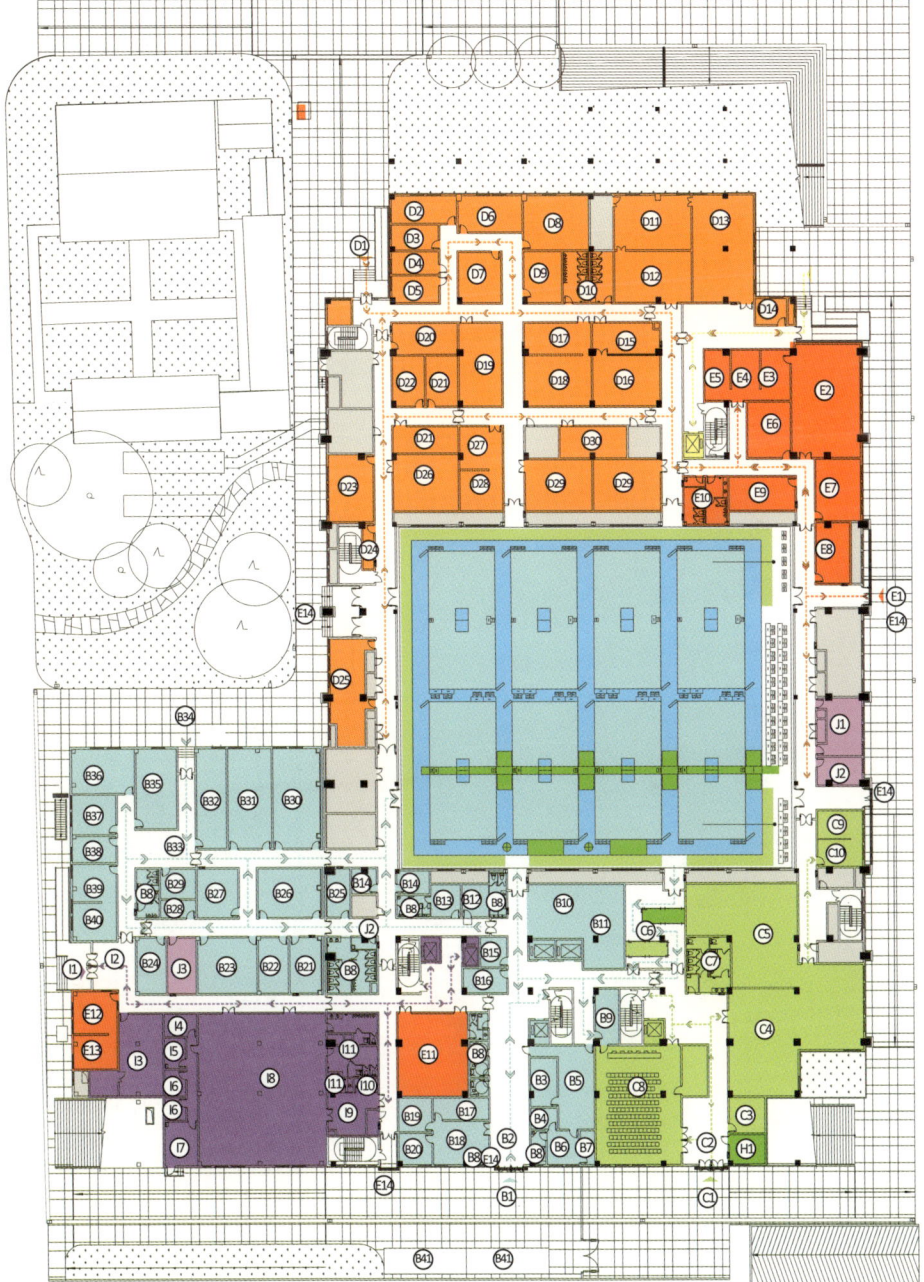

地下二层平面图

B.	体育竞赛区
B1.	热身场
B2.	器材储藏室
B3.	球拍粘贴室
B4.	管理
B5.	卫生间
B6.	男休息室
B7.	女休息室
B8.	男运动员更衣室
B9.	女运动员更衣室
B10.	淋浴间

D.	场馆运行区
D1.	器械库

F.	非赛时使用空间区

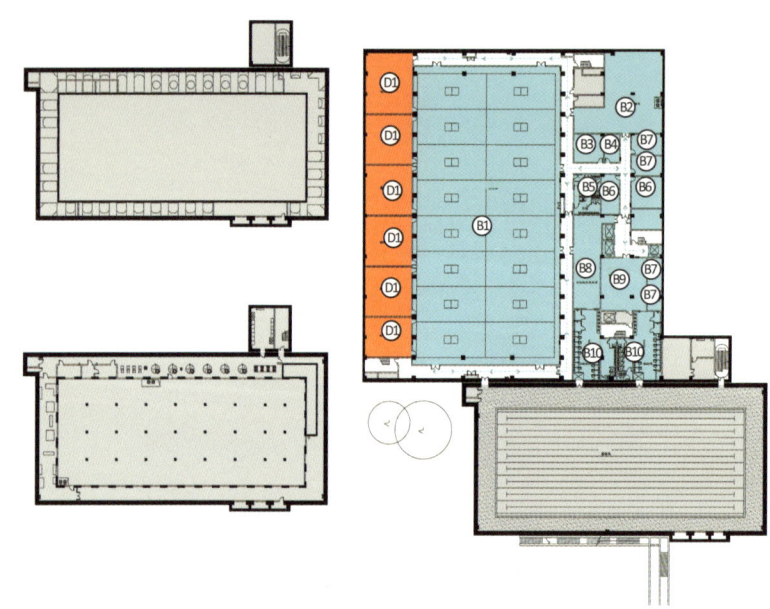

地下一层平面图

C.	新闻运行区
C1.	文字记者工作区
C2.	成绩公报协调员办公室
C3.	奥林匹克新闻工作办公室
C4.	文字记者区
C5.	媒体休息区
C6.	媒体租用空间

D.	场馆运行区
D1.	特许商品场馆零售管理办公区
D2.	员工用餐及休息区
D3.	备用房
D4.	卫生间
D5.	物流、餐饮及清废经理办公区
D6.	场馆设施管理办公区
D7.	值班室

F.	非赛时使用空间

图例

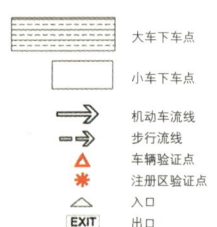

	大车下车点
	小车下车点
⇒	机动车流线
⇨	步行流线
△	车辆验证点
✳	注册区验证点
△	入口
EXIT	出口

线型图例

▬ ▬ ▬	人行流线
▬▬▬▬	车行流线
▬▬▬▬	应急流线
▬▬▬▬	设备流线
▬ ▬ ▬	安保边界 2.5m
▬ ▬ ▬	区域边界 2.2m
▬ ▬ ▬	区域边界 1.8m
++++++++	路障

二层平面图

A.　观众活动区
A1.　观众休息厅
A2.　饮料商
A3.　餐饮商
A4.　公用电话
A5.　饮水台
A6.　观众医疗站
A7.　备用用房
A8.　卫生间

D.　场馆运行区
D1.　观众婴儿车、轮椅寄存区
D2.　餐饮售卖点
D3.　票务服务台
D4.　特许商品售卖点
D5.　治安处理点

E.　安保及交通运行区
E1.　要人随身警卫人员备勤

F.　非赛时使用空间区

G.　比赛场地区域

H.　电视转播区
H1.　转播信息办公室
H2.　评论员办公室
H3.　卫生间

I.　场馆礼宾区
I1.　贵宾会客室
I2.　卫生间

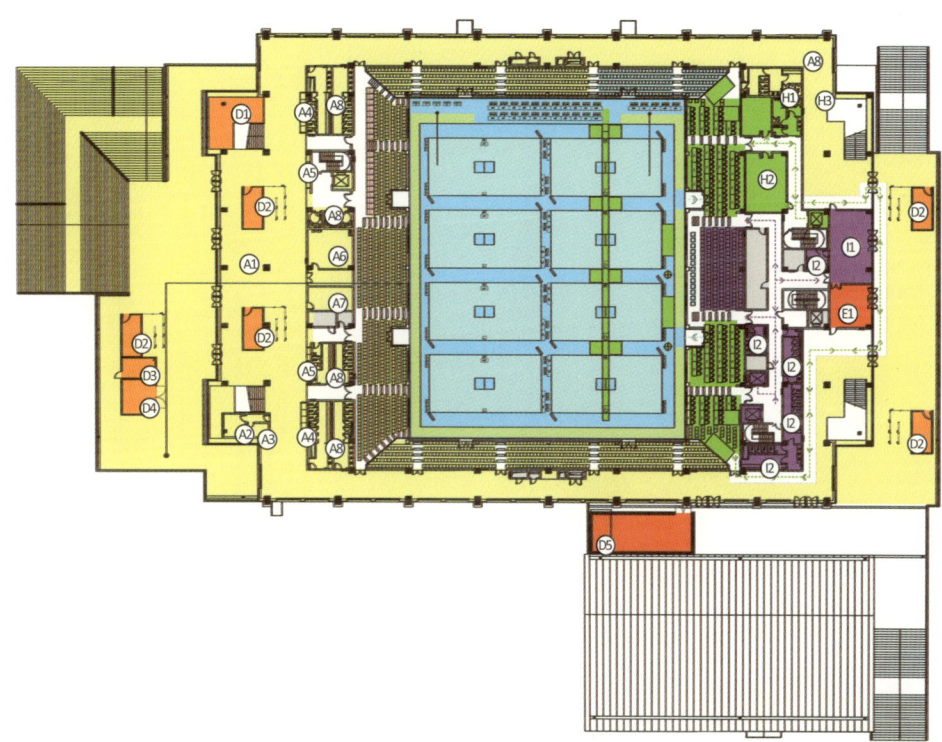

三层平面图

A.　观众活动区
A1.　观众休息厅
A2.　饮水台
A3.　卫生间
A4.　公用电话

H.　电视转播区
H1.　摄像机位 (A) 7200*1800
H2.　摄像机位 (B) 10200*1800
H3.　摄像机位 (C) 7200*1800
H4.　摄像机位 (D) 5400*1800
H5.　摄像机位 (E) 3600*1800
H6.　摄像机位 (K) 3600*1800
H7.　摄像机位 (J) 3600*1800
H8.　摄像机位 (I) 3600*1800
H9.　摄像机位

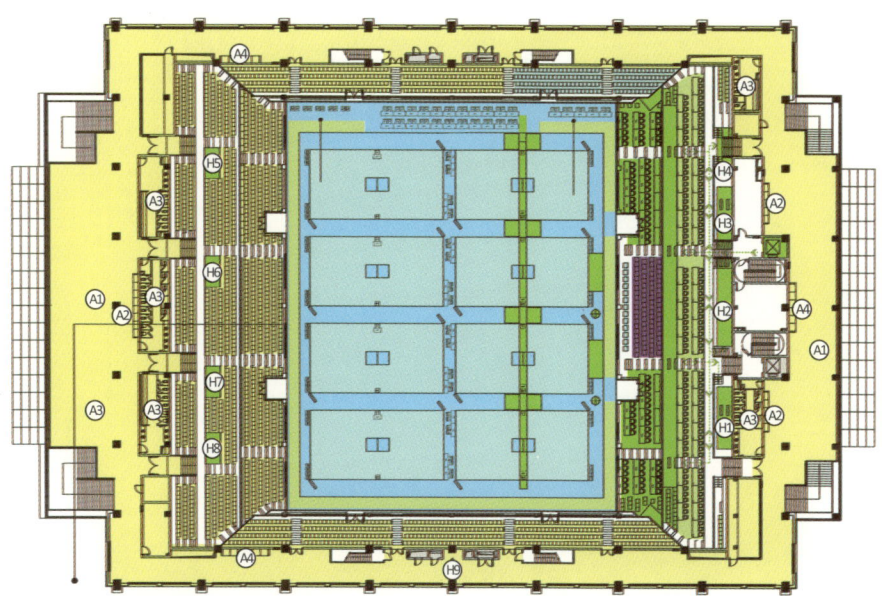

坐席层平面图

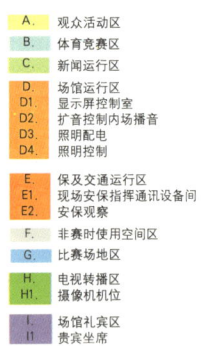

A. 观众活动区
B. 体育竞赛区
C. 新闻运行区
D. 场馆运行区
D1. 显示屏控制室
D2. 扩音控制内场播音
D3. 照明配电
D4. 照明控制
E. 保及交通运行区
E1. 现场安保指挥通讯设备间
E2. 安保观察
F. 非赛时使用空间区
G. 比赛场地区
H. 电视转播区
H1. 摄像机机位
I. 场馆礼宾区
I1. 贵宾坐席

注册人员坐席列表

	注册人员分类	坐席数
1	运动员及随队官员	391
2	奥林匹克大家庭贵宾	155
3	广播电视转播人员	
	评论员席	156
	观察员席	60
4	文字摄影媒体	
	带桌文字媒体	200
	不带桌文字媒体	100
	摄影记者	60

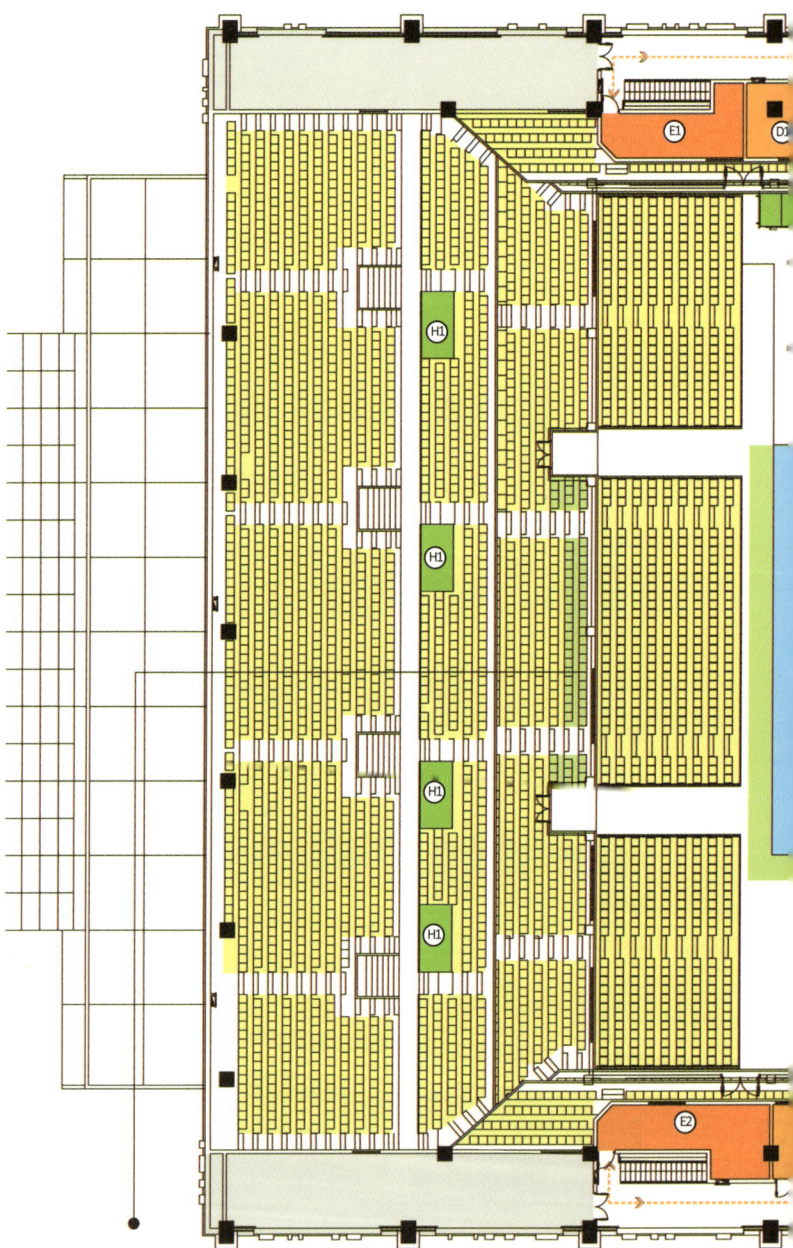

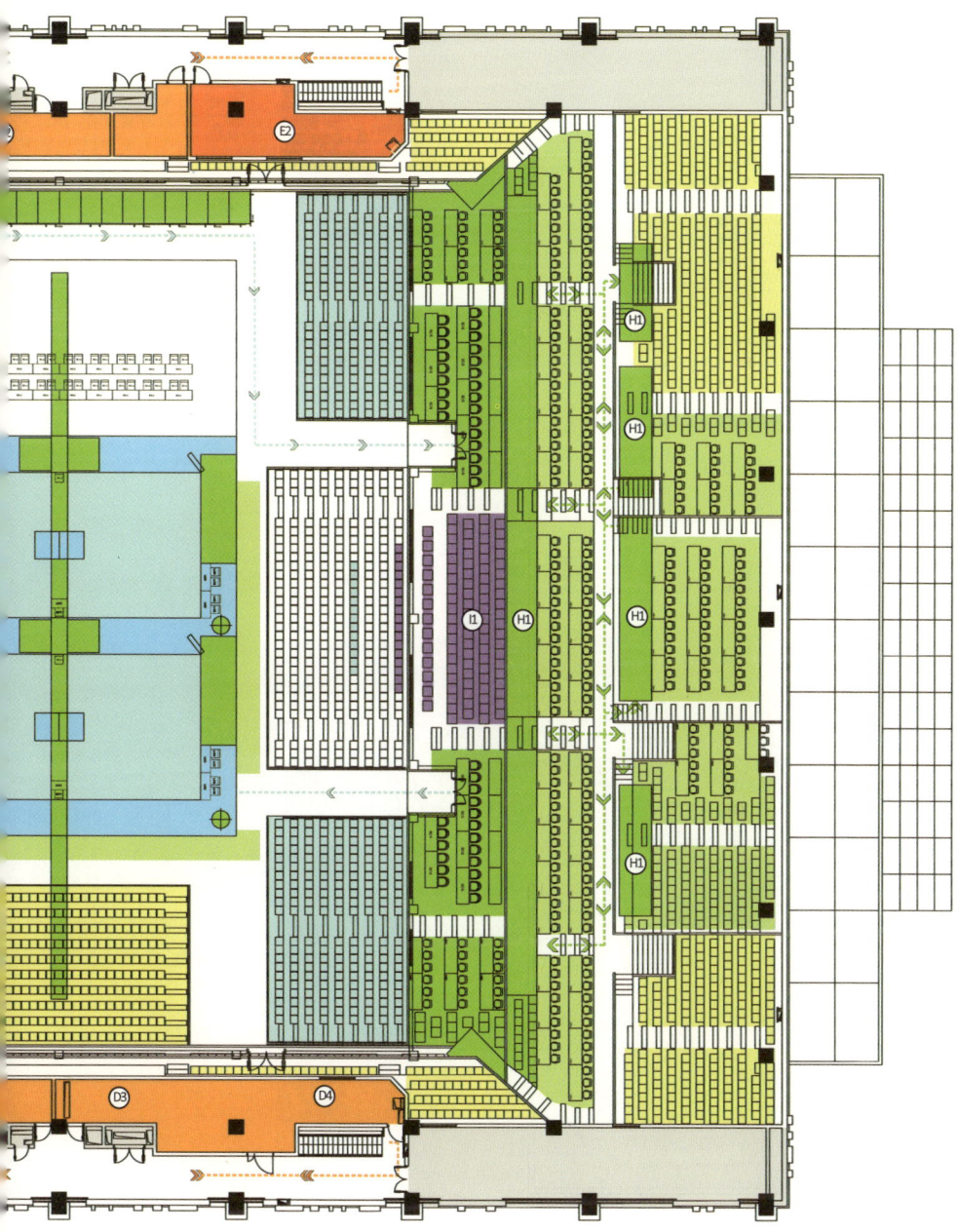

总平面图

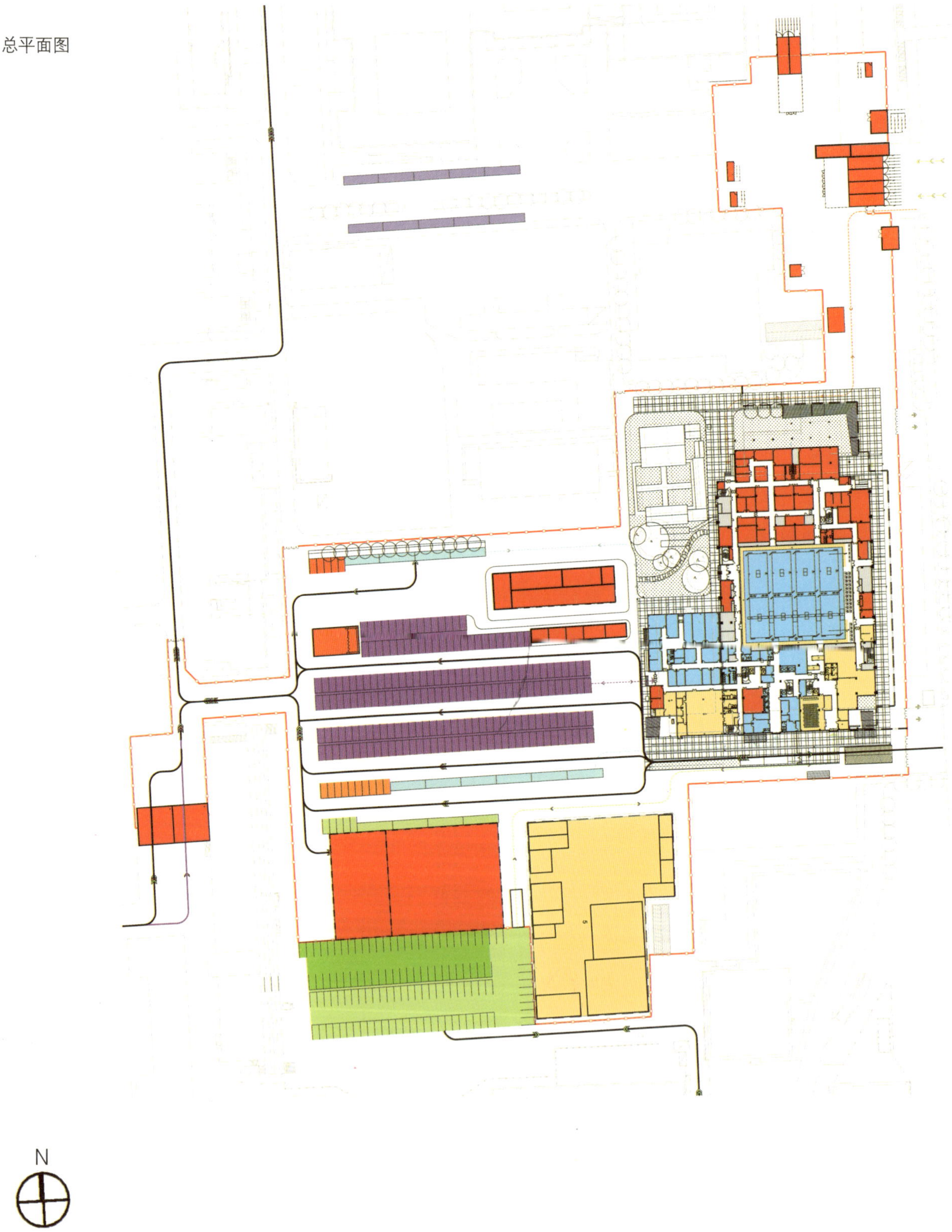

N

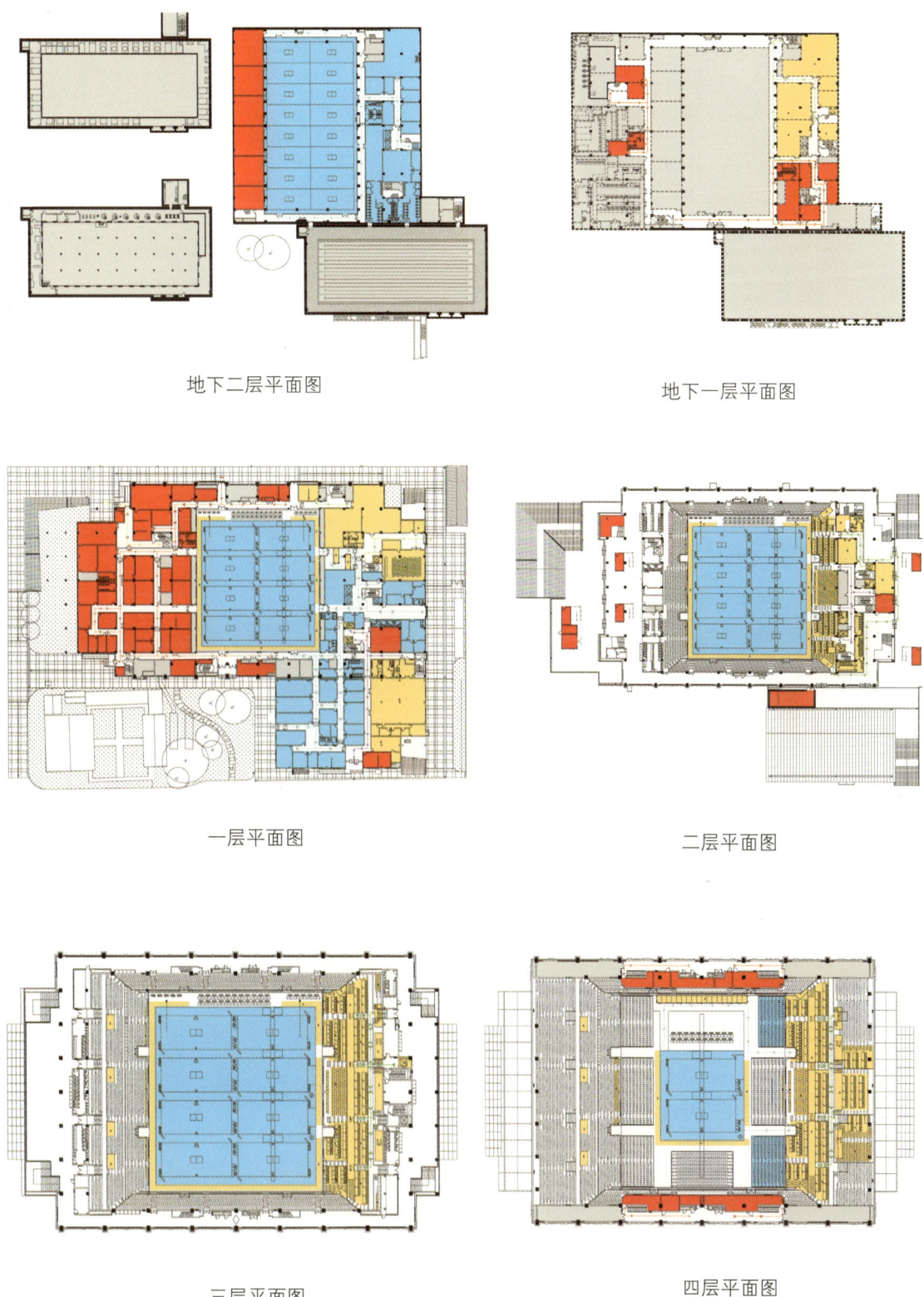

地下二层平面图

地下一层平面图

一层平面图

二层平面图

三层平面图

四层平面图

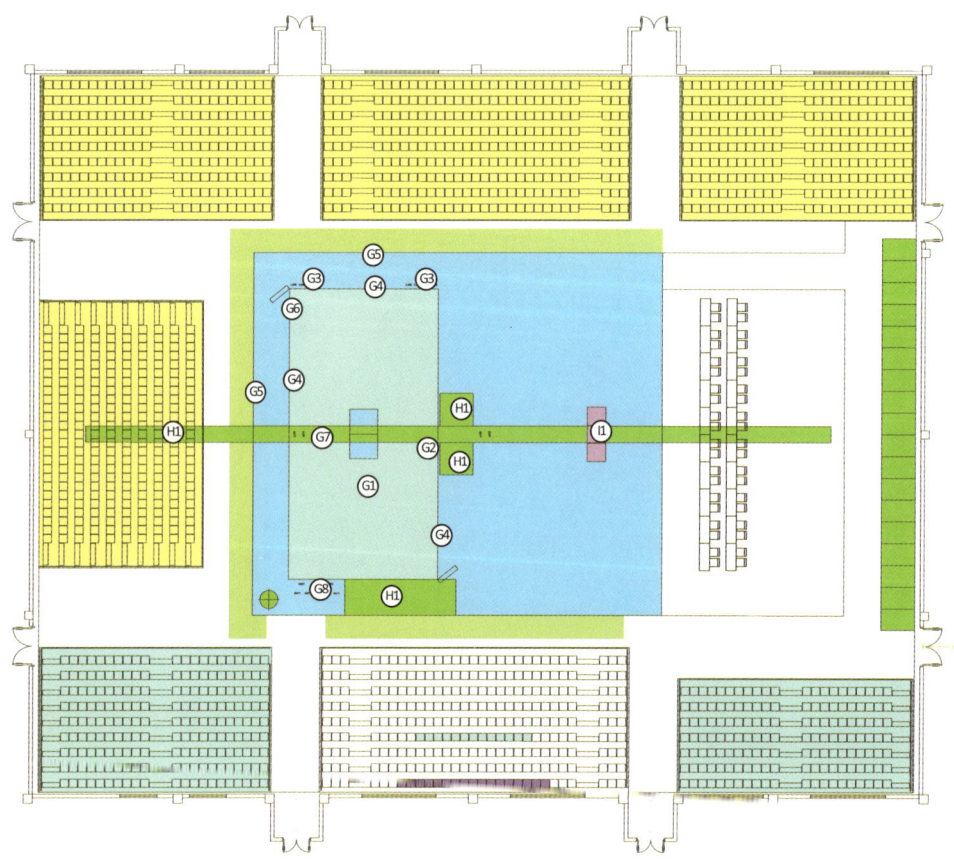

A.	观众活动区
B.	体育竞赛区
C.	新闻运行区
G.	比赛场地区
G1.	场地1
G2.	主裁席
G3.	教练员、运动员席
G4.	内挡板
G5.	外挡板
G6.	比分显示器
G7.	裁判工作台
G8.	技术席
H.	电视转播区
H1.	摄像机位
I.	仪式及文化活动区
I1.	颁奖台

02-14

北京理工大学体育馆

北京理工大学体育馆

场馆概况

地点：北京理工大学
场地类型：改扩建比赛场馆
奥运会期间的用途：排球
残奥会期间的用途：盲人门球
建筑面积：21882m²
固定座位数：5000个

排球比赛

北京理工大学体育馆——排球

2008 年北京奥运会排球比赛将按照赛时发生效力的《国际排联竞赛规则》(2005-2008 版本) 和《奥林匹克宪章》的规定执行。

比赛场地的设计

排球比赛场地最小尺寸为 40m×27m, 由比赛场区、无障碍区和工作区组成, 比赛场区长 18m, 宽 9m, 需在木地板地面上铺排球专用塑胶地面。无障碍区位于比赛场区以外, 端线外宽度不小于 8m, 边线外宽度不小于 5m。工作区位于无障碍区以外, 端线外宽度不小于 11m, 靠主席台一侧的边线外宽度不小于 8m, 靠记录台一侧的边线外宽度不小于 10m。需在适当位置设置记录台、技术统计席、替补席等。比赛场地净高不低于 12.5m。排球热身场地为 2 块与比赛场地设施等同的场地, 需在木地板地面上铺设排球专用塑胶地面, 每块场地的尺寸为长 34m, 宽 19m。2 块热身场地之间应有可升降隔断设施。热身场地与比赛场地之间设有不与观众、媒体等通道交叉的运动员专用通道。通道距离不宜过长。热身场地净高不低于 7m。

比赛规则

排球是一项集体比赛项目, 每队由 12 名队员组成, 两队各派 6 名队员在由球网分开的场地上进行比赛。

比赛的目的是各队遵照规则, 将球击过球网, 使其落在对方场区的地面上, 而防止球落在本方场区的地面上。每队可击球 3 次 (拦网触球除外), 将球击回对方场区。

比赛由发球开始, 发球队员击球使其从网上飞至对方场区, 比赛由此连续进行, 直至球落地、出界或某一队不能合法地将球击回对方场区。

排球比赛采用五局三胜制, 胜三局的队胜一场。比赛中, 某队胜 1 球, 即得 1 分 (每球得分制)。接发球队胜 1 球时得 1 分, 同时获得发球权, 队员按顺时针方向轮转一个位置。每局比赛 (决胜局第五局除外) 先得 25 分并同时领先对手 2 分的队胜一局。当比分为 24 : 24 时, 比赛继续进行至某队领先 2 分 (26 : 24、27 : 25) 为止。决胜局先得 15 分并同时领先对手 2 分的队获胜。当比分为 14 : 14 时, 比赛继续进行至某队领先 2 分 (16 : 14、17 : 15) 为止。

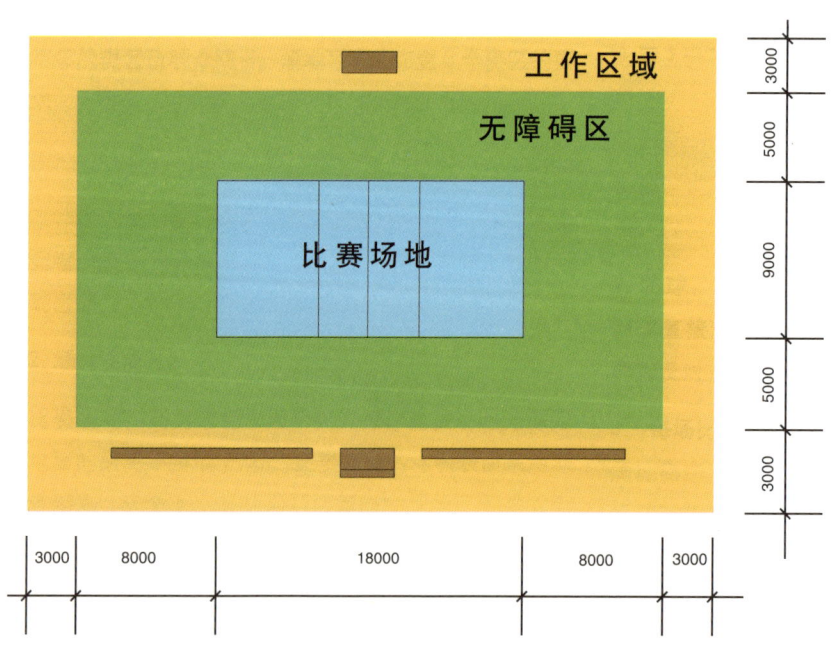

排球比赛平面布置示意图

运动员比赛流程:

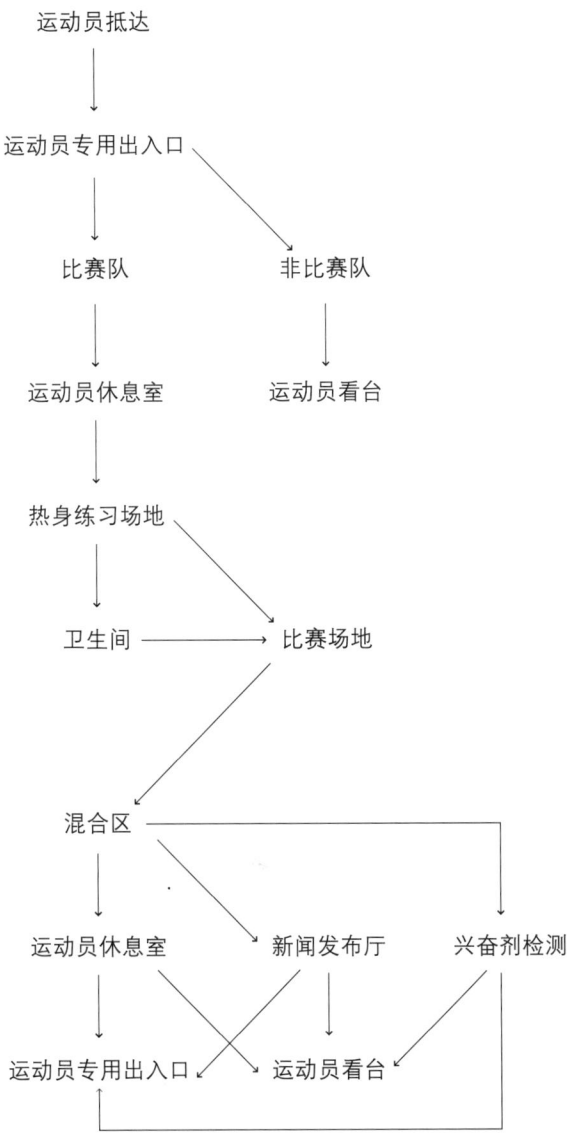

北京理工大学体育馆

功能分区1——观众活动区

运行责任部门	运行设计房间名称	英文名称	数量	面积(m²)
观众服务	检票口	Ticket Rip		
	观众信息亭	Spectator Info Booth	1	20
	观众婴儿车、轮椅寄存区	Stroller Storage	1	20
	失物招领处	Lost & Found	1	空间区域
	公共电话	Pay Phone	多处	空间区域
	制定吸烟区	Designated Somoking Area	1	空间区域
	观众饮水处	Spectator Drinking Fountain	多处	空间区域
环境	临时卫生间	Temporary Toilet	2	20
	观众卫生间	Spectator Toilets	2	38
场馆财务	自动取款机	ATM	1	空间区域
市场开发	特许商品零售点	Merchandising Point	1	30
医疗服务	观众医疗站	Spectator Medical Station	1	100
	接待和候诊区	Reception & Waiting Area	1	医疗站内
	医疗区	Medical Treatment Area	1	医疗站内
	医生办公室	Doctor Office	1	医疗站内
票务	票务服务台	Ticket Management	1	10
	售票处	Ticketing Sales Window	1	30

功能分区2——比赛场地区

运行责任部门	运行设计房间名称	英文名称	数量	面积(m²)
竞赛组织	比赛场地	Field of Play	1	FOP
	运动员检录区	Athlete Call Area	1	场地区
	混合区（运动员通道）	Mixed Zone	1	场地区
	仲裁席	Jury Seating	1	场地区
	技术代表席	Technical Delegates Seating	1	场地区
	裁判席	Judge Seating	1	场地区
技术	成绩统计台	Results Data Entry Position	1	场地区
	计时记分席	Timing & Scoring Position	1	场地区
兴奋剂检查	运动员兴奋剂粒查标记区	Athletes Tagging	1	场地区
医疗服务	比赛场地周边急救区	Adjacent First Aid Area in FOP	1	场地区
颁奖仪式	颁奖台及旗杆	Awards Podium & Flag Poles	1	场地区

功能分区3——体育竞赛区

运行责任部门	运行设计房间名称	英文名称	数量	面积(m²)
竞赛组织	运动员接待处	Reception & Information Desk	1	30
	热身场地	Warm-up Area	2	647/405
	运动员更衣室	Athlete Change Room	4	84/84/110/113
	竞赛主任办公室	Competition Manager Office	1	23
	竞赛副主任办公室	Competition Depufy Manager Office	1	23
	竞赛技术运行办公室	Competition Technical Operation Office	1	18
	竞赛公共会议室	Competition Meeting Room	1	36
	竞赛综合事务办公室	Competition Admistration Office	1	23
	竞赛文件制作室	Event Document Produce	1	23
	运动员服务办公室	Athletes Service Office	1	20
	场地管理办公室	Count Management Office	1	24
	国内裁判休息室及更衣室(男)	National Referees Lounge & Change Room	1	24
	国内裁判休息室及更衣室(女)	National Referees Lounge & Change Room	1	24
	裁判主管办公室	Referees Supervisor Office	1	24
	备用器材存储间	Sport Equipment Storage Area	1	20
	国际排联主席休息室	FIVB President's lounge	1	25
	国际排联主席办公室候见室	FIVB President's Office Waiting Room	1	28
	国际排联主席办公室	FIVB President's Office	1	34
	国际排联主席会议室	FIVB President's Conference Room	1	25

运行责任部门	运行设计房间名称	英文名称	数量	面积(m²)
竞赛组织	国际排联贵宾休息室	FIVB VIP's Lounge	1	40
	国际排联服务联络室	FIVB liaison	1	21.29
	国际排联技术代表室	FIVB Technical Delegates Office	1	21
	国际排联竞赛秘书处	FIVB Event Secretariat	1	20
	国际排联管理委员会休息室	Control Committee Lounge	1	26
	国际排联管理委员会会议室	Control Committee Conference Room	1	25
	国际排联新闻代表办公室	FIVB Press Delegate Office	1	24
	国际排联裁判代表办公室及国际排联裁判委员会会议室	FIVB Refereeing Delegate Office & FIVB Refereeing Sub-Committee Conference Room	1	31
	国际裁判休息室	Interntional Referees' Lounge	1	31.04
	ORIS (VIS)工作人员办公室	VIS Working Room (Organizer/FIVB)	1	39
	国际裁判更衣室(男)	Interntional Referees change Room（Male）	1	21
	国际裁判更衣室(女)	Interntional Referees change Room（Female）	1	20
	国际排联技术委员会会议室	CC Technical Sub-Committee Conference Room	1	39
	国际排联主席办公区	FIVB President Working Area	1	25
	体育器材储存区	Sport Equipment Storage Area	1	80
	球童和擦地板员更衣室	Ball Rertievers & Moppers	2	26
技术	现场成绩处理机房	On-venue Results Room	1	71
	计时计分系统设备存放间	Timing & Scoring Equipment Storage	2	18/13
兴奋剂检查	兴奋剂官员办公室	Office for Doping Control Manager	1	17
	兴奋剂候检室	Waiting Area	1	17
	尿检工作室(含卫生间)	Processing Room	1	20
医疗服务	运动员医疗站	Athlete Medical Station	1	86
	运动员候检室	Reception & Waiting Room	1	21.5
	检查和物理治疗室	Examination Room	1	21.5
	治疗室	Intensive Care Unit	1	21.5
	医生办公室和储藏室	Doctor & Nurse Office	1	21.5

功能分区4——仪式及文化活动区

运行责任部门	运行设计房间名称	英文名称	数量	面积(m²)
颁奖仪式	体育展示办公室	Sport Presentation Office	1	23
	礼仪表演人员准备室	Presenter & Mascot Dressing	1	40

功能分区5——电视转播区

运行责任部门	运行设计房间名称	英文名称	数量	面积(m²)
电视转播	电视转播综合区	Broadcasting Compoud	1	3514
	转播管理办公区	Broadcasting Management Office	1	综合区内
	信号制作办公室	Production Office	1	综合区内
	转播技术运行中心	Broadcasting Technical Operation Centre	1	综合区内
	转播技术运行办公室	Broadcasting Technical Operation Centre/Graphics	1	综合区内
	技术操作间	Technical Cabin(Maintenance/ Speciality Operation)	1	综合区内
	技术存储空间	Technical Storage	1	综合区内
	电视转播餐饮区	Broadcasting Catering	1	综合区内
	转播餐饮备餐区	Broadcasting Catering Kitchen Area	1	综合区内
	餐厅	Dining Area	1	综合区内
	工作人员休息区	Staff Break Area	1	综合区内
	发电机/备份电源存放区	Power Generator/ Back Power Gernerator		

功能分区6——场馆运行区				
运行责任部门	运行设计房间名称	英文名称	数量	面积(m²)
物流	物流管理办公区	Logistic Management Area	1	综合区内
	工人休息区	Workers Lounge	1	综合区内
	特殊物资存储区	Special Materials Storage	1	综合区内
	技术设备包装物仓储区	Warehouse Storage	1	综合区内
	维修物资仓库和工作间	Maintenance Warehouse&Workshop	1	综合区内
	指路标识及临时设施仓库	Vendor Secure Storage	1	综合区内
	办公用品存储间	Office Supplies Storage	1	综合区内
	服装存储间	Uniform Storage	1	综合区内
	形象景观仓储室	IMI Work &Storage Area	1	综合区内
	物资回收及分发室	Equipment Sign-out	1	综合区内
	物流卸货区	Loading & Vehicle Staging	1	综合区内
	物资转运区	Materials Transfer Area	1	综合区内
	油箱存储间	Fuel Tanks	1	综合区内
	维修车辆停放区	Material Vehicle Staging	1	综合区内
	卫生间	Toilet	1	综合区内
餐饮服务	餐饮经理办公室(餐饮管理办公室)	Catering Manager Office	1	24.32
	餐饮综合区	Catering Compound	1	350
	餐饮供应商办公室	Catering Contractor Office	1	综合区内
	饮料供应商办公室	Beverage Contractor Office	1	综合区内
	干货冷藏区	Dry, Cold & Ice Storage	1	100
	卸货区	Vehicle Staging	1	综合区内
	厨房和备餐区	Kitchen & Preparation Area	1	100
	露天储存区	Uncovered Storage	1	350
	餐饮人员专用卫生间	Catering Staff Toilet	1	综合区内
环境	环境经理办公室	CLW Manager Office	1	23.5
	清洁物品储藏间	Cleaning Item Storage	3	14/15/3.8
	清废综合区	CLW Compound	1	400
	清废管理与清废工人休息区	Management and Break Area	1	综合区内
	清洁设备储存区	Cleaning Equipment Supply & Storage	1	综合区内
	废弃物暂存区	Waste Sorting Area	1	综合区内

功能分区7——安保及交通运行区				
运行责任部门	运行设计房间名称	英文名称	数量	面积(m²)
安保	安保服务中心	Security Services Centre	1	30
	违禁物品存放处	Contraband Storage	1	区域空间
	治安处理点	Public Security Handling Office	1	30
	安保指挥中心	Security Command Centre	1	95
	安保指挥办公室	Security Command Office	1	综合区内
	安保工作区	Security Work Area	1	综合区内
	现场安保指挥通信设备间	On-site Security Commuication Equipment Room	1	27
	现场安保指挥区会议室	Security Meeting Room	1	40
	武警部队指挥室	Policeman Command Room	4	55/47/40/23
	武警部队备勤室	Policeman Duty Room	3	46.41/36.85/35.93
	安保后备用房	Security Reserve Room	1	23
	要害设施保驾用房	Security Meeting Room	1	46
	现场警卫机动力量备勤室	On-site Guard Reserve Force Office	1	17
	要人随身警卫人员备勤室	Guard Duty Room for VIPs	1	23
	要人警卫工作现场指挥部	On-site Guard Office	1	75
	消防指挥室	Fire Fighting Command Office	1	31.73
	现场消防通信指挥室	On-site Fire Fighting Communication Command Office	1	46
	消防备勤室	Fire Fighting Reserve Office	1	59.21
	安保观察平台	Security Observation Positions	2	12.0/13
	安保执勤岗亭	Security Observation Positions	多处	沿安保线布
交通	交通监控指挥室	Transport Monitoring & Command Office	1	32
	车辆调度室	Vehicle Dispatch Room	1	31
	司机休息室	Driver Break Room	1	17
	交通路障设施存放区域	Storage Yard	1	17

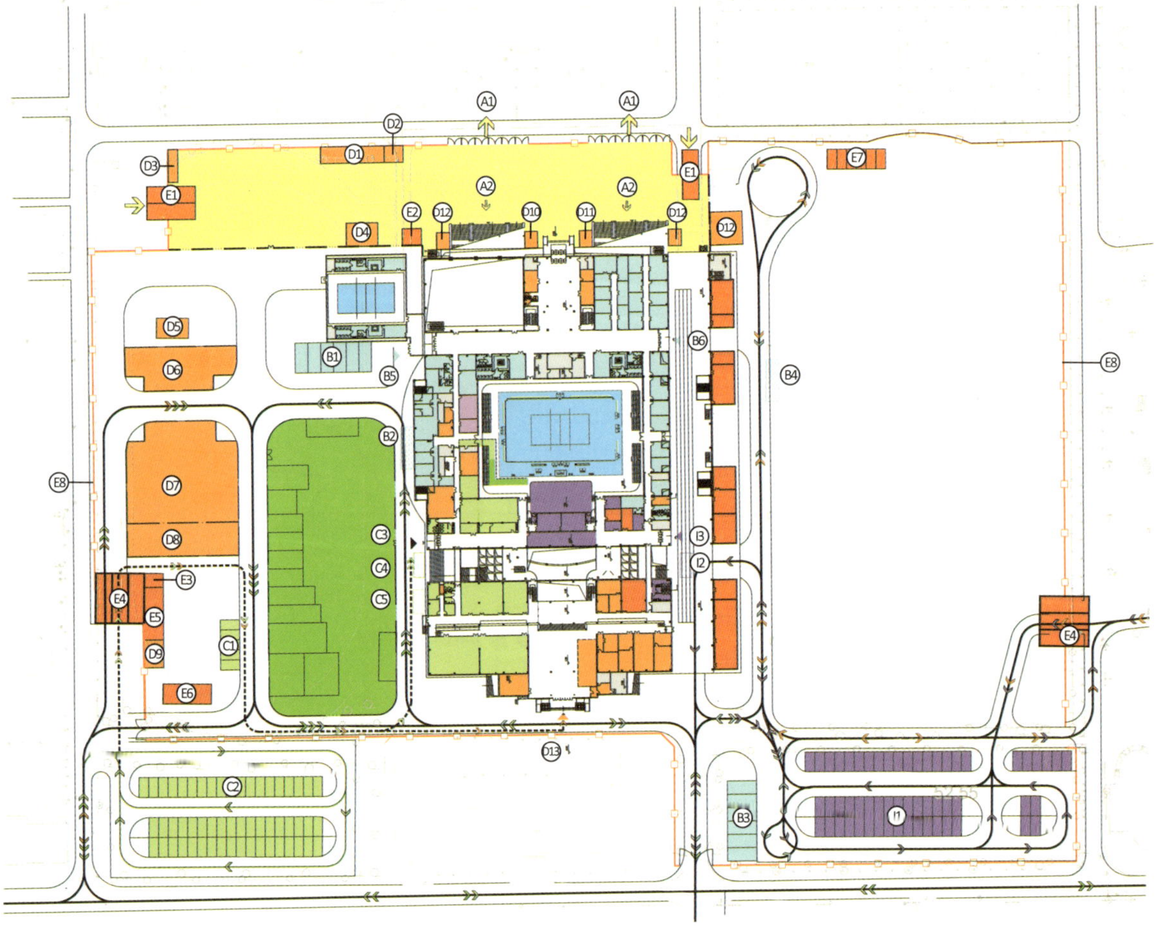

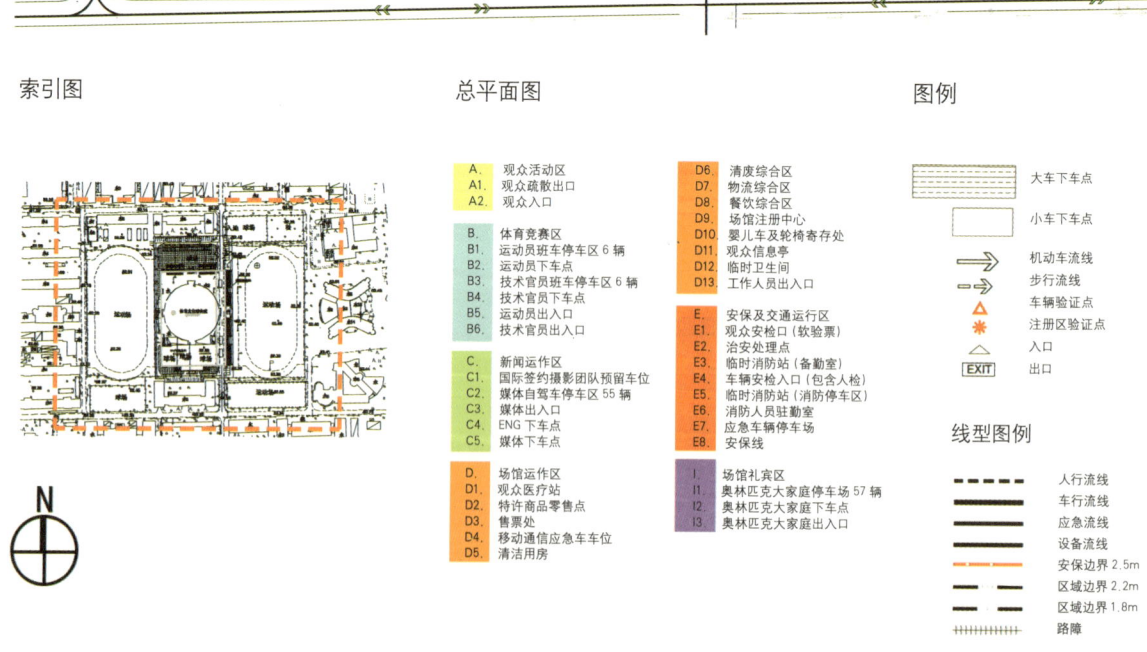

索引图　　　　　　　　　总平面图　　　　　　　　　图例

A.	观众活动区	D6.	清废综合区		大车下车点
A1.	观众疏散出口	D7.	物流综合区		
A2.	观众入口	D8.	餐饮综合区		小车下车点
		D9.	场馆注册中心		
B.	体育竞赛区	D10.	婴儿车及轮椅寄存处		机动车流线
B1.	运动员班车停车区6辆	D11.	观众信息亭		
B2.	运动员下车点	D12.	临时卫生间		步行流线
B3.	技术官员班车停车区6辆	D13.	工作人员入口		
B4.	技术官员停车点				车辆验证点
B5.	运动员出入口	E.	安保及交通运行区		
B6.	技术官员出入口	E1.	观众安检口（软验票）		注册区验证点
		E2.	治安处理点		
C.	新闻运作区	E3.	临时消防站（备勤室）		入口
C1.	国际签约摄影团队预留车位	E4.	车辆安检入口（包含人检）	EXIT	出口
C2.	媒体自驾车停车区55辆	E5.	临时消防站（消防停车区）		
C3.	媒体出入口	E6.	消防人员驻勤室		线型图例
C4.	ENG下车点	E7.	应急车辆停车场		
C5.	媒体下车点	E8.	安保线		人行流线
					车行流线
D.	场馆运作区	I.	场馆礼宾区		应急流线
D1.	观众医疗站	I1.	奥林匹克大家庭停车场57辆		设备流线
D2.	特许商品零售点	I2.	奥林匹克大家庭下车点		安保边界2.5m
D3.	售票处	I3.	奥林匹克大家庭出入口		区域边界2.2m
D4.	移动通信应急车车位				区域边界1.8m
D5.	清洁用房				路障

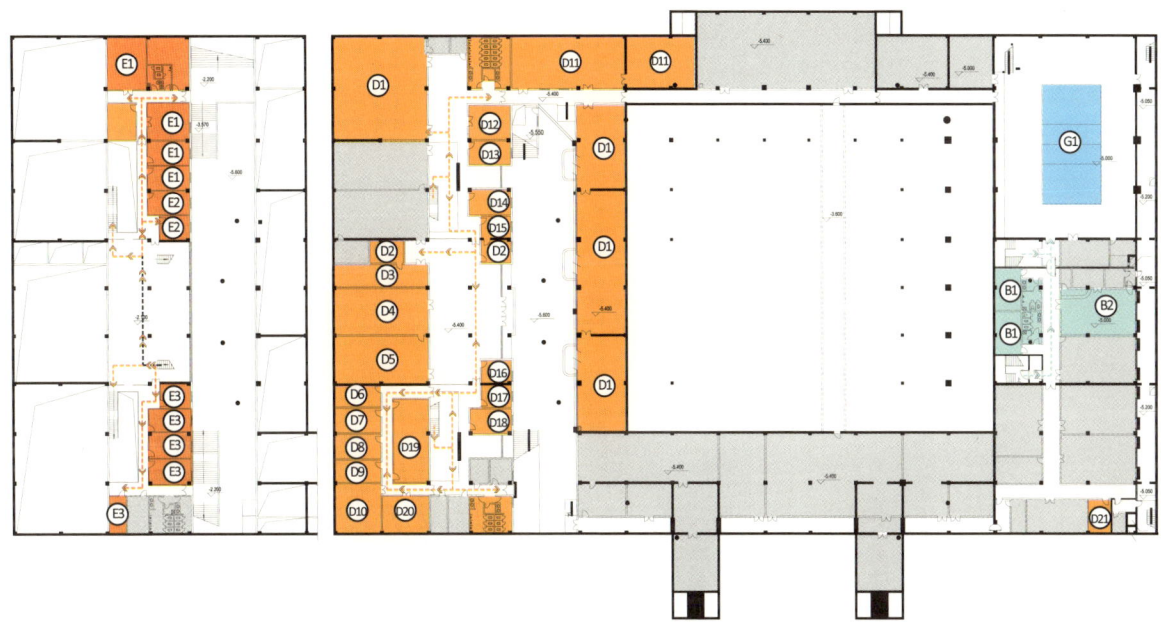

地下一、二层平面图

B.	**体育竞赛区**
B1.	球童和擦地员更衣室
B2.	体育器材存储室

D.	**场馆运作区**
D1.	工作人员用餐及休息区
D2.	物资储存和分发区
D3.	观众服务办公区
D4.	工作部署区
D5.	多功能会议区
D6.	票务办公室
D7.	场馆人事经理办公室
D8.	场馆财务经理办公室（含收费卡办公室）
D9.	场馆主任办公室
D10.	场馆通信中心
D11.	厨房和备餐区
D12.	场馆设施管理办公区
D13.	工作人员签到处
D14.	餐饮经理办公室（餐饮管理办公区）
D15.	物流经理办公室
D16.	语言经理办公区
D17.	市场开发经理办公室
D18.	环境经理办公室
D19.	场馆运行中心
D20.	场馆副主任办公室
D21.	垃圾暂存间

E.	**安保及交通运行区**
E1.	武警部队指挥室
E2.	反恐人员备勤室
E3.	武警机动处突人员备勤室

F.	**非赛时使用空间区**

G.	**比赛场地区**
G1.	热身场地

一层平面图

二层平面图

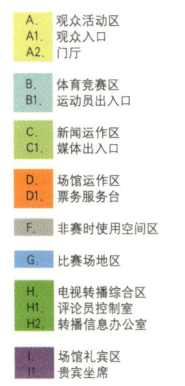

A. 观众活动区
A1. 观众入口
A2. 门厅

B. 体育竞赛区
B1. 运动员出入口

C. 新闻运作区
C1. 媒体出入口

D. 场馆运作区
D1. 票务服务台

F. 非赛时使用空间区

G. 比赛场地区

H. 电视转播综合区
H1. 评论员控制室
H2. 转播信息办公室

I. 场馆礼宾区
I1. 贵宾坐席

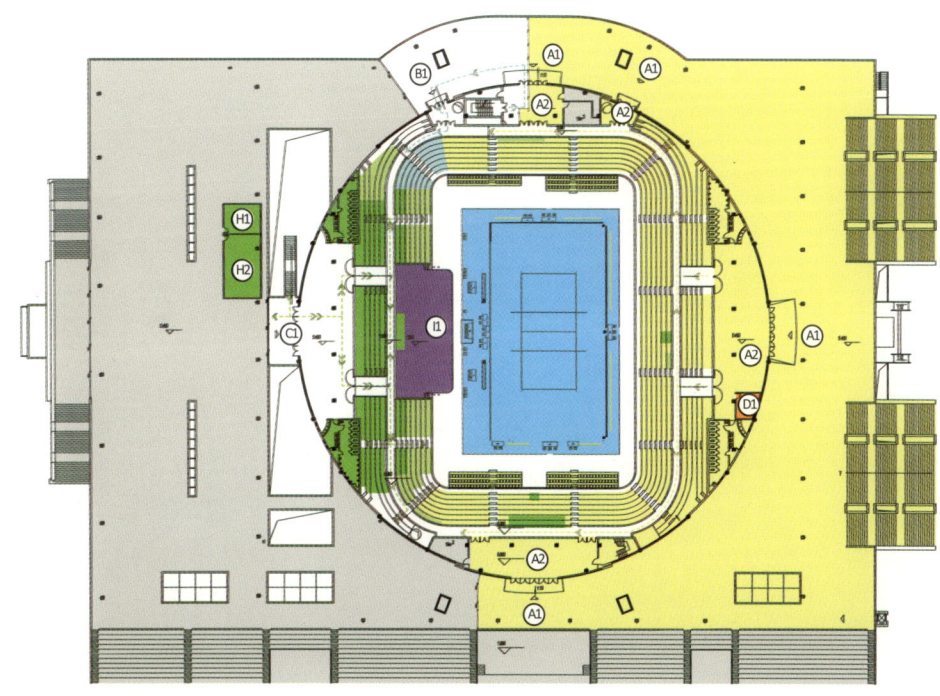

看台层平面图

- **A.** 观众活动区
- **B.** 体育竞赛区
- **B1.** 运动员席
- **C.** 新闻运作区
- **C1.** 摄影记者席
- **C2.** 文字媒体席
- **D.** 场馆运作区
- **D1.** 显示屏控制室
- **D2.** 扩声控制室
- **D3.** 灯光控制室
- **E.** 安保及交通运行区
- **E1.** 现场保安观察室
- **E2.** 无线通信机房
- **E3.** 现场保安指挥通信设备间
- **E4.** 现场保安指挥室
- **E5.** 观察员看台
- **E6.** 现场消防通信指挥室
- **F.** 非赛时使用空间区
- **G.** 比赛场地区
- **H.** 电视转播综合区
- **H1.** 评论员席
- **H2.** 摄像机位
- **H3.** 播音员席
- **I.** 场馆礼宾区
- **I1.** 贵宾席

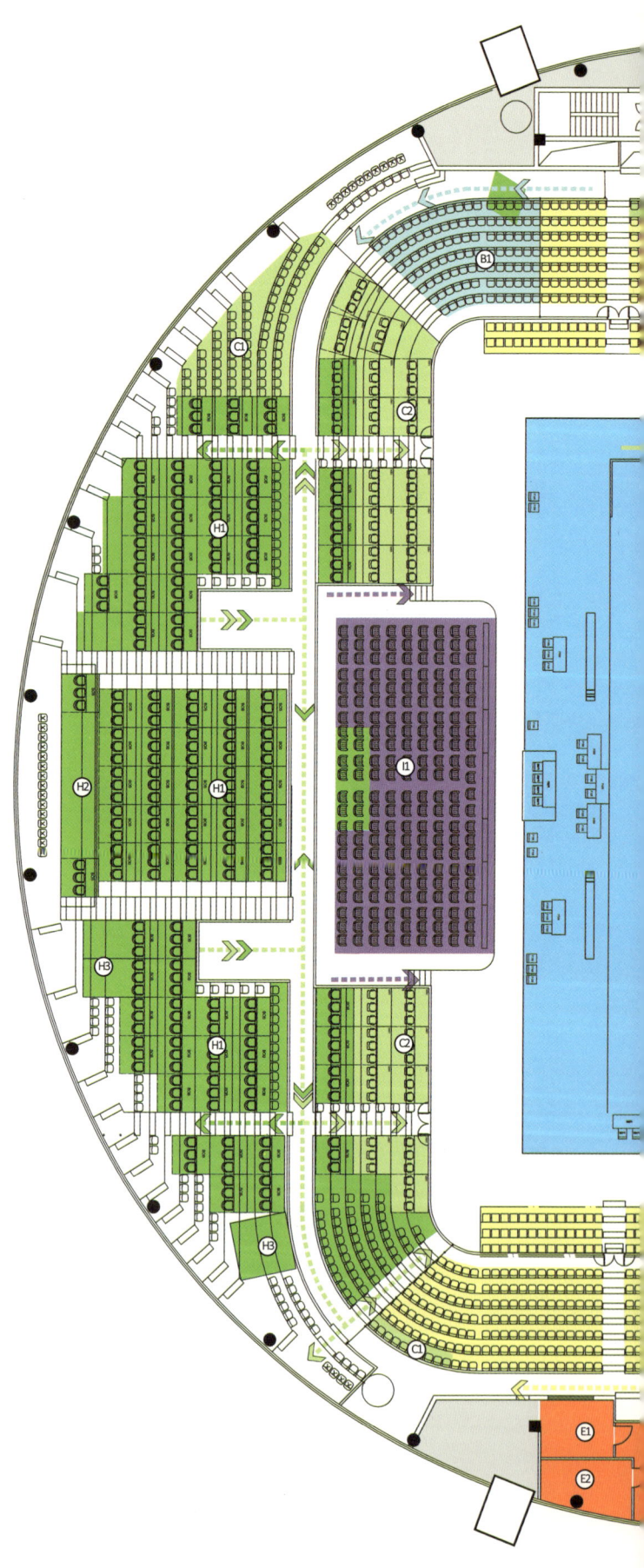

注册人员坐席列表

	注册人员分类	坐席数
1	运动员及随队官员	300/400
2	奥林匹克大家庭贵宾	520
	广播电视转播人员	
3	评论员席	79/237
	观察员席	75
	文字摄影媒体	
4	带桌文字媒体	100/300
	不带桌文字媒体	300
	摄影记者	50

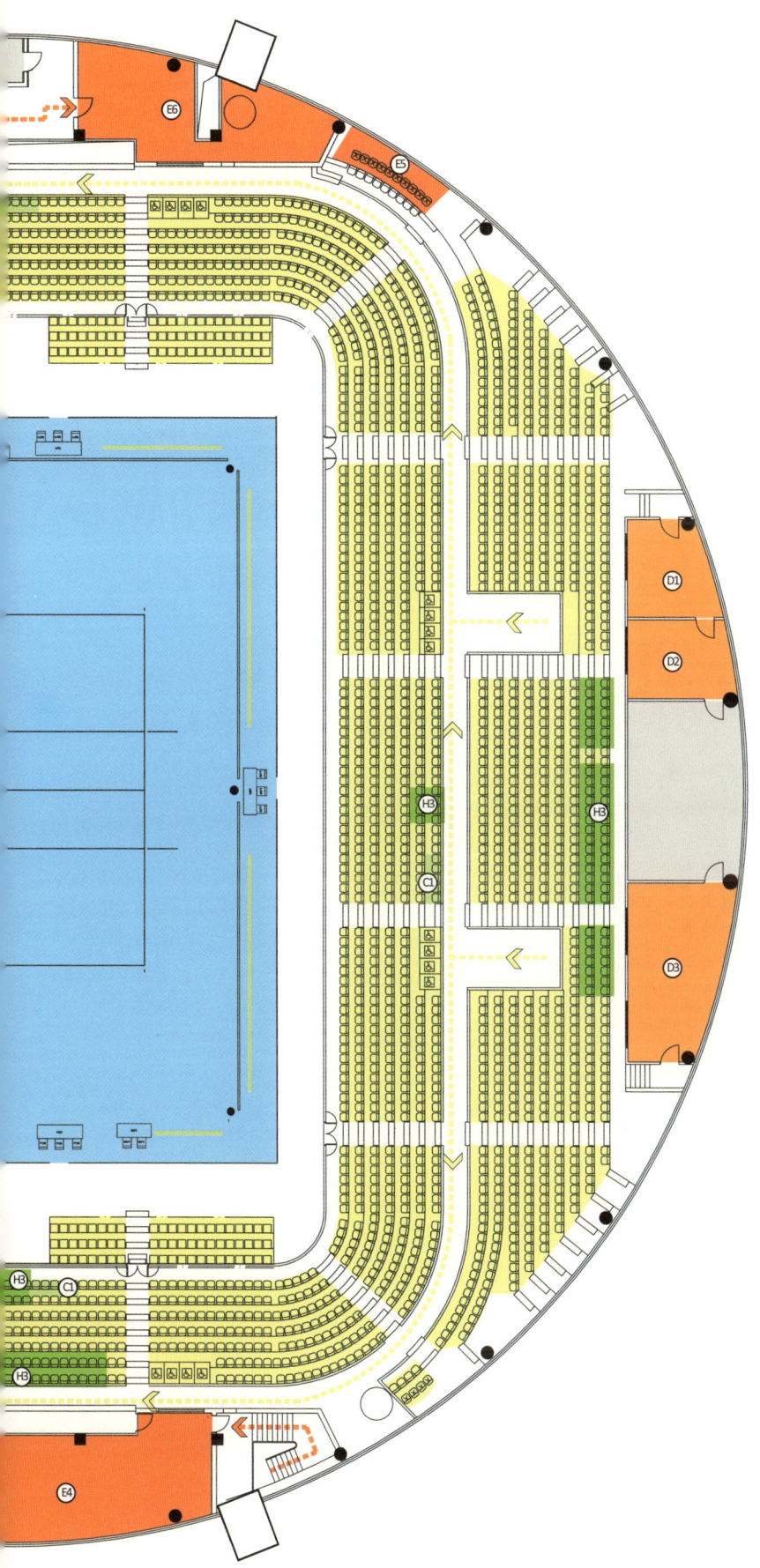

B. 体育竞赛区
B1. 球队席

C. 新闻运作区
C1. 摄影区

G. 比赛场地区
G1. 成绩系统
G2. 运动员统计席
G3. 医务台
G4. 热身区
G5. 判罚区
G6. 比赛控制区
G7. Organizer
G8. IF 翻译
G9. 管理委员会
G10. 司线员／替补裁判
G11. 主办国电视台
G12. 球队翻译
G13. 拨分员
G14. 记录员
G15. 广播员
G16. 球车
G17. 自由活动区
G18. 擦地员
G19. 捡球员
G20. 快擦手
G21. 体育成绩工作区
G22. 记分屏

J. 仪式与文化活动区
J1. 体育展示工作区

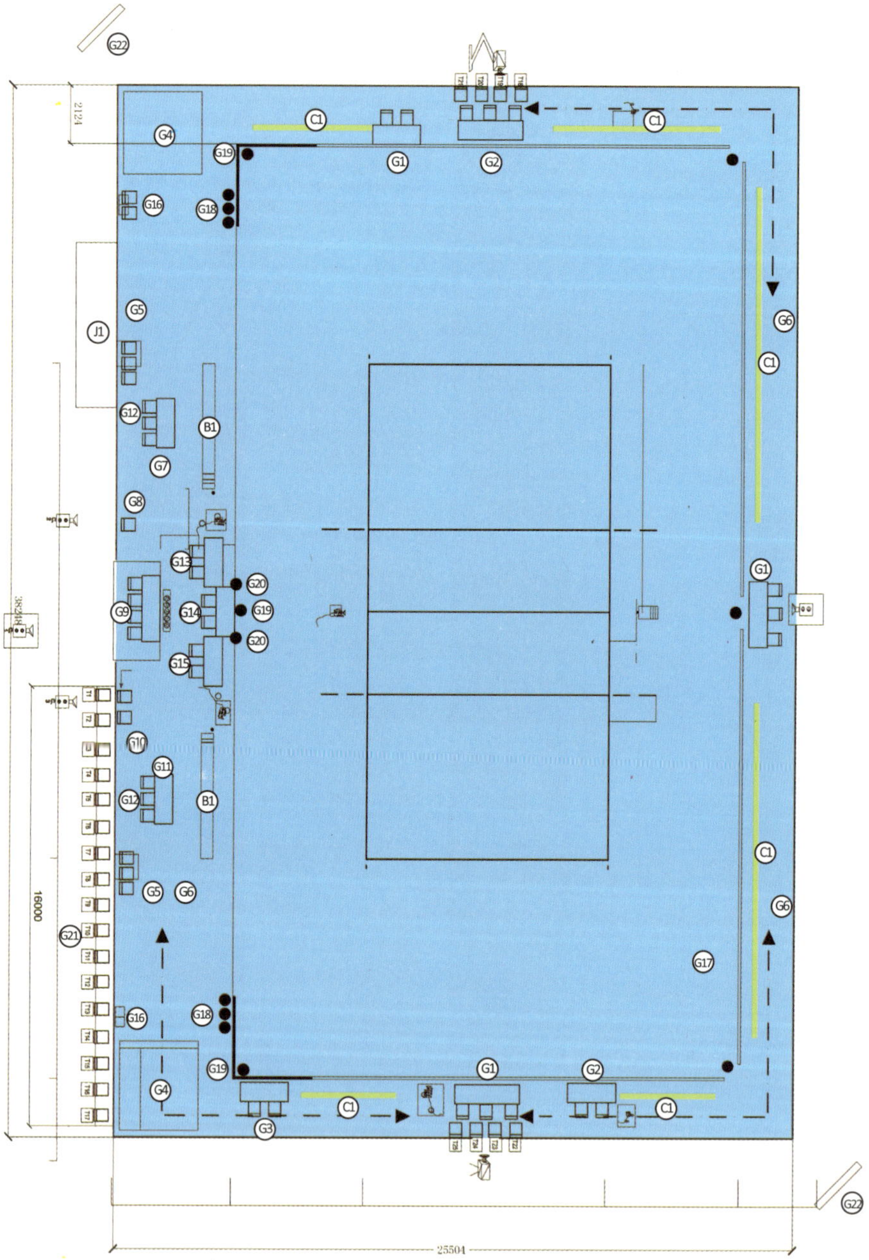

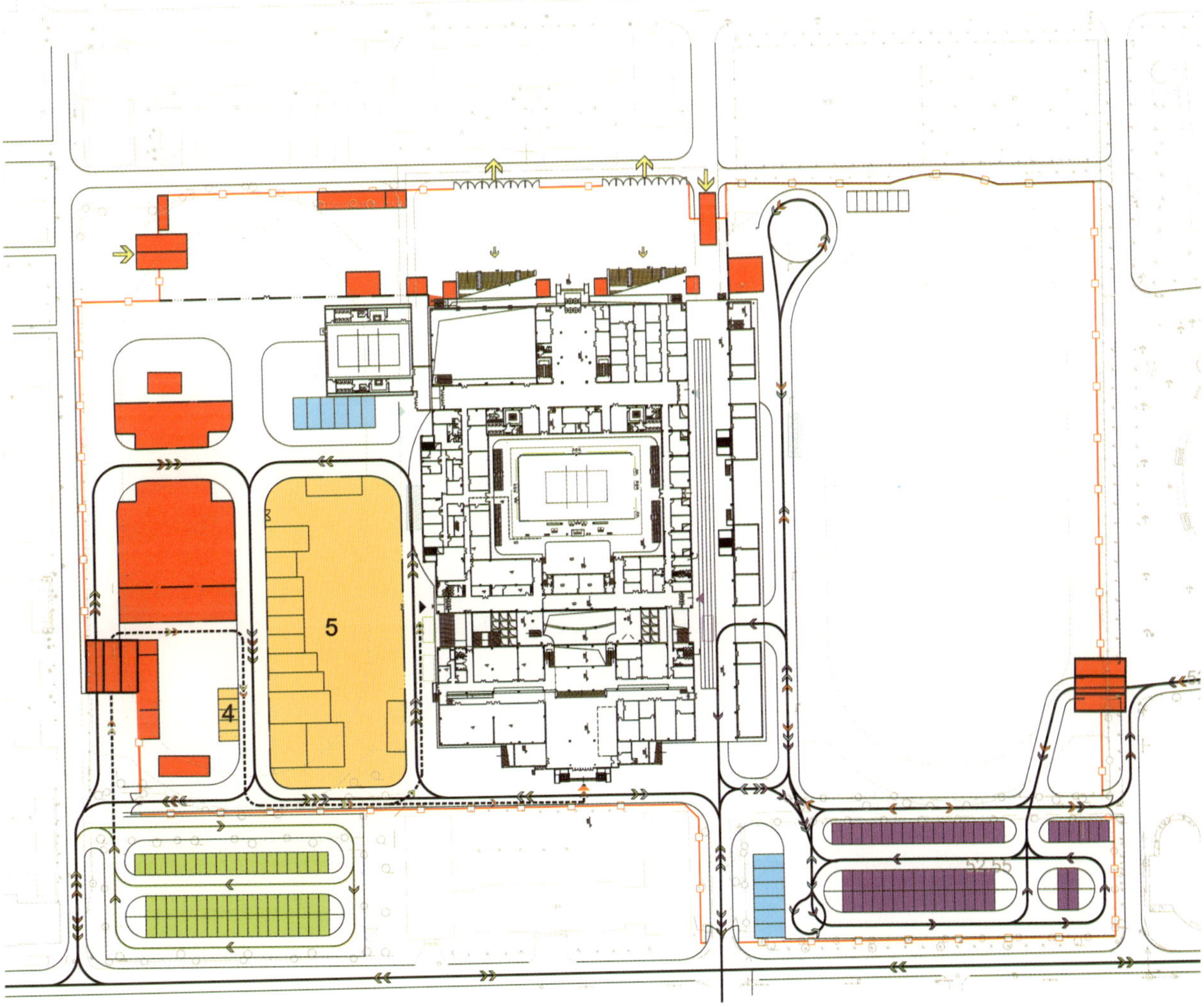

总平面图

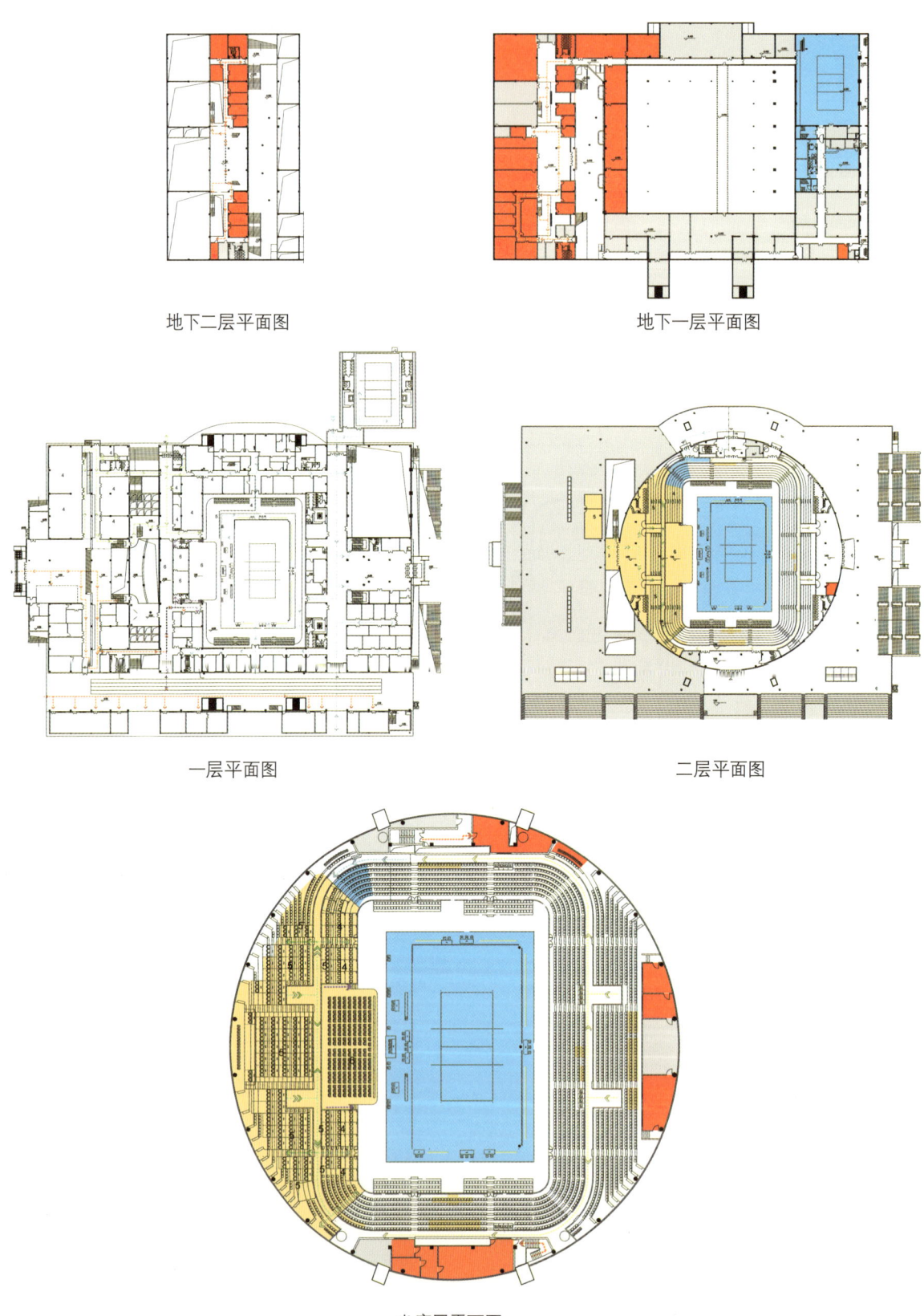

地下二层平面图

地下一层平面图

一层平面图

二层平面图

坐席层平面图

02-15

丰台体育中心——

垒球场

丰台体育中心——垒球场

场馆概况

地点：丰台体育中心

场地类型：改扩建比赛场馆

奥运会期间的用途：垒球

残奥会期间的用途：无

建筑面积：15570m^2

固定座位数：5000个（主场）

　　　　　　3500个（备用场）

临时座位数：5000个

赛后用途：体育比赛娱乐活动

垒球比赛

丰台垒球中心

垒球场的比赛场地应满足奥运会垒球比赛的使用要求，比赛场地设计应符合《国际垒球联合会竞赛规则》。场地可以兼顾慢投比赛规则的要求。在设施、通信技术上达到世界水平，为运动员和观众提供舒适的环境，充分体现人文奥运、绿色奥运和科技奥运的设计观念。

垒球场包括1块比赛场地和不少于2块热身场地。比赛场地带有高层看台，观众席既有固定坐席，也有临时坐席。看台下为功能用房。

比赛场地

比赛区域： 比赛场地要求朝向东南方。比赛区域是一个以本垒板尖角为圆心，以不小于67.10m（女子快投本垒打距离）为半径，一、三垒垒线为界限的直角扇形区域。外围场网（本垒打围网）高度为1.2～2m，本垒打标志杆高度为地面以上部为4.57m。内场垒间距离按照女子快投比赛设置，为18.29m，投球距离13.10m，内场半径同垒间距离。比赛场地面应平整，无障碍物。比赛区域分为内场和外场，内场为红沙土质，外场为自然草皮（土地和草地面积根据规则确定）。有关场地及围网各部分的详细尺寸及场地划分，参见《国际垒联规则》或《国际垒联世锦赛奥运会场地技术手册》。比赛区域需用固定挡网封闭（挡网高度根据规则要求确定）。垒线及本垒板距离挡网7.62～9.14m之间为缓冲区，应平整，无障碍物。扇形弧线边界内靠近挡网处应有3.65～4.57m的无草警示区，扇形弧线边界挡网外应有一定距离的缓冲区。

场边休息区： 参赛双方各1个，分别在一、三垒垒包与本垒之间的挡网后方，封闭区域，由挡网开门通向场地，除运动员、教练员上下场外，门应处于关闭状态。场边休息区应可以容纳20人，设有座椅，球棒架。场边休息区应位于看台底部（看台二层前伸部分的下部），后面直接与运动员休息室相通。

投手练习区： 位于比赛区域附近，尽可能靠近运动员席，土质或草皮地面，长度不小于18m，宽度不少于4m的相对封闭区域，应与观众隔离。

电子记分屏： 位于扇形场地的弧线边界线之外，距边界线有一定的缓冲区域，面向本垒板，并根据阳光照射角度适当调整位置。

灯光设施： 灯柱不少于4根，建议为6根（如果部分灯柱安置在看台后面，看台可能会遮挡并影响灯光照度），灯柱应位于比赛区域挡网之外。根据国际垒联技术手册，比赛期间的比赛区域地面灯光照度应不低于1500lx，不能有眩光。

热身场地：

（1）在比赛场地附近应设有不少于2块的热身场地，热身场地兼作训练场地。场地要求同比赛场地，但不设看台。两个热身场地若并排建设，间隔距离应不少于6.09～15.24m。热身场地灯光照度应与比赛场地相同。

（2）每个热身场地均应有打击棚（馆）1座，配有发球机，长度不少于60m，宽度不少于40m，净高不少于6m，可供10名运动员同时进行打击练习。

（3）比赛期间，热身场地与比赛场之间应用相对封闭的通道相连，为运动员专用。

比赛规则

2008年北京奥运会垒球比赛将按照赛时发生效力的《国际垒联2006-2009年竞赛规则》和《奥林匹克宪章》的规定执行。

依据《奥林匹克宪章》，将由国际垒联对奥运会垒球比赛进行技术管理和指导。

根据国际奥委会分配的名额，国际垒联将负责任命垒球比赛的全部17个国际技术官员。

2008年北京奥运会垒球比赛分两个阶段：预赛阶段和佩寄制决赛阶段。每场比赛时间为2个小时，共进行7局，不包括国际垒联《世界锦标赛和奥运会国际垒联技术与程序》中第7.12b和7.12c条款涉及的提前结束比赛的情况。

垒球运动员参赛流程图

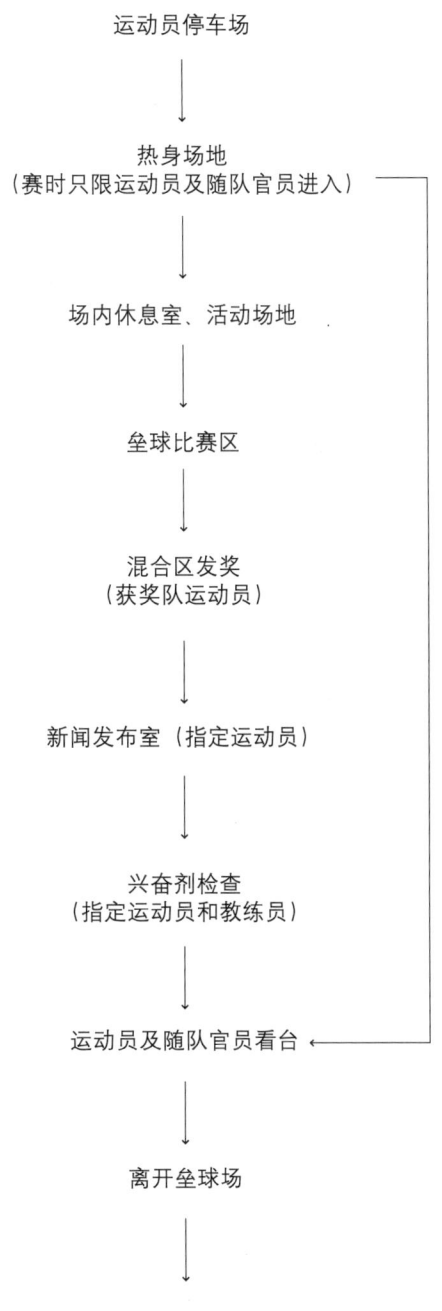

运动员停车场

热身场地
（赛时只限运动员及随队官员进入）

场内休息室、活动场地

垒球比赛区

混合区发奖
（获奖队运动员）

新闻发布室（指定运动员）

兴奋剂检查
（指定运动员和教练员）

运动员及随队官员看台

离开垒球场

运动员停车场

丰台垒球场

功能分区1——观众活动区

运行责任部门	房间中文名称	英文名称	数量	面积（m²）
观众服务	检票处	Ticket Rip	6	空间区域
	观众信息亭	Spectator Info Booth	1	25
	婴儿车、轮椅存放处	Stroller Storage	1	25
	公用电话处	Pay Phone	多处	空间区域
	指定吸烟区	Designated Smoking Area	1	空间区域
	临时卫生间	Temporary Toilet	2	25
场馆财务	自动取款机	ATM Cash Stop	1	空间区域
餐饮服务	观众餐饮售卖点	Spectator Points of Sale	7	18
市场开发	赞助商展示和销售商品	Concession	2	50
	商品售卖点	Concession	1	40
医疗卫生	观众医疗站	Spectator Medical Station	1	36
	接待和候诊区	Reception & Waiting Area	1	18
	医疗区	Medical Treatment Area	1	9
	医生办公室	Doctor Office	1	9
票务	售票处	Ticket Sales Window(s)	1	50

功能分区2——比赛场地区

运行责任部门	房间中文名称	英文名称	数量
体育	比赛场地	Field of Play	1	场地区
	运动员座席	Athlete Seating	1	场地区
	运动员检录区	Athlete Call Area	1	场地区
	混合区（运动员通道）	Mixed Zone	1	28
	仲裁席	Jury Seating	1	场地区
	技术代表席	Technology Delegation Seating	1	场地区
	裁判席	Judge Seating	1	场地区
技术	成绩统计台	Results Data Entry Position	1	场地区
	计时记分席	Timing & Scoring Position	1	场地区
兴奋剂检测	运动员兴奋剂检测标记区	Athletes Tagging	1	场地区
医疗卫生	比赛场地周边急救区	FOP & Adjacent first Aid Area	1	场地区
颁奖仪式	颁奖台及旗杆	Awards Podium & Flag Poles	1	场地区

功能分区3——体育竞赛区

运行责任部门	房间中文名称	英文名称	数量	
竞赛组织	热身场地	Warm-up Area	1	场地内区域
	热身场地	Warm-up Area	1	场地内区域
	运动员休息室	Athlete Locker Room	2	150
	运动员休息室	Athlete Locker Room	2	46
	运动员休息更衣室	Athlete Locker Room	2	160
	垒球手套及绷带存储及发放间	Athlete Gloving & Bandaging Room	1	35
	运动员专用卫生间	Athletes Toilets	1	32
	运动员专用卫生间	Athletes Toilets	1	32
	竞赛经理办公室	Competition Manager Office	1	21
	竞赛办公室	CM Assigned Work Area	1	18
	竞赛公共办公区	CM Hot Desk	1	68
	国际单项联合会主席办公室	IF President's Office	1	65
	国际单项联合会秘书长办公室	IF Secretary's Office	1	42
	国际单项联合会技术代表室	IF Technical Delegates Office	1	27
	国际单项联合会秘书处（含接待处）	IF Secretariat	1	42
	国际单项联合会仲裁（含医务仲裁）室	IF Jury Room (including medical jury)	1	45
	裁判员更衣室	Referee & Judge Break Room	2	35
	竞赛公共会议室	CM Meeting Room	1	36
	国际单项联合会会议室	IF Meeting Room	1	42
	体育器材储存区	Sport Equipment Storage Area	2	35
技术	现场成绩处理机房（含头戴设备控制空间）	On-Venue Result Room	1	39
	计时计分系统设备存放间	Timing & Scoring Equipment Storage	1	38

运行责任部门	房间中文名称	英文名称	数量	面积（m²）
兴奋剂检测	兴奋剂检查站	DOP Waiting Area	1	113
医疗卫生	运动员医疗站	Athlete Medical Station	1	67
	等候和候检室	Reception & Waiting Room	1	医疗站内
	检查和物理治疗室	Examination Room	1	医疗站内
	重症特护和治疗室	Intensive Care Unit	1	医疗站内
	医生办公室和储藏室	Doctor & Nurses Office	1	医疗站内

功能分区4——仪式及文化活动区

运行责任部门	房间中文名称	英文名称	数量	
颁奖仪式	礼仪人员准备室	Presenter & Mascott Dressing	1	35

功能分区5——电视转播区

运行责任部门	房间中文名称	英文名称	数量	
BOB	电视转播综合区	Broadcast Compound		
	转播管理办公区	Broadcast Management Office	1	综合区内
	转播技术运行中心	Broadcast Technical Operation Centre	1	综合区内
	制作办公室	Production Office	1	综合区内
	电视转播餐饮区	Broacast Catering	1	综合区内
	转播机构专用区	Broacaster Area	1	综合区内
	发电机/备用发电机存放空间	Power Generator/Back Power Gernerator Storage Space	1	综合区内
	转播人员专用卫生间	Broadcasting Toilet	1	综合区内
	评论员控制室	Commentator Control Room	1	22
	转播信息办公室(BIO)	Broadcast Information Office	1	23
	混合区（电视转播通道）	Mixed Zone	1	28

功能分区6——新闻媒体区

运行责任部门	房间中文名称	英文名称	数量	
新闻运行	场馆新闻中心	Venue Media Centre		
	媒体接待处	Reception & Info Desk & Storage	1	8
	新闻报道经理办公室	Press Office	1	10
	摄影经理办公室	Photo Manager Office	1	6
	单项联合会新闻代表办公室	IF Media Delegate Office	1	22
	奥林匹克新闻服务工作室	Olympic News Service Work Room	1	22
	文字记者工作区	Press Work Area	1	182
	摄影记者工作区	Photo Work Area	1	75
	新闻媒体专用卫生间	Toilet	2	36/30
	文字记者储物柜摆放区域	Press Goods Cabinet Allocation Area	1	新闻中心内
	摄影记者储物柜摆放区域	Photographic Goods Cabinet Allocation Area	1	新闻中心内
	成绩公报柜摆放区域	Result Cabinet Allocation Area	1	新闻中心内
	新闻发布厅	Press Conference Room	1	72
	新闻发布转播控制室	Broadcasting Control Room	1	空间区域
	座席区	Seating Area	1	空间区域
	主席台	Dais	1	空间区域
	摄像机平台	Camera Platform	1	空间区域
	混合区（新闻媒体通道）	Mixed Zone	1	22
	媒体休息区	Press Lounge	1	42
	餐饮售卖点及休息区	Dining & Lounge	1	区域空间
	小型备餐间	Food Preparation Room	1	区域空间

功能分区7——场馆礼宾区

运行责任部门	房间中文名称	英文名称	数量	
场馆礼宾	礼宾办公室	VIP Protocol Manager Desk	1	27
	陪同人员休息区	Staff & Volunteer Room and Storage	1	55
	贵宾休息室	VIP Lounge	1	150

运行责任部门	房间中文名称	英文名称	数量	面积（m²）
场馆礼宾	贵宾会客室	Welcome Desk & Transporation Desk	1	60
	餐台和休息区	Dining & Lounge	1	空间区域
	小型备餐间	Food Preparation Room	1	19
	贵宾专用卫生间	Toilet	1	13
	贵宾接待室	VIP reception	1	48
	贵宾备餐间	Food Preparation Room	1	11
	贵宾专用卫生间	Toilet	2	15

功能分区8——场馆运行区

运行责任部门	房间中文名称	英文名称	数量	面积（m²）
场馆管理	场馆主任办公室	Venue Manager Office	1	29
	安保副主任办公室	Venue Deputy Manager Office	1	22
	媒体副主任办公室	Media Deputy Manager Office	1	20
	后勤副主任办公室	Logistics Deputy Manager Office	1	22
	服务副主任办公室	Services Deputy Manager Office	1	22
	场馆运行中心	Venue Operation Centre	1	83
	中心工作人员固定工位	VOC Staff Assigned Desks	多处	运行中心
	公共工位	VOC Shared Work Area	多处	运行中心
	场馆通讯中心	Venue Communication Centre	1	62
	场馆通讯经理工位	Venue Communication Manager Desk	1	空间区域
	邮件处理点	Mail Desk	1	空间区域
	通讯操作员工位	VCC Operators Desks	1	空间区域
	储存区	Storage	1	空间区域
	多功能会议区	Multi-purpose Room	1	125
场馆人事	场馆人事经理办公区	Venue Workforce Management	1	21
	工作人员签到区	Staff Check-in Area	1	16
	工作人员签到处	Staff Check-in Points	1	空间区域
	工作人员问询处	Staff Info. Desk	1	空间区域
	志愿者服务处	Volunteer Services Desk	1	空间区域
	工作人员物品存放间	Cloak Room	1	空间区域
	工作人员休息和用餐区	Staff Break & Dining Area	1	174
	工作人员卫生间	Staff Toilet	1	29
场馆财务	场馆财务经理办公室（含收费卡办公室）	Venue Finance Manager Office (Includes: Rate Card Office)	1	22
观众服务	观众服务经理办公室	Spectator Services Management Area	1	43
	物资储存和分发区	SPS Equipment Storage & Distribution	1	43
	工作部署区	Briefing Area	1	119
语言服务	语言服务经理办公区	LAN Management	1	21
特许经营	特许商品场馆零售管理办公区/出纳室	MER Management Area/Cash Room	1	52
注册	场馆注册中心	Venue Accreditation Office	1	48.6
	每日卡发放区	Day Pass Issue Desk	1	空间区域
	等待区	Accreditation Waiting Area	1	空间区域
	注册经理办公点和储藏区	Accreditation Manager Desk	1	空间区域
场馆设施管理	场馆设施管理办公区	Site Manager Work Area	1	33
	后备工人休息区	Response Team & Vendor Staging	1	32
	电源工作间与备件存放	Power Workshop & Store	1	21
技术	计算机设备房间	Computer Equipment Room	1	42
	网络设备间	LAN Management Room	1	43
	综合布线主配线间	Main Cabling Room	1	20
	固定通信设备机房	Fix Telecomcunication Equiptment Room	1	42
	移动通信机房	Mobile Telecommunication Equipment Room	2	43/28
	扩声控制室	Public Address Control Room	2	18/21
	有线电视机房	CATV Control Room	1	28
	集群通信设备分发间	Trunk Radio Distribution Room	1	43

运行责任部门	房间中文名称	英文名称	数量	面积（m²）
技术	集群通信设备分发间	Trunk Radio Distribution Room	1	43
	场馆技术运行中心	Venue Technology Operation Center	1	73
	技术支持服务中心	Technology Help Desk	1	43
	成绩复印分发室	Results Printing & Distribution	1	84
	固定通信技术人员工作室	Fix Telecommunication Operation	1	20
	移动通信技术人员工作室	Mobile Telecommunication Operation	1	20
	流动扩声系统设备存放间	Audio Equipment Room	1	38
	IT设备存放间	IT Equiptment Storage	1	42
	IT设备包装存放间	IT Bulk Storage	1	综合区内
	打印机,复印机包装存放间	Printer/Copier Bulk Storage	1	综合区内
	松下设备包装存放间	Panasonic Equipment Bulk Storage	1	综合区内
	纸张存放间	Paper Storage	1	综合区内
	UPS包装存放间	UPS Bulk Storage	1	综合区内
物流	物流经理办公室	Logistic Management	1	29
	物流综合区	Logistic Compound	1	1100
	物流管理办公区	Logistic Management Compund	1	综合区内
	特殊物资储区	Secure Storage	1	综合区内
	普通仓库储存区	Warehouse Storage	1	综合区内
	指路标识存放和维修工作间	Signage & Look Work Area	1	综合区内
	维修物资仓库和工作间	Maintenance Warehouse&Workshop	1	综合区内
	临时设施仓库	Vendor Secure Storage	1	综合区内
	形象景观仓储区	IMI Work &Storage Area	1	综合区内
	户外材料堆放区	Exterior Storage Area	1	综合区内
	物资分发区	Equipment Sign-out	1	综合区内
	卸货及车辆停放区	Loading & Vehicle Staging	1	综合区内
	物资回收区	Equipment Recycle Area	1	综合区内
	物流人员专用卫生间	Toilet	1	综合区内
餐饮	餐饮经理办公室	Catering Manager Office	1	22
	餐饮综合区	Catering Compound	1	520
	餐饮管理办公区	Catering Management Office	1	综合区内
	干货冷藏区	Dry, Cold & Ice Storage	1	综合区内
	卸货区	Vehicle Staging	1	综合区内
	厨房和备餐区	Kichen & Preparation Area	1	综合区内
	露天储存区	Uncovered Storage	1	综合区内
	餐饮人员专用卫生间	Catering Staff Toilet	1	综合区内
清废管理	环境经理办公室	Environment Manager Office	1	10
	清洁设备储存区	Cleaning Equipment Supply & Storage	1	36
	清废综合区	CLW Compound	1	232
	清废管理与清废工人休息区	Management and Break Area	1	34
	清洁设备储存区(II)	Cleaning Equipment Supply & Storage	1	综合区内
	垃圾分类区	Waste Sorting Area	1	综合区内
	车辆停靠区	CLW Vehicle Staging	1	综合区内
交通	交通监控指挥室	Transport Monitoring & Command Office	1	62
	司机休息及车辆调度室	Driver Break Room & Vehicle Dispatch Room	1	72

功能分区9——安保及交通运行区

运行责任部门	房间中文名称	英文名称	数量	面积（m²）
安全保卫	消防指挥室	On-site Fire Fighting Communication Command Office	1	21
	安保指挥中心	Security Command Centre	1	54
	现场安保指挥通信设备间	On-site Security Communication Equiptment Room	1	55

运行责任部门	房间中文名称	英文名称	数量	面积（m²）
技术	场馆技术运行中心	Venue Technology Operation Center	1	73
	技术支持服务中心	Technology Help Desk	1	43
	成绩复印分发室	Results Printing & Distribution	1	84
	固定通信技术人员工作室	Fix Telecommunication Operation	1	20
	移动通信技术人员工作室	Mobile Telecommunication Operation	1	20
	流动扩声系统设备存放间	Audio Equipment Room	1	38
	IT设备存放间	IT Equiptment Storage	1	42
	IT设备包装存放间	IT Bulk Storage	1	综合区内
	打印机、复印机包装存放间	Printer/Copier Bulk Storage	1	综合区内
	松下设备包装存放间	Panasonic Equipment Bulk Storage	1	综合区内
	纸张存放间	Paper Storage	1	综合区内
	UPS包装存放间	UPS Bulk Storage	1	综合区内
物流	物流经理办公室	Logistic Management	1	29
	物流综合区	Logistic Compound	1	1100
	物流管理办公区	Logistic Management Compund	1	综合区内
	特殊物资存储区	Secure Storage	1	综合区内
	普通仓库储存区	Warehouse Storage	1	综合区内
	指路标识存放和维修工作间	Signage & Look Work Area	1	综合区内
	维修物资仓库和工作间	Maintenance Warehouse &Workshop	1	综合区内
	临时设施仓库	Vendor Secure Storage	1	综合区内
	形象景观仓储区	IMI Work &Storage Area	1	综合区内
	户外材料堆放区	Exterior Storage Area	1	综合区内
	物资分发区	Equipment Sign-out	1	综合区内
	卸货及车辆停放区	Loading & Vehicle Staging	1	综合区内
	物资回收区	Equipment Recycle Area	1	综合区内
	物流人员专用卫生间	Toilet	1	综合区内
餐饮	餐饮经理办公室	Catering Manager Office	1	22
	餐饮综合区	Catering Compound	1	84
	餐饮管理办公区	Catering Management Office	1	综合区内
	干货冷藏区	Dry, Cold & Ice Storage	1	综合区内
	卸货区	Vehicle Staging	1	综合区内
	厨房和备餐区	Kichen & Preparation Area	1	综合区内
	露天储存区	Uncovered Storage	1	综合区内
	餐饮人员专用卫生间	Catering Staff Toilet	1	综合区内
清废管理	环境经理办公室	Environment Manager Office	1	10
	清洁设备储存区	Cleaning Equipment Supply & Storage	1	36
	清废综合区	CLW Compound	1	51
	清废管理与清废工人休息区	Management and Break Area	1	34
	清洁设备储存区(II)	Cleaning Equipment Supply & Storage	1	综合区内
	垃圾分类区	Waste Sorting Area	1	综合区内
	车辆停靠区	CLW Vehicle Staging	1	综合区内
交通	交通监控指挥室	Transport Monitoring & Command Office	1	62
	司机休息及车辆调度室	Driver Break Room & Vehicle Dispatch Room	1	72

运行责任部门	房间中文名称	英文名称	数量	面积（m²）
安全保卫	消防指挥室（现场消防通信指挥室）	On-site Fire Fighting Communication Command Office	1	21
	安保指挥中心	Security Command Centre	1	54
	现场安保指挥通信设备间	On-site Security Communication Equiptment Room	1	55
	反恐防暴屯兵处（反恐人员备勤室）	Anti-terrorism Personnel Duty Room	1	22
	现场警卫机动力量备勤室	On-site Guard Reserve Force Office	1	21
	处突力量屯兵处（突发事件处置人员备勤室）	Emergency Handler Duty Room	1	86
	安保后备用房	Security Reserve Room	1	26
	现场警卫办公室	On-site Guard Office	1	19
	安保执勤岗亭	Security Observation Positions	多处	沿安保线布
	安保服务中心	Secuity Services Centre	1	95
	失物招领处	Lost & Found	1	空间区域
	违禁物品存放处	Contraband Storage	1	空间区域
	治安处理点	Public Security Handling Office	1	25

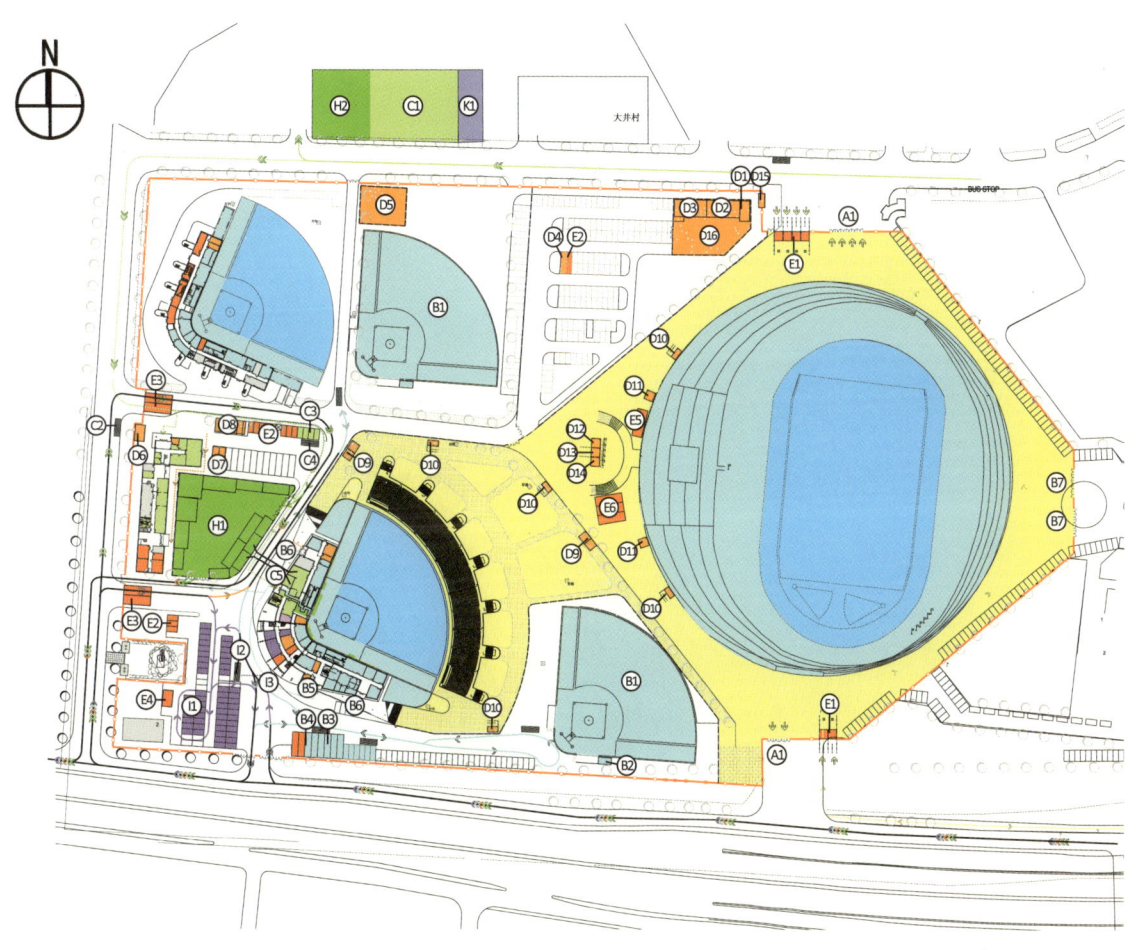

总平面图

A. 观众活动区
A1. 观众出口

B. 体育竞赛区
B1. 热身场地
B2. 运动员休息区
B3. 技术官员停车场
B4. 运动员大巴停车区
B5. 技术官员入口
B6. 运动员入口
B7. 足球运动员车辆入口

C. 新闻运作区
C1. 自驾车停车场
C2. 媒体下车点
C3. 签约摄影队停车区
C4. ENG 下车点
C5. 媒体入口

D. 场馆运行区
D1. 工人休息区
D2. 物流仓库
D3. 技术设备包装存放间
D4. 应急通信车停车区
D5. 清废综合区
D6. 场馆注册中心
D7. 餐饮综合区
D8. 观众服务工作部署区
D9. 赞助商展示和销售商品
D10. 观众餐饮售卖点
D11. 临时卫生间
D12. 票务服务台
D13. 自动取款机 / 观众信息亭
D14. 婴儿车、轮椅存放处
D15. 售票处
D16. 物流综合区

E. 安保及交通运行区
E1. 观众检票口（软检票）
E2. 应急车停车区
E3. 人员及车辆安检点
E4. 司机休息室
E5. 治安处理点
E6. 临时消防站

F. 非赛时使用空间

G. 比赛场地区

H. 电视转播综合区
H1. 电视转播综合区
H2. 自驾车停车场

I. 场馆礼宾区
I1. VIP 停车场
I2. 贵宾下车点
I3. 贵宾入口

K. 赞助商活动区
K1. 赞助商停车场

图例

大车下车点

小车下车点

→ 机动车流线
⇢ 步行流线
△ 车辆验证点
✳ 注册区验证点
△ 入口
EXIT 出口

索引图

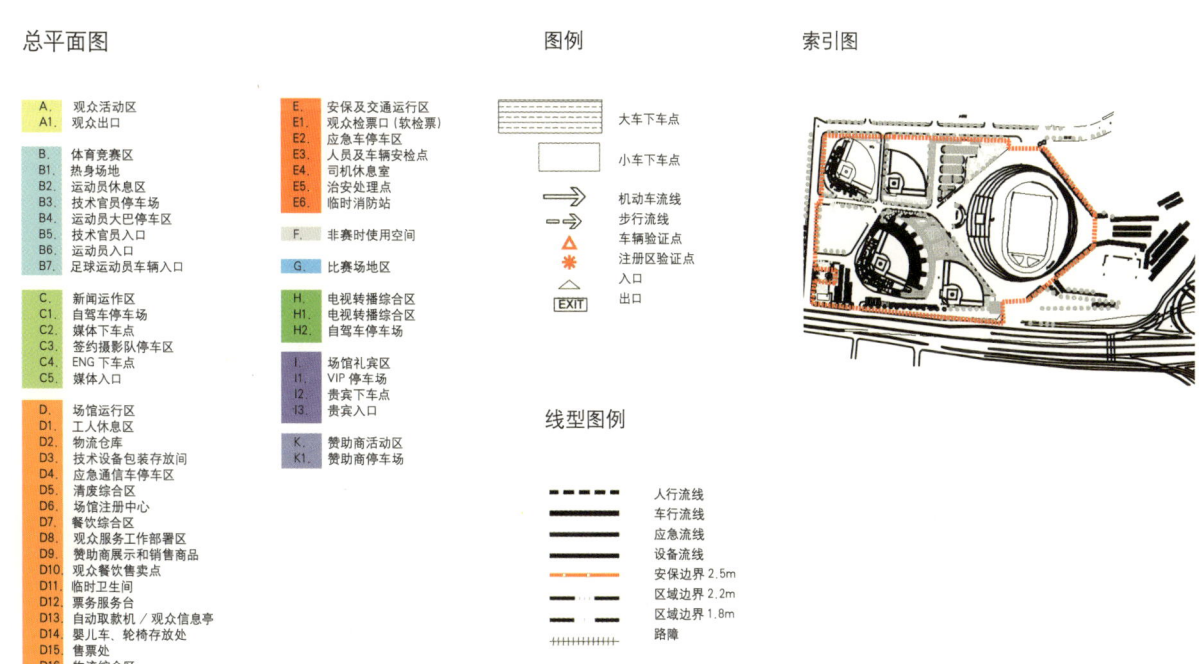

线型图例

- - - 人行流线
━━━ 车行流线
━━━ 应急流线
━━━ 设备流线
━·━ 安保边界 2.5m
━ ━ 区域边界 2.2m
······ 区域边界 1.8m
+++++ 路障

一层平面图

B.　体育竞赛区
B1.　运动员休息室
B2.　竞赛办公室
B3.　国际垒联主席办公室
B4.　裁判长办公室
B5.　国际单项联合会技术代表室
B6.　裁判员更衣室（男）
B7.　国际单项联合会办公室
B8.　运动员医疗站
B9.　兴奋剂候检室
B10.　尿检工作室含卫生间
B11.　竞赛器材储
B12.　场地器材存放间
B13.　运动员医疗站观察点
B14.　运动员入口
B15.　技术官员入口
B16.　兴奋剂官员办公室和储藏室
B17.　残疾人卫生间

C.　新闻运作区
C1.　摄影经理办公室
C2.　摄影记者工作区
C3.　媒体接待处
C4.　奥林匹克新闻服务办公室及
　　　成绩公报协调员办公室
C5.　摄影记者
C6.　媒体入口
C7.　媒体卫生间

D.　场馆运作区
D1.　灯光控制室
D2.　扩声控制室
D3.　电子屏控制室
D4.　现场成绩处理机房
D5.　综合布线总配线间
D6.　清洁设备存储区

E.　安保及交通运行区
E1.　安保后备用房
E2.　现场警卫机动力量备勤室

F.　非赛时使用空间区

G.　比赛场地区

H.　电视转播综合区
H1.　摄像平台

I.　场馆礼宾区
I1.　陪同人员休息区
I2.　国内贵宾休息室
I3.　场馆礼宾经理办公室
I4.　贵宾入口

J.　仪式与文化活动区
J1.　礼仪表演人员准备室

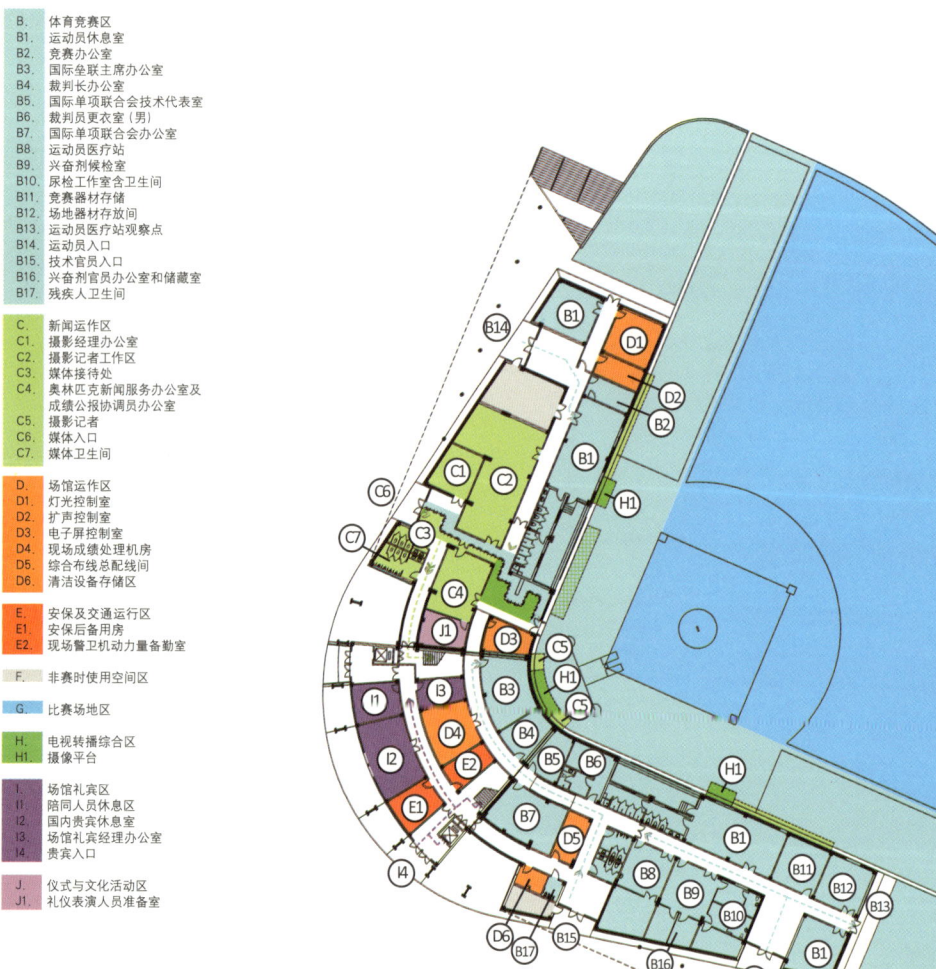

二层平面图

A. 观众活动区
A1. 观众卫生间
A2. 观众平台
A3. 吸烟点

D. 场馆运作区
D1. 商品售卖点
D2. 清洁物品存储
D3. 观众餐饮售卖点
D4. 观众医疗站

E. 安保及交通运行区
E1. 警卫人员备勤室

H. 电视转播综合区
H1. BIO
H2. CCR

I. 场馆礼宾区
I1. 贵宾休息区
I2. 贵宾会客室
I3. 小型备餐间
I4. 贵宾卫生间

坐席层平面图

A. 观众活动区
A1. 观众看台

B. 体育竞赛区
B1. 运动员坐席
B2. 国际垒联坐席

C. 新闻运作区
C1. 摄影记者席
C2. 文字媒体带桌席
C3. 文字媒体自然席

D. 场馆运作区
D1. 计时计分统计办公室

E. 安保及交通运行区
E1. 消防指挥室
E2. 安保指挥监控室

H. 电视转播综合区
H1. 观察员席
H2. 评论员席
H3. 摄像平台

I. 场馆礼宾区
I1. 奥林匹克大家庭贵宾席

J. 仪式与文化活动区
J1. 体育展示办公室

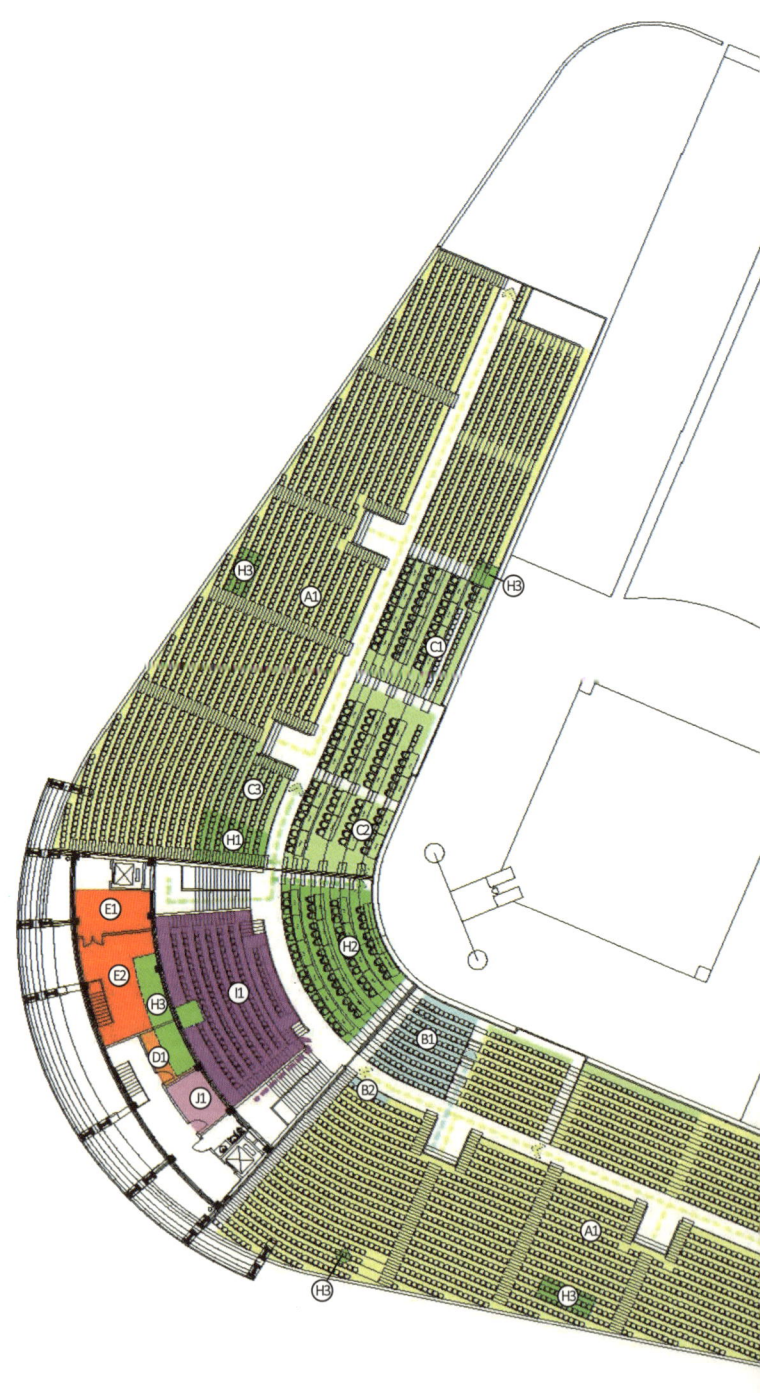

注册人员坐席列表

	注册人员分类	坐席数
1	运动员及随队官员	115
2	奥林匹克大家庭贵宾	150
3	广播电视转播人员	
	评论员席	18
	观察员席	40
4	文字摄影媒体	
	带桌文字媒体	99
	不带桌文字媒体	82
	摄影记者	65

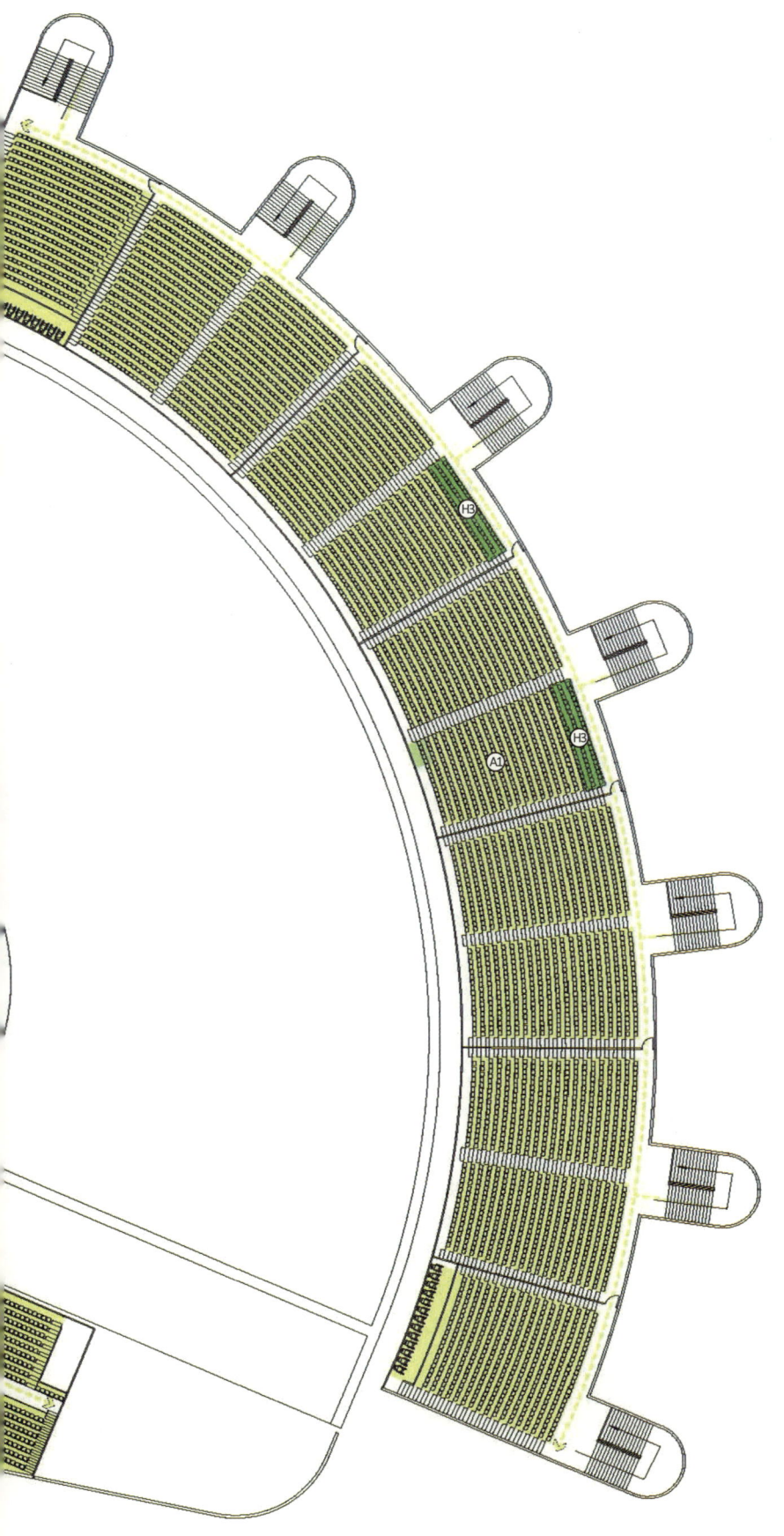

三层平面图

E. 安保及交通运行区
E1. 卫生间
E2. 现场安保指挥监控通信设备间

I. 场馆礼宾区
I1. 贵宾餐厅
I2. 卫生间

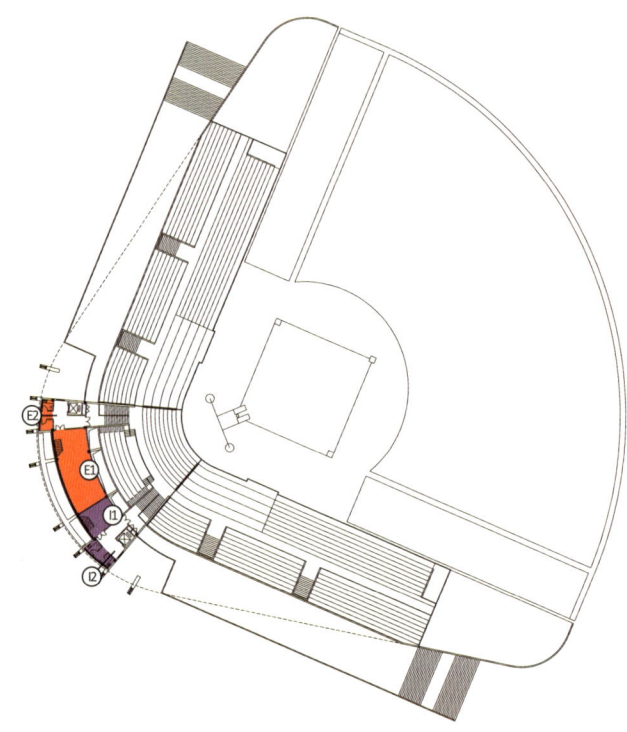

备用赛场平面图

B. 体育竞赛区
B1. 场地器材存放间
B2. 运动员休息更衣室
B3. 国际垒联主席办公室
B4. 国际单项联合会技术官员休息室
B5. 国际单项联合会技术官员休息室
B6. 裁判员更衣室（女）
B7. 场地设备存储
B8. 运动员淋浴卫生间

D. 场馆运作区
D1. 扩声控制室
D2. 灯光控制室

E. 安保及交通运行区
E1. 突发事件处置人员备勤室
E2. 卫生间
E3. 反恐防暴屯兵处（反恐人员备勤室）
E4. 武警部队备勤室

F. 非赛时使用空间区

G. 比赛场地区

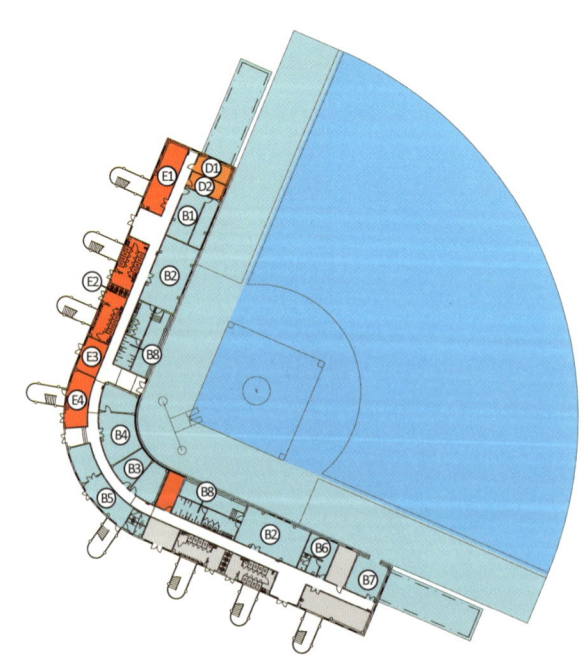

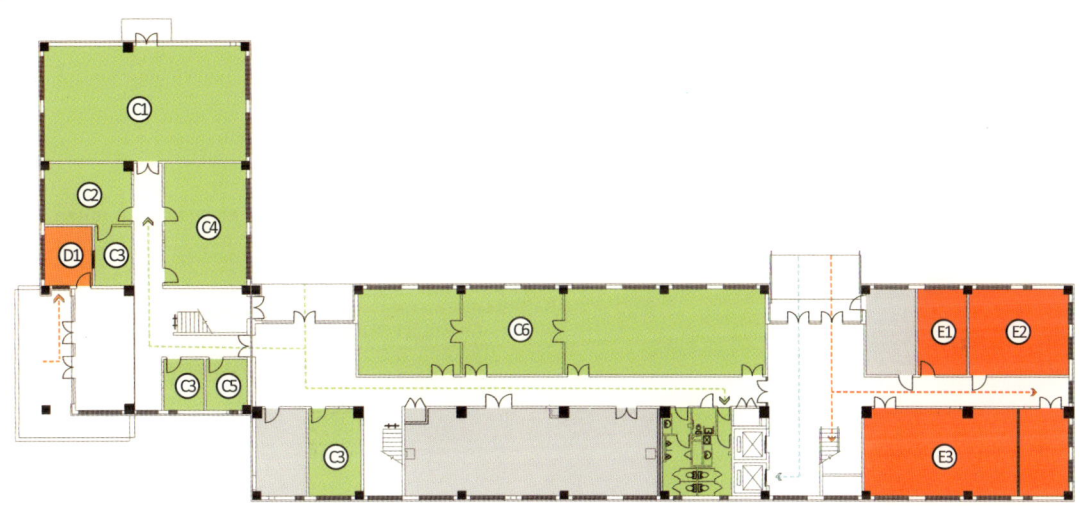

功能用房一层平面图

C.	新闻运作区		D.	场馆运作区
C1.	新闻发布厅		D1.	工作人员签到处
C2.	文字记者经理办公室			
C3.	赛时指挥室		E.	安保及交通运行区
C4.	媒体休息区		E1.	车辆调度室
C5.	新闻运行经理办公室		E2.	交通监控指挥室
C6.	文字记者工作区		E3.	交警备勤室
			F.	非赛时使用空间区

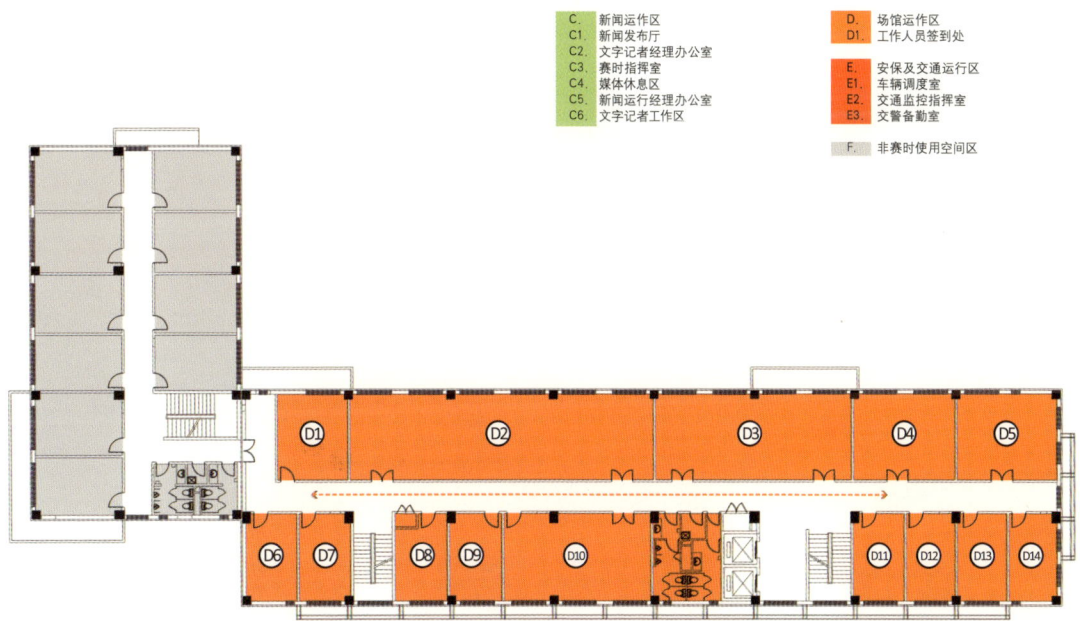

功能用房二层平面图

D.	场馆运作区		D9.	语言服务经理办公室
D1.	场馆主任办公室		D10.	场馆通信中心
D2.	多功能会议室		D11.	属地、常务副主任办公室
D3.	场馆运行中心		D12.	安保、媒体副主任办公室
D4.	观众服务管理办公室		D13.	赛时指挥室
D5.	观众物资储存和分发区		D14.	场馆人事经理办公室
D6.	餐饮经理办公室			
D7.	服务、后勤副主任办公室		F.	非赛时使用空间区
D8.	场馆财务经理办公室 (含收费 D8、卡办公室)			

功能用房三层平面图

D.	场馆运作区
D1.	工作人员休息和用餐区
D2.	备餐间
D3.	成绩复印分发室
D4.	场馆设施管理办公区
D5.	颁奖仪式等候区
D6.	清洁物品储藏间
D7.	赛时指挥室
D8.	清废管理与清废工人休息区
D9.	环境经理办公室
D10.	后勤工人休息室

F.	非赛时使用空间区

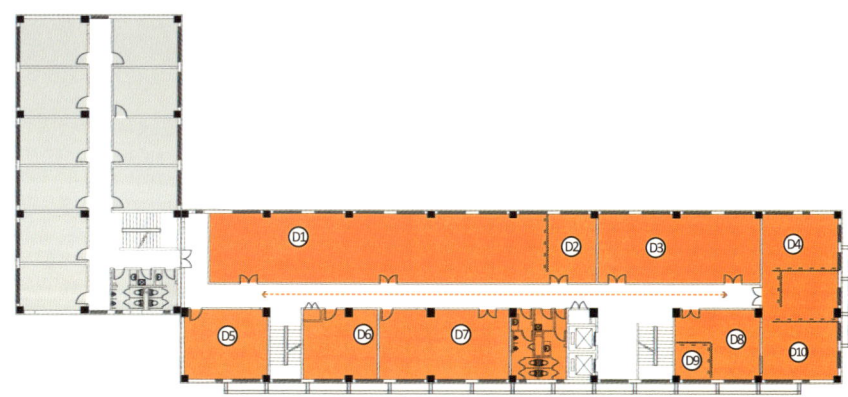

功能用房四层平面图

D.	场馆运作区
D1.	物流仓库
D2.	特许商品场馆零售管理办公区／出纳室及商品储存区
D3.	物流经理办公室
D4.	赛时指挥室
D5.	票务经理办公室
D6.	注册经理办公室
D7.	场馆技术运行中心
D8.	移动通信技术人员工作室
D9.	固定移动通信技术人员工作室
D10.	IT 设备存放间
D11.	集群通信设备存放间
D12.	网络管理间
D13.	技术支持服务中心
D14.	固定通信设备机房
D15.	移动通信设备机房
D16.	后备移动通信设备机房
D17.	有限电视机房
D18.	计算机设备及主配线间

E.	安保及交通运行区
E1.	武警指挥室

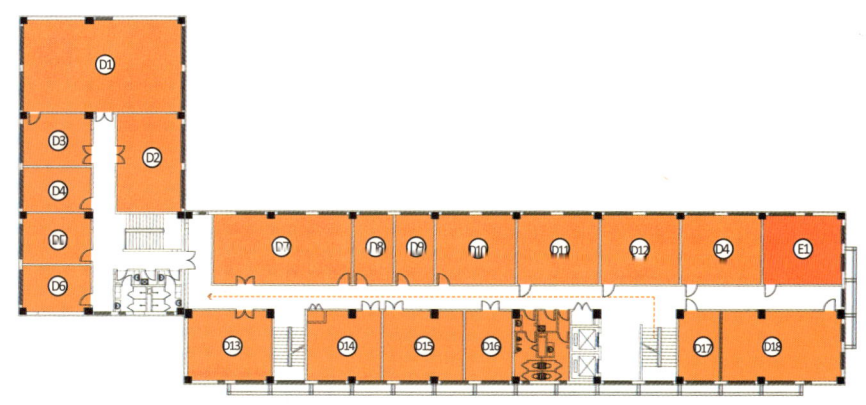

功能用房五层平面图

B.	体育竞赛区
B1.	国际单项联合会新闻官办公室
B2.	国际单项联合会医务官办公室（含医务仲裁）
B3.	国内技术官员办公室
B4.	赛时指挥室
B5.	国际单项联合会裁判长室
B6.	国际单项联合会秘书长办公室
B7.	国际单项联合会主席办公室
B8.	竞赛经理办公室
B9.	竞赛管理会议室
B10.	竞赛综合事务办公室
B11.	国际单项联合会秘书处
B12.	国际单项联合会会议室

D.	场馆运作区
D1.	卫生监督检查室
D2.	卫生监督办公室

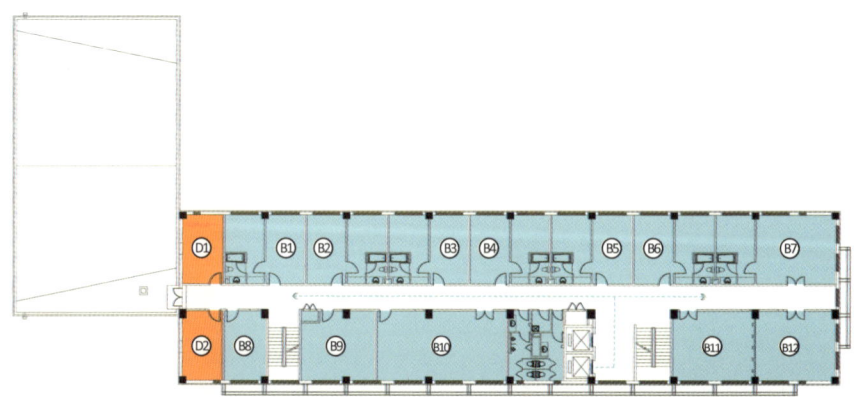

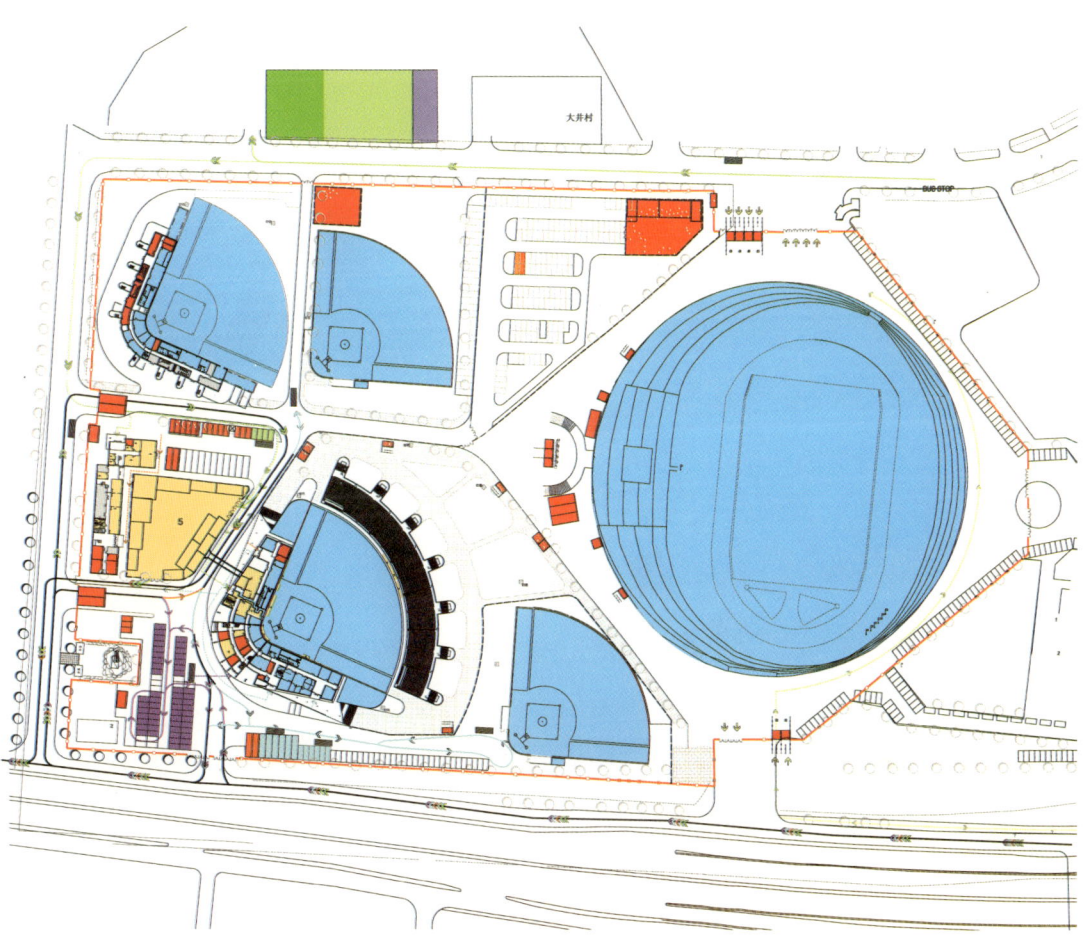

大井村

N

总平面图

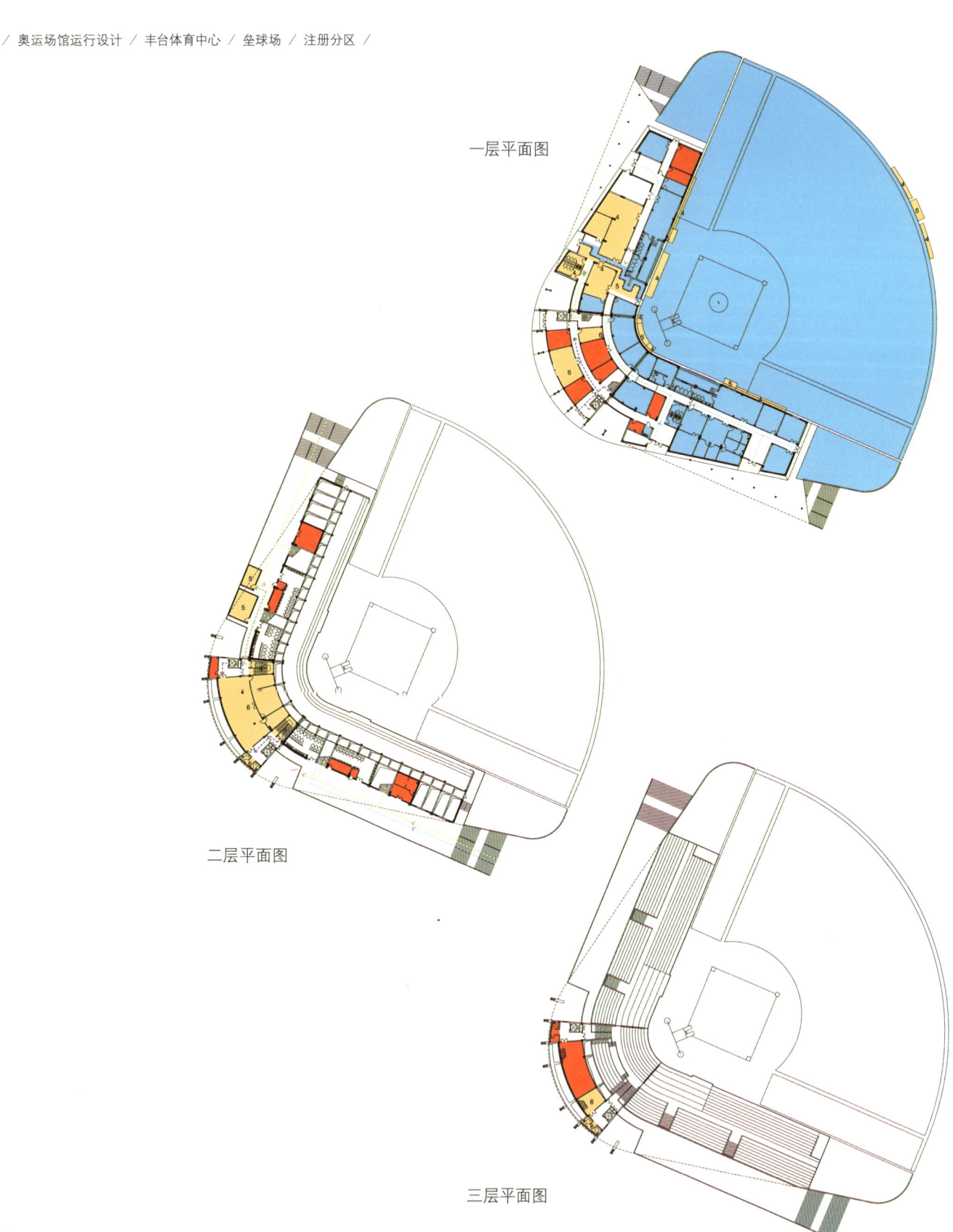

一层平面图

二层平面图

三层平面图

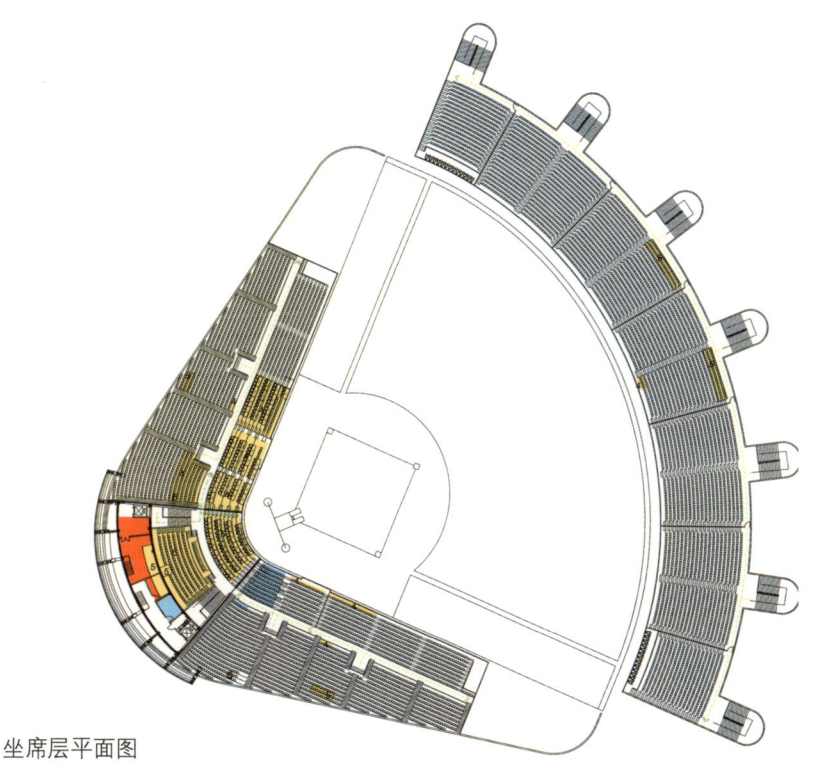

坐席层平面图

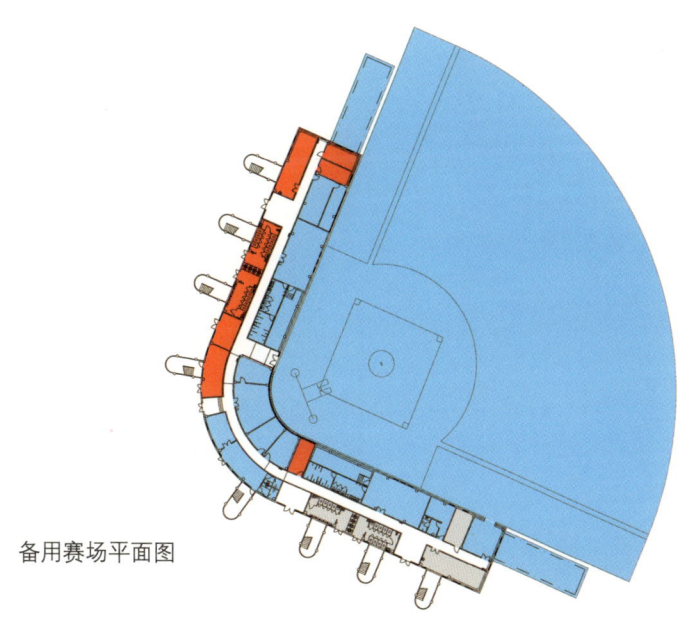

备用赛场平面图

功能用房一层平面图

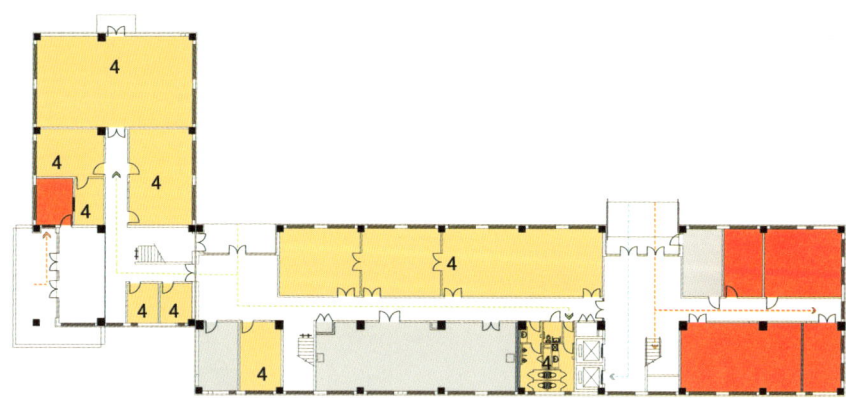

功能用房二层平面图

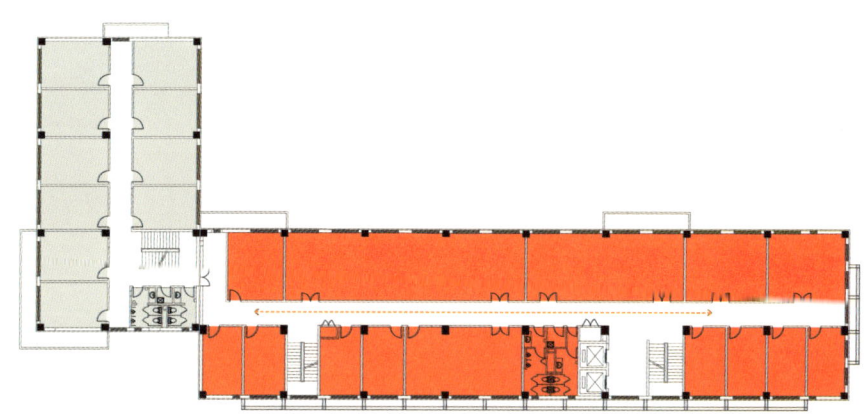

功能用房三层平面图

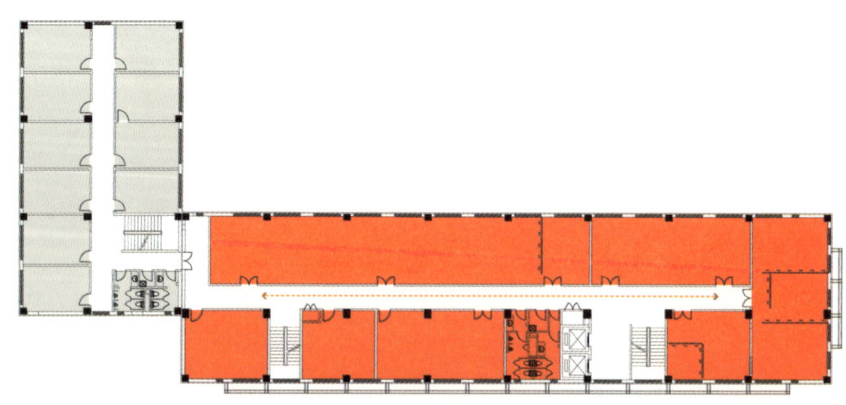

功能用房四层平面图

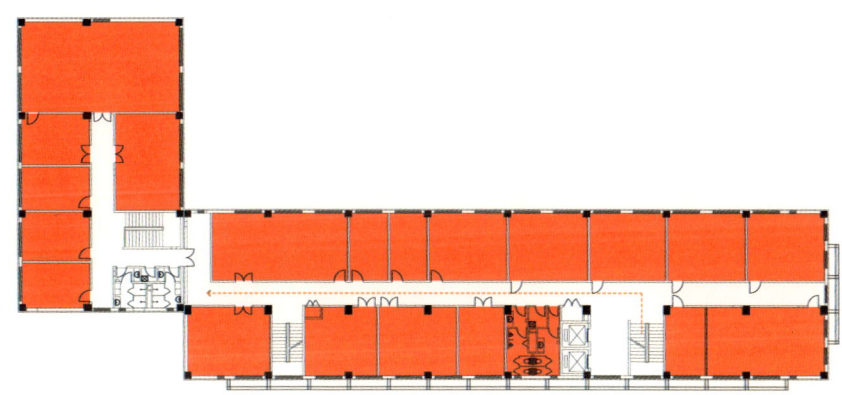

功能用房五层平面图

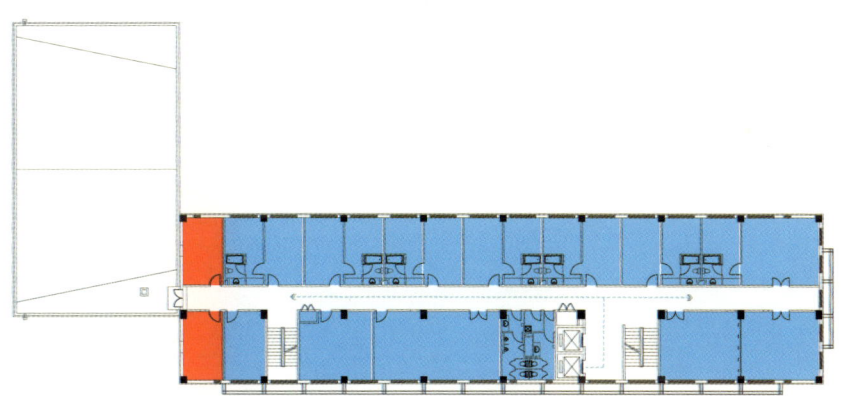

02-16

北京五棵松体育中心——

篮球场　棒球场

北京五棵松体育中心——

篮球场　棒球场

场馆概况

地点：五棵松文化体育中心

场地类型：新建比赛场馆

奥运会期间的用途：篮球、棒球

残奥会期间的用途：无

建筑面积：14360m²

固定座位数：14000个（篮球场）

　　　　　　12000个（棒球场A）

　　　　　　3000个（棒球场B）

临时座位数：4000个（篮球场）

篮球比赛

五棵松体育馆——篮球馆

五棵松体育馆比赛场地应满足奥运会篮球比赛的使用要求。篮球比赛场地设计应符合《国际篮球联合会手册》中的规则和《体育建筑设计规范》，并应参照国际篮联的技术标准。

比赛场地的设计

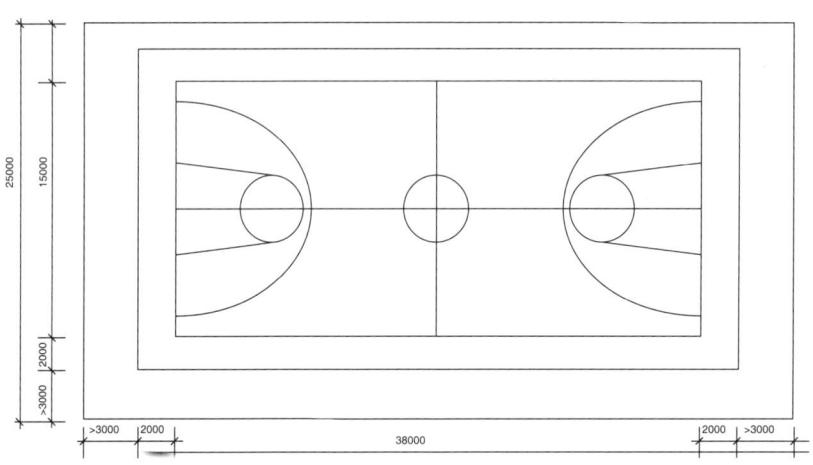

篮球比赛场地平面布置示意图

标准篮球场为长 28m、宽 15m 的长方形，场地面积均从界线内起，场地各线的宽度为 0.05m。篮球场地分为若干个区。

1. 三分投篮区：以篮圈中心点的投影为圆心（距离端线中点的内沿 1.575m），以 6.25m 为半径，划半圆弧，弧线两端接两条平行于边线的线，与端线交接。线宽包括在 6.25m 内。

2. 罚球区、限制区：罚球区在球场两端，在纵轴上以距端线 5.80m 的点为圆心，以 1.80m 为半径，划出罚球弧。在罚球弧内划一条平行于端线的直径，即为罚球线。以距离端线中点左右各 3m 的两点与罚球线两端相连，构成整个限制区。

五棵松体育馆比赛场地净高大于 11.00m。

热身场地

设置两块热身场地，每块场地尺寸为 28m×15m，与中心场地相同，两块场地之间间距为 2～4m。其地面、器材的要求与中心场地一致。热身场地应靠近运动员更衣室及运动员进入比赛场的入口，并设有专用通道，该通道不能与观众、媒体等通道交叉。

热身场地净高要求

满足篮球比赛的使用要求，净高大于 11.00m。

比赛规则

队员每队由10～12名运动员，1～2名教练员组成。比赛时，每队上场 5 人。比赛开始时，双方各一名队员在中圈跳球。

比赛时间全场分上、下两个半时。比赛时间全场分上、下两个半时。40min 比赛每半时为 20min。或分为 4 节，每节 12 分钟，1、2 节为上半时，3、4 节为下半时，节之间休息时间为 2min，半时间休息为 10min 或 15min。比赛终场时，如两队得分相等，则须进行决胜期比赛。每个决胜期时间为 5min。为了决出胜负，可以进行几个决胜期比赛，直到分出胜负为止。第一决胜期前，两队应抛挑边器选择球篮。以后每增加一次都应互换球篮。每次决胜期间休息 2min。

五棵松篮球馆

功能分区1——观众活动区

运行责任部门	房间编码	英文名称	数量	面积(m²)
观众服务	检票口	Ticket Rip	34	前院空间区域
	观众集散大厅	Spectator Concourse	1	5814
	观众信息亭	Spectator Info Booth	1	24
	观众婴儿车、轮椅寄存区	Spectator Storage	1	
	失物招领处	Lost & Found	1	56
	公共电话	Pay Phone	4	4x7.5
	指定吸烟区	Designated Somoking Area	1	处理点内
	观众饮水处	Spectator Drinking Fountain	多处	空间区域
环境	临时卫生间	Temporary Toilet	8	8x24
	观众卫生间(男)(首层及三层)	Spectator Toilets (male)	5+8	105*2+41
	观众卫生间(女)(首层及三层)	Spectator Toilets (female)	5+12	61*2+38
	无障碍卫生间	Disabled Spectator Toilets	8	(5.6+6.8) *4
	清洁间(首层及三层)	Clean Room	6	4+4+11*4
场馆财务	自动取款机	ATM	4	5.7+3.7+
餐饮服务	观众餐饮售卖点	Spectator Points of Sale	4	4x25
市场开发	特许商品零售点	Spectator Points of Sale	1	44
医疗服务	观众医疗站	Spectator Medical Station	1	56
	接待和候诊区	Reception & Waiting Area	1	空间区域
	医疗区	Medical Treatment Area	1	空间区域
	医生办公室	Doctor Office	1	空间区域
票务	票务服务台	Ticket Management	1	12
	售票处	Ticketing Sales Window	1	50

功能分区2——比赛场地区

运行责任部门	房间编码	英文名称	数量	面积(m²)
竞赛组织	比赛场地	Field of Play	1	FOP
	运动员检录区	Athlete Call Area	1	场地区
	混合区(运动员通道)	Mixed Zone	1	34
	仲裁席	Jury Seating	1	场地区
	技术代表席	Technical Delegates Seating	1	场地区
	裁判席	Judge Seating	1	场地区
兴奋剂检查	运动员兴奋剂检查标记区	Athletes Tagging	1	场地区
医疗服务	比赛场地周边急救区	Adjacent First Aid Area in FOP	1	场地区
颁奖仪式	颁奖台及旗杆	Awards Podium & Flag Poles	1	场地区

功能分区3——体育竞赛区

运行责任部门	房间编码	英文名称	数量	面积(m²)
竞赛组织	运动员入口门厅(含运动员接待处)	Reception & Info Desk	1	242
	热身场地	Warm-up Area	2	613+613
	参赛运动员休息区	Athlete Lounge1	1	173
	非参赛运动员休息区	Athlete Lounge2	1	57
	运动员更衣室	Athlete ChangeRoom	6	123+126+128+123+107+107
	男裁判更衣室	Judge Locker room (male)	1	27

运行责任部门	房间编码	英文名称	数量	面积(m²)
竞赛组织	女裁判更衣室	Judge Locker room (female)	1	29
	竞赛常务副主任办公室	Competition Executive Manager Office	1	42
	竞赛主任办公室	Competition Director Office	1	50
	竞赛公共办公区	Competition Assigned Work Area	1	46
	竞赛会议室	Competition Meeting Room	2	50/42
	竞赛综合事务办公室	Competition Admistration Office	1	70
	国内技术官员办公室	NTOs' Office	1	61
	竞赛管理办公室	Competition Work Area	1	70
	国际单项体育联合会主席办公室	IFs President's Office	1	42
	国际单项联合会秘书长办公室	IFs Secretary's Office	1	40
	国际单项体育联合会技术代表室	IFs Technical Delegates Office	1	61
	国内技术官员(男)更衣室	NTOs' ChangeRoom (male)	1	28
	国内技术官员(女)更衣室	NTOs' ChangeRoom(female)	1	31
竞赛组织	国际单项体育联合会秘书处	IFs Secretariat	1	36
	国际单项体育联合会仲裁	IFs Jury Room	1	60
	国际单项体育单项联合会新闻代表工作室	IFs News Delegates Office	1	19
	国际单项体育医疗官员工作室	IFs Medical Delegates Office	1	27
	国际单项体育联合会会议室	IFs Meetig Room	1	58
	男卫生间	Judge Toilet (male)	2	11+27
	女卫生间	Judge Toilet (female)	2	15+29
	无障碍卫生间	Toilets(Disabled)	2	5+4
	体育器材储存区	Sport Equipment Storage Area	2	217+222
	健身房	Gymnasium	1	50
	技术代表室	TD's office	1	36
	中国篮协协会办公室	CBA Office	1	47
	国内技术官员休息室1	NTOs' Lounge1	1	61
	国际技术官员休息室2	NTOs' Lounge2	1	61
	执委会办公室	Executive committee office	1	56
	清洁间	Clean room	2	2+4
技术	现场成绩处理机房	On-venue Results Room	1	89
	计时计分系统设备存放间	Timing & Scoring Equipment Storage	2	49+68
	头戴设备控制空间	Headset Equipment Control Space	1	场地区
兴奋剂检查	兴奋剂候检室	Office for Doping Control Manager	1	46
	兴奋剂官员办公室	Waiting Area	1	医疗站内
	尿检工作室1(含卫生间)1、2	Processing Room1	1	25
		Processing Room2	1	26
医疗服务	运动员医疗站	Athlete Medical Station	1	205
	运动员候检室	Reception & Waiting Room	1	33
	检查和物理治疗室	Examination Room	1	40

功能分区4——场馆运行区				
运行责任部门	房间编码	英文名称	数量	面积(m²)
场馆管理	场馆主任办公室	Venue Manager Office	1	28
	场馆副主任办公室	Venue Deputy Manager Office	1	44
	场馆运行中心	Venue Operation Centre	1	104
	场馆通信中心	Venue Commuication Centre	1	91
	场馆通信经理工位	Venue Commuication Manager Desk	1	空间区域
	邮件处理点	Mail Desk	1	空间区域
	通信操作员工位	VCC Operators Desks	1	空间区域
	储存区	Storage	1	空间区域
	多功能会议区	Multi-purpose Room	1	99
场馆人事	场馆人事经理办公室	Venue Staffing Management	1	17
	工作人员签到区	Staff Check-in Area	1	73
	工作人员签到处	Staff Check-in Points	1	空间区域
	工作人员问询区	Staff Info. Desk	1	空间区域
	志愿者服务处	Volunteer Services Desk	1	空间区域
	工作人员物品存放间	Cloak Room	1	空间区域
	工作人员休息和用餐区	Staff Break & Dnining Area	1	300
	工作人员卫生间(男)(1-5)	Staff Toilet (male)	5	5x15
	工作人员卫生间(女)(1-5)	Staff Toilet(female)	5	5x13
	清洁间	Cleaning room	7	4x5+5+3
场馆财务	场馆财务经理办公室	Venue Finance Manager Office	1	32
观众服务	观众服务管理办公区	Spectator Services Management Area	1	80
	物资储存和分发区	SPS Equipment Storage & Distribution	1	60
	工作部署区	Briefing Area	1	114
票务	票务办公室	Ticketing Management Office	1	17
语言服务	语言服务经理办公区	LAN Manager Office	1	26
市场开发	特许商品场馆零	MER Management Area/ Cash Room	1	34
	商品储存区	MER Storage	8	87
注册	场馆注册中心	Venue Accreditation Office	1	48
	每日卡发放区	Day Pass Issue Desk	1	空间区域
	等待区	Accreditation Waiting Area	1	空间区域
	注册经理办公点和储藏区	Accreditation Manager Desk	1	空间区域
场馆设施管理	场馆设施管理办公区	Site Managment Work Area	1	70
	后勤工人休息区	Response Team & Vendor Staging	1	30
	电源工作间与备件存放	Power Workshop & Storage	1	30
技术	数据网络综合布线间	Main Cabling center Room	1	76
	综合布线主配线间	Main Cabling Room	1	30
	固定通信设备机房	Fix Telecomcomuication Equiptmet Room	1	87
	移动通信设备机房	Mobile Telecommuication Equipment Room	2	47+70
	无线通信机房	Wireless Communication Room	1	27
	扩声控制室	Public Address Control Room	1	28
	扩声设备临时安装空间	Temporary PA Equipment Room	1	空间区域
	有线电视机房	CATV Control Room	1	56
	显示屏控制室	Video Board Control Room	1	空间区域
	中央/设备监控室	Central Control Manager Room	1	59
	灯光控制室	Lighting Control Room	1	37
	集群通信设备分发间	Trunk Radio Distribution Room	1	30

运行责任部门	房间编码	英文名称	数量	面积(m²)
技术	场馆技术运行中心	Venue Technology Operation Center	1	56
	技术支持服务中心	Technology Help Desk	1	29
	成绩复印分发室	Results Printing & Distribution	1	68
	固定通信技术人员工作室	Fix Telecommunication Operation	1	27
	移动通信技术人员工作室	Mobile Telecommunication Operation	1	24
	流动扩声系统设备存放间	Audio Equipment Room	1	45
	IT设备存放间	IT Equiptmet Storage	1	33
	IT设备包装存放间	IT Bulk Storage	1	50
	打印机、复印机包装存放间	Printer/Copier Bulk Storage	1	40
	松下设备包装存放间	Panasonic Equipment Bulk Storage	1	40
	纸张存放间	Paper Storage	1	36
	UPS包装存放间	UPS Bulk Storage		20
物流	物流经理办公室	Logistic Management	1	70
	物流综合区	Logistic Compound	1	1500
	物流管理办公区	Logistic Management Area	1	综合区内
	工人休息区	Workers Lounge	1	综合区内
	特殊物资存储区	Special Materials Storage	1	综合区内
	技术设备包装物资储区	Warehouse Storage	1	综合区内
	维修物资仓库和工作	Maintenance Warehouse &Workshop	1	综合区内
	指路标识及临时设施仓库	Vendor Secure Storage	1	综合区内
	办公用品存储间	Office Supplies Storage	1	综合区内
	服装存储间	Uniform Storage	1	综合区内
	形象景观仓储室	IMI Work &Storage Area	1	综合区内
	物资回收及分发室	Equipment Sign-out	1	综合区内
	物流卸货区	Loading & Vehicle Staging	1	综合区内
	物资转运区	Materials Transfer Area	1	综合区内
	油箱存储间	Fuel Tanks	1	综合区内
	维修车辆停放区	Material Vehicle Staging	1	综合区内
	卫生间	Toilet	2	综合区内
餐饮服务	餐饮经理办公室(餐饮管理办公区)	Catering Manager Office	1	30
	餐饮综合区	Catering Compound	1	500
	餐饮供应商办公室	Catering Contractor Office	1	综合区内
	饮料供应商办公室	Beverage Contractor Office	1	综合区内
	干货冷藏室	Dry, Cold & Ice Storage	1	综合区内
	卸货区	Vehicle Staging	1	综合区内
	厨房和备餐区	Kitchen & Preparation Area	1	综合区内
	露天储存区	Uncovered Storage	1	综合区内
	餐饮人员专用卫生间	Catering Staff Toilet	1	综合区内
环境	环境经理办公室	CLW Manager Office	1	综合区内
	清洁物品储藏间	Cleaning Item Storage	1	70
	清废综合区	CLW Compound	1	200
	清废管理与清废工人休息区	Management and Break Area	1	综合区内
	清洁设备储存区	Cleaning Equipment Supply & Storage	1	综合区内

功能分区5——场馆运行区				
运行责任部门	房间编码	英文名称	数量	面积(m²)
场馆管理	场馆主任办公室	Venue Manager Office	1	28
	场馆副主任办公室	Venue Deputy Manager Office	1	44
	场馆运行中心	Venue Operation Centre	1	104
	场馆通信中心	Venue Commuication Centre	1	91
	场馆通信经理工位	Venue Commuication Manager Desk	1	空间区域
	邮件处理点	Mail Desk	1	空间区域
	通信操作员工位	VCC Operators Desks	1	空间区域
	储存区	Storage	1	空间区域
	多功能会议区	Multi-purpose Room	1	99
场馆人事	场馆人事经理办公室	Venue Staffing Management	1	17
	工作人员签到区	Staff Check-in Area	1	73
	工作人员签到处	Staff Check-in Points	1	空间区域
	工作人员问询区	Staff Info. Desk	1	空间区域
	志愿者服务处	Volunteer Services Desk	1	空间区域
	工作人员物品存放间	Cloak Room	1	空间区域
	工作人员休息和用餐区	Staff Break & Dnining Area	1	300
	工作人员卫生间(男)(1-5)	Staff Toilet（male)	5	5x15
	工作人员卫生间(女)(1-5)	Staff Toilet(female)	5	5x13
	清洁间	Cleaning room	7	4x5+5+3
场馆财务	场馆财务经理办公室	Venue Finance Manager Office	1	32
观众服务	观众服务管理办公区	Spectator Services Management Area	1	80
	物资储存和分发区	SPS Equipment Storage & Distribution	1	60
	工作部署区	Briefing Area	1	114
票务	票务办公室	Ticketing Management Office	1	17
语言服务	语言服务经理办公区	LAN Manager Office	1	26
市场开发	特许商品场馆零	MER Management Area/ Cash Room	1	34
	商品储存区	MER Storage	8	87
注册	场馆注册中心	Venue Accreditation Office	1	48
	每日卡发放区	Day Pass Issue Desk	1	空间区域
	等待区	Accreditation Waiting Area	1	空间区域
	注册经理办公点和储藏区	Accreditation Manager Desk	1	空间区域
场馆设施管理	场馆设施管理办公区	Site Managment Work Area	1	70
	后勤工人休息区	Response Team & Vendor Staging	1	30
	电源工作间与备件存放	Power Workshop & Storage	1	30
技术	数据网络综合布线间	Main Cabling center Room	1	76
	综合布线主配线间	Main Cabling Room	1	30
	固定通信设备机房	Fix Telecomcomuication Equiptmet Room	1	87
	移动通信设备机房	Mobile Telecommuication Equipment Room	2	47+70
	无线通信机房	Wireless Communication Room	1	27
	扩声控制室	Public Address Control Room	1	28
	扩声设备临时安装空间	Temporary PA Equipment Room	1	空间区域
	有线电视机房	CATV Control Room	1	56
	显示屏控制室	Video Board Control Room	1	空间区域
	中央/设备监控室	Central Control Manager Room	1	59
	灯光控制室	Lighting Control Room	1	37

运行责任部门	房间编码	英文名称	数量	面积(m²)
技术	集群通信设备分发间	Trunk Radio Distribution Room	1	30
	场馆技术运行中心	Venue Technology Operation Center	1	56
	技术支持服务中心	Technology Help Desk	1	29
	成绩复印分发室	Results Printing & Distribution	1	68
	固定通信技术人员工作室	Fix Telecommunication Operation	1	27
	移动通信技术人员工作室	Mobile Telecommunication Operation	1	24
	流动扩声系统设备存放间	Audio Equipment Room	1	45
	IT设备存放间	IT Equiptmet Storage	1	33
	IT设备包装存放间	IT Bulk Storage	1	50
	打印机、复印机包装存放间	Printer/Copier Bulk Storage	1	40
	松下设备包装存放间	Panasonic Equipment Bulk Storage	1	40
	纸张存放间	Paper Storage	1	36
	UPS包装存放间	UPS Bulk Storage		20
物流	物流经理办公室	Logistic Management	1	70
	物流综合区	Logistic Compound	1	1500
	物流管理办公区	Logistic Management Area	1	综合区内
	工人休息区	Workers Lounge	1	综合区内
	特殊物资存储区	Special Materials Storage	1	综合区内
	技术设备包装物仓储区	Warehouse Storage	1	综合区内
	维修物资仓库和工作	Maintenance Warehouse &Workshop	1	综合区内
	指路标识及临时设施仓库	Vendor Secure Storage	1	综合区内
	办公用品储间	Office Supplies Storage	1	综合区内
	服装存储间	Uniform Storage	1	综合区内
	形象景观仓储室	IMI Work &Storage Area	1	综合区内
	物资回收及分发室	Equipment Sign-out	1	综合区内
	物流卸货区	Loading & Vehicle Staging	1	综合区内
	物资转运区	Materials Transfer Area	1	综合区内
	油箱存储间	Fuel Tanks	1	综合区内
	维修车辆停放区	Material Vehicle Staging	1	综合区内
	卫生间	Toilet	2	综合区内
餐饮服务	餐饮经理办公室(餐饮管理办公区)	Catering Manager Office	1	30
	餐饮综合区	Catering Compound	1	500
	餐饮供应商办公室	Catering Contractor Office	1	综合区内
	饮料供应商办公室	Beverage Contractor Office	1	综合区内
	干货冷藏区	Dry, Cold & Ice Storage	1	综合区内
	卸货区	Vehicle Staging	1	综合区内
	厨房和备餐区	Kitchen & Preparation Area	1	综合区内
	露天储存区	Uncovered Storage	1	综合区内
	餐饮人员专用卫生间	Catering Staff Toilet	1	综合区内
环境	环境经理办公室	CLW Manager Office	1	综合区内
	清洁物品储藏间	Cleaning Item Storage	1	70
	清废综合区	CLW Compound	1	200
	清废管理与清废工人休息区	Management and Break Area	1	综合区内
	清洁设备储存区	Cleaning Equipment Supply & Storage	1	综合区内

运行责任部门	房间编码	英文名称	数量	面积(m²)
环境	废弃物暂存区	Waste Sorting Area	1	综合区内
	垃圾压缩机停放区	Waste Contractor	1	综合区内
	车辆周转卸货区	CLW Vehicle Staging	1	综合区内
功能分区6——安保及交通运行区				
运行责任部门	房间编码	英文名称	数量	面积(m²)
安保	安保服务中心	Security Services Centre	1	商业楼安保用房中划出
	违禁物品存放处	Contraband Storage	1	330
	治安处理点	Public Security Handling Office	1	70
	安保指挥中心	Security Command Centre	1	262
	现场安保指挥通信设备间	On-site Security Commuication Equipment Room	1	53
	反恐防暴屯兵处(反恐人员备勤室)	Anti-terrorism Personnel Duty Room	1	166
	武警部队备勤室	Policeman Duty Room	1	综合区内
	突发事件处置人员备勤室	Emergency Handler Duty Room	1	综合区内
	安保后备用房	Security Reserve Room	2	45+217
	安保指挥监控通信系统用房	Security communication room	1	168
	现场警卫机动力量备勤室	On-site Guard Reserve Force Office	1	94
	要人随身警卫人员备勤室	Guard Duty Room for VIPs	1	82
	要人紧急避险处	Emergency Shelter for VIPs	1	151
	要人警卫工作现场指挥部	On-site Guard Office	1	48
	消防指挥室	Fire Fighting Command Office	1	61
	现场消防通信指挥室	On-site Fire Fighting Communication Command Office	1	
	消防备勤室	Fire Fighting Reserve Office	2	22+21
	安保观察平台	Security Observation Positions	2	19+19
	安保执勤岗亭	Security Observation Positions	多处	沿安保线布
	卫生间（男）	Toilet(Male)	2	15+15
	卫生间（女）	Toilet(Female)	2	13+13
	清洁间	Clean Room	2	1+1
交通	交通监控指挥室	Transport Monitoring & Command Office	1	45
	车辆调度室	Vehicle Dispatch Room	1	30
	司机休息室	Driver Break Room	1	100
	交通路障设施存放区域	Storage Yard	1	30

总平面图

A. 观众活动区
A1. 观众出口
A2. 撕票口
A3. 公交场站
A4. 地铁站
A5. 公交港湾
A6. 公交临时上车点
A7. 失物招领
A8. 观众餐饮售卖点

B. 体育竞赛区
B1. 运动员入口
B2. 运动员下车点
B3. 运动员训练下车点
B4. 技术官员入口
B5. 技术官员下车点
B6. 体育器材存储区
B7. 运动员／技术官员停车区

C. 新闻工作区
C1. 媒体工作区
C2. 媒体入口
C3. 注册人员通道
C4. 媒体下车点

D. 场馆运营区
D1. 工作人员入口
D2. 棒球功能用房
D3. 棒球场功能用房
D4. 场馆注册中心
D5. 物流综合区（1500）
D6. 餐饮综合区（500）
D7. 清废综合区（400）
D8. 工作人员签到处
D9. 特许商品零售点
D10. 观众餐饮售卖点
D11. 观众医疗站
D12. 观众信息亭
D13. 观众临时卫生间
D14. 票务服务台
D15. 售票口
D16. 轮椅寄放区
D17. 移动通信应急车
D18. 工作人员休息及用餐区
D19. 观众服务和管理办公区
D20. 物资存储和分发区
D21. 工作部署中心
D22. 后勤人员休息区
D23. 电源工作间与备件存放
D24. 集群设备分发区
D25. 物流综合区（800）
D26. 餐饮综合区（200）
D27. 清废综合区（200）

E. 安保及交通运行区
E1. 车辆免检入口（现有车辆入）
E2. 车辆安检入口
E3. 车辆出口
E4. 持证人员安检入口
E5. 车辆调度室
E6. 交通路障存放室
E7. 司机休息室
E8. 治安处理点
E9. 注册人员通道
E10. 观众安检口
E11. 违禁物品存放

F. 非赛时使用空间区

G. 比赛场地区
G1. 12000 座棒球比赛场
G2. 3000座棒球比赛（训练）场
G3. 棒球训练场

H. 电视转播区
H1. 电视转播综合区
H2. 交通路障

I. 场馆礼宾区
I1. 贵宾入口
I2. 贵宾下车点
I3. 贵宾停车区

J. 仪式及文化活动区
J1. 颁奖仪式用房

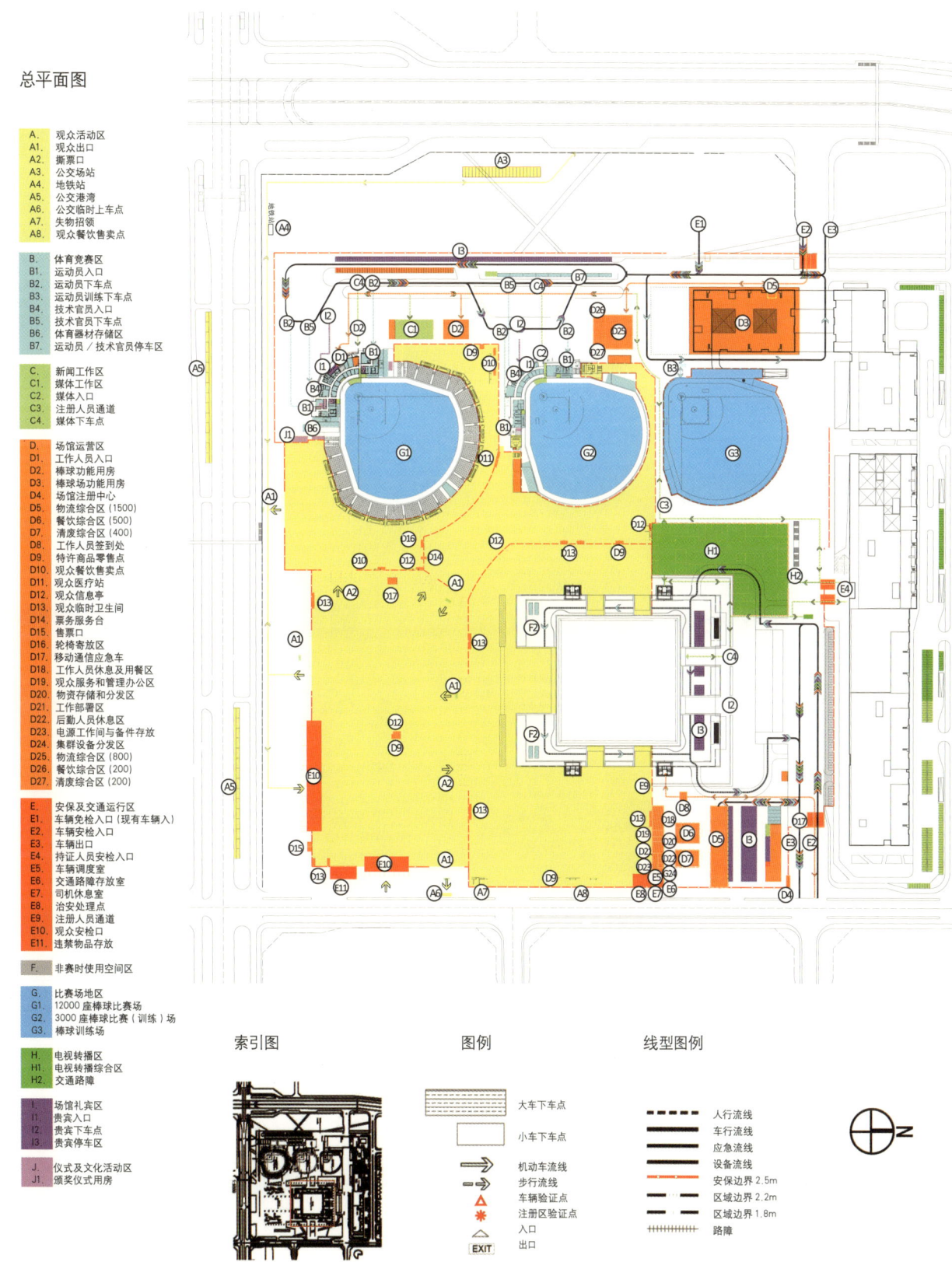

索引图

图例

	大车下车点
	小车下车点
→	机动车流线
⇢	步行流线
▲	车辆验证点
✳	注册区验证点
△	入口
EXIT	出口

线型图例

	人行流线
	车行流线
	应急流线
	设备流线
	安保边界 2.5m
	区域边界 2.2m
	区域边界 1.8m
+++++	路障

N

设备层平面图

D.	场馆运行区
D1.	计算机设备及主配线间
D2.	网络设备间
D3.	中央／设备监控室
D4.	固定通信设备机房
D5.	固定通信技术人员工作室
D6.	移动通信技术人员工作室
D7.	移动通信设备机房

F.	非赛时使用空间区

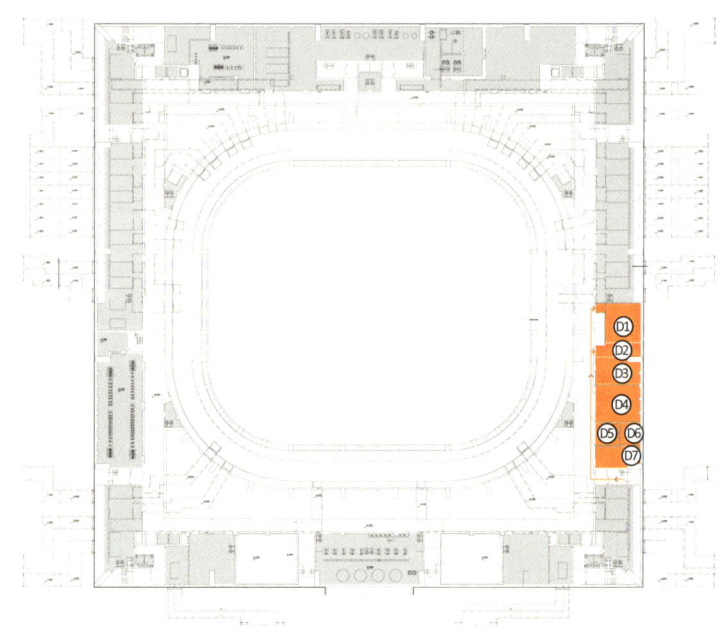

地下竞赛层平面图

B.	体育竞赛区
B1.	非参赛运动员休息室
B2.	国际篮联休息室
B3.	国际篮联主席办公室
B4.	国际篮联秘书长办公室
B5.	国际篮联秘书处
B6.	国际篮联医疗官员办公室
B7.	国际篮联新闻代表办公室
B8.	仲裁办公室
B9.	国际篮联会议室
B10.	国内技术官员（男）更衣室
B11.	国内技术官员（女）更衣室
B12.	国内技术官员办公室
B13.	国内技术官员休息室
B14.	国际技术官员休息室
B15.	体育器材储存区
B16.	运动员更衣室
B17.	兴奋剂候检室
B18.	尿检工作室1（含卫生间）
B19.	尿检工作室2（含卫生间）
B20.	运动员医疗站
B21.	物理治疗室
B22.	抢救室
B23.	等候和候检
B24.	治疗室
B25.	医生办公室
B26.	女卫生间（含淋浴）
B27.	男卫生间（含淋浴）
B28.	参赛运动员休息室
B29.	中国篮协办公室
B30.	竞赛公共办公区
B31.	健身房
B32.	计时计分系统设备存放间
B33.	男裁判更衣室
B34.	女裁判更衣室
B35.	现场成绩处理机房
B36.	男卫生间
B37.	女卫生间
B38.	无障碍卫生间
B39.	竞赛会议室
B40.	竞赛综合事务办公室
B41.	竞赛运行办公室
B42.	竞赛主任／副主任办公室
B43.	技术代表室
B44.	热身场地
B45.	预留运动员大巴停车位
B46.	运动员下车点
B47.	运动员入口
B48.	运动员入口门厅（含运动员接待）
B49.	技术官员下车点
B50.	技术官员入口
B51.	非参赛运动员入口

C.	新闻运行区
C1.	文字记者工作区
C2.	摄影记者工作区
C3.	摄影经理办公室
C4.	新闻发布厅
C5.	新闻发布转播控制室
C6.	混合区
C7.	奥林匹克新闻服务办公室
C8.	成绩公报协调员办公室
C9.	信息终端查询摆放区域
C10.	新闻经理办公室
C11.	媒体休息室
C12.	男卫生间
C13.	女卫生间
C14.	无障碍卫生间
C15.	媒体入口

D.	场馆运行区
D1.	纸张存放间
D2.	IT设备存放间
D3.	流动扩声系统设备存放间
D4.	成绩复印分发室
D5.	垃圾暂存间
D6.	清洁物品储存间
D7.	女卫生间
D8.	男卫生间
D9.	清洁间
D10.	物流经理办公室
D11.	有线电视机房
D12.	预留救护车紧急停车位
D13.	工作人员入口
D14.	仪式及文化活动入口
D15.	疏散出口
D16.	医疗人员入口

E.	安保及交通运行区
E1.	现场消防通信指挥室
E2.	交通监控指挥室
E3.	安保后备用房
E4.	要人紧急避险室
E5.	消防入口
E6.	安保出口
E7.	安保入口

F.	非赛时使用空间区

G.	比赛场地区

H.	电视转播区
H1.	评论员控制室
H2.	转播信息办公室

I.	场馆礼宾区
I1.	贵宾停车区
I2.	贵宾入口

J.	仪式及文化活动区
J1.	体育展示办公室
J2.	拉拉队更衣间
J3.	颁奖台储藏室
J4.	仪式经理办公室
J5.	国旗储存室
J6.	奖牌存放室
J7.	礼仪人员准备室

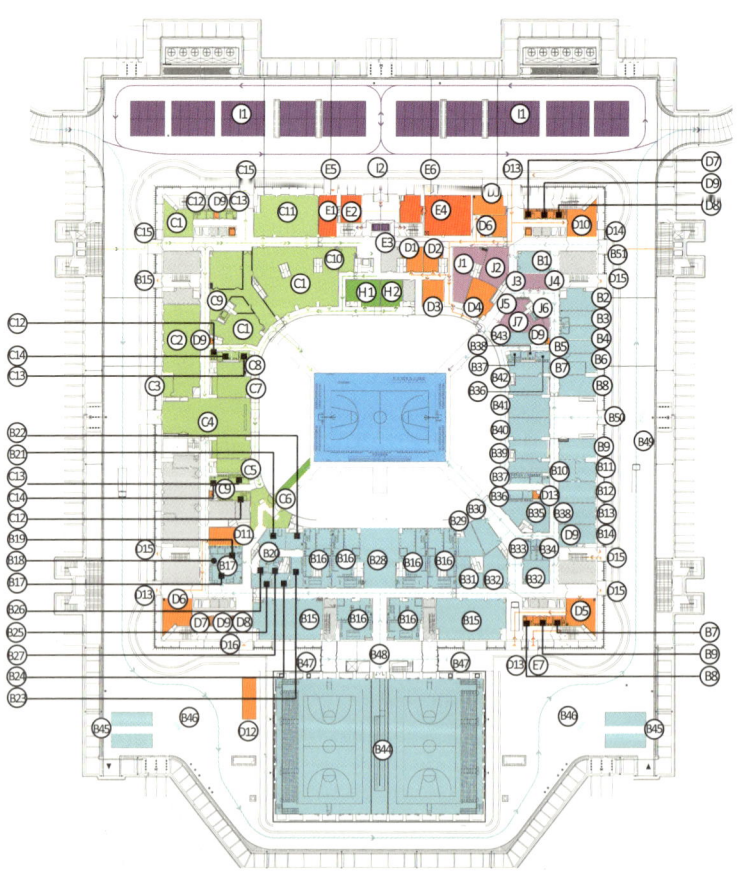

地下夹层平面图

D. 场馆运行区
D1. 移动通信机房
D2. 场馆通信中心
D3. 场馆主任办公室
D4. 场馆副主任办公室
D5. 场馆财务经理办公室
D6. 场馆人事经理办公室
D7. 场馆语言服务经理办公室
D8. 票务办公室
D9. 多功能会议区
D10. 场馆运行中心
D11. 技术支持服务中心
D12. 场馆技术运行中心
D13. 市场开发经理办公室
D14. 女卫生间
D15. 男卫生间
D16. 清洁间

E. 安保及交通运行区
E1. 现场警卫机动力量备勤室
E2. 要人随身警卫人员备勤室
E3. 要人警卫工作现场指挥部
E4. 安保后备用房
E5. 安保指挥中心
E6. 安保指挥监控通信系统机房
E7. 治安处理点
E8. 现场安保指挥通信设备间
E9. 反恐防爆屯兵处通信设备间
E10. 女卫生间
E11. 男卫生间

F. 非赛时使用空间区

G. 比赛场地区

I. 场馆礼宾区
I1. 小型备餐间
I2. 餐厅和休息区
I3. 贵宾会客室
I4. 礼宾服务经理办公室
I5. 陪同人员休息区
I6. 女卫生间
I7. 男卫生间
I8. 无障碍卫生间

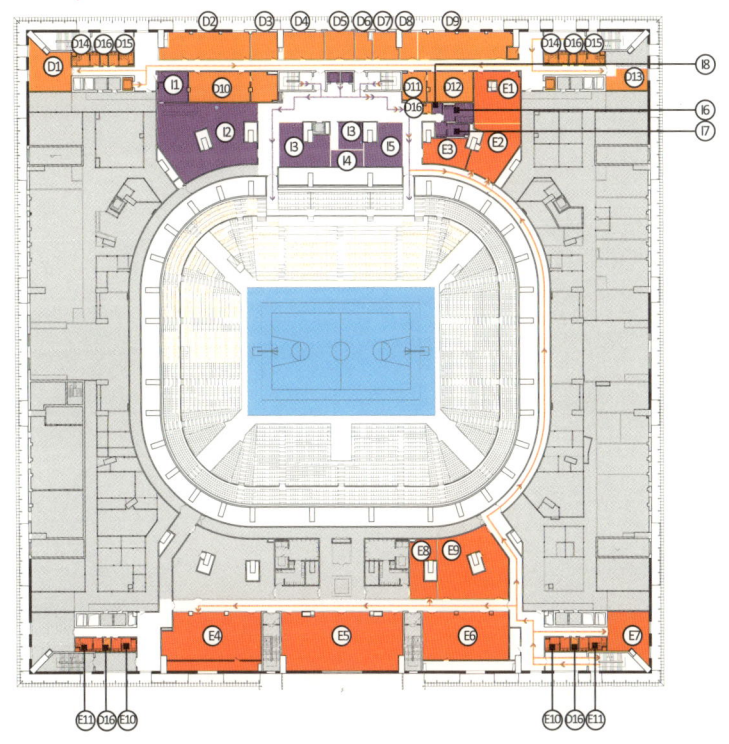

一层平面图

A. 观众活动区
A1. 观众集散大厅
A2. 观众卫生间（女）
A3. 观众卫生间（男）
A4. 无障碍卫生间
A5. 自动取款机
A6. 观众饮水处

C. 新闻运行区
C1. 媒体入口大厅
C2. 媒体接待处
C3. 媒体卫生间（女）
C4. 媒体卫生间（男）

D. 场馆运行区
D1. 垃圾处理
D2. 库房
D3. 特许商品场馆零售店
D4. 票务服务台
D5. 清洁间
D6. 观众婴儿车轮椅寄存区
D7. 观众医疗站

F. 非赛时使用空间区

G. 比赛场地区

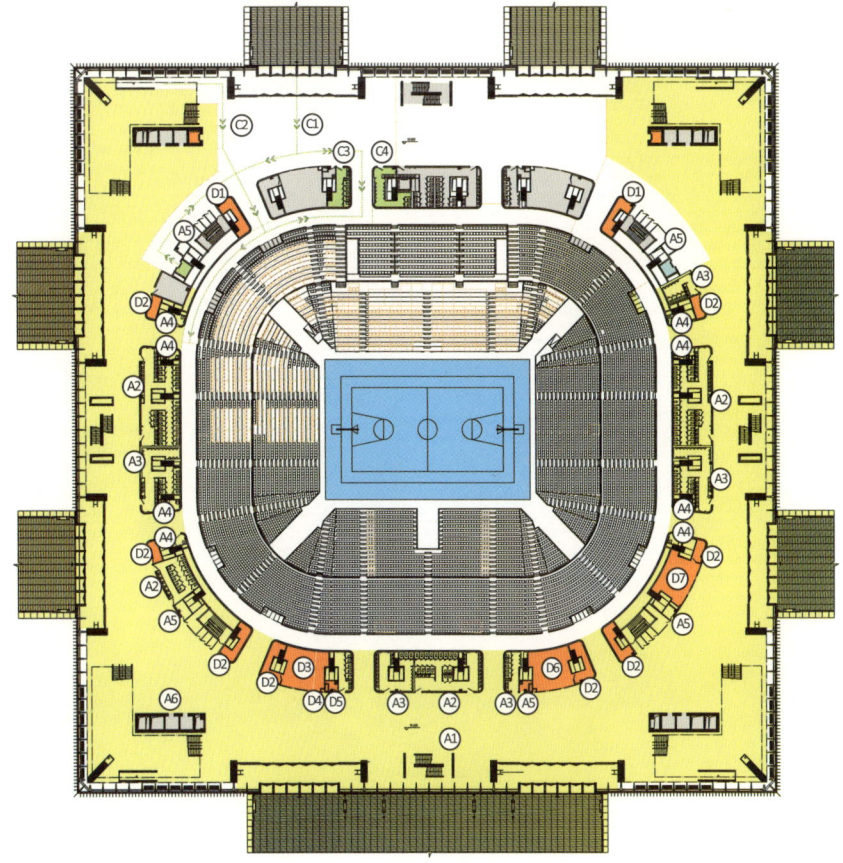

二层平面图

A. 观众活动区
D. 场馆运行区
F. 非赛时使用空间区
G. 比赛场地区

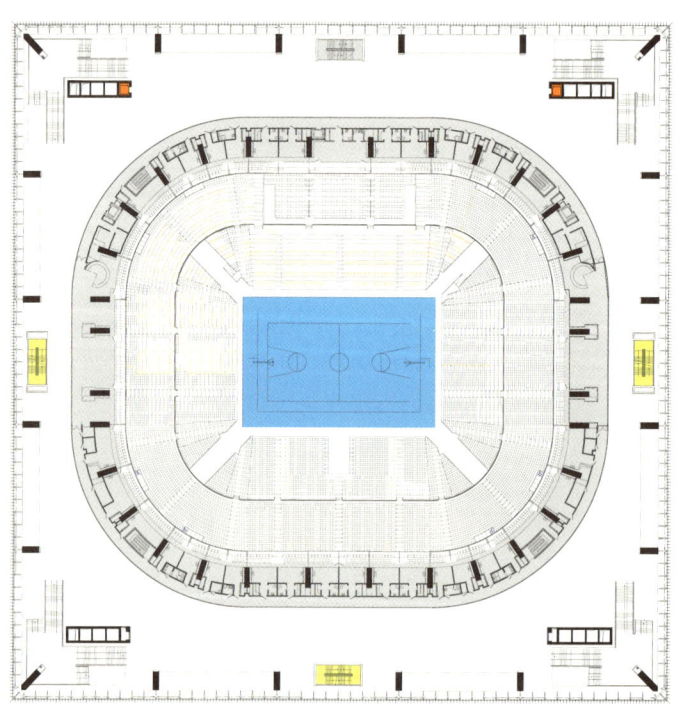

三层平面图

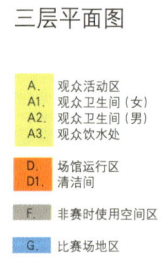

A. 观众活动区
A1. 观众卫生间（女）
A2. 观众卫生间（男）
A3. 观众饮水处

D. 场馆运行区
D1. 清洁间

F. 非赛时使用空间区

G. 比赛场地区

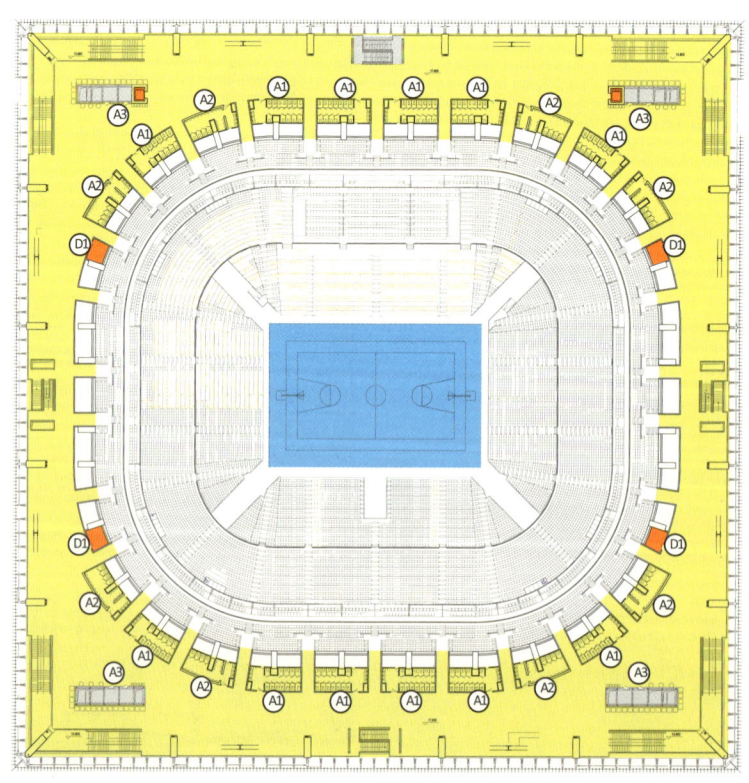

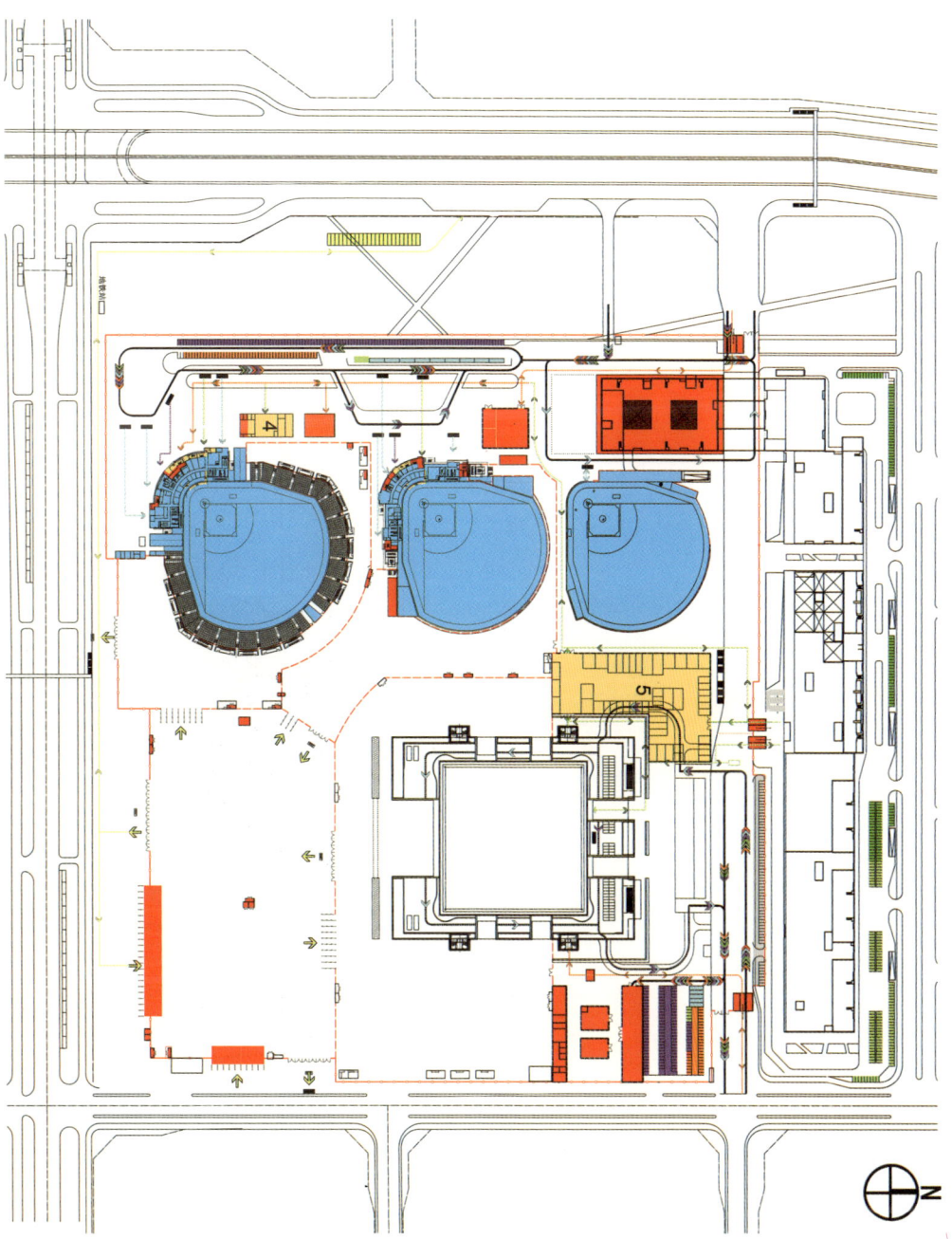

总平面图

坐席层平面图

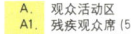

A. 观众活动区
A1. 残疾观众席 (5)

B. 体育竞赛区

C. 新闻运行区
C1. 摄影记者席

D. 场馆运行区
D1. 灯光控制室
D2. 扩声控制室

E. 安保及交通运行区
E1. 安保观察平台
E2. 消防备勤室

F. 非赛时使用空间区

G. 比赛场地区

H. 电视转播区
H1. 摄像机位 A
H2. 播音席

I. 场馆礼宾区
I1. 贵宾席

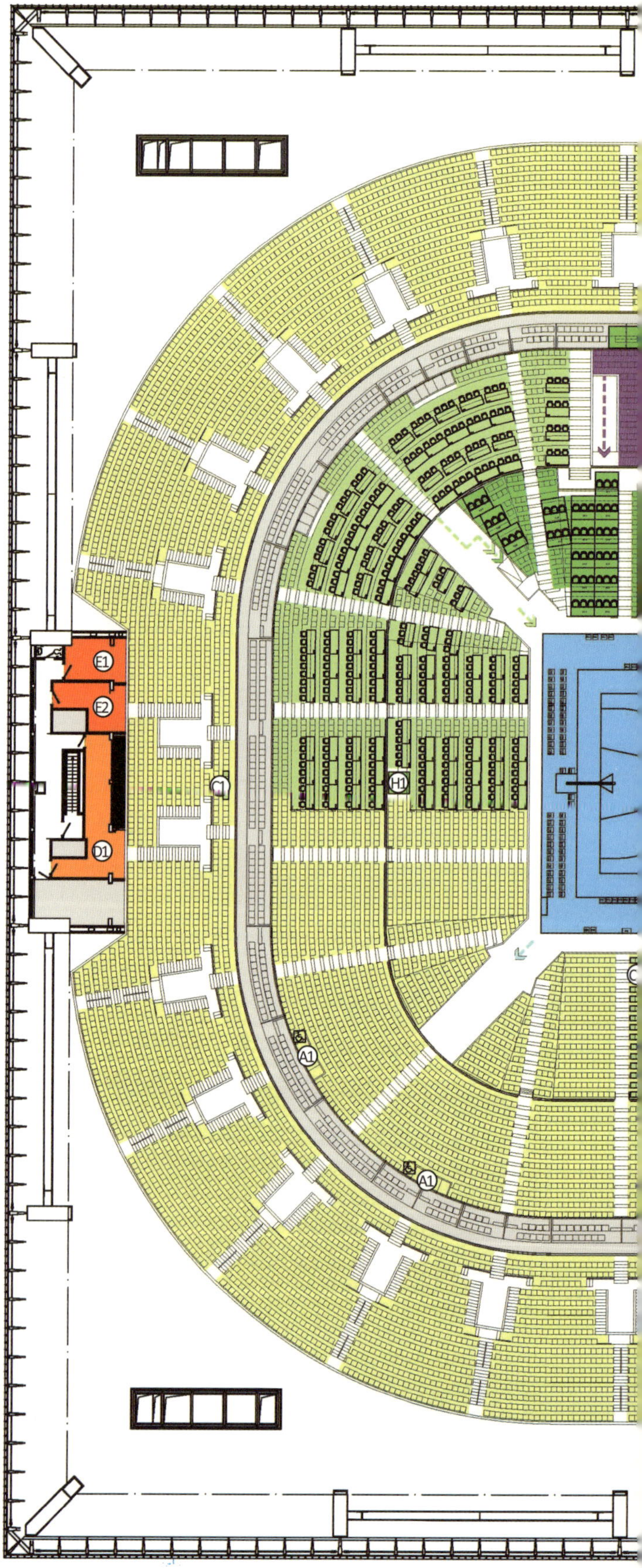

注册人员坐席列表

	注册人员分类	坐席数
1	运动员及随队官员	300/400
2	奥林匹克大家庭贵宾	520
	广播电视转播人员	
3	评论员席	79/237
	观察员席	75
	文字摄影媒体	
4	带桌文字媒体	100/300
	不带桌文字媒体	300
	摄影记者	50

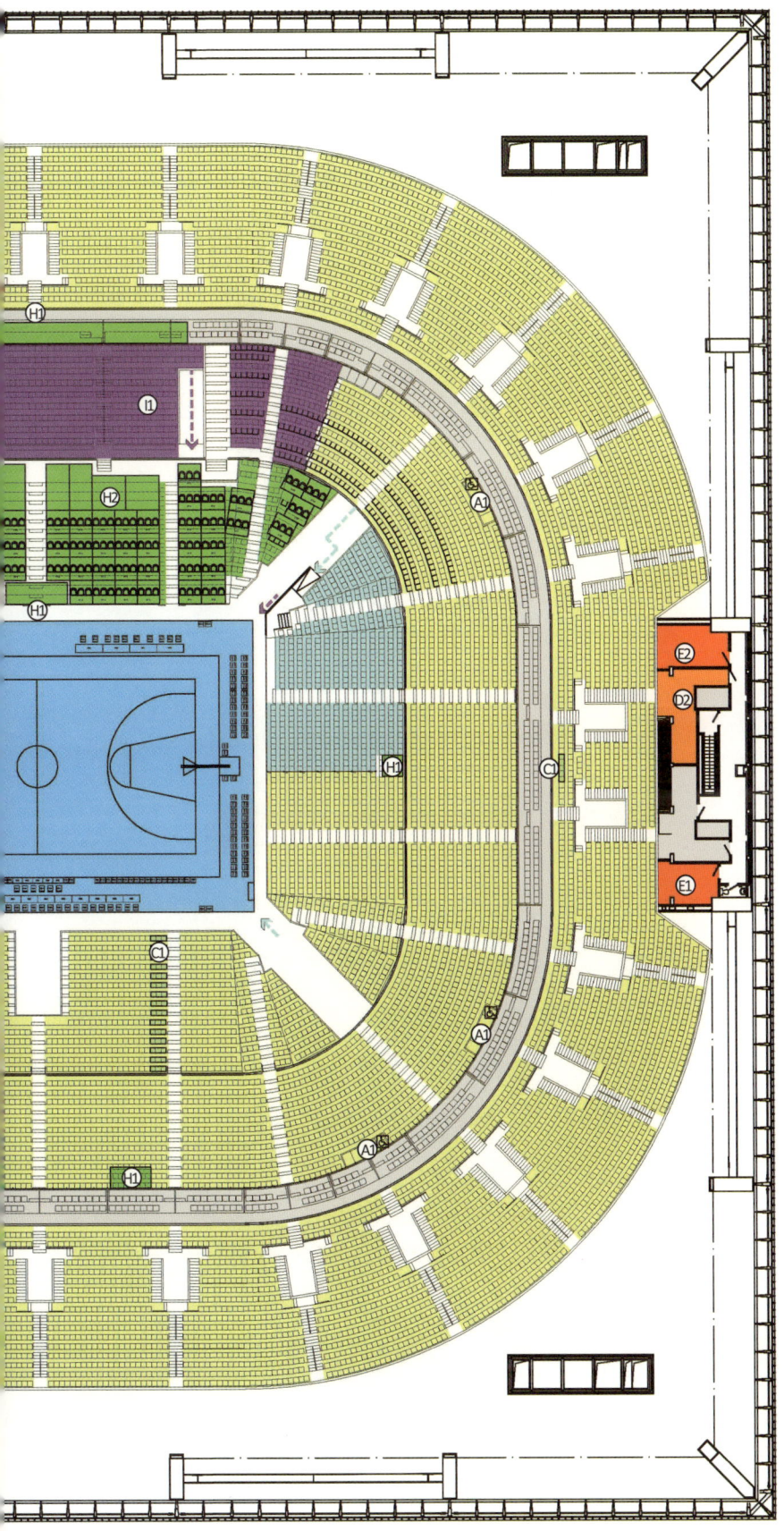

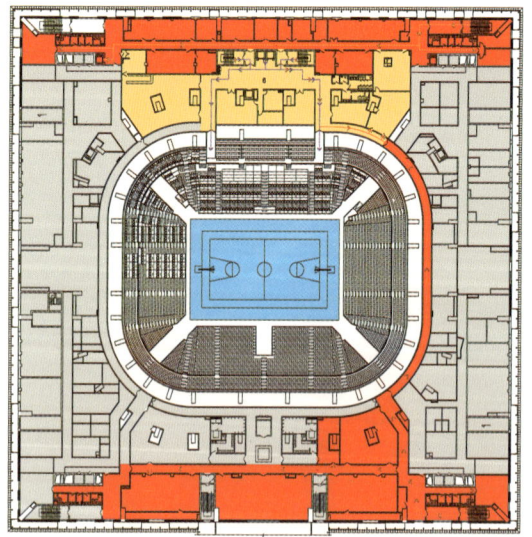

设备层平面图

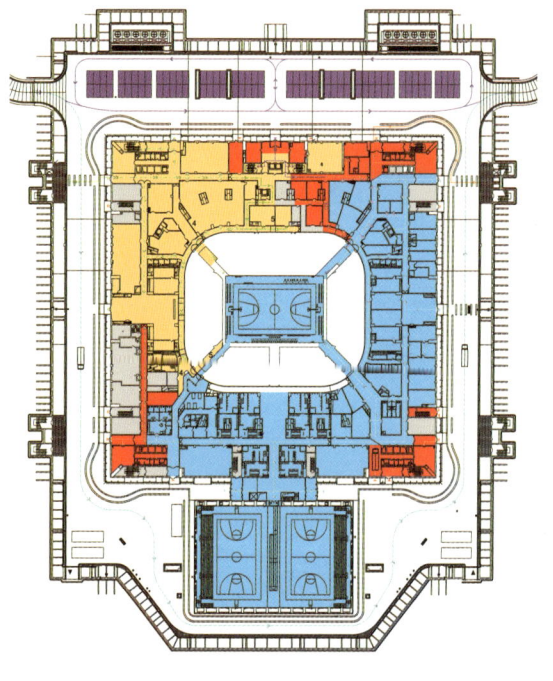

地下竞赛层平面图

地下夹层平面图

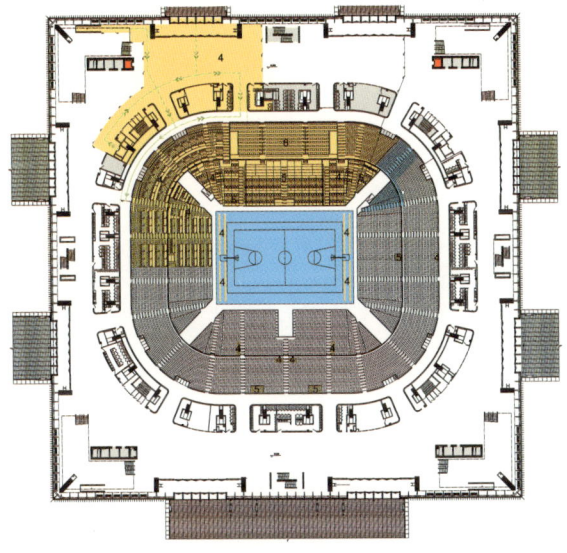

一层平面图

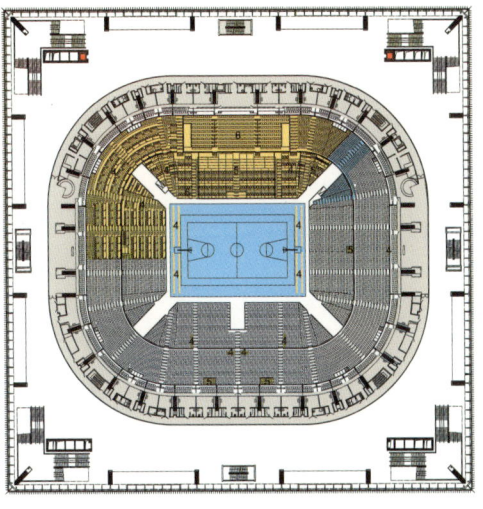

二层平面图

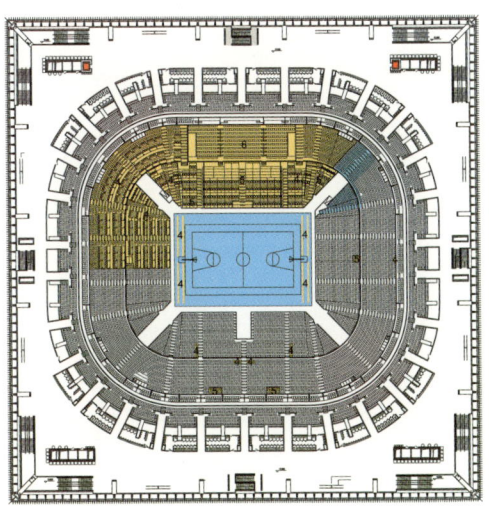

三层平面图

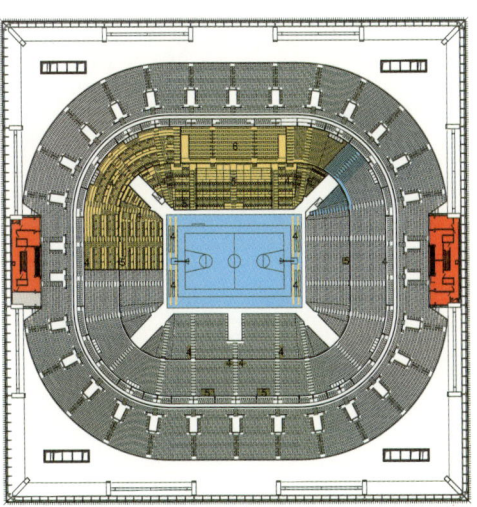

坐席层平面图

比赛场地平面图

B. 体育竞赛区
B1. 球队席
B2. 运动员、技术官员入场区
B3. 混合区（运动员通道）

C. 新闻运行区
C1. 摄影记者席
C2. 媒体入口
C3. 摄影

G. 比赛场地区
G1. 记录台
G2. 技术统计与体育展示台
G3. 竞赛阻止管理席
G4. 技术代表席
G5. 仲裁席
G6. 替补裁判席
G7. SSV
G8. 医疗
G9. 头戴设备柜
G10. 简易计时钟，比分屏

H. 电视转播综合区
H1. 摄像机位

J. 仪式与文化活动区
J1. 颁奖仪式入口

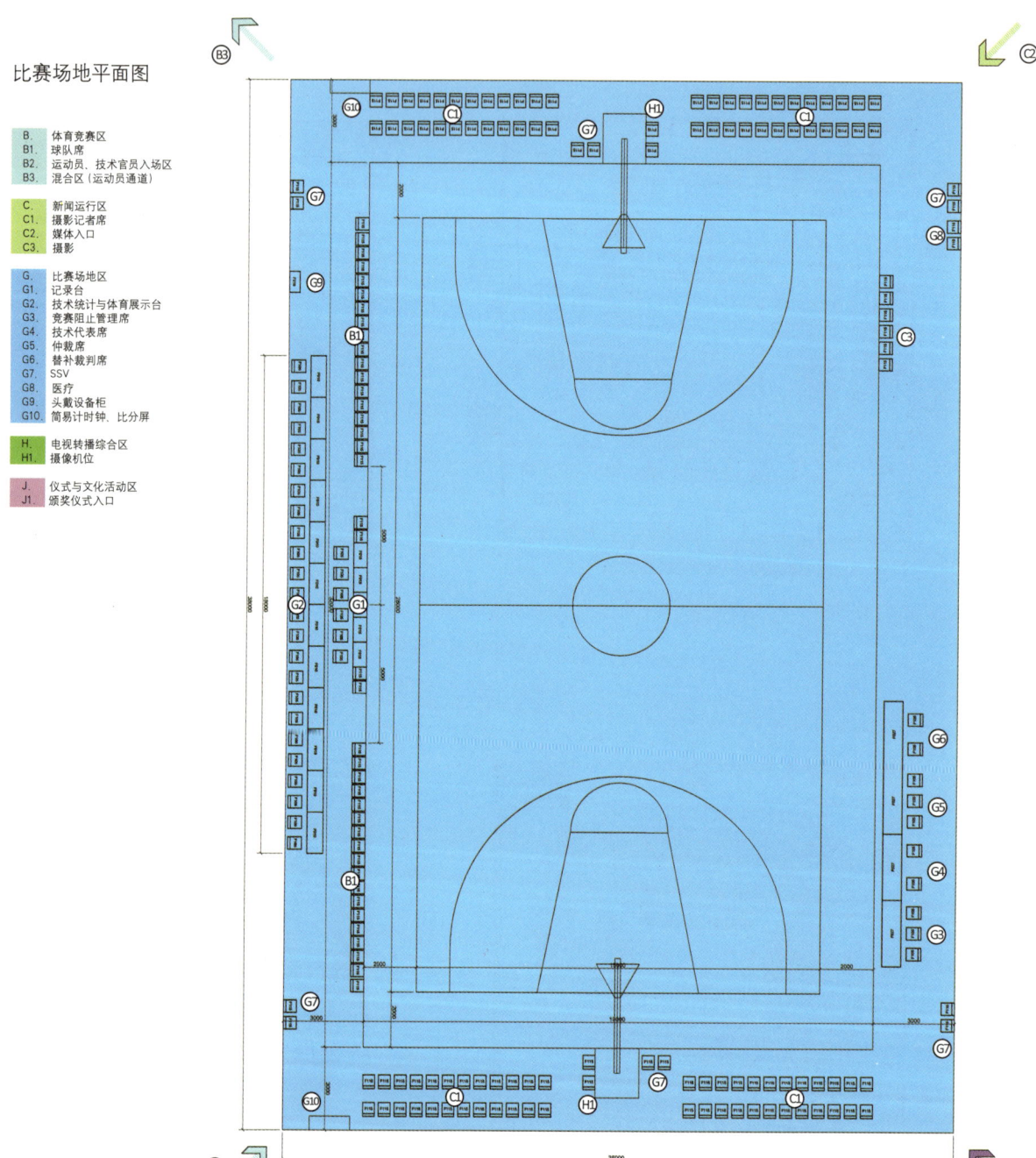

棒球比赛

五棵松体育场——棒球场

棒球场的比赛场地应满足奥运会棒球比赛的使用要求。棒球比赛场地设计应符合《国际棒球联合会竞赛规则》和《体育建筑设计规范》，并应参照国际篮联的技术标准。

比赛场地的设计

场地应设置接手区、击球区、跑垒指导区、准备击球区、投手区、本垒打线、草地线、安全警示区。

(1) 接手区：自本垒尖角后 2.44m 处画一条横线，线长 1.10m，线的两端距本垒中线各 0.55m。然后再从两端向本垒方向各画一与本垒中心平行的线，与击球区界限连接，这个区域叫接手区。

(2) 击球区：在本垒的左右两侧，各画一个长方形的击球区。该区长 1.82m，宽 1.22m。两区相临近的内侧界线各距本垒板边沿为 0.15m，以本垒横中心线为准，击球区的前后部分各长 0.91m。

(3) 跑垒指导区：在一、二垒及二、三垒垒线与边线相交的点以外 4.57m 处向本垒方向画一条与边线平行长 6.10m 的线，再在线的两端向场外各画一条长 3m 的垂直线，这三条线以内的区域为跑垒指导区，在三垒一侧为三垒跑垒指导区。

(4) 准备击球区：在本垒尖角 3.96m 处向本垒纵向中心线两侧各量 11.28m，并以该处为圆心各画一直径为 1.52m 圆圈，此圈就是准备击球区。

(5) 投手区：投手板用白色橡胶制成。板长 61cm，宽 15cm。投手板周围应有 86.4cm 宽，152cm 长的平台。投手板应与平台齐平。投手板和平台必须高于本垒板 38.1cm，直径为 5.48m 的龟背形土墩即投手区（圆心在投手板前沿中心正前 46cm 处），投手板前的斜坡应为平台前沿起向前 1.83m，每向前 30.5cm 降低 2.54cm，然后向四个垒位逐渐倾斜与之齐平，此倾斜度各球场应力求一致。

(6) 本垒打线：以本垒尖角通过二垒，再以二垒中心为基准点，向场地纵轴中心线本垒打方向延伸 11.21m 处为圆心，从该圆心到左右两边线顶点 97.54m 处为半径

画一条弧线与两边线末端相交，此弧线即为 121.92m 的本垒球打线，作为判断本垒打的标志。中外场挡墙外应设置宽 15m、高 5m 的绿色遮屏板（不含 2m 的围墙或围网高度）。在本垒打线与界外线交点处设本垒打标志杆（网），高度至少 12m 以上，以 15m 为宜。

(7) 草地线：以投手板前沿中心为圆心，28.93m 为半径，在界内连接两边划弧线，即为草地线。

(8) 安全警示区：场地内周边应设置 5m 宽的安全警示区域（铺设红土）。

场地要求

(1) 比赛场地必须平整，不得有任何障碍物。

(2) 场地应为内外场铺草、大龟背场地。

(3) 应根据夜场比赛的需要，布置场地灯光。场地内设置 6 根灯柱，高度应为 35m 以上。灯光不可眩目，且应分散均匀，亮度必须达到要求。

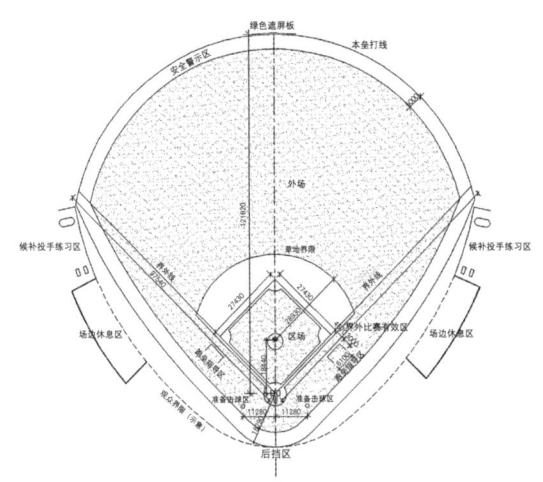

棒球比赛场地平面示意图

比赛规则

比赛需要打 9 局，每队攻守一次为 1 局，9 局比赛分数累计领先者为胜队。如打成平局，继续比赛，称为延长局比赛，直至决出胜负。棒球比赛时间较长，一般需要 3 小时左右。如双方比分相差 10 分及以上时，7 局可结束比赛，双方比分相差 15 分及以上时，5 局可结束比赛。

12000座棒球场

功能分区1——观众活动区

运行责任部门	运行设计房间名称	英文名称	数量	面积(m²)
观众服务	检票口	Ticket Rip	1	空间区域
	观众集散大厅	Spectator Concourse		空间区域
	观众信息亭	Spectator Info Booth	1	24
	失物招领处	Lost & Found		
	观众婴儿车,轮椅寄存区	Spectator Storage	1	38
	公共电话	Pay Phone	4	4x5.4
	制定吸烟区	Designated Somoking Area	1	处理点内
	观众饮水处	Spectator Drinking Fountain	多处	空间区域
环境	临时卫生间	Temporary Toilet	4	4x24
	观众卫生间	Spectator Toilets	18	1180
场馆财务	自动取款机	ATM	4	4x1.8
餐饮服务	观众餐饮售卖点	Spectator Points of Sale	3	3x110
市场开发	特许商品零售点	Concession	3	30+30+30
医疗服务	观众医疗站	Spectator Medical Station	1	184
	接待和候诊区	Reception & Waiting Area	1	空间区域
	医疗区	Medical Treatment Area	1	空间区域
	医生办公室	Doctor Office	1	空间区域
票务	票务服务台	Ticket Management	1	10
	售票处	Ticketing Sales Window	2	25

功能分区2——比赛地区

运行责任部门	运行设计房间名称	英文名称	数量	面积(m²)
竞赛组织	比赛场地	Field of Play	1	FOP
	混合区(运动员通道)	Mixed Zone	1	场地区域内
医疗服务	比赛场周边急救区	Adjacent First Aid Area in FOP	1	场地区域内
颁奖仪式	颁奖台及旗杆	Awards Podium & Flag Poles	1	场地区域内

功能分区3——体育竞赛区

运行责任部门	运行设计房间名称	英文名称	数量	面积(m²)
竞赛组织	运动员接待处	Reception & Info Desk	2	24
	投手练习区	Bullpen	2	262
	封闭击球笼	Batting Tunnel	2	
	运动员休息室	Athletes Lounge	2	12
	运动员更衣室	Athletes Changing Room	2	92
	教练更衣室	Coaches Changing Room	2	30+30
	球童休息室	Ball/Bat Boys Changing Room	1	24
	运动员信息中心	Athletes Information Center	1	
	竞赛主任办公室	Competition Managers' Office	1	20
	竞赛公共会议室	Competition Management Meeting Room	1	28
	竞赛办公室	Competition Management Office	3	19+19+18
	国际单项体育联合会主席办公室	IFs President's Office	1	34
	国际单项联合会秘书长办公室	IFs Secretary General's Office	1	34
	国际单项体育联合会技术代表室	IFs Technical Delegates' Office	1	25
	国际单项体育联合会秘书处(含接待处)	IFs Secretariat	3	22+22+20
	国际单项体育联合会仲裁室	IFs Jury of Appeal Office	1	25
	国际单项体育单项联合会执委办公室	IFs Executive Committee Office	1	25
	国际单项体育联合会会议室	IFs Meeting Room	3	35+54+47
	技术官员休息室	Technical Officials Lounge	1	32
	裁判更衣室	Umpires Changing Room	2	15.5
	体育器材储存区	Sport Equipment Storage Area	3	50+56+101+20
	器材维修	Equipment Repair Workshop		18
	卫生间	Toilet	3	16+16+17
技术	技术委员工作席	Technical Commissioners Seating	2	场地区域
	本项目运动员、随队官员看台	Athletes & Team Official Seating	2	场地区域
	现场成绩处理机房	On-venue Results Room	1	49
	计时计分系统设备存放间	Timing & Scoring Equipment Storage	1	47
	头戴设备控制空间	Headset Equipment Control Space	1	5
兴奋剂检查	兴奋剂官员办公室	Office for Doping Control Manager	1	17
	兴奋剂候检室	Waiting Area	1	44
	尿检工作室1(含卫生间)	Processing Room1	1	16

运行责任部门	运行设计房间名称	英文名称	数量	面积(m²)
兴奋剂检查	尿检工作室2(含卫生间)	Processing Room2	1	17
	储存室	Storage room	1	8
医疗服务	运动员医疗站	Athlete Medical Station	1	98
	运动员候检室	Reception & Waiting Room	1	空间区域
	检查和物理治疗室	Examination Room	1	空间区域
	治疗室	Intensive Care Unit	1	空间区域
	医生办公室和储藏室	Doctor & Nurse Office	1	空间区域

功能分区4——仪式及文化活动区

运行责任部门	运行设计房间名称	英文名称	数量	面积(m²)
颁奖仪式	体育展示办公室	Sport Presentation Office	1	43
	仪式经理办公室及奖牌存放间	Ceremony Managemant & Medal Storage	1	29
	颁奖仪式等候区	Ceremony Waiting Area	1	60
	国旗储藏室	Flag Storage	1	20
	礼仪表演人员准备室(男)	Presenter & Mascot Dressing (Male)	1	55
	礼仪表演人员准备室(女)及鲜花储藏	Presenter & Mascot Dressing (Female)	1	55
	颁奖台储藏室	Awards Podium Storage	1	31.5

功能分区5——电视转播区

运行责任部门	运行设计房间名称	英文名称	数量	面积(m²)
电视转播	电视转播综合区	Broadcasting Compoud	1	4500
	转播管理办公区	Broadcasting Management Office	1	79
	信号制作办公室	Production Office	4	4x66
	转播技术运行中心	Broadcasting Technical Operation Centre	1	120
	转播技术运行办公室	Broadcasting Technical Operation	4	4x89
	技术操作间	Technical Cabin (Maintenance/Speciality)	4	4x89
	技术存储空间	Technical Storage	4	4x60
	电视转播餐饮区	Broadcasting Catering	1	100
	转播餐饮备餐区	Boradcasting Catering Kitchen Area	1	100
	餐厅	Dining Area	1	139
	工作人员休息区	Staff Break Area	1	空间区域
	发电机/备份电源存放区	Power Generator/ Back Power Gernerator	4	4x100
	机电区	Mechanical Zone	4	4x60
	物流存放间	Logistic Storage	4	4x60
	持权转播商用地	RHB working Area	1	空间区域
	转播人员专用卫生间	Broadcasting Toilet	2	2x20
	评论员控制室(CCR)	Commetator Control Room	1	34
	转播信息办公室(BIO)	Broadcasting Informatio Office	1	32
	混合区(电视转播通道)	Mixed Zone	1	22

功能分区6——新闻运行区

运行责任部门	运行设计房间名称	英文名称	数量	面积(m²)
新闻运行	场馆新闻中心	Venue Media Cetre	1	760
	新闻运行经理办公室	Press Office	1	15
	摄影经理办公室	Photo Manager Office	1	15
	奥林匹克新闻服务工作室	Olympic News Service Work Room	1	40
	成绩公报协调员办公室	Results Distribution	1	32
	媒体接待处	Reception & IFO Desk & Storage	1	26
	文字记者工作区	Press Work Area	1	375
	储物柜	Storage	3	23+23+12
	摄影记者工作区	Photo Work Area	1	104
	信息查询终端摆放区域	IFO Allocation Area	1	空间区域
	文字记者储物柜摆放区域	Press Locker	1	空间区域
	摄影记者储物柜摆放区域	Photographic Locker	1	空间区域
	成绩公报柜摆放区域	Result Cabinet Allocation Area	1	空间区域
	信息打印/复印区域	Info Print/Copy Area	1	空间区域
	电视机/冰柜摆放区域	TV/Refrigeratory Allocation Area	1	空间区域
	新闻媒体专用卫生间	Toilet	3	16
	新闻媒体专用卫生间	Toilet	2	17.5
	媒体休息区	Press Lounge	1	101
	餐饮售卖点及休息区	Dining & Lounge	1	空间区域
	小型备餐间	Food Preparation Room	1	空间区域
	新闻发布厅	Press Conferece Room	1	173

运行责任部门	运行设计房间名称	英文名称	数量	面积(m²)
新闻运行	新闻发布转播控制室	Broadcasting Control Room	1	空间区域
	座席区	Seating Area	1	空间区域
	主席台	Dais	1	空间区域
	摄像机平台	Camera Platform	1	空间区域
	媒体租用空间	Media Area For Rent	2	58+52
	混合区(新闻媒体通道)	Mixed Zone	1	25米长
功能分区7——场馆礼宾区				
运行责任部门	运行设计房间名称	英文名称	数量	面积(m²)
场馆礼宾	场馆礼宾经理办公室	VIP Protocol Manager Desk	1	29
	贵宾门厅(含贵宾接待与交通服务处)	Welcome & Trasporat Info Desk	1	28
	储藏室	Storage room	1	11
	衣帽间	Cloak Room	1	13
	贵宾休息室	VIP Lounge	2	56+111
	餐台和休息区	Dining & Lounge	1	空间区域
	小型备餐间	Food Preparation Room	2	14+23
	贵宾卫生间	VIP Toilet	3	11+19+5
	陪同人员休息区	Staff & Volunteer Room and Storage	1	37
功能分区8——场馆运行区				
运行责任部门	运行设计房间名称	英文名称	数量	面积(m²)
场馆管理	场馆主任办公室	Venue Manager Office	1	32
	场馆副主任办公室	Venue Deputy Manager Office	1	52
	场馆运行中心	Venue Operation Centre	1	58
	工作人员固定工位	VOC Staff Assigned Desks	1	空间区域
	工作人员公共工位	VOC Shared Work Area	1	空间区域
	场馆通信中心	Venue Commuication Centre	1	40
	场馆通信经理工位	Venue Commuication Manager Desk	1	空间区域
	邮件处理点	Mail Desk	1	空间区域
	通信操作员工位	VCC Operators Desks	1	空间区域
	储存区	Storage	1	空间区域
	多功能会议区	Multi-purpose Room	1	空间区域
	场馆管理用房		1	500
场馆人事	场馆人事经理办公室	Venue Staffing Management	1	28
	工作人员签到区	Staff Check-in Area	1	72
	工作人员签到处	Staff Check-in Points	1	空间区域
	工作人员问询区	Staff Info. Desk	1	空间区域
	志愿者服务处	Volunteer Services Desk	1	空间区域
	工作人员物品存放间	Cloak Room	1	空间区域
	工作人员休息和用餐区	Staff Break & Dnining Area	1	770
	工作人员卫生间	Staff Toilet	1	空间区域
场馆财务	场馆财务经理办公室	Venue Finance Manager Office	1	28
观众服务	观众服务管理办公区	Spectator Services Management Area	1	140
	物资储存和分发区	SPS Equipment Storage & Distribution		
	工作部署区	Briefing Area		
票务	票务办公室	Ticketing Management Office	1	25
语言服务	语言服务经理办公室	LAN Manager Office	1	20
市场开发	特许商品场馆零售管理办公区/出纳室	MER Management Area/Cash Room	1	20
	商品储存区	MER Storage	1	空间区域
注册	场馆注册中心	Venue Accreditation Office	1	48
	每日卡发放区	Day Pass Issue Desk	1	空间区域
	等待区	Accreditation Waiting Area	1	空间区域
	注册经理办公点和储藏区	Accreditation Manager Desk	1	空间区域
场馆设施管理	场馆设施管理办公区	Site Managment Work Area	1	38
	后勤工人休息区	Response Team & Vendor Staging	1	820
	电源工作间与备件存放	Power Workshop & Storage	1	综合区域内
	弱电机房	Power Workshop	1	40
技术	数据网络中心	Data&Network centre	1	70
	计算机设备房间	Computer Equipment Room	1	空间区域
	网络设备间	LAN Equipment Room	1	空间区域
	综合布线主配线间	Main Cabling Room	1	空间区域
	综合布线分配线间	Cross Connection Frame Room	1	空间区域
	固定通信设备机房	Fix Telecomcomuication Equiptmet Room	1	70

运行责任部门	运行设计房间名称	英文名称	数量	面积(m²)
技术	移动通信设备机房	Mobile Telecommuication Equipment Room	1	70
	无线通信机房	Wireless Communication Room	1	空间区域
	扩声控制室	Public Address Control Room	1	35
	扩声设备临时安装空间	Temporary PA Equipment Room	1	空间区域
	有线电视机房	CATV Control Room	1	20
	显示屏控制室	Video Board Control Room	1	空间区域
	灯光控制室	Lighting Control Room	1	30
	卫生间(女)	FemaleToilet	1	空间区域
	卫生间(男)	Male Toilet	1	空间区域
	集群通信设备分间室	Trunk Radio Distribution Room	1	20
	场馆技术运行中心	Venue Technology Operation Center	1	40
	技术支持服务中心	Technology Help Desk	1	30
	成绩复印分发室	Results Printing & Distribution	1	127
	固定通信技术人员工作室	Fix Telecommunication Operation	1	20
	移动通信技术人员工作室	Mobile Telecommunication Operation	1	20
	流动扩声系统设备存放间	Audio Equipment Room	1	45
	IT设备存放间	IT Equiptmet Storage	1	45
	IT设备包装存放间	IT Bulk Storage	1	50
	技术控制室	Technology Control Room	1	42
	库房	Storage room	1	25
	打印机、复印机包装存放间	Printer/Copier Bulk Storage	1	150
	松下设备包装存放间	Panasonic Equipment Bulk Storage		
	纸张存放间	Paper Storage		
	UPS包装存放间	UPS Bulk Storage		
物流	物流经理办公室	Logistic Management	1	20
	物流综合区	Logistic Compound	1	1200
	物流管理办公区	Logistic Management Area	1	综合区内
	工人休息区	Workers Lounge	1	综合区内
	特殊物资储区	Special Materials Storage	1	综合区内
	技术设备包装物仓储区	Warehouse Storage	1	综合区内
	维修物资仓库和工作间	Maintenance Warehouse &Workshop	1	综合区内
	指路标识及临时设施仓库	Vendor Secure Storage	1	综合区内
	办公用品存储间	Office Supplies Storage	1	综合区内
	服装存储间	Uniform Storage	1	综合区内
	形象景观储室	IMI Work &Storage Area	1	综合区内
	物资回收及分发室	Equipment Sign-out	1	综合区内
	物流卸货区	Loading & Vehicle Staging	1	综合区内
	物资转运区	Materials Transfer Area	1	综合区内
	油箱存储间	Fuel Tanks	1	综合区内
	维修车辆停放区	Material Vehicle Staging	1	综合区内
	卫生间	Toilet	2	综合区内
餐饮服务	餐饮经理办公室(餐饮管理办公区)	Catering Manager Office	1	33
	餐饮综合区	Catering Compound	1	500
	餐饮供应商办公室	Catering Contractor Office	1	综合区内
	饮料供应商办公室	Beverage Contractor Office	1	综合区内
	干货冷藏区	Dry, Cold & Ice Storage	1	综合区内
	卸货区	Vehicle Staging	1	综合区内
	厨房和备餐区	Kitchen & Preparation Area	1	综合区内
	露天储存区	Uncovered Storage	1	综合区内
	餐饮人员专用卫生间	Catering Staff Toilet	2	综合区内
环境	环境经理办公室	CLW Manager Office	1	20
	清洁间	Clean room	8	47.3
	清洁物品储藏间	Cleaning Item Storage	8	空间区域
	清废综合区	CLW Compound	1	126
	清废管理与清废工人休息区	Management and Break Area	1	空间区域
	清洁设备储存区	Cleaning Equipment Supply & Storage	1	空间区域
	废弃物暂存区	Waste Sorting Area	1	空间区域
	垃圾压缩机停放区	Waste Contractor	1	空间区域
	车辆周转卸货区	CLW Vehicle Staging	1	空间区域

功能分区9——安保及交通运行区				
运行责任部门	运行设计房间名称	英文名称	数量	面积(m²)
安保	安保服务中心	Security Services Centre	1	商业楼安保用房中划出
	反恐防暴屯兵处(反恐人员备勤室)	Anti-terrorism Personnel Duty Room	1	综合区内
	武警部队备勤室	Policeman Duty Room	1	综合区内
	突发事件处置人员备勤室	Emergency Handler Duty Room	1	综合区内
	安保后备用房	Security Reserve Room	1	42
	现场警卫机动力量备勤室	On-site Guard Reserve Force Office	1	200
	要人随身警卫人员备勤室	Guard Duty Room for VIPs	2	37+45
	要人紧急避险处	Emergency Shelter for VIPs	1	空间区域
	要人警卫工作现场指挥部	On-site Guard Office	1	69
	消防指挥室	Fire Fighting Command Office	1	41
	现场消防通信指挥室	On-site Fire Fighting Communication	1	
	消防备勤室	Fire Fighting Reserve Office	1	空间区域
	安保观察平台	Security Observation Positions	2	10+26
	安保执勤岗亭	Security Observation Positions	多处	沿安保线布
交通	交通监控指挥室	Transport Monitoring & Command Office	1	37
	车辆调度室	Vehicle Dispatch Room	1	22
	司机休息室	Driver Break Room	1	39
	交通路障设施存放区域	Storage Yard	1	40
	卫生间（男）	toilet(male)	1	16
	卫生间（女）	toilet(female)	1	19
	交通备勤休息室	Transport Duty Room	1	30

3000座棒球场

功能分区1——观众活动区

运行责任部门	房间编码	英文名称	数量	面积(m²)
观众服务	检票口	Ticket Rip	1	空间区域
	观众集散大厅	Spectator Concourse	1	空间区域
	观众信息亭	Spectator Info Booth	1	24
	失物招领处	Lost & Found		
	观众婴儿车,轮椅寄存区	Spectator Storage	1	30
	公共电话	Pay Phone	2	2x5.4
	制定吸烟区	Designated Somoking Area	1	处理点内
	观众饮水处	Spectator Drinking Fountain	多处	前院区域
环境	临时卫生间	Temporary Toilet	4	4x24
	观众卫生间	Spectator Toilets	2	2x97
	无障碍卫生间	Spectator Toilets(Disabled)	2	2x6
场馆财务	自动取款机	ATM	2	2x1.8
市场开发	特许商品零售点	Concession	1	30
医疗服务	观众医疗站	Spectator Medical Station	2	2x24
	接待和候诊区	Spectator Medical Station		空间区域
	医疗区	Medical Treatment Area		空间区域
	医生办公室	Doctor Office		空间区域
票务	票务服务台	Ticket Management	1	10
	售票处	Ticketing Sales Window	1	25

功能分区2——比赛场地区

运行责任部门	房间编码	英文名称	数量	面积(m²)
竞赛组织	比赛场地	Field of Play	1	FOP
	混合区(运动员通道)	Mixed Zone	1	场地区域内
医疗服务	比赛场地周边急救区	Adjacent First Aid Area in FOP	1	场地区域内

功能分区3——体育竞赛区

运行责任部门	房间编码	英文名称	数量	面积(m²)
竞赛组织	运动员接待处	Reception & Info Desk	2	2x24
	投手练习区	Bullpen	2	2x316
	封闭击球笼	Batting Tunnel	2	2x125
	球童休息室	Ball/Bat Boys Changing Room	1	20
	运动员信息中心	Athletes Information Center	1	20
	运动员更衣室	Athletes Changing Room	2	95
	教练员更衣室	Coaches Changing Room	2	35/35
	竞赛主任办公室	Competition Managers' Office	1	19
	竞赛公共会议室	Competition Management	1	24
	竞赛办公室	Competition Management Office	3	3x19
	国际单项体育联合会技术代表室	IFs Technical Delegates' Office	1	31
	国际单项体育联合会秘书处	IFs Secretariat	1	16
	竞赛办公室	Competition Management Office	3	3x19
	国际单项体育联合会技术代表室	IFs Technical Delegates' Office	1	31
	国际单项体育联合会秘书处	IFs Secretariat	1	16
	国际单项体育联合会仲裁室	IFs Jury of Appeal Office	1	19
	国际单项体育单项联合会执委办公室	IFs Excecutive Committee Office	1	25
	国际单项体育联合会会议室	IFs Meetig Room	1	36
	技术官员休息室	Technical Officials Lounge	1	21
	裁判更衣室	Umpires Changing Room	2	12+12
	卫生间(男)	Toilet (male)	1	9.3

运行责任部门	房间编码	英文名称	数量	面积(m²)
竞赛组织	卫生间(男)	Toilet (male)	1	9.3
	卫生间(女)	Toilet (female)	1	9.3
	体育器材储存区	Sport Equipment Storage Area	1	187
技术	现场成绩处理机房	On-venue Results Room	1	49
	计时计分系统设备存放间	Timing & Scoring Equipment Storage	1	47
	头戴设备控制空间	Headset Equipment Control Space	1	5
兴奋剂检查	兴奋剂官员办公室	Office for Doping Control Manager	1	15
	兴奋剂候检室	Waiting Area	1	33
	尿检工作室1(含卫生间)	Processing Room1	1	17
	尿检工作室2(含卫生间)	Processing Room2	1	17
医疗服务	运动员医疗站	Athlete Medical Station	1	104
	运动员候检室	Reception & Waiting Room	1	33
	检查和物理治疗室	Examination Room	2	2x17
	治疗室	Intensive Care Unit	1	5
	医生办公室和储藏室	Doctor & Nurse Office	1	17+15

功能分区4——仪式及文化活动区

运行责任部门	房间编码	英文名称	数量	面积(m²)
颁奖仪式	体育展示办公室	Sport Presentation Office	1	15
	礼仪表演人员准备室及鲜花储藏	Presenter & Mascot Dressing	1	16

功能分区5——电视转播区

运行责任部门	房间编码	英文名称	数量	面积(m²)
电视转播	电视转播综合区	Broadcasting Compoud	1	4500
	转播管理办公区	Broadcasting Management Office	1	79
	信号制作办公室	Production Office	4	4x66
	转播技术运行中心	Broadcasting Technical Operation	1	120
	转播技术运行办公室	Broadcasting Technical Operation	4	4x89
	技术操作间	Technical	4	4x89
	技术存储空间	Technical Storage	4	4x60
	电视转播餐饮区	Broadcasting Catering	1	100
	转播餐饮备餐区	Boradcasting Catering Kitchen Area	1	100
	餐厅	Dining Area	1	139
	工作人员休息区	Staff Break Area	1	空间区域
	发电机/备份电源存放区	Power Generator/ Back Power	4	4x165
	机电区	Mechanical Zone	4	4x60
	物流存放间	Logistic Storage	4	4x60
	持权转播商用地	RHB working Area	1	空间区域
	转播人员专用卫生间	Broadcasting Toilet	2	2x20
	评论员控制室(CCR)	Commetator Control Room	1	28
	转播信息办公室(BIO)	Broadcasting Informatio Office	1	45
	混合区(电视转播通道)	Mixed Zone	1	25米长

功能分区6——新闻运行区

运行责任部门	房间编码	英文名称	数量	面积(m²)
新闻运行	场馆新闻中心	Venue Media Cetre	1	760
	新闻运行经理办公室	Press Office	1	15
	摄影经理办公室	Photo Manager Office	1	15
	奥林匹克新闻服务工作室	Olympic News Service Work Room	1	28
	成绩公报协调员办公室	Results Distribution	1	27
	媒体接待处	Reception & IFO Desk & Storage	1	26

运行责任部门	房间编码	英文名称	数量	面积(m²)
新闻运行	文字记者工作区	Press Work Area	1	375(与1#场合用)
	摄影记者工作区	Photo Work Area	1	98
	信息查询终端摆放区域	IFO Allocation Area	1	空间区域
	文字记者储物柜摆放区域	Press Locker	1	空间区域
	摄影记者储物柜摆放区域	Photographic Locker	1	空间区域
	成绩公报柜摆放区域	Result Cabinet Allocation Area	1	空间区域
	信息打印/复印区域	Info Print/Copy Area	1	空间区域
	电视机/冰柜摆放区域	TV/Refrigeratory Allocation Area	1	空间区域
	新闻媒体专用卫生间(男)	Toilet (male)	3	3x16
	新闻媒体专用卫生间(女)	Toilet (female)	2	2x17.5
	媒体休息区	Press Lounge	1	101
	餐饮售卖点及休息区	Dining & Lounge	1	空间区域
	小型备餐间	Food Preparation Room	11	空间区域
	新闻发布厅	Press Conferece Room	1	173
	新闻发布转播控制室	Broadcasting Control Room	1	空间区域
	座席区	Seating Area		空间区域
	主席台	Dais		空间区域

功能分区7——场馆礼宾区

运行责任部门	房间编码	英文名称	数量	面积(m²)
场馆礼宾	场馆礼宾经理办公室	VIP Protocol Manager Desk	1	20
	贵宾门厅(含贵宾接待与交通服务处)	Welcome & Trasporat Info Desk	1	22
	衣帽间	Cloak Room	1	11
	贵宾休息室	VIP Lounge	1	108
	餐台和休息区	Dining & Lounge	1	空间区域
	小型备餐间	Food Preparation Room	2	21+22
	贵宾卫生间	VIP Toilet	5	20+16+18+10+6
	陪同人员休息区	Staff & Volunteer Room and Storage	1	33

功能分区8——场馆运行区

运行责任部门	房间编码	英义名称	数量	面积(m²)
场馆管理	场馆主任办公室	Venue Manager Office	1	32
	场馆副主任办公室	Venue Deputy Manager Office	1	38
	场馆运行中心	Venue Operation Centre	1	58
	工作人员固定工位	VOC Staff Assigned Desks	1	空间区域
	工作人员公共工位	VOC Shared Work Area	1	空间区域
	场馆通信中心	Venue Commuication Centre	1	40
	场馆通信经理工位	Venue Commuication Manager Desk	1	空间区域
	邮件处理点	Mail Desk	1	空间区域
	通信操作员工位	VCC Operators Desks	1	空间区域
	储存区	Storage	1	空间区域
	多功能会议室	Multi-purpose Room	1	空间区域
场馆人事	场馆人事经理办公室	Venue Staffing Management	1	28
	工作人员签到区	Staff Check-in Area	1	72
	工作人员签到处	Staff Check-in Points	1	空间区域
	工作人员问询区	Staff Info. Desk	1	空间区域
	志愿者服务处	Volunteer Services Desk	1	空间区域
	工作人员物品存放间	Cloak Room	1	空间区域
	工作人员休息和用餐	Staff Break & Dnining Area	1	770
	工作人员卫生间	Staff Toilet	4	13+11+5+5
场馆财务	场馆财务经理办公室	Venue Finance Manager Office	1	28
观众服务	观众服务管理办公区	Spectator Services Management Area	1	140
	物资储存和分发区	SPS Equipment Storage &		
	工作部署区	Briefing Area		
票务	票务办公室	Ticketing Management Office	1	25
语言服务	语言服务经理办公区	LAN Manager Office	1	23
市场开发	特许商品场馆零售管理办公区/出纳室	MER Management Area/Cash Room	1	20
	商品储存区	MER Storage	1	空间区域
注册	场馆注册中心	Venue Accreditation Office	1	48
	每日卡发放区	Day Pass Issue Desk	1	空间区域
	等待区	Accreditation Waiting Area	1	空间区域
	注册经理办公点和储藏区	Accreditation Manager Desk	1	空间区域

运行责任部门	房间编码	英文名称	数量	面积(m²)
场馆设施管理	场馆设施管理办公区	Site Managment Work Area	1	38
	馆设施管理经理办公室	Manager Office	1	20
	备件暂存间	Storage	1	18
	后勤工人休息区	Response Team & Vendor Staging	1	820
	电源工作间与备件存放	Power Workshop & Storage	1	综合区内
技术	计算机设备房间	Computer Equipment Room		
	网络设备间	LAN Equipment Room	1	70
	综合布线主配线间	Main Cabling Room	1	45
	综合布线分配线间	Cross Connection Frame Room	1	25
	固定通信设备机房	Fix Telecomcomuication Equiptmet	1	80
	移动通信设备机房	Mobile Telecommuication Equipment	1	72
	无线通信机房	Wireless Communication Room	1	72
	扩声控制室	Public Address Control Room	1	22
	扩声设备临时安装空间	Temporary PA Equipment Room	1	空间区域
	有线电视机房	CATV Control Room	1	20
	显示屏控制室	Video Board Control Room	1	空间区域
	中央设备监控室	Central Control Manager Room	1	72
	灯光控制室	Lighting Control Room	1	28
	技术控制室		1	43
	卫生间(女)	FemaleToilet	1	14
	卫生间(男)	Male Toilet	1	12
	集群通信设备分发间	Trunk Radio Distribution Room	1	20
	场馆技术运行中心	Venue Technology Operation Center	1	40
	技术支持服务中心	Technology Help Desk	1	30
	成绩复印分发室	Results Printing & Distribution	1	127
	固定通信技术人员工作室	Fix Telecommunication Operation	1	20
	移动通信技术人员工作室	Mobile Telecommunication Operation	1	20
	流动扩声系统设备存放间	Audio Equipment Room	1	45
	IT设备存放间	IT Equiptmet Storage	1	45
	IT设备包装存放间	IT Bulk Storage	1	45
	打印机,复印机包装存放间	Printer/Copier Bulk Storage	1	150
	松下设备包装存放间	Panasonic Equipment Bulk Storage		
	纸张存放间	Paper Storage		
	UPS包装存放间	UPS Bulk Storage		
物流	物流经理办公室	Logistic Management	1	29
	物流综合区	Logistic Compound	1	29
	物流管理办公区	Logistic Management Area	1	综合区内
	工人休息区	Workers Lounge	1	综合区内
	特殊物资存储区	Special Materials Storage	1	综合区内
	技术设备包装物仓储区	Warehouse Storage	1	综合区内
	维修物资仓库和工作间	Maintenance Warehouse&Workshop	1	综合区内
	指路标识及临时设施仓库	Vendor Secure Storage	1	综合区内
	办公用品存储间	Office Supplies Storage	1	综合区内
	服装存储间	Uniform Storage	1	综合区内
	形象景观仓储室	IMI Work &Storage Area	1	综合区内
	物资回收及分发室	Equipment Sign-out	1	综合区内
	物流卸货区	Loading & Vehicle Staging	1	综合区内
	物资转运区	Materials Transfer Area	1	综合区内
	油箱存储间	Fuel Tanks	1	综合区内
	维修车辆停放区	Material Vehicle Staging	1	综合区内
	卫生间	Toilet	1	综合区内
餐饮服务	餐饮经理办公室(餐饮管理办公区)	Catering Manager Office	1	29
	餐饮综合区	Catering Compound	1	500
	餐饮供应商办公室	Catering Contractor Office	1	综合区内
	饮料供应商办公室	Beverage Contractor Office	1	综合区内
	干货冷藏区	Dry, Cold & Ice Storage	1	综合区内
	卸货区	Vehicle Staging	1	综合区内
	厨房和备餐区	Kitchen & Preparation Area	1	综合区内
	露天储存区	Uncovered Storage	1	综合区内
	餐饮人员专用卫生间	Catering Staff Toilet	1	综合区内
环境	环境经理办公室	CLW Manager Office	1	综合区内
	清洁物品储藏间	Cleaning Item Storage		综合区内

运行责任部门	房间编码	英文名称	数量	面积(m²)
环境	垃圾暂存	wasting Storng	2	10+10
	清洁间	Cleaning Room	6	26
	清废综合区	CLW Compound	1	126
	清废管理与清废工人休息区	Management and Break Area	1	综合区内
	清洁设备储存区	Cleaning Equipment Supply & Storage	1	综合区内
	废弃物暂存区	Waste Sorting Area	1	综合区内
	垃圾压缩机停放区	Waste Contractor	1	综合区内
	车辆周转卸货区	CLW Vehicle Staging	1	综合区内
功能分区9——安保及交通运行区				
运行责任部门	房间编码	英文名称	数量	面积(m²)
安保	安保服务中心	Security Services Centre	1	商业楼安保用房中划出
	违禁物品存放处	Contraband Storage	1	330
	治安处理点	Public Security Handling Office	1	240
	安保指挥中心	Security Command Centre	1	商业楼安保用房中划出
	安保指挥办公室	Security Command Office	1	空间区域
	安保工作区	Security Work Area	1	空间区域
	现场安保指挥通信设备间	On-site Security Commuication	1	200
	反恐防暴屯兵处	Anti-terrorism Personnel Duty Room	1	空间区域
	武警部队备勤室	Policeman Duty Room	1	空间区域
	突发事件处置人员备勤室	Emergency Handler Duty Room	1	空间区域
	安保后备用房	Security Reserve Room	1	空间区域
	现场警卫机动力量备勤室	On-site Guard Reserve Force Office	1	45
	要人随身警卫人员备勤室	Guard Duty Room for VIPs	1	空间区域
	要人紧急避险处	Emergency Shelter for VIPs	1	空间区域
	要人警卫工作现场指挥部	On-site Guard Office	1	空间区域
	消防指挥室	Fire Fighting Command Office	1	空间区域
	现场消防通信指挥室	On-site Fire Fighting Communication	1	19
	消防备勤室	Fire Fighting Reserve Office	1	30
	安保观察平台	Security Observation Positions	2	10+15
	安保执勤岗亭	Security Observation Positions	多处	沿安保线布
	安保用房	Security Reserve Room	2	89+40
	卫生间	Toilet	2	12+12
交通	交通监控指挥室	Transport Monitoring & Command	1	37
	车辆调度室	Vehicle Dispatch Room	1	22
	司机休息室	Driver Break Room	1	39
	交通路障设施存放区域	Storage Yard	1	40

总平面图

A. 观众活动区
A1. 观众出口
A2. 撕票口
A3. 公交车站
A4. 地铁站
A5. 公交港湾
A6. 公交临时上车点
A7. 失物招领
A8. 观众餐饮售卖点

B. 体育竞赛区
B1. 运动员入口
B2. 运动员下车点
B3. 运动员训练下车点
B4. 技术官员入口
B5. 技术官员下车点
B6. 体育器材存储区
B7. 运动员／技术官员停车区

C. 新闻工作区
C1. 媒体工作区
C2. 媒体入口
C3. 注册人员通道
C4. 媒体下车点

D. 场馆运营区
D1. 工作人员入口
D2. 棒球功能用房
D3. 棒球场功能用房
D4. 场馆注册中心
D5. 物流综合区（1500）
D6. 餐饮综合区（500）
D7. 清废综合区（400）
D8. 工作人员签到到
D9. 特许商品零售点
D10. 观众餐饮售卖点
D11. 观众医疗站
D12. 观众信息亭
D13. 观众临时卫生间
D14. 票务服务台
D15. 售票口
D16. 轮椅寄放区
D17. 移动通信应急车
D18. 工作人员休息及用餐区
D19. 观众服务和管理办公区
D20. 物资存储和分发区
D21. 工作部署区
D22. 后勤人员休息区
D23. 电源工作间与备件存放
D24. 集群设备分发区
D25. 物流综合区（800）
D26. 餐饮综合区（200）
D27. 清废综合区（200）

E. 安保及交通运行区
E1. 车辆免检入口（现有车辆入）
E2. 车辆安检入口
E3. 车辆出口
E4. 持证人员安检入口
E5. 车辆调度室
E6. 交通路障存放室
E7. 司机休息室
E8. 治安检测点
E9. 注册人员通道
E10. 观众安检口
E11. 违禁物品存放

F. 非赛时使用空间区

G. 比赛场地区
G1. 12000 座棒球比赛场
G2. 3000 座棒球比赛（训练）场
G3. 棒球训练场

H. 电视转播区
H1. 电视转播综合区
H2. 交通路障

I. 场馆礼宾区
I1. 贵宾入口
I2. 贵宾下车点
I3. 贵宾停车区

J. 仪式及文化活动区
J1. 颁奖仪式用房

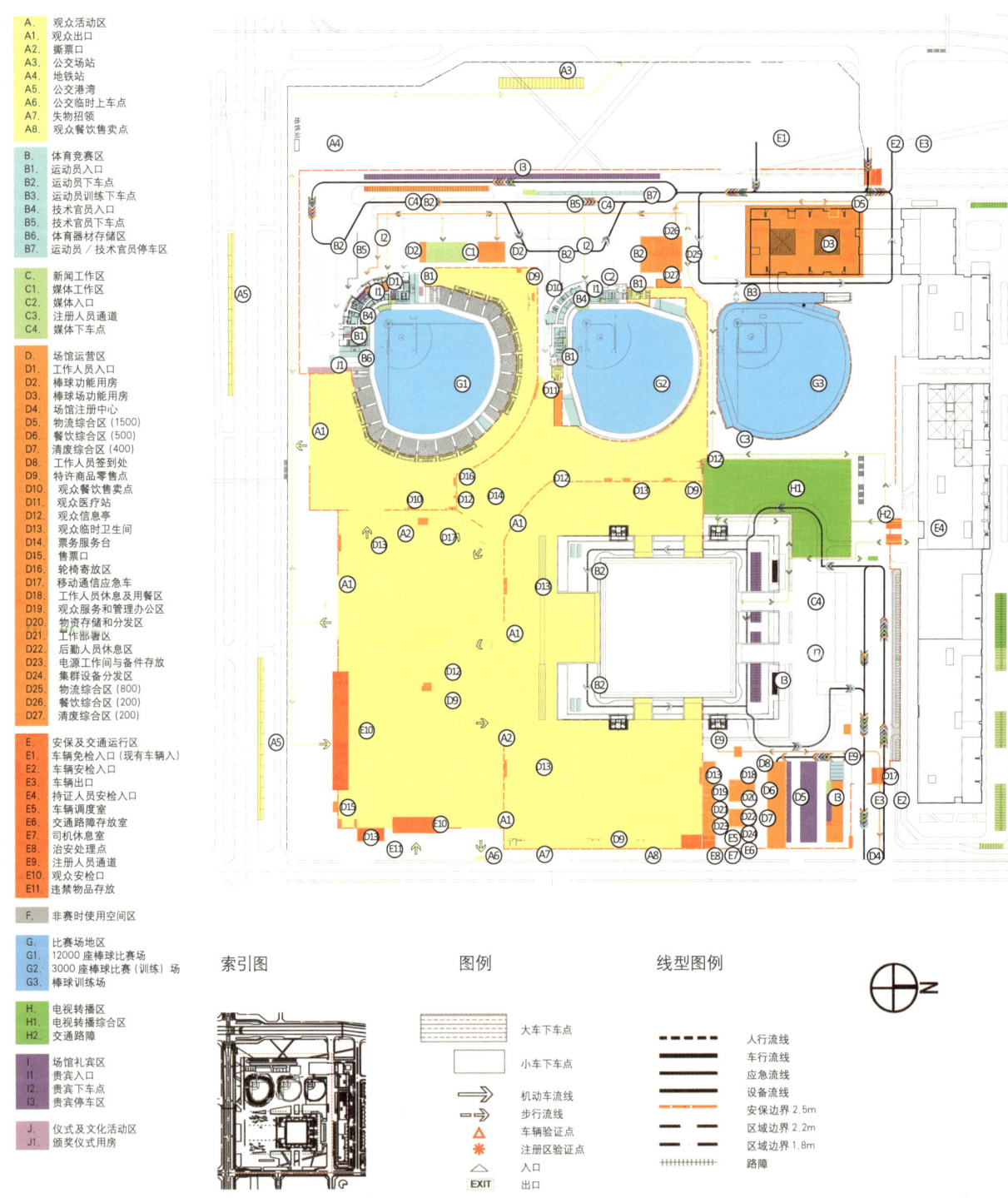

索引图

图例

大车下车点
小车下车点
机动车流线
步行流线
车辆验证点
注册区验证点
入口
EXIT 出口

线型图例

人行流线
车行流线
应急流线
设备流线
安保边界 2.5m
区域边界 2.2m
区域边界 1.8m
路障

N

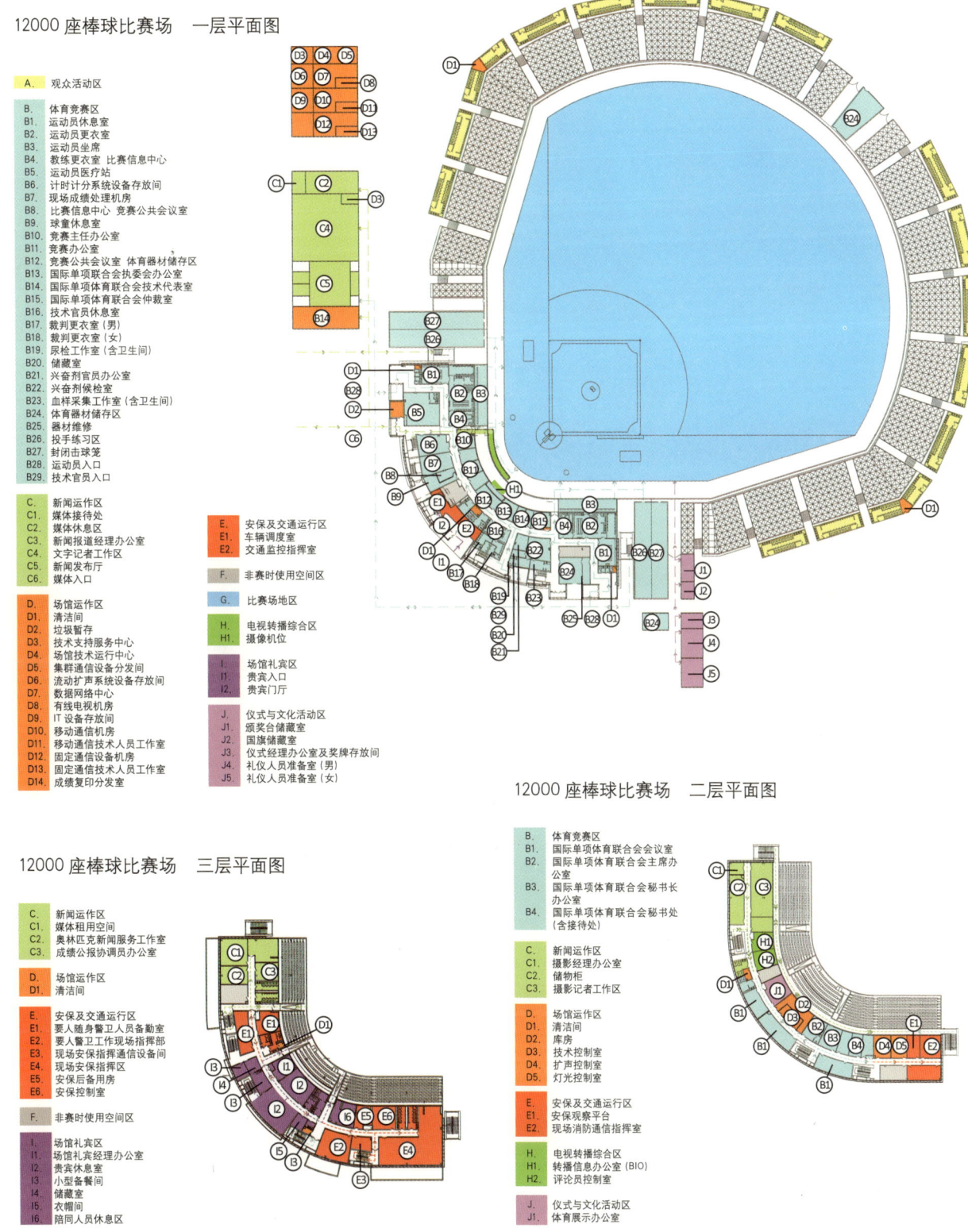

12000 座棒球比赛场　一层平面图

A. 观众活动区

B. 体育竞赛区
B1. 运动员休息室
B2. 运动员更衣室
B3. 运动员坐席
B4. 教练更衣室　比赛信息中心
B5. 运动员医疗站
B6. 计时计分系统设备存放间
B7. 现场成绩处理机房
B8. 比赛信息中心　竞赛公共会议室
B9. 球童休息室
B10. 竞赛主任办公室
B11. 竞赛办公室
B12. 竞赛公共会议室　体育器材储存区
B13. 国际单项联合会执委会办公室
B14. 国际单项体育联合会技术代表室
B15. 国际单项体育联合会仲裁室
B16. 技术官员休息室
B17. 裁判更衣室（男）
B18. 裁判更衣室（女）
B19. 尿检工作室（含卫生间）
B20. 储藏室
B21. 兴奋剂官员办公室
B22. 兴奋剂候检室
B23. 血样采集工作室（含卫生间）
B24. 体育器材储存区
B25. 器材维修
B26. 投手练习区
B27. 封闭击球笼
B28. 运动员入口
B29. 技术官员入口

C. 新闻运作区
C1. 媒体接待处
C2. 媒体休息区
C3. 新闻报道经理办公室
C4. 文字记者工作室
C5. 新闻发布厅
C6. 媒体入口

D. 场馆运作区
D1. 清洁间
D2. 垃圾暂存
D3. 技术支持服务中心
D4. 场馆技术运行中心
D5. 集群通信设备分发间
D6. 流动扩声系统设备存放间
D7. 数据网络机房
D8. 有线电视机房
D9. IT 设备存放间
D10. 移动通信机房
D11. 移动通信技术人员工作室
D12. 固定通信设备机房
D13. 固定通信技术人员工作室
D14. 成绩复印分发室

E. 安保及交通运行区
E1. 车辆调度室
E2. 交通监控指挥室

F. 非赛时使用空间区

G. 比赛场地区

H. 电视转播综合区
H1. 摄像机位

I. 场馆礼宾区
I1. 贵宾入口
I2. 贵宾门厅

J. 仪式与文化活动区
J1. 颁奖台储藏室
J2. 国旗储藏室
J3. 仪式经理办公室及奖牌存放间
J4. 礼仪人员准备室（男）
J5. 礼仪人员准备室（女）

12000 座棒球比赛场　三层平面图

C. 新闻运作区
C1. 媒体租用空间
C2. 奥林匹克新闻服务工作室
C3. 成绩公报协调员办公室

D. 场馆运作区
D1. 清洁间

E. 安保及交通运行区
E1. 要人随身警卫人员备勤室
E2. 要人警卫工作现场指挥部
E3. 现场安保指挥通信设备间
E4. 现场安保指挥区
E5. 安保后备用房
E6. 安保控制室

F. 非赛时使用空间区

I. 场馆礼宾区
I1. 场馆礼宾经理办公室
I2. 贵宾休息室
I3. 小型备餐间
I4. 储藏室
I5. 衣帽间
I6. 陪同人员休息区

12000 座棒球比赛场　二层平面图

B. 体育竞赛区
B1. 国际单项体育联合会会议室
B2. 国际单项体育联合会主席办公室
B3. 国际单项体育联合会秘书长办公室
B4. 国际单项体育联合会秘书处（含接待处）

C. 新闻运作区
C1. 摄影经理办公室
C2. 储物柜
C3. 摄影记者工作区

D. 场馆运作区
D1. 清洁间
D2. 库房
D3. 技术控制室
D4. 扩声控制室
D5. 灯光控制室

E. 安保及交通运行区
E1. 安保观察平台
E2. 现场消防通信指挥室

H. 电视转播综合区
H1. 转播信息办公室（BIO）
H2. 评论员控制室

J. 仪式与文化活动区
J1. 体育展示办公室

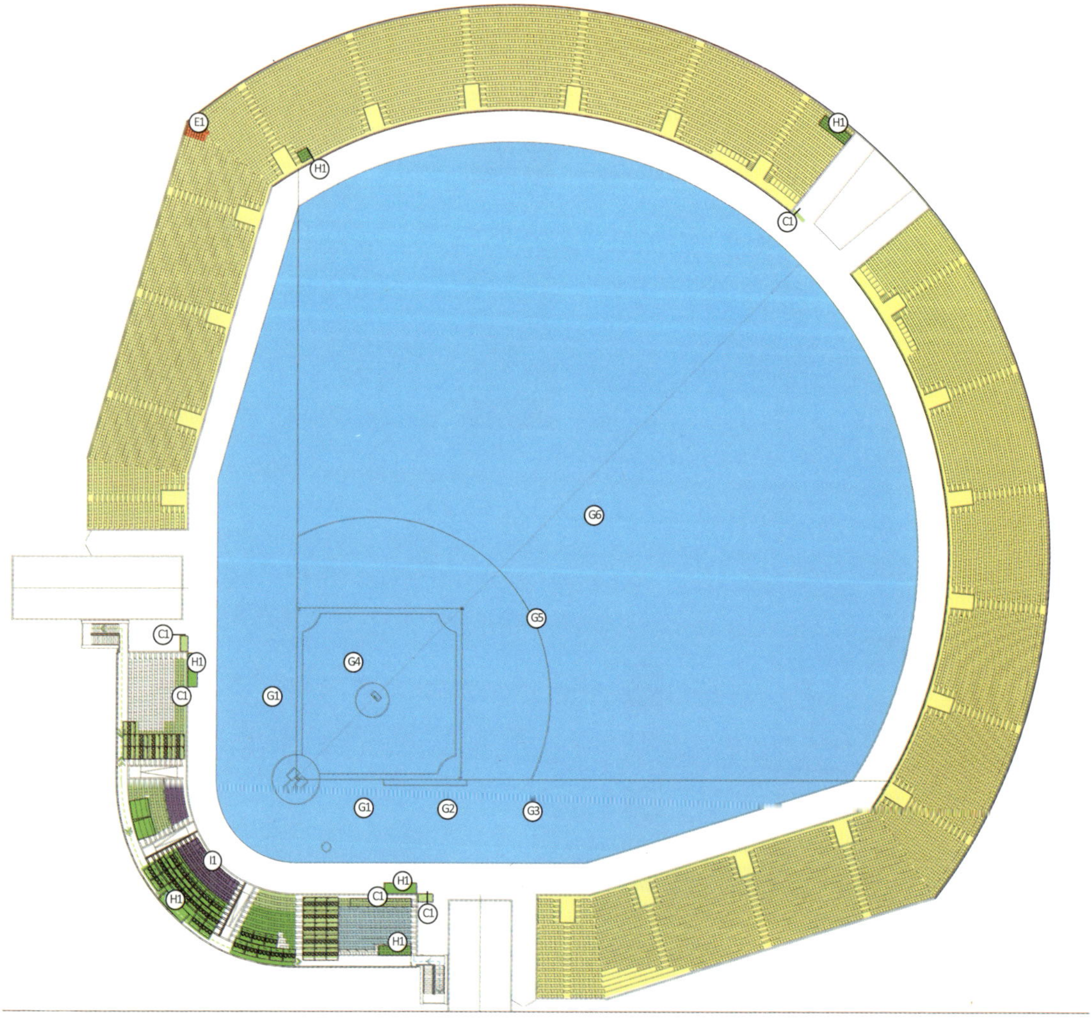

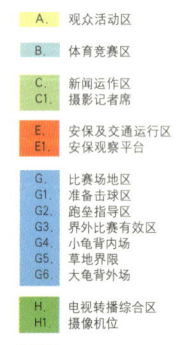

12000 座棒球比赛场　看台层平面图

注册人员坐席列表

	注册人员分类	坐席数
1	运动员及随队官员	300/400
2	奥林匹克大家庭贵宾	520
3	广播电视转播人员	
	评论员席	79/237
	观察员席	75
4	文字摄影媒体	
	带桌文字媒体	100/300
	不带桌文字媒体	300
	摄影记者	50

A.　观众活动区

B.　体育竞赛区

C.　新闻运作区
C1.　摄影记者席

E.　安保及交通运行区
E1.　安保观察平台

G.　比赛场地区
G1.　准备击球区
G2.　跑垒指导区
G3.　界外比赛有效区
G4.　小龟背内场
G5.　草地界限
G6.　大龟背外场

H.　电视转播综合区
H1.　摄像机位

I.　场馆礼宾区
I1.　贵宾席

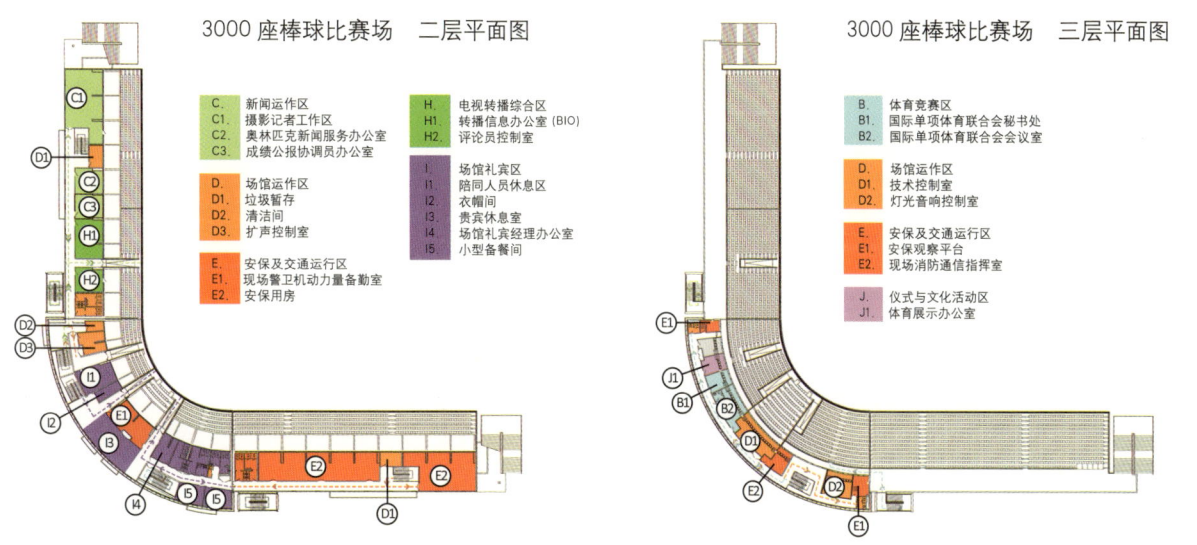

3000 座棒球比赛场　一层平面图

A. 观众活动区
A1. 观众入口

B. 体育竞赛区
B1. 竞赛主任办公室
B2. 竞赛办公室
B3. 球童休息室
B4. 比赛信息中心
B5. 技术官员休息室
B6. 裁判更衣室（男）
B7. 裁判更衣室（女）
B8. 竞赛公共会议室
B9. 国际单项联合会执委会办公室
B10. 国际单项体育联合会技术代表室
B11. 国际单项体育联合会仲裁室
B12. 体育器材储存区
B13. 储藏
B14. 尿检工作室（含卫生间）
B15. 血样采集工作室（含卫生间）
B16. 兴奋剂候检室
B17. 官员办公室
B18. 运动员坐席
B19. 教练更衣室
B20. 运动员更衣室
B21. 投手练习区
B22. 封闭击球笼
B23. 运动员医疗站
B24. 运动员入口
B25. 技术官员入口

C. 新闻运作区
C1. 媒体入口

D. 场馆运作区
D1. 设施经理办公室
D2. 备件存放间
D3. 观众服务
D4. 观众婴儿车轮椅存放区
D5. 特许商品场馆零售店
D6. 清洁间

F. 非赛时使用空间区

G. 比赛场地区

H. 电视转播综合区
H1. 摄像机位

I. 场馆礼宾区
I1. 贵宾入口
I2. 贵宾门厅

J. 仪式与文化活动区
J1. 礼仪人员准备室

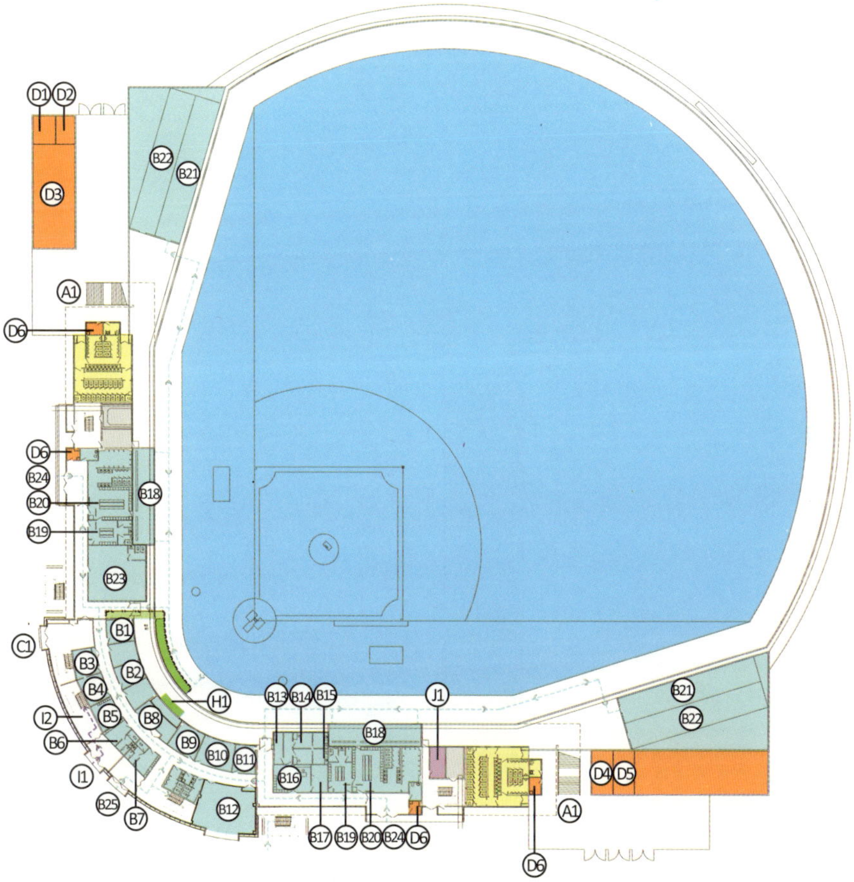

3000 座棒球比赛场　二层平面图

C. 新闻运作区
C1. 摄影记者工作区
C2. 奥林匹克新闻服务办公室
C3. 成绩公报协调员办公室

D. 场馆运作区
D1. 垃圾暂存
D2. 清洁间
D3. 扩声控制室

E. 安保及交通运行区
E1. 现场警卫机动力量备勤室
E2. 安保用房

H. 电视转播综合区
H1. 转播信息办公室（BIO）
H2. 评论员控制室

I. 场馆礼宾区
I1. 陪同人员休息区
I2. 衣帽间
I3. 贵宾休息室
I4. 场馆礼宾经理办公室
I5. 小型备餐间

3000 座棒球比赛场　三层平面图

B. 体育竞赛区
B1. 国际单项体育联合会秘书处
B2. 国际单项体育联合会会议室

D. 场馆运作区
D1. 技术控制室
D2. 灯光音响控制室

E. 安保及交通运行区
E1. 安保观察平台
E2. 现场消防通信指挥室

J. 仪式与文化活动区
J1. 体育展示办公室

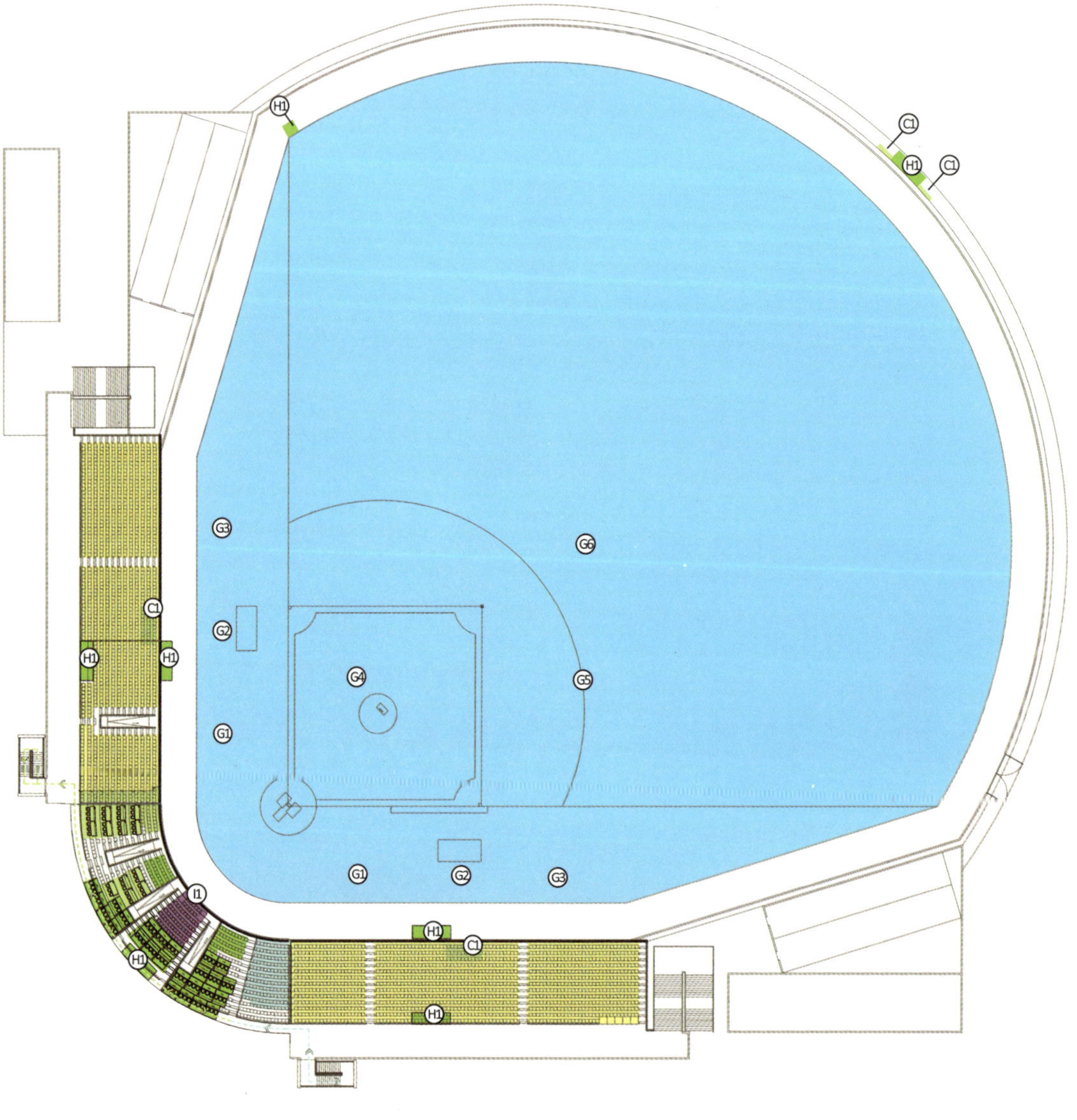

3000 座棒球比赛场　看台层平面图

注册人员坐席列表

A. 观众活动区

B. 体育竞赛区

C. 新闻运作区
C1. 摄影记者席

G. 比赛场地区
G1. 准备击球区
G2. 跑垒指导区
G3. 界外比赛有效区
G4. 小龟背内场
G5. 草地界限
G6. 大龟背外场

H. 电视转播综合区
H1. 摄像机位

I. 场馆礼宾区
I1. 贵宾席

	注册人员分类	坐席数
1	运动员及随队官员	300/400
2	奥林匹克大家庭贵宾	520
3	广播电视转播人员	
	评论员席	79/237
	观察员席	75
4	文字摄影媒体	
	带桌文字媒体	100/300
	不带桌文字媒体	300
	摄影记者	50

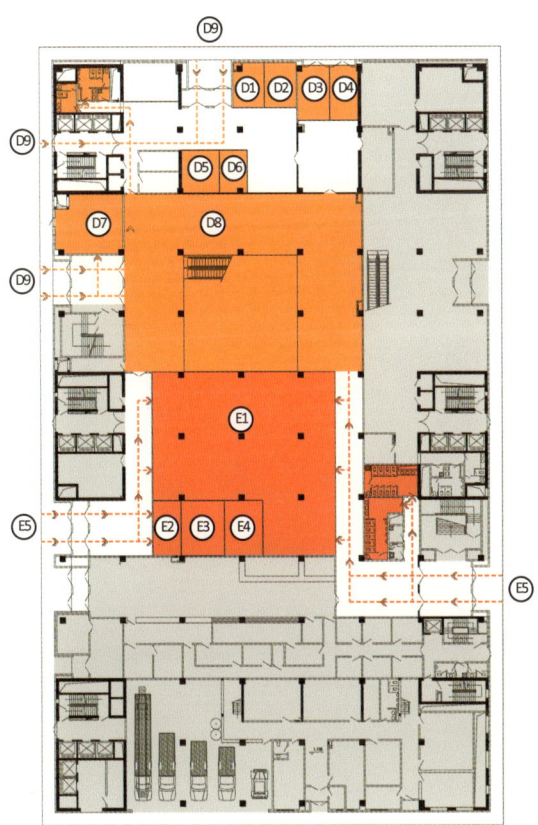

西部附属商业用房一层平面图

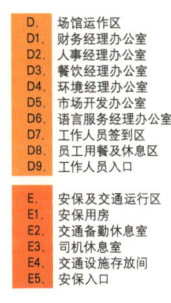

D. 场馆运作区
D1. 财务经理办公室
D2. 人事经理办公室
D3. 餐饮经理办公室
D4. 环境经理办公室
D5. 市场开发办公室
D6. 语言服务经理办公室
D7. 工作人员签到区
D8. 员工用餐及休息区
D9. 工作人员入口

E. 安保及交通运行区
E1. 安保用房
E2. 交通备勤休息室
E3. 司机休息室
E4. 交通设施存放间
E5. 安保入口

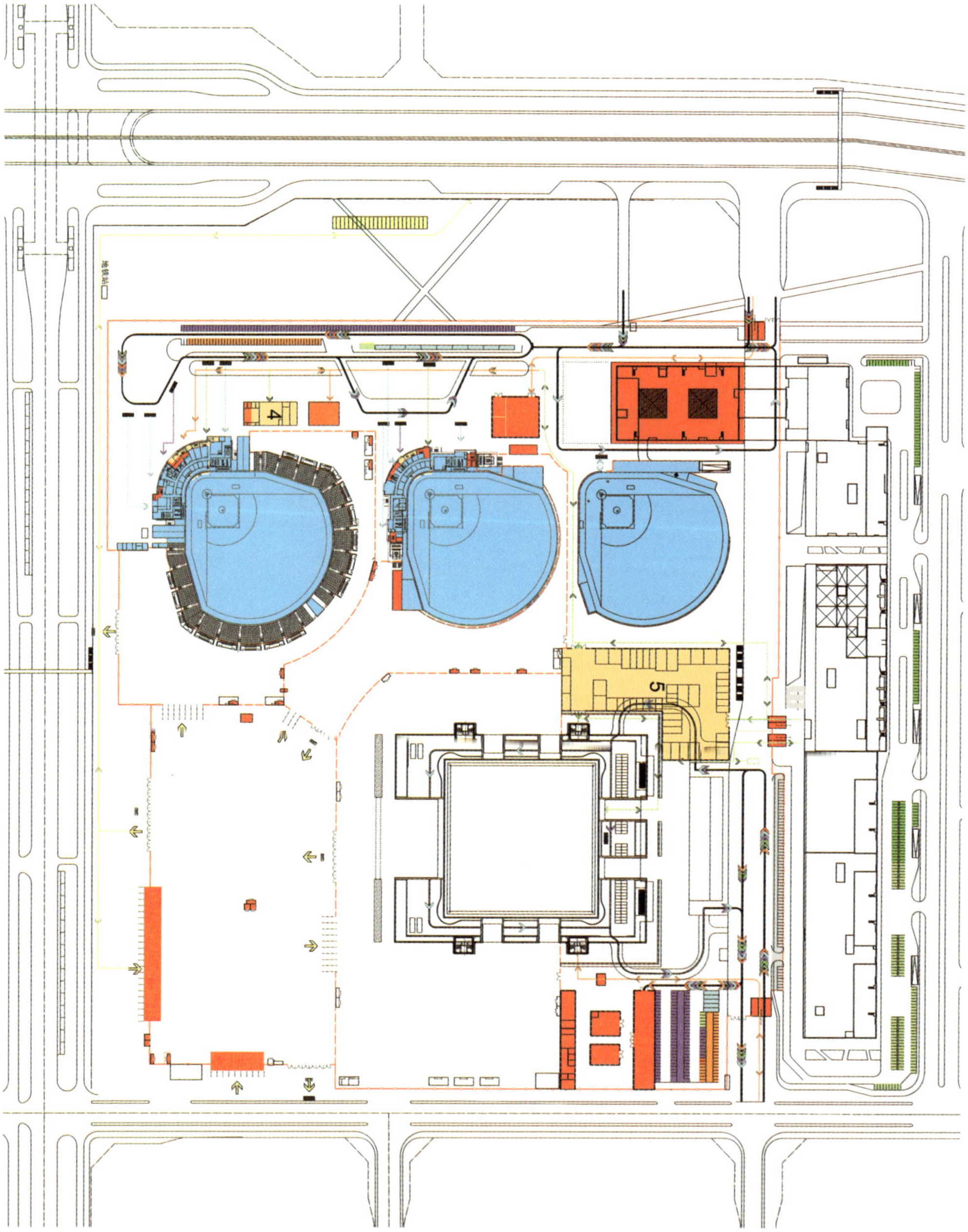

总平面图

12000 座棒球比赛场

一层平面图

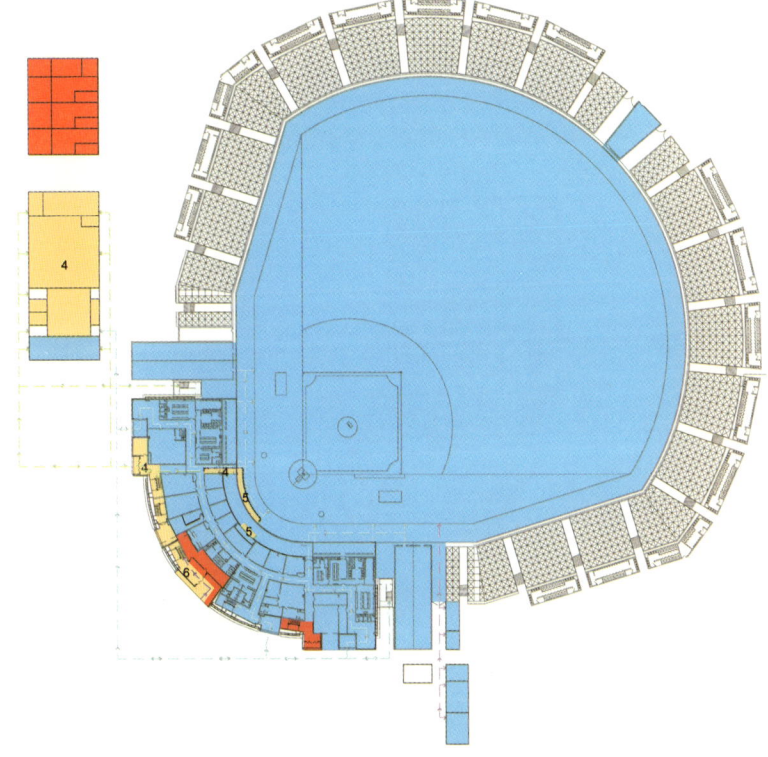

12000 座棒球比赛场

看台层平面图

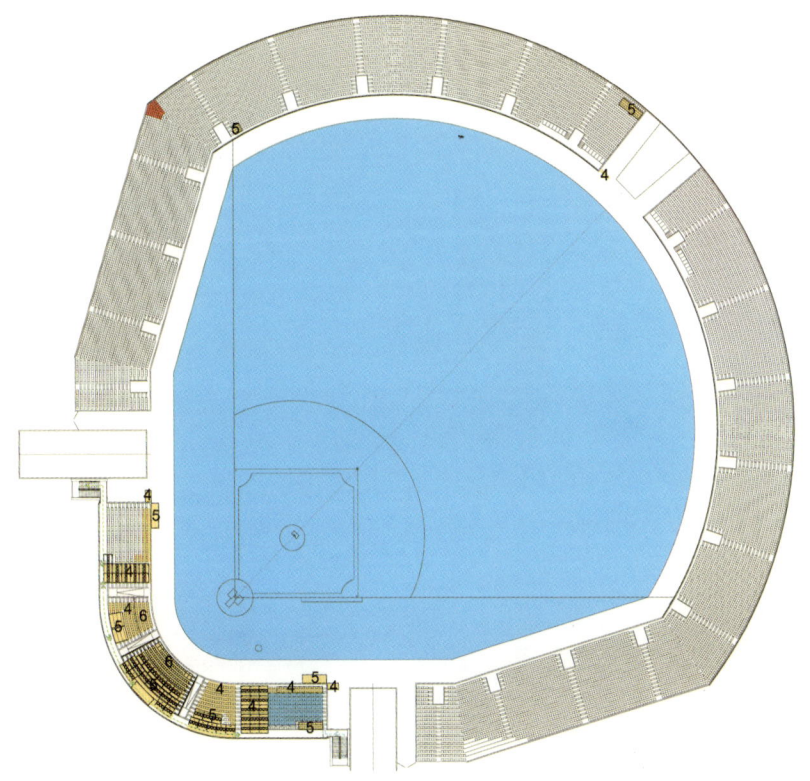

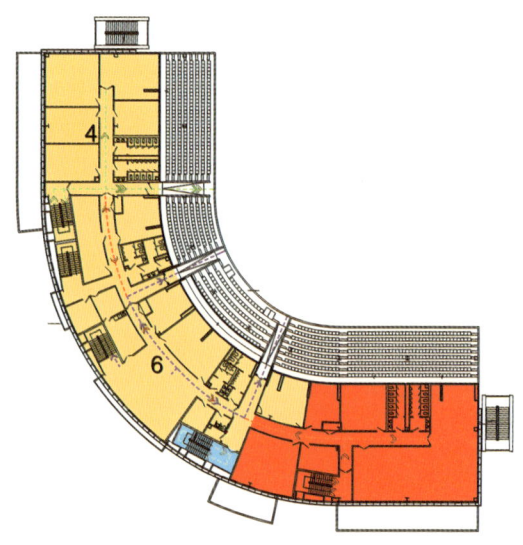

12000 座棒球比赛场　二层平面图

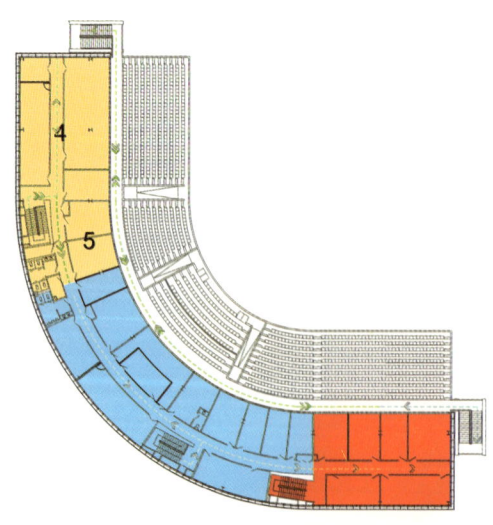

12000 座棒球比赛场　三层平面图

3000 座棒球比赛场

一层平面图

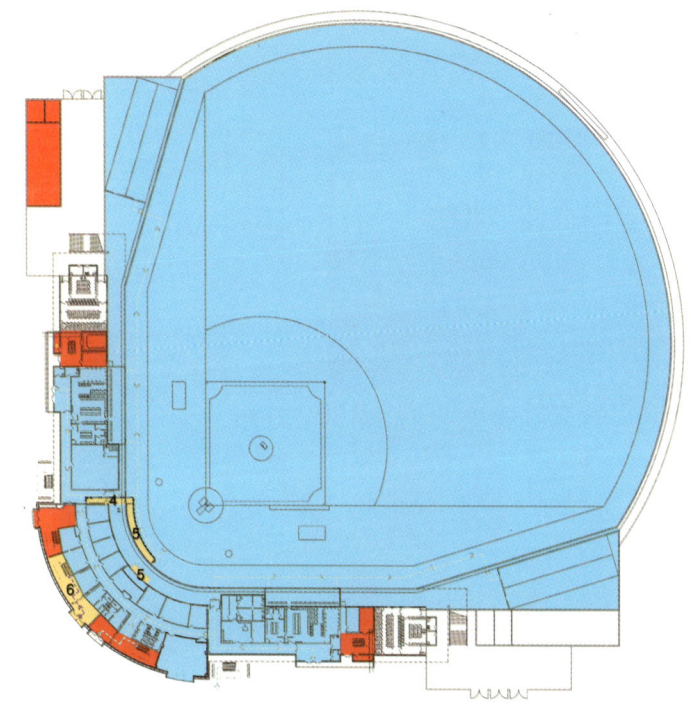

3000 座棒球比赛场

看台层平面图

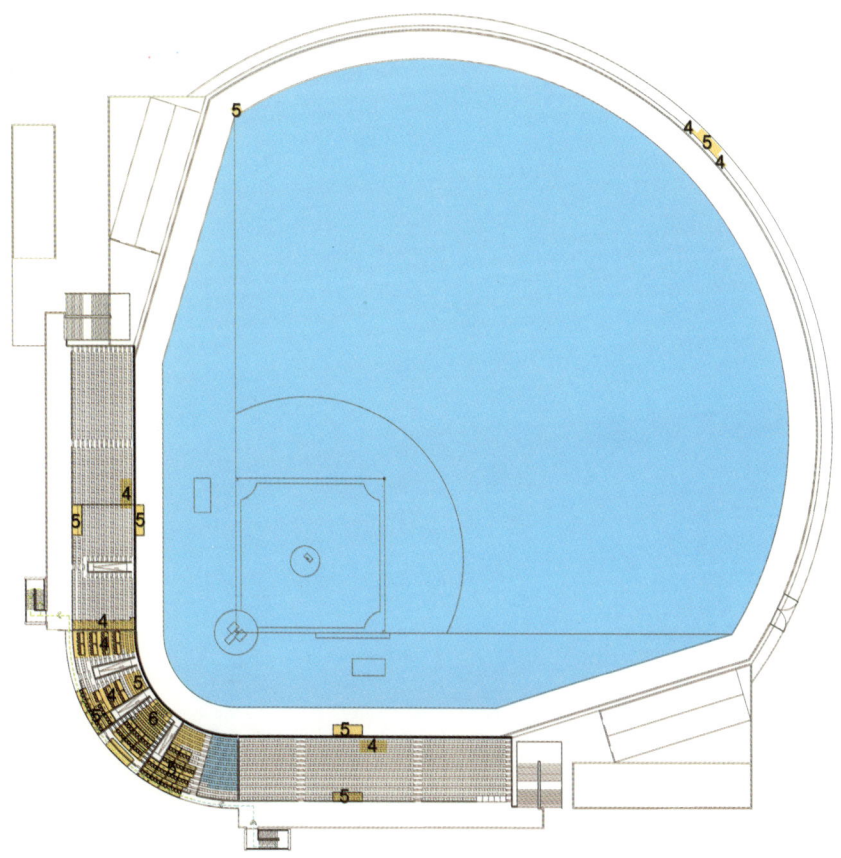

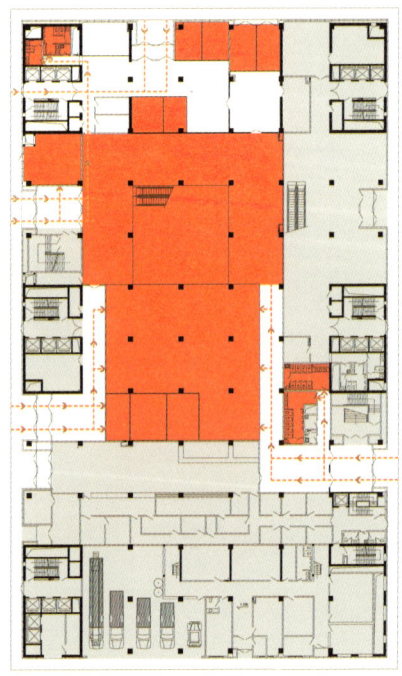

3000 座棒球比赛场

西部附属商业用房一层平面图

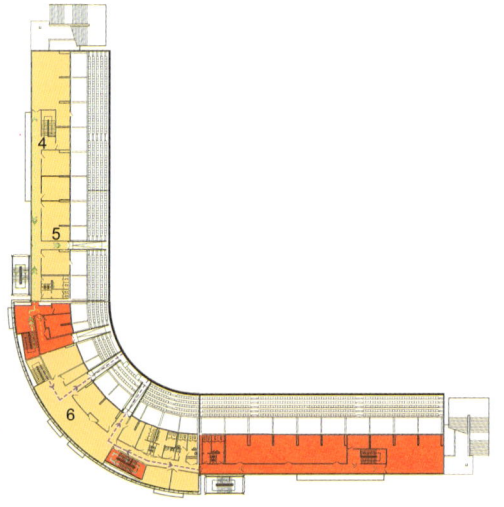

3000 座棒球比赛场　二层平面图

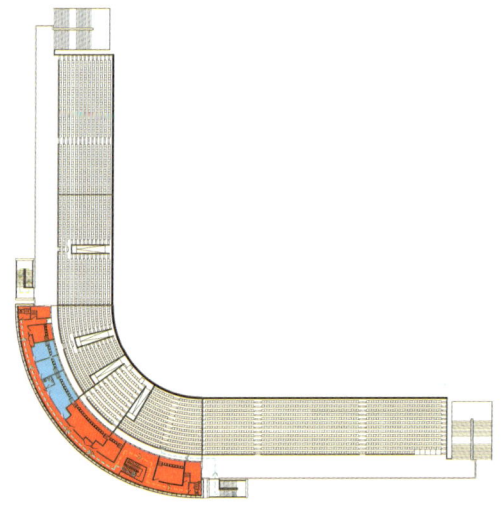

3000 座棒球比赛场　三层平面图

02-17

北京射击馆

北京射击馆

场馆概况

地点：北京西山
场地类型：新建比赛场馆
奥运会期间的用途：射击步枪、手枪共 10 个项目的比赛
残奥会期间的用途：射击步枪、手枪共 10 个项目的比赛
建筑面积：45645m²
固定座位数：2170 个（永久）
　　　　　　6430 个（可拆除）

射击比赛

北京射击馆

北京射击馆的场地设计满足奥运会及残奥会射击比赛的使用要求，符合国际射击联合会的相关技术标准。北京奥运会射击比赛将按照赛时有效的 2005 版《国际射联规则和章程》和《奥林匹克宪章》的规定执行。

比赛场地的设计

竞赛场地包括裁判区、射击距离区和受弹区。射击方向朝正北。射击位置避免阳光、风雨等自然因素的影响。所有靶面光照均匀，没有阴影。背景为不反光中性颜色。射击位置室内净高大于 2.8m。射击位置和靶位地面标高相同。射击地线（射击距离起点线。通常划一条红线，射手比赛时，其任何一个支点（脚或肘）必须在红线以后）和靶线（射击距离终点线。所有靶必须放置在靶线上，以保证射击距离的准确性和一致性）必须平行。资格赛馆 50m 步、手枪场地和 25m 手枪场地分别至少有 45m 和 12.5m 露天。10m 气枪、10m 移动靶和决赛套用场地 10m 部分必须是室内靶场。射击距离区室外部分地面种植草坪，要求场地平整、排水顺畅。50m 步、手枪场地，25m 手枪场地和决赛套用场地射击距离区上空，应垂直于射击方向设挡弹板。为确保安全，挡弹板数量、位置和垂直倾斜角度需根据弹道飞行轨迹确定。为保证公平，各射击位置间距尽量均等，射击位置之间尽量少设柱，柱平行于地线的断面尺寸尽量小。50m 步、手枪场地，25m 手枪场地和决赛套用场地四周考虑防雨水飞溅措施。 50m 步、手枪场地 2 个边侧射击位置的射击距离区宽度应为 3m。靶场两侧设挡弹围墙。25m 手枪场地必须分段，每段设 2 组靶，用防护墙隔开。每 2 段设一连接裁判区和受弹区的检查通道，宽约 2m，通道屋面考虑天然采光。每个射击位置间设轻型透明材料屏风。 决赛套用场地射击位置间不设柱。射击距离区宽度大于 26m。决赛套用场地的检查通道兼作设备库房，宽度要求 6m。

比赛规则

射击比赛的规则因为分项、射程、射击位置、子弹的数量、发射规定时间、靶子和枪的种类而不同。

每个小项比赛都包括资格赛和决赛。资格赛成绩最好的前 8(6) 名运动员进入决赛，最终的名次是按资格赛和决赛的累计成绩来确定。如果出现同分，则同分射手通过单发决赛，决出最终的胜负。

运动员比赛流程

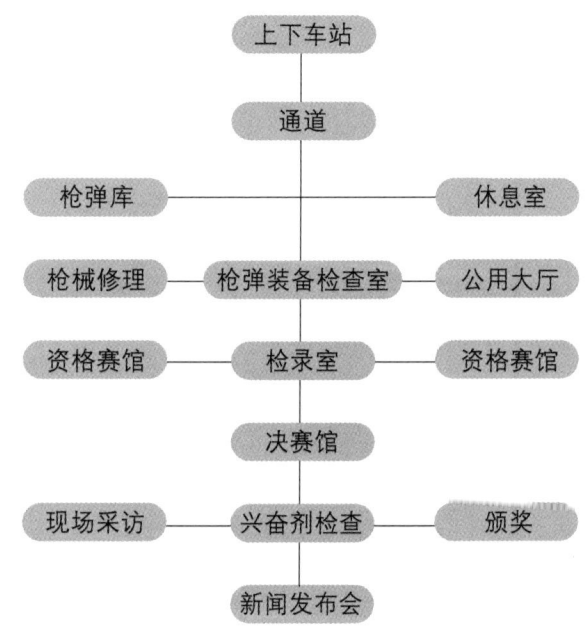

北京射击馆				
功能分区1——观众活动区——白区				
运行责任部门	房间中文名称	英文名称	数量	面积（m²）
观众服务	观众集散大厅	Spectator Concourse	2	空间区域
	观众信息亭	Spectator Info Booth	2	20×2
	观众婴儿车,轮椅寄存区	Spectator Storage	1	30
	观众物品寄存,失物招领	Lost & Found	1	72
	公共电话	Pay Phone	多处	空间区域
	指定吸烟区	Designated Somoking Area	1处	空间区域
	观众饮水处	Spectator Drinking Fountain	2处	空间区域
	观众卫生间	Spectator Toilets	2	60
场馆财务	自动取款机	ATM	2处	空间区域
餐饮服务	观众餐饮售卖点	Spectator Points of Sale	7	25
市场开发	特许商品零售点	Concession	2	110
医疗服务	观众医疗站	Spectator Medical Station	2	64
	接待和候诊区	Reception & Waiting Area	2	空间区域
	医疗区	Medical Treatment Area	2	空间区域
	医生办公室	Doctor Office	2	空间区域
	卫生间	Toilets	2	空间区域
票务	票务服务台	Ticket Management	2	10空间区域
	售票处	Ticketing Sales Window	2	25
功能分区2——比赛场地区				
运行责任部门	房间中文名称	英文名称	数量	面积（m²）
竞赛组织	比赛场地	Field of Play	1	空间区域
	运动员检录区（决赛）	Athlete Call Area	2	100空间区域
	竞赛信息处	Competition Information Area	1	空间区域
	运动员检录区（资格赛）	Athlete Call Area	1	100空间区域
	运动员检录区（10米靶）	Athlete Call Area(10m)	1	100空间区域
	运动员检录区（25米靶）	Athlete Call Area(25m)	1	100空间区域
	运动员检录区（50米靶）	Athlete Call Area(50m)	1	182.8
	混合区（运动员通道）	Mixed Zone	1	1.8×16
	仲裁席	Jury Seating	8	空间区域
	技术代表席	Technical Delegates Seating	根据靶位布置	空间区域
	裁判席	Judge Seating	根据靶位布置	空间区域
颁奖仪式	颁奖台及旗杆	Awards Podium & Flag Poles	1	空间区域
功能分区3——体育竞赛区				
运行责任部门	房间中文名称	英文名称	数量	面积（m²）
竞赛组织	运动员休息室(1层)	Athlete Lounge(1F)	67间	26
	运动员休息室(2层)	Athlete Lounge(2F)	34间	26
	竞赛公共会议室	Competition Meeting Room	1	41.66
	国内技术官员办公室	NTOs' Office	2	52
	国内技术官员办公室	NTOs' Office	2	36
	国内技术官员办公室	NTOs' Office	2	57
	国内技术官员办公室	NTOs' Office	2	64
	国内技术官员办公室	NTOs' Office	1	28.75
	竞赛办公室	Competition Office	2	64
	国际射联主席办公室	ISSF President Office	1	26.56
	国际射联秘书长办公室	ISSF Secretary Council Office	2	53
	国际射联技术代表办公室	ISSF Technical Delegates Office	1	25.97
	国际射联成绩仲裁室	ISSF Classification Jury Room	1	29.1
	国际射联申诉仲裁室	ISSF Jury of Appeal Room	1	20.61
	国际射联仲裁室(步枪)	Rifle Jury Room	2	61
	国际射联仲裁室(手枪)	Pistol Jury Room	2	43.2
	国际射联仲裁室	ISSF Jury Room	1	30.6
	裁判休息室	Referee Lounge	1	36.99

运行责任部门	房间中文名称	英文名称	数量	面积（m²）
竞赛组织	体育器材储存区	Sport Equipment Storage Area	1	18.88
	器材装备检查室	Equitment Control Station	1	100 空间区域
	临时弹库	Provisional Ammunition Stroage	1	149.4
	临时枪库	Provisional Firearm Stroage	1	112
	枪械修理室	Firearm Workshop	8	26
	国际射联理事会理事办公室	ISSF Administrative Council Office	5	118
	行政助理办公室	Administration Assistant Office	1	17.42
技术	计时计分机房	Timing & Scoring Control Room	1	52.2
	计时计分机房	Timing & Scoring Control Room	1	52.2
	计时计分机房	Timing & Scoring Control Room	1	27.7
	计时计分机房	Timing & Scoring Control Room	2	38.9
	现场成绩处理机房\电子靶成绩室	On-venue Results Room	1	49.02
	计时计分设备存放间\计时计分设施	Timing & Scoring Equipment Storage	1	51.23
兴奋剂检查	兴奋剂候检室	Waiting Area	1	41.09
	兴奋剂官员办公室	Office for Doping Control Manager	1	10.11
	检查室	Doping Testing Room	2	15.55
	卫生间	Toilets	2	6
	储藏室	Storage	1	9
医疗服务	运动员医疗站	Athlete Medical Station	1	112.6
	运动员候检室	Reception & Waiting Room	2	33
	检查和物理治疗室	Examination Room	1	13
	治疗室	Intensive Care Unit	1	14.44
	医生办公室和储藏室	Doctor & Nurse Office	1	14.83
	医疗急救室（预赛）	First Aid Room	1	37.2
功能分区4——仪式及文化活动区				
运行责任部门	房间中文名称	英文名称	数量	面积（m²）
颁奖仪式	体育展示办公室	Sport Presentation Office	1	53.12
	奖牌存放	Medal Storage	1	24.31
	颁奖仪式等候区	Ceremony Waiting Area		空间区域
	礼仪表演人员准备室（男）	Presenter & Mascot Dressing (Male)	1	29.97
	礼仪表演人员准备室（女）及鲜花储藏	Presenter & Mascot Dressing (Female)	1	30.78
	颁奖台储藏室	Awards Podium Storage	1	30.78
功能分区5——电视转播区				
运行责任部门	房间中文名称	英文名称	数量	面积（m²）
电视转播	电视转播综合区	Broadcast Compound	1	4000
	转播管理办公区	Broadcast Management Office	1	85
	特种摄象机	Speciality Camera	1	14
	餐饮	Dinning	1	142
	技术操作中心	Technical Cabin(Maintenance/ Speciality operation)	1	50
	技术存储空间	Technical Storage	1	50
	后勤存储空间	Logistic Storage	1	50
	后制作办公区	Production Office	1	85
	电视转播餐饮区	Broacast Catering	1	168
	转播餐饮备餐区	Broadcast Catering Kitchen Area	1	90
	餐厅	Dining Area	1	180
	冷藏室	Cold Room	1	12
	发电机/备用发电机	Power Generator/ Back Power Gernerator	1	96
	备份电源存放区	Domestice Back up Power Supply	1	20
	工作人员休息区	Shade Cover	1	150
	特权转播公司	RHB	1	1136

运行责任部门	房间中文名称	英文名称	数量	面积（m²）
电视转播	转播人员专用卫生间	Toilet	1	20
	混合区（电视转播通道）	Mixed Zone	1	26.8
	评论员控制室（射击）	Commentator Control Room	1	48
	转播信息办公室(BIO)	Broadcast Information Office	1	60
	混合区（电视转播通道）	Mixed Zone	1	25延米长

功能分区6——新闻运行区				
运行责任部门	房间中文名称	英文名称	数量	面积（m²）
新闻运行	场馆新闻中心	Venue Media Cetre		487.38
	新闻运行经理办公室	Press Office	1	40
	摄影经理办公室	Photo Manager Office	1	
	奥林匹克新闻服务工作室	Olympic News Service Work Room	1	70
	成绩公报协调员办公室	Results Distribution	1	
	单项体联新闻官办公室	IFs Media Officials' Room	1	20
	媒体接待处	Reception & IFO Desk & Storage	1	27.38
	文字记者工作区	Press Work Area	1	180
	摄影记者工作区	Photo Work Area	1	150
	信息查询终端摆放区域	IFO Allocation Area	1处	空间区域
	文字记者储物柜摆放区域	Press Locker	1处	空间区域
	摄影记者储物柜摆放区域	Photographic Locker	1处	空间区域
	成绩公报柜摆放区域	Result Cabinet Allocation Area	1处	空间区域
	信息打印/复印区域	Info Print/Copy Area	1处	空间区域
	电视机/冰柜摆放区域	TV/Refrigeratory Allocation Area	1处	空间区域
	新闻媒体专用卫生间(男)	Toilet (male)	1	18
	新闻媒体专用卫生间(女)	Toilet (female)	1	24
	媒体休息区	Press Lounge	1	59.5
	餐饮售卖点及休息区	Dining & Lounge		空间区域
	小型备餐间	Food Preparation Room		空间区域
	新闻发布厅	Press Conferece Room	1	144.23
	新闻发布转播控制室	Broadcasting Control Room		空间区域
	座席区	Seating Area		空间区域
	主席台	Dais		空间区域
	摄像机平台	Camera Platform		空间区域
	同声传译间	Simultaneity Interpretation Room	1	空间区域
	混合区（新闻媒体通道）	Mixed Zone	1	121.5
	媒体租用空间	Media Rental Space	1	42.98

功能分区7——场馆礼宾区				
运行责任部门	房间中文名称	英文名称	数量	面积（m²）
场馆礼宾	场馆礼宾经理办公室	VIP Protocol Manager Desk	1	20
	贵宾接待与交通服务处	Welcome & Trasporat Info Desk	1	空间区域
	贵宾休息室	VIP Lounge	1	187.56
	餐台和休息区	Dining & Lounge	1	空间区域
	小型备餐间	Food Preparation Room	1	空间区域
	贵宾卫生间	VIP Toilet	1	空间区域
	陪同人员休息区	Staff & Volunteer Room and Storage	1	30
	要人休息室	VIP Lounge	1	75.53

功能分区8——场馆运行区				
运行责任部门	房间中文名称	英文名称	数量	面积（m²）
场馆管理	场馆主任办公室	Venue Manager Office	1	40
	场馆副主任办公室	Venue Deputy Manager Office	1	40
	场馆运行中心	Venue Operation Centre	1	100
	工作人员固定工位	VOC Staff Assigned Desks	1	运行中心内
	工作人员公共工位	VOC Shared Work Area	1	运行中心
	场馆通信中心	Venue Commuication Centre	1	78
	场馆通信经理工位	Venue Commuication Manager Desk	1	通信中心

运行责任部门	房间中文名称	英文名称	数量	面积（m²）
场馆管理	邮件处理点	Mail Desk	1	通信中心
	通信操作员工位	VCC Operators Desks	1	通信中心
	储存区	Storage	1	通信中心
	多功能会议区	Multi-purpose Room	1	63
	纸张存放间	Paper Storage	1	43
场馆人事	场馆人事经理办公室	Venue Staffing Management	1	24
	工作人员签到区	Staff Check-in Area	1	71
	工作人员签到处	Staff Check-in Points	1	签到区内
	工作人员问询区	Staff Info. Desk	1	签到区内
	志愿者服务处	Volunteer Services Desk	1	签到区内
	工作人员物品存放间	Cloak Room	1	签到区内
场馆人事	工作人员休息和用餐区	Staff Break & Dnining Area	1	300
	工作人员卫生间	Staff Toilet	1	用餐区内
场馆财务	场馆财务经理办公室	Venue Finance Manager Office	1	27
观众服务	观众服务管理办公区	Spectator Services Management Area	1	50
	物资储存和分发区	SPS Equipment Storage & Distribution	1	60
	工作部署区	Briefing Area	1	310
票务	票务办公室	Ticketing Management Office	1	21
语言服务	语言服务经理办公区	LAN Manager Office	1	25
市场开发	特许商品场馆零售管理办公区/出纳室	MER Management Area/Cash Room	1	25
	商品储存区	MER Storage	1	25
注册	场馆注册中心	Venue Accreditation Office	1	72
	每日卡发放区	Day Pass Issue Desk	1	空间区域
	等待区	Accreditation Waiting Area	1	空间区域
	注册经理办公点和储藏区	Accreditation Manager Desk	1	空间区域
场馆设施管理	场馆设施管理办公区	Site Managment Work Area	1	50
	后勤工人休息区	Response Team & Vendor Staging	1	25
	电源工作间与备件存放	Power Workshop & Storage	1	25
	综合布线分配线间	Cross Connection Frame Room	1	16.22
	综合布线分配线间	Cross Connection Frame Room	2	21
技术	固定通信设备机房	Fix Telecomcomuication Equiptmet Room	1	95.38
	移动通信设备机房	Mobile Telecommuication Equipment Room	1	41.66
	固定通信技术人员工作室	Fix Telecomcomuication Operation	1	31.43
	移动通信技术人员工作室	Mobile Telecommunication Operation	1	29.98
	场馆技术运行中心	Venue Technology Operation Center	1	32.02
	技术支持服务中心	Technology Help Desk	1	30.63
	扩声控制室	Public Address Control Room	1	21.33
	扩声控制室	Public Address Control Room	1	18.66
	扩声控制室	Public Address Control Room	1	16.6
	扩声控制室	Public Address Control Room	1	10.65
	扩声控制室	Public Address Control Room	1	9.5
	有线电视机房	CATV Control Room	1	23.85
	成绩复印分发室	Results Printing & Distribution	1	66.4
	电子显示屏控制室	Score Board & Video Board Control Room	1	22.1
	电子显示屏控制室	Score Board & Video Board Control Room	1	19.9
	电子显示屏控制室	Score Board & Video Board Control Room	1	19.6
	电子显示屏控制室	Score Board & Video Board Control Room	1	13.3
	网络管理间	LIN Management Room	1	20
	计算机设备及主配线间	Computer Equipment & Main Cabling Distribut Room	1	50
	IT设备存放间	IT Equiptmet Storage	1	38.18
物流	物流经理办公室	Logistic Management	1	50
	物流综合区	Logistic Compound	1	1500

运行责任部门	房间中文名称	英文名称	数量	面积（m²）
物流	物流经理办公室	Logistic Management	1	50
	物流综合区	Logistic Compound	1	1500
	物流管理办公区	Logistic Management Area	1	综合区内
	工人休息区	Workers Lounge	1	综合区内
	特殊物资存储区	Special Materials Storage	1	综合区内
	技术设备包装物仓储区	Warehouse Storage	1	综合区内
	维修物资仓库和工作间	Maintenance Warehouse&Workshop	1	综合区内
	指路标识及临时设施仓库	Vendor Secure Storage	1	综合区内
	办公用品存储间	Office Supplies Storage	1	综合区内
	服装存储间	Uniform Storage	1	综合区内
	形象景观仓储室	IMI Work &Storage Area	1	综合区内
	物资回收及分发室	Equipment Sign-out	1	综合区内
	物流卸货区	Loading & Vehicle Staging	1	综合区内
	物资转运区	Materials Transfer Area	1	综合区内
	油箱存储间	Fuel Tanks	1	综合区内
	维修车辆停放区	Material Vehicle Staging	1	综合区内
	卫生间	Toilet	1	综合区内
餐饮服务	餐饮经理办公室（餐饮管理办公区）	Catering Manager Office	1	27
	餐饮综合区	Catering Compound	1	200
	餐饮供应商办公室	Catering Contractor Office	1	综合区内
	饮料供应商办公室	Beverage Contractor Office	1	综合区内
	干货冷藏区	Dry, Cold & Ice Storage	1	综合区内
	卸货区	Vehicle Staging	1	综合区内
	厨房和备餐区	Kitchen & Preparation Area	1	综合区内
	露天储存区	Uncovered Storage	1	综合区内
	餐饮人员专用卫生间	Catering Staff Toilet	1	综合区内
环境	环境经理办公室	CLW Manager Office	1	52
	清洁物品储藏间	Cleaning Item Storage	1	27.4
	清洁物品储藏间	Cleaning Item Storage	1	22.71
	清废综合区	CLW Compound	1	450
	清废管理与清废工人休息区	Management and Break Area	1	综合区内
	清洁设备储存区	Cleaning Equipment Supply & Storage	1	综合区内
	废弃物暂存区	Waste Sorting Area	1	综合区内
	垃圾压缩机停放区	Waste Contractor	1	综合区内
	车辆周转卸货区	CLW Vehicle Staging	1	综合区内
交通	场馆运行停车区（两馆共用）	VOP Parking Area	7	106
	场馆应急车辆停车区	Emergency Vehicle Parking Area	1	70
	场馆运行车辆停车区	VOP Vehicle Parking Area	6	36
其他	空调机房	Air-condition Room	1	29.1
	空调机房	Air-condition Room	2	385.9+34.4
	空调机房	Air-condition Room	1	57.5
	空调机房	Air-condition Room	1	216.7
	空调机房	Air-condition Room	1	365.9
	空调机房	Air-condition Room	1	22.8
	设备维修	Equipment Service	1	16.6
	设备维修	Equipment Service	1	12.19
	设备维修	Equipment Service	1	38.6
	设备储存	Equipment Storage	1	50.79
	清洁设备库	Clean Equipment Storeroom	1	16.56
	清洁设备库	Clean Equipment Storeroom	1	13.1
	设备保障人员室	Equipment Support Staffs' Office	1	33.94
	灯光控制室	Lighting Control Room	1	18.05
	灯光控制室	Lighting Control Room	1	23.6
	灯光控制室	Lighting Control Room	2	19.4+39.8

功能分区9——安保及交通运行区				
运行责任部门	房间中文名称	英文名称	数量	面积（m²）
安保	安保服务中心	Security Services Centre	1	65
	违禁物品存放处	Contraband Storage	1	25
	治安处理点	Public Security Handling Office	1	40
	治安处理点	Public Security Handling Office	3	30
	治安处理点	Public Security Handling Office	2	20
	安保指挥中心	Security Command Centre	1	80
	安保指挥办公室	Security Command Office	2	28
	现场安保指挥通信设备间	On-site Security Commuication Equipment Room	1	41.17
	反恐防暴屯兵处（反恐人员备勤室）	Anti-terrorism Personnel Duty Room	1	100
	武警部队备勤室	Policeman Duty Room	1	60.06
	武警部队指挥室	Policeman Command Office	1	40.24
	突发事件处置人员备勤室	Emergency Handler Duty Room	1	103.26
	安保后备用房	Security Reserve Room	1	30.98
	现场警卫机动力量备勤室	On-site Guard Reserve Force Office	1	61.19
	要人随身警卫人员备勤室	Guard Duty Room for VIPs	1	106.77
	要人紧急避险处	Emergency Shelter for VIPs	1	148.77
	要人警卫工作现场指挥部	On-site Guard Office	1	75
	消防指挥室	Fire Fighting Command Office	1	49.97
	现场消防通信指挥室	On-site Fire Fighting Communication Command	1	28.9
	消防观察室	Fire Fighting Observation Room	2	45.69+10
	消防备勤室（两馆共用）	Fire Fighting Observation Room	1	190
	安保观察平台	Security Observation Positions	1	45.69
	安保观察平台	Security Observation Positions	1	11.2
	安保电子系统用房	Security Electronical System Room	1	78
	安保指挥监控通信系统用房	Security Command Office	1	78
	安保执勤岗亭	Security Observation Positions	多个	1个/50米
	临时消防站	Temporary Fire Fightingt Station	1	120
	会议室	Meeting Room	1	37.89
交通	交通监控指挥室	Transport Monitoring & Command Office	1	70.27
	车辆调度室与馆共用	Vehicle Dispatch Room	1	25
	司机休息室与馆共用	Driver Break Room	1	50
	交通路障设施存放区域	Storage Yard	1	64.6
	交通指挥点	Transport Command Point	1	22
安保/观众服务	人员安检验证/票口（进入封闭线）	Security Check Area	见图纸	5x5 一机两门
交通	上下车区	Drop Off Area	见图纸	

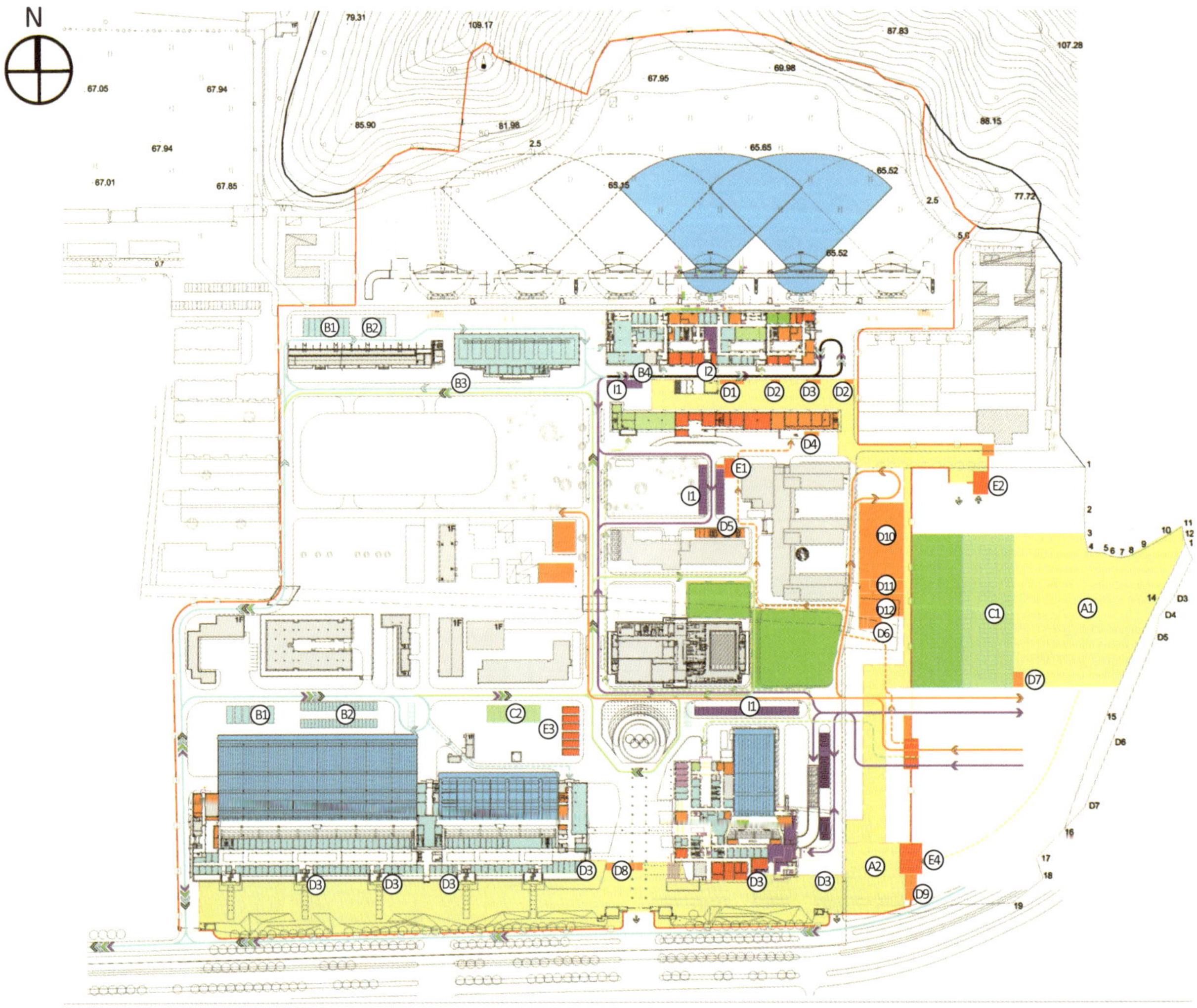

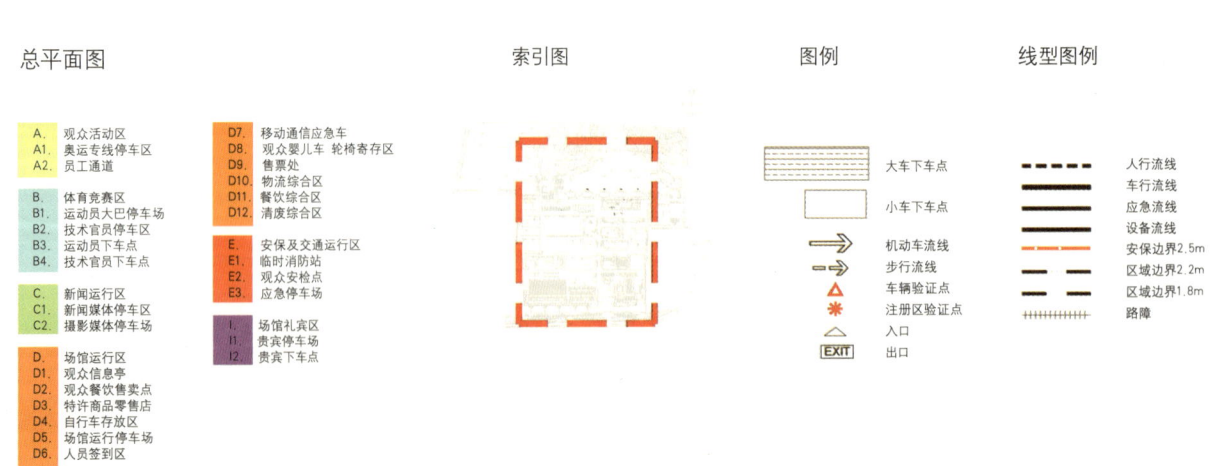

总平面图

A. 观众活动区
A1. 奥运专线停车区
A2. 员工通道

B. 体育竞赛区
B1. 运动员大巴停车场
B2. 技术官员停车区
B3. 运动员下车点
B4. 技术官员下车点

C. 新闻运行区
C1. 新闻媒体停车区
C2. 摄影媒体停车场

D. 场馆运行区
D1. 观众信息亭
D2. 观众餐饮售卖点
D3. 特许商品零售店
D4. 自行车存放区
D5. 场馆运行停车场
D6. 人员签到区

D7. 移动通信应急车
D8. 观众婴儿车 轮椅寄存区
D9. 售票处
D10. 物流综合区
D11. 餐饮综合区
D12. 清废综合区

E. 安保及交通运行区
E1. 临时消防站
E2. 观众安检点
E3. 应急停车场

I. 场馆礼宾区
I1. 贵宾停车场
I2. 贵宾下车点

索引图

图例

大车下车点

小车下车点

→ 机动车流线
⇢ 步行流线
△ 车辆验证点
✳ 注册区验证点
⌂ 入口
EXIT 出口

线型图例

- - - 人行流线
━━━ 车行流线
━━━ 应急流线
━━━ 设备流线
━━━ 安保边界2.5m
- - - 区域边界2.2m
- - - 区域边界1.8m
++++ 路障

场馆地下一层平面图

E. 安保及交通运行区
E1. 要人随身警卫人员备勤室
E2. 卫生间
E3. 要人紧急避险处
E4. 突发事件处置人员备勤室
E5. 现场警卫机动力量备勤室
E6. 交通指挥室

I. 场馆礼宾区
I1. 贵宾停车场

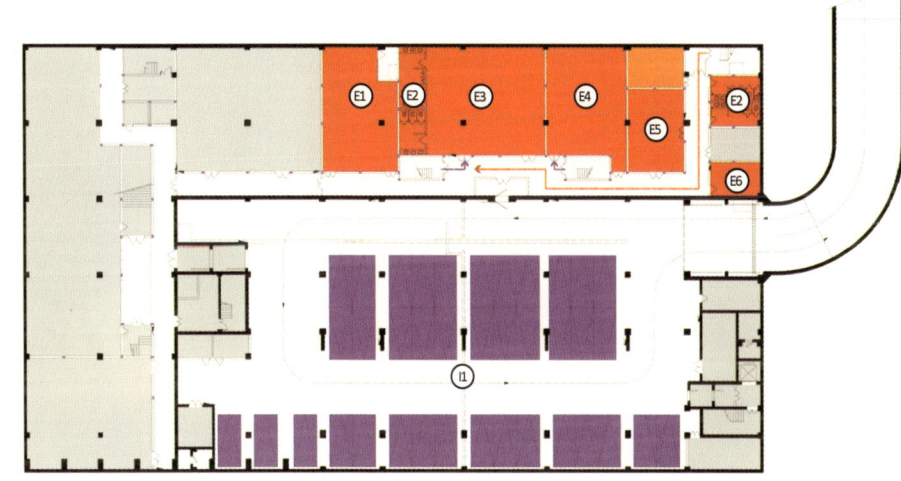

场馆首层平面图

A. 观众活动区
A1. 观众入口

B. 体育竞赛区
B1. 竞赛办公室
B2. 国际单项体育联合会技术代表室
B3. 竞赛公共会议室
B4. 国际单项体育联合会仲裁室
B5. 卫生间
B6. 国际技术官员办公室
B7. 裁判休息室
B8. 检查室
B9. 兴奋剂官员办公室
B10. 兴奋剂候监室
B11. 体育器材存储室
B12. 运动员检录室
B13. 国际射联理事会理事办公室
B14. 治疗室
B15. 运动员候检室
B16. 医生助办公室和储存室
B17. 行政助理办公室
B18. 国际单项体育联合会秘书办公室
B19. 国际单项体育联合会主席办公室
B20. 技术人员入口

C. 新闻运行区
C1. 媒体接待处

D. 场馆运行区
D1. 工作人员入口
D2. 清洁设备储藏间
D3. 计时计分设备存放间
D4. 成绩复印分发室
D5. 扩声控制室
D6. 综合布线分配线间
D7. 现场成绩处理机房

E. 安保及交通运行区
E1. 消防指挥室
E2. 武警部队备勤室
E3. 安保后备用房
E4. 安保指挥中心
E5. 安保指挥办公室
E6. 现场安保指挥通信设备间
E7. 要人警卫工作现场指挥部

I. 场馆礼宾区
I1. 要人休息室
I2. 贵宾休息室
I3. 陪同人员休息室
I4. 贵宾接待与交通服务处
I5. 场馆礼宾经理办公室
I6. 备餐间
I7. 贵宾入口

J. 礼仪及文化活动区
J1. 奖牌存放
J2. 礼仪表演人员准备室（男）
J3. 礼仪表演人员准备室（女）鲜花储藏间
J4. 颁奖台储藏室

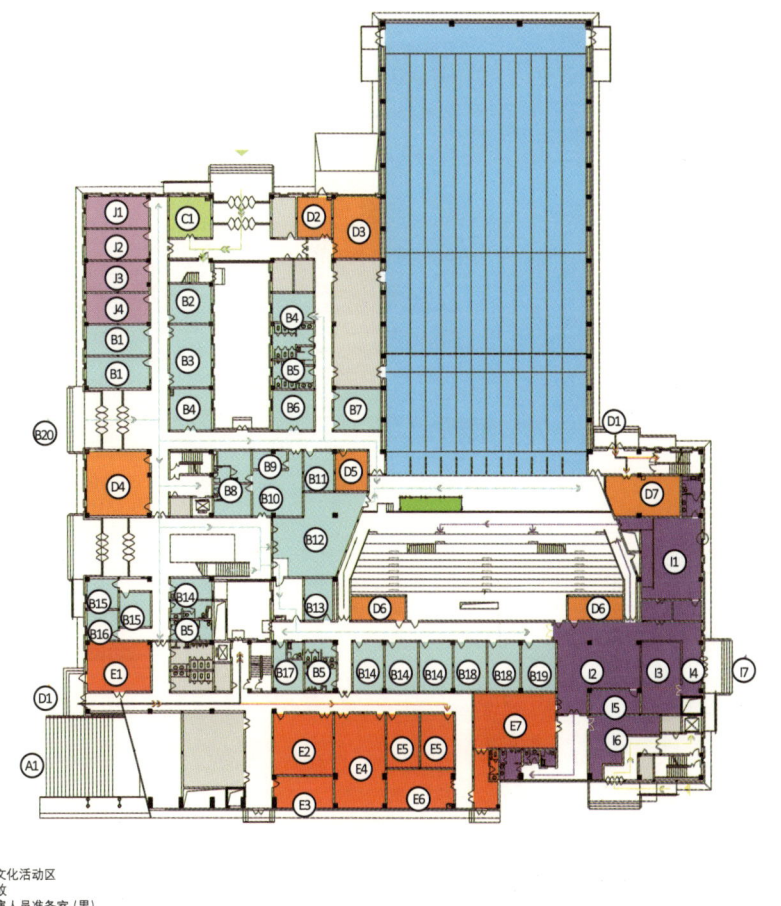

场馆三层平面图

D. 场馆运行区
D1. 场馆技术运行区
D2. 技术支持服务中心
D3. 固定通信技术人员工作室
D4. 移动通信技术人员工作室
D5. 灯光控制室
D6. 有线电视机房
D7. 移动通信机房

E. 安保及交通运行区
E1. 治安处理点
E2. 会议室
E3. 安保观察平台

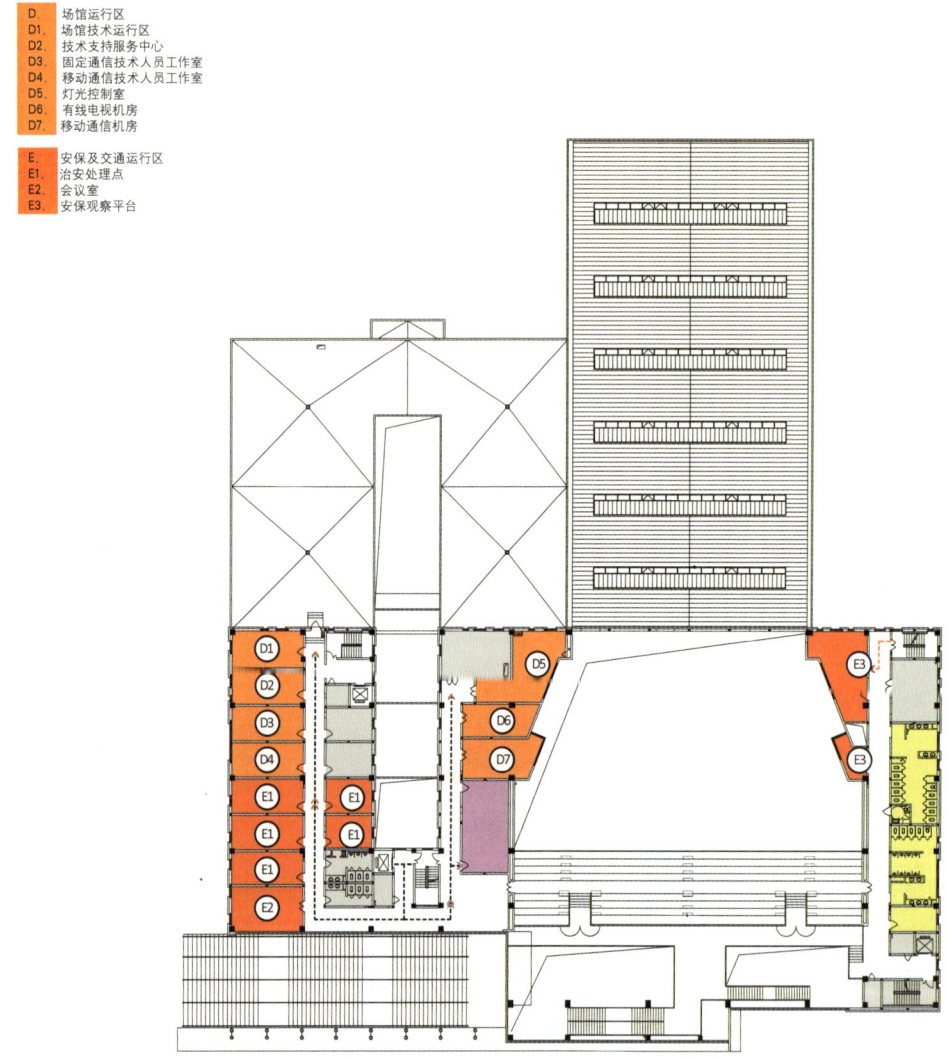

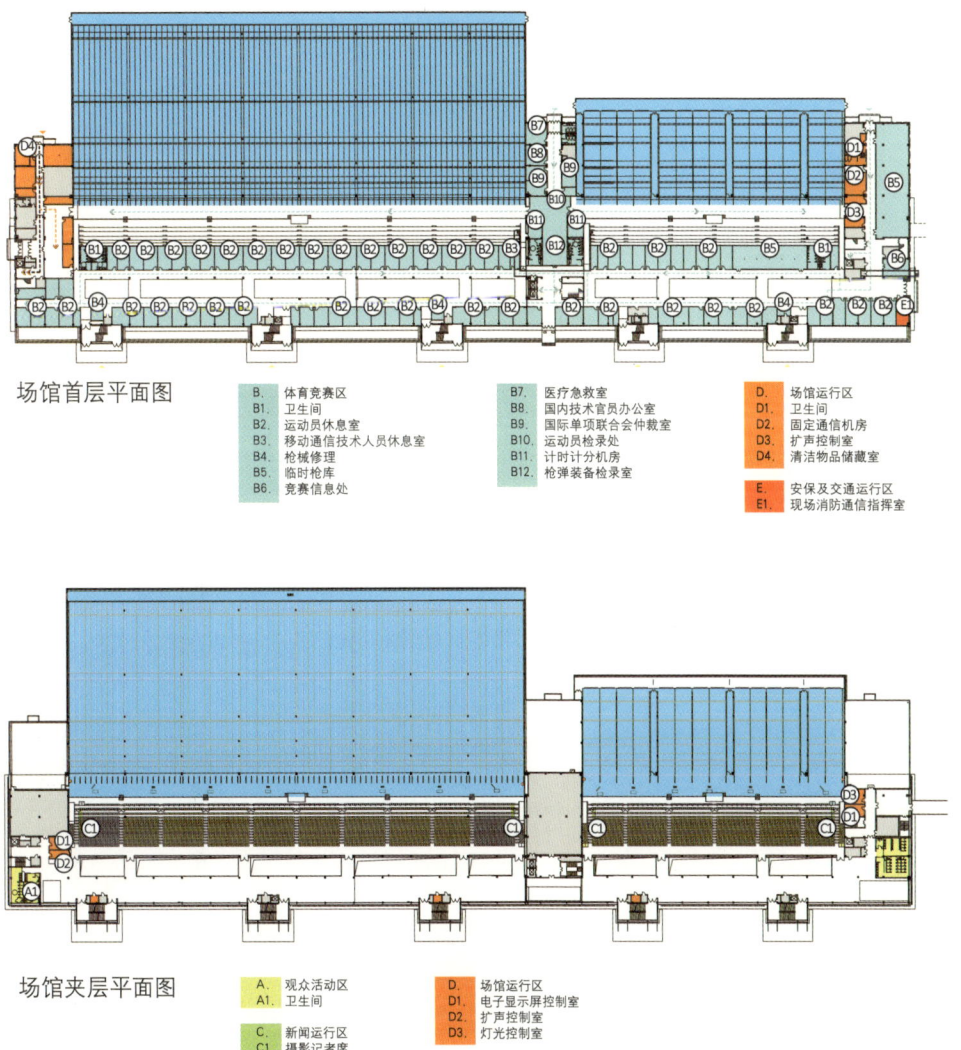

场馆首层平面图

B. 体育竞赛区	B7. 医疗急救室	D. 场馆运行区
B1. 卫生间	B8. 国内技术官员办公室	D1. 卫生间
B2. 运动员休息室	B9. 国际单项联合会仲裁室	D2. 固定通信机房
B3. 移动通信技术人员休息室	B10. 运动员检录处	D3. 扩声控制室
B4. 枪械修理	B11. 计时计分机房	D4. 清洁物品储藏室
B5. 临时枪库	B12. 枪弹装备检录室	
B6. 竞赛信息处		E. 安保及交通运行区
		E1. 现场消防通信指挥室

场馆夹层平面图

A. 观众活动区	D. 场馆运行区
A1. 卫生间	D1. 电子显示屏控制室
	D2. 扩声控制室
C. 新闻运行区	D3. 灯光控制室
C1. 摄影记者席	

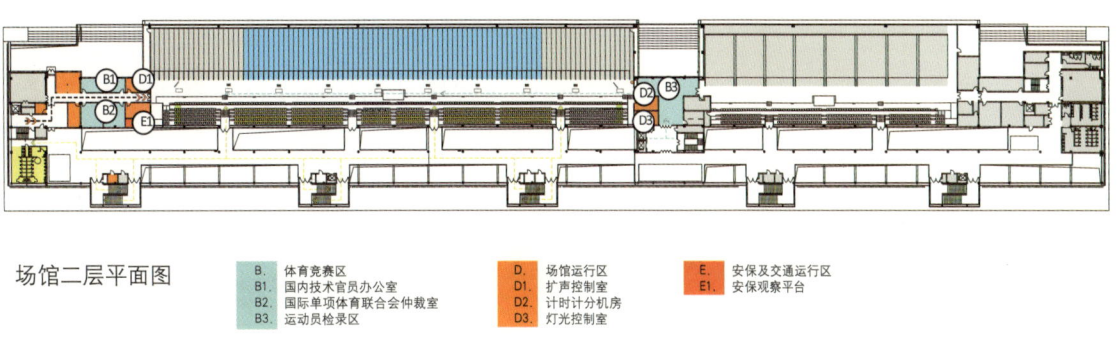

场馆二层平面图

B. 体育竞赛区	D. 场馆运行区	E. 安保及交通运行区
B1. 国内技术官员办公室	D1. 扩声控制室	E1. 安保观察平台
B2. 国际单项体育联合会仲裁室	D2. 计时计分机房	
B3. 运动员检录区	D3. 灯光控制室	

坐席层平面图

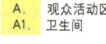

A.	观众活动区
A1.	卫生间

C.	新闻运行区
C1.	媒体休息区
C2.	摄影经理办公室
C3.	新闻运行经理办公室
C4.	单项提炼新闻官员办公室
C5.	卫生间
C6.	文字记者工作间
C7.	奥林匹克新闻服务工作室
C8.	成绩公报协调员办公室
C9.	媒体租用房间
C10.	同声传译间
C11.	新闻发布间
C12.	文字记者工作间
C13.	摄影记者工作区
C14.	混合区

D.	场馆运行区
D1.	IT设备及零配件储存间
D2.	固定通信设备机房
D3.	计算机设备及主配电间

E.	安保及交通运行区
E1.	交通路障设施存放区域
E2.	交通监控指挥室
E3.	武警部队指挥室

注册人员坐席列表

	注册人员分类	坐席数
1	运动员及随队官员	150
2	奥林匹克大家庭贵宾	92
3	广播电视转播人员	
	评论员席	36/108
	观察员席	40
4	文字摄影媒体	
	带桌文字媒体	30/90
	不带桌文字媒体	100
	摄影记者	60

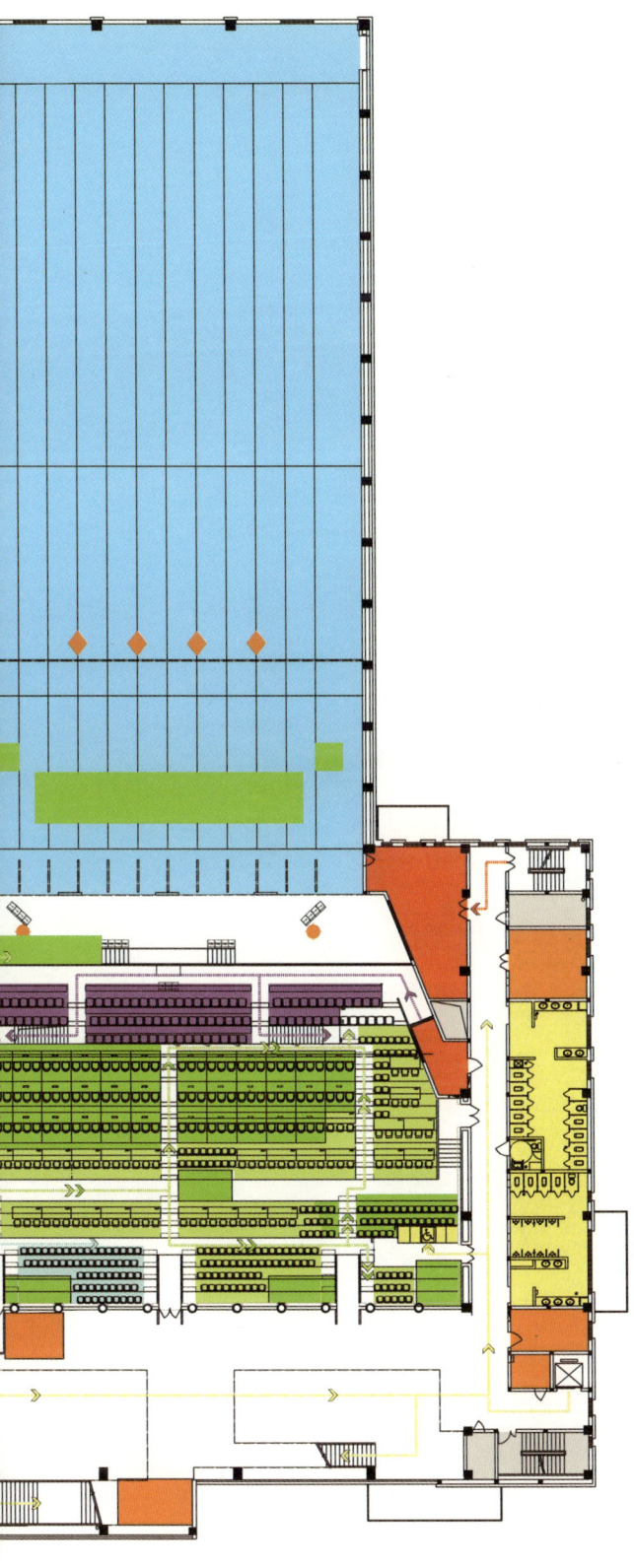

G. 比赛场地区
G1. 电子计时时钟
G2. 仲裁席
G3. 教练员席
G4. 控制台
G5. 投影屏幕

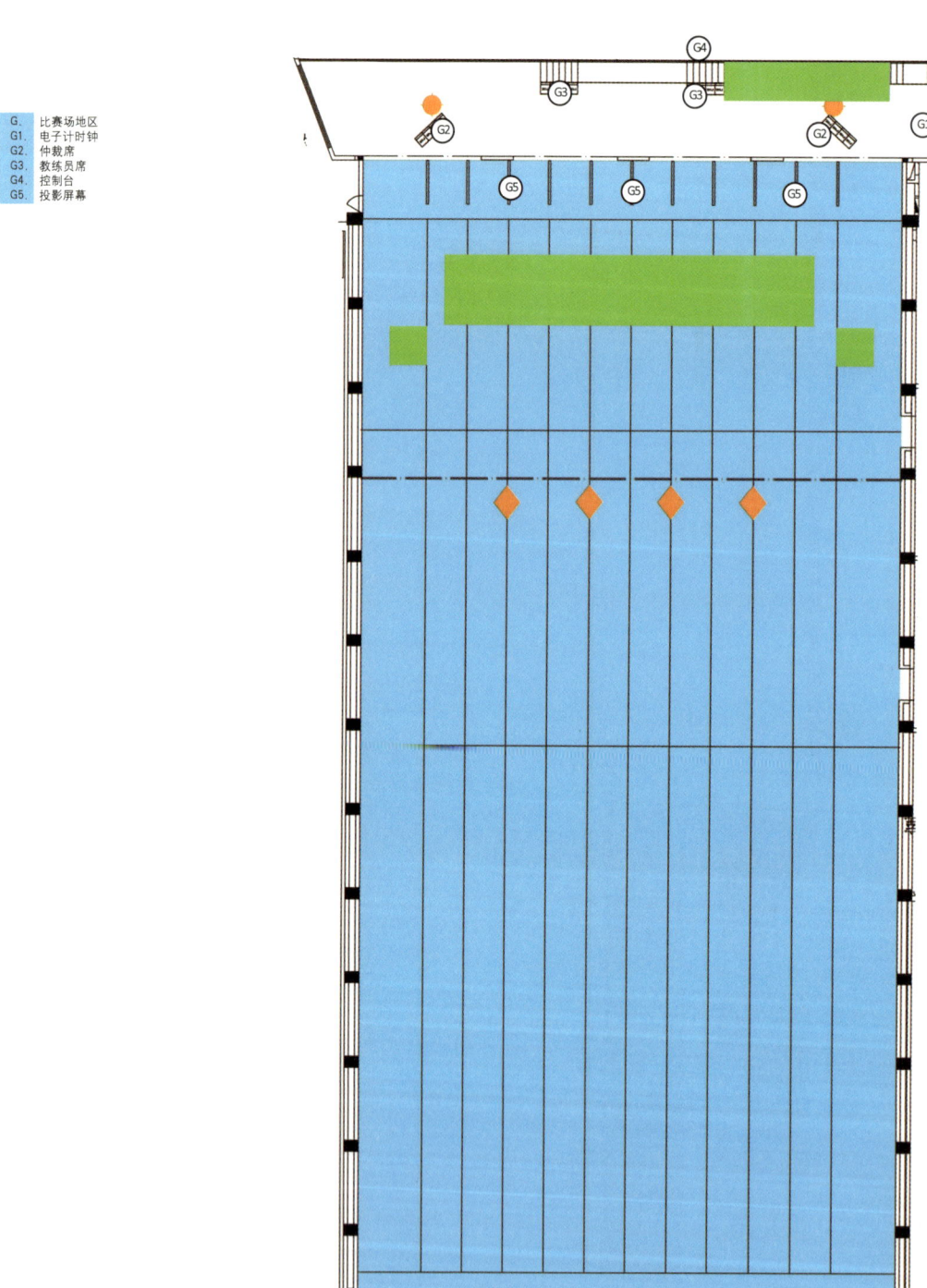

50m 靶场场地布置

G.　比赛场地区
G1.　电子计时钟
G2.　投影屏幕
G3.　操控台
G4.　裁判席

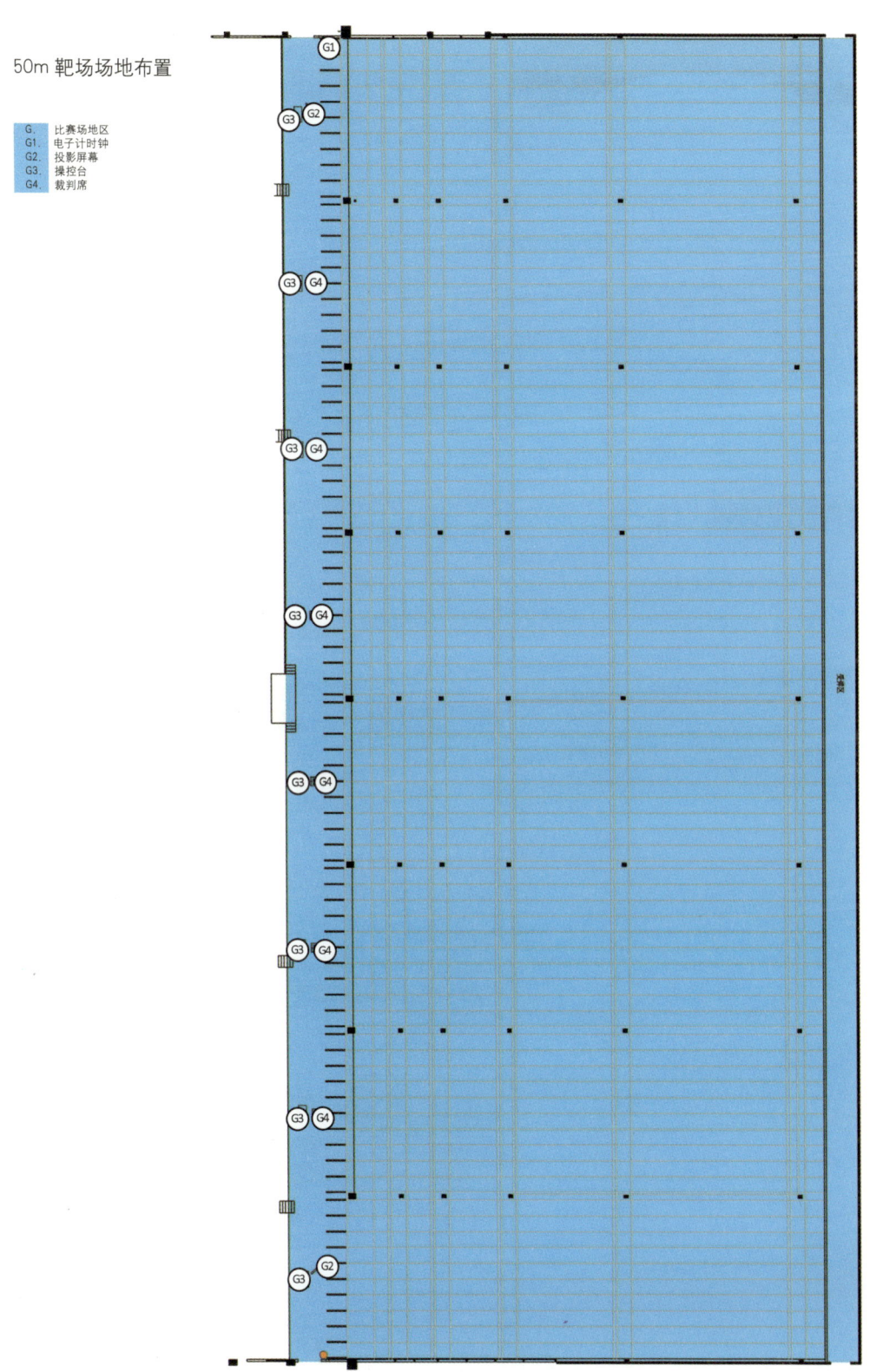

10m 靶场场地布置

G. 比赛场地区
G1. 电子计时钟
G2. 投影屏幕
G3. 操控台
G4. 裁判席

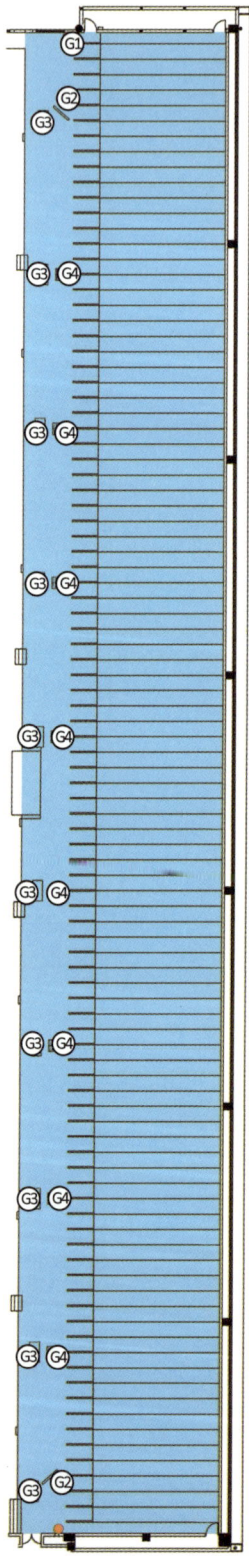

25m 室外靶场场地布置

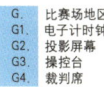

G.　比赛场地区
G1.　电子计时钟
G2.　投影屏幕
G3.　操控台
G4.　裁判席

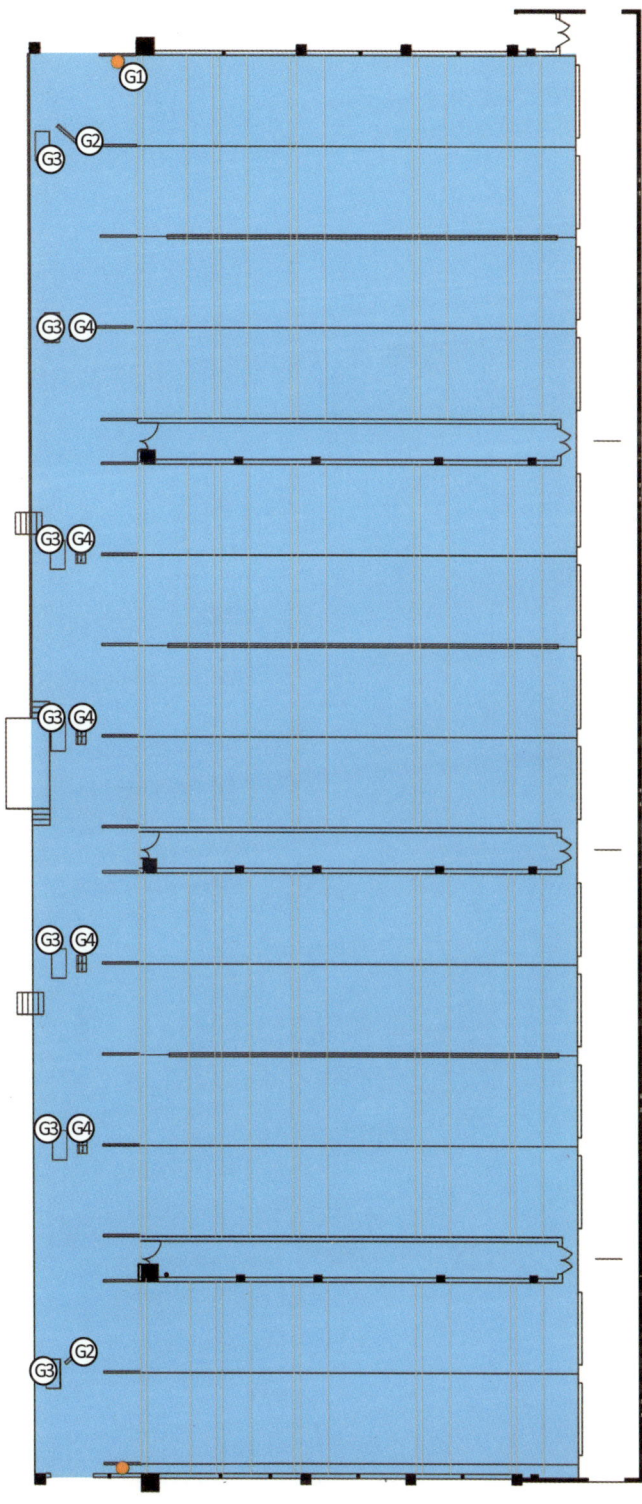

总平面图

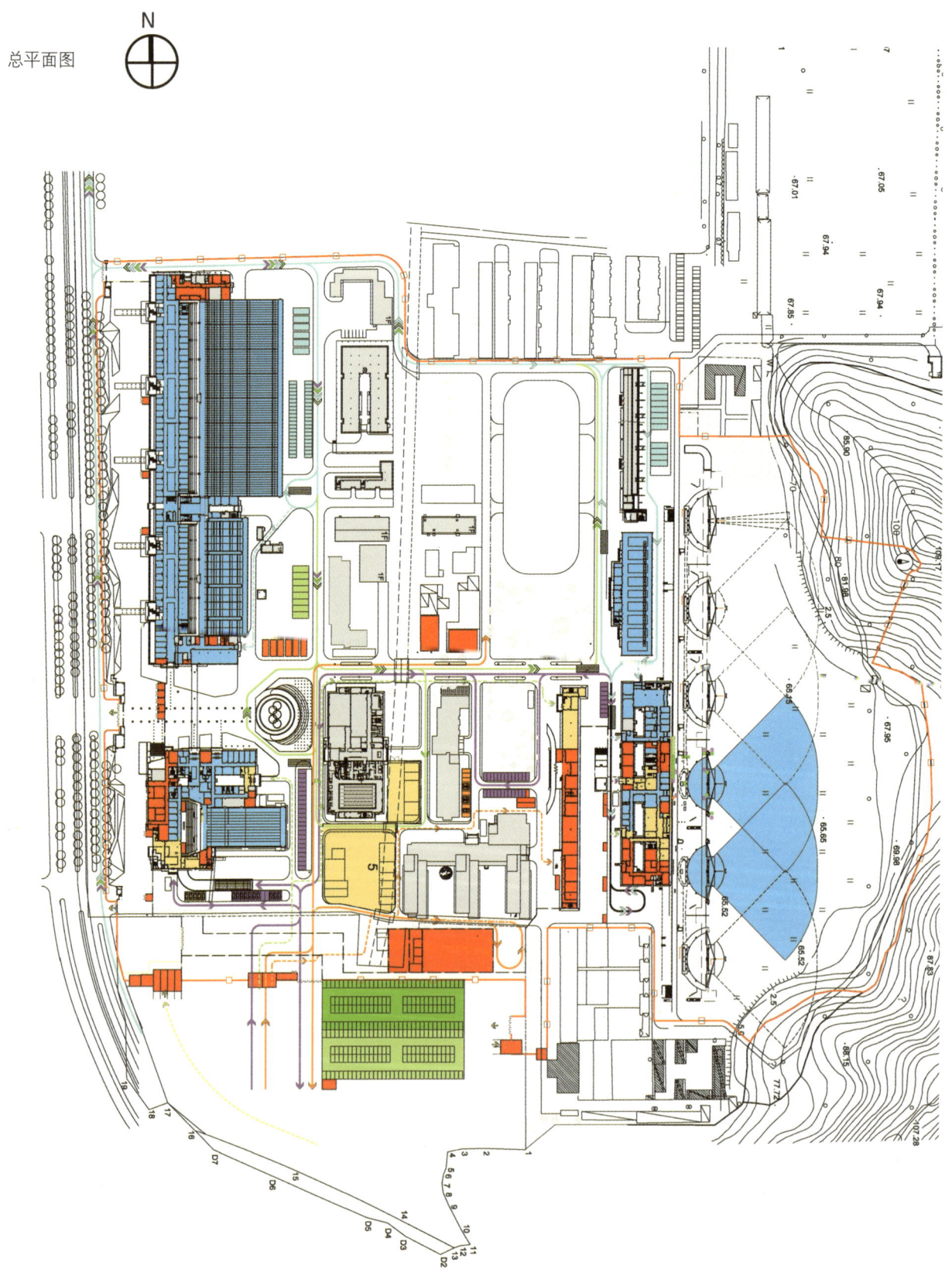

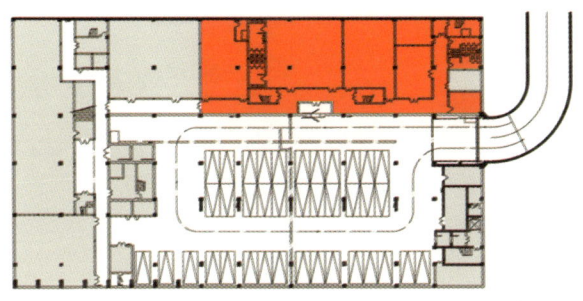

场馆地下一层平面图

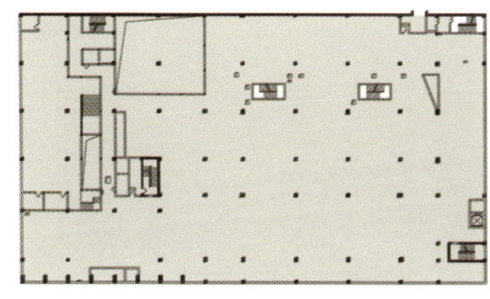

场馆夹层平面图

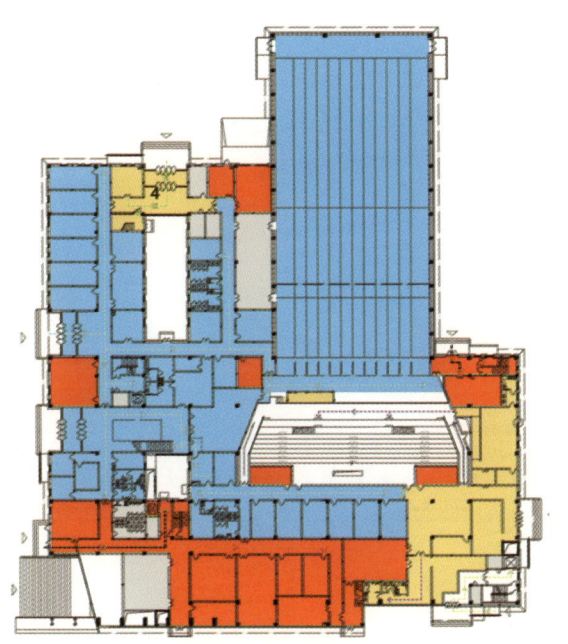

场馆首层平面图

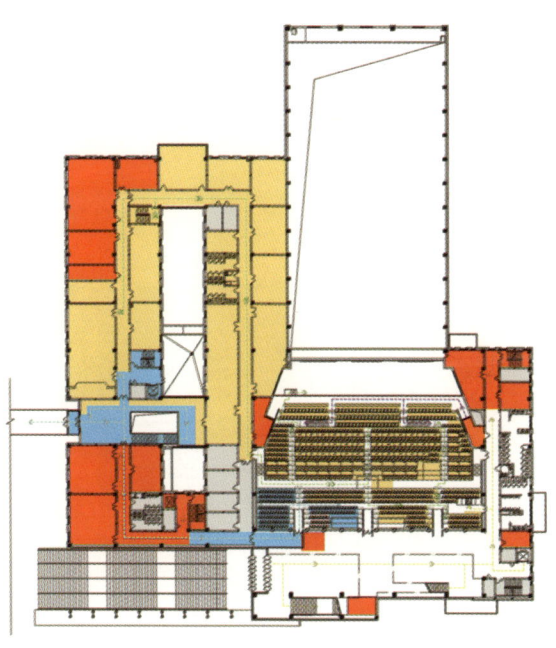

场馆二层平面图

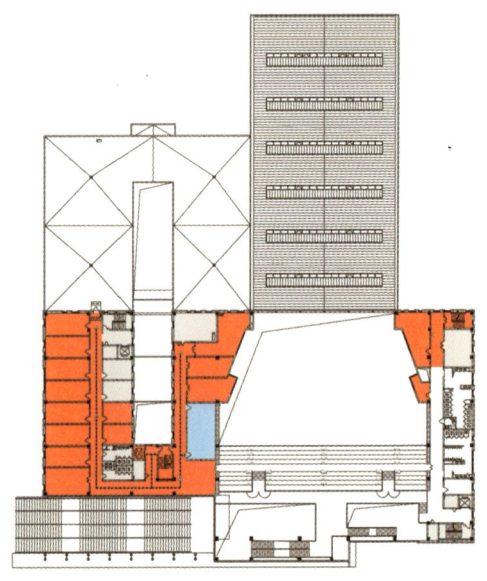

场馆三层平面图

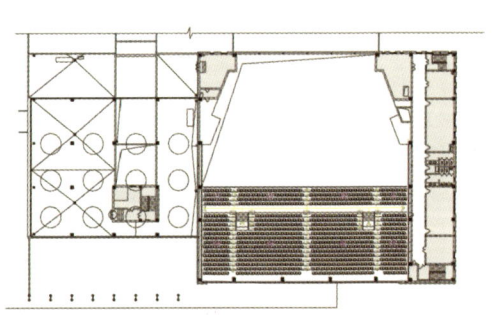

场馆坐席层平面图

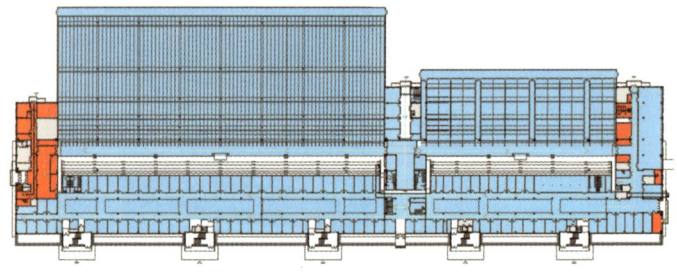

场馆首层平面图

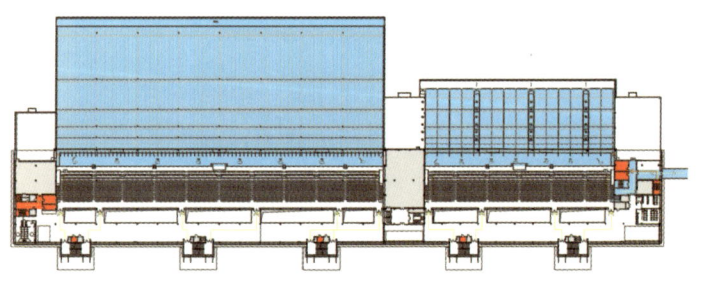

场馆夹层平面图

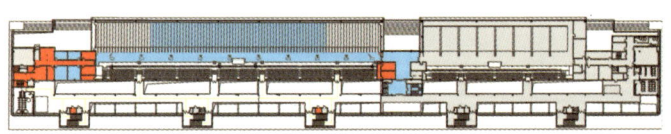

场馆二层平面图

02-18

老山小轮车赛场

老山小轮车赛场

场馆概况

地点：石景山区老山

场地类型：临建比赛场馆

奥运会期间的用途：小轮车

残奥会期间的用途：无

建筑面积：3650m²

固定座位数：无

临时座位数：4000个

小轮车

比赛场地

小轮车赛场由直道、弯道和多个障碍组成。沿赛道中心线测量,跑道的长度不少于 300m,不得超过 400m。赛道的起点出发段宽度不少于 10m,在整个赛道的任一地段宽度不少于 5m。

出发台至少要高于第一直段跑道水平面 1.5m。出发坡的长度不少于 12m。出发门 8m 宽,50cm 高,出发坡与其夹角应成 90°。从起点线向前 10m 处要标出 8 条跑道的位置。弯道坡度的设计要确保运动员在高速状态下安全地进出。出发门应有电子控制和手动控制两套装置。并有灯光指示系统。

终点线位于赛道的终点处,由一条 4cm 宽的黑色直线和两侧各 10cm 宽的白色带状标志、共 24cm 宽的线带组成。设置终点录像设备,以协助裁判员判定终点名次。

比赛规则

小轮车比赛有计时排位赛、淘汰赛(1/4 决赛、半决赛)和决赛 3 个阶段。男子 32 名运动员通过计时排位赛成绩分成 4 组,每组 8 名运动员,进行 1/4 决赛,小组前 4 名晋级半决赛,半决赛分 2 组,每组 8 名运动员,小组前 4 名晋级决赛,决赛共 8 名运动员。女子 16 名运动员通过计时排位赛成绩分成 2 组,每组 8 名运动员,进行半决赛,小组前 4 名晋级决赛,决赛共 8 名运动员。计时排位赛:运动员单发,骑完赛道全程计取时间,比 2 次,取最好成绩。淘汰赛:每组运动员同时出发,以到达终点先后顺序排定名次,比 3 轮,名次之和较小的前 4 名晋级。决赛:运动员同时出发,以到达终点先后顺序排定名次(只比 1 轮)。

老山小轮车场

功能分区1——观众活动区

运行责任部门	示范场馆房间名称	英文名称	数量	面积（m²）
观众服务	检票口	Ticket Rip	3	5x5每个
	观众集散大厅	Spectator Concourse	1	2500
	观众信息亭	Spectator Info Booth	1	25
	观众婴儿车.轮椅寄存区	Spectator Storage		
	失物招领处	Lost & Found	1	寄存处
	公共电话	Pay Phone	多处	前院区临时
	指定吸烟区	Designated Somoking Area	1	前院区临时
	观众饮水处	Spectator Drinking Fountain	多处	前院区临时
环境	临时卫生间	Temporary Toilet	80	1.8*1.8=259
场馆财务	自动取款机	ATM	1	前院区临时
餐饮服务	观众餐饮售卖点	Spectator Points of Sale	2	20
市场开发	特许商品零售点	Concession	1	20
医疗服务	观众医疗站	Spectator Medical Station	1	20
	接待和候诊区	Reception & Waiting Area	1	医疗站内
	医疗区	Medical Treatment Area	1	医疗站内
	医生办公室	Doctor Office	1	医疗站内
票务	票务服务台	Ticket Management	1	前院区临时

功能分区2——比赛场地区

运行责任部门	示范场馆房间名称	英文名称	数量	面积（m²）
竞赛组织	比赛场地	Field of Play	1	FOP
	运动员检录区	Athlete Call Area	1	场地区
	混合区（运动员通道）	Mixed Zone	1	1.8*27=486
	仲裁席	Jury Seating	1	场地区
	技术代表席	Technical Delegates Seating	1	场地区
	裁判席	Judge Seating	1	场地区
兴奋剂检查	运动员兴奋剂检查标记区	Athletes Tagging	1	场地区
医疗服务	比赛场地周边急救区	Adjacent First Aid Area in FOP	1	场地区
颁奖仪式	颁奖台及旗杆	Awards Podium & Flag Poles	1	场地区

功能分区3——体育竞赛区

运行责任部门	示范场馆房间名称	英文名称	数量	面积（m²）
竞赛组织	运动员接待处（与馆共用）	Reception & Info Desk	1	19.2
	热身场地	Warm-up Area	1	30*15=450
	运动员休息室	Athlete Lounge	60	28-32
	运动员休息室	Athlete Lounge	25	25
	运动员更衣室（男）	Athlete Change Room	1	109.2
	运动员更衣室（女）	Athlete Change Room	1	109.2
	运动员卫生间	Athletes Toilet	2	23
	竞赛主任办公室（与馆共用）	Competition Director Office	1	22.2
	竞赛经理办公室（与馆共用）	Competition Manager Office	1	22.2
	竞赛公共办公区（与馆共用）	Competition Assigned Work Area	1	26.1
	竞赛公共会议室（与馆共用）	Competition Meeting Room	1	40.2
	竞赛综合事务办公室（与馆共用）	Competition Admistration Office	1	22.4
	国内技术官员办公室	NTOs' Office	1	48
	竞赛办公室（与馆共用）	Competition Work Area	2	22.4+20

运行责任部门	示范场馆房间名称	英文名称	数量	面积（m²）
竞赛组织	国际单项体育联合会主席办公室（与馆共用）	IFs President's Office	2	28.5
	国际单项联合会秘书长办公室（与馆共用）	IFs Secretary's Office	1	22.2
	国际单项体育联合会技术代表室（与馆共用）	IFs Technical Delegates Office	3	34.4+40+20
	国际单项体育联合会秘书处（含接待处）	IFs Secretariat	1	16.3
	国际单项体育联合会会议室（与馆共用）	IFs Meetig Room	1	65.9
	裁判休息室（与馆共用）	Judge Lounge	2	48+51.4
	裁判休息室（与馆共用）	Judge Lounge	1	30
	裁判更衣室（与馆共用）	Judge Locker room	2	62.4+42.2
	体育器材储存区（与馆共用）	Sport Equipment Storage Area	1	47.5
	身体训练房（与馆共用）	Warm-up Area	1	224.3
	器材,服装赛前检查室（与馆共用）	check in equipment/ clothing	1	82.5
	修理间（与馆共用）	repair	3	74*2+67
	场地器材修理间（与馆共用）	equipment repair	1	74
			1	46.1
	赛车检查	Bicycle Checking Room	1	60
	场地器材储藏间（与馆共用）	equipment Storage	3	74+34.7+21.4
	洗车点	Car Wash Areas	1	13.6
	场地工作人员用房（与馆共用）	Ground Support Staff Office	4	21.4*2+44.1+48.7
技术	计时计分及现场成绩处理机房	Timing & Scoring On-venue Results Room	1	45
	计时计分系统设备存放间	Timing & Scoring Equipment Storage	1	25
	头戴设备控制空间	Headset Equipment Control Space	1	终点线旁
兴奋剂检查	兴奋剂官员办公室	Office for Doping Control Manager	1	9.8
	兴奋剂候检室	Waiting Area	1	101.8
	尿检工作室（含卫生间）	Processing Room	2	23.5
	血液检测工作室（含卫生间）	Blood Testing Room	1	34.5
医疗服务	运动员医疗站	Athlete Medical Station	1	40

功能分区4——仪式及文化活动区

运行责任部门	示范场馆房间名称	英文名称	数量	面积（m²）
礼仪	体育展示办公室	Sport Presentation Office	1	40
	颁奖仪式等候区	Ceremony Waiting Area	1	36
	仪式经理办公室及奖牌存放间	Ceremony Managemant & Medal Storage	1	20.7
	国旗储藏室	Flag Storage	1	22
	礼仪表演人员准备室（男）	Presenter & Mascot Dressing (Male)	1	22.2
	礼仪表演人员准备室（女）及鲜花储藏	Presenter & Mascot Dressing (Female)	1	22.2

功能分区5——电视转播区			
运行责任部门	示范场馆房间名称	英文名称	数量	面积（m²）
电视转播	电视转播综合区(三馆共用)	Broadcasting Compoud	1	4935
	评论员控制室	Commentator Control Room	1	35
	转播信息办公室(BIO)	Broadcasting Informatio Office	1	25
	混合区(电视转播通道)	Mixed Zone	1	40*1.8

功能分区6——新闻运行区			
运行责任部门	示范场馆房间名称	英文名称	数量	面积（m²）
新闻运行	场馆新闻中心(与馆共用)	Venue Media Cetre	1	143
	新闻运行经理办公室	Press Office	1	新闻中心内
	摄影经理办公室	Photo Manager Office	1	新闻中心内
	奥林匹克新闻服务工作室	Olympic News Service Work Room	1	新闻中心内
	成绩公报协调员办公室	Results Distribution	1	新闻中心内
	媒体接待处	Reception & IFO Desk & Storage	1	16
	文字记者工作区	Press Work Area	1	363
	摄影记者工作区	Photo Work Area	1	94
	信息查询终端摆放区	IFO Allocation Area	1	新闻中心内
	文字记者储物柜摆放区域	Press Locker	1	新闻中心内
	摄影记者储物柜摆放区域	Photographic Locker	1	新闻中心内
	成绩公报柜摆放区域	Result Cabinet Allocation Area	1	新闻中心内
	信息打印/复印区域	Info Print/Copy Area	1	新闻中心内
	电视机/冰柜摆放区域	TV/Refrigeratory Allocation Area	1	新闻中心内
	新闻媒体专用卫生间(男)	Toilet (male)	1	新闻中心内
	新闻媒体专用卫生间(女)	Toilet (female)	1	新闻中心内
	卫生间(男)	Toilet (male)	4	1.8*1.8=12.96
	卫生间(女)	Toilet (female)	4	1.8*1.812.96
	媒体休息区(与馆共用)	Press Lounge	1	新闻中心内
	餐饮售卖点及休息区	Dining & Lounge	1	新闻中心内
	小型备餐间	Food Preparation Room	1	新闻中心内
	新闻发布厅	Press Conferece Room	1	164
	新闻发布转播控制室	Broadcasting Control Room	1	区域空间
	座席区	Seating Area	1	区域空间
	主席台	Dais	1	区域空间
	摄像机平台	Camera Platform	1	区域空间
	混合区(新闻媒体通道)	Mixed Zone	1	1.8*15=27

功能分区7——场馆礼宾区			
运行责任部门	示范场馆房间名称	英文名称	数量	面积（m²）
场馆礼宾	场馆礼宾经理办公室	VIP Protocol Manager Desk	1	19.5
	贵宾休息室	VIP Lounge	1	30
	贵宾休息室(与馆共用)	VIP Lounge	1	338.4
	餐台和休息区	Dining & Lounge	1	休息室内
	小型备餐间	Food Preparation Room	1	23.7
	贵宾卫生间	VIP Toilet	1	休息室内
	储藏间	Storage	1	25.1
	衣帽间	cloakroom	1	22.7

功能分区8——场馆运行区（有与自行车馆共用部分）			
运行责任部门	示范场馆房间名称	英文名称	数量	面积（m²）
场馆管理	场馆主任办公室	Venue Manager Office	1	22.2
	场馆副主任办公室	Venue Deputy Manager Office	2	22.2
	场馆运行中心	Venue Operation Centre	1	45.7
	工作人员固定工位	VOC Staff Assigned Desks	1	区域空间
	场馆通信中心	Venue Commuication Centre	2	27.7
	场馆通信经理工位	Venue Commuication Manager Desk	1	区域空间
	邮件处理点	Mail Desk	1	区域空间
	通信操作员工位	VCC Operators Desks	1	区域空间
	储存区	Storage	1	区域空间
	纸张存放间	Paper Storage	1	20.3
	多功能会议区	Multi-purpose Room	1	88.7
场馆人事	场馆人事经理办公室	Venue Staffing Management	1	23.4
	工作人员签到区	Staff Check-in Area	1	80
	工作人员签到处	Staff Check-in Points	1	区域空间
	工作人员问询区	Staff Info. Desk	1	区域空间
	志愿者服务处	Volunteer Services Desk	1	区域空间
	工作人员物品存放间	Cloak Room	1	区域空间
	工作人员休息和用餐区	Staff Break & Dnining Area	1	424
	工作人员卫生间	Staff Toilet	4	
场馆财务	场馆财务经理办公室(含收费卡办公室)	Venue Finance Manager Office (Includes: Rate Card Office)	1	29.3
观众服务	观众服务管理办公区	Spectator Services Management Area	1	153
	物资储存和分发区	SPS Equipment Storage & Distribution		
	工作部署区	Briefing Area	1	424
票务	票务办公室	Ticketing Management Office	1	22.2
语言服务	语言服务经理办公区	LAN Manager Office	1	27.7
市场开发	特许商品场馆零售管理力公区/出纳室	MER Management Area/ Cash Room	1	27.7
	商品储存区	MER Storage	2	19*2
注册	场馆注册中心	Venue Accreditation Office	1	48
	每日卡发放区	Day Pass Issue Desk		
	等待区	Accreditation Waiting Area		
	注册经理办公点和储存区	Accreditation Manager Desk		
餐饮服务	餐饮经理办公室(餐饮管理办公区)	Catering Manager Office	1	34
	餐饮综合区	Catering Compound	1	1200
	餐饮供应商办公室	Catering Contractor Office	1	综合区内
	饮料供应商办公室	Beverage Contractor Office	1	综合区内
	干货冷藏区	Dry, Cold & Ice Storage	1	综合区内
	卸货区	Vehicle Staging	1	综合区内
	厨房和备餐区	Kitchen & Preparation Area	1	综合区内
	露天储存区	Uncovered Storage	1	综合区内

运行责任部门	示范场馆房间名称	英文名称	数量	面积（m²）
餐饮服务	餐饮人员专用卫生间	Catering Staff Toilet	1	综合区内
环境	环境经理办公室	CLW Manager Office	1	综合区内
	清洁物品储藏间	Cleaning Item Storage	1	综合区内
	清废综合区	CLW Compound	1	400
	清废管理与清废工人休息区	Management and Break Area	1	综合区内
	清洁设备储存区	Cleaning Equipment Supply & Storage	1	29
	废弃物暂存区	Waste Sorting Area	1	73.5
	垃圾压缩机停放区	Waste Contractor	1	综合区内
	车辆周转卸货区	CLW Vehicle Staging	1	综合区内
场馆设施管理	场馆设施管理办公区	Site Managment Work Area	1	80
	后勤工人休息区	Response Team & Vendor Staging	2	13
	电源工作间与备件存放	Power Workshop & Storage	1	29
技术	计算机设备及主配线间	Computer Equipment & Main Cabling Room	1	71.5
	网络设备间	LAN Equipment Room	1	21
	综合布线主配线间	Main Cabling Room		
	综合布线分配线间	Cross Connection Frame Room		
	固定通信设备机房	Fix Telecomcomuication Equiptmet Room	1	15
	移动通信设备机房	Mobile Telecommuication Equipment Room	1	5
	有线电视机房	CATV Control Room		5
	移动通信设备机房	Mobile Telecommuication Equipment Room	1	34.3
	移动通信设备机房	Mobile Telecommuication Equipment Room	1	37
	体育展示办公室	Sport Presentation Office	1	30
	扩声控制室	Public Address Control Room	1	10
	数据网络中心	Data Network Center	1	15
	集群通信设备分发间	Trunk Radio Distribution Room	1	30
	网络管理间	LAN Equipment Room	1	35
	成绩复印分发室	Results Printing & Distribution	1	120.4
	固定通信技术人员工作室	Fix Telecommunication Operation	1	34.3
	移动通信技术人员工作室	Mobile Telecommunication Operation		
	流动扩声系统设备存放间	Audio Equipment Room	1	42
	IT设备包装存放间	IT Bulk Storage	1	200
	打印机、复印机包装存放间	Printer/Copier Bulk Storage	1	综合区内
	松下设备包装存放间	Panasonic Equipment Bulk Storage	1	综合区内
	UPS包装存放间	UPS Bulk Storage	1	综合区内
	配电室	Power Workshop	1	15
物流	物流经理办公室	Logistic Management	1	29
	物流综合区	Logistic Compound	1	2000
	物流管理办公区	Logistic Management Area	1	综合区内
	工人休息区	Workers Lounge	1	综合区内
	特殊物资存储区	Special Materials Storage	1	综合区内
	技术设备包装物仓储区	Warehouse Storage	1	综合区内
	维修物资仓库和工作间	Maintenance Warehouse&Workshop	1	综合区内
	指路标识及临时设施仓库	Vendor Secure Storage	1	综合区内
	办公用品存储间	Office Supplies Storage	1	综合区内
	服装存储间	Uniform Storage	1	综合区内

运行责任部门	示范场馆房间名称	英文名称	数量	面积（m²）
物流	形象景观仓储室	IMI Work &Storage Area	1	综合区内
	物资回收及分发室	Equipment Sign-out	1	综合区内
	物流卸货区	Loading & Vehicle Staging	1	综合区内
	物资转运区	Materials Transfer Area	1	综合区内
	油箱存储间	Fuel Tanks	1	综合区内
	维修车辆停放区	Material Vehicle Staging	1	综合区内
	卫生间	Toilet	1	综合区内
功能分区9——安保及交通运行区				
运行责任部门	示范场馆房间名称	英文名称	数量	面积（m²）
安保	治安处理点	Public Security Handling Office	2	20
	安保指挥中心	Security Command Centre	1	89.2
	安保工作区	Security Work Area	1	73.4
	现场安保指挥通信设备间	On-site Security ommuication Equipment Room	1	35.7
	反恐防暴屯兵处	Anti-terrorism Personnel Duty Room	1	47.4
	现场警卫机动力量备勤室	On-site Guard Reserve Force Office	1	57.2
	要人随身警卫人员备勤室	Guard Duty Room for VIPs	1	30
	消防指挥室	Fire Fighting Command Office	1	28
	安保观察平台	Security Observation Positions	2	37+35.6
	安保执勤岗亭	Security Observation Positions	多处	安保线上
交通	交通监控指挥室	Transport Monitoring & Command Office	1	88.8
	车辆调度室	Vehicle Dispatch Room	1	44.3
	交通民警备勤室	Traffic Policeman Duty Room	1	16.6
	司机休息室	Driver Break Room	1	16.6
	交通路障设施存放区域	Storage Yard	1	综合区内
体育竞赛区三馆共用2部分				
运行责任部门	示范场馆房间名称	英文名称	数量	面积（m²）
技术	固定通信机房	Fix Telecommunication	1	37
	移动通信机房	Mobile Telecommunication	1	28
餐饮服务	副食加工	foodstuff Finishing Technique	1	37
	卫生间	Toilet	2	42
竞赛组织（三馆共用）	运动员淋浴更衣	Athlete Change Room	1	99
	运动员淋浴更衣	Athlete Change Room	1	91
	餐厅	Dining-room	1	154
	卫生间	Toilet	6	30
	车库	Grunge	20	31
	会议室	Meeting Room	1	46+60
	医疗站	Medical Station	1	46
	休息室	Retiring Room	31	36x12+37x8 +45x8+29x2
	随队官员休息室	Team Officials Retiring room	1	90

总平面图

A. 观众活动区
A1. 观众站席区
A2. 非注册贵宾及赞助商停车场
A3. 观众停车场
A4. 餐饮点
A5. 观众临时卫生间

B. 体育竞赛区
B1. 运动员上下车区

C. 新闻运行区

D. 场馆运行区
D1. 观众信息亭
D2. 特许商品零售点

E. 安保及交通运行区
E1. 治安处理点
E2. 观众安检大厅
E3. 安保边界

F. 非赛时使用空间区

G. 比赛场地区

H. 电视转播综合区
H1. 第二电视转播综合区

I. 场馆礼宾区

J. 文化及仪式活动区

图例

大车下车点

小车下车点

机动车流线

步行流线

车辆验证点

注册区验证点

入口

EXIT 出口

线型图例

人行流线
车行流线
应急流线
设备流线
安保边界2.5m
区域边界2.2m
区域边界1.8m
路障

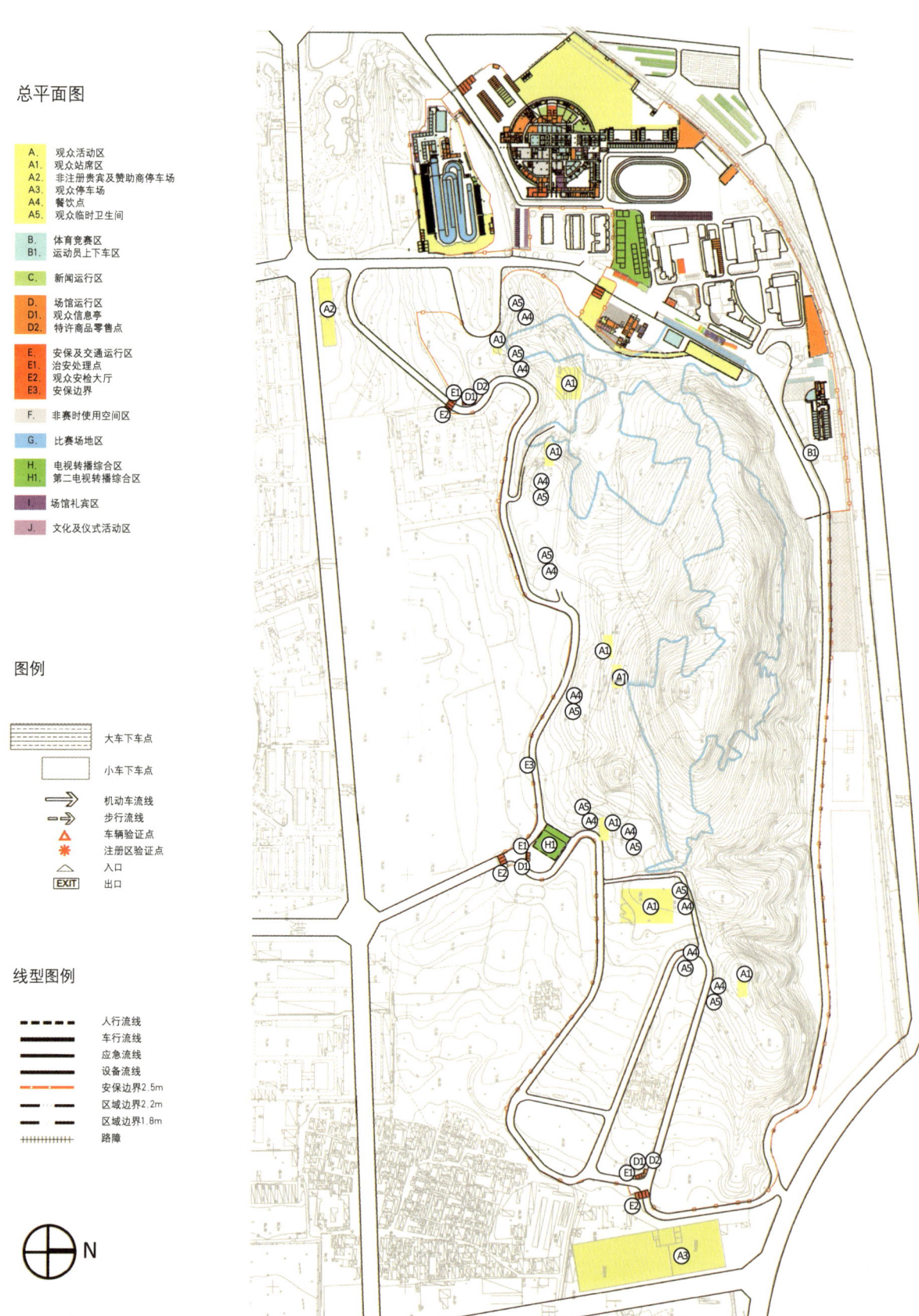

N

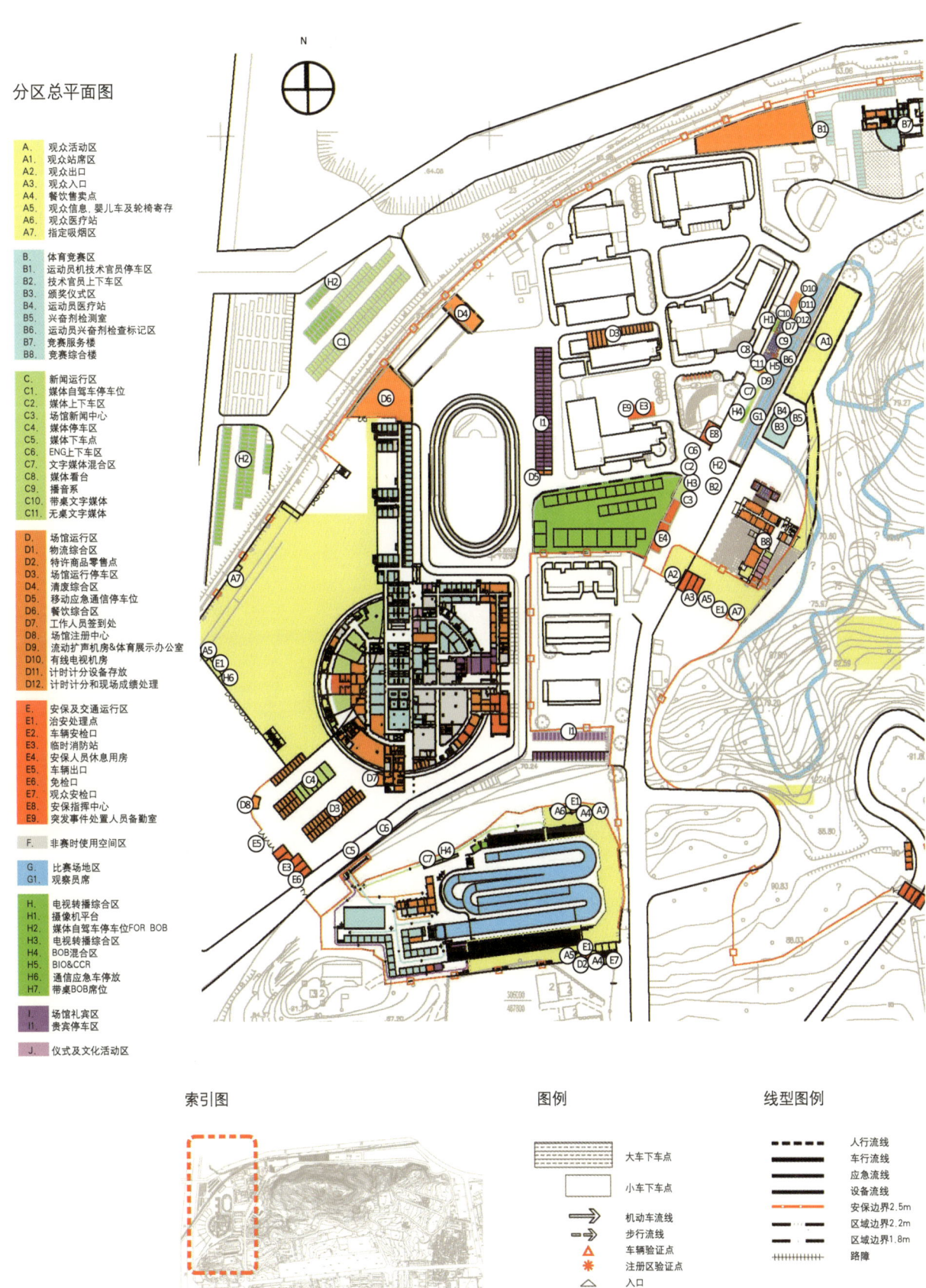

分区总平面图

A. 观众活动区
A1. 观众站席区
A2. 观众出口
A3. 观众入口
A4. 餐饮售卖点
A5. 观众信息, 婴儿车及轮椅寄存
A6. 观众医疗站
A7. 指定吸烟区

B. 体育竞赛区
B1. 运动员机技术官员停车区
B2. 技术官员上下车区
B3. 颁奖仪式区
B4. 运动员医疗站
B5. 兴奋剂检测室
B6. 运动员兴奋剂检查标记区
B7. 竞赛服务楼
B8. 竞赛综合楼

C. 新闻运行区
C1. 媒体自驾车停车位
C2. 媒体上下车区
C3. 场馆新闻中心
C4. 媒体停车区
C5. 媒体下车点
C6. ENG上下车区
C7. 文字媒体混合区
C8. 媒体看台
C9. 播音系
C10. 带桌文字媒体
C11. 无桌文字媒体

D. 场馆运行区
D1. 物流综合区
D2. 特许商品零售点
D3. 场馆运行停车区
D4. 清废综合区
D5. 移动应急通信停车位
D6. 餐饮综合区
D7. 工作人员签到处
D8. 场馆注册中心
D9. 流动扩声机房&体育展示办公室
D10. 有线电视机房
D11. 计时计分设备存放
D12. 计时计分和现场成绩处理

E. 安保及交通运行区
E1. 治安处理点
E2. 车辆安检口
E3. 临时消防站
E4. 安保人员休息用房
E5. 车辆出口
E6. 免检口
E7. 观众安检口
E8. 安保指挥中心
E9. 突发事件处置人员备勤室

F. 非赛时使用空间区

G. 比赛场地区
G1. 观察员席

H. 电视转播综合区
H1. 摄像机平台
H2. 媒体自驾车停车位FOR BOB
H3. 电视转播综合区
H4. BOB混合区
H5. BIO&CCR
H6. 通信应急车停放
H7. 带桌BOB席位

I. 场馆礼宾区
I1. 贵宾停车区

J. 仪式及文化活动区

索引图

图例

(hatched rectangle)	大车下车点
(rectangle)	小车下车点
⟹	机动车流线
⇢	步行流线
△	车辆验证点
✳	注册区验证点
⌂	入口
EXIT	出口

线型图例

– – – –	人行流线
▬▬▬▬	车行流线
▬▬▬▬	应急流线
▬▬▬▬	设备流线
▬▬▬▬	安保边界2.5m
– – –	区域边界2.2m
– – –	区域边界1.8m
++++++	路障

场地平面图

A. 观众活动区
A1. 草坡看台
A2. 移动式卫生间

B. 体育竞赛区
B1. 计时计分牌
B2. 运动员休息
B3. 赛车检查
B4. 成绩处理
B5. 计时计分设备存放间
B6. 体育展示
B7. 医疗室
B8. 裁判用房
B9. 竞赛办公室
B10. 技术代表

C. 新闻运行区
C1. 媒体看台
C2. 评论控制室
C3. 混合区

D. 场馆运行区
D1. 大屏幕
D2. 配电室
D3. 扩声控制室
D4. 显示装置控制机房
D5. 旗杆

E. 安保及交通运行区
E1. 要人警卫

F. 非赛时使用空间区

G. 比赛场地区
G1. 下沉比赛场地
G2. 出发台
G3. 热身训练场

H. 电视转播综合区
H1. 转播信息办公室

I. 场馆礼宾区
I1. 贵宾休息

J. 仪式及文化活动区
J1. 颁奖准备
J2. 颁奖台

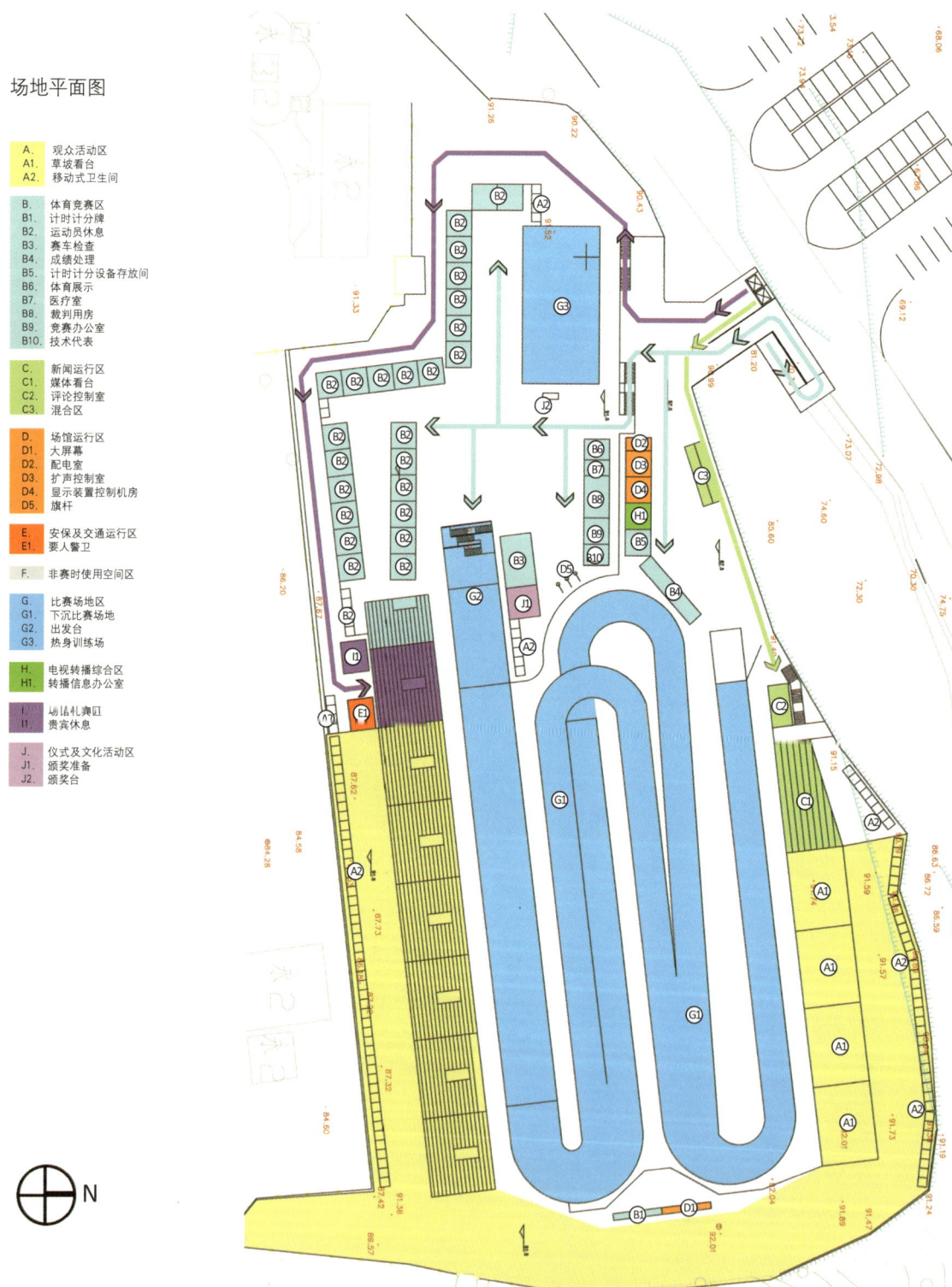

N

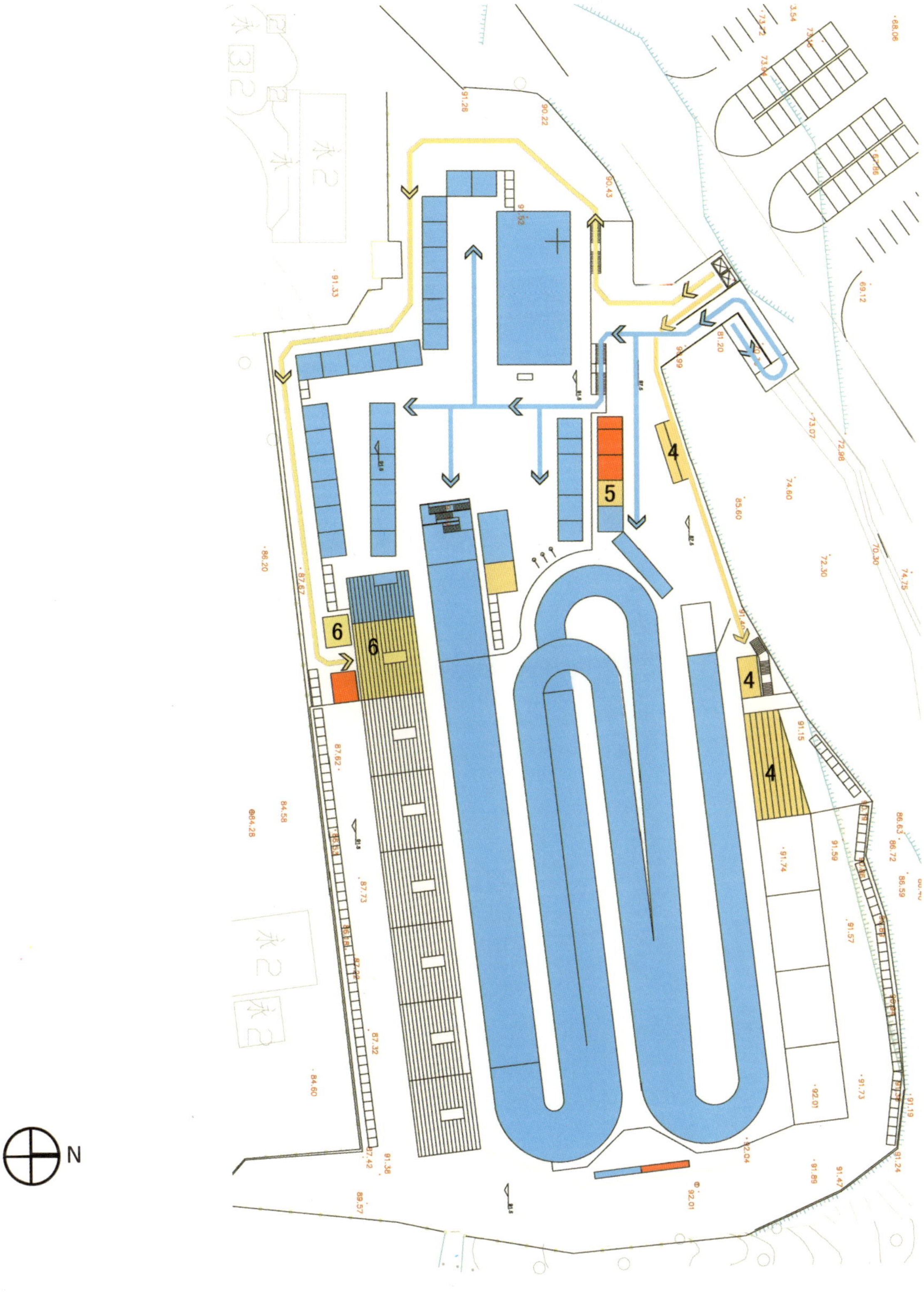

N

02-19

老山自行车馆

老山自行车馆

场馆概况

地点：石景山区老山

场地类型：新建比赛场馆

奥运会期间的用途：场地自行车

残奥会期间的用途：场地自行车

建筑面积：32920m^2

固定座位数：3000个

临时座位数：3000个

自行车

老山自行车馆的场地设计应满足奥运会和残奥会场地自行车比赛的使用要求，包括男子1公里计时赛；争先赛；4公里团体追逐赛；4公里个人追逐赛；记分赛；麦迪逊赛；凯林赛；团体竞速赛。女子500米计时赛；争先赛；3公里个人追逐赛；记分赛以及残奥会场地自行车比赛。上述场地设计应符合《国际自行车联盟规则》中的场地技术标准，特别应保证自行车运动员在比赛时的安全性。

比赛场地

赛道：

（1）平面布置：

赛道周长250m（以测量线注1内侧丈量为准），赛道宽7.5m。平面形状近似椭圆形，由2个直道段、2个弯道段和4个过渡曲线段组成。建议长轴南北向设置。

①直道段：长28～32m，坡度不变。

②弯道段：长40～44m，为转弯半径不变的圆弧线，坡度不变。

③过渡曲线段：直道段和弯道段之间的过渡段，为半径和圆心逐渐变化的渐变曲线，坡度由直道段角度过渡到弯道段角度。

（2）面层：木制，纵向截面应为直线，且完全平整。

（3）护墙：赛道外沿设0.65m高木制围栏，上部配设高0.25m、且安装牢固的扶手。在终点线位置设护栏门，向赛道外方向开启，并安装门闩。

蓝区：

蓝区是赛道内缘设置的骑行区域，宽0.75m，曲线段区域截面为曲线形过渡面。面层材料与赛道一致。

安全区：

紧沿蓝区内缘设置，宽3.25m。应选择可以对骑行摔倒运动员加以保护的面层材料。安全区内缘设透明栏板，高0.9m。

比赛规则

争先赛：参赛运动员通过资格赛，即行进间出发200m计时赛。然后，根据参赛运动员的资格赛成绩进行分组编排。每组运动员将在250m的场地上骑行3圈。比赛由发令员鸣哨出发，以运动员到达终点的先后顺序决定比赛的胜负。

个人追逐赛：由两名运动员在跑道的两个直道相反方向的位置（追逐赛起、终点线）、在跑道的内侧起跑。追逐对手的比赛。男女个人追逐赛比赛距离分别为4km和3km。

团体追逐赛：由两个队，每队4名运动员，在跑道两个直道相反方向起跑完成4km的比赛。比赛以每队第三名选手的前轮到达终点的瞬间记取成绩。每个队的成绩和排名将以该队第三名选手到达终点的成绩计算。

记分赛：运动员集体出发，以运动员在比赛中的累积得分进行排名的比赛。记分赛的比赛距离为：男子40km、女子25km。

团体竞速赛：以每队三名选手组成的两个队，从场地的追逐线向相反的方向同时出发。在场地上骑行3圈，每名选手领骑1圈，以第三名运动员到达终点的成绩决定胜负的比赛。

凯林赛：凯林赛是一组参赛运动员在摩托牵引完成一定圈数之后，在距终点前600～700m进行终点冲刺的一项比赛。包括第一轮和第一轮复活赛、第二轮比赛、决赛三个轮次。

麦迪逊赛：每队由两名选手组成，完成一定途中冲刺的比赛。根据各队完成比赛的距离和所获冲刺得分的多少决定名次。在250m的场地上最多允许有18个队参加比赛。每队两名选手佩戴相同号码、不同颜色的号码布。每20圈一个途中冲刺。

老山自行车馆				
功能分区1——观众活动区				
运行责任部门	示范场馆房间名称	英文名称	数量	面积(m²)
观众服务	检票口	Ticket Rip	3	25
	观众集散大厅	Spectator Concourse	1	5000
	观众信息亭	Spectator Info Booth	1	20
	观众婴儿车,轮椅寄存区	Spectator Storage	1	12.5
	失物招领处	Lost & Found	1	处理点内
	公共电话	Pay Phone	多处	前院区
	指定吸烟区	Designated Somoking Area	1	20
	观众饮水处	Spectator Drinking Fountain	3	前院区
环境	观众卫生间	Spectator Toilets	6	
场馆财务	自动取款机	ATM	多处	前院区
餐饮服务	观众餐饮售卖点	Spectator Points of Sale	4	20
市场开发	特许商品零售点	Concession	2	11.6
医疗服务	观众医疗站	Spectator Medical Station	1	21.4
	接待和候诊区	Reception & Waiting Area	1	52
	医疗区	Medical Treatment Area	1	医疗站内
	医生办公室	Doctor Office	1	医疗站内
票务	票务服务台	Ticket Management	1	15
	售票处	Ticketing Sales Window	2	60
功能分区2——比赛场地区				
运行责任部门	示范场馆房间名称	英文名称	数量	面积(m²)
竞赛组织	比赛场地	Field of Play	1	FOP
	运动员检录区	Athlete Call Area	2	场地区
	混合区(运动员通道)	Mixed Zone	1	40*1.8
	仲裁席	Jury Seating	1	场地区
	技术代表席	Technical Delegates Seating	1	场地区
	裁判席	Judge Seating	1	场地区
兴奋剂检查	运动员兴奋剂检查标记区	Athletes Tagging	1	场地区
医疗服务	比赛场地周边急救区	Adjacent First Aid Area in FOP	1	场地区
颁奖仪式	颁奖台及旗杆	Awards Podium & Flag Poles	1	场地区
功能分区3——体育竞赛区				
运行责任部门	示范场馆房间名称	英文名称	数量	面积(m²)
竞赛组织	运动员接待处	Reception & Info Desk	1	19.2
	热身场地	Warm-up Area	1	
	运动员休息室	Athlete Lounge	60	28-32
	运动员更衣室(男)	Athlete Change Room	1	109.2
	运动员更衣室(女)	Athlete Change Room	1	109.2
	运动员卫生间	Athletes Toilet	2	23
	竞赛主任办公室	Competition Director Office	1	22.2
	竞赛经理办公室	Competition Manager Office	1	22.2
	竞赛公共办公区	Competition Assigned Work Area	1	26.1
	竞赛综合事务办公室	Competition Admistration Office	1	22.4
	竞赛公共会议室	Competition Meeting Room	1	40.2
	国内技术官员办公室	NTOs' Office	1	48
	竞赛办公室	Competition Work Area	1	22.4
	国际单项体育联合会主席办公室	IFs President's Office	2	28.5
	国际单项联合会秘书长办公室	IFs Secretary's Office	1	22.2
	国际单项体育联合会技术代表室	IFs Technical Delegates Office	2	34.4+40

运行责任部门	示范场馆房间名称	英文名称	数量	面积(m²)
竞赛组织	国际单项体育联合会秘书处(含接待处)	IFs Secretariat	1	16.3
	国际单项体育联合会会议室	IFs Meetig Room	1	65.9
	裁判休息室	Judge Lounge	2	48+51.4
	裁判更衣室	Judge Locker room	2	62.4+42.2
	体育器材储存区	Sport Equipment Storage Area	1	47.5
	身体训练房	Warm-up Area	1	224.3
	器材,服装赛前检查室	check in equipment/ clothing	1	82.5
	修理间	repair	3	74*2+67
	场地器材修理间	equipment repair	1	74
			1	46.1
	场地器材储藏间	equipment Storage	1	74
			1	34.7
			1	21.4
	场地工作人员用房	Ground Support Staff Office	4	21.4*2+44.1+48.7
技术	计时记分及现场成绩处理机房	Timing & Scoring On-venue esults Room	1	129.8
	计时计分系统设备存放间	Timing & Scoring Equipment Storage	1	59
	头戴设备控制空间	Headset Equipment Control Space	1	场地区
兴奋剂检查	兴奋剂官员办公室	Office for Doping Control Manager	1	9.8
	兴奋剂候检室	Waiting Area	1	101.8
	尿检工作室(含卫生间)	Processing Room	2	23.5
	血液检测工作室(含卫生间)	Blood Testing Room	1	34.5
医疗服务	运动员医疗站	Athlete Medical Station	1	86.5
	运动员候检室	Reception & Waiting Room	1	12.2
	检查和物理治疗室	Examination Room	1	23.4
	治疗室	Intensive Care Unit	1	17.6
	医生办公室和储藏室	Doctor & Nurse Office	1	33.3
功能分区4——仪式及文化活动区				
运行责任部门	示范场馆房间名称	英文名称	数量	面积(m²)
颁奖仪式	仪式经理办公室及奖牌存放间	Ceremony Managament & Medal Storage	1	20.7
	体育展示办公室	Sport Presentation Office	1	57
	颁奖仪式等候区	Ceremony Waiting Area	1	48.7
	颁奖台储藏室	Awards Podium Storage		
	国旗储藏室	Flag Storage	1	22
	礼仪表演人员准备室(男)	Presenter & Mascot Dressing (Male)	1	22.2
	礼仪表演人员准备室(女)及鲜花储藏	Presenter & Mascot Dressing (Female)	1	22.2
功能分区5——电视转播区				
运行责任部门	示范场馆房间名称	英文名称	数量	面积(m²)
电视转播	电视转播综合区(三馆共用)	Broadcasting Compoud	1	4935
	评论员控制室	Commentator Control Room	1	51
	转播信息办公室(BIO)	Broadcasting Informatio Office	1	24.4
	混合区(电视转播通道)	Mixed Zone	1	40*1.8

功能分区6——新闻运行区

运行责任部门	示范场馆房间名称	英文名称	数量	面积(m²)
新闻运行	场馆新闻中心	Venue Media Centre	1	143
	新闻运行经理办公室	Press Office	1	工作区内
	摄影经理办公室	Photo Manager Office	1	工作区内
	奥林匹克新闻服务工作室	Olympic News Service Work Room	1	工作区内
	成绩公报协调员办公室	Results Distribution	1	入口处
	媒体接待处	Reception & IFO Desk & Storage	1	16
	文字记者工作区	Press Work Area	1	363
	摄影记者工作区	Photo Work Area	1	94
	信息查询终端摆放区域	IFO Allocation Area	1	空间区域
	文字记者储物柜摆放区域	Press Locker	1	空间区域
	摄影记者储物柜摆放区域	Photographic Locker	1	空间区域
	成绩公报柜摆放区域	Result Cabinet Allocation Area	1	空间区域
	信息打印/复印区域	Info Print/Copy Area	1	空间区域
	电视机/冰柜摆放区域	TV/Refrigeratory Allocation Area	1	空间区域
	新闻媒体专用卫生间(男)	Toilet (male)	1	25
	新闻媒体专用卫生间(女)	Toilet (female)	1	25
	媒体休息区	Press Lounge	1	120
	餐饮售卖点及休息区	Dining & Lounge	1	空间区域
	小型备餐间	Food Preparation Room	1	空间区域
	新闻发布厅	Press Conferece Room	1	164
	新闻发布转播控制室	Broadcasting Control Room	1	空间区域
	座席区	Seating Area	1	空间区域
	主席台	Dais	1	空间区域
	摄像机平台	Camera Platform	1	空间区域
	混合区(新闻媒体通道)	Mixed Zone	1	40*1.8

功能分区7——场馆礼宾区

运行责任部门	示范场馆房间名称	英文名称	数量	面积(m²)
场馆礼宾	场馆礼宾经理办公室	VIP Protocol Manager Desk	1	19.5
	贵宾接待与交通服务处	Welcome & Trasporat Info Desk	1	入口处
	贵宾休息室	VIP Lounge	1	338.4
	餐台和休息区	Dining & Lounge	1	空间区域
	小型备餐间	Food Preparation Room	1	23.7
	贵宾卫生间	VIP Toilet	1	55
	陪同人员休息区	Staff & Volunteer Room and Storage	1	场馆外临时
	储藏间	Storage	1	25.1
	衣帽间	Locker room	1	22.7

功能分区8——场馆运行区

运行责任部门	示范场馆房间名称	英文名称	数量	面积(m²)
场馆管理	场馆主任办公室	Venue Manager Office	1	22.2
	场馆副主任办公室	Venue Deputy Manager Office	2	22.2
	场馆运行中心	Venue Operation Centre	1	45.7
	工作人员固定工位	VOC Staff Assigned Desks	多处	运行中心
	场馆通信中心	Venue Commuication Centre	2	27.7
	场馆通信经理工位	Venue Commuication Manager Desk	1	空间区域
	邮件处理点	Mail Desk	1	空间区域
	通信操作员工位	VCC Operators Desks	1	空间区域
	储存区	Storage	1	空间区域
	纸张存放间	Paper Storage	1	20.3
	多功能会议区	Multi-purpose Room	1	88.7

运行责任部门	示范场馆房间名称	英文名称	数量	面积(m²)
场馆人事	场馆人事经理办公室	Venue Staffing Management	1	23
	工作人员签到区	Staff Check-in Area	1	50
	工作人员签到处	Staff Check-in Points	1	空间区域
	工作人员问询区	Staff Info. Desk	1	空间区域
	志愿者服务处	Volunteer Services Desk	1	空间区域
	工作人员物品存放间	Cloak Room	1	空间区域
	工作人员休息和用餐区	Staff Break & Dnining Area	1	424
	工作人员卫生间	Staff Toilet	6	23
场馆财务	场馆财务经理办公室	Venue Finance Manager Office	1	29.3
观众服务	观众服务管理办公区	Spectator Services Management Area	1	153
	物资储存和分发区	SPS Equipment Storage & Distribution		
	工作部署区	Briefing Area	1	424
票务	票务办公室	Ticketing Management Office	1	22.2
语言服务	语言服务经理办公区	LAN Manager Office	1	27.7
市场开发	特许商品场馆零售管理办公区/出纳室	MER Management Area/ Cash Room	1	27.7
	商品储存区	MER Storage	2	19*2
注册	场馆注册中心	Venue Accreditation Office	1	25
	每日卡发放区	Day Pass Issue Desk	1	空间区域
	等待区	Accreditation Waiting Area	1	空间区域
	注册经理办公点和储藏区	Accreditation Manager Desk	1	空间区域
场馆设施管理	场馆设施管理办公区	Site Managment Work Area	1	80
	电源工作间与备件存放	Power Workshop & Storage	1	29
	后勤工人休息区	Response Team & Vendor Staging	2	13
技术	计算机设备及主配线间	Computer Equipment & Main Cabling Room	1	71.5
	网络设备间	LAN Equipment Room	1	21
	固定通信设备机房	Fix Telecomcomuication Equiptmet Room	1	47.8
	移动通信设备机房	Mobile Telecommuication Equipment Room	1	34.3
	移动通信设备机房	Mobile Telecommuication Equipment Room	1	37
	扩声控制室	Public Address Control Room	1	28.6
	有线电视机房	CATV Control Room	1	23.3
	显示屏控制室	Video Board Control Room	1	18.1
	集群通信设备分发间	Trunk Radio Distribution Room	1	30
	场馆技术运行中心	Venue Technology Operation Center	1	74
	技术支持服务中心	Technology Help Desk		
	成绩复印分发室	Results Printing & Distribution	1	120.4
	固定通信技术人员工作室	Fix Telecommunication Operation	1	34.3
	移动通信技术人员工作室	Mobile Telecommunication Operation		

运行责任部门	示范场馆房间名称	英文名称	数量	面积(m²)
技术	流动扩声系统设备存放间	Audio Equipment Room	1	42
	IT设备存放间	IT Equiptmet Storage	1	44
	IT设备包装存放间	IT Bulk Storage	1	200
	打印机、复印机包装存放间	Printer/Copier Bulk Storage	1	综合区内
	松下设备包装存放间	Panasonic Equipment Bulk Storage	1	综合区内
	UPS包装存放间	UPS Bulk Storage	1	综合区内
物流	物流经理办公室	Logistic Management	1	综合区内
	物流综合区	Logistic Compound	1	2500
	物流管理办公区	Logistic Management Area	1	综合区内
	工人休息区	Workers Lounge	1	综合区内
	特殊物资存储区	Special Materials Storage	1	综合区内
	技术设备包装物仓储区	Warehouse Storage	1	综合区内
	维修物资仓库和工作间	Maintenance Warehouse &Workshop	1	综合区内
	指路标识及临时设施仓库	Vendor Secure Storage	1	综合区内
	办公用品存储间	Office Supplies Storage	1	综合区内
	服装存储间	Uniform Storage	1	综合区内
	形象景观仓储区	IMI Work &Storage Area	1	综合区内
	物资回收及分发室	Equipment Sign-out	1	综合区内
	物流卸货区	Loading & Vehicle Staging	1	综合区内
	物资转运区	Materials Transfer Area	1	综合区内
	油箱存储间	Fuel Tanks	1	综合区内
	维修车辆停放区	Material Vehicle Staging	1	综合区内
	卫生间	Toilet	1	综合区内
餐饮服务	餐饮经理办公室（餐饮管理办公区）	Catering Manager Office	1	34
	餐饮综合区	Catering Compound	1	1200
	餐饮供应商办公室	Catering Contractor Office	1	综合区内
	饮料供应商办公室	Beverage Contractor Office	1	综合区内
	干货冷藏区	Dry, Cold & Ice Storage	1	综合区内
	卸货区	Vehicle Staging	1	综合区内
	厨房和备餐区	Kitchen & Preparation Area	1	综合区内
	露天储存区	Uncovered Storage	1	综合区内
	餐饮人员专用卫生间	Catering Staff Toilet	1	综合区内
环境	环境经理办公室	CLW Manager Office	1	综合区内
	清洁物品储藏间	Cleaning Item Storage	1	综合区内
	清废综合区	CLW Compound	1	400
	清废管理与清废工人休息区	Management and Break Area	1	综合区内
	废弃物暂存区	Waste Sorting Area	1	73.5
	清洁设备储存区	Cleaning Equipment Supply & Storage	1	29
	垃圾压缩机停放区	Waste Contractor	1	综合区内
	车辆周转卸货区	CLW Vehicle Staging	1	综合区内

功能分区9——安保及交通运行区				
运行责任部门	示范场馆房间名称	英文名称	数量	面积(m²)
安保	治安处理点	Public Security Handling Office	1	200
	安保指挥中心	Security Command Centre	1	89.2
	安保指挥办公室	Security Command Office	1	综合区内
	安保工作区	Security Work Area	1	综合区内
	现场安保指挥通信设备间	On-site Security Commuication Equipment	1	35.7
	反恐防暴屯兵处	Anti-terrorism Personnel Duty Room	1	47.4
	武警部队现场指挥室	Policeman On-site Guard Office	1	134.1
	武警部队备勤室	Policeman Duty Room	1	
	突发事件处置人员备勤室	Emergency Handler Duty Room	1	100
	安保后备用房	Security Reserve Room	1	31.8
	现场警卫机动力量备勤室	On-site Guard Reserve Force Office	1	57.2
	要人随身警卫人员备勤室	Guard Duty Room for VIPs	1	21.1
	要人紧急避险处	Emergency Shelter for VIPs	1	160
	消防指挥室	Fire Fighting Command Office	1	28
	消防控制室	Fire Fighting Control Office	1	28
	安保观察平台	Security Observation Positions	2	37+35.6
	安保执勤岗亭	Security Observation Positions	多处	安保线上
	交通监控指挥室	Transport Monitoring & Command Office	1	88.8
	车辆调度室	Vehicle Dispatch Room	1	44.3
	交通民警备勤室	Traffic Policeman Duty Room	1	18
	司机休息室	Driver Break Room	1	16.6
	交通路障设施存放区域	Storage Yard	1	综合区内

体育竞赛区三馆共用2部分				
运行责任部门	示范场馆房间名称	英文名称	数量	面积(m²)
技术	固定通信机房	Fix Telecommunication	1	37
	移动通信机房	Mobile Telecommunication	1	28
餐饮服务	副食加工	Foodstuff Finishing technique	1	37
	卫生间	Toilet	2	42
竞赛组织（三馆共用）	运动员淋浴更衣	Athlete Change Room	1	99
	运动员淋浴更衣	Athlete Change Room	1	91
	餐厅	Dining-room	1	154
	卫生间	Toilet	6	30
	车库	Grunge	20	31
	会议室	Meeting Room	1	46+60
	医疗站	Medical Station	1	46
	休息室	Retiring Room	31	36x12+37x8+45x8+29x2
	随队官员休息室	Team Officials Retiring room	1	90

总平面图

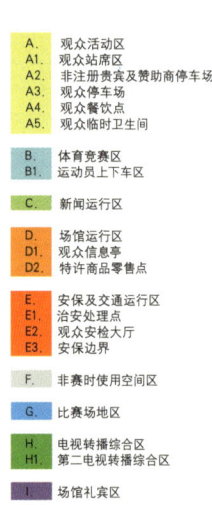

A. 观众活动区
A1. 观众站席区
A2. 非注册贵宾及赞助商停车场
A3. 观众停车场
A4. 观众餐饮点
A5. 观众临时卫生间

B. 体育竞赛区
B1. 运动员上下车区

C. 新闻运行区

D. 场馆运行区
D1. 观众信息亭
D2. 特许商品零售点

E. 安保及交通运行区
E1. 治安处理点
E2. 观众安检大厅
E3. 安保边界

F. 非赛时使用空间区

G. 比赛场地区

H. 电视转播综合区
H1. 第二电视转播综合区

I. 场馆礼宾区

J. 文化及仪式活动区

图例

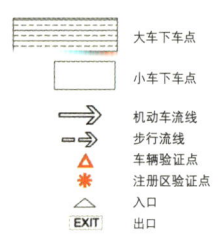

大车下车点
小车下车点
机动车流线
步行流线
车辆验证点
注册区验证点
入口
EXIT 出口

线型图例

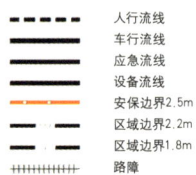

人行流线
车行流线
应急流线
设备流线
安保边界2.5m
区域边界2.2m
区域边界1.8m
路障

N

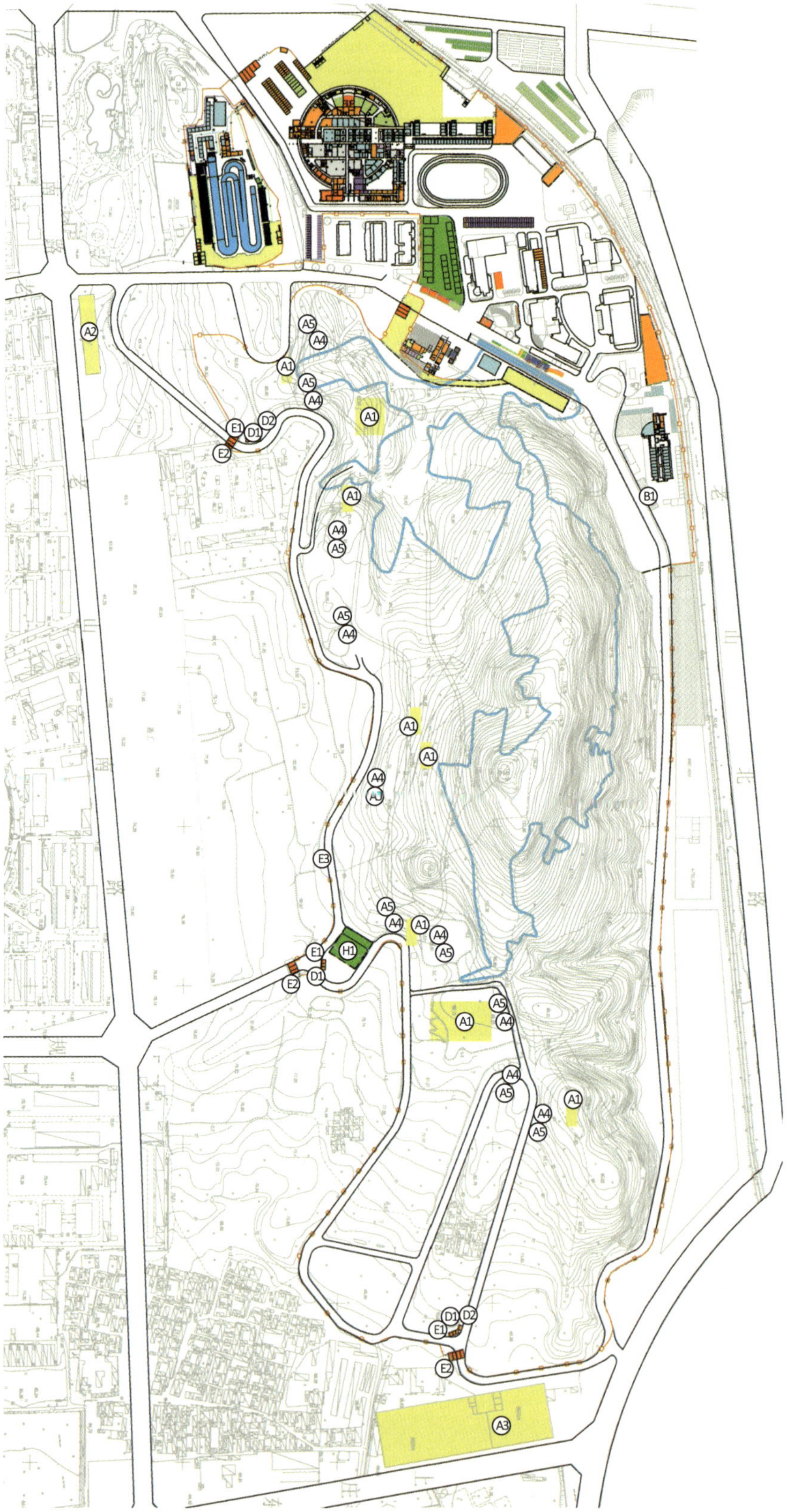

A. 观众活动区
A1. 观众站席区
A2. 观众出口
A3. 观众入口
A4. 餐饮售卖点
A5. 观众信息、婴儿车及轮椅寄存
A6. 观众医疗站
A7. 指定吸烟区

B. 体育竞赛区
B1. 运动员及技术官员停车区
B2. 技术官员上下车区
B3. 颁奖仪式区
B4. 运动员医疗站
B5. 兴奋剂检测室
B6. 运动员兴奋剂检查标记区
B7. 竞赛服务楼
B8. 竞赛综合楼

C. 新闻运行区
C1. 媒体自驾车停车位
C2. 媒体上下车区
C3. 场馆新闻中心
C4. 媒体停车区
C5. 媒体下车点
C6. ENG上下车区
C7. 文字媒体混合区
C8. 媒体看台
C9. 播音系
C10. 带桌文字媒体
C11. 无桌文字媒体

D. 场馆运行区
D1. 物流综合区
D2. 特许商品零售点
D3. 场馆运行停车区
D4. 清废综合区
D5. 移动应急通信停车位
D6. 餐饮综合区
D7. 工作人员签到处
D8. 场馆注册中心
D9. 流间扩声机房&体育展示办公室
D10. 有线电视机房
D11. 计时计分设备存放
D12. 计时计分和现场成绩处理

E. 安保及交通运行区
E1. 治安处理点
E2. 车辆安检口
E3. 临时消防站
E4. 安保人员休息用房
E5. 车辆出口
E6. 免检口
E7. 观众安检口
E8. 安保指挥中心
E9. 突发事件处置人员备勤室

F. 非赛时使用空间区

G. 比赛场地区
G1. 观察员席

H. 电视转播综合区
H1. 摄像机平台
H2. 媒体自驾车停车位FOR BOB
H3. 电视转播综合区
H4. BOB混合区
H5. BIO&CCR
H6. 通信应急车停放
H7. 带桌BOB席位

I. 场馆礼宾区
I1. 贵宾停车区
I2. 贵宾上下车区

J. 仪式及文化活动区

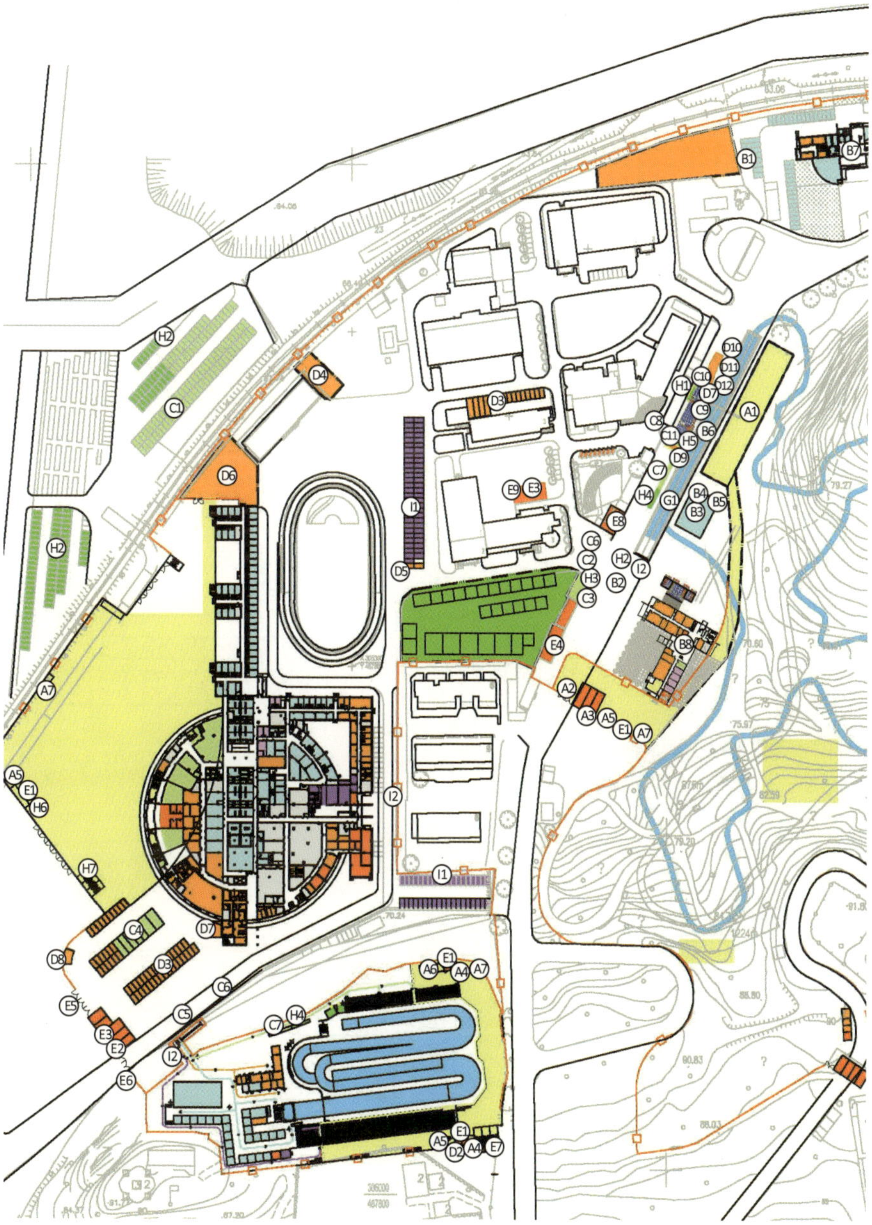

索引图

图例

大车下车点

小车下车点

机动车流线

步行流线

车辆验证点

注册区验证点

入口

EXIT 出口

线型图例

人行流线

车行流线

应急流线

设备流线

安保边界2.5m

区域边界2.2m

区域边界1.8m

路障

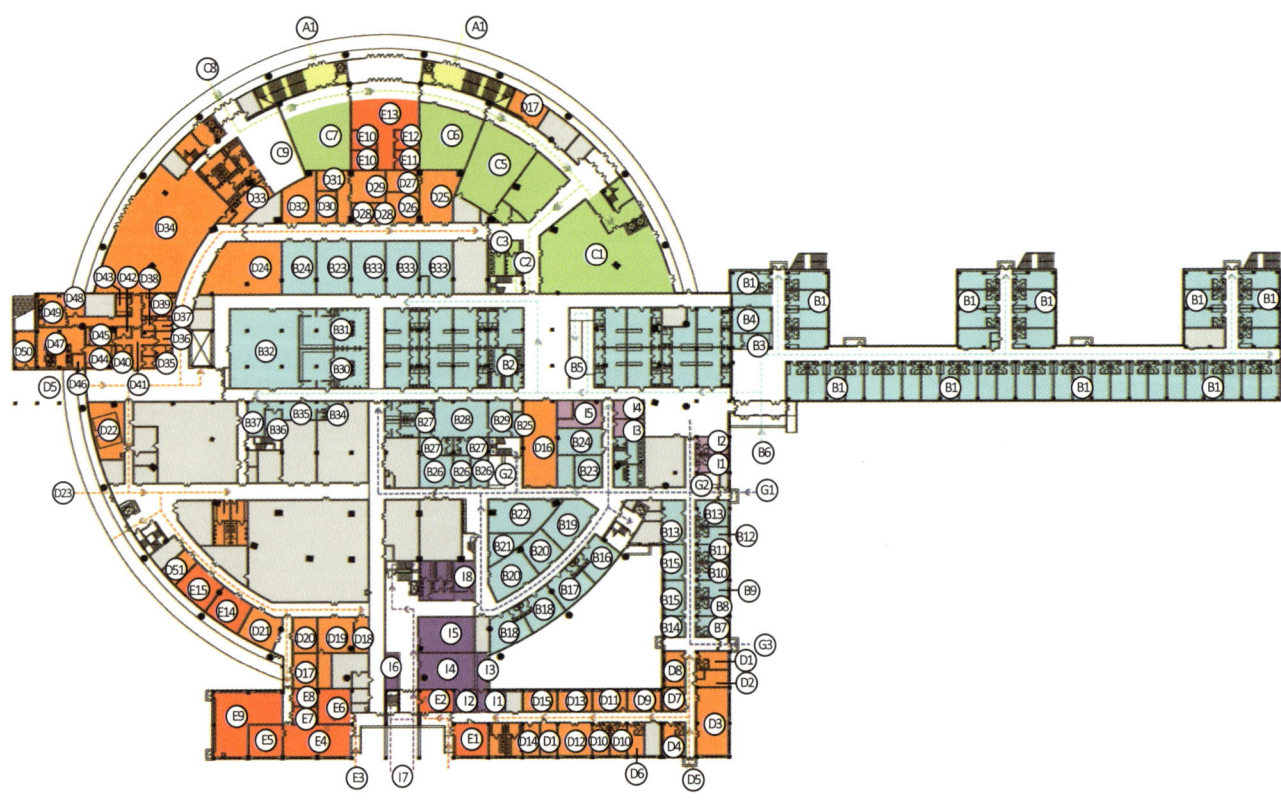

首层平面图

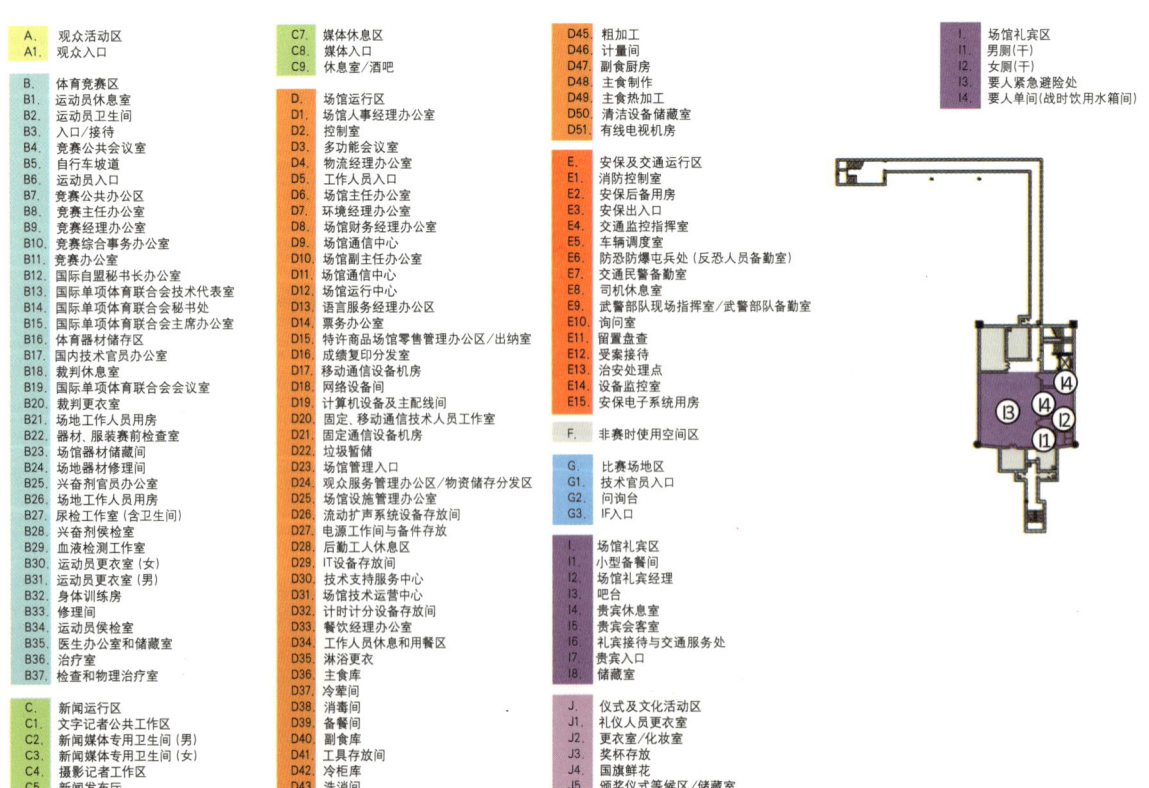

地下一层平面图

A. 观众活动区
A1. 观众入口

B. 体育竞赛区
B1. 运动员休息室
B2. 运动员卫生间
B3. 入口/接待
B4. 竞赛公共会议室
B5. 自行车坡道
B6. 运动员入口
B7. 竞赛公共办公区
B8. 竞赛主任办公室
B9. 竞赛经理办公室
B10. 竞赛综合事务办公室
B11. 竞赛办公室
B12. 国际自盟秘书长办公室
B13. 国际单项体育联合会技术代表室
B14. 国际单项体育联合会秘书处
B15. 国际单项体育联合会主席办公室
B16. 体育器材储存区
B17. 国内技术官员办公室
B18. 裁判休息室
B19. 国际单项体育联合会会议室
B20. 裁判更衣室
B21. 场地工作人员用房
B22. 器材、服装赛前检查室
B23. 场馆器材储藏间
B24. 场地器材修理间
B25. 兴奋剂官员办公室
B26. 场地工作人员用房
B27. 尿检工作室(含卫生间)
B28. 兴奋剂候检室
B29. 血液检测工作室
B30. 运动员更衣室(女)
B31. 运动员更衣室(男)
B32. 身体训练房
B33. 修理间
B34. 运动员候检室
B35. 医生办公室和储藏室
B36. 治疗室
B37. 检查和物理治疗室

C. 新闻运行区
C1. 文字记者公共工作区
C2. 新闻媒体专用卫生间(男)
C3. 新闻媒体专用卫生间(女)
C4. 摄影记者工作区
C5. 新闻发布厅
C6. 管理办公区

C7. 媒体休息区
C8. 媒体入口
C9. 休息室/酒吧

D. 场馆运行区
D1. 场馆人事经理办公室
D2. 控制室
D3. 多功能会议室
D4. 物流经理办公室
D5. 工作人员入口
D6. 场馆主任办公室
D7. 环境经理办公室
D8. 场馆总经理办公室
D9. 场馆通信中心
D10. 场馆副主任办公室
D11. 场馆通信中心
D12. 场馆运行中心
D13. 语言服务经理办公区
D14. 票务办公室
D15. 特许商品场馆零售管理办公区/出纳室
D16. 成绩印分发室
D17. 移动通信设备机房
D18. 网络设备间
D19. 计算机设备及主配线间
D20. 固定、移动通信技术人员工作室
D21. 固定通信设备机房
D22. 垃圾暂储
D23. 场馆管理入口
D24. 观众服务管理办公区/物资储存分发区
D25. 运营设施管理办公室
D26. 流动扩声系统设备存放间
D27. 电源工作间与备件存放
D28. 后勤工人休息区
D29. IT设备存放间
D30. 技术支持服务中心
D31. 场馆技术运营中心
D32. 计时计分设备存放间
D33. 餐饮经理办公室
D34. 工作人员休息和用餐区
D35. 淋浴更衣
D36. 主食库
D37. 冷荤间
D38. 消毒间
D39. 备餐间
D40. 副食库
D41. 工具存放间
D42. 冷柜库
D43. 洗消间
D44. 细加工

D45. 粗加工
D46. 计量间
D47. 副食厨房
D48. 主食制作
D49. 主食热加工
D50. 清洁设备储藏室
D51. 有线电视机房

E. 安保及交通运行区
E1. 消防控制室
E2. 安保后备用房
E3. 安保出入口
E4. 交通监控指挥室
E5. 车辆调度室
E6. 防恐防爆屯兵处(反恐人员备勤室)
E7. 交通民警备勤室
E8. 司机休息室
E9. 武警部队现场指挥室/武警部队备勤室
E10. 询问室
E11. 留置盘查
E12. 受案接待
E13. 治安处理点
E14. 设备监控室
E15. 安保电子系统用房

F. 非赛时使用空间区

G. 比赛场地区
G1. 技术官员入口
G2. 问询台
G3. IF入口

I. 场馆礼宾区
I1. 小型自助餐间
I2. 场馆礼宾经理
I3. 吧台
I4. 贵宾休息室
I5. 贵宾会客室
I6. 礼宾接待与交通服务处
I7. 贵宾入口
I8. 储藏室

J. 仪式及文化活动区
J1. 礼仪人员更衣室
J2. 更衣室/化妆室
J3. 奖杯存放
J4. 国旗鲜花
J5. 颁奖仪式等候区/储藏室

I. 场馆礼宾区
I1. 男厕(干)
I2. 女厕(干)
I3. 要人紧急避险处
I4. 要人单间(战时饮用水箱间)

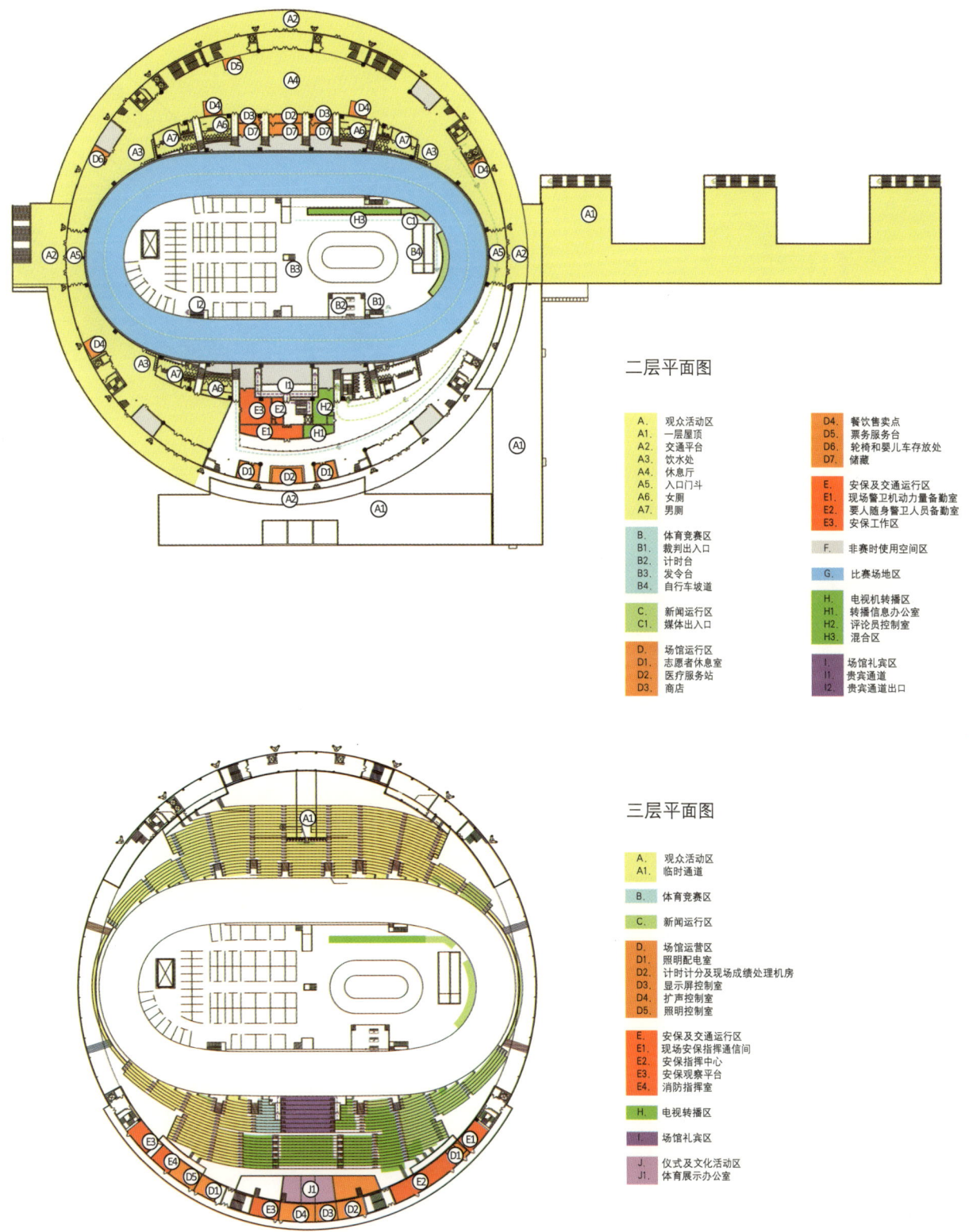

二层平面图

A. 观众活动区
A1. 一层屋顶
A2. 交通平台
A3. 饮水处
A4. 休息厅
A5. 入口门斗
A6. 女厕
A7. 男厕

B. 体育竞赛区
B1. 裁判出入口
B2. 计时台
B3. 发令台
B4. 自行车坡道

C. 新闻运行区
C1. 媒体出入口

D. 场馆运行区
D1. 志愿者休息室
D2. 医疗服务站
D3. 商店

D4. 餐饮售卖点
D5. 票务服务台
D6. 轮椅和婴儿车存放处
D7. 储藏

E. 安保及交通运行区
E1. 现场警卫机动力量备勤室
E2. 要人随身警卫人员备勤室
E3. 安保工作区

F. 非赛时使用空间区

G. 比赛场地区

H. 电视机转播区
H1. 转播信息办公室
H2. 评论员控制室
H3. 混合区

I. 场馆礼宾区
I1. 贵宾通道
I2. 贵宾通道出口

三层平面图

A. 观众活动区
A1. 临时通道

B. 体育竞赛区

C. 新闻运行区

D. 场馆运营区
D1. 照明配电室
D2. 计时计分及现场成绩处理机房
D3. 显示屏控制室
D4. 扩声控制室
D5. 照明控制室

E. 安保及交通运行区
E1. 现场安保指挥通信间
E2. 安保指挥中心
E3. 安保观察平台
E4. 消防指挥室

H. 电视转播区

I. 场馆礼宾区

J. 仪式及文化活动区
J1. 体育展示办公室

坐席层平面图

A. 观众活动区
B. 体育竞赛区

C. 新闻运行区
C1. 摄影记者席
C2. 媒体混合区

D. 场馆运行区
D1. 照明配电室
D2. 计时计分控制机房
D3. 计时计分工作台
D4. 现场成绩处理机房
D5. 电子显示屏控制室
D6. 扩声控制室
D7. 照明控制室

E. 安保及交通运行区
E1. 现场安保指挥通信设备间
E2. 安保指挥中心
E3. 安保观察平台
E4. 消防监控指挥室
E5. 现场安保观察室

H. 电视机转播区
H1. 摄像机摄影记者席
H2. BOB混合区

I. 场馆礼宾区
I1. 贵宾席

J. 仪式及文化活动区
J1. 体育展示办公室

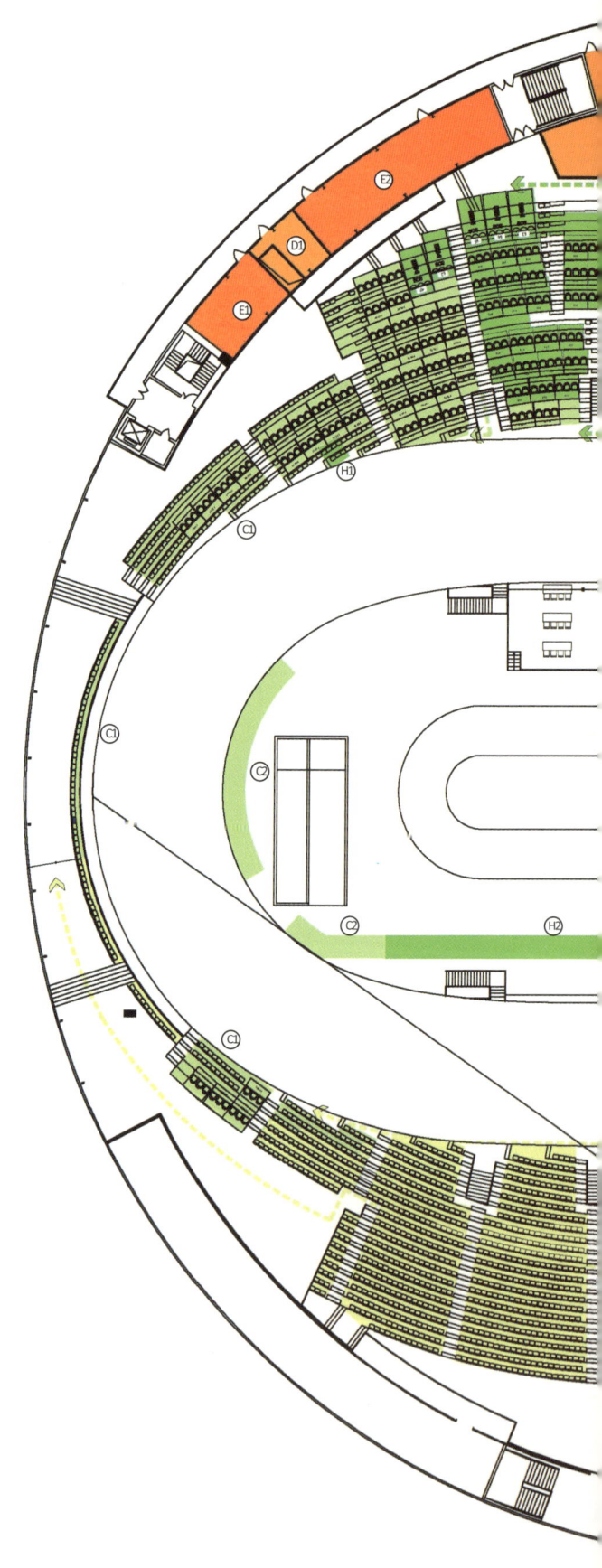

注册人员坐席列表

	注册人员分类	坐席数
1	运动员及随队官员	106
2	奥林匹克大家庭贵宾	160
	广播电视转播人员	
3	评论员席	62/204
	观察员席	70
	文字摄影媒体	
4	带桌文字媒体	40/120
	不带桌文字媒体	130
	摄影记者	120

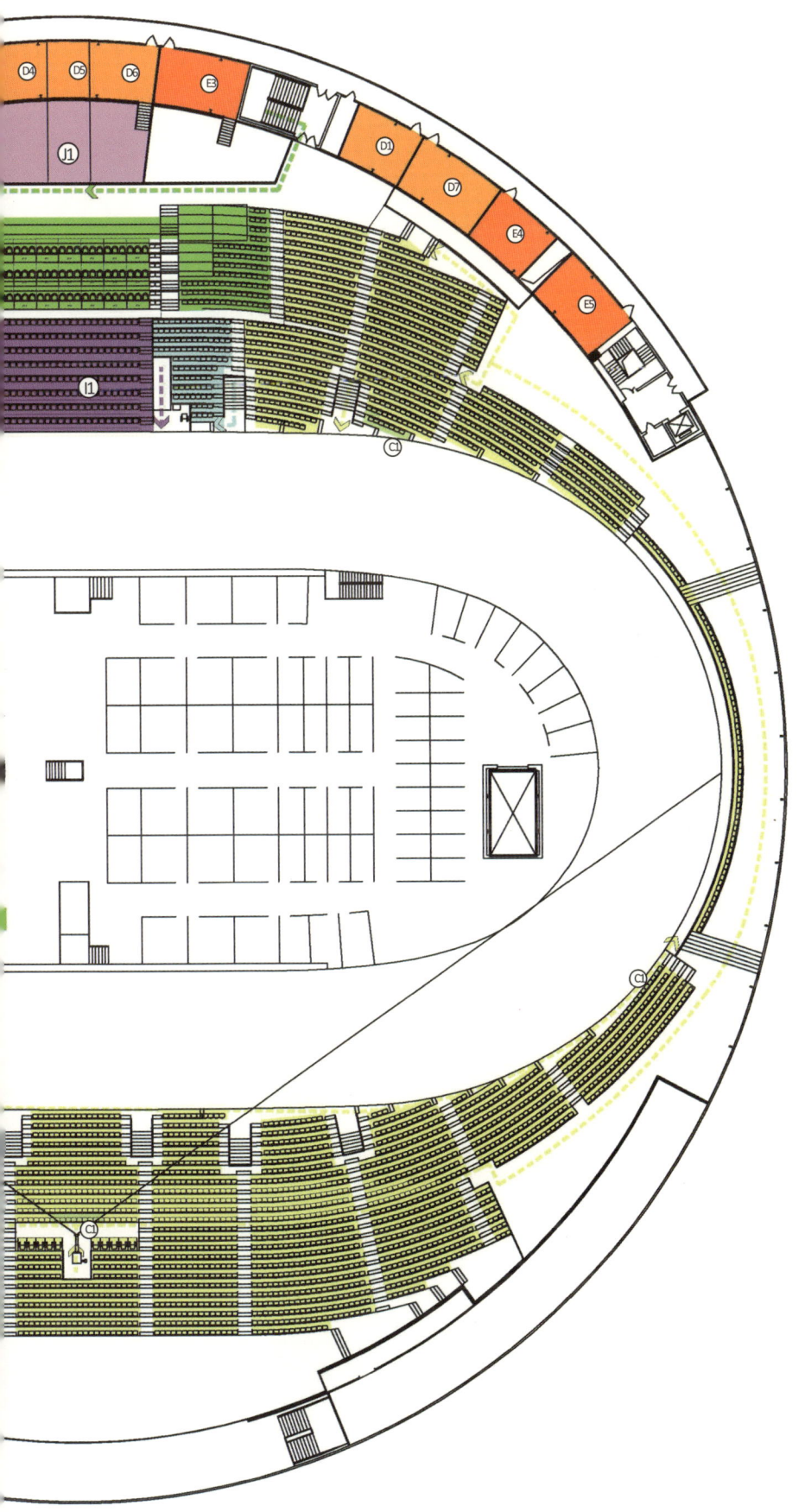

比赛场地平面图

B.　体育竞赛区
B1.　终点线
B2.　追逐线
B3.　赛道
B4.　裁判出入口
B5.　计时台
B6.　检录处
B7.　贵宾通道出口
B8.　信息台
B9.　发令台
B10.　热身区
B11.　各队休息区
B12.　自行车坡道
B13.　媒体出入口
B14.　升降机
B15.　坡道
B16.　医疗
B17.　公共器材区
B18.　颁奖区

H.　电视机转播区
H1.　媒体混合区

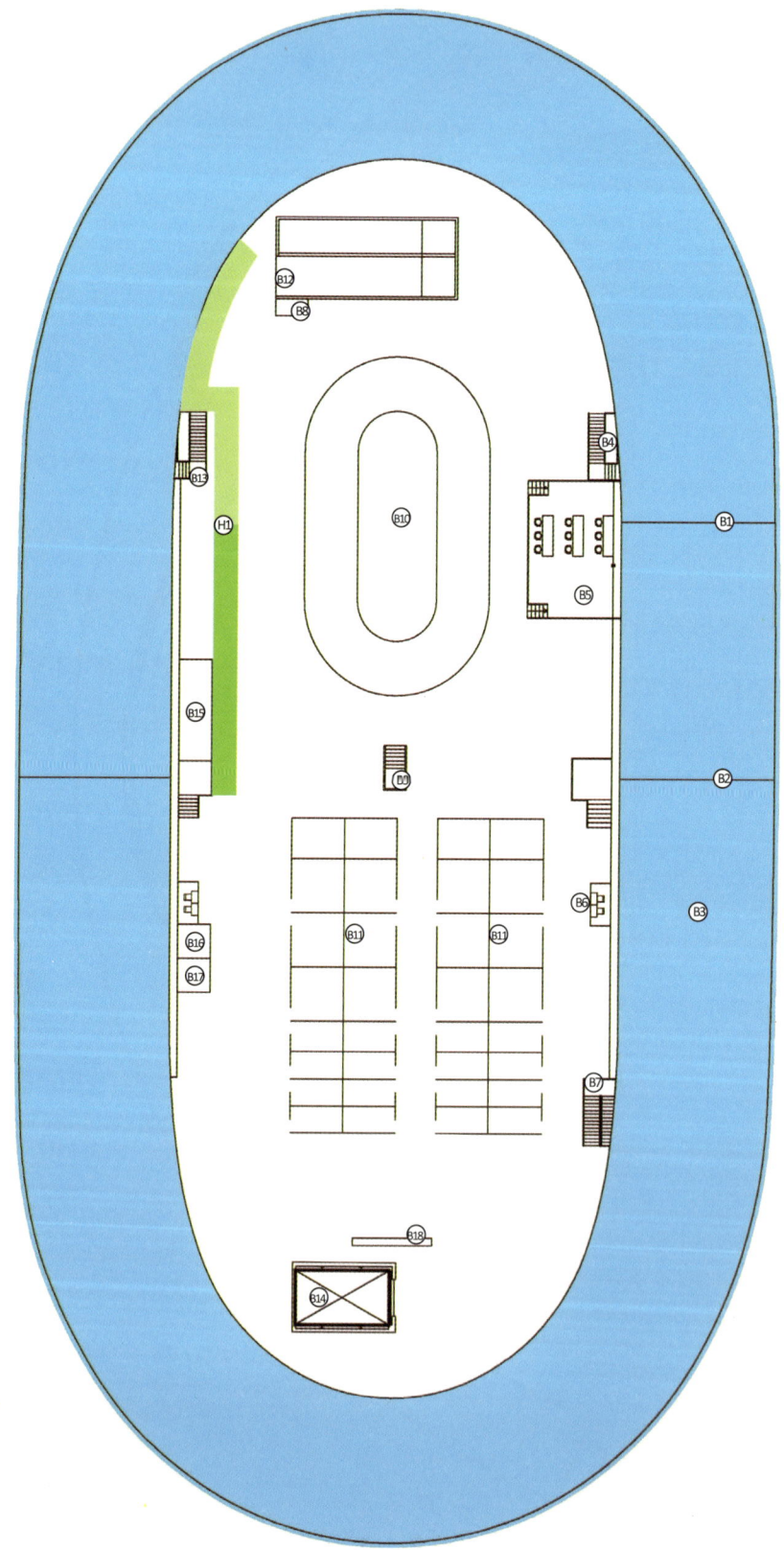

总平面图

N

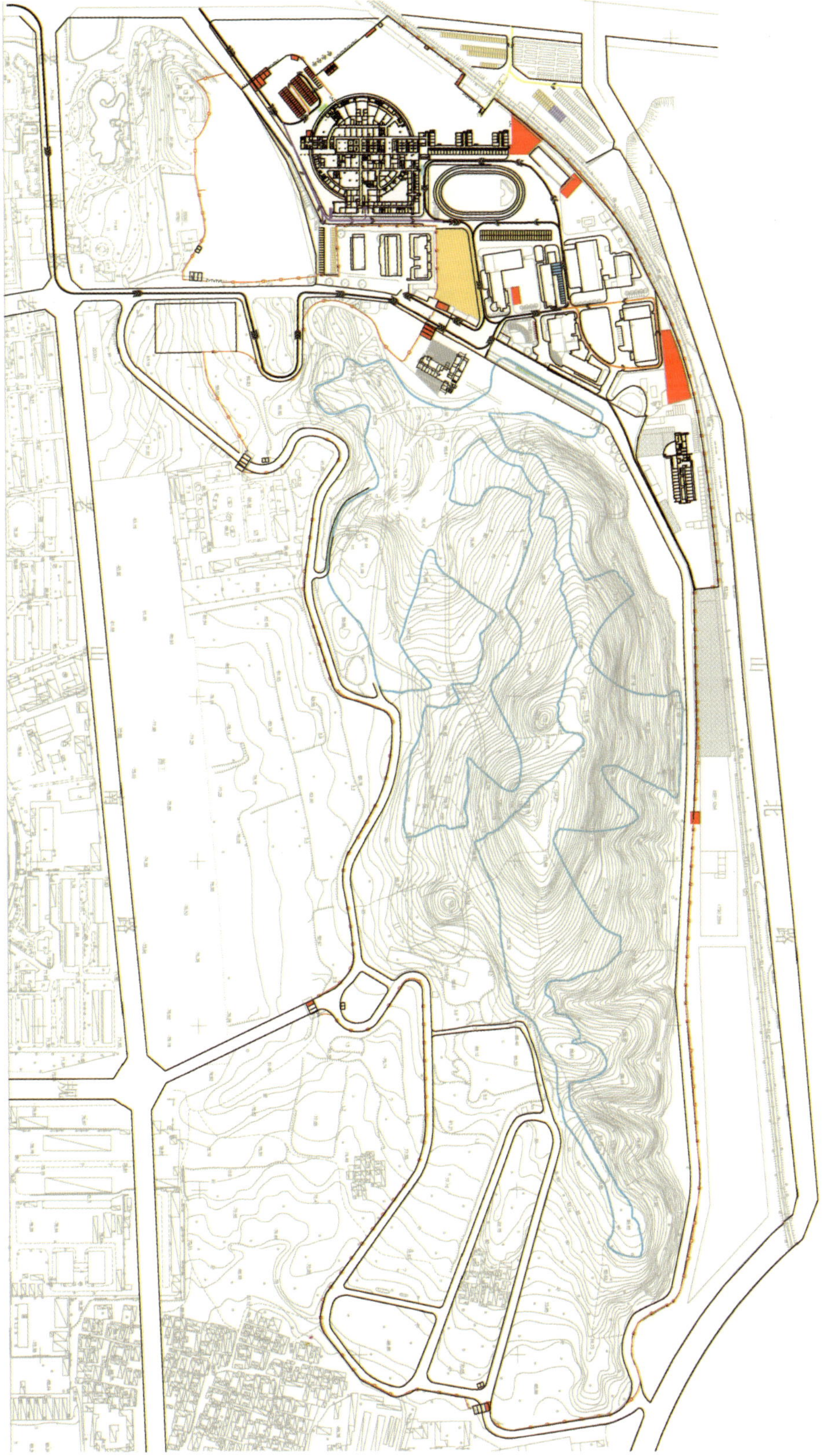

图例

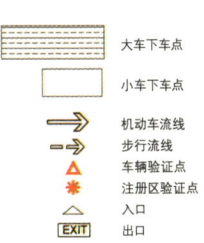

	大车下车点
	小车下车点
⇒	机动车流线
⇢	步行流线
△	车辆验证点
✳	注册区验证点
△	入口
EXIT	出口

线型图例

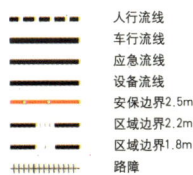

	人行流线
	车行流线
	应急流线
	设备流线
	安保边界2.5m
	区域边界2.2m
	区域边界1.8m
	路障

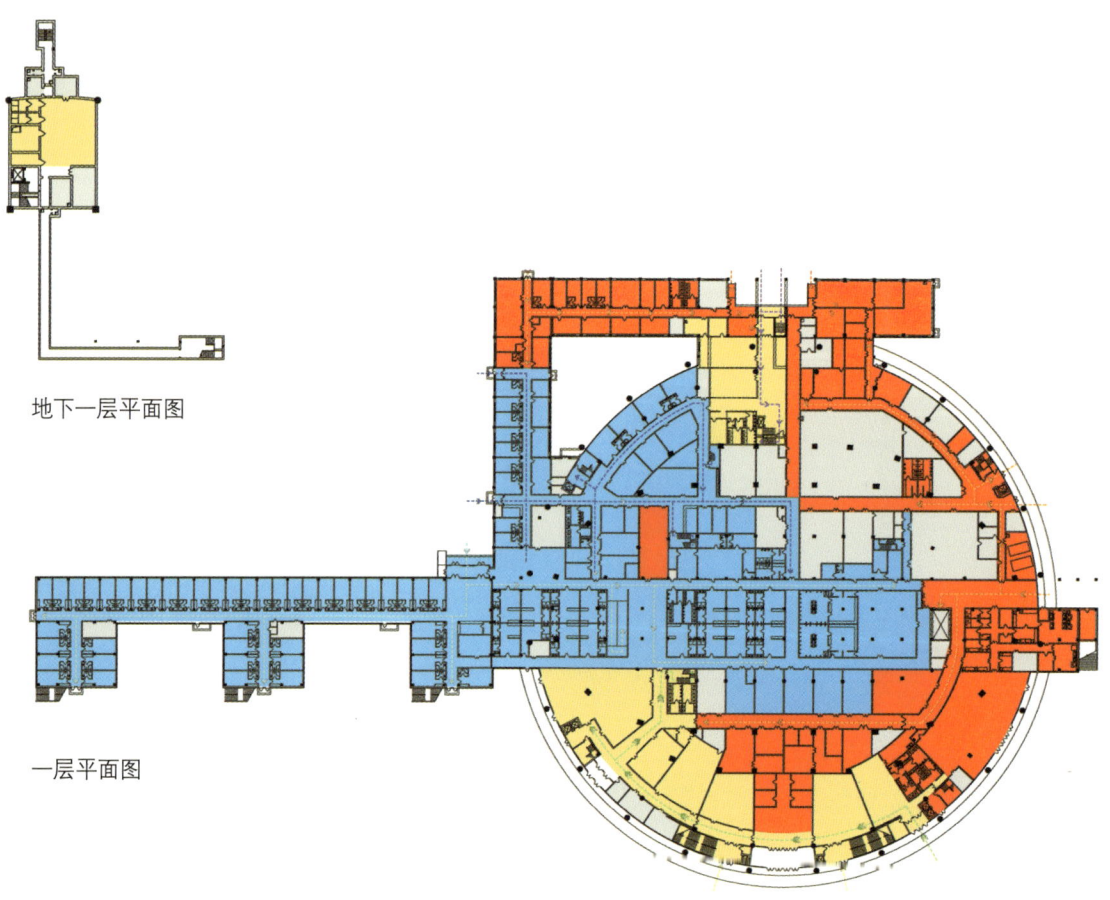

地下一层平面图

一层平面图

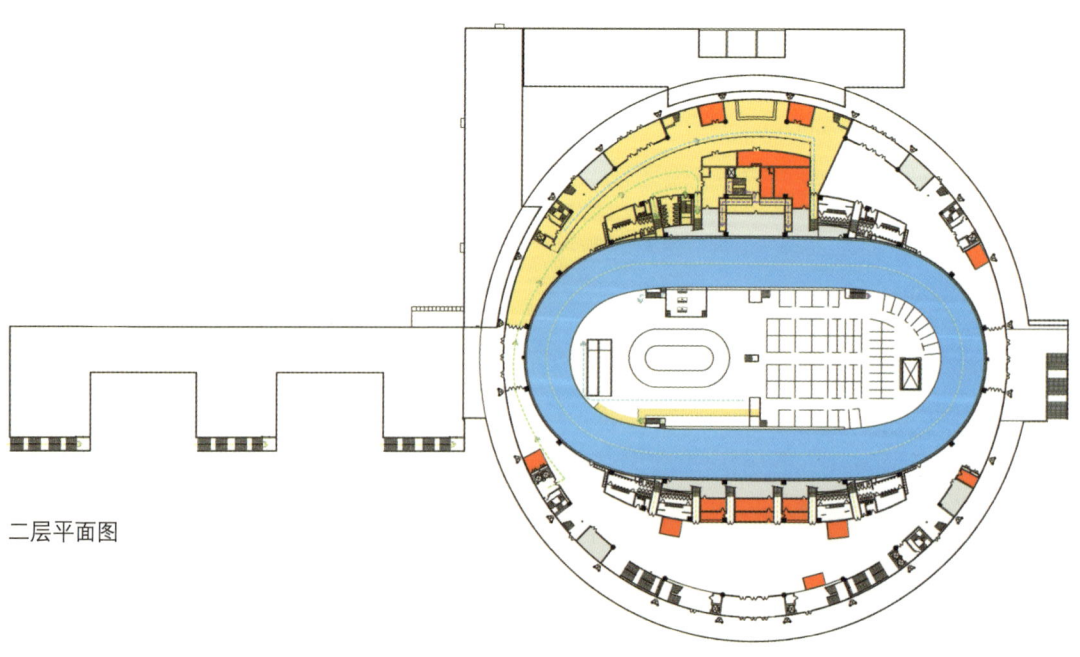

二层平面图

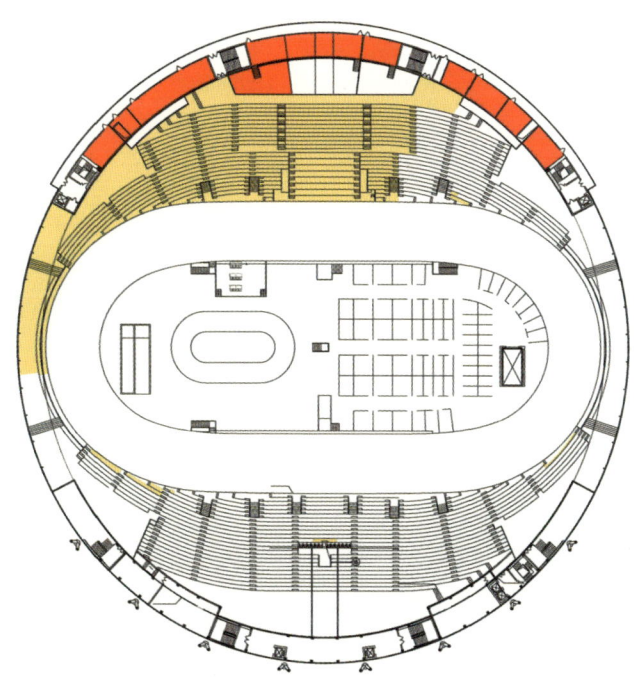

三层平面图

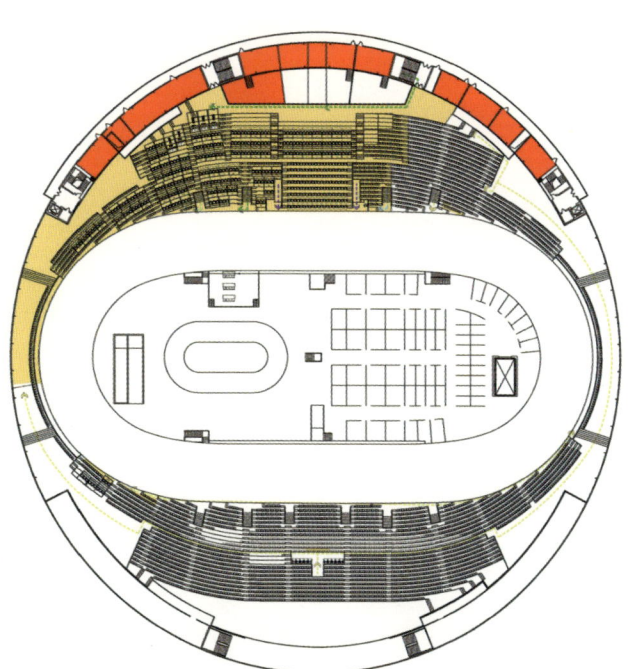

四层平面图

02-20

老山山地自行车场

老山山地自行车场

场馆概况

地点：石景山区老山

场地类型：改扩建比赛场馆

奥运会期间的用途：山地自行车

残奥会期间的用途：无

建筑面积：8725m²

固定座位数：无

临时座位数：2000个（站席15000个）

山地自行车比赛

比赛场地

山地自行车赛道为起伏绕圈，运动员要骑行多圈。这种比赛没有特定的比赛距离，只按照适合的完成时间来设定圈数。男、女运动员都使用同一条比赛路线，圈数不同。

比赛规则

山地自行车赛是运动员在规定的山路赛道上进行集体出发，根据赛道的难度由裁判团来决定运动员所完成一定时间的骑行里程，最终以运动员到达终点的先后顺序决定排名的比赛。

出发前，裁判员将根据运动员的排名顺序，通知运动员进入起点选择出发位置。比赛由发令员鸣枪开始。

在整个比赛中，除相同状态下的同队运动员可以相互帮助，运动员不得接受赛事规定以外的任何帮助，否则取消比赛资格。裁判团将根据实际情况安排补给区和修车点位置。补给只能由本队工作人员徒步完成，他们和运动员之间不允许有身体接触。不允许供给者将水瓶、食物直接放置在运动员的车辆上，或放入运动员的衣袋中。未经裁判团的允许，不能向运动员身体泼水，或将水喷洒到运动员所骑车辆的任何部位上。

老山山地自行车场

功能分区1——观众活动区

运行责任部门	示范场馆房间名称	英文名称	数量	面积（m²）
观众服务	检票口	Ticket Rip	11	5x5
	观众信息亭	Spectator Info Booth	3	20
	观众婴儿车、轮椅寄存区	Spectator Storage	1	15
	失物招领处	Lost & Found	1	20
	公共电话	Pay Phone	1	12.5
	制定吸烟区	Designated Somoking Area	1	处理点内
	观众饮水处	Spectator Drinking Fountain	多处	前院区
环境	临时卫生间	Temporary Toilet	3处	前院区临时
场馆财务	自动取款机	ATM	3处	前院区临时
餐饮服务	观众餐饮售卖点	Spectator Points of Sale	10	4*20,6*15=170
市场开发	特许商品零售点	Concession	3	30
医疗服务	观众医疗站	Spectator Medical Station	1	47
票务	售票处	Ticketing Sales Window	1	三馆共用

功能分区2——比赛场地区

运行责任部门	示范场馆房间名称	英文名称	数量	面积（m²）
竞赛组织	比赛场地	Field of Play	1	FOP
	运动员检录区	Athlete Call Area	1	场地区
	混合区(运动员通道)	Mixed Zone	1	场地区
	仲裁席	Jury Seating		场地区
	技术代表席	Technical Delegates Seating		场地区
	裁判席	Judge Seating		场地区
兴奋剂检查	运动员兴奋剂检查标记区	Athletes Tagging	1	场地区
医疗服务	比赛场地周边急救区	Adjacent First Aid Area in FOP	1	场地区
颁奖仪式	颁奖台及旗杆	Awards Podium & Flag Poles	1	场地区

功能分区3——体育竞赛区

运行责任部门	示范场馆房间名称	英文名称	数量	面积（m²）
竞赛组织	运动员接待处	Reception & Info Desk	1	24.3
	热身场地	Warm-up Area	1	场地内区域
	运动员休息室	Athlete Lounge	30	31-50
	随队官员休息室	Team Offical Lounge	1	88.8
	运动员更衣室（男）	Athlete Change Room	1	101.5
	运动员更衣室（女）	Athlete Change Room	1	86.4
	运动员卫生间	Athletes Toilet	2	18
	竞赛主任办公室	Competition Director Office	1	45
	竞赛经理办公室	Competition Manager Office	1	22
	竞赛公共办公区	Competition Assigned Work Area	1	24
	竞赛公共会议室	Competition Meeting Room	1	38
	会议室	Meeting Room	1	51
	国内技术官员办公室	NTOs' Office	2	51+10
	竞赛办公室	Competition Work Area	1	35
	国际单项体育联合会主席办公室	IFs President's Office	1	45
	国际单项体育联合会秘书长办公室	IFs Secretary's Office	1	45
	国际单项体育联合会技术代表室	IFs Technical Delegates Office	1	45
	国际单项体育联合会秘书处	IFs Secretariat	1	25
	国际单项体育联合会新闻代表工作室	IFs News Delegates Office		媒体工作区临时
	裁判休息室	Judge Lounge	1	45

运行责任部门	示范场馆房间名称	英文名称	数量	面积（m²）
竞赛组织	体育器材储存区	Sport Equipment Storage Area	20	31
	备餐间(主副食加工、备餐)	Food Preparation Room	1	204.5
	自盟休息室	IFs Lounge	1	74
技术	计时记分及现场成绩处理机房	Timing & Scoring On-venue Results Room	1	65
	计时计分系统设备存放间	Timing & Scoring Equipment Storage	1	30
	头戴设备控制空间	Headset Equipment Control Space	1	10
兴奋剂检查	兴奋剂候检室	Waiting Area	1	50
	兴奋剂官员办公室	Office for Doping Control Manager	1	医疗站内
	尿检工作室(含卫生间)	Processing Room	1	医疗站内
	血液检测工作室(含卫生间)	Blood Testing Room	1	医疗站内
医疗服务	运动员医疗站	Athlete Medical Station	1	50
	运动员候检室	Reception & Waiting Room	1	医疗站内
	检查和物理治疗室	Examination Room	1	医疗站内
	治疗室	Intensive Care Unit	1	医疗站内
	医生办公室和储藏室	Doctor & Nurse Office	1	医疗站内

功能分区4——仪式及文化活动区

运行责任部门	示范场馆房间名称	英文名称	数量	面积（m²）
颁奖仪式	体育展示办公室	Sport Presentation Office	1	30
	仪式经理办公室及奖牌存放间	Ceremony Management & Medal Storage	1	22
	颁奖仪式等候区	Ceremony Waiting Area	1	23
	国旗储藏室	Flag Storage	1	综合区
	礼仪表演人员准备室(男)	Presenter & Mascot Dressing (Male)	1	22
	礼仪表演人员准备室(女)及鲜花储	Presenter & Mascot Dressing (Female)	1	22
	颁奖台储藏室	Awards Podium Storage	1	综合区

功能分区5——电视转播区

运行责任部门	示范场馆房间名称	英文名称	数量	面积（m²）
电视转播	电视转播综合区(三馆共用)	Broadcasting Compoud	1	4935
	转播管理办公区	Broadcast Management Office	1	85
	特种摄象机	Speciality Camera	1	14
	餐饮	Dinning	1	142
	技术操作中心	Technical Cabin(Maintenance/Speciality Operation)	1	50
	技术存储空间	Technical Storage	1	50
	后勤存储空间	Logistic Storage	1	50
	后勤制作办公室	Production Office	1	85
	电视转播餐饮区	Broacast Catering	1	168
	转播餐饮备餐区	Boradcast Catering Kitchen Area	1	90
	餐厅	Dining Area	1	180
	冷藏室	Cold Room	1	12
	发电机/备用发电机	Power Generator/Back Power Gernerator	1	96
	备份电源存放区	Domestice Back up Power Supply	1	20
	工作人员休息区	Shade Cover	1	150
	特权转播公司	RHB	1	1200
	转播人员专用卫生间	Toilet	1	20
	第二电视转播综合区	Second Broadcasting Compoud	1	1000
	评论员控制室	Commentator Control Room	1	51
	转播信息办公室(BIO)	Broadcasting Information Office	1	24.4
	混合区（电视转播通道）	Mixed Zone	1	40×1.8

功能分区6——新闻运行区				
运行责任部门	示范场馆房间名称	英文名称	数量	面积(m²)
新闻运行	场馆新闻中心	Venue Media Centre	1	80
	新闻运行经理办公室	Press Office	1	新闻中心内
	摄影经理办公室	Photo Manager Office	1	新闻中心内
	奥林匹克新闻服务工作室	Olympic News Service Work Room	1	45
	成绩公报协调员办公室	Results Distribution	1	23
	媒体接待处	Reception & IFO Desk & Storage	1	新闻中心内
	文字记者工作区	Press Work Area	1	新闻中心内
	文字记者工作区	Press Work Area	1	新闻中心内
	摄影记者工作区	Photo Work Area	1	新闻中心内
	信息查询终端摆放区域	IFO Allocation Area	1	新闻中心内
	文字记者储物柜摆放区域	Press Locker	1	新闻中心内
	摄影记者储物柜摆放区域	Photographic Locker	1	新闻中心内
	成绩公报柜摆放区域	Result Cabinet Allocation Area	1	新闻中心内
	信息打印/复印区域	Info Print/Copy Area	1	新闻中心内
	电视机/冰柜摆放区域	TV/Refrigerary Allocation Area	1	新闻中心内
	媒体休息区	Press Lounge	1	20
	餐饮售卖点及休息区	Dining & Lounge	1	区域空间
	小型备餐间	Food Preparation Room	1	区域空间
	新闻发布厅	Press Conferece Room	1	128
	新闻发布转播控制室	Broadcasting Control Room	1	区域空间
	座席区	Seating Area	1	区域空间
	主席台	Dais	1	区域空间
	摄像机平台	Camera Platform	1	区域空间
	混合区(新闻媒体通道)	Mixed Zone	1	1.8*25

功能分区7——场馆礼宾区				
运行责任部门	示范场馆房间名称	英文名称	数量	面积(m²)
场馆礼宾	场馆礼宾经理办公室	VIP Protocol Manager Desk	1	19
	贵宾接待与交通服务处	Welcome & Trasporat Info Desk	1	22
	贵宾休息室	VIP Lounge	1	58
	餐台和休息区	Dining & Lounge	1	空间区域
	小型备餐间	Food Preparation Room	1	22
	贵宾卫生间	VIP Toilet	2	9
	要人休息室	VIP Lounge	1	22
	陪同人员休息区	Staff & Volunteer Room and Storage	1	60
	贵宾会客厅	VIP Meeting Room	1	22

功能分区8——场馆运行区				
运行责任部门	示范场馆房间名称	英文名称	数量	面积(m²)
场馆管理	场馆主任办公室	Venue Manager Office	1	33
	场馆副主任办公室	Venue Deputy Manager Office	1	与主任合用
	场馆运行中心	Venue Operation Centre	1	90
	工作人员固定工位	VOC Staff Assigned Desks	1	空间区域
	工作人员公共工位	VOC Shared Work Area	1	空间区域

运行责任部门	示范场馆房间名称	英文名称	数量	面积(m²)
场馆管理	场馆通信中心	Venue Communication Centre	2	45
	场馆通信经理工位	Venue Communication Manager Desk	1	空间区域
	邮件处理点	Mail Desk	1	空间区域
	通信操作员工位	VCC Operators Desks	1	空间区域
	储存区	Storage	1	空间区域
	多功能会议区	Multi-purpose Room	1	128
场馆人事	场馆人事经理办公室	Venue Staffing Management	1	23.4
	工作人员签到区	Staff Check-in Area	1	80
	工作人员签到处	Staff Check-in Points	1	空间区域
	工作人员问询区	Staff Info. Desk	1	空间区域
	志愿者服务处	Volunteer Services Desk	1	空间区域
	工作人员物品存放间	Cloak Room	1	空间区域
	工作人员休息和用餐区	Staff Break & Dnining Area	1	424
	工作人员卫生间	Staff Toilet	2	15.5
场馆财务	场馆财务经理办公室	Venue Finance Manager Office	1	29.3
观众服务	观众服务管理办公区	Spectator Services Management Area	1	153
	物资储存和分发区	SPS Equipment Storage & Distribution		
	工作部署区	Briefing Area	1	424
票务	票务办公室	Ticketing Management Office	1	22.2
语言服务	语言服务经理办公区	LAN Manager Office	1	27.7
市场开发	特许商品场馆零售管理办公区/出纳室	MER Management Area/Cash Room	1	27.7
	商品储存区	MER Storage	1	15
注册	场馆注册中心	Venue Accreditation Office	1	48
	每日卡发放区	Day Pass Issue Desk	1	空间区域
	等待区	Accreditation Waiting Area	1	空间区域
	注册经理办公点和储藏区	Accreditation Manager Desk	1	空间区域
场馆设施管理	场馆设施管理办公区	Site Managment Work Area	1	20
	后勤工人休息区	Response Team & Vendor Staging	1	20
	电源工作间与备件存放	Power Workshop & Storage	1	管理区内
技术	计算机设备与主配线间	Computer Equipment & Main Cabling Room	1	40
	移动通信设备机房	Mobile Telecommunication Equipment Room	1	21
	网络设备间	LAN Equipment Room	1	23
	固定通信设备机房	Fix Telecommunication Equipment Room	1	52
	固定通信设备机房	Fix Telecommunication Equipment Room	1	37
	移动通信设备机房	Mobile Telecommunication Equipment Room	1	28
	体育展示办公室	Sport Presentation Office	1	30
	有线电视机房	CATV Control Room	1	10
	流动扩声机房	Audio Equipment Room	1	10
	集群通信设备分发间	Trunk Radio Distribution Room	1	30
	场馆技术运行中心	Venue Technology Operation Center	1	20
	技术支持服务中心	Technology Help Desk	1	15
	成绩复印分发室	Results Printing & Distribution	1	66
	固定通信技术人员工作室	Fix Telecommunication Operation	1	20
	移动通信技术人员工作室	Mobile Telecommunication Operation	1	20
	流动扩声系统设备存放间	Audio Equipment Room	1	35
	IT设备存放间	IT Equipment Storage	1	40
	IT设备包装存放间	IT Bulk Storage	1	综合区内
	打印机、复印机包装存放间	Printer/Copier Bulk Storage	1	综合区内
	松下设备包装存放间	Panasonic Equipment Bulk Storage	1	综合区内
	纸张存放间	Paper Storage	1	综合区内
	UPS包装存放间	UPS Bulk Storage	1	综合区内

运行责任部门	示范场馆房间名称	英文名称	数量	面积(m²)
物流	物流经理办公室	Logistic Management	1	29
	物流综合区	Logistic Compound	1	2000
	物流管理办公区	Logistic Management Area	1	综合区内
	工人休息区	Workers Lounge	1	综合区内
	特殊物资储区	Special Materials Storage	1	综合区内
	技术设备包装物仓储区	Warehouse Storage	1	综合区内
	维修物资仓库和工作间	Maintenance Warehouse & Workshop	1	综合区内
	指路标识及临时设施仓库	Vendor Secure Storage	1	综合区内
	办公用品存储间	Office Supplies Storage	1	综合区内
	服装存储间	Uniform Storage	1	综合区内
	形象景观仓储室	IMI Work &Storage Area	1	综合区内
	物资回收及分发室	Equipment Sign-out	1	综合区内
	物流卸货区	Loading & Vehicle Staging	1	综合区内
	物资转运区	Materials Transfer Area	1	综合区内
	油箱存储间	Fuel Tanks	1	综合区内
	维修车辆停放区	Material Vehicle Staging	1	综合区内
	卫生间	Toilet	1	综合区内
餐饮服务	餐饮经理办公室(餐饮管理办公区)	Catering Manager Office	1	34
	餐饮综合区	Catering Compound	1	1200
	餐饮供应商办公室	Catering Contractor Office	1	综合区内
	饮料供应商办公室	Beverage Contractor Office	1	综合区内
	干货冷藏区	Dry, Cold & Ice Storage	1	综合区内
	卸货区	Vehicle Staging	1	综合区内
	厨房和备餐区	Kitchen & Preparation Area	1	综合区内
	露天储存区	Uncovered Storage	1	综合区内
	餐饮人员专用卫生间	Catering Staff Toilet	1	综合区内
环境	环境经理办公室	CLW Manager Office	1	综合区内
	清洁物品储藏间	Cleaning Item Storage	2	16
	清废综合区	CLW Compound	1	400
	清废管理与清废工人休息区	Management and Break Area	1	综合区内
	清洁设备储存区	Cleaning Equipment Supply & Storage	1	综合区内
	废弃物暂存区	Waste Sorting Area	1	综合区内
	垃圾压缩机停放区	Waste Contractor	1	综合区内
	车辆周转卸货区	CLW Vehicle Staging	1	综合区内

功能分区9——安保及交通运行区				
运行责任部门	示范场馆房间名称	英文名称	数量	面积(m²)
安保	安保服务中心	Security Services Centre	3	20
	违禁物品存放处	Contraband Storage	3	区域空间
	治安处理点	Public Security Handling Office	4	20x3+42
	安保指挥中心	Security Command Centre	1	150
	安保分指挥中心	Security Branch Command Centre	1	74
	安保人员休息用房	Security Rest Room	1	377共用
	安保指挥室	Security Command Room	1	20
	现场安保指挥通信设备间	On-site Security Communication Equipment Room	1	35.7
	反恐防暴屯兵处(反恐人员备勤室)	Anti-terrorism Personnel Duty Room	1	47.4
	武警部队备勤室	Policeman Duty Room	1	134.1
	突发事件处置人员备勤室	Emergency Handler Duty Room	1	60
	安保后备用房	Security Reserve Room	1	18x2+40
	交通民警备勤室	affic Policeman Duty Room	1	18
	交通监控指挥室	Transport Monitoring & Command Office	1	58.5
	要人随身警卫人员备勤室	Guard Duty Room for VIPs	1	18
			1	18
			1	13
			1	27
	车辆调度室	Vehicle Dispatch Room	1	19
	要人警卫工作现场指挥部	On-site Guard Office	1	40
	消防指挥室	Fire Fighting Command Office	1	28
	临时消防站	Fire station	1	206
	保安备勤室	Security Break Room	1	100
	无线通信机房	Wireless Communication Room	1	18
	安保执勤岗亭	Security Observation Positions	多处	延安保线布置

体育竞赛区三馆共用2部分				
运行责任部门	示范场馆房间名称	英文名称	数量	面积(m²)
技术	固定通讯机房	Fix Telecommunication	1	37
	移动通讯机房	Mobile Telecommunication	1	28
餐饮服务	副食加工	Foodstuff Finishing technique	1	37
	卫生间	Toilet	2	42
竞赛组织(三馆共用)	运动员淋浴更衣	Athlete Change Room	1	99
	运动员淋浴更衣	Athlete Change Room	1	91
	餐厅	Dining-room	1	154
	卫生间	Toilet	6	30
	车库	Grunge	20	31
	会议室	Meeting Room	1	46+60
	医疗站	Medical Station	1	46
	休息室	Retiring room	31	36x12+37x8+45x8+29x2
	随队官员休息室	Team Officials Retiring room	1	90

总平面图

A.	观众活动区
A1.	观众站席区
A2.	非注册贵宾及赞助商停车场
A3.	观众停车场
A4.	餐饮点
A5.	观众临时卫生间

B.	体育竞赛区
B1.	运动员上下车区

C.	新闻运行区

D.	场馆运行区
D1.	观众信息亭
D2.	特许商品零售点

E.	安保及交通运行区
E1.	治安处理点
E2.	观众安检大厅
E3.	安保边界

F.	非赛时使用空间区

G.	比赛场地区

H.	电视转播综合区
H1.	第二电视转播综合区

I.	场馆礼宾区

J.	文化及仪式活动区

图例

- 大车下车点
- 小车下车点
- 机动车流线
- 步行流线
- 车辆验证点
- 注册区验证点
- 入口
- EXIT 出口

线型图例

- 人行流线
- 车行流线
- 应急流线
- 设备流线
- 安保边界2.5m
- 区域边界2.2m
- 区域边界1.8m
- 路障

N

分区总平面图

N

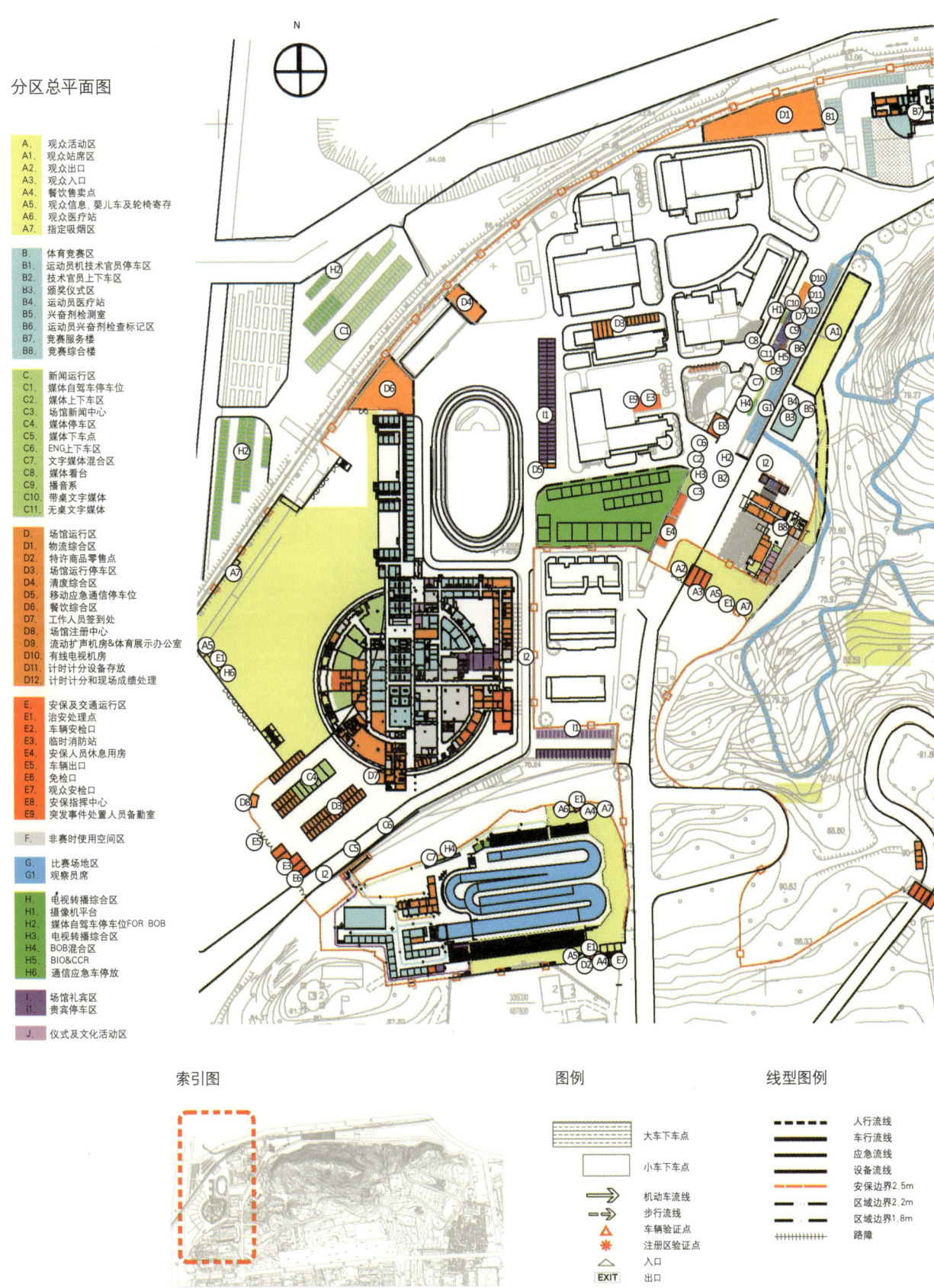

A. 观众活动区
A1. 观众站席区
A2. 观众出口
A3. 观众入口
A4. 餐饮售卖点
A5. 观众信息, 婴儿车及轮椅寄存
A6. 观众医疗站
A7. 指定吸烟区

B. 体育竞赛区
B1. 运动员机技术官员停车区
B2. 技术官员上下车区
B3. 颁奖仪式区
B4. 运动员医疗站
B5. 兴奋剂检测室
B6. 运动员兴奋剂检查标记区
B7. 竞赛服务楼
B8. 竞赛综合楼

C. 新闻运行区
C1. 媒体自驾车停车位
C2. 媒体上下车区
C3. 场馆新闻中心
C4. 媒体停车区
C5. 媒体下车点
C6. ENG上下车区
C7. 文字媒体混合区
C8. 媒体看台
C9. 播音系
C10. 带桌文字媒体
C11. 无桌文字媒体

D. 场馆运行区
D1. 物流综合区
D2. 特许商品零售点
D3. 场馆运行停车区
D4. 清废综合区
D5. 移动应急通信停车位
D6. 餐饮综合区
D7. 工作人员签到处
D8. 场馆注册中心
D9. 流动扩声机房&体育展示办公室
D10. 有线电视机房
D11. 计时计分设备存放
D12. 计时计分和现场成绩处理

E. 安保及交通运行区
E1. 治安处理点
E2. 车辆安检口
E3. 临时消防站
E4. 安保人员休息用房
E5. 车辆出口
E6. 免检口
E7. 观众安检口
E8. 安保指挥中心
E9. 突发事件处置人员备勤室

F. 非赛时使用空间区

G. 比赛场地区
G1. 观察员席

H. 电视转播综合区
H1. 摄像机平台
H2. 媒体自驾车停车位FOR BOB
H3. 电视转播综合区
H4. BOB混合区
H5. BIO&CCR
H6. 通信应急车停放

I. 场馆礼宾区
I1. 贵宾停车区

J. 仪式及文化活动区

索引图

图例

大车下车点

小车下车点

→ 机动车流线
⇢ 步行流线
△ 车辆验证点
✳ 注册区验证点
△ 入口
EXIT 出口

线型图例

人行流线
车行流线
应急流线
设备流线
安保边界2.5m
区域边界2.2m
区域边界1.8m
路障

竞赛服务楼首层平面图

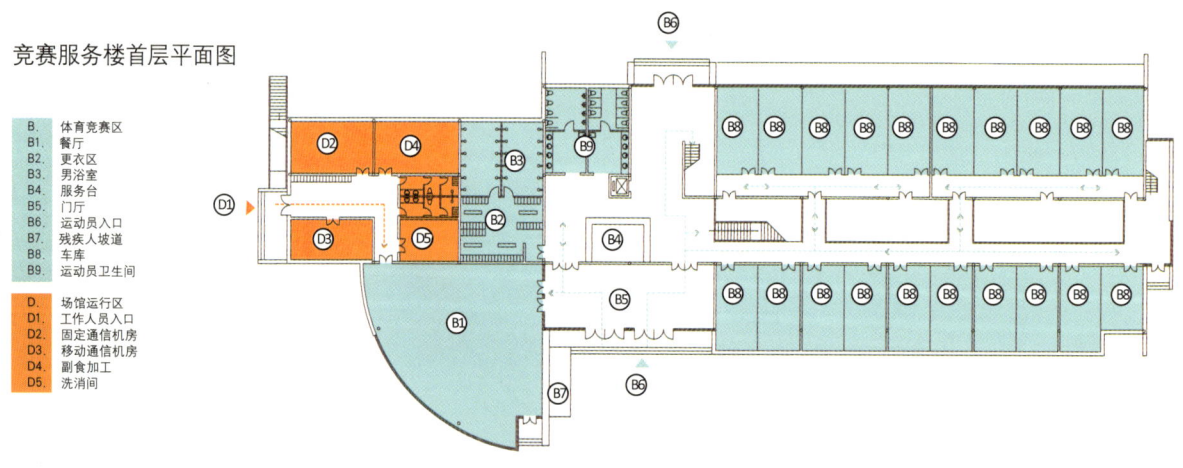

B. 体育竞赛区
B1. 餐厅
B2. 更衣区
B3. 男浴室
B4. 服务台
B5. 门厅
B6. 运动员入口
B7. 残疾人坡道
B8. 车库
B9. 运动员卫生间

D. 场馆运行区
D1. 工作人员入口
D2. 固定通信机房
D3. 移动通信机房
D4. 副食加工
D5. 洗消间

竞赛服务楼二层平面图

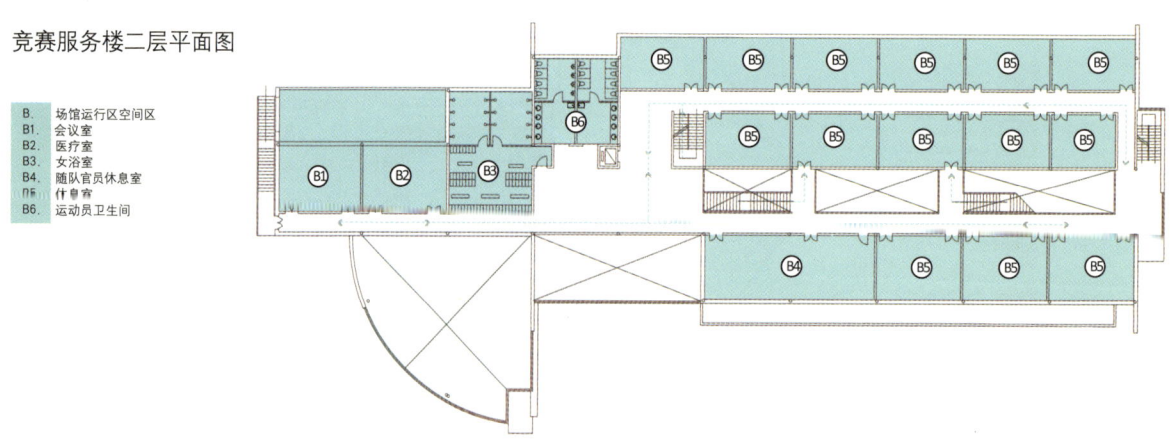

B. 场馆运行区空间区
B1. 会议室
B2. 医疗室
B3. 女浴室
B4. 随队官员休息室
B5. 仟身室
B6. 运动员卫生间

竞赛服务楼三层平面图

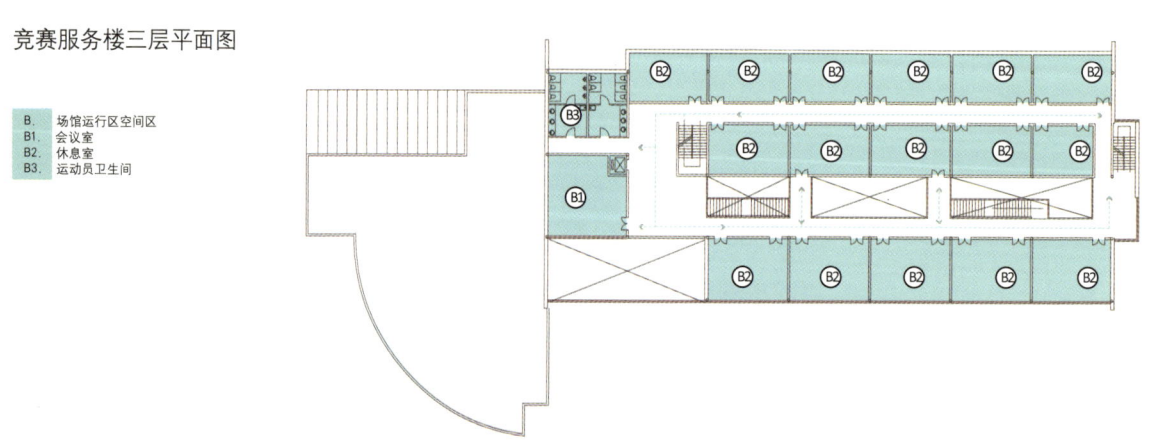

B. 场馆运行区空间区
B1. 会议室
B2. 休息室
B3. 运动员卫生间

竞赛综合楼首层平面图

A.	观众活动区
A1.	观众医疗站

B.	体育竞赛区
B1.	技术官员入口

C.	新闻运行区
C1.	成绩公告协调员办公室

D.	场馆运行区
D1.	移动通信设备机房
D2.	IT设备存放间
D3.	技术支持服务中心
D4.	计算机设备与主配线间
D5.	流动扩声系统设备存放间
D6.	工作人员入口
D7.	网络设备间
D8.	成绩复印分发室
D9.	固定通信设备机房
D10.	商品储存区
D11.	场馆主任办公室
D12.	场馆运营中心

E.	安保及交通运行区
E1.	交通民警备勤室
E2.	治安处理点

F.	非赛时使用空间区

I.	场馆礼宾区
I1.	大厅

J.	仪式及文化活动区
J1.	仪式经理办公室和奖牌存放间
J2.	颁奖仪式等候区
J3.	仪式表演人员准备室（男）
J4.	仪式表演人员准备室（女）及鲜花储藏

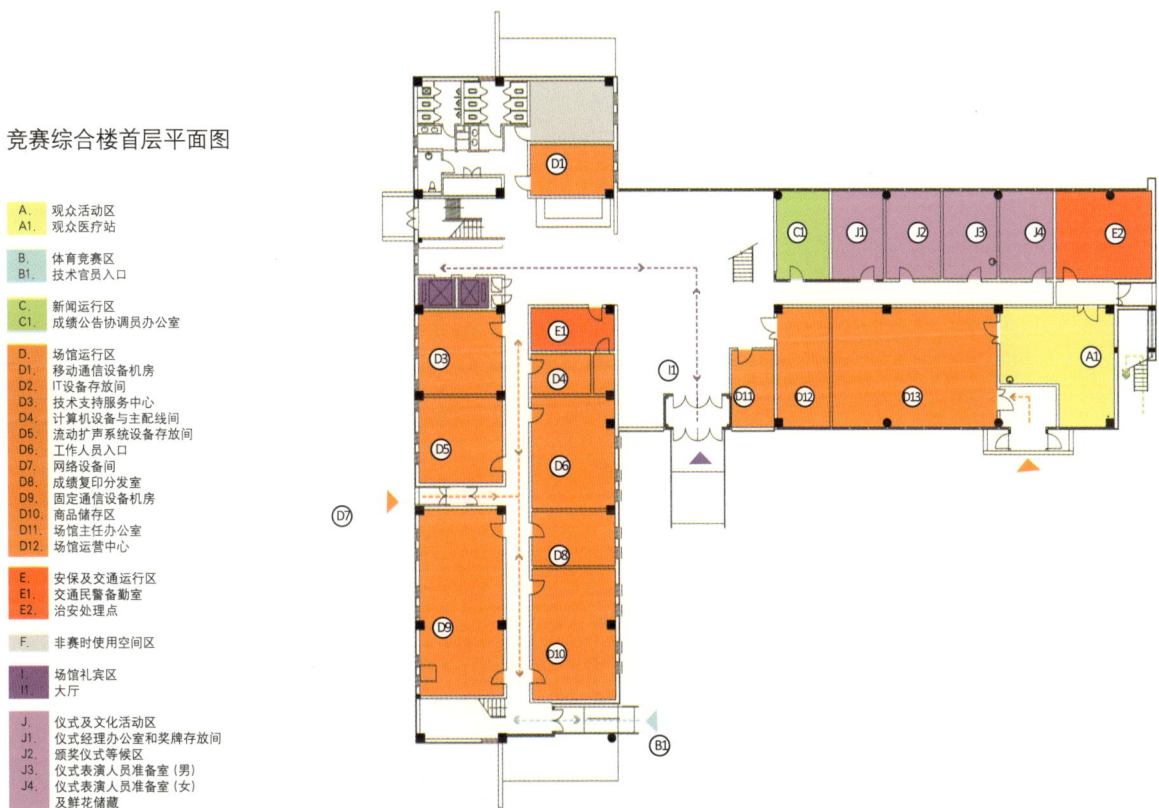

竞赛综合楼二层平面图

B.	体育竞赛区
B1.	运动员看台

C.	新闻运行区
C1.	新闻发布厅
C2.	媒体租用空间
C3.	奥林匹克新闻服务工作室

D.	场馆运行区
D1.	清洁物品储藏间

E.	安保及交通运行区
E1.	安保后备用房
E2.	要人警卫工作现场指挥部
E3.	要人警卫、随身警卫人员备勤室

F.	非赛时使用空间区

I.	场馆礼宾区
I1.	贵宾看台
I2.	场馆礼宾经理办公室
I3.	小型备餐间
I4.	贵宾休息室
I5.	陪同人员休息室
I6.	贵宾接待与交通服务处
I7.	贵宾会客厅
I8.	贵宾第二会客室

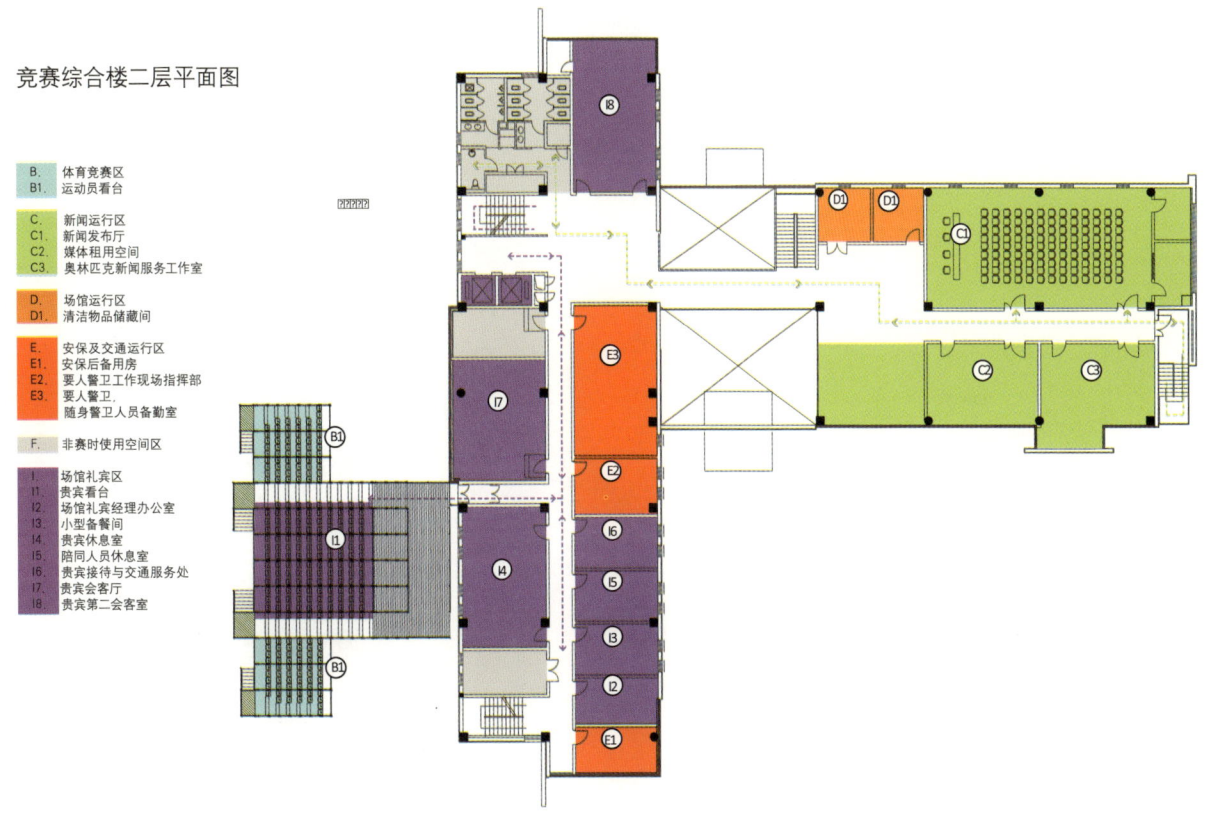

竞赛综合楼三层平面图

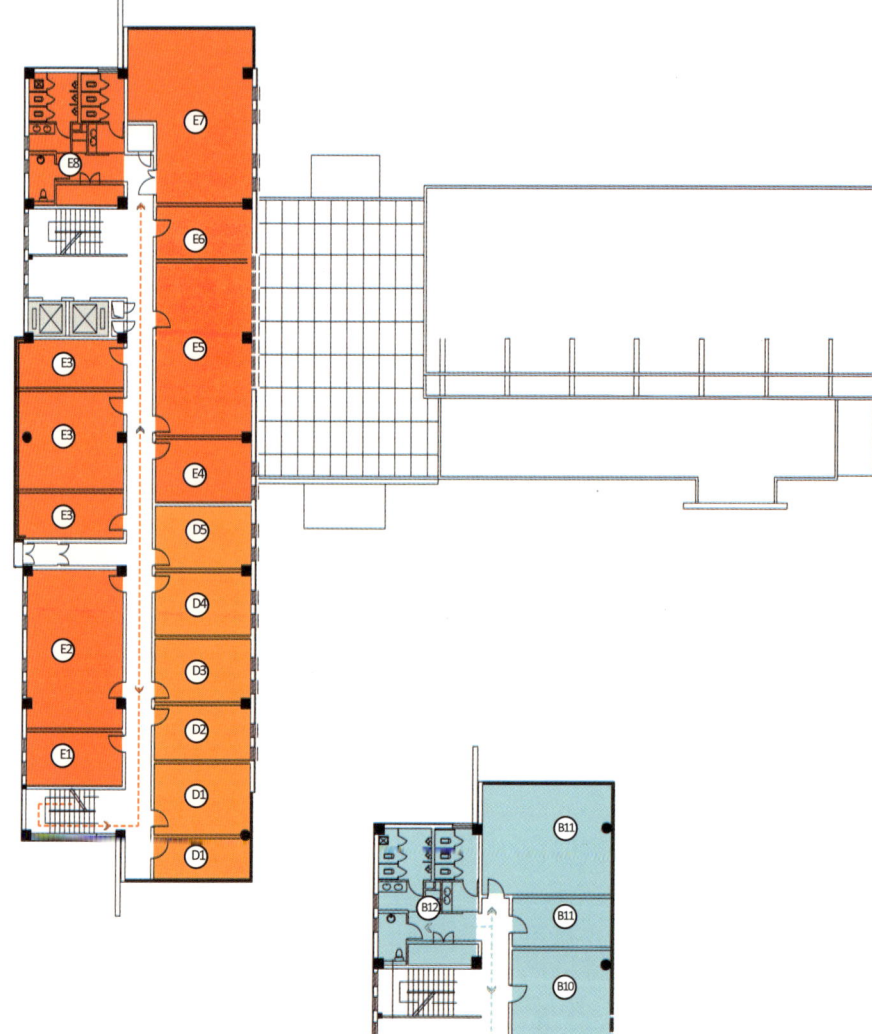

D.　场馆运行区
D1.　场馆设施管理办公区
D2.　固定通信技术人员办公室
D3.　移动通信技术人员工作室
D4.　场馆技术运行中心
D5.　后勤工人休息室

E.　安保及交通运行区
E1.　交通民警休息室
E2.　交通监控指挥
E3.　安保后备用房
E4.　安保指挥室
E5.　突发事件处置人员备勤室
E6.　车辆调度室
E7.　安保分指挥中心
E8.　卫生间

竞赛综合楼四层平面图

B.　体育竞赛区
B1.　竞赛主任办公室
B2.　竞赛办公室
B3.　裁判休息室
B4.　竞赛经理办公室
B5.　竞赛公共办公室
B6.　国际单项体育联合会秘书处
B7.　竞赛公共会议室
B8.　国际单项联合会秘书长办公室
B9.　国际单项联合会主席办公室
B10.　国际单项联合会技术代表办公室
B11.　国内技术官员办公室
B12.　卫生间

E.　安保及交通运行区
E1.　安保无线通信机房

比赛场地路线示意图

B.	体育竞赛区
B1.	颁奖区
B2.	混合区
B3.	计时台
B4.	集结区
B5.	热身区
B6.	公共器材区
B7.	医疗站
B8.	信息台
B9.	赛道

02-21

奥运会马拉松比赛

奥运会马拉松比赛

场馆概况

地点：北京
场地类型：公路比赛
奥运会期间的用途：马拉松
残奥会期间的用途：无

马拉松比赛

比赛线路

线路设计展现了北京的历史文化，沿路将经过多个地标式建筑和名胜古迹，全长42.195km。始点和终点分别设在天安门广场和国家体育场。具体比赛路线为：由天安门广场东侧路出发，经天安门广场东侧路、东长安街、台基厂大街、祈年大街至天坛公园北门，经天坛公园内祈年殿、月季园西侧路、三座门至天坛公园南门，经永定门东大街、永定门桥、永定门内大街、前门大街、天安门广场东侧路、西长安街、闹市口、太平桥大街、赵登禹路、平安里西大街、车公庄西路、首体南路、中关村南大街、中关村大街至中关村1号桥，经北四环路北侧辅路、海淀桥、颐和园路至北京大学西南门，经北京大学校内求知路至北京大学东门，经中关村北大街至清华大学西门，经清华大学校内二校门至清华主楼向南至清华大学东门，经中关村东路、知春路、北土城西路、北辰路至国家体育场西门。

海拔高度，起点43m，终点35m，起终点直线距离9.2km。

比赛规则

在马拉松赛中，比赛的起点和终点都提供水和其他饮料，而在比赛路线上，每隔5km有一个饮料站。水和饮料放在运动员经过时容易拿到的地方，运动员也可自备饮用水，并且可以在他们要求的地方设置饮料站。饮用水和湿海绵提供站设置在两个饮料站之间。在那里，长跑运动员和竞走运动员经过时可以取到饮用水，还可以从海绵中挤水冲洗头部，起到冷却作用。除此之外，运动员不能从比赛线路上其他地方获得饮料。

运动员只要在裁判的监督下沿正确的路线比赛即可，如有特殊原因，还可在裁判员的监督下离开赛跑路线，但如果不在监督下离开就会失掉比赛资格。

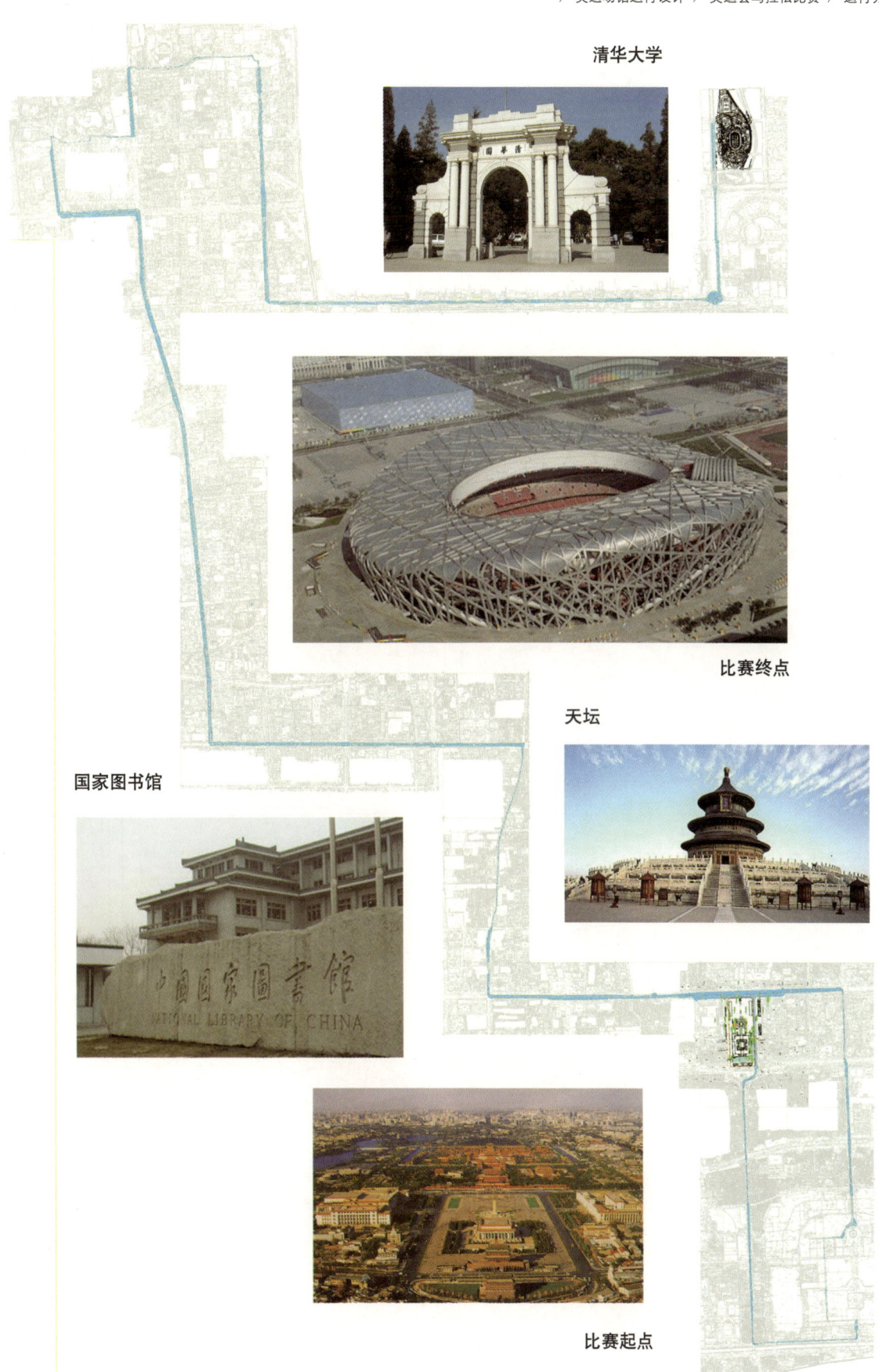

清华大学

比赛终点

天坛

国家图书馆

比赛起点

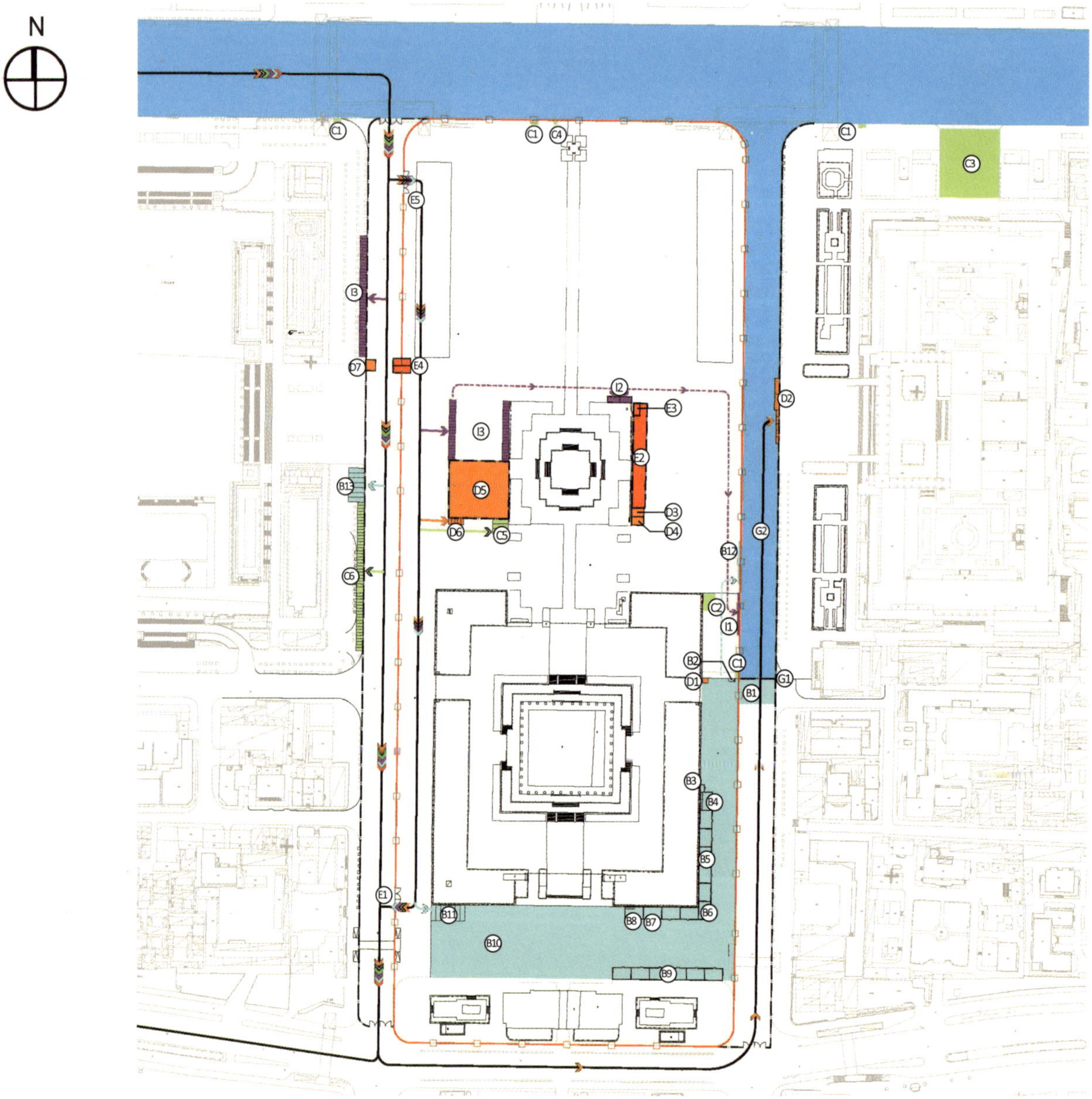

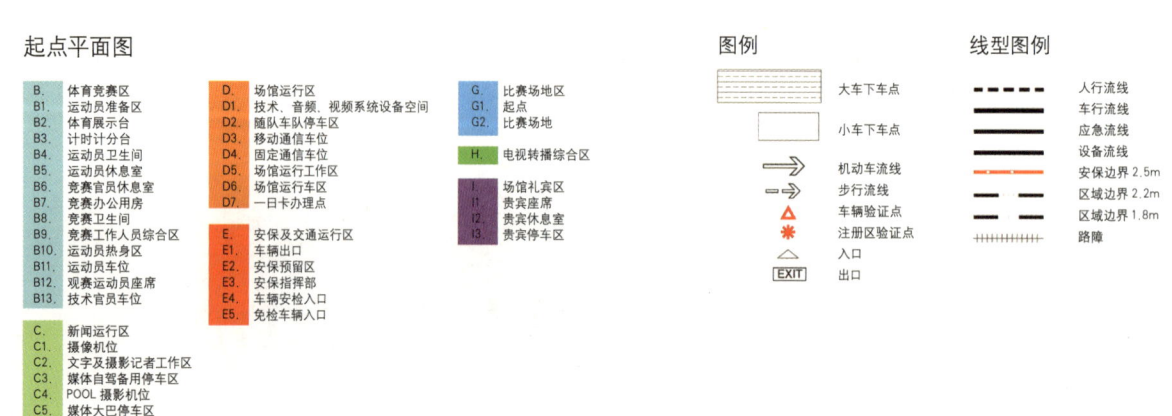

起点平面图

B.	体育竞赛区	D.	场馆运行区	G.	比赛场地区
B1.	运动员准备区	D1.	技术、音频、视频系统设备空间	G1.	起点
B2.	体育展示台	D2.	随队运动车队停车区	G2.	比赛场地
B3.	计时计分台	D3.	移动通信车位		
B4.	运动员卫生间	D4.	固定通信车位	H.	电视转播综合区
B5.	运动员休息室	D5.	场馆运行工作区		
B6.	竞赛官员休息室	D6.	场馆运行车区		场馆礼宾区
B7.	竞赛办公用房	D7.	一日卡办理点	I1.	贵宾座席
B8.	竞赛卫生间			I2.	贵宾休息室
B9.	竞赛工作人员综合区	E.	安保及交通运行区	I3.	贵宾停车区
B10.	运动员热身区	E1.	车辆出口		
B11.	运动员车位	E2.	安保预留区		
B12.	观赛运动员座席	E3.	安保指挥部		
B13.	技术官员车位	E4.	车辆安检入口		
		E5.	免检车辆入口		

C.	新闻运行区
C1.	摄像机位
C2.	文字及摄影记者工作区
C3.	媒体自驾备用停车区
C4.	POOL 摄影机位
C5.	媒体大巴停车区
C6.	媒体自驾停车区

图例

	大车下车点
	小车下车点
→	机动车流线
⇒	步行流线
△	车辆验证点
✳	注册区验证点
△	入口
EXIT	出口

线型图例

	人行流线
	车行流线
	应急流线
	设备流线
	安保边界 2.5m
	区域边界 2.2m
	区域边界 1.8m
	路障

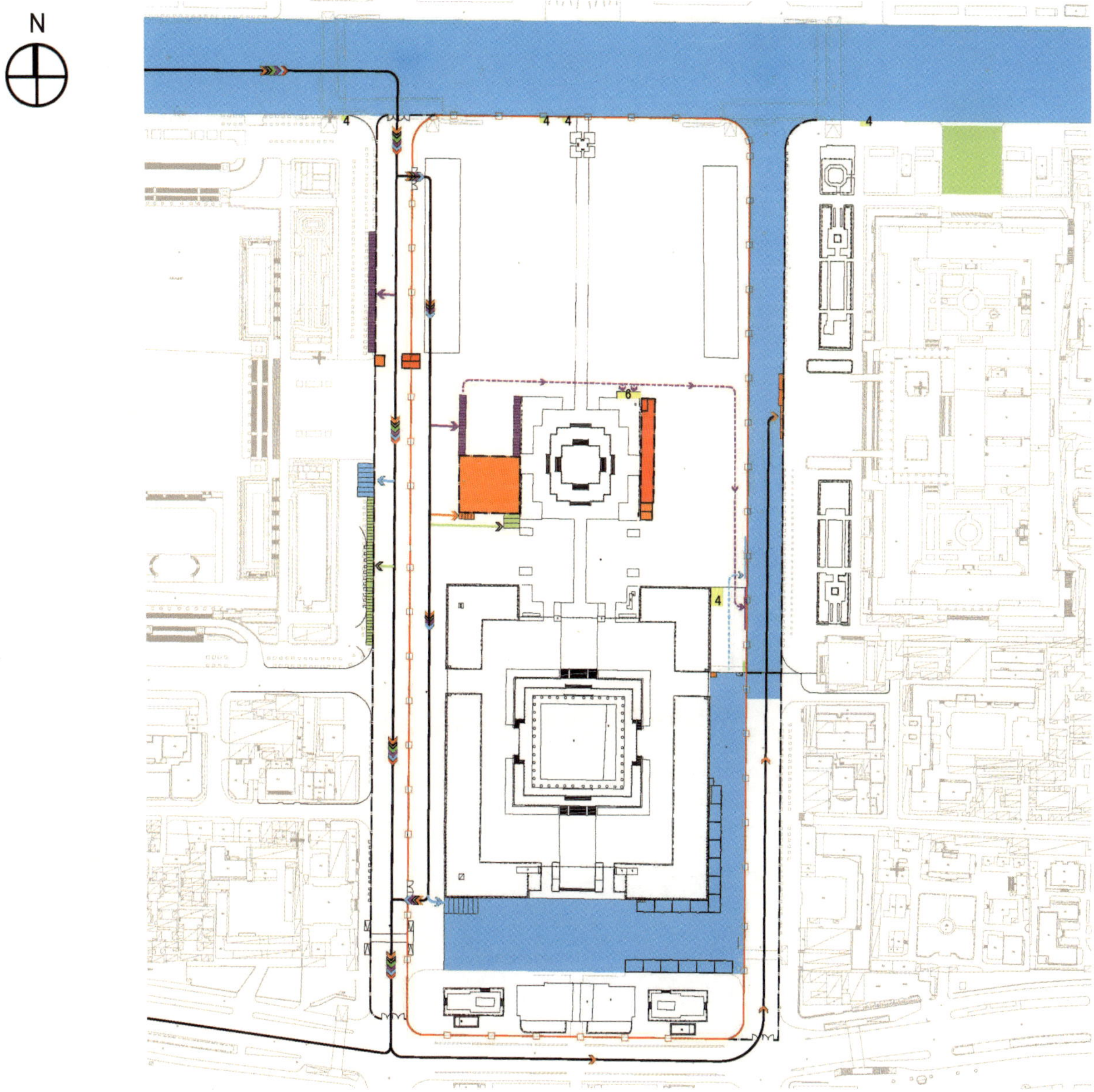

03

其他场馆

国家体育场

地点：奥林匹克公园

场地类型：新建比赛场馆

奥运会期间的用途：开闭幕式、田径、男子足球

残奥会期间的用途：开闭幕式、田径

建筑面积：25.8万m^2

固定座位数：80000个

临时座位数：11000个

赛后用途：国际国内体育比赛和文化、娱乐活动

国家体育场的场地设计应满足奥运会和残奥会田径比赛的使用要求。田径比赛场地设计应符合《国际田径协会联合会手册》中的规则及《国际田径协会联合会田径场地设施标准手册》的要求。足球比赛场地设计应参照国际足联最新的场地技术标准。

比赛场地

田径比赛场地包括竞走、赛跑、跳跃和投掷项目的比赛区域，通常被设置在一个有400m椭圆形跑道的体育场中。

平面布局：

一、径赛项目比赛场地

(1) 椭圆形跑道（赛道外侧须留有1.00m的安全区）

周长：400m

弯道半径：36.50m

每条跑道宽度：1.22m

(2) 10条终点直道

起跑区长度至少3m

缓冲区长度至少17m

(3) 障碍水池（道北半圆内侧）

长度：3.66m（含障碍架）

宽度：3.66m

深度：最深处0.70m，0.3m宽后向上倾斜至跑道平面。

二、田赛项目比赛场地

(1) 跳跃项目比赛场地

① 跳远和三级跳远场地：设在非终点直道的外侧。场地内设置4个沙坑、4条助跑道。同方向各设置2条助跑道。每条助跑道长45m（从起跳板开始丈量），宽1.22m，一端设跳远起跳板，另一端设三级跳远起跳板。

② 跳高场地：设在跑道南半圆内。场地内设置1个半圆形助跑区（半径至少25m）和落地区（至少5m×3m）。

③ 撑竿跳高场地：设在跑道北半圆内，场地内同方向各设置2条助跑道。每条助跑道长45m（从起跳板开始丈量），宽1.22m，需设置1个用于撑竿插入的插斗和1个落地区（至少7.00m×6.00m）。

(2) 投掷项目比赛场地

① 掷铁饼场地和掷链球场地2个，分别设在跑道两个半圆之内。每个场地均考虑掷铁饼和掷链球项目共用。

② 掷标枪场地：2条跑道，分别设在跑道两个半圆之内。

③ 推铅球场地：4个铅球投掷圈，分别设在跑道两个半圆之内。

三、足球比赛场地

足球比赛场地位于400m椭圆形跑道内。草坪区长109m，宽71m，其中足球场区长105m，宽68m。

场地方位：场地纵轴沿南北方向布置。考虑到太阳的照射位置以及风向条件，允许出现北—东北或北—西北方向的偏离，偏离角度应小于10°。

场地坡度：场地坡度设计应符合《国际田径协会联合会田径场地设施标准手册》的要求。

残奥会场地特殊要求：应为轮椅运动员在各投掷区预埋轮椅固定孔。

热身场地

国家体育场应在规划用地范围内设置两块热身场地。其中场地 I 为径赛和跳跃项目热身场地，场地 II 为投掷项目热身场地。两个场地内各设置1个足球场。

(1) 热身场地区域在赛时应封闭；

(2) 热身场地与比赛场地之间设有封闭的通道，并且不能与观众、媒体等通道交叉；

(3) 田径运动员上下车站应靠近热身场地。

平面布局：

一、径赛和跳跃项目热身场地（场地 I）

(1) 应设置 400m 标准跑道，其中弯道 8 条，终点直道 10 条。跑道材质同比赛场地。

(2) 障碍水池设置同比赛场地要求。

(3) 跳远及三级跳远场地设置同比赛场地要求。

(4) 跳高场地设置同比赛场地要求。

(5) 撑竿跳高场地 2 个，要求同比赛场地。

二、投掷项目热身场地（场地 II）

(1) 应设置标枪投掷区 2 个、链球投掷区 2 个、铁饼投掷区 2 个、铅球投掷圈 4 个。

(2) 投掷落地区的大小可根据标准足球场地的尺寸设计。

(3) 各投掷区应预埋轮椅固定孔。

三、足球热身场地

在以上两个场地内各设置 1 个足球热身场地，要求同比赛场地。

场地方位：同比赛场地方位要求。

足球比赛规则

比赛分两队参加，每队 11 人（比赛期间每队允许替换三名替补球员），其中必须有 1 名守门员。全场比赛为 90 分钟，分上、下两个半场，每半场 45 分钟。上、下半场之间的休息时间不得超过 15 分钟。比赛中有 1 名主裁和 2 名边裁，每个半场，主裁判可以根据场上的伤病和换人耗时情况进行补时。如果比赛必须决出胜负，则 90 分钟内两队若打平，进行上下半时各为 15 分钟的加时赛，若依然打平，则通过罚点球分出胜负。

如果皮球完全越过边线，将判罚掷界外球。球员将球碰出己方球门底线后，将判给对方角球。向前传球时，进攻方接球的球员与球门之间必须有两名对方球员，否则将被判越位。球员在己方禁区内犯规将判给对方一个点球，如果点球被守门员扑出或者踢到门柱上弹出，比赛将继续，但在点球决胜时，如果皮球击中门框弹回则不能补射。禁区外犯规，将判给对方一个任意球。如果任意球罚球点靠近禁区，对方后卫可以筑起一道人墙。直接任意球可以直接射门，而间接任意球在射门之前必须有传球。在严重犯规和侵犯动作发生时，主裁判会出示黄牌予以警告。如果犯规球员得到第二次黄牌警告或者恶意犯规，主裁判将出示红牌，将其罚下场。

足球比赛分组循环赛期间的积分为胜一场积 3 分，平 1 场积 1 分，负 1 场积 0 分，最终以积分多少决定小组名次。如积分相等，则根据赛前规程确定的不同名次判定标准的规定来排定名次。

田径运动员参赛流程

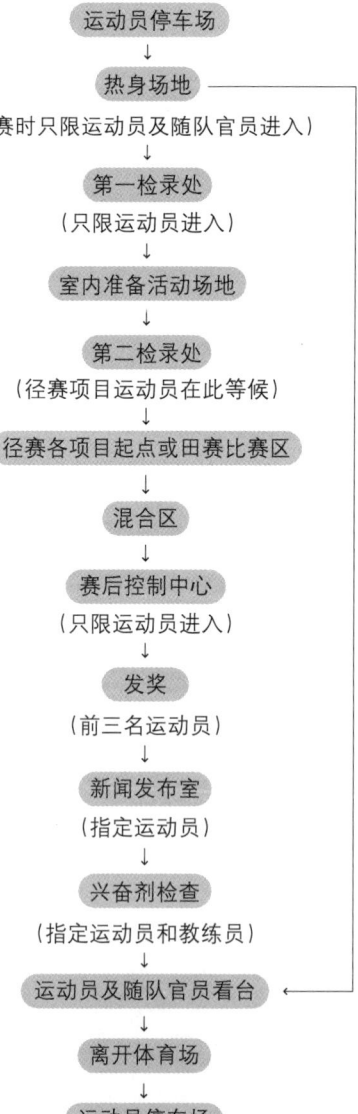

运动员停车场
↓
热身场地
（赛时只限运动员及随队官员进入）
↓
第一检录处
（只限运动员进入）
↓
室内准备活动场地
↓
第二检录处
（径赛项目运动员在此等候）
↓
径赛各项目起点或田赛比赛区
↓
混合区
↓
赛后控制中心
（只限运动员进入）
↓
发奖
（前三名运动员）
↓
新闻发布室
（指定运动员）
↓
兴奋剂检查
（指定运动员和教练员）
↓
运动员及随队官员看台
↓
离开体育场
↓
运动员停车场

天津奥林匹克中心体育场

地点：天津奥林匹克中心
场地类型：新建比赛场馆
奥运会期间的用途：足球预选赛
残奥会期间的用途：无
建筑面积：158000万m²
座位数：60000个
赛后用途：群众休闲、娱乐、健身、
　　　　　购物为一体的综合性体育场

沈阳奥林匹克体育中心

地点：辽宁省沈阳市浑南新区营盘路12号
场地类型：新建比赛场馆
奥运会期间的用途：足球
残奥会期间的用途：无
建筑面积：14万m²
座位数：60000个

上海体育场

地点：上海市徐汇区
场地类型：新建比赛场馆
奥运会期间的用途：足球
残奥会期间的用途：无
建筑面积：7万m²
座位数：56000个

国家体育馆

地点：奥林匹克公园
场地类型：新建比赛场馆
奥运会期间的用途：竞技体操、蹦床、手球
残奥会期间的用途：轮椅篮球
建筑面积：8.089万m²
固定座位数：18000个
临时座位数：2000
赛后用途：集体育竞赛、文化娱乐于一体，提供多功
　　　　　能服务的市民活动中心

国家体育馆在奥运期间主要承担竞技体操、蹦床和手球比赛项目。奥运会后，国家体育馆作为北京市一流体育设施，将成为集体育竞赛、文化娱乐于一体，提供多功能服务的市民活动中心。该工程项目主要由体育馆主体建筑和一个与之紧密相邻的热身馆以及相应的室外环境组成。总占地面积6.87hm²，总建筑面积8.09万m²，可容纳观众1.8万人。

国家体育馆的比赛场地应满足奥运会体操（含艺术体操、蹦床）、手球、排球比赛的使用要求。其中体操比赛场地设计应符合《国际体操联合会技术规程》的要求，手球比赛场地设计应符合《国际手球联合会竞赛规则》的要求，排球比赛场地设计应符合《国际排球联合会竞赛规则》的要求。

比赛场地

国家体育馆应根据不同比赛项目灵活布置比赛场地，以满足体操（含艺术体操、蹦床）、手球、排球项目依次比赛的使用要求。

平面布置

一、竞技体操比赛场地

竞技体操比赛场地分为器械区、竞赛区及混合区。

（1）器械区

器械区长52m、宽26m，需搭台设置，并安装《国际体操联合会技术规程》中规定的比赛器械。

（2）竞赛区

竞赛区位于器械区之外，隔离挡板之内，宽度不小于4m，应为比赛运动员、教练及队医提供活动空间，并考虑预留礼仪通道及升旗仪式场地。

（3）混合区

混合区位于竞赛区的隔离挡板外至观众看台之间，应为摄影摄像记者、候场运动员、教练及竞委会工作人员等提供足够的工作和活动区域。其宽度参照用途自定。

二、艺术体操比赛场地

艺术体操比赛场地分为竞赛区和安全区。

(1) 竞赛区

竞赛区为边长 13m 的正方形，需铺设地毯。

(2) 安全区

安全区位于竞赛区之外，需铺设地毯，其宽度不小于 50cm，且应保证竞赛区与观众看台之间的距离不小于 4m。

三、蹦床比赛场地

蹦床比赛场地应满足能布置两张标准蹦床及四周保护垫和全套标准单跳翻腾板的要求。

四、手球比赛场地

手球比赛场地分为比赛场区、安全区及无障碍区。

(1) 比赛场区

比赛场区长 40m、宽 20m，需在木地板地面上铺设手球专用塑胶地面。

(2) 安全区

安全区位于比赛场区以外，端线外宽度不小于 2m，边线外宽度不小于 1m，同时应在比赛场区两端，距离端线 3m 处设置拦网，拦网高 6m，宽 20m。

(3) 无障碍区

无障碍区位于安全区以外，端线外宽度不小于 4m，靠主席台一侧的边线外宽度不小于 2m，靠记录台一侧的边线外宽度不小于 2m，应在边线外 2.5～4m 范围内设记录台，并应在适当位置设置技术统计席、替补席等。

五、排球比赛平面布置

(1) 比赛场区

比赛场区长 18m、宽 9m，需在木地板地面上铺设排球专用塑胶地面。

(2) 无障碍区

无障碍区位于比赛场区以外，端线外宽度不小于 8m，边线外宽度不小于 5m。

(3) 工作区

工作区位于无障碍区以外，端线外宽度不小于 11m，靠主席台一侧的边线外宽度不小于 8m，靠记录台一侧的边线外宽度不小于 9.5m。需在适当位置设置记录台、技术统计席、替补席等。

比赛场地净高要求：国家体育馆比赛场地净高不低于 14m。

热身场地

国家体育馆应根据不同比赛项目灵活布置热身场地，以满足体操（含艺术体操、蹦床）、手球、排球项目依次热身的使用要求。

平面布置

一、体操热身场地

(1) 器械区

需摆放男子体操比赛及女子体操比赛所需的所有器械，为运动员提供进行器械训练及上器械前的准备活动的场地。

(2) 休息区

为运动员提供赛前及比赛间隙的休息场所，需提供简单的食品、饮料等。考虑到体操运动员赛前所有活动均在此进行，其面积不宜太小。

(3) 按摩区

为运动员提供赛前、赛后及赛时间隙进行按摩的空间，折叠按摩床可考虑在器械区周围分散设置。

(4) 检录处

在通往比赛场地的通道，靠近热身场地的出口处设置检录处，可容纳 60～80 人同时使用。

(5) 其他要求

① 热身场地与比赛场地之间应设有不与观众、媒体等通道交叉的运动员专用通道。通道长度不大于 30m。

② 设置可显示比赛现场情况及运动员出场顺序的彩色显示屏，并应提供播放赛前热身音乐的音响设备。

二、手球热身场地

手球热身场地为两块与比赛场地设施相同的场地，需在木地板地面上铺设手球专用塑胶地面，每块场地的尺寸长为 44m、宽为 22m（无障碍区范围）。两块热身场地之间应有可升降隔断设施。热身场地与比赛场地之间应设有不与观众、媒体等通道交叉的运动员专用通道。通道距离不宜过长。

三、排球热身场地

排球热身场地为两块与比赛场地设施相同的场地，需在木地板地面上铺设排球专用塑胶地面，每块场地的尺寸长为34m、宽为19m。两块热身场地之间应有可升降隔断设施。热身场地与比赛场地之间设有不与观众、媒体等通道交叉的运动员专用通道。通道距离不宜过长。

热身场地净高要求：应满足体操、手球和排球等3个项目的热身使用要求。

国家会议中心击剑馆

地点：奥林匹克公园（国家会议中心内）
场地类型：临建比赛场馆
奥运会期间的用途：击剑、现代五项的击剑和气手枪
残奥会期间的用途：硬地滚球、轮椅击剑
建筑面积：56000m²
固定座位数：无
临时座位数：5900个

奥林匹克公园击剑馆比赛场地应满足奥运会击剑比赛、现代五项击剑比赛和射击比赛的要求。击剑比赛场地设计应符合《国际击剑联合会竞赛规则》、现代五项击剑比赛和射击比赛场地设计应符合《国际现代五项联合会竞赛规则》的要求。

比赛场地

一、击剑比赛场地

击剑比赛场地由预赛场地、决赛场地两部分组成。两部分场地之间需相对独立，互不干扰。

(1) 预赛场地

预赛场地设4条剑道，赛时根据需要搭台设置。每条剑道布置在长边不小于22m，短边不小于8.6m的比赛区域中央，此区域中除比赛剑道，还将布置裁判工作台及其相关设备。各比赛区域之间间距、与四周场地边界之间距离均不得小于3m。场地边界根据需要临时设置隔板，隔板外3m范围内为教练工作区，教练工作区以外可以布置观众席。

(2) 决赛场地

决赛场地设一条剑道。场地一侧设深色背景墙，另一侧安排贵宾席、仲裁录像席和技术委员会席。

决赛剑道布置在临时搭建的比赛区域台板中央，搭台尺寸不小于8m×30m。此区域中除决赛剑道，还将布置裁判工作台及其相关设备。比赛区域台板边界距深色背景墙之间距离不小于2m；距观众席之间距离不小于3m；距贵宾席之间距离不小于5m。贵宾席为保证观看比赛效果，赛时根据需要亦需临时搭台布置。

预赛场地剑道布置示意图

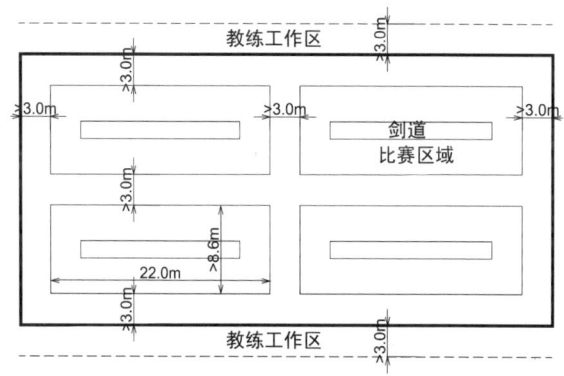

决赛场地剑道布置示意图

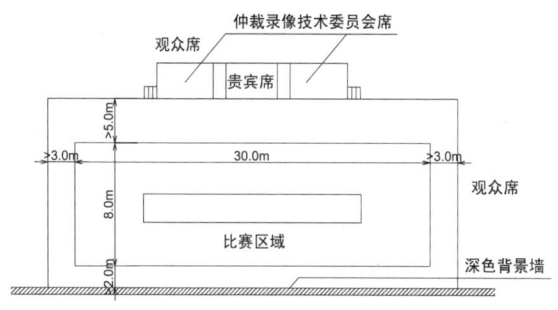

二、现代五项击剑比赛场地

现代五项击剑比赛设10条剑道，其中8条用于比赛，2条作为备用。10条剑道应布置在同一空间内。剑道布置方式以及尺寸要求均与击剑预赛场地相同。

射击比赛场地可划分为射击距离区、裁判区和受弹区三部分。

(1) 射击距离区设36条射击通道。每条射击通道宽1.2m，一端为运动员射击位置，另一端设靶子。射击距离是射击位置到靶子表面之间的距离：10m；允许误差为±0.05m。

在射击位置必须提供以下设备：

① 为运动员放置枪支的一张桌子或长椅，高度约
0.7～0.8m。

② 为运动员休息的一张椅子或凳子。

(2) 裁判区是射击位置后方不小于6m的区域。此区域
内除布置裁判工作台外，还应留有足够的空间用来
布置贵宾及官员席、国际单项协会的技术代表席。

(3) 受弹区包括靶子和靶子背面的安全防护墙。防护墙
起到阻止射击子弹穿透，达到场地安全防护的目的。

其他要求：

(1) 比赛场地的照度必须均等，靶子的照度也必须均等，
不得造成强光或在靶子和射击位置上留下阴影。

(2) 靶子背景应采用不反光材料、深浅适中、略带灰色。

热身场地

只设置击剑项目热身场地。

一般要求

热身场地位置应邻近比赛场地，方便运动员进入赛场。

(1) 设9条剑道，每条剑道尺寸不小于2m×18m，剑
道与剑道之间距离不小于3m，剑道与热身场地边
界距离不小于5m。

(2) 剑道与热身场地边界之间不小于5m的区域，作
为运动员赛前及比赛间隙的休息场所，提供简单
的食品、饮料等。同时可考虑在此区域内临时安
放为运动员赛前、赛后及比赛间隙放松调整用的
折叠按摩床。

其他要求

(1) 热身场地与比赛场地之间应设有专用通道，不能
与观众、媒体等通道交叉，两者之间距离应控制
在30m以内。

(2) 设置可显示比赛现场情况及运动员出场顺序的显
示屏，并配备扩声设施。

比赛规则

击剑比赛分为个人赛、团体赛。个人赛采用小组循环制
和直接淘汰制，团体赛直接采用单败淘汰赛制。直接淘
汰赛的每一场比赛方法采用每盘击中15剑，比赛时间
为9分钟。每盘分为3局，每局3分钟，局间休息1分
钟。一名运动员击中15剑或者9分钟规定时间全部用完，
击中剑数多的运动员获胜。若在规定时间结束时出现平
分，则需加赛1分钟。加赛中，击中第一剑的运动员获
胜。加赛前，运动员必须进行抽签，若平分情况持续至
加时赛结束，则抽中优胜权的运动员获胜。

团体赛每队4名队员，3人参加团体对抗，一名队员
作为替补。每场3分钟打5剑，共9场。先得45分的
队获胜。

现代五项射击比赛场地示意图

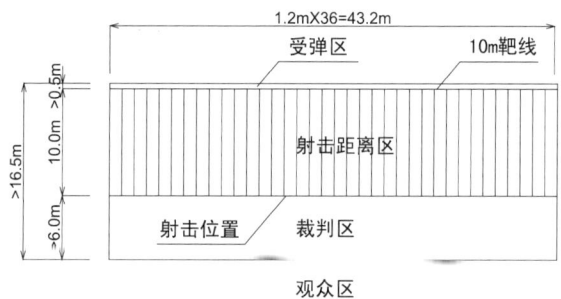

热身场地剑道布置示意图

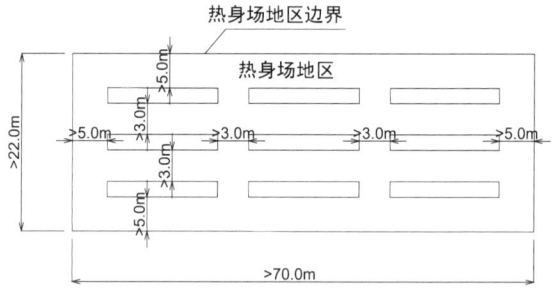

国家奥体中心体育场

地点：国家奥林匹克体育中心南部

场地类型：改扩建比赛场馆

奥运会期间的用途：现代五项（跑步和马术）

残奥会期间的用途：无

建筑面积：37052m²

固定座位数：38000个

临时座位数：2000个

奥体中心体育场位于国家奥林匹克体育中心的南侧，占地 5hm²，建筑面积 30000m²，观众席位为 18000 座，1987 年开始施工，1989 年完工。是第十一届亚运会的田径比赛场地。

奥体中心体育场以椭圆形的比赛场地为中心，东西看台相对，西看台有悬挑式半透明玻璃钢罩棚，观众席采用一坡到顶不等排的布置方法，场地铺设 400m 塑胶环形跑道，西直道有 10 条分道，周围有跳高、跳远、撑杆跳高、铅球、铁饼、标枪等场地。

奥体中心体育场的外围是圆环形的高架平台，它把整个场地和看台合围在中间并伸向东西大门，成为观众步入体育场的通道，残疾人可坐轮椅沿专设的坡道进入看台。高架平台下面是裁判员、运动员、来宾、记者等车辆行驶的通道。

在 2008 年奥运会期间，奥体中心体育场观众坐席 40000 个，将举行奥运会足球比赛，现代五项的马术和跑步比赛。

比赛场地

● 赛场地平面布置

(1) 足球比赛场地

比赛场地尺寸为 105m×68m，场地要求为光滑平整的天然草皮，角球点外草坪宽度至少为 80cm，整个草坪场地尺寸至少为：109m×71m。

(2) 现代五项比赛场地

现代五项的马术和跑步的比赛安排在体育场内的草坪区，其中马术比赛场地尺寸为 90m×60m，该比赛场地必须封闭，围栏高度最低 1m，当马匹在场内比赛时，所有的出入口都要关上。跑步比赛要求路线的最初和最后 50m 应平直，且起点和终点必须在同一地点，另外终点线后区域要宽阔，供记者拍照摄影。

● 比赛场地排水和坡度

比赛场地应有良好的渗水功能，下雨时场地内不应有集水现象，场地排水坡道为 0.3%。

● 其他要求

现代五项马术比赛时，应在邻近比赛场地的地方设置一个临时马厩，能同时容纳 25 匹马。

热身场地

● 足球比赛热身场地

足球比赛的热身活动在奥体中心体育场比赛场地内进行。

● 现代五项的热身场地

现代五项的马术热身场地设置在奥体中心体育场场地内。

总体布局功能区

(1) 出入口及停车场

(2) 场馆运营区

(3) 观众区

(4) 赛事管理区

(5) 运动员及随队官员区

(6) 贵宾及官员区

(7) 赞助商区

(8) 新闻媒体区

(9) 安保区

奥运会期间坐席分配

奥体中心体育场	总坐席数	奥运会期间特殊人员				
		贵宾	媒体			运动员
			文字媒体席	广播电视评论员席	观察员席	
	40000	300	300	31	50	350

国家奥体中心体育馆

地点：国家奥林匹克体育中心

场地类型：改扩建比赛场馆

奥运会期间的用途：手球

残奥会期间的用途：无

建筑面积：47410m²

固定座位数：5000个

临时座位数：2000个

奥体中心体育馆 1989 年建成，作为 1990 年亚运会手球比赛馆。该馆位于奥体中心内北侧，观众席 6000 席位。2001 年大运会用做排球比赛场地。

奥体中心体育馆建筑面积28000m²，净高为18m。把活动看台收回后，场地尺寸为70m×40m。

奥体中心体育馆的改扩建标准应满足国际奥林匹克委员会(IOC)、国际手球联合会(IHF)、国际残障人奥林匹克委员会(IPC)、北京奥运会组委会(BOCOG)的要求。

在2008年奥运会期间，奥体中心体育馆观众坐席7000个，将举行奥运会手球预赛和残障人排球（站式）比赛。

改扩建设计体现绿色奥运、科技奥运、人文奥运的理念，并充分考虑各类人员，包括残障人和有行动障碍人员的需求，并符合《奥运改扩建工程环保指南》的要求。

比赛场地

奥体中心体育馆的比赛场地应满足2008年奥运会手球预赛的使用要求。比赛场地设计应满足国际手球联合会(IHF)最新的《手球竞赛规则》、《国际手球联合会手册》中对世界手球锦标赛的有关规定。手球比赛场地长40m、宽20m，考虑到技术统计席、替补席、缓冲区等，场地尺寸须大于50m×32m。奥体中心体育馆把活动看台拉出后，场地尺寸应满足比赛要求。

热身场地

手球热身场地为两块与比赛场地设施相同的场地，利用奥体中心体育馆现有的两个训练场馆安排热身。

热身场地与比赛场地之间应设有不与观众、媒体等通道交叉的运动员专用封闭通道，通道距离不宜过长。

挡网

挡网用于挡住射门时射到门外的球。挡网挂在球门后面，与球门线平行，距离外球门线3m。挡网高6m，宽20m。应预留挂挡网的条件

总体布局功能区

(1) 出入口及停车场

(2) 场馆运营区

(3) 观众区

(4) 赛事管理区

(5) 运动员及随队官员区

(6) 贵宾及官员区

(7) 赞助商区

(8) 新闻媒体区

(9) 安保区

奥运会期间坐席分配

奥体中心体育场	总坐席数	奥运会期间特殊人员				
		贵宾	媒体			运动员
			文字媒体席	广播电视评论员席	观察员席	
	7000	99	160	46	65	200

运动员参赛流程

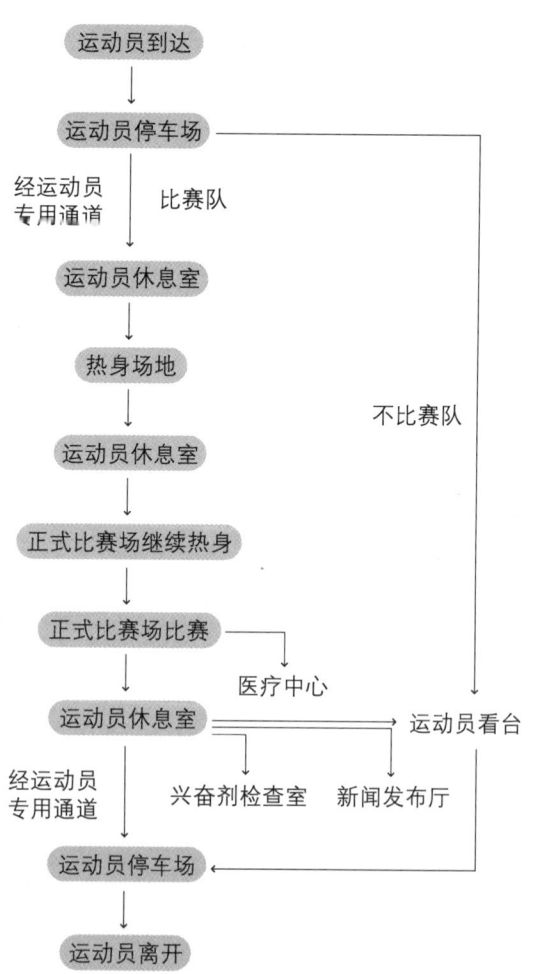

英东游泳馆

地点：国家奥林匹克体育中心
场地类型：改扩建比赛场馆
奥运会期间的用途：水球、现代五项（游泳）
残奥会期间的用途：游泳训练场馆
建筑面积：44635m²
固定座位数：6000个
临时座位数：无

英东游泳馆建于 1989 年，位于体育中心的北侧，西邻体育馆，建筑面积 34700m²（I 段）和 2800m²（II 段），观众席位为 6000 座，是第十一届亚运会和 2001 年大运会的游泳项目比赛场地。

馆内设国际标准游泳比赛池一个 (50m×25m)、放松池一个 (12.5m×12.5m)、跳水池一个 (25m×25m)、热身池一个 (50m×12.5m)。水处理系统按当时国际比赛要求建设。

游泳馆 I 段以 9 条泳道的比赛池和跳水池为中心，其南侧为放松池和 4 条泳道的热身池。北侧和东西两侧的一层主要为比赛服务用房，二层东西两侧为观众活动厅，看台集中布置于北侧。

游泳馆 II 段是单层建筑，主要为运动员淋浴更衣、休息用房及设备机房等。

英东游泳馆的改扩建标准满足国际奥林匹克委员会 (IOC)、国际业余游泳联合会 (FINA)、国际现代五项联合会 (UIPM) 和北京奥运会组委会 (BOCOG) 的要求。

在 2008 年奥运会期间，英东游泳馆观众坐席 6000 个，将举行奥运会水球预赛和现代五项的游泳比赛。

英东游泳馆的改扩建设计应体现绿色奥运、科技奥运、人文奥运的理念，应充分考虑各类人员，包括残障人员和有行动障碍人员的需求，并符合《奥运改扩建工程环保指南》的要求。

比赛场地

英东游泳馆的比赛场地和热身场地满足 2008 年奥运会水球预赛和现代五项游泳比赛的使用要求。比赛场地设

计满足国际业余游泳联合会 (FINA) 现行的有关奥运会水球比赛竞赛规则，以及国际现代五项联合会 (UIPM) 现行的有关奥运会游泳比赛竞赛规则的要求。

● 水球比赛场地
利用英东游泳馆现有比赛池，举办水球预赛。

● 现代五项游泳比赛场地
利用英东游泳馆现有比赛池，举办现代五项游泳比赛。

● 场馆现状与比赛要求的差距
根据业主提供的场馆现状基本情况，英东游泳馆比赛池满足奥运会水球预赛和奥运会现代五项游泳比赛的场地要求。

热身场地

利用英东游泳馆比赛池南侧的 4 条泳道的热身池，安排水球比赛的游泳热身。水球比赛开赛前，在比赛池内热身。利用英东游泳馆现有比赛池，进行现代五项游泳比赛热身。

总体布局功能区

(1) 出入口及停车场
(2) 场馆运营区
(3) 观众区
(4) 赛事管理区
(5) 运动员及随队官员区
(6) 贵宾及官员区
(7) 赞助商区
(8) 新闻媒体区
(9) 安保区

奥运会期间坐席分配

奥体中心体育场	总坐席数	奥运会期间特殊人员				
		贵宾	媒体			运动员
			文字媒体席	广播电视评论员席	观察员席	
6000	6000	250	250	35	40	250

运动员参赛流程

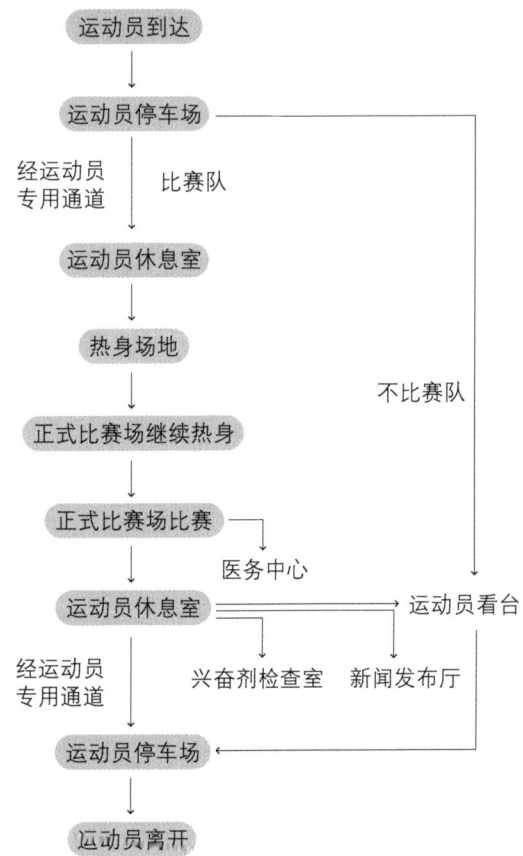

青岛国际帆船中心

地点：青岛市东部新区

场地类型：新建比赛场地

奥运会期间的用途：帆船

残奥会期间的用途：帆船

建筑面积：138000m²

座位数：无

帆船比赛

帆船运动起源于荷兰。古代的荷兰地势很低，所以开凿了很多运河，人们普遍使用小帆船运输或捕鱼。这种小船由独木或用木排、竹排编制而成，是世界上最早的帆船。

1906 年，英国的史密斯和西斯克·史坦尔专程去欧美各国与帆船领导人商谈国际帆船的比赛等级和规则，并提议创立国际帆船竞赛联合会。1970 年，世界第一个国际帆船组织——国际帆船联合会正式成立，现有 122 个会员，管辖 81 个帆船级别。

1896 年，第一届奥运会就把帆船列为正式竞赛项目，但由于天气恶劣，比赛未能举行。1900 年第二届奥运会在法国巴黎举行，帆船共进行了 7 个级别的比赛。除在美国圣路易斯举行的第三届奥运会没有帆船比赛，其余的奥运会都有。

帆板是介于帆船和冲浪之间的新兴水上运动项目。帆板由带有稳向板的板体、有万向节的桅杆、帆和帆杆组成。运动员站在板上，利用自然风力，通过帆杆操纵帆使帆板产生运动速度在水面上行驶，靠改变帆的受风中心和板体的重心位置转向。

帆板起源于 20 世纪 60 年代末世界冲浪胜地夏威夷群岛。1967 年，美国加利福尼亚马里纳德海港出现一种加长冲浪板，上面装有能转动的桅杆，受到青少年青睐，后逐渐形成一种运动，在欧美国家广泛开展。首届世界帆板锦标赛于 1974 年举行。

1981 年帆板作为帆船的一个级别被接纳为奥运会大家庭的一员，1984 年洛杉矶奥运会第一次把帆板列为正式比赛项目。1992 年第 25 届奥运会列入男、女帆板两个项目。

第 29 届奥运会帆船帆板比赛共进行 11 轮（49 人级 16 轮），前 10 轮（49 人级前 15 轮）选其中最好的 9 轮（49 人级 14 轮）成绩来计算每条帆船的名次。每一轮名次的得分为：第一名得 1 分，第二名得 2 分，第三名得 3 分，以此类推。前 10 名的船进入决赛。每条帆船在每一轮比赛中的名次得分相加，就是该船的总成绩。总成绩得分越少者名次越靠前。由于帆船竞赛在自然条件下进行，直接受到气象水文条件的影响，所以规定的竞赛轮次可能完不成。因此，帆船比赛没有绝对的纪录，只有最好成绩。

赛船的船体、装备或运动员身体的任何部分，在按照规定的比赛航程上绕过了所有规定的标志并触及终点线时，该船即为结束比赛。

香港马术赛场

场地类型：改扩建比赛场地

奥运会期间的用途：场地障碍赛、盛装舞步赛
越野障碍赛

残奥会期间的用途：无

(1) 比赛项目：场地障碍赛、盛装舞步赛

地址：新界沙田源禾路25号

建筑面积：8000m²

座位数：18000个

(2) 比赛项目：三项赛越野部分

地址：新界粉岭粉锦公路1号

(3) 练习场馆

地址：新界沙田马场

2008年奥运会马术比赛有两个比赛场馆：场地障碍赛和盛装舞步赛在沙田奥运马术比赛场馆举行，越野障碍赛则在上水的越野障碍赛场地举行。

场地简介

一、奥运马术比赛场馆

举行场地障碍赛和盛装舞步赛的主场地是一个100米×80米全天候沙地主赛场，可容纳18000名观众。该场馆由香港体育学院及沙田马场扩建而成。场地内附设马匹热身场地，其他场馆建设包括：主场地旁的空调大楼，将用作比赛管理总部、贵宾接待范围及马匹服务人员宿舍；新建的主马房，共分四座，提供200个空调马格；另有独立马厩供后备马匹居住。

比赛项目：场地障碍赛 盛装舞步赛

地址：新界沙田源禾路25号香港体育学院

二、越野赛场地

由位于上水的香港赛马会双鱼河乡村会所及毗邻的香港高尔夫球会改建。该场地将兴建一条长5.7km、宽10m的临时越野赛赛道，并附设热身场地，赛后小休区及80个临时马格。

比赛项目：三项赛越野部分

地址：双鱼河乡村会所——新界上水双鱼河乡村会所

香港高尔夫球会——新界粉岭粉锦公路1号

三、练习场馆

相连奥运马术比赛场馆的沙田马场及彭福公园将改建成多个训练场地。

场馆设施：13个场地障碍及盛装舞步练习场地，包括：3个一般练习场 (2个位沙地及1个为草地)；4个场地障碍赛／盛装舞步赛练习场；1个场地障碍赛练习场；4个盛装舞步练习场；1个室内空调练习场。3条越野赛练习跑道，包括：1条800m长的草地赛道；1条800m长的河畔操练跑道；全长1000m的全天候策马跑道。

地址：新界沙田马场

秦皇岛奥林匹克中心体育场

地点：秦皇岛市体育中心

场地类型：新建比赛场馆

奥运会期间的用途：足球

残奥会期间的用途：无

建筑面积：48000m²

座位数：3.3万个 (2‰残疾人坐席)

04

残奥会项目

04-01

国家游泳中心

残奥会

国家游泳中心　残奥会

地点：奥林匹克公园

场地类型：新建比赛场馆

奥运会期间的用途：开闭幕式、田径、男子足球

残奥会期间的用途：开闭幕式、田径

建筑面积：25.8万㎡

固定座位数：6000个

临时座位数：11000个

赛后用途：国际国内体育比赛和文化、娱乐活动

残奥会游泳比赛

由于身体障碍的限制，残疾人游泳比赛的规则以及竞赛组织都有相应的特殊规定和服务要求。

赛场协助人员

赛场工作人员只能单独协助运动员完成出入水动作，而不可进行口头交流。对于有视觉障碍的运动员按要求可在个人比赛和接力比赛中有一名工作人员对其进行引导。例如：允许其在总裁判长发出长哨后，发令员发出"各就各位"口令前，由引导员帮助确定方向。全盲运动员比赛过程中接近池壁时，由引导员利用提示棒（竹竿一端绑上海绵）敲击运动员背部提示。

比赛出发

残疾人游泳比赛的自由泳、蛙泳、蝶泳和个人混合泳比赛均采用跳台入水，仰泳和混合泳在水中出发。对残疾运动员允许的特殊规则有：

(1) 在发令员发出长哨后，发出"各就各位"之前，允许有视觉障碍的运动员先确定其方向；

(2) 对于保持平衡困难的运动员，允许辅助人员协助在起跳台上保持平衡。如：扶住手、腿等；

(3) 允许运动员在跳台边起跳入水；

(4) 下肢残疾的运动员可在起跳台上采用坐姿；

(5) 运动员可在水中出发，但要求在发令员发出出发信号前有一手触池壁；

(6) 如果运动员无法自己触及池壁，可使用辅助器具，但应经技术代表检查，确保安全；

(7) S1,S2,S3 级运动员在听到出发命令前，可用器具将脚固定在池壁上，但不允许使用任何推动力；

(8) 运动员为听力残疾者，允许向运动员传递非语言出发信号。

其他特殊规定

比赛按规定出发后，途中竞速的特殊规则有：

(1) 视力残疾的运动员在出发或转身时误入一条未使用泳道，可允许其在该泳道上完成比赛；如果有必要应要求该运动员回到正确泳道，可在确认运动员的名字后给出语言提示，但不应干扰其他运动员比赛。

(2) 蛙泳中对于无法用脚蹬池壁的运动员，允许在开始和转身时采用不对称挥臂姿势；腿部残疾的运动员，不要求腿在发力时呈外蹬姿势。

(3) 自由泳接力比赛中游蛙泳的运动员：

① 相当于或低于 S 级的 SB 级运动员可参加自由泳接力比赛使用蛙泳姿势，但运动员应保持 S 级；

② 高于 S 级的 SB 级运动员只能参加高一级的自由泳比赛。

(4) 如果视力残疾者无意中违规影响比赛，裁判员有权判部分运动员重赛；如果是在决赛中，裁判员应判重赛。

(5) 视力残疾的接力队采用分级分数计分，每个队员有一定的分级分数，例如：S11 队员为 11 分，S12 队员为 12 分等等，4×100 米接力赛的 4 名运动员合计的残疾总分数不得超过 49 分。

(6) 功能残疾运动员的接力赛团队采用分级计分。每个队员有一定的分级分数，例如 S6 级队员为 6 分，S10 级队员为 10 分等等。功能残疾运动员 4×50 米接力赛的团队分级分数不得超过 20 分；4×100 米总分不超过 34 分；盲人组总分不能超过 49 分。

总平面图

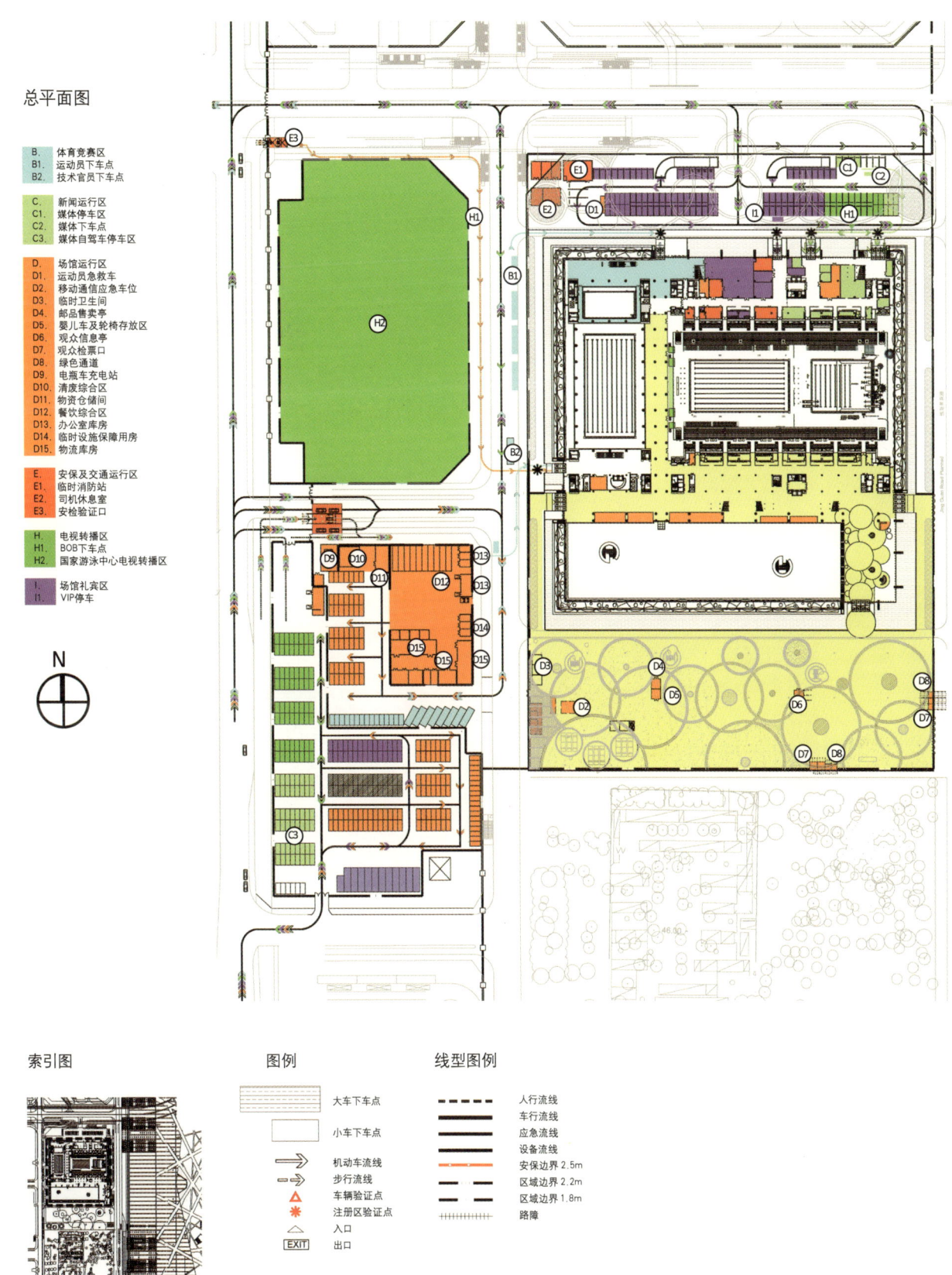

B. 体育竞赛区
B1. 运动员下车点
B2. 技术官员下车点

C. 新闻运行区
C1. 媒体停车区
C2. 媒体下车点
C3. 媒体自驾车停车区

D. 场馆运行区
D1. 运动员急救车
D2. 移动通信应急车位
D3. 临时卫生间
D4. 邮品售卖亭
D5. 婴儿车及轮椅存放区
D6. 观众信息亭
D7. 观众检票口
D8. 绿色通道
D9. 电瓶车充电站
D10. 清废综合区
D11. 物资仓储间
D12. 餐饮综合区
D13. 办公室库房
D14. 临时设施保障用房
D15. 物流库房

E. 安保及交通运行区
E1. 临时消防站
E2. 司机休息室
E3. 安检验证口

H. 电视转播区
H1. BOB下车点
H2. 国家游泳中心电视转播区

I. 场馆礼宾区
I1. VIP停车

N

索引图

图例

大车下车点

小车下车点

机动车流线

步行流线

车辆验证点

注册区验证点

入口

EXIT 出口

线型图例

人行流线
车行流线
应急流线
设备流线
安保边界 2.5m
区域边界 2.2m
区域边界 1.8m
路障

地下二层平面图

B. 体育竞赛区
B1. 体育器械储藏

D. 场馆运行区
D1. 临时准入车辆车库
D2. 有线电视机房
D3. 移动通信设备机房

E. 安保及交通运行区
E1. 交通指挥备勤点
E2. 司机休息室

地下一层平面图

B. 体育竞赛区
B1. 体育临时器材存放室
B2. 更衣室
B3. 检录处
B4. 运动员急救站
B5. 花样游泳化妆间
B6. 兴奋剂官员办公室
B7. 尿检室
B8. 兴奋剂候检室
B9. 国际游泳联合会医务委员会办公室
B10. 运动员医疗站
B11. 残疾人更衣室
B12. 游泳竞赛管理办公室

C. 新闻运行区
C1. 文字记者工作间
C2. 摄影记者工作间
C3. 国际游泳联合会新闻委员会办公室
C4. 摄影经理办公室
C5. 同声传译间
C6. 新闻发布厅
C7. 奥林匹克新闻服务办公室

D. 场馆运行区
D1. 网络管理间
D2. 计算机设备间
D3. 固定通信机房
D4. 配线间
D5. 通信人员工作间
D6. 移动通信机房
D7. 现场成绩处理机房(跳水)
D8. 成绩分发室
D9. 现场成绩处理机房(游泳和花样)
D10. 垃圾储藏间
D11. 纸张存放间
D12. 计时记分设备存放间
D13. IT设备存储间
D14. 流动扩声设备存放间
D15. 集群设备分发间
D16. 场馆设施管理办公区
D17. 技术支持服务中心
D18. 场馆技术运行中心
D19. 场馆设施管理办公区
D20. 场馆设施管理工作区

J. 仪式及文化活动区
J1. 颁奖等候区
J2. 颁奖物品储藏区
J3. 颁奖礼仪人员工作室
J4. 体育展示办公室

K. 竞赛组织区
K1. 跳水技术委员会办公室
K2. 跳水技术代表办公室
K3. 抗议和申诉办公室
K4. 国际游泳联合会主席办公室
K5. 国际游泳联合会办公室
K6. 国际游泳联合会荣誉秘书长办公室
K7. 跳水技术官员会议室
K8. 游泳&花样游泳技术官员会议室
K9. 游泳技术委员会办公室
K10. 花样游泳技术委员会办公室
K11. 国际游泳联合会荣誉司库办公室
K12. 国际游泳联合会荣誉秘书长办公室
K13. 力量技术房
K14. 技术人员更衣室
K15. 跳水竞赛办公室
K16. 竞赛管理会议室
K17. 综合竞赛管理办公室
K18. 游泳竞赛管理办公室
K19. 国际游泳联合会执委会办公室

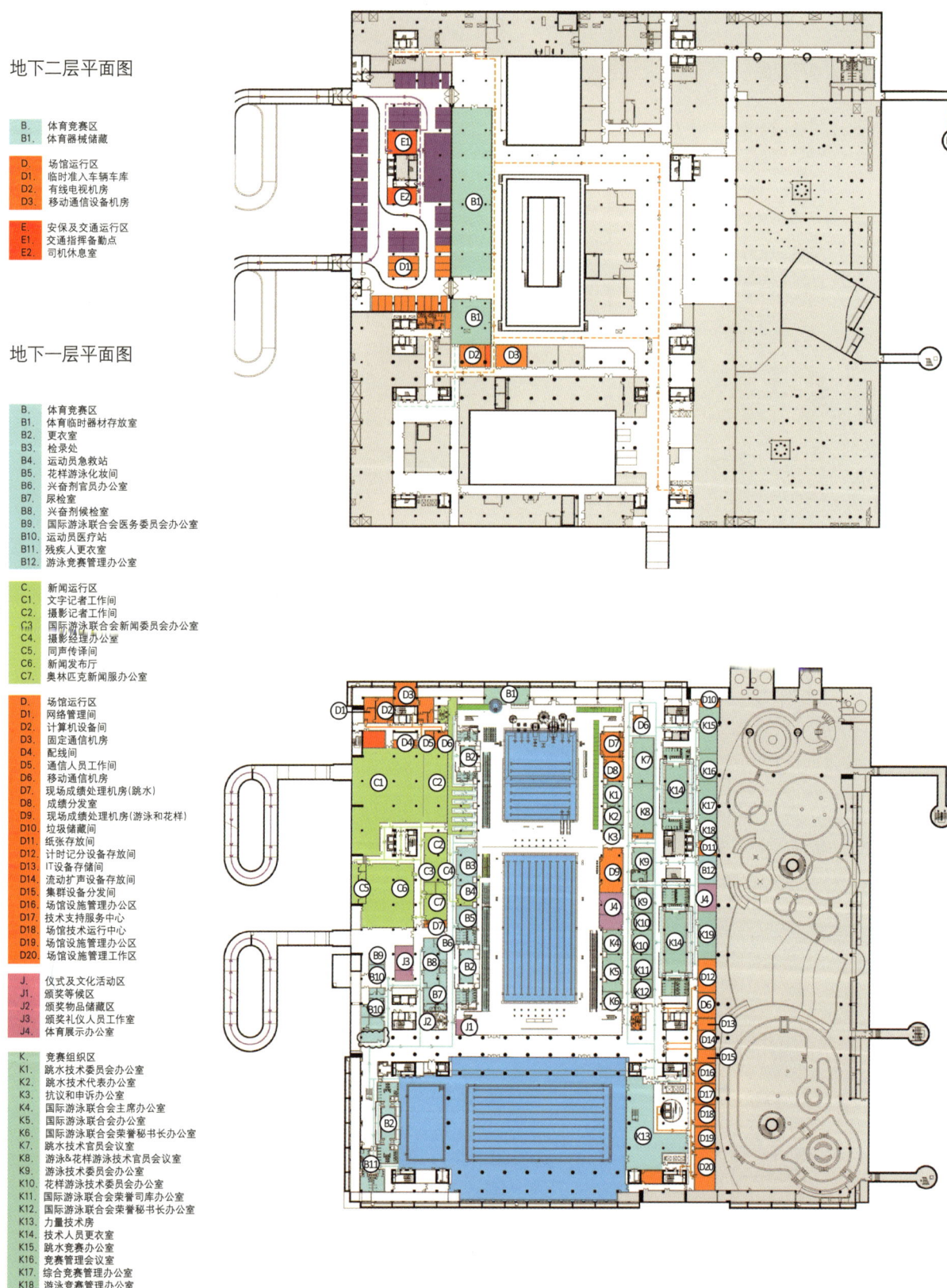

一层平面图

A. 观众活动区
A1. 观众卫生间
A2. 临时卫生间
A3. 观众集散大厅
A4. 观众医疗站

B. 体育竞赛区
B1. 疏散大厅
B2. 运动员休息区

C. 新闻运行区
C1. 媒体租用区
C2. 新闻经理办公区
C3. 媒体备餐间
C4. 卫生间
C5. 媒体接待处
C6. 成绩公报协调人员办公室
C7. 媒体休息区

D. 场馆运行区
D1. 成绩复印分发室
D2. 贵宾备餐间
D3. 婴儿车及轮椅存放
D4. 观众餐饮售卖点
D5. 邮政
D6. 工作人员签到处
D7. 观众信息亭

E. 安保及交通运行区
E1. 交通指挥室
E2. 安保后备用房
E3. 现场警卫机动力量备勤室
E4. 要人警卫现场指挥部
E5. 要人警卫人员备勤室

I. 场馆礼宾区
I1. 现场礼宾经理办公室
I2. VIP接待及交通事务处
I3. 陪同人员休息室
I4. 贵宾会议厅
I5. 贵宾休息室
I6. 卫生间

二层平面图

C. 新闻运行区
C1. 媒体疏散平台
C2. 媒体餐饮休息区

D. 场馆运行区
D1. 工作人员休息和用餐区
D2. 语言服务经理办公室
D3. 监审办公室
D4. 市场开发经理级特许
　　 商品场馆零售管理办公室
D5. 票务经理办公室
D6. 观众服务工作部署区
D7. 观众服务物资储存和分发区
D8. 观众服务管理办公区
D9. 餐饮　物流办公室
D10. 保洁垃圾间
D11. 备餐

E. 安保及交通运行区
E1. 突发事件备勤室
E2. 反恐人员备勤室
E3. 武警备勤室
E4. 安保人员备勤室

H. 电视转播综合区
H1. 转播信息办公室
H2. 评论员控制室
H3. 储藏室

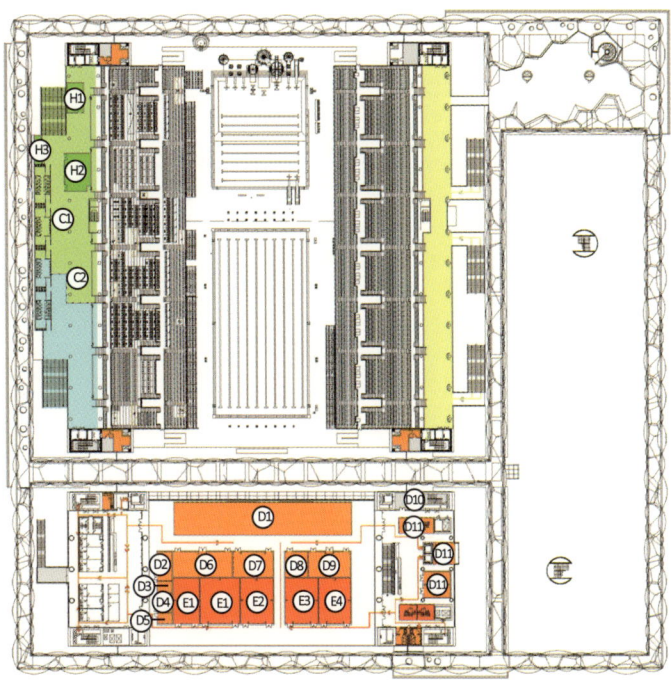

三层平面图

D. 场馆运行区
D1. 储藏室
D2. 药品储藏室
D3. 清洁间
D4. 特许商品存储间
D5. 清洁垃圾间
D6. 场馆通信中心
D7. 场馆运行中心
D8. 场馆财务经理办公室
D9. 场馆副主任办公室
D10. 场馆主任及秘书长办公室
D11. 场馆管理会议室
D12. 场馆人事经理办公室

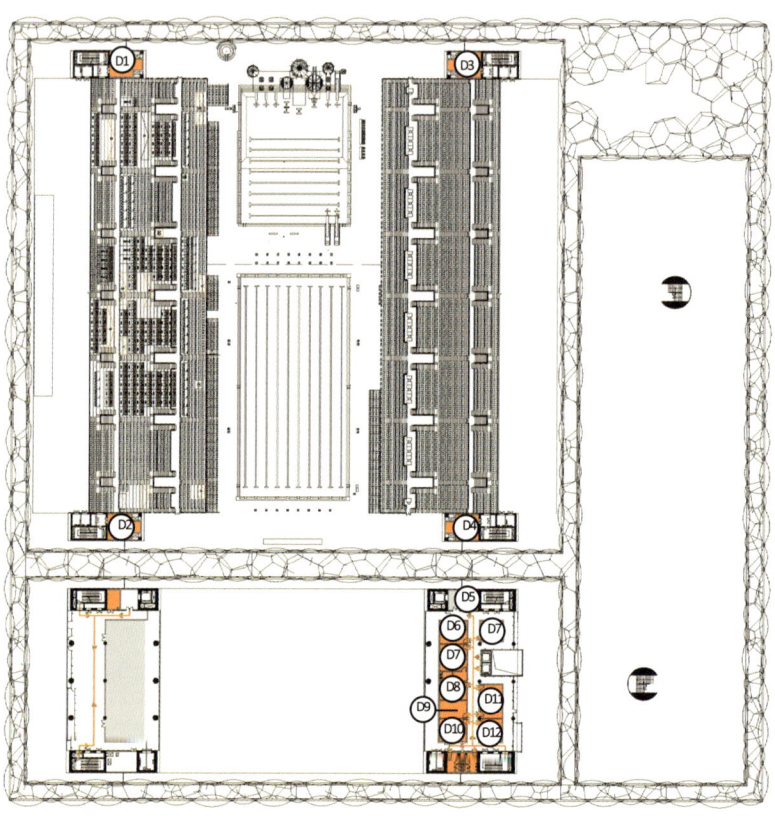

国家游泳中心比赛场地

B. 体育竞赛区
B1. 样品收集室
B2. 兴奋剂候检室
B3. 兴奋剂官员办公室
B4. 卫生间
B5. 更衣室
B6. 运动员急救站
B7. 检录处
B8. 场馆常务副主任办公室
B9. 游泳委员会秘书处
B10. 游泳委员会主席办公室
B11. 分级申诉室
B12. 游泳委员会技术代表室
B13. 游泳委员会办公室
B14. 分级等候室
B15. 分级师办公室
B16. 分级管理办公室
B17. 技术官员会议休息室

C. 新闻运行区
C1. 奥林匹克新闻服务在办公室
C2. 摄影经理办公室
C3. 摄影记者工作间
C4. 新闻媒体混合区

D. 场馆运行区
D1. 扩声控制室
D2. 现场成绩处理机房
D3. 成绩复印分发室

J. 仪式及文化活动区
J1. 颁奖仪式经理办公室
J2. 颁奖等候区
J3. 国旗存放间
J4. 体育展示室

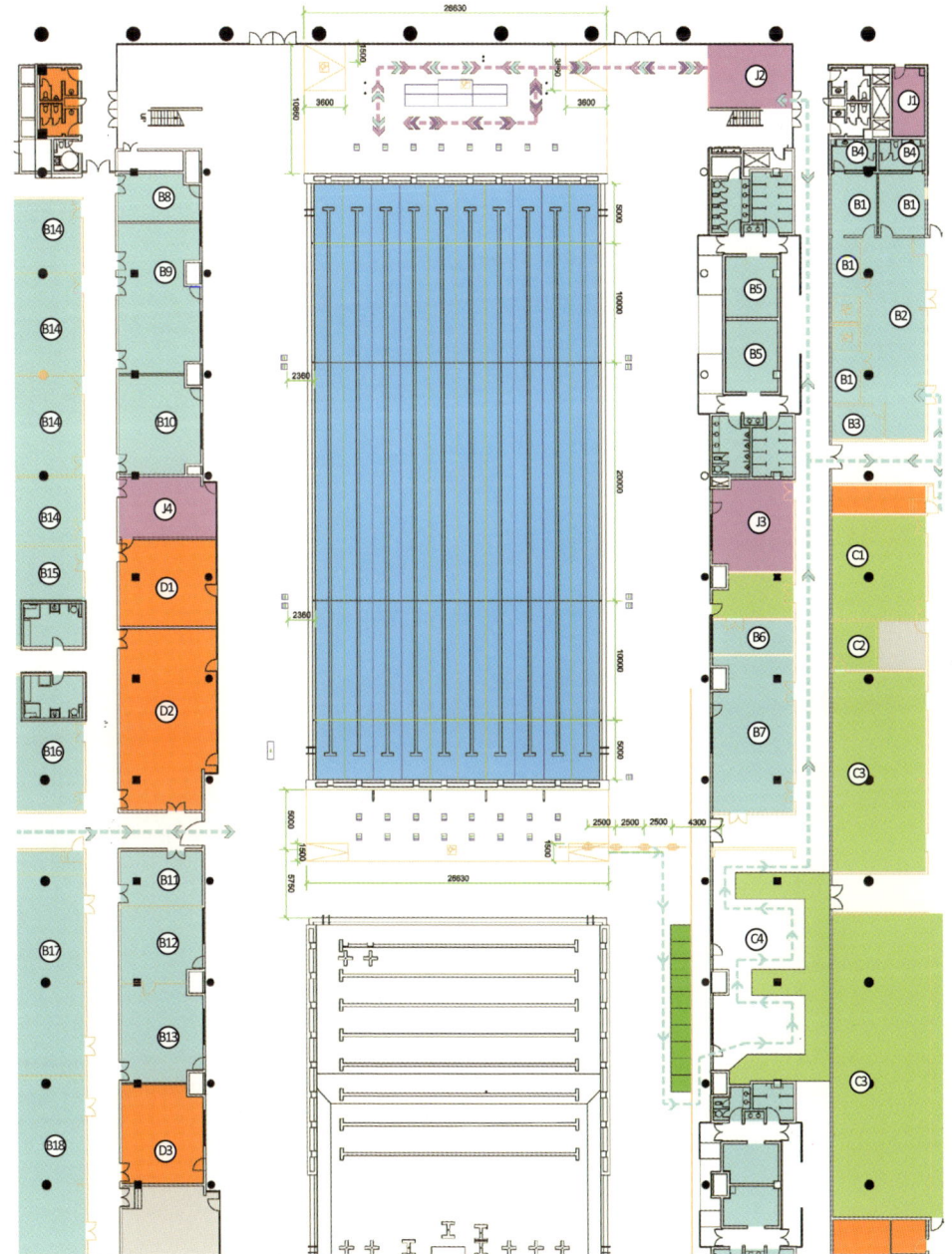

坐席层平面图

A.	观众活动区
A1.	观众坐席
A2.	残疾人观众看台

B.	体育竞赛区
B1.	运动员席

C.	新闻运行区
C1.	文字媒体坐席
C2.	摄影记者坐席

E.	安保及交通运行区
E1.	现场消防通信指挥中心
E2.	现场安保观察指挥室
E3.	武警指挥室
E4.	安保指挥中心

H.	电视转播区
H1.	摄像机位
H2.	评论员席
H3.	带摄像机位评论员席

I.	场馆礼宾区
I1.	奥林匹克大家庭贵宾席

注册人员坐席列表

	注册人员分类	坐席数
1	运动员及随队官员	1672
2	奥林匹克大家庭贵宾	699
	广播电视转播人员	
3	评论员席	141
	观察员席	108
	文字摄影媒体	
4	带桌文字媒体	210
	不带桌文字媒体	1005
	摄影记者	218

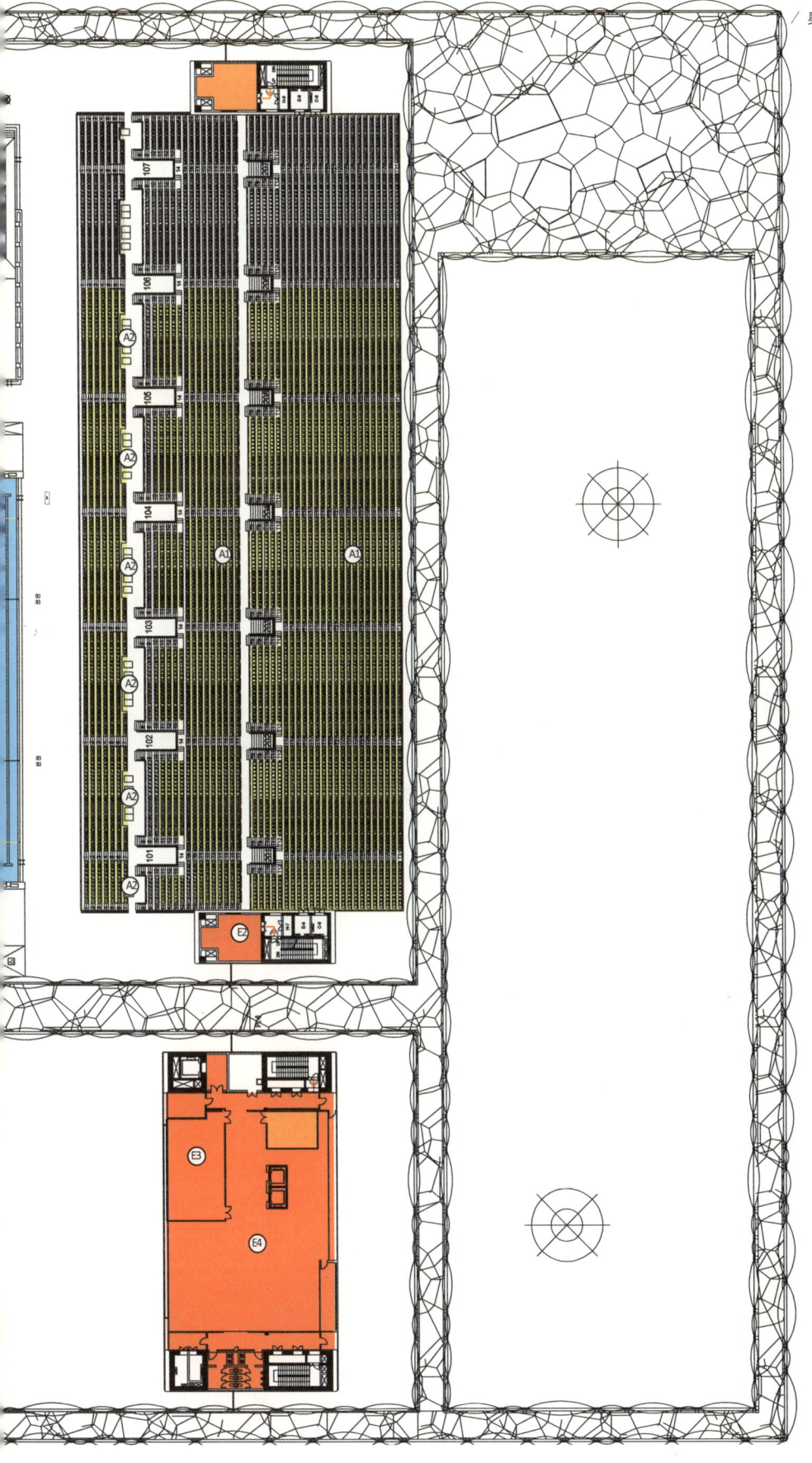

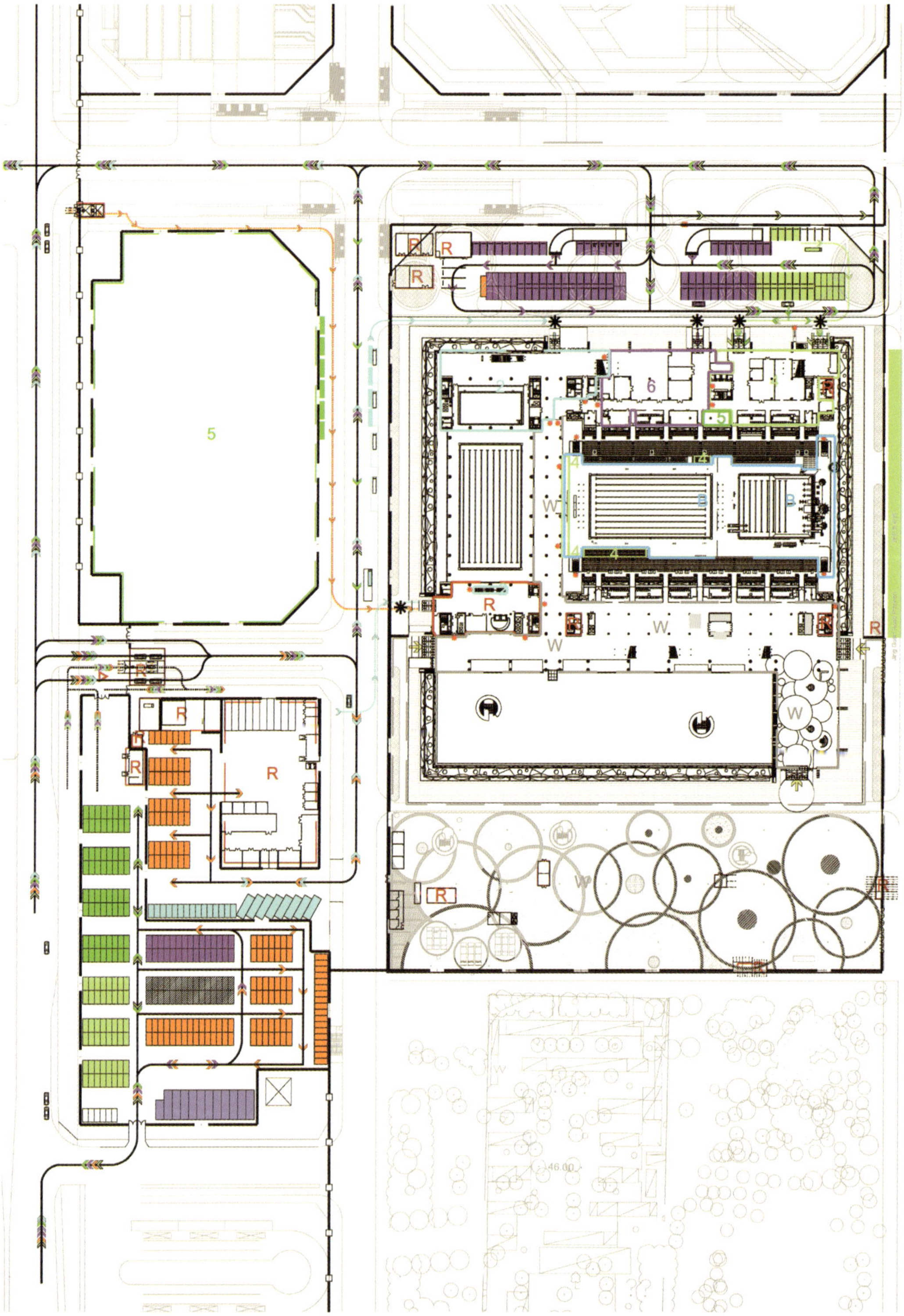

总平面图

N

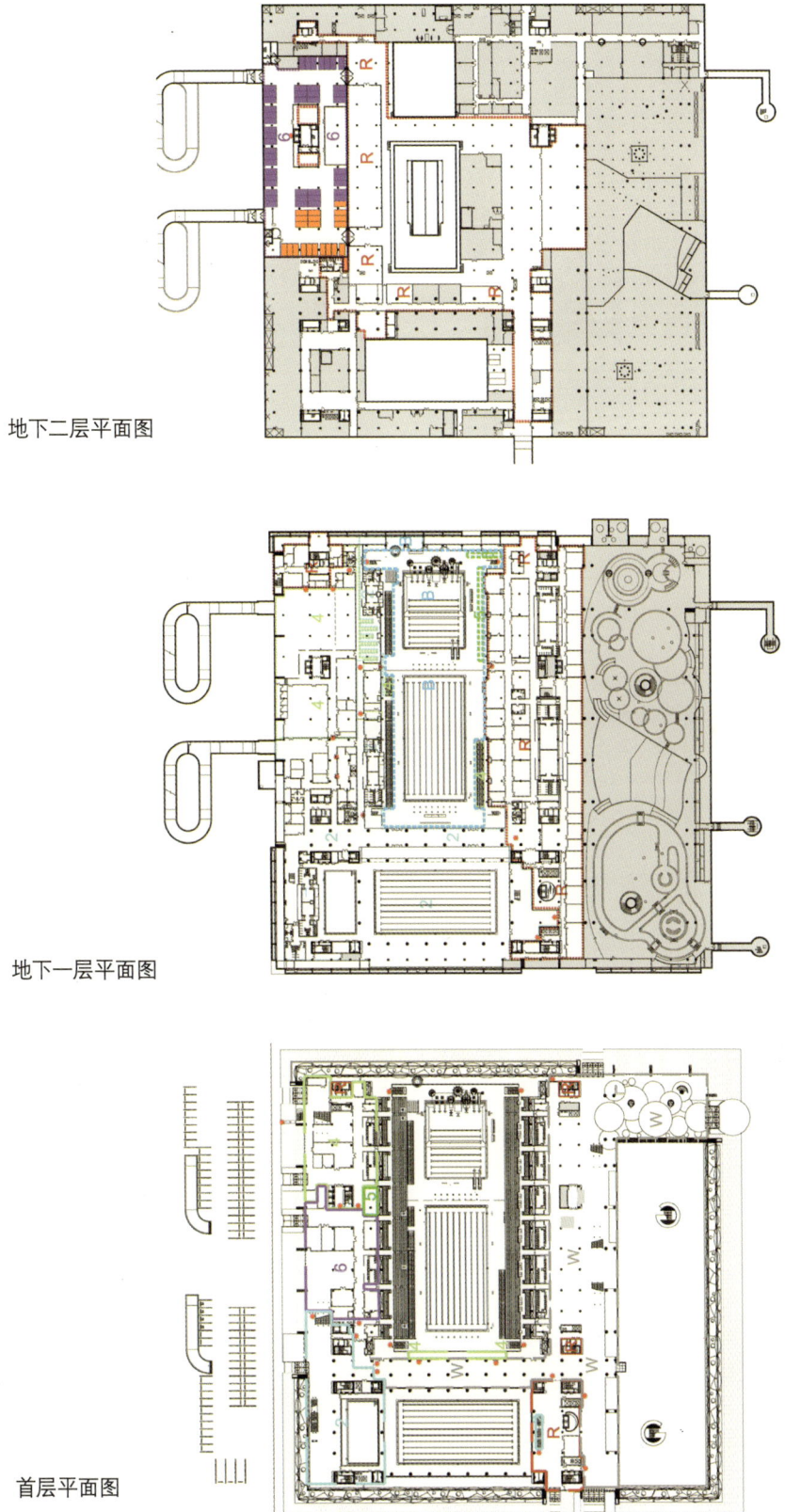

地下二层平面图

地下一层平面图

首层平面图

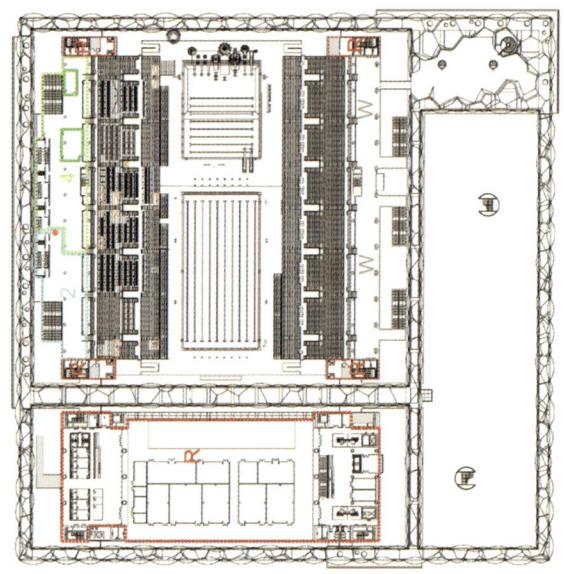

二层平面图

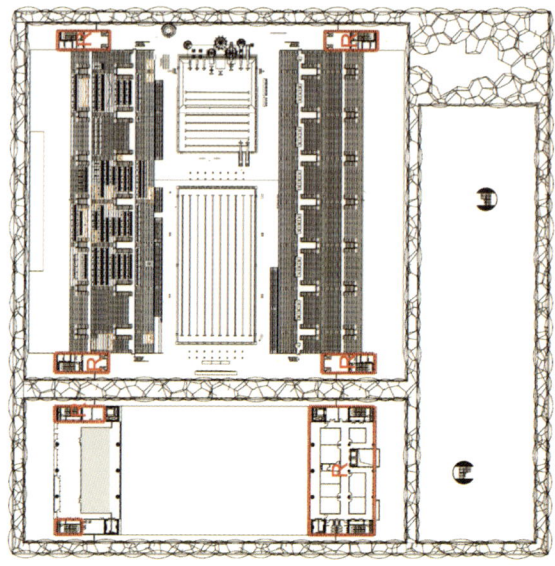

三层平面图

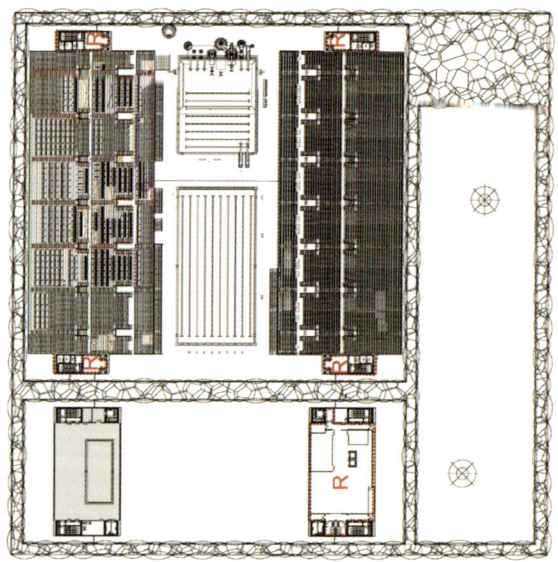

四层平面图

04-02

奥林匹克公园

网球场

奥林匹克公园　网球场

地点：奥林匹克公园

场地类型：新建比赛场馆

奥运会期间的用途：网球

残奥会期间的用途：轮椅网球

建筑面积：26514m^2

固定座位数：中心赛场10000个

　　　　　　1号场地4000个

　　　　　　2号场地2000个

　　　　　　预赛场200个

残奥会网球比赛

奥林匹克网球中心　网球场

轮椅网球比赛场地

国际网联颁布的《网球规则》中规定，一片标准网球场地的占地面积不小于36.58m（长）×18.29m（宽），这个尺寸也是一片标准网球场地四周有围挡网或室内建筑内墙面的净尺寸。在这个面积内，有效双打场地的标准尺寸是：23.77m（长）×10.97m（宽），在每条端线、边线后应留有空余地，端线不小于6.40m，边线不少于3.66m。在球场安装网柱，两个网柱间距离是12.80m。网柱顶端距地平面是1.07m，球网中心上沿距地平面是0.914m。如果是两片或两片以上相邻而建的并行网球场地，相邻场地的边线之间距离不小于7.32m。如果是室内网球场，端线6.40m以外上空净高不小于6.40m，室内屋顶在球网上空的净高不小于11.50m。

轮椅网球竞赛规则要点

比赛开始前，主裁判员用掷钱币方法进行选择，得胜者有选择发球权或有权选择场地。选择发球或接发球者，应让对方选择场区；选择场地者，应让对方选择发球或接发球，还可以要求对方做出上述中的一个选择。

发球要按照下面的方式进行。在开始发球前要马上做好准备，发球员要处在一个固定的位置。在击球前允许发球员向前推一下轮椅。在整个发球过程中，发球员轮椅的轮子不能触到除了中心标记的假定延长线和边线之间以及端线后面围成的区域以外的其他区域。如果一名四肢瘫痪的运动员不能用常规的发球方法发球，可以由另外一个人来为该运动员抛球。但是，每次发球都要采用同样的方式，并应由分级医生在分级卡上注明。

如果一名运动员不具备通过车轮驱动轮椅的能力，他可以用一只脚来驱动轮椅。即使在上面规则的情况下，一名运动员被允许使用一只脚来驱动轮椅，在移动向前的动作中，包括球拍击球时；从开始发球的动作到球拍击到球时，这只脚的其他部位也不可以接触地面。如果一名运动员违反了上述规则即失分。裁判长、主裁判员均有权决定暂停比赛。如果因运动员服装、轮椅或用具（包括球拍）出现损坏使之不能或不便继续比赛，可以暂停比赛进行修理和调整。

总平面图

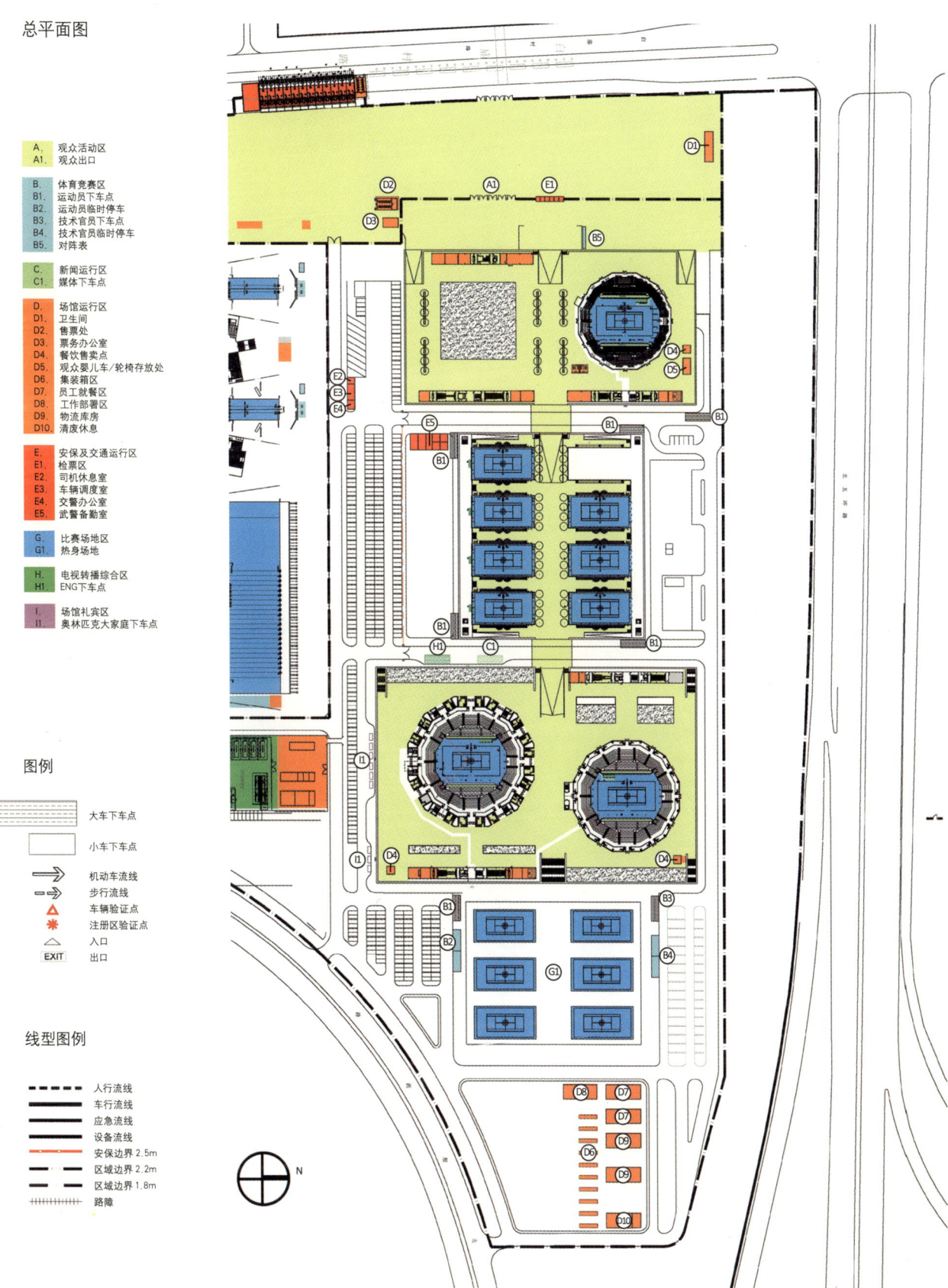

A. 观众活动区
A1. 观众出口

B. 体育竞赛区
B1. 运动员下车点
B2. 运动员临时停车
B3. 技术官员下车点
B4. 技术官员临时停车
B5. 对阵表

C. 新闻运行区
C1. 媒体下车点

D. 场馆运行区
D1. 卫生间
D2. 售票处
D3. 票务办公室
D4. 餐饮售卖点
D5. 观众婴儿车/轮椅存放处
D6. 集装箱区
D7. 员工就餐区
D8. 工作部署区
D9. 物流库房
D10. 清废休息

E. 安保及交通运行区
E1. 检票区
E2. 司机休息室
E3. 车辆调度室
E4. 交警办公室
E5. 武警备勤室

G. 比赛场地区
G1. 热身场地

H. 电视转播综合区
H1. ENG下车点

I. 场馆礼宾区
I1. 奥林匹克大家庭下车点

图例

大车下车点
小车下车点
机动车流线
步行流线
车辆验证点
注册区验证点
入口
EXIT 出口

线型图例

━ ━ ━ 人行流线
━━━━ 车行流线
━━━ 应急流线
━━━ 设备流线
━━━ 安保边界 2.5m
━ ━ 区域边界 2.2m
- - - 区域边界 1.8m
++++ 路障

N

中心赛场坐席平面图

A.　观众活动区
A1.　观众平台

B.　体育竞赛区
B1.　运动员坐席

C.　新闻运行区
C1.　摄影记者席
C2.　文字媒体带桌席
C3.　文字媒体自然席

D.　场馆运行区
D1.　鹰眼控制室

E.　安保及交通运行区
E1.　安保观察席

G.　比赛场地区

H.　电视转播综合区
H1.　BOB观察员席
H2.　评论员席
H3.　BOB摄影平台

I.　场馆礼宾区
I1.　贵宾席

J.　仪式与文化活动区
J1.　体育展示操作间

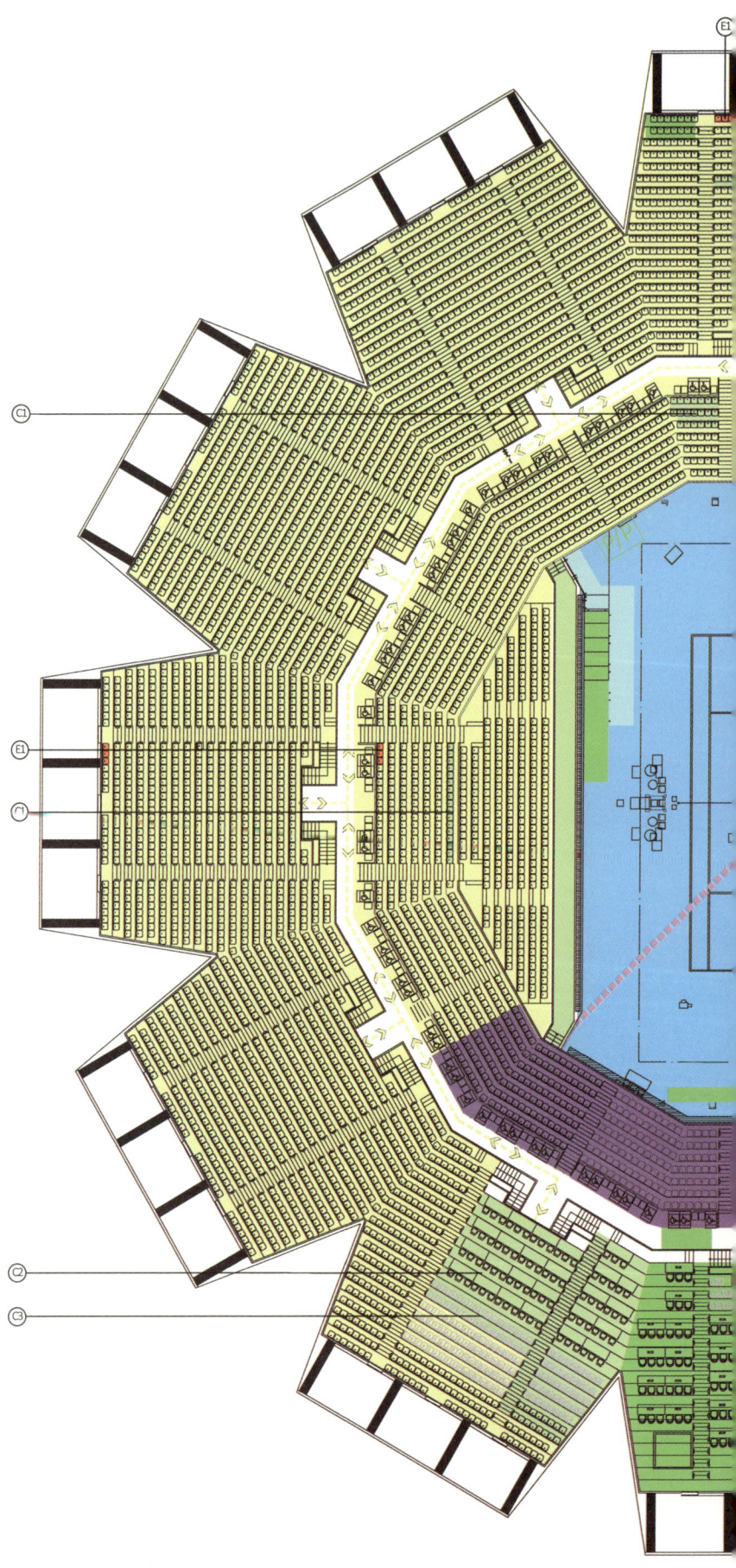

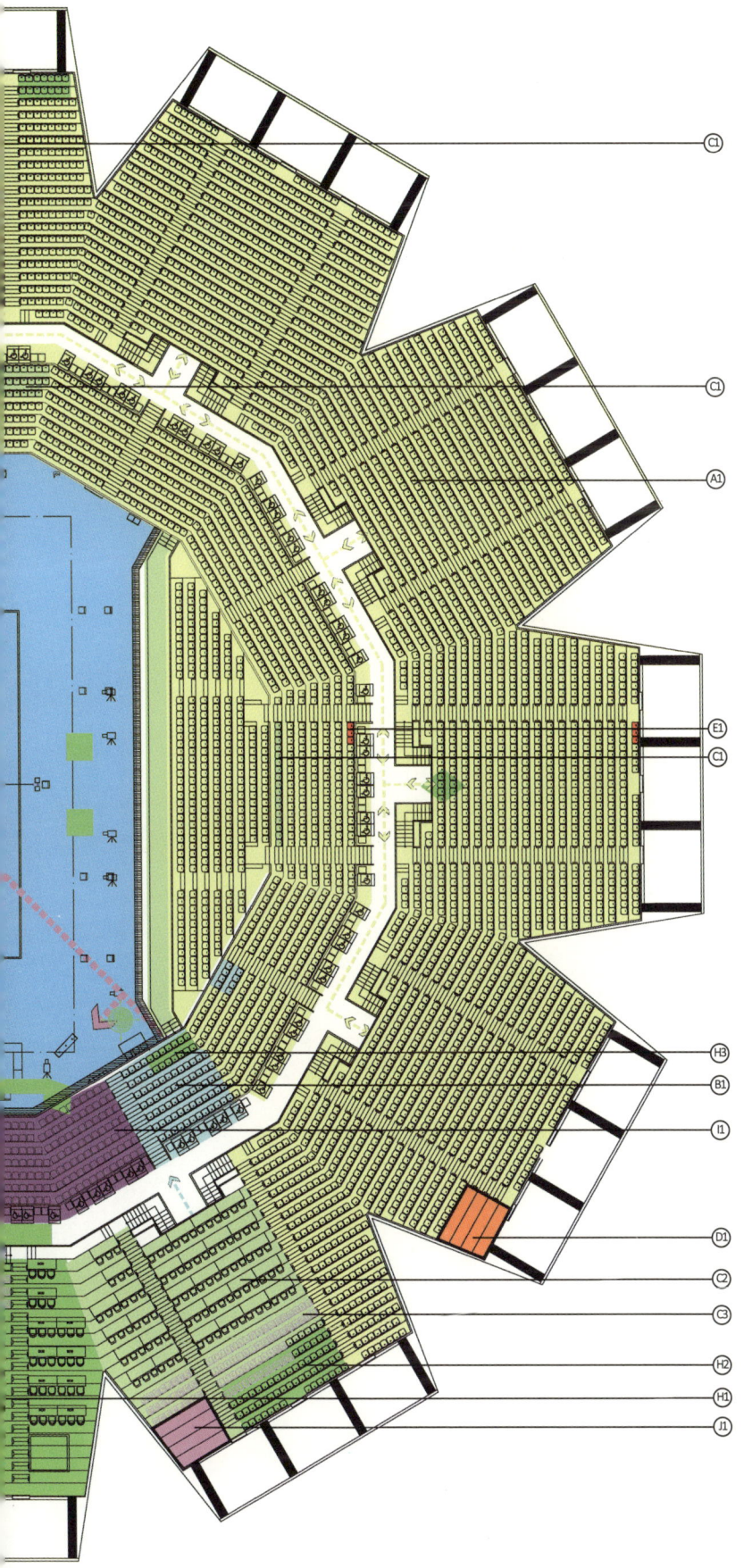

C1

C1

A1

E1
C1

H3
B1
I1

D1
C2
C3
H2
H1
J1

1号赛场坐席层平面图

A. 观众活动区
A1. 观众平台
A2. 残疾人观众平台

B. 体育竞赛区
B1. 运动员坐席

C. 新闻运行区
C1. 摄影记者席
C2. 文字媒体带桌席
C3. 文字媒体自然席

D. 场馆运行区
D1. 鹰眼控制室

E. 安保及交通运行区
E1. 安保观察席

G. 比赛场地区

H. 电视转播综合区
H1. 观察员席
H2. 评论员席

I. 场馆礼宾区
I1. 贵宾席

J. 仪式与文化活动区
J1. 体育展示操作间

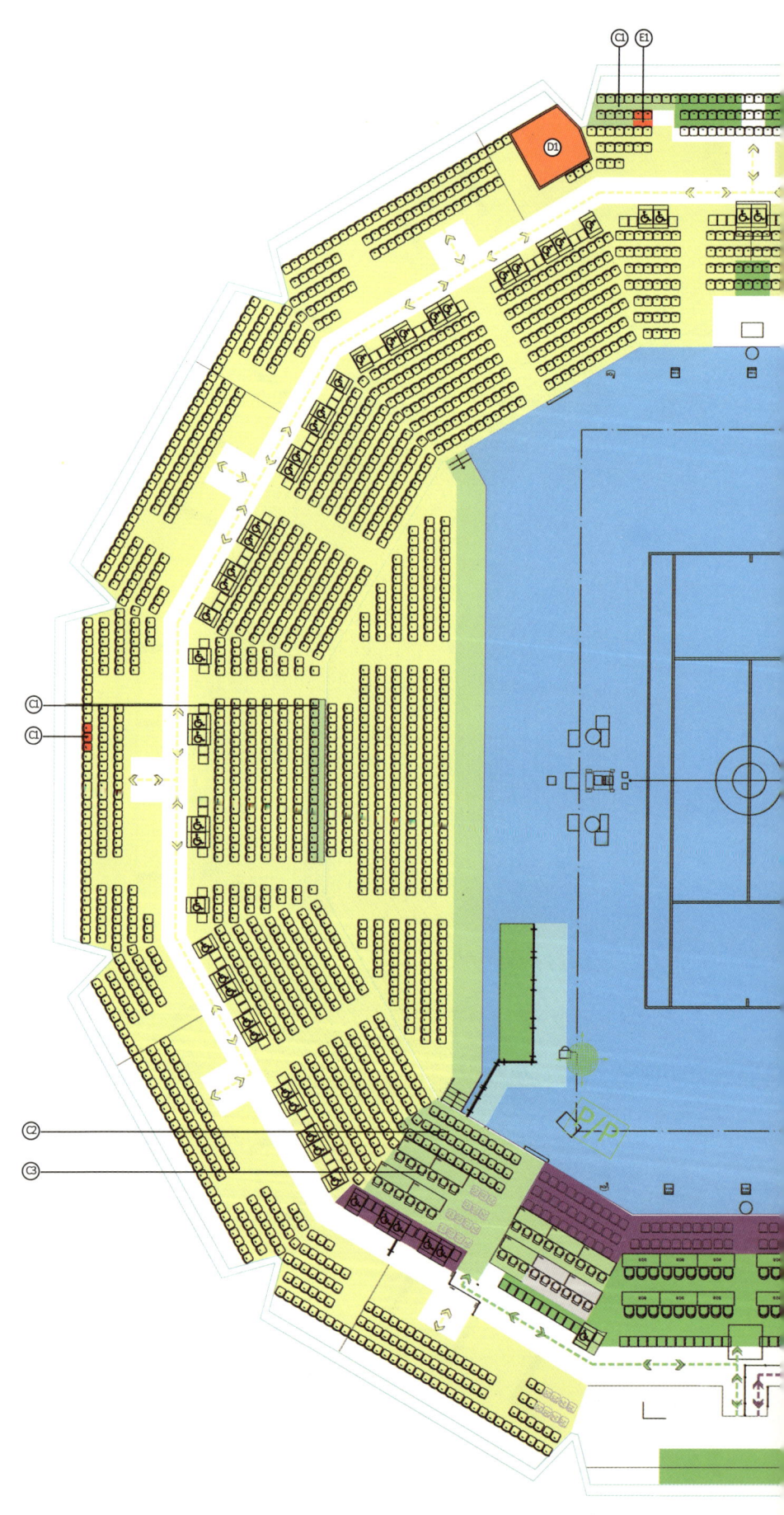

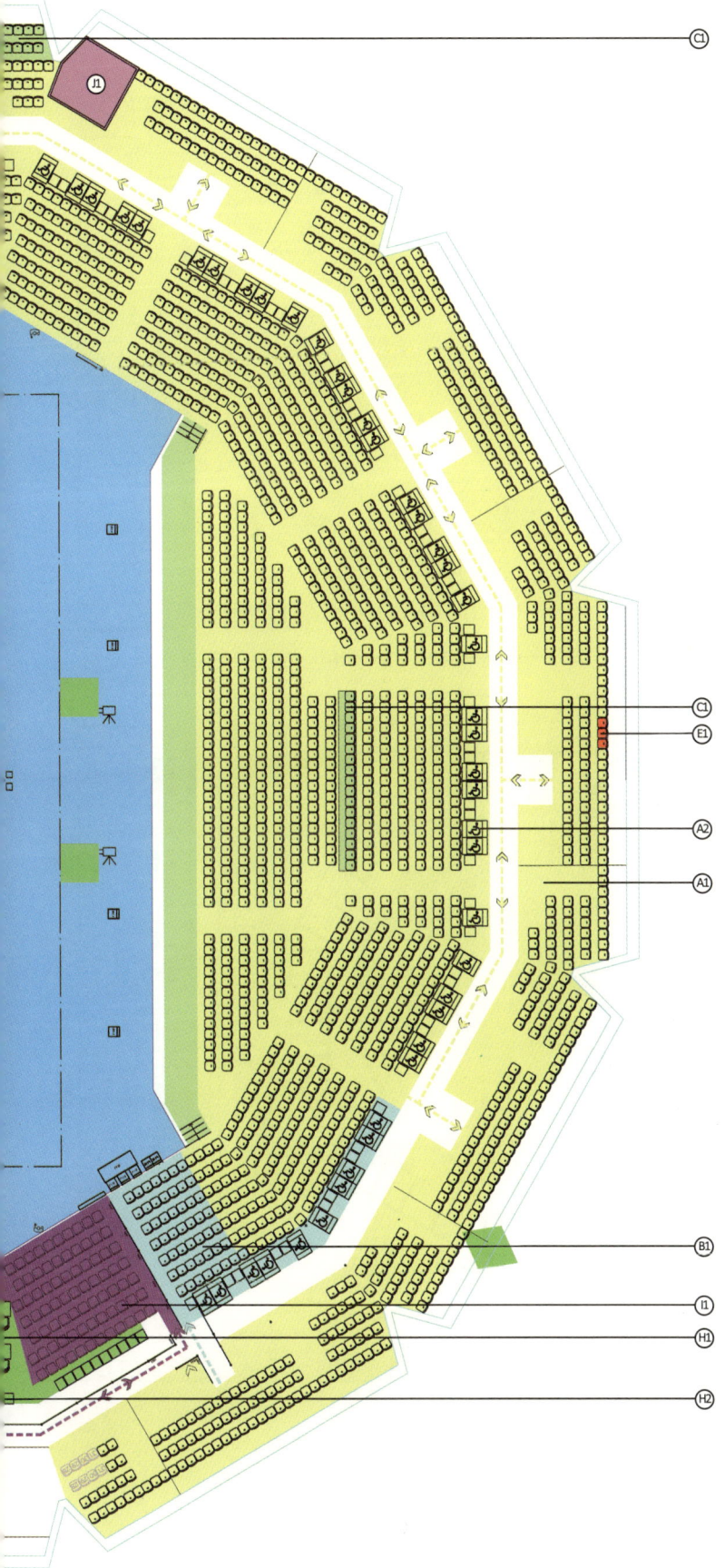

中心赛场 /1号赛场一层平面图

B. 体育竞赛区
B1. 器材室
B2. 球童休息室
B3. 女球童更衣室卫生间
B4. 男球童更衣室卫生间
B5. 女技术官员更衣室卫生间
B6. 男技术官员更衣室卫生间
B7. 助理裁判长办公室
B8. 技术官员休息室
B9. 轮椅维修室
B10. 兴奋剂候检室
B11. 兴奋剂检测区
B12. 兴奋剂官员办公室
B13. 尿检工作室(含卫生间)
B14. 配电间
B15. 储藏间
B16. 裁判休息室
B17. 球童休息室
B18. 运动员医疗站
B19. 运动员健身房
B20. 女运动员更衣室(含卫生间)
B21. 理疗室(女)
B22. 理疗室(男)
B23. 男运动员更衣室(含卫生间)
B24. 国际网联欢迎台
B25. 国际网联秘书处
B26. 储藏室
B27. ITF观察员办公室
B28. 国际网联技术代表室
B29. 仲裁室
B30. 裁判长办公室
B31. 助理裁判长办公室
B32. 赛事控制室
B33. 竞赛经理办公室
B34. 中国网球协会办公室
B35. 竞赛公共办公区
B36. 会议室
B37. 国际网联主席助理办公室
B38. 国际网联秘书长办公室
B39. 小息厅
B40. 国际网联主席办公室
B41. 国际网联新闻代表工作室
B42. 检录通道
B43. 运动员入口
B44. 通信练习场
B45. 技术官员接待厅
B46. 技术官员入口
B47. 球童组长办公室
B48. 裁判组长办公室

C. 新闻运行区
C1. 新闻发布厅
C2. 摄影记者工作区
C3. ONS工作间
C4. 新闻运作经理办公室
C5. 摄影服务办公室
C6. 小型采访室
C7. 媒体区门厅
C8. 媒体入口
C9. 媒体主任办公室
C10. 媒体休息室
C11. 成绩公报协调员办公室
C12. 媒体志愿者休息室
C13. 文字记者工作区
C14. 媒体混合区
C15. 特殊摄影位置
C16. 摄影沟

D. 场馆运行区
D1. 设施与环境副主任办公室
D2. 场馆运行中心
D3. 多功能会议室
D4. 场馆通信中心
D5. 观众服务管理办公室
D6. 集群通信设备分发间
D7. 场馆主任办公室
D8. 场馆财务经理办公室(含收费卡办公室)
D9. 固定通信技术人员工作室
D10. 清洁间
D11. 人事、志愿者办公室
D12. 移动通信技术人员工作室
D13. 清洁设备存放间
D14. 有线电视机房
D15. 预备用房
D16. 固定通信设备机房
D17. 计算机设备房间
D18. 网络管理间
D19. 办公室
D20. 技术支持服务中心
D21. 场馆技术运营中心
D22. 语言服务经理办公室
D23. 工具间
D24. IT设备存放间
D25. 灯光控制室
D26. 扩声控制室
D27. 移动通信设备机房
D28. 计时计分设备存放间
D29. 现场成绩处理机房
D30. 成绩打印分发室
D31. 小型会客室
D32. 无线通信机房
D33. 贵宾备餐间
D34. 场馆运营入口

E. 安保及交通运行区
E1. 治安处理点
E2. 安保通信设备间
E3. 安保指挥中心
E4. 消防指挥控制室
E5. 安保副主任办公室
E6. 武警指挥办公室
E7. 要人警卫工作现场指挥部
E8. 交通指挥监控室
E9. 要人随身警卫备勤室
E10. 安保后备用房
E11. 现场警卫机动力量备勤室

F. 非赛时使用空间

G. 比赛场地区

H. 电视转播综合区
H1. 评论控制室
H2. 转播信息控制室

I. 场馆礼宾区
I1. 场馆礼宾经理办公室
I2. 贵宾接待大厅(整个网球区)
I3. 贵宾会客室
I4. 贵宾休息室
I5. 陪同人员休息区
I6. 贵宾入口

J. 仪式与文化活动区
J1. 奖牌存放室
J2. 鲜花国旗储藏室

中心赛场 /1 号赛场二层平面图

A. 观众活动区
A1. 观众卫生间
A2. 观众无障碍卫生间

D. 场馆运行区
D1. 观众餐饮服务区
D2. 票务咨询台
D3. 餐饮售卖点
D4. 观众婴儿车、轮椅寄存处
D5. 观众医疗站

F. 非赛时使用空间

G. 比赛场地区

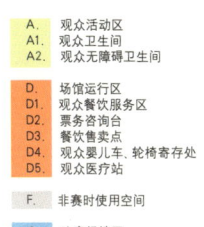

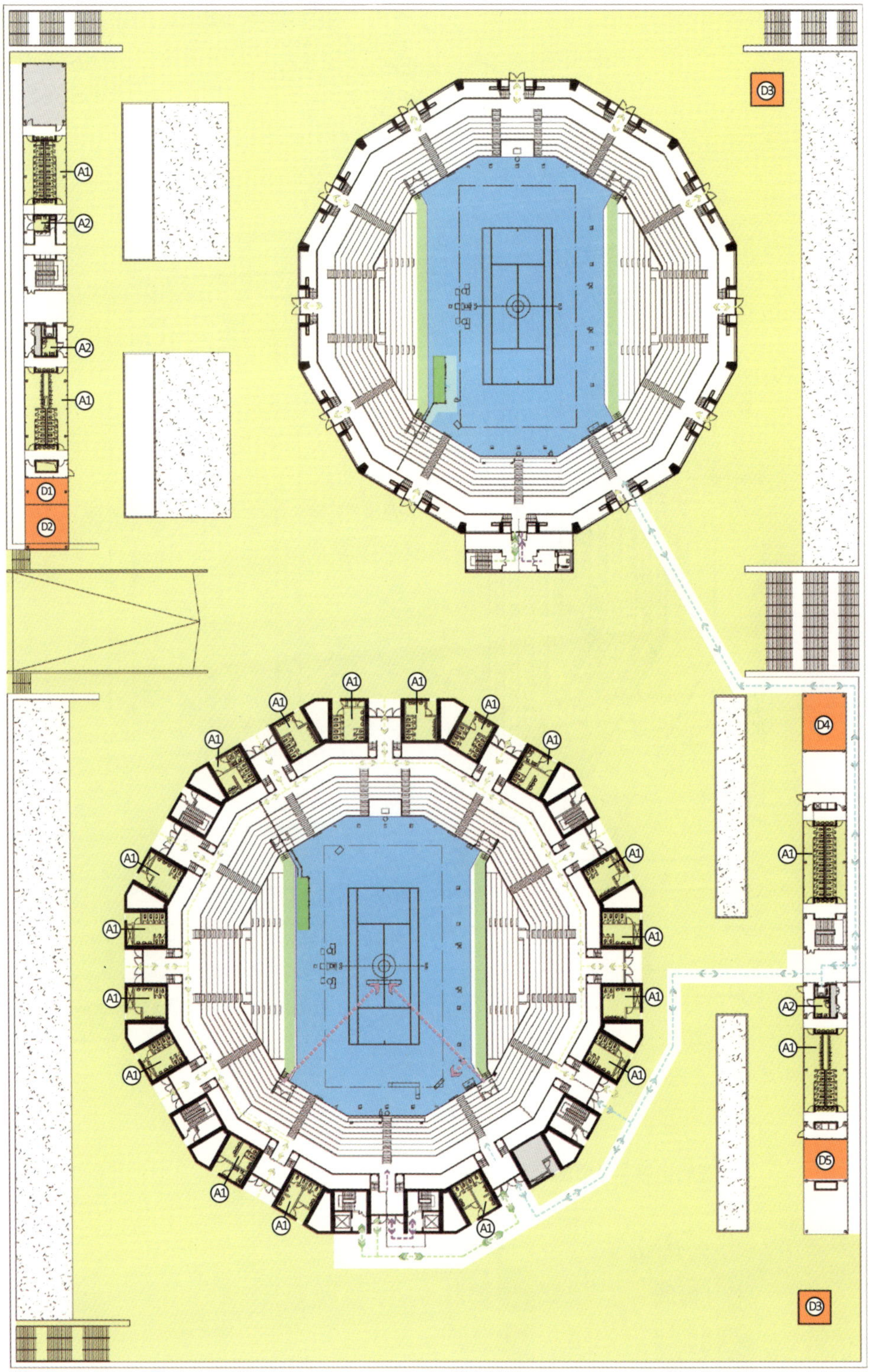

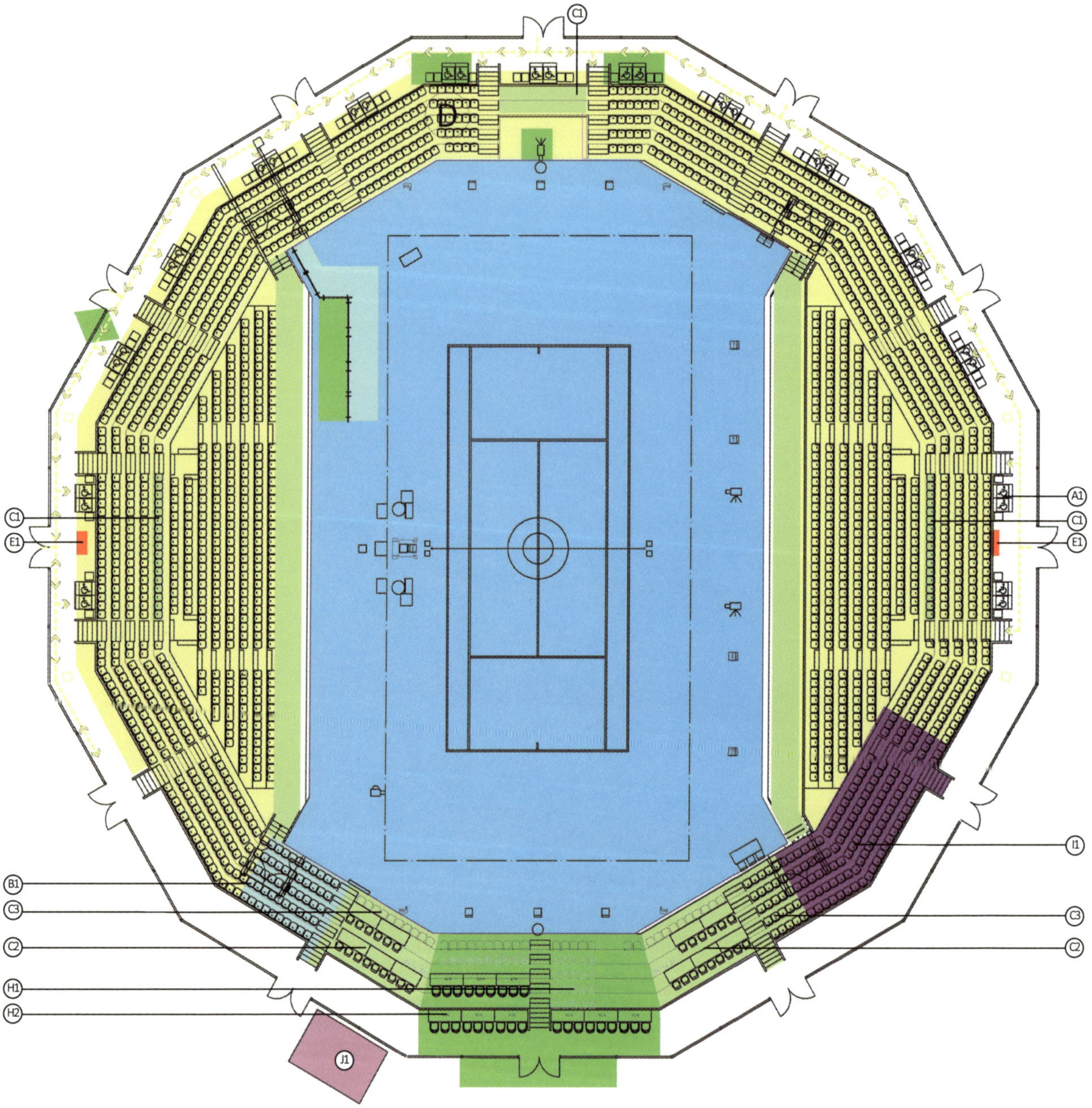

2 号赛场坐席层平面图

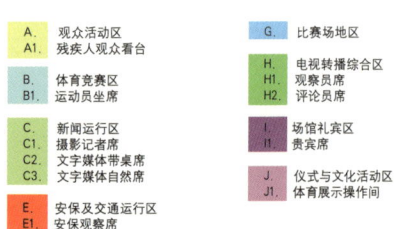

A. 观众活动区		**G.** 比赛场地区	
A1. 残疾人观众看台			
		H. 电视转播综合区	
B. 体育竞赛区		**H1.** 观察员席	
B1. 运动员坐席		**H2.** 评论员席	
C. 新闻运行区		**I.** 场馆礼宾区	
C1. 摄影记者席		**I1.** 贵宾席	
C2. 文字媒体带桌席			
C3. 文字媒体自然席		**J.** 仪式与文化活动区	
		J1. 体育展示操作间	
E. 安保及交通运行区			
E1. 安保观察席			

2号赛场与
3号平台平面图

B. 体育竞赛区
B1. 球童休息室
B2. 裁判休息室
B3. 卫生间
B4. 储藏间

C. 新闻运行区
C1. 特殊摄影机位
C2. 媒体混合区
C3. 卫生间

D. 场馆运行区
D1. 扩声控制室
D2. 成绩复印分发室
D3. 移动通信设备机房
D4. 预备用房
D5. 灯光控制室

G. 比赛场地区

H. 电视转播综合区
H1. 评论控制室
H2. 转播信息控制室

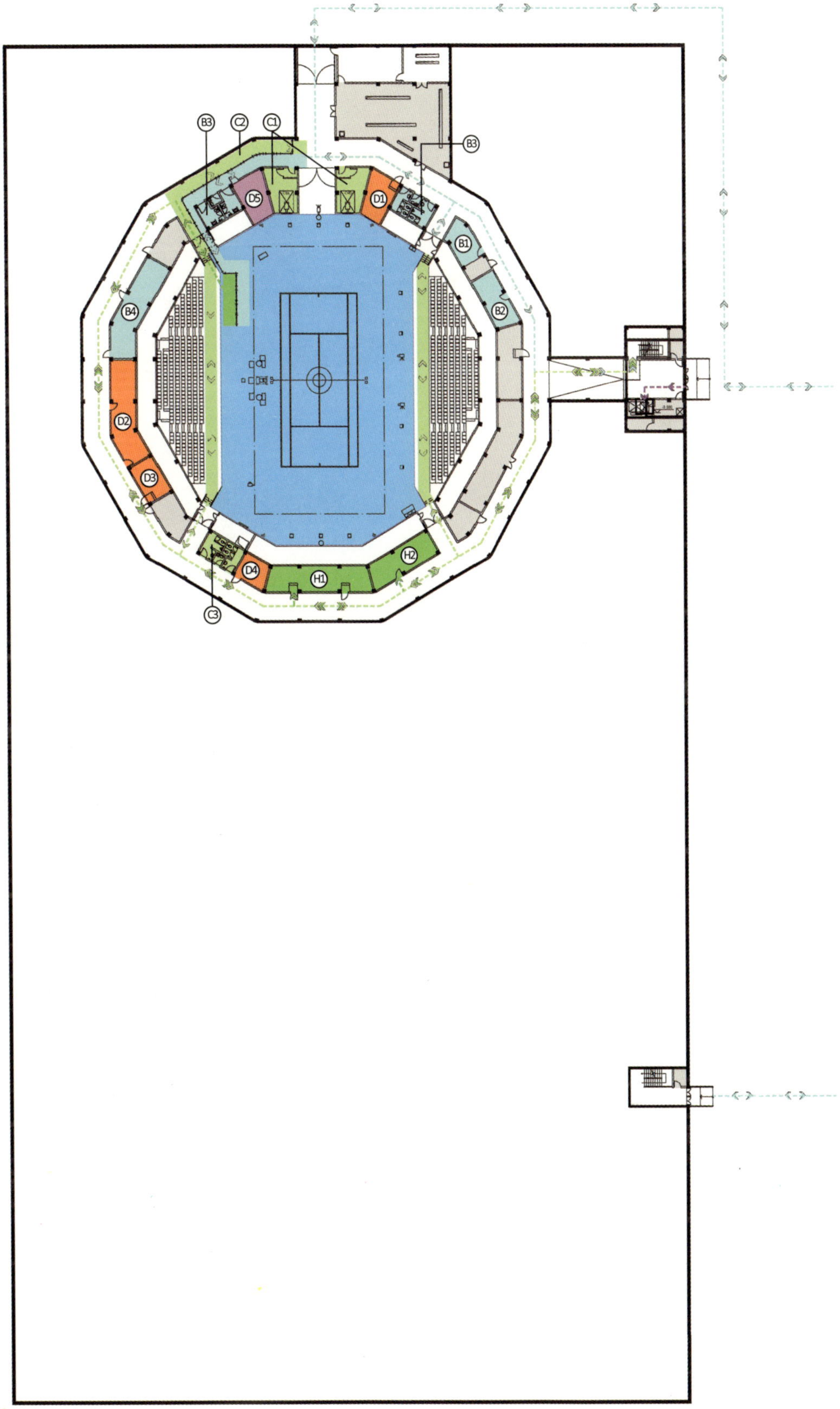

3 号平台二层平面图

A. 观众活动区
A1. 饮用水处理间
A2. 观众卫生间
A3. 无障碍卫生间
A4. 储藏间
A5. ATM Pay Phone

C. 新闻运作区

D. 场馆运行区
D1. 餐饮售卖点
D2. 市场开发办公室
D3. 观众婴儿车、轮椅存放处
D4. 观众餐饮服务区
D5. 观众信息亭
D6. 观众医疗站
D7. 特许商品存放间
D8. 特许商品零售点
D9. 特许商品经理办公室
D10. 预备用房

F. 非赛时使用空间

G. 比赛场地区

H. 电视转播综合区

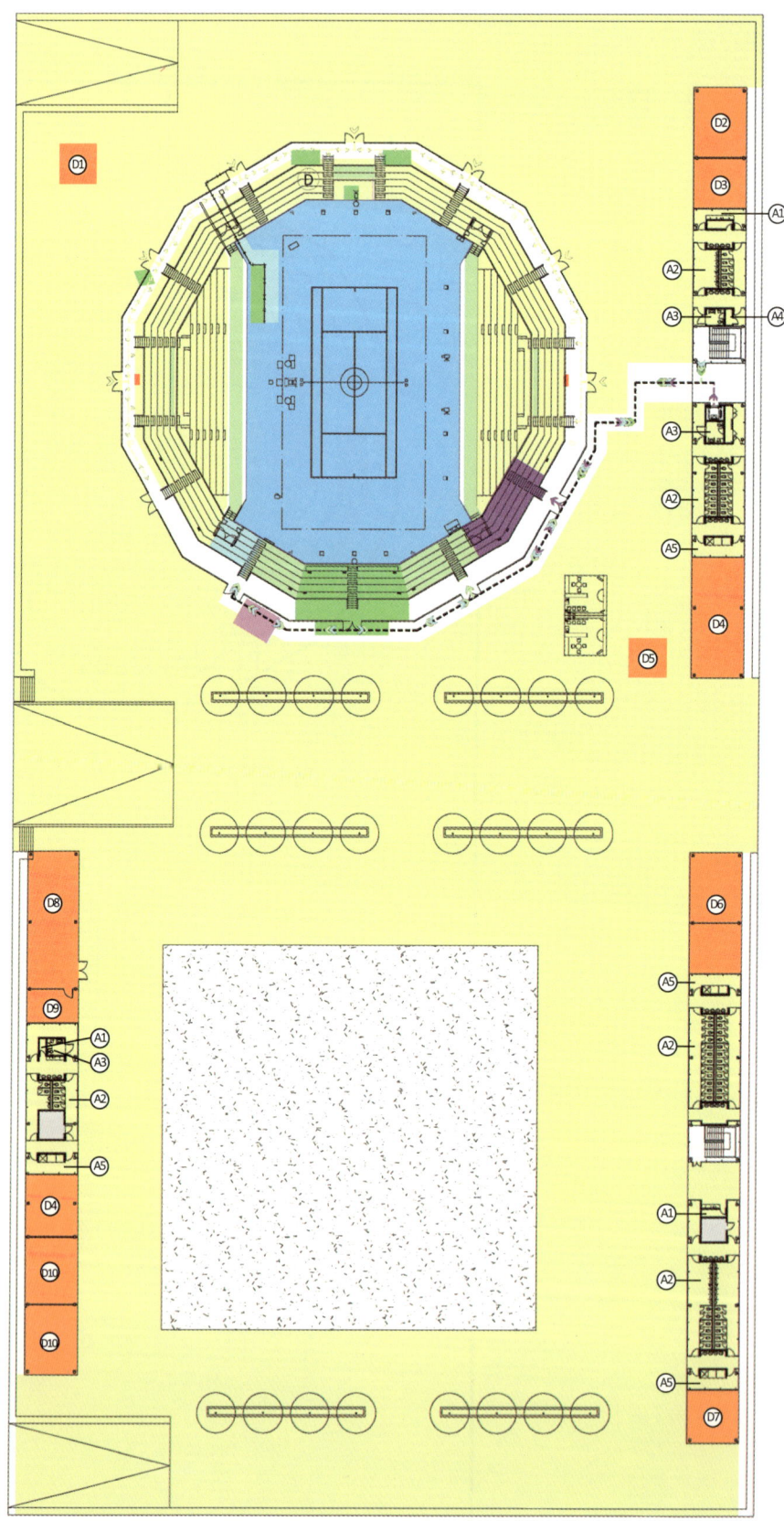

2 号平台一层平面图

B. 体育竞赛区

F. 非赛时使用空间

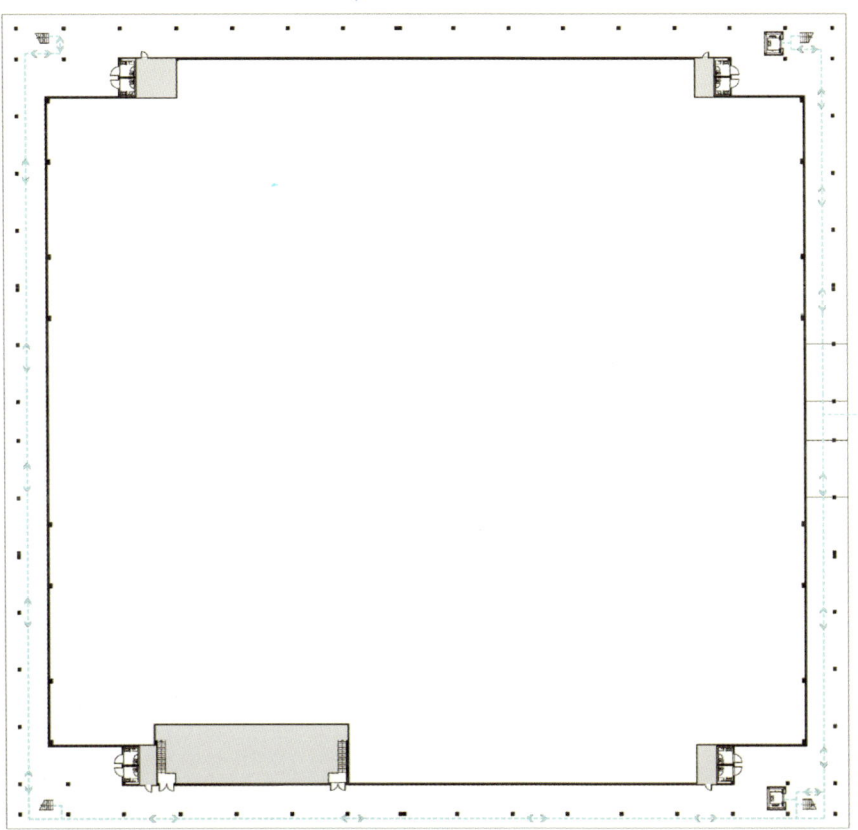

2 号平台二层平面图

A. 观众活动区

F. 非赛时使用空间

G. 比赛场地区
G1. 3#比赛场
G2. 4#比赛场
G3. 5#比赛场
G4. 6#比赛场
G5. 7#比赛场
G6. 8#比赛场
G7. 9#比赛场
G8. 预留比赛场

H. 电视转播综合区

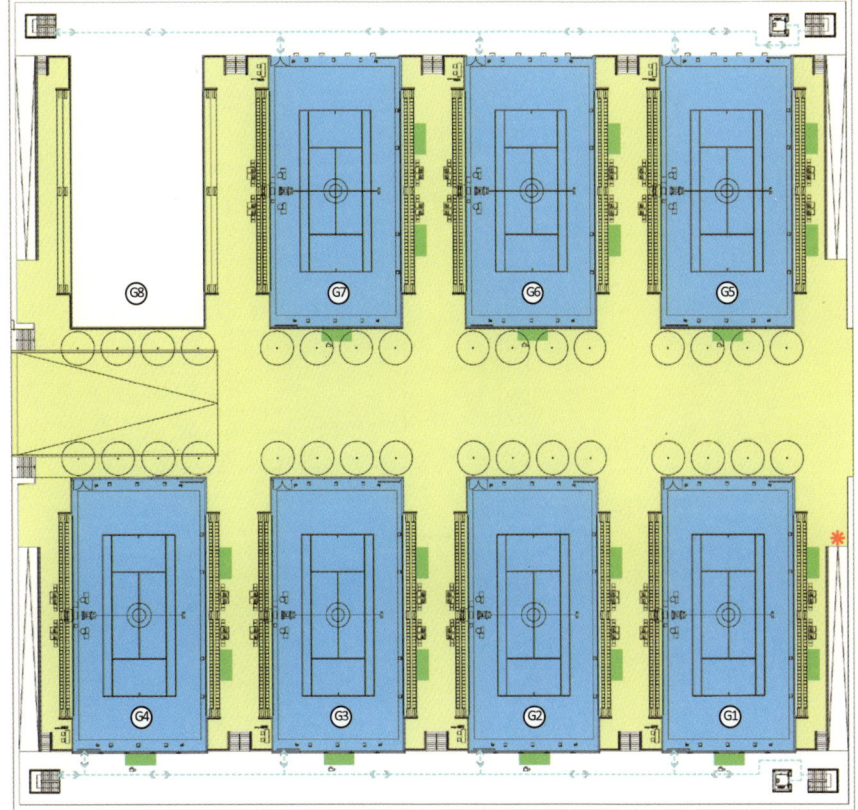

1号赛场比赛场地平面图

B.　体育竞赛区
B1.　裁判和球童出入口
B2.　运动员出入口

C.　新闻运行区
C1.　摄影记者出入口
C2.　摄影沟
C3.　混合区

G.　比赛场地区
G1.　无障碍区
G2.　球童
G3.　司线员
G4.　测速枪
G5.　数据录入
G6.　裁判长坐席
G7.　主裁判座位
G8.　运动员座位
G9.　锯末箱
G10.　球箱
G11.　垃圾箱
G12.　球童软垫
G13.　记分牌

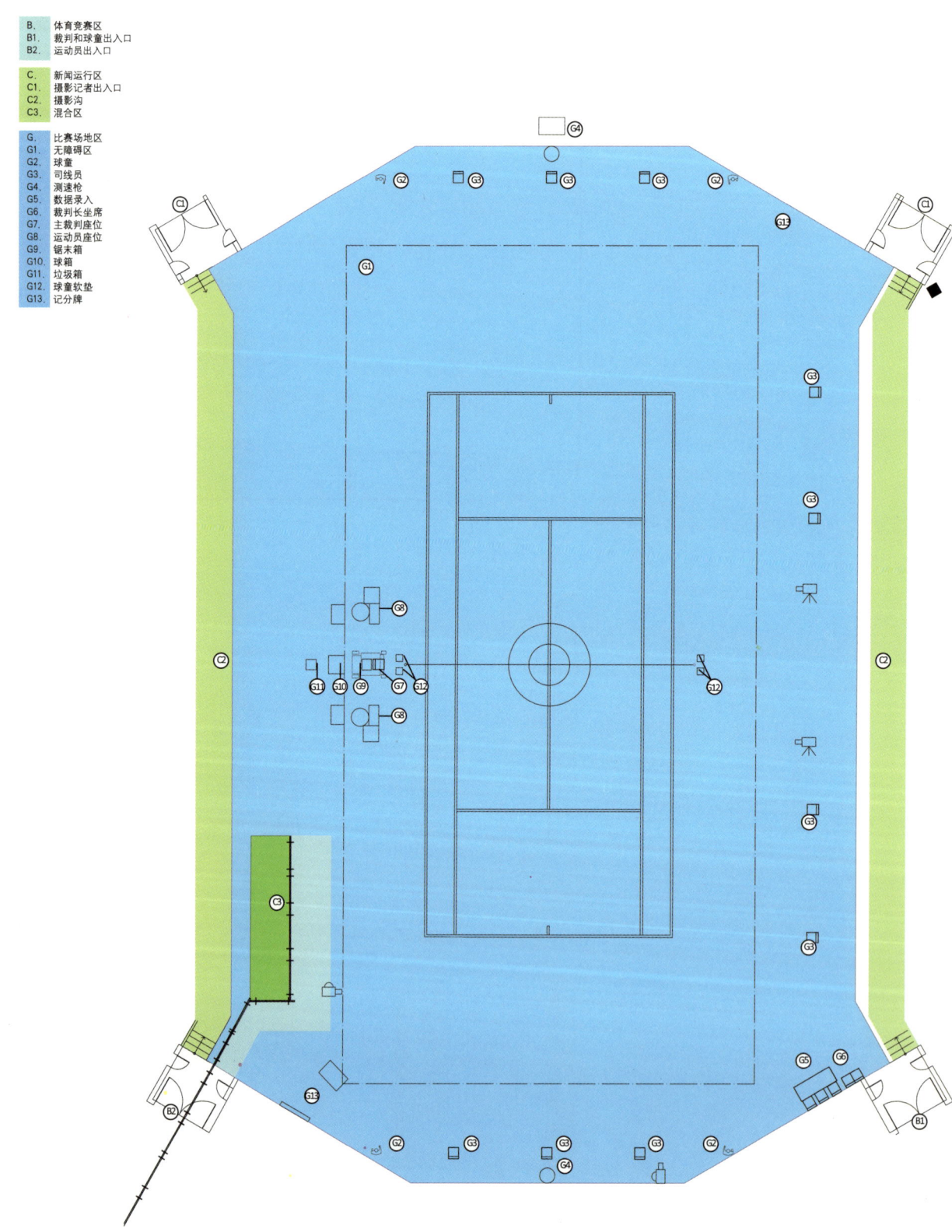

2号赛场比赛场地平面图

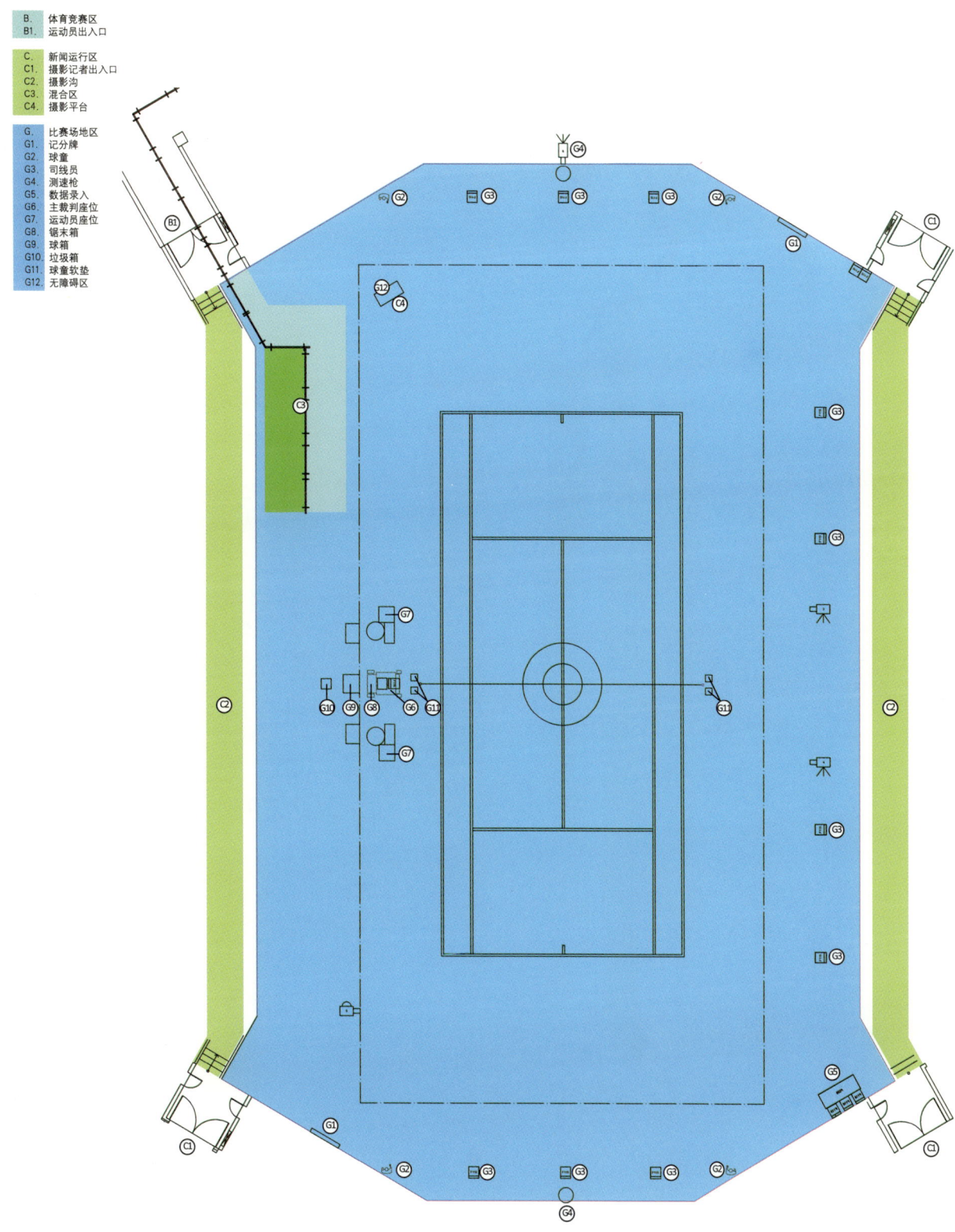

B. 体育竞赛区
B1. 运动员出入口

C. 新闻运行区
C1. 摄影记者出入口
C2. 摄影沟
C3. 混合区
C4. 摄影平台

G. 比赛场地区
G1. 记分牌
G2. 球童
G3. 司线员
G4. 测速枪
G5. 数据录入
G6. 主裁判座位
G7. 运动员座位
G8. 锯末箱
G9. 球箱
G10. 垃圾箱
G11. 球童软垫
G12. 无障碍区

中心赛场比赛场地平面图

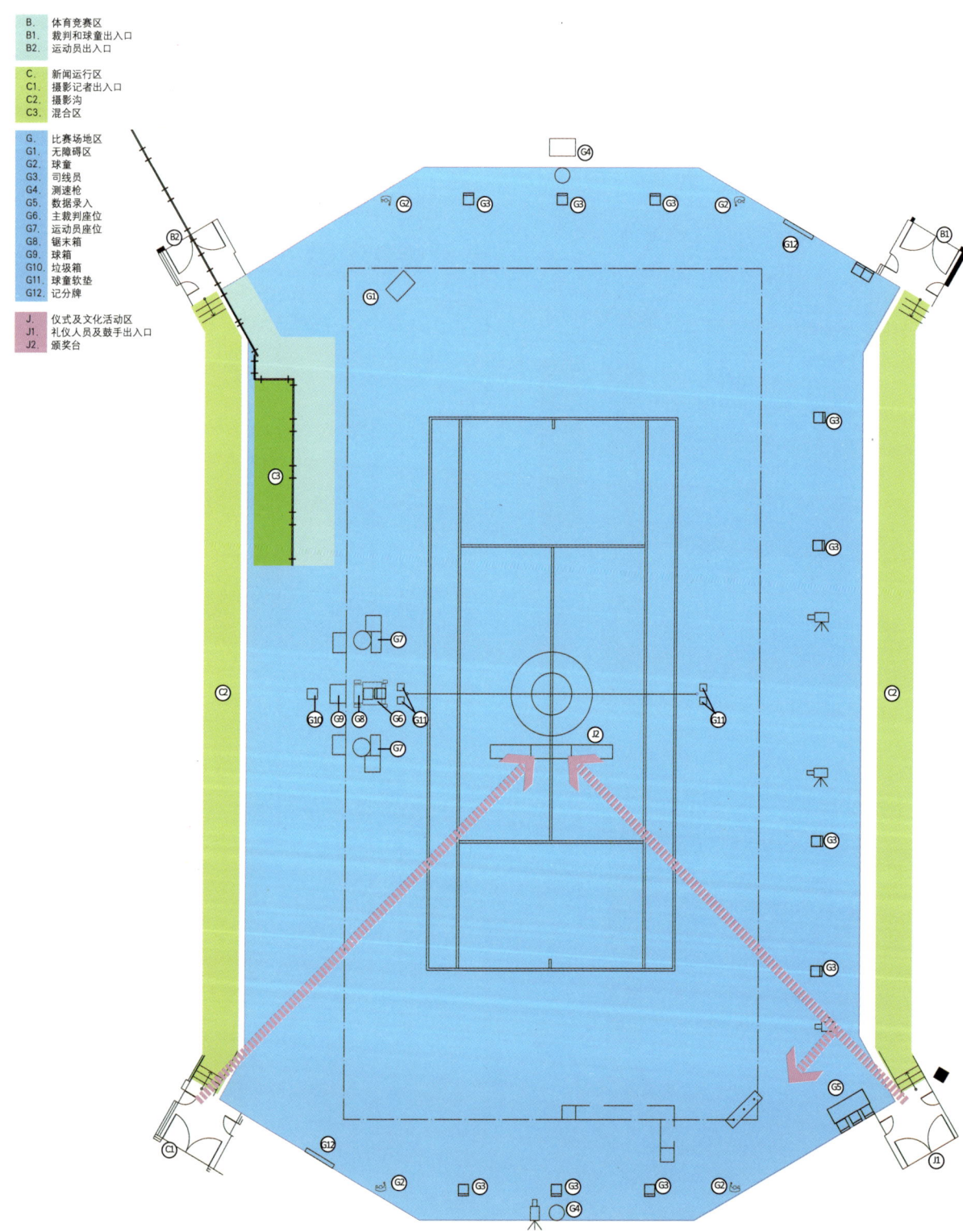

B. 体育竞赛区
B1. 裁判和球童出入口
B2. 运动员出入口

C. 新闻运行区
C1. 摄影记者出入口
C2. 摄影沟
C3. 混合区

G. 比赛场地区
G1. 无障碍区
G2. 球童
G3. 司线员
G4. 测速枪
G5. 数据录入
G6. 主裁判座位
G7. 运动员座位
G8. 锯末箱
G9. 球箱
G10. 垃圾箱
G11. 球童软垫
G12. 记分牌

J. 仪式及文化活动区
J1. 礼仪人员及鼓手出入口
J2. 颁奖台

室外比赛场地平面图

G.	比赛场地区
G1.	记分牌
G2.	球童
G3.	司线员
G4.	手提摄像机
G5.	数据录入
G6.	主裁判座位
G7.	运动员座位
G8.	锯末箱
G9.	球箱
G10.	垃圾箱
G11.	球童软垫

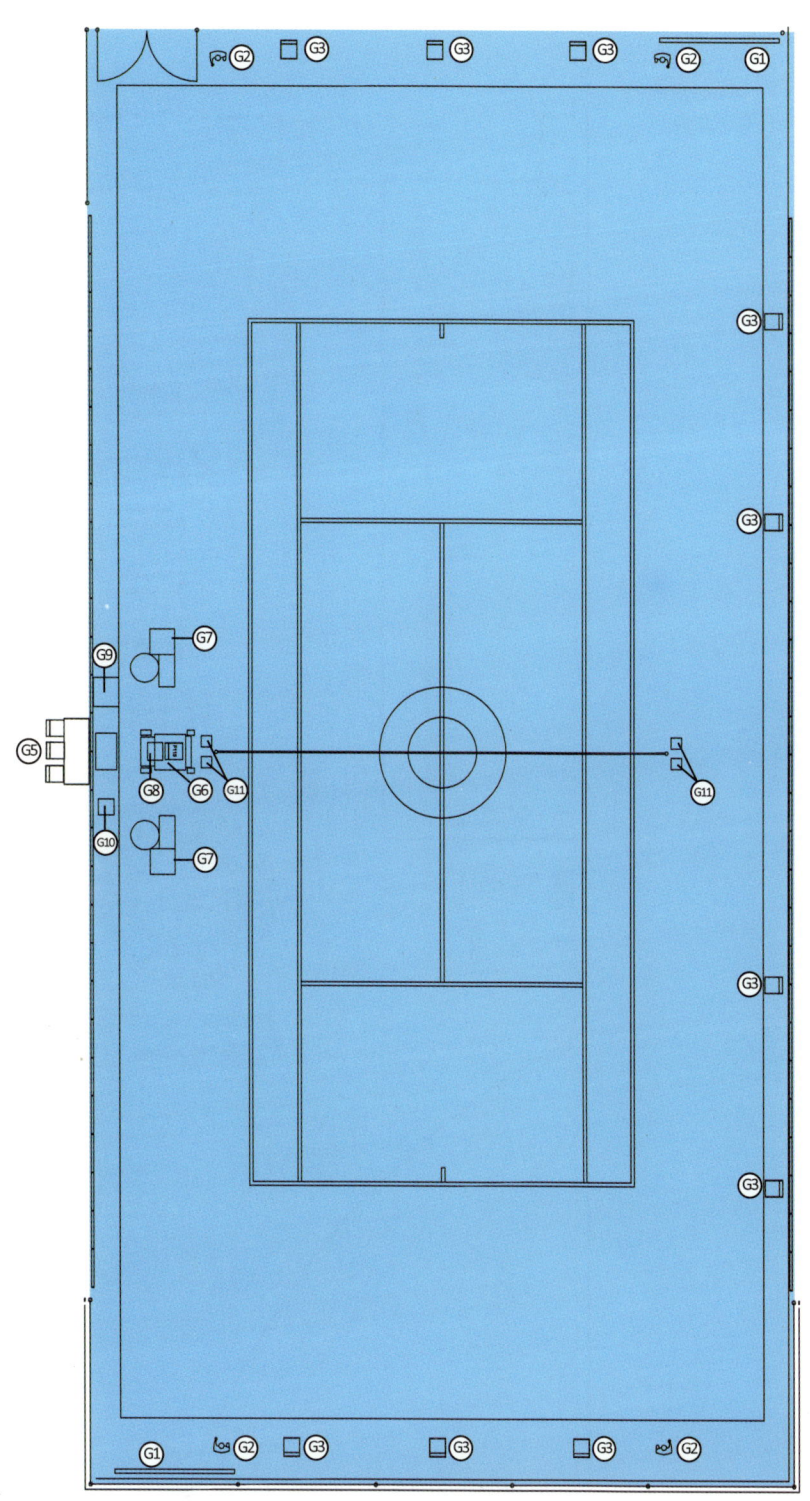

总平面图

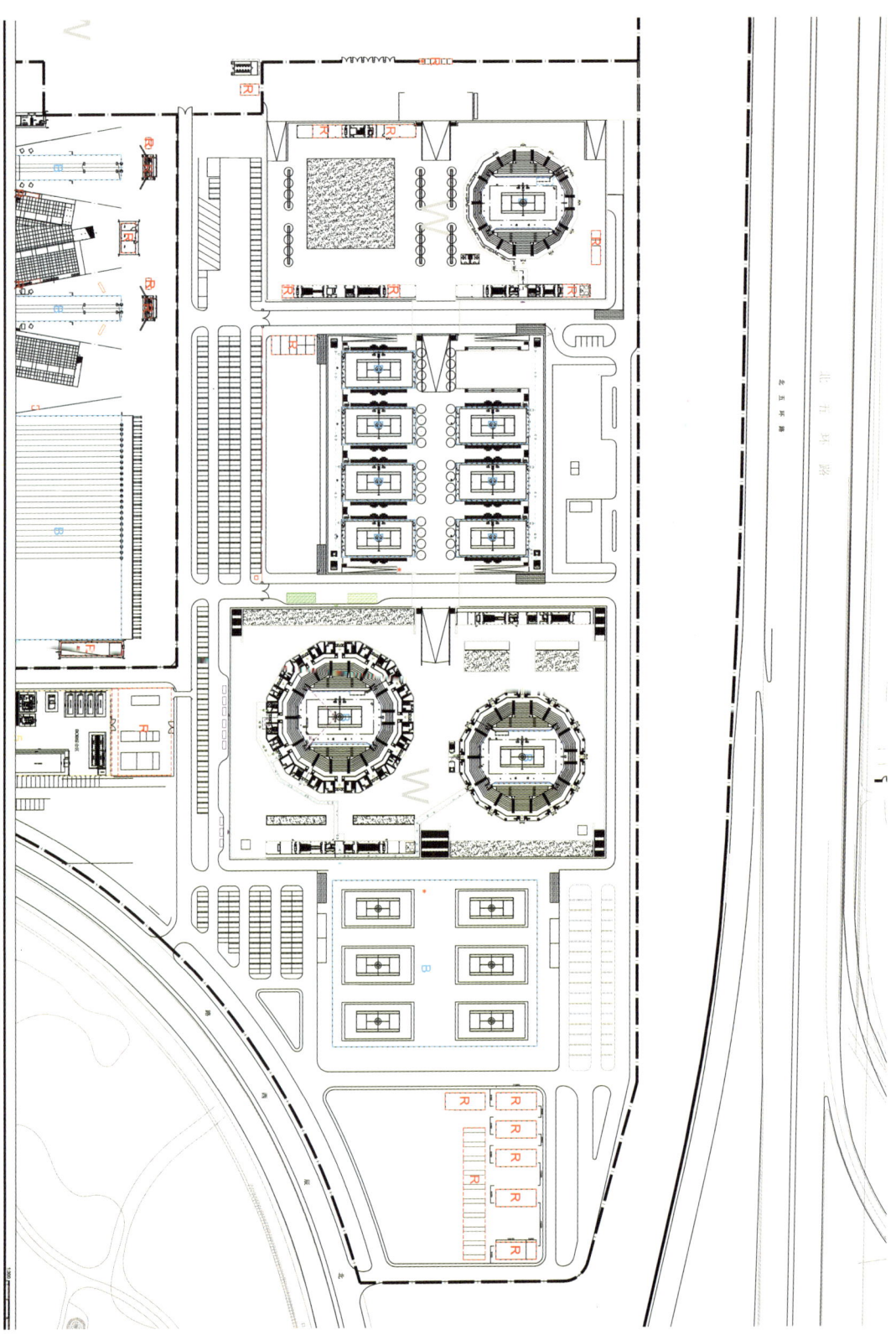

中心赛场／1 号赛场一层平面图

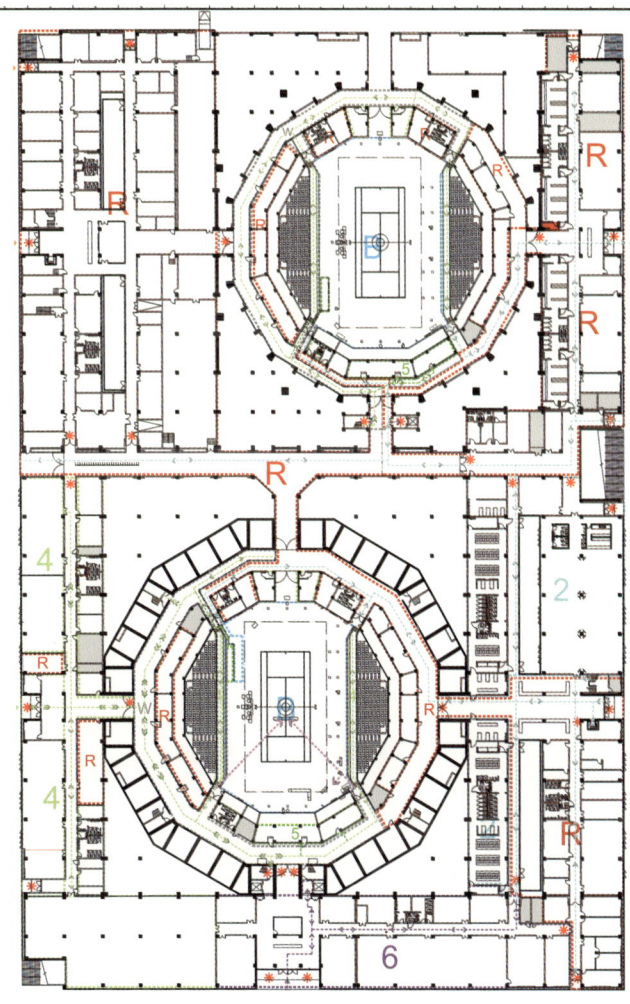

中心赛场坐席层平面图

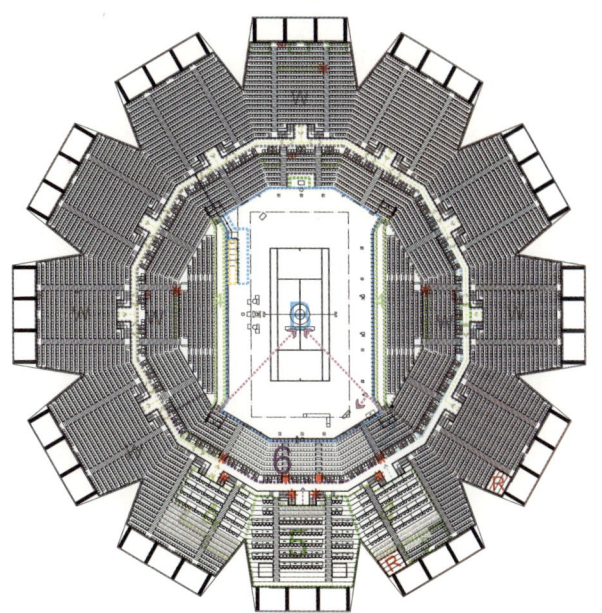

中心赛场／1号赛场二层平面图

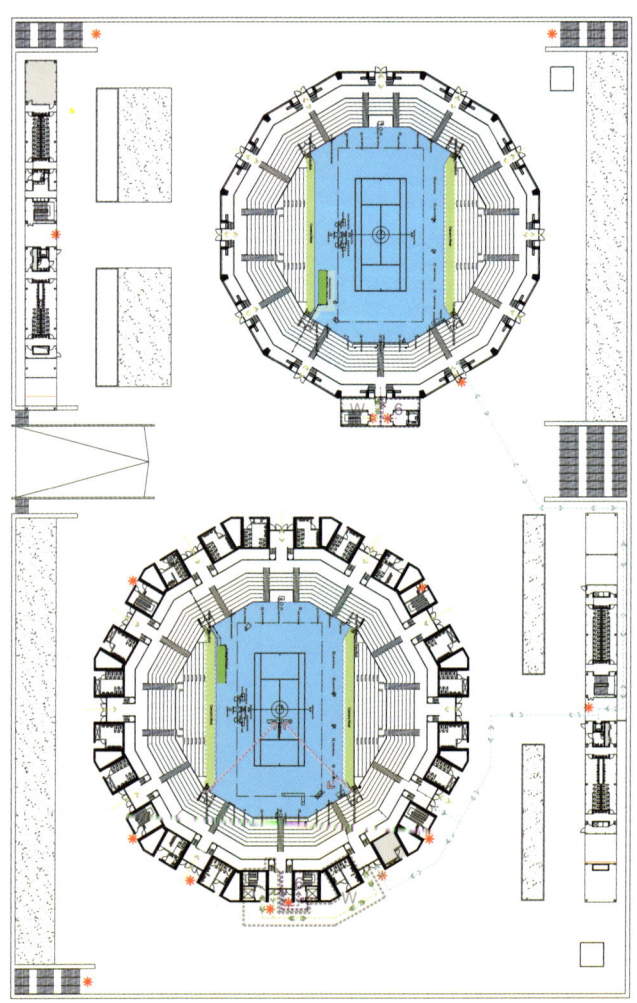

1号赛场坐席层平面图

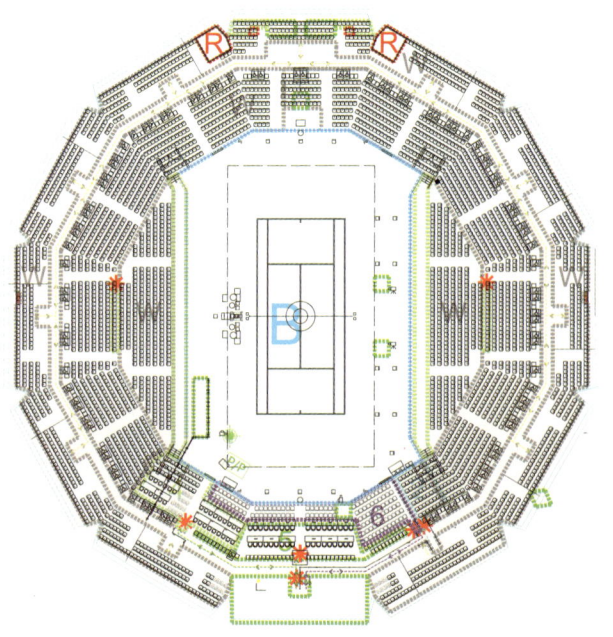

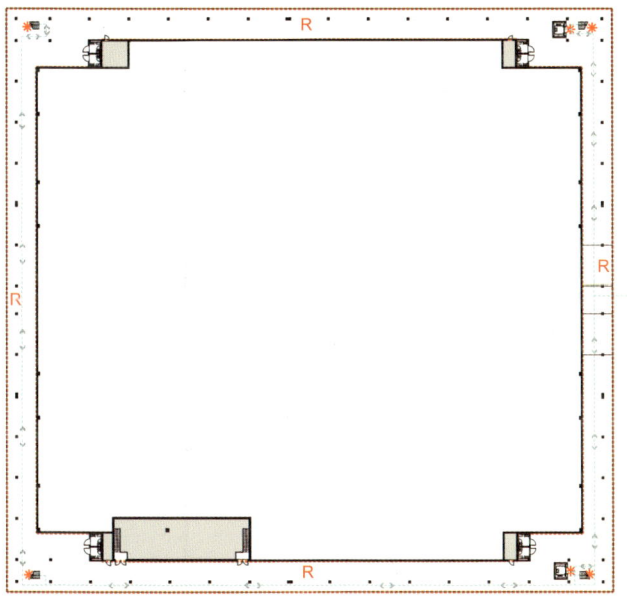

2 号平台一层平面图

2 号平台二层平面图

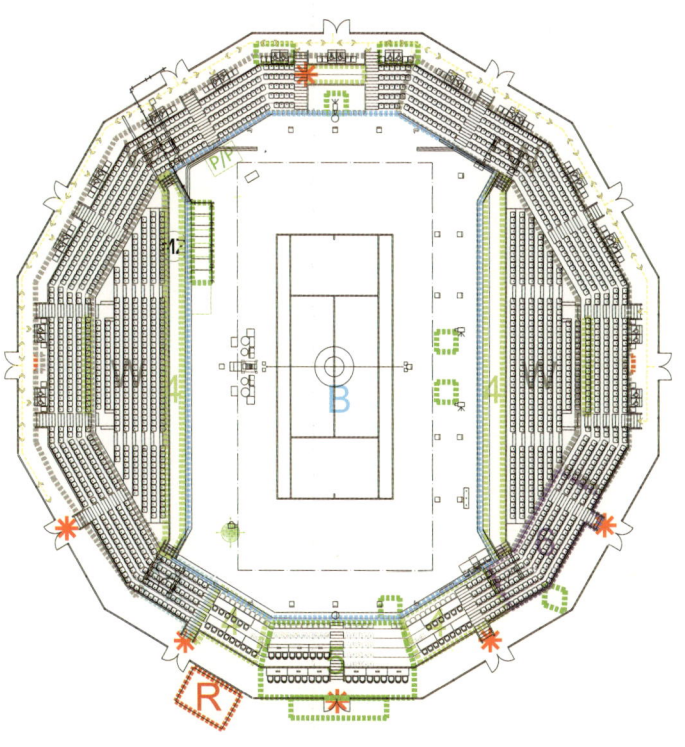

2 号赛场坐席平面图

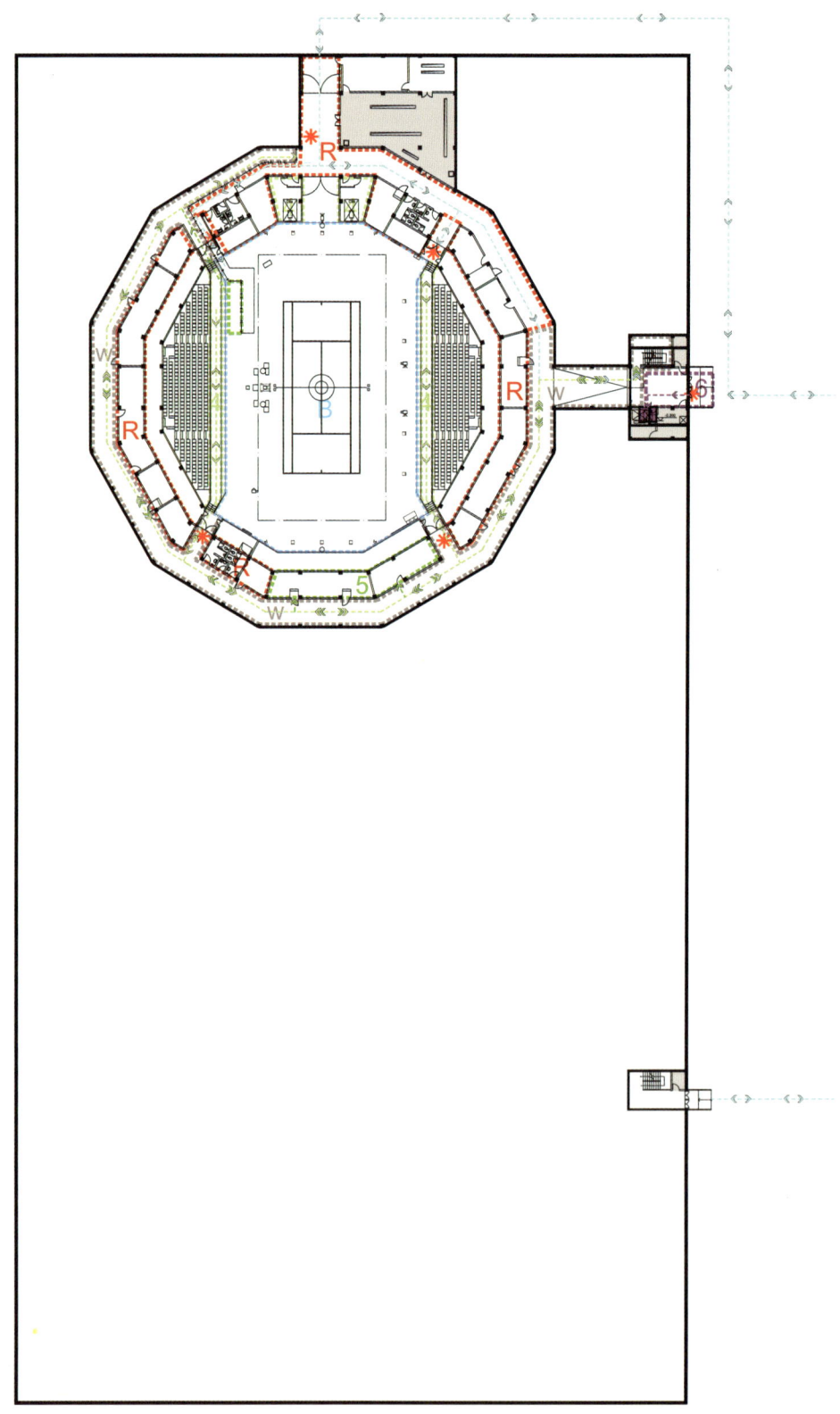

3 号平台一层平面图

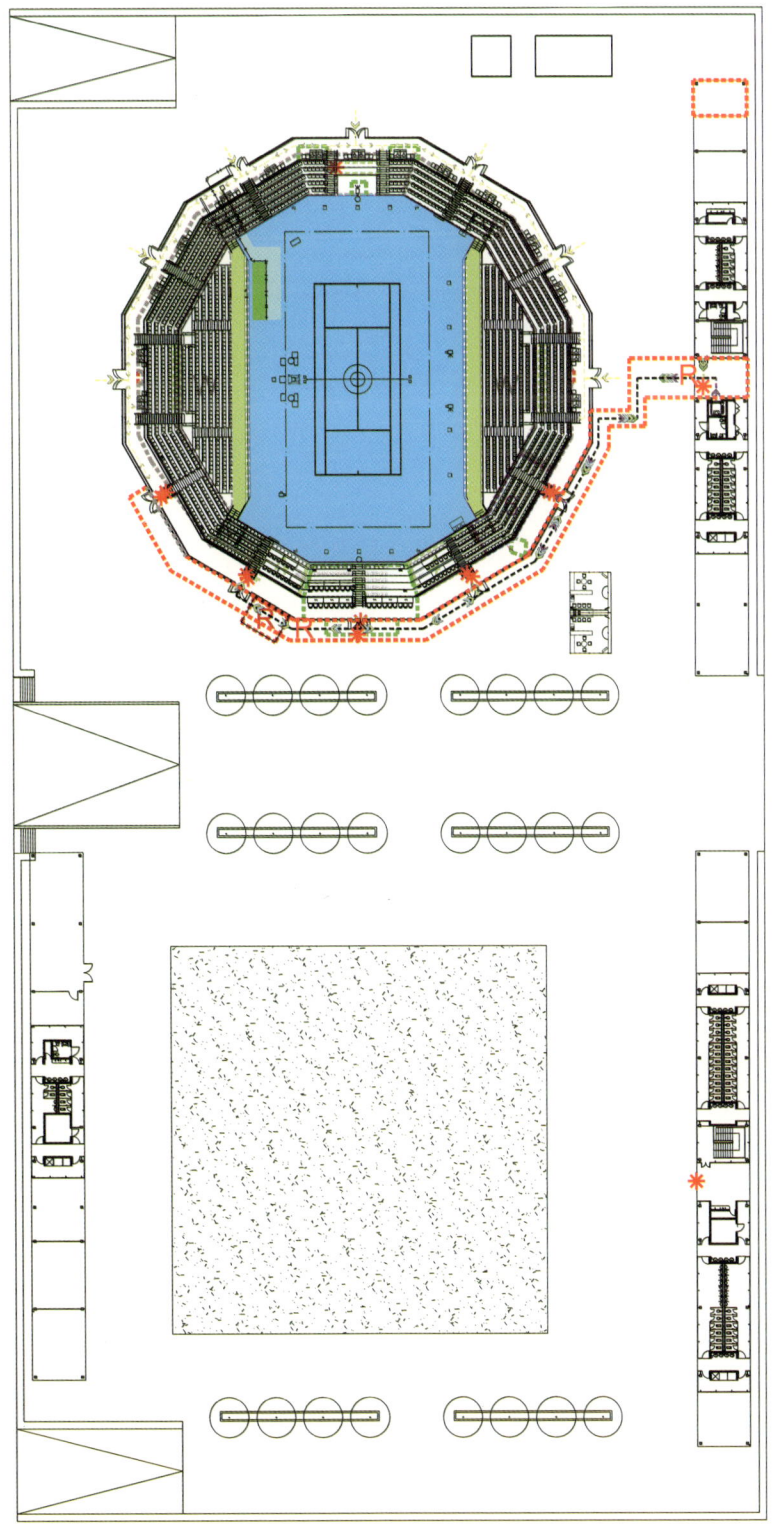

3 号平台二层平面图

05

奥运比赛场馆数据分析对照表

北京奥运会场馆预留车位分配表										
场馆名称	场馆代码	竞赛项目	场馆总容量	贵宾	运动员	技术	电视转播场馆安保线内外	媒体	场馆运行	安保
venue	CODE	Item	Capacity	VIP	Athlete	Technology	BOB	Media	Venue Operation	Security
北京航空航天大学体育馆	AAG	举重	134	111	6	5	1	5	6	8+1
北京射击场（飞碟靶场）（与射击馆共用）	BSF	射击（室外）	300	33	8	4	118	126	11	9+1
北京射击馆（与射击场共用）	BSH	射击（室内）	343	40	6	42	118	126	11	9+1
北京工业大学体育馆	BTG	羽毛球，艺术体操	257	149	8	42	33	50	9	7+1
中国农业大学体育馆	CAG	摔跤	228	70+12	10	4	54	66	10	5+1
首都体育馆	CAS	排球	159	122	4	4	综合区内	7	11	10+1
朝阳公园沙滩排球场	CBV	沙滩排球	298	137+11	4	4	6	50	60	25+1
丰台垒球中心	FTS	垒球	173	53	8	35	4	50	11	11+1
老山山地自行车场（三馆共用）	LSC	山地自行车	385	95	5	35	100	77	71	2
老山自行车馆（三馆共用）	LSV	自行车	385	95	5	35	100	77	71	2
老山小轮自行车馆（三馆共用）	LSX	自行车	385	95	5	35	100	77	71	2
国家游泳中心	NAC	游泳,跳水,花样游泳,水球	484	134+13	8	15	84	62	165	2+1
国家奥林匹克公园射箭场（三馆共用）	OGA	射箭	260	100	11	49	39	15	37	8+1
国家奥林匹克公园曲棍球场（三馆共用）	OGH	曲棍球	405	242	11	49	39	15	37	11+1
国家奥林匹克公园网球中心（三馆共用）	OGT	网球	344	184	11	49	39	15	37	8+1
北京大学乒乓球馆	PKG	乒乓球	344	195	6	4	51	72	10	5+1
顺义水上公园赛场	SRC	皮划艇	348	219	28	69	综合区内	综合区内	28	3+1
北京科技大学体育馆	STG	柔道	263	138	4	5	综合区内	51	30	4+1
北京理工大学体育馆	TIG	排球	136	57	6	6	综合区内	60	综合区内	6+1
五棵松篮球馆（与棒球馆共用）	WIS	篮球	531	234	4	5	124	132	29	2+1
五棵松棒球馆（与篮球馆共用）	WKB	棒球	429	115	4	5	124	132	46	2+1
北京工人体育场	WST	足球	412	87	6	6	120	138	50	2+3
北京工人体育馆	WIA	拳击	116	96	5	4	综合区内	无	3	4+4
城市马拉松	MAR	马拉松	111	40	7	7	终点	48	7	2

项目	竞赛	分项	场馆名称
Item	competition	Subentry	venue
仪式	ZO	开幕式	国家体育场
	ZC	闭幕式	国家体育场
游泳	DV	跳水	国家游泳中心
	SW	游泳	国家游泳中心
	SY	花样游泳	国家游泳中心
	WP	水球（决赛）	国家游泳中心
	WP	水球（预赛）	奥林匹克体育中心英东游泳馆
射箭	AR	射箭	射箭场，1号场地
		射箭	射箭场，2号场地
田径	AT	田径	国家体育场
		马拉松	天安门 马拉松起点
		马拉松	国家体育场，马拉松终点
		竞走1公里折返走	奥林匹克公园公共区
羽毛球	BD	羽毛球、艺术体操	北京工业大学体育馆
棒球	BB	棒球	五棵松棒球场 1号场地
		棒球	五棵松棒球场 2号场地
篮球	BK	篮球	五棵松篮球馆
拳击	BX	拳击	工人体育馆
皮划艇（静水、激流）	CF	静水	顺义水上公园静水赛场
	CS	激流	顺义水上公园激流回旋赛场
自行车	CM	山地自行称	老山山地自行车场
	CR	公路自行车	城区公路自行车赛场
	CR	小轮自行车	老山小轮自行车馆
	CT	场地自行车	老山自行车馆
马术	EQ	盛装舞步	香港沙田赛马场
	ES	障碍赛	香港沙田赛马场
	EC	越野赛	香港越野赛场
击剑	FE	击剑	会议中心击剑馆
足球	FT	男子足球决赛	国家体育场
		女子足球决赛	工人体育场
		足球预赛	大津奥林兀兄体肖场
		足球预赛	秦皇岛奥林匹克体育场
		足球预赛	奥林匹克体育中心体育场
		足球预赛	沈阳五里河体育场
		足球预赛	上海体育场
体操	GA	竞技体操	国家体育馆
	GT	蹦床	国家体育馆
	GR	艺术体操	北京工业大学体育馆
手球	HB	手球预赛	奥林匹克体育中体育馆
		手球决赛	国家体育馆
曲棍球	HO	曲棍球	奥林匹克公园曲棍球场，A场
		曲棍球	奥林匹克公园曲棍球场，B场
柔道	JU	柔道	北京科技大学体育馆
现代五项	MS	射击与击剑	会议中心击剑馆
	MF	游泳	奥林匹克体育中心英东游泳馆
	MP	马术与跑步	奥林匹克体育中心体育场
赛艇	RO	赛艇	顺义水上公园
帆船、帆板	SA	帆船、帆板	青岛国际帆船中心
射击	SH	射击预赛（室内）	北京射击馆
		射击决赛（室内）	北京射击馆
		射击（室外）	北京射击场（飞碟靶场）
垒球	SO	垒球	丰台垒球中心
乒乓球	TT	乒乓球	北京大学体育馆
跆拳道	TK	跆拳道	北京科技大学体育馆
网球	TE	中心场地	奥林匹克公园网球中心
		1号场	奥林匹克公园网球中心
		2号场	奥林匹克公园网球中心
		预赛场地	奥林匹克公园网球中心
铁人三项	TR	铁人三项	铁人三项赛场
沙滩排球	BV	沙滩排球	朝阳公园沙滩排球场
排球	VY	排球决赛	首都体育馆
		排球预赛	北京理工大学体育馆
举重	WL	举重	北京航空航天大学体育馆
摔跤	WR	摔跤	中国农业大学体育馆

第29届奥运会预留坐席分配总表（参考表）

场馆总容量 Capacity	贵宾 VIP	运动员 ATHELE	评论员席总 CMTRY POS	评论员 PERSON	带设备 Equipment	不带设备 NON-equipment	带摄象 Vidicon	播音席 announcer	PHOTO / PHOTO SEATS	PRESS / PRESS SEATS	PRESS NON-TBL	PHOTO SEATS	TOTAL
91000	11162	1000	232	696	130	50	40	12	530	1000	900	530	2430
91000	11162	1000	232	696	130	50	40	12	530	1000	900	530	2430
17000	274	300	71	213	40	20	5	6	100	200	250	100	550
17000	518	决赛1500预赛1300	131	375	82	35	8	6	300	350	350	300	1000
17000	254	300	131	375	82	35	8	6	20	350	350	20	720
17000	518	1100	131	375	82	35	8	6	0	350	350	40	740
5802	257	688	36	105	23	12	0	1	90	150	100	90	340
4510	191	150	37	111	25	10	0	2	10	75	75	10	160
870		30	0	0	0	0	0	0	场地区	0	0	0	场地流动
91000	1191	1050	232	696	130	50	40	12	385	1000	900	385	2285
场地沿线	80	80	场地沿线	场地沿线	场地沿线	场地沿线	场地沿线	场地沿线	场地沿线	场地沿线	场地沿线	场地沿线	场地沿线
场地沿线	188	场地沿线	场地沿线	场地沿线	场地沿线	场地沿线	场地沿线	场地沿线	场地沿线	场地沿线	场地沿线	场地沿线	场地沿线
场地沿线	80	场地沿线	场地沿线	场地沿线	场地沿线	场地沿线	场地沿线	场地沿线	场地沿线	场地沿线	场地沿线	场地沿线	场地沿线
7500(5000)	167	决赛272 预赛203	41	123	25	15	0	1	24	100	80	60	240
12000	147	180	27	81	20	5	0	2	100	78	105	100	283
3000	72	120	25	75	20	5	0	0	100	78	105	100	283
18000	520	决赛400 预赛300	79	237	40	31	4	4	50	300	300	100	700
13000	231	220	84	252	57	20	3	4	150	200	100	150	450
24000(10000站)	171	500	73	228	40	27	2	4	0	100	72	0	180
12000	250	(200)草地	36	108	22	13	0	1	0	60	40	0	100
1000	140	64	27	81	20	5	0	2		90	70	0	
3000	100	65	57	171	30	23	2	2	0	120	80	0	200
4000	99	56	27	71	20	5	0	2	0	90	70	0	160
6000	191	106	68	204	45	15	5	3	147	120	130	130	380
20000	287	500	45	135	30	13	2	0	场地沿线	105	90	场地沿线	场地沿线
20000	341	场地沿线	45	135	30	13	2	0	场地沿线	105	90	场地沿线	场地沿线
15000	298	场地沿线	45	135	30	13	2	0	场地沿线	180	195	场地沿线	场地沿线
6000	117	250	35	105	23	12	0	0	场地沿线	75	75	60	210
91000	1080	250	232	696	130	50	40	12	385	1000	900	40	1940
64000	310	250	31	93	18	10	2	1	10	220	220	10	450
60000(80000)	238	200	31	93	18	10	2	1	同工体场	同工体场	同工体场	同工体场	同工体场
33309	102	200	31	93	18	10	2	1	同工体场	同工体场	同工体场	同工体场	同工体场
40000	238	200	31	93	18	10	2	1	20	140	110	20	270
	114	200	31	93	18	10	2	1	同工体场	同工体场	同工体场	同工体场	同工体场
80000	105	200	31	93	18	10	2	1	同工体场	同工体场	同工体场	同工体场	同工体场
18000	481	200	124	372	80	34	6	4	78	300	300	100	700
18000	455	200	124	372	80	34	6	4	40	300	300	40	640
5000(7500)	208	80	41	123	25	15	0	1	100	100	80	45	225
5451	238	240	46	138	33	12	0	1	12	90	70	12	184
18000	168	320	124	372	80	34	6	4	100	300	300	100	700
12000	280	300	32	96	25	5	0	2	0	90	85	0	175
5000	210	100	20	60	15	5	0	0	0	30	50	0	80
8000	186	决赛500 预赛410	61	183	38	20	2	1	0	130	90	70	290
4400	167	100	35	105	23	12	0	0	24	75	75	24	198
5802	160	100	36	105	0	0	0	0	40	150	100	40	290
40000	142	100	31	93	18	10	2	1	20	140	110	20	270
24000	171	500	73	228	40	27	2	4	10	场地沿线	场地沿线	场地沿线	场地沿线
场地沿线	62	0	37	108	22	13	0	2	10	场地沿线	场地沿线	场地沿线	场地沿线
5285		100	预赛	预赛	预赛	预赛	预赛	预赛	预赛	预赛	预赛	40	40
2470	92	150	36	108	17	18	0	1		90	60	60	150
5100	90	150	26	78	13	12	0	1	18	110	60	18	188
9750(3500)	111	120	18	54	15	3	0	0	0	100	80	70	250
8000(7557)(5300)	172	决赛400 预赛200	52	156	30	18	22	0	60	200	100	60	360
8000	238	180	61	183	38	20	2	1	0	130	90	70	290
10000	350	决赛200 预赛120	72	216	47	20	3	2	90	160	140	90	390
4000	150	100	25	75	20	5	0	0	40	30	50	40	120
2000	140	60	25	75	20	5	0	0	40	30	50	40	120
200(7块)	0	20	0	0	0	0	0	0	0	0	10	0	10
10000	150	110	32	96	20	10	0	2	0	120	110	0	230
12000	272	146	47	141	28	15	2	2	20	180	100	20	300
18000	316	241	78	234	52	20	3	3	60	200	250	60	510
5000	198	100	78	234	52	20	3	3	23	70	70	60	200
6000	222	240	46	138	30	15	0	1	87	130	100	90	220
8000	186	300	77	231	43	30	2	2	0	130	90	40	260

06

北京奥运会场馆运行设计

制图标准

第29届奥林匹克运动会组织委员会工程和环境部

a 总则

1. 本标准为《奥运场馆运行设计图纸管理办法》的实施细则之一，旨在为参与北京 2008 年奥运会场馆运行设计者提供统一的计算机绘图标准。

2. 绘制图纸的基础软件是 AutoDesk 公司开发的 AUTOCAD，所有绘制软件不允许使用任何插件，所有北京 2008 年奥运场馆的设计图纸原则上都必须以此软件绘制。

3. 本标准将根据工作需要修改和完善，本标准解释权、修改权归奥组委工程与环境部。

b 图纸内容规定

1. 图纸语言．所有图纸为满足奥运会利益相关者（媒体、体育等）审核图纸的要求，要求所有图纸利用中文和英文分别绘制。

2. 字体．所有中文字体试用宋体，英文字体使用Arial。无论图纸比例所有字体的打印高度均为3mm。

3. 索引．图框中的索引灰度色号为253。

4. 图纸名称由中文名称和图纸代码组成，图纸代码采用五段字符描述某一张图纸。图示如下：每个"X"表示一个半角文字。每组文字之间用半角中横杠连接。

XXX-X-XX(X)-X-XXX
　　①　　②　　③　　④　　⑤

① 场馆代码
每个场馆使用统一的3个英文字母表示（见C附录）

② 表示奥运会、残奥会、测试赛3个阶段
O=Olympic
P=Paralympic
T=Test Event

③ 竞赛项目代码
竞赛项目代码有两位与三位之分，括号中代表第三位。（括号不表示出来）

④ 图纸类别示例（最后随图纸类别增加再增加 ）
1= 运行分区
2= 注册分区
3= 家具布置
4= 技术设备布置
5= 标识设计

⑤ 图号
分类原则：XXXX——图纸目录（向下图纸图号分配原则，请参照示范场馆图纸目录）根据自己图纸另行调整

5. 版本号

    a. 图纸的版本号（以阿拉伯数字作为版本标号是阶
段图纸版本号）

    b. 图纸的版本分号（以英文 26 个字母大写作为版本
标号是过程图纸版本号）

6. 运行分区图框

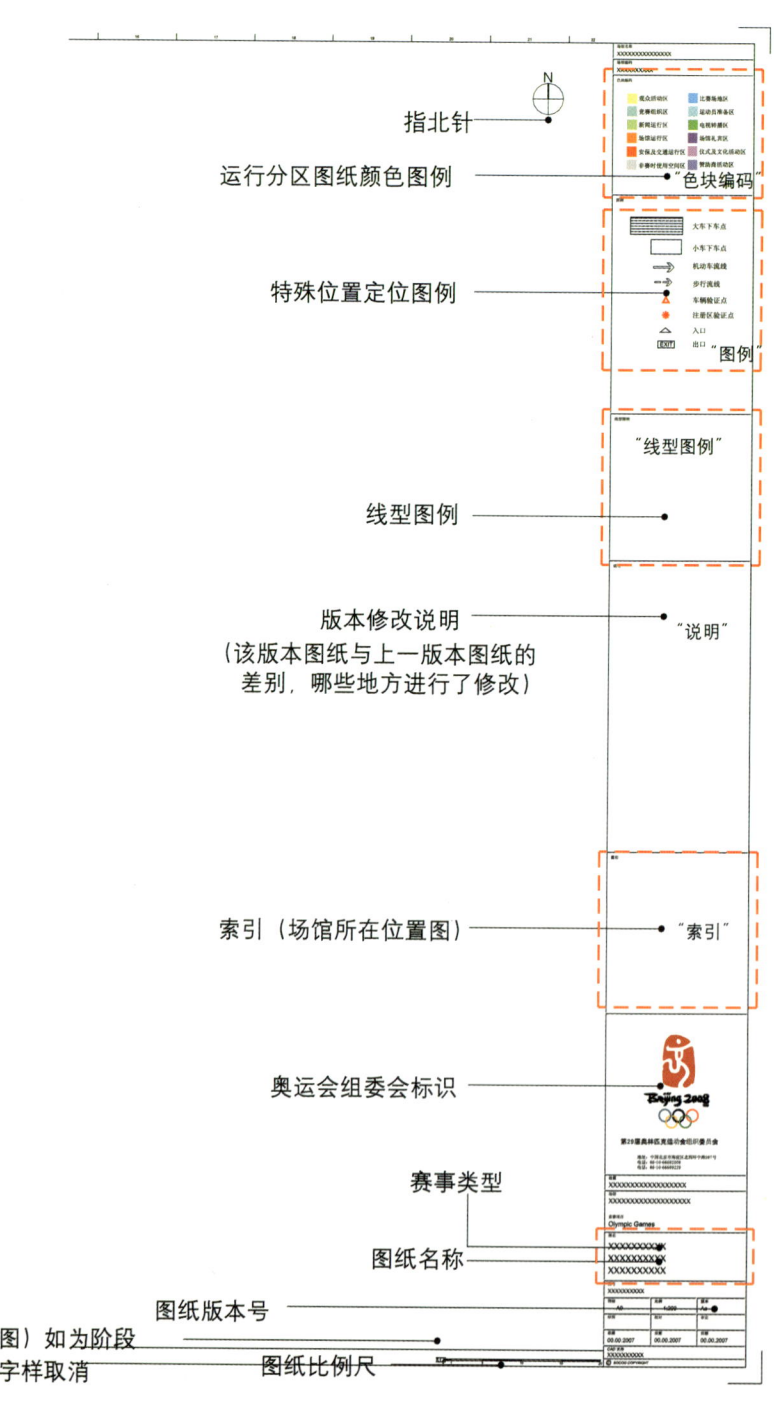

指北针

运行分区图纸颜色图例　　　"色块编码"

特殊位置定位图例　　　"图例"

"线型图例"

线型图例

版本修改说明　　　"说明"
（该版本图纸与上一版本图纸的
差别，哪些地方进行了修改）

索引（场馆所在位置图）　　　"索引"

奥运会组委会标识

赛事类型

图纸名称

图纸版本号

图纸类别（草图）如为阶段
性版本，草图字样取消　　　图纸比例尺

7. 注册分区图框

注册分区图纸颜色图例
（详细运行设计）第二阶段

注册分区图纸颜色图例
（初步运行设计）第一阶段

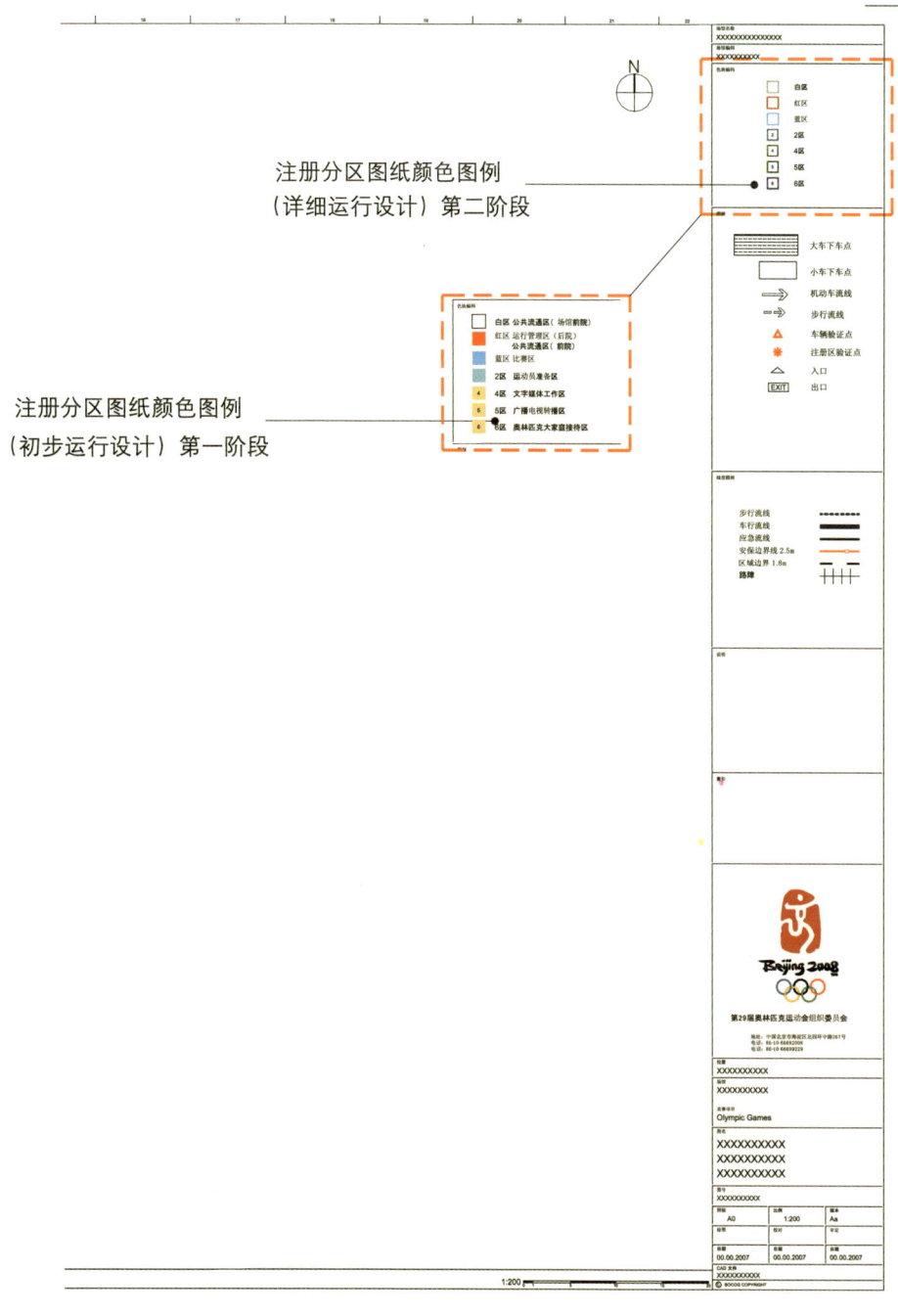

8. 详细设计图框

设施图例 ———————

9. 技术设备设计图框
  （图框内容待定）

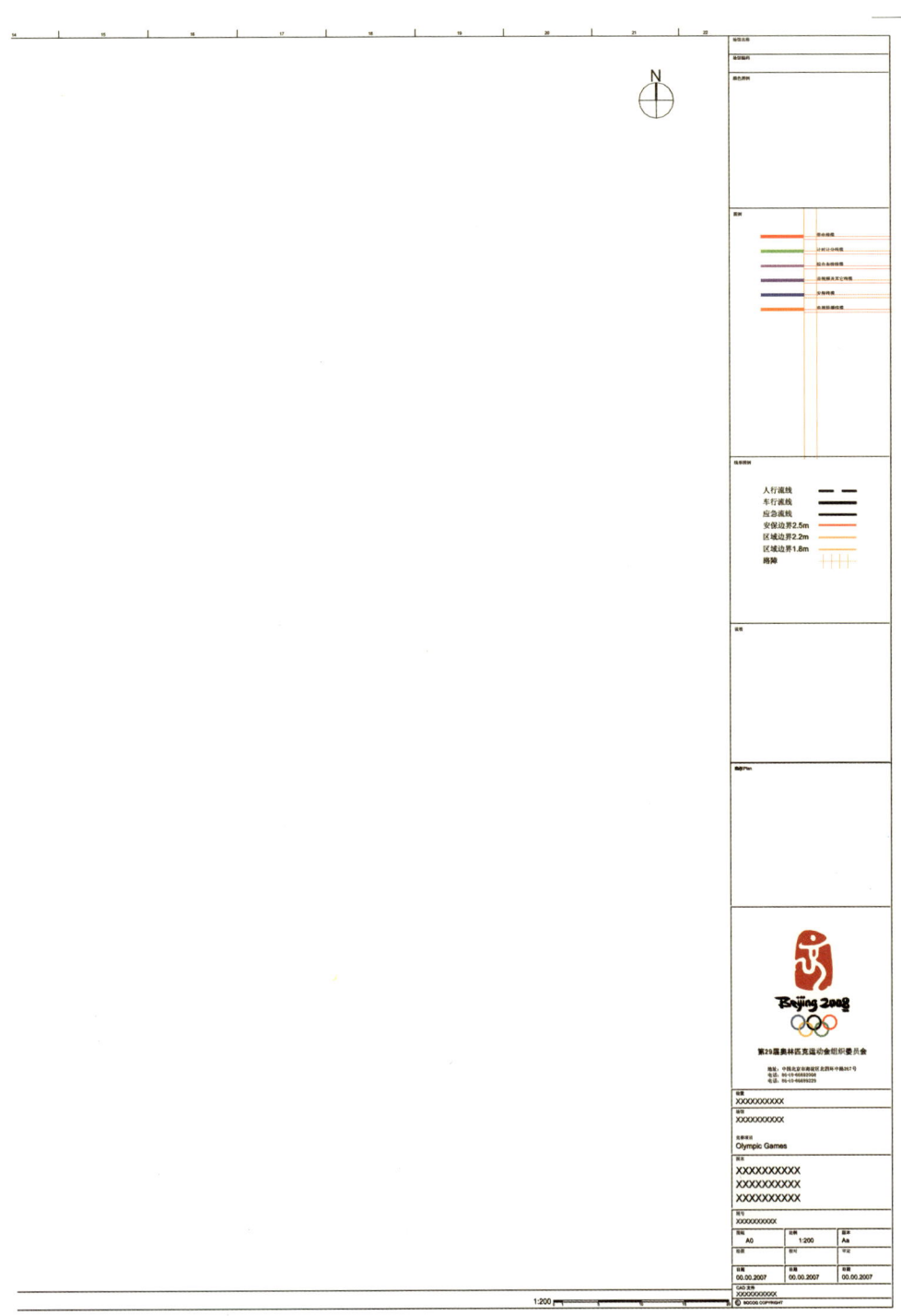

10. 弱电系统图例

图例	说　明	安　装
T	温度传感器	随暖通专业定位
TH	温湿度传感器	随暖通专业定位
ΔP	压差传感器	随暖通专业定位
Σ⋈	电动调节水阀	随暖通专业定位
L	水流量计	随暖通专业定位
S	液位开关	随暖通专业定位
⋏⊦Σ	风阀及执行器	随暖通专业定位
P	水压力传感器	随暖通专业定位
T	水温度传感器	随暖通专业定位
FS	水流开关	随暖通专业定位
Ⓣ	温度控制装置	H=1.5m
TV	电视用户盒	H=0.3m
▷	电视放大器	弱电井内
	四分配器	吊顶内
	三分配器	吊顶内
	二分配器	吊顶内
	四分支器	吊顶内
	二分支器	吊顶内
	终端电阻	吊顶内
	电视用户盒	H=0.3m
dB	固定衰减器	机房内
◯	合波器	机房内
◇	均衡器	机房内
TV	分支、分配器箱	吊顶内
TP	单口信息插座（语音）	H=0.3m
TD	单口信息插座（数据）	H=0.3m
TD,TP	双口信息插座（语音+数据）	H=0.3m
TD,TD	双口信息插座（双数据）	H=0.3m
TP/A	公安单口信息插座（语音）	H=0.3m
TD/A	公安单口信息插座（数据）	H=0.3m
TD,TP/A	公安双口信息插座（语音+数据）	H=0.3m
TD,TD/A	公安双口信息插座（双数据）	H=0.3m
LIU	光纤连接器	弱电竖井内
FODU	光纤总配线架	弱电竖井内
⋈	楼层配线架	弱电竖井内
MDF	总配线架	网络机房
TD,TD	双口信息地插（语音+数据）	地面线槽
TP,TD	双口信息地插（双数据）	地面线槽
TP	单口信息地插（语音）	地面线槽
TF	光纤信息点	H=0.3m
S	感烟探测器	吸顶安装
	感温探测器	吸顶安装

图 例	说　明	安　装
N	感温探测器(非地址码型)	吸顶安装
	感温电缆	沿电缆桥架内敷设
V	可燃气体探测器	吸顶安装
⊚	编码式消火栓报警按钮	消火栓箱内
Y	带电话插座编码式手动报警按钮	h=1.5m
	消防固定对讲电话	h=1.5m
	声光报警器	h=2.2m
	红外线光束感烟发射器	梁下或梁侧
	红外线光束感烟反射器	梁下或梁侧
	预作用自动报警阀	随给排水专业定位
	电磁阀	随给排水专业定位
	泄压阀	随给排水专业定位
	水信号阀	随给排水专业定位
	水流指示器	随给排水专业定位
⇧	液位传感器	随给排水专业定位
	湿式自动报警阀	随给排水专业定位
Ø280℃	280℃防火阀（常开）	随暖通专业定位
	280℃防火阀（常闭）	随暖通专业定位
Ø70℃	70℃防火阀（常开）	随暖通专业定位
	70℃电动防火阀（常开）	随暖通专业定位
	电信号阀	随暖通专业定位
	新风门执行机构	随暖通专业定位
	照明控制箱	随强电定位
	事故动力控制箱	随强电定位
	应急照明控制箱	随强电定位
JL	防火卷帘控制箱	随强电定位
☒	非消防切电	随强电定位
DT	电梯控制箱	随强电定位
nMXn	模块箱	底边距地1.2m
C	输出模块	消防模块箱内
M	输入模块	消防模块箱内
	七氟丙烷控制盘	由专业公司定位
FI	楼层复视器	h=1.5m
V	空气采样烟雾探测器	由专业公司定位
B	消防接线端子箱	低边距地1.2m
	双波段图像火灾探测器	梁下或墙侧
⊕	消防水炮	随给排水专业定位
JM	解码器	墙上安装，底边距地1.4m
CZP	手动控制盘	墙上安装，底边距地1.4m
	电磁阀	随给排水专业定位
••	紧急停止按钮	由专业公司定位
P	压力开关	由专业公司定位

图例	说 明	安 装
⊟	水浸报警开关	随给排水专业定位
F	放气按钮	由专业公司定位
⊡	放气警告灯	
⬤	吸顶式扬声器	吸顶安装
⬤	壁挂式扬声器	h=3m
◁	壁挂式音箱	h=3m
⬤	数字呼叫站	
V	音量开关	
◁	数字功率放大器	19"机柜安装
⬤	固定枪式彩色摄像机	吊顶下、梁下或墙侧
⬤	彩色半球摄象机	吊顶下、梁下或墙侧
⬤	球形一体化彩色摄像机	吊顶下、梁下或墙侧
⬤	针孔式摄像机（电梯内专用）	
⊙	紧急报警按钮	H=1.5m
⬤	在线式巡更点	H=1.5m
▷	被动式双鉴技术探测器	吸顶安装
STREAMER	数字视频转换器	19"机柜安装
SWITCH	交换机	19"机柜安装
BJ	报警总线扩充器	挂墙安装，底边距地1.2m
MJ	门禁控制器	挂墙安装，底边距地1.2m
▭	门禁读卡器	挂墙安装，底边距地1.4m
⊙	开门按钮	挂墙安装，底边距地1.2m
◈	电控锁	
⌣	门磁开关	
▬	电源箱	
HT	会议话筒插座	地面安装，详见会议系统
SJ	会议数据信息插座	地面安装，详见会议系统
CT	投影幕接口	地面安装，详见会议系统
TY	投影仪接口	吊顶安装，详见会议系统
XH	信号插座	地面或吊顶安装，详见会议系统
JS	监视器插座	墙面安装，距地0.3m
DY	电源插座	墙面安装，距地0.3m
⬤	会议话筒插座	桌面安装，详见会议系统
⬤	红外辐射板	墙面悬挂安装，距吊顶0.3m
⬤	专业音箱	墙面悬挂安装，距吊顶0.3m
⊙	子钟	墙面安装，距地3m
⊙	母钟	19"机柜安装
▨	定向天线	屋顶马道下固定
⌓	定向天线	墙面安装，距地2m
⬡	全向天线	吸顶安装
▱	电视转播、计时记分插座 参考尺寸：W ×H 200×200	墙面安装，距地0.3m 评论桌下插座明装

11. 说明图例

坐席描述图例

用于坐席层平面说明一栏，描述各客户群的坐席数量

	注册人员分类	坐席数
1	运动员及随队官员	01
2	奥林匹克大家庭贵宾	02
	广播电视转播人员	
3	评论员席	03
	观察员席	04
	文字摄影媒体	
4	带桌文字媒体	05
	不带桌文字媒体	06
	摄影记者	07

线缆方式描述图例

用于机电图纸说明一栏，描述 BOB 线缆铺设方式

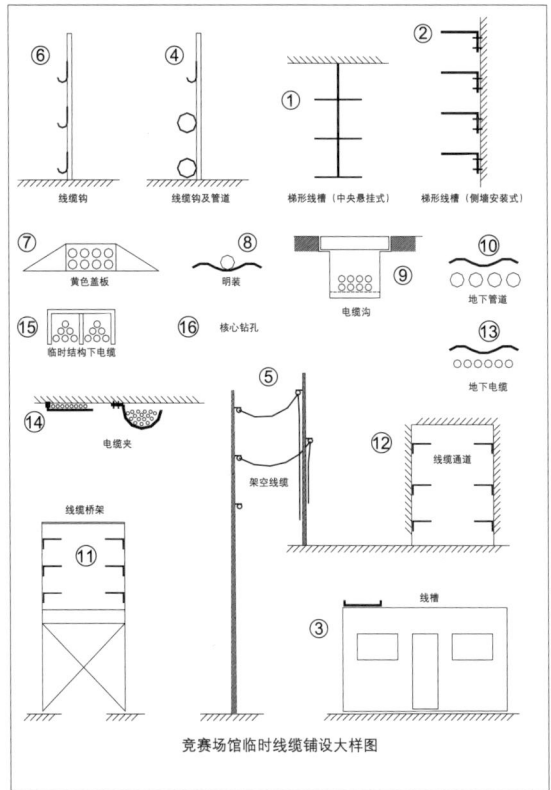

竞赛场馆临时线缆铺设大样图

12. 制图标准一

标注形式：字体与样式均
采用此标注，字体比例与
图纸比例相同

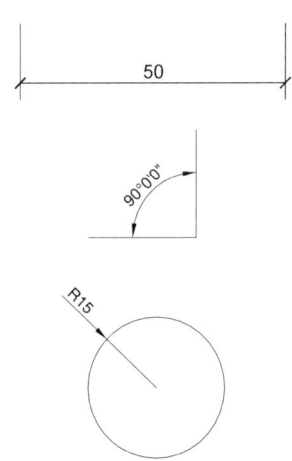

标高：

±0.000

剖切号：

X ⌐   ⌐ X
└   └

平面详图索引：

剖切详图索引：

标号：

包括入口、看台、停车场等比例：在 1：1 的图纸中打印
直径 16mm（为本图比例的一倍 A0 图纸）

残疾人标识：

在 1：1 的图纸中打印比例为 500mm×500mm
（A0 图纸）

指北针：

在 1：1 的图纸中打印直径 30mm 为 (A0 图纸)

房间编码：

字体为宋体，字体打印高度统一为 3mm

XXXXXX
0.00.000

字体：宋体

总平面图

13. 制图标准二

运行分区图例：

	观众活动区	COLOR 51
	比赛场地区	COLOR 140
	竞赛组织区	COLOR 121
	运动员准备区	COLOR 131
	仪式及文化活动区	COLOR 211
	电视转播区	COLOR 100
	新闻运行区	COLOR 71
	场馆礼宾区	COLOR 200
	场馆运行区	COLOR 30
	赞助商活动区	COLOR 181
	安保及交通运行区	COLOR 20
	非赛时使用空间区	COLOR 254

注册分区（第一阶段）图例：

	白区	COLOR 7
	红区	COLOR 1
	蓝区	COLOR 140
	2 区	COLOR 4
4	4 区	COLOR 41
5	5 区	COLOR 41
6	6 区	COLOR 41

注册分区（第二阶段）图例：

W	白区	COLOR 252
R	红区	COLOR 12
B	蓝区	COLOR 140
2	2 区	COLOR 131
4	4 区	COLOR 71
5	5 区	COLOR 100
6	6 区	COLOR 200

14. 线型图例

流线设定是为了使不同比例图纸打印成果图纸后，取得相同的比例与标准，而对流线的宽度、颜色的统一规定。分为车流线与人行流线两种。

车流线：
流线线型——直线
流线宽度——图纸任意比例的 1.5 倍绘制

→	观众活动	COLOR 51
→	竞赛组织	COLOR 121
→	运动员准备	COLOR 131
→	仪式及文化活动	COLOR 211
→	电视转播	COLOR 100
→	新闻运行	COLOR 71
→	场馆礼宾	COLOR 200
→	场馆运行	COLOR 30
→	赞助商活动	COLOR 181
→	安保及交通运行	COLOR 20

15. 设施图例

图例	名称
▬ ▬ ▬ ▬	人行流线
▬▬▬▬	车行流线
▬▬▬▬	应急流线
▬▬▬▬	设备流线
●—●—●—	安保边界 2.5m
▬ ▪ ▬ ▪	区域边界 2.2m
▪▪▪ ▪ ▪▪▪	区域边界 1.8m
++++++++	路障
┝━━━━━┥	现有墙体
┝━ ━ ━ ━┥	拆除墙体
┝┄┄┄┄┤	临建墙体
☐	临建房屋
▱	集装箱
⬚	四面开敞式帐篷
□	封闭帐篷
⊔	单侧开敞式帐篷
▭	划定工作区域
⊔	双面开敞式帐篷
🪑	带桌文字记者席
🪑	带桌评论员席
⬡	摄像机平台
⊕	移动式摄像机位
◆	悬挂式摄像机位

图例	名称
▦	大车下车点
🚗	小车下车点
⟹	机动车流线
⇢	步行流线
△	车辆验证点
✳	注册区验证点
◁	入口
EXIT	出口

16. 技术设备线型图例

对应信号线名称	线型图层
	楼控管线
	安防管线
	综合布线管线
	消防电话通信线
	消防报警线
	消防广播线
	消防联动线
	会议管线
	有线电视管线
	扩声管线
	转播子系统管线
	各子系统线槽
	移动通信管线
	主计时钟管线
	计时记分管线
	固定通信管线
	图像屏管线

—— XH ——	消火栓管
—— ZP ——	自喷给水管
—— YL ——	雨淋给水管
—— SP ——	水炮给水管
—— SM ——	水幕给水管
—— S ——	室外给水管
—— Z ——	室外中水管
—— P ——	室外排水管
—— Y ——	室外雨水管
—— J ——	室内生活给水管
—— RJ ——	室内生活热水管
—— RH ——	室内热水回水管
—— ZJ ——	室内中水管
—— XJ ——	循环给水管
—— Xh ——	循环回水管
—— RM ——	热媒给水管
—— RMH ——	热媒回水管
—— F ——	生活废水管
—— W ——	生活污水管
—— T ——	通气管
—— YW ——	压力污水管
—— YF ——	压力废水管
—— Y ——	雨水管
—— YY ——	压力雨水管

17. 人员点计划图例

△ 观众服务
▲ 语言服务
▲ 医疗卫生
▲ 餐饮
▲ 人力资源
△ 新闻运行
△ 竞赛组织

○ 票务
● 场馆设施管理
● 品牌保护与权益保障
● 财务
● 监察审计
● 形象与景观
○ 新闻宣传
○ 兴奋剂检查

□ 交通
■ 风险管理
■ 特许经营
■ 场馆管理
■ 档案管理
□ 礼宾
□ 颁奖仪式

◇ 注册制证
◆ 物流
◆ 技术
◆ 电视转播
◇ 安保
◆ 环境景观与清洁废弃物

V   主任
S   主管
M   经理
A   助理
W   工作人员
*   一岗多管
#   本场馆的流动岗位
()   有可能去掉的岗位
+   在同一空间内同一级别的不同岗位

例：

表示：在媒体运行中的房间内有一个主管两个工作人员放于房间中，用于表示人员的数量。

527

18. 家具设备编码

E005　白电物资代码（见附录 3.3 物资代码表）

F020　家具物资代码（见附录 3.3 物资代码表）

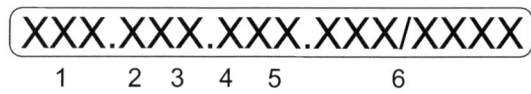　技术物资代码（见附录 3.4 技术设备代码表）

19. 房间编码

$$\boxed{\text{XXX.XXX.XXX.XXX/XXXX}}$$
　1　　2　3　4　5　　6

1　三位大写字母，代表场馆代码（见附录 3.1）

2　一位大写字母，B（后院），F（前院），M（主体建筑）

3　两位数字，代表区域号（如：楼号）

4　一位字母，B（地下楼层），F（地上楼层）

5　两位数字，代表实际楼层数

6　三位数字代表房间号；四位，前三位数字代表房间号，
　最后一位小写字母代表房间的不同空间
　（如：房间内套间）

C 附录

场馆名称	场馆代码
国家体育场	NST
国家体育馆	NIS
国家游泳中心	NAC
国家会议中心击剑馆	FCH
奥林匹克公园射箭场	OGA
奥林匹克公园曲棍球场	OGH
奥林匹克公园网球中心	OGT
奥体中心体育馆	OSG
奥体中心体育场	OSS
英东游泳馆	YTN
五棵松篮球馆	WIS
五棵松棒球场	WKB
北京大学体育馆	PKG
北京理工大学体育馆	TIG
中国农业大学体育馆	CAG
首都体育馆	CAS
老山山地自行车场	LSC
老山自行车馆	LSV
老山小轮车赛场	LSX
城区自行车公路赛场	CRC
北京射击场（飞碟靶场）	BSF
北京射击馆	BSH
铁人三项赛场	TRV
顺义奥林匹克水上公园	SRC
工人体育场	WST
朝阳公园沙滩排球场	CBV
丰台垒球场	FTS
北京航空航天大学体育馆	AAG
北京工业大学体育馆	BTG
北京科技大学体育馆	STG
工人体育馆	WIA
秦皇岛市奥林匹克体育中心体育场	QDM
上海体育场	SHS
天津奥林匹克中心体育场	TJS
沈阳五里河体育场	WLH
香港马术比赛场（双鱼河）	HKB

2. 竞赛项目代码

场馆名称	场馆代码
香港马术比赛场（沙田）	HKS
奥林匹克公园公共区	OCD
运动员村	OLV
媒体村1	MV1
媒体村2	MV2
记者村	MEV
主新闻中心	MPC
首都机场	AIR
国际广播中心	IBC
主新闻中心	MPC
首都机场	AIR
数字北京大厦	DHQ
安保指挥中心	SCC
交通指挥中心	TCC
制服发放和注册中心	UAC
赞助商接待中心	SHC
奥林匹克大家庭饭店	OFH
残奥大家庭饭店	PFH
主运行中心	MOC
奥组委总部	BHQ
数字北京大厦	DHQ
安保指挥中心	SCC
交通指挥中心	TCC
制服发放和注册中心	UAC
赞助商接待中心	SHC
青年营	OYC
主物流配送中心	OLC
技术指挥中心	TOC
备份技术指挥中心	ATC
主数据中心	PDC
备份数据中心	SDC
PC工厂	PCF
集成实验室	LAB
管理网数据中心	ADC
奥运呼叫中心	OCC

奥运会竞赛项目代码

代码	中文名称
CT	场地
SW	游泳
WP	水球
DV	跳水
SY	花样游泳
AR	射箭
AT	田径
BB	棒球
BD	羽毛球
BK	篮球
BX	拳击
CF	静水皮划艇
CS	激流皮划艇
CB	小轮车
CM	山地自行车
CR	公路自行车
EQ1	障碍马术
EQ2	盛装舞步（马术）
EQ3	三项赛（马术）
FE	击剑
FB	足球
GA	艺术体操
GR	体操
GT	蹦床
HB	手球
HO	曲棍球
JU	柔道
MP	现代五项
RO	赛艇
SA	帆船
SH	射击
SO	垒球
TE	网球
TK	跆拳道
TR	铁人三项
TT	乒乓球
VO	排球
BV	沙滩排球
WL	举重
WR	摔跤

残奥会竞赛项目代码

代码	中文名称
PAT	田径
PAR	射箭
PBO	硬地滚球
PCR	公路自行车
PCT	场地自行车
PEQ	马术
PFB	五人制足球
PFT	七人制足球
PGB	盲人门球
PJU	盲人柔道
PPO	举重
PSA	帆船
PSH	射击
PSW	游泳
PTT	乒乓球
PVS	坐式排球
PWB	轮椅篮球
PWF	轮椅击剑
PWR	轮椅橄榄球
PWT	轮椅网球
PRO	赛艇

3. 物资代码表

临时设施

V034	V035	V036	V037	V038
步行路障1.0M	步行路障 2.0M	步行路障 5.0M		软隔离带 - CCPC	人行软性隔离带

家电

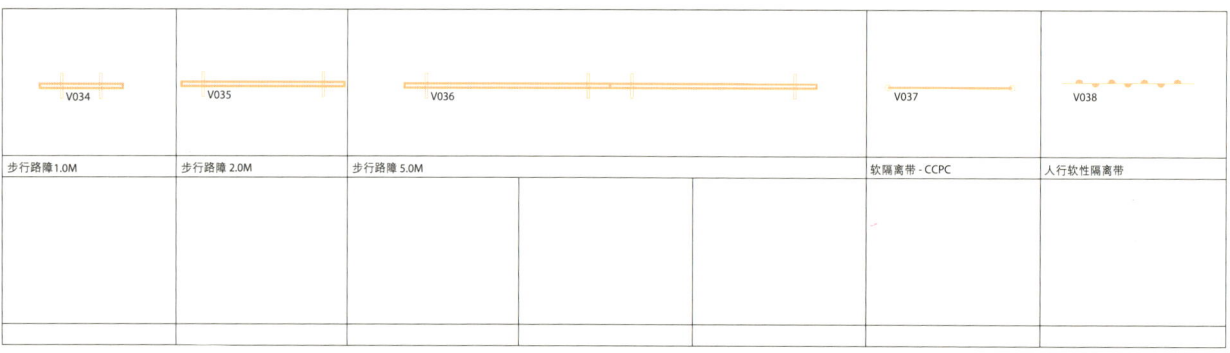

FC001	FC003	FC004	FC006	FG001	FG002	FG003
大型冰柜 -FC001	小型冰柜-FC003	中型冰柜-FC004	冰柜1-FC006	大型电冰箱-FG001	单门透明冰箱-FG002	双门透明冰箱-FG003
FG007	FG009	FG010	FG011	FD001	FP001	FP002
冷冻箱 -FG007	冰箱1(风冷.单门)-FG009	冰箱2(风冷.双门)-FG010	冰箱3(冷冻式)-FG011	柜式空调-FD001	冰桶-FP001	除湿机-FP002
FP006	FP007	FP008	FP009	FP010	FP012	FP016
手持电动缝纫机-FP006	微波炉 -FP007	吸尘器-FP008	制冰机-FP009	自贩机-FP010	电热水壶1-FP012	电热水壶2-FP016
FG004	FG005	FG006	FP003	FP004	FP005	
小型电冰箱-FG004	中型电冰箱(带锁)-FG005	中型电冰箱-FG006	电扇 600xH 2000 -FP003	电熨斗-FP004	冷热饮水机-FP005	

家具一

FL004	FL002	FL012	FL006	FL010	FL008	FL007	FH200	FL011	FL016
玻璃圆桌 Ø900xH750-FLOO4	单侧带屉办公桌 1400x700x750-FL002	咖啡桌 1200x600x450-FL012	长椅型桌 1800x600x850-FL006	计算机桌 750x500x800-FL010	独立桌 900x500x800-FL008	电视桌 650x460x800-FOL007	化妆台 FH200	检查桌 1900x650x800-FL011	中型折叠条桌 1600x700x750-FL016
FL009	FL014	FL018	FK019	FL015	FL013	FR007	FR015	FR008	FR010
工作台 1000x2000x1200-FL009	小型折叠条桌 1200x700x750-FL014	化妆台(带镜子)-FL018	货架 900x450x1800-FK019	圆折叠桌 Ø900xH750-FL015	扇形会议桌 550x550x750-FL013	会议椅 FR007	无软垫椅 450x540x830-FR015	软垫/带轮/带扶手办公椅 550x560x800-FR008	软垫折叠椅 450x500x830-FR010
FL017	带软垫椅 450x540x830-FR003	室外就餐椅 450x540x830-FR012	软垫带扶手沙发椅 600x440x810-FR009	单人沙发-FF002 FF002	双人沙发 1580x490x780-FF003	三人沙发 1900x820x400-FF004	板条凳 500x490x750-FR001	长条椅 1000x400x400-FR002	室内长椅 1850x700x800-FR011
大型折叠条桌 2400x700x750-FL017	高背软垫老板椅 560x560x900-FR005	非软垫折叠椅 560x550x830-FR004	高架观众引导椅 -FR006	塑料圆凳 Ø300xH400-FR013	无软垫翻板椅 550x560x830-FR014				

家具二

FK009	FS011	FS009	FS008	FS007	FK006	FK010	FS005	FS010	FS001
外衣架-FK009	四门储藏柜,带锁, 900x450x1800-FS011	9门储藏柜-FS009	双门铁文件柜,带锁 900x450x1800-FS008	卡片柜-FS007	立式衣架 450x450x450-FK006	衣架,墙面安装 1000x200-FK010	单门衣柜,带锁, 一个隔板,二个抽屉 600x500x1800-FS005	双门衣柜, 带锁,二个隔板 800x550x1800-FS010	保险柜,中号 500x500x700-FS001
FS024	FS004	FS012	FL005	FS006	FS002	FK008	FK005	FK012	FH001
4抽屉柜 650x400x700-FS024	茶水柜 800x400x800-FS004	推柜 420x520x620-FS012	茶几 600x450x450 FL005	电视柜 650x600x700-FS006	矮柜 760x400x900-FS002	期刊架 FK008	储物货架-FK005	键盘架-FK012	地毯-FH001
FH130	FH100	FS003		FH470	FH472	FH180	FL003	FH110	FH111
遮阳伞 Ø190-FH130	工位隔板-FH100			工位隔栏 1-FH470	工位隔栏 2-FH472	台脚 FH180	接待台 2000x700x1000-FL003	屏风1(可移动门帘) -FH110	屏风2-FH111
FH112	FH113	FK020	FK001	FK002	FK003	FK011	FK004	FK007	FM008
屏风3-FH112	屏风4-FH113	书架,4层 650x300x1800-FK020	36孔格栅架 750x300x1600-FK001	3层钢架 900x450x900-FK002	5层钢架 450x900x1800-FK003	中电视架 600x600x1200-FK011	高电视架 600x600x1800-FK004	龙门衣架 1200x395x2000-FK007	上下铺床-FM008

4. 技术设备代码表

（按目前的市场设备标准尺寸绘制）

XXXX	XXXX	XXXX	XXXX	XXXX		XXXX
服务器	电脑	传真机	电话	网络打印机	XXXX	低速打印机
XXXX	XXXX	XXXX	XXXX	XXXX		
15 寸电视机	21 寸电视机	笔记本电脑	29 寸电视机	碎纸机	高速打印复印机	

技术设备

2008北京奥运运行设计团队成员架构

项目总负责人

胡晓明　宋延斌

项目管理及主要负责人

商　宏　郭雪妍

建筑团队主要成员

赵小钧　胡晓明　商　宏

郭雪妍　郑　方　郑　权

方　文　许　驰　崔　亮

伞鸿雁　李宇浩　李　哲

王　聪　陈　轶　张小苏

吕　强　鞠戎赫　余菊子

安庆新　宋延斌　贾　派

于志欣　卞兵兵

机电团队主要成员

李志涛　董　青　刘文捷

汪嘉懿　庄光发　岳远波

陈　英　邹政达　范　娜

孙宝莹　徐　坤　刘宇辉

封小燕　刘燕雪　吴生庭

郝秀云

顾问协作单位

第 29 届奥林匹克组织委员会

工程部

许　健　陈靖远　肖红萍　杨晋凯　曾　文

张海莉　韩卫东　妲苏兴　王　宁　傅圆圆

张小翘　伍孝波　郑柏　　……

场馆部

鲁　勇　刘行仓　成　砚　包　甦　苏　炎

李金克　潘朱丽　刁宗敏　郑翼程　董　明

黄雪溪　于莉莉　白福根　丁伯成　温宇红

……

体育部　安保部　国际联络部　医疗卫生部

媒体运行部　文化活动部　信息中心　人事部

运动会服务部　技术部　环境工程部